Advanced Solid Mechanics
with Finite Element Method

유한요소법과 함께하는 고등 고체역학 3판

전만수 정완진 정석환

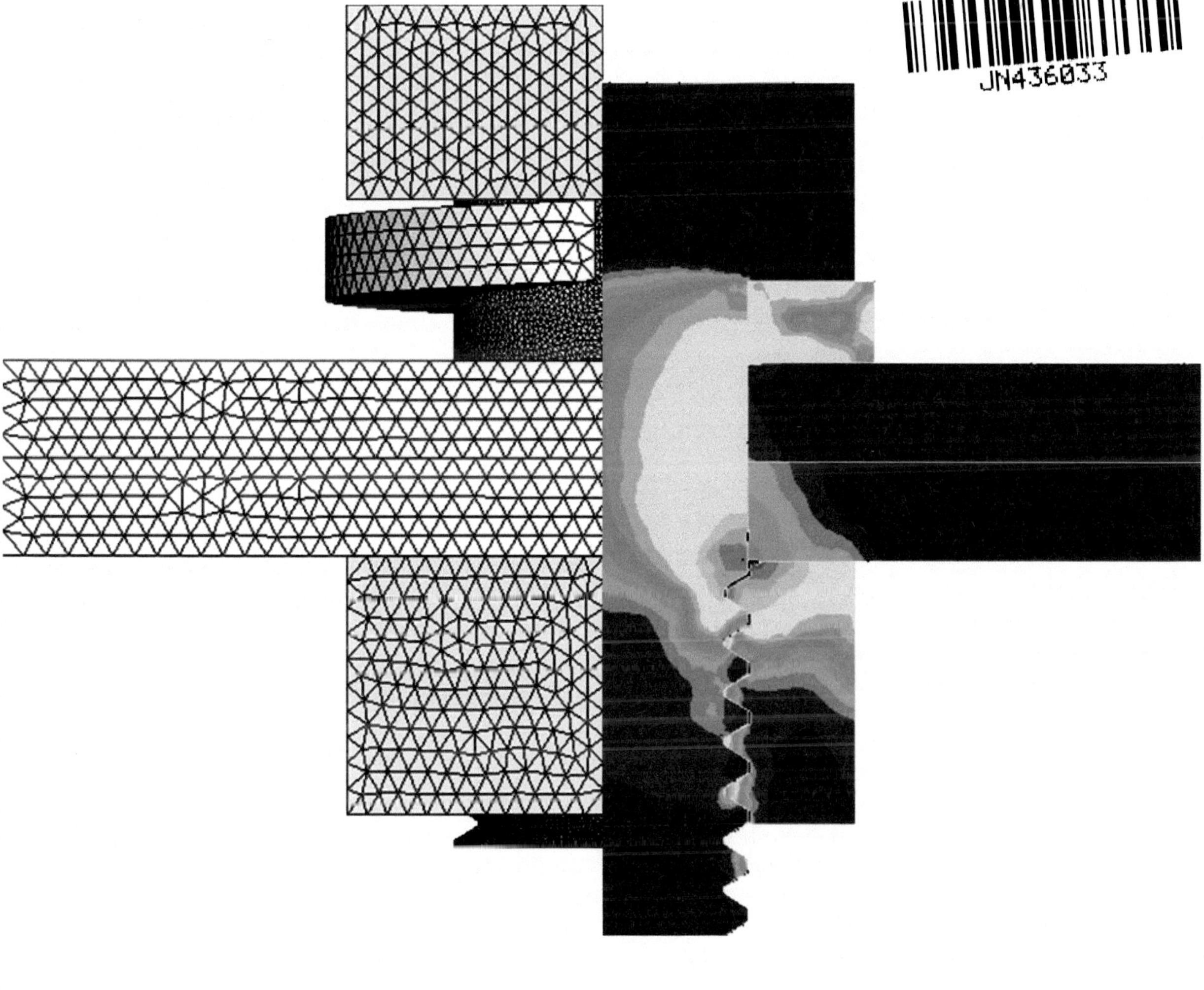

JINSAEM 진샘미디어

머리말

유한요소법은 바라보는 관점에 따라 다양한 얼굴을 하고 있다. 단순한 테크닉으로 보는 시각도 프로그램의 개발자 입장에서는 틀리지 않다. 그러나 이 기술의 활용자 입장에서는 그 테크닉은 중요하지 않다. 저자들은 유한요소법의 응용 기술자와 디지털 역학의 관점에서 유한요소법을 바라보며 이 책을 지었다. 그렇기 때문에 테크닉을 가급적 숨기고, 수학, 역학, 수치해법, 유한요소법 기교들을 통합적으로 서술하고자 하였다.

이 책은 전통의 협의의 고체역학, 동역학, 진동학, 고체의 열전달 등을 포함하는 광의의 고체역학 관점에서 유한요소법의 이해에 필요한 핵심이론 중심으로 정리하였다. 우리가 이미 알고 있는 비교적 쉬운 지식을 활용하고 예제를 통하여 확인하는 과정을 강조하고 있다. 완전히 새로운 이론은 없다는 생각으로 과거에 배운 지식을 발전적으로 활용해 나가기 바란다.

현재 이 책은 총 5부로 구성되어 있다. 제 1 부는 수학적 배경을, 제 2 부는 상미분방정식의 유한요소법을, 제 3 부는 고등 고체역학을 그리고 제 4 부는 편미분방정식의 유한요소법을 제5부는 유한요소법의 응용을 다루고 있다. 학부 수준에서 유한요소법의 개론을 공부할 때는 제 2 부에 초점을 맞추되, 제 1 부의 수학적 배경 일부를 먼저 공부하는 것이 효과적일 것이다. 학부과정에서는 제 3 부의 심화된 역학을 나무를 보기에 앞서 숲을 보듯이 견문을 넓히는 차원에서 학습하기 바란다. 그렇게 익힌 견문이 도움될 때가 많을 것이나. 이 책은 고등유한요소법의 공부에 선행되어야 할 대학원 과정의 유한요소법 교육 목적으로도 활용될 수 있다. 이 때는 제 3 부의 내용을 비교적 상세하게 공부할 필요가 있다. 역학과 유한요소법을 연계시킴으로써 이해도를 높일 수 있기 때문이다.

한편, 제3판에서는 연속체역학과 탄소성 역학 관련 내용을 보강하였다. 그리고 다양한 예제들이 추가되어 이론을 공부하는 과정에서 잠시 쉬면서 생각할 수 있는 기회를 많이 제공하였다. 적용 예제의 일부로 재료의 전단해석, 다불체 해석, 박리해석, 조립공정 해석, 금형과 소재의 변형 및 온도 연계해석, 열박음 및 열적하중을 고려한 연계해석 등과 최적설계 사례 등이 추가됨으로써 책의 완성도가 제고되었다.

마지막으로 이 책에서 사용된 많은 예제들은 협력업체들과 산학협력 하에서 이루어진 결과물이며, 협력업체와 연구에 참여한 연구원, 졸업생, 재학생 들에게 심심한 감사를

드린다. 특히, 이민철 박사(요소망생성), K. M. Razali(고온소재 모델링), 지수민 · 변종복 · 조성민(출판 준비)에게 이 자리를 빌어 감사드린다. 이 책이 나오기까지 다양한 방식으로 기여한 모든 분들에게 그 동안의 노고가 밝은 미래를 개척하는 데 소중한 경험이 되길 바란다.

2021년 1월
전만수 · 정완진 · 정석환 올림

차례

제3부 고등 고체역학의 이론 ······ 261

제 1 부

수학적 기반

역학과 수학은 불가분의 관계를 맺고 있다. 수학의 도움 없이 역학의 이해는 불가능하다고 해도 과언이 아니다. 이론 전문가는 물론이고 해석기술의 응용 기술자들도 수학적 지식의 숙지가 요구되고 있다. 따라서 제 1 부에서는 고등 고체역학과 유한요소해석 등의 이론 전개와 이해에 필수적인 수학적 기반을 학습한다.

Joseph Louis Largrange
(1738~1813)

벡터

제 1 장

1.1 벡터의 정의와 종류

길이, 온도, 밀도, 속력 등은 크기만 있지 방향성은 없다. 이러한 양(quantity)을 스칼라량(scalar quantity)이라고 부른다. 역학에서는 방향성을 가진 양이 많다. 힘, 모멘트, 변위, 속도, 가속도, 운동량(momentum), 열유동(heat flux) 등은 크기뿐만 아니라 방향을 가진다. 이런 양을 벡터량(vector quantity)이라고 하고 벡터량의 수학적 표현을 벡터라고 한다. 벡터의 기본 요건은 크기와 방향이다. 그림 1.1에서 보는 바와 같이 벡터는 화살표를 사용하여 도시된다. 화살표의 방향이 벡터의 방향이며, 화살표의 크기가 벡터의 크기를 나타낸다. 벡터는 굵은 소문자의 영문 알파벳(**a**, **x** 등)으로 표현되며, 화살표를 상부에 동반하는 일반문자($\vec{a}$, $\vec{x}$, $\overrightarrow{PX}$ 등)로 표현되기도 한다. 그림에서 화살표의 길이와 방향이 각각 벡터의 크기와 방향을 의미하며, 화살표의 끝점을 작용점이라고 하고, 화살표의 연장선을 작용선(line of action)이라고 한다. 벡터 **a** 의 크기(magnitude)는 $|\mathbf{a}|$ 또는 a로 표현된다. 크기가 1인 벡터를 단위벡터(unit vector)라고 한다.

벡터는 사용되는 목적에 따라 약간씩 차이를 갖고 있다. 그림 1.2(a)와 같이 반력을 구하는 문제에서 동일 작용선상의 크기가 같은 벡터는 동일한 결과를 낳는다. 이러한 벡터를 미끄럼벡터(sliding vector)라고 한다. 미끄럼벡터는 정역학 또는 강체역학에서 물체에 작용하는 힘을 표현하는 목적으로 널리 사용된다. 그러나 그림 1.2(b)에서 보는 바와 같이

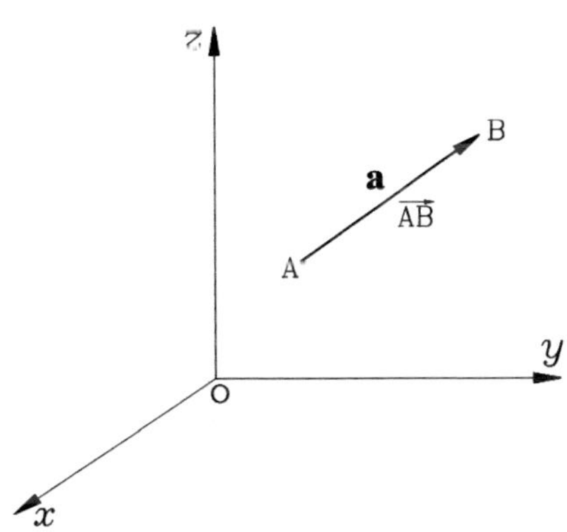

그림 1.1 벡터의 정의와 기하학적 표현

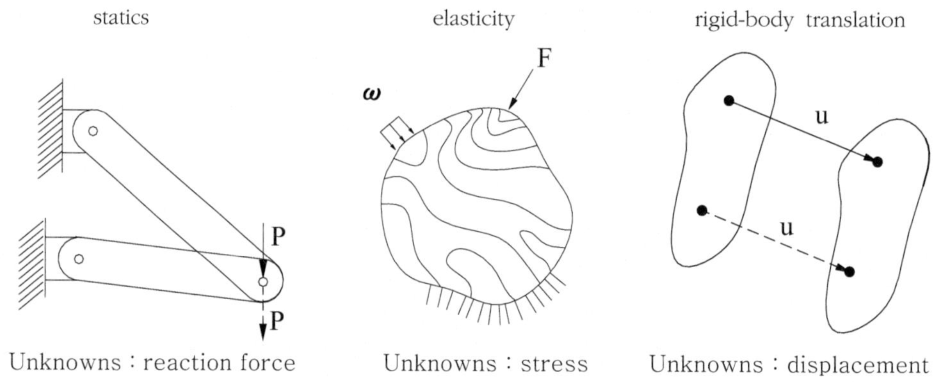

(a) 미끄럼 벡터 (b) 한정벡터 (c) 자유벡터

그림 1.2 벡터의 종류

탄성체에 작용하는 응력을 구하고자 할 경우 작용점이 다르면 그 결과가 다르다. 이러한 범주에 속하는 벡터를 한정벡터(bound vector)라고 한다. 그리고 작용점 및 작용선과 무관한 벡터를 자유벡터(free vector)라고 하며, 강체의 병진운동 등을 기술할 때 사용된다. 전술한 바와 같이 사용목적에 따라 벡터가 사용되는 목적과 물리적 의미는 다르지만, 수학적으로는 동일하게 취급된다.

1.2 좌표계와 좌표

그림 1.3에서 보는 바와 같이, 좌표는 어떤 점의 기준좌표계(reference coordinate system)에 대한 상대적 위치를 수학적으로 표현한 것이다. 벡터량인 좌표가 기준좌표계에 따라 달리 표현되듯이 동일한 벡터를 표현하더라도 기준좌표계의 형태와 위치에 따라 성분값은 다르다. 공학에서는 그림 1.4의 직각좌표계(rectangular coordinate system, Cartesian coordinate system), 원통좌표계(cylindrical coordinate system), 구좌표계(spherical coordinate system) 등의 직교좌표계(orthogonal coordinate system)가 널리 사용되고 있다. 역학, 특히 고체역학 분야의 해석 기술로 발전되어 있는 유한요소법(finite element method)에서 직각좌표계로 모든 문제의 해결이 가능하므로, 표현과 이론 전개가 용이한 직각좌표계를 대부분 사용하고 있다. 물론 축대칭 문제는 원통좌표계로 수식화되어 해결되고 있다. 공학계산 과정중에 질점의 좌표는 기준좌표계에 대한 상대적 위치로 표현되며 기준좌표계는 변하지 않는다.

그러나 특정 질점에서 정의되는 하중이나 변위벡터는 그 질점에서 특별한 방향(orientation)을 갖도록 하는 것이 문제의 해결을 위하여 불가피한 경우가 있다. 이런 목적으로 그림 1.3에서 보는 바와 같이 각 질점에서 정의된 좌표계, 즉 국부좌표계(local coordinate system)를 사용한다. 국부좌표계는 질점의 이동과 함께 움직일 수 있으며, 필요에 따라 방향도 변하게 된다.

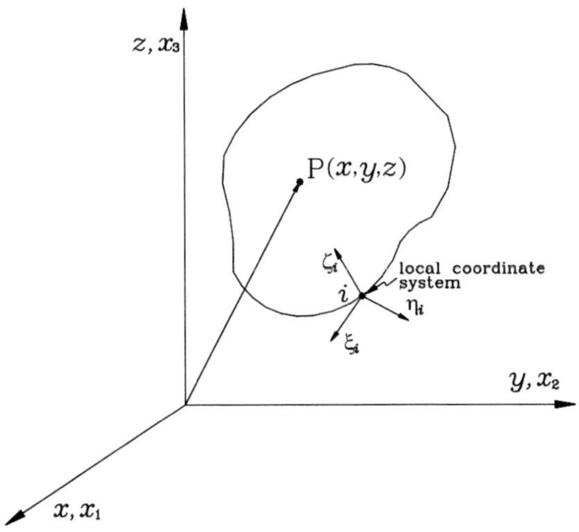

그림 1.3 좌표계와 좌표

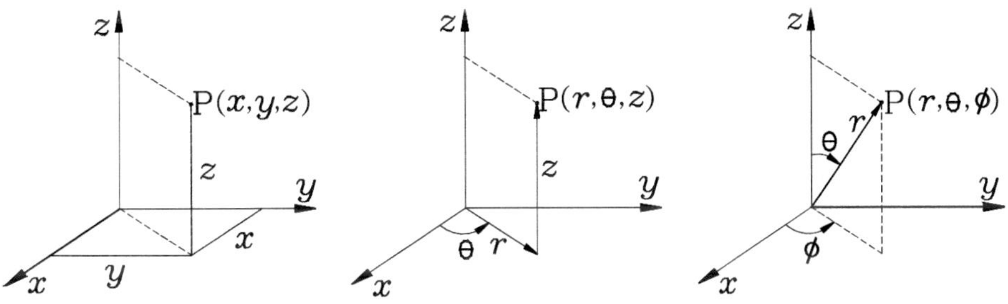

그림 1.4 주요 직교좌표계

1.3 벡터의 표현, 성분, 크기와 방향

그림 1.5에서 보는 바와 같이 3차원 공간상의 벡터 a는 기준좌표계에 대한 성분 a_x, a_y, a_z을 괄호([ ] 또는 ( )) 속에 나열함으로써 표현된다. 벡터의 성분은 수(number) 또는 함수(function)이다. 성분이 실수일 때 실수벡터 또는 벡터라고 하고, 함수일 때 벡터함수(vector function)라고 한다. a_x, a_y, a_z를 각각 x-성분, y-성분, z-성분이라고 하며, 각 성분을 콤마(,)로 분리하여 표현하기도 하고 뚜렷할 경우 공란으로 분리하기도 한다. 성분을 표현하는 형식에 따라서 행벡터와 열벡터로 구별된다. 3차원 공간(x, y, z 공간)에서 행벡터 a를

$$\mathrm{a} = [a_x \ a_y \ a_z] \tag{1.1}$$

로 표현하고, 열벡터 a를 다음과 같이 표현한다.

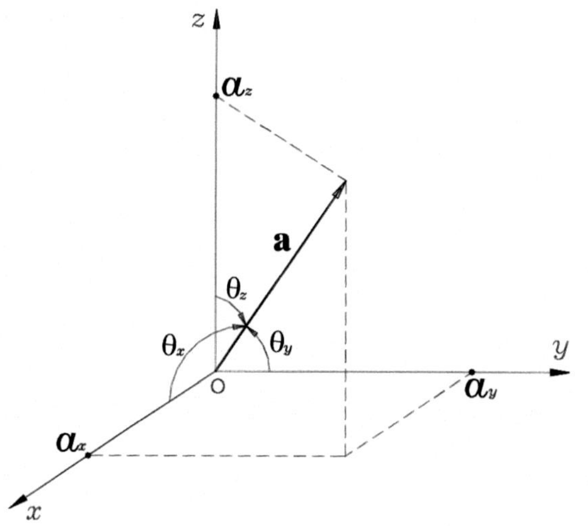

그림 1.5 직각좌표계에서 벡터의 성분

$$\mathrm{a} = \begin{bmatrix} a_x \\ a_y \\ a_z \end{bmatrix} = [a_x\ a_y\ a_z\ ]^{\mathrm{T}} \tag{1.2}$$

여기서 상첨자 T 는 열과 행을 바꾼다는 뜻으로 사용된 것으로 행벡터와 열벡터를 서로 바꾸어 주는 역할을 한다. 이 책에서 특별한 언급 없이 사용된 벡터는 열벡터를 의미한다. 때때로 표현의 편리상 x, y, z-축을 각각 x_1, x_2, x_3-축으로 표현하며, 성분 a_x, a_y, a_z를 각각 a_1, a_2, a_3으로 표현하기도 한다.

피타고라스의 정리로부터 벡터 a의 크기 | a |는 다음과 같으며,

$$|\mathrm{a}| = \sqrt{a_x^2 + a_y^2 + a_z^2} \quad \text{또는} \quad \sqrt{a_1^2 + a_2^2 + a_3^2} \tag{1.3}$$

그림 1.5에서 정의되어 있는 벡터의 방향 θ_i는 다음 식에 의하여 구해진다.

$$\theta_i = \cos^{-1}\frac{a_i}{|\mathrm{a}|} \quad (i = 1, 2, 3) \tag{1.4}$$

따라서 성분으로 표현된 벡터량은 크기와 방향을 내포하고 있는 것이다. 한편, $[\cos\theta_1, \cos\theta_2, \cos\theta_3]^{\mathrm{T}}$를 방향여현(directional cosine)이라고 한다.

벡터 a의 크기가 0이 아니면, 크기 | a |을 나눔으로써 단위벡터 u를 다음 식으로부터 구할 수 있다.

$$\mathrm{u} = \frac{\mathrm{a}}{|\mathrm{a}|} \tag{1.5}$$

단위벡터는 방향을 표현하는 목적으로 사용된다. 그리고 고유치문제 등과 같이 벡터의 방향에만 관심이 있고 크기에는 관심이 없는 경우에는 기준값(대개 1임)에 벡터의 크기를 맞

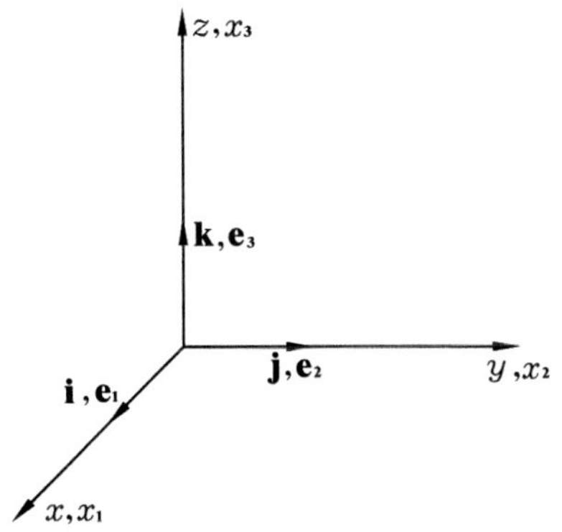

그림 1.6 단위벡터

추는데 이것을 정규화(normalization)라고 한다. 단위벡터는 정규화된 벡터의 일종이다. 정규화에 관한 내용은 행렬에서 보충될 것이다.

그림 1.6의 단위벡터 i,j,k는 직각좌표계에서 각각 x-축, y-축, z-축과 일치하면서 크기가 1인 벡터이며, R^3 벡터장에서 대표적인 단위기초벡터(unit basis vector)이다. 그림에서 보는 바와 같이 단위벡터 $\mathrm{i} = [1,0,0]^{\mathrm{T}}$, $\mathrm{j} = [0,1,0]^{\mathrm{T}}$, $\mathrm{k} = [0,0,1]^{\mathrm{T}}$는 각각 $\mathrm{e}_1, \mathrm{e}_2, \mathrm{e}_3$로 표현되기도 한다. 임의의 벡터는 성분과 성분에 대응하는 단위기초벡터의 선형조합으로 표현된다. 예를 들면, 그림 1.5의 벡터 a는

$$\mathrm{a} = [a_x, a_y, a_z]^{\mathrm{T}} = a_x\mathrm{i} + a_y\mathrm{j} + a_z\mathrm{k} \tag{1.6}$$

로 표현된다.

1.4 R^3 벡터장

3차원 공간에서 임의의 벡터 a와 b의 덧셈(이하 '벡터의 덧셈'이라고 함)과 임의의 스칼라 α와 벡터 a의 곱셈(이하 '벡터와 스칼라의 곱셈'이라고 함)은 각각 다음과 같이 정의된다.

$$① \ \mathrm{a} + \mathrm{b} = [a_1 + b_1, a_2 + b_2, a_3 + b_3]^{\mathrm{T}} \tag{1.7}$$

$$② \ \alpha\mathrm{a} = [\alpha a_1, \alpha a_2, \alpha a_3]^{\mathrm{T}} \tag{1.8}$$

2차원 공간상에서 벡터의 덧셈 및 벡터와 스칼라의 곱셈의 기하학적 의미를 그림 1.7에 도시하였다.

한편, 식 (1.7)의 벡터의 덧셈과 식 (1.8)의 벡터와 스칼라의 곱셈의 정의에 의하여 다음의 관계식이 자동적으로 성립하거나 정의된다.

$$③ \ \mathrm{a} + \mathrm{b} = \mathrm{b} + \mathrm{a} \tag{1.9}$$

$$④ \ (\mathrm{a} + \mathrm{b}) + \mathrm{c} = \mathrm{a} + (\mathrm{b} + \mathrm{c}) \tag{1.10}$$

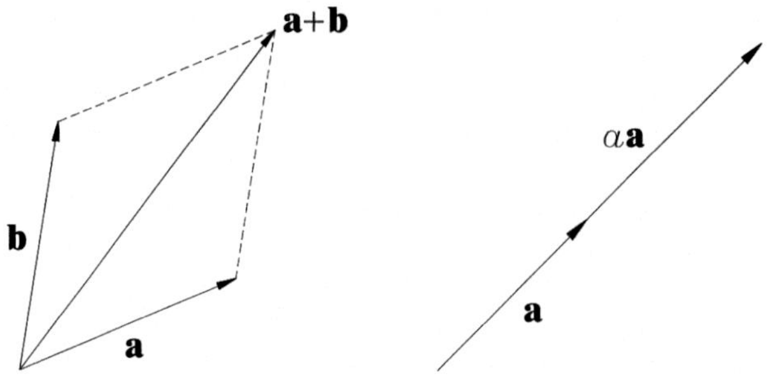

(a) 벡터의 덧셈 (b) 벡터와 스칼라의 곱셈

그림 1.7 벡터의 덧셈 및 벡터와 스칼라의 곱셈

⑤ $\mathbf{0} + \mathbf{a} = \mathbf{a}$ (1.11)

⑥ $\mathbf{a} + (-\mathbf{a}) = \mathbf{0}$ (1.12)

⑦ $\alpha(\mathbf{a} + \mathbf{b}) = \alpha\mathbf{a} + \alpha\mathbf{b}$ (1.13)

⑧ $(\alpha + \beta)\mathbf{a} = \alpha\mathbf{a} + \beta\mathbf{a}$ (1.14)

⑨ $\alpha(\beta\mathbf{a}) = (\alpha\beta)\mathbf{a}$ (1.15)

⑩ $1\mathbf{a} = \mathbf{a}$ (1.16)

여기서 $\mathbf{0} = [0, 0, 0]^{\mathrm{T}}$은 영벡터이고, $-\mathbf{a}$는 벡터 $\mathbf{a}$의 음수벡터이다. 그리고 α와 β는 임의의 실수이다.

③~⑩의 연산을 만족하는 벡터의 덧셈 ① 및 벡터와 스칼라의 곱셈 ②에 의하여 만들어지는 벡터들의 집합을 벡터장이라고 하며, 다음과 같이 정의된다.

⑪ $R^3 \equiv \{\mathbf{a} \mid \mathbf{a} = [a_1\ a_2\ a_3]^{\mathrm{T}};\ a_i{}'\mathrm{s\ are\ real}\}$ (1.17)

여기서 R과 3은 각각 실수벡터공간과 벡터장의 차원을 의미한다. 이 벡터장을 3차원 유클리디안 벡터장(3-dimensional Euclidean vector space) 또는 3차원 실수벡터장(3-dimensional real vector space)이라고 한다. 동일한 방법으로 R^2, R^k 등이 정의된다. 대수연립방정식이 벡터장에서 해를 구하는 문제인 반면, 미분방정식의 해는 함수장에서 해를 찾는 문제이다. 따라서 벡터장뿐만 아니라 함수장 이론을 이해하고 있으면, 이론의 전개는 물론이고 해의 획득 측면에서 매우 유익하다. 벡터장에 대한 이해는 함수장의 이해에 선행되어야 한다.

R^3 공간에서 두 벡터 $\mathbf{a}$와 $\mathbf{b}$의 내적(inner product, dot product, scalar product)을 다음과 같이 정의하자.

⑫ $\langle \mathbf{a}, \mathbf{b} \rangle = \mathbf{a} \cdot \mathbf{b} = \sum_{i=1}^{3} a_i b_i$ (1.18)

여기서 ⟨ a, b ⟩는 두 양(quantity) a와 b의 내적을 나타내는 일반적인 기호이고, a · b는 두 벡터의 내적을 표현하는 목적으로 사용되고 있다.

⑫에서 정의된 내적은 다음의 성질을 만족한다.

⑬ $\mathbf{a} \cdot \mathbf{b} = \mathbf{b} \cdot \mathbf{a}$ (1.19)

⑭ $\mathbf{a} \cdot (\mathbf{b}+\mathbf{c}) = \mathbf{a} \cdot \mathbf{b} + \mathbf{a} \cdot \mathbf{c}$ (1.20)

⑮ $(\alpha \mathbf{a}) \cdot \mathbf{b} = \alpha (\mathbf{a} \cdot \mathbf{b})$ (1.21)

⑯ $\mathbf{a} \cdot \mathbf{a} \geq 0$ (1.22)

⑰ $\mathbf{a} \cdot \mathbf{a} = 0$ implies $\mathbf{a} = \mathbf{0}$ (1.23)

여기서 a, b, c는 R^3 공간 내에 존재하는 임의의 벡터이며, α는 임의의 실수이다. ⑬~⑰은 벡터장과 함수장에서 정의되는 내적이 갖추어야 할 기본 요건이다.

벡터 a와 b의 내적은 다음의 기하학적 의미를 갖는다.

$$\mathbf{a} \cdot \mathbf{b} = |\mathbf{a}|\,|\mathbf{b}|\cos\theta \tag{1.24}$$

여기서 θ는, 그림 1.8에서 보는 바와 같이, 벡터 a와 b의 사이각이다. a · b=0이면, 두 벡터는 직교(perpendicular)한다. 따라서

$$\mathbf{i} \cdot \mathbf{j} = \mathbf{j} \cdot \mathbf{k} = \mathbf{k} \cdot \mathbf{i} = 0 \tag{1.25}$$

이다. 일(work) W는 하중 F와 변위 d의 내적으로 정의된다. 즉, $W = \mathbf{F} \cdot \mathbf{d}$ 이다. 이 이외에도 역학과 기하학에서 벡터의 내적은 매우 빈번히 사용된다.

벡터의 내적을 이용하여 벡터 a의 놈(norm) $\|\mathbf{a}\|$, 즉 벡터의 수학적 크기를 다음과 같이 정의할 수 있다.

⑱ $\|\mathbf{a}\| = (\mathbf{a} \cdot \mathbf{a})^{\frac{1}{2}}$ (1.26)

여기서 기호 ‖ ‖는 벡터 또는 함수의 놈을 표현하는 기호이다.

식 (1.26)은 놈의 한 예이며, 보충설명 1에서 설명하는 바와 같이 다른 놈들이 수학적

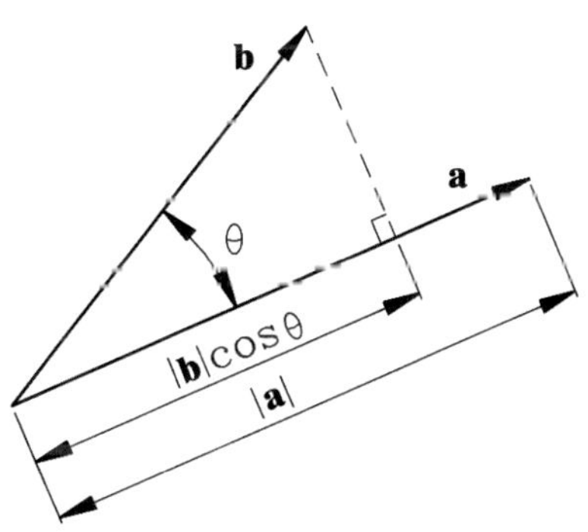

그림 1.8 벡터의 내적

으로 정의될 수 있다. 벡터장 R^2, R^3에서 식 (1.26)에 의하여 정의되는 벡터 **a**의 놈 $\|\mathbf{a}\|$는 식 (1.3)에서 피타고라스의 정리로부터 구한 벡터의 크기 $|\mathbf{a}|$와 동일하다.

놈은 다음의 요구조건 및 성질을 만족해야 한다.

⑲ $\|\alpha\mathbf{a}\| = |\alpha|\ \|\mathbf{a}\|$ (1.27)

⑳ $|\mathbf{a}\cdot\mathbf{b}| \le \|\mathbf{a}\|\ \|\mathbf{b}\|$ (1.28)

㉑ $\|\mathbf{a}+\mathbf{b}\| \le \|\mathbf{a}\| + \|\mathbf{b}\|$ (1.29)

여기서 **a**와 **b**는 R^3 공간 내에 존재하는 임의의 벡터이며, α는 임의의 실수이다. 만약 놈이 식 (1.26)과 같이 내적으로부터 정의된다면 놈이 갖추어야 할 조건식 ⑲~㉑은 자동적으로 만족된다. 이와 같이 내적으로부터 정의된 놈을 특별히 자연놈(natural norm)이라고 부른다. 참고로 만약 놈이 내적에 의하여 정의될 수 없다면, 식 (1.27)~(1.29)를 만족하는 추상적인 놈을 수학적으로 정의해야 한다.

모든 Cauchy 수열(Cauchy sequence)의 극한이 그 벡터장 내부의 점으로 수렴할 때 그 벡터장을 완전하다(complete)라고 한다. 내적에 의하여 놈이 정의되고 이 놈에서 완전한 벡터장을 Hilbert 장(Hilbert space)이라고 한다. 유클리디안 벡터장 R^k에서 내적에 의하여 놈이 정의되며, 실수의 Cauchy 수열의 극한은 역시 실수이므로 완전하다. 따라서 R^k는 Hilbert 장에 속한다.

▼ 예제 1.1

성분이 유리수인 벡터장은 완전하지 않음을 보여라.

➡ 수열 $x_k = \sum_{i=0}^{k}\frac{1}{i!}$를 하나의 성분으로 간주하자. 물론 x_k는 유리수이다. $|x_m - x_n| \le \frac{2}{m!}\ (n \ge m \ge 1)$이므로 $\lim_{n,m\to\infty}|x_m - x_n| = 0$이다. 따라서 수열 $\{x_k\}$, $k=1, 2, \cdots$는 Cauchy 수열이다. 그런데 $\lim_{k\to\infty} x_k = e$이므로 수열 $\{x_k\}$는 무리수에 수렴한다. 그러므로 유리수 x_k를 성분으로 하는 벡터장은 완전하지 않다.

보충설명 1

벡터 성분이 k개인 R^k 벡터장에서 p-놈(p-norm)은 다음과 같이 정의된다.

$$\|\mathbf{a}\|_p = \left(a_1^p + a_2^p + \cdots + a_k^p\right)^{\frac{1}{p}} \tag{a}$$

식 (a)로 정의된 p-놈은 식 (1.27)~식 (1.29)의 조건을 만족한다. 식 (1.26)의 2-놈은 놈의 크기가 벡터의 기하학적 크기와 일치하는 특수한 경우이다. 가끔 성분의 절대값중에서 최대값을 벡터의 놈으로 정의하는 경우가 있다. 이것은 p가 무한대인 p-놈의 특별한 경우이다.

1.5 R^k 유클리디안 벡터장

지금까지 3차원 공간상의 벡터에 관하여 설명하였다. 2차원 평면에 대한 것은 앞에서 설명한 내용에서 $a_z = 0$으로 두거나 a_z를 삭제하면 된다. 앞에서 벡터의 차원이라는 용어를 사용하였다. 2차원 평면에서 벡터량은 2차원 벡터에 속하며, 3차원 공간에서 표현되는 벡터는 3차원 벡터이다. 2차원 벡터는 2개의 성분으로 표현되고, 3차원 공간에서 벡터는 3개의 성분으로 표현된다. 마찬가지로 어떤 벡터가 k개의 성분으로 표현될 때 이를 k-차원 벡터라고 한다. 이제 전술한 벡터 및 벡터장 관련 내용을 k-차원의 유클리디안 벡터장 또는 유한차원 실수벡터장(finite dimensional real vector space)으로 확장하자. k-차원 벡터장에서 벡터 a는 k개의 실수 성분 a_i로 표현된다. 즉,

$$\mathsf{a} = [\, a_1 \;\; a_2 \;\; \cdots \;\; a_k]^{\mathrm{T}} = \begin{bmatrix} a_1 \\ a_2 \\ \vdots \\ a_k \end{bmatrix} \tag{1.30}$$

이다.

k-차원 유클리디안 공간(k-dimensional Euclidean space) 또는 k-차원 실수벡터 공간(k-dimensional real vector space) R^k는 k-차원의 실수벡터들로 이루어진 집합을 일컫는다. 즉,

$$⑫ \;\; R^k \equiv \{\mathsf{a} \,|\, \mathsf{a} = [\, a_1, a_2, \cdots, a_k]^{\mathrm{T}};\;\; a_i\text{'s are real}\} \tag{1.31}$$

이다. 이 벡터장은 k-차원 열벡터들의 공간이다.

k-차원의 모든 실수벡터는 3차원 공간에서의 벡터와 동일한 성질을 갖는다. 즉, 동일한 방식으로 두 벡터 $\mathsf{a} = [a_1, a_2, \cdots, a_k]^{\mathrm{T}}$와 $\mathsf{b} = [b_1, b_2, \cdots, b_k]^{\mathrm{T}}$의 덧셈과 벡터 a와 스칼라 α의 곱셈이 다음과 같이 정의된다. 즉,

$$① \;\; \mathsf{a} + \mathsf{b} \equiv [a_1 + b_1, a_2 + b_2, \cdots, a_k + b_k]^{\mathrm{T}} \tag{1.32}$$

$$② \;\; \alpha\,\mathsf{a} \equiv [\alpha\, a_1, \alpha\, a_2, \cdots, \alpha\, a_n]^{\mathrm{T}} \tag{1.33}$$

이다. 두 벡터의 내적과 놈은 각각 다음과 같이 정의된다.

$$⑫ \;\; \mathsf{a} \cdot \mathsf{b} = \sum_{i=1}^{k} a_i\, b_i \tag{1.34}$$

$$⑱ \;\; \|\mathsf{a}\| = (\mathsf{a} \cdot \mathsf{a})^{\frac{1}{2}} \tag{1.35}$$

그리고 ③~⑩, ⑬~⑰, ⑲~㉑ 등은 자동적으로 만족된다. R^k는 Hilbert 장에 속한다.

▼ 예제 1.2

벡터 $a=[2,-5,\ 3]^T$와 $b=[6,\ 2,-1]^T$에 대한 다음 물음에 답하라.

a) $a+2b$ b) $2a-b$ c) $a \cdot b$ d) $b \cdot a$

e) 벡터 a와 b의 사이각 θ

➡ a) $a+2b=[14,-1,1]^T$

➡ b) $2a-b=[-2,-12,\ 7\ ]^T$

➡ c) $a \cdot b = 2\times 6+(-5)\times 2+3\times(-1) = -1$

➡ d) $b \cdot a = 6\times 2+2\times(-5)+(-1)\times 3 = -1$

➡ e) $a \cdot b = |a\,\|\,b|\cos\theta = \sqrt{2^2+5^2+3^2}\ \sqrt{6^2+2^2+1^2}\ \cos\theta = \sqrt{1558}\ \cos\theta$

문제 c)로부터 $a \cdot b = -1$이므로 $\theta = \cos^{-1}(-1/\sqrt{1558}) = 91.45°$이다.

1.6 선형독립과 선형종속

이제 벡터의 선형독립과 선형종속에 관하여 공부하자. 확정된 n개의 벡터 $a_1, a_2, \ldots, a_n$에 각각 $c_1, c_2, \ldots, c_n$의 실수를 곱하여 더한 것을 선형조합(linear combination)이라고 부른다. 즉, 벡터 $a_1, a_2, \ldots, a_n$의 선형조합은 다음과 같다.

$$\sum_{i=1}^{n} c_i a_i = c_1 a_1 + c_2 a_2 + \ldots + c_n a_n \tag{1.36}$$

선형조합이 0이 되는 경우, 즉,

$$\sum_{i=1}^{n} c_i a_i = c_1 a_1 + c_2 a_2 + \ldots + c_n a_n = 0 \tag{1.37}$$

인 경우를 고려해 보자. 이 식은 모든 c_i가 0이면 당연히 성립하지만 관심 밖의 경우이다. 그런데 식 (1.37)을 만족시키는 $c = [c_1, c_2, \cdots, c_n]^T$ 중에서 최소한 하나 이상의 c_i가 0이 아닌 경우, 벡터 $a_1, a_2, \cdots, a_n$은 선형종속(linearly dependent)이다. 반대로 선형조합이 0이 되기 위해서 반드시 모든 c_i가 0이 되어야 한다면, 벡터 $a_1, a_2, \cdots, a_n$은 선형독립(linearly independent)이다. 선형종속이면, 일부의 벡터를 나머지 벡터의 선형조합으로 표현할 수 있다.

▼ 예제 1.3

다음의 벡터가 선형종속인지 선형독립인지를 판단하라.

a) $[1\ -2\ \ -4\ ]^T$ b) $[3\ \ 2\ -2\ ]^T$
$[2\ -5\ \ \ 3\ ]^T$ $[0\ -2\ \ \ 3\ ]^T$
$[4\ \ \ 1\ \ \ 3\ ]^T$ $[6\ \ \ 2\ -1\ ]^T$

➡ a) $c_1 \begin{bmatrix} 1 \\ -2 \\ -4 \end{bmatrix} + c_2 \begin{bmatrix} 2 \\ -5 \\ 3 \end{bmatrix} + c_3 \begin{bmatrix} 4 \\ 1 \\ 3 \end{bmatrix} = \begin{bmatrix} 0 \\ 0 \\ 0 \end{bmatrix}$

는 $c_1 = c_2 = c_3 = 0$ 일 때만 성립한다. 따라서 주어진 세 벡터는 선형독립이다.

➡ b) $c_1 \begin{bmatrix} 3 \\ 2 \\ -2 \end{bmatrix} + c_2 \begin{bmatrix} 0 \\ -2 \\ 3 \end{bmatrix} + c_3 \begin{bmatrix} 6 \\ 2 \\ -1 \end{bmatrix} = \begin{bmatrix} 0 \\ 0 \\ 0 \end{bmatrix}$

는 $c_1 : c_2 : c_3 = -2 : -1 : 1$ 이면 항상 성립한다. 따라서 주어진 세 벡터는 선형종속이다.

확장이론(expansion theorem)에 의하면, R^n 벡터장에서 n개의 선형독립벡터 $\mathbf{u}_i$ $(i=1,2,\ldots,n)$를 알고 있다면, R^n 벡터장의 임의의 벡터 $\mathbf{a}$를 이 독립벡터의 선형조합으로 표현할 수 있다. 즉,

$$\mathbf{a} = \sum_{i=1}^{n} \alpha_i \mathbf{u}_i \tag{1.38}$$

이다.

대상으로 하는 공간에서 만들 수 있는 최대 수의 독립벡터를 기저벡터(basis vector)라고 부르고 이 기저벡터의 수와 벡터장의 차원(dimension)의 수는 동일하다. 기저벡터의 선형조합으로 만들어지는 공간을 기저벡터의 전장(span)이라고 한다. 예를 들면, 3차원 공간은 단위벡터 $\mathbf{i}, \mathbf{j}, \mathbf{k}$의 전장이다.

기저벡터들의 필수조건은 상호 선형독립이어야 한다는 것이다. 두 벡터가 직교하면, 즉 두 벡터의 내적이 0이 되면 두 벡터는 독립적이다. 따라서 R^k 공간에서 k개의 직교벡터(orthogonal vector)는 직교기저벡터로 사용될 수 있다. 특히 벡터의 크기가 1일 때, 단위직교기저벡터(unit orthogonal basis vector)가 된다. R^3 공간에서 단위벡터 $\mathbf{i}, \mathbf{j}, \mathbf{k}$는 단위직교기저벡터의 대표적인 예이다. 만약 식 (1.38)에서 $\mathbf{u}_i$가 단위직교기저벡터이면, 즉 $\mathbf{u}_i \cdot \mathbf{u}_j = \delta_{ij}$이면, 식 (1.38)에서 α_i는 다음과 같다.

$$\alpha_i = \mathbf{a} \cdot \mathbf{u}_i \tag{1.39}$$

여기서 크로네커 델타(Kronecker delta) δ_{ij}는 $i \neq j$이면 0이고, $i = j$이면 1의 값을 갖는 기호이다. 이 기호는 고등역학에서 자주 사용되므로 숙지해 두기 바란다.

1.7 벡터적

R^3 공간에서 벡터적(vector product, cross product)을 정의하자. 벡터 a와 b의 벡터적은 다음과 같이 정의된다.

$$\mathrm{c} = \mathrm{a} \times \mathrm{b} \tag{1.40}$$

여기서 c는 벡터이며, 그 크기 |c|는

$$|\mathrm{c}| = |\mathrm{a}||\mathrm{b}|\sin\theta \tag{1.41}$$

이다. 여기서 θ는 두 벡터의 사이각이며, $0 \le \theta \le \pi$이다. c의 방향은 그림 1.9에서 보는 바와 같이 벡터 a와 b에 수직하면서 a, b, c의 방향이 우손법칙을 만족하는 방향이다. 벡터 c의 성분과 벡터 a, b의 성분간에는 $c_1 = a_2b_3 - a_3b_2$, $c_2 = a_3b_1 - a_1b_3$, $c_3 = a_1b_2 - a_2b_1$의 관계가 성립한다. 따라서 두 벡터의 벡터곱은 행렬의 판별치 계산 방식을 빌어 다음과 같이 표현될 수 있다(2.5절 참고).

$$\mathrm{a} \times \mathrm{b} = \begin{vmatrix} \mathrm{i} & \mathrm{j} & \mathrm{k} \\ a_1 & a_2 & a_3 \\ b_1 & b_2 & b_3 \end{vmatrix} \tag{1.42}$$

a × b = 0은 벡터 a와 b의 사이각이 0이어야 하므로 두 벡터의 작용선이 평행함을 의미하며,

$$\mathrm{i} \times \mathrm{j} = \mathrm{k},\ \mathrm{j} \times \mathrm{k} = \mathrm{i},\ \mathrm{k} \times \mathrm{i} = \mathrm{j},\ \mathrm{i} \times \mathrm{i} = \mathrm{j} \times \mathrm{j} = \mathrm{k} \times \mathrm{k} = 0 \tag{1.43}$$

이다.

벡터적의 일반적인 성질을 아래에 요약하였다.

$$\mathrm{a} \times \mathrm{b} = -\mathrm{b} \times \mathrm{a} \tag{1.44}$$

$$\mathrm{a} \times (\mathrm{b} + \mathrm{c}) = \mathrm{a} \times \mathrm{b} + \mathrm{a} \times \mathrm{c} \tag{1.45}$$

$$(\mathrm{a} \times \mathrm{b}) \times \mathrm{c} = (\mathrm{a} \cdot \mathrm{c})\mathrm{b} - (\mathrm{a} \cdot \mathrm{b})\mathrm{c} \tag{1.46}$$

$$\mathrm{a} \cdot (\mathrm{b} \times \mathrm{c}) = (\mathrm{a} \times \mathrm{b}) \cdot \mathrm{c} = \mathrm{a} \cdot \mathrm{b} \times \mathrm{c} \tag{1.47}$$

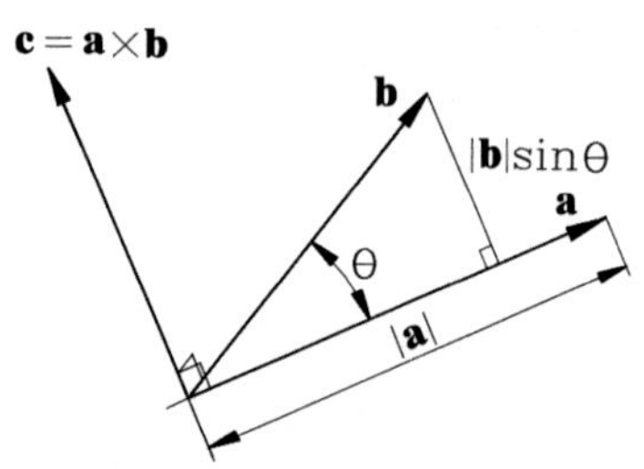

그림 1.9 벡터적의 정의

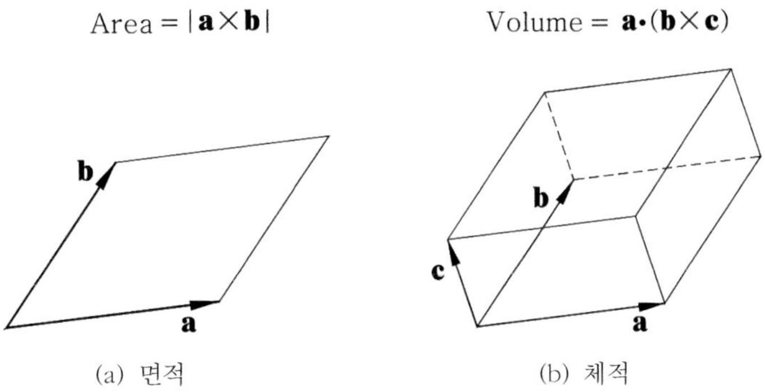

그림 1.10 면적과 체적

벡터적 a × b의 크기는 그림 1.10(a)에서 보는 바와 같이 벡터 a와 벡터 b를 두 변으로 하는 평행사변형의 면적이다. 그리고 a · (b × c)는 그림 1.10(b)에서 보는 바와 같이 벡터 a,b,c를 세 변으로 하는 평행육면체의 체적이다.

▼ 예제 1.4

벡터 $a = [2,-5,\ 3]^T$와 $b = [6,\ 2,-1]^T$에 대한 다음 물음에 답하라.

a) $a \times b$ b) $b \times a$ c) $b \times a = -a \times b$

임을 확인하라.

➡ a) $a \times b = (2i-5j+3k) \times (6i+2j-k) = 4k+2j+30k+5i+18j-6i$
$= -i+20j+34k$

➡ b) $b \times a = (6i+2j-k) \times (2i-5j+3k) = -30k-18j-4k+6i-2j-5i$
$= i-20j-34k$

➡ c) 문제 a)와 b)로부터 $b \times a = -a \times b$ 이다.

▼ 예제 1.5

다음의 네 점 A(5,0,0), B(0,5,0), C(−2,−2,5), D(5,5,5)에 관한 물음에 답하여라.

1) △ABC의 면적을 구하라.

2) 점 D로부터 점 A, B, C에 의하여 정의되는 평면에 이르는 최단 거리를 구하라.

3) 점 D를 점 A와 B를 연결하는 직선에 수선을 내렸을 때, 최단 거리를 구하라.

➡ 1) △ABC의 면적 벡터는 다음과 같다.

$$\frac{1}{2}\overrightarrow{AB} \times \overrightarrow{AC} = \frac{1}{2}\{(-5,5,0) \times (-7,-2,5)\} = \frac{5}{2}(5i+5j+9k) \quad \text{(a)}$$

따라서 $\triangle ABC$ 의 면적은 $\dfrac{5\sqrt{131}}{2}$ 이다.

이 때, $\triangle ABC$ 의 법선단위벡터는 다음과 같다.

$$\mathbf{n} = \frac{2\sqrt{131}}{131}(5\mathbf{i} + 5\mathbf{j} + 9\mathbf{k}) \qquad \text{(b)}$$

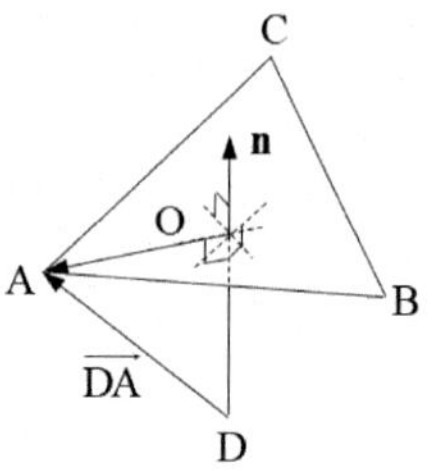

(a)

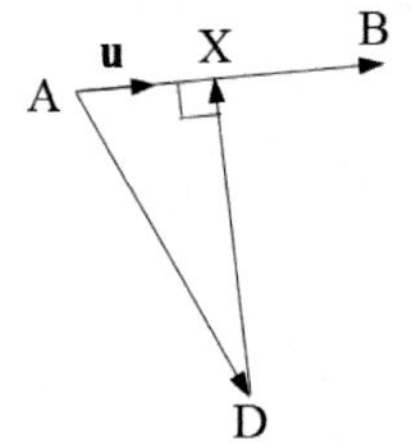

(b)

2) 점 D로부터 점 A, B, C에 의해 정의되는 평면에 이르는 최단 거리는 점 D로부터 $\triangle ABC$ 에 내린 수선의 길이와 같다. 따라서 최단 거리는 다음과 같다.

$$d = \overrightarrow{DA} \cdot \mathbf{n} = (0,5,5) \cdot \frac{2\sqrt{131}}{131}(5,5,9) = \frac{140\sqrt{131}}{131} \qquad \text{(c)}$$

3) 그림 (b)와 같이 $\overrightarrow{DX}$는 다음과 같다.

$$\begin{aligned} \overrightarrow{DX} &= -\overrightarrow{AD} + \overrightarrow{AX} \\ &= -\overrightarrow{AD} + (\mathbf{u} \cdot \overrightarrow{AD})\mathbf{u} \qquad \text{(d)} \end{aligned}$$

여기서 $\mathbf{u} = \overrightarrow{AB}/|\overrightarrow{AB}|$ 이다. 따라서 $\overrightarrow{DX} = -\dfrac{5}{2}\mathbf{i} - \dfrac{5}{2}\mathbf{j} - 5\mathbf{k}$ 이므로 $d = \dfrac{5\sqrt{6}}{2}$ 이다.

제 2 장

행렬

2.1 행렬의 정의

행렬(matrix)은 수의 직사각형 또는 정사각형 모양의 규칙적 배열을 의미한다. 행렬을 사용함으로써 수들 체계적이고 효율적으로 표현할 수 있음은 물론이고, 선형대수학이라는 학문의 뒷받침을 받을 수 있어 관련 계의 특성 파악과 해의 획득을 용이하게 할 수 있다. 이 책에서는 일반행렬을 굵은 로만(Roman)체의 대문자(예, A, B, K 등)로 표현하고, 특수행렬인 행벡터(row vector)와 열벡터(column vector) 등은 굵은 로만체 소문자로 표현한다. 행렬의 일반형을 다음과 같이 표현하고

$$\mathrm{A} = [a_{ij}] = \begin{bmatrix} a_{11} & a_{12} & \dots & a_{1n} \\ a_{21} & a_{22} & \dots & a_{2n} \\ \vdots & \vdots & & \vdots \\ a_{m1} & a_{m2} & \dots & a_{mn} \end{bmatrix} \tag{2.1}$$

이 행렬을 $m \times n$ 행렬(m by n 행렬이라고 읽음)이라고 한다. 이 행렬에서 m과 n은 각각 행과 열의 수이다. 여기서 a_{11}, ⋯, a_{ij}, ⋯, a_{mn} 등을 요소(element)라고 한다. 요소에서 첫번째 지수는 행의 번호를, 두 번째 지수는 열의 번호를 의미한다. 따라서 a_{32}는 3번 행과 2번 열의 요소이다. 요소는 수 또는 함수이며, 이 책에서는 실수와 실수함수만을 대상으로 한다.

특수형태의 행렬로 $1 \times n$ 행렬의 행벡터와 $m \times 1$ 행렬의 열벡터가 있다. 행벡터(또는 행행렬)와 열벡터(또는 열행렬)의 요소는 성분으로도 불리며 하나의 지수를 가진 문자(예 $[a_j]$ 등)로 표현된다. 아무런 언급 없이 사용된 벡터는 열벡터로 간주된다. 따라서 벡터는 행렬의 특수한 경우이다.

행과 열의 수가 동일한 행렬을 정방행렬(square matrix)이라고 한다. $n \times n$ 정방행렬에서 a_{ii} $(i=1,2,...,n)$ 등과 같이 두 개의 지수가 동일한 요소를 대각항(diagonal term)이라고 하고, 그 이외의 항을 비대각항(off-diagonal term)이라고 한다. 정방행렬에서 대각항을 제외한 모든 요소(모든 비대각항)가 0인 행렬을 대각행렬(diagonal matrix)이라고 하고 D로 표현한다. 대각항의 모든 요소가 1인 대각행렬을 I로 표시하고 단위행렬(unit matrix)이라고 한다. 단위행렬은 Kronecker delta δ_{ij}를 이용하여 종종 $\mathrm{I} = [\delta_{ij}]$로 표현되는데, δ_{ij}

는 $i=j$이면 1이고 $i \neq j$이면 0이다. 그리고 모든 요소가 0인 행렬을 영행렬(zero matrix)이라고 하고 0으로 표현한다. 정방행렬에서 대각항과 그 아래의 요소를 제외한 모든 요소가 0인 행렬을 하삼각행렬(lower triangular matrix)이라고 하고, 반대로 대각항 아래의 모든 요소가 0인 행렬을 상삼각행렬(upper triangular matrix)이라고 한다.

행렬은 분할되어 계산되거나 취급되는 경우가 많으며, 때로는 일부의 행과 열이 제거된 상태로 취급되기도 한다. 원래의 행렬에서 일부의 행과 열을 제거하여 만든 행렬을 부분행렬(submatix)이라고 한다. 정방행렬에서 동일번호의 행과 열을 동시에 제거하여 만든 부분행렬을 주부분행렬(principal submatrix)이라고 한다. 그리고 행렬 A의 (i,j) −요소 a_{ij}와 (j,i) −요소 a_{ji}의 자리를 바꾸어 만든 행렬을 전치행렬(transpose of a matrix, transposed matrix)이라고 하고 A^T로 표시한다. $n \times m$ 행렬의 전치행렬은 $m \times n$ 행렬이다. 특수한 형태의 행렬로서

$$A^T = A, \quad a_{ij} = a_{ji} \tag{2.2}$$

인 행렬을 대칭행렬(symmetric matrix)이라고 하며,

$$A^T = -A, \quad a_{ij} = -a_{ji} \tag{2.3}$$

인 행렬을 의대칭행렬(skew-symmetric matrix)이라고 한다. 의대칭행렬의 대각항은 0이다.

2.2 행렬의 덧셈과 곱셈

두 행렬 A와 B의 덧셈은 두 행렬의 행과 열의 수가 모두 동일할 때 가능하며, 동일한 행과 열의 요소끼리 더하는 것으로 정의된다. 따라서

$$C = A + B \tag{2.4}$$

에서 행렬 C의 요소 c_{ij}는

$$c_{ij} = a_{ij} + b_{ij} \tag{2.5}$$

이다. 행렬 A와 스칼라 α의 곱은 행렬의 모든 요소에 스칼라를 곱한 것으로 정의된다. 즉,

$$C = \alpha A \tag{2.6}$$

에서 행렬 C의 요소 c_{ij}는 다음과 같다.

$$c_{ij} = \alpha\, a_{ij} \tag{2.7}$$

▼ 예제 2.1

다음 행렬의 전치행렬을 구하라.

a) $\begin{bmatrix} 1 & -2 & -4 \\ 2 & -5 & 3 \\ 4 & 1 & 3 \end{bmatrix}$　　　　b) $\begin{bmatrix} 5 & -2 \\ 2 & -1 \\ 0 & 2 \end{bmatrix}$

➡ a) $\begin{bmatrix} 1 & -2 & -4 \\ 2 & -5 & 3 \\ 4 & 1 & 3 \end{bmatrix}^{\mathrm{T}} = \begin{bmatrix} 1 & 2 & 4 \\ -2 & -5 & 1 \\ -4 & 3 & 3 \end{bmatrix}$

➡ b) $\begin{bmatrix} 5 & -2 \\ 2 & -1 \\ 0 & 2 \end{bmatrix}^{\mathrm{T}} = \begin{bmatrix} 5 & 2 & 0 \\ -2 & -1 & 2 \end{bmatrix}$

행렬의 덧셈 및 행렬과 스칼라의 곱셈의 정의로부터 다음의 관계를 쉽게 증명하거나 유도할 수 있다.

$$\mathrm{A} + \mathrm{B} = \mathrm{B} + \mathrm{A} \tag{2.8}$$

$$\mathrm{A} + (\mathrm{B} + \mathrm{C}) = (\mathrm{A} + \mathrm{B}) + \mathrm{C} \tag{2.9}$$

$$\mathrm{A} + \mathbf{0} = \mathrm{A} \tag{2.10}$$

$$\mathrm{A} + (-\mathrm{A}) = \mathbf{0} \tag{2.11}$$

$$\alpha(\mathrm{A} + \mathrm{B}) = \alpha\mathrm{A} + \alpha\mathrm{B} \tag{2.12}$$

$$(\alpha + \beta)\mathrm{A} = \alpha\mathrm{A} + \beta\mathrm{A} \tag{2.13}$$

$$\alpha(\beta\mathrm{A}) = (\alpha\beta)\mathrm{A} \tag{2.14}$$

$$1\mathrm{A} = \mathrm{A} \tag{2.15}$$

$$(\mathrm{A} + \mathrm{B})^{\mathrm{T}} = \mathrm{A}^{\mathrm{T}} + \mathrm{B}^{\mathrm{T}} \tag{2.16}$$

$$(\alpha\mathrm{A})^{\mathrm{T}} = \alpha\mathrm{A}^{\mathrm{T}} \tag{2.17}$$

이제 $m \times p$ 행렬 $\mathrm{A} = [a_{ij}]$와 $q \times n$ 행렬 $\mathrm{B} = [b_{ij}]$의 곱(엄밀히 말하면 행렬의 단수내적이 옳음) $\mathrm{C} = \mathrm{A}\,\mathrm{B}$를 정의하자. 이 행렬곱이 정의되려면 반드시 $p = q \equiv l$이 만족되어야 한다. 이 때 행렬 C는 $m \times n$ 행렬이 되며, 요소 c_{ij}는 다음 식으로부터 계산된다.

$$c_{ij} = \sum_{k=1}^{l} a_{ik} b_{kj} \tag{2.18}$$

▼ 예제 2.2

다음의 두 행렬 A와 B에 대한 다음 물음에 답하라.

$$\mathrm{A} = \begin{bmatrix} 1 & -2 & -4 \\ 2 & -5 & 3 \\ 4 & 1 & 3 \end{bmatrix} \quad \mathrm{B} = \begin{bmatrix} 5 & -2 & 3 \\ 2 & -1 & 0 \\ 0 & 2 & 1 \end{bmatrix}$$

a) $2\mathrm{A} + \mathrm{B}$　　　　b) $\mathrm{A} - 2\mathrm{B}$

➡ a) $2A + B = \begin{bmatrix} 7 & -6 & -5 \\ 6 & -11 & 6 \\ 8 & 4 & 7 \end{bmatrix}$

➡ b) $A - 2B = \begin{bmatrix} -9 & 2 & -10 \\ -2 & -3 & 3 \\ 4 & -3 & 1 \end{bmatrix}$

▼ 예제 2.3

다음 두 행렬의 곱 AB를 계산하라.

$$A = \begin{bmatrix} 1 & -2 & -4 \\ 2 & -5 & 3 \\ 4 & 1 & 3 \end{bmatrix} \quad B = \begin{bmatrix} 5 & -2 \\ 2 & -1 \\ 0 & 2 \end{bmatrix}$$

➡ $AB = \begin{bmatrix} 1\times5-2\times2-4\times0 & -1\times2+2\times1-4\times2 \\ 2\times5-5\times2+3\times0 & -2\times2+5\times1+3\times2 \\ 4\times5+1\times2+3\times0 & -4\times2-1\times1+3\times2 \end{bmatrix} = \begin{bmatrix} 1 & -8 \\ 0 & 7 \\ 22 & -3 \end{bmatrix}$

행렬의 곱은 다음의 성질을 가지고 있다.

$$(\alpha A)B = \alpha(AB) = A(\alpha B) \tag{2.19}$$

$$A(BC) = (AB)C \tag{2.20}$$

$$(A + B)C = AC + BC \tag{2.21}$$

$$A(B + C) = AB + AC \tag{2.22}$$

$$(AB)^T = B^T A^T \tag{2.23}$$

일반적으로 $AB \neq BA$이고, $AB = 0$이 반드시 $A = 0$ 또는 $B = 0$을 의미하는 것이 아니라는 점에 유의하기 바란다. $IA = A$, $AI = A$이며, $Ix = x$이다.

▼ 예제 2.4

다음의 행렬을 이용하여 $(AB)^T = (B^T A^T)$가 성립함을 보여라.

$$A = \begin{bmatrix} 1 & -2 & -4 \\ 2 & -5 & 3 \\ 4 & 1 & 3 \end{bmatrix} \quad B = \begin{bmatrix} 5 & -2 \\ 2 & -1 \\ 0 & 2 \end{bmatrix}$$

➡ 예제 2.3으로부터 $AB = \begin{bmatrix} 1 & -8 \\ 0 & 7 \\ 22 & -3 \end{bmatrix}$이므로 $(AB)^T = \begin{bmatrix} 1 & 0 & 22 \\ -8 & 7 & -3 \end{bmatrix}$이다.

$B^T A^T = \begin{bmatrix} 5 & 2 & 0 \\ -2 & -1 & 2 \end{bmatrix} \begin{bmatrix} 1 & 2 & 4 \\ -2 & -5 & 1 \\ -4 & 3 & 3 \end{bmatrix} = \begin{bmatrix} 1 & 0 & 22 \\ -8 & 7 & -3 \end{bmatrix}$이므로 $(AB)^T = B^T A^T$이다.

이미 설명한 바와 같이 벡터는 행렬의 특수형태이므로 벡터 $\mathsf{a} = [a_i]$와 $\mathsf{b} = [b_i]$의 내적은 다음과 같이 행렬의 식으로 표현된다.

$$\mathsf{a} \cdot \mathsf{b} = \mathsf{a}^{\mathrm{T}} \mathsf{b} = [a_1 \, a_2 \cdots a_n] \begin{bmatrix} b_1 \\ b_2 \\ \vdots \\ b_n \end{bmatrix} = \sum_{i=1}^{n} a_i \, b_i \tag{2.24}$$

한편 행렬은 행벡터 또는 열벡터로 표현될 수 있는데, 편의상 $m \times l$ 행렬 A를 행벡터로, $l \times n$ 행렬 B를 열벡터로 다음과 같이 표현하자.

$$\mathrm{A} = \begin{bmatrix} \mathsf{a}_1^{\mathrm{T}} \\ \mathsf{a}_2^{\mathrm{T}} \\ \vdots \\ \mathsf{a}_{\mathrm{m}}^{\mathrm{T}} \end{bmatrix}, \quad \mathsf{a}_{\mathrm{i}}^{\mathrm{T}} = [a_{i1} \ a_{i2} \ \cdots \ a_{il}] \tag{2.25}$$

$$\mathrm{B} = [\mathsf{b}_1 \ \mathsf{b}_2 \ \ldots \ \mathsf{b}_{\mathrm{n}}], \quad \mathsf{b}_{\mathrm{i}}^{\mathrm{T}} = [b_{1i} \ b_{2i} \ \ldots \ b_{li}] \tag{2.26}$$

그리면 행렬의 곱은 다음과 같이 표현된다.

$$\mathrm{C} = \mathrm{AB} = \begin{bmatrix} \mathsf{a}_1^{\mathrm{T}}\mathsf{b}_1 & \mathsf{a}_1^{\mathrm{T}}\mathsf{b}_2 & \ldots & \mathsf{a}_1^{\mathrm{T}}\mathsf{b}_{\mathrm{n}} \\ \mathsf{a}_2^{\mathrm{T}}\mathsf{b}_1 & \mathsf{a}_2^{\mathrm{T}}\mathsf{b}_2 & \ldots & \mathsf{a}_2^{\mathrm{T}}\mathsf{b}_{\mathrm{n}} \\ \vdots & \vdots & \vdots & \vdots \\ \mathsf{a}_{\mathrm{m}}^{\mathrm{T}}\mathsf{b}_1 & \mathsf{a}_{\mathrm{m}}^{\mathrm{T}}\mathsf{b}_2 & \ldots & \mathsf{a}_{\mathrm{m}}^{\mathrm{T}}\mathsf{b}_{\mathrm{n}} \end{bmatrix} \tag{2.27}$$

한편, 행렬의 이중내적이 역학에서 자주 사용된다. 동일 차원의 $m \times n$ 행렬 A와 B의 이중내적은 다음과 같이 정의된다.

$$\alpha = \mathrm{A} : \mathrm{B} = \sum_{i=1}^{m} \sum_{j=1}^{n} a_{ij} b_{ij} \tag{2.28}$$

식 (2.28)에서 보는 바와 같이 행렬의 이중내적의 결과는 스칼라량이다. 기계공학에서 이중내적은 빈번히 나타난다. 예를 들면, 변형에너지밀도함수 u는 다음 식으로 표현된다.

$$u = \frac{1}{2} [\sigma_{ij}] : [\varepsilon_{ij}] = \frac{1}{2} \begin{bmatrix} \sigma_{11} & \sigma_{12} & \sigma_{13} \\ \sigma_{21} & \sigma_{22} & \sigma_{23} \\ \sigma_{31} & \sigma_{32} & \sigma_{33} \end{bmatrix} : \begin{bmatrix} \varepsilon_{11} & \varepsilon_{12} & \varepsilon_{13} \\ \varepsilon_{21} & \varepsilon_{22} & \varepsilon_{23} \\ \varepsilon_{31} & \varepsilon_{32} & \varepsilon_{33} \end{bmatrix} \tag{2.29}$$

$n \times n$ 대칭행렬 S와 $n \times n$ 의대칭행렬 S′의 이중내적은 항상 0이 된다. 즉,

$$\mathrm{S} : \mathrm{S}' = 0 \tag{2.30}$$

이다.

▼ 예제 2.5

식 (2.30)을 증명하라.

➡ 대칭행렬 S의 성분을 s_{ij}라고 두고, 의대칭행렬 S′의 성분을 s'_{ij}라고 두자. $s_{ij} = s_{ji}$, $s'_{ij} = -s'_{ji}$ 이므로

$$
\begin{aligned}
\mathrm{S} : \mathrm{S}' &= 2 \times \frac{1}{2}\sum_{i=1}^{n}\sum_{j=1}^{n} s_{ij}s'_{ij} \\
&= \frac{1}{2}\sum_{i=1}^{n}\sum_{j=1}^{n} s_{ij}s'_{ij} - \frac{1}{2}\sum_{i=1}^{n}\sum_{j=1}^{n} s_{ij}s'_{ji} \\
&= \frac{1}{2}\sum_{i=1}^{n}\sum_{j=1}^{n} s_{ij}s'_{ij} - \frac{1}{2}\sum_{i=1}^{n}\sum_{j=1}^{n} s_{ji}s'_{ji} \\
&= 0
\end{aligned}
$$

이다. 따라서 식 (1.30)은 성립한다.

▼ 예제 2.6

역학이론 전개 과정에서 다음의 식이 유도된다(제 3 부 3.3절 참고).

$$\sum_{j=1}^{3}\sum_{k=1}^{3} \sigma_{jk}\,\epsilon_{ijk} = 0$$

여기서 $\epsilon_{ijk} = -\epsilon_{ikj}$일 때 $\sigma_{jk} = \sigma_{kj}$임을 설명하라.

➡ $\epsilon_{ijk} = -\epsilon_{ikj}$이므로 ϵ_{ijk}는 j와 k에 대하여 의대칭이다. 대칭행렬과 의대칭행렬의 이중 내적은 0이므로 σ_{jk}는 대칭행렬이 되어야 한다. 즉, $\sigma_{jk} = \sigma_{kj}$이다.

모든 정방행렬은 대칭행렬과 의대칭행렬의 합으로 표현될 수 있다. 즉,

$$\mathrm{A} = \frac{\mathrm{A} + \mathrm{A}^{\mathrm{T}}}{2} + \frac{\mathrm{A} - \mathrm{A}^{\mathrm{T}}}{2} \tag{2.31}$$

에서 우변의 첫번째 항은 대칭행렬이고, 두 번째 항은 의대칭행렬이다.

한편, 정방행렬 A가 특이행렬(2.6절 참조)이 아니면, 상삼각형행렬 U와 하삼각형행렬 L의 행렬 곱

$$\mathrm{A} = \mathrm{UL} \tag{2.32}$$

로 분리(LU factorization, Choleski's decomposition)할 수 있다. 특히 행렬 A가 대칭이면, $\mathrm{U} = \mathrm{L}^{\mathrm{T}}$가 된다. 이에 관한 상세한 설명은 선형대수학 관련 참고문헌[1.1]으로 대신한다.

LU 분해법은 선형방정식의 해법으로 널리 사용된다. 가령, 선형연립방정식

$$\begin{bmatrix} 4\,2\,4 \\ 2\,2\,3 \\ 4\,3\,6 \end{bmatrix} \begin{bmatrix} x \\ y \\ z \end{bmatrix} = \begin{bmatrix} 2 \\ 0 \\ 1 \end{bmatrix} \tag{2.33}$$

은 LU 분해법에 의하여 다음의 방정식으로 표현된다.

$$\begin{bmatrix} 2 & 0 & 0 \\ 1 & 1 & 0 \\ 2 & 1 & -1 \end{bmatrix} \begin{bmatrix} 2 & 1 & 2 \\ 0 & 1 & 1 \\ 0 & 0 & -1 \end{bmatrix} \begin{bmatrix} x \\ y \\ z \end{bmatrix} = \begin{bmatrix} 2 \\ 0 \\ 1 \end{bmatrix} \tag{2.34}$$

여기서

$$\begin{bmatrix} 2 & 1 & 2 \\ 0 & 1 & 1 \\ 0 & 0 & -1 \end{bmatrix} \begin{bmatrix} x \\ y \\ z \end{bmatrix} = \begin{bmatrix} X \\ Y \\ Z \end{bmatrix} \tag{2.35}$$

라고 두면, 다음의 식으로부터

$$\begin{bmatrix} 2 & 0 & 0 \\ 1 & 1 & 0 \\ 2 & 1 & -1 \end{bmatrix} \begin{bmatrix} X \\ Y \\ Z \end{bmatrix} = \begin{bmatrix} 2 \\ 0 \\ 1 \end{bmatrix} \tag{2.36}$$

X, Y, Z의 해를 순서대로 구할 수 있다. 즉,

$$X = \frac{2}{2} = 1, \quad Y = \frac{0-X}{1} = -1, \quad Z = \frac{1-2X-Y}{-1} = 0 \tag{2.37}$$

이다. 이 과정을 전진대입(forward substitution)이라고 한다. 마찬가지로 식 (2.37)의 값을 식 (2.35)에 대입한 후 후진대입(backward substitution)을 실시함으로써 최종해를 다음과 같이 구할 수 있다.

$$z = \frac{0}{-1} = 0, \quad y = \frac{-1-z}{1} = -1, \quad x = \frac{1-y-2z}{2} = 1 \tag{2.38}$$

2.3 행렬의 변환기능과 응용

행렬은 일종의 수학적 연산자(operator)이며, 전달함수(transfer function) 및 변환(transformation)의 역할을 수행한다. 이 역할을 수식화하면 다음과 같다.

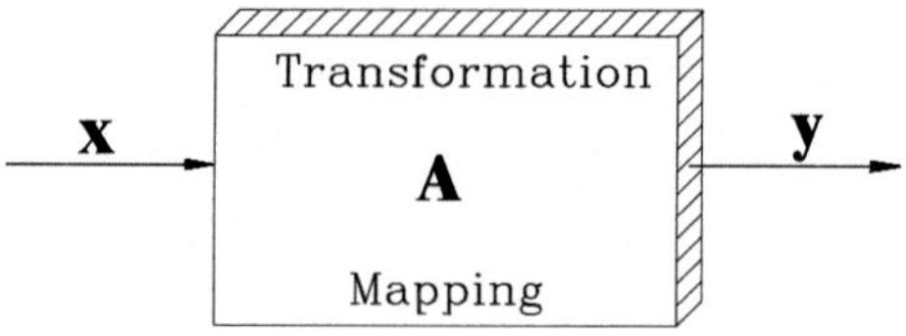

그림 2.1 행렬의 역할

$$A\,x = y \tag{2.39}$$

그림 2.1에서 보는 바와 같이 행렬 A는 입력 x를 변환시켜 y를 출력하는 역할을 수행한다. 따라서 행렬 A는 대상으로 하는 계의 특성을 내포하게 된다. 이 점은 행렬이라는 것이 단순한 수의 나열 이상의 의미를 갖는다는 점을 강조하고 있다.

▼ 예제 2.7

행렬은 일종의 수학적 연산자이다. 행렬은 벡터가 입력되면 벡터를 출력시키는 역할을 한다. 한편, 일반적으로 연산자 A와 A^*가 조건

$$< Ax, y > \; = \; < x, A^*y > \tag{a}$$

의 관계에 있을 때 A^*를 연산자 A의 어조인트연산자(adjoint operator)라고 한다. 여기서 $< a, b >$는 두 양 a, b의 내적을 의미한다. 행렬 A의 어조인트연산자를 구하라.

➡ Ax는 벡터이므로

$$< Ax, y > \; = (A\,x)^T y = x^T A^T y = \; < x, A^T y > \tag{b}$$

이다. 따라서 식 (a)와 식 (b)로부터 $A^* = A^T$이다. 즉, 전치행렬 A^T는 행렬 A의 어조인트연산자이다. 어조인트연산자와 본래의 연산자가 동일한 경우를 셀프어조인트연산자(self-adjoint operator)라고 한다. 따라서 대칭행렬은 셀프어조인트연산자의 일종이다.

▼ 예제 2.8

다음의 방정식을 행렬의 식으로 표현하라.

$$\begin{aligned} x - 2y - 4z &= 5 \\ 2x - 5y + 3z &= 2 \\ 4x + y + 3z &= 1 \end{aligned}$$

➡ 준식을 행렬의 식으로 표현하면 다음과 같다.

$$\begin{bmatrix} 1 & -2 & -4 \\ 2 & -5 & 3 \\ 4 & 1 & 3 \end{bmatrix} \begin{bmatrix} x \\ y \\ z \end{bmatrix} = \begin{bmatrix} 5 \\ 2 \\ 1 \end{bmatrix}$$

▼ 예제 2.9

그림의 구조물에서 변위와 하중의 관계를 행렬식으로 표현하라.

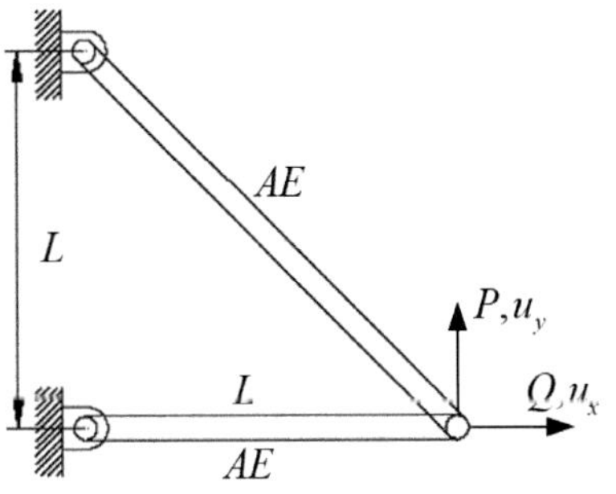

➡ Castigliano 이론에 의하면

$$u_x = \frac{\partial U}{\partial Q}, \quad u_y = \frac{\partial U}{\partial P} \qquad \text{(a)}$$

이다. 여기서

$$U = \frac{L}{2AE}\left((Q+P)^2 + 2\sqrt{2}P^2\right) \qquad \text{(b)}$$

이다. 따라서 변위-하중 관계식은 다음과 같다.

$$\frac{L}{AE}\begin{bmatrix} 1 & 1 \\ 1 & 2\sqrt{2}+1 \end{bmatrix} \begin{bmatrix} Q \\ P \end{bmatrix} = \begin{bmatrix} u_x \\ u_y \end{bmatrix} \qquad \text{(c)}$$

또는

A F = U

식 (c)는 다음 식으로 표현될 수도 있다.

$$\frac{AE}{2\sqrt{2}L}\begin{bmatrix} 2\sqrt{2}+1 & -1 \\ -1 & 1 \end{bmatrix} \begin{bmatrix} u_x \\ u_y \end{bmatrix} = \begin{bmatrix} Q \\ P \end{bmatrix} \qquad \text{(d)}$$

또는

K U = F

식 (c)와 (d)의 강성행렬(stiffness matrix) K 와 연성행렬(flexibility matrix) A 는 계의 주요 특성을 내포하고 있다.

▼ 예제 2.10

그림에서 점 P 의 위치를 표현하기 위한 좌표변환법칙을 유도하라.

➡ 그림에서

$$\overline{OA} = \overline{OB} - \overline{AB} \qquad \text{(a)}$$

$$\overline{OD} = \overline{FD} + \overline{OF} \qquad \text{(b)}$$

이므로

$$\begin{bmatrix} P_x \\ P_y \end{bmatrix} = \begin{bmatrix} \cos\theta & -\sin\theta \\ \sin\theta & \cos\theta \end{bmatrix} \begin{bmatrix} P_{x'} \\ P_{y'} \end{bmatrix} \quad \text{(c)}$$

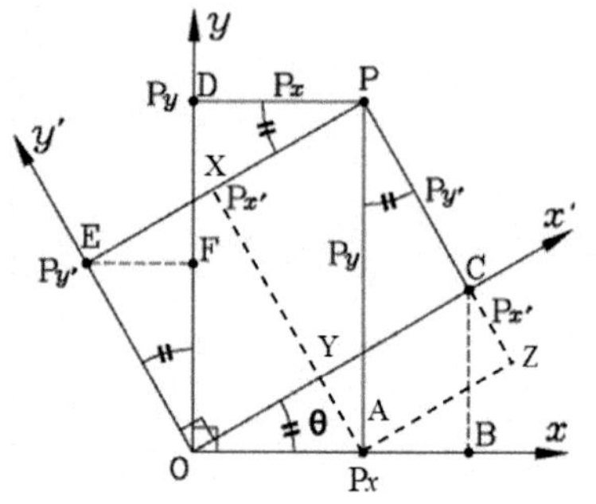

이다. 따라서

$$\begin{bmatrix} P_{x'} \\ P_{y'} \end{bmatrix} = \begin{bmatrix} \cos\theta & \sin\theta \\ -\sin\theta & \cos\theta \end{bmatrix} \begin{bmatrix} P_x \\ P_y \end{bmatrix} \quad \text{(d)}$$

로 표현된다. 좌표변환행렬

$$\mathrm{T} = \begin{bmatrix} \cos\theta & \sin\theta \\ -\sin\theta & \cos\theta \end{bmatrix} \quad \text{(e)}$$

는 고등역학의 이론 전개에 매우 중요한 역할을 수행한다.
$\overline{OC} = \overline{OY} + \overline{AZ}$, $\overline{XY} = \overline{AX} - \overline{AY}$로 부터 식 (d)를 바로 구할 수도 있다.

앞의 예제에서 행렬의 역할과 사용 목적의 일부를 소개하였다. 여기서 특별히 강조해 두고자 하는 것은 행렬의 좌표변환 기능이다. 그림 2.2의 2차원에서 정의된 평면상의 두 좌표계, 즉 x-y 좌표계와 x'-y' 좌표계의 변환행렬 T는 다음과 같다.

$$\mathrm{T} = \begin{bmatrix} \cos\theta & \sin\theta \\ -\sin\theta & \cos\theta \end{bmatrix} \quad (2.40)$$

예제 2.10에서 공부한 바와 같이 벡터의 좌표변환법칙에 의하면, x-y 좌표계에 대한 성분이 (F_x, F_y)일 경우, x'-y' 좌표계에 대한 성분 $(F_{x'}, F_{y'})$은 다음의 벡터량의 좌표변환법칙에 의하여 계산된다.

$$\begin{bmatrix} F_{x'} \\ F_{y'} \end{bmatrix} = \begin{bmatrix} \cos\theta & \sin\theta \\ -\sin\theta & \cos\theta \end{bmatrix} \begin{bmatrix} F_x \\ F_y \end{bmatrix} \quad (2.41)$$

그리고 x-y 좌표계에서의 단위기저벡터 $[\mathrm{i}, \mathrm{j}]^T$는 x'-y' 좌표계에서의 단위기저벡터 $[\mathrm{i}', \mathrm{j}']^T$과 다음의 관계에 있다.

$$\begin{bmatrix} \mathrm{i}' \\ \mathrm{j}' \end{bmatrix} = \begin{bmatrix} \cos\theta & \sin\theta \\ -\sin\theta & \cos\theta \end{bmatrix} \begin{bmatrix} \mathrm{i} \\ \mathrm{j} \end{bmatrix} \quad (2.42)$$

변환행렬 T를 두 개의 열벡터 $\mathrm{t}_1, \mathrm{t}_2$를 이용하여 $\mathrm{T} = [\mathrm{t}_1, \mathrm{t}_2]$로 표현했을 때, $|\mathrm{t}_1| = |\mathrm{t}_2| = 1$이고 $\mathrm{t}_1 \cdot \mathrm{t}_2 = 0$임을 알 수 있다. 즉, 행렬 T를 구성하고 있는 각 열벡

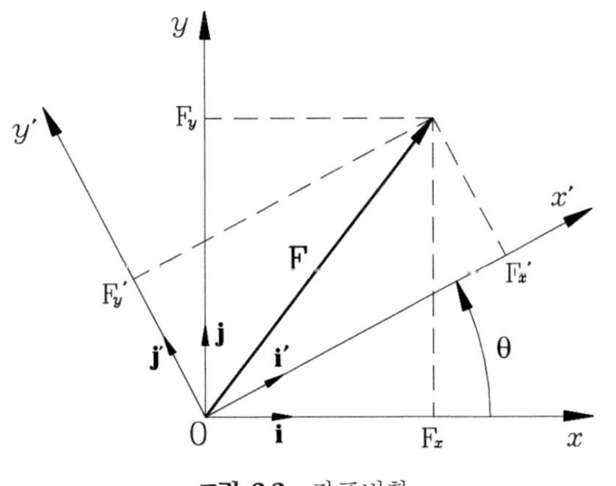

그림 2.2 좌표변환

터를 자기 자신끼리 내적하면 1이고 서로 다른 두 벡터를 내적하면 0이므로 각 열벡터는 정규화되어 있고 두 벡터는 직교한다. 변환행렬 T의 열벡터에서 성립하는 이러한 성질들은 행벡터에도 그대로 성립한다. 따라서 변환행렬 T는 직교단위행렬(orthonormal matrix, 2.6절 참고)이다. 변환행렬의 이러한 성질은 3차원에서도 마찬가지로 성립한다. 이러한 좌표변환행렬의 성질은 역학의 이론 전개와 기계량의 이해에 필수적이므로 숙지해 두기 바란다.

2.4 행렬의 랭크

행렬 A의 랭크(rank)는 선형독립인 행벡터의 수를 의미한다. 행렬 A에서 선형독립인 행벡터의 수와 선형독립인 열벡터의 수가 동일하므로 A와 A^T의 랭크는 동일하다. 한편, 행렬의 행 바꾸기, 행에 0이 아닌 상수 곱하기, 두 행 이상에 0이 아닌 상수들을 곱하여 더하기 등을 실시하여도 행렬의 랭크는 변하지 않는다.

▼ 예제 2.11

다음 행렬의 랭크는 얼마인가?

a) $A = \begin{bmatrix} 1 & -2 & -4 \\ 2 & -5 & 3 \\ 4 & 1 & 3 \end{bmatrix}$　　b) $B = \begin{bmatrix} 3 & 2 & -2 \\ 0 & -2 & 3 \\ 6 & 2 & -1 \end{bmatrix}$

a) 예제 1.3에서 세 벡터가 선형독립임을 보였다. 따라서 랭크는 3이다. 다른 방법으로, 행렬 A에 Gauss-Jordan 소거법(예제 2.16 참고)을 적용하면,

$$\begin{bmatrix} 1 & -2 & -4 \\ 0 & 1 & -11 \\ 0 & 0 & 1 \end{bmatrix} \qquad \text{(a)}$$

이다. 따라서 행렬의 랭크는 3이다.

b) $\begin{bmatrix} 3 \\ 2 \\ -2 \end{bmatrix} = -\frac{1}{2}\begin{bmatrix} 0 \\ -2 \\ 3 \end{bmatrix} + \frac{1}{2}\begin{bmatrix} 6 \\ 2 \\ -1 \end{bmatrix}$의 관계에 있으므로 랭크는 2이다. 다른 방법으로 행렬 B에 Gauss-Jordan 소거법을 적용하면

$$\begin{bmatrix} 1 & 2/3 & -2/3 \\ 0 & 1 & -3/2 \\ 0 & 0 & 0 \end{bmatrix} \tag{b}$$

이다. 따라서 행렬의 랭크는 2이다.

▼ 예제 2.12

어떤 계의 열전달을 지배하는 변수가 대류열전달계수$=\bar{h}$, 표면의 특성길이$=L$, 유체의 자유속도$=V$, 밀도$=\rho$, 열전도율$=k$, 비열$=c_p$, 점도$=\mu$일 때, Buckingham의 π-이론을 이용하여 무차원수를 구하라. 단, 각 변수들의 차원을 질량 $[M]$, 길이 $[L]$, 시간 $[t]$, 온도 $[T]$의 기본차원으로 나타내면 다음과 같다.

$$[\bar{h}] = [M][t]^{-3}[T]^{-1},\ [L] = [L],\ [V] = [L][t]^{-1},\ [\rho] = [M][L]^{-3} \tag{a}$$

$$[k] = [M][L][t]^{-3}[T]^{-1},\ [c_p] = [L]^2[t]^{-2}[T]^{-1},\ [\mu] = [M][L]^{-1}[t]^{-1}$$

Buckingham의 π-이론을 적용해 보자.

$$\pi = [\bar{h}]_1^m [L]_2^m [V]_3^m [\rho]_4^m [k]_5^m [c_p]_6^m [\mu]_7^m = 1 \tag{b}$$

로부터

$$\begin{bmatrix} 1 & 0 & 0 & 1 & 1 & 0 & 1 \\ 0 & 1 & 1 & -3 & 1 & 2 & -1 \\ -3 & 0 & -1 & 0 & -3 & -2 & -1 \\ -1 & 0 & 0 & 0 & -1 & -1 & 0 \end{bmatrix}\begin{bmatrix} m_1 \\ m_2 \\ m_3 \\ m_4 \\ m_5 \\ m_6 \\ m_7 \end{bmatrix} = \begin{bmatrix} 0 \\ 0 \\ 0 \\ 0 \end{bmatrix} \quad \text{또는 } \mathbf{Bm} = \mathbf{0} \tag{c}$$

이다. Gauss-Jordan 소거법에 의하여 행렬 B는

$$\begin{bmatrix} 1 & 0 & 0 & 1 & 1 & 0 & 1 \\ 0 & 1 & 0 & -3 & 1 & 2 & -1 \\ 0 & 0 & 1 & -3 & 0 & 2 & -2 \\ 0 & 0 & 0 & 1 & 0 & -1 & 1 \end{bmatrix} \tag{d}$$

로 변환되므로 행렬 B의 랭크는 4이다. Buckingham의 π-이론에 의하면, 무차원수의 수는 변수(= 7) — 행렬 B의 랭크(= 4)이므로 3이다. 따라서 식 (c)를 만족하는 무수히 많은 m 중에서 m$=[1, 1, 0, 0, -1, 0, 0]$, m$=[0, 1, 1, 1, 0, 0, -1]$, m$=[0, 0, 0, 0, -1, 1, 1]$을

선택하면, 다음의 무차원수를 얻게 된다.

$$\text{Nusselt 수} = \frac{\bar{h}L}{k}; \quad \text{Reynolds 수} = \frac{\rho VL}{\mu}; \quad \text{Prandtl 수} = \frac{\mu c_p}{k} \tag{e}$$

2.5 행렬의 판별치

행렬의 판별치(determinant)에 관하여 공부하자. 판별치는 행렬식으로 번역되어 사용되기도 하지만 행렬의 식과 혼동의 우려도 있고 근본 뜻도 살리지 못하므로 이 책에서는 판별치라는 용어를 사용하고자 한다. 행렬의 판별치는 역행렬의 계산 등에 필요할 뿐만 아니라 행렬의 특징을 파악하는 데 매우 중요하다. 먼저 2×2 행렬 $[a_{ij}]$의 판별치 D를 다음과 같이 정의한다.

$$D = \det A = \begin{vmatrix} a_{11} & a_{12} \\ a_{21} & a_{22} \end{vmatrix} = a_{11}a_{22} - a_{12}a_{21} \tag{2.43}$$

3×3 행렬 $[a_{ij}]$의 판별치 D는 다음과 같이 정의된다.

$$D = \det A = \begin{vmatrix} a_{11} & a_{12} & a_{13} \\ a_{21} & a_{22} & a_{23} \\ a_{31} & a_{32} & a_{33} \end{vmatrix} \tag{2.44}$$

$$= a_{11}\begin{vmatrix} a_{22} & a_{23} \\ a_{32} & a_{33} \end{vmatrix} - a_{12}\begin{vmatrix} a_{21} & a_{23} \\ a_{31} & a_{33} \end{vmatrix} + a_{13}\begin{vmatrix} a_{21} & a_{22} \\ a_{31} & a_{32} \end{vmatrix}$$

$n\times n$ 행렬 $[a_{ij}]$의 판별치 D는

$$D = \det A = \begin{vmatrix} a_{11} & a_{12} & \ldots & a_{1n} \\ a_{21} & a_{22} & \ldots & a_{2n} \\ \vdots & \vdots & & \vdots \\ a_{n1} & a_{n2} & \ldots & a_{nn} \end{vmatrix} \tag{2.45}$$

로 표현되고, 다음 식으로부터 그 값을 계산한다.

$$D = \sum_{i=1}^{n} a_{ji}C_{ji} = \sum_{i=1}^{n} a_{ij}C_{ij} \quad [j = 1, 2, \ldots, n] \tag{2.46}$$

여기서 $[j = 1, 2, \ldots, n]$은 $1, 2, \cdots, n$ 중에서 임의의 정수를 선택하여 j로 사용할 수 있다는 것을 뜻한다. 물론 j에 관계없이 D는 동일하다. 즉,

$$D = \sum_{i=1}^{n} a_{1i}C_{1i} = \sum_{i=1}^{n} a_{2i}C_{2i} = \ldots = \sum_{i=1}^{n} a_{ni}C_{ni} = \sum_{i=1}^{n} a_{i1}C_{i1} = \ldots$$

이다.

식 (2.46)에서 여인자(cofactor) C_{ij}는

$$C_{ij} = (-1)^{i+j} M_{ij} \tag{2.47}$$

로 정의된다. 따라서

$$D = \sum_{i=1}^{n} (-1)^{i+j} a_{ji} M_{ji} = \sum_{i=1}^{n} (-1)^{i+j} a_{ij} M_{ij} \quad [j = 1, 2, ..., n] \tag{2.48}$$

이다. 여기서 마이너(minor)라고 불리는 M_{ij}는 i-행과 j-열을 소거하여 얻은 $(n-1) \times (n-1)$ 부분행렬의 판별치이다. 즉, $n \times n$ 행렬 $[a_{ij}]$의 판별치는 순차적으로 한 차수 낮은 행렬의 판별치를 구함으로써 궁극적으로 2×2 행렬의 판별치를 구하는 문제로 귀결된다.

판별치는 다음의 일반적 성질을 가지고 있다.

a) $|\mathrm{A}| = |\mathrm{A}^{\mathrm{T}}|$ (2.49)

b) $|\mathrm{AB}| = |\mathrm{BA}| = |\mathrm{A}||\mathrm{B}|$ (2.50)

c) 행렬의 한 행 또는 한 열에 상수 c를 곱하여 만든 행렬의 판별치는 본래 행렬의 판별치의 c배이다.
d) 어떤 행렬의 임의의 두 행 (또는 두 열)을 교환하여 만든 새로운 행렬의 판별치는 본래 행렬의 판별치의 부(negative)의 값을 갖는다.
e) 어떤 행렬의 한 행(또는 하나의 열)에 다른 행(또는 열)의 상수배를 더하여 만든 새로운 행렬의 판별치는 본래 행렬의 판별치와 동일하다.
f) 행(또는 열)벡터가 선형종속이면 판별치는 0이다.

전술한 행렬의 성질은 고등역학의 이해에 필수적이며, 제3부 2.2절에서 지수표현법과 연계하여 수식화 및 응용에 관한 학습으로 연계된다.

▼ 예제 2.13

다음의 행렬에 대한 여인자와 판별치를 계산하라.

a) $\mathrm{A} = \begin{bmatrix} 1 & -2 & -4 \\ 2 & -5 & 3 \\ 4 & 1 & 3 \end{bmatrix}$ b) $\mathrm{B} = \begin{bmatrix} 3 & 2 & -2 \\ 0 & -2 & 3 \\ 6 & 2 & -1 \end{bmatrix}$ c) $\mathrm{A}' = \begin{bmatrix} 1 & -2 & -4 \\ 0 & -1 & 11 \\ 4 & 1 & 3 \end{bmatrix}$

➡ a) $[C_{ij}] = \begin{bmatrix} -18 & 6 & 22 \\ 2 & 19 & -9 \\ -26 & -11 & -1 \end{bmatrix}$ (a)

$$|\mathrm{A}| = 1 \times (-18) + (-2) \times 6 + (-4) \times 22 = -118 \tag{b}$$

b) $[C_{ij}] = \begin{bmatrix} -4 & 18 & 12 \\ -2 & 9 & 6 \\ 2 & -9 & -6 \end{bmatrix}$ (c)

$|\mathrm{B}| = 3 \times (-4) + 2 \times 18 + (-2) \times 12 = 0$ (c)

c) $[C_{ij}] = \begin{bmatrix} -14 & 44 & 4 \\ 2 & 19 & -9 \\ -26 & -11 & -1 \end{bmatrix}$ (d)

행렬 A′과 A의 첫번째와 세 번째 행은 동일하고, 행렬 A′의 두 번째 행은 행렬 A의 두 번째 행을 첫번째 열에 2를 곱하여 뺀 것이므로, 즉

$$[0, -1, 11] = [2, -5, 3] - 2\,[1, -2, -4] \tag{e}$$

이므로 두 행렬의 판별치는

$$|\mathrm{A}'| = |\mathrm{A}| = -118 \tag{f}$$

로 동일하다. 물론 정의로부터 다음과 같이 구할 수도 있다.

$$|\mathrm{A}'| = 1 \times (-14) + (-2) \times 44 + (-4) \times 4 = -118 \tag{g}$$

2.6 역행렬

$n \times n$ 행렬 A의 역행렬은 A^{-1}로 표현되고,

$$\mathrm{A\,A}^{-1} = \mathrm{I} \quad \text{또는} \quad \mathrm{A}^{-1}\mathrm{A} = \mathrm{I} \tag{2.51}$$

를 만족하는 $n \times n$ 행렬로 정의된다. 여기서 I는 단위행렬이다. 물론 모든 정방행렬에 대한 역행렬이 존재하는 것은 아니다. 판별치가 0인 행렬의 역행렬은 존재하지 않는 반면, 행렬의 판별치가 0이 아니면 역행렬이 존재하고 유일하다. 판별치가 0이 아닌 행렬을 비특이행렬(nonsingular matrix)이라고 하고, 판별치가 0인 정방행렬을 특이행렬(singular matrix)이라고 한다. $n \times n$ 비특이행렬 A의 역행렬 A^{-1}은 다음 식에 의하여 구해진다.

$$\mathrm{A}^{-1} = \frac{1}{\det\mathrm{A}}\,[C_{ij}]^{\mathrm{T}} = \frac{1}{\det\mathrm{A}}\,[A_{ij}]^{*} \tag{2.52}$$

여기서 $[A_{ij}]^{*} = [C_{ij}]^{\mathrm{T}}$를 행렬 A의 어조인트(adjoint)라고 하며, 다음과 같이 정의된다.

$$[A_{ij}]^{*} = \begin{bmatrix} C_{11} & C_{21} & \dots & C_{n1} \\ C_{12} & C_{22} & \dots & C_{n2} \\ \vdots & \vdots & \vdots & \vdots \\ C_{1n} & C_{2n} & \dots & C_{nn} \end{bmatrix} \tag{2.53}$$

따라서 어떤 행렬의 역행렬은 그 행렬의 어조인트를 판별치로 나눈 것이다. 행렬의 곱의 역행렬은 다음의 법칙을 따른다.

$$(AB)^{-1} = B^{-1}A^{-1} \tag{2.54}$$

$$(ABCD\ \dots)^{-1} = \dots D^{-1}C^{-1}B^{-1}A^{-1} \tag{2.55}$$

선형연립방정식

$$Ax = b \tag{2.56}$$

의 양변에 A^{-1}을 선곱셈(premultiplication)하면

$$A^{-1}Ax = A^{-1}b \tag{2.57}$$

가 된다. 따라서

$$Ix = A^{-1}b \quad \text{또는} \quad x = A^{-1}b \tag{2.58}$$

이다. 이 식은 역행렬으로부터 방정식의 해를 직접 구할 수 있음을 말해주고 있다. 실제로는 이 방법은 역행렬을 구하는 과정에서 많은 계산시간을 요하므로 선형방정식의 해법으로 잘 사용되지는 않는다. 그러나 이론을 전개하는 과정에서 해를 개념적으로 표현하기 위한 목적으로 자주 사용된다.

한편, 정방행렬 A와 전치행렬 A^T의 행렬곱 AA^T이 대각행렬일 때, 즉 $AA^T = D$일 때 행렬 A를 직교행렬(orthogonal matrix)이라고 한다. 행렬 D가 단위행렬일 때, 즉

$$AA^T = I \quad \text{또는} \quad a_i \cdot a_j = \delta_{ij} \tag{2.59}$$

일 때, 행렬 A를 정규화된 직교행렬 또는 직교단위행렬(orthonormal matrix)이라고 한다. 여기서 a_i는 행렬 A의 열벡터 또는 행벡터이다. 따라서 직교단위행렬의 두 행벡터(또는 열벡터) a_i와 a_j는 $i \neq j$이면 $a_i \cdot a_j = 0$이므로 두 벡터는 직교하고, $i = j$이면 $a_i \cdot a_j = 1$이므로 a_i는 크기가 1로 정규화되어 있다. 직교단위행렬의 전치행렬은 역행렬이 된다. 대표적인 직교단위행렬로 좌표변환행렬을 들 수 있으며, 식 (2.40)에서 정의된 2차원 평면에서의 좌표변환행렬 T는 다음의 관계에 있다.

$$T^{-1} = T^T \tag{2.60}$$

▼ 예제 2.14

다음 행렬 A와 B의 역행렬 A^{-1}과 B^{-1}을 구하고, 식 (2.51)이 성립하는지 확인하라.

$$\text{a) } A = \begin{bmatrix} 1 & -2 & -4 \\ 2 & -5 & 3 \\ 4 & 1 & 3 \end{bmatrix} \qquad \text{b) } B = \begin{bmatrix} 3 & 2 & -2 \\ 0 & -2 & 3 \\ 6 & 2 & -1 \end{bmatrix}$$

▶ a) 예제 2.13에서 여인자와 판별치를 계산하였다. 그 결과를 이용하면 역행렬은

$$A^{-1} = \frac{1}{|A|}[C_{ij}]^T = -\frac{1}{118}\begin{bmatrix} -18 & 2 & -26 \\ 6 & 19 & -11 \\ 22 & -9 & -1 \end{bmatrix} \quad (a)$$

이며,

$$AA^{-1} = -\frac{1}{118}\begin{bmatrix} -118 & 0 & 0 \\ 0 & -118 & 0 \\ 0 & 0 & -118 \end{bmatrix} = I \quad (b)$$

이므로 식 (2.51)이 성립한다.

▶ b) $|B| = 3 \times (-4) - 2 \times (-18) + (-2) \times 12 = 0$이므로 행렬 B는 특이행렬이며, 역행렬이 존재하지 않는다.

2.7 벡터의 정규화

이제 행렬의 곱셈이 정의되었으므로 제 1 장에서 개념적으로 소개된 벡터의 정규화를 일반화시켜 보자. 벡터 u가

$$u^T Q u = 1 \quad (2.61)$$

일 때, 벡터 u를 기준행렬 Q에 대한 정규화된 벡터(normalized vector) 또는 정규벡터라고 한다. 식 (1.5)의 단위벡터는 단위행렬 I를 기준행렬 Q = I로 하여 계산한 특수한 정규벡터이다. 실제 역학에서 대부분 Q = I를 사용하고 있으며, 기계진동학 등에서 질량행렬 M을 기준행렬로 사용하는 경우가 있다.

유의사항: normal vector(법선벡터)와 normalized vector(정규벡터)를 혼동하지 말라.

▼ 예제 2.15

벡터 $x = [3,2,-6]^T$를 나음의 기준행렬 Q로 정규화시켜라.

a) $Q = \begin{bmatrix} 1 & 0 & 0 \\ 0 & 1 & 0 \\ 0 & 0 & 1 \end{bmatrix}$ b) $Q = \begin{bmatrix} 2 & 0 & -1 \\ 0 & 4 & -1 \\ -1 & -1 & 2 \end{bmatrix}$

▶ a) $x^T Q x = 7^2$이므로, 정규벡터 $u = [\frac{3}{7}, \frac{2}{7}, -\frac{6}{7}]^T$이다.

▶ b) $x^T Q x = 166$이므로, 정규벡터 $u = [\frac{3}{\sqrt{166}}, \frac{2}{\sqrt{166}}, -\frac{6}{\sqrt{166}}]^T$이다.

2.8 선형방정식

대다수의 탄성역학 이론은 선형성(linearity)의 가정하에서 전개되고 있다. 수치해석에서 선형계는 선형방정식

$$\mathrm{A\,x} = \mathrm{b} \tag{2.62}$$

로 수식화된다. 비선형계는 비선형방정식으로 수식화되지만 그 해는 대개 Newton-Raphson 법과 같이 선형방정식을 반복해서 푸는 방식에 의해 구해진다. 선형대수학(linear algebra)은 계의 특징을 체계적이고 과학적으로 파악하는 데 필요한 기술과 유용한 해법을 제공한다. 유한요소법과 유한차분법 등의 수치해석에서 미지수의 수는 보통 1000개 이상이며, 수백만 개에 이르는 경우도 있다. 따라서 선형방정식의 해법에 따라 계산시간이 크게 좌우될 수 있으며, 대형 문제의 경우 축차적 해법 등 특수기법을 사용해야 한다. 해법의 선택은 행렬 A의 특성에 따라 좌우된다. 선형방정식의 해법으로는 크게 직접법과 반복법이 있다. 직접법에는 Gauss-Jordan 소거법, LU 분해법(또는 Cholesky 분해법) 등이 있으며, 유한요소해석 등에서는 메모리와 계산의 효율을 고려한 띠형행렬(banded matrix)법, 스카이라인법(skyline method), 저밀도행렬기법(sparse matrix technique), 전선해법(frontal solution method) 등의 직접방법이 중간 규모 이하 크기의 문제의 해법으로 널리 사용되고 있다. 반복법은 행렬직교방향법(conjugate direction method) 등이 대표적이다. 상세한 해법은 관련문헌[1.1]을 참고하기 바란다.

방정식에서 두 행을 교환하기, 한 방정식에 0이 아닌 상수를 곱하기, 다수의 방정식에 0이 아닌 상수들을 곱하여 더하기 등이 성립하듯이 행렬 A와 열벡터 b의 행 바꾸기, 행에 0이 아닌 상수 곱하기, 두 행 이상에 0이 아닌 상수들을 곱하여 더하기 등을 실시하여도 방정식이 표현하는 계의 본질과 해에 영향을 주지 않는다.

▼ 예제 2.16

Gauss-Jordan 소거법을 설명하고, 다음의 행렬에 대하여 적용해 보라.

$$\mathrm{B} = \begin{bmatrix} 1 & -2 & -4 & 5 \\ 2 & -5 & 3 & 2 \\ 4 & 1 & 3 & 1 \end{bmatrix} \tag{a}$$

① 1단계: $j=1$로 둔다. 0 벡터의 행과 열이 있으면 미리 소거하여 응축시킨다.

② 2단계: 만약 $b_{jj}=0$이면, $b_{ij}\neq 0$인 $i\,(i>j)$-번째 행과 j-번째 행을 바꾼다. 그리고 행번호를 위로부터 순서대로 다시 매긴다. j-번째 행에 b_{jj}를 나눈다.

③ 3단계: $i\,(i>j)$-번째 행에다 j-번째 행에 b_{ij}를 곱하여 뺌으로써 $b_{ij}=0$으로 만든다.

④ 4단계: j-번째 이하 행의 요소가 모두 0으로 되거나, j가 마지막 행번호이면 끝낸다. 그렇지 않으면 $j\leftarrow j+1$로 하여 2단계로 간다.

위의 과정을 식 (a)의 행렬 B에 적용하면 다음과 같다.

$$\begin{bmatrix}1&-2&-4&5\\2&-5&3&2\\4&1&3&1\end{bmatrix}\Rightarrow\begin{bmatrix}1&-2&-4&5\\0&-1&11&-8\\0&9&19&-19\end{bmatrix}\Rightarrow\begin{bmatrix}1&-2&-4&5\\0&1&-11&8\\0&9&19&-19\end{bmatrix}\tag{b}$$

$$\Rightarrow\begin{bmatrix}1&-2&-4&5\\0&1&-11&8\\0&0&118&-91\end{bmatrix}\Rightarrow\begin{bmatrix}1&-2&-4&5\\0&1&-11&8\\0&0&1&-\frac{91}{118}\end{bmatrix}$$

▼ 예제 2.17

Gauss-Jordan 소거법을 이용하여 다음의 방정식의 해를 구하라.

$$\begin{aligned}x-2y-4z&=5\\2x-5y+3z&=2\\4x+y+3z&=1\end{aligned}\tag{a}$$

➡ 예제 2.16의 결과를 이용하면,

$$\begin{bmatrix}1&-2&-4\\0&1&-11\\0&0&1\end{bmatrix}\begin{bmatrix}x\\y\\z\end{bmatrix}=\begin{bmatrix}5\\8\\-\frac{91}{118}\end{bmatrix}\tag{b}$$

이다. 따라서 $z\to y\to x$의 순으로 해를 구할 수 있다. 즉, $z=-\frac{91}{118}$이고, 이 값을 이용하여 $y=8+11z=-\frac{57}{118}$와 $x=5+2y+4z=\frac{112}{118}$을 순차적으로 구할 수 있다.

▼ 예제 2.18

역행렬을 이용하여 다음의 선형연립방정식의 해를 구하라.

$$\begin{bmatrix}1&-2&-4\\2&-5&3\\4&1&3\end{bmatrix}\begin{bmatrix}x\\y\\z\end{bmatrix}=\begin{bmatrix}5\\2\\1\end{bmatrix}\tag{a}$$

➡ $Ax=b$의 해는 $x=A^{-1}b$이므로 예제 2.14의 결과를 이용하면 해는 다음과 같다.

$$\begin{bmatrix}x\\y\\z\end{bmatrix}=-\frac{1}{118}\begin{bmatrix}18&2&26\\6&19&-11\\22&-9&-1\end{bmatrix}\begin{bmatrix}5\\2\\1\end{bmatrix}=\frac{1}{118}\begin{bmatrix}112\\-57\\-91\end{bmatrix}\tag{b}$$

2.9 고유치문제

선형방정식 $\mathrm{A}\mathbf{x} = \mathbf{b}$ 에서 $\mathbf{b} = 0$ 인 방정식을 제차선형연립방정식(homogeneous linear equation)이라고 한다. 기계공학에서 주응력, 고유진동수, 좌굴하중 등과 관련된 문제가 제차선형연립방정식으로 수식화된다. 재차선형연립방정식에서 $\mathbf{x} = 0$ 은 당연히 해가 되지만, 아무 응답이 없다는 것이 되므로 일반적으로 찾고자 하는 해가 아니다. 따라서 이를 무의미해(trivial solution)라고 한다. 제차선형연립방정식

$$\mathrm{A}\mathbf{x} = 0 \tag{2.63}$$

이 의미있는 해를 갖기 위해서는 $n \times n$ 행렬 A의 랭크가 n 미만이 되어야 한다. 따라서

$$|\mathrm{A}| = 0 \tag{2.64}$$

이어야 한다.

▼ 예제 2.19

다음의 선형연립방정식을 풀어라.

$$\begin{aligned} x - 2y &= 0 \\ 3x - \lambda y &= 0 \end{aligned} \tag{a}$$

➡ 준식을 행렬의 식으로 표현하면 다음과 같다.

$$\begin{bmatrix} 1 & -2 \\ 3 & \lambda \end{bmatrix} \begin{bmatrix} x \\ y \end{bmatrix} = \begin{bmatrix} 0 \\ 0 \end{bmatrix} \tag{b}$$

이 식은 제차선형연립방정식이므로 의미있는 해를 얻기 위해서

$$\begin{vmatrix} 1 & -2 \\ 3 & \lambda \end{vmatrix} = 0 \tag{c}$$

이 만족되어야 한다. 즉, $\lambda = -6$ 이다. 만약 $\lambda \neq -6$ 이면, $x = y = 0$ 이 되어 무의미한 해를 얻게 된다. 반면 $\lambda = -6$ 이면, 부정이 된다. 즉, 해는 무수히 많게 되며, $x : y = 2 : 1$ 의 관계에 있는 모든 x 와 y 가 해가 된다. 공학에서 해가 무수히 많다는 것은 계가 불안정하다는 뜻이다. 따라서 제차선형연립방정식은 공진 및 좌굴 등의 불안정계의 특성을 표현하는 중요한 문제이다.

▼ 예제 2.20

그림의 좌굴문제는 지배방정식

$$v^{(4)}(x) + \beta^2 v''(x) = 0 \tag{a}$$

과 경계조건

$$v(0) = 0, v'(0) = 0 \qquad \text{(b)}$$
$$v''(L) = 0, \; v'''(L) + \beta^2 v'(L) = 0$$

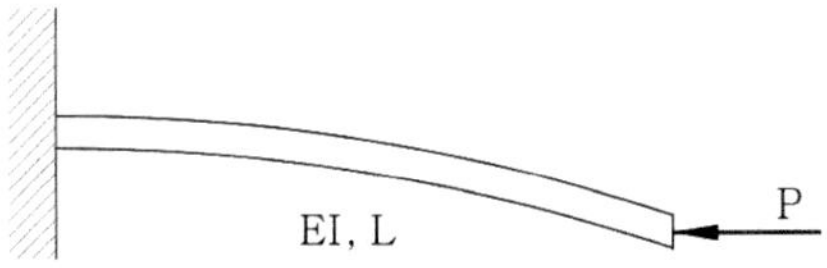

로 수식화된다. 여기서 $\beta = \sqrt{P/EI}$ 이다. 좌굴하중을 구하라.

■ 좌굴문제에 대한 미분방정식 (a)의 해는

$$v(x) = c_1 + c_2 x + c_3 \sin\beta x + c_4 \cos\beta x \qquad \text{(c)}$$

이므로, 경계조건을 대입하여 정리하면, 다음의 제차선형연립방정식을 얻게 된다.

$$\begin{bmatrix} 1 & 0 & 0 & 1 \\ 0 & 1 & \beta & 0 \\ 0 & 0 & -\sin\beta L & -\cos\beta L \\ 0 & 1 & 0 & 0 \end{bmatrix} \begin{bmatrix} c_1 \\ c_2 \\ c_3 \\ c_4 \end{bmatrix} = \begin{bmatrix} 0 \\ 0 \\ 0 \\ 0 \end{bmatrix} \quad \text{또는} \quad \mathbf{A\,c} = \mathbf{0} \qquad \text{(d)}$$

$c_i = 0$ 이면, 이 방정식은 당연히 성립하지만, $v(x) = 0$ 이 되므로 무의미한 해이다. 의미있는 해가 되기 위해서 행렬 A의 판별치가 0이 되어야 한다. 즉, 특성방정식은 다음과 같다.

$$\cos\beta L = 0 \qquad \text{(e)}$$

따라서 이 방정식을 만족시키는 최소의 β가 $\dfrac{\pi}{2L}$ 이므로 좌굴하중은 다음과 같다.

$$P_{cr} = \frac{\pi^2}{4}\frac{EI}{L^2} \qquad \text{(f)}$$

기계공학에서 다음 형태의 고유치문제가 빈번히 나온다.

$$\mathbf{A\,x} = \lambda\mathbf{x} \quad \text{또는} \quad (\mathbf{A} - \lambda\mathbf{I})\mathbf{x} = \mathbf{0} \qquad (2.65)$$

이 문제는 제차선형연립방정식의 특수 형태이며, 주응력, 고유진동수 등이 식 (2.65)의 고유치문제로 수식화된다. 이 고유치문제가 의미있는 해를 갖기 위해서 $n \times n$ 행렬 $(\mathbf{A} - \lambda\mathbf{I})$의 랭크가 n보다 반드시 작아야 한다. 이 조건은 특별한 λ에 대해서만 성립하는데 그 값을 행렬 A의 고유치(eigenvalue) 또는 특성치(characteristic value)라고 하고, 이에 대응하는 x를 고유벡터(eigenvector) 또는 특성벡터(characteristic vector)라고 한다. 고유치와 고유벡터가 갖는 물리적 의미는 문제에 따라 다르다.

$n \times n$ 행렬 $(\mathbf{A} - \lambda\mathbf{I})$의 랭크가 n보다 작기 위한 조건은 다음과 같다.

$$|A-\lambda I| = 0 \tag{2.66}$$

이 식은 특성방정식(characteristic equation)이며, n차의 비선형방정식이다. $n \times n$ 행렬 A가 대칭이면, 특성방정식은 n개의 실근을 갖는다. 특성방정식으로부터 구한 고유치 λ를 식 (2.65)에 대입하면, 부정방정식을 얻게 된다. 즉, 무수히 많은 해를 구할 수 있다. 따라서 정규화가 필요하며, 이 목적으로 정규화된 고유벡터를 정규고유벡터(normalized eigenvector)라고 한다.

$n \times n$ 대칭행렬 A의 고유치를 $\lambda^{(1)}, \lambda^{(2)}, \ldots, \lambda^{(n)}$이라 두고, 고유치 $\lambda^{(i)}$와 $\lambda^{(j)}$에 대응하는 고유벡터를 $\mathbf{x}^{(i)}$와 $\mathbf{x}^{(j)}$라 두자. 즉,

$$A\mathbf{x}^{(i)} = \lambda^{(i)}\mathbf{x}^{(i)} \tag{2.67}$$

$$A\mathbf{x}^{(j)} = \lambda^{(j)}\mathbf{x}^{(j)} \tag{2.68}$$

이다. 식 (2.67)의 양변에 벡터 $\mathbf{x}^{(j)}$를 내적하고, 식 (2.68)의 양변에 벡터 $\mathbf{x}^{(i)}$를 내적하여 빼서 정리하면($\mathbf{v}^T Q^T \mathbf{u} = (\mathbf{u}^T Q\mathbf{v})^T$는 스칼라량이므로 $\mathbf{u}^T Q\mathbf{v} = \mathbf{v}^T Q^T \mathbf{u}$이다), 다음과 같다.

$$\mathbf{x}^{(j)^T}(A - A^T)\mathbf{x}^{(i)} = (\lambda^{(i)} - \lambda^{(j)})\mathbf{x}^{(i)} \cdot \mathbf{x}^{(j)} \tag{2.69}$$

행렬 A가 대칭이면, 좌변은 0이다. 따라서 $\lambda^{(i)} \neq \lambda^{(j)}$이면,

$$\mathbf{x}^{(i)} \cdot \mathbf{x}^{(j)} = 0 \tag{2.70}$$

이므로 서로 다른 고유치에 대응하는 고유벡터들은 서로 직교한다. 만약 고유치가 식 (2.66)의 중근이라면, 즉 $\lambda^{(i)} = \lambda^{(j)} (i \neq j)$이면, 이것을 제외한 모든 고유치에 상응하는 고유벡터와 수직인 벡터는 모두 고유벡터가 될 수 있다. 따라서 무수히 많은 고유벡터가 존재한다. 이 중에서 하나의 벡터를 고유치로 선정하면, 다른 하나는 고유벡터의 직교조건을 강제적으로 부과함으로써 자동적으로 결정된다. 따라서 모든 고유벡터가 직교하도록 할 수 있다. 3중근 이상의 경우도 마찬가지다. 가령 정수압을 받고 있는 경우 주응력은 3개 모두 동일하며, 모든 방향이 주응력의 방향이 된다. 이 경우 직교하는 임의의 두 방향을 고유벡터로 잡으면 나머지 하나는 직교조건을 부과함으로써 자동적으로 결정된다.

한편, 고유벡터 $\mathbf{x}^{(i)}$는 부정방정식(해가 무수히 많음)의 해이므로 임의의 실수 α가 곱해진

$$\mathbf{u}^{(i)} = \alpha\mathbf{x}^{(i)} \tag{2.71}$$

도 고유벡터이다. 그러므로 그 크기를 규제할 필요가 있으며, 흔히 기준행렬 Q에 대하여

$$U^T Q U = I \tag{2.72}$$

가 성립하도록 α를 구하여 정규화(normalization)를 실시한다. 여기서

$$U = [\mathbf{u}^{(1)}, \mathbf{u}^{(2)}, \ldots, \mathbf{u}^{(n)}] \tag{2.73}$$

를 정규고유행렬(normalized eigenmatrix)이라고 하며, $u^{(i)}$는 고유벡터 $x^{(i)}$의 정규고유벡터(normalized eigenvector)이다.

단위행렬 I를 기준행렬 Q로 하여 고유벡터 $x^{(i)}$를 정규화시킬 경우, 정규고유벡터($u^{(i)} = x^{(i)} / |x^{(i)}|$)는 단위벡터이다. 즉,

$$U^T U = I \quad \text{또는} \quad u^{(i)} \cdot u^{(j)} = \delta_{ij} \tag{2.74}$$

이다. 이 때 행렬 U^T와 U를 식 (2.65)의 행렬 A에 각각 선곱셈과 후곱셈을 실시함으로써 식 (2.65)의 행렬 A를 대각화시킬 수 있다. 즉, 고유치문제로부터

$$A\,[u^{(1)}, u^{(2)}, \ldots, u^{(n)}] = [\lambda^{(1)} u^{(1)}, \lambda^{(2)} u^{(2)}, \ldots, \lambda^{(n)} u^{(n)}] \tag{2.75}$$

또는

$$AU = [\lambda^{(1)} u^{(1)}, \lambda^{(2)} u^{(2)}, \ldots, \lambda^{(n)} u^{(n)}] \tag{2.76}$$

이므로 식 (2.74)와 (2.76)으로부터

$$U^T A U = \begin{bmatrix} \lambda^{(1)} u^{(1)} \cdot u^{(1)}, & \lambda^{(2)} u^{(1)} \cdot u^{(2)}, & \cdots, & \lambda^{(n)} u^{(1)} \cdot u^{(n)} \\ \lambda^{(1)} u^{(2)} \cdot u^{(1)}, & \lambda^{(2)} u^{(2)} \cdot u^{(2)}, & \cdots, & \lambda^{(n)} u^{(2)} \cdot u^{(n)} \\ \vdots & \vdots & \vdots & \vdots \\ \lambda^{(1)} u^{(n)} \cdot u^{(1)}, & \lambda^{(2)} u^{(n)} \cdot u^{(2)}, & \cdots, & \lambda^{(n)} u^{(n)} \cdot u^{(n)} \end{bmatrix}$$

$$= \begin{bmatrix} \lambda^{(1)} & 0 & 0 & 0 \\ 0 & \lambda^{(2)} & 0 & 0 \\ \vdots & \vdots & \vdots & \vdots \\ 0 & 0 & 0 & \lambda^{(n)} \end{bmatrix} \tag{2.77}$$

이다.

한편 식 (2.72)의 기준행렬 Q 대신 행렬 A를 사용하여 정규고유행렬 U를 구하였다면, 행렬 U^T와 U를 행렬 A에 각각 선곱셈과 후곱셈을 실시하면 그 결과는 당연히 식 (2.72)에 의하여 $U^T A U = I$이다(예제 2.21(b) 참고).

▼ 예제 2.21

다음의 고유치문제를 풀어라.

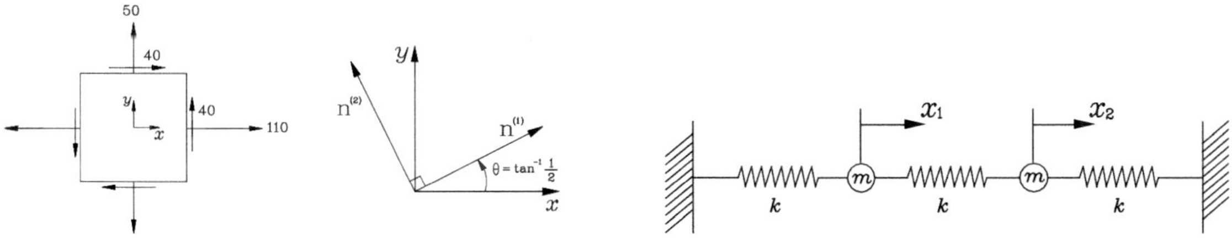

(a) (b)

a) 그림 (a)에서 보는 바와 같이 응력성분이 다음과 같을 때, 주응력과 주응력의 방향을 구하라.

$$[\sigma_{ij}] = \begin{bmatrix} 110 & 40 \\ 40 & 50 \end{bmatrix} \tag{a}$$

b) 그림 (b)의 2자유도계 문제의 자유진동 지배방정식으로부터 구한 고유치문제는 다음과 같다.

$$w_n^2 \begin{bmatrix} m & 0 \\ 0 & m \end{bmatrix} \begin{bmatrix} X_1 \\ X_2 \end{bmatrix} = \begin{bmatrix} 2k & -k \\ -k & 2k \end{bmatrix} \begin{bmatrix} X_1 \\ X_2 \end{bmatrix} \tag{b}$$

또는 $w_n^2 [m_{ij}][X_j] = [k_{ij}][X_j]$

이 고유치문제는 다음의 운동방정식으로부터 유도된 것이다.

$$[m_{ij}][\ddot{x}_j(t)] + [k_{ij}][x_j(t)] = 0 \tag{c}$$

➡ a) 주응력과 주응력축을 구하기 위한 고유치문제

$$\begin{bmatrix} 110 & 40 \\ 40 & 50 \end{bmatrix} \begin{bmatrix} n_1 \\ n_2 \end{bmatrix} = \sigma_N \begin{bmatrix} n_1 \\ n_2 \end{bmatrix} \tag{d}$$

의 특성방정식은 다음과 같다.

$$\begin{vmatrix} 110-\sigma_N & 40 \\ 40 & 50-\sigma_N \end{vmatrix} = \sigma_N^2 - 160\sigma_N + 3900 = 0 \tag{e}$$

따라서 고유치는 $\sigma_N = 30,\ 130$ 이다. 고유치는 주응력이라는 물리적 의미를 갖는다. 즉, $\sigma_1 = 130,\ \sigma_2 = 30$ 이다. 한편 $\sigma_1 = \sigma_N = 130$ 을 고유치문제에 대입하여 정리하면,

$$\begin{bmatrix} -20 & 40 \\ 40 & -80 \end{bmatrix} \begin{bmatrix} n_1 \\ n_2 \end{bmatrix} = 0 \tag{f}$$

이다. $n_1 - 2n_2 = 0$ 이므로 다음의 단위고유벡터(normalized eigenvector)가 구해진다.

$$\mathrm{n}^{(1)} = \begin{bmatrix} n_1 \\ n_2 \end{bmatrix} = \frac{1}{\sqrt{5}} \begin{bmatrix} 2 \\ 1 \end{bmatrix} \tag{g}$$

마찬가지 방법으로 $\sigma_2 = \sigma_N = 30$ 으로부터 다음의 고유벡터를 구할 수 있다.

$$\mathrm{n}^{(2)} = \begin{bmatrix} n_1 \\ n_2 \end{bmatrix} = \frac{1}{\sqrt{5}} \begin{bmatrix} -1 \\ 2 \end{bmatrix} \tag{h}$$

고유벡터는 그림 (a)에서 보는 바와 같이 해당 주응력의 방향을 의미하며,

$$\mathrm{n}^{(1)} \cdot \mathrm{n}^{(2)} = 0 \tag{i}$$

이므로 고유벡터는 직교한다. 정규고유행렬 U는 다음과 같으므로

$$\mathrm{U} = \frac{1}{\sqrt{5}}\begin{bmatrix} 2 & -1 \\ 1 & 2 \end{bmatrix} \tag{j}$$

$$\mathrm{U}^{\mathrm{T}}\,\mathrm{A}\,\mathrm{U} = \frac{1}{5}\begin{bmatrix} 2 & 1 \\ -1 & 2 \end{bmatrix}\begin{bmatrix} 110 & 40 \\ 40 & 50 \end{bmatrix}\begin{bmatrix} 2 & -1 \\ 1 & 2 \end{bmatrix} = \begin{bmatrix} 130 & 0 \\ 0 & 30 \end{bmatrix} \tag{k}$$

이다.

➡ b) 주어진 문제를 정리하면 다음과 같다.

$$\begin{bmatrix} 2\omega_o^2 - \lambda & -\omega_o^2 \\ -\omega_o^2 & 2\omega_o^2 - \lambda \end{bmatrix}\begin{bmatrix} X_1 \\ X_2 \end{bmatrix} = \begin{bmatrix} 0 \\ 0 \end{bmatrix} \tag{l}$$

여기서 $\omega_o^2 = k/m$ 이며 λ는 고유치이다. 고유진동수 ω_n은 $\omega_n = \sqrt{\lambda}$ 이다. 고유치문제의 특성방정식

$$\begin{vmatrix} 2\omega_o^2 - \lambda & -\omega_o^2 \\ -\omega_o^2 & 2\omega_o^2 - \lambda \end{vmatrix} = \lambda^2 - 4\omega_o^2\lambda + 3\omega_o^4 = 0 \tag{m}$$

으로부터 $\lambda_1 = \dfrac{k}{m}$, $\lambda_2 = \dfrac{3k}{m}$ 이다. 따라서 $\omega_{n1} = \sqrt{\dfrac{k}{m}}$, $\omega_{n2} = \sqrt{\dfrac{3k}{m}}$ 이다. λ_1과 λ_2를 고유치문제에 대입하여 고유벡터 $\mathrm{X}^{(1)}, \mathrm{X}^{(2)}$를 구한 후 질량행렬 $[m_{ij}]$을 기준행렬로 하여 정규화를 실시하면, 다음의 정규고유벡터를 얻는다.

$$\mathbf{u}^{(1)} = \frac{1}{\sqrt{2m}}\begin{bmatrix} 1 \\ 1 \end{bmatrix}, \quad \mathbf{u}^{(2)} = \frac{1}{\sqrt{2m}}\begin{bmatrix} -1 \\ 1 \end{bmatrix} \tag{n}$$

정규고유행렬의 성질을 이용하여

$$[m_{ij}][\ddot{r}_j(t)] + [k_{ij}][r_j(t)] = 0 \tag{o}$$

을 대각화시켜 보자. 정규고유행렬 $\mathrm{U} = \dfrac{1}{\sqrt{2m}}\begin{bmatrix} 1 & -1 \\ 1 & 1 \end{bmatrix}$의 전치행렬을 식 (o)에 선곱셈을 실시하고 $\mathbf{x} = \mathrm{U}\mathbf{y}$로 변환하면,

$$\frac{1}{2m}\begin{bmatrix} 1 & 1 \\ -1 & 1 \end{bmatrix}\begin{bmatrix} m & 0 \\ 0 & m \end{bmatrix}\begin{bmatrix} 1 & -1 \\ 1 & 1 \end{bmatrix}\begin{bmatrix} \ddot{y}_1 \\ \ddot{y}_2 \end{bmatrix}$$

$$+ \frac{1}{2m}\begin{bmatrix} 1 & 1 \\ -1 & 1 \end{bmatrix}\begin{bmatrix} 2k & -k \\ -k & 2k \end{bmatrix}\begin{bmatrix} 1 & -1 \\ 1 & 1 \end{bmatrix}\begin{bmatrix} y_1 \\ y_2 \end{bmatrix} = 0$$

또는

$$\begin{bmatrix} 1 & 0 \\ 0 & 1 \end{bmatrix}\begin{bmatrix} \ddot{y}_1 \\ \ddot{y}_2 \end{bmatrix} + \begin{bmatrix} \lambda_1 & 0 \\ 0 & \lambda_2 \end{bmatrix}\begin{bmatrix} y_1 \\ y_2 \end{bmatrix} = 0 \tag{p}$$

가 된다. 즉,

$$\ddot{y}_i + \lambda_i y_i = 0 \tag{q}$$

이다. 따라서 식 (o)는 식 (p)로 대각화되었다. 대각화는 매우 중요한 의미를 가지고 있다. 대각화에 사용된 고유벡터를 정규화할 때 질량행렬 $[m_{ij}]$를 기준행렬로 사용함으로써 식 (p)에서 첫번째 행렬이 단위행렬이 되었다. 대각화를 통하여 식 (q)는 질량행렬과 강성행렬에 의하여 연계되어 있던 문제가 비연계화됨으로써 문제 해결의 난이도가 극적으로 낮추어짐을 암시하고 있다.

▼ 예제 2.22

행렬 A가 다음과 같이 정의될 때 A^4 을 구하라.

$$A = \begin{bmatrix} 110 & 40 \\ 40 & 50 \end{bmatrix} \tag{a}$$

➡ 예제 2.21로부터

$$U = \frac{1}{\sqrt{5}}\begin{bmatrix} 2 & -1 \\ 1 & 2 \end{bmatrix} \tag{b}$$

$$\widetilde{A} = U^T A U = \frac{1}{5}\begin{bmatrix} 2 & 1 \\ -1 & 2 \end{bmatrix}\begin{bmatrix} 110 & 40 \\ 40 & 50 \end{bmatrix}\begin{bmatrix} 2 & -1 \\ 1 & 2 \end{bmatrix} = \begin{bmatrix} 130 & 0 \\ 0 & 30 \end{bmatrix} \tag{c}$$

이다. 따라서 다음과 같다.

$$\begin{aligned} A^4 &= IAIAIAIAI \\ &= UU^TAUU^TAUU^TAUU^TAUU^T \\ &= U\tilde{A}\tilde{A}\tilde{A}\tilde{A}U^T \\ &= \frac{1}{5}\begin{bmatrix} 2 & -1 \\ 1 & 2 \end{bmatrix}\begin{bmatrix} 130^4 & 0 \\ 0 & 30^4 \end{bmatrix}\begin{bmatrix} 2 & 1 \\ -1 & 2 \end{bmatrix} \\ &= 2\times 10^3\begin{bmatrix} 8869 & -4556 \\ -4556 & 2521 \end{bmatrix} \end{aligned} \tag{d}$$

2.10 2차형 함수와 행렬

다음과 같이 표현되는 것을 2차형(quadratic form) 함수라고 한다.

$$\phi = \mathrm{x}^{\mathrm{T}} \mathrm{A}\, \mathrm{x} = \sum_{i=1}^{n}\sum_{j=1}^{n} a_{ij} x_i x_j \tag{2.78}$$

여기서 $\mathrm{x} = [x_1, x_2, \cdots, x_n]^{\mathrm{T}}$이고, A는 상수 요소로 구성된 $n \times n$ 행렬이다. 행렬 A를 대칭행렬로 간주해도 일반성을 잃지 않는다. 만약 비대칭행렬일 경우, 계수 a_{ij}를 $a_{ij}' = (a_{ij} + a_{ji})/2$로 조정함으로써 2차형 함수를 언제든지 대칭행렬로 표현할 수 있기 때문이다.

2차형 함수는 역학의 이론 전개에서 매우 중요하다. 가령, 운동에너지와 변형에너지가 각각 속도와 변형률의 2차형 함수로 수식화된다.

$\mathrm{x} = 0$을 제외한 모든 x에 대하여 다음 조건이 성립할 때, 행렬 A를 양수확정적행렬 또는 양행렬(positive-definite matrix)이라고 한다.

$$\mathrm{x}^{\mathrm{T}} \mathrm{A}\, \mathrm{x} > 0 \tag{2.79}$$

행렬 A가 양행렬일 경우, 등식 $\mathrm{x}^{\mathrm{T}} \mathrm{A}\, \mathrm{x} = 0$은 오직 $\mathrm{x} = 0$일 때만 성립한다. 고정된 물체의 강성행렬은 양행렬이며, 모든 물체의 질량행렬은 양행렬이다. 만약 고정된 물체의 역학 해석 시에 강성행렬이 양행렬이 아닐 경우, 모델링 및 계산 과정에서 오류가 발생했음을 의미한다. 한편, 모든 x에 대하여

$$\mathrm{x}^{\mathrm{T}} \mathrm{A}\, \mathrm{x} \geq 0 \tag{2.80}$$

가 성립할 때, A를 준양수확정적행렬 또는 준양행렬(positive-semidefinite matrix)이라고 한다. 이 경우에는 비록 $\mathrm{x} \neq 0$이더라도 등식이 성립할 수 있다. 그림 2.3의 계에서 강성행렬은 준양행렬의 한 예이다(예제 2.23 참고). 이와 같은 계를 준양행렬 계(positive-semidefinite system)라고 한다.

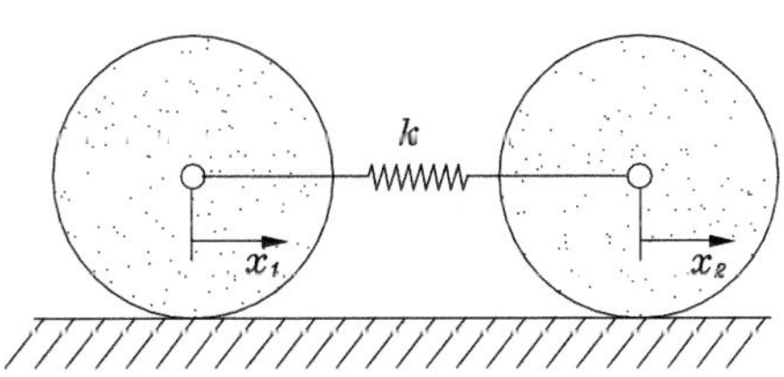

그림 2.3 준양행렬 계의 예

반대로 $\mathrm{x} = 0$을 제외한 모든 x에 대하여 다음 조건이 성립할 때, 행렬 A를 음수확정적행렬 또는 음행렬(negative-definite matrix)이라고 한다.

$$\mathrm{x}^{\mathrm{T}} \mathrm{A}\, \mathrm{x} < 0 \tag{2.81}$$

행렬 A가 음행렬일 경우, 등식 $\mathrm{x}^{\mathrm{T}} \mathrm{A}\, \mathrm{x} = 0$은 오직 $\mathrm{x} = 0$일 때만 성립한다. 그리고 모든 x에 대하여

$$\mathrm{x}^{\mathrm{T}}\,\mathrm{A}\,\mathrm{x} \le 0 \tag{2.82}$$

가 성립할 때 준음수확정적행렬 또는 준음행렬(negative-semidefinite matrix)이라고 한다. 이 경우에는 비록 $\mathrm{x} \neq 0$ 이더라도 등식이 성립할 수 있다.

2.11 양(음)행렬 여부 판단기법

제 1 기법: 모든 주부분행렬(principal submatrix)의 판별치(determinant)가 모두 양수이면 그 행렬은 양행렬이다. 모든 주부분행렬의 판별치가 음수가 아니면(1개 이상의 주부분행렬의 판별치가 0이 되어야 함) 그 행렬은 준양행렬이다.

제 2 기법: 행렬의 고유치가 모두 양수(음수)이면 그 행렬은 양(음)행렬이다. 그리고 모든 고유치가 음수(양수)가 아니면(1개 이상의 고유치가 0이어야 함) 그 행렬은 준양(음)행렬이다.

양행렬 A의 부행렬 −A는 음행렬이다. 이 점을 이용하면, 제1기법을 이용하여 음행렬 여부도 판별할 수 있다.

▼ 예제 2.23

그림 (a)와 (b)의 시스템에서 변형에너지를 각각 유도하여 행렬식으로 표현하고 행렬의 양행렬 또는 준양행렬 여부를 판단하라.

a) 그림 (a)의 변형에너지를 행렬식으로 표현하면 다음과 같다.

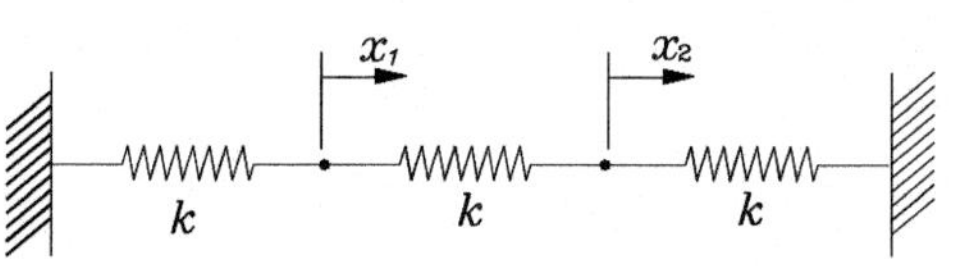

(a)

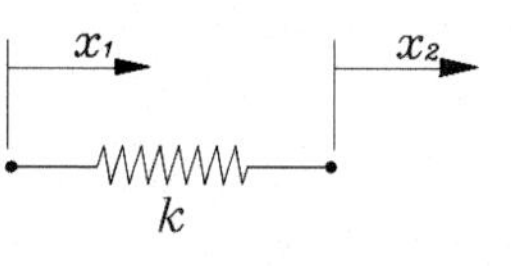

(b)

$$U = \frac{1}{2}kx_1^2 + \frac{1}{2}kx_2^2 + \frac{1}{2}k(x_2 - x_1)^2$$

$$= \frac{1}{2}[x_1\ x_2]\begin{bmatrix} 2k & -k \\ -k & 2k \end{bmatrix}\begin{bmatrix} x_1 \\ x_2 \end{bmatrix} \tag{a}$$

〈제1방법〉 강성행렬의 판별치는 $3k^2$ 이고 주부분행렬의 판별치가 모두 양수이므로 강성행렬은 양행렬이다. **〈제2방법〉** 고유치가 $3k$, k 이므로 양행렬이다.

b) 그림 (b)의 변형에너지를 행렬식으로 표현하면 다음과 같다.

$$U = \frac{1}{2}k(x_2 - x_1)^2$$

$$= \frac{1}{2}[x_1\ x_2]\begin{bmatrix} k & -k \\ -k & k \end{bmatrix}\begin{bmatrix} x_1 \\ x_2 \end{bmatrix} \tag{b}$$

〈제1방법〉 강성행렬의 판별치가 0이고 그 이외의 주부분행렬의 판별치가 모두 양수이다. 따라서 이 행렬은 준양행렬이다. **〈제2방법〉** 고유치가 0, $2k$이므로 준양행렬이다.

▼ 예제 2.24

변형에너지밀도 함수 $u = u(\varepsilon_{ij})$는 독립변수 ε_{ij}(모든 성분이 동시에 0이 아닐 때)에 대하여 항상 양수가 되어야 한다. 선형등방성 탄성재료의 변형에너지밀도 함수 u는 다음과 같이 표현된다.

$$u = \frac{1}{2}\varepsilon_i D_{ij}\varepsilon_j \tag{a}$$

여기서

$$\boldsymbol{\varepsilon} = [\varepsilon_i] = [\varepsilon_{11}, \varepsilon_{22}, \varepsilon_{33}, 2\varepsilon_{12}, 2\varepsilon_{23}, 2\varepsilon_{31}]^{\mathrm{T}} \tag{b}$$

이고

$$\mathrm{D} = \begin{bmatrix} 2\mu+\lambda & \lambda & \lambda & 0 & 0 & 0 \\ \lambda & 2\mu+\lambda & \lambda & 0 & 0 & 0 \\ \lambda & \lambda & 2\mu+\lambda & 0 & 0 & 0 \\ 0 & 0 & 0 & \mu & 0 & 0 \\ 0 & 0 & 0 & 0 & \mu & 0 \\ 0 & 0 & 0 & 0 & 0 & \mu \end{bmatrix} \tag{c}$$

이다. Lamé 상수 μ, λ에 관한 제약조건과 탄성계수 E와 포아송비 ν에 관한 제약조건을 구하라.

➡ 행렬 D의 주부분행렬의 판별치가 모두 양수이어야 한다. 즉,

$$2\mu+\lambda > 0\ , \quad \mu > 0\ , \quad (2\mu+\lambda)^2-\lambda^2 = 4\mu(\mu+\lambda) > 0 \tag{d}$$

$$\mu^3\{(2\mu+\lambda)[(2\mu+\lambda)^2-\lambda^2]-\lambda[\lambda(2\mu+\lambda)-\lambda^2]+\lambda[\lambda^2-\lambda(2\mu+\lambda)\}= \mu^5(8\mu+12\lambda) > 0$$

이 동시에 만족되어야 한다. 따라서 $\mu > 0$, $2\mu+\lambda > 0$, $\mu+\lambda > 0$, $2\mu+3\lambda > 0$으로부터

$$\mu > 0\ , \quad 2\mu+3\lambda > 0 \tag{e}$$

이 동시에 만족되어야 한다. 한편, Lamé 상수와 영률 E 및 포아송비 ν는

$$\mu = \frac{E}{2(1+\nu)}, \quad \lambda = \frac{\nu E}{(1+\nu)(1-2\nu)} \tag{f}$$

의 관계가 있으므로

$$\frac{E}{(1+\nu)} > 0, \quad \frac{E}{(1-2\nu)} > 0 \tag{g}$$

이다. 따라서 다음과 같다.

$$E > 0, \quad -1 < \nu < \frac{1}{2} \tag{h}$$

2.12 2차형 함수와 좌표변환

한편, 2차형 함수 $\phi = \mathrm{x}^{\mathrm{T}}\mathrm{A}\,\mathrm{x} = \sum_{i=1}^{n}\sum_{j=1}^{n} a_{ij}x_i x_j$에서 행렬 A의 정규고유행렬을 U라고 하자. 단, $\mathrm{U}^{\mathrm{T}}\mathrm{U} = \mathrm{I}$를 만족하도록 정규화된 것이다. 식 (2.78)을

$$\mathrm{x} = \mathrm{U}\,\mathrm{x}' \quad \text{또는} \quad \mathrm{x}' = \mathrm{U}^{\mathrm{T}}\mathrm{x} \tag{2.83}$$

로 좌표변환을 실시하면,

$$\phi = \mathrm{x}^{\mathrm{T}}\mathrm{A}\,\mathrm{x} = \mathrm{x}'^{\mathrm{T}}\mathrm{U}^{\mathrm{T}}\mathrm{A}\,\mathrm{U}\,\mathrm{x}' = \mathrm{x}'^{\mathrm{T}}\mathrm{A}'\,\mathrm{x}' \tag{2.84}$$

이다. 여기서 $\mathrm{A}' = \mathrm{U}^{\mathrm{T}}\mathrm{A}\,\mathrm{U}$는 식 (2.77)에서 보는 바와 같이 행렬 A의 고유치를 대각항으로 하는 대각행렬이다.

따라서 연계된 2차형 함수는 고유행렬을 이용하여 좌표변환을 실시함으로써 비연계화시킬 수 있음을 알 수 있다. 즉,

$$\phi = \sum_{i=1}^{n}\lambda^{(i)}x_{i'}^2 = \lambda^{(1)}x_{1'}^2 + \lambda^{(2)}x_{2'}^2 + \ldots + \lambda^{(n)}x_{n'}^2 \tag{2.85}$$

이다. 여기서 $\lambda^{(i)}$는 행렬 A의 i-번째 고유치이다.

▼ 예제 2.25

다음의 변형에너지 U를 비연계화시켜라.

$$U = \frac{1}{2}[x_1\ x_2]\begin{bmatrix} 2k & -k \\ -k & 2k \end{bmatrix}\begin{bmatrix} x_1 \\ x_2 \end{bmatrix} \tag{a}$$

➡ 행렬 $\mathrm{K} \equiv \begin{bmatrix} 2k & -k \\ -k & 2k \end{bmatrix}$의 특성방정식은 $(2k-\lambda)^2 = k^2$이므로 고유치는 $\lambda_1 = k$와 $\lambda_2 = 3k$이다. 이 고유치에 대응하는 정규고유벡터는 다음과 같다.

$$\mathrm{u}^{(1)} = \frac{1}{\sqrt{2}}\begin{bmatrix} 1 \\ 1 \end{bmatrix}, \quad \mathrm{u}^{(2)} = \frac{1}{\sqrt{2}}\begin{bmatrix} -1 \\ 1 \end{bmatrix} \tag{b}$$

한편

$$U=\frac{1}{\sqrt{2}}\begin{bmatrix}1 & -1\\ 1 & 1\end{bmatrix},\quad \mathrm{x} = \mathrm{U\,y} \tag{c}$$

라고 두면

$$\begin{aligned} U &= \frac{1}{2}\mathrm{x}^{\mathrm{T}}\mathrm{K\,x} = \frac{1}{2}\mathrm{y}^{\mathrm{T}}\mathrm{U}^{\mathrm{T}}\mathrm{K\,U\,y} \\ &= \frac{1}{2}\times\frac{1}{2}\mathrm{y}^{\mathrm{T}}\begin{bmatrix}1 & 1\\ -1 & 1\end{bmatrix}\begin{bmatrix}2k & -k\\ -k & 2k\end{bmatrix}\begin{bmatrix}1 & -1\\ 1 & 1\end{bmatrix}\mathrm{y} \\ &= \frac{1}{2}\mathrm{y}^{\mathrm{T}}\begin{bmatrix}k & 0\\ 0 & 3k\end{bmatrix}\mathrm{y} \quad \text{(d)} \end{aligned}$$

이다. 따라서 변형에너지 U는 비연계화된 형태로 표현되었다. 여기서

$$y_1 = \frac{1}{\sqrt{2}}(x_1 + x_2),\quad y_2 = \frac{1}{\sqrt{2}}(-x_1 + x_2) \tag{e}$$

이다.

2.13 동질변환

$n \times n$ 행렬 $\tilde{\mathrm{A}}$와 A가 다음의 변환관계에 있을 때 행렬 $\tilde{\mathrm{A}}$를 행렬 A의 동질행렬이라고 하고, 그 변환을 동질변환(similarity transformation)이라고 한다.

$$\tilde{\mathrm{A}} = \mathrm{R}^{-1}\mathrm{A\,R} \tag{2.86}$$

동질변환 관계에 있는 두 행렬 $\tilde{\mathrm{A}}$와 A는 동일한 고유치를 갖는다. 그리고 행렬 A의 고유벡터가 x이면 이에 대응되는 A의 고유벡터 x는

$$\ddot{\mathrm{x}} = \mathrm{R}^{-1}\mathrm{x} \tag{2.87}$$

이다.

▼ 예제 2.26

$n \times n$ 행렬 $\tilde{\mathrm{A}}$와 A가 동질변환 관계($\tilde{\mathrm{A}} = \mathrm{R}^{-1}\mathrm{A\,R}$)에 있을 때, 두 행렬의 고유치가 동일함을 보이고 행렬 A와 $\tilde{\mathrm{A}}$의 고유벡터 x와 $\tilde{\mathrm{x}}$ 사이의 관계를 구하라.

➡ 행렬 A의 고유치와 고유벡터를 각각 λ와 x라고 두자. 즉,

$$\mathrm{A\,x} = \lambda\mathrm{x} \tag{a}$$

이다. 식 (a)의 양변에 R^{-1}을 선곱셈하고 행렬 A와 고유벡터 x 사이에 단위행렬 I가 존재한다고 보면, 다음 식을 얻는다.

$$R^{-1} A\, R\, R^{-1} x = \lambda R^{-1} x \quad \text{또는} \quad \tilde{A}\,\tilde{x} = \lambda \tilde{x} \tag{b}$$

여기서

$$\tilde{x} = R^{-1} x \tag{c}$$

이다. 따라서 동질행렬 $\tilde{A}$의 고유치 λ는 행렬 A의 고유치와 동일하며, 고유벡터는

$$\tilde{x} = R^{-1} x$$

이다.

▼ 예제 2.27

다음의 응력 $[\sigma_{ij}]$를 변환행렬 T로 동질변환($[\sigma_{ij}{}'] = T\,[\sigma_{ij}]\,T^{-1}$)시켰을 때 행렬 $[\sigma_{ij}]$와 $[\sigma_{ij}{}']$의 고유치와 고유벡터를 구하여 비교하라.

$$[\sigma_{ij}] = \begin{bmatrix} 110 & 40 \\ 40 & 50 \end{bmatrix},\ T = \begin{bmatrix} \cos\theta & \sin\theta \\ -\sin\theta & \cos\theta \end{bmatrix}_{\theta = 45°} \tag{a}$$

➡ 예제 2.21(a)로부터 행렬 $[\sigma_{ij}] = \begin{bmatrix} 110 & 40 \\ 40 & 50 \end{bmatrix}$의 고유치와 고유벡터는 다음과 같다.

$$\lambda_1 = \sigma_1 = 130,\ n^{(1)} = \begin{bmatrix} n_1 \\ n_2 \end{bmatrix} = \frac{1}{\sqrt{5}} \begin{bmatrix} 2 \\ 1 \end{bmatrix} \tag{b}$$

$$\lambda_2 = \sigma_2 = 30,\ n^{(2)} = \begin{bmatrix} n_1 \\ n_2 \end{bmatrix} = \frac{1}{\sqrt{5}} \begin{bmatrix} -1 \\ 2 \end{bmatrix} \tag{c}$$

한편

$$\begin{aligned} [\sigma_{ij}{}'] &= [T_{ij}][\sigma_{ij}][T_{ij}]^{-1} \\ &= \frac{1}{2} \begin{bmatrix} 1 & 1 \\ -1 & 1 \end{bmatrix} \begin{bmatrix} 110 & 40 \\ 40 & 50 \end{bmatrix} \begin{bmatrix} 1 & -1 \\ 1 & 1 \end{bmatrix} \\ &= \begin{bmatrix} 120 & -30 \\ -30 & 40 \end{bmatrix} \end{aligned} \tag{d}$$

이며, 이 행렬의 고유치문제와 특성방정식은 각각 다음과 같다.

$$\begin{bmatrix} 120 & -30 \\ -30 & 40 \end{bmatrix} \begin{bmatrix} n'_1 \\ n'_2 \end{bmatrix} = \sigma_N \begin{bmatrix} n'_1 \\ n'_2 \end{bmatrix} \tag{e}$$

$$\sigma^2 - 160\sigma_N + 3900 = 0\,N \tag{f}$$

따라서 고유치는 $\sigma_N = 30,\ 130$ 이다. $\sigma_1 = \sigma_N = 130$ 을 고유치문제에 대입하여 정리하면

$$\begin{bmatrix} -10 & -30 \\ -30 & -90 \end{bmatrix} \begin{bmatrix} n'_1 \\ n'_2 \end{bmatrix} = 0 \tag{g}$$

이다. 즉, $n'_1 + 3n'_2 = 0$ 이므로 단위고유벡터(normalized eigenvector)는 다음과 같다.

$$\mathrm{n}'^{(1)} = \begin{bmatrix} n'_1 \\ n'_2 \end{bmatrix} = \frac{1}{\sqrt{10}} \begin{bmatrix} 3 \\ -1 \end{bmatrix} \tag{h}$$

마찬가지 방법으로 $\sigma_2 = \sigma_N = 30$ 에 대한 고유벡터는 다음과 같다.

$$\mathrm{n}'^{(2)} = \begin{bmatrix} n'_1 \\ n'_2 \end{bmatrix} = \frac{1}{\sqrt{10}} \begin{bmatrix} 1 \\ 3 \end{bmatrix} \tag{i}$$

그림 (a)에서 고유벡터 ($\mathrm{n}^{(1)}$, $\mathrm{n}^{(2)}$)와 ($\mathrm{n}'^{(1)}$, $\mathrm{n}'^{(2)}$)를 비교하였다. 변환행렬에 사용된 변환각도 $\theta = 45°$를 고려하여 두 쌍의 벡터를 도시하면 그림 (b)와 같으며, 두 쌍의 벡터의 실질적인 방향은 일치하며 동일한 벡터를 나타냄을 알 수 있다. 한편,

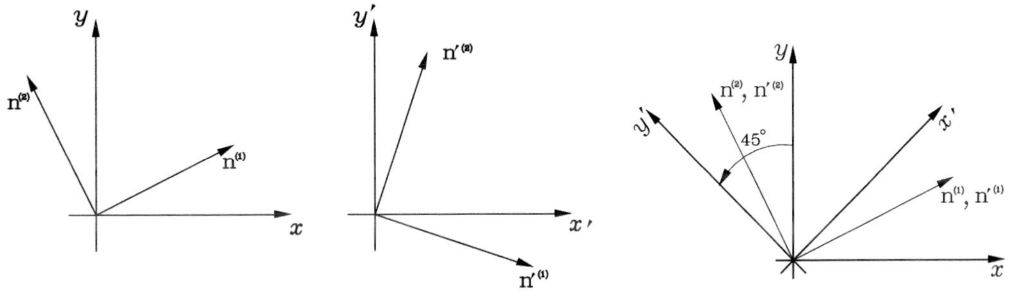

(a) (b)

$$\frac{1}{\sqrt{2}} \times \frac{1}{\sqrt{5}} \begin{bmatrix} 1 & 1 \\ -1 & 1 \end{bmatrix} \begin{bmatrix} 2 \\ 1 \end{bmatrix} = \frac{1}{\sqrt{10}} \begin{bmatrix} 3 \\ -1 \end{bmatrix} \tag{j}$$

이므로

$$\mathrm{n}'^{(1)} = \mathrm{T}\,\mathrm{n}^{(1)} \tag{k}$$

이며, 마찬가지로 $\mathrm{n}'^{(2)} = \mathrm{T}\,\mathrm{n}^{(2)}$ 이다. 따라서 식 (2.87)이 성립한다.

동질변환의 예로서 2차 텐서량의 좌표변환, 정규고유행렬에 의한 대각화(대각항이 바로 고유치임) 등이 있다. 고유치와 고유벡터를 구하기 위한 수치해법인 Jacobi 법[1.2]의 이론적 배경도 동질변환에 있다.

2.14 Q-직교

0 벡터가 아닌 두 벡터 u,v 가 다음의 조건을 만족하면,

$$\mathbf{u}^{T}Q\,\mathbf{v} = 0 \tag{2.88}$$

벡터 u 와 v 는 Q-직교한다(Q-conjugate)라고 부른다. 만약 Q = I 이면 Q-직교 또는 Q 에 대한 칸주거시(conjugacy)는 기하학적 직교(orthogonality)와 동일한 의미이다. 만약 u 와 v 가 Q-직교하고 행렬 Q가 양행렬 또는 음행렬이면, 벡터 u 와 v 는 선형독립적이다. 마찬가지로 0 벡터가 아닌 $\mathbf{u}_i$가 $i \neq j$인 모든 j에 대하여

$$\mathbf{u}_i^{T}\,Q\,\mathbf{u}_j = 0 \tag{2.89}$$

의 관계를 만족한다면, $\{\mathbf{u}_i\}$는 Q-직교벡터의 집합이며, Q가 양행렬 또는 음행렬이면 $\mathbf{u}_i$(i = 1, 2, ⋯, n)는 선형독립이다.

다음의 비구속2차계획법 문제(unconstrained quadratic programming problem)에서

$$Extremize \quad \frac{1}{2}\mathbf{x}^{T}Q\,\mathbf{x} - \mathbf{b}^{T}\mathbf{x} \tag{2.90}$$

$n \times n$ 행렬 Q가 양행렬(음행렬)일 경우, Q-직교한 n개의 벡터 $\mathbf{u}_i$의 방향으로 순차적으로 최소화(최대화)시킴으로써 n번의 반복계산만으로 해를 구할 수 있다. 이를 행렬직교방향법(conjugate direction method)이라고 한다. 한편 식 (2.90)이 최소값을 가질 조건이

$$Q\,\mathbf{x} = \mathbf{b} \tag{2.91}$$

이므로, 식 (2.91)의 방정식을 직접 푸는 대신 식 (2.90)의 최소화 문제를 행렬직교방향법으로 푸는 경우가 있다. 대규모 문제의 유한요소해석에서 기억용량 및 계산시간 측면에서 이런 축차적 접근방법에 의한 선형방정식의 풀이가 불가피하다.

Q-직교벡터의 집합을 구하는 것에 관해서는 참고문헌[1.1]으로 대신한다.

▼ 예제 2.28

$n \times n$ 양행렬 Q에 대하여 Q-직교한 단위벡터가 $\mathbf{u}_i$ $(i = 1, 2, \cdots, n)$일 때 다음의 비구속2차계획법 문제의 해를$\mathbf{u}_i$로 표현하라.

$$Minimize \quad \frac{1}{2}\mathbf{x}^{T}Q\,\mathbf{x} - \mathbf{b}^{T}\mathbf{x} \tag{a}$$

➡ 이 문제의 해 $\mathbf{x}^*$는 다음의 조건을 만족해야 한다.

$$Q\,\mathbf{x}^* = \mathbf{b} \tag{b}$$

한편 확장이론에 의하면,

$$x^* = \sum_{i=1}^{n} \alpha_i u_i \tag{c}$$

이다. 식 (c)의 양변에 행렬 Q 의 선곱셈을 실시하면,

$$Qx^* = b = \sum_{i=1}^{n} \alpha_i Q u_i \tag{d}$$

가 된다. 그리고 식 (d)의 양변에 벡터 u_j를 내적하면, $u_j^T Q u_i = 0\,(i \neq j)$이므로 다음의 식을 얻게 된다.

$$\alpha_j = \frac{u_j^T b}{u_j^T Q u_j} \tag{e}$$

따라서

$$x^* = \sum_{i=1}^{n} \frac{u_i^T b}{u_i^T Q u_i} u_i \tag{f}$$

이다.

제 3 장

함수와 미분

3.1 서론

함수는 독립변수와 종속변수에 의하여 정의된다. 독립변수는 정의된 구간 내에서 종속변수와 무관하게 결정될 수 있는 반면, 종속변수는 함수관계에 의하여 독립변수에 종속되어 결정되는 값이다. 독립변수가 정의된 구간을 정의구역이라고 한다. 함수의 기본 요건은 정의구역 내에 존재하는 하나의 독립변수에 대하여 하나의 함수값이 주어져야 한다는 것이다.

이 책에서 학습 대상으로 하는 함수는 실수함수이며, 특별한 언급 없이 사용된 함수는 실수함수를 의미한다. 실수함수는 실수의 독립변수가 입력되어 실수의 종속변수를 출력하는 일종의 변환(transformation) 또는 사상(mapping) 기능을 수행한다. 역학에서 사용되는 주요 입력변수, 즉 독립변수는 좌표와 시간이다. 고체역학에서 정적하중이 작용할 경우 변위, 응력 등의 기계량은 위치 또는 좌표의 함수로 표현된다. 가령 그림 3.1(a)에서 $EI=1$, $P=1$, $L=1$일 경우, 보의 처짐곡선 $v(x)$는

$$v(x) = -\frac{1}{2}x^2 + \frac{1}{6}x^3 \tag{3.1}$$

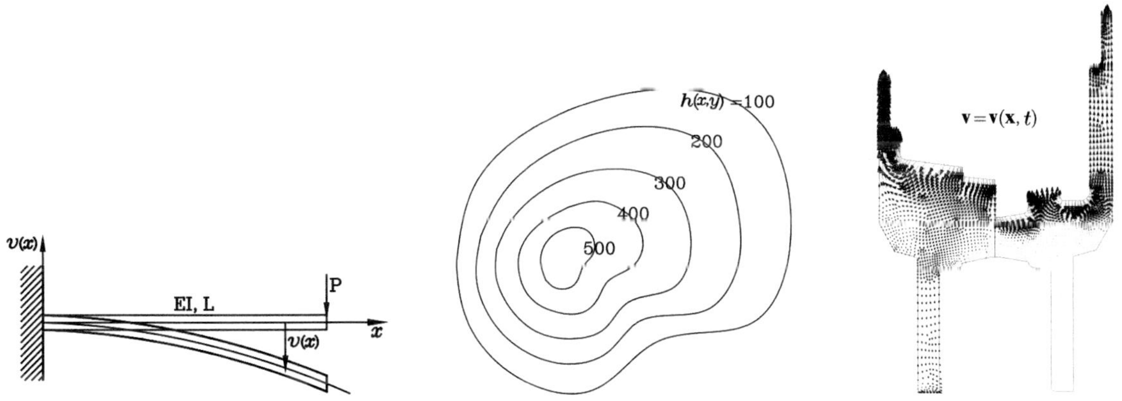

(a) 보의 처짐곡선　　(b) 산의 높이　　(c) 단조중 소재의 속도장

그림 3.1 기계량과 함수

으로 표현된다. 이 함수에서 위치를 나타내는 x는 독립변수이고 처짐함수 $v(x)$는 종속변수이다. 함수에서 독립변수는 입력변수이고 종속변수는 출력변수이다. 입력변수가 하나이고 출력변수가 하나인 함수를 1원스칼라함수 또는 1변수함수라고 하고, 입력변수가 두 개 이상이고 출력변수가 하나인 함수를 다원스칼라함수 또는 다변수함수라고 하자. 다변수함수의 예로 2차원 평면상의 온도분포 $T = T(x,y)$나 그림 3.1(b)의 등고선으로 표현된 산의 높이 $h = h(x,y)$ 등을 들 수 있다. 그리고 출력변수가 두 개 이상인 함수를 벡터함수(vector function)라고 한다. 이 책에서 벡터함수는 반드시 벡터라는 접두어를 동반하며, 특별한 언급이 없이 사용된 함수는 스칼라함수를 의미한다. 벡터함수에서 독립변수의 수와 출력변수의 수가 동일한 경우가 많다. 그림 3.1(c)의 2차원 평면상의 속도장은 위치에 따라 변하며, 두 개의 독립변수 x, y와 두 개의 종속변수 v_x, v_y로 표현된다. 즉 $v_x = v_x(x,y)$, $v_y = v_y(x,y)$로 표현된다. 대부분의 역학문제에서 독립변수는 위치를 나타내는 좌표이다. 그러나 열전달에서 온도의 변화, 동역학에서 위치의 변화, 소성역학에서 질점의 위치 변화 등을 표현하기 위하여 시간변수(time parameter)를 독립변수로 사용해야 한다.

여기서 강조해 두고자 하는 점은 대개 미지의 함수(미지함수)를 찾는 것에 역학해석의 목적이 있다는 사실이다. 미지의 수(미지수)를 찾는 문제가 방정식이라고 불리는 대수방정식(algebraic equation)으로 수식화되는 반면, 미지함수를 찾는 문제는 미분방정식(differential equation)으로 수식화된다. 미지함수의 독립변수가 하나이면 상미분방정식(ordinary differential equation)으로 수식화되고, 독립변수가 두 개 이상이면 편미분방정식(partial differential equation)으로 수식화된다. 미지수의 수가 두 개 이상이면 연립대수방정식이 되듯이 미지함수의 수가 두 개 이상이면 연립미분방정식이 된다.

3.2 1변수함수와 상미분

3.2.1 1변수함수의 정의

기계공학에서 1변수함수는 1차원 문제를 수식화하는 목적으로 사용되고 있다. 가령 보이론에서 보의 처짐량 $v(x)$, 하중밀도함수 $q(x)$, 전단력 $V(x)$, 굽힘모멘트 $M_b(x)$ 등이 대표적인 1변수함수의 예이다. 1차원 열전달 문제에서 온도 $T(x)$, 열유동량 $q(x)$ 등도 1변수함수이며, 축의 비틀림 각도 $\phi(x)$, 단축인장 문제의 변위 $u(x)$ 등도 1변수함수이다. 그런데 위에서 기술한 함수가 시간에 따라 변하는 경우에는 1변수함수가 아니다. 예를 들면, 그림 3.1(a)에서 하중 P가 시간의 함수 $P = P(t)$이면 처짐곡선은 $v = v(x,t)$로 표현되므로 2변수함수이다.

일반적으로 함수가 사용되는 환경에 따라 독립변수와 종속변수의 수를 분명히 알 수 있기 때문에 독립변수의 수에 따라 1변수함수 또는 1변수스칼라함수, 2변수함수, 다변수함수, 2변수벡터함수 등으로 세분화하여 부르지는 않지만, 이 책에서는 설명을 보다 구체화하기 위하여 함수의 명칭을 전술한 바와 같이 세분화하여 사용한다.

3.2.2 상미분

지금부터 1변수함수의 전형적인 형태로 $y = f(x)$ 를 사용하도록 하겠다. 함수 $y = f(x)$ 가 $x = a$ 에서 $\lim_{x \to a} f(x) = f(a)$ 이면 이 점에서 연속이라고 하고, 극한값이 존재하지 않거나 $(\lim_{x \to a+} f(x) \neq \lim_{x \to a-} f(x))$ 또는 $\lim_{x \to a} f(x) \neq f(a)$ 이면 $x = a$ 에서 불연속이 된다.

1변수함수에서는 상미분(ordinary differentiation)이 정의된다. 상미분은 독립변수가 하나일 때만 정의된다. 독립변수의 수가 두 개 이상이면, 상미분은 정의되지 않는 대신 편미분(partial differentiation)이 정의되며, 이에 관한 내용은 3.4절에서 상술한다. 독립변수 x 에 대한 1변수함수 $y = f(x)$ 의 상미분, 즉 $y' = \dfrac{dy}{dx}$ 는 다음과 같이 정의된다.

$$y' = \frac{dy}{dx} = \lim_{\Delta x \to 0} \frac{\Delta y}{\Delta x} = \lim_{\Delta x \to 0} \frac{f(x + \Delta x) - f(x)}{\Delta x} = f'(x) = \frac{df}{dx} \tag{3.2}$$

물론, 상미분 $\dfrac{dy}{dx}$ 는 $\lim_{\Delta x \to 0+} \dfrac{\Delta y}{\Delta x} = \lim_{\Delta x \to 0-} \dfrac{\Delta y}{\Delta x}$ 일 때 정의된다.

그림 3.2에서 보는 바와 같이 $\dfrac{\Delta y}{\Delta x}$ 는 함수의 평균 기울기, 즉 함수의 평균변화율이다. 따라서 $\dfrac{dy}{dx} = \lim_{\Delta x \to 0} \dfrac{\Delta y}{\Delta x}$ 는 기하학적으로 곡선상의 점에서의 기울기를 의미하고, 수학적으로 함수의 순간변화율을 의미한다. y'의 차원 $[y']$은 $[y]/[x]$이다.

n 차의 상미분 $f^{(n)}(x)$ 는 다음과 같이 정의된다.

$$f^{(n)}(x) = \lim_{\Delta x \to 0} \frac{f^{(n-1)}(x + \Delta x) - f^{(n-1)}(x)}{\Delta x} \tag{3.3}$$

$f^{(n)}(x)$ 의 차원 $[f^{(n)}(x)]$는 $[f^{(n-1)}(x)]/[\Delta x]$이다.

아래에 상미분의 일반적 성질을 요약하였다.

$$(\alpha f)' = \alpha f' \tag{3.4}$$

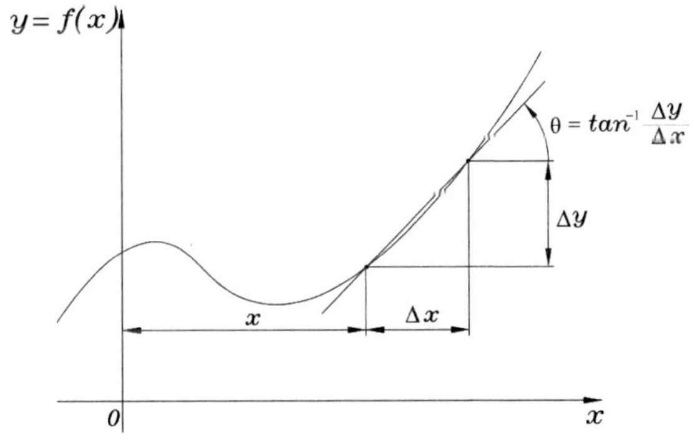

그림 3.2 미분의 기하학적 의미

$$(f \pm g)' = f' \pm g' \tag{3.5}$$

$$(fg)' = f'g + fg' \tag{3.6}$$

$$(f/g)' = (f'g - fg')/g^2 \tag{3.7}$$

여기서 f와 g는 미분 가능한 임의의 함수이고, α는 임의의 상수이다.

만약 함수가 $y = f(z(x))$의 형태일 경우, 다음의 사슬법칙(chain rule)이 성립한다.

$$y' = \frac{df}{dz}\frac{dz}{dx} \tag{3.8}$$

▼ 예제 3.1

다음의 함수를 x에 대하여 미분하라.

a) $f_1(x) = \log_{10}(x+1)$

b) $f_2 = e^z \sin x$, 여기서 $z = x^2 e^x$

c) $f_3(x) = \sin x$

d) $f_4(x) = 3x^3 + x^2 - 3x + 5$

e) $f_5(x) = \tan^{-1} x$

➡ a) $f'_1(x) = \dfrac{1}{(x+1)\ln 10}$, $f''_1(x) = -\dfrac{1}{(x+1)^2 \ln 10}$

➡ b) $f'_2(x, z(x)) = (e^z)' \sin x + e^z \cos x$

$= x(x+2)e^{z+x} \sin x + e^z \cos x$

$= e^z [\cos x + (x^2 + 2x) e^x \sin x]$

➡ c) $f'_3(x) = \cos x$, $f''_3(x) = -\sin x$

➡ d) $f'_4(x) = 9x^2 + 2x - 3$, $f''_4(x) = 18x + 2$

➡ e) $f'_5(x) = \dfrac{1}{1+x^2}$, $f''_5(x) = \dfrac{-2x}{(1+x^2)^2}$

▼ 예제 3.2

램프함수 $<x-a>^1$, 스텝함수 $<x-a>^0$, 델타함수 $\delta(x-a)$에 관하여 설명하라.

➡ 스텝함수(step function)와 델타함수(delta function)는 수학적으로 매우 까다로운 함수이지만, 공학적으로는 널리 사용되고 있다. 여기서의 설명은 응용에 관점을 두고 공학적인 측면에서 이루어진 것이다.

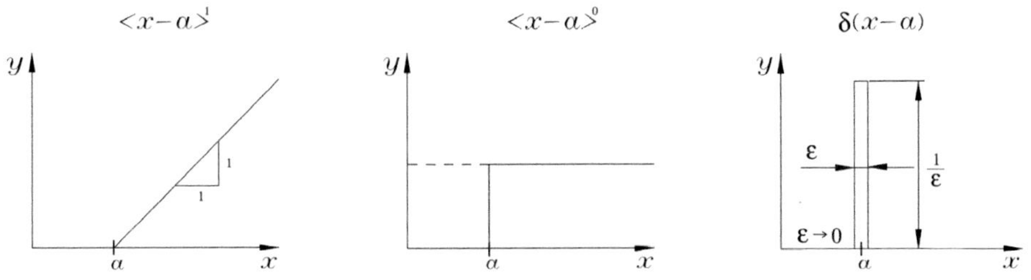

(a) 램프함수 (b) 스텝함수 (c) 델타함수

램프함수(ramp function)는 다음과 같이 정의된다.

$$< x-a >^1 = \begin{cases} 0 & \text{if } x<a \\ (x-a) & \text{if } x \geq a \end{cases} \tag{a}$$

램프함수의 상미분에 관하여 설명해 보자. $x < a-\dfrac{\varepsilon}{2}$ 에서 $(< x-a >^1)' = 0$이고 $x > a+\dfrac{\varepsilon}{2}$ 에서 $(< x-a >^1)' = 1$ 이다. 여기서 $\dfrac{\varepsilon}{2}$은 0에 수렴하는 양의 극한수이다. 엄밀히 말하면, $x = a$에서 미분값의 좌극한 값과 우극한 값이 일치하지 않으므로 미분 불가능하다. 그러나 이 함수를 사용하는 배경을 고려할 때, 일반성을 잃지 않으므로 $a-\dfrac{\varepsilon}{2} \leq x \leq a+\dfrac{\varepsilon}{2}$ 에서 미분값은 $x = a-\dfrac{\varepsilon}{2}$과 $x = a+\dfrac{\varepsilon}{2}$ 에서의 미분값을 연결하는 직선으로 간주하자. 그러면 $\varepsilon \to 0$을 취함으로써 그림에서 보는 바와 같은 단위스텝함수를 얻게 된다. 단위스텝함수는 다음과 같이 표현된다.

$$(< x-a >^1)' \equiv < x-a >^0 = \begin{cases} 0 & \text{if } x<a \\ 1 & \text{if } x \geq a \end{cases} \tag{b}$$

스텝함수를 미분해 보자. 구간 $x < a-\dfrac{\varepsilon}{2}$, $x > a+\dfrac{\varepsilon}{2}$, $a-\dfrac{\varepsilon}{2} < x < a+\dfrac{\varepsilon}{2}$ 에서 단위스텝함수를 미분하면, 각각 0, 0, $\dfrac{1}{\varepsilon}$이 된다. 그러므로 $x = a \pm \dfrac{\varepsilon}{2}$ 에서 미분값이 정의되지 않는다. $x = a \pm \dfrac{\varepsilon}{2}$ 에서 함수값이 존재하지 않지만 0과 $\dfrac{1}{\varepsilon}$을 연결하는 직선이라고 간주하고 $\varepsilon \to 0$을 취했을 때 얻어지는 함수를 단위임펄스함수(unit impulse function) 또는 단위델타함수(unit delta function)라고 정의하고 다음과 같이 표현한다.

$$(< x-a >^0)' = < x-a >^{-1} \equiv \delta(x-a) \tag{c}$$

참고로 $f(x)$가 연속함수일 때 $f(a-0) = f(a+0) = f(a)$이고 $\displaystyle\int_{-\infty}^{+\infty} \delta(x-a)\,dx = 0$이므로 단위델타함수의 정의로부터 다음 식이 성립함을 숙지해 두기 바란다.

$$\int_{-\infty}^{+\infty} f(x)\,\delta(x-a)\,dx = \int_{-\infty}^{a-0} f(x)\,\delta(x-a)\,dx + \int_{a+0}^{+\infty} f(x)\,\delta(x-a)\,dx \quad \text{(d)}$$

$$+ \int_{a-0}^{a+0} f(x)\,\delta(x-a)\,dx$$

$$= \int_{a-0}^{a+0} f(x)\,\delta(x-a)\,dx$$

$$= f(a)\int_{a-0}^{a+0} \delta(x-a)\,dx$$

$$= f(a)$$

3.2.3 Taylor 급수 전개

먼저 $x=a$에서 함수값 $f(a)$와 미분값 $f'(a)$를 알고 있을 때 함수 $f(x)$를 근사화하는 문제를 생각해 보자. 다음의 함수 $\tilde{f}_1(x)$는 $\tilde{f}_1(a) = f(a)$, $\tilde{f}_1'(a) = f'(a)$를 만족하는 최소 차수의 다항식(polynomial)이다.

$$\tilde{f}_1(x) = f(a) + f'(a)\,(x-a) \tag{3.9}$$

따라서 $f(a)$와 $f'(a)$가 알려져 있을 때, 함수 $f(x)$는 다음 식으로 근사화될 수 있다.

$$f(x) = \tilde{f}_1(x) + O(\varepsilon^2) = f(a) + f'(a)\,(x-a) + O(\varepsilon^2) \tag{3.10}$$

여기서 함수 $\tilde{f}_1(x)$를 1차 근사다항식이라고 한다. $O(\varepsilon^2)$은 2차 오차항이며

$$\lim_{x\to a} O(\varepsilon^2)/(x-a) = 0 \tag{3.11}$$

이다. 마찬가지로 $x=a$에서 $f(a)$, $f'(a)$, $f''(a)$가 알려져 있을 경우, 이 조건을 만족하는 최소차의 함수, 즉 2차 근사다항식 $\tilde{f}_2(x)$는

$$\tilde{f}_2(x) = f(a) + f'(a)\,(x-a) + \frac{1}{2}f''(a)\,(x-a)^2 \tag{3.12}$$

가 되고, 이에 바탕을 둔 근사식은 다음과 같다.

$$\begin{aligned} f(x) &= \tilde{f}_2(x) + O(\varepsilon^3) \\ &= f(a) + f'(a)\,(x-a) + \frac{1}{2}f''(a)\,(x-a)^2 + O(\varepsilon^3) \end{aligned} \tag{3.13}$$

여기서 $O(\varepsilon^3)$은 3차 오차항이며, $\lim_{x\to a} O(\varepsilon^3)/(x-a)^2 = 0$이다.

앞에서 설명한 내용을 일반화시켜 보자. $x=a$ 에서 $f(a)$, $f'(a)$, $\cdots$, $f^{(n)}(a)$ 가 알려져 있을 경우, 함수 $f(x)$ 의 n 차 근사다항식은 다음과 같다.

$$f(x) = \tilde{f}_n(x) + O(\varepsilon^{n+1}) = \sum_{i=0}^{n} \frac{1}{i!} f^{(i)}(a)\,(x-a)^i + O(\varepsilon^{n+1}) \tag{3.14}$$

여기서 $O(\varepsilon^{n+1})$ 은 $n+1$ 차 오차항이며

$$\lim_{x \to a} O(\varepsilon^{n+1})/(x-a)^n = 0 \tag{3.15}$$

이다. 1차 근사다항식 (3.9)를 이용하여 $x=a$ 전후에서 함수의 근사값, 즉 $x=a+\Delta x$ 에서 함수의 근사값을 계산하면

$$f(a+\Delta x) \approx \tilde{f}_1(a+\Delta x) = f(a) + f'(a)\,\Delta x \tag{3.16}$$

가 되며, 마찬가지로 n 차 근사다항식으로부터 $x=a+\Delta x$ 에서 함수의 근사값을 계산하면

$$f(a+\Delta x) \approx \tilde{f}_n(a+\Delta x) = \sum_{i=0}^{n} \frac{1}{i!} f^{(i)}(a)\,\Delta x^i \tag{3.17}$$

이다. 여기서 $\tilde{f}_n(a+\Delta x)$ 는 $x=a$ 를 전후로 하는 $f(x)$ 의 n-차 Taylor 급수 전개식이다.

한편 식 (3.16)과 (3.17)은 a 대신 x 를 대입해도 성립한다. 즉, 식 (3.16)과 식 (3.17)은 각각 다음의 일반형으로 표현된다.

$$f(x+\Delta x) \approx \tilde{f}_1(x+\Delta x) = f(x) + f'(x)\,\Delta x \tag{3.18}$$

$$\begin{aligned} f(x+\Delta x) &\approx \tilde{f}_n(x+\Delta x) \\ &= f(x) + f'(x)\,\Delta x + \frac{1}{2!} f''(x)\,\Delta x^2 + \cdots + \frac{1}{n!} f^{(n)}(x)\,\Delta x^n \end{aligned} \tag{3.19}$$

식 (3.19)는 흔히

$$f(x+\Delta x) \approx \tilde{f}_n(x+\Delta x) = f(x) + \Delta f + \Delta^2 f + \cdots + \Delta^n f \tag{3.20}$$

로 표현되며, $\Delta^i f$ 는 다음과 같이 정의된다

$$\Delta f \equiv \frac{1}{1!}\frac{df}{dx}\Delta x,\ \Delta^2 f \equiv \frac{1}{2!}\frac{d^2 f}{dx^2}\Delta x^2,\ \ldots,\ \Delta^n f \equiv \frac{1}{n!}\frac{d^n f}{dx^n}\Delta x^n \tag{3.21}$$

여기서 $\Delta f = \dfrac{df}{dx}\Delta x$ 를 1차 근사항(first approximation term)이라고 하며, $\lim_{\Delta x \to 0} \Delta^{n+1} f / \Delta x^n = 0$ 이다.

▼ 예제 3.3

다음의 함수를 $x=0$을 기준으로 Taylor 급수 전개를 실시하라.

a) e^x　b) $\sin x$　c) $\cos x$　d) $\log_e(1+x)$　e) $(1+x)^n$

➡ a) $e^x = 1 + x + \frac{x^2}{2!} + \frac{x^3}{3!} + \frac{x^4}{4!} + \ldots$

➡ b) $\sin x = x - \frac{x^3}{3!} + \frac{x^5}{5!} - \frac{x^7}{7!} + \cdots$

➡ c) $\cos x = 1 - \frac{x^2}{2!} + \frac{x^4}{4!} - \frac{x^6}{6!} + \cdots$

➡ d) $\ln(1+x) = x - \frac{x^2}{2} + \frac{x^3}{3} - \frac{x^4}{4} + \ldots$

➡ e) $(1+x)^n = 1 + nx + \frac{n(n-1)}{2!}x^2 + \frac{n(n-1)(n-2)}{3!}x^3 + \ldots$

3.3 상미분방정식

3.3.1 공학해석 문제와 상미분방정식

고체의 변형, 고체의 운동, 유체의 흐름, 전류의 흐름, 전기장 및 자기장의 분포, 열전달 및 온도의 분포 등의 공학해석 문제는 자연법칙의 지배를 받는다. 자연법칙은 대상계의 전체뿐만 아니라 모든 부분계에 대해서도 성립해야 한다. 계 전체를 대상으로 하는 지배방정식은 일반적으로 대수방정식으로 수식화되는데, 이러한 지배방정식으로 해결할 수 있는 문제와 얻을 수 있는 결과는 매우 한정되어 있다. 결국 모든 문제에 적용할 수 있는 일반적인 지배방정식을 유도해야 한다. 이것은 임의의 미소관심영역(infinitesimal control volume)에 대하여 자연법칙을 적용함으로써 유도되며, 그 결과는 미분방정식(differential equation)의 형태이다. 가령, 계 전체의 힘의 평형은 평형조건식

$$\sum \mathrm{F} = 0, \sum \mathrm{M} = 0 \tag{3.22}$$

으로 수식화되지만, 임의의 미소 보요소에 작용하는 힘의 평형조건은

$$\frac{dM_b(x)}{dx} + V(x) = 0, \quad \frac{dV(x)}{dx} + q(x) = 0 \tag{3.23}$$

가 되며, 임의의 극한체적에 대하여 평형조건식을 적용하면 평형방정식(제 3 부 참고)

$$\sigma_{ij,j} + f_i = 0, \quad \sigma_{ij} = \sigma_{ji} \tag{3.24}$$

를 얻게 된다.

다음의 예제들을 통하여 1차원 공학해석 문제가 미분방정식으로 수식화되는 과정과

해법에 관하여 공부하기 바란다.

▼ 예제 3.4

정상상태의 1차원 열유동 문제의 지배방정식을 유도하라. 단위부피당 열생성률은 $q_g(x)$ 이며, Fourier의 열전도법칙으로부터 전도열전달률

$q(x)$ 와 온도구배 $\dfrac{dT}{dx}$ 와의 관계는

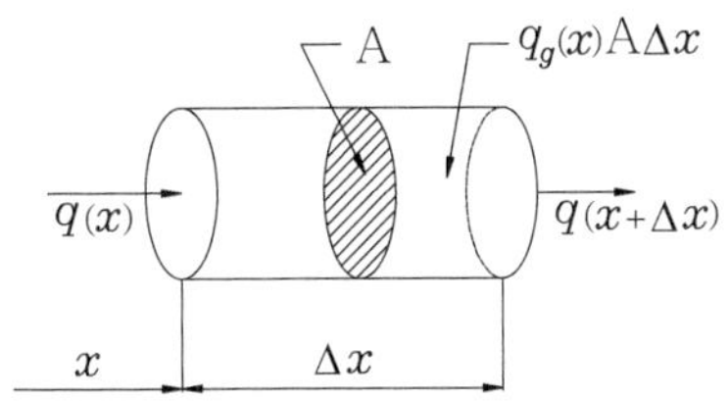

$$q(x) = -kA\frac{dT}{dx} \tag{a}$$

이다. 단, 단면적 A는 균일하다.

➡ 그림에서 $[x, x+\Delta x]$의 미소관심영역에 대한 에너지보존법칙으로부터

$$q(x) - q(x+\Delta x) + q_g(x)A\Delta x = 0 \tag{b}$$

이다. 최종적으로 $\Delta x \to 0$을 취할 것을 전제로 하여, 함수의 Taylor 전개 시에 2차 근사항까지만을 고려해 보자. $q(x+\Delta x) = q(x) + \dfrac{dq}{dx}\Delta x + \dfrac{1}{2}\dfrac{d^2q}{dx^2}\Delta x^2$ 이므로 식 (b)는 다음 식으로 정리된다.

$$-\frac{dq(x)}{dx} + A\,q_g(x) - \frac{1}{2}\frac{d^2q(x)}{dx^2}\Delta x = 0 \tag{c}$$

식 (c)에서 $\Delta x \to 0$을 취하면, 세 번째 항은 사라진다. 따라서 식 (a)를 식 (c)에 대입함으로써 다음의 정상상태의 1차원 열전도방정식이 유도된다.

$$\frac{d}{dx}\left(k\frac{dT}{dx}\right) + q_g(x) = 0 \tag{d}$$

이 예제로부터 Taylor 급수의 2차 이상의 근사항은 최종적으로 지배방정식에 아무런 영향을 주지 않는다는 것을 알 수 있다. 따라서 이제부터 특별한 경우가 아니면, 지배방정식을 구하기 위한 목적으로 Taylor 급수 전개를 실시할 때, 1차 근사항까지만을 고려한다.

▼ 예제 3.5

단면이 대칭이고 동일 소재로 이루어진 보에 관한 공학 보이론(engineering beam theory)을 전개하라.

a) 그림의 보에서 하중밀도함수 $q(x)$, 전단력 $V(x)$, 굽힘모멘트 $M_b(x)$ 간의 관계식을 유도하라.

b) 보의 처짐곡선 $v(x)$와 $q(x)$의 관계식을 유도하라.

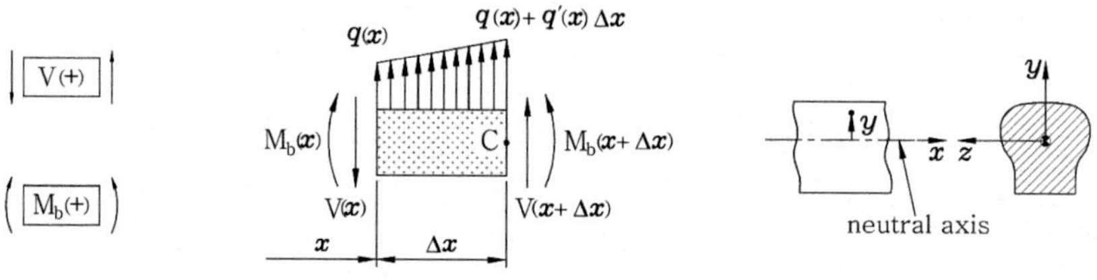

(a) 양의 v와 M_b (b) 자유물체도 (c) 좌표계

➡ a) $[x, x+\Delta x]$의 미소관심영역에 대해 힘의 평형조건을 적용해 보자. 전단력과 모멘트의 +방향을 그림 (a)와 같이 정의한다. 이 부호규약에 바탕을 두고 미소관심영역의 양단에 작용하는 하중상태를 표시하면 그림 (b)와 같다. $\Delta x \to 0$을 취한다는 전제하에 2차 근사항을 무시하여 $V(x+\Delta x)$를 Taylor 급수 전개하면

$$V(x+\Delta x) = V(x) + \frac{dV}{dx}\Delta x \tag{a}$$

이다. 마찬가지로

$$M_b(x+\Delta x) = M_b(x) + \frac{dM_b}{dx}\Delta x \tag{b}$$

이며, $q(x)$가 선형적으로 변한다는 가정하에

$$q(x+\Delta x) = q(x) + \frac{dq}{dx}\Delta x \tag{c}$$

가 된다. $\sum F_y = 0$으로부터

$$-V(x) + V(x) + \frac{dV(x)}{dx}\Delta x + q(x)\Delta x + \frac{1}{2}\frac{dq(x)}{dx}\Delta x^2 = 0 \tag{d}$$

이다. 식 (d)의 양변에 Δx를 나눈 후 $\Delta x \to 0$을 취하면

$$\frac{dV(x)}{dx} + q(x) = 0 \tag{e}$$

이 된다. 따라서 $\Delta q(x) = q'(x)\Delta x$는 지배방정식에 기여하지 못함을 알 수 있다. 마찬가지로 $\Delta^2 q(x)$, $\Delta^3 q(x)$,... 등도 기여하지 못한다. 이 점은 굽힘모멘트에서도 마찬가지이므로 계산 시에 생략해도 무방하다. $\sum M_C = 0$으로부터

$$-M_b(x) + M_b(x) + \frac{dM_b(x)}{dx}\Delta x + V(x)\Delta x - \frac{1}{2}q(x)\Delta x^2 = 0 \tag{f}$$

이므로, 식 (f)의 양변에 Δx를 나눈 후 $\Delta x \to 0$을 취하면 다음의 관계식을 얻는다.

$$\frac{dM_b(x)}{dx} + V(x) = 0 \tag{g}$$

따라서 식 (g)와 식 (e)로부터 $q(x)$와 $M_b(x)$의 관계를 다음과 같이 구할 수 있다.

$$\frac{d^2M_b(x)}{dx^2} = q(x) \tag{h}$$

b) 공학 보이론에서 보의 처짐곡선 $v(x)$와 곡률반경 ρ의 관계는 다음과 같다(예제 3.18 참고).

$$v''(x) = \frac{1}{\rho} \tag{i}$$

순수굽힘모멘트가 작용한다고 가정하면 보의 변형 형상이 원의 일부가 되므로, 그림 (c)에서 보는 바와 같이 대칭면의 도심으로부터 정의되는 좌표 y에서 변형률 ϵ_{xx}는 다음과 같다.

$$\varepsilon_{xx} = -\frac{y}{\rho} \tag{j}$$

한편, 경계조건을 바탕으로 $\sigma_{yy} = 0$, $\sigma_{zz} = 0$이라고 가정하면, 후크의 법칙으로부터 굽힘응력 σ_{xx}는 다음과 같다.

$$\sigma_{xx} = -E\frac{y}{\rho} \tag{k}$$

축력이 작용하고 있지 않으므로, 즉 $\sum F_x = 0$이므로

$$\int_A \sigma_{xx}\, dA = 0 \quad \text{또는} \quad \int_A y\, dA = 0 \tag{l}$$

이다. 즉, 전술한 바와 같이 좌표 y는 도심을 원점으로 하여 정의된다. 힘의 평형조건으로부터 굽힘모멘트 M_b와 굽힘응력 σ_{xx}는 다음의 관계를 만족해야 한다.

$$-\int_A \sigma_{xx}\, y\, dA = M_b \tag{m}$$

식 (k)를 식 (m)에 대입하여 정리하면, 다음의 관계식을 얻는다.

$$\frac{1}{\rho} = \frac{M_b}{EI} \tag{n}$$

여기서

$$I = \int_A y^2 \, dA \tag{o}$$

는 단면 2차관성모멘트이다. 따라서 식 (h), (i), (n)으로부터 처짐곡선을 구하기 위한 다음의 미분방정식이 구해진다.

$$EI(x)v''(x) = M_b(x) \quad 또는 \quad (EI(x)v''(x))'' = q(x) \tag{p}$$

▼ 예제 3.6

다음 미분방정식의 해를 구하라.

a) $\phi''(x) = -x^2, \quad \phi(0) = \phi(1) = 0$

b) $\phi''(x) = -x^2, \quad \phi(0) = 0, \quad \phi'(1) = 1$

c) $EIv''(x) = P(L-x), \quad v(0) = v'(0) = 0$ (단, EI와 P는 일정하다.)

d) $\ddot{y} + 4y = 4\cos 2t, \quad y|_{t=0} = 0, \quad \dot{y}|_{t=0} = 0$

➡ a) 미분방정식의 양변을 두 번 적분하면

$$\phi(x) = -x^4/12 + C_1 x + C_2 \tag{a}$$

가 된다. 경계조건으로부터

$$\phi(0) = C_2 = 0, \quad \phi(1) = -1/12 + C_1 = 0 \tag{b}$$

이므로 정답은 다음과 같다.

$$\phi(x) = -(x^4 - x)/12 \tag{c}$$

➡ b) a)에서와 마찬가지로

$$\phi(x) = -x^4/12 + C_1 x + C_2 \tag{d}$$

이다. 경계조건으로부터

$$\phi(0) = C_2 = 0, \quad \phi'(1) = -1/3 + C_1 = 1 \tag{e}$$

이므로 정답은 다음과 같다.

$$\phi(x) = -\frac{1}{12}x^4 + \frac{4}{3}x \tag{f}$$

c) 준 식의 양변을 두 번 적분하면,

$$EIv(x) = P(L-x)^3/6 + C_1x + C_2 \tag{g}$$

이다. 경계조건

$$v(0) = v'(0) = 0 \tag{h}$$

으로부터 $C_1 = PL^2/2$, $C_2 = -PL^3/6$ 이므로 다음의 해를 얻게 된다.

$$v(x) = \frac{P}{EI}\left[(L-x)^3 + 3L^2x - L^3\right] = \frac{P}{EI}(3Lx^2 - x^3) \tag{i}$$

d) 문제 d)의 특성방정식은 $s^2 + 4 = 0$ 이다. 따라서 제차해 y_h 는 다음과 같다.

$$y_h = C_1\sin 2t + C_2\cos 2t \tag{j}$$

제차해 중 $\cos 2t$ 가 입력함수와 일치하므로 특별해 y_p 는 다음과 같은 형태가 되어야 한다.

$$y_p = At\sin 2t + Bt\cos 2t \tag{k}$$

y_p 를 미분방정식에 대입하여 계수를 비교하면, $A=1$, $B=0$ 을 얻게 된다. 따라서

$$y = y_h + y_p = C_1\sin 2t + C_2\cos 2t + t\sin 2t \tag{l}$$

이다. 초기조건($t = 0$ 에서 $y = 0$, $\dot{y} = 0$)으로부터 $C_1 = 0$, $C_2 = 0$ 이다. 따라서 해는 다음과 같다.

$$y = t\sin 2t \tag{m}$$

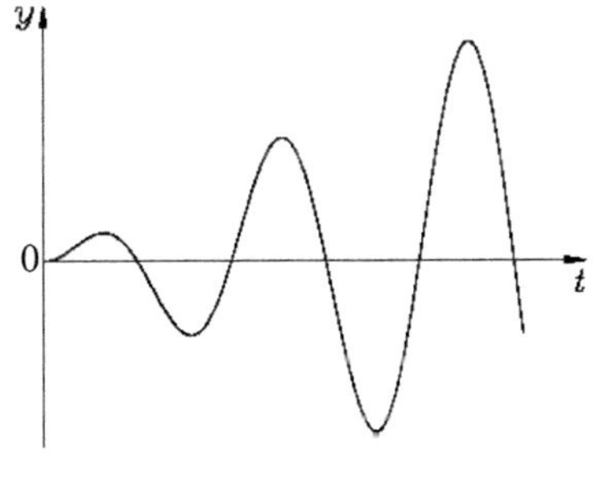

이 문제는 1자유도계를 고유진동수와 동일한 주파수로 가진하였을 때의 응답을 구하는 문제이다. 식 (m)은 응답의 진폭이 시간이 증가에 따라 선형적으로 증가하는 공진현상을 보여주고 있다.

미분방정식은 선형미분방정식과 비선형미분방정식으로 구분된다. 선형미분방정식에서 모든 항은 미지함수 y 와 y', y'', y''', ..., $y^{(n)}$, ... 등의 도함수에 대하여 1차이어야 한다. 예를 들면,

$$y'' + p(x)y' + q(x)y = f(x) \tag{3.25}$$

는 선형미분방정식이다. 반면

$$y'' + y'y = f(x),\ y' + y^2 = f(x) \tag{3.26}$$

등은 비선형미분방정식이다. 선형미분방정식의 주요 성질 중의 하나는 중첩의 원리이다. 이에 관해서는 6.1절을 참고하기 바란다.

▼ 예제 3.7

그림에서 보는 바와 같이 외팔보의 끝단에 집중하중 P와 모멘트 M_o가 작용하고 있다. 이 문제는 다음의 선형미분방정식으로 수식화된다.

$$EIv''(x) = P(L-x) + M_o,\quad v(0) = v'(0) = 0 \tag{a}$$

중첩의 원리를 이용하여 처짐량을 계산하라. EI는 일정하다.

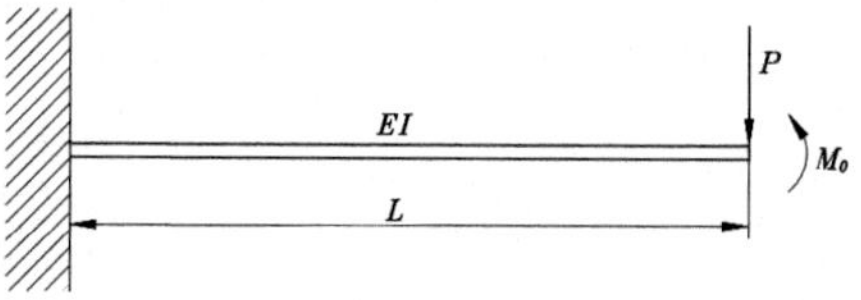

➡ 집중하중 P에 의한 처짐량은

$$EIv_1''(x) = P(L-x),\quad v_1(0) = v_1'(0) = 0 \tag{b}$$

에 의하여 구해지며, 예제 3.6의 결과를 이용하면 다음과 같다.

$$v_1(x) = \frac{P}{EI}(3Lx^2 - x^3) \tag{c}$$

모멘트 M_o에 의한 처짐량은

$$EIv_2''(x) = M_o,\quad v_2(0) = v_2'(0) = 0 \tag{d}$$

에 의하여 구해지며, 다음과 같다.

$$v_2(x) = \frac{M_o}{2EI}x^2 \tag{e}$$

중첩의 원리에 의하여 처짐량 $v(x)$는 집중하중 P에 의한 처짐량 $v_1(x)$와 모멘트 M_o에 의한 처짐량 $v_2(x)$의 합이다. 즉, 처짐량 $v(x)$는 다음과 같다.

$$v(x) = \frac{P}{EI}(3Lx^2 - x^3) + \frac{M_o}{2EI}x^2 \tag{f}$$

3.3.2 경계조건과 경계치문제

미분방정식에 포함된 미분의 최고차수를 미분방정식의 차수라고 한다. 대부분의 공학해석 문제는 짝수차, 즉 $2p$ 차의 미분방정식으로 수식화된다. 아래에 대표적인 예들을 나열하였다.

· 보의 처짐방정식: $(EI(x)\,v(x)'')'' + q(x) = 0$ (3.27)

· 정상상태의 열전도방정식: $\dfrac{d}{dx}\left(k\dfrac{dT}{dx}\right) + q_V(x) = 0$ (3.28)

상미분방정식의 일반해는 미분방정식의 차수와 동일한 수의 적분상수를 포함한다. 그러므로 적분상수를 결정하기 위하여 경계조건이 필요하다. 경계조건에 따라 해는 일반적으로 크게 달라지게 된다. 미분방정식으로 수식화되는 기계공학 문제를 경계치문제(boundary value problem)라고 한다. 경계조건에는 $2p-1$ 차까지의 미분항이 포함될 수 있다. 0~$(p-1)$ 차의 미분항을 포함하는 경계조건을 필수경계조건(essential boundary condition)이라고 하고, p~$(2p-1)$ 차의 미분항을 포함하는 경계조건을 자연경계조건(natural boundary
condition)이라고 한다.

경계치 문제에서 미지의 함수 중의 일부를 소거할 수 있을 때 그 수식을 혼합형 수식(mixed formulation)이라고 하고, 반대로 더 이상 축소 불가능할 때의 수식을 압축불가능형 수식(irreducible formulation)이라고 한다.

▼ 예제 3.8

다음의 보 문제의 경계조건을 구하여 분류하라.

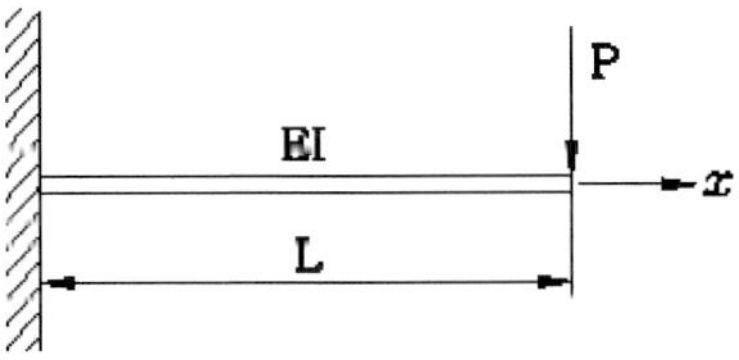

(a)

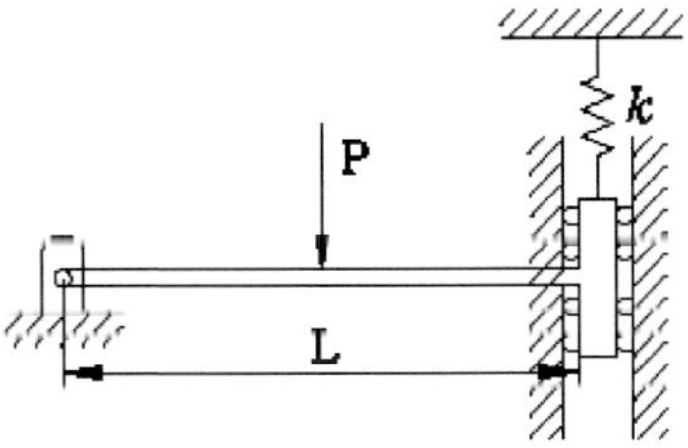

(b)

➡ a) $x=0$ 에서 박혀 있으므로(clamped), 즉 고정되어 있다고 간주하여 $v(0)=0$, $v'(0)=0$ 이다. $x=L$ 에서 전단력은 $V(L)=-P$ 이고, 굽힘모멘트는 0이다. 보이론으로부터 $EIv''(x)=M_b$, $V(x)=-M_b'(x) = -(EIv''(x))'$ 이므로 경계조건을 분류하면 다음과 같다.

· 필수경계조건: $v(0)=0$, $v'(0)=0$ (a)

· 자연경계조건: $EIv''(x)|_{x=L}=0$, $(EIv''(x))'|_{x=L}=P$ (b)

b) $x=0$에서 변위가 규제되어 있고, 굽힘모멘트가 0이다. 즉, $v(0)=0$, $M_b(0)=(EIv''(x))|_{x=0}=0$이다. $x=L$에서 전단력은 $V(L)=-kv(L)$이고 $v'(L)=0$이다. 따라서 경계조건을 분류하면 다음과 같다.

· 필수경계조건: $v(0)=0,\ v'(L)=0$ (a)

· 자연경계조건: $EIv''(x)|_{x=0}=0,\ (EIv''(x))'|_{x=L}=kv(L)$ (b)

▼ 예제 3.9

다음 미분방정식의 해를 구하고 경계조건을 검토하라.

$$\phi''(x)+x^2=0,\ \phi(0)=0,\ \phi'(0)=1 \quad \text{(a)}$$

$\phi''(x)=-x^2$로부터

$$\phi(x)=-\frac{1}{12}x^4+C_1x+C_2 \quad \text{(b)}$$

이다. 경계조건으로부터

$$\phi(0)=C_2=0,\ \phi'(0)=C_1=1 \quad \text{(c)}$$

이므로

$$\phi(x)=-\frac{1}{12}x^4+x \quad \text{(d)}$$

이다. 2차 미분방정식에서 두 개의 적분상수를 결정하기 위하여 두 개의 경계조건이 필요한데, 이 문제에는 $x=0$에서 두 개의 경계조건 모두가 주어져 있다. 이 문제의 답을 구하는 데 수학적으로 문제가 될 것이 없다. 그러나 실제 이런 문제는 흔하지 않다. 일반적으로 1차원의 경우 두 개의 경계점이 존재하고, 미분방정식이 $2p$차일 경우 각 경계점에서 p개의 경계조건이 주어진다.

▼ 예제 3.10

연립미분방정식에 관한 다음 물음에 답하라.

a) 다음의 미분방정식을 혼합형 수식인 연립1차미분방정식으로 수식화하라.

$$y''+3y'+2y=f(x) \quad \text{(a)}$$

$$y|_{x=0}=0,\ y'|_{x=1}=1 \quad \text{(b)}$$

b) 그림의 계에 대한 운동방정식을 유도하라.

a) $z=y'$으로 두자. 그러면 식 (a)는 다음의 1차 미분방정식으로 변환된다.

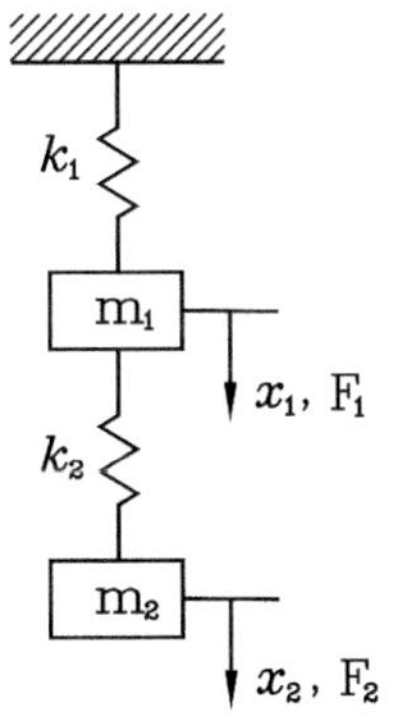

(a) 2자유도계 문제

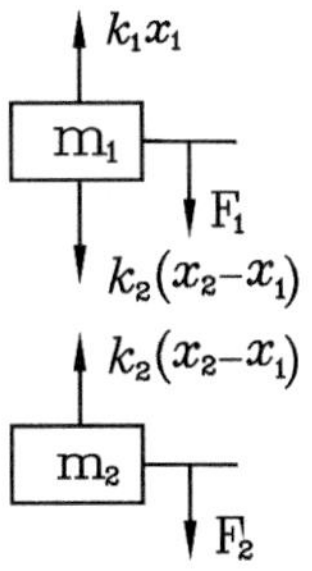

(b) 자유물체도

$$z' + 3y' + 2y = f(x) \tag{c}$$

$$y' - z = 0 \tag{d}$$

그리고 경계조건은 다음과 같이 수식화된다.

$$y|_{x=0} = 0, \ z|_{x=1} = 1 \tag{e}$$

식 (a)와 식 (b)의 수식을 압축불가능형 수식(irreducible formulation)이라고 하고, 식 (c), 식 (d), 식 (e)를 혼합형 수식(mixed formulation)이라고 한다.

➡ b) 그림의 자유물체도에 뉴턴의 제2운동법칙을 적용하면 다음 식을 얻는다.

$$m_1\ddot{x}_1 = -k_1x_1 + k_2(x_2 - x_1) + F_1 \tag{f}$$

$$m_2\ddot{x}_2 = -k_2(x_2 - x_1) + F_2 \tag{g}$$

이 식을 행렬식으로 표현하면 다음과 같다.

$$\begin{bmatrix} m_1 & 0 \\ 0 & m_2 \end{bmatrix}\begin{bmatrix} \ddot{x}_1 \\ \ddot{x}_2 \end{bmatrix} + \begin{bmatrix} k_1+k_2 & -k_2 \\ -k_2 & k_2 \end{bmatrix}\begin{bmatrix} x_1 \\ x_2 \end{bmatrix} = \begin{bmatrix} F_1 \\ F_2 \end{bmatrix} \tag{h}$$

3.4 다변수함수와 편미분

3.4.1 다변수함수의 정의

기계공학에서 대부분의 기계량은 2차원 평면 또는 3차원 공간에서 정의된다. 즉, 정의구역이 평면이거나 입체인 경우가 대부분이다. 3차원 공간에서 정지하고 있는 물체의 변위 $\mathrm{u} = [u_x, u_y, u_z]^{\mathrm{T}}$의 각 성분은 위치의 함수이다. 즉, $u_x = u_x(x,y,z)$ 등이다. 응력성분들도 마찬가지이다. 그림 3.3에 축대칭 문제의 유효응력 $\bar{\sigma}$의 분포와 확대된 변위장을 도시하였

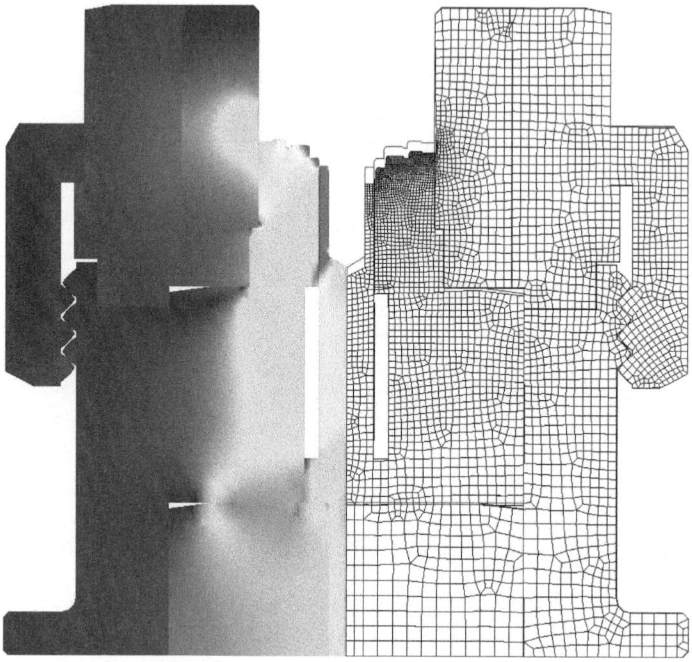

그림 3.3 금형의 유효응력 분포 및 변위장

다. 유효응력 $\bar{\sigma}$는 좌표 (r,z)의 함수이므로 색상의 차이로 그 값의 크기를 나타내었다. 비록 기하학적으로는 1차원이지만 시간의 변화에 따라 기계량이 변하는 경우에도, 좌표 x와 시간 t가 독립변수이므로 기계량은 다변수함수로 표현된다.

3.4.2 편미분의 정의 및 성질

다변수함수의 미분에 관하여 공부해 보자. 다변수함수에서 특별한 구속조건이 없다면, 즉 독립변수가 두 개 이상이면 상미분은 존재하지 않는다. 예를 들면, 다변수함수가 $\phi = \phi(x,y)$이고 x와 y가 독립적이라면, $\frac{d\phi}{dx} = \lim_{\Delta x \to 0} \frac{\Delta\phi}{\Delta x}$는 존재하지 않는다. y가 독립적으로 결정될 수 있으므로 어떤 점에서 x-방향으로 Δx만큼 떨어진 지점에 위치한 점은 무수히 많으며 이에 따라 $\Delta\phi$가 유일하지 않기 때문이다. 이런 경우에는 편미분(partial differentiation) $\frac{\partial\phi}{\partial x}$와 $\frac{\partial\phi}{\partial y}$가 정의된다. 어떤 변수에 대한 편미분에서는 그 이외의 독립변수를 고정시키고 그 변수에 대한 미분을 상미분과 동일한 방식으로 실시한다. 즉, $\phi = \phi(x,y)$일 때

$$\frac{\partial\phi}{\partial x} \equiv \lim_{\Delta x \to 0} \frac{\phi(x+\Delta x,y) - \phi(x,y)}{\Delta x} \Big|_{y\ fixed} \tag{3.29}$$

$$\frac{\partial\phi}{\partial y} \equiv \lim_{\Delta y \to 0} \frac{\phi(x,y+\Delta y) - \phi(x,y)}{\Delta y} \Big|_{x\ fixed} \tag{3.30}$$

로 정의된다. 따라서 하나의 독립변수에 대하여 편미분할 때, 다른 독립변수는 상수로 취급된다.

▼ 예제 3.11

다음의 함수를 독립변수 x, y, z에 대하여 편미분하라.

$$\phi(x,y,z) = x^2 y + (x-2y-z)^3 + 2x - 3z \qquad (a)$$

➡ $$\frac{\partial \phi}{\partial x} = 2xy + 3(x-2y-z)^2 + 2 \qquad (b)$$

$$\frac{\partial \phi}{\partial y} = x^2 - 6(x-2y-z)^2 \qquad (c)$$

$$\frac{\partial \phi}{\partial z} = -3(x-2y-z)^2 - 3 \qquad (d)$$

편미분은 상미분과 유사한 법칙을 따른다. 즉,

$$\frac{\partial (f \pm g)}{\partial x} = \frac{\partial f}{\partial x} \pm \frac{\partial g}{\partial x} \qquad (3.31)$$

$$\frac{\partial (f g)}{\partial x} = \frac{\partial f}{\partial x} g + f \frac{\partial g}{\partial x} \qquad (3.32)$$

$$\frac{\partial}{\partial x}(f/g) = (\frac{\partial f}{\partial x} g - f \frac{\partial g}{\partial x})/g^2 \qquad (3.33)$$

이며, 이 식은 x 이외의 독립변수에 대해서도 성립한다. 그리고 편미분변수 x, y가 서로 독립적이고 편미분함수가 연속이면, 편미분의 순서에 영향을 받지 않는다. 즉,

$$\frac{\partial^2 f}{\partial y\, \partial x} = \frac{\partial^2 f}{\partial x\, \partial y} \qquad (3.34)$$

이다. 그러나 미분변수가 종속적이면, 편미분 결과는 미분의 순서에 따라 달라진다.

▼ 예제 3.12

다음의 함수에 대하여 $\frac{\partial^2 \phi}{\partial x_2 \partial x_1}$와 $\frac{\partial^2 \phi}{\partial x_1 \partial x_2}$를 구하여 비교하라.

$$\phi = (x_1^2 + x_1 x_2)^3 + x_1^2 x_2 \qquad (a)$$

$$\frac{\partial^2\phi}{\partial x_2 \partial x_1} = \frac{\partial}{\partial x_2}\big(3\,(x_1^2+x_1x_2)^2\,(2x_1+x_2) + 2x_1x_2)\big) \tag{b}$$

$$= 3x_1^2\,(x_1+x_2)\,(5x_1+3x_2) + 2x_1$$

$$\frac{\partial^2\phi}{\partial x_1 \partial x_2} = \frac{\partial}{\partial x_1}\big(3\,(x_1^2+x_1x_2)^2 x_1 + x_1^2)\big) \tag{c}$$

$$= 3x_1^2\,(x_1+x_2)\,(5x_1+3x_2) + 2x_1$$

이므로 다음 식이 성립한다.

$$\frac{\partial^2\phi}{\partial x_2 \partial x_1} = \frac{\partial^2\phi}{\partial x_1 \partial x_2} \tag{d}$$

▼ 예제 3.13

$x_1 = X_1 + X_2 - 2\,X_2^2$ 일 때, $\frac{\partial^2 x_1}{\partial X_2 \partial x_1}$ 와 $\frac{\partial^2 x_1}{\partial x_1 \partial X_2}$ 를 구하여 비교하라.

$$\frac{\partial^2 x_1}{\partial X_2 \partial x_1} = \frac{\partial}{\partial X_2}(1) = 0 \tag{a}$$

$$\frac{\partial^2 x_1}{\partial x_1 \partial X_2} = \frac{\partial}{\partial x_1}(1-4X_2) = -4\,\frac{\partial X_2}{\partial x_1} \tag{b}$$

이고, X_2가 x_1에 종속되어 있으므로

$$\frac{\partial^2 x_1}{\partial X_2 \partial x_1} \neq \frac{\partial^2 x_1}{\partial x_1 \partial X_2} \tag{c}$$

이다.

편미분의 사슬법칙에 관하여 공부해 보자. 함수 ϕ가 x, y, z의 함수이고, x, y, z가 u, v의 함수일 때, 즉 $\phi = \phi(x(u,v),\, y(u,v),\, z(u,v))$ 일 때

$$\frac{\partial\phi}{\partial u} = \frac{\partial\phi}{\partial x}\frac{\partial x}{\partial u} + \frac{\partial\phi}{\partial y}\frac{\partial y}{\partial u} + \frac{\partial\phi}{\partial z}\frac{\partial z}{\partial u} \tag{3.35}$$

$$\frac{\partial\phi}{\partial v} = \frac{\partial\phi}{\partial x}\frac{\partial x}{\partial v} + \frac{\partial\phi}{\partial y}\frac{\partial y}{\partial v} + \frac{\partial\phi}{\partial z}\frac{\partial z}{\partial v} \tag{3.36}$$

이다. 그리고 $u = u(t,x(t),\, y(t),\, z(t))$ 일 경우,

$$\frac{du}{dt} = \frac{\partial u}{\partial t} + \frac{\partial u}{\partial x}\frac{dx}{dt} + \frac{\partial u}{\partial y}\frac{dy}{dt} + \frac{\partial u}{\partial z}\frac{dz}{dt} \tag{3.37}$$

이다. 식 (3.37)에서 전미분 $\frac{du}{dt}$가 존재하는 이유는 x, y, z가 모두 t만의 함수이므로 u는 궁극적으로 t만의 함수가 되기 때문이다.

3.4.3 함수의 구배

3차원 공간상의 3변수함수 $\phi = \phi(x,y,z)$의 구배(gradient)는 다음과 같이 정의된다.

$$\nabla\phi \equiv \left[\frac{\partial\phi}{\partial x}\ \ \frac{\partial\phi}{\partial y}\ \ \frac{\partial\phi}{\partial z}\right] = \frac{\partial\phi}{\partial x}\mathrm{i} + \frac{\partial\phi}{\partial y}\mathrm{j} + \frac{\partial\phi}{\partial z}\mathrm{k} \tag{3.38}$$

여기서 $\nabla = \frac{\partial}{\partial x}\mathrm{i} + \frac{\partial}{\partial y}\mathrm{j} + \frac{\partial}{\partial z}\mathrm{k}$는 'del'이라고 읽으며 미분연산자(differential operator)이다. 연산자 ∇은 다음의 성질을 갖는다.

$$\nabla(f \pm g) = \nabla f \pm \nabla g \tag{3.39}$$

$$\nabla(fg) = g\nabla f + f\nabla g \tag{3.40}$$

$$\nabla(f/g) = \frac{1}{g^2}(g\nabla f - f\nabla g) \tag{3.41}$$

구배의 기하학적 의미를 살펴보자. 이 목적으로 다음의 단순한 함수를 고려해 보자.

$$\phi(x,y) = (x-2)^2 + (y-3)^2 \tag{3.42}$$

그림 3.4에 식 (3.42)의 함수를 등고선으로 나타내었다. 점 P(5, −1)에서의 구배는 $\nabla\phi = 10\,(0.6\mathrm{i} - 0.8\mathrm{j})$이다. 즉, 크기는 10이고 방향은 $\mathrm{n} = 0.6\mathrm{i} - 0.8\mathrm{j}$이다. 점 P는 그림에서 보는 바와 같이 등고선 $\phi(x,y) = 5^2$ 상의 한 점이다. 구배는 등고선에 수직하며, 함수값이 증가하는 방향으로 향한다. $-\nabla\phi$는 그 점에서 함수값이 가장 급하게 감소하는 방향이 된다. 이 방향으로 함수값을 점신적으로 감소시키는 최소화기법을 급경사법(steepest descent method)이라고 한다.

독립변수가 n개인 n변수스칼라함수

$$\phi = \phi(x_1, x_2, \ldots, x_n) \quad \text{또는} \quad \phi = \phi(\mathrm{x}),\ \mathrm{x} \in R^n \tag{3.43}$$

의 구배는 다음과 같은 열행렬로 정의된다.

$$\nabla\phi = \left[\frac{\partial\phi}{\partial x_1}, \frac{\partial\phi}{\partial x_2}, \ldots, \frac{\partial\phi}{\partial x_n}\right]^{\mathrm{T}} \quad \text{또는} \quad \nabla\phi = \frac{d\phi}{d\mathrm{x}}^{\mathrm{T}} \tag{3.44}$$

여기서 $\frac{d\phi}{d\mathrm{x}}$는 벡터변수 x에 대한 스칼라함수 ϕ의 미분이며, 행벡터이다. 즉,

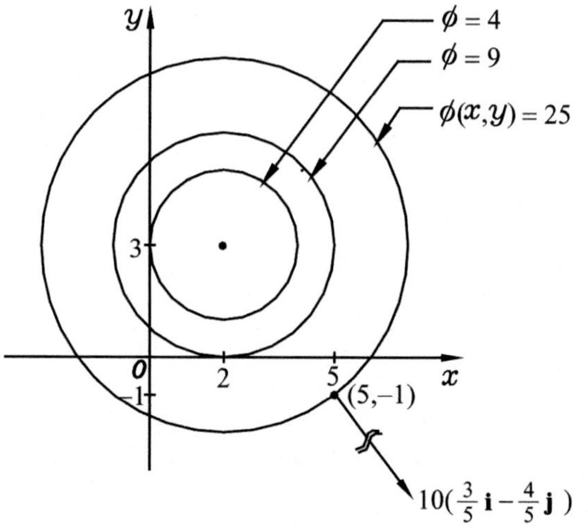

그림 3.4 함수의 구배

$$\frac{d\phi}{d\mathrm{x}} = \left[\frac{\partial\phi}{\partial x_1}, \frac{\partial\phi}{\partial x_2}, \cdots, \frac{\partial\phi}{\partial x_n}\right] \tag{3.45}$$

이다.

구배의 각 성분은 독립변수들의 함수이므로 구배는 일종의 벡터함수이다. 구배벡터의 자코비안행렬(Jacobian matrix, 식 (3.91) 참고)을 Hessian 행렬이라고 한다. 즉, Hessian 행렬은 다음과 같이 정의된다.

$$\mathrm{H}(\phi) = [H_{ij}] \equiv \begin{bmatrix} \frac{\partial^2\phi}{\partial x_1 \partial x_1}, & \frac{\partial^2\phi}{\partial x_2 \partial x_1}, & \cdots, & \frac{\partial^2\phi}{\partial x_n \partial x_1} \\ \frac{\partial^2\phi}{\partial x_1 \partial x_2}, & \frac{\partial^2\phi}{\partial x_2 \partial x_2}, & \cdots, & \frac{\partial^2\phi}{\partial x_n \partial x_2} \\ \vdots & \vdots & \vdots & \vdots \\ \frac{\partial^2\phi}{\partial x_1 \partial x_n}, & \frac{\partial^2\phi}{\partial x_2 \partial x_n}, & \cdots, & \frac{\partial^2\phi}{\partial x_n \partial x_n} \end{bmatrix} \tag{3.46}$$

▼ 예제 3.14

타원체 $2(x-2)^2 + (y-3)^2 + 8z^2 - 5^2 = 0$상의 점 $P(4,6,1)$에서 접면을 구하라.

➡ $$\phi = 2(x-2)^2 + (y-3)^2 + 8z^2 - 5^2 \tag{a}$$

라고 두자.

$$\nabla\phi = 4(x-2)\mathrm{i} + 2(\mathrm{y}-3)\mathrm{j} + 16\mathrm{zk} \tag{b}$$

이므로 점 P에서의 구배는 다음과 같다.

$$\nabla\phi = 8\mathrm{i} + 6\mathrm{j} + 16\mathrm{k} \tag{c}$$

점 P와 접면상의 점(x, y, z)를 잇는 벡터 $\overrightarrow{PX} = [x-4, y-6, z-1]^{\mathrm{T}}$는 $\nabla\phi$에 수직하므로

$$\overrightarrow{PX} \cdot \nabla\phi = 0 \tag{d}$$

이다. 따라서 접면은 다음과 같다.

$$4x+3y+8z-42=0 \tag{e}$$

▼ 예제 3.15

회전추 $\phi(x,y,z) = x^2+y^2-z^2 = 0$상의 점 $P(1,1,\sqrt{2})$에서 단위법선벡터를 구하라.

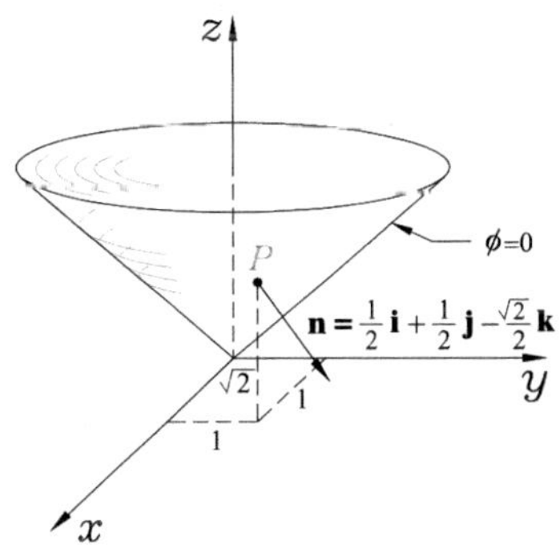

➡ $$\nabla\phi = 2x\mathrm{i} + 2y\mathrm{j} - 2z\mathrm{k} \tag{a}$$

이므로 점 P에서의 구배는 다음과 같다.

$$\nabla\phi = 2\mathrm{i} + 2\mathrm{j} - 2\sqrt{2}\mathrm{k} \tag{b}$$

따라서 단위법선벡터 n은

$$\mathrm{n} = \frac{\nabla\phi}{|\nabla\phi|} = \frac{1}{2}\mathrm{i} + \frac{1}{2}\mathrm{j} - \frac{\sqrt{2}}{2}\mathrm{k} \tag{c}$$

이다. 그림에 법선벡터를 가시화하였다.

▼ 예제 3.16

Huber-von Mises 항복함수가 다음과 같이 표현되며, $f=0$이 이루는 곡면을 항복곡면이라고 한다.

$$f = \frac{1}{2}\sigma_{11}'^2 + \frac{1}{2}\sigma_{22}'^2 + \frac{1}{2}\sigma_{33}'^2 + \sigma_{12}'^2 + \sigma_{23}'^2 + \sigma_{31}'^2 - k^2 \tag{a}$$

여기서 k는 전단항복응력이고,

$$f = f(\sigma_{11}', \sigma_{22}', \sigma_{33}', \sigma_{12}', \sigma_{23}', \sigma_{31}') \tag{b}$$

는 여섯 개의 편차응력 성분을 독립변수로 하는 스칼라함수이다. 독립변수

$$\sigma_i' \equiv [\sigma_{11}', \sigma_{22}', \sigma_{33}', \sigma_{12}', \sigma_{23}', \sigma_{31}']^{\mathrm{T}} \tag{c}$$

에 대한 항복함수의 구배와 Hessian 행렬을 계산하라.

■ 함수 f의 구배 $\nabla_{\sigma_i'} f$와 Hessian 행렬 $\nabla^2_{\sigma_i'} f$는 각각 다음과 같다.

$$\nabla_{\sigma_i'} f = [\sigma_{11}', \sigma_{22}', \sigma_{33}', 2\sigma_{12}', 2\sigma_{23}', 2\sigma_{31}']^{\mathrm{T}} \tag{d}$$

$$\nabla^2_{\sigma_i'} f = \begin{pmatrix} 1 & 0 & 0 & 0 & 0 & 0 \\ 0 & 1 & 0 & 0 & 0 & 0 \\ 0 & 0 & 1 & 0 & 0 & 0 \\ 0 & 0 & 0 & 2 & 0 & 0 \\ 0 & 0 & 0 & 0 & 2 & 0 \\ 0 & 0 & 0 & 0 & 0 & 2 \end{pmatrix} \tag{e}$$

3.4.4 다변수함수의 Taylor 급수 전개

다변수함수 $\phi = \phi(x_1, x_2, ..., x_n)$의 1차와 2차 Taylor 급수는 각각 다음과 같다.

$$\phi(x_1 + \Delta x_1,\ x_2 + \Delta x_2,\ \cdots,\ x_n + \Delta x_n) \tag{3.47}$$

$$= \phi(x_1,\ x_2,\ \cdots,\ x_n) + \sum_{i=1}^{n} \frac{\partial \phi}{\partial x_i} \Delta x_i + O(\varepsilon^2)$$

$$\phi(x_1 + \Delta x_1, x_2 + \Delta x_2, \cdots, x_n + \Delta x_n) \tag{3.48}$$

$$= \phi(x_1, x_2, \cdots, x_n) + \sum_{i=1}^{n} \frac{\partial \phi}{\partial x_i} \Delta x_i + \frac{1}{2} \sum_{i=1}^{n} \sum_{j=1}^{n} H_{ij}\, \Delta x_i\, \Delta x_j + O(\varepsilon^3)$$

여기서 H_{ij}는 함수 ϕ의 Hessian 행렬이다.

한편 식 (3.47)로부터

$$\Delta\phi = \phi(x_1 + \Delta x_1, x_2 + \Delta x_2, \cdots, x_n + \Delta x_n) - \phi(x_1, x_2, \cdots, x_n) \tag{3.49}$$

$$= \sum_{i=1}^{n} \frac{\partial \phi}{\partial x_i} \Delta x_i + O(\varepsilon^2)$$

이므로 양변에 $\Delta x_i \to 0$을 취하면, 다원스칼라함수의 전미분량(total differential) $d\phi$가 다음과 같이 정의된다.

$$d\phi = \frac{\partial \phi}{\partial x_1} dx_1 + \frac{\partial \phi}{\partial x_2} dx_2 + \cdots + \frac{\partial \phi}{\partial x_n} dx_n = \sum_{i=1}^{n} \frac{\partial \phi}{\partial x_i} dx_i = \nabla \cdot d\mathrm{r} \tag{3.50}$$

여기서 $d\mathrm{r}$은 다음과 같이 정의된다.

$$d\mathrm{r} = [dx_1, dx_2, ..., dx_n]^{\mathrm{T}} \tag{3.51}$$

3.4.5 구속조건을 고려한 미분

R^2 공간에서 $\phi = \phi(x,y)$일 때, $\dfrac{\partial \phi}{\partial x}$는 y-방향을 고정시킨 상태에서 x-방향에 대한 함수 ϕ의 변화율이다. 만약 x와 y가 독립적이라면 $\dfrac{d\phi}{dx}$가 존재하지 않지만, 그림 3.5에서 보는 바와 같이 구속조건

$$h(x,y) = 0 \tag{3.52}$$

이 있을 경우에는 $\dfrac{d\phi}{dx} = \lim\limits_{\Delta x \to 0} \dfrac{d\phi}{dx}$가 존재한다. 상미분의 정의와 Taylor 전개로부터

$$\begin{aligned} \frac{d\phi}{dx} &= \lim_{\Delta x \to 0} \frac{\phi(x+\Delta x, y+\Delta y) - \phi(x,y)}{\Delta x} \\ &= \lim_{\Delta x \to 0} \frac{\phi(x,y) + \dfrac{\partial \phi}{\partial x}\Delta x + \dfrac{\partial \phi}{\partial y}\Delta y - \phi(x,y)}{\Delta x} \\ &= \frac{\partial \phi}{\partial x} + \frac{\partial \phi}{\partial y} \lim_{\Delta x \to 0} \frac{\Delta y}{\Delta x} \end{aligned} \tag{3.53}$$

이다. 여기서 Δy는 $h(x+\Delta x, y+\Delta y) = 0$을 만족해야 하므로 Δx에 종속되어 있다. 그러므로

$$\frac{dy}{dx} = \lim_{\Delta x \to 0} \frac{\Delta y}{\Delta x} \tag{3.54}$$

가 정의된다. 따라서

$$\frac{d\phi}{dx} = \frac{\partial \phi}{\partial x} + \frac{\partial \phi}{\partial y}\frac{dy}{dx} \tag{3.55}$$

이며, 이 식에서 $\dfrac{dy}{dx}$는 구속조건 $h(x,y) = 0$으로부터 계산된다. 즉, 양변을 x에 대하여 미분하면 $\dfrac{\partial h}{\partial x} + \dfrac{\partial h}{\partial y}\dfrac{dy}{dx} = 0$이다. 따라서 $\dfrac{dy}{dx}$는 다음 식으로부터 구해진다.

$$\frac{dy}{dx} = -\frac{\partial h}{\partial x} \Big/ \frac{\partial h}{\partial y} \tag{3.56}$$

그림 3.6(a)에서 커브 길이 $s = s(x,y)$에 대한 함수 ϕ의 변화율은 다음과 같다.

$$\frac{d\phi}{ds} = \lim_{\Delta s \to 0} \frac{\Delta \phi}{\Delta s} = \lim_{\Delta s,\ \Delta x,\ \Delta y \to 0} \left\{ \frac{\Delta \phi}{\Delta x}\Big|_{y\ fixed} \frac{\Delta x}{\Delta s} + \frac{\Delta \phi}{\Delta y}\Big|_{x\ fixed} \frac{\Delta y}{\Delta s} \right\} \tag{3.57}$$

따라서

$$\frac{d\phi}{ds} = \frac{\partial \phi}{\partial x}\frac{dx}{ds} + \frac{\partial \phi}{\partial y}\frac{dy}{ds} \tag{3.58}$$

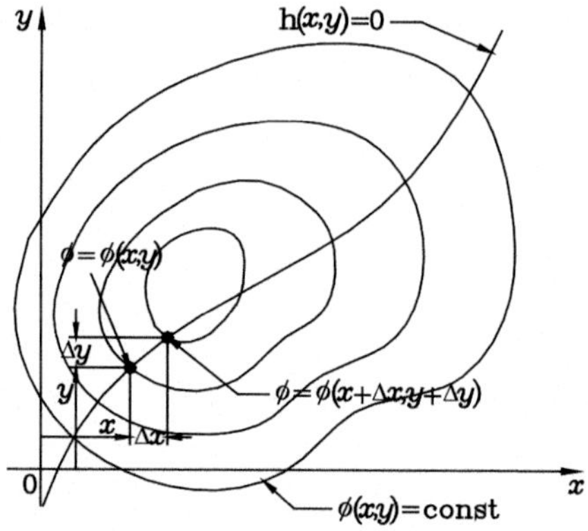

그림 3.5 구속조건을 감안한 함수의 미분

이다. 그림 3.6(b)에서 보는 바와 같이 접선의 방향벡터가 $\mathrm{t} = [\frac{dx}{ds}, \frac{dy}{ds}]^{\mathrm{T}}$ 이므로

$$\frac{d\phi}{ds} = \frac{\partial\phi}{\partial x}\frac{dx}{ds} + \frac{\partial\phi}{\partial y}\frac{dy}{ds} = \nabla\phi \cdot \mathrm{t} \tag{3.59}$$

로 표현된다.

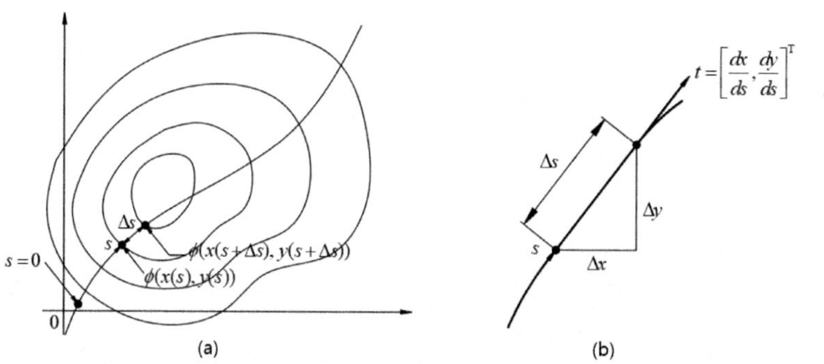

그림 3.6 곡선상에서의 미분

▼ 예제 3.17

x와 y가

$$h(x,y) = 2x - y - 1 = 0 \tag{a}$$

의 구속조건을 만족할 때, 다음의 함수를 변수 x에 대하여 미분하라.

$$\phi(x,y) = (x-2)^2 + 4(y-3)^2 \tag{b}$$

➡ $\phi=\phi(x,y)$ 이므로 $\dfrac{\partial\phi}{\partial x}$는 $h(x,y)=0$의 구속조건을 고려하지 않는다면 당연히 존재한다. 그런데 이 문제에서는 구속조건 $h(x,y)=0$으로 인하여 독립변수가 두 개가 아니라 하나이다. 따라서 $\dfrac{d\phi}{dx}$가 존재한다. 식 (a)의 양변을 x에 대하여 미분하면 $2-\dfrac{dy}{dx}=0$ 이므로 다음과 같다.

$$\frac{d\phi}{dx} = \frac{\partial\phi}{\partial x}+\frac{\partial\phi}{\partial y}\frac{dy}{dx} = 2(x-2)+8(y-3)\times 2 = 2x+16y-52 \tag{c}$$

▼ 예제 3.18

그림에서 보는 바와 같이 곡률 κ가

$$\kappa = \frac{1}{\rho} = \frac{d\phi}{ds} \tag{a}$$

로 정의될 때, 곡률을 함수 $v=v(x)$로 표현하라. 여기서 ρ는 곡률반경이다.

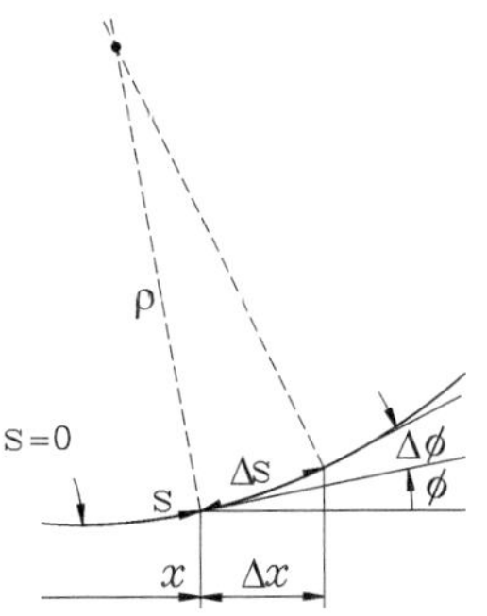

(a)

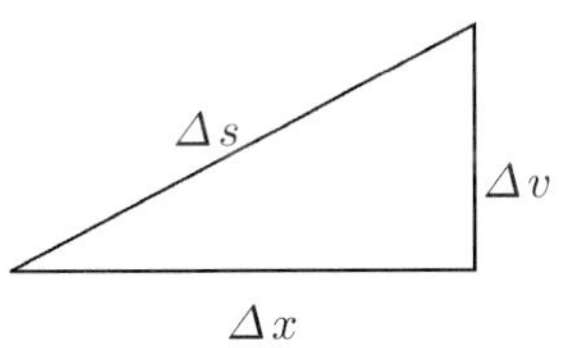

(b)

➡ 기울기 각도 $\phi=\phi(x)$가 x의 함수이므로

$$\frac{1}{\rho}=\frac{d\phi}{ds}=\frac{d\phi}{dx}\frac{dx}{ds} \tag{b}$$

이다. 기울기 각도 $\phi(x)$의 탄젠트값이 기울기 $v'(x)$이다. 즉,

$$\tan\phi(x) = v'(x) \tag{c}$$

이다. 식 (c)의 양변을 미분하면,

$$\sec^2\phi\,\phi' = v'' \quad \text{또는} \quad \phi' = v''\cos^2\phi \tag{d}$$

이다. 그림으로부터 $\Delta s = \sqrt{\Delta x^2+\Delta v^2}$ 이므로

$$s = \int_0^x \sqrt{1+v'^2(t)}\,dt \tag{e}$$

이다. 식 (e)의 양변을 s에 관하여 미분하여 정리하면, 다음 식을 얻는다.

$$\frac{dx}{ds}=\frac{1}{\sqrt{1+v'^2(x)}}=\frac{1}{\sqrt{1+\tan^2\phi}}=\cos\phi \quad \left(\phi<\frac{\pi}{2}\right) \tag{f}$$

식 (c)로부터 다음 식이 성립한다.

$$\cos^2\phi = \frac{1}{1+v'^2(x)} \tag{g}$$

따라서 식 (d), 식 (f), 식 (g) 등을 식 (b)에 대입하여 정리하면, 곡률은 다음과 같다.

$$\kappa = \frac{1}{\rho} = \frac{v''(x)}{\left(1+v'^2(x)\right)^{1.5}} \tag{h}$$

만약 $v'(x)$가 1에 비하여 매우 작은 값이면, 곡률은 다음과 같이 수식화된다.

$$\frac{1}{\rho} \approx v''(x) \tag{i}$$

3.5 편미분방정식

3.5.1 공학문제와 편미분방정식

구하고자 하는 미지의 함수가 1변수함수일 경우, 그에 해당하는 미분방정식은 상미분방정식이다. 그러나 2차원 평면 및 3차원 공간에서 지배방정식은 편미분방정식으로 수식화된다. 상미분방정식을 유도할 때와 마찬가지로 편미분방정식은 임의의 미소면적 또는 미소체적에 대하여 자연법칙 또는 지배원리를 적용함으로써 구해진다. 주요 직교좌표계의 미소체적을 그림 3.7에 나타내었다. 그림 3.7(a)의 직각좌표계에서 미소체적은 직육면체이며, 위치와 체적은 좌표(x, y, z)와 미소길이 $\Delta x, \Delta y, \Delta z$에 의하여 정의된다. 미지의 함수는 위치의 함수이므로 미소체적의 경계에 작용하는 물리량을 Taylor 급수를 이용하여 절점 (x, y, z)에서 정의되는 함수와 함수의 편미분항으로 표현한 후, 지배원리를 적용함으로써 최종 지배방정식을 유도한다. 다음의 예제를 통하여 주요 편미분방정식이 유도되는 과정을 숙지하기 바란다.

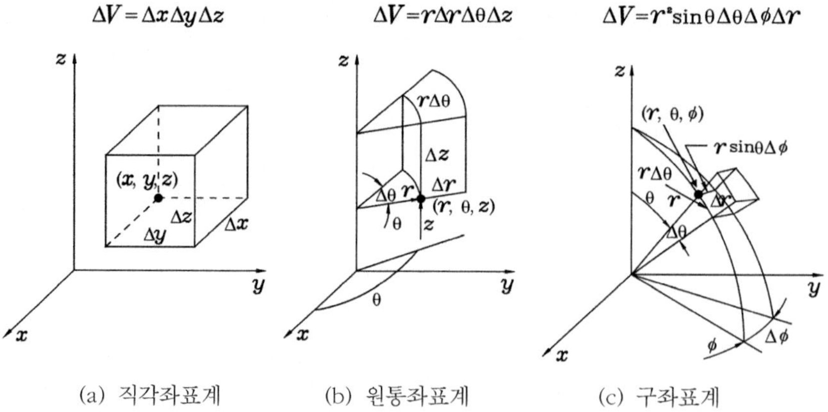

그림 3.7 미소체적

▼ 예제 3.19

힘의 평형조건 $\sum F_x = 0$, $\sum F_y = 0$으로부터 평면응력 문제에 대한 평형방정식을 유도하라.

〈제1방법〉 그림 (a)의 미소면적에서 각 모서리점의 위치는 $A(x,y)$, $B(x+\Delta x,y)$, $C(x+\Delta x,y+\Delta y)$, $D(x,y+\Delta y)$이다. **x**-방향에 대한 평형방정식을 구해 보자. x-방향에 영향을 미치는 응력성분은 σ_{xx}, σ_{yx}이다. 예제 3.4에서 2차 근사항은 최종 미분방정식에 기여하지 못한다는 것을 확인한 바 있다. 이런 점을 감안하여 각 점에서 응력의 1차 근사항까지만을 지배방정식의 유도에 사용한다. 점 B, C, D에서 미지함수를 점 A에서의 함수값과 미분값으로 표현하면 다음과 같다.

$$
\begin{aligned}
\sigma_{xx}(x+\Delta x,y) &\approx \sigma_{xx}(x,y) + \frac{\partial \sigma_{xx}}{\partial x}\Delta x \\
\sigma_{yx}(x+\Delta x,y) &\approx \sigma_{yx}(x,y) + \frac{\partial \sigma_{yx}}{\partial x}\Delta x \\
\sigma_{xx}(x+\Delta x,y+\Delta y) &\approx \sigma_{xx}(x,y) + \frac{\partial \sigma_{xx}}{\partial x}\Delta x + \frac{\partial \sigma_{xx}}{\partial y}\Delta y \\
\sigma_{yx}(x+\Delta x,y+\Delta y) &\approx \sigma_{yx}(x,y) + \frac{\partial \sigma_{yx}}{\partial x}\Delta x + \frac{\partial \sigma_{yx}}{\partial y}\Delta y \\
\sigma_{xx}(x,y+\Delta y) &\approx \sigma_{xx}(x,y) + \frac{\partial \sigma_{xx}}{\partial y}\Delta y \\
\sigma_{yx}(x,y+\Delta y) &\approx \sigma_{yx}(x,y) + \frac{\partial \sigma_{yx}}{\partial y}\Delta y
\end{aligned}
\qquad \text{(a)}
$$

모서리점 사이에서 미지함수는 그림에서 보는 바와 같이 두 모서리점에서 정의된 함수값을 직선적으로 연결한 것으로 간주하고, 평형조건 $\sum F_x = 0$을 적용하면

$$
\begin{aligned}
&\left(-\sigma_{xx} - \frac{1}{2}\frac{\partial \sigma_{xx}}{\partial y}\Delta y\right)\Delta y + \left((\sigma_{xx} + \frac{\partial \sigma_{xx}}{\partial x}\Delta x) + \frac{1}{2}\frac{\partial \sigma_{xx}}{\partial y}\Delta y\right)\Delta y \\
&+\left(-\sigma_{yx} - \frac{1}{2}\frac{\partial \sigma_{yx}}{\partial x}\Delta x\right)\Delta x + \left((\sigma_{yx} + \frac{\partial \sigma_{yx}}{\partial y}\Delta y) + \frac{1}{2}\frac{\partial \sigma_{yx}}{\partial x}\Delta x\right)\Delta x + f_x \Delta x \Delta y = 0
\end{aligned}
\qquad \text{(b)}
$$

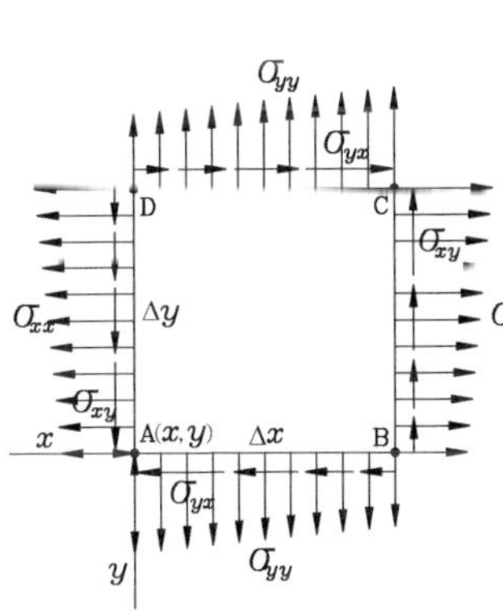

(a)

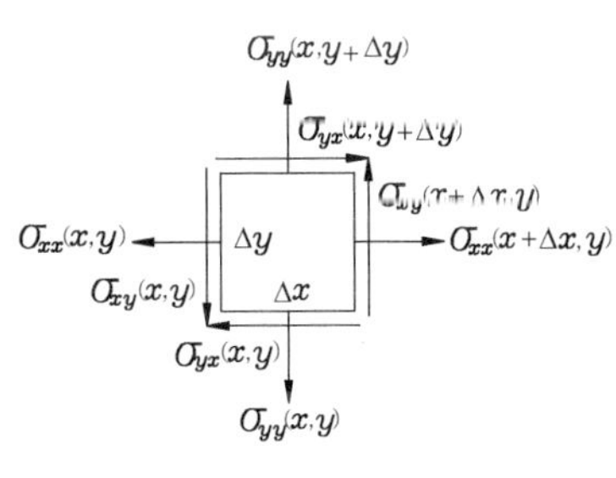

(b)

이다. 여기서 f_x는 체적력이다. 따라서

$$\frac{\partial \sigma_{xx}}{\partial x}+\frac{\partial \sigma_{yx}}{\partial y}+f_x = 0 \tag{c}$$

이다. 한편 식 (b)로부터 그림 (a)의 반대되는 두 면에서 정의되는 $\frac{\partial \sigma_{xx}}{\partial y}\Delta y$는 서로 상쇄됨을 알 수 있다. $\frac{\partial \sigma_{yx}}{\partial x}\Delta x$도 마찬가지이다. 이 점을 이용하면, 위의 수식은 다음의 〈제2방법〉에서 보다 간단히 유도될 수 있다.

〈제2방법〉 그림 (b)의 미소면적에 작용하는 평균하중을 도시하였다. 힘의 평형조건 $\sum F_x = 0$으로부터

$$-\sigma_{xx}\Delta y + (\sigma_{xx} + \frac{\partial \sigma_{xx}}{\partial x}\Delta x)\Delta y - \sigma_{yx}\ \Delta x + (\sigma_{yx} + \frac{\partial \sigma_{yx}}{\partial y}\Delta y)\Delta x + f_x \Delta x\, \Delta y = 0 \tag{d}$$

이다. 따라서

$$\frac{\partial \sigma_{xx}}{\partial x}+\frac{\partial \sigma_{yx}}{\partial y}+f_x = 0 \tag{e}$$

이다. 같은 방법으로 y-방향에 대한 평형방정식을 다음과 같이 구할 수 있다.

$$\frac{\partial \sigma_{xy}}{\partial x}+\frac{\partial \sigma_{yy}}{\partial y}+f_y = 0 \tag{f}$$

여기서 f_y는 y-방향의 체적력이다. 다른 문제도 〈제2방법〉으로 해결하면 된다. 식 (e)와 식 (f)를 평면응력 및 평면변형 문제에 관한 평형방정식이라고 한다. 3차원 공간에서 평형방정식은 다음과 같다.

$$\begin{aligned}
&\frac{\partial \sigma_{xx}}{\partial x}+\frac{\partial \sigma_{yx}}{\partial y}+\frac{\partial \sigma_{zx}}{\partial z}+f_x = 0\\
&\frac{\partial \sigma_{xy}}{\partial x}+\frac{\partial \sigma_{yy}}{\partial y}+\frac{\partial \sigma_{zy}}{\partial z}+f_y = 0\\
&\frac{\partial \sigma_{xz}}{\partial x}+\frac{\partial \sigma_{yz}}{\partial y}+\frac{\partial \sigma_{zz}}{\partial z}+f_z = 0
\end{aligned} \tag{g}$$

▼ 예제 3.20

에너지보존법칙으로부터 3차원 열전도방정식을 유도하라. 단, 단위면적당 x_i-방향의 전도열 전달률은 Fourier 법칙으로부터

$$q_i = -k\,\frac{\partial T}{\partial x_i} \tag{a}$$

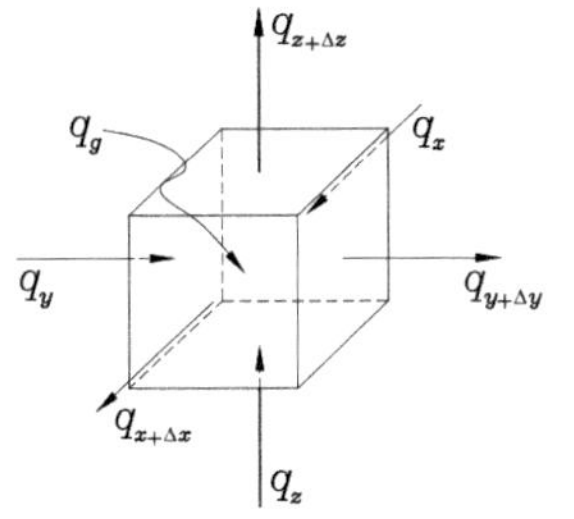

이고, 단위질량당 내부에너지는

$$Q = c\,T \tag{b}$$

이며, 단위부피당 열생성률은 q_g 이다.

➡ 전도열전달률 q_x, q_y, q_z와 에너지생성률 q_g는 입력에너지이고, 전도열전달률 $q_{x+\Delta x}$, $q_{y+\Delta y}$, $q_{z+\Delta z}$와 내부에너지 증가율 Q는 출력에너지이다. 따라서 에너지보존법칙으로부터

$$(q_x - q_{x+\Delta x})\,\Delta y \Delta z + (q_y - q_{y+\Delta y})\,\Delta z \Delta x + (q_z - q_{z+\Delta z})\,\Delta x \Delta y + q_g\,\Delta V = \frac{d(\rho \Delta V c\,T)}{dt} \tag{c}$$

이다. 여기서 t는 시간을 의미하고, c와 ρ는 각각 비열과 밀도를 의미한다. Taylor 급수로부터 $q_{x+\Delta x} = q_x + \dfrac{\partial q_x}{\partial x}\Delta x$, $q_{y+\Delta y} = q_y + \dfrac{\partial q_y}{\partial y}\Delta y$, $q_{z+\Delta z} = q_z + \dfrac{\partial q_z}{\partial z}\Delta z$ 이고 $\Delta V = \Delta x\, \Delta y\, \Delta z$, $q_i = -k\dfrac{\partial T}{\partial x_i}$ 이므로 다음의 전도방정식을 유도할 수 있다.

$$\frac{\partial}{\partial x}\left(k\frac{\partial T}{\partial x}\right) + \frac{\partial}{\partial y}\left(k\frac{\partial T}{\partial y}\right) + \frac{\partial}{\partial z}\left(k\frac{\partial T}{\partial z}\right) + q_g = \rho c\frac{dT}{dt} \tag{d}$$

한편 $T = T(t, x_1(t), x_2(t), x_3(t))$ 이므로(편의상 $x_1 \Leftarrow x$, $x_2 \Leftarrow y$, $x_3 \Leftarrow z$로 두었음)

$$\frac{dT}{dt} = \frac{\partial T}{\partial t} + \frac{\partial T}{\partial x_1}\frac{dx_1}{dt} + \frac{\partial T}{\partial x_2}\frac{dx_2}{dt} + \frac{\partial T}{\partial x_3}\frac{dx_3}{dt} = \frac{\partial T}{\partial t} + \sum_{i=1}^{3}\frac{\partial T}{\partial x_i}v_i \tag{e}$$

이다. 질점간의 상대운동이 없는 고체의 전도열전달 문제에서 $\dfrac{dx_i}{dt} = v_i = 0$이므로 $\dfrac{dT}{dt} = \dfrac{\partial T}{\partial t}$이다. 그러나 속도 v_i가 0이 아닌 유체역학에서는 식 (e)를 사용해야 한다. 그리고 모든 관측점에서 시간 변화에 따라 온도의 변화가 없는 정상상태(steady-state)의 열전달 문제에서는 $\dfrac{\partial T}{\partial t} = 0$이다.

▼ 예제 3.21

원통좌표계에서 연속방정식을 유도하라.

➡ 그림에서 보는 바와 같이 질량보존법칙으로부터

$$-\dot{m}_{r+\Delta r} + \dot{m}_r - \dot{m}_{\theta+\Delta\theta} + \dot{m}_\theta - \dot{m}_{z+\Delta z} + \dot{m}_z = 0 \tag{a}$$

이고

$$\dot{m}_r = \rho v_r (r\Delta\theta\Delta z) = \rho r v_r \Delta\theta\Delta z, \dot{m}_\theta = \rho v_\theta \Delta r\Delta z, \dot{m}_z = \rho r v_z \Delta\theta\Delta r \tag{b}$$

이다. $\dot{m}_r$이 r, θ, z의 함수이고,
$\dot{m}_{r+\Delta r} = \dot{m}_r(r+\Delta r, \theta, z)$이므로

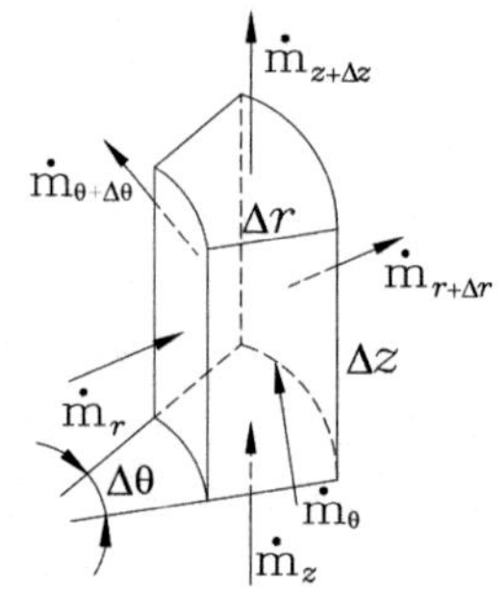

$$\dot{m}_{r+\Delta r} = \dot{m}_r + \frac{\partial \dot{m}_r}{\partial r}\Delta r \tag{c}$$

이다. 마찬가지로

$$\dot{m}_{\theta+\Delta\theta} = \dot{m}_\theta + \frac{\partial \dot{m}_\theta}{\partial \theta}\Delta\theta \tag{d}$$

$$\dot{m}_{z+\Delta z} = \dot{m}_z + \frac{\partial \dot{m}_z}{\partial z}\Delta z \tag{e}$$

이다. 식 (b)~(e)를 식 (a)에 대입하여 정리함으로써 다음의 연속방정식을 얻는다.

$$\frac{1}{r}\frac{\partial(\rho r v_r)}{\partial r} + \frac{1}{r}\frac{\partial(\rho v_\theta)}{\partial \theta} + \frac{\partial(\rho v_z)}{\partial z} = 0 \tag{f}$$

식 (d)에서 모든 항의 차원이 동일함을 알 수 있다. 해를 구한 후 각 항의 차원을 비교함으로써 중대실수를 찾을 수 있는 경우가 많다. 그리고 기계량을 직접 느끼기 위한 목적에서 차원해석을 하는 것을 습관화할 필요가 있다.

▼ 예제 3.22

기계공학에서 나오는 주요 편미분방정식을 나열하라.

· 연속방정식:

$$\frac{\partial(\rho v_x)}{\partial x} + \frac{\partial(\rho v_y)}{\partial y} + \frac{\partial(\rho v_z)}{\partial z} = 0 \tag{a}$$

· 평형방정식:

$$\sigma_{ij,j} + f_i = 0 \tag{b}$$

· 운동방정식:

$$\sigma_{ij,j} + f_i = \rho \dot{v}_i \tag{c}$$

· Navier-Stokes 방정식:

$$\rho\left(\frac{\partial v_i}{\partial t} + \sum_j v_{i,j}\, v_j\right) = -p_{,i} + \sum_j (\lambda^* + \mu^*) v_{j,ji} + \sum_j \mu^* v_{i,jj} + f_i \tag{d}$$

· 열전도방정식:

$$\frac{\partial}{\partial x}\left(k\frac{\partial T}{\partial x}\right)+\frac{\partial}{\partial y}\left(k\frac{\partial T}{\partial y}\right)+\frac{\partial}{\partial z}\left(k\frac{\partial T}{\partial z}\right)+q_g = \rho c\frac{dT}{dt} \tag{e}$$

· Laplace 방정식:

$$\nabla\cdot\ \nabla\phi=\nabla^2\phi=0 \quad \text{또는} \quad \frac{\partial^2\phi}{\partial x^2}+\frac{\partial^2\phi}{\partial y^2}+\frac{\partial^2\phi}{\partial z^2}=0 \tag{f}$$

· Poisson 방정식:

$$\nabla\cdot\ \nabla\phi=\nabla^2\phi=f(x,y,z) \quad \text{또는} \quad \frac{\partial^2\phi}{\partial x^2}+\frac{\partial^2\phi}{\partial y^2}+\frac{\partial^2\phi}{\partial z^2}=f(x,y,z) \tag{g}$$

여기서 $\nabla^2\phi$를 ϕ의 Laplacian이라고 한다.

3.5.2 편미분방정식의 경계조건

편미분방정식은 2차원 평면 또는 3차원 공간 상의 문제를 수식화한 것으로, 2차원의 경우 경계곡선과 3차원의 경우 경계표면상에서 경계조건이 주어져야 한다. 역학에서 편미분방정식은 2차가 대부분이다. Poisson 방정식과 같이 미지함수가 하나인 2차 편미분방정식의 경계조건은 다음의 세 종류로 수식화되고 있다.

$$\phi = \bar{\phi} \quad \text{on} \quad S_\phi \tag{3.60}$$

$$\frac{\partial\phi}{\partial n} = (\nabla\phi\cdot\mathrm{n}) = \bar{q} \quad \text{on} \quad S_q \tag{3.61}$$

$$\alpha\phi+\beta\frac{\partial\phi}{\partial n} = g \quad \text{on} \quad S_m \tag{3.62}$$

여기서 주어진 함수 α, β, g, $\bar{\phi}$, $\bar{q}$는 해당 경계조건이 부여된 경계를 정의구역으로 하는 함수이고, n은 경계에 수직한 외향단위법선벡터(outwardly directed unit normal vector)이다. n은 표면 S에서 정의되는 벡터 n 방향의 국소좌표를 의미한다.

식 (3.60)을 Dirichlet 조건이라고 하고, 식 (3.61)을 Neumann(또는 flux) 조건이라고 하며, 식 (3.62)를 혼합(또는 Robin 또는 mixed)조건이라고 한다. 일반적으로 경계상의 모든 점에 식 (3.60)~(3.62) 중 하나의 경계조건이 주어져야 한다. 즉, 전체의 경계를 S라고 두면

$$S = S_\phi\cup S_q\cup S_m,\ S_\phi\cap S_q = \varnothing,\ S_q\cap S_m = \varnothing,\ S_\phi\cap S_m = \varnothing \tag{3.63}$$

이다. 한편 미지함수가 벡터인 2차 연립편미분방정식의 경우, 미지함수의 수, 즉 미지벡터 함수의 차원과 동일한 수의 경계조건이 하나의 점에 부과되어야 한다. 즉, 3차원 공간의 탄성역학 문제에서 미지함수인 변위장 u_i에 해당하는 경계조건은

$$u_i = \bar{u}_i \quad \text{on} \quad S_{u_i} \tag{3.64}$$

$$t_i^{(\mathrm{n})} = \mathrm{t}_i^{(\mathrm{n})}\left(\frac{\partial u_1}{\partial x_1}, \cdots, \frac{\partial u_j}{\partial x_k}, \cdots, \frac{\partial u_3}{\partial x_3}\right) = \bar{t}_i \quad \text{on} \quad S_{t_i} \tag{3.65}$$

$$\alpha u_i + \beta t_i^{(\mathrm{n})} = g \quad \text{on} \quad S_{m_i} \tag{3.66}$$

으로 주어지며,

$$S = S_{u_i} \cup S_{t_i} \cup S_{m_i},$$

$$S_{u_i} \cap S_{t_i} = \varnothing, \ S_{u_i} \cap S_{m_i} = \varnothing, \ S_{t_i} \cap S_{m_i} = \varnothing, \ i = 1,2,3 \tag{3.67}$$

이다. 역학에서 식 (3.60)과 식 (3.64)를 필수경계조건이라고 하고, 식 (3.61), (3.62), (3.65), (3.66)을 자연경계조건이라고 한다. 이에 관한 구체적인 내용은 제 3 부에서 상술한다.

3.6 벡터함수

3.6.1 곡선 및 곡면의 벡터함수 표현

벡터의 성분이 함수일 때, 즉 함수가 벡터 형태로 표현될 때 그것을 벡터함수(vector function)라고 부른다. 벡터함수는 하나의 입력에 대하여 두 개 이상의 수를 출력한다. 먼저 독립변수가 하나인 1 변수벡터함수에 관한 예제를 통하여 벡터함수의 이해를 시도해 보자. 2차원 평면 및 3차원 공간에서 선 또는 궤적은 다음의 매개변수 벡터함수에 의하여 표현된다.

$$\mathrm{r}(t) = x(t)\mathrm{i} + y(t)\mathrm{j} + z(t)\mathbf{k} = [x(t),\ y(t),\ z(t)]^{\mathrm{T}} \tag{3.68}$$

여기서 t는 매개변수(parametric variable)이다.

그림 3.8의 직선과 원을 벡터 표현법으로 수식화해 보자. x -y 평면상에서

$$y - x - 1 = 0 \tag{3.69}$$

의 직선은 다음과 같이 표현된다.

$$\mathrm{r}(t) = x(t)\mathrm{i} + y(t)\mathrm{j} = t\mathrm{i} + (t+1)\mathrm{j} \quad \text{또는} \quad \mathrm{r}(t) = [t, t+1]^{\mathrm{T}} \tag{3.70}$$

그리고 원 방정식

$$(x-a)^2 + (y-b)^2 = r^2 \tag{3.71}$$

은 다음의 매개변수 벡터함수로 표현된다.

$$\mathrm{r}(t) = (a + r\cos t)\mathrm{i} + (b + r\sin t)\mathrm{j} \tag{3.72}$$

여기서 $\mathrm{r}(t)$는 그 성분이 t의 함수이므로 1변수벡터함수이다.

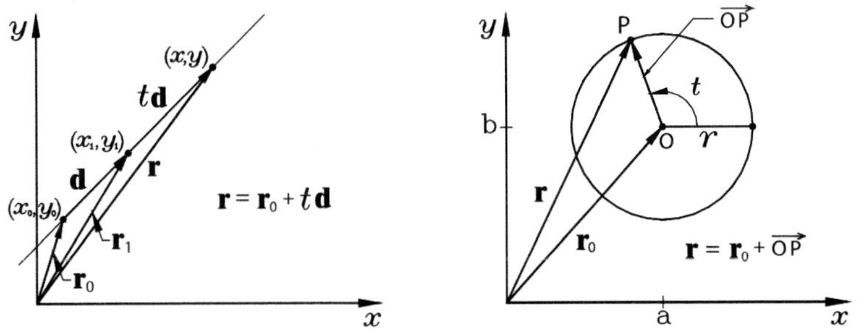

(a) 직선 (b) 원

그림 3.8 직선 및 곡선의 벡터 표현

▼ 예제 3.23

3차원 공간상에서 점 (1, −1, 0)과 점 (−1, 3, 2)를 연결하는 직선식을 매개변수 벡터함수를 사용하여 표현하라.

➡ 두 점을 잇는 선분에 평행한 벡터는 $\mathrm{u} = [-2, 4, 2]^T$이다. 따라서

$$\mathrm{r} = [1, -1, 0]^T + t\,[-2, 4, 2]^T = [1-2t, -1+4t, 2t]^T \tag{a}$$

이다.

공간상의 곡선과 마찬가지로 공간상의 곡면은 함수 또는 방정식으로도 표현되지만, 다음 식과 같이 두 개의 매개변수에 의한 벡터함수로도 표현된다.

$$\begin{aligned}\mathrm{r}(u,v) &= x(u,v)\mathrm{i} + y(u,v)\mathrm{j} + z(u,v)\mathrm{k} \\ &= [x(u,v),\, y(u,v),\, z(u,v)]^T\end{aligned} \tag{3.73}$$

가령 원점이 (1, 1, 0)이고 반경이 2인 구의 표면은

$$(x-1)^2 + (y-1)^2 + z^2 = 4 \tag{3.74}$$

의 방정식으로 수식화되며, 이 곡면은 다음과 같이 벡터함수로도 표현된다.

$$\mathrm{r}(u,v) = (2\cos u \sin v + 1)\mathrm{i} + (2\sin u \sin v + 1)\mathrm{j} + 2\cos v\,\mathrm{k} \tag{3.75}$$

따라서 공간상의 곡면은 2변수3차원벡터함수로 표현된다.

참고로 매개변수로 표현된 곡면상의 단위법선벡터 n은 다음 식으로부터 구해진다.

$$\mathrm{n} = \frac{\mathrm{N}}{|\mathrm{N}|} \tag{3.76}$$

여기서 법선벡터 N은 다음과 같다.

$$\mathrm{N} = \frac{\partial \mathrm{r}}{\partial u} \times \frac{\partial \mathrm{r}}{\partial v} \tag{3.77}$$

▼ 예제 3.24

함수가

$$\phi(x,y,z) = (x-1)^2 + (y-1)^2 + z^2 \tag{a}$$

일 때, $\phi(x,y,z) = 2^2$로 표현되는 곡면은 구의 표면이다. 점 $\mathrm{P}(0, 2, \sqrt{2})$는 $\phi(x,y,z) = 2^2$ 곡면상의 한 점이다. 이 곡면을 매개변수로 표현하면 다음과 같다.

$$\mathrm{r}(u,v) = (2\cos u \sin v + 1)\mathrm{i} + (2\sin u \sin v + 1)\mathrm{j} + 2\cos v\mathrm{k} \tag{b}$$

이 때, 점 P에서 $u = v = -\frac{\pi}{4}$ 이다. 점 P에서 곡면에 수직한 단위벡터를 앞에서 설명한 두 가지 방법으로 구하라.

〈제1방법〉 (3.4.3절에서 설명한 방법) $\nabla\phi(0,2,\sqrt{2}) = -2\mathrm{i} + 2\mathrm{j} + 2\sqrt{2}\mathrm{k}$ 이므로 단위 법선벡터 n은 다음과 같이 계산된다.

$$\mathrm{n} = \frac{\nabla\phi(0,2,\sqrt{2})}{|\nabla\phi(0,2,\sqrt{2})|} = -\frac{1}{2}\mathrm{i} + \frac{1}{2}\mathrm{j} + \frac{\sqrt{2}}{2}\mathrm{k} \tag{c}$$

〈제2방법〉 (본 절에서 설명한 방법) $u = v = -\frac{\pi}{4}$ 에서

$$\mathrm{N} = \frac{\partial \mathrm{r}}{\partial u} \times \frac{\partial \mathrm{r}}{\partial v} \tag{d}$$

$$= (-\mathrm{i}-\mathrm{j}) \times (\mathrm{i}-\mathrm{j}+\sqrt{2}\mathrm{k}) = -\sqrt{2}\mathrm{i} + \sqrt{2}\mathrm{j} + 2\mathrm{k}$$

이므로 단위 법선벡터 n은 다음과 같이 계산된다.

$$\mathrm{n} = \frac{\mathrm{N}}{|\mathrm{N}|} = -\frac{1}{2}\mathrm{i} + \frac{1}{2}\mathrm{j} + \frac{\sqrt{2}}{2}\mathrm{k} \tag{e}$$

3.6.2 벡터함수의 일반화

그림 3.9에서 보는 바와 같이 연속체에서 각 질점의 변위 또는 속도는 일반적으로 위치에 따라 다르다. 변위와 속도 등은 벡터이므로 3차원 공간에서 세 개의 성분으로 표현된다. 각 성분은 위치, 즉 좌표벡터 $\mathrm{x} = [x,y,z]^{\mathrm{T}}$와 시간변수 t의 함수이다. 즉, R^3 공간상에서

변위장 u는 다음과 같이 표현된다.

$$\mathrm{u}(x,y,z,t) = [u_1(x,y,z,t), u_2(x,y,z,t), u_3(x,y,z,t)]^{\mathrm{T}} \tag{3.78}$$

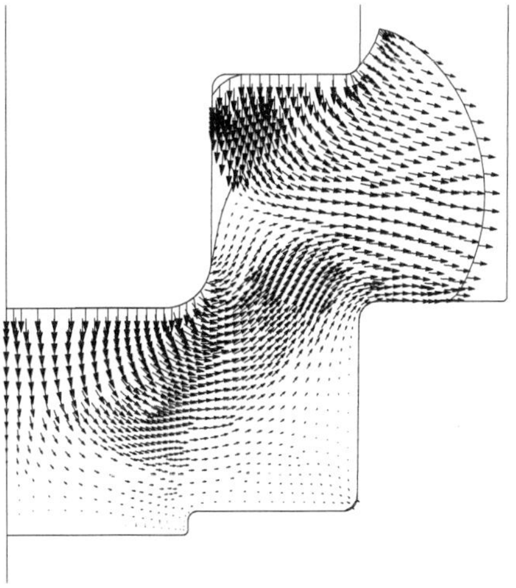

그림 3.9 단조중 속도장

3차원 공간에서 변위장 및 속도장은 다변수3차원벡터함수의 전형적인 예이다.

▼ 예제 3.25

그림의 원판이 각속도 $\omega(t) = \omega_o + \alpha t$로 회전할 때, 원판의 속도장 $\mathrm{v}(x,y,t)$를 구하라.

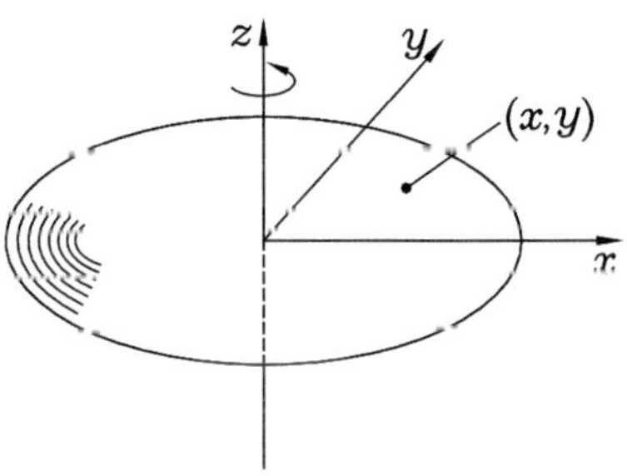

➡ $\mathrm{v} = \boldsymbol{\omega} \times \mathrm{r}$

$$= (\omega_o + \alpha t)\mathrm{k} \times (x\mathrm{i} + y\mathrm{j})$$

$$= -(\omega_o + \alpha t)y\mathrm{i} + (\omega_o + \alpha t)x\mathrm{j}$$

$$= [-(\omega_o + \alpha t)y, (\omega_o + \alpha t)x]^{\mathrm{T}}$$

벡터함수는 일반적으로 다독립변수를 다종속변수로 사상해 주는 역할을 수행한다. 물론 앞에서 설명한 바와 같이 독립변수가 하나인 경우도 있다. 독립변수가 n개인 m차원 벡터함수, 즉 n변수 m차원 벡터함수는 다음과 같이 표현된다.

$$\phi_1 = \phi_1(x_1, x_2, ..., x_n)$$

$$\phi_2 = \phi_2(x_1,\ x_2,\ \ldots,\ x_n)$$

$$\vdots$$

$$\phi_m = \phi_m(x_1,\ x_2,\ \ldots,\ x_n)$$

또는

$$\boldsymbol{\phi}(\mathbf{x}) = [\phi_1,\ \phi_2,\ \cdots,\ \phi_m]^{\mathrm{T}},\ \mathbf{x} \in R^n \tag{3.79}$$

벡터함수의 미분은 각 성분에 대한 미분으로 정의된다. 각 성분은 스칼라함수이므로 앞에서 공부한 함수의 미분과 다를 바가 없다. 열벡터(행벡터)를 스칼라에 관하여 미분하면 열벡터(행벡터)로 남는다. 식 (3.45)에서 정의한 바와 같이 스칼라함수를 벡터로 미분하면 행벡터이다. 그리고 m차원 벡터함수를 n차원 벡터변수로 미분하면 $m \times n$ 행렬이 된다. 예를 들면, 변위장 $\mathbf{u} = [u_1,\ u_2,\ u_3]^{\mathrm{T}}$를 시간 t, 좌표 x_2, 좌표벡터 $\mathbf{x} \in R^3$에 대하여 미분하면, 각각 다음과 같다.

$$\frac{d\mathbf{u}}{dt} = \left[\frac{du_1}{dt},\ \frac{du_2}{dt},\ \frac{du_3}{dt}\right]^{\mathrm{T}} \tag{3.80}$$

$$\frac{\partial \mathbf{u}}{\partial x_2} = \left[\frac{\partial u_1}{\partial x_2},\ \frac{\partial u_2}{\partial x_2},\ \frac{\partial u_3}{\partial x_2}\right]^{\mathrm{T}} \tag{3.81}$$

$$\frac{d\mathbf{u}}{d\mathbf{x}} = \begin{bmatrix} \dfrac{\partial u_1}{\partial x_1} & \dfrac{\partial u_1}{\partial x_2} & \dfrac{\partial u_1}{\partial x_3} \\ \dfrac{\partial u_2}{\partial x_1} & \dfrac{\partial u_2}{\partial x_2} & \dfrac{\partial u_2}{\partial x_3} \\ \dfrac{\partial u_3}{\partial x_1} & \dfrac{\partial u_3}{\partial x_2} & \dfrac{\partial u_3}{\partial x_3} \end{bmatrix} \tag{3.82}$$

벡터함수에 대한 미분은 일반함수에 대한 미분과 마찬가지로 다음의 성질을 만족한다.

$$(\alpha \mathbf{u})' = \alpha' \mathbf{u} + \alpha \mathbf{u}' \tag{3.83}$$

$$(\mathbf{u} + \mathbf{v})' = \mathbf{u}' + \mathbf{v}' \tag{3.84}$$

$$(\mathbf{u} \cdot \mathbf{v})' = \mathbf{u}' \cdot \mathbf{v} + \mathbf{u} \cdot \mathbf{v}' \tag{3.85}$$

$$(\mathbf{u} \times \mathbf{v})' = \mathbf{u}' \times \mathbf{v} + \mathbf{u} \times \mathbf{v}' \tag{3.86}$$

$\nabla \cdot \mathbf{u}$를 벡터함수 $\mathbf{u}$의 발산(divergence)이라고 정의한다. 즉, $\mathbf{u}$의 발산은 다음과 같다.

$$\nabla \cdot \mathbf{u} = \frac{\partial u_x}{\partial x} + \frac{\partial u_y}{\partial y} + \frac{\partial u_z}{\partial z} = \frac{\partial u_1}{\partial x_1} + \frac{\partial u_2}{\partial x_2} + \frac{\partial u_3}{\partial x_3} \tag{3.87}$$

공학에서 발산은 매우 빈번히 사용되고 있다. 그리고 $\nabla \times \mathbf{u}$를 벡터함수 $\mathbf{u}$의 컬(curl)이라고 한다. 즉,

$$\text{curl}(\mathrm{u}) = \nabla \times \mathrm{u} = \begin{vmatrix} \mathrm{i} & \mathrm{j} & \mathrm{k} \\ \dfrac{\partial}{\partial x} & \dfrac{\partial}{\partial y} & \dfrac{\partial}{\partial z} \\ u_x & u_y & u_z \end{vmatrix} \tag{3.88}$$

이다. 만약 $\text{curl}(\mathrm{u}) = 0$ 이면

$$\mathrm{u} = \nabla \psi \tag{3.89}$$

의 관계에 있는 퍼텐셜(potential) ϕ가 존재한다.

한편, 벡터함수를 이용하여 연립방정식을 종종 다음의 형태로 표현한다.

$$\phi(\mathrm{x}) = 0, \quad \mathrm{x} \in R^n \tag{3.90}$$

그리고 R^n 공간의 벡터 x를 R^m 공간으로 사상하는 벡터함수 $\phi = \phi(\mathrm{x})$의 자코비안 행렬(Jacobian matrix) J는 다음과 같이 정의된다.

$$\mathrm{J} = \frac{d\phi}{d\mathrm{x}} = \begin{bmatrix} \dfrac{\partial \phi_1}{\partial x_1} & \dfrac{\partial \phi_1}{\partial x_2} & \cdots & \dfrac{\partial \phi_1}{\partial x_n} \\ \dfrac{\partial \phi_2}{\partial x_1} & \dfrac{\partial \phi_2}{\partial x_2} & \cdots & \dfrac{\partial \phi_2}{\partial x_n} \\ \vdots & \vdots & \vdots & \vdots \\ \dfrac{\partial \phi_m}{\partial x_1} & \dfrac{\partial \phi_m}{\partial x_2} & \cdots & \dfrac{\partial \phi_m}{\partial x_n} \end{bmatrix} \tag{3.91}$$

▼ 예제 3.26

$\mathrm{u} = x\mathrm{i} + y\mathrm{j} + z\mathrm{k}$일 때 u의 발산을 구하라.

➡ $\nabla \cdot \mathrm{u} = \dfrac{\partial x}{\partial x} + \dfrac{\partial y}{\partial y} + \dfrac{\partial z}{\partial z} = 3$

▼ 예제 3.27

$\mathrm{u} = \nabla\phi$이면, $\text{curl}(\mathrm{u}) = \nabla \times \mathrm{u} = 0$이 자동적으로 성립함을 보여라.

➡ 정의로부터

$$\nabla \times \nabla\phi = \begin{vmatrix} \mathrm{i} & \mathrm{j} & \mathrm{k} \\ \dfrac{\partial}{\partial x} & \dfrac{\partial}{\partial y} & \dfrac{\partial}{\partial z} \\ \dfrac{\partial \phi}{\partial x} & \dfrac{\partial \phi}{\partial y} & \dfrac{\partial \phi}{\partial z} \end{vmatrix} \tag{a}$$

$$= \left(\frac{\partial^2\phi}{\partial y \partial z} - \frac{\partial^2\phi}{\partial z \partial y}\right)\mathrm{i} + \left(\frac{\partial^2\phi}{\partial z \partial x} - \frac{\partial^2\phi}{\partial x \partial z}\right)\mathrm{j} + \left(\frac{\partial^2\phi}{\partial x \partial y} - \frac{\partial^2\phi}{\partial y \partial x}\right)\mathrm{k}$$

이다. $\frac{\partial^2 \phi}{\partial x_i \partial x_j} = \frac{\partial^2 \phi}{\partial x_j \partial x_i}$ 이므로

$$\nabla \times \nabla \phi = 0 \tag{b}$$

이다. 따라서 $\mathrm{u} = \nabla \phi$이면, 자동적으로 $\nabla \times \mathrm{u} = 0$이 성립한다. 반대로 $\nabla \times \mathrm{u} = 0$이면, $\mathrm{u} = \nabla \phi$의 관계에 있는 스칼라함수 ϕ(퍼텐셜이라고 불림)가 존재한다.

3.7 함수의 극화

3.7.1 1변수함수의 극화

함수 $y=f(x)$의 극점(extremum point)을 구하는 문제를 생각해 보자. 설명의 편의상 극소값을 구하는 문제를 예로 들어 설명한다. $x=x^*$가 함수 $y=f(x)$의 극소점이 되기 위해서는 x^* 주위의 $x = x^* + \varepsilon$에 대하여

$$f(x^*) \leq f(x) = f(x^* + \varepsilon) \tag{3.92}$$

이어야 한다. 여기서 ε은 절대값이 충분히 작은 임의의 실수이다. 함수 $f(x^*+\varepsilon)$을 Taylor 급수 전개하면

$$f(x^*+\varepsilon) = f(x^*) + \varepsilon f'(x^*) + \frac{1}{2!}\varepsilon^2 f''(x^*) + \frac{1}{3!}\varepsilon^3 f^{(3)}(x^*) + \frac{1}{4!}\varepsilon^4 f^{(4)}(x^*) + \cdots \tag{3.93}$$

이므로, 식 (3.92)는 다음과 같이 정리된다.

$$\varepsilon f'(x^*) + \frac{1}{2!}\varepsilon^2 f''(x^*) + \frac{1}{3!}\varepsilon^3 f^{(3)}(x^*) + \frac{1}{4!}\varepsilon^4 f^{(4)}(x^*) + \cdots > 0 \tag{3.94}$$

여기서 ε은 절대값이 충분히 작은 임의의 실수이므로 이 식이 항상 성립하려면

$$f'(x^*) = 0 \text{이고 } f''(x^*) > 0 \text{이거나} \tag{3.95}$$
$$f'(x^*) = f''(x^*) = \ldots = f^{(2n-1)}(x^*) = 0 \text{이고 } f^{(2n)}(x^*) > 0$$

이어야 한다. 반대로 $x=x^*$에서 극대값을 가지려면, 충분히 작은 임의의 ε에 대하여 $f(x^*) \geq f(x^*+\varepsilon)$가 항상 만족되어야 하므로

$$f'(x^*) = 0 \text{이고 } f''(x^*) < 0 \text{이거나} \tag{3.96}$$
$$f'(x^*) = f''(x^*) = \ldots = f^{(2n-1)}(x^*) = 0 \text{이고 } f^{(2n)}(x^*) < 0$$

이어야 한다. 따라서 극점을 구할 때

$$f'(x^*) = 0 \tag{3.97}$$

으로부터 문제풀이를 시작한다. 즉, 극점에서 기울기는 무조건 0이 되어야 한다. 그러나 기울기가 0이라고 해서 모두 극점이 되는 것은 아니다. 변곡점에서 기울기가 0이지만 변곡점은 극점이 아니다. 따라서 식 (3.97)은 함수 $y=f(x)$가 $x=x^*$에서 극점을 가질 필요조건이다. $f'(x^*)=0$을 만족하는 $x=x^*$가 변곡점이 될 조건은 이 점에서 홀수차 미분값이 최초로 0이 아니어야 한다는 것이다. 식 (3.97)을 만족하는 $x=x^*$가 변곡점이 아니라면 함수는 극값을 갖게 된다. 그러므로 $x=x^*$가 극점이 될 충분조건은 식 (3.95)와 식 (3.96)에서 보는 바와 같이 짝수차의 미분값이 최초로 0이 아닌 수가 되어야 한다. 정지점(stationary point)은 극점과 변곡점을 모두 포함하는 의미로 사용된다. 따라서 식 (3.97)은 함수 $y=f(x)$가 정지점을 가질 필요충분조건이다.

▼ 예제 3.28

다음 함수의 극점, 변곡점, 정지점 등을 구하라.

a) $y=x^3(x-4)$

b) $y=x^2(x-1)^2$

➡ a) 함수 y가 극점이 될 필요조건, 즉 다음의 방정식으로부터

$$y' = 4x^3-12x^2 = x^2(4x-12) = 0 \tag{a}$$

$x=0$, $x=3$을 얻는다. $x=3$에서 $y''>0$이므로 이 점은 극소점이 되고, $x=0$에서 $y''=0$, $y'''=-24$이므로 이 점은 변곡점이 되며 극점이 아니다. 따라서 $x=3$에서만 극값을 갖는다. 정지점이 될 필요충분조건 $y'=0$으로부터 두 점 $x=0$, $x=3$은 정지점이다.

b) 함수 y가 극값을 가질 필요조건으로부터

$$y' = 2x^3-3x^2+x = x(x-1)(2x-1) = 0 \tag{b}$$

이다. 따라서 위의 방정식의 해인 $x=0$, $x=0.5$, $x=1$이 정지점이다. 한편 이 점들에서 $y''\neq 0$이므로 이 세 점은 극점이다.

3.7.2 비구속 다변수함수의 극화

독립변수가 n개인 다변수함수

$$\phi = \phi(x_1, x_2, \ldots, x_n) = \phi(\mathbf{x}), \quad \mathbf{x}\in R^n \tag{3.98}$$

의 극화 문제 또는 정지점을 찾는 문제를 공부해 보도록 하자. 다변수함수의 극점에 관한 설명을 위하여 극대값을 찾는 문제를 예로 들어 설명하겠다. 함수 $\phi=\phi(\mathbf{x})$가 $\mathbf{x}=\mathbf{x}^*$에

서 극대값을 갖기 위해서는 절대값이 충분히 작은 임의의 벡터 $\boldsymbol{\varepsilon}^T = [\varepsilon_1, \varepsilon_2, \cdots, \varepsilon_n]$에 대하여 다음의 조건이 항상 만족되어야 한다.

$$\phi(x_1^*, x_2^*, ..., x_n^*) \geq \phi(x_1^*+\varepsilon_1, x_2^*+\varepsilon_2, ..., x_n^*+\varepsilon_n) \tag{3.99}$$

위 식의 우변을 Taylor 급수 전개하여 정리하면 다음과 같다.

$$\frac{\partial\phi}{\partial x_1}\varepsilon_1 + \frac{\partial\phi}{\partial x_2}\varepsilon_2 + \cdots + \frac{\partial\phi}{\partial x_n}\varepsilon_n + \frac{1}{2}\boldsymbol{\varepsilon}^T \mathrm{H}(\mathbf{x}^*)\boldsymbol{\varepsilon} + \mathrm{O}(\|\boldsymbol{\varepsilon}\|^3) \leq 0 \tag{3.100}$$

여기서

$$\mathrm{H}(\mathbf{x}^*) \equiv [h_{ij}]|_{\mathbf{x}=\mathbf{x}^*} = [\frac{\partial^2\phi}{\partial \mathrm{x_i}\,\partial \mathrm{x_j}}]|_{\mathbf{x}=\mathbf{x}^*} \tag{3.101}$$

은 함수 $\phi = \phi(\mathbf{x})$의 Hessian 행렬이다. 절대값이 충분히 작은 임의의 $\boldsymbol{\varepsilon}$에 대해서 식 (3.100)이 항상 성립하려면

$$\frac{\partial\phi}{\partial x_i}|_{\mathbf{x}=\mathbf{x}^*} = 0, \quad i = 1, 2, \cdots, n \tag{3.102}$$

이어야 하고 Hessian 행렬 H가 음행렬 또는 준음행렬이어야 함을 알 수 있다. 반대로 $\mathbf{x}=\mathbf{x}^*$가 함수 $\phi = \phi(x_1, x_2, ..., x_n)$의 극소값이 되기 위해서는 식 (3.102)를 만족해야 하고 Hessian 행렬 H가 양행렬 또는 준양행렬이어야 한다. 1변수함수에서와 마찬가지로 식 (3.102)는 $\mathbf{x}=\mathbf{x}^*$가 함수 $\phi = \phi(x_1, x_2, ..., x_n)$의 정지점이 될 필요충분조건이다.

▼ 예제 3.29

다음 함수의 극소점 및 극대점을 구하라.

a) $\phi(x_1, x_2) = 2(x_1 - x_2 + 2)^2 - (x_2 - 1)^2 - 5$

b) $\phi(x_1, x_2) = -2(x_1 + 2)^2 - (x_1 - x_2 - 1)^2 + x_1 + 2x_2$

c) $\phi(x_1, x_2, x_3) = (x_1 - 1)^2 + 2(x_3 - 5)^2 + (x_1 - 2x_2 - x_3)^2$

➡ a) $\frac{\partial\phi}{\partial x_i} = 0$으로부터 $x_1 - x_2 + 2 = 0$, $2x_1 - x_2 + 3 = 0$이므로 점 $(-1, 1)$은 정지점이다. Hessian 행렬은 $\begin{bmatrix} 4 & -4 \\ -4 & 2 \end{bmatrix}$이며, 이 행렬은 비확정적행렬(indefinite matrix)이다. 따라서 이 점은 극점이 아니며, 정지점 또는 안장점(saddle point)이다.

➡ b) $\frac{\partial\phi}{\partial x_i} = 0$으로부터 $-6x_1 + 2x_2 - 5 = 0$, $2x_1 - 2x_2 = 0$이므로 점$(-5/4, -5/4)$은 정지점이다. Hessian 행렬 $\begin{bmatrix} -6 & 2 \\ 2 & -2 \end{bmatrix}$는 음행렬이다. 따라서 이 점은 극대점이다.

c) $\frac{\partial \phi}{\partial x_i}=0$으로부터 $4x_1-4x_2-2x_3=2$, $-4x_1-8x_2-4x_3=0$, $-2x_1-4x_2-6x_3=20$이므로 점 $(1,-2,5)$는 정지점이다. Hessian 행렬 $\begin{bmatrix} 4 & -4 & -2 \\ -4 & 8 & 4 \\ -2 & 4 & 6 \end{bmatrix}$는 양행렬이다. 따라서 이 점은 극소점이다.

3.7.3 Lagrange 변수법에 의한 구속조건의 처리

등식구속조건을 가진 극화문제(이하 구속극화문제라고 함)를 비구속극화문제로 만들어 해결하는 방법으로 Lagrange 변수법(Lagrange multiplier method)과 벌칙기법(penalty method)이 널리 사용되고 있다. 먼저 Lagrange 변수법에 관하여 공부하자. 설명의 편의상 등식구속조건을 가진 다음의 최소화 문제를 고려해 보도록 하자.

$$\textit{Minimize} \quad \phi = \phi(x_1, x_2) \tag{3.103}$$

$$\textit{subject to} \quad h(x_1, x_2) = 0 \tag{3.104}$$

등고선을 이용하여 최소화 문제를 개념적으로 그림 3.10에 나타내었다. 그림에서 보는 바와 같이 점 P가 해가 되려면, 이 점에서 목적함수와 구속함수의 구배의 방향이 동일하거나 정반대가 되어야 함을 알 수 있다. 점 Q는 이 조건을 만족하지 않으므로 $h=0$을 만족하면서 동시에 목적함수를 줄일 수 있는 여지를 가지고 있다. 따라서 점 P가 해가 될 조건은 다음과 같다.

$$\nabla\phi(x_1, x_2) = c\nabla h(x_1, x_2) \tag{3.105}$$

$$h(x_1, x_2) = 0 \tag{3.106}$$

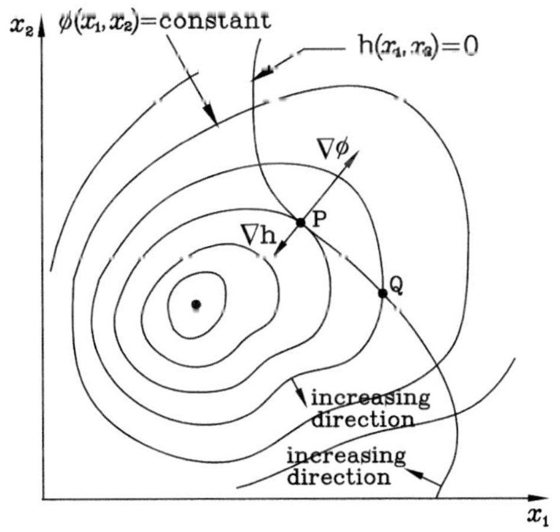

그림 3.10 등식구속조건을 가진 최소화 문제

여기서 c는 상수이다. 식 (3.105)는 두 함수의 구배벡터가 동일 작용선을 갖는다는 의미를 내포한다. 상수 c를 $-\lambda$로 두어 정리하면 다음의 조건식을 얻는다.

$$\nabla\phi(x_1, x_2) + \lambda\nabla h(x_1, x_2) = 0 \tag{3.107}$$

$$h(x_1,\ x_2) = 0 \tag{3.108}$$

이 식에서 λ를 Lagrange 변수(Lagrange's multiplier)라고 한다. 식 (3.107)과 식 (3.108)은 다음의 함수 $\Lambda = \Lambda(x_1, x_2, \lambda)$가 극값을 가질 필요조건과 동일하다.

$$\Lambda(x_1,\ x_2,\ \lambda) = \phi(x_1, x_2) + \lambda\, h(x_1,\ x_2) \tag{3.109}$$

여기서 λ는 x_1, x_2와 마찬가지로 독립변수로 간주된다. 함수 $\Lambda = \Lambda(x_1, x_2, \lambda)$의 극점이 될 필요조건

$$\nabla_{\mathrm{x}}\Lambda = 0 \quad (\text{또는 } \nabla\phi(x_1, x_2) + \lambda\nabla h(x_1, x_2) = 0) \tag{3.110}$$

$$\nabla_{\lambda}\Lambda = 0 \quad (\text{또는 } h(x_1, x_2) = 0) \tag{3.111}$$

은 각각 식 (3.107), 식 (3.108)과 동일하다. 여기서 ∇_{x}와 ∇_{λ}는 각각 변수 $\mathbf{x}$와 λ에 대한 구배를 의미한다.

다음으로 충분조건을 간략하게 소개한다. 행렬

$$\mathrm{L}(x_1^*,\ x_2^*) = \boldsymbol{\Phi}(x_1^*,\ x_2^*) + \lambda\mathrm{H}(x_1^*,\ x_2^*) \tag{3.112}$$

가 $\nabla h(x_1^*,\ x_2^*)\cdot\ \mathrm{y} = 0$을 만족하는 모든 y에 대하여 $\mathrm{y}^{\mathrm{T}}\mathrm{L}(x_1^*,\ x_2^*)\,\mathrm{y} \ge 0$일 때, 식 (3.110)과 식 (3.111)에서 구한 $(x_1^*,\ x_2^*)$는 극소점이 된다. 즉, $\nabla h(x_1^*,\ x_2^*)\cdot\ \mathrm{y} = 0$으로 정의되는 접면(접선을 포함하는 일반화된 개념으로 사용되었음)에서 행렬 $\mathrm{L}(x_1^*,\ x_2^*)$가 양행렬 또는 준양행렬이면, $(x_1^*,\ x_2^*)$는 극소점이 된다. 식 (3.112)에서 행렬 $\boldsymbol{\Phi}(x_1^*,\ x_2^*)$와 $\mathrm{H}(x_1^*,\ x_2^*)$는 각각 함수 $\phi = \phi(x_1,\ x_2)$와 $h = h(x_1,\ x_2)$의 Hessian 행렬이다.

참고로 식 (3.112)의 λ는 미지의 변수이므로 Lagrange 변수법은 미지수의 증가를 초래한다. 구속조건으로 변수의 수가 줄어들어야 함에도 불구하고 변수 수가 증가한다는 것은 매우 흥미로운 사실이다.

▼ 예제 3.30

다음의 최소화 문제를 Lagrange 변수법을 이용하여 풀어라.

$$\mathit{Minimize} \quad \phi(x_1,\ x_2) = (x_1 - 2)^2 + (x_2 - 1)^2 \tag{a}$$

$$\mathit{subject\ to} \quad h(x_1,\ x_2) = x_1 - x_2 = 0 \tag{b}$$

➡ $\Lambda(x_1, x_2, \lambda) = (x_1 - 2)^2 + (x_2 - 1)^2 + \lambda(x_1 - x_2)$ (c)

라 두자. 함수 $\Lambda = \Lambda(x_1, x_2, \lambda)$가 극값을 가질 필요조건

$$\frac{\partial \Lambda}{\partial x_1} = 2(x_1 - 2) + \lambda = 0$$

$$\frac{\partial \Lambda}{\partial x_2} = 2(x_2 - 1) - \lambda = 0 \qquad \text{(d)}$$

$$\frac{\partial \Lambda}{\partial \lambda} = x_1 - x_2 = 0$$

으로부터 $x_1^* = \frac{3}{2}$, $x_2^* = \frac{3}{2}$, $\lambda = 1$을 얻는다. 이 점에서

$$\mathrm{L}(x_1^*, x_2^*) = \begin{bmatrix} 2 & 0 \\ 0 & 2 \end{bmatrix} + 1 \times \begin{bmatrix} 0 & 0 \\ 0 & 0 \end{bmatrix} = \begin{bmatrix} 2 & 0 \\ 0 & 2 \end{bmatrix} \qquad \text{(e)}$$

는 양행렬이고, 상수행렬이므로 (x_1^*, x_2^*)는 극소점이지 최소점이 된다. λ의 차원은 $\lambda h(x_1, x_2)$의 차원이 $\phi(x_1, x_2)$의 차원과 동일하다는 조건으로부터 구할 수 있다. Lagrange 변수는 기계공학에서 중요한 의미를 지니는 변수이다. 이 값이 갖는 물리적 의미는 적용예제를 통하여 구체적으로 설명될 것이다.

다음의 일반적인 등식구속극화문제를 고려해 보자.

$$\textit{Extremize} \quad \phi(x_1, x_2, \ldots, x_n) \qquad (3.113)$$

$$\textit{subject t} \quad h_i(x_1, x_2, \ldots, x_n) = 0, \quad i = 1, 2, \ldots, m \qquad (3.114)$$

식 (3.113)과 식 (3.114)의 일반형 등식구속극화문제에 대한 Lagrange법은 다음과 같다.

$$\textit{Extremize} \quad \Lambda(x_1, x_2, \cdots, x_n, \lambda_1, \lambda_2, \cdots, \lambda_m) \qquad (3.115)$$

$$= \phi(x_1, x_2, \cdots, x_n) + \sum_{i=1}^{m} \lambda_i h_i(x_1, x_2, \cdots, x_n)$$

이 문제의 필요조건은 다음과 같다.

$$\nabla_{x_i} \Lambda(x_1, x_2, \ldots, x_n, \lambda_1, \lambda_2, \ldots, \lambda_m) = 0, \quad i = 1, 2, \ldots, n \qquad (3.116)$$

$$\nabla_{\lambda_i} \Lambda(x_1, x_2, \ldots, x_n, \lambda_1, \lambda_2, \ldots, \lambda_m) = 0, \quad i = 1, 2, \ldots, m \qquad (3.117)$$

따라서 식의 수와 미지수의 수가 $n+m$개로 동일하므로 방정식이 독립적이라면 해가 존재한다.

이 책에서는 Lagrange 변수법을 사용했을 경우 식 (3.115)의 문제가 극값을 가질 충

분조건에 관한 상세한 설명은 생략한다. 식 (3.112)와 예제 3.30을 상식을 얻는 수준에서 참고하기 바란다.

Lagrange 변수법에서는 Lagrange 변수의 도입에 의하여 변수의 총수가 증가하였다. 이 점은 이 방법의 단점으로 지적되는 반면 Lagrange 변수법은 정답을 구해 준다는 장점을 지니고 있다.

3.7.4 벌칙기법에 의한 구속조건의 처리

등속구속극화문제를 비구속극화문제로 만드는 또 다른 방법으로 벌칙기법(penalty method)이 널리 사용되고 있다. 벌칙기법에서는 매우 큰 양의 벌칙상수(penalty constant) p_i를 이용하여 식 (3.113)과 (3.114)의 등식구속극화문제를 다음의 비구속극화문제로 변환시켜 근사적으로 해결한다.

$$\textit{Extremize} \quad P(x_1, x_2, \ldots, x_n) = \phi(x_1, x_2, \ldots, x_n) + \sum_{i=1}^{m} p_i h_i^2(x_1, x_2, \ldots, x_n) \tag{3.118}$$

이 변형된 목적함수 P가 극값을 가질 필요조건은 다음과 같다.

$$\nabla_{x_i} P(x_1, x_2, \ldots, x_n) = 0, \quad i = 1, 2, \ldots, n \tag{3.119}$$

따라서 벌칙기법을 사용할 경우 미지수의 수와 방정식의 수가 n개로 동일하며, 미지수가 증가하지 않는다. 그러나 벌칙기법은 정해를 구할 수 없으며, 큰 벌칙상수의 사용으로 인하여 수렴특성이 나빠지는 단점이 있다.

▼ 예제 3.31

다음의 최소화 문제를 벌칙기법을 이용하여 풀어라.

$$\textit{Minimize} \quad \phi(x_1, x_2) = (x_1 - 2)^2 + (x_2 - 1)^2 \tag{a}$$

$$\textit{subject to} \quad h(x_1, x_2) = x_1 - x_2 = 0 \tag{b}$$

➡ $$P(x_1, x_2) = (x_1 - 2)^2 + (x_2 - 1)^2 + p_1 (x_1 - x_2)^2 \tag{c}$$

라 두자. $p_1 = 10^3/2$일 경우, 함수 $P = P(x_1, x_2)$가 극값을 가질 필요조건은 다음과 같다.

$$2(x_1 - 2) + 10^3 (x_1 - x_2) = 0 \tag{d}$$

$$2(x_2 - 1) - 10^3 (x_1 - x_2) = 0$$

따라서

$$x_1^* = \frac{3004}{2002}, \quad x_2^* = \frac{3002}{2002} \tag{e}$$

이다. 함수 $P = P(x_1, x_2)$ 의 Hessian 행렬

$$\begin{bmatrix} 1002 & -1000 \\ -1000 & 1002 \end{bmatrix} \tag{f}$$

가 상수행렬이며 양행렬이다. 따라서 앞에서 구한 점은 극소점이자 최소점이 된다. 그런데 이 Hessian 행렬의 고유치는 2와 2002이며, 조건수(condition number; 최대고유치/최소고유치; 이 수가 클수록 수렴특성은 좋지 않게 됨)가 1001이므로 수치계산에서 수렴특성이 매우 나쁘게 된다. 한편 $p_1 = 10^5/2$일 때의 답은

$$x_1^* = \frac{300004}{200002}, \quad x_2^* = \frac{300002}{200002} \tag{g}$$

이다. 따라서 벌칙상수를 크게 할수록 정답 $(1.5, 1.5)$에 가까워짐을 알 수 있다. 그러나 벌칙상수를 너무 크게 하면, 수치해석에서 행렬의 특성을 나쁘게 하여 수치적 문제를 야기할 수도 있다. 즉 $p_1 = 10^5/2$를 사용하면, 고유치는 2와 200002가 되어 조건수가 100001로 증가한다.

함수의 극화이론은 역학 문제의 수식화에 직접 응용되는 경우가 많지 않다. 그러나 함수의 극화이론은 해석역학에서 범함수의 극화이론의 이해에 선행되어야 할 필수지식이다. 그러므로 5장의 범함수의 극화이론을 공부하기에 앞서 이 절의 내용을 충분히 숙지하기 바란다.

적분과 함수장

제 4 장

4.1 Lebesgue 적분

함수장 이론을 전개하는 데 있어 적분은 매우 중요한 역할을 한다. 그러므로 먼저 적분에 관하여 개괄적으로 공부할 필요가 있다. 정적분(definite integral)

$$\int_a^b f(x)\,dx,\quad \int_A \phi(x,y)\,dA,\quad \int_V \phi(x,y,z)\,dV \tag{4.1}$$

은 적분구간이 $[a,b]$, A, V 등으로 명시된 적분을 일컫는 용어이며, 부정적분은 적분구간이 명시되지 않은 적분을 일컫는 용어이다. 식 (4.1)에서 $f(x)$, $\phi(x,y)$, $\phi(x,y,z)$ 등을 피적분함수(integrand)라고 한다. 적분은 크게 두 가지 방법, 즉 Riemann 적분(RI라고 함)과 Lebesgue 적분(LI라고 함)에 의하여 정의된다. 그림 4.1은 두 적분의 정의의 기하학적 차이를 비교하고 있다.

설명의 편의상, 직선적분 $\int_a^b f(x)\,dx$를 대상으로 정적분을 정의하겠다. 일반적으로 우리는 RI에 익숙해 있다. 그림 4.1(a)의 상극한적분과 하극한적분이 동일할 때 Riemann 적

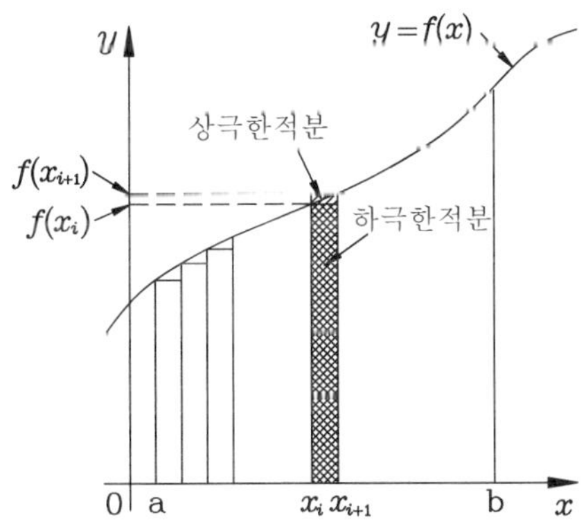

(a) RI

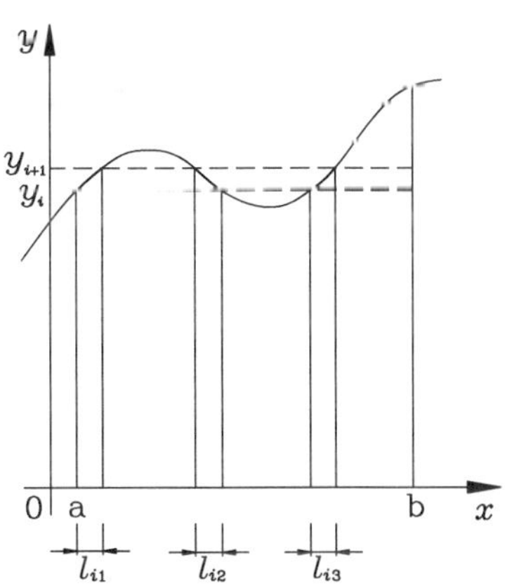

(b) LI

그림 4.1 RI와 LI의 정의

분가능하다(Riemann integrable)라고 한다. 즉,

$$RI = \lim_{n\to\infty}\sum_{i=1}^{n}(x_{i+1}-x_i)\,f(x_i) = \lim_{n\to\infty}\sum_{i=1}^{n}(x_{i+1}-x_i)\,f(x_{i+1}) \tag{4.2}$$

일 때 RI가 정의된다.

LI는 함수값 y_{i+1}과 y_i 사이에 대응하는 정의구역의 길이(길이, 면적, 체적 등을 일반화한 개념으로 사용되었음)의 합 $\sum_k l_{ik}$와 함수값 y_i 또는 y_{i+1}의 곱의 합으로 정의된다. 즉,

$$LI = \lim_{n\to\infty}\sum_{i=1}^{n} y_i \sum_k l_{ik} = \lim_{n\to\infty}\sum_{i=1}^{n} y_{i+1} \sum_k l_{ik} \tag{4.3}$$

가 수렴하면, Lebesgue 적분가능하다(Lebesgue integrable)라고 한다. 만약 RI가 존재하면, $LI = RI$이다. 그러나 LI 값을 가지면서 RI 값이 존재하지 않는 함수가 존재한다. 가령 알코올 1kg과 물 1kg을 섞었을 때, $\int_V \rho\, dV$의 LI 값은 2kg으로 정의되지만 RI 값은 정의되지 않는다.

기계공학 해석 문제에서 RI가 정의되지 않아 문제가 되는 경우는 사실상 없다. 해석 문제는 자연법칙의 지배를 받으므로 조물주가 만든(god-made) 문제이기 때문이다. 그러나 복합재료의 최적설계 문제 등에서 RI가 정의되지 않는 경우가 있을 수 있다. 그것은 인간이 만든(man-made) 문제이기 때문이다. 따라서 일부 극히 특수한 문제를 제외하면, 대부분의 기계공학 문제에서 RI와 LI는 구분 없이 사용될 수 있다. 그런데 기계공학 문제의 유한요소해석에서 함수장 이론의 이해는 문제 접근의 체계화와 심화발전에 필요하므로, 함수장 이론의 전개에 필수적인 LI에 관한 기본적인 이해가 선행되어야 한다.

직선에서 점, R^2평면에서 선분, R^3공간에서 면적 등은 해석에서 매우 중요한 개념적 역할을 하는데, 이러한 집합을 측도 0(measure zero)이라고 한다. 측도 0에서 피적분함수가 유계이면(bounded) 적분값은 0이다. 즉, 측도 0인 Z 영역에서 함수값이 $\| f(\mathbf{x}) \| < K < \infty$이면

$$\int_Z f(\mathbf{x})\, d\Omega = 0 \tag{4.4}$$

이다. 함수가 $f(x) = |x|$일 때, 정적분 $\int_{-1}^{1} f'(x)\,dx$를 고려해 보자. $x=0$에서 미분의 좌극한값과 우극한값은 각각 -1과 1이므로 미분값이 존재하지 않는다. 그러나 그 값이 유계임을 알 수 있다. 적분구간 $-1 \le x \le 1$에서 $x=0$의 점은 측도 0이다. 그러므로 다음과 같다.

$$\begin{aligned}\int_{-1}^{1}(|x|)'\,dx &= \int_{-1}^{0-}(|x|)'\,dx + \int_{0+}^{0-}(|x|)'\,dx + \int_{0+}^{1}(|x|)'\,dx \\ &= -1+0+1 = 0\end{aligned}$$

4.2 함수의 적분

4.2.1 1차원 적분과 표준형

1차원 직선상의 정적분

$$\int_a^b f(x)\,dx \tag{4.5}$$

를 고려해 보자. 만약 함수 $f(x)$가 정의구역 $\min(a,b,c) \le x \le \max(a,b,c)$에서 한계치 K 이하의 함수값을 가질 경우(유계되어 있을 경우), 즉 $|f(x)| \le K$일 경우, 다음의 구간별 적분이 항상 가능하다.

$$\int_a^b f(x)\,dx = \int_a^{c-} f(x)\,dx + \int_{c+}^b f(x)\,dx \tag{4.6}$$

또는

$$\int_a^b f(x)\,dx = \int_a^c f(x)\,dx + \int_c^b f(x)\,dx \tag{4.7}$$

한편 $\int_a^b (uv)'\,dx = uv|_a^b = \int_a^b (u\,v' + u'\,v)\,dx$이므로, $v(x)$가 미분가능하면, 다음의 부분적분이 성립한다.

$$\int_a^b u'v\,dx = uv|_a^b - \int_a^b u\,v'\,dx \tag{4.8}$$

▼ 예제 4.1

$\int_0^1 \tan^{-1}x\,dx$를 구하라.

➡ $$\int_0^1 \tan^{-1} x\,dx = x\tan^{-1}x|_0^1 - \int_0^1 \frac{x}{1+x^2}\,dx \tag{a}$$

$$= x\tan^{-1}x|_0^1 - \frac{1}{2}\int_0^1 \frac{2x}{1+x^2}dx$$

$$= x\tan^{-1}x|_0^1 - \frac{1}{2}\ln(1+x^2)|_0^1$$

$$= \frac{\pi}{4} - \frac{\ln 2}{2}$$

▼ 예제 4.2

다음의 식이 성립하는가?

$$\int_{-\infty}^{\infty} \delta(x)\, dx = \int_{-\infty}^{0-} \delta(x)\, dx + \int_{0+}^{\infty} \delta(x)\, dx \tag{a}$$

➡ $\delta(x)$가 $x = 0$에서 ∞값을 갖기 때문에 $\delta(x)$는 유계함수가 아니다. 그러므로 준식은 성립하지 않는다. 좌변은 1이고, 우변은 0이다.

정적분에서 적분변수는 최종적으로 사라지므로 단순변수(dummy variable)이며, 다른 변수로 변환될 수 있다. 즉,

$$\int_a^b f(x)\, dx = \int_a^b f(\xi)\, d\xi \tag{4.9}$$

이다. 한편 x와 ξ가 일대일 변환관계

$$x = x(\xi) \tag{4.10}$$

를 따르고 변환함수가 미분가능할 때, 다음의 변환관계는 항상 만족한다.

$$\int_a^b f(x)\, dx = \int_\alpha^\beta f(x(\xi))\, \frac{dx}{d\xi}\, d\xi \tag{4.11}$$

여기서 $a = x(\alpha)$와 $b = x(\beta)$의 관계에 있다. 특히 $\alpha = -1$이고 $\beta = 1$일 때, 식 (4.11)의 우변을 표준형(standard form)이라고 한다. 표준형은 다음의 변환함수에 의하여 얻어진다.

$$x = \frac{1-\xi}{2}a + \frac{1+\xi}{2}b \tag{4.12}$$

따라서 $dx = \frac{b-a}{2}\, d\xi$이고, $x = a$, $x = b$일 때 각각 $\xi = -1$, $\xi = 1$이므로

$$\int_a^b f(x)\, dx = \int_{-1}^{1} f(x(\xi))\, J\, d\xi \tag{4.13}$$

이다. 여기서

$$J = \frac{b-a}{2} \tag{4.14}$$

를 자코비안(Jacobian)이라고 한다. 표준형은 유한요소법에서 수치적분할 때 이용되므로 주의 깊게 봐 두기 바란다. 한편 $f(x) = \frac{dg(x)}{dx}$이면

$$\int_a^b f(x)\,dx \;=\; \int_a^b \frac{dg(x)}{dx}\,dx \;=\; g(x)|_a^b \;=\; g(b) - g(a) \tag{4.15}$$

이다. 이 식은 피적분함수가 어떤 함수 $g(x)$의 미분형태, 즉 $f(x)=dg/dx$이면 적분경계에서 함수값의 계산으로 정적분이 구해짐을 말해 주고 있다. Green 이론과 Gauss의 발산이론을 공부할 때 이 점을 먼저 상기하기 바란다.

▼ 예제 4.3

다음의 적분을 표준형으로 변환하여 계산하라.

$$\int_2^6 (x^2+2(x-4)^3)\,dx \tag{a}$$

표준형으로 변환하기 위한 변환함수는 다음과 같다.

$$x = 2\times\frac{1-\xi}{2} + 6\times\frac{1+\xi}{2} = 2\xi+4 \tag{b}$$

따라서 $J=2$이므로 다음과 같이 표준형으로 변환되어 정적분이 계산된다.

$$\int_2^6 (x^2+2(x-4)^3)\,dx = \int_{-1}^1 ((2\xi+4)^2+2(2\xi)^3)\,2\,d\xi \tag{c}$$

$$= 8\int_{-1}^1 (4\xi^3+\xi^2+4\xi+4)\,d\xi$$

$$= 16\int_0^1 (\xi^2+4)\,d\xi$$

$$= \frac{208}{3}$$

4.2.2 경로적분

이제 2차원 평면과 3차원 공간 적분에 관하여 공부하자. 먼저 선적분에 관하여 공부하자. 선적분은 1차원 직선상의 적분을 평면 또는 공간상에 확장시킨 것으로, 그림 4.2에서 보는 바와 같이 적분경로 C를 따라 계산하는 적분이다. 이 적분을 경로적분(path integral) 또는 곡선적분이라고 한다. 역학이론의 전개에 곡선적분은 빈번히 등장한다. 가령 그림에 정의된 적분경로 C를 따라 하중 $\mathbf{F}$가 가해졌을 때 행한 일 W는 다음과 같이 정의된다.

$$W = \int_C \mathbf{F}\cdot d\mathbf{r} = \int_C (F_x\,dx + F_y\,dy + F_z\,dz) \tag{4.16}$$

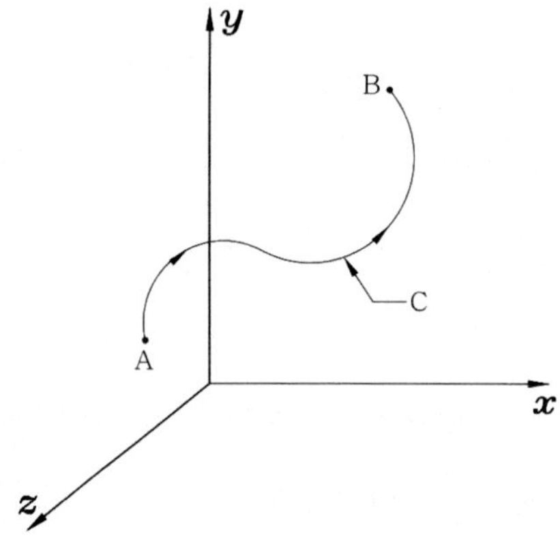

그림 4.2 경로적분

여기서 벡터함수 $\mathrm{F}=\mathrm{F}(x,y,z)$는 위치벡터 $\mathrm{r}=(x, y, z)$의 함수이고, $d\mathrm{r} = dx\mathrm{i} + dy\mathrm{j} + dz\mathrm{k}$이다. 적분경로 C가 폐곡선일 때 $\int_C$ 대신 $\oint_C$를 사용한다. 한편 적분경로 C를 매개변수 벡터함수로 표현하면

$$\mathrm{r} = \mathrm{r}(t) = x(t)\mathrm{i} + y(t)\mathrm{j} + z(t)\mathrm{k} \tag{4.17}$$

가 되며

$$d\mathrm{r} = dx\mathrm{i} + dy\mathrm{j} + dz\mathrm{k} = x'dt\mathrm{i} + y'dt\mathrm{j} + z'dt\mathrm{k} \tag{4.18}$$

이다. 따라서

$$W = \int_{t_1}^{t_2} (F_x(t)\,x'(t) + F_y(t)y'(t) + F_z(t)\,z'(t))\,dt \tag{4.19}$$

가 되므로 공간상의 적분이 1차원 직선상의 정적분으로 표현되었다. 여기서 t_1과 t_2는 각각 적분경로 C의 시점과 종점에서의 매개변수값이다.

▼ 예제 4.4

평면상에서 적분경로 C가 $\mathrm{r} = \cos t\mathrm{i} + \sin t\mathrm{j}$, $0 \le t \le \pi$이고, $\mathrm{F}(\mathrm{r}) = y\mathrm{i} + x\mathrm{j}$일 때 경로적분 $\int_C \mathrm{F} \cdot d\mathrm{r}$을 구하라.

➡ $d\mathrm{r} = (-\sin t\,\mathrm{i} + \cos t\,\mathrm{j})dt$이고 적분경로 C에서

$$\mathrm{F}(\mathrm{r}(t)) = \sin t\,\mathrm{i} + \cos t\,\mathrm{j} \tag{a}$$

이므로 경로적분 결과는 다음과 같다.

$$\int_C \mathbf{F}\cdot d\mathbf{r} = \int_0^\pi (\cos^2 t - \sin^2 t)\,dt = \int_0^\pi \cos 2t\,dt = \frac{1}{2}\sin 2t|_0^\pi = 0 \quad \text{(b)}$$

▼ 예제 4.5

다음의 함수를 그림의 경로 C_1과 C_2를 따라 경로 적분하고 그 결과를 비교하라.

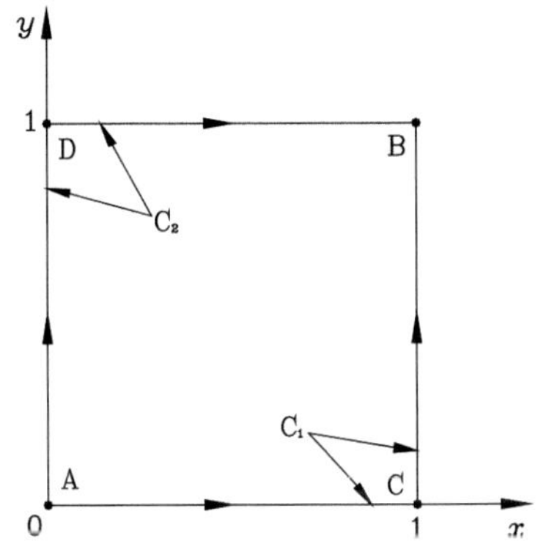

(a) $W = \int_C (x\,dx + xy\,dy)$ (a)

(b) $W = \int_C ((2x+y)\,dx + (x+4y)\,dy)$ (b)

a) $W_1 = \int_{C_1} (x\,dx + xy\,dy)$ (c)

$$= \int_0^1 x\,dx + \int_0^0 0\,dy + \int_1^1 1\,dx + \int_0^1 y\,dy$$

$$= 1$$

$$W_2 = \int_{C_2} (x\,dx + xy\,dy) \quad \text{(d)}$$

$$= \int_0^0 x\,dx + \int_0^1 0\,dy + \int_0^1 x\,dx + \int_1^1 x\,dy$$

$$= \frac{1}{2}$$

따라서 $W_1 \neq W_2$이다.

b) $W_1 = \int_{C_1} ((2x+y)\,dx + (x+4y)\,dy)$ (e)

$$= \int_0^1 2x\,dx + \int_0^0 x\,dy + \int_1^1 (2+y)\,dx + \int_0^1 (1+4y)\,dy$$

$$= 4$$

$$W_2 = \int_{C_2} ((2x+y)\,dx \;+\; (x+4y)\,dy) \tag{f}$$

$$= \int_0^0 y\,dx + \int_0^1 4y\,dy + \int_0^1 (2x+1)\,dx + \int_1^1 (x+4)\,dy$$

$$= 4$$

따라서 $W_1 = W_2$이다.

일반적으로 곡선적분은 적분경로에 따라 다르다. 그런데 곡선적분이 어떤 영역 D 내에서 경로에 무관하고 양 끝점 A와 B에만 의존하는 경우가 있다. 이러한 적분을 영역 D 내의 경로무관적분(path-independent integral)이라고 한다. F_x, F_y, F_z가 연속일 때, 식 (4.16)의 적분값이 경로무관하기 위한 필요충분조건은

$$\mathrm{F} = \nabla\Phi \quad \text{또는} \quad F_x = \frac{\partial\Phi}{\partial x},\ F_y = \frac{\partial\Phi}{\partial y},\ F_z = \frac{\partial\Phi}{\partial z} \tag{4.20}$$

의 관계에 있는 퍼텐셜(potential) $\Phi = \Phi(x,y,z)$가 존재해야 한다는 것이다. 이 때, 전미분량(total differential) $d\Phi$가

$$d\Phi = \frac{\partial\Phi}{\partial x}dx + \frac{\partial\Phi}{\partial y}dy + \frac{\partial\Phi}{\partial z}dz \tag{4.21}$$

로 정의되고(존재하고), 식 (4.20)과 식 (4.18)로부터 $\mathrm{F}\cdot d\mathrm{r} = d\Phi$이므로

$$\int_C \mathrm{F}\cdot d\mathrm{r} = \int_B^A d\Phi = \Phi(A) - \Phi(B) \tag{4.22}$$

이다. 식 (4.22)의 우변은 이 적분이 경로무관함을 말해주고 있다. 적분이 경로무관한 함수를 폐곡선에 대하여 적분하면, 그 적분값은 0이 된다. 한편, 식 (4.16)의 곡선적분이 적분경로에 무관하기 위하여 다음의 조건이 만족되어야 한다.

$$\nabla\times\mathrm{F} = 0 \quad \text{또는} \quad \frac{\partial F_z}{\partial y} = \frac{\partial F_y}{\partial z},\ \frac{\partial F_x}{\partial z} = \frac{\partial F_z}{\partial x},\ \frac{\partial F_y}{\partial x} = \frac{\partial F_x}{\partial y} \tag{4.23}$$

왜냐하면 $\mathrm{F} = \nabla\Phi$인 퍼텐셜 Φ가 존재하면 $\nabla\times\nabla\Phi = 0$이 항상 성립하기 때문이다. 따라서 식 (4.23)과 식 (4.20)은 동일한 의미를 갖는다.

▼ 예제 4.6

다음의 경로적분이 경로에 무관함을 보이고, 적분경로가 점 (0,0)에서 시작하여 점 (1,1)에

서 끝났을 때 경로적분값을 구하라.

$$W = \int_C ((2x+y)\,dx \;+\; (x+4y)\,dy) \qquad \text{(a)}$$

➡ $\dfrac{\partial F_y}{\partial x} = \dfrac{\partial F_x}{\partial y} = 1$ 이므로 경로무관하다. 한편 $\dfrac{\partial \Phi}{\partial x} = 2x + y$ 로부터

$$\Phi = x^2 + xy + C(y) \qquad \text{(b)}$$

이며, $\dfrac{\partial \Phi}{\partial y} = x + \dfrac{dC}{dy} = x + 4y$ 로부터 $C(y) = 2y^2$ 이다. 따라서

$$\Phi(x,y) = x^2 + xy + 2y^2 \qquad \text{(c)}$$

이다. 그러므로

$$W = \Phi(1,1) - \Phi(0,0) = 4 \qquad \text{(d)}$$

이다. 이 값은 예제 4.5(b)에서 구한 결과와 동일하다.

4.2.3 면적적분

면적적분은 다음과 같이 정의된다.

$$\int_A \phi(x,y)\,dA \quad \text{또는} \quad \iint_A \phi(x,y)\,dx\,dy \qquad (4.24)$$

▼ 예제 4.7

그림의 면적에 대한 다음의 면적적분을 계산하라.

$$I_{xx} = \int_A y^2\,dA \qquad \text{(a)}$$

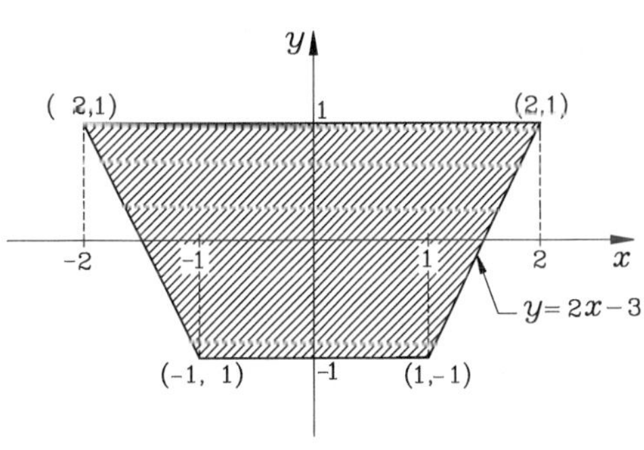

➡ 그림에서 보는 바와 같이 면적 요소 dA는

$$dA = 2x\,dy = (y+3)dy \qquad \text{(b)}$$

이다. 따라서 I_{zz}는 다음과 같이 계산된다.

$$
\begin{aligned}
I_{xx} &= \int_A y^2\, dA \qquad \text{(c)} \\
&= \int_{-1}^{1} y^2\,(y+3)\, dy \\
&= 2
\end{aligned}
$$

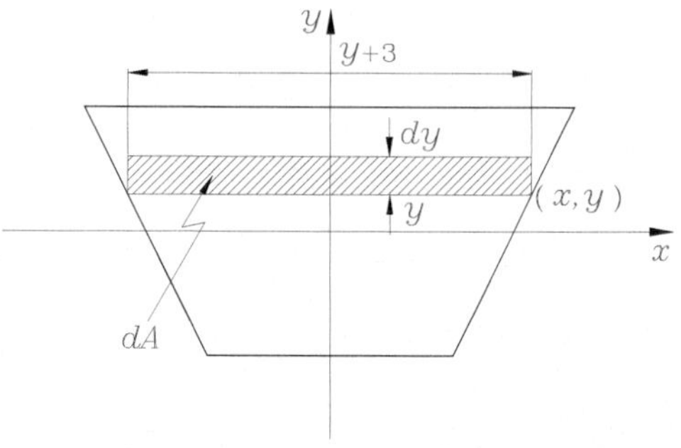

2차원 평면에서 좌표 x, y가 매개변수 ξ, η와

$$x = x(\xi,\eta)\,, \quad y = y(\xi,\eta) \tag{4.25}$$

의 변환관계에 있고, 이 변환함수가 일대일 대응(one-to-one correspondence) 관계를 만족할 때, 면적적분은 다음의 적분변수 및 적분구간 변환 공식을 따른다.

$$\int_A \phi(x,y)\, dx\, dy = \int_{A'} \phi(x(\xi,\eta), y(\xi,\eta))\; J\, d\xi\, d\eta \tag{4.26}$$

여기서 J는 자코비안(Jacobian)이며, 다음과 같이 정의된다.

$$J \equiv \frac{\partial(x,y)}{\partial(\xi,\eta)} = \begin{vmatrix} \dfrac{\partial x}{\partial \xi} & \dfrac{\partial x}{\partial \eta} \\ \dfrac{\partial y}{\partial \xi} & \dfrac{\partial y}{\partial \eta} \end{vmatrix} \tag{4.27}$$

일대일 대응이란 원래의 영역 A상의 점 (x,y)가 매개변수 영역 A'상의 하나의 점 (ξ, η)로 사상되고, 반대로 매개변수 영역상의 한 점이 원래의 영역상의 한 점으로 사상된다는 뜻이다.

삼각형 면적에 관한 적분에서 A'이 그림 4.3에서 보는 바와 같이 (1,0), (0,1), (0,0)의 세 점을 잇는 삼각형일 때, 삼각형 적분영역의 표준형(standard form)이라고 한다. 임의의 삼각형 적분영역 A는 다음의 변환함수에 의하여 표준형으로 변환된다.

$$x = \sum_{i=1}^{3} N_i(\xi, \eta)\, x_i\,, \quad y = \sum_{i=1}^{3} N_i(\xi, \eta)\, y_i \tag{4.28}$$

여기서 (x_i, y_i)는 세 개의 모서리점의 좌표이며,

$$
\begin{aligned}
N_1 &= N_1(\xi,\eta) = \xi \\
N_2 &= N_2(\xi,\eta) = \eta \\
N_3 &= N_3(\xi,\eta) = 1-\xi-\eta
\end{aligned} \tag{4.29}
$$

이다. 그리고 모서리점의 번호는 반시계 방향으로 매겨진다.

그림 4.3에서 보는 바와 같이 삼각형 적분영역이 표준형으로 변환되었을 때, 식 (4.26)은 다음과 같이 표현된다.

$$\int_A \phi(x,y)\,dx\,dy = \int_0^1 \int_0^{1-\eta} \phi(x(\xi,\eta),y(\xi,\eta))\,J\,d\xi\,d\eta \tag{4.30}$$

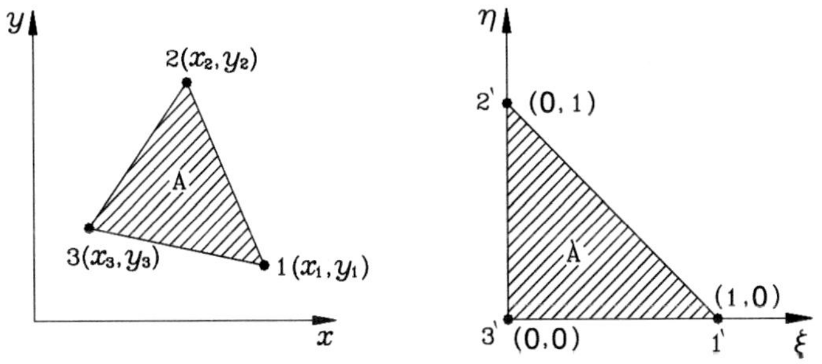

그림 4.3 삼각형의 적분구간 변환

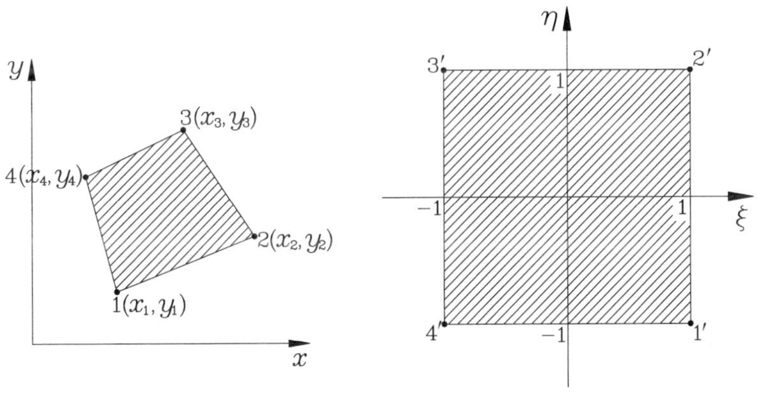

그림 4.4 사각형의 적분구간 변환

한편, 사각형 면적에 관한 적분에서 A'이 그림 4.4에서 보는 바와 같이 (1,−1), (1, 1), (−1, 1), (−1,−1)을 잇는 정사각형일 때, 사각형 적분영역의 표준형이라고 한다. 적분영역 A가 모든 내각이 180°를 넘지 않는 사각형일 때, 다음의 변환함수에 의하여 적분영역은 표준형으로 변환된다.

$$x = \sum_{i=1}^{4} N_i(\xi,\eta)\,x_i\,, \quad y = \sum_{i=1}^{4} N_i(\xi,\eta)\,y_i \tag{4.31}$$

여기서 (x_i, y_i)는 네 개의 모서리점의 좌표이며

$$N_i(\xi,\eta) = \frac{(1+\xi_i\,\xi)(1+\eta_i\,\eta)}{4} \tag{4.32}$$

이다. 단, $\xi_1 = \xi_2 = \eta_2 = \eta_3 = 1$, $\xi_3 = \xi_4 = \eta_1 = \eta_4 = -1$이고, 모서리점의 번호는 반시계 방향의 순서로 매겨진다. 여기서 유념해야 할 것은 내각이 180°를 넘게 되면, 사상 시 일대일 대응관계가 유지되지 않는다는 사실이다.

그림 4.4에서 보는 바와 같이 사각형 적분영역이 표준형으로 변환되었을 때, 식 (4.26)은 다음과 같이 표현된다.

$$\int_A \phi(x,y)\,dx\,dy = \int_{-1}^{1}\int_{-1}^{1} \phi(x(\xi,\eta),y(\xi,\eta))\,J\,d\xi\,d\eta \tag{4.33}$$

▼ 예제 4.8

예제 4.7의 면적적분의 적분영역을 표준형으로 변경하여 계산하라.

$$I_{xx} = \int_A y^2\,dA \tag{a}$$

➡ 예제 4.7의 그림에서 보는 바와 같이, 네 점을 순서대로 1점(1, −1), 2점(2, 1), 3점(−2, 1), 4점(−1, −1)으로 간주하자. 그러면

$$\begin{aligned} x &= 1\times\frac{(1+\xi)(1-\eta)}{4} + 2\times\frac{(1+\xi)(1+\eta)}{4} \\ &\quad + (-2)\times\frac{(1-\xi)(1+\eta)}{4} + (-1)\times\frac{(1-\xi)(1-\eta)}{4} \\ &= \frac{3\xi+\xi\eta}{2} \end{aligned} \tag{b}$$

$$\begin{aligned} y &= (-1)\times\frac{(1+\xi)(1-\eta)}{4} + 1\times\frac{(1+\xi)(1+\eta)}{4} \\ &\quad + 1\times\frac{(1-\xi)(1+\eta)}{4} + (-1)\times\frac{(1-\xi)(1-\eta)}{4} \\ &= \eta \end{aligned} \tag{c}$$

이다. 따라서 자코비안은 다음과 같다.

$$J \equiv \frac{\partial(x,y)}{\partial(\xi,\eta)} = \begin{vmatrix} 3/2+\eta/2 & \xi/2 \\ 0 & 1 \end{vmatrix} = \frac{3}{2} + \frac{\eta}{2} \tag{d}$$

그러므로

$$I_{xx} = \int_A y^2 \, dA \tag{e}$$

$$= \int_{-1}^{1}\int_{-1}^{1} \eta^2 \times \left(\frac{3}{2}+\frac{\eta}{2}\right) d\xi \, d\eta$$

$$= 2$$

이다. 이 결과는 예제 4.7에서 적분변수 변환을 실시하지 않고 구한 결과와 동일하다.

▼ 예제 4.9

그림에서 정의된 면적에 관하여 다음의 적분을 실시하라. 단, 원통좌표계로 변환하여 적분하라.

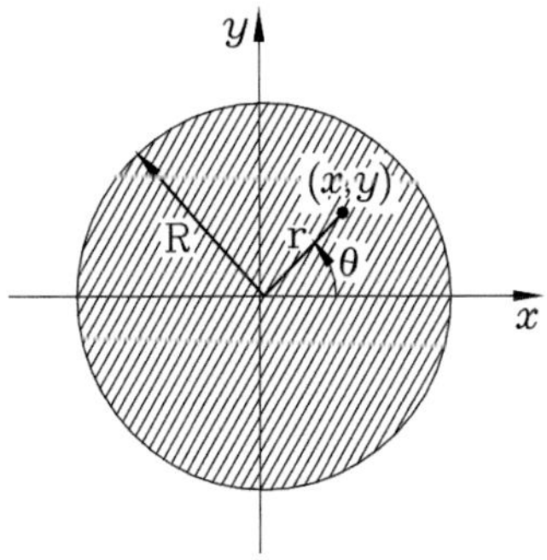

$$I_{zz} = \int_A y^2 \, dx \, dy \tag{a}$$

➡ 직각좌표계의 좌표 (x, y)와 원통좌표계의 좌표 (r, θ)는 다음의 변환관계를 갖는다.

$$x = r\cos\theta, \quad y = r\sin\theta \tag{b}$$

자코비안 J가

$$J = \begin{vmatrix} \dfrac{\partial x}{\partial r} & \dfrac{\partial x}{\partial \theta} \\ \dfrac{\partial y}{\partial r} & \dfrac{\partial y}{\partial \theta} \end{vmatrix} = \begin{vmatrix} \cos\theta & -r\sin\theta \\ \sin\theta & r\cos\theta \end{vmatrix} = r \tag{c}$$

이므로 다음과 같다.

$$I_{zz} = \int_A y^2 \, dx \, dy = \int_0^R \int_0^{2\pi} r^2 \sin^2\theta \, r \, dr \, d\theta \tag{d}$$

$$= \int_0^R r^3 \, dr \int_0^{2\pi} \sin^2\theta \, d\theta = \frac{\pi}{4} R^4$$

4.2.4 체적적분

3차원 공간에서 좌표 (x,y,z)와 좌표 (ξ,η,ζ)가

$$x = x(\xi,\eta,\zeta), \quad y = y(\xi,\eta,\zeta), \quad z = z(\xi,\eta,\zeta) \tag{4.34}$$

의 변환관계에 있고, 식 (4.34)의 변환함수가 일대일 대응관계에 있을 때, 체적적분의 적분

변수 및 적분구간 변환 공식은 다음과 같다.

$$\iiint_V \phi(x,y,z)\,dx\,dy\,dz \tag{4.35}$$
$$= \iiint_{V'} \phi(x(\xi,\eta,\zeta),y(\xi,\eta,\zeta),z(\xi,\eta,\zeta))\,J\,d\xi\,d\eta\,d\zeta$$

여기서 자코비안 J는 다음과 같이 정의된다.

$$J \equiv \frac{\partial(x,y,z)}{\partial(\xi,\eta,\zeta)} = \begin{vmatrix} \frac{\partial x}{\partial \xi} & \frac{\partial x}{\partial \eta} & \frac{\partial x}{\partial \zeta} \\ \frac{\partial y}{\partial \xi} & \frac{\partial y}{\partial \eta} & \frac{\partial y}{\partial \zeta} \\ \frac{\partial z}{\partial \xi} & \frac{\partial z}{\partial \eta} & \frac{\partial z}{\partial \zeta} \end{vmatrix} \tag{4.36}$$

적분구간이 사면체일 경우, 변환된 사면체 V'이 그림 4.5에서 보는 바와 같이 (1, 0, 0), (0, 1, 0), (0, 0, 1), (0, 0, 0)을 잇는 사면체일 때, 표준형(standard form)이라고 한다. 임의의 사면체는 다음의 변환함수에 의하여 표준형으로 적분구간이 변환된다.

$$x = \sum_{i=1}^{4} N_i(\xi,\eta,\zeta)\,x_i\,,\ \ y = \sum_{i=1}^{4} N_i(\xi,\eta,\zeta)\,y_i\,,\ \ z = \sum_{i=1}^{4} N_i(\xi,\eta,\zeta)\,z_i \tag{4.37}$$

여기서

$$\begin{aligned} N_1 &= N_1(\xi,\eta,\zeta) = \xi \\ N_2 &= N_2(\xi,\eta,\zeta) = \eta \\ N_3 &= N_3(\xi,\eta,\zeta) = \zeta \\ N_4 &= N_4(\xi,\eta,\zeta) = 1-\xi-\eta-\zeta \end{aligned} \tag{4.38}$$

이며 (x_i, y_i, z_i)는 절점 i의 좌표이다. 그림 4.5에서 보는 바와 같이 두 좌표계에서 절점번호 매김은 일관성이 유지되도록 해야 한다.

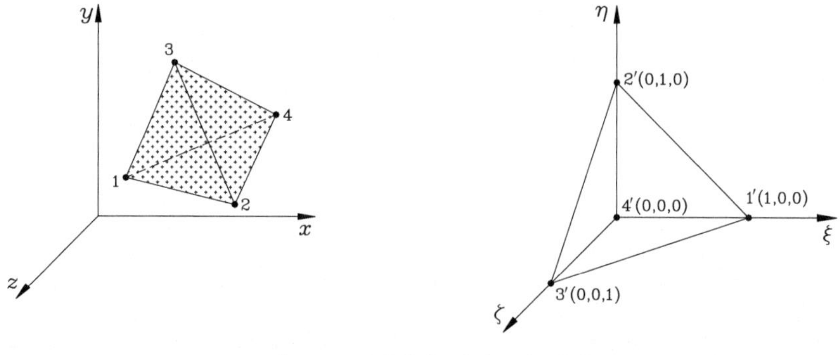

그림 4.5 사면체의 적분구간 변환

그림 4.5에서 보는 바와 같이 사면체의 적분구간이 표준형으로 변환될 때, 식 (4.35)는 다음과 같이 표현된다.

$$\int_V \phi(x,y,z)dV \tag{4.39}$$

$$= \int_0^1 \int_0^{1-\zeta} \int_0^{1-\eta-\zeta} \phi(x(\xi,\eta,\zeta), y(\xi,\eta,\zeta), z(\xi,\eta,\zeta))\, J d\xi d\eta d\zeta$$

적분구간이 육면체일 경우, 변환된 육면체 V'이 그림 4.6에서 보는 바와 같이 (1, −1, −1), (1, 1, −1), (1, 1, 1), (1, −1, 1), (−1, −1, −1), (−1, 1, −1), (−1, 1, 1), (−1, −1, 1)을 잇는 정육면체일 때 표준형(standard form)이라고 한다. 적분영역이 여덟 개의 모서리점의 연결로 구성된 육면체일 경우, 다음의 변환함수에 의하여 표준형으로 적분구간을 변환시킬 수 있다.

$$x = \sum_{i=1}^{8} N_i(\xi,\eta,\zeta)\, x_i\,,\ \ y = \sum_{i=1}^{8} N_i(\xi,\eta,\zeta)\, y_i\,,\ \ z = \sum_{i=1}^{8} N_i(\xi,\eta,\zeta)\, z_i \tag{4.40}$$

여기서

$$N_i(\xi,\eta,\zeta) = \frac{(1+\xi_i\,\xi)\,(1+\eta_i\,\eta)\,(1+\zeta_i\,\zeta)}{8} \tag{4.41}$$

이며,

$$\xi_1 = \xi_2 = \xi_3 = \xi_4 = \eta_2 = \eta_3 = \eta_6 = \eta_7 = \zeta_3 = \zeta_4 = \zeta_7 = \zeta_8 = 1 \tag{4.42}$$

$$\xi_5 = \xi_6 = \xi_7 = \xi_8 = \eta_1 = \eta_4 = \eta_5 = \eta_8 = \zeta_1 = \zeta_2 = \zeta_5 = \zeta_6 = -1$$

이다. (x_i, y_i, z_i)는 절점 i에서의 좌표이다. 그림 4.6에서 보는 바와 같이 두 좌표계에서 절점번호 매김은 일관성이 유지되도록 해야 한다.

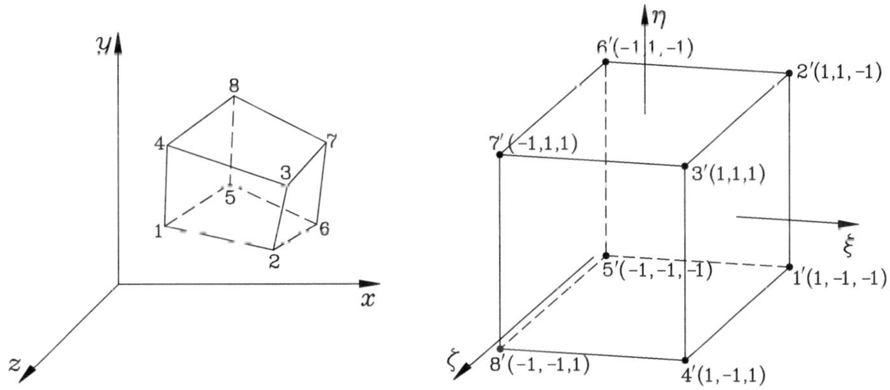

그림 4.6 육면체의 적분구간 변환

육면체의 적분구간이 표준형으로 변환될 때, 식 (4.35)는 다음과 같이 표현된다.

$$\int_V \phi(x,y,z)\,dV = \int_{-1}^{1}\int_{-1}^{1}\int_{-1}^{1} \phi(x(\xi,\eta,\zeta),y(\xi,\eta,\zeta),z(\xi,\eta,\zeta))\,J\,d\xi\,d\eta\,d\zeta \tag{4.43}$$

4.2.5 Green 이론과 발산이론

Green 이론(Green's theorem)에 의하여 피적분함수가 일정한 형태이면, 면적적분은 면적의 경계를 폐곡선으로 하는 폐곡선적분으로 변환된다. 즉,

$$\int_A \left(\frac{\partial F_y}{\partial x} - \frac{\partial F_x}{\partial y}\right) dx\,dy = \oint_C (F_x\,dx + F_y\,dy) \tag{4.44}$$

이다. 이 책에서는 이 식의 유도과정에 관한 상세 설명을 생략한다. 호기심 많은 독자들은 관련 문헌[1.3]을 참고하기 바라며, 유도된 배경을 개념적으로 이해하고자 할 경우 식 (4.15)를 참고하라.

이 공식은 공학적으로 활용도가 매우 높다. 간단한 적용 사례를 살펴보자. Green 이론으로부터 면적 A와 y-축을 대칭축으로 하는 축대칭 형상의 체적 V는 각각 다음 식에 의하여 구해진다.

$$A = \int_A dx\,dy = \oint_C x\,dy = -\oint_C y\,dx \tag{4.45}$$

$$V = 2\pi \int_A x\,dx\,dy = \pi \oint_C x^2\,dy \tag{4.46}$$

▼ 예제 4.10

그림의 단면적을 구하라. 그리고 단면적을 y-축을 중심으로 한바퀴 회전시켰을 때 생성되는 체적을 구하라.

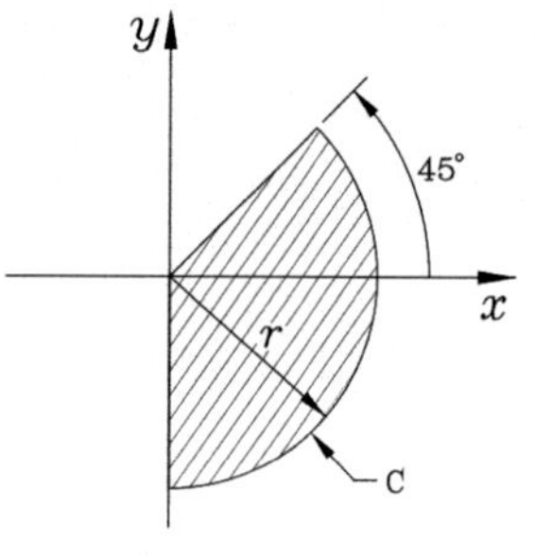

➡ 원호의 궤적은 $x^2 + y^2 = r^2$, 직선은 $y = x$로 표현된다. 따라서 식 (4.45)와 식 (4.46)으로부터

$$A = \oint_C x\,dy \tag{a}$$

$$= \int_{-r}^{r/\sqrt{2}} \sqrt{r^2 - y^2}\,dy + \int_{r/\sqrt{2}}^{0} y\,dy + \pi\int_0^{-r} 0\,dy$$

$$= \int_{-\frac{\pi}{2}}^{\frac{\pi}{4}} r^2\cos^2\theta\,d\theta + \int_{r/\sqrt{2}}^{0} y\,dy$$

$$= \frac{3\pi}{8} r^2$$

$$V = \pi \oint_C x^2 dy \tag{b}$$

$$= \pi \int_{-r}^{r/\sqrt{2}} (r^2 - y^2)\, dy + \pi \int_{r/\sqrt{2}}^{0} y^2 dy + \pi \int_{0}^{-r} 0\ dy$$

$$= \frac{2+\sqrt{2}}{3} \pi r^3$$

이다.

발산이론(divergence theorem) 또는 Gauss 이론(Gauss's theorem)은 다음과 같이 수식화된다.

$$\int_V \nabla \cdot \mathrm{F}\, dV = \int_V \mathrm{div}(\mathrm{F})\, dV = \int_S \mathrm{F} \cdot \mathrm{n}\; dS \tag{4.47}$$

또는

$$\int_V \left(\frac{\partial F_x}{\partial x} + \frac{\partial F_y}{\partial y} + \frac{\partial F_z}{\partial z} \right) dV = \int_S (F_x n_x + F_y n_y + F_z n_z)\, dS \tag{4.48}$$

여기서 n은 그림 4.7에서 보는 바와 같이 경계 S상의 외향단위법선벡터이다. 이 식 역시 Green 이론과 마찬가지 방법으로 그 배경을 감각적으로 이해해 두기 바란다. 이 공식은 고등역학을 공부하는 데 필수적이므로 다음의 예제를 통하여 활용법을 숙지하기 바란다.

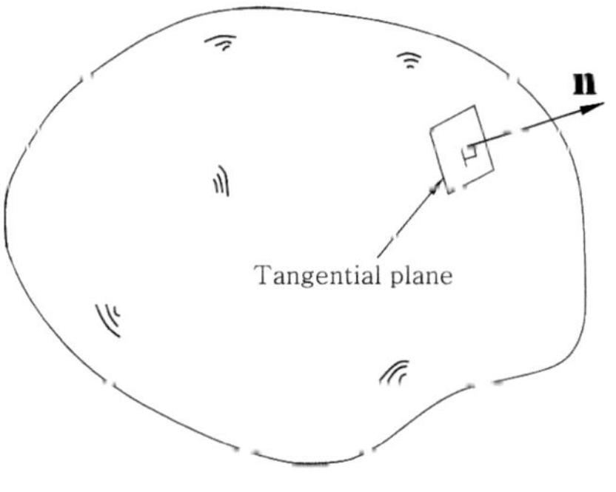

그림 4.7 외향단위법선벡터

▼ 예제 4.11

3차원 물체의 체적을 표면적분으로 계산하는 식을 유도하라.

$$F_x = 0,\ F_y = 0,\ F_z = z \tag{a}$$

일 때, $\mathrm{div}(\mathbf{F}) = 1$이다. 따라서

$$V = \int_V dV = \int_V \mathrm{div}(\mathbf{F})\, dV = \int_S F_z n_z\, dS = \int_S z\, n_z\, dS \tag{b}$$

이다. 물론 $V = \int_S z\, n_z\, dS = \int_S x\, n_x\, dS = \int_S y\, n_y\, dS$이 성립한다.

▼ 예제 4.12

다음의 부피적분을 계산하라. 부피 V는 그림에서 정의한 바와 같이 정육면체이다.

$$P = \int_V \frac{\partial}{\partial x}(e^{x^2})yz\,dV$$

정육면체의 여섯 개의 면 중에서 n_x가 0이 아닌 면은 다음과 같다.

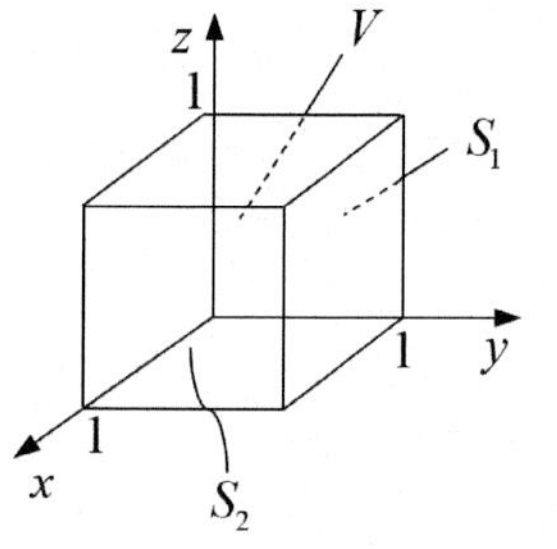

$$(S_1) : x = 0, n_x = -1,\ -1 \le y, z \le 1$$
$$(S_2) : x = 0, n_x = 1,\ -1 \le y, z \le 1$$

따라서 다음과 같이 계산된다.

$$\begin{aligned} P &= \int_S (e^{x^2})yz\,n_x dS \\ &= \int_{S_1} (e^{x^2})yz\,n_x dS + \int_{S_2} (e^{x^2})yz\,n_x dS \\ &= -\int_0^1\int_0^1 yz\,dydz + e\int_0^1\int_0^1 yzdydz \quad \text{(a)} \\ &= \frac{(e-1)}{4} \end{aligned}$$

▼ 예제 4.13

다음의 적분에 발산이론을 적용해 보라. 이 예제는 역학이론 전개에 자주 나오므로 숙지해 두기 바란다.

$$\text{(a)}\ \int_V \sum_{i=1}^{3} \frac{\partial^2 \phi}{\partial x_i^2}\, dV \tag{a}$$

$$\text{(b)}\ \sum_{i=1}^{3}\sum_{j=1}^{3} \int_V \sigma_{ij} \frac{\partial \eta_i}{\partial x_j}\, dV \tag{b}$$

a) $$\int_V \sum_{i=1}^{3} \frac{\partial^2 \phi}{\partial x_i^2}\, dV = \int_S \sum_{i=1}^{3} \frac{\partial \phi}{\partial x_i} n_i\, dS = \sum_{i=1}^{3} \int_S \frac{\partial \phi}{\partial x_i} n_i\, dS \qquad \text{(c)}$$

b) $$\sum_{i=1}^{3}\sum_{j=1}^{3} \int_V \sigma_{ij} \frac{\partial \eta_i}{\partial x_j}\, dV = \sum_{i=1}^{3}\sum_{j=1}^{3} \int_V \left(\frac{\partial (\sigma_{ij}\eta_i)}{\partial x_j} - \frac{\partial \sigma_{ij}}{\partial x_j} \eta_i \right) dV \qquad \text{(d)}$$

$$- \sum_{i=1}^{3}\sum_{j=1}^{3} \int_S \sigma_{ij} \eta_i n_j\, dS - \sum_{i=1}^{3}\sum_{j=1}^{3} \int_V \frac{\partial \sigma_{ij}}{\partial x_j} \eta_i\, dV$$

4.3 대표적인 함수장

4.3.1 $L^2(\Omega)$ 함수장

어떤 함수의 제곱에 대한 LI가 유계일 때, 그 함수는 Lebesgue 제곱적분 가능하다 (Lebesgue square integrable)라고 한다. Lebesgue 제곱적분 가능 함수의 집합 $L^2(\Omega)$를 다음과 같이 정의하자.

⑪ $$L^2(\Omega) \equiv \left\{ u(x),\, x \in \Omega \,\middle|\, \int_\Omega u^2(x)\, dx < \infty \right\} \qquad (4.49)$$

집합 $L^2(\Omega)$에 속하는 두 함수 $u(x)$, $v(x)$의 덧셈 및 함수와 스칼라(실수) α의 곱을 각각 다음과 같이 정의한다.

① $(u+v)(x) = u(x) + v(x)$ (4.50)

② $(\alpha u)(x) = \alpha\, u(x)$ (4.51)

①과 ②의 정의에 의하여 Lebesgue 제곱적분 가능 함수 $u(x)$, $v(x)$, $w(x)$와 임의의 상수 α, β에 대하여 다음의 관계가 성립하거나 정의가 가능하므로

③ $u(x) + v(x) = v(x) + u(x)$ (4.52)

④ $(u(x) + v(x)) + w(x) = u(x) + (v(x) + w(x))$ (4.53)

⑤ $0 + u(x) = u(x)$ (4.54)

⑥ $u(x) + (-u(x)) = 0$ (4.55)

⑦ $\alpha\,(u(x) + v(x)) = \alpha u(x) + \alpha v(x)$ (4.56)

⑧ $(\alpha + \beta)\, u(x) = \alpha u(x) + \beta u(x)$ (4.57)

⑨ $\alpha\,(\beta\, u(x)) = (\alpha\beta) u(x)$ (4.58)

⑩ $1 u(x) = u(x)$ (4.59)

Lebesgue 제곱적분 가능 함수의 집합인 $L^2(\Omega)$는 벡터장의 기본요건(1.4절 참고)을 모두 갖추고 있으며, 그 요소가 함수이므로 함수장(function space)의 일종이다. R^k 벡터장이

k개의 기저벡터의 전장인 반면, 함수장은 무한대개의 기저함수(basis function)를 가진 벡터장이다. 즉, R^k 벡터장에서의 자유도는 k인 반면, 함수장에서 자유도는 무한대이다. 이런 차이점을 제외하면, 벡터장과 함수장 사이의 수학적 차이는 없다.

함수장 $L^2(\Omega)$에서 내적은 다음과 같이 정의된다.

$$⑫ \quad < u,v > = (u,v)_{L^2(\Omega)} = \int_\Omega u(x)\,v(x)\,dx \tag{4.60}$$

이 내적은 내적이 정의되기 위한 필수전제조건인 식 (1.19)~(1.23)의 관계를 만족한다. 이 사실은 Lebesgue 적분이론으로부터 증명될 수 있으나, 이 책의 전개 과정에서 필수적인 것이 아니므로 생략한다. 따라서 함수장 $L^2(\Omega)$에서 놈(norm)은 다음과 같이 정의될 수 있다.

$$⑱ \quad ||u||_{L^2(\Omega)} = \sqrt{(u,u)_{L^2(\Omega)}} = \left[\int_\Omega u^2(x)\,dx\right]^{\frac{1}{2}} \tag{4.61}$$

식 (4.61)의 $||u||_{L^2(\Omega)}$는 내적으로부터 정의되므로 자연 놈(natural norm)이다. 자연 놈은 놈이 갖추어야 할 기본 성질인 식 (1.27)~(1.29)를 자동적으로 만족한다. 그리고 Lebesgue 적분의 성질을 이용하여 함수장 $L^2(\Omega)$가 완전하다(complete)는 점이 수학적으로 증명되어 있다. 즉, $L^2(\Omega)$ 함수장의 요소로 구성된 모든 선형조합은 $L^2(\Omega)$ 함수장의 요소가 된다. 따라서 함수장 $L^2(\Omega)$는 Hilbert 장(Hilbert space)에 속한다.

▼ 예제 4.14

정의구역 $[-1,1]$에서 델타함수 $\delta(x)$는 함수장 $L^2(\Omega)$에 속하는가?

➡ 함수 $\delta(x)$의 제곱적분 가능 여부를 조사해 보자.

$$\int_{-1}^{1} \delta^2(x)\,dx = \lim_{\epsilon \to 0} \varepsilon\left(\frac{1}{\varepsilon}\right)^2 = \infty \tag{a}$$

이므로 $\delta(x)$는 제곱적분 불가능하다. 즉,

$$\delta(x) \not\in L^2(\Omega) \tag{b}$$

이다.

4.3.2 Sobolev 함수장

m차 Sobolev 함수장 $H^m(\Omega)$는 다음과 같이 정의된다.

$$⑪ \quad H^m(\Omega) = \left\{ u \mid u \in L^2(\Omega);\ \frac{\partial^k u}{\partial x^k} \in L^2(\Omega),\ 1 \le k \le m \right\} \tag{4.62}$$

즉, $H^m(\Omega)$는 m차 이하의 도함수가 제곱적분 가능한 함수들의 집합을 일컫는다. $L^2(\Omega)$ 함수장에서와 동일한 방법으로 $H^m(\Omega)$ 함수장 내의 함수의 덧셈 및 함수와 스칼라의 곱이 정의된다. 이 정의 하에서 식 (4.52)~(4.59)의 ③~⑩의 관계가 성립하므로 $H^m(\Omega)$는 함수장이다. $H^m(\Omega)$ 함수장에서 내적은 다음과 같이 정의된다.

$$⑫ \quad (u,v)_{H^m(\Omega)} = \sum_{0 \le k \le m} \int_\Omega \frac{\partial^k u}{\partial x^k} \frac{\partial^k v}{\partial x^k} \, d\Omega \tag{4.63}$$

위 식은 식 (1.19)~(1.23)의 내적의 기본 요건을 만족한다. 따라서 다음의 자연 놈이 존재한다.

$$⑱ \quad \| u \|_{H^m(\Omega)} = \left\{ \sum_{0 \le k \le m} \int_\Omega \left(\frac{\partial^k u}{\partial x^k} \right)^2 d\Omega \right\}^{\frac{1}{2}} \tag{4.64}$$

그리고 $H^m(\Omega)$는 완전하므로 Hilbert 장에 속한다.

유한요소법에서 미분방정식이 $2p$차이면, $H^p(\Omega)$ 함수장에서 해를 구해야 한다. 즉, 경계치문제가 압축불가능형 수식(irreducible formulation)으로 수식화되었을 경우, 2차미분방정식으로 수식화되는 탄성역학 및 소성역학 문제와 열전달 문제는 $H^1(\Omega)$ 함수장에서 해를 찾는 문제이며, 4차미분방정식으로 수식화되는 공학해석 문제를 풀기 위해서는 $H^2(\Omega)$ 함수장을 사용해야 한다.

▼ 예제 4.15

다음 함수의 정의구역이 $[-1, 1] \in \Omega$일 때, $||f(x)||_{H^1(\Omega)}$를 구하라.

$$f(x) = |x| \tag{a}$$

➡ $x = 0$에서 $f'(x)$는 존재하지 않지만 좌극한값과 우극한값이 각각 -1과 1이므로 유계이며, 적분구간 $[-1,1]$에서 점 $x = 0$은 측도 0이므로 다음이 적분이 가능하다.

$$||f(x)||_{H^1(\Omega)} = \left\{ \int_{-1}^{1} \left(f^2(x) + f'^2(x) \right) dx \right\}^{\frac{1}{2}} \tag{b}$$

따라서 $||f(x)||_{H^1(\Omega)}$는 다음과 같이 구해진다.

$$||f(x)||_{H^1(\Omega)} = \left\{ 2\int_0^1 x^2 \, dx + 2\int_0^1 1 \, dx \right\}^{\frac{1}{2}} \tag{c}$$

$$= \sqrt{\frac{8}{3}}$$

4.3.3 $C^k(\Omega)$ 함수장

실제 공학이론 전개에서 $C^k(\Omega)$ 함수장이 가장 널리 사용되고 있다. $C^k(\Omega)$는 정의구역 Ω에서 k-번까지 미분하여 연속인 함수의 집합이다. 가령 $C^0(\Omega)$는 연속인 함수들의 집합을 일컫는다. 따라서 $|x| \in C^0$이고, $\sin x \in C^\infty$이다. $C^k(\Omega)$에 속하는 함수들은 식 (4.52)~(4.59)를 만족하므로 $C^k(\Omega)$는 벡터장, 즉 함수장의 일종이다. $C^k(\Omega)$ 함수장에서 내적은

$$< u,v > = (u,v)_{C^k(\Omega)} = \int_\Omega u(x)\,v(x)\,dx \tag{4.65}$$

로 정의될 수 있지만, $C^k(\Omega)$는 완전하지 않다. 그러므로 $C^k(\Omega)$는 Hilbert 장에 속하지 않는다. 실제 수학적으로 $C^k(\Omega)$는 $H^{k+1}(\Omega)$와 다르지만, 공학적으로는 동일하게 취급해도 대부분 문제가 되지 않는다. 그러므로 $H^k(\Omega)$에 익숙하지 않으면 $H^k(\Omega)$를 $C^{k-1}(\Omega)$로 간주해도 공학적으로 무방하다.

▼ 예제 4.16

다음은 C^0 함수의 Cauchy 수열의 한 예이다.

$$u_n(x) = \begin{cases} 0 & \text{for} \quad 0 \le x \le \frac{1}{2} - \frac{1}{2n} \\ n(x - \frac{1}{2}) + \frac{1}{2} & \text{for} \quad \frac{1}{2} - \frac{1}{2n} \le x \le \frac{1}{2} + \frac{1}{2n} \\ 1 & \text{for} \quad \frac{1}{2} + \frac{1}{2n} \le x \le 1 \end{cases} \tag{a}$$

이 수열의 극한은 C^0 함수가 아님을 보여라. 즉, 함수장 C^0가 완전하지 않음을 보여라.

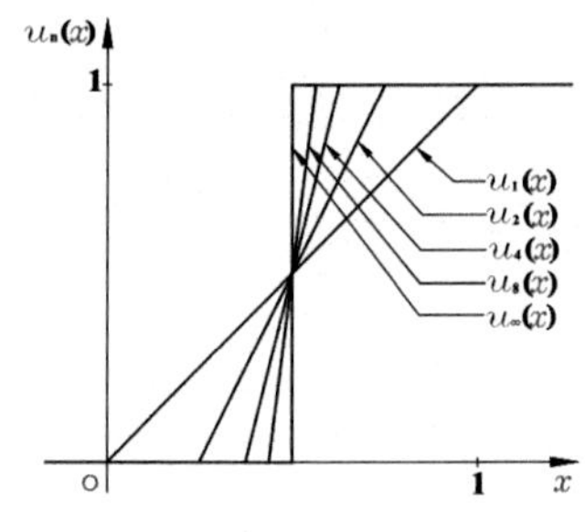

➡ n이 유한한 값이면, 그림에서 보는 바와 같이 $u_n(x)$는 연속함수이다. 즉, $u_n(x) \in C^0$이다. 그런데

$$\lim_{n \to \infty} u_n(x) = < x - \frac{1}{2} >^0 \tag{b}$$

이다. 즉, $n \to \infty$일 때 $u_n(x)$는 스텝함수에 수렴하며, 스텝함수는 불연속함수이다. 한편, 충분히 큰 값의 m, n(단, $n > m$)에 대하여

$$\| u_m(x) - u_n(x) \| = \int_0^1 (u_m - u_n)^2 dx \tag{c}$$

$$< 2 \times \frac{1}{2} \times \frac{1}{2m} \times \frac{1}{4} \times (1 - \frac{m}{n})^2 < \frac{1}{8m}$$

가 성립하므로

$$\lim_{n,m\to\infty} \| u_m(x) - u_n(x) \| = 0 \tag{d}$$

이다. 따라서 $\{u_n(x)\}$는 Cauchy 수열이며, 이 수열은 함수장 C^0에 수렴하지 않는다. 그러므로 함수장 C^0는 완전하지 않다.

▼ 예제 4.17

스텝함수 $< x-1 >^0$는 $0 \le x \le 2$에서 어떤 함수장에 속하는가?

a) $\lim_{x\to 1-} < x-1 >^0 = 0$이고 $\lim_{x\to 1+} < x-1 >^0 = 1$이므로 연속함수가 아니다. 따라서 $< x-1 >^0$는 C^0 함수장에 속하지 않는다.

b) $\int_0^2 (< x-1 >^0)^2 dx = 1$이므로 제곱적분 가능하다. 따라서 $< x-1 >^0$는 L^2 함수장의 요소이다.

c) $(< x-1 >^0)' = \delta(x-1)$인데, 델타함수는 제곱적분 가능하지 않다. 따라서 $< x-1 >^0$는 H^0 함수장의 요소이다.

변분 및 범함수의 극화

제 5 장

5.1 변분 및 범함수의 극화

고체역학에서는 다음과 같은 함수가 자주 등장한다.

$$U(v(x)) = \frac{1}{2}\int_0^L EI(x)\, v''^2(x)\, dx \tag{5.1}$$

위의 함수는, 보의 처짐함수가 $v = v(x)$ 일 때, 보의 내부에 축적된 변형에너지라는 물리적 의미를 갖는다. $L = 1$, $EI(x) = 1$ 인 경우를 고려해 보자.

$$v(x) = v_1(x) = x^2 \text{ 일 때, } U(v_1(x)) = 2$$

가 되고,

$$v(x) = v_2(x) = -\frac{1}{2}x^2 + \frac{1}{6}x^3 \text{ 일 때, } U(v_2(x)) = \frac{1}{3}$$

이 된다. 따라서 $U(v(x))$는 함수 $v = v(x)$ 의 함수이다. 이런 종류의 변환 또는 사상의 역할을 수행하는 것을 범함수(functional)라고 한다. 범함수는 함수를 입력으로 하여 실수의 스칼라량을 출력하는 함수의 함수(function of function)이다. 역학문제에서 연속체의 변형에너지 및 운동에너지는 범함수의 전형적인 예이다.

▼ 예제 5.1

그림에서 보이는 보의 처짐이 시간의 함수일 때, 즉 $v = v(x,t)$ 일 때, 굽힘변형에너지와 운동에너지를 변위의 함수로 표현하라. 단, 공학 보이론으로부터

$$\sigma_x = -\frac{M_b\, y}{I}, \quad \varepsilon_x = \sigma_x / E \tag{a}$$

$$EI\frac{\partial^2 v}{\partial x^2} = M_b \tag{b}$$

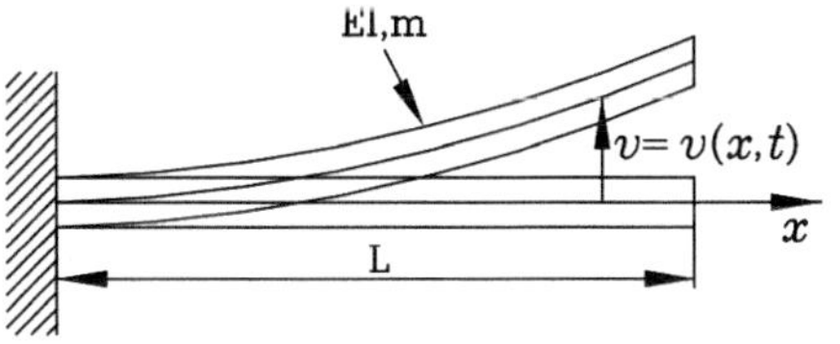

가 성립하고, 단위길이당 질량은 $m(x)$이다.

$$U = \frac{1}{2}\int_V \sigma_x \varepsilon_x dV = \frac{1}{2}\int_L \frac{M_b^2}{EI^2}\int_A y^2 dA\, dx = \frac{1}{2}\int_L \frac{M_b^2}{EI} dx \tag{c}$$

$$= \frac{1}{2}\int_L EI\left(\frac{\partial^2 v}{\partial x^2}\right)^2 dx$$

$$K = \frac{1}{2}\int_L m \frac{\partial v}{\partial t}^2 dx \tag{d}$$

제 3 부에서 다루는 탄성역학의 최소전체퍼텐셜이론(minimum total potential theorem)과 동역학의 Hamilton의 원리가 대표적인 변분법(variational approach)의 적용 사례이다. 변형에너지밀도함수(strain energy density function)가 존재하는 탄성역학 및 소성역학 문제는 가상일의 원리 또는 가상일률의 원리로부터 필수경계조건을 만족시키면서 범함수를 극화시키는 문제로, 즉 변분원리 수식화된다. 물론 뉴턴의 운동법칙에 바탕을 둔 뉴턴역학에서 이러한 역학문제는 미분방정식과 경계조건, 즉 경계치 문제를 수식화된다.

▼ 예제 5.2

다음의 범함수의 최소화 문제 (a)와 정지점을 찾는 문제 (b)는 각각 그림 (a)와 그림 (b)의 계에 대한 정적 거동과 동적 거동을 해석역학적으로 표현하고 있다. 이 문제들은 이 책에서 예제로 자주 사용되므로 숙지하기 바란다. 그리고 뉴턴역학에서 얻은 이 문제에 대한 지배방정식을 서술하라.

문제 (a)

$$Minimize \quad \Pi = \frac{1}{2}\int_0^L EI\left(\frac{d^2 v}{dx^2}\right)^2 dx + Pv(L) \tag{a}$$

$$subject\ to \quad v(0) = v'(0) = 0$$

문제 (b)

Find $v = v(x,t)$ *such that makes the following functional stationary* (b)

$$I = \int_{t_0}^{t_1}\left[\frac{1}{2}\int_0^L \left\{EI(x)\left(\frac{\partial^2 v}{\partial x^2}\right)^2 - m(x)\left(\frac{\partial v}{\partial t}\right)^2\right\}dx\right]dt$$

$$subject\ to\ v(0,t) = 0,\ \frac{\partial v(0,t)}{\partial x} = 0$$

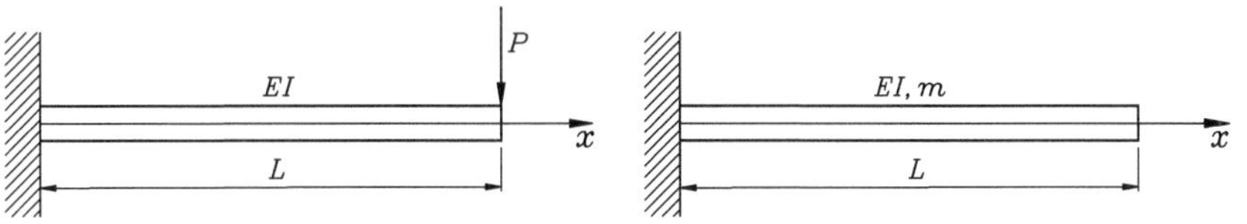

(a) 탄성역학 문제 (b) 진동 문제

■ 위의 변분이론은 제 3 부 7장에서 상세하게 취급될 것이다. 문제 (a)와 문제 (b)에 대하여 뉴턴역학에서 구한 지배방정식은 각각 다음과 같다.

$$EIv^{(4)}(x) = 0,\ v(0) = 0,\ v'(0) = 0,\ EIv''(L) = 0,\ -EIv'''(L) = -P \tag{c}$$

$$\frac{\partial^2}{\partial x^2}\left[EI(x)\,\frac{\partial^2 v(x,t)}{\partial x^2}\right] + m(x)\,\frac{\partial^2 v(x,t)}{\partial t^2} = 0,\ v(0,t) = 0,\ \frac{\partial v(0,t)}{\partial x} = 0 \tag{d}$$

3.7절에서 함수의 정지점을 찾는 문제와 그 함수를 미분하여 얻은 대수방정식을 푸는 문제가 동일함을 공부하였다. 마찬가지로 범함수가 정지값(stationary value)을 갖도록 하는 함수를 찾는 문제는 그에 대응하는 미분방정식을 푸는 문제와 동일하다. 미분방정식을 푼다는 것의 올바른 표현은 경계치 문제를 푼다는 것이다. 그러나 일반적으로 전자에 더 친숙하기 때문에 사용하였으므로 이점을 유의하기 바란다. 함수에서 미분(differentiation)에 해당하는 것이 범함수에서는 변분(variation)이다. 범함수와 미분방정식의 관계를 다루는 학문을 변분학(calculus of variation)이라고 한다. 이 절에서는 변분이론의 기초에 관하여 공부한다.

범함수에서 독립적인 함수의 수가 n개이고 함수의 정의영역의 독립변수 수가 m개일 때, m변수 n함수 범함수라고 하자.

5.2 1변수1함수 범함수의 극화

설명을 구체화하기 위하여 범함수에 포함된 함수가 하나이고 그 함수가 하나의 독립변수로 정의될 때, 그 범함수를 1변수1함수 범함수라고 하자. 다음 문제는 1변수1함수 범함수의 극화문제의 진형적인 예이다.

$$Minimize\quad F(\phi) = \int_0^1 \left[\phi'^2(x) - 2x^2\phi(x)\right] dx \tag{5.2}$$

$$subject\ to\quad \phi(0) = \phi(1) = 0 \tag{5.3}$$

함수 $\phi^*(x)$가 필수경계조건

$$\phi^*(0) = \phi^*(1) = 0 \tag{5.4}$$

을 만족하면서 범함수 $F(\phi)$를 최소화시킨다고 가정하자. 그러면 다음의 부등식이 필수경계조건을 만족하는 모든 함수 $\tilde{\phi}$(종종 허용함수(admissible function) 또는 시도함수(trial function)라고 부름)에 대해서 성립해야 한다.

$$F(\tilde{\phi}) \ \geq \ F(\phi^*) \tag{5.5}$$

여기서 $\tilde{\phi}(x)$를 다음 식으로 표현하여도 일반성을 잃지 않는다.

$$\tilde{\phi}(x) = \phi^*(x) + \varepsilon\,\eta(x) \tag{5.6}$$

단, ε은 임의의 상수이고, $\eta(x)$는

$$\tilde{\phi}(0) = \phi^*(0) + \varepsilon\eta(0) = 0,\ \tilde{\phi}(1) = \phi^*(1) + \varepsilon\eta(1) = 0 \tag{5.7}$$

의 조건을 만족해야 하므로

$$\eta(0) = \eta(1) = 0 \tag{5.8}$$

의 제약조건을 가진 임의의 함수이다.

▼ 예제 5.3

$\eta(0) = \eta(1) = 0$의 조건을 만족하는 임의의 함수를 예시하라.

➡ $x(1-x)$, $x^2(1-x)$, $x(1-x)^2$, $x\sin(1-x)$, $(x-1)\log(x+1)$, $x^2(1-x)^2$, $(x-1)\log(x+1)$, $e^x x(1-x)$, $\cdots$

식 (5.2)와 식 (5.7)을 식 (5.5)에 대입하여 정리하면 다음과 같다.

$$\varepsilon \int_0^1 (2\phi^{*\prime}\eta' - 2x^2\eta)\,dx + \varepsilon^2 \int_0^1 \eta'^2\,dx \ \geq \ 0 \tag{5.9}$$

이 부등식은 모든 ε에 대하여 성립해야 한다. 두번째 항은 항상 양수이다. 반면 첫번째 항은 ε의 부호에 따라 그 부호가 바뀐다. ε이 임의의 상수이므로 절대값이 매우 작은 ε에 대해서도 식 (5.9)는 성립해야 한다. ε이 작아지면, 함수 $\eta(x)$에 관계없이 식 (5.9)에서 첫번째 항이 지배적이다. 따라서 식 (5.9)가 모든 ε에 대하여 항상 성립하려면, 다음의 조건이 무조건 성립해야 한다.

$$\int_0^1 (\phi^{*\prime}\eta' - x^2\eta)\,dx = 0 \tag{5.10}$$

이 식의 첫째 항을 부분적분하면

$$-\int_0^1 (\phi^{*''}(x) + x^2)\,\eta(x)\,dx + \phi^{*'}(1)\eta(1) - \phi^{*'}(0)\eta(0) = 0 \tag{5.11}$$

이다. 위 식에서 $\eta(x)$는 $\eta(0) = \eta(1) = 0$을 만족하는 임의의 함수이므로

$$-\frac{d^2\phi^*}{dx^2} = x^2 \tag{5.12}$$

이다. 이 식을 Euler-Lagrange 방정식이라고 한다. 이 조건으로 식 (5.5) 또는 식 (5.9)가 임의의 함수 $\eta(x)$에 대하여 항상 만족되므로 범함수 $F(\phi)$는 최소값 $F(\phi^*)$를 갖는다.

한편, 위의 내용을 약간 다른 각도에서 설명해 보자. $\tilde{\phi}(x) = \phi^*(x) + \varepsilon\,\eta(x)$에서 정해인 $\phi^* = (x - x^4)/12$는 고정된 것이며, $\eta(x)$도 고정된 함수로 생각하자. 즉, 예제 5.3에서 열거한 함수 중의 하나라고 간주하라. 그러면 범함수 $F(\tilde{\phi})$가 독립변수 x에 대한 정적분이기 때문에 ε만의 함수가 되므로 다음과 같이 둘 수 있다.

$$G(\varepsilon) \equiv F(\phi^*(x) + \varepsilon\,\eta(x)) \tag{5.13}$$

함수 $G = G(\varepsilon)$이 최소가 될 필요조건 $\frac{dG}{d\varepsilon} = 0$으로부터

$$\frac{dG}{d\varepsilon} = \int_0^1 \left[(\phi^{*'} + \varepsilon\eta')\,\eta' - x^2\,\eta\right] dx = 0 \tag{5.14}$$

이다. 그러므로 다음의 조건

$$\frac{dG}{d\varepsilon}\Big|_{\varepsilon=0} = \frac{dF(\phi^* + \varepsilon\eta)}{d\varepsilon}\Big|_{\varepsilon=0} = 0 \tag{5.15}$$

은 식 (5.10)과 동일한 결과를 낳는다는 것을 알 수 있다. 즉, 다음과 같다.

$$\int_0^1 (\phi^{*'}(x)\,\eta'(x) - x^2\,\eta(x))\,dx = 0 \tag{5.16}$$

이제 변분을 정의하자. 식 (5.15)를 바탕으로 하여 $\eta(x) = \delta\phi(x)$라고 두고 δF를 다음과 같이 정의하자.

$$\delta F = \frac{dF(\phi + \varepsilon\delta\phi)}{d\epsilon}\Big|_{\varepsilon=0} \tag{5.17}$$

여기서 $\delta\phi(x)$를 $\phi(x)$의 변분(variation)이라고 하고 δF를 범함수 F의 1차변분(first variation)이라고 부른다. 따라서

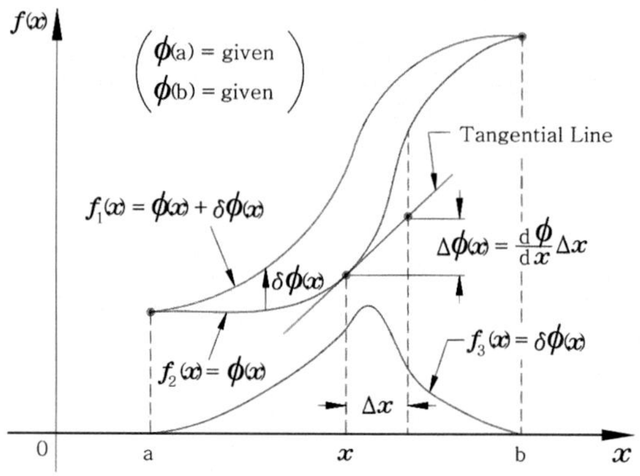

그림 5.1 $\delta\phi$ 와 $\Delta\phi$ 의 차이

$$\delta F = 0 \tag{5.18}$$

은 범함수 F가 극값을 가질 필요조건이며, 정지점이 될 필요충분조건이다.

한편, 마치 우리가 함수를 미분할 때 정의로부터 시작하지 않고 공식을 사용하듯이, 범함수의 변분을 미분과 동일한 방법으로 공식에 의하여 구할 수 있다. 범함수에 변분을 취할 때, 함수의 독립변수의 변분은 0이다. 즉, $\delta x = 0$ 이다. 그리고 $\delta(\phi') = (\delta\phi)'$ 이다. 함수 ϕ 의 변분 $\delta\phi$는 필수경계조건이 주어진 점에서 함수값이 0이 되는 임의의 함수이다. 그림 5.1에 $\delta\phi$ 와 $\Delta\phi$ 의 차이를 도시하였다. $\delta\phi$는 앞에서 설명한 $\eta(x)$ 와 동일한 의미를 갖는다. 즉,

$$\delta\phi(x) \equiv \eta(x) \ \text{ or } \ \varepsilon\eta(x) \tag{5.19}$$

이다.

범함수 F에 1차변분을 취하면

$$\delta F = \delta \int_0^1 (\phi'^2 - 2x^2\phi)\, dx = 2\int_0^1 (\phi'\delta\phi' - x^2\delta\phi)\, dx \tag{5.20}$$

가 된다. $\delta\phi$ 와 $\eta(x)$ 는 동일한 의미로 사용되었으므로 $\delta F = 0$ 은 식 (5.16)과 동일하다. 따라서 범함수의 변분론을 이용하면 이론 전개를 보다 간결하게 할 수 있다.

▼ 예제 5.4

다음의 일반적인 범함수가 극값을 가질 필요조건인 Euler-Lagrange 방정식을 구하라.

$$F(f) = \int_\alpha^\beta G(f', f, x)\ dx \tag{a}$$

➡ 범함수 $F(f)$를 1차변분한 후 부분적분을 실시하면 다음과 같다.

$$\delta F = \int_{\alpha}^{\beta} \delta G(f', f, x)\, dx \tag{b}$$

$$= \int_{\alpha}^{\beta} \left(\frac{\partial G}{\partial f'} \delta f' + \frac{\partial G}{\partial f} \delta f \right) dx$$

$$= \frac{\partial G}{\partial f'} \delta f \Big|_{\alpha}^{\beta} + \int_{\alpha}^{\beta} \left[\frac{\partial G}{\partial f} - \frac{d}{dx} \left(\frac{\partial G}{\partial f'} \right) \right] \delta f\, dx$$

범함수 $F(f)$가 극값을 가지려면 임의의 δf에 대하여 $\delta F = 0$이 성립해야 하므로

$$\frac{\partial G}{\partial f} - \frac{d}{dx} \left(\frac{\partial G}{\partial f'} \right) = 0 \tag{c}$$

$$\frac{\partial G}{\partial f'} \delta f \Big|_{\alpha}^{\beta} = 0 \tag{d}$$

이다. 식 (c)의 Euler-Lagrange 방정식은 미분방정식이며, 식 (d)는 이 미분방정식의 경계조건이다.

▼ 예제 5.5

다음의 범함수를 1차변분하여 Euler-Lagrange 방정식을 구하라.

$$F(v) = \int_0^1 \left[\left(\frac{dv(x)}{dx} \right)^2 - 2(x^2 - 1)\, v(x) \right] dx \tag{a}$$

➡ 주어진 범함수를 1차변분하여 부분적분을 실시하면 다음과 같다.

$$\delta F(v) = 2 \int_0^1 \left[\frac{dv(x)}{dx} \frac{d\delta v(x)}{dx} - (x^2 - 1)\, \delta v(x) \right] dx \tag{b}$$

$$= -2 \int_0^1 \left[\frac{d^2 v(x)}{dx^2} + (x^2 - 1) \right] \delta v(x)\, dx$$

$$+ \ 2v'(1)\, \delta v(1) - 2v'(0)\, \delta v(0)$$

식 (b)에서 δv가 임의의 함수이므로, Euler-Lagrange 방정식과 경계조건은 다음과 같다.

$$\frac{d^2 v(x)}{dx^2} + (x^2 - 1) = 0 \tag{c}$$

$$v'(1)\, \delta v(1) = 0\,, \quad v'(0)\, \delta v(0) = 0 \tag{d}$$

식 (d)의 $v'(1)\delta v(1) = 0$은 $v'(1) = 0$이거나 또는 $v(1)$이 주어졌음을 의미하며,

$v'(0)\,\delta v(0)=0$ 은 $v'(0)=0$ 이거나 $v(0)$ 이 주어졌음을 의미한다.

▼ 예제 5.6

Hamilton 원리에 의하면, 동역학적으로 구동되는 홀로노믹계(holonomic system)에서 물체는 다음의 범함수가 정지점을 갖도록 거동한다.

$$I=\int_{t_0}^{t_1} L(q_1,\,q_2,\,\ldots,\,q_n,\,\dot{q}_1,\,\dot{q}_2,\,\ldots,\,\dot{q}_n,\,t\,)\,dt \tag{a}$$

여기서 $q_i=q_i(t)$ 는 선형독립적인 일반좌표(generalized coordinates)라고 가정한다. 범함수 I가 정지값을 가질 필요조건인 Euler-Lagrange 방정식을 유도하라.

➡ 주어진 범함수에 1차변분을 취한 후 부분적분을 실시하면 다음과 같다.

$$\delta I=\int_{t_0}^{t_1} \delta L(q_1,\,q_2,\,\cdots,\,q_n,\,\dot{q}_1,\,\dot{q}_2,\,\cdots,\,\dot{q}_n,\,t\,)\;dt \tag{b}$$

$$=\int_{t_0}^{t_1}\sum_{i=1}^{n}\left(\frac{\partial L}{\partial q_i}\,\delta q_i+\frac{\partial L}{\partial \dot{q}_i}\,\delta\dot{q}_i\right)dt$$

$$=\int_{t_0}^{t_1}\sum_{i=1}^{n}\left[\frac{\partial L}{\partial q_i}-\frac{d}{dt}\left(\frac{\partial L}{\partial \dot{q}_i}\right)\right]\delta q_i\,dt+\frac{\partial L}{\partial \dot{q}_i}\,\delta q_i\Big|_{t_o}^{t_1}$$

여기서 δq_i 는 선형독립이고 임의의 값을 갖는다. 따라서 범함수 I가 정지값을 갖기 위한 조건 $\delta I=0$ 으로부터

$$\frac{\partial L}{\partial q_i}-\frac{d}{dt}\left(\frac{\partial L}{\partial \dot{q}_i}\right)=0\,,\;\; i\,=\,1,\,2,\,\ldots,\,n \tag{c}$$

이다. 이 식을 동역학에서 Lagrange 방정식이라고 한다.

▼ 예제 5.7

다음의 범함수를 최소화시키기 위한 필요조건을 구하라.

$$\Pi=\frac{1}{2}\int_0^L EI(x)\,v''^{\,2}(x)\,dx-\frac{1}{2}\int_0^L P(x)\,v'^{\,2}(x)\,dx \tag{a}$$

➡ 주어진 범함수에 1차변분을 취한 후 부분적분을 실시하여 정리하면 다음과 같다.

$$\delta\Pi = \int_0^L EIv''\,\delta v''\,dx - \int_0^L Pv'\,\delta v'\,dx \tag{b}$$

$$= -\int_0^L (EIv'')'\,\delta v'\,dx + \int_0^L (Pv')'\,\delta v\,dx + EIv''\,\delta v'|_0^L - Pv'\,\delta v|_0^L$$

$$= \int_0^L [(EIv'')'' + (Pv')']\,\delta v\,dx$$

$$+ EIv''\,\delta v'|_0^L - [(EIv'')' + Pv']\delta v|_0^L$$

함수가 최소값을 가질 필요조건 $\delta\Pi = 0$ 으로부터 다음의 지배방정식과 경계조건을 얻게 된다.

$$(EI(x)\,v'')'' + (Pv')' = 0 \tag{c}$$

$$EI(x)\,v''\,\delta v'|_0^L = 0 \tag{d}$$

$$[(EI(x)\,v'')' + Pv']\delta v|_0^L = 0 \tag{e}$$

식 (c)는 보의 좌굴 문제의 지배방정식이고, 식 (d)는 양단에서 모멘트가 작용하지 않거나 기울기가 주어져 있음을 뜻한다. 식 (e)는 변위가 주어져 있거나 전단력이 0임을 의미한다.

5.3 다변수1함수 범함수

이제 범함수에 내포된 함수가 1개이고 함수의 정의구역이 2차원 평면 또는 3차원 공간인 경우의 예를 들어보자. 다음의 예제는 공학에서 자주 나오는 문제이며, 3차원 공간상에서 Poisson 방정식에 해당하는 변분이론이다.

$$Minimize \quad F(\phi) = \int_V \left[\frac{1}{2}\sum_{i=1}^{3}\left(\frac{\partial\phi}{\partial x_i}\right)^2 - g(x_1,x_2,x_3)\,\phi\right] dV - \int_{S_q} \bar{q}\,\phi\,dS \tag{5.21}$$

$$subject\ to \quad \phi(x_1,x_2,x_3) = \bar{\phi} \ \text{ on } S_\phi \tag{5.22}$$

여기서 $\phi(x_1,x_2,x_3)$는 미지함수이며, $\bar{q}$와 $\bar{\phi}$는 주어진 함수 또는 상수이다. 경계 S는 S_q와 S_ϕ로 구성되어 있다. 그리고 $S = S_\phi \cup S_q$이고, $S_\phi \cap S_q = \varnothing$라고 간주한다. 즉, 경계의 모든 점은 반드시 S_q와 S_ϕ 중의 하나에만 속한다.

식 (5.6)과 마찬가지 이유로 S_ϕ에서 필수경계조건을 만족하는 함수를 다음과 같이 두자.

$$\tilde{\phi}(x_1,x_2,x_3) = \phi^*(x_1,x_2,x_3) + \varepsilon\,\eta(x_1,x_2,x_3) \tag{5.23}$$

여기서 함수 $\phi^*(x_1,x_2,x_3)$는 구하고자 하는 정해이며, 필수경계조건을 만족한다. 즉, S_ϕ에서 $\phi^*(x_1,x_2,x_3) = \bar{\phi}$이다. 따라서 S_ϕ에서 $\tilde{\phi}(x_1,x_2,x_3) = \bar{\phi}$이므로

$$\eta(x_1,x_2,x_3) = 0 \tag{5.24}$$

이 되어야 한다. 식 (5.21)과 식 (5.23)으로부터 $F(\phi) - F(\phi^*)$를 구하면

$$F(\tilde{\phi}) - F(\phi^*) = \varepsilon\left[\int_V \left(\sum_{i=1}^{3} \frac{\partial \phi^*}{\partial x_i}\frac{\partial \eta}{\partial x_i} - g\,\eta\right) dV - \int_{S_q} \bar{q}\,\eta\, dS\right] \tag{5.25}$$

$$+\frac{1}{2}\varepsilon^2 \int_V \sum_{i=1}^{3}\left(\frac{\partial \eta}{\partial x_i}\right)^2 dV$$

이다. 식 (5.25)의 두번째 항은 항상 양수이므로

$$\int_V \left(\sum_{i=1}^{3} \frac{\partial \phi^*}{\partial x_i}\frac{\partial \eta}{\partial x_i} - g\,\eta\right) dV - \int_{S_q} \bar{q}\,\eta\, dS = 0 \tag{5.26}$$

가 성립하면, 임의의 함수 $\varepsilon\eta(x_1,x_2,x_3)$에 관계없이 $F(\tilde{\phi}) \geq F(\phi^*)$가 항상 성립한다. 즉, 식 (5.26)은 범함수 $F(\phi)$가 최소값을 가질 필요조건이며, 식 (5.25)의 우변에서 두 번째 항이 항상 양수이므로 충분조건은 자동적으로 성립된다. 식 (5.26)은

$$\frac{dF(\phi^* + \varepsilon\eta)}{d\varepsilon}\Big|_{\varepsilon=0} = 0 \tag{5.27}$$

으로부터 구할 수도 있다. 물론 다음과 같이 범함수에 직접 1차변분을 취함으로써 구할 수도 있다.

$$\delta F = \int_V \left[\sum_{i=1}^{3} \frac{\partial \phi}{\partial x_i}\delta\left(\frac{\partial \phi}{\partial x_i}\right) - g\,\delta\phi\right] dV - \int_{S_q} \bar{q}\,\delta\phi\, dS \tag{5.28}$$

$$= \int_V \left[\sum_{i=1}^{3} \frac{\partial \phi}{\partial x_i}\frac{\partial \delta\phi}{\partial x_i} - g\,\delta\phi\right] dV - \int_{S_q} \bar{q}\,\delta\phi\, dS$$

여기서 변분이론으로부터 $\delta\left(\frac{\partial \phi}{\partial x_i}\right) = \frac{\partial \delta\phi}{\partial x_i}$의 관계가 적용되었다. 범함수가 극값을 가질 필요조건 $\delta F = 0$으로부터

$$\int_V \left[\sum_{i=1}^{3} \frac{\partial \phi}{\partial x_i}\frac{\partial \delta\phi}{\partial x_i} - g\,\delta\phi\right] dV - \int_{S_q} \bar{q}\,\delta\phi\, dS = 0 \tag{5.29}$$

이다. 사슬법칙으로부터

$$\frac{\partial \phi}{\partial x_i}\frac{\partial \delta\phi}{\partial x_i} = \frac{\partial}{\partial x_i}\left(\frac{\partial \phi}{\partial x_i}\delta\phi\right) - \frac{\partial^2 \phi}{\partial x_i^2}\delta\phi \tag{5.30}$$

이므로 발산의 원리에 의하여 식 (5.29)는 다음과 같이 표현된다.

$$-\int_V\left(\sum_{i=1}^{3}\frac{\partial^2 \phi}{\partial x_i^2} + g\right)\delta\phi dV \tag{5.31}$$

$$+\int_{S_q}\left(\sum_{i=1}^{3}\frac{\partial \phi}{\partial x_i}n_i - \bar{q}\right)\delta\phi\, dS + \int_{S_\phi}\sum_{i=1}^{3}\frac{\partial \phi}{\partial x_i}n_i\,\delta\phi\, dS = 0$$

여기서 $\delta\phi$는 필수경계조건 S_ϕ에서 $\delta\phi = 0$을 만족하는 임의의 함수이다. 따라서 식 (5.31)이 성립하려면

$$\frac{\partial^2 \phi}{\partial x_1^2} + \frac{\partial^2 \phi}{\partial x_2^2} + \frac{\partial^2 \phi}{\partial x_3^2} + g(x_1,x_2,x_3) = 0 \ \text{ in } V \tag{5.32}$$

$$q_n = \nabla\phi\cdot\mathbf{n} = \frac{\partial \phi}{\partial x_1}n_1 + \frac{\partial \phi}{\partial x_2}n_2 + \frac{\partial \phi}{\partial x_3}n_3 = \bar{q} \ \text{ on } S_q \tag{5.33}$$

$$\delta\phi = 0 \ \text{ or } \phi(x_1,x_2,x_3) = \overline{\phi} \ \text{ on } S_\phi \tag{5.34}$$

가 동시에 만족되어야 한다. 위의 미분방정식을 Poisson 방정식이라고 하고, $g(x_1,x_2,x_3) = 0$일 때 Laplace 방정식이라고 한다.

▼ 예제 5.8

다음의 범함수에 대한 Euler-Lagrange 방정식을 유도하라.

$$F(w) = \frac{1}{2}\int_A\left(\nabla w\cdot\nabla w - \lambda w^2\right)dA \tag{a}$$

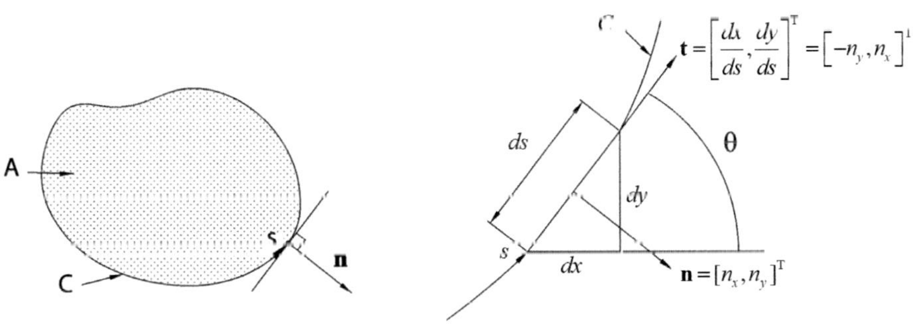

➡ 범함수 $F(w)$를 1차변분하여 Green 이론을 적용하면 다음과 같다.

$$\delta F(w) = \int_A (\nabla w \cdot \nabla(\delta w) - \lambda w\, \delta w)\, dA$$

$$= \int_A \left(\frac{\partial w}{\partial x}\frac{\partial \delta w}{\partial x} + \frac{\partial w}{\partial y}\frac{\partial \delta w}{\partial y} - \lambda w\ \delta w \right) dA \quad \text{(b)}$$

$$= \int_A \left[\frac{\partial}{\partial x}\left(\frac{\partial w}{\partial x}\delta w \right) + \frac{\partial}{\partial y}\left(\frac{\partial w}{\partial y}\delta w \right) \right] dA - \int_A \left(\frac{\partial^2 w}{\partial x^2} + \frac{\partial^2 w}{\partial y^2} + \lambda w \right) \delta w\, dA$$

$$= \oint_C \left(-\frac{\partial w}{\partial y}\delta w\, dx + \frac{\partial w}{\partial x}\delta w\, dy \right) - \int_A \left(\frac{\partial^2 w}{\partial x^2} + \frac{\partial^2 w}{\partial y^2} + \lambda w \right) \delta w\, dA$$

한편, 그림에서 보는 바와 같이, 경계 C에 수직한 벡터 n은

$$\mathrm{n} = [\frac{dy}{ds}, -\frac{dx}{ds}]^{\mathrm{T}} \tag{c}$$

이므로 $dx = \dfrac{dx}{ds}ds = -n_y ds$, $dy = \dfrac{dy}{ds}ds = n_x ds$ 이다. 그러므로 식 (b)는

$$\delta F(w) = \oint_C \left(\frac{\partial w}{\partial x} n_1 + \frac{\partial w}{\partial y} n_2 \right) \delta w\, ds - \int_A \left(\frac{\partial^2 w}{\partial x^2} + \frac{\partial^2 w}{\partial y^2} + \lambda w \right) \delta w\, dA \tag{d}$$

$$= \oint_C (\nabla w \cdot \mathrm{n})\, \delta w\, ds - \int_A \left(\frac{\partial^2 w}{\partial x^2} + \frac{\partial^2 w}{\partial y^2} + \lambda w \right) \delta w\, dA$$

로 정의된다. 여기서 δw가 임의의 함수이므로 Euler-Lagrange 방정식은 다음과 같다.

$$\frac{\partial^2 w}{\partial x^2} + \frac{\partial^2 w}{\partial y^2} + \lambda w = 0 \quad \text{또는} \quad \nabla \cdot \nabla w + \lambda w = 0 \quad \text{in} \quad A \tag{e}$$

$$(\nabla w \cdot \mathrm{n})\, \delta w = 0 \quad \text{on} \quad C \tag{f}$$

5.4 다변수다함수 범함수

이 절의 내용은 다소 복잡하기 때문에 역학이론에 익숙하지 않은 독자들은 제 3 부의 내용을 숙지한 이후에 공부하도록 권한다. 특히 이 절에서는 텐서량의 지수표현법을 따르고 있으므로 이에 익숙하지 않을 경우 제 3 부의 2.2.1절을 먼저 공부하기 바란다.

2차원 및 3차원 연속체 역학문제에서 미지함수는 변위 또는 속도 벡터이며, 미지함수의 수는 위치벡터의 차원 수와 동일하다. 최소전체퍼텐셜이론에 의하면, 선형탄성 등방성 재료의 탄성역학 문제는 다음의 범함수를 최소화시키는 변위장을 구하는 문제로 수식화된다.

$$Minimize \quad \Pi = \frac{1}{2}\int_V \sigma_{ij}\varepsilon_{ij}\, dV - \int_V f_i u_i\, dV - \int_{S_{t_i}} \bar{t}_i u_i\, dS \tag{5.35}$$

$$subject\ to \quad u_i = \bar{u}_i \quad \text{on} \quad S_{u_i} \tag{5.36}$$

여기서 f_i와 $\bar{t}_i$는 각각 체적력과 표면력(traction vector)이며, 주어진 함수 또는 상수이다. 한 점에서의 경계조건은 공간의 차원 수만큼 필요하다. 즉, 3차원 공간의 한 점에 대하여 세 개의 방향에 대한 경계조건이 주어져야 한다. x_i-축 방향에 대한 경계조건은 표면력이 $t_i = \bar{t}_i$로 주어진 경계 S_{t_i}와 변위가 $u_i = \bar{u}_i$로 주어진 경계 S_{u_i}로 구성되어 있으며, 경계 전체를 S로 두었을 때, 다음의 조건을 만족한다.

$$S = S_{t_i} \cup S_{u_i}, \quad S_{t_i} \cap S_{u_i} = \varnothing, \quad i = 1,\ 2,\ 3 \tag{5.37}$$

한편 선형탄성 등방성 재료의 구성방정식과 변형률-변위 관계로부터

$$\sigma_{ij} = 2\mu\varepsilon_{ij} + \lambda\,\varepsilon_{kk}\,\delta_{ij} \tag{5.38}$$

$$\varepsilon_{ij} = \frac{1}{2}(u_{i,j} + u_{j,i}) \tag{5.39}$$

이므로 범함수 Π는 궁극적으로 변위 u_i의 함수이다.

필수경계조건을 만족하는 변위장 $\tilde{u}_i$를 다음과 같이 두자.

$$\tilde{u}_i(x_1,x_2,x_3) = u_i^*(x_1,x_2,x_3) + \varepsilon\,\eta_i(x_1,x_2,x_3) \tag{5.40}$$

여기서 $u_i^*(x_1,x_2,x_3)$는 범함수 Π를 최소화시키는 함수, 즉 정해이며 ε은 임의의 상수이다. S_{u_i}에서 $\tilde{u}_i = \bar{u}_i$, $u_i^* = \bar{u}_i$이므로 S_{u_i}상에서 $\eta_i(x_1,x_2,x_3) = 0$이다. 식 (5.40)을 식 (5.35)에 대입하여 정리하면

$$\Pi = \frac{1}{2}\int_V \Big(2\mu(\varepsilon_{ij}^* + \varepsilon\eta_{ij})(\varepsilon_{ij}^* + \varepsilon\eta_{ij}) + \lambda(\varepsilon_{ii}^* + \varepsilon\eta_{ii})(\varepsilon_{jj}^* + \varepsilon\eta_{jj})\Big)\,dV \tag{5.41}$$
$$- \int_{S_{t_i}} \bar{t}_i\,(u_i^* + \varepsilon\eta_i)\,dS - \int_V f_i\,(u_i^* + \varepsilon\eta_i)\,dV$$

이다. 여기서

$$\varepsilon_{ij}^* = \frac{1}{2}(u_{i,j}^* + u_{j,i}^*), \quad \eta_{ij} = \frac{1}{2}(\eta_{i,j} + \eta_{j,i}) \tag{5.42}$$

이다. 한편 u_i^*가 범함수를 최소화시키는 함수이기 위해서 $\Pi(\tilde{u}_i) - \Pi(u_i^*) \geq 0$가 필수경계조건을 만족하는 모든 함수 $\tilde{u}_i$에 대하여 성립해야 한다.

한편 $\Pi(\tilde{u}_i) - \Pi(u_i^*) \geq 0$가 임의의 $\tilde{u}_i$에 대하여 성립하려면 다음의 식에서

$$\Pi(\widetilde{u}_i) - \Pi(u_i^*) = \varepsilon\left(\int_V (2\,\mu\,\varepsilon_{ij}^*\,\eta_{ij} + \lambda\,\varepsilon_{kk}^*\,\eta_{jj} - f_i\,\eta_i)\,dV - \int_{S_{t_i}} \bar{t}_i\,\eta_i\,dS\right) \tag{5.43}$$

$$+ \frac{\varepsilon^2}{2}\int_V (2\,\mu\,\eta_{ij}\,\eta_{ij} + \lambda\,\eta_{ii}\,\eta_{jj})\,dV$$

우변의 둘째 항이 항상 양수이고, ε이 임의의 상수이므로

$$\int_V (2\,\mu\,\varepsilon_{ij}^*\,\eta_{ij} + \lambda\,\varepsilon_{ii}^*\,\eta_{jj} - f_i\,\eta_i)\,dV - \int_{S_{t_i}} \bar{t}_i\,\eta_i\,dS \;=\; 0 \tag{5.44}$$

또는

$$\int_V (\sigma_{ij}^*\,\eta_{ij} - f_i\,\eta_i)\,dV - \int_{S_{t_i}} \bar{t}_i\,\eta_i\,dS = 0 \tag{5.45}$$

가 성립해야 한다. 응력텐서는 대칭, 즉 $\sigma_{ij}^* \;=\; \sigma_{ji}^*$ 이므로

$$\sigma_{ij}^*\,\eta_{ij} = \frac{1}{2}\,(\sigma_{ij}^*\,\eta_{i,j} + \sigma_{ij}^*\,\eta_{j,i}) = \sigma_{ij}^*\,\eta_{i,j} = (\sigma_{ij}^*\,\eta_i)_{,j} - \sigma_{ij,j}^*\,\eta_i \tag{5.46}$$

이다. 따라서

$$-\int_V (\sigma_{ij,j}^* + f_i)\,\eta_i\;dV + \int_S \sigma_{ij}^*\,n_j\,\eta_i\,dS - \int_{S_{t_i}} \bar{t}_i\,\eta_i\,dS = 0 \tag{5.47}$$

이다. $S = S_{t_i} \cup S_{u_i}$ 이고, S_{u_i} 상에서 $\eta_i\,(x_1, x_2, x_3) = 0$ 이므로

$$-\int_V (\sigma_{ij,j}^* + f_i)\,\eta_i\;dV + \int_{S_{t_i}} (\sigma_{ij}^*\,n_j - \bar{t}_i)\,\eta_i\,dS \;=\; 0 \tag{5.48}$$

이다. 이 식은 모든 η_i에 대하여 성립해야 하므로 다음의 평형방정식을 얻게 된다.

$$\sigma_{ij,j}^* + f_i = 0 \quad \text{또는} \quad \sigma_{ij,j} + f_i = 0 \quad \text{in} \quad V \tag{5.49}$$

$$\sigma_{ij}^*\,n_j = \bar{t}_i \quad \text{또는} \quad \sigma_{ij}n_j = \bar{t}_i \quad \text{on} \quad S_{t_i} \tag{5.50}$$

$$u_i^* = \bar{u}_i \;\text{또는}\; u_i = \bar{u}_i \quad \text{on} \quad S_{u_i} \tag{5.51}$$

5.5 필수경계조건의 범함수 내의 삽입

5.5.1 Lagrange 변수법

3.7절에서 함수의 극화 시에 목적함수를 적절히 변경시킴으로써 등식구속조건을 제거하는 방법에 관하여 공부하였다. 역학에서는 두 분류의 경계조건이 있는데 자연경계조건은 이미

범함수 내에 반영되어 있다. 그러나 필수경계조건은 강제적으로 만족되도록 해야 한다. 그런데 앞에서 함수의 극화 시 구속조건을 함수에 내포시킴으로써 구속문제를 비구속문제로 변형시켰듯이, 범함수의 극화문제에서도 필수경계조건 또는 기하학적 구속조건을 제거할 수 있다. 이 목적으로 주로 Lagrange 변수법과 벌칙기법이 널리 사용되고 있다. 먼저 Lagrange 변수법을 이용한 필수경계조건의 범함수 내의 삽입에 관하여 공부해 보자. 편의상 다음의 예제(5.3절에서 사용한 예제)를 예로 들어 설명한다.

$$\textit{Minimize} \quad F(\phi) = \int_V \left[\frac{1}{2} \sum_{i=1}^{3} \left(\frac{\partial \phi}{\partial x_i} \right)^2 - g(x_1, x_2, x_3)\, \phi \right] dV - \int_{S_q} \bar{q}\, \phi\, dS \tag{5.52}$$

$$\textit{subject to} \quad \phi(x_1, x_2, x_3) = \bar{\phi} \quad \text{on} \quad S_\phi \tag{5.53}$$

여기서 $\phi(x_1, x_2, x_3)$는 미지의 함수이며, $\bar{q}$와 $\bar{\phi}$는 주어진 함수 또는 상수이다. 경계 S는 S_q와 S_ϕ로 구성되어 있다. 그리고 $S = S_\phi \cup S_q$이고, $S_\phi \cap S_q = \varnothing$이다. 즉, 경계의 모든 점은 반드시 S_q와 S_ϕ 중의 하나에만 속한다.

Lagrange 변수법을 이용하여 식 (5.53)의 필수경계조건을 식 (5.52)의 범함수에 삽입시키면, 식 (5.52)와 식 (5.53)으로 수식화된 범함수의 최소화 문제는 다음의 수정된 범함수(modified functional)가 정지값(stationary value)을 갖도록 하는 문제와 동일하다.

$$\begin{aligned} \bar{F}(\phi, \lambda) = & \int_V \left[\frac{1}{2} \sum_{i=1}^{3} \left(\frac{\partial \phi}{\partial x_i} \right)^2 - g(x_1, x_2, x_3)\, \phi \right] dV \\ & - \int_{S_q} \bar{q}\, \phi\, dS + \int_{S_\phi} \lambda\, (\phi - \bar{\phi})\, dS \end{aligned} \tag{5.54}$$

여기서 λ는 정의구역을 S_ϕ로 하는 미지함수이다. 참고로 함수의 극화 시에 사용된 λ는 미지의 실수이다.

이제 수정된 범함수 $\bar{F}(\phi, \lambda)$가 정지값을 갖는 것이 의미하는 바에 관하여 공부해 보자. 먼저 범함수 $\bar{F}(\phi, \lambda)$의 1차변분을 구하면 다음과 같다.

$$\begin{aligned} \delta \bar{F} = & \int_V \left[\sum_{i=1}^{3} \frac{\partial \phi}{\partial x_i} \frac{\partial \delta \phi}{\partial x_i} - g\, \delta \phi \right] dV \\ & - \int_{S_q} \bar{q}\, \delta \phi\, dS + \int_{S_\phi} \delta \lambda\, (\phi - \bar{\phi})\, dS + \int_{S_\phi} \lambda\, \delta \phi\, dS \end{aligned} \tag{5.55}$$

5.3절과 동일한 방법으로 발산이론을 이용하여 식 (5.55)의 $\delta \bar{F}(\phi, \lambda)$를 정리한 후, 범함수가 정지값을 가질 필요조건 $\delta \bar{F} = 0$을 적용하면 다음 식을 얻는다.

$$-\int_V\left(\sum_{i=1}^{3}\frac{\partial^2\phi}{\partial x_i^2}+g\right)\delta\phi\, dV+\int_{S_q}\left(\sum_{i=1}^{3}\frac{\partial\phi}{\partial x_i}n_i-\bar{q}\right)\delta\phi\, dS \tag{5.56}$$
$$+\int_{S_\phi}\left(\sum_{i=1}^{3}\frac{\partial\phi}{\partial x_i}n_i+\lambda\right)\delta\phi\, dS+\int_{S_\phi}\delta\lambda\,(\phi-\bar{\phi})\, dS=0$$

5.3절과는 달리, 위 식에서 $\delta\phi$에 대한 구속은 없다. 구속조건을 범함수 내에 내포시켰기 때문이다. 그리고 $\delta\lambda$는 임의의 함수이다. 그러므로 식 (5.56)이 임의의 $\delta\phi$와 $\delta\lambda$에 대하여 성립해야 한다는 조건으로부터

$$\frac{\partial^2\phi}{\partial x_1^2}+\frac{\partial^2\phi}{\partial x_2^2}+\frac{\partial^2\phi}{\partial x_3^2}+g(x_1,x_2,x_3)=0 \quad \text{in} \quad V \tag{5.57}$$

$$\frac{\partial\phi}{\partial x_1}n_1+\frac{\partial\phi}{\partial x_2}n_2+\frac{\partial\phi}{\partial x_3}n_3=\bar{q} \quad \text{on} \quad S_q \tag{5.58}$$

$$\phi(x_1,x_2,x_3)=\bar{\phi} \quad \text{on} \quad S_\phi \tag{5.59}$$

$$\lambda=\sum_{i=1}^{3}\frac{\partial\phi}{\partial x_i}n_i \quad \text{on} \quad S_q \tag{5.60}$$

가 동시에 만족되어야 한다. 따라서 수정된 범함수 $\bar{F}(\phi,\lambda)$가 정지값을 갖도록 하는 λ의 물리적 의미는 열전도 문제의 경우, 경계에 수직한 방향으로의 열전달률($q_n=-k\nabla\phi\cdot \mathbf{n}$)과 관련이 있음을 알 수 있다.

식 (5.54)로부터 직접 답을 구하고자 할 경우, ϕ뿐만 아니라 λ도 미지함수이다. 식 (5.60)에서 보는 바와 같이 λ는 $\nabla\phi$와 직접 관련이 있다. 그러므로 만약 ϕ가 온도를 의미할 경우 온도와 열전달률을 동시에 구하겠다는 뜻이 되므로 혼합형 수식(mixed formulation)이 된다. 혼합형 수식은 일부의 미지함수를 소거함으로써 더 이상 압축되지 않는 수식, 즉 압축불가능형 수식(irreducible formulation)으로 변환시킬 수 있다. 예를 들면, 식 (5.60)을 식 (5.54)에 대입함으로써 다음의 범함수를 유도할 수 있다.

$$\bar{\bar{F}}(\phi)=\int_V\left[\frac{1}{2}\sum_{i=1}^{3}\left(\frac{\partial\phi}{\partial x_i}\right)^2-g\phi\right]dV-\int_{S_q}\bar{q}\,\phi\, dS+\int_{S_\phi}\sum_{i=1}^{3}\frac{\partial\phi}{\partial x_i}n_i\,(\phi-\bar{\phi})\, dS \tag{5.61}$$

즉, 식 (5.53)의 필수경계조건을 만족시키면서 식 (5.52)의 범함수를 최소화시키는 문제를 직접 풀지 않고 식 (5.61)의 범함수 $\bar{\bar{F}}(\phi)$의 정지점을 찾는 문제를 풀어 해결할 수 있다. 이를 수정변분원리(modified variational principle)라고 한다.

5.5.2 벌칙기법

우리는 함수의 극화문제에서 등식구속조건의 처리를 위한 벌칙기법을 3.7.4절에서 공부하였다. 이제 범함수의 극화문제에서 부과된 경계조건을 벌칙기법을 이용하여 처리하는 방법

에 관하여 공부하자. 5.5.1절과 마찬가지로 다음의 범함수 극화문제에서 등식구속조건을 벌칙기법을 이용하여 범함수 내에 삽입시켜 보자.

$$Minimize \quad F(\phi) = \int_V \left[\frac{1}{2} \sum_{i=1}^{3} \left(\frac{\partial \phi}{\partial x_i} \right)^2 - g(x_1, x_2, x_3)\,\phi \right] dV - \int_{S_q} \bar{q}\,\phi\, dS \tag{5.62}$$

$$subject\ to \quad \phi(x_1, x_2, x_3) = \bar{\phi} \quad \text{on} \quad S_\phi \tag{5.63}$$

여기서 $\phi(x_1, x_2, x_3)$는 미지의 함수이며, $\bar{q}$와 $\bar{\phi}$는 주어진 함수 또는 상수이다. 경계 S는 S_q와 S_ϕ로 구성되어 있다. 그리고 $S = S_\phi \cup S_q$이고, $S_\phi \cap S_q = \varnothing$이다. 즉, 경계의 모든 점은 반드시 S_q와 S_ϕ 중의 하나에만 속한다.

벌칙기법을 이용하여 식 (5.63)의 필수경계조건을 식 (5.62)의 범함수에 삽입시킴으로써 식 (5.62)와 식 (5.63)으로 수식화된 범함수의 최소화 문제는 다음의 범함수 $P(\phi)$의 최소화 문제로 변환된다.

$$P(\phi) = \int_V \left[\frac{1}{2} \sum_{i=1}^{3} \left(\frac{\partial \phi}{\partial x_i} \right)^2 \quad g(x_1, x_2, x_3)\,\phi \right] dV - \int_{S_q} \bar{q}\,\phi\, dS + \frac{1}{2} \int_{S_\phi} K(\phi - \bar{\phi})^2\, dS \tag{5.64}$$

여기서 K는 매우 큰 값의 기지수(known) 또는 기지함수이다.

이제 $P(\phi)$를 최소화시킨다는 것이 갖는 의미에 관하여 공부해 보자. 먼저 $P(\phi)$를 1차변분하면

$$\delta P = \int_V \left[\sum_{i=1}^{3} \frac{\partial \phi}{\partial x_i} \frac{\partial \delta\phi}{\partial x_i} - g\,\delta\phi \right] dV - \int_{S_q} \bar{q}\,\delta\phi\, dS + \int_{S_\phi} K(\phi - \bar{\phi})\,\delta\phi\, dS \tag{5.65}$$

이다. 5.3절에서와 같이 발산이론을 이용하여 정리한 후, 범함수가 정지값을 가질 필요조건 $\delta P = 0$을 적용하면 다음의 식을 얻는다.

$$-\int_V \left(\sum_{i=1}^{3} \frac{\partial^2 \phi}{\partial x_i^2} + g \right) \delta\phi\, dV + \int_{S_q} \left(\sum_{i=1}^{3} \frac{\partial \phi}{\partial x_i} n_i - \bar{q} \right) \delta\phi\, dS + \int_{S_\phi} \left(\sum_{i=1}^{3} \frac{\partial \phi}{\partial x_i} n_i + K(\phi - \bar{\phi}) \right) \delta\phi\, dS = 0 \tag{5.66}$$

5.3절과는 달리 위 식에서 $\delta\phi$에 대한 구속은 없다. 왜냐하면 구속조건을 범함수 내에 내포시켰기 때문이다. 그러므로 식 (5.66)이 임의의 $\delta\phi$에 대하여 성립해야 한다는 조건으로부터

$$\frac{\partial^2 \phi}{\partial x_1^2} + \frac{\partial^2 \phi}{\partial x_2^2} + \frac{\partial^2 \phi}{\partial x_3^2} + g(x_1, x_2, x_3) = 0 \quad \text{on} \quad V \tag{5.67}$$

$$\frac{\partial \phi}{\partial x_1} n_1 + \frac{\partial \phi}{\partial x_2} n_2 + \frac{\partial \phi}{\partial x_3} n_3 = \bar{q} \quad \text{on} \quad S_q \tag{5.68}$$

$$-K(\phi - \bar{\phi}) = \sum_{i=1}^{3} \frac{\partial \phi}{\partial x_i} n_i \quad \text{on} \quad S_\phi \tag{5.69}$$

가 동시에 만족되어야 한다. 따라서 식 (5.69)에 의하여 K가 특정한 물리적 의미를 갖는다는 사실을 알 수 있다.

5.6 혼합형 수식과 변분이론

우리는 앞 절에서 혼합형 수식화의 한 예를 공부하였다. 혼합형 수식은 실제 유한요소법을 이용한 역학문제의 해결 목적으로 매우 유용하게 사용되고 있다. 앞에서 공부한 다음의 문제를 고려해 보자.

$$\frac{\partial^2 \phi}{\partial x_1^2} + \frac{\partial^2 \phi}{\partial x_2^2} + \frac{\partial^2 \phi}{\partial x_3^2} + g(x_1, x_2, x_3) = 0 \quad \text{on} \quad V \tag{5.70}$$

$$\frac{\partial \phi}{\partial x_1} n_1 + \frac{\partial \phi}{\partial x_2} n_2 + \frac{\partial \phi}{\partial x_3} n_3 = \bar{q} \quad \text{on} \quad S_q \tag{5.71}$$

$$\phi(x_1, x_2, x_3) = \bar{\phi} \quad \text{on} \quad S_\phi \tag{5.72}$$

이 문제는 압축불가능형 수식이다. 이 수식은

$$q_i = -\frac{\partial \phi}{\partial x_i} \qquad (i = 1,2,3)$$

로 둠으로써 다음과 같이 혼합형 수식으로 표현된다.

$$\frac{\partial q_1}{\partial x_1} + \frac{\partial q_2}{\partial x_2} + \frac{\partial q_3}{\partial x_3} = g(x_1, x_2, x_3) \quad \text{on} \quad V \tag{5.73}$$

$$q_i = -\frac{\partial \phi}{\partial x_i} \qquad (i = 1,2,3) \tag{5.74}$$

$$\sum_{i=1}^{3} q_i n_i = -\nabla \phi \cdot \mathbf{n} = q_n = \bar{q} \quad \text{on} \quad S_q \tag{5.75}$$

$$\phi(x_1, x_2, x_3) = \bar{\phi} \quad \text{on} \quad S_\phi \tag{5.76}$$

혼합형 수식화의 결과, 2차 편미분방정식이 1차 편미분방정식으로 수식화되었다. 이것은 미지변수의 보간에 바탕을 둔 유한요소법에서 매우 유익한 결과를 제공한다. 한편 이 혼합형 수식화에 대한 변분원리는 다음의 범함수가 정지값을 갖도록 하는 함수 ϕ와 q_i를 찾는 문제로 수식화된다.

$$F(\phi,q_i) = \int_V \left[\sum_{j=1}^{3}\left(\frac{q_j q_j}{2} - \phi q_{j,j}\right) + g\phi\right] dV + \int_{S_q}(q_n - \bar{q})\,\phi\, dS + \int_{S_\phi}\bar{\phi}\, q_n\, dS \tag{5.77}$$

이 범함수는 q_i의 1차 미분항을 내포하고 있으며, ϕ에 대한 미분항은 포함하고 있지 않다. 이 수식을 유한요소법에서 사용한다면, 미지수의 증가를 초래하는 반면 q_i의 정확도가 개선된 결과를 얻을 수 있나.

▼ 예제 5.9

식 (5.77)의 범함수에 대한 Euler-Lagrange 방정식을 유도하라.

➡ 식 (5.77)의 범함수 $F(\phi,q_i)$를 1차변분하면 다음과 같다.

$$\delta F(\phi,q_i) = \int_V \left[\sum_{j=1}^{3}\left(q_j\,\delta q_j - q_{j,j}\,\delta\phi - \phi\,\delta q_{j,j}\right) + g\,\delta\phi\right] dV \tag{a}$$

$$+ \int_{S_q}\delta q_n\,\phi\, dS + \int_{S_q}(q_n - \bar{q})\,\delta\phi\, dS + \int_{S_\phi}\bar{\phi}\,\delta q_n\, dS$$

발산이론으로부터

$$\int_V \phi\,\delta q_{j,j}\; dV = \int_S \phi\,\delta q_n\; dS - \int_V \phi_{,j}\,\delta q_j\; dV \tag{b}$$

이므로

$$\delta F(\phi,q_i) = \sum_{j=1}^{3}\int_V (q_j + \phi_{,j})\,\delta q_j - (q_{j,j} - g)\,\delta\phi]\, dV \tag{c}$$

$$+ \int_{S_q}(q_n - \bar{q})\,\delta\phi\, dS - \int_{S_\phi}(\phi - \bar{\phi})\,\delta q_n\, dS$$

이다. 따라서 $\delta F(\phi,q_i) = 0$으로부터 Euler-Lagrange 방정식을 다음과 같이 구할 수 있다.

$$\frac{\partial q_1}{\partial x_1} + \frac{\partial q_2}{\partial x_2} + \frac{\partial q_3}{\partial x_3} = g(x_1,x_2,x_3) \quad \text{on} \quad V \tag{d}$$

$$q_i = -\frac{\partial\phi}{\partial x_i} \qquad (i = 1,2,3) \tag{e}$$

$$\sum_{i=1}^{3} q_i\, n_i = -\nabla\phi \cdot \mathrm{n} = \bar{q} \quad \text{on} \quad S_q \tag{f}$$

$$\phi(x_1,x_2,x_3) = \bar{\phi} \quad \text{on} \quad S_\phi \tag{g}$$

제 6 장

연산자

6.1 선형연산자와 중첩의 원리

$$\mathrm{L}\mathbf{x} = \mathbf{y}, \quad \mathbf{x} \in V, \quad \mathbf{y} \in V' \tag{6.1}$$

에서 연산자(operator) L은 벡터장 V에 속하는 요소 x에 벡터장 V'에 속하는 요소 y를 할당하는 역할을 수행한다. 예를 들면, 행렬 A가 $m \times n$ 행렬이고, $\mathbf{x} \in R^n$, $\mathbf{y} \in R^m$이면, 수식

$$\mathrm{A}\mathbf{x} = \mathbf{y} \tag{6.2}$$

에서 행렬 A는 R^n 벡터장의 요소를 R^m 벡터장의 요소로 변환시켜 주는 연산자이다. 미분연산자도 마찬가지이다. 보의 굽힘변형 지배방정식 $EI(x)\dfrac{d^2v}{dx^2} = M_b(x)$를 예로 들어 보자.

$$\mathrm{L}\, v(x) = M_b(x) \tag{6.3}$$

에서 $\mathrm{L} = EI(x)\dfrac{d^2}{dx^2}$은 C^2 함수장의 요소를 C^0 함수장의 요소로 사상시키는 역할을 하는 미분연산자이다.

연산자 L이 다음의 조건을 만족할 때 선형이라고 한다.

$$\mathrm{L}(\mathbf{x}_1 + \mathbf{x}_2) = \mathrm{L}\mathbf{x}_1 + \mathrm{L}\mathbf{x}_2 \tag{6.4}$$

$$\mathrm{L}(\alpha\mathbf{x}) = \alpha\mathrm{L}\mathbf{x} \tag{6.5}$$

L이 선형연산자일 때

$$\mathrm{L}\mathbf{x}_1 = \mathbf{y}_1,\ \mathrm{L}\mathbf{x}_2 = \mathbf{y}_2,\ \cdots,\ \mathrm{L}\mathbf{x}_n = \mathbf{y}_n \tag{6.6}$$

이면, 식 (6.4)와 식 (6.6)으로부터

$$Lx = y_1 + y_2 + \dots + y_n \tag{6.7}$$

의 해 x는

$$x = x_1 + x_2 + \dots + x_n \tag{6.8}$$

이다. 이 원리를 선형계의 중첩의 원리라고 한다. 중첩의 원리에 관한 예제는 예제 3.7로 대신한다.

한편 $Lx = Ly$가 $x = y$를 의미할 때 변환 L은 일대일이라고 하고, L을 일대일변환연산자라고 한다. 만약 $Lx = 0$이 $x = 0$만을 의미한다면(if and only if) 선형연산자 L은 일대일이다.

6.2 어조인트연산자와 범함수

선형연산자 L이 다음의 조건을 만족할 때, L^*를 어조인트연산자(adjoint operator)라고 한다.

$$< L\,x, y > = < x, L^* y > \tag{6.9}$$

여기서 $< u, v >$는 내적을 의미한다. 그리고 $L = L^*$일 때 L을 셀프어조인트연산자(self-adjoint operator)라고 한다. 예제 2.7에서 이미 설명된 바와 같이 행렬 A의 어조인트연산자 A^*는 행렬 A의 전치행렬 A^T이며, 행렬이 대칭일 경우 셀프어조인트연산자가 된다.

한편 L이 미분연산자일 경우, C^k 함수장에서 내적은 $< u, v >= \int_a^b u(x)\,v(x)\,dx$로 정의되므로 부분적분, Green 이론, 발산이론 등을 이용하면

$$< L\,u(x), v(x) > \; = \; < u(x), L^* v(x) > + B.C. \tag{6.10}$$

로 된다. 따라서 경계항 $B.C.$이 생성된다.

식 (6.10)에서 L^*를 L의 형식어조인트연산자(formal adjoint operator), 흔히 어조인트연산자(adjoint operator)라고 한다. $L^* = L$이면 미분연산자 L은 셀프어조인트연산자이며, 연산자 L은 셀프어조인트하다라고 한다. 그리고 이 때의 미분방정식은 셀프어조인트하다라고 한다. 만약 식 (6.10)에서 $B.C. = 0$이 만족되면, L^*를 어조인트연산자라고 한다. 예를 들어 보자.

$$u''(x) + g(x)u(x) = f(x) \quad \text{또는 } Lu = f(x) \tag{6.11}$$

$$u(a) = u(b) = 0 \quad \text{또는 } Bu = 0 \tag{6.12}$$

의 문제에서 $L = \dfrac{d^2}{dx^2} + g(x)$이다. 부분적분 공식을 이용하면

$$< \mathrm{L}u, v > = \int_a^b (u''v + guv)\,dx \tag{6.13}$$

$$= \int_a^b (uv'' + guv)\,dx + [u'v - uv']|_a^b$$

$$\equiv < u, \mathrm{L}^* v > + J(u,v)|_a^b$$

이다. 여기서 $\mathrm{L}^* = \dfrac{d^2}{dx^2} + g(x)$ 이고 $\mathrm{L} = \mathrm{L}^*$ 이므로 연산자 L은 셀프어조인트하며, 식 (6.11)의 미분방정식은 셀프어조인트하다. 식 (6.13)에서 $J(u,v)|_a^b \equiv [u'v - uv']|_a^b$를 동반자(conjunct, concomitant)라고 한다. 이 동반자는 경계조건과 의존관계에 있다. 실제

$$J(u,v)|_a^b = u'(b)v(b) - u'(a)v(a) = 0 \tag{6.14}$$

이면, 동반자는 사라진다. 동반자를 사라지게 하는 경계조건

$$v(a) = v(b) = 0 \quad \text{또는} \quad \mathrm{B}^* v = 0 \tag{6.15}$$

을 어조인트경계조건($\mathrm{B}^* v = 0$)이라고 한다. 한편, 어조인트경계조건에 사용된 연산자 B^*가 본래의 경계조건에 사용된 연산자 B와 동일하면서 $\mathrm{L} = \mathrm{L}^*$ 이면, 미분방정식과 경계조건으로 수식화된 경계치문제가 셀프어조인트하다라고 한다. 실제 식 (6.11), (6.12)의 문제는$\mathrm{L} = \mathrm{L}^*$ 이고 $\mathrm{B} = \mathrm{B}^*$ 이므로 셀프어조인트하다.

미분방정식 $\mathrm{L}\,\mathrm{u} = \mathrm{f}$ 에서 미분연산자 L 이 셀프어조인트하면, 이 미분방정식에 대응하는 범함수가 존재하며 다음과 같이 표현된다.

$$\Pi = \int_V \left[\frac{1}{2}\mathrm{u}^T \mathrm{L}\,\mathrm{u} - \mathrm{u}^T \mathrm{f} \right] dV + \text{boundary term} \tag{6.16}$$

어떤 미분방정식에 대응하는 범함수를 항상 구할 수 있는 것은 아니지만, 많은 기계공학 문제에서 대응하는 범함수를 수학적으로 또는 물리적으로 구할 수 있다. 특히 고체역학 문제의 경우 가상일의 원리 또는 가상일률의 원리 등으로부터 범함수를 구할 수 있다. 구체적인 내용은 참고문헌과 제 3 부의 7장을 참고하기 바란다.

▼ 예제 6.1

$x = 0$ 에서 완전고정되어 있고(clamped) $x = L$ 에서 구속되지 않은(free) 외팔보(cantilever beam)의 자유진동 문제는 다음과 같이 수식화된다.

$$\frac{d^2}{dx^2}\left[EI(x) \frac{d^2 Y(x)}{dx^2} \right] - \omega^2 m(x) Y(x) = 0, \quad 0 \le x \le L \tag{a}$$

$$Y(0) = 0, \quad Y'(0) = 0, \quad Y''(L) = 0, \quad [EI(x) Y''(x)]'|_{x=L} = 0 \tag{b}$$

이 경계치문제가 셀프어조인트함을 보여라.

풀이에 사용될 함수 $u(x)$와 $v(x)$는 자연경계조건과 필수경계조건을 동시에 만족하는 함수(comparison function이라고 함)이다. 문제의 미분연산자가

$$\mathrm{L} = \frac{d^2}{dx^2}\left[EI(x)\frac{d^2}{dx^2}\right] - \omega^2 m(x) \tag{c}$$

이다. 부분적분을 연속적으로 실시하면서 경계조건을 대입하면

$$\begin{aligned}\int_0^L v\mathrm{L}\,u\,dx &= \int_0^L v\,[EIu'']''\,dx - \int_0^L v\,\omega^2 m(x)\,u\,dx \\ &= -\int_0^L v'\,[EIu'']'\,dx - \int_0^L v\,\omega^2 m(x)\,u\,dx + v[EIu'']'\big|_0^L \\ &= \int_0^L v''\,[EIu'']\,dx - \int_0^L v\,\omega^2 m(x)\,u\,dx - v'\,[EIu'']\big|_0^L \\ &= -\int_0^L [EIv'']'u'\,dx - \int_0^L v\,\omega^2 m(x)\,u\,dx + EIv''u'\big|_0^L \\ &= \int_0^L u\,[EIv'']''\,dx - \int_0^L u\,\omega^2 m(x)\,v\,dx - [EIv'']'u\big|_0^L \\ &= \int_0^L u\mathrm{L}\,v\,dx\end{aligned} \tag{d}$$

이다. 위의 식을 유도할 때 함수 $u(x)$와 $v(x)$에 대하여 동일한 경계조건을 사용하였으므로 식 (a)와 (b)의 문제는 셀프어조인트하다.

▼ 예제 6.2

다음의 Poisson 방정식이 셀프어조인트함을 보여라.

$$\frac{\partial^2\phi}{\partial x_1^2} + \frac{\partial^2\phi}{\partial x_2^2} + \frac{\partial^2\phi}{\partial x_3^2} + g(x_1, x_2, x_3) = 0 \quad \text{in} \quad V \tag{a}$$

주어진 미분방정식의 미분연산자는 다음과 같다.

$$\mathrm{L} = \frac{\partial^2}{\partial x_1^2} + \frac{\partial^2}{\partial x_2^2} + \frac{\partial^2}{\partial x_3^2} \tag{b}$$

설명의 편의상 지수표현법과 덧셈 규약에 따라 설명한다. 이에 관한 상세한 것은 제 3 부 2장의 내용을 참고하라.

$$\int_V \psi \mathrm{L}\, \phi\, dV = \int_V \psi\, \phi_{,ii}\, dV \tag{c}$$

$$= \int_V (\psi\, \phi_{,i})_{,i}\, dV - \int_V \psi_{,i}\, \phi_{,i}\, dV$$

$$= \int_V (\psi\, \phi_{,i})_{,i}\, dV - \int_V (\psi_{,i}\, \phi)_{,i}\, dV + \int_V \psi_{,ii}\, \phi\, dV$$

$$= \int_V \phi\, \psi_{,ii}\, dV + \int_S (\psi\, \phi_{,i} - \psi_{,i} \phi)\, n_i\, dS$$

$$= \int_V \phi \mathrm{L}\, \psi\, dV + \int_S (\psi\, \phi_{,i} - \psi_{,i} \phi)\, n_i\, dS$$

이므로 연산자 L은 셀프어조인트하며, 해당 미분방정식은 셀프어조인트하다.

▼ 예제 6.3

탄성역학 문제는 다음과 같이 수식화된다.

$$\sigma_{ij,j} + f_i = 0 \text{ in V}, \quad \sigma_{ij} n_j = \bar{t}_i \text{ on } S_{t_i}, \quad u_i = \bar{u}_i \text{ on } S_{u_i} \tag{a}$$

$$\sigma_{ij} = 2\ \mu\ \varepsilon_{ij}\ +\ \lambda\ \varepsilon_{kk}\ \delta_{ij} \tag{b}$$

$$\varepsilon_{ij} = (u_{i,j}\ +\ u_{j,i})\ /\ 2 \tag{c}$$

식 (c)를 식 (b)에 대입하면

$$\sigma_{ij} = \mu\ u_{i,j} + \mu\ u_{j,i} + \lambda\ u_{k,k}\ \delta_{ij} \tag{d}$$

이고, 식 (d)를 식 (a)의 미분방정식에 대입하여 정리하면 다음의 Navier-Cauchy 방정식을 얻게 된다.

$$\mu u_{i,jj} + (\lambda + \mu) u_{j,ji} + f_i = 0 \tag{e}$$

$$\mu \nabla^2 \mathrm{u} + (\lambda + \mu) \nabla \nabla \cdot \mathrm{u} + \mathrm{f} = 0$$

이 미분방정식이 셀프어조인트함을 보여라.

➡ 미분방정식 (e)를 미분연산자를 사용하여 표현하면 다음과 같다.

$$\mathrm{L}\mathrm{u} = \mathrm{f} \tag{f}$$

여기서

$$\mathrm{L}\mathrm{u} = \mu \nabla^2 \mathrm{u} + (\lambda + \mu) \nabla \nabla \cdot \mathrm{u} \tag{g}$$

이다. 발산이론을 적용하면

$$\int_V \mathrm{v\,L\,u}\; dV = \int_V v_i\,(\mu u_{i,jj} + (\lambda+\mu)u_{j,ji})\; dV \tag{h}$$

$$= \int_V (\mu\,(v_i u_{i,j})_{,j} + (\lambda+\mu)(v_i\,u_{j,j})_{,i})\; dV$$

$$- \int_V (\mu v_{i,j} u_{i,j} + (\lambda+\mu) v_{i,i}\,u_{j,j})\; dV$$

$$= \int_V (\mu v_{i,jj} u_i + (\lambda+\mu) v_{i,ij}\,u_j)\; dV$$

$$+ \int_S (\mu v_i u_{i,j} n_j + (\lambda+\mu)\,v_i u_{j,j} n_i)\; dS$$

$$- \int_S (\mu v_{i,j} u_i n_j + (\lambda+\mu)\,v_{i,i} u_j n_j)\; dS$$

이므로

$$\int_V \mathrm{v\,L\,u}\; dV = \int_V \mathrm{u\,L\,v}\; dV \tag{i}$$

$$+ \int_S (\mu v_i u_{i,j} n_j + (\lambda+\mu)\,v_i u_{j,j} n_i)\; dS$$

$$- \int_S (\mu v_{i,j} u_i n_j + (\lambda+\mu)\,v_{i,i} u_j n_j)\; dS$$

이다. 따라서 이 미분방정식은 셀프어조인트하다.

참고 문헌

[1.1] G. Strang, Linear Algebra and its Applications, Academic Press, 1976.

[1.2] C. A. Brebbia, A. J. Ferrante, Computational Methods for the Solution of Engineering Problems, Pentech Press.

[1.3] F. B. Hildebrand, Advanced Calculus for Applications, Prentice-Hall, 1976.

제 2 부

상미분방정식의 근사해법 및 유한요소해석

대부분의 공학해석 문제는 미분방정식으로 수식화된다. 1차원 문제는 상미분방정식으로 수식화되며, 역학과 관련된 대부분의 상미분방정식은 수계산으로 해결될 수 있다. 제 2 부에서는 상미분방정식의 근사해법과 유한요소법 관련 핵심 이론을 체험 위주로 공부함으로써 제 4 부의 2차원 평면 및 3차원 공간에서 수식화되는 편미분방정식의 유한요소법에 관한 이해 능력을 함양시키고자 한다.

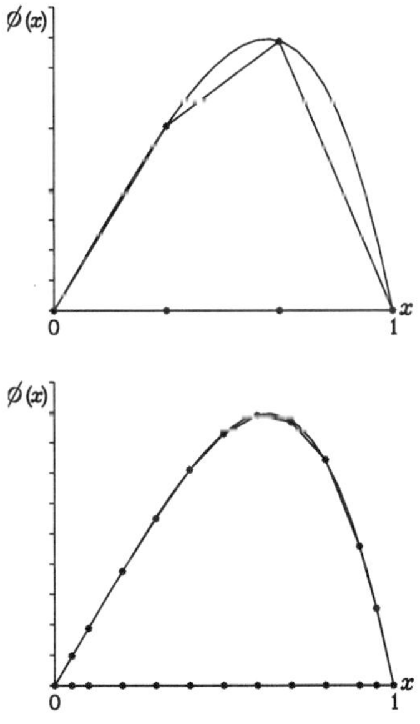

미분방정식의 근사해법

제 1 장

1.1 미분방정식과 근사해

분절형 미지수(discrete unknowns)가 내포된 식을 대수방정식(algebraic equation)이라고 하며, 흔히 방정식이라고 부른다. 연속형 미지수(continuous unknowns), 즉 미지의 함수(미지함수라고 함)가 내포된 방정식은 미분방정식(differential equation)이다. 미분방정식에는 함수의 미분이 하나 이상 포함된다. 미지수의 수가 두 개 이상인 방정식을 연립방정식이라고 하듯이 미분방정식에도 미지함수의 수가 두 개 이상일 수 있다. 예를 들면, 3차원 탄성역학 문제는 변위장이 미지수가 되므로 세 개의 미지함수로 수식화된다. 미지함수의 독립변수가 하나이면 상미분방정식(ordinary differential equation)이 되며, 독립변수가 두 개 이상이면 편미분방정식(partial differential equation)이 된다. 보 문제와 같이 1차원 문제는 상미분방정식으로 수식화되며, 2차원 평면 및 3차원 공간에서의 역학 문제는 편미분방정식으로 수식화되고 있다.

미분방정식 내에 존재하는 최고의 미분차수를 미분방정식의 차수로 정의한다. 가령 미분방정식

$$y'' + 3y' + 2y = f(x) \tag{1.1}$$

는 2차 미분방정식이다. 대수방정식에서 선형방정식이 있듯이 미분방정식에도 선형미분방정식이 있다. 선형미분방정식이 되기 위해서는 방정식의 각 항이 함수 또는 도함수에 대해 선형이어야 한다. 식 (1.1)은 선형미분방정식인 반면, 다음의 미분방정식은 비선형미분방정식이다.

$$y'' + 3y'y + 2y = f(x) \tag{1.2}$$

주요 공학해석 문제는 짝수 차수의 미분방정식으로 수식화된다. 보의 처짐 문제는 4차 미분방정식으로 수식화되며, 2차원 평면 및 3차원 공간에서 선형탄성역학 문제는 변위장에 대한 2차 선형편미분방정식으로 수식화되고, 열전도 문제는 온도를 미지수로 하는 2차 편미분방정식으로 수식화된다. 열전달 문제에서 열전도계수 등이 온도의 함수이면 비선형미분방정식으로 수식화된다. 강소성이론에 근거한 체적소성가공 공정의 소성역학 문제는 속도장에 관한 비선형편미분방정식으로 수식화되며, 최고 미분차수는 2이다.

미분방정식은 경계조건을 수반한다. 미분방정식이 $2p$차일 경우, 경계조건은 $2p-1$차까지의 도함수를 포함할 수 있다. 이 때 $(0\sim p-1)$차의 도함수를 내포한 경계조건을 필수경계조건(essential boundary condition)이라고 하고, $(p\sim 2p-1)$차의 미분항을 내포한 경계조건을 자연경계조건(natural boundary condition)이라고 한다. 미지함수가 스칼라함수이고 미분방정식이 $2p$차일 경우, 경계상의 한 점에서 p개의 경계조건이 주어진다고 가정해도 일반성을 잃지 않는다. 미지함수가 n차원 벡터함수이고 미분방정식이 $2p$차일 경우(n개의 $2p$차 연립미분방정식으로 수식화될 경우), 각 점에서 $n\times p$ 개의 경계조건이 필요하다.

▼ 예제 1.1

그림의 보 문제에 대한 미분방정식과 경계조건을 설명하라.

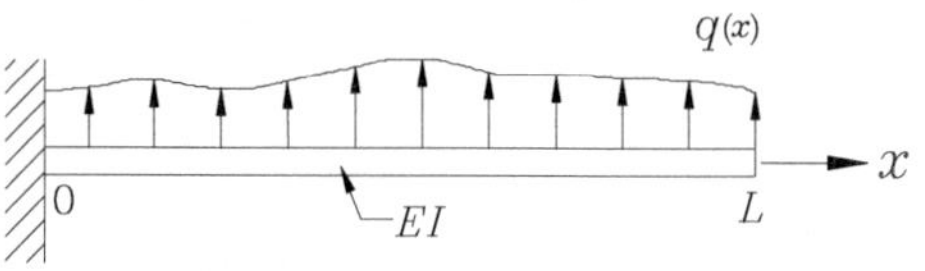

➡ 보의 처짐 문제는 다음의 4차 미분방정식으로 수식화된다.

$$EI(x)\,\frac{d^4v}{dx^4} = q(x) \tag{a}$$

여기서 $v(x)$, $q(x)$, $EI(x)$는 각각 처짐곡선, 하중밀도함수, 굽힘강성(flexural rigidity)이다. 지배방정식이 4차이므로 네 개의 경계조건이 필요하며, 경계 $x=0$과 $x=L$에서 각각 두 개의 경계조건이 수식화된다. $x=0$에서 처짐과 기울기가 0이고, $x=L$에서 굽힘모멘트 $M_b(x)$와 전단력 $V(x)$가 모두 0이므로 경계조건은

$$v(0) = 0 \tag{b}$$

$$v'(0) = 0 \tag{c}$$

$$M_b(L) = EI(x)\,v''(x)|_{x=L} = 0 \tag{d}$$

$$V(L) = -(EI(x)\,v''(x))'|_{x=L} = 0 \tag{e}$$

가 된다. 식 (b)와 (c)는 각각 0차와 1차 도함수를 포함하므로 필수경계조건이고, (d)와 (e)는 각각 2차와 3차의 도함수를 포함하므로 자연경계조건에 속한다.

2차원 평면 또는 3차원 공간에서 공학해석 문제는 편미분방정식으로 수식화된다. 1차원 직선상에서 수식화되는 상미분방정식은 대부분 해석적인 방법(analytical method)으로 해결된다. 반면 수계산으로 정해를 얻을 수 있는 편미분방정식은 극히 일부 문제에 제한되어 있다. 따라서 대부분의 경우 근사해를 구할 수밖에 없다. 미분방정식의 근사해법으로

Ritz 법과 가중오차법(weighted residual method) 등의 해석적 방법이 개발되어 있다. 유한요소법의 근본 이론은 이 두 종류의 해석적 근사해법에 뿌리를 두고 있다. 유한요소법은 해석적 근사해법의 수치해법으로 간주해도 무리가 아니다. 미분방정식의 근사해법을 공부하는 동안 이 점을 항상 기억함으로써 방향 감각을 유지하기 바란다.

1.2 Ritz 법에 의한 미분방정식의 근사해법

1.2.1 대수방정식과 함수

함수 $y=f(x)$ 에서 미분값이 0이 되는 점을 정지점(stationary point)이라고 한다. 정지점은 극점(extremum point, 극소점, 극대점)과 변곡점(inflection point)을 포함한다. 따라서

$$f'(x^*)=0 \tag{1.3}$$

은 x^*가 함수 $y=f(x)$의 정지점이 될 필요충분조건이다. 물론 식 (1.3)은 함수 $y=f(x)$가 극점이 될 필요조건이다. 변곡점은 극점이 아니기 때문이다. 식 (1.3)이 대수방정식이라는 점을 유념하라.

▼ 예제 1.2

함수 $y=x^3(x-4)$에 대한 다음 물음에 답하라.

a) 극점을 구하라.

b) 정지점을 구하라.

➡ a) 함수 y의 극점이 될 필요조건

$$y' = 4x^3-12x^2 = 4x^2(x-3) = 0 \tag{a}$$

으로부터 $x=0$, $x=3$이다. $x=0$에서 $y''=0$, $y'''\neq 0$이므로 이 점은 변곡점이 되며 극점이 아니다. 따라서 함수 y는 $x=3$에서만 극값을 갖는다.

b) 정지점이 될 필요충분조건 $y'=0$으로부터 구한 두 점, $x=0$, $x=3$이 정지점이다.

▼ 예제 1.3

함수 $y=x^2(x-1)^2$의 정지점을 구하라.

➡ 함수 y의 정지점이 될 필요충분조건

$$y' = 2x^3-3x^2+x = x(x-1)(2x-1) = 0 \tag{a}$$

으로부터 $x=0, \frac{1}{2}, 1$이다. 이 점들에서 $y''\neq 0$이므로 이 점들은 모두 극점이다.

위의 예제에서 대수방정식을 푸는 문제와 함수의 정지점을 구하는 문제가 동일함을 알 수 있다. 예제에서 보는 바와 같이 정지점을 구하는 문제는 극점을 구하는 문제보다 포괄적이다. 물론 극점을 구하는 문제는 최대값 또는 최소값을 구하는 문제를 포함한다. 함수의 극화에 관한 상세한 내용은 제 1 부 3.7절을 참고하기 바란다.

1.2.2 미분방정식과 범함수

대수방정식의 해는 분절된 값, 즉 수인 반면 미분방정식의 해는 연속된 값, 즉 함수이다. 미분방정식의 범함수(functional)는 대수방정식의 함수에 대응된다. 즉 대수방정식이 함수의 정지점을 구하는 문제라면, 미분방정식은 범함수의 정지값을 찾는 문제이다.

범함수는 함수의 함수(function of function)이며, 함수가 입력되면 실수값을 출력한다. 범함수는 기계공학에서 매우 빈번히 사용되고 있으며, 이미 우리는 역학이론 전개 과정에서 사용해 왔다. 가령 보의 변형에너지 $U(v(x))$는 처짐곡선 $v(x)$의 함수로서

$$U(v(x)) = \frac{1}{2}\int_L EI(x)\, v''^2(x)\, dx \tag{1.4}$$

로 정의되며, 범함수의 전형적 예이다.

▼ 예제 1.4

보의 처짐곡선이 $v(x) = 1 - x^3$, 길이가 $L = 1$, 굽힘강성이 $EI(x) = 1$일 때 변형에너지 U를 구하라.

➡ $v''(x) = -6x$이므로 식 (1.4)로부터

$$U(v) = \frac{1}{2}\int_0^1 36x^2\, dx = 6 \tag{a}$$

이다. 따라서 함수가 입력되어 실수값이 출력되었다.

함수의 정지점을 구하는 문제와 대수방정식의 관계를 숙지하고 있으면, 미분방정식과 범함수의 관계를 이해하는 데 크게 도움이 될 것이다. 미분방정식과 범함수의 관계를 예를 통하여 공부해 보도록 하자. 설명을 돕기 위한 예제로 그림 1.1의 1차원 정상상태의 전도열전달 문제를 선택한다. 문제에 대한 구체적 설명은 다음과 같다.

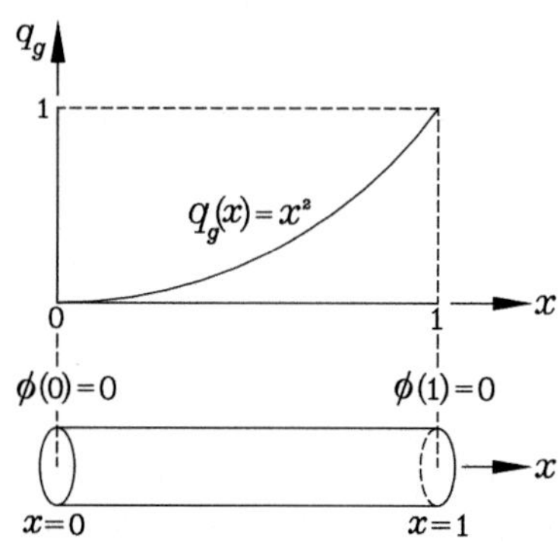

그림 1.1 문제의 정의

예제 설명

길이가 1인 선(예, 전선)의 양 끝단의 온도가 0으로 유지되고 있으며, 시간에 따른 온도변화가 없다. 열전달이 선의 길이 방향으로 발생하도록 단열되어 있다. 단위길이당 발열률은 $q_g(x) = x^2$이며, 선의 열전도율 k는 1이다.

1차원 정상상태의 전도방정식 $k\frac{d^2\phi}{dx^2} + q_g(x) = 0$으로부터 위의 예제는 다음의 미분방정식으로 수식화된다.

문제 1

$$-\frac{d^2\phi}{dx^2} = x^2, \quad 0 < x < 1 \tag{1.5}$$

$$\phi(0) = 0,\ \phi(1) = 0 \tag{1.6}$$

[문제 1]의 정해 $\phi^*(x)$는 다음과 같다.

$$\phi^*(x) = -\frac{1}{12}(x^4 - x) \tag{1.7}$$

변분원리에 의하면, [문제 1]은 다음의 [문제 2]와 동일하다(예제 1.5 참고).

문제 2

$$\begin{aligned} &Extremize \quad F(\phi) = \frac{1}{2}\int_0^1 \left[\left(\frac{d\phi}{dx}\right)^2 - 2x^2\phi(x)\right]dx \\ &subject\ \ to \quad \phi(0) = 0,\ \phi(1) = 0 \end{aligned} \tag{1.8}$$

[문제 1]은 필수경계조건 $\phi(0) = 0$, $\phi(1) = 0$을 만족하면서 [문제 2]의 범함수 $F(\phi)$가 극값을 가지게 하는 $\phi(x)$를 구하는 문제와 같다. 예제 1.5에서 설명하는 바와 같이, [문제 2]의 범함수 $F(\phi)$의 특성상 *Extremize* 대신 *Minimize*를 사용해도 된다.

▼ 예제 1.5

[문제 1]과 [문제 2]가 동일함을 보여라.

➡ 〈방법 1〉 $\phi^*(x)$가 필수경계조건을 만족하면서 범함수 $F(\phi)$를 최소화시키는 함수라고 가정하자. 그리고 필수경계조건을 만족하는 임의의 함수 $\tilde{\phi}(x)$를

$$\tilde{\phi}(x) = \phi^*(x) + \varepsilon\,\eta(x) \tag{a}$$

로 두자. 여기서 ε은 임의의 상수이다. $\phi^*(0) = \phi^*(1) = 0$이고 $\tilde{\phi}(x)$가 필수경계조건을 만족해야 하므로

$$\eta(0) = \eta(1) = 0 \tag{b}$$

이 만족되어야 한다. $\eta(x)$는 이 조건을 만족하는 임의의 함수이다. 예를 들면 $x(1-x)$, $x^2(1-x)$ 등등이 $\eta(x)$가 될 수 있으며, 이 조건을 만족하는 함수의 수는 무한대이다. $F(\tilde{\phi}) - F(\phi^*)$를 구하면

$$F(\tilde{\phi}) - F(\phi^*) = \varepsilon\int_0^1 (\phi^{*\prime}\eta' - x^2\eta)\,dx + \frac{1}{2}\varepsilon^2\int_0^1 \eta'^2\,dx \tag{c}$$

이다. $\phi^*(x)$가 범함수 $F(\phi)$를 최소화시키기 위해서는

$$F(\tilde{\phi}) - F(\phi^*) \geq 0 \tag{d}$$

가 임의의 상수 ε과 임의의 함수 $\eta(x)$에 대하여 항상 성립해야 하므로, 식 (c)의 우변 첫번째 항에서

$$\int_0^1 (\phi^{*\prime}\eta' - x^2\eta)\,dx = 0 \tag{e}$$

이 반드시 성립해야 한다. 식 (e)의 첫번째 항을 부분적분하면

$$\int_0^1 (-\phi^{*\prime\prime} - x^2)\,\eta(x)\,dx + \phi^{*\prime}(1)\,\eta(1) - \phi^{*\prime}(0)\,\eta(0) = 0 \tag{f}$$

가 된다. $\eta(x)$는 $\eta(0) = \eta(1) = 0$을 만족하는 임의의 함수이므로 식 (f)가 항상 성립하기 위해서는 다음 식이 반드시 성립해야 한다.

$$-\frac{d^2\phi^*}{dx^2} = x^2 \tag{g}$$

따라서 식 (g)가 만족되면 식 (e)가 만족되고, 식 (c)의 우변이 모든 ε과 $\eta'(x)$에 대해 0보다 크거나 같기 때문에 항상

$$F(\tilde{\phi}) \geq F(\phi^*) \tag{h}$$

가 성립한다. 즉, [문제 1]은 [문제 2]의 범함수 $F(\phi)$가 최소가 될 필요충분조건이다.

〈방법 2〉 범함수 $F(\phi)$에 직접 변분을 취하여 0으로 두면

$$\delta F = \int_0^1 (\phi'\delta\phi' - x^2\,\delta\phi)\,dx = 0 \tag{i}$$

또는

$$\int_0^1 (-\phi'' - x^2)\, \delta\phi\, dx + \phi'(1)\, \delta\phi(1) - \phi'(0)\, \delta\phi(0) = 0 \tag{j}$$

이다. $x=0$과 $x=1$에서 필수경계조건이 주어졌으므로 $\delta\phi(0)=\delta\phi(1)=0$이고 $\delta\phi$가 임의의 함수이므로 다음과 같다.

$$-\phi'' = x^2 \tag{k}$$

식 (k)는 범함수 $F(\phi)$가 최소가 될 필요조건이다. 한편 $F(\phi)$의 2차변분 $\delta^2 F$를 구하면

$$\delta^2 F = \int_0^1 (\delta\phi')^2 dx \geq 0 \tag{l}$$

이므로 $\delta^2 F$는 항상 양수가 된다. 따라서 식 (k)는 범함수 $F(\phi)$가 최소가 될 필요 및 충분조건이다.

기본적으로 변분이론에서는 자연경계조건이 범함수 내에 내포되어 있다. 즉, 범함수를 최소화시키는 함수는 자연경계조건을 자동적으로 만족한다. 필수경계조건은 일반적으로 범함수 내에 내포시키지 않지만 경우에 따라서는 내포시킬 수도 있다. 미분방정식이 $2p$차일 경우, 범함수 내의 최고 미분차수는 p이다. 이 점은 앞으로 전개될 근사해법에서 매우 유리한 환경을 제공해 준다. 정해를 구하는 관점에서 [문제 1]과 [문제 2]는 동일하지만, 근사해를 구하는 관점에서 보면 두 문제는 매우 상이하다.

이 시점에서 범함수가 어떻게 구해지는가에 관한 의문을 갖지 말자. 1.2.5절에서 범함수의 유도과정이 소개되지만, 기술자 또는 공학자가 범함수를 직접 구할 일은 사실상 없으며, 기 유도된 범함수를 이해하고 이용하는 것이 실질적으로 필요하다는 점을 지적해 두는 것으로 이 의문에 대한 답을 대신한다.

1.2.3 Ritz 법

지금부터 미분방정식의 근사해법 중의 하나인 Ritz 법에 관하여 공부해 보자. 변분이론의 이해는 Ritz 법의 이해에 선행되어야 하지만 이 장을 공부하는 데 필수 요구조건은 아니다. 필요한 이론이 본문 중에 충분히 설명되기 때문이다. 이론의 심화발전을 위하여 변분이론의 공부가 필요할 경우에는 제 1 부 5장의 내용을 참고하기 바란다. 그리고 이 장에서 Ritz 법을 공부하는 과정에서 변분이론에 관한 이해를 넓혀 가기 바란다.

먼저 Ritz 법의 설명에서 사용되는 함수들의 표현법을 익혀 두자. 미지의 함수(unknown function, 미지함수라고 함)가 $\phi(x)$이면, $\phi^*(x)$는 정해(exact solution)를 의미하고, $\tilde{\phi}(x)$는 시도함수(trial function)를 의미한다. 그리고 $\bar{\phi}(x)$와 $\bar{\phi}(0)$는 각각 주어진 함수와 주어진 함수값을 의미한다.

Ritz 법에서 근사해를 구하는 작업은 기초함수(basis function) $\zeta_i(x)\,(i=1, 2, \ldots, n)$의 선정으로부터 시작된다. 기초함수들은 선형독립적이어야 하며(어떤 하나의 기초함수 $\zeta_i(x)$를 나머지 기초함수들의 선형조합으로 표현할 수 없어야 하며), 미분방정식이 $2p$차일 때 p차까지 미분하여 제곱적분 가능해야 한다($F(\zeta_i(x))$의 정적분값이 존재해야 한다).
이 점이 기초함수가 갖추어야 할 요구조건이다.

기초함수 $\zeta_i(x)$의 선형조합

$$\tilde{\phi}(x) = \sum_{i=1}^{n} C_i \zeta_i(x) \tag{1.9}$$

를 시도함수라고 한다. 시도함수는 범함수 내에 반영되지 않은 부과조건들을 만족해야 한다. 일반적으로 부과조건을 필수경계조건으로 간주해도 무리는 아니다. 그러나 Lagrange 변수법이나 벌칙기법 등에 의하여 범함수 내에 반영된 필수경계조건을 시도함수가 만족시킬 필요는 없다. 물론 변분이론에 의하여 자연경계조건은 기본적으로 범함수 내에 삽입되므로 시도함수가 갖추어야 할 조건으로 고려할 대상이 아니다.

시도함수가 만족해야 할 조건을 구체적인 예를 통하여 설명해 보자. [문제 2]의 경우 필수경계조건

$$\phi(0)=0,\ \phi(1)=0 \tag{1.6}$$

을 만족해야 한다. 만약

$$\zeta_1(x) = x(1-x),\ \zeta_2(x) = x^2(1-x),\ \zeta_3(x) = x(1-x)^2 \tag{1.10}$$

등을 [문제 2]의 해결을 위한 기초함수로 선택하면, 시도함수 $\tilde{\phi}(x)$는 범함수에 부과된 필수경계조건을 C_i에 관계없이 만족한다. 물론 개별 기초함수가 필수경계조건을 만족할 필요는 없으며, 대신 시도함수가 필수경계조건을 만족해야 한다.

일반이론의 전개에 앞서 실제 문제를 풀어 보는 것이 Ritz 법의 이해에 효과적이다. 이 목적으로 기초함수 $\zeta_1 = x(1-x)$와 $\zeta_2 = x^2(1-x)$의 선형조합

$$\tilde{\phi}(x) = C_1 x(1-x) + C_2 x^2(1-x) \tag{1.11}$$

을 시도함수로 하여 Ritz 법의 근사해를 구해 보자. 여기서 C_1과 C_2는 미지의 상수이다. 이 시도함수는 필수경계조건을 자동적으로 만족시킨다. 식 (1.11)을 [문제 2]의 범함수 $F(\phi)$에 대입하면

$$\begin{aligned} F(\tilde{\phi}) &= \frac{1}{2}\int_0^1 \left[\left\{C_1(1-2x)+C_2(2x-3x^2)\right\}^2 - 2C_1x^3(1-x) - 2C_2x^4(1-x)\right]dx \\ &= \frac{1}{2}\int_0^1 (1-2x)^2 dx \cdot C_1^2 + \frac{1}{2}\int_0^1 (2x-3x^2)^2 dx \cdot C_2^2 \end{aligned} \tag{1.12}$$

$$+\int_0^1 (1-2x)(2x-3x^2)dx \cdot C_1C_2 - \int_0^1 x^3(1-x)dx \cdot C_1 - \int_0^1 x^4(1-x)dx \cdot C_2$$

이고, 이를 적분하여 정리하면 다음과 같다.

$$\tilde{F}(C_1, C_2) \equiv F(\tilde{\phi}) = \frac{1}{6}C_1{}^2 + \frac{1}{15}C_2{}^2 + \frac{1}{6}C_1C_2 - \frac{1}{20}C_1 - \frac{1}{30}C_2 \tag{1.13}$$

[문제 2]의 범함수는 식 (1.11)의 시도함수의 대입으로 미지수 C_1과 C_2의 함수로 바뀌었으며, 이에 따라 범함수의 극화 문제가 함수의 극화 문제로 변환되었다.

함수 $\tilde{F}(C_1, C_2)$가 극값을 가질 필요조건

$$\frac{\partial \tilde{F}}{\partial C_1} = 0, \quad \frac{\partial \tilde{F}}{\partial C_2} = 0 \tag{1.14}$$

으로부터 다음의 선형연립방정식이 얻어진다.

$$\frac{1}{30}\begin{bmatrix} 10 & 5 \\ 5 & 4 \end{bmatrix}\begin{bmatrix} C_1 \\ C_2 \end{bmatrix} = \frac{1}{60}\begin{bmatrix} 3 \\ 2 \end{bmatrix} \tag{1.15}$$

일반적으로 위의 방정식에서 좌변의 행렬을 뜻과는 상관없이 강성행렬(stiffness matrix)이라고 하며, 우변의 열행렬을 하중벡터(force vector)라고 부른다. 강성행렬은 대칭행렬이다. 식 (1.15)의 해를 구하면

$$C_1 = \frac{1}{15}, \quad C_2 = \frac{1}{6} \tag{1.16}$$

이다. 이 값을 식 (1.11)에 대입하면 다음의 근사해를 얻게 된다.

$$\tilde{\phi}(x) = \frac{1}{30}(2x + 3x^2 - 5x^3) \tag{1.17}$$

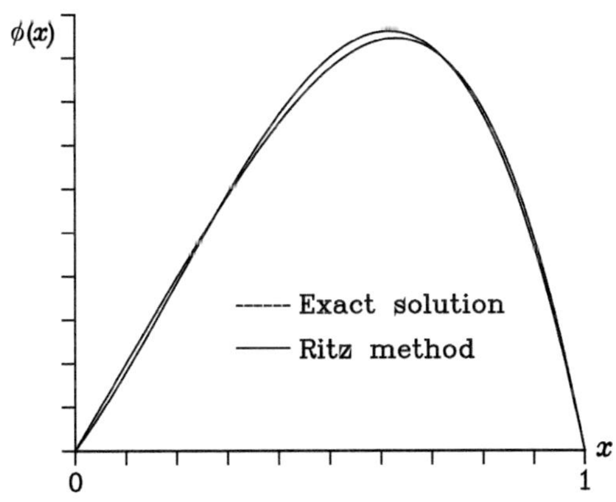

그림 1.2 근사해와 정해의 비교

그림 1.2에서 근사해 $\tilde{\phi}(x)$ 와 정해 $\phi^*(x)$ 를 비교하고 있다. 정해가 4차 함수이고 근사해가 3차 함수인 데도 불구하고 정해와 근사해가 매우 유사함을 알 수 있다. 정해가 극대값을 갖는 $x_{\max} = 4^{-\frac{1}{3}}$ 에서

$$\phi^*(x_{\max}) = 0.029165,\ \tilde{\phi}(x_{\max}) = 0.029799 \tag{1.18}$$

이므로 근사해의 오차는 약 2.2% 이내의 범위에 들어온다. 그러나

$$\phi^{*\prime}(0) = \frac{1}{12},\ \tilde{\phi}'(0) = \frac{1}{15},\ \phi^{*\prime}(1) = -\frac{1}{4},\ \tilde{\phi}'(1) = -\frac{7}{30} \tag{1.19}$$

이므로 경계에서 기울기 오차는 최대 20%에 이른다는 점에 주목하기 바란다.

Ritz 법에서 해의 정확도는 기초함수의 선정에 좌우된다. 기본적으로 기초함수 $\zeta_i(x)$ 는 범함수 내의 최고 미분차수 p 까지의 미분에 대하여 제곱적분 가능해야 한다. 즉,

$$\zeta_i(x) \in H^p(\Omega) \quad 또는 \quad \zeta_i(x) \in C^{p-1}(\Omega) \tag{1.20}$$

를 만족해야 한다. 만약 시도함수가 정해를 표현할 수 있을 경우(예제 1.6 참고), 즉 시도함수에 사용된 기초함수 $\zeta_i(x)$ 의 선형조합 중에 정해가 존재할 경우 근사해는 정해와 일치한다. 주목할 점은 어떤 시도함수 $\sum_{i=1}^{n} C_i \zeta_i(x)$ 의 해보다 기초함수 $\zeta_{n+1}(x)$ 가 추가된 새로운 시도함수 $\sum_{i=1}^{n+1} C_i \zeta_i(x)$ 의 해가 항상 더 정확하다는 것이다. 기초함수의 수가 무한대이면 정해에 수렴한다. 즉,

$$\tilde{\phi}(x) = \lim_{n\to\infty} \sum_{i=1}^{n} C_i \zeta_i(x) \ \Rightarrow\ \phi^*(x) \tag{1.21}$$

이다. 식 (1.21)이 의미하는 바를 되새겨 보자. 미분방정식은 본래 무한대의 기초함수를 가진 함수장(function space)에서 해를 구하는 문제이다. 물론 그 결과는 정해가 된다. 이에 반해 Ritz 법에서는 식 (1.11)과 같이 유한개의 기지함수(known function), 즉 기초함수로 근사해를 구하는 것이다. 따라서 무한차원의 함수장에서 해를 찾아야 할 문제를 유한개의 기초함수로 구성된 유한차원의 벡터장(finite dimensional vector space)에서 해결하겠다는 것이 Ritz 법의 기본 사상이다.

전술한 바와 같이 Ritz 법은 미분방정식의 근사해법이지만 해의 정확도를 마음대로 제어 가능하다는 점에 주목해야 한다. 그러나 수계산에 의존할 경우 기초함수의 수를 몇 개 이상 선정하기가 사실상 불가능하다. 100개의 기초함수를 사용했을 경우, 100 × 100 강성행렬 요소와 100개의 하중벡터 성분을 구해야 하며, 미지수가 100개인 선형방정식을 풀어야 한다. 수계산으로는 불가능하다. 100개의 선형독립 기초함수를 선택하는 것도 만만치 않은 문제이다. 그러므로 Ritz 법이 이론적으로는 매력적이지만, 실용적 측면에서 보면 매

우 많은 문제를 안고 있다. 문제는 이러한 Ritz 법의 문제점들을 실용의 관점에서 어떻게 해결해 나갈 것인가에 있다. 결론부터 이야기하자면, 기초함수의 용이한 선택과 강성행렬의 체계적 계산방식을 제공하는 유한요소기교(finite element techniques)와 컴퓨터의 도움으로 Ritz 법의 실용상 문제점이 해결될 수 있다.

▼ 예제 1.6

다음의 함수가 [문제 2]의 시도함수가 되기 위한 필수조건을 구하라. 그리고 이 조건하에서 Ritz 법을 이용하여 근사해를 구하고 정해와 비교하라.

$$\tilde{\phi}(x) = C_0 + C_1 x + C_2 x^2 + C_3 x^3 + C_4 x^4 \tag{a}$$

➡ $\tilde{\phi}(0) = \tilde{\phi}(1) = 0$으로부터 $C_0 = 0$, $C_4 = -C_1 - C_2 - C_3$이다. 따라서 준식이 필수경계조건을 만족하는 시도함수가 되기 위해서는 다음과 같아야 한다.

$$\tilde{\phi}(x) = C_1(x - x^4) + C_2(x^2 - x^4) + C_3(x^3 - x^4) \tag{b}$$

이 시도함수를 [문제 2]의 범함수에 대입하여 정리하면 다음과 같다.

$$\tilde{F}(C_1, C_2, C_3) = \frac{9}{14}C_1^2 + \frac{22}{105}C_2^2 + \frac{3}{70}C_3^2 \tag{c}$$

$$+\frac{24}{35}C_1C_2 + \frac{13}{70}C_2C_3 + \frac{2}{7}C_3C_1 - \frac{3}{28}C_1 - \frac{2}{35}C_2 - \frac{1}{42}C_3$$

식 (c)의 함수 $\tilde{F}(C_1, C_2, C_3)$가 극값을 가질 필요조건 $\dfrac{\partial \tilde{F}}{\partial C_i} = 0,\ i = 1, 2, 3$으로부터

$$\begin{bmatrix} 540 & 288 & 120 \\ 288 & 176 & 78 \\ 120 & 78 & 36 \end{bmatrix} \begin{bmatrix} C_1 \\ C_2 \\ C_3 \end{bmatrix} = \begin{bmatrix} 45 \\ 24 \\ 10 \end{bmatrix} \tag{d}$$

이다. 방정식 (d)의 해가 $C_1 = \dfrac{1}{12}$, $C_2 - C_3 = 0$이므로 근사해는 다음과 같다.

$$\tilde{\phi}(x) = -\frac{1}{12}(x^4 - x) \tag{e}$$

그런데 근사해 $\tilde{\phi}(x)$는 식 (1.7)의 정해 $\phi^*(x)$와 일치하고 있다. 그 이유는 정해가 기초함수의 선형조합으로 표현되기 때문이다. 즉,

$$C_1(x - x^4) + C_2(x^2 - x^4) + C_3(x^3 - x^4) = \phi^*(x) = \frac{1}{12}(x - x^4) \tag{f}$$

를 만족하는 상수 $C_1 = \dfrac{1}{12}$, $C_2 = C_3 = 0$이 존재한다.

▼ 예제 1.7

함수 $x(1-x), x^2(1-x), x(1-x^2)$가 선형종속임을 보이고, 이 함수를 기초함수로 하여 Ritz 법을 적용시켜 보라.

➡ 다음 식에서 보는 바와 같이 주어진 세 함수의 선형조합을 0으로 두자.

$$C_1 x(1-x) + C_2 x^2(1-x) + C_3 x(1-x^2) = 0 \tag{a}$$

이 식이 x에 관계없이 항상 성립한다는 조건으로부터 $C_1 = C_2 = -C_3$가 구해진다. 모든 C_i가 0이 아닐 때에도 식 (a)가 성립하므로 주어진 세 개의 함수는 선형종속이다. 이제 주어진 세 개의 함수를 기초로 한 다음의 시도함수로부터 근사해를 구해 보자.

$$\tilde{\phi}(x) = C_1 x(1-x) + C_2 x^2(1-x) + C_3 x(1-x^2) \tag{b}$$

이 시도함수를 [문제 2]의 범함수에 대입하여 정리하면 다음과 같다.

$$\begin{aligned}\tilde{F}(C_1, C_2, C_3) &= \frac{1}{6}C_1^2 + \frac{1}{15}C_2^2 + \frac{2}{5}C_3^2 \\ &\quad + \frac{1}{6}C_1C_2 + \frac{3}{10}C_2C_3 + \frac{1}{2}C_1C_3 - \frac{1}{6}C_1 - \frac{1}{12}C_2 - \frac{1}{4}C_3\end{aligned} \tag{c}$$

식 (c)의 함수가 극값을 가질 조건 $\dfrac{\partial \tilde{F}}{\partial C_i} = 0,\ i = 1,2,3$으로부터

$$\begin{bmatrix} 20 & 10 & 30 \\ 10 & 8 & 18 \\ 30 & 18 & 48 \end{bmatrix} \begin{bmatrix} C_1 \\ C_2 \\ C_3 \end{bmatrix} = \begin{bmatrix} 10 \\ 5 \\ 15 \end{bmatrix} \tag{d}$$

이다. 그런데

$$\begin{vmatrix} 20 & 10 & 30 \\ 10 & 8 & 18 \\ 30 & 18 & 48 \end{vmatrix} = 0 \tag{e}$$

이므로 해가 존재하지 않는다. 이것은 선형종속인 함수들의 선형조합이 시도함수로 사용되었기 때문이다.

▼ 예제 1.8

경계조건이 [문제 1]과 약간 다른 다음의 문제를 풀어 보자.

$$-\frac{d^2\phi}{dx^2} = x^2,\ \phi(0) = 0,\ \phi(1) = 1 \tag{a}$$

이 문제의 변분이론은 다음과 같다

$$Extremize \quad F(\phi) = \frac{1}{2}\int_0^1 \left[\left(\frac{d\phi}{dx}\right)^2 - 2x^2\phi(x)\right]dx \tag{b}$$

$$subject \ \ to \quad \phi(0) = 0, \ \phi(1) = 1$$

다음의 함수가 이 변분이론의 시도함수가 되기 위한 조건을 구하고, 그 조건하에서 근사해를 구하라.

$$\tilde{\phi}(x) = C_0 + C_1 x + C_2 x^2 + C_3 x^3 \tag{c}$$

〈방법 1〉 $\tilde{\phi}(0) = 0$, $\tilde{\phi}(1) = 1$을 만족해야 하므로

$$C_0 = 0, \ C_3 = 1 - C_1 - C_2 \tag{d}$$

이다. 따라서 식 (c)의 $\tilde{\phi}(x)$가 필수경계조건을 만족하는 시도함수가 되기 위해서는 다음의 형태가 되어야 한다.

$$\tilde{\phi}(x) = C_1(x - x^3) + C_2(x^2 - x^3) + x^3 \tag{e}$$

이 시도함수를 식 (b)의 범함수에 대입하여 정리하면 다음과 같다.

$$\tilde{F}(C_1, C_2) = \frac{2}{5}C_1^2 + \frac{1}{15}C_2^2 + \frac{3}{10}C_1C_2 - \frac{53}{60}C_1 - \frac{1}{3}C_2 - \frac{11}{15} \tag{f}$$

식 (f)의 함수 $\tilde{F}(C_1, C_2)$가 극값을 가질 필요조건 $\dfrac{\partial \tilde{F}}{\partial C_i} = 0, \ i = 1,2$로부터

$$\begin{bmatrix} 48 & 18 \\ 18 & 8 \end{bmatrix}\begin{bmatrix} C_1 \\ C_2 \end{bmatrix} = \begin{bmatrix} 53 \\ 20 \end{bmatrix} \tag{g}$$

이나. 방정식 (g)의 해는

$$C_1 = \frac{16}{15}, \quad C_2 = \frac{1}{10} \tag{h}$$

이다. 따라서 근사해는 다음과 같다.

$$\tilde{\phi}(x) = \frac{1}{30}(32x + 3x^2 - 5x^3) \tag{i}$$

그림에서 근사해 $\tilde{\phi}(x)$와 정해

$$\phi^*(x) = -\frac{1}{12}x^4 + \frac{13}{12}x \tag{j}$$

를 비교하고 있다.

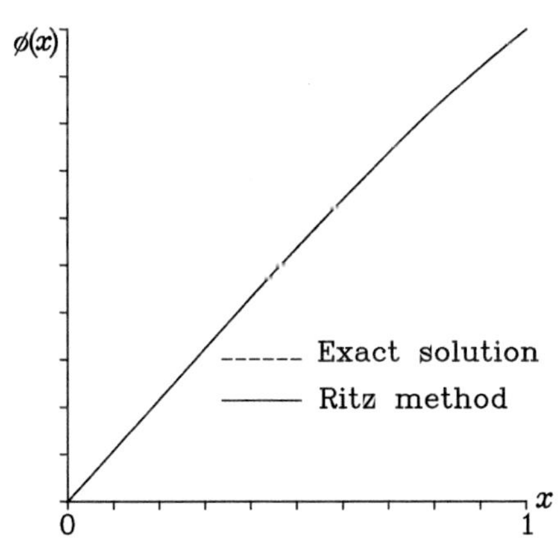

〈방법 2〉 한편 시도함수를 다음과 같이 두고, 최종적으로 $C_3=1$ 이라는 조건을 부과하는 방식으로 해를 구해 보자.

$$\tilde{\phi}(x) = C_1(x-x^3) + C_2(x^2-x^3) + C_3x^3 \tag{k}$$

이 시도는 유한요소법에서 경계조건을 부여하는 방법을 이해하는 데 큰 도움을 줄 것이다. 식 (k)의 시도함수를 범함수 (b)에 대입하여 정리하면

$$\tilde{F}(C_1,C_2,C_3) = \frac{2}{5}C_1^2+\frac{1}{15}C_2^2+\frac{9}{10}C_3^2 \tag{l}$$

$$+\frac{3}{10}C_1C_2-\frac{3}{10}C_2C_3-\frac{4}{5}C_3C_1-\frac{1}{12}C_1-\frac{1}{30}C_2-\frac{11}{15}C_3$$

이다. 식 (l)의 함수 $\tilde{F}$가 극값을 가질 필요조건 $\dfrac{\partial\tilde{F}}{\partial C_i}=0,\ i=1,2,3$ 으로부터

$$\begin{bmatrix} 48 & 18 & -48 \\ 18 & 8 & -18 \\ -48 & -18 & 108 \end{bmatrix}\begin{bmatrix} C_1 \\ C_2 \\ C_3 \end{bmatrix}=\begin{bmatrix} 5 \\ 2 \\ 19 \end{bmatrix} \tag{m}$$

이다. 방정식 (m)을 직접 풀면 우리가 구하고자 하는 해를 얻을 수 없다. 이 방정식을 풀기 이전에 세 번째 식을 무시하고 $C_3=1$ 의 조건을 강제적으로 부과시켜야 한다. 즉,

$$\begin{bmatrix} 48 & 18 & 0 \\ 18 & 8 & 0 \\ 0 & 0 & 108 \end{bmatrix}\begin{bmatrix} C_1 \\ C_2 \\ C_3 \end{bmatrix}=\begin{bmatrix} 5+48\overline{C}_3 \\ 2+18\overline{C}_3 \\ 108\overline{C}_3 \end{bmatrix}=\begin{bmatrix} 53 \\ 20 \\ 108 \end{bmatrix} \tag{n}$$

가 된다. 식 (n)은 식 (g)와 동일한 의미를 갖기 때문에 두 방법의 결과는 동일하다.

이제 n개의 기초함수 $\zeta_j(x)$로 구성된 시도함수를 사용했을 경우의 Ritz 법의 일반식을 유도해 보자. 시도함수, 즉 기초함수의 선형조합은 다음과 같이 표현된다.

$$\tilde{\phi}(x) = \sum_{j=1}^{n} C_j\,\zeta_j(x) \tag{1.22}$$

시도함수 $\tilde{\phi}(x)$는 범함수에 부과된 조건을 만족해야 한다. 시도함수의 C_j 중에서 일부는 기지의 값으로 주어질 수도 있는데, 이 경우에는 미리 주어진 값을 대입하여 미지수에서 삭제할 수도 있고, 미지수로 취급한 후 방정식을 풀기 직전에 기지의 값을 대입할 수도 있다(예제 1.8 참고). 시도함수를 범함수에 대입하여 정리하면, 범함수는 C_j의 함수로 전환된다. 즉,

$$F(\tilde{\phi}) = \frac{1}{2}\int_0^1\left[\left(\sum_{j=1}^{n}C_j\,\zeta_j'(x)\right)^2-2x^2\sum_{j=1}^{n}C_j\,\zeta_j(x)\right]dx \equiv \tilde{F}(C_1,\ C_2,\ \cdots,\ C_n) \tag{1.23}$$

이다. 따라서 함수 $\widetilde{F}(C_1, C_2, \cdots, C_n)$가 극값을 가질 조건

$$\frac{\partial \widetilde{F}}{\partial C_i} = 0, \quad i = 1, 2, \cdots, n \tag{1.24}$$

으로부터 다음의 선형방정식이 유도된다.

$$\begin{bmatrix} K_{11} & K_{12} & \dots & K_{1n} \\ K_{21} & K_{22} & \cdots & K_{2n} \\ \vdots & \vdots & & \vdots \\ K_{n1} & K_{n2} & \cdots & K_{nn} \end{bmatrix} \begin{bmatrix} C_1 \\ C_2 \\ \vdots \\ C_n \end{bmatrix} = \begin{bmatrix} F_1 \\ F_2 \\ \vdots \\ F_n \end{bmatrix} \quad \text{또는} \quad [\mathrm{K}\,][\mathrm{C}\,] = [\mathrm{F}\,] \tag{1.25}$$

여기서 [K]와 [F]는

$$K_{ij} \equiv \int_0^1 \zeta_i'(x)\,\zeta_j'(x)\,dx = \int_0^1 \zeta_j'(x)\,\zeta_i'(x)dx = K_{ji} \tag{1.26}$$

$$F_i = \int_0^1 x^2 \zeta_i(x)\,dx \tag{1.27}$$

로 정의된다. 일반적으로 문제의 종류에 관계없이 $[K_{ij}]$와 $[F_i]$는 각각 강성행렬과 하중벡터라고 불린다. Ritz 법에서 강성행렬의 성분은 대부분 0이 아니며, 기초함수 $\zeta_j(x)$가 선형종속이 아니면 강성행렬은 비특이행렬(non-singular matrix)이다.

▼ 예제 1.9

식 (1.23)으로부터 $\dfrac{\partial \widetilde{F}}{\partial C_i}$를 전개하라.

➡ 시도함수를 C_i에 관하여 편미분하면

$$\frac{\partial}{\partial C_i}\left(\sum_{j=1}^{n} C_j \zeta_j'\right) = \zeta_i' \tag{a}$$

이므로 다음과 같다.

$$\begin{aligned} \frac{\partial \widetilde{F}}{\partial C_i} &= \int_0^1 \sum_{j=1}^{n} C_j \zeta_j'(x)\,\zeta_i'(x)\,dx - \int_0^1 x^2 \zeta_i(x)\,dx \\ &= \sum_{j=1}^{n}\left[\int_0^1 \zeta_i'(x)\,\zeta_j'(x)\,dx\right] C_j - \int_0^1 x^2 \zeta_i(x)\,dx \\ &= \sum_{j=1}^{n} K_{ij} C_j - F_i \end{aligned} \tag{b}$$

1.2.4 자연경계조건의 처리

앞에서 필수경계조건만 주어진 상미분방정식의 근사해법을 적용 예제를 통하여 공부하였다. 이제 다음의 예제를 통하여 자연경계조건이 부과된 문제의 근사해를 구해 보자.

문제 3

$$-\frac{d^2\phi}{dx^2}=x^2,\ \ 0<x<1 \tag{1.28}$$

$$\phi(0)=0,\ \ \phi'(1)=1$$

[문제 3]에 대응하는 변분원리는 다음과 같다(예제 1.10 참고).

문제 4

$$Extremize\ \ F(\phi)=\frac{1}{2}\int_0^1(\phi'^2-2x^2\phi)\,dx-\phi(1) \tag{1.29}$$

$$subject to\ \ \phi(0)=0$$

이 변분이론에서 자연경계조건 $\phi'(1)=1$은 범함수에 내포되어 있다. 이에 관한 상세한 설명은 예제 1.10으로 대신한다.

이 문제의 정해 ϕ^*는 다음과 같다.

$$\phi^*(x)=-\frac{1}{12}x^4+\frac{4}{3}x \tag{1.30}$$

▼ 예제 1.10

[문제 3]과 [문제 4]가 동일한 문제임을 증명하라.

➡ 변분이론에 익숙하지 않은 독자는 예제 1.5의 〈방법 1〉을 본 예제에 적용해 보기 바란다. 범함수 $F(\phi)$에 1차변분을 취하여 0으로 두면

$$\delta F=\int_0^1(\phi'\delta\phi'-x^2\delta\phi)\,dx-\delta\phi(1)=0 \tag{a}$$

이다. 식 (a)를 부분적분하여 정리하면

$$\int_0^1(-\phi''-x^2)\,\delta\phi\,dx+(\phi'(1)-1)\,\delta\phi(1)-\phi'(0)\,\delta\phi(0)=0 \tag{b}$$

이다. $x=0$에서 필수경계조건이 주어졌으므로 $\delta\phi(0)=0$이고, $\delta\phi$가 임의의 함수이므로

$$-\phi'' = x^2 \tag{c}$$

$$\phi'(1) = 1 \tag{d}$$

의 두 조건이 동시에 만족되어야 한다. 따라서 식 (c)와 식 (d)는 범함수 $F(\phi)$가 극값을 가질 필요조건이다. 한편 2차변분 $\delta^2 F$를 구하면

$$\delta^2 F = \int_0^1 (\delta\phi')^2 dx \ \geq \ 0 \tag{e}$$

이므로 $\delta^2 F$는 항상 양수값을 갖는다. 따라서 식 (c)와 식 (d)는 $x=0$에서 필수경계조건이 주어졌을 때 범함수 $F(\phi)$가 최소가 될 필요충분조건이다. 최소화 문제는 극화 문제에 포함되므로 [문제 3]과 [문제 4]는 동일하다.

▼ 예제 1.11

다음의 시도함수로부터 [문제 3] 또는 [문제 4]의 Ritz 근사해를 구하라.

$$\tilde{\phi}(x) = C_0 + C_1 x + C_2 x^2 + C_3 x^3 \tag{a}$$

➡ 식 (a)가 범함수에 부과된 필수경계조건을 만족하는 시도함수가 되기 위해서는 $\tilde{\phi}(0) = 0$으로부터 $C_0 = 0$이어야 한다. 따라서 시도함수를 다음과 같이 두자.

$$\tilde{\phi}(x) = C_1 x + C_2 x^2 + C_3 x^3 \tag{b}$$

이 시도함수를 [문제 4]의 범함수에 대입하여 정리하면 다음과 같다.

$$\tilde{F}(C_1, C_2, C_3) = \frac{1}{2}C_1^2 + \frac{2}{3}C_2^2 + \frac{9}{10}C_3^2 \tag{c}$$

$$+ C_1C_2 + \frac{3}{2}C_2C_3 + C_3C_1 - \frac{5}{4}C_1 - \frac{6}{5}C_2 - \frac{7}{6}C_3$$

식 (c)의 함수 $\tilde{F}(C_1, C_2, C_3)$가 극값을 가질 필요조건 $\dfrac{\partial \tilde{F}}{\partial C_i} = 0,\ i = 1,2,3$으로부터

$$\begin{bmatrix} 60 & 60 & 60 \\ 60 & 80 & 90 \\ 60 & 90 & 108 \end{bmatrix} \begin{bmatrix} C_1 \\ C_2 \\ C_3 \end{bmatrix} - \begin{bmatrix} 75 \\ 72 \\ 70 \end{bmatrix} \tag{d}$$

이며, 방정식 (d)의 해는

$$C_1 = \frac{79}{60},\ C_2 = \frac{1}{10},\ C_3 = -\frac{1}{6} \tag{e}$$

이다. 따라서 근사해는 다음과 같다.

$$\tilde{\phi}(x) = \frac{79}{60}x + \frac{1}{10}x^2 - \frac{1}{6}x^3 \qquad \text{(f)}$$

그림에서 근사해 $\tilde{\phi}(x)$ 와 다음의 정해

$$\phi^*(x) = -\frac{1}{12}x^4 + \frac{4}{3}x \qquad \text{(g)}$$

를 비교하고 있다.

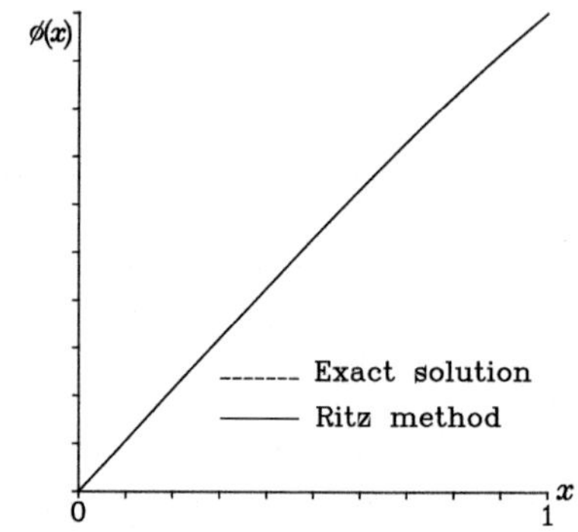

1.2.5 범함수의 유도

범함수에는 자연 범함수(natural functional)와 인조 범함수(contrived functional)가 있다. 변분법에 근거한 역학이론으로부터 유도되는 범함수는 전자에 속하며, 최소자승법 및 Lagrange 변수법 등의 수학적 처리 과정을 통하여 만들어지는 범함수는 후자에 속한다. 일반적으로 범함수라는 용어는 자연 범함수의 의미로 사용된다. 이 절은 자연 범함수의 유도에 관한 내용만을 담고 있다. 인조 범함수를 얻기 위한 수학적 기법에 관한 내용은 관련 문헌[2.1]을 참고하기 바란다.

범함수의 유도 그 자체는 역학이론 전개와는 크게 관련이 없으며, 유한요소법을 공부하는 데 참고가 될 뿐이다. 최소전체퍼텐셜이론 등을 비롯한 변분역학(variational approach to mechanics)에서는 역학 문제 자체가 범함수의 최소화 문제로 수식화된다. 그리고 포아송(Poisson) 방정식 등 공학적으로 널리 알려진 미분방정식에 관한 범함수는 이미 유도되어 있다. 그러므로 사실상 일반 기술자나 연구자들이 범함수를 유도할 필요는 없다. 공학이론을 공부하는 데 있어 주어진 범함수를 이용하는 기술과 능력이 더 중요하다. 그러나 호기심이 많은 독자들 중에는 범함수의 유도 과정에 대한 의문으로 인하여 후속된 이론의 이해에 방해를 받는 경우가 있는 것 같다. 그래서 이 절에서는 기술자 및 공학도가 이해 가능한 방법으로 범함수의 유도과정을 정리해 두고자 한다.

상미분방정식으로 수식화되는 경계치 문제를 미분 연산자를 사용하여 다음과 같은 일반형으로 표현하자.

$$L[\phi(x)] = f(x), \quad x_1 \le x \le x_2 \qquad (1.31)$$

$$B_1[\phi(x)]\,|_{x=x_1} = g_1, \quad B_2[\phi(x)]\,|_{x=x_2} = g_2 \qquad (1.32)$$

식 (1.31)의 미분방정식이 셀프어조인트(self-adjoint)하면(제 1 부 6.2절 참고), 이 문제에 대응하는 범함수 $F(\phi)$ 는 존재하며 다음과 같다.

$$F(\phi) = \frac{1}{2} < L[\phi], \phi >_{L^2[x_1,x_2]} - < f, \phi >_{L^2[x_1,x_2]} + D[\phi]\Big|_{x_1}^{x_2} \qquad (1.33)$$

여기서

$$< f, g >_{L^2[x_1, x_2]} = \int_{x_1}^{x_2} f(x)\, g(x)\, dx \tag{1.34}$$

이다.

식 (1.33)의 우변에서 마지막 항 $D[\phi]|_{x_1}^{x_2}$은 미지의 항으로 경계조건과 관련되어 있다. 이 항만 구하면 식 (1.31)과 식 (1.32)에 대응되는 변분이론은 식 (1.33)으로부터 손쉽게 얻어진다. 이 항은 경계조건을 고려한 직관으로부터 구해지며, 구체적인 접근방법을 예제를 통하여 설명하도록 하겠다.

[문제 3]에 관한 범함수를 구해 보도록 하자. [문제 3]에 대한 식 (1.31)과 식 (1.32)의 미분 연산자, 함수, 변수 등은 다음과 같다.

$$L = -\frac{d^2}{dx^2},\ B_1 = 1,\ B_2 = \frac{d}{dx} \tag{1.35}$$

$$f(x) = x^2,\ g_1 = 0,\ g_2 = 1,\ x_1 = 0,\ x_2 = 1$$

따라서 식 (1.35)를 식 (1.33)에 대입하고 부분적분을 실시하면,

$$\begin{aligned} F(\phi) &= \frac{1}{2}\int_0^1 \left(-\phi''\,\phi - 2x^2\phi\right) dx + D[\phi]\,|_0^1 \\ &= \frac{1}{2}\int_0^1 \left(\phi'^2 - 2x^2\phi\right) dx - \frac{1}{2}\phi\phi'\,|_0^1 + D[\phi]\,|_0^1 \end{aligned} \tag{1.36}$$

이다. 이 범함수에 1차변분을 취하고 부분적분을 실시하면

$$\begin{aligned} \delta F(\phi) &= \int_0^1 \left(\phi'\delta\phi' - x^2\delta\phi\right) dx + \delta\left\{-\frac{1}{2}\phi\phi'\,|_0^1 + D[\phi]|_0^1\right\} \\ &= -\int_0^1 \left(\phi'' + x^2\right)\delta\phi\, dx \\ &\quad - \phi'(0)\delta\phi(0) + \phi'(1)\delta\phi(1) + \delta\left\{-\frac{1}{2}\phi\phi'\,|_0^1 + D[\phi]|_0^1\right\} \end{aligned} \tag{1.37}$$

이다. 여기서 약간의 직관이 필요하다. 직관을 얻기에 앞서 예제 1.5의 식 (f)와 예제 1.10의 식 (b)를 검토해 보라. 식 (1.37)은 내부항과 경계항으로 구분되어 있다. 경계영역의 항은 내부에 전혀 영향을 주지 않으므로, $\delta F(\phi) = 0$이 성립하기 위하여 $\phi'' + x^2 = 0$이 경계항과 무관하게 성립해야 한다. 그리고 경계조건 $\phi(0) = 0, \phi'(1) = 1$을 반영시키기 위해서는 경계항은 다음의 꼴이 되어야 함을 직관적으로 알 수 있다.

$$\alpha_1\,\phi'(0)\,\delta\phi(0) + \alpha_2\,(\phi'(1) - 1)\,\delta\phi(1) \tag{1.38}$$

즉, 다음 식이 만족되어야 한다.

$$-\phi'(0)\delta\phi(0)+\phi'(1)\delta\phi(1)+\delta\left\{-\frac{1}{2}\phi\phi'|_0^1+D[\phi]|_0^1\right\} \tag{1.39}$$

$$=\alpha_1\phi'(0)\,\delta\phi(0)\ +\ \alpha_2(\phi'(1)-1)\,\delta\phi(1)$$

이 식의 계수를 비교하면

$$\alpha_1=-1,\ \alpha_2=1 \tag{1.40}$$

이다. 따라서

$$\delta\left\{-\frac{1}{2}\phi\phi'|_0^1+D[\phi]|_0^1\right\}=-\delta\phi(1) \tag{1.41}$$

또는

$$-\frac{1}{2}\phi\phi'|_0^1+D[\phi]|_0^1=-\phi(1) \tag{1.42}$$

이다. 위 식을 식 (1.36)에 대입함으로써 최종적으로 다음의 범함수를 얻게 된다.

$$F(\phi)=\frac{1}{2}\int_0^1(\phi'^2-2x^2\phi)\,dx-\phi(1) \tag{1.43}$$

우리는 범함수 (1.43)을 유도하는 과정에서 일부의 직관적 판단에 의존하였다. 공학적 접근방법으로 전혀 문제될 것이 없다. 이 직관을 얻기 위해서 제 1 부 5장의 변분이론과 제 2부 예제 1.5 등의 행간을 이해하려고 노력하라. 이러한 직관에 의존한 접근방법은 2차원 및 3차원의 경우에도 적용될 수 있다(제 4 부 예제 5.1 참고).

▼ 예제 1.12

다음의 미분방정식에 상응하는 범함수를 구하라.

$$-\frac{d^2v}{dx^2}=x^2-1,\quad 0\le x\le 1 \tag{a}$$

$$v'(0)=0,\ v(1)=0 \tag{b}$$

➡ 식 (a)와 식 (b)의 경계치 문제에 대응하는 연산자 및 함수가

$$L=-\frac{d^2}{dx^2},\ B_1=\frac{d}{dx},\ B_2=1,\ f(x)=x^2-1 \tag{c}$$

$$g_1=0,\ g_2=0,\ x_1=0,\ x_2=1 \tag{d}$$

이므로 식 (1.33)으로부터

$$F(v) = \frac{1}{2}\int_0^1 \left(-v''\, v - 2(x^2-1)\, v\right) dx + D[v]\,\Big|_0^1 \tag{e}$$

$$= \frac{1}{2}\int_0^1 \left(v'^2 - 2(x^2-1)\, v\right) dx - \frac{1}{2} v\, v'\,\Big|_0^1 + D[v]\,\Big|_0^1$$

이다. 이 범함수에 변분을 취하고 부분적분을 실시하면

$$\delta F(v) = \int_0^1 \left(v'\delta v' - (x^2-1)\,\delta v\right) dx + \delta\left\{-\frac{1}{2} v\, v'\,\Big|_0^1 + D[v]\Big|_0^1\right\} \tag{f}$$

$$= -\int_0^1 \left(v'' + x^2 - 1\right)\delta v\, dx$$

$$- v'(0)\delta v(0) + v'(1)\delta v(1) + \delta\left\{-\frac{1}{2} v v'\,\Big|_0^1 + D[v]\Big|_0^1\right\}$$

이다. 경계영역의 항은 내부에 전혀 영향을 주지 않으므로 $\delta F(v) = 0$이 성립하기 위하여 $v'' + x^2 - 1 = 0$이 항상 성립해야 한다. 그리고 경계조건 $v'(0) = 0$, $v(1) = 0$을 반영시키기 위해서는 경계항은 다음의 꼴이 되어야 한다.

$$\alpha_1 \left(v'(0) - \bar{v}'(0)\right) \delta v(0) + \alpha_2\, v'(1)\, \delta v(1) \tag{g}$$

여기서 $\bar{v}'(0) = 0$으로 주어져 있다. 한편

$$-v'(0)\delta v(0) + v'(1)\delta v(1) + \delta\left\{-\frac{1}{2} v v'\,\Big|_0^1 + D[v]\Big|_0^1\right\} \tag{h}$$

$$= \alpha_1 v'(0)\, \delta v(0) + \alpha_2 v'(1)\, \delta v(1)$$

를 만족해야 하므로 이 식의 계수를 비교하면, $\alpha_1 = -1$, $\alpha_2 = 1$이다. 따라서

$$\delta\left\{-\frac{1}{2} v v'\,\Big|_0^1 + D[v]\Big|_0^1\right\} = 0 \quad \text{또는} \quad \frac{1}{2} v v'\,\Big|_0^1 + D[v]\Big|_0^1 = 0 \tag{i}$$

이다. 위 식을 식 (e)에 대입함으로써 최종적으로 다음의 범함수를 얻게 된다.

$$F(v) = \frac{1}{2}\int_0^1 \left(v'^2 - 2(x^2-1)\, v\right) dx \tag{j}$$

1.2.6 Ritz 법과 유한요소법

우리는 예제를 통하여 Ritz 법에서 무한차원 문제(경계치문제, 범함수의 극화 문제)가 유한차원 문제(대수방정식, 함수의 극화 문제)로 변환되는 과정을 공부하였다. 이 점은 변분유한요소법(variational finite element method)의 이론적 배경이 된다.

유한요소법은 주로 변분유한요소법과 가중오차법(weighted residual method)에 근거한 유한요소법에 의하여 설명되고 있다. 물론 직접법(1.7절 참조) 등도 있으나 유한요소법 이론의 핵심은 이 두 가지 방법에 있다. Ritz 법과 변분유한요소법의 근본적 차이는 없다. 유한요소법에서는 단지 시도함수를 단순하면서도 체계적으로 구하는 방법이 제공될 뿐이다. 따라서 유한요소법의 이해에 앞서 Ritz 법 및 가중오차법에 의한 경계치문제의 근사해법의 체득이 필수적이다.

경계치문제의 근사해법 중의 하나인 가중오차법과 수치해법인 유한요소법의 관점에서 Ritz 법의 문제점 및 해결책을 분석하면 다음과 같다.

보충설명 1

경계치문제에 대응하는 범함수를 항상 구할 수 있는 것이 아니다. 즉, 어떤 경계치문제에 대응하는 변분이론이 항상 존재하는 것은 아니다. 따라서 적용 문제가 한정되어 있다.

▸ **해결책**: 1.3절의 가중오차법에 의하여 해결될 수 있다.

보충설명 2

2차원 및 3차원 경계치문제에서 경계의 기하학적 형상이 복잡하거나 필수경계조건이 복잡할 경우, 사실상 필수경계조건 등의 부과조건을 만족하는 시도함수를 구할 수 없다.

▸ **해결책**: 유한요소법의 보간함수(interpolation function, shape function)에 의하여 해결된다.

▼ 예제 1.13

그림 (a)와 그림 (b)의 빗금 친 경계에서 0이 되는 기초함수를 구해 보라.

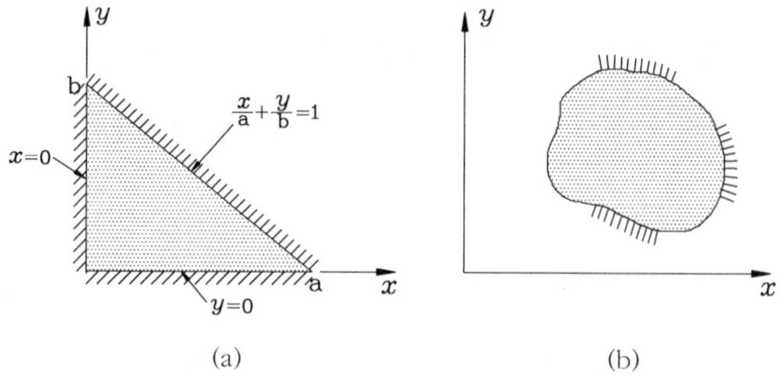

(a) (b)

➡ (a)의 경계를 구성하는 선분은 다음과 같이 수식화된다.

$$x = 0,\ y = 0,\ \frac{x}{a} + \frac{y}{b} = 1 \tag{a}$$

따라서 다음의 기초함수들이 경계에서 0이 되는 함수들이다.

$$\begin{aligned} \zeta_1(x,y) &= xy\left(\frac{x}{a} + \frac{y}{b} - 1\right) \\ \zeta_2(x,y) &= x^2y\left(\frac{x}{a} + \frac{y}{b} - 1\right) \\ \zeta_3(x,y) &= xy^2\left(\frac{x}{a} + \frac{y}{b} - 1\right) \\ \zeta_4(x,y) &= xy\left(\frac{x}{a} + \frac{y}{b} - 1\right)^2 \\ &\cdots\cdots\cdots\cdots \end{aligned} \tag{b}$$

그러나 그림 (b)의 빗금 친 경계에서 0이 되는 함수를 구하는 것은 특별한 기교를 동원하지 않는 한 사실상 불가능하다. 우리는 앞으로 이 기교를 유한요소법에서 중점적으로 공부하게 된다.

유한요소법을 공부하는 관점에서 Ritz 법의 장점은 이론 전개가 깨끗하다는 점과 이미 개발되어 있는 각종 함수의 최적화 이론 및 개념이 그대로 적용될 수 있다는 점이다. 실제 대부분의 유한요소법에서 Galerkin 근사법에 근거한 가중오차법을 사용하고 있는데, 공학적 관점에서 이론의 심화발전을 위하여 Ritz 법으로부터 영감을 얻을 필요가 있다. 그렇기 때문에 이 책에서는 Ritz 법 중심으로 설명하다가 점진적으로 Galerkin 법을 강조하는 방향으로 이론을 전개해 나간다.

Ritz 법에서 기억할 만한 것 중의 하나는 미분방정식이 $2p$차일 경우, 범함수 내의 최고 미분차수가 p라는 것이다. 이 점은 근사해의 획득 측면에서 매우 중요한 특성이다.

1.3 가중오차법에 의한 경계치문제의 근사해법

1.3.1 약형의 유도

가중오차법(weighted residual method)에 관한 감을 얻기 위해서 다음의 예제를 풀어 보자.

▼ 예제 1.14

다음의 식이 임의의 W_1과 W_2에 대하여 항상 성립하기 위한 x와 y를 구하라.

$$W_1x^2 + W_2y - 2W_1 + W_2x = 0 \tag{a}$$

➡ 식 (a)를 W_1과 W_2에 대하여 정리하면

$$(x^2-2)\,W_1 + (x+y)\,W_2 = 0 \tag{b}$$

가 된다. 이 식이 모든 W_1과 W_2에 대하여 항상 성립하기 위해서는

$$x^2-2 = 0, \quad x+y = 0 \tag{c}$$

가 동시에 만족되어야 한다. 이 조건은 원래의 문제가 W_1과 W_2에 대하여 항등식이 될 필요충분조건이다. 따라서 답은 $x = -y = \pm\sqrt{2}$가 된다.

예제 1.14에서 식 (c)의 연립방정식을 푸는 문제는 식 (b)의 W_1과 W_2에 대한 항등식을 푸는 문제와 동일하다. 이 논리를 다음의 경계치문제에 적용해 보도록 하자.

문제 1

$$-\frac{d^2\phi}{dx^2} = x^2, \quad 0<x<1$$

$$\phi(0) = 0, \ \phi(1) = 0$$

[문제 1]이 성립하면 다음의 문제는 당연히 성립한다.

$$\int_0^1 \left(\frac{d^2\phi}{dx^2} + x^2\right) dx = 0 \tag{1.44}$$

$$\phi(0) = \phi(1) = 0$$

그러나 식 (1.44)가 성립한다고 해서 [문제 1]이 항상 성립하는 것은 아니다(예제 1.15 참고). 즉, 식 (1.44)는 [문제 1]이 성립하기 위한 필요조건이지 충분조건은 아니다. 따라서 식 (1.44)는 [문제 1]을 대신할 수 없다.

▼ 예제 1.15

식 (1.44)에는 성립하지만 [문제 1]에는 성립하지 않는 함수 $\phi = \phi(x)$를 예시하라.

➡
$$\phi'' + x^2 = \sin 2\pi x \tag{a}$$

이면, 식 (1.44)는 성립하는 반면 [문제 1]은 성립하지 않는다. 이 때

$$\phi = -\frac{1}{12}x^4 - \frac{\sin 2\pi x}{4\pi^2} + \frac{1}{12}x \tag{b}$$

가 된다. 이 함수는 하나의 예에 불과하다.

이제 다음의 문제를 고려해 보자.

문제 5

$$\int_0^1 \omega(x)\left[\frac{d^2\phi}{dx^2}+x^2\right]dx=0 \tag{1.45}$$

$$\phi(0)=\phi(1)=0$$

where $\omega(x)$ *is arbitrary*

[문제 1]이 성립하면 당연히 [문제 5]는 성립한다. 그리고 [문제 5]는 $\omega(x)$ 에 대한 항등식이므로, 즉 임의의 함수 $\omega(x)$ 에 대하여 성립해야 하므로 [문제 5]를 푸는 것과 [문제 1]을 푸는 것은 동일하다. 여기서 $\omega(x)$ 를 가중함수(weighting function)라고 한다. [문제 5]의 첫째 항을 부분적분하여 정리하면 다음 식을 얻게 된다.

$$\phi'(x)\omega(x)|_0^1 - \int_0^1\left(\phi'(x)\omega'(x)-x^2\omega(x)\right)\,dx=0 \tag{1.46}$$

$$\phi(0) = \phi(1) = 0$$

이 식에서

$$\omega(0)=\omega(1)=0 \tag{1.47}$$

라고 가정하자. 그 이유는 $x=0$과 $x=1$에서 필수경계조건이 주어져 있기 때문이다. 이해를 돕기 위하여 예제 1.5의 식 (e)에서 $\eta(x)$가 식 (1.46)의 $\omega(x)$와 동일한 의미를 갖고 있으므로, $\eta(0)=\eta(1)=0$이 성립해야 하는 이유를 공부함으로써 $\omega(0)=\omega(1)=0$이라고 가정하는 이유를 이해하라. 이 가정 하에서 식 (1.46)은 부분적분을 통하여 나음의 약형(weak-form)으로 수식화 된다.

문제 6

$$\int_0^1 \left[\phi'(x)\,\omega'(x)-x^2\,\omega(x)\right]dx=0 \tag{1.48}$$

$$\phi(0)=\phi(1)=0$$

where $\omega(x)$ *is arbitrary except that* $\omega(0)=\omega(1)=0$

따라서 정해를 구하는 관점에서 보면 [문제 6]과 [문제 1]은 동일하다. 약형의 이해를 돕기 위하여 예제 1.5의 식 (e)를 참고하기 바란다. [문제 6]의 약형은, 대응하는 미분방정식의 차수가 $2p$일 경우, p차까지의 도함수를 내포하고 있다. 이 점은 근사해를 구하는 데 매우 유리한 특징 중의 하나이다.

1.3.2 가중함수

이제 [문제 6]을 어떻게 풀 것인가를 생각해 보자. 임의의 함수 $\omega(x)$가 숙제이다. Ritz 법에서는 무한차원의 함수장에서 정해를 구해야 하는 문제의 근사해를 기지의 기초함수를 기저로 하는 유한차원의 벡터장에서 구하였다. 가중오차법에서도 기본적인 아이디어는 동일하다. 즉, 가중함수 $\omega(x)$를 특수함수로 제한하고 $\phi(x)$를 시도함수 $\tilde{\phi}(x)$를 사용하여 근사해를 구하겠다는 것이다. 가중함수 $\omega(x)$의 목적으로 어떤 함수를 사용하느냐에 따라 방법상 다소 차이가 있다. 주요 방법을 요약하면 다음과 같다.

- **최소자승법**(Least-square approximation)

$$\omega(x) = \phi''(x) + x^2 \tag{1.49}$$

- **점 콜로케이션법**(Point collocation method)

$$\omega(x) = \delta(x - x_i), \quad i = 1, 2, \ldots, n \tag{1.50}$$

- **부분영역 콜로케이션법**(Subdomain collocation method)

$$\omega(x) = 1 \text{ over } [x_i, x_{i+1}], \quad i = 1, 2, \ldots, n \tag{1.51}$$

- Bubnov-Galerkin **근사법**(Bubnov-Galerkin approximation)

$$\omega(x) = \zeta_i(x), \quad i = 1, 2, \ldots, n, \quad \text{if} \quad \tilde{\phi}(x) = \sum_{i=1}^{n} C_i \zeta_i(x) \tag{1.52}$$

- Petrov-Galerkin **근사법**(Petrov-Galerkin approximation)

$$\omega(x) = \tilde{\xi}_i(x), \quad i = 1, 2, \cdots, n, \quad \text{if} \quad \tilde{\phi}(x) = \sum_{i=1}^{n} C_i \zeta_i(x) \tag{1.53}$$

여기서 C_i는 미지의 상수이고 $\zeta_i(x)$ 및 $\tilde{\xi}_i(x)$는 기초함수이다. $\delta(x-x_i)$는 $x=x_i$에서 ∞ 값을 갖고, $x \neq x_i$이면 0의 값을 가지며, $-\infty$에서 ∞까지 적분하면 1이 되는 함수, 즉 단위델타함수(unit delta function)이다. 가중오차법에서 시도함수 $\tilde{\phi}(x)$는 Ritz 법에서 시도함수와 동일하다.

최소자승법에서는 미분방정식의 오차를 가중함수로 둠으로써 결과적으로 미분방정식의 오차의 제곱을 최소화하는 문제로 수식화된다. 점 콜로케이션법은 관심을 가진 점 $(x=x_i)$들에서만 미분방정식을 만족시키는 방법이며, 부분영역 콜로케이션법은 부분영역에서 오차의 합이 0이 되도록 하는 방법이다. Bubnov-Galerkin 근사법에서는 시도함수에서 사용한 기초함수를 그대로 가중함수 또는 가중함수의 기초함수로 사용하겠다는 것이다. 이 방법은 일반적으로 Galerkin 근사법이라고 불리며, 이 책에서 사용되는 Galerkin 근사법 또는 Galerkin 법의 용어는 Bubnov-Galerkin 법을 의미한다. Petrov-Galerkin 근사법에서는 가중함수의 기초함수와 시도함수의 기초함수가 다르다. 이 방법은 유체 등 대류항이 큰 문제의 해결을 위하여 사용되고 있다.

유한요소법 목적으로는 대부분 Galerkin 근사법, 즉 Bubnov-Galerkin 법이 사용되고 있다. 그러므로 이 책에서는 유한요소해석 목적으로 Galerkin 근사법만을 취급한다.

이제부터 Galerkin 근사법을 이용한 가중오차법을 생략하여 Galerkin 근사법 또는 Galerkin 법으로 사용하겠다. Galerkin 법에서 근사해를 찾는 문제는 [문제 6]에서 보는 바와 같이 약형, 부과조건, 가중함수에 대한 제약조건 등으로 구성된다. Galerkin 법도 Ritz 법과 마찬가지로 기본적으로 약형에 자연경계조건을 내포한다.

▼ 예제 1.16

다음의 경계치문제에 상응하는 약형을 구하라

$$\frac{d}{dx}\left(\frac{du}{dx}\right)+5=0;\ u(L)=u_L;\ \frac{du}{dx}(0)=u'_0$$

➡ 임의의 함수 $\omega(x)$와 $\bar{\omega}(x)$에 대하여 다음 식이 성립해야 한다.

$$\int_0^L \omega(x)(u''(x)+5)dx+\bar{\omega}(0)(u'(0)-u'_0)=0 \qquad \text{(a)}$$

부분적분에 의해서 위 식은 다음의 식으로 전개된다.

$$-\int_0^L \omega'(x)u'(x)dx+\int_0^L 5\omega dx+\bar{\omega}(0)u'(0)-\bar{\omega}(0)u'_0+\omega(L)u(L)-\omega(0)u'(0)=0 \qquad \text{(b)}$$

일반성을 잃지 않으므로 $\bar{\omega}(0)=\omega(0)$, $\omega(L)=0$ 이라고 가정하면, 다음의 약형이 유도된다.

$$\int_0^L(\omega'(x)u'(x)-5\omega)dx+\omega(0)u'_0=0 \qquad \text{(c)}$$

▼ 예제 1.17

다음의 경계치문제의 약형에 대응하는 경계치문제를 유도하고 경계치 문제가 셀프어조인트 함을 증명하라.

$$\int_0^1(\omega(x)u'(x)+\omega(x)u(x))dx=2\omega(1);\ \omega(0)=0,u(0)=1$$

위의 식에 부분적분을 적용하면, 다음의 식을 얻는다.

$$-\int_0^1 (u''-u)\omega dx + \omega u'(x)|_0^1 = 2\omega(1) \tag{a}$$

$$-\int_0^1 (u''-u)\omega dx + \omega(1)(u'(1)-2) - \omega(0)u'(0) = 0 \tag{b}$$

$\omega(x)$가 $0<x<1$에서 임의의 함수이므로 첫 번째 항은 경계조건과 관련된 나머지 항과 무관하게 0이 되어야 한다. 그리고 $\omega(1)$과 $\omega(0)$는 서로 무관하므로 다음과 같은 식이 성립한다.

$$\omega(1)(u'(1)-2)=0, \quad \omega(0)u'(0)=0 \tag{c}$$

따라서 $u'(1)=2$가 되어야 하며, $u(0)=1$는 주어져 있으므로 일반성을 잃지 않기 때문에 $\omega(0)=0$으로 가정할 수 있다. 따라서 경계치 문제는 다음과 같다.

$$u''(x)-u(x)=0; \ u(0)=1; \ u'(1)=2 \tag{d}$$

그리고 선형미분연산자 L을 $\mathrm{L}=\dfrac{d^2}{dx^2}-1$로 두면, 다음의 식이 전개된다.

$$\begin{aligned}\int_0^1 u(x)\mathrm{L}(v(x))\,dx &= \int_0^1 (u''(x)-u(x))v\,dx \\ &= -\int_0^1 u'(x)v'(x)dx - \int_0^1 u(x)v(x)dx + u'(x)v(x)|_0^1 \\ &= \int_0^1 u(x)v''(x)dx - \int_0^1 u(x)v(x)dx - u(x)v'(x)|_0^1 + u'(x)v(x)|_0^1 \\ &= \int_0^1 (v''(x)-v(x))u(x)dx - \{u(x)v'(x)-u'(x)v(x)\}|_0^1 \\ &= \int_0^1 u(x)\mathrm{L}(v(x))dx - \{u(x)v'(x)-u'(x)v(x)\}|_0^1\end{aligned} \tag{e}$$

이 때, $\{u(x)v'(x)-u'(x)v(x)\}|_0^1$ 를 경계항이라고 하며, 다음 조건(경계조건이 셀프어조인트함)을 만족할 때, 0이 된다.

$$u(0)=0; \quad v(0)=0; \quad u'(1)=2; \quad v'(1)=2 \tag{f}$$

따라서 이 조건에서 다음 식이 성립하고

$$\int_0^1 u(x)\mathrm{L}(v(x))\,dx = \int_0^1 v(x)\mathrm{L}(u(x))\,dx \tag{g}$$

경계치문제는 셀프어조인트하며 범함수는 다음과 같다.

$$\begin{aligned}\pi &= \frac{1}{2}\int_0^1 u(x)\mathrm{L}(u(x))dx + \text{boundary term} \\ &= \frac{1}{2}\int_0^1 u(x)(-u''(x)+u(x))dx + \text{boundary term} \\ &= \frac{1}{2}\int_0^1 (u'^2(x)+u^2(x))dx - u(x)v'(x)|_0^1 + \text{boundary term} \\ &= \frac{1}{2}\int_0^1 (u'^2(x)+u^2(x))dx - 2u(1) + \text{boundary term}\end{aligned} \tag{h}$$

범함수 π가 최소값을 갖도록 하는 조건, 즉 $\delta\pi = 0$을 적용하면 다음과 같다.

$$\begin{aligned}\delta\pi &= \frac{1}{2}\int_0^1 (u'(x)\delta u' + u(x)\delta u) - 2\delta u(1) + \delta(\text{boundary term}) \\ &= -\frac{1}{2}\int_0^1 (u''(x)-u(x))\delta u + u'(x)\delta u|_0^1 - 2\delta u(1) + \delta(\text{boundary term}) \\ &= -\frac{1}{2}\int_0^1 (u''(x)-u(x))\delta u dx + (u'(1)-2)\delta u(1) + u'(0)\delta u(0) + \delta(\text{boundary term})\end{aligned} \tag{i}$$

$\delta\pi = 0$이므로 $u''(x)-u(x)=0$, $u'(L)=2$, $\delta u(0)=0$, $\delta(\text{boundary term})=0$이다.
따라서 경계치문제에 상응하는 범함수는 다음과 같다.

$$\pi = \frac{1}{2}\int_0^1 (u'^2(x)+u^2(x))dx - 2u(1) \tag{j}$$

▼ 예제 1.18

식 (1.11)의 시도함수와 최소자승법을 이용하여 [문제 5]의 근사해를 구하라.

➡ [문제 5]의 최소자승법은 다음과 같다.

$$\textit{Extremize}\ L(\phi) = \int_0^1 \left(\frac{d^2\phi}{dx^2} + x^2\right)^2 dx \tag{a}$$

$$\textit{subject to}\quad \phi(0) = \phi(1) = 0$$

시도함수 $\tilde{\phi}(x) = C_1 x(1-x) + C_2 x^2(1-x)$를 식 (a)의 범함수에 대입하여 정리하면

$$\tilde{L}(C_1, C_2) = L(\tilde{\phi}) = 4C_1^2 + 4C_2^2 + 4C_1C_2 - \frac{5}{3}C_2 - \frac{4}{3}C_1 + \frac{1}{5} \tag{b}$$

이다. 식 (b)의 함수가 극값을 가질 조건

$$\frac{\partial \tilde{L}}{\partial C_i} = 0,\ i = 1,2 \tag{c}$$

로부터

$$8C_1 + 4C_2 - \frac{4}{3} = 0 \qquad \text{(d)}$$

$$4C_1 + 8C_2 - \frac{5}{3} = 0$$

또는

$$\begin{bmatrix} 24 & 12 \\ 12 & 24 \end{bmatrix} \begin{bmatrix} C_1 \\ C_2 \end{bmatrix} = \begin{bmatrix} 4 \\ 5 \end{bmatrix} \qquad \text{(e)}$$

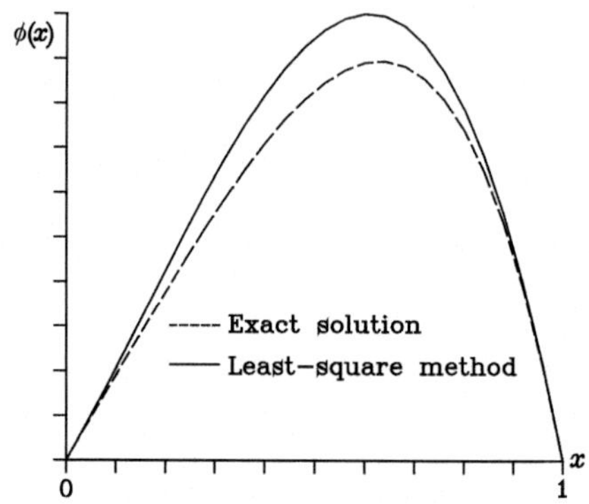

이다. 이 방정식의 해

$$C_1 = \frac{1}{12}, \quad C_2 = \frac{1}{6} \qquad \text{(f)}$$

로부터

$$\tilde{\phi}(x) = \frac{1}{12}x(1-x)(1+2x) \qquad \text{(g)}$$

이다. 그림에서 정해와 근사해를 비교하고 있다. 미분방정식의 오차에 최소자승법을 적용하였기 때문에 상식보다 큰 오차를 보이고 있다.

▼ 예제 1.19

식 (1.11)의 시도함수와 점 콜로케이션법을 이용하여 [문제 5]의 근사해를 구하라. 단, 콜로케이션 점을 $x_1 = \frac{1}{3}$, $x_2 = \frac{2}{3}$로 하라.

➡ 먼저 $0 \le x_i \le 1$일 때

$$\int_0^1 f(x)\delta(x-x_i)\,dx = f(x_i) \qquad \text{(a)}$$

가 되는 이유를 숙지해 두자(제 1 부 예제 3.2 참고). 콜로케이션법에 의하면

$$\int_0^1 \left(\frac{d^2\phi}{dx^2} + x^2\right)\delta(x-x_i)\,dx = 0, \quad i=1,2 \qquad \text{(b)}$$

이다. 시도함수 $\tilde{\phi}(x) = C_1x(1-x) + C_2x^2(1-x)$를 식 (b)에 대입하여 정리하면

$$\int_0^1 \left[-2C_1 + C_2(2-6x) + x^2\right]\delta(x-x_i)dx = -2C_1 + C_2(2-6x_i) + x_i^2 = 0 \qquad \text{(c)}$$

이다. 식 (c)에 $x_1 = \frac{1}{3}$, $x_2 = \frac{2}{3}$를 대입하여 정리하면 다음의 선형방정식을 얻는다.

$$-2C_1 = -\frac{1}{9}$$

$$-2C_1 - 2C_2 = -\frac{4}{9} \tag{d}$$

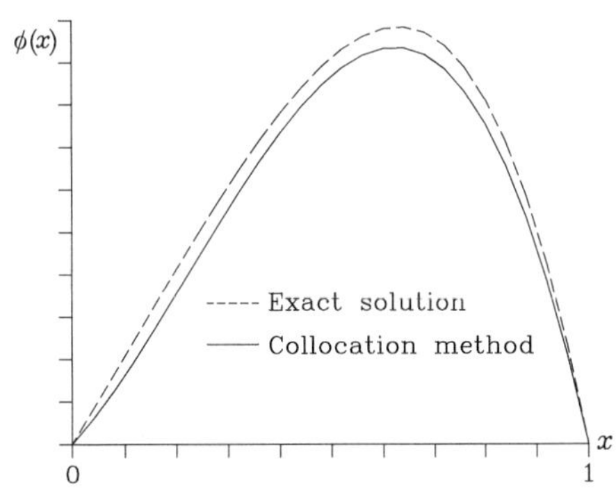

또는

$$\begin{bmatrix} 18 & 0 \\ 18 & 18 \end{bmatrix} \begin{bmatrix} C_1 \\ C_2 \end{bmatrix} = \begin{bmatrix} 1 \\ 4 \end{bmatrix} \tag{e}$$

이 방정식의 해

$$C_1 = \frac{1}{18}, \quad C_2 = \frac{1}{6} \tag{f}$$

로부터

$$\tilde{\phi}(x) = \frac{1}{30}(2x + 3x^2 - 5x^3) \tag{g}$$

이다. 그림에서 정해와 근사해를 비교하고 있다. 여기서 눈여겨볼 점은 다른 경우와는 달리 식 (e)의 행렬이 대칭이 아니라는 사실이다. 이 점은 콜로케이션법이 단순하다는 장점을 무색하게 할 정도의 중대한 단점으로 지적되고 있다.

▼ 예제 1.20

식 (1.11)의 시도함수와 Galerkin 법을 이용하여 [문제 5]의 근사해를 구하라.

➡ [문제 5]의 약형은 다음과 같다.

$$\int_0^1 \left[\phi'(x)\,\omega'(x) - x^2\omega(x)\right] dx = 0 \tag{a}$$

$$\phi(0) = \phi(1) = 0$$

where $\omega(x)$ *is arbitrary except that* $\omega(0) = \omega(1) = 0$

시도함수를

$$\tilde{\phi}(x) = C_1 x(1-x) + C_2 x^2(1-x) \tag{b}$$

로 가정할 경우, 가중함수는

$$\omega_1(x) = x(1-x), \quad \omega_2(x) = x^2(1-x) \tag{c}$$

이다. 이 두 함수는 가중함수가 갖추어야 할 조건 $\omega(0) = \omega(1) = 0$을 모두 만족하고 있다. ω_1과 ω_2에 대한 방정식을 유도하면 다음과 같다.

① $\omega(x) = \omega_1(x) = x(1-x)$ 일 때

$$\int_0^1 (1-2x)(1-2x)dx \cdot C_1 + \int_0^1 (1-2x)(2x-3x^2)dx \cdot C_2 - \int_0^1 x^3(1-x)dx = 0 \tag{d}$$

② $\omega(x) = \omega_2(x) = x^2(1-x)$ 일 때

$$\int_0^1 (2x-3x^2)(1-2x)dx \cdot C_1 + \int_0^1 (2x-3x^2)(2x-3x^2)dx \cdot C_2 - \int_0^1 x^4(1-x)dx = 0 \tag{e}$$

식 (d)와 식 (e)를 정리하면

$$\frac{1}{30}\begin{bmatrix} 10 & 5 \\ 5 & 4 \end{bmatrix}\begin{bmatrix} C_1 \\ C_2 \end{bmatrix} = \frac{1}{60}\begin{bmatrix} 3 \\ 2 \end{bmatrix} \tag{f}$$

이다. 이 방정식의 해

$$C_1 = \frac{1}{15}, \quad C_2 = \frac{1}{6} \tag{g}$$

로부터 다음의 근사해를 구할 수 있다.

$$\tilde{\phi}(x) = \frac{1}{30}(2x + 3x^2 - 5x^3) \tag{h}$$

이 결과는 Ritz 법으로 구한 근사해, 즉 식 (1.17)과 동일하다.

1.3.3 Galerkin 근사법

[문제 6]으로부터 시작하여 Galerkin 근사법에 근거한 미분방정식의 근사해법에 관하여 공부해 보자. Ritz 법에서 사용한 시도함수를 그대로 사용하자. 즉,

$$\tilde{\phi}(x) = C_1 x(1-x) + C_2 x^2(1-x) \tag{1.54}$$

로 두자. 여기서 C_i는 미지의 상수이다.

Galerkin 법에서는 시도함수에 사용된 기초함수를 가중함수로 그대로 사용한다. 예제 1.20과 같이 각각의 기초함수에 관한 수식을 세우는 것 대신, 가중함수를 다음과 같이 두고

$$\omega(x) = W_1 x(1-x) + W_2 x^2(1-x) \tag{1.55}$$

W_1과 W_2를 임의의 상수라고 가정함으로써 이론 전개를 보다 체계화시킬 수 있다. 식 (1.55)는 [문제 6]에서 부과된 가중함수가 갖추어야 할 조건

$$\omega(0) = \omega(1) = 0 \tag{1.56}$$

을 자동적으로 만족하고 있다. 식 (1.54)와 식 (1.55)를 [문제 6]의 약형에 대입하여 정리하면 다음과 같다.

$$W_1\left[\int_0^1(1-2x)(1-2x)dx \cdot C_1+\int_0^1(1-2x)(2x-3x^2)dx \cdot C_2-\int_0^1 x^3(1-x)dx\right] \tag{1.57}$$
$$+W_2\left[\int_0^1(2x-3x^2)(1-2x)dx \cdot C_1+\int_0^1(2x-3x^2)(2x-3x^2)dx \cdot C_2-\int_0^1 x^4(1-x)dx\right]=0$$

위의 식은

$$W_1\Phi_1+W_2\Phi_2=0 \tag{1.58}$$

의 형태이다. 여기서 W_i는 임의의 상수이므로

$$\Phi_1=0, \quad \Phi_2=0 \tag{1.59}$$

가 만족되어야 한다. 따라서 가중함수를 식 (1.55)와 같이 두고 구한 결과는 예제 1.20에서 기초함수를 각각 대입하여 구한 결과와 동일하다. 식 (1.59)로부터 다음의 선형방정식이 유도된다.

$$\frac{1}{30}\begin{bmatrix} 10 & 5 \\ 5 & 4 \end{bmatrix}\begin{bmatrix} C_1 \\ C_2 \end{bmatrix}=\frac{1}{60}\begin{bmatrix} 3 \\ 2 \end{bmatrix} \tag{1.60}$$

식 (1.60)은 식 (1.15)와 동일하다. 따라서 Galerkin 법에 의한 근사해는 Ritz 법에 의한 근사해와 동일함을 알 수 있다. 즉, 근사해는 다음과 같다.

$$\tilde{\phi}(x)=\frac{1}{30}(2x+3x^2-5x^3) \tag{1.61}$$

자연경계조건이 없는 문제의 경우, Galerkin 법과 Ritz 법은 동일함을 공부하였다. 참고로 Ritz 법은 변분이론이 존재하는 특수 문제에 적용될 수 있는 반면, Galerkin 법은 적용상 한계가 없다 Ritz 법의 이해는 비교적 명쾌한 반면, 일부의 독자에게 Galerkin 법의 전개 과정이 약간 추상적으로 보일 수도 있다. 따라서 Ritz 법의 이해를 바탕으로 Galerkin 법에 관한 이해의 폭을 넓히는 노력이 필요하다.

▼ 예제 1.21

다음의 시도함수로 Galerkin 근사법을 사용하여 [문제 1]의 근사해를 구하고 정해와 비교하라.

$$\tilde{\phi}(x)=C_1(x-x^4)+C_2(x^2-x^4)+C_3(x^3-x^4) \tag{a}$$

Galerkin 근사법에서 시도함수가 (a)와 같을 때 가중함수는 다음의 형태가 되어야 한다.

$$\omega(x)=W_1(x-x^4)+W_2(x^2-x^4)+W_3(x^3-x^4) \tag{b}$$

시도함수 (a)와 가중함수 (b)를 [문제 6]의 약형에 대입하면, W_i에 대한 다음의 항등식을 얻는다.

$$\begin{aligned} & W_1[C_1\int_0^1(1-4x^3)^2dx + C_2\int_0^1(1-4x^3)(2x-4x^3)dx \\ & \quad + C_3\int_0^1(1-4x^3)(3x^2-4x^3)dx - \int_0^1 x^2(x-x^4)dx] \\ & + W_2[C_1\int_0^1(1-4x^3)(2x-4x^3)dx + C_2\int_0^1(2x-4x^3)^2dx \\ & \quad + C_3\int_0^1(3x^2-4x^4)(2x-4x^3)dx - \int_0^1 x^2(x^2-x^4)dx] \\ & + W_3[C_1\int_0^1(1-4x^3)(3x^2-4x^3)dx + C_2\int_0^1(2x-4x^3)(3x^2-4x^3)dx \\ & \quad + C_3\int_0^1(3x^2-4x^3)^2dx - \int_0^1 x^2(x^3-x^4)dx] \\ & = 0 \end{aligned} \tag{c}$$

W_i가 임의의 상수이므로 위 식은 다음의 선형방정식으로 정리된다.

$$\begin{bmatrix} 540 & 288 & 120 \\ 288 & 176 & 78 \\ 120 & 78 & 36 \end{bmatrix}\begin{bmatrix} C_1 \\ C_2 \\ C_3 \end{bmatrix} = \begin{bmatrix} 45 \\ 24 \\ 10 \end{bmatrix} \tag{d}$$

방정식 (d)의 해가

$$C_1 = \frac{1}{12}, \quad C_2 = C_3 = 0 \tag{e}$$

이므로 근사해는 다음과 같다.

$$\tilde{\phi}(x) = -\frac{1}{12}(x^4 - x) \tag{f}$$

따라서 근사해 $\tilde{\phi}(x)$는 정해 $\phi^*(x)$와 일치하고 있다. 그 이유는 정해가 기초함수의 선형조합으로 표현되기 때문이다. 이 결과는 Ritz 법의 결과와 동일하다.

이제 n개의 기초함수 $\zeta_j(x)$를 사용하여 Galerkin 근사법을 일반화시켜 보자. 시도함수, 즉 기초함수의 선형조합은 다음과 같이 표현된다.

$$\tilde{\phi}(x) = \sum_{j=1}^{n} C_j \zeta_j(x) \tag{1.62}$$

여기서 C_j는 미지의 상수이며, 예제 1.8에서 보는 바와 같이 기지의 값으로 주어지는 경우도 있다. 물론 Ritz 법에서와 마찬가지로 시도함수 $\tilde{\phi}(x)$는 부과조건을 만족해야 한다.

Galerkin 근사법에서는 시도함수에 사용된 기초함수 $\zeta_j(x)$가 가중함수 $\omega(x)$에 그대로 사용되어야 한다. 즉,

$$\omega(x) = \sum_{i=1}^{n} W_i \zeta_i(x) \tag{1.63}$$

이고, 여기서 가중함수 W_i는 임의의 상수 즉 가중상수이다. 물론 가중함수는 약형에서 가중함수에 부과된 조건을 만족해야 한다. 예를 들면, 만약 시도함수에서 C_j가 기지의 값이면 $W_j = 0$이어야 한다.

식 (1.62)와 식 (1.63)을 [문제 6]의 약형에 대입하면

$$\sum_{i=1}^{n} W_i \left[\sum_{j=1}^{n} \int_0^1 \zeta_i'(x)\zeta_j'(x)dx \cdot C_j - \int_0^1 \zeta_i(x)\, x^2\, dx \right] = 0 \tag{1.64}$$

이다. C_i가 미지의 상수이면 W_i가 임의의 상수이므로

$$\sum_{j=1}^{n} \int_0^1 \zeta_i'(x)\zeta_j'(x)dx \cdot C_j - \int_0^1 \zeta_i(x)\, x^2\, dx = 0, \quad i = 1, 2, \cdots, n \tag{1.65}$$

이다. 만약 C_i가 기지의 값이면 $W_i = 0$이 되므로 식 (1.65)와 무관하게 식 (1.64)가 성립한다. 따라서 미지수의 수와 동일한 숫자의 선형방정식을 얻을 수 있으며 이것을 다음 식으로 표현한다.

$$\begin{bmatrix} K_{11} & K_{12} & \cdots & K_{1n} \\ K_{21} & K_{22} & \cdots & K_{2n} \\ \vdots & \vdots & \vdots & \vdots \\ K_{n1} & K_{n2} & \cdots & K_{nn} \end{bmatrix} \begin{bmatrix} C_1 \\ C_2 \\ \vdots \\ C_n \end{bmatrix} = \begin{bmatrix} F_1 \\ F_2 \\ \vdots \\ F_n \end{bmatrix} \quad \text{또는} \quad [\mathrm{K}][\mathrm{C}] = [\mathrm{F}] \tag{1.66}$$

여기서 [K]와 [F]는 각각 강성행렬(stiffness matrix)과 하중벡터(force vector)라고 불리며, 성분은 각각 다음 식으로 정의된다.

$$K_{ij} = \int_0^1 \zeta_i'(x)\zeta_j'(x)\,dx = \int_0^1 \zeta_j'(x)\zeta_i'(x)dx = K_{ji} \tag{1.67}$$

$$F_i = \int_0^1 x^2 \zeta_i(x)\, dx \tag{1.68}$$

따라서 Galerkin 근사법의 일반형은 1.2.3절에서 유도된 Ritz 법의 일반형과 동일함을 알 수 있다.

1.3.4 가중오차법에서 자연경계조건의 처리

앞에서 미분방정식 자체만을 고려한 가중오차법을 공부하였다. 이 절에서는 가중오차법에서 경계조건의 처리기법에 관하여 공부하도록 하겠다. 이 절의 내용을 공부하기에 앞서

1.2.4절의 내용을 숙지할 필요가 있다. 왜냐하면 이미 언급한 바와 같이, 범함수의 유도과정에 대한 의문을 가지지 않고 동시에 함수의 극화이론에 관하여 충분히 이해하고 있다면, Ritz 법의 이론 전개는 명확하게 이해될 수 있기 때문이다.

설명의 편의상 다음의 [문제 3]으로부터 출발한다.

문제 3

$$-\frac{d^2\phi}{dx^2}=x^2,\ 0<x<1$$

$$\phi(0)=0,\ \phi'(1)=1$$

[문제 3]은 다음의 문제와 동일하다.

$$\int_0^1 \omega(x)(\phi''+x^2)\ dx\ +\ \overline{\omega}(1)(\phi'(1)-1)=0 \tag{1.69}$$

$$\phi(0)=0$$

$$where\ \ \overline{\omega}(1)\ \text{and}\ \ \omega(x)\ \ are\ arbitrary$$

식 (1.69)를 부분적분하여 정리하면 다음과 같다.

$$\int_0^1 (-\phi'\omega'+x^2\omega)\ dx \tag{1.70}$$
$$+\ \omega(1)\ \phi'(1)-\ \omega(0)\ \phi'(0)\ +\ \overline{\omega}(1)\phi'(1)\ -\ \overline{\omega}(1)=0$$

여기서

$$\omega(0)=0,\ \overline{\omega}(1)=-\omega(1) \tag{1.71}$$

라고 가정한다. 이 가정으로 인하여 $\omega(x)$와 $\overline{\omega}(1)$가 각각 임의의 함수와 임의의 상수라는 조건이 [문제 3]에 대해서는 상처받지 않는다. 이 점에 관한 상세한 이해는 직관적으로 해야 하며, 이러한 직관은 1.2.4절의 Ritz 법에 관한 체험적 이해가 선행될 때 가능하다. 즉, 예제 1.10의 식 (a)와 식 (1.70)을 비교함으로써 식 (1.71)의 타당성을 이해할 수 있다. 식 (1.71)을 식 (1.70)에 대입함으로써 [문제 3]의 약형을 다음과 같이 구할 수 있다.

문제 7

$$\int_0^1 \left(\phi'(x)\omega'(x)\ -\ x^2\omega(x)\right)dx\ -\ \omega(1)\ =\ 0 \tag{1.72}$$

$$\phi(0)=0$$

$$where\ \omega(x)\ is\ arbitrary\ except\ that\ \omega(0)=0$$

▼ 예제 1.22

다음의 시도함수를 이용하여 Galerkin 법으로 [문제 7]의 근사해를 구하라.

$$\tilde{\phi}(x) = C_1 x + C_2 x^2 + C_3 x^3 \qquad \text{(a)}$$

➡ $\tilde{\phi}(0) = 0$ 이므로 $\tilde{\phi}(x)$ 는 필수경계조건을 만족하는 시도함수이다. Galerkin 근사법에 근거하여 가중함수를 다음과 같이 두자.

$$\omega(x) = W_1 x + W_2 x^2 + W_3 x^3 \qquad \text{(b)}$$

시도함수와 가중함수를 [문제 7]에 대입하여 정리하면 다음과 같다.

$$W_1\left[\int_0^1 \left\{(C_1+2xC_2+3x^2C_3)-x^3\right\} dx - 1\right] \qquad \text{(c)}$$
$$+ W_2\left[\int_0^1 \left\{2x(C_1+2xC_2+3x^2C_3)-x^4\right\} dx - 1\right]$$
$$+ W_3\left[\int_0^1 \left\{3x^2(C_1+2xC_2+3x^2C_3)-x^5\right\} dx - 1\right] = 0$$

식 (c)에서 W_i는 임의의 상수이므로

$$\begin{bmatrix} 60 & 60 & 60 \\ 60 & 80 & 90 \\ 60 & 90 & 108 \end{bmatrix}\begin{bmatrix} C_1 \\ C_2 \\ C_3 \end{bmatrix} = \begin{bmatrix} 75 \\ 72 \\ 70 \end{bmatrix} \qquad \text{(d)}$$

이며, 방정식 (d)의 해는

$$C_1 = \frac{79}{60}, \quad C_2 = \frac{1}{10}, \quad C_3 = -\frac{1}{6} \qquad \text{(e)}$$

이다. 따라서 근사해는 다음과 같다.

$$\tilde{\phi}(x) = \frac{79}{60}x + \frac{1}{10}x^2 - \frac{1}{6}x^3 \qquad \text{(f)}$$

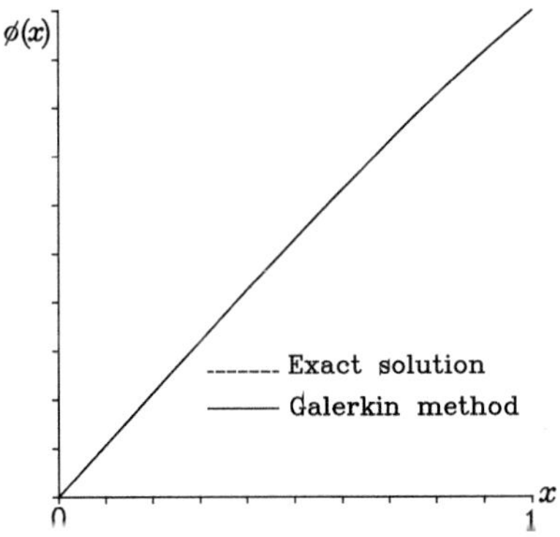

이 결과는 예제 1.11의 Ritz 법의 근사해와 일치한다. 그림에서 근사해 $\tilde{\phi}(x)$와 정해

$$\phi^*(x) = -\frac{1}{12}x^4 + \frac{4}{3}x \qquad \text{(g)}$$

를 비교하고 있다.

1.4 필수 및 기하 경계조건의 소거

이미 Ritz 법과 확장된 가중오차법에서 자연경계조건을 범함수와 약형에 내재시킴으로써 문제의 난이도를 현저히 줄일 수 있다는 점을 체험한 바 있다. 그러면 필수경계조건을 범함수 내에 삽입시키는 것은 불가능할까? 사실 [문제 1]에서 $\phi(0)=0$, $\phi(1)=0$과 같은 평범한 필수경계조건을 굳이 범함수와 약형 내에 삽입시킬 필요성은 그렇게 높지 않다. 그러나 접촉문제에서 접촉조건, 탄성역학 및 소성역학에서 비압축재료에 관한 비압축성 조건, 동역학적 구동계에서 기구학적 구속조건 등의 기하학적 조건을 범함수 또는 약형 내부에 삽입시키는 것은 불가피하다.

우리는 이미 제 1 부 3.7절에서 함수의 극화 문제의 등식구속조건의 제거기법으로 Lagrange 변수법과 벌칙기법을 공부한 바 있다. 이 방법들은 범함수의 극화 문제에도 그대로 적용된다. 먼저 제 1 부 3.7절의 함수의 극화 문제에서 Lagrange 변수는 하나의 등식구속조건에 하나씩 정의되는 상수(분절치)라는 점을 인식하기 바란다. 범함수의 극화 문제에서 Lagrange 변수는 등식구속조건이 부과된 영역의 모든 점에서 정의되므로 이 영역을 정의구역으로 하는 함수이다. 만약 구속조건이 하나의 점에서 주어져 있다면 Lagrange 변수는 상수가 될 것이고, 일정구간에 걸쳐 주어져 있다면 그 구간을 정의구역으로 하는 함수이다. 범함수 자체가 스칼라량이므로 추가되는 항도 스칼라값을 출력하는 적분형태의 항이거나 그에 준하는 항이다. 이 점은 제 4 부에서 보다 구체화될 것이며, 이 절에서는 1차원 문제를 취급하기 때문에 경계가 점이므로 Lagrange 변수는 상수이다. 벌칙함수(또는 벌칙상수)도 Lagrange 변수와 마찬가지로 구속조건이 부과된 영역에 걸쳐서 주어지는 함수 또는 상수이다.

Lagrange 변수 및 벌칙함수는 문제에 따라 특별한 물리적 의미를 갖는다. 이것들은 해석역학에서 매우 중요한 구실을 한다.

1.4.1 Lagrange 변수법에 의한 필수 및 기하 경계조건의 소거

먼저 다음의 [문제 2]에서 필수경계조건을 범함수 내에 삽입시키는 문제를 공부해 보자. 예제 1.5에서 증명되어 있는 바와 같이 다음의 범함수 $F(\phi)$는 최소값을 갖는다.

문제 2

$$\text{Extremize} \quad F(\phi) = \frac{1}{2}\int_0^1 \left[\left(\frac{d\phi}{dx}\right)^2 - 2x^2\phi(x)\right] dx$$

$$\text{subject to} \quad \phi(0) = 0,\ \phi(1) = 0$$

Lagrange 변수법에 의하면 [문제 2]는 다음의 변분이론과 동일하다.

문제 8

$$\text{Find } \phi \text{ and } \lambda \text{ that make the following functional stationary} \tag{1.73}$$

$$\overline{F}(\phi,\lambda) = \frac{1}{2}\int_0^1 \left[\left(\frac{d\phi}{dx}\right)^2 - 2x^2\phi(x)\right]dx + \lambda(0)\phi(0) + \lambda(1)\phi(1)$$

여기서 $\lambda = \lambda(x)$는 경계에서만 정의되므로 $\lambda(0)$과 $\lambda(1)$을 미지의 상수로 간주해도 무방하다(이 문제에서 λ를 상수로 둘 수 있으나 2차원 및 3차원 문제에서 λ가 경계를 정의구역으로 하는 함수임을 강조하기 위하여 x의 함수로 간주하였음). 범함수 $\overline{F}(\phi,\lambda)$를 1차변분하여 정리하면

$$\begin{aligned}\delta\overline{F}(\phi,\lambda) &= \int_0^1 (\phi'\delta\phi - x^2\delta\phi)dx + \delta\lambda(0)\,\phi(0) + \lambda(0)\delta\phi(0) + \delta\lambda(1)\,\phi(1) + \lambda(1)\delta\phi(1) \\ &= -\int_0^1 (\phi'' + x^2)\delta\phi dx + \delta\lambda(0)\,\phi(0) + \delta\lambda(1)\,\phi(1) \\ &\quad + \{-\phi'(0) + \lambda(0)\}\,\delta\phi(0) + \{\phi'(1) + \lambda(1)\}\,\delta\phi(1)\end{aligned} \tag{1.74}$$

이다. $\delta\overline{F}(\phi,\lambda) = 0$으로부터

$$-\frac{d^2\phi}{dx^2} = x^2,\ \phi(0) = 0,\ \phi(1) = 0,\ \lambda(0) = \phi'(0),\ \lambda(1) = -\phi'(1) \tag{1.75}$$

이다. 따라서 [문제 8]의 범함수 $\overline{F}(\phi,\lambda)$가 정지점을 갖도록 하면 [문제 1]은 자동적으로 성립하며, Lagrange 변수는 기울기 또는 기울기의 부의 물리적 의미를 가진다는 사실을 알 수 있다.

▼ 예제 1.23

그림의 보 문제를 Galerkin 법으로 풀어라. 단, 시도함수와 가중함수를 다음과 같이 가정하자.

〈경우 1〉 $\tilde{v}(x) = C_1(1-x),\ \tilde{w}(x) = W_1(1-x)$

〈경우 2〉 $\tilde{v}(x) = C_1(1-x^2) + C_2(1-x),\ \tilde{w}(x) = W_1(1-x^2) + W_2(1-x)$

〈경우 3〉 $\tilde{v}(x) = C_1x^2(1-x) + C_2(1-x^2),\ \tilde{w}(x) = W_1x^2(1-x) + W_2(1-x^2)$

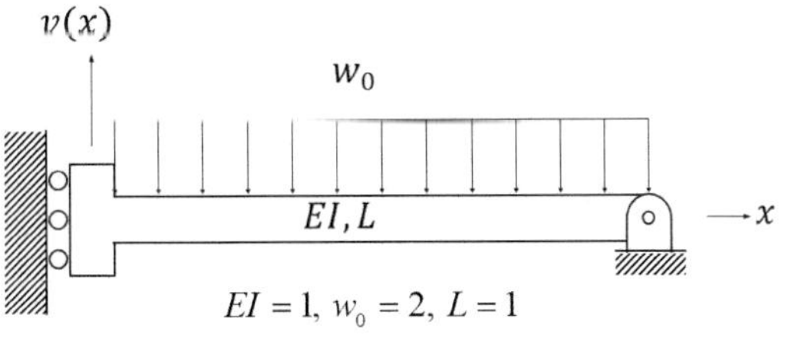

그림의 보 문제는 다음과 같은 경계치 문제로 수식화된다.

$$\frac{d^2v}{dx^2}=1-x^2, 0<x<1$$

$$v'(0)=0, v(1)=0 \tag{a}$$

문제 (a)에 상응하는 약형은 다음이 식으로부터 유도된다.

$$\int_0^1 w(x)(v''-1+x^2)dx+\overline{w}(0)v'(0)=0$$

where $v(1)=0$ and $w(x)$ and $\overline{w}(0)$ are arbitrary. (b)

식 (b)에서 $\overline{w}=w(0), w(1)=0$으로 가정하면, 최종적으로 다음의 약형이 얻어진다.

$$\int_0^1 [w'(x)v'(x)+w(x)-x^2w(x)]dx=0$$

where $v(1)=0$ and $w(x)$ is arbitrary but $w(1)=0$. (c)

〈경우 1〉 $\tilde{v}(x)=C_1(1-x), \tilde{w}(x)=W_1(1-x)$

근사화된 시도함수와 가중함수를 식 (c)의 약형에 대입하여 정리하면,

$$W_1(C_1+1-\frac{1}{2}-\frac{1}{3}+\frac{1}{4})=0 \tag{d}$$

이다. 따라서 $C_1=-\frac{5}{12}$이고, 근사해는 다음 식과 같다.

$$\tilde{v}(x)=-\frac{5}{12}+\frac{5}{12}x \tag{e}$$

〈경우 2〉 $\tilde{v}(x)=C_1(1-x^2)+C_2(1-x), \tilde{w}(x)=W_1(1-x^2)+W_2(1-x)$

근사화된 시도함수와 가중함수를 식 (c)의 약형에 대입하여 정리하면,

$$W_1(\frac{4}{3}C_1+C_2+\frac{3}{12})+W_2(C_1+C_2+\frac{5}{12})=0 \tag{f}$$

이다. 따라서 $C_1=-\frac{9}{20}, C_2=-\frac{1}{15}$이고, 근사해는 다음과 같다.

$$\tilde{v}(x)=\frac{1}{60}(21x^2+4x-25) \tag{g}$$

〈경우 3〉 $\tilde{v}(x)=C_1x^2(1-x)+C_2(1-x^2), \tilde{w}(x)=W_1x^2(1-x)+W_2(1-x^2)$

근사화된 시도함수와 가중함수를 식 (c)의 약형에 대입하여 정리하면,

$$W_1(\frac{2}{15}C_1+\frac{1}{6}C_2+\frac{1}{20})+W_2(\frac{1}{6}C_1+\frac{4}{3}C_2+\frac{16}{30})=0 \tag{h}$$

이다. 식 (e)로부터 미지의 상수를 구하면, 근사해는 다음과 같이 구해진다.

$$\tilde{v}(x) = \frac{1}{270}(-40x^3 + 153x - 113) \tag{i}$$

식 (e), 식 (g), 식 (i)의 근사해와 정해를 비교하면 다음의 그림과 같다.

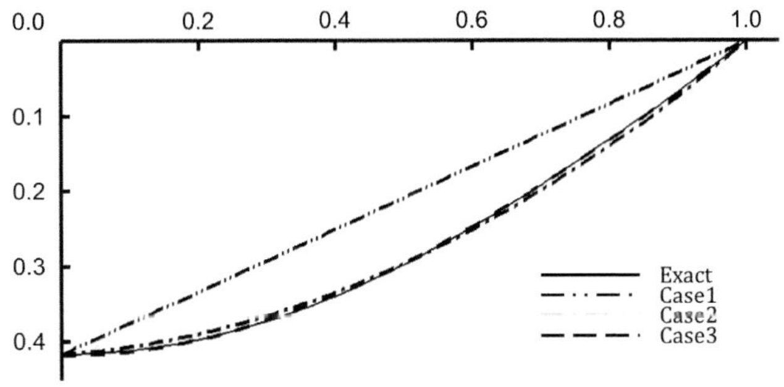

▼ 예제 1.24

변분의 정의에 의하여 다음 범함수의 1차변분을 구하고, 극값 존재 여부에 관하여 논하라.

$$\overline{F}(\phi,\lambda) = \frac{1}{2}\int_0^1 \left[\left(\frac{d\phi}{dx}\right)^2 - 2x^2\phi(x)\right]dx + \lambda(0)\phi(0) + \lambda(1)\phi(1) \tag{a}$$

➡ 범함수 $\overline{F}(\phi,\lambda)$에서 미지의 함수는 $\phi(x)$와 $\lambda(x)$이다. 변분의 정의로부터

$$\delta\overline{F}(\phi,\lambda) \equiv \frac{d\overline{F}(\phi+\varepsilon\delta\phi, \lambda+\varepsilon\delta\lambda)}{d\epsilon}\Big|_{\epsilon=0} \tag{b}$$

$$= \int_0^1 (\phi'\delta\phi' - x^2\delta\phi)dx + \delta\lambda(0)\phi(0) + \lambda(0)\delta\phi(0) + \delta\lambda(1)\phi(1) + \lambda(1)\delta\phi(1)$$

이다. 한편 $\phi^*(x)$와 $\lambda^*(x)$가 $\delta\overline{F}(\phi^*,\lambda^*) = 0$을 만족한다고 가정하자. 그러면

$$\overline{F}(\phi^* + \varepsilon\delta\phi, \lambda^* + \varepsilon\delta\lambda) - \overline{F}(\phi^*,\lambda^*) = \varepsilon\int_0^1 (\phi^{*\prime}\delta\phi' - x^2\delta\phi)\,dx + \frac{\varepsilon^2}{2}\int_0^1 \delta\phi'^2 dx \tag{c}$$

$$+ \varepsilon\{\lambda^*(0)\,\delta\phi(0) + \delta\lambda(0)\phi^*(0) + \lambda^*(1)\delta\phi(1) + \delta\lambda(1)\phi^*(1)\}$$

$$+ \varepsilon^2\{\delta\phi(0)\delta\lambda(0) + \delta\phi(1)\delta\lambda(1)\}$$

$$= \varepsilon\delta\overline{F}(\phi^*,\lambda^*) + \varepsilon^2\left\{\delta\phi(0)\delta\lambda(0) + \delta\phi(1)\delta\lambda(1) + \frac{1}{2}\int_0^1 \delta\phi'^2 dx\right\}$$

$$= \varepsilon^2\left\{\delta\phi(0)\delta\lambda(0) + \delta\phi(1)\delta\lambda(1) + \frac{1}{2}\int_0^1 \delta\phi'^2 dx\right\}$$

가 된다. $\delta\phi(x)$ 와 $\delta\lambda(x)$ 는 임의의 함수이므로 식 (c)의 우변의 부호를 결정할 수 없다. 따라서 $\delta\overline{F}(\phi^*,\lambda^*) = 0$ 을 만족하는 $\phi^*(x)$ 와 $\lambda^*(x)$ 는 $\overline{F}(\phi,\lambda)$ 의 정지점이 된다.

이제 [문제 8]로부터 시작하여 근사해를 구해 보자. 이 문제의 특징은 시도함수에 부과되어야 할 특별한 조건이 없으며, Lagrange 변수 $\lambda(0)$ 과 $\lambda(1)$ 이 미지수라는 점이다. 따라서 $\phi(x)$ 와 $\lambda(x)$ 를 다음의 시도함수로 가정하자.

$$\tilde{\phi}(x) = C_0 + C_1x + C_2x^2 + C_3x^3 \tag{1.76}$$

$$\tilde{\lambda}(x) = \Lambda_0 + (\Lambda_1 - \Lambda_0)x \tag{1.77}$$

식 (1.76)과 식 (1.77)을 [문제 8]의 범함수 $\overline{F}(\phi,\lambda)$ 에 대입하여 정리하면 다음과 같다.

$$\begin{aligned}\tilde{F}(C_0,C_1,C_2,C_3,\Lambda_0,\Lambda_1) = \frac{1}{2}(C_1^2+\frac{4}{3}C_2^2+\frac{9}{5}C_3^2+2C_1C_2+3C_2C_3+2C_3C_1 \\ -\frac{2}{3}C_0-\frac{1}{2}C_1-\frac{2}{5}C_2-\frac{1}{3}C_3)+C_0\Lambda_0+(C_0+C_1+C_2+C_3)\Lambda_1\end{aligned} \tag{1.78}$$

함수 $\tilde{F}(C_0, C_1, C_2, C_3, \Lambda_0, \Lambda_1)$ 가 극값을 가질 조건

$$\frac{\partial\tilde{F}}{\partial C_i} = 0, \quad i = 0,1,2,3 \tag{1.79}$$

$$\frac{\partial\tilde{F}}{\partial \Lambda_j} = 0, \quad j = 0,1 \tag{1.80}$$

으로부터

$$\frac{1}{30}\begin{bmatrix} 0 & 0 & 0 & 0 & 30 & 30 \\ 0 & 30 & 30 & 30 & 0 & 30 \\ 0 & 30 & 40 & 45 & 0 & 30 \\ 0 & 30 & 45 & 54 & 0 & 30 \\ 30 & 0 & 0 & 0 & 0 & 0 \\ 30 & 30 & 30 & 30 & 0 & 0 \end{bmatrix}\begin{bmatrix} C_0 \\ C_1 \\ C_2 \\ C_3 \\ \Lambda_0 \\ \Lambda_1 \end{bmatrix} = \frac{1}{60}\begin{bmatrix} 20 \\ 15 \\ 12 \\ 10 \\ 0 \\ 0 \end{bmatrix} \tag{1.81}$$

또는

$$\begin{bmatrix} \mathrm{K} & \mathrm{Q} \\ \mathrm{Q}^{\mathrm{T}} & 0 \end{bmatrix}\begin{bmatrix} \mathrm{C} \\ \Lambda \end{bmatrix} = \begin{bmatrix} \mathrm{f} \\ 0 \end{bmatrix} \tag{1.82}$$

이다. 이 식에서 강성행렬이 대칭이고 대각항에 0이 포함된다는 점에 주목하기 바란다. 이 연립방정식을 풀면

$$C_0 = 0,\ C_1 = \frac{1}{15},\ C_2 = \frac{1}{10},\ C_3 = -\frac{1}{6},\ \Lambda_0 = \frac{1}{12},\ \Lambda_1 = \frac{1}{4} \tag{1.83}$$

이다. 따라서 근사해는

$$\tilde{\phi}(x) = \frac{1}{15}x + \frac{1}{10}x^2 - \frac{1}{6}x^3 \tag{1.84}$$

이다. 이 근사해는 식 (1.61)의 근사해와 동일함을 알 수 있다. 그 이유는 식 (1.80)이 필수경계조건을 만족시키는 역할을 하고, 필수경계조건이 전제되면 식 (1.76)의 시도함수가 식 (1.54)의 시도함수와 동일하기 때문이다.

이제 $x = 0, 1$ 에서 정해 $\phi^*(x)$ 의 기울기를 구해 보자. 식 (1.7)로부터

$$\phi^{*\prime}(0) = \frac{1}{12}; \qquad \phi^{*\prime}(1) = -\frac{1}{4} \tag{1.85}$$

이다. 흥미로운 것은 식 (1.84)의 근사해로부터 구한 기울기

$$\tilde{\phi}'(0) = \frac{1}{15}; \qquad \tilde{\phi}'(1) = -\frac{7}{30} \tag{1.86}$$

는 정해와 다소의 차이를 보이는 반면, Lagrange 변수의 물리적 의미로부터 구한 기울기

$$\phi'(0) = \lambda(0) = \Lambda_0 = \frac{1}{12} = \phi^{*\prime}(0) \tag{1.87}$$

$$\phi'(1) = -\lambda(1) = -\Lambda_1 = -\frac{1}{4} = \phi^{*\prime}(1) \tag{1.88}$$

는 정해와 일치하고 있다는 점이다. 이것은 이 예제에서 사용한 변수의 수가 총 여섯 개로 1.2.3절의 예제에서 사용한 변수의 수보다 두 개 더 많다는 점에 기인하는 결과이다.

한편 Lagrange 변수의 물리적 의미 $\lambda(0) = \phi'(0)$ 와 $\lambda(1) = -\phi'(1)$ 을 [문제 8]에 대입하면, 다음의 수정변분원리(modified variational principle)를 얻을 수 있다.

문제 9

Find ϕ that makes the following functional stationary (1.89)

$$\overline{\overline{F}}(\phi) = \frac{1}{2}\int_0^1 \left[\left(\frac{d\phi}{dx}\right)^2 - 2x^2\phi(x)\right]dx + \phi(0)\phi'(0) - \phi(1)\phi'(1)$$

성질 급한 독자들은 [문제 9]로부터 구한 결과가 어떻게 될까 궁금할 것이다. 다음의 예제를 참고하기 바란다.

▼ 예제 1.25

식 (1.89)의 [문제 9]를 다음의 시도함수를 이용하여 근사해를 구하라.

$$\tilde{\phi}(x) = C_0 + C_1 x + C_2 x^2 + C_3 x^3 \tag{a}$$

[문제 9]에는 시도함수에 대한 특별한 부과조건이 없다. 따라서 식 (a)를 시도함수로 직접 사용할 수 있다. 시도함수 $\tilde{\phi}(x)$를 [문제 9]에 대입하여 정리하면 다음과 같다.

$$\begin{aligned}\tilde{\tilde{\tilde{F}}}(C_0, C_1, C_2, C_3) &= \frac{1}{2}\Big(C_1^2 + \frac{4}{3}C_2^2 + \frac{9}{5}C_3^2 + 2C_1C_2 + 3C_2C_3 + 2C_3C_1 \\ &- \frac{2}{3}C_0 - \frac{1}{2}C_1 - \frac{2}{5}C_2 - \frac{1}{3}C_3\Big) + C_0C_1 - (C_0 + C_1 + C_2 + C_3)(C_1 + 2C_2 + 3C_3)\end{aligned} \tag{b}$$

위의 함수가 극값을 가질 조건, $\dfrac{\partial \tilde{\tilde{\tilde{F}}}}{\partial C_i} = 0,\ i = 0, 1, 2, 3$을 적용하여 정리하면

$$\begin{bmatrix} 0 & 0 & 6 & 9 \\ 0 & 4 & 8 & 12 \\ 60 & 60 & 80 & 105 \\ 90 & 90 & 105 & 126 \end{bmatrix}\begin{bmatrix} C_0 \\ C_1 \\ C_2 \\ C_3 \end{bmatrix} = \begin{bmatrix} -1 \\ -1 \\ -6 \\ -5 \end{bmatrix} \tag{c}$$

이며, 이 선형방정식의 해가

$$C_0 = -\frac{1}{360}, \quad C_1 = \frac{1}{12}, \quad C_2 = \frac{1}{12}, \quad C_3 = -\frac{1}{6} \tag{d}$$

이므로 근사해는 다음과 같다.

$$\tilde{\phi}(x) = -\frac{1}{360} + \frac{1}{12}x + \frac{1}{12}x^2 - \frac{1}{6}x^3 \tag{e}$$

식 (e)의 근사해와 정해를 그림에서 비교하고 있다. 근사해에서

$$\tilde{\phi}(0) = \tilde{\phi}(1) = -\frac{1}{360} \tag{f}$$

이므로 필수경계조건을 만족시키지 않고 있다. 그리고 정해가 극대값을 갖는 $x_{\max} = 4^{-\frac{1}{3}}$에서

$$\phi^*(x_{\max}) = 0.02916, \quad \tilde{\phi}(x_{\max}) = 0.03090 \tag{g}$$

이므로 오차가 약 5.9%이다. 1.2.3절의 2.2%에 비하여 다소 증가하였다. 한편

$$\phi^{*\prime}(0) = \frac{1}{12}, \quad \tilde{\phi}'(0) = \frac{1}{12}, \quad \phi^{*\prime}(1) = -\frac{1}{4}, \quad \tilde{\phi}'(1) = -\frac{1}{4} \tag{h}$$

이므로 경계에서 기울기는 정확하게 정해와 일치함을 알 수 있다. 결론적으로 수정된 변분 원리를 통하여 최종적으로 얻고자 했던 미지함수를 다소 희생시킨 대신 경계에서

기울기가 정확하게 예측되었다는 점에 주목하기 바란다. 한편 수정된 변분원리는 시도함수에 어떤 부과조건이 붙지 않기 때문에 나름대로 장점이 있다. 이러한 방법을 통하여 미분방정식과 경계조건 모두에게 다소의 오차를 분산허용함으로써 전체적인 결과가 균형을 갖도록 할 수도 있다. 물론 Lagrange 변수법에 비하여 변수의 수가 줄어들었으며, 기초함수가 많아지면 근사해는 보다 정해에 가까워진다.

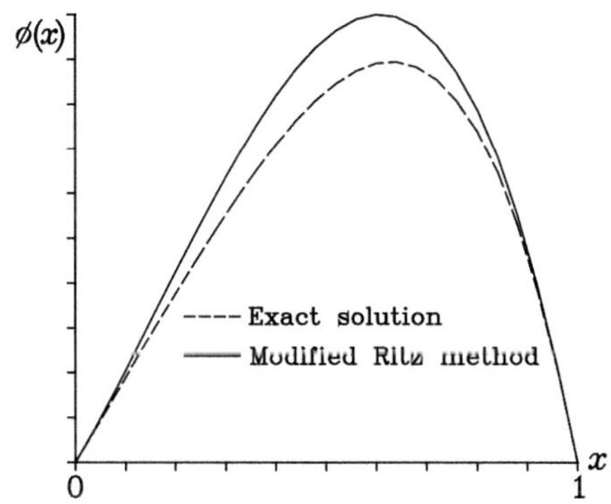

1.4.2 가중오차법에서 필수경계조건의 약형내 삽입

[문제 1]은 $\omega(x)$가 임의의 함수이고, $\overline{\omega}(0)$과 $\overline{\omega}(1)$이 임의의 상수라는 전제 하에 다음의 문제와 동일하다.

$$\int_0^1 \omega(x)(-\phi''-x^2)\ dx+\overline{\omega}(0)\phi(0)+\overline{\omega}(1)\phi(1)=0 \tag{1.90}$$

$$\textit{where}\ \ \overline{\omega}(0),\ \overline{\omega}(1)\ \text{and}\ \ \omega(x)\ \textit{are arbitrary}$$

위 식의 좌변을 부분적분하여 정리하면 다음과 같다.

$$\begin{aligned}&\int_0^1 \{\phi'(x)\omega'(x)-x^2\omega(x)\}dx \\ &\quad +\phi'(0)\omega(0)+\phi(0)\overline{\omega}(0)+\phi(1)\overline{\omega}(1)-\phi'(1)\omega(1)\ =\ 0\end{aligned} \tag{1.91}$$

$$\textit{where}\ \ \overline{\omega}(0),\ \overline{\omega}(1)\ \text{and}\ \ \omega(x)\ \textit{are arbitrary}$$

독자 중에는 변분법에서 Lagrange 변수를 소거했듯이 식 (1.91)에서 $\omega(0)$, $\omega(1)$을 소거하고 싶은 사람도 있을 것이다. 그러나 변분법처럼 간단한 문제는 아니다. 우리는 이 문제와 관련된 직관을 얻기 위하여 변분법적 접근방법을 면밀히 검토하고 가중오차법과 그 유사성을 발견해야 한다. 이 목적으로 여기서 [문제 9]의 수정된 변분이론에서 유도된 범함수 $\overline{\overline{F}}(\phi)$의 1차변분

$$\delta\overline{\overline{F}}(\phi) = \int_0^1 [\phi'(x)\delta\phi'(x) - x^2\,\delta\phi(x)]\,dx + \phi'(0)\delta\phi(0) + \phi(0)\delta\phi'(0) - \phi(1)\,\delta\phi'(1) - \phi'(1)\delta\phi(1) \tag{1.92}$$

과 식 (1.91)을 비교해 보자. $\omega(x) = \delta\phi(x)$ 와 동일한 의미로 사용되었으므로 만약

$$\overline{\omega}(0) = \omega'(0); \quad \overline{\omega}(1) = -\omega'(1) \tag{1.93}$$

으로 두면, 식 (1.91)은 수정된 변분이론과 동일하게 됨을 알 수 있다. 따라서 다음의 약형을 얻을 수 있다.

$$\int_0^1 (\phi'(x)\omega'(x) - x^2\omega(x))\,dx \tag{1.94}$$

$$+\phi'(0)\omega(0) + \phi(0)\omega'(0) - \phi(1)\,\omega'(1) - \phi'(1)\omega(1) = 0$$

$$\textit{where} \;\; \omega(x) \;\; \textit{is arbitrary}$$

이 약형으로부터 근사해를 구하고자 할 경우, 예제 1.24에서 보는 바와 같이 시도함수에 관한 특별한 구속조건이 부과되지 않는다. 물론 그 결과는 예제 1.24와 동일하다.

1.4.3 벌칙기법을 이용한 기하 및 필수 경계조건의 소거

함수의 극화 문제에서 구속조건의 처리를 위한 방법 중의 하나로 벌칙기법이 널리 사용되고 있다. 이 기법은 범함수의 극화 문제에서 등식구속조건의 범함수내 삽입 목적으로도 사용되고 있다. 함수의 극화 문제에서는 하나의 벌칙상수가 하나의 등식구속조건의 처리를 위하여 사용되는 반면, 범함수의 극화 문제에서는 벌칙상수 또는 벌칙함수가 일정구간에 대한 구속조건을 취급하기 위하여 사용되고 있다. 1변수1함수 범함수의 극화 문제에서 벌칙상수는 사실상 함수의 극화 문제에서의 벌칙상수와 동일하다.

벌칙기법을 이용하여 [문제 1]의 필수경계조건을 범함수에 삽입하여 근사해를 구해 보자. 필수경계조건을 벌칙기법으로 범함수 내에 삽입시킨 수정된 범함수는 다음과 같다.

$$\textit{Extremize}\ \dot{F}(\phi) = \frac{1}{2}\int_0^1 [\phi'^2 - 2x^2\phi(x)]\,dx \tag{1.95}$$

$$+\beta(0)\{\phi(0) - \overline{\phi}(0)\}^2 + \beta(1)\{\phi(1) - \overline{\phi}(1)\}^2$$

여기서 $\beta(0)$ 과 $\beta(1)$ 은 벌칙상수이며, 매우 큰 양수이고, $\overline{\phi}(0) = \overline{\phi}(1) = 0$ 으로 주어져 있다.

시도함수

$$\tilde{\phi}(x) = C_0 + C_1 x + C_2 x^2 + C_3 x^3 \tag{1.96}$$

를 식 (1.95)의 범함수에 대입하여 정리하면 다음과 같다.

$$\tilde{F}(C_0, C_1, C_2, C_3) = \frac{1}{2}\Big(C_1^2 + \frac{4}{3}C_2^2 + \frac{9}{5}C_3^2 + 2C_1C_2 + 3C_2C_3 + 2C_3C_1 \\ - \frac{2}{3}C_0 - \frac{1}{2}C_1 - \frac{2}{5}C_2 - \frac{1}{3}C_3\Big) \\ + \beta(0)\,C_0^2 + \beta(1)(C_0 + C_1 + C_2 + C_3)^2 \tag{1.97}$$

여기서 벌칙상수를 $\beta(0) = \beta(1) = 10^3$ 으로 가정하자. 위의 함수가 극값을 가질 조건

$$\frac{\partial \tilde{F}}{\partial C_i} = 0, \; i = 0, 1, 2, 3 \tag{1.98}$$

으로부터

$$\begin{aligned} -\frac{1}{3} + 2\beta(0)\,C_0 + 2\beta(1)\,(C_0 + C_1 + C_2 + C_3) &= 0 \\ C_1 + C_2 + C_3 - \frac{1}{4} + 2\beta(0)\,C_0 + 2\beta(1)\,(C_0 + C_1 + C_2 + C_3) &= 0 \\ C_1 + \frac{4}{3}C_2 + \frac{3}{2}C_3 - \frac{1}{5} + 2\beta(0)\,C_0 + 2\beta(1)\,(C_0 + C_1 + C_2 + C_3) &= 0 \\ C_1 + \frac{3}{2}C_2 + \frac{9}{5}C_3 - \frac{1}{6} + 2\beta(0)\,C_0 + 2\beta(1)\,(C_0 + C_1 + C_2 + C_3) &= 0 \end{aligned} \tag{1.99}$$

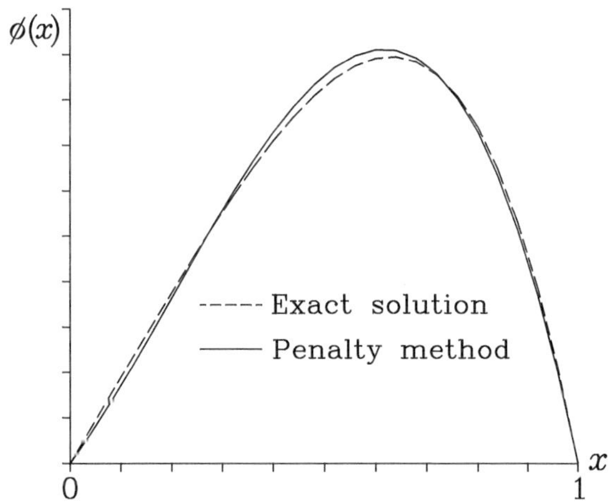

그림 1.3 근사해와 정해의 비교

이므로

$$C_0 = \frac{167}{4004000}, \quad C_1 = \frac{4009}{60060}, \quad C_2 = \frac{1}{10}, \quad C_3 = -\frac{1}{6} \tag{1.100}$$

이다. 즉, 근사해는 다음과 같다.

$$\tilde{\phi}(x) = \frac{167}{4004000} + \frac{4009}{60060}x + \frac{1}{10}x^2 - \frac{1}{6}x^3 \tag{1.101}$$

이 근사해와 정해를 그림 1.3에서 비교하고 있다. 이 해는 필수경계조건을 근사적으로 만족시키며, 대체적으로 식 (1.84)의 근사해와 유사하다. 물론 벌칙상수를 증가시키면, 식 (1.84)의 해에 수렴한다. 벌칙기법은 변수의 증가 없이 공학적으로 충분한 정확도의 해를 얻게 해주므로 비교적 널리 사용되고 있다. 그러나 벌칙기법에서 벌칙상수의 크기가 해의 정확도와 수치적 특성에 다소의 영향을 줄 수 있으므로 사용시 주의가 요구된다.

1.5 Galerkin 근사법, Ritz 법, 유한요소법

Galerkin 근사법에 바탕을 둔 미분방정식의 근사해법은 모든 미분방정식의 근사해를 구하기 위한 목적으로 사용될 수 있다. 그러나 형상이 복잡한 2차원 및 3차원 문제의 경우, Ritz 법과 마찬가지로 필수경계조건을 만족하는 시도함수를 쉽게 구할 수 없기 때문에 해석적 방법에 의한 복잡한 문제의 해결 목적으로는 사용될 수 없다. 다행히 기초함수의 문제는 유한요소법에 의하여 어렵지 않게 해결될 수 있다.

미분방정식에 대응하는 범함수 또는 변분이론을 구할 수 있는 문제가 한정되어 있고 앞에서 본 바와 같이 Galerkin 근사법이 적용 측면에서 보다 간단하기 때문에, 관련 연구자들이 Galerkin 근사법에 근거한 가중오차법을 주로 사용하고 있다. 그런데 식 (1.71)과 식 (1.93)에서와 같이 가중오차법에서 가중함수에 제약을 가할 때 다소 이해하기 어려운 점이 있다. 이런 문제점의 해답은 Ritz 법의 이해가 전제되면 쉽게 구할 수 있다.

여기서 지적해 두어야 할 점은 강성행렬의 모든 요소들이 기초함수의 곱을 적분한 것이므로 일반적으로 0이 아니라는 것이다. 그러나 유한요소법에서는 상당수의 강성행렬 요소들이 0이다.

1.6 근사해법과 유한요소법의 징검다리

지금까지 우리는 유한요소법의 이론적 배경을 공부하였다. 이제 우리는 유한요소기교와 2차원 및 3차원 확장 등에 관련된 내용만을 남겨 두고 있다. 거듭 강조하거니와 유한요소법과 관련된 핵심적인 이론적 배경은 이미 모두 소개되었다.

우리는 앞에서 Ritz 법, Galerkin 법 등 경계치문제의 근사해법이 실제 문제의 해결 목적으로 직접 사용되는 데는 다소의 문제가 있다는 점을 체득하였다. 이러한 근사해법은 기초함수의 수를 증가시키면 해가 정확해지는 매우 매력적인 성질을 가지고 있지만, 기초함수 선정 문제와 엄청난 계산량으로 인하여 실제의 공학 문제를 수계산으로 해결하는 데는 부적절하다. 기초함수의 선정과 계산 시간의 문제는 각각 유한요소기교와 컴퓨터에 의하여 해결된다. 따라서 유한요소법은 컴퓨터 이용을 기본으로 하는, 경계치문제의 근사해법의 수치적 응용기술로 보아야 옳다.

다음의 예제는 경계치문제의 근사해법으로부터 유한요소법으로 넘어가는 단계에서 독자들에게 마음의 준비를 시키기 위하여 특별히 준비한 문제이다. 먼저 앞에서 사용한 기초

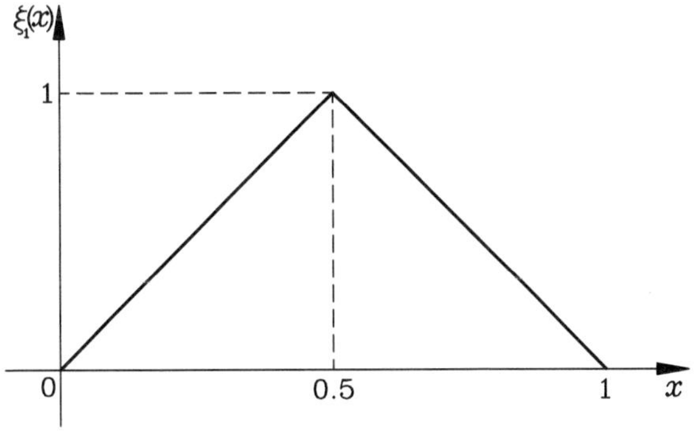

그림 1.4 C^0-연속함수의 기초함수

함수들, 가령 $x(1-x)$, $x^2(1-x)$ 등은 너무 멋있는 함수이며, $+$ $-$ $\times$ $\div$ 의 사칙연산, 대소 판단기능, 저장기능 등밖에 갖추지 못한 현재의 컴퓨터로서는 도저히 상상할 수 없는 함수들이다. 현재 인간은 컴퓨터에 어떤 함수를 인식시킬 수 있을까? 그림 1.4와 같은 함수는 비교적 손쉽게 인식시킬 수 있다. 그림에서의 함수는 $x = 0$과 $x = 1$에서 0의 값을 갖고 $x = 0.5$에서 1의 값을 갖는 구간선형함수이다. 실제 사용자는 이 함수를 컴퓨터가 생성하도록 하기 위하여 프로그램에서 요구하는 몇 개의 기하정보를 입력하면 된다. 이와 관련된 구체적인 내용은 다음 장의 유한요소기교에서 상세하게 다룬다.

여기서는 그림 1.4의 함수를 기초함수로 하여 근사해를 구해 보자. 그림의 함수로 만들어진 시도함수는 다음 식으로 수식화된다.

$$\tilde{\phi}(x) = C_1\left(1-2\left|x-\frac{1}{2}\right|\right) = \begin{cases} 2C_1x & \text{for} \quad 0 \le x \le \dfrac{1}{2} \\ 2C_1(1-x) & \text{for} \quad \dfrac{1}{2} < x \le 1 \end{cases} \tag{1.102}$$

식 (1.102)를 [문제 2]의 범함수에 대입하여 정리하면

$$\begin{aligned} \tilde{F}(C_1) = {} & \frac{1}{2}\int_0^{0.5-0}\left(4C_1^2 - 4C_1x^3\right)dx \\ & + \frac{1}{2}\int_{0.5+0}^{1}\left\{4C_1^2 - 4C_1x^2(1-x)\right\}dx + \int_{0.5-0}^{0.5+0} K\,dx \\ = {} & 2C_1^2 - \frac{7}{48}C_1 + \int_{0.5-0}^{0.5+0} K\,dx \end{aligned} \tag{1.103}$$

이다. 이 식에서 K는 확정적인 값이 아니다. 왜냐하면 $\tilde{\phi}(x)$가 $x = 0.5$에서 미분불가능하기 때문이다. 그러나 $\tilde{\phi}'(x)$의 좌극한값이 2이고 우극한값이 -2이므로 K는 유계(bounded)이다. 즉, $|K| < \infty$이다. 유계함수를 척도 0(measure zero)으로 적분하면 그 적분값은 영이다. 이 점은 유한요소법의 이론에서 매우 중시하는 점임을 강조해 둔다. 따

라서 식 (1.103)은 다음 식으로 정리된다.

$$\tilde{F}(C_1) = 2C_1^2 - \frac{7}{48}C_1 \tag{1.104}$$

이 함수가 극값을 가질 조건

$$\frac{d\tilde{F}}{dC_1} = 4C_1 - \frac{7}{48} = 0 \tag{1.105}$$

으로부터 $C_1 = \dfrac{7}{192}$를 얻게 된다. 따라서 근사해는 다음과 같다.

$$\tilde{\phi}(x) = \frac{7}{192} - \frac{7}{96}|x-0.5| \tag{1.106}$$

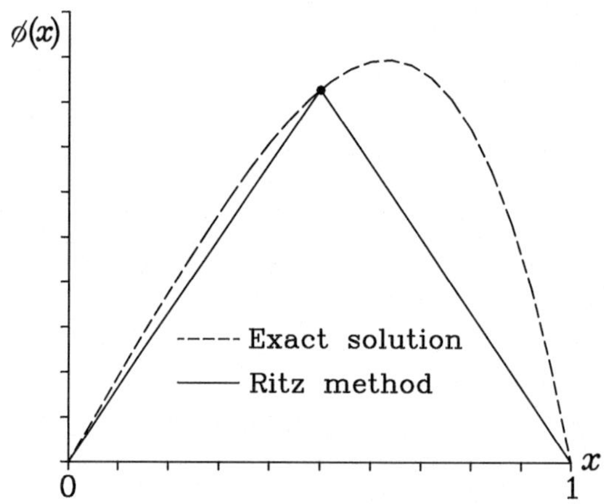

그림 1.5 근사해와 정해의 비교

이 근사해와 정해를 그림 1.5에서 비교하고 있다. 흥미로운 것은 $x = 0.5$에서 근사해와 정해가 일치한다는 점이다. 이 점은 2.9절에서 초수렴(superconvergence) 특성으로 설명된다.

이 예제에서 우리는 식 (1.104)의 $2C_1^2$ 항을 구하는 데 들어간 노력을 특별히 기억할 필요가 있다. 앞에서 공부한 예제들에 비하여 상대적으로 쉬우며, 계산 과정을 쉽게 체계화할 수 있으므로 컴퓨터화하는 데 매우 효과적이다.

우리는 앞에서 미분방정식의 근사해법에서 해에 대한 직관을 가지고 있으면 이를 기초함수의 선정에 반영함으로써 해의 정확도를 높일 수 있고, 기초함수의 수를 증가시킴으로써 해의 정확도를 높일 수 있다는 사실을 공부하였다. 실제 공학문제는 수학적으로 매우 복잡하여 해에 관한 직관을 가진다는 것이 쉽지 않다. 비록 올바른 직관을 가지고 있다고 해도 기하학적으로 복잡하여 반영할 수 있는 방법이 사실상 없다. 따라서 실제 공학문제의 해결을 위하여 단순한 기초함수를 사용하는 대신 기초함수의 수를 증가시키는 방법에 의존할 수밖에 없다. 기초함수의 수를 증가시키면 수계산으로 풀이가 불가능해지므로 컴퓨터의 도움을 빌려야 한다. 현재의 컴퓨터는 사칙연산, 특수 함수의 계산, 대소판단 등의 기능밖에 갖추고 있지 않으므로 기초함수는 단순할 수밖에 없다. 즉, 앞의 예에서 보는 바와 같이 단순한 함수를 사용하면 계산과정을 컴퓨터화시키는 데 있어 훨씬 편리할 것이라는 생각을 갖게 한다. 그렇다고 그림 1.4의 함수를 다음의 범함수를 최소화시키는 함수를 찾기 위한 목적으로 사용할 수는 없다.

$$F(v(x)) = \frac{1}{2}\int_0^1 v''^2(x)dx + v(1) \tag{1.107}$$

이 함수를 사용하면 $v''(x)$가 $x=0.5$에서 유계가 아니므로 이 함수를 제곱적분할 수 없기 때문이다. 따라서 기초함수에 대한 적절한 제약이 가해져야 함을 알 수 있다.

기초함수에 부과되는 조건은 이것이 사용되는 미분방정식의 차수에 따라 다르다. 즉, 미분방정식이 $2p$차이면 범함수의 최고 미분차수가 p가 되므로, 기초함수는 p번까지 미분하여 제곱적분 가능해야 한다. 즉,

$$\zeta_i(x) \in H^p(\Omega) \quad \text{또는} \quad \zeta_i(x) \in C^{p-1}(\Omega) \tag{1.108}$$

이어야 한다. 공학적으로 p번까지 미분하여 제곱적분 가능한 함수 $(H^p(\Omega))$는 $p-1$번까지 미분하여 연속인 함수 $(C^{p-1}(\Omega))$와 동일하게 보아도 좋다. 따라서 2차 미분방정식의 경우 범함수의 최고 미분차수가 1이므로 기초함수는 C^0-연속함수가 되어야 하며, 4차 미분방정식의 경우 범함수의 최고 미분차수가 2이므로 기초함수는 C^1-연속함수가 되어야 한다.

1.7 직접 유한요소법에 의한 트러스의 구조해석

트러스 구조물은 양단이 핀으로 되어 있고, 부재에 측력이 작용하지 않고 핀에만 하중 및 변위 구속조건이 부과되는 구조물을 일컫는다. 따라서 트러스를 구성하는 부재는 양단의 핀을 연결하는 직선 상에서 작용하는 인장력 또는 압축력, 즉 단축하중밖에 받지 않는다. 그림 1.6(a)은 3개의 트러스 부재로 이루어진 트러스 구조물이며, 부정정계 문제에 속한다. 반면, 그림 1.6(b)는 전형적인 정정계 문제이다.

트러스 구조해석 문제는 특별한 특징을 지니고 있다. 모든 문제를 핀의 관점에서 서술하고 해결할 수가 있다. 즉, 핀의 변위를 알게 되면 구조물 전체에 대한 역학적 현상이 규명된다. 이런 측면에서 트러스 문제 그 자체가 유한요소법으로 수식화되어 있는 것이다. 그래서 트러스 구조해석 문제를 유한요소법의 관점에서 푸는 방식을 직접 유한요소법(direct finite element method) 이라고 한다.

먼저 단축하중(unaxial loading)을 받는 부재, 즉 트러스 부재(truss member)를 그림 1.7에 나타내었다. 부재의 길이는 $L^{ⓔ}$이고, 부재의 축강성은 $AE^{ⓔ}$이며, $f^{ⓔ}$는 부재력을 나타낸다. 양 단을 일련번호 i와 j로 구분하고, 그 점에서의 변위를 각각 (u_x^i, u_y^i)와

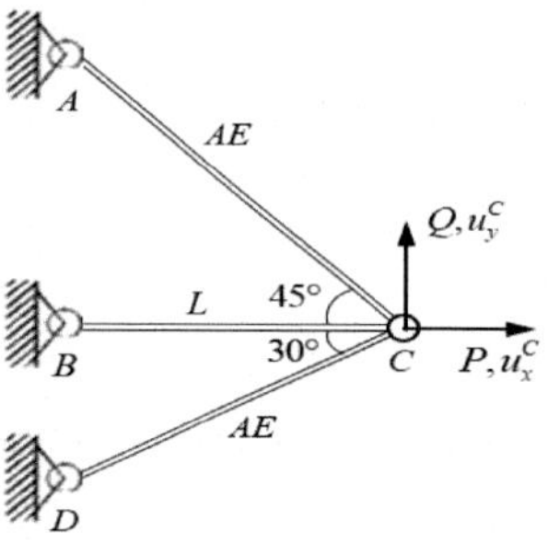

(a) 부정정계

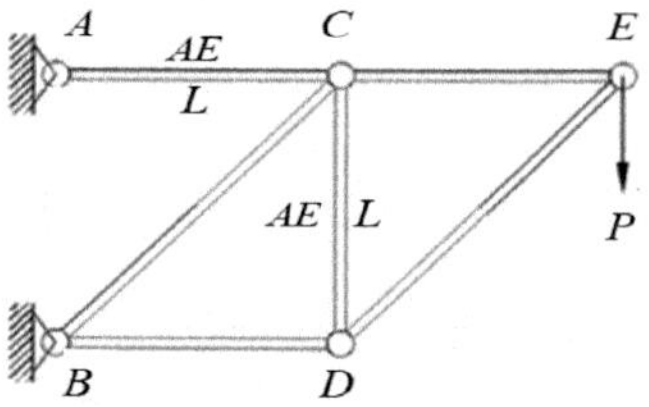

(b) 정정계

그림 1.6 트러스 구조물의 사례

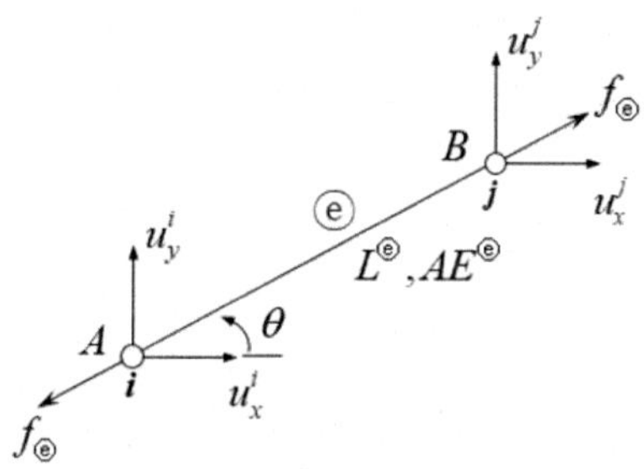

그림 1.7 트러스 부재의 정의

(u_x^j, u_y^j)이라 둔다. 그리고 부재를 번호 ⓔ로 표현한다. 양단의 변위에 의하여 부재 ⓔ가 늘어난 길이 $\delta_{ⓔ}$는 다음과 같이 계산된다.

$$\delta_{ⓔ} = (u_x^j - u_x^i)\cos\theta + (u_y^j - u_y^i)\sin\theta \tag{1.109}$$

이 식은 다음과 같이 행렬로 표현된다.

$$\delta_{ⓔ} = [\cos\theta, \quad \sin\theta, -\cos\theta, -\sin\theta]\begin{bmatrix} u_x^j \\ u_y^j \\ u_x^i \\ u_y^i \end{bmatrix} \tag{1.110}$$

다음의 트러스 부재의 변형과 힘의 관계로부터

$$\delta = \frac{PL}{AE} \quad \text{또는} \quad P = \frac{AE}{L}\delta \tag{1.111}$$

부재 ⓔ에 작용하는 부재력은 다음과 같이 표현된다.

$$f_{ⓔ} = \frac{AE}{L}\delta_{ⓔ} = \frac{AE}{L}[\cos\theta,\quad \sin\theta, -\cos\theta, -\sin\theta]\begin{bmatrix} u_x^j \\ u_y^j \\ u_x^i \\ u_y^i \end{bmatrix} \tag{1.112}$$

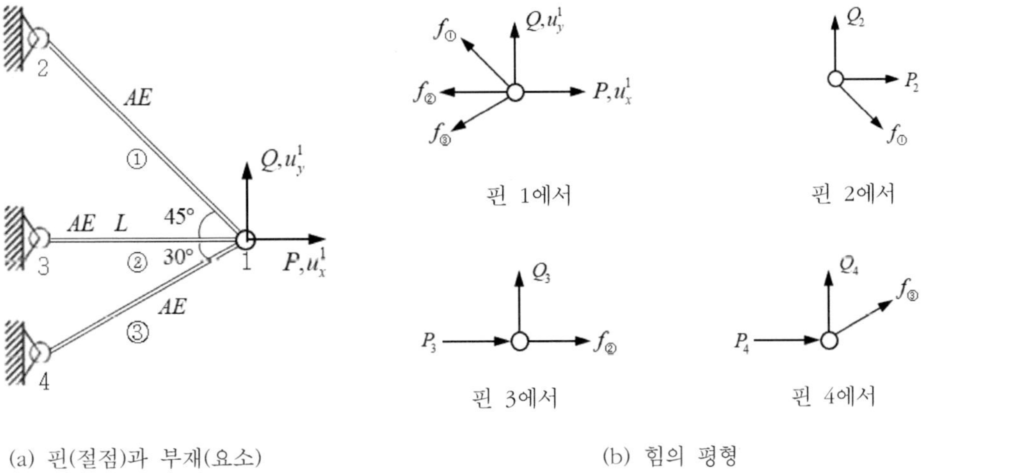

그림 1.8 부정정계 트러스 구조해석 문제

이제, 그림 1.6(a)의 트러스의 구조해석 문제를 유한요소법으로 풀어보도록 하자. 각 요소에 작용하는 부재력을 변위로 표현하면, 다음과 같다.

$$f_{①} = \frac{AE}{2L}[1, -1, -1, 1]\begin{bmatrix} u_x^1 \\ u_y^1 \\ u_x^2 \\ u_y^2 \end{bmatrix} \tag{1.113}$$

$$f_{②} = \frac{AE}{L}[1, 0, -1, 0]\begin{bmatrix} u_x^1 \\ u_y^1 \\ u_x^3 \\ u_y^3 \end{bmatrix} \tag{1.114}$$

$$f_{③} = \frac{\sqrt{3}AE}{4L}[\sqrt{3}, 1, -\sqrt{3}, -1]\begin{bmatrix} u_x^1 \\ u_y^1 \\ u_x^4 \\ u_y^4 \end{bmatrix} \tag{1.115}$$

한편, 각 점, 즉 절점 1, 2, 3, 4에 작용하는 힘의 평형상태를 그림 1.8에 나타내었으며, 힘의 평형조건으로부터 다음의 관계식을 만족해야 한다.

$$\frac{\sqrt{2}}{2}f_{①}+f_{②}+\frac{\sqrt{3}}{2}f_{③}=P; \quad -\frac{\sqrt{2}}{2}f_{①}+\frac{1}{2}f_{③}=Q \quad \text{at node 1} \tag{1.116}$$

$$-\frac{\sqrt{2}}{2}f_{①}=P_2; \quad \frac{\sqrt{2}}{2}f_{①}=Q_2 \quad \text{at node 2} \tag{1.117}$$

$$-f_{②}=P_3; \quad 0=Q_3 \quad \text{at node 3} \tag{1.118}$$

$$-\frac{\sqrt{3}}{2}f_{③}=P_4; \quad -\frac{1}{2}f_{③}=Q_4 \quad \text{at node 4} \tag{1.119}$$

위의 식들에서 부재력을 소개하여 정리하면 다음 식의 행렬식으로 표현이 가능하다.

$$\mathrm{K\,U}=\mathrm{F} \tag{1.120}$$

여기서 U와 F는 다음과 같이 정의된다.

$$\begin{aligned}\mathrm{U}&=\left[u_x^1,\ u_y^1,\ u_x^2,\ u_y^2,\ u_x^3,\ u_y^3,\ u_x^4,\ u_y^4\right]^{\mathrm{T}}\\&=\left[U_1,\ U_2,\ U_3,\ U_4,\ U_5,\ U_6,\ U_7,\ U_8\right]^{\mathrm{T}}\end{aligned} \tag{1.121}$$

$$\mathrm{F}=\left[P_1(=P),\ Q_1(=Q),\ P_2,\ Q_2,\ P_3,\ Q_3,\ P_4,\ Q_4\right]^{\mathrm{T}} \tag{1.122}$$

그리고 부재력의 관계식들에 식 (1.113), 식 (1.114), 식 (1.115)을 대입하여 행렬식으로 표현하면, 다음과 같다.

$$\mathrm{K}=\mathrm{K}_{①}+\mathrm{K}_{②}+\mathrm{K}_{③}$$

$$\begin{aligned}&=\frac{\sqrt{2}AE}{4L}\begin{bmatrix}1&-1&-1&1&0&0&0&0\\-1&1&1&-1&0&0&0&0\\-1&1&-1&1&0&0&0&0\\1&-1&1&-1&0&0&0&0\\0&0&0&0&0&0&0&0\\0&0&0&0&0&0&0&0\\0&0&0&0&0&0&0&0\\0&0&0&0&0&0&0&0\end{bmatrix}+\frac{AE}{L}\begin{bmatrix}1&0&0&0&-1&0&0&0\\0&0&0&0&0&0&0&0\\0&0&0&0&0&0&0&0\\0&0&0&0&0&0&0&0\\-1&0&0&0&1&0&0&0\\0&0&0&0&0&0&0&0\\0&0&0&0&0&0&0&0\\0&0&0&0&0&0&0&0\end{bmatrix}\\&+\frac{\sqrt{3}AE}{8L}\begin{bmatrix}3&\sqrt{3}&0&0&0&0&-3&-\sqrt{3}\\\sqrt{3}&1&0&0&0&0&-\sqrt{3}&-1\\0&0&0&0&0&0&0&0\\0&0&0&0&0&0&0&0\\0&0&0&0&0&0&0&0\\0&0&0&0&0&0&0&0\\-3&-\sqrt{3}&0&0&0&0&3&\sqrt{3}\\-\sqrt{3}&-1&0&0&0&0&\sqrt{3}&1\end{bmatrix}\end{aligned} \tag{1.123}$$

한편, 식 (1.120)에서 K는 경계조건 부여 이전의 강성행렬이고, U는 변위벡터이며, F는 핀에 작용하는 외력의 합을 나타낸다. 그런데 행렬 K의 판별치는 0이 될 수밖에 없다. 경계조건을 부과하기 이전의 힘의 평형조건식은 강체 운동을 표현하는 것으로, 유의미하지 않다. 반드시 경계조건이 부과되어야 역학적 의미를 갖게 된다.

경계조건은 다음과 같다.

$$u_x^2 = u_y^2 = u_x^3 = u_y^3 = u_x^4 = u_y^4 = 0 \tag{1.124}$$

$$P_1 = P, Q_1 = Q \tag{1.125}$$

이 경계조건들을 식 (1.120)에 대입하여 핀에서 정의되는 미지의 변위를 미지수로 하는 선형방정식으로 표현하면 다음과 같다.

$$\begin{bmatrix} \dfrac{2\sqrt{2}+8+3\sqrt{3}}{8} & \dfrac{3-2\sqrt{2}}{8} \\ \dfrac{3-2\sqrt{2}}{8} & \dfrac{2\sqrt{2}+\sqrt{3}}{8} \end{bmatrix} \begin{bmatrix} U_1 \\ U_2 \end{bmatrix} = \begin{bmatrix} P \\ Q \end{bmatrix} \tag{1.126}$$

이 식을 풀면, 다음과 같이 점 1에서의 미지의 변위가 계산된다.

$$\begin{bmatrix} U_1 \\ U_2 \end{bmatrix} = \begin{bmatrix} u_x^1 \\ u_y^1 \end{bmatrix} = \frac{\sqrt{2}}{2\sqrt{3}+7+\sqrt{6}} \begin{bmatrix} 2\sqrt{2}+\sqrt{3} & -3+2\sqrt{2} \\ -3+2\sqrt{2} & 2\sqrt{2}+8+3\sqrt{3} \end{bmatrix} \begin{bmatrix} P \\ Q \end{bmatrix} \tag{1.127}$$

이제 식 (1.120)에서 미지의 변위를 계산하는데 사용되지 않은 식의 의미를 세 번째와 네 번째의 식을 통하여 알아보자. 세 번째 및 네 번째 식을 풀어쓰면, 다음과 같다.

$$-\frac{\sqrt{2}}{4}U_1 + \frac{\sqrt{2}}{4}U_2 = P_2 \tag{1.128}$$

$$\frac{\sqrt{2}}{4}U_1 - \frac{\sqrt{2}}{4}U_2 = Q_2 \tag{1.129}$$

이 두 식에서 U_1와 U_2는 식 (1.126) 또는 (1.127)에서 구해지므로 결과적으로 미지의 힘 P_2와 Q_2가 구해진다. 다른 반력도 마찬가지로 구해진다.

기본적으로 역학 문제는 경계치문제이다. 경계조건은 기하학적 경계조건(필수경계조건)과 역학적 경계조건(자연경계조건)으로 구분된다. 자연적인 역학 문제에서 하나의 방향으로 이 두 종류의 경계조건이 동시에 부과되지 않는다. 하나의 질점에서 하나의 방향으로 두 종류 중 하나의 경계조건이 부과되면, 다른 한 종류는 반드시 미지수가 된다. 예를 들면, 식 (1.126)에서 변위가 미지수로 계산된 것은 그에 상응하는 힘이 주어져 있기 때문이다. 반대로, 식 (1.128)와 식 (1.129)에서 하중, 즉 반력이 구해지는 이유는 그 반력에 상응하는 변위가 주어져 있기 때문이다. 즉, 변위가 구속되어 있기 때문이다.

한편, 식 (1.127)에서 구해진 변위를 식 (1.110)와 식 (1.112)에 대입함으로써 부재의 변형과 부재력을 각각 구할 수 있다. 물론 부재력을 단면적으로 나눔으로써 응력을 구할 수 있으며, 부재의 변형량을 원래의 길이로 나눔으로써 변형률을 구할 수 있다.

전술한 과정은 유한요소법의 근본적 접근방법과 동일하다. 연속체의 경우, 수학적 과정을 통하여 연속체의 문제를 일종의 트러스 구조물로 수식화하는 것으로 볼 수 있다. 이러한 개념의 이해는 유한요소법을 이해하는데 매우 중요하다.

유한요소법 분야에서 거장들 중에는 토목공학을 전공한 학자들이 많다. 특히 유한요소법의 발전 초기에 이러한 현상이 두드러진다. 유한요소법도 토목공학자들이 지은 용어로 유한요소법을 이해하고 나면, 더 좋은 명칭이 있을 수 없다는 것을 느끼게 된다. 토목공학에서 중시하는 구조역학은 트러스 구조물의 해석에 집중되어 있다. 이 절의 내용은 왜 유한요소법의 발전 초기 단계에서 토목공학자가 많은 기여를 했는지를 말해 준다.

제 2 장

변분유한요소법

2.1 Ritz 법과 유한요소법

우리는 미분방정식의 근사해법으로 Ritz 법과 Galerkin 법을 공부하였다. 미분방정식의 근사해법은 유한요소법의 이론적 배경을 형성하고 있다. 먼저 Ritz 법 관점에서의 유한요소법, 즉 변분법적 유한요소법(변분유한요소법이라고 함)을 공부해 보자.

Ritz 법과 변분유한요소법은 개념적으로 동일하나, 단지 기초함수의 선정방법이 다를 뿐이다. 유한요소법에서는 미분방정식의 근사해법에서 도입된 기초함수 및 시도함수를 체계적으로 구하기 위한 방법으로 유한요소 보간법(finite element interpolation)이 사용된다. 이 점을 제외하면 Ritz 법과 변분유한요소법은 동일하다.

(a) 1차원 선분

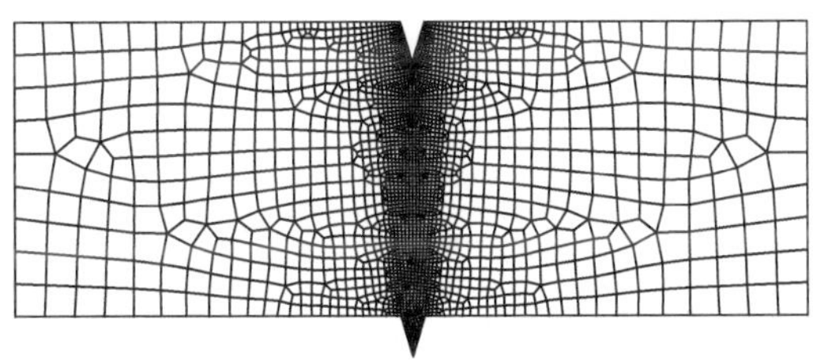

(b) 2차원 평면

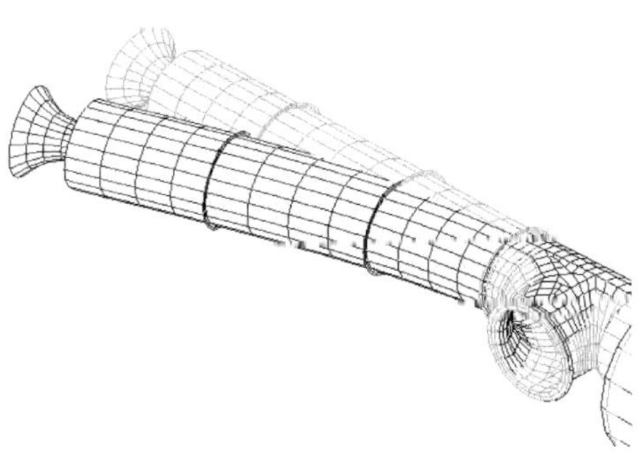

(c) 3차원 곡면

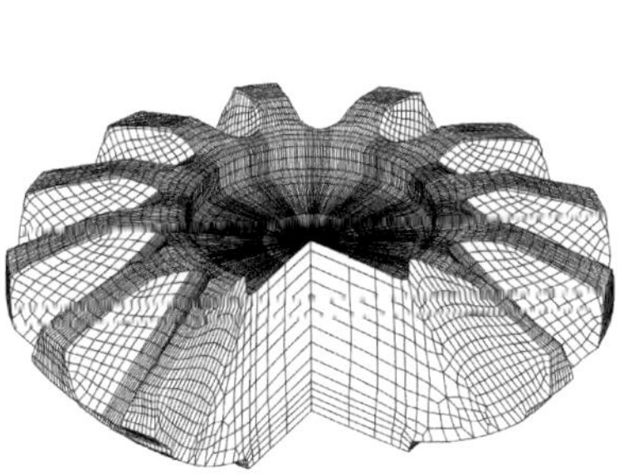

(d) 3차원 연속체

그림 2.1 유한요소 해석모델

유한요소법에서는 해석영역에 절점(node)을 적절히 분포시키고, 각 절점에 하나의 보간함수(interpolation function, shape function)를 정의한다. 가령 해석영역을 1000개의 절점으로 분할하였다면, 1000개의 보간함수를 생성한다는 뜻이 된다. 이 보간함수가 Ritz 법에서 기초함수에 해당되는 것이다. 해석영역은 절점의 연결에 의하여 정의되는 요소(element)로 분할된다. 즉, 그림 2.1에서 보는 바와 같이 요소의 합집합이 해석영역이 된다. 1차원 해석영역상의 하나의 절점 I에서 정의된 보간함수 $N_I(x)$는 그 절점에서 1의 값을 갖고 다른 절점에서는 0의 값을 갖는 구간연속함수(piecewise continuous function)이다. 단, 그 절점과 무관한 요소에서는 0의 값을 갖는다. 1차원 해석영역에서 그 보간함수를 상상해 보라. 그리고 그림 2.2를 보라. 어떤 절점에서 정의된 보간함수는 그 절점으로 정의되지 않은 요소에서 0의 값을 갖기 때문에, 하나의 요소 내부에서 비영(non-zero) 보간함수는 그 요소를 형성하는 절점들에서 정의된 보간함수밖에 없다. 이러한 성질로부터 하나의 요소에 대하여 적분할 때 그 요소를 형성하는 절점에서 정의된 보간함수만 고려하면 된다. 물론 적분대상 함수가 유계이면 해석영역 전체에 관한 적분은 요소별로 적분구간을 나누어 계산한 후 합산한 것과 동일하다. 이런 점이 유한요소법이 가능하게 되는 근본적인 배경이다.

따라서 유한요소법에서 보간함수는 매우 중요하다. 이런 이유로 대부분의 책에서 보간함수에 관하여 처음부터 상세하게 설명하고 있다. 실제 유한요소법을 충분히 이해하고 있는 경우에는 이러한 서술방식이 효과적일 수 있으나, 유한요소법의 근본을 이해하기 위한 목적에는 다소 부적절하다고 판단된다. 따라서 이 책에서는 기교 성격이 강한 보간함수 자체를 이론의 전개 과정에서 필요에 따라 설명하고, 대신 이론의 근간을 이해하고 응용 및 사고능력을 함양하는 데 도움이 되는 내용을 중심으로 설명한다.

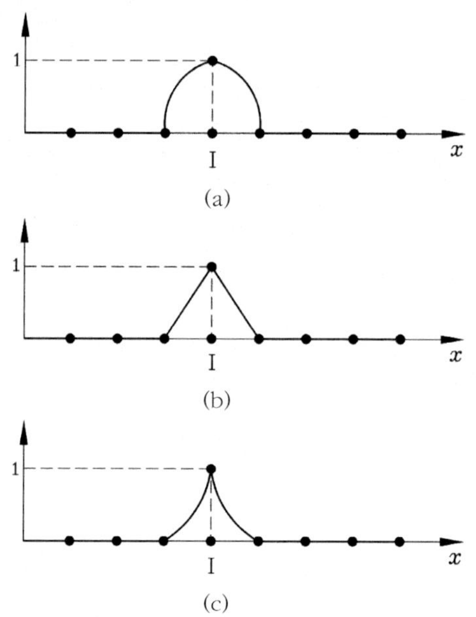

그림 2.2 보간함수 후보

이 장에서는 다음의 [문제 1] 또는 [문제 2]를 수계산에 의해 유한요소법으로 풀어 봄으로써 접근방법상의 핵심적인 지식을 체득해 보자.

문제 1

$$-\frac{d^2\phi}{dx^2} = x^2, \quad 0 < x < 1, \quad \phi(0) = 0, \ \phi(1) = 0 \tag{2.1}$$

문제 2

$$Extremize \ \ F(\phi) = \frac{1}{2}\int_0^1 \left[\phi'^2(x) - 2x^2\phi(x)\right] \, dx \tag{2.2}$$

$$subject \ to \quad \phi(0) = 0, \ \phi(1) = 0$$

우리는 이 문제를 1장에서 다각도에서 공부하였다. 이 장의 내용을 이해하기에 앞서 1장의 내용을 반드시 숙지해야 한다. 거듭 이야기하거니와 유한요소해석과 관련된 핵심적 내용은 1장에서 이미 배웠으며, 이제 유한요소기교(finite element techniques)와 2차원 및 3차원 확장 관련 내용만을 남겨 두고 있다.

2.2 이산화 및 번호매김

유한요소법의 특징은 요소 관점에서의 적분과 매우 자유로운 시도함수의 선정으로 요약된다. 이 두 마리의 토끼를 본 절에서 설명하는 보간함수에 의하여 잡을 수 있다. 보간함수! 미리 이야기해 두지만 보간함수는 사고력이 전혀 없는 컴퓨터가 인식하거나 생성할 수 있는 매우 단순한 함수이다. 보간함수는 해석영역의 이산화와 불가분의 관계를 맺고 있으므로 먼저 이산화와 번호매김 체계를 이해해야 한다.

그림 2.1(a)는 1차원 해석영역을 이산화한 해석모델이다. 해석영역은 절점(node)과 절점의 연결, 즉 요소(element)로 구성되어 있다. 절점과 요소에 중복되지 않도록 순차적으로 번호를 부여하는데, 이를 절점 및 요소 전체번호매김(global numbering)이라고 한다. 요소번호매김은 해의 정확도와 계산시간에 전혀 영향을 주지 못하지만, 해법에 따라서는 절점번호매김이 계산시간에 다소 영향을 줄 수 있다. 프로그램에서 선택한 선형방정식의 해법에 따라 계산효율 측면에서 최적절한 절점번호매김은 달라진다. 절점번호의 순서에 따라 강성행렬의 비영(non-zero) 요소의 분포가 달라지기 때문이다. 선형방정식의 해법으로 띠형행렬법(banded matrix method), 스카이라인법(skyline method)이 대표적으로 사용되고 있다. 일반적으로 강성행렬에서 비영 요소들은 대각항 주위에 집중된다. 강성행렬의 밴드폭(bandwidth)을 그림 2.3(a)에서 보는 바와 같이 대각항과 최외각 비영 요소까지의 열의 수로 정의한다. 띠형행렬법에서 최적절점번호체계는 밴드폭이 최소가 되는 경우이다.

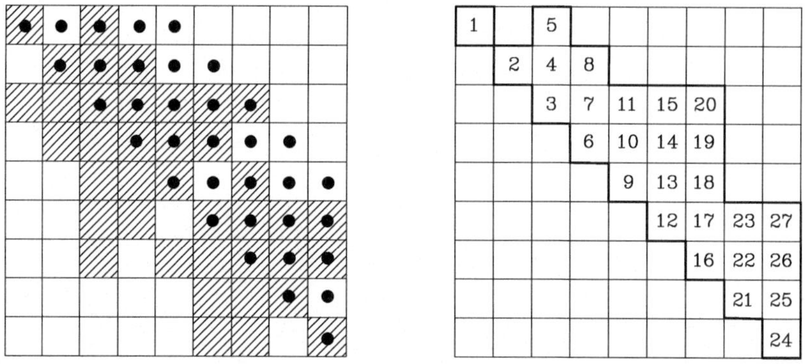

(a) banded matrix (b) skyline

그림 2.3 유한요소법에서의 강성행렬

스카이라인법에서 최적절점번호체계는 그림 2.3(b)에서 비영 요소로 만들어진 스카이라인 아래에 존재하는 행렬요소의 수가 최소가 되는 경우이다. 사용자가 최적절점번호매김을 고려하여 번호매김을 실시한다는 것은 사실상 불가능한 일이다. 대부분의 상용 유한요소 프로그램이 최적절점번호매김 기능을 제공하며 이 기능이 자동적으로 수행되기 때문에, 사용자가 절점번호매김에 관하여 특별한 주의를 기울일 필요는 없다. 선형방정식의 해법에 따라서는 절점번호매김이 계산시간과 무관한 경우도 있다. 각종 반복법, 저밀도행렬기법(sparse matrix technique), 전선해법(frontal solution method) 등이 그 예이다.

그림 2.4에서 보는 바와 같이, 통일성을 유지하기 위하여 이 책에서는 절점번호를 대문자 (I, J, K, L)로 표시하고, 요소번호는 ○가 씌워진 소문자 또는 대문자로 표시한다. 특별한 부가설명이 없이 사용된 대문자 N과 M은 각각 절점의 수와 요소의 수를 의미한다. 절점과 요소로 구성된 해석 대상 형상정보와 경계조건(하중 포함) 관련 정보를 유한요소 해석모델이라고 한다. 협의의 해석모델은 전자를 일컫는다. 유한요소 해석모델은 절점의 수, 요소의 수, 절점의 좌표, 요소의 연결정보, 경계조건, 소재정보 등으로 구성되어 있다. 그림 2.5의 유한요소 해석모델의 형상정보를 유한요소 프로그램에 인식시키기 위한 입력데이터의 전형적인 예를 다음과 같이 예시하였다.

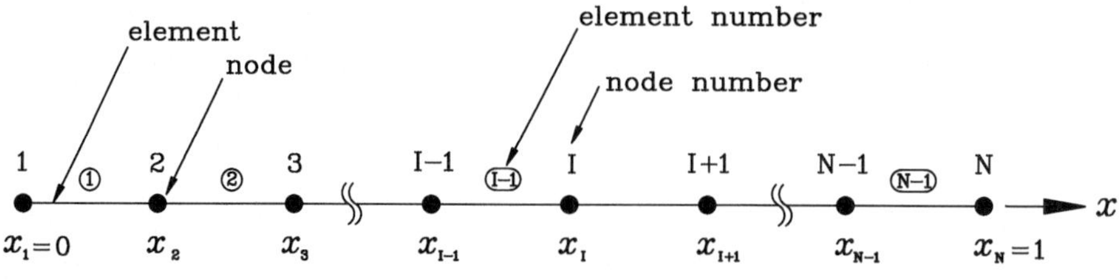

그림 2.4 해석영역의 이산화

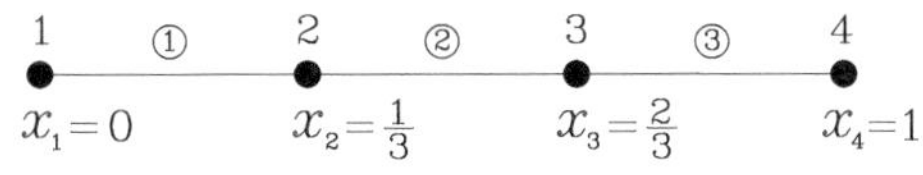

그림 2.5 유한요소 해석모델

```
『4
1      0.0
2      1/3
3      2/3
4      1.0

 3
①      1      2
②      2      3
③      3      4』
```

2.3 보간함수와 절점치

유한요소기교(finite element technique)의 핵심은 이산화된 영역의 각 절점에 대하여 하나의 기초함수, 즉 보간함수를 체계적으로 만들 수 있다는 점에 있다. 유한요소법에서 보간함수는 Ritz 법에서 기초함수 $\zeta_i(x)$의 역할을 한다. 그러므로 1.6절에서 언급한 기초함수가 갖추어야 할 조건을 만족해야 한다. 즉, $2p$차 미분방정식을 풀기 위한 보간함수는 C^{p-1} 연속함수가 되어야 한다. 이 제약조건을 보간함수가 갖추어야 할 적합성조건(compatibility condition)이라고 한다. 뿐만 아니라 요소의 수가 무한대로 되었을 때 정해에 수렴하기 위한 조건으로, 보간함수의 선형조합인 시도함수가 각 요소에서 임의의 p차 이하의 다항식을 정확하게 표현할 수 있어야 한다. 이 조건을 완전성조건(completeness condition)이라고 한다.

보간함수에는 표준보간함수(standard shape function)와 계층보간함수(hierarchical shape function) 두 종류가 있다. 유한요소해석 목적으로 대부분 표준보간함수가 사용되고 있으며, 일반적으로 보간함수라는 용어는 표준보간함수를 의미한다. 계층보간함수는 요소망을 조밀화시킬 경우 해당 부분만 계산하면 되는 장점이 있으나, 널리 사용되지 않고 무한영역 문제 등의 특수 문제의 해결 목적에 사용되고 있다. 이 책에서는 표준보간함수에 국한하여 설명한다.

2차 미분방정식의 경우, 적합성조건과 완전성조건을 만족하는 최소 차수의 요소가 선형요소(linear element)이다. 이제부터 선형요소에 국한하여 설명한다. 절점 I에서 정의되는 보간함수를 $N_I(x)$라 두고, 절점 I에서의 좌표를 x_I라고 두자.

1차원 선형요소로 이산화된 해석모델에서 절점 I에 정의된 보간함수 $N_I(x)$는 다음과 같이 정의되며, 이 정의를 바탕으로 그림 2.6에 보간함수 $N_I(x)$를 가시화하였다.

① 절점에서: 절점 I에서 1의 값을 갖고 나머지 절점에서 0의 값을 가진다. 즉,

$$N_I(x) = \begin{cases} 1 & \text{at} \quad x = x_I \\ 0 & \text{at} \quad x = x_J \quad (J \neq I) \end{cases} \quad \text{또는} \quad N_I(x_J) = \delta_{IJ} \tag{2.3}$$

② 요소내부에서: 절점에서 0 또는 1로 주어진 보간함수의 값을 선형적으로 연결한다.

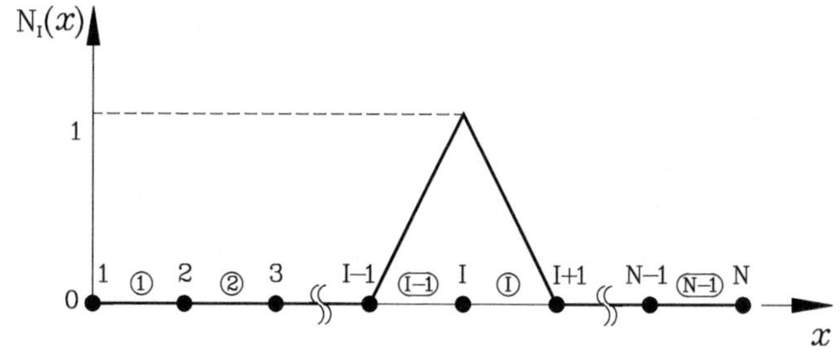

그림 2.6 보간함수 $N_I(x)$

그림에서 보는 바와 같이 $N_I(x)$는 절점 I, 즉 $x = x_I$에서 함수값이 1이고, 나머지 절점에서 함수값이 0이며, 요소 내부에서 절점 함수값을 직선적으로 연결한 것이다.

따라서 $N_I(x)$는 구간선형연속함수(piecewise linear continuous function)이다. 그러나 그 미분값은 일부의 절점에서 불연속이다. 보간함수 $N_I(x)$를 구체적으로 표현하면 다음과 같다.

$$N_I(x) = \begin{cases} 0, & x < x_{I-1} \\ \dfrac{x - x_{I-1}}{x_I - x_{I-1}}, & x_{I-1} \le x \le x_I \\ \dfrac{x_{I+1} - x}{x_{I+1} - x_I}, & x_I < x \le x_{I+1} \\ 0, & x_{I+1} < x \end{cases} \tag{2.4}$$

▼ 예제 2.1

$0 \le x \le 1$의 1차원 해석영역을 등간격으로 다섯 개의 절점과 네 개의 요소로 이산화하여 유한요소 해석모델의 입력 정보를 만들고, 각 절점에서 정의되는 보간함수를 도시하고 대표적인 하나를 선택하여 함수값과 미분값을 구해 보라. 그리고 하나의 요소를 선택하여 그 요소에서 비영인 보간함수를 구체적으로 수식화해 보라.

■ 그림에서 보는 바와 같이 절점매김을 하였을 때, 해석모델의 형상정보는 다음과 같다.

『5

1	0.00
2	0.25
3	0.50
4	0.75
5	1.00

4

①	1	2
②	2	3
③	3	4
④	4	5』

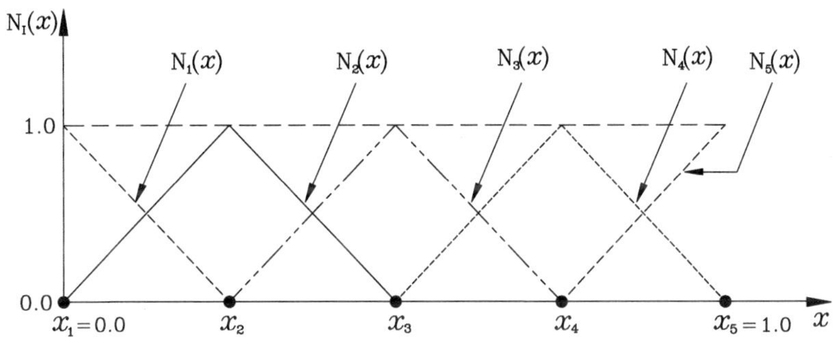

각 절점에서 정의되는 보간함수 $N_I(x)$를 그림에 도시하였다. 이 중에서 $N_2(x)$를 선택하여 수식화해 보자. 그림에서 보는 바와 같이

$$
\begin{aligned}
&\text{요소 ① } (0.00 \le x \le 0.25)\text{에서} && N_2(x) = 4x \\
&\text{요소 ② } (0.25 \le x \le 0.50)\text{에서} && N_2(x) = -4x+2 \\
&\text{요소 ③ } (0.50 \le x \le 0.75)\text{에서} && N_2(x) = 0 \\
&\text{요소 ④ } (0.75 \le x \le 1.00)\text{에서} && N_2(x) = 0
\end{aligned}
\tag{a}
$$

이다. $N_I(x)$가 구간연속함수이기 때문에 위와 같은 방법으로 함수를 구간별로 표현할 수밖에 없다. 이런 번거로움을 없애기 위하여 정의구역을 요소 ①로 하는 $N_I(x)$를 $N_I^{①}(x)$라고 하자. 그러면

$$N_2^{①}(x) = 4x\,,\ N_2^{②}(x) = -4x+2\,,\ N_2^{③}(x) = 0,\quad N_2^{④}(x) = 0 \tag{b}$$

$$N_2^{①\prime}(x) = 4\,,\ N_2^{②\prime}(x) = -4\,,\qquad N_2^{③\prime}(x) = 0,\ N_2^{④\prime}(x) = 0$$

이다. 한편 절점에서 보간함수의 미분값은 존재하지 않는다. 그러나 그 미분값은 유계(bounded)이다. 유계함수의 적분시에 척도(measure)가 0이면, 그 적분값은 0이 된다. 이 점은 유한요소해석에서 구간연속함수를 사용해도 되는 근거가 된다(1.6절의 내용 참고). 이제 요소 ③에 초점을 맞추어 보자. 이 요소에서 비영 보간함수는 이 요소의 정의에 사용된 절점 3과 4에 해당하는 보간함수밖에 없다. 즉,

$$N_1^{③}(x) = 0,\ N_2^{③}(x) = 0,\ N_3^{③}(x) = -4x+3,\ N_4^{③}(x) = 4x-2,\ N_5^{③}(x) = 0 \tag{c}$$

이다. 미분방정식의 근사해법에서 경험한 바와 같이 유한요소법은 강성행렬과 하중벡터에 의한 선형방정식으로 수식화되며, 강성행렬과 하중벡터는 해석영역에 대한 적분으로 수식화된다. 적분은 요소에서 함수값이 유계일 경우 적분구간을 요소별로 나누어 실시할 수 있다. 따라서 절점이 많아져서 보간함수가 많아져도 하나의 선형요소에 영향을 미치는 보간함수는 1차원 해석영역에서는 두 개밖에 없다. 따라서 유한요소법에서는 요소에 초점을 맞추어 이론을 전개하고 문제를 해결하게 된다.

우리는 선형요소로 구성된 1차원 해석영역에서 보간함수를 구체적으로 정의하였다. 보간함수가 구간연속함수이기 때문에 그 표현상 다소 번거로운 문제가 있음을 예제 2.1에서 확인하였다. 이 책에서는 이러한 문제를 해결하기 위하여 예제 2.1에서 사용한 표현방식을 사용한다. 즉, 정의구역을 요소 ⓙ로 하는 $N_I(x)$를 $N_I^{ⓙ}(x)$라고 하자. 따라서 $N_I^{ⓙ}(x)$는 $N_I(x)$ 중에서 요소 ⓙ 영역만을 표현하는 함수이며

$$\sum_e N_I^{ⓔ}(x) = N_I(x) \tag{2.5}$$

의 관계를 만족한다.

이제 시도함수에 관하여 공부하자. Ritz 법에서 [문제 1]을 풀기 위한 시도함수의 일반형으로 기초함수의 선형조합

$$\tilde{\phi}(x) = \sum_{i=1}^{n} C_i\, \zeta_i(x) \tag{2.6}$$

를 사용하였다. 유한요소법에서는 기초함수 $\zeta_i(x)$ 대신 보간함수 $N_I(x)$를 사용한다. 따라서 시도함수는 다음의 형식으로 표현된다.

$$\tilde{\phi}(x) = \sum_{J=1}^{N} \phi_J\, N_J(x) \tag{2.7}$$

여기서 ϕ_J는 상수이며, Ritz 법에서 C_i에 해당한다. 한편

$$\tilde{\phi}(x_I) = \sum_{J=1}^{N} \phi_J N_J(x_I) = \sum_{J=1}^{N} \phi_J \, \delta_{IJ} = \phi_I \tag{2.8}$$

이므로 식 (2.8)의 시도함수에서 ϕ_I는 $x = x_I$, 즉 I번째 절점에서의 함수값을 의미한다. 따라서 ϕ_I를 절점치(nodal value)라고 한다. 예를 들어 설명하면, 우리가 구하고자 하는 근사해 $\tilde{\phi}(x)$가 온도분포라면, ϕ_I는 절점 I의 온도라는 물리적 의미를 갖는다. 이러한 특성은 보간함수에 대한 식 (2.3)의 요건에서 연유하는 것으로 유한요소 보간함수가 지닌 큰 장점 중의 하나이다. 하나의 절점에 보간함수가 하나씩 정의되고 시도함수, 즉 보간함수의 선형조합에서 그 보간함수에 곱해져 있는 미지의 상수가 그 절점에서 구하고자 하는 해가 된다는 점, 이 점이 유한요소보간의 요체이다. 이미 배운 바와 같이 Ritz 법 또는 Galerkin 법의 시도함수 $\tilde{\phi}(x) = \sum_{i=1}^{n} C_i \, \zeta_i(x)$에서 비록 $\zeta_i(x)$가 수학적으로 멋있는 함수이지만 미지의 상수 C_i에 물리적 의미를 부여하는 것은 쉬운 일이 아니다.

이제 유한요소 보간함수의 선형조합인 시도함수가 필수경계조건을 어떻게 만족되도록 할 것인가에 관하여 공부해 보자. 예로 경계조건

$$\phi(0) = \bar{\phi}(0) = 0\,,\ \phi(1) = \bar{\phi}(1) = 0 \tag{2.9}$$

을 그림 2.4의 해석모델에 부과하는 문제를 생각해 보자. 그림에서 보는 바와 같이 해석영역을 N개의 절점으로 이산화시켰고 $x = 0$의 절점번호를 1, $x = 1$의 절점번호를 N이라고 하자. 그러면 식 (2.7)의 시도함수의 일반형에

$$\phi_1 = \bar{\phi}_1 = 0,\ \phi_N = \bar{\phi}_N = 0 \tag{2.10}$$

의 구속조건을 두면, 필수경계조건은 자동적으로 만족한다. 왜냐하면 절점 1과 절점 N에서 비영인 보간함수는 $N_1(x)$와 $N_N(x)$밖에 없는데, 식 (2.10)의 조건이 부가된 시도함수

$$\begin{aligned} \tilde{\phi}(x) &= \sum_{J=2}^{N-1} \phi_J \, N_J(x) + \bar{\phi}_1 \, N_1(x) + \bar{\phi}_N \, N_N(x) \\ &= \sum_{J=2}^{N-1} \phi_J \, N_J(x) \end{aligned} \tag{2,11}$$

는 항상 이 두 절점에서 0이 될 수밖에 없기 때문이다. 물론 주어진 절점치가 0이 아닐 경우에도 마찬가지로 설명된다. 여기서 절점치 위에 (¯) 표시는 경계조건의 일부로 절점치가 주어져 있음을 의미한다.

지금까지 하나의 절점에 하나의 미지수가 있는 문제에 관하여 설명하였다. 온도 등 스칼라량이 미지수일 때는 1차원 직선상에서뿐만 아니라 2차원 평면 및 3차원 공간에서도 하나의 절점에 하나의 미지의 절점치가 정의된다. 이러한 문제에서 절점당 미지수의 수, 즉 절점당 자유도(degree of freedom)는 1이다. 연속체의 탄성역학 및 소성역학에서 하나의 절점에서 자유도는 평면응력, 평면변형, 축대칭 문제 등인 경우에는 2이고, 3차원 공간

에서는 3이다. 2차원 평면상에서 보의 절점당 자유도는 3이며, 3차원 공간상에서 보의 절점당 자유도는 6이다. 예를 들면, 3차원 공간에서 탄성역학 문제는 세 방향의 변위가 미지함수이므로 하나의 절점에서 미지의 절점치는 세 개이며, 절점당 자유도는 3이다. 절점당 자유도가 2 이상일 경우에도 전술한 보간함수 및 관련 접근방법이 그대로 적용된다. 절점당 다자유도 문제는 제 4 부에서 다룬다.

2.4 유한요소방정식의 유도

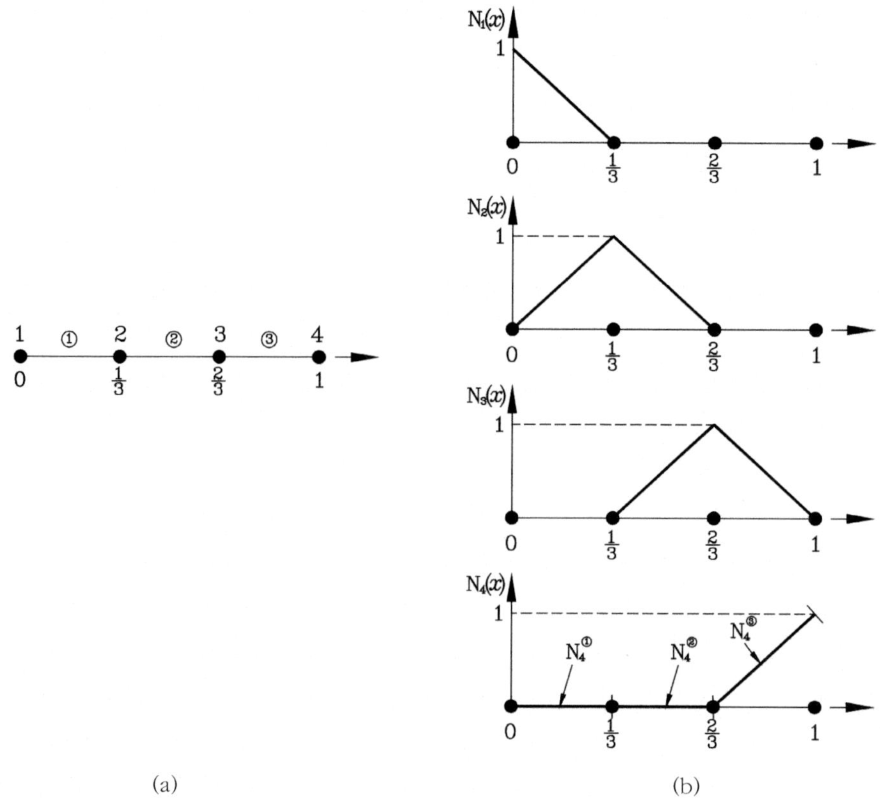

그림 2.7 이산화 및 보간함수

그림 2.7(a)는 [문제 1]의 해석영역($0 \le x \le 1$)을 등간격으로 네 개의 절점과 세 개의 요소로 이산화시킨 유한요소 해석모델이다. 이 해석모델에 대한 시도함수 $\tilde{\phi}(x)$는 다음과 같다.

$$\tilde{\phi}(x) = \phi_1 N_1(x) + \phi_2 N_2(x) + \phi_3 N_3(x) + \phi_4 N_4(x) \tag{2.12}$$

보간함수 $N_I(x)$는 그림 2.7(b)에서 보는 바와 같으며, 이들을 구체적으로 수식화하면 다음과 같다.

$$
\begin{aligned}
&N_1^{\textcircled{1}}(x) = -3x+1\,,\ N_1^{\textcircled{2}}(x) = N_1^{\textcircled{3}}(x) = 0 \\
&N_2^{\textcircled{1}}(x) = 3x\,,\ N_2^{\textcircled{2}}(x) = -3x+2\,,\ N_2^{\textcircled{3}}(x) = 0 \\
&N_3^{\textcircled{1}}(x) = 0\,,\ N_3^{\textcircled{2}}(x) = 3x-1\,,\ N_3^{\textcircled{3}}(x) = -3x+3 \\
&N_4^{\textcircled{1}}(x) = N_4^{\textcircled{2}}(x) = 0\,,\ N_4^{\textcircled{3}}(x) = 3x-2
\end{aligned}
\tag{2.13}
$$

여기서 보간함수에 관한 상기 표현은 보간함수의 실체에 관한 이해를 돕기 위한 것이며, 실제 유한요소해석 과정에서 식 (2.13)이 직접 사용되지 않는다는 점을 강조해 둔다.

한편 식 (2.12)의 시도함수가 필수경계조건

$$\phi(0) = \phi(1) = 0 \tag{2.14}$$

을 만족해야 하므로

$$\phi_1 = \overline{\phi}_1 = 0\,, \quad \phi_4 = \overline{\phi}_4 = 0 \tag{2.15}$$

이다. 이 조건을 미리 식 (2.12)에 대입하여 간소화시킨 이후에 유한요소방정식을 유도할 수도 있다. 그러나 일반성을 유지하기 위하여, 예제 1.8에서 소개된 바와 같이, 일단 ϕ_1과 ϕ_4를 미지수로 간주하여 유한요소방정식을 유도하고 이 방정식을 풀기 직전에 식 (2.15)의 경계조건을 반영시키도록 하자.

시도함수의 1차 미분 $\tilde{\phi}'(x)$는 다음과 같이 표현된다.

$$\tilde{\phi}'(x) = \phi_1 N_1'(x) + \phi_2 N_2'(x) + \phi_3 N_3'(x) + \phi_4 N_4'(x) \tag{2.16}$$

여기서 $N_I'(x)$는 다음 식으로 정의된다.

$$N_I'(x) = \frac{dN_I(x)}{dx} \tag{2.17}$$

이다.

[문제 2]의 범함수의 적분구간을 그림 2.7(a)의 세 개의 요소로 분할하면 다음과 같다.

$$
\begin{aligned}
F(\tilde{\phi}) &= \frac{1}{2}\int_0^1 \left(\tilde{\phi}'^2 - 2x^2\tilde{\phi}\right)dx \\
&= \frac{1}{2}\int_0^{\frac{1}{3}} \left(\tilde{\phi}'^2 - 2x^2\tilde{\phi}\right)dx \\
&\quad + \frac{1}{2}\int_{\frac{1}{3}}^{\frac{2}{3}} \left(\tilde{\phi}'^2 - 2x^2\tilde{\phi}\right)dx \\
&\quad + \frac{1}{2}\int_{\frac{2}{3}}^{1} \left(\tilde{\phi}'^2 - 2x^2\tilde{\phi}\right)dx
\end{aligned}
\tag{2.18}
$$

식 (2.12)와 식 (2.16)을 식 (2.18)에 대입하여 정리하면

$$\begin{aligned}\widetilde{F}(\phi_1,\phi_2,\phi_3,\phi_4) &\equiv F(\tilde{\phi}) \\ &= \frac{1}{2}\int_0^{\frac{1}{3}}\left[(\phi_1 N_1' + \phi_2 N_2')^2 - 2x^2(\phi_1 N_1 + \phi_2 N_2)\right]dx \\ &+ \frac{1}{2}\int_{\frac{1}{3}}^{\frac{2}{3}}\left[(\phi_2 N_2' + \phi_3 N_3')^2 - 2x^2(\phi_2 N_2 + \phi_3 N_3)\right]dx \\ &+ \frac{1}{2}\int_{\frac{2}{3}}^{1}\left[(\phi_3 N_3' + \phi_4 N_4')^2 - 2x^2(\phi_3 N_3 + \phi_4 N_4)\right]dx\end{aligned} \tag{2.19}$$

이다. 이 식의 우변의 첫번째 항에서 N_3, N_4, N_3', N_4' 등이 사라진 이유는 요소 ① $(0 \leq x \leq 1/3)$에서 이 함수들이 모두 0의 값을 갖기 때문이다. 다른 항도 마찬가지 이유로 간소화되었다. 요소경계, 즉 절점에서 미분의 좌극한값과 우극한값이 다르기 때문에 미분이 존재하지 않지만 미분값이 유계이므로 적분값에 영향을 주지 못한다.

식 (2.19)에서 보간함수는 기지의 함수이므로 정적분하면 수식에서 사라진다. 따라서 범함수 $F(\tilde{\phi})$가 미지의 절점치 ϕ_I 의 함수로 다음과 같이 변환된다.

$$\widetilde{F} = \widetilde{F}(\phi_1, \phi_2, \phi_3, \phi_4) \tag{2.20}$$

함수 $\widetilde{F} = \widetilde{F}(\phi_1, \phi_2, \phi_3, \phi_4)$가 극값을 가질 조건

$$\frac{\partial \widetilde{F}}{\partial \phi_I} = 0, \quad I = 1,\ 2,\ 3,\ 4 \tag{2.21}$$

로부터 다음의 선형방정식을 얻게 된다.

$$\begin{bmatrix} \int_0^{\frac{1}{3}} N_1' N_1'\,dx & \int_0^{\frac{1}{3}} N_1' N_2'\,dx & 0 & 0 \\ \int_0^{\frac{1}{3}} N_2' N_1'\,dx & \int_0^{\frac{1}{3}} N_2' N_2'\,dx & 0 & 0 \\ 0 & 0 & 0 & 0 \\ 0 & 0 & 0 & 0 \end{bmatrix}\begin{bmatrix}\phi_1\\ \phi_2\\ \phi_3\\ \phi_4\end{bmatrix} - \begin{bmatrix} \int_0^{\frac{1}{3}} x^2 N_1'\,dx \\ \int_0^{\frac{1}{3}} x^2 N_2'\,dx \\ 0 \\ 0 \end{bmatrix}$$

$$+ \begin{bmatrix} 0 & 0 & 0 & 0 \\ 0 & \int_{\frac{1}{3}}^{\frac{2}{3}} N_2' N_2'\,dx & \int_{\frac{1}{3}}^{\frac{2}{3}} N_2' N_3'\,dx & 0 \\ 0 & \int_{\frac{1}{3}}^{\frac{2}{3}} N_3' N_2'\,dx & \int_{\frac{1}{3}}^{\frac{2}{3}} N_3' N_3'\,dx & 0 \\ 0 & 0 & 0 & 0 \end{bmatrix}\begin{bmatrix}\phi_1\\ \phi_2\\ \phi_3\\ \phi_4\end{bmatrix} - \begin{bmatrix} 0 \\ \int_{\frac{1}{3}}^{\frac{2}{3}} x^2 N_2'\,dx \\ \int_{\frac{1}{3}}^{\frac{2}{3}} x^2 N_3'\,dx \\ 0 \end{bmatrix}$$

$$+\begin{bmatrix} 0 & 0 & 0 & 0 \\ 0 & 0 & 0 & 0 \\ 0 & 0 & \int_{\frac{2}{3}}^{1} N_3' N_3' dx & \int_{\frac{2}{3}}^{1} N_3' N_4' dx \\ 0 & 0 & \int_{\frac{2}{3}}^{1} N_4' N_3' dx & \int_{\frac{2}{3}}^{1} N_4' N_4' dx \end{bmatrix} \begin{bmatrix} \phi_1 \\ \phi_2 \\ \phi_3 \\ \phi_4 \end{bmatrix} - \begin{bmatrix} 0 \\ 0 \\ \int_{\frac{2}{3}}^{1} x^2 N_3' dx \\ \int_{\frac{2}{3}}^{1} x^2 N_4' dx \end{bmatrix} = 0 \tag{2.22}$$

또는

$$\begin{bmatrix} \int_0^{\frac{1}{3}} N_1' N_1' dx & \int_0^{\frac{1}{3}} N_1' N_2' dx & 0 & 0 \\ \int_0^{\frac{1}{3}} N_2' N_1' dx & \int_0^{\frac{1}{3}} N_2' N_2' dx + \int_{\frac{1}{3}}^{\frac{2}{3}} N_2' N_2' dx & \int_{\frac{1}{3}}^{\frac{2}{3}} N_2' N_3' dx & 0 \\ 0 & \int_{\frac{1}{3}}^{\frac{2}{3}} N_3' N_2' dx & \int_{\frac{1}{3}}^{\frac{2}{3}} N_3' N_3' dx + \int_{\frac{2}{3}}^{1} N_3' N_3' dx & \int_{\frac{2}{3}}^{1} N_3' N_4' dx \\ 0 & 0 & \int_{\frac{2}{3}}^{1} N_4' N_3' dx & \int_{\frac{2}{3}}^{1} N_4' N_4' dx \end{bmatrix} \begin{bmatrix} \phi_1 \\ \phi_2 \\ \phi_3 \\ \phi_4 \end{bmatrix}$$

$$= \begin{bmatrix} \int_0^{\frac{1}{3}} x^2 N_1' dx \\ \int_0^{\frac{1}{3}} x^2 N_2' dx + \int_{\frac{1}{3}}^{\frac{2}{3}} x^2 N_2' dx \\ \int_{\frac{1}{3}}^{\frac{2}{3}} x^2 N_3' dx + \int_{\frac{2}{3}}^{1} x^2 N_3' dx \\ \int_{\frac{2}{3}}^{1} x^2 N_4' dx \end{bmatrix} \tag{2.23}$$

식 (2.23)의 유한요소방정식을 일반형으로 표현하면 다음과 같다.

$$\sum_{J=1}^{4} K_{IJ} \phi_J = F_I, \quad I = 1,2,3,4 \tag{2.24}$$

또는

$$\mathrm{K}\boldsymbol{\Phi} = \mathrm{F}$$

여기서 K는 강성행렬 또는 전체강성행렬, $\boldsymbol{\Phi}$는 미지의 절점치 벡터, F는 하중벡터 또는 전체하중벡터이다. 비록 온도해석 문제이지만, 이러한 용어를 일반적으로 사용하고 있다. 강성행렬은 대칭이며 0의 행렬성분을 매우 많이 포함한다. Ritz 법에서는 대부분의 강성행렬 성분이 0이 아니다. 식 (2.24)는 선형연립방정식이다.

▼ 예제 2.2

식 (2.19)의 함수 $\widetilde{F} = \widetilde{F}(\phi_1,\phi_2,\phi_3,\phi_4)$를 ϕ_2에 관하여 편미분하라. 그리고 $\dfrac{\partial \widetilde{F}}{\partial \phi_2} = 0$과 식 (2.23)의 두번째 식을 비교하라.

$$\frac{\partial \widetilde{F}}{\partial \phi_2} = \int_0^{\frac{1}{3}} \left[(\phi_1 N_1' + \phi_2 N_2') N_2' - x^2 N_2 \right] dx + \int_{\frac{1}{3}}^{\frac{2}{3}} \left[(\phi_2 N_2' + \phi_3 N_3') N_2' - x^2 N_2 \right] dx$$

$$= \int_0^{\frac{1}{3}} N_2' N_1' dx \, \phi_1 + \int_0^{\frac{1}{3}} N_2' N_2' dx \, \phi_2 - \int_0^{\frac{1}{3}} x^2 N_2 \, dx + \int_{\frac{1}{3}}^{\frac{2}{3}} N_2' N_2' dx \, \phi_2 + \int_{\frac{1}{3}}^{\frac{2}{3}} N_2' N_3' dx \, \phi_3 - \int_{\frac{1}{3}}^{\frac{2}{3}} x^2 N_2 \, dx \tag{a}$$

$$= \left(\int_0^{\frac{1}{3}} N_2' N_1' dx \right) \phi_1 + \left(\int_0^{\frac{1}{3}} N_2' N_2' dx + \int_{\frac{1}{3}}^{\frac{2}{3}} N_2' N_2' dx \right) \phi_2 + \left(\int_{\frac{1}{3}}^{\frac{2}{3}} N_2' N_3' dx \right) \phi_3 - \int_0^{\frac{1}{3}} x^2 N_2 \, dx - \int_{\frac{1}{3}}^{\frac{2}{3}} x^2 N_2 \, dx$$

이므로 $\dfrac{\partial \widetilde{F}}{\partial \phi_2} = 0$ 으로부터

$$\left(\int_0^{\frac{1}{3}} N_2' N_1' dx \right) \phi_1 + \left(\int_0^{\frac{1}{3}} N_2' N_2' dx + \int_{\frac{1}{3}}^{\frac{2}{3}} N_2' N_2' dx \right) \phi_2 + \left(\int_{\frac{1}{3}}^{\frac{2}{3}} N_2' N_3' dx \right) \phi_3 = \int_0^{\frac{1}{3}} x^2 N_2 \, dx + \int_{\frac{1}{3}}^{\frac{2}{3}} x^2 N_2 \, dx \tag{b}$$

이다. 식 (b)는 식 (2.23)의 두번째 방정식과 동일하다.

2.5 요소방정식

식 (2.22)를 관찰해 보자. 다수의 행렬성분이 0이며, 행렬식은 규칙성을 가지고 있다. 설명의 편의상 요소 ②에 초점을 맞추어 요소 ②만으로 방정식, 즉 요소방정식(element equation)을 유도해 보자. 식 (2.22)에서 요소 ②에 해당하는 항만을 분리하여 표현하면 다음의 요소방정식이 수식화된다.

$$\begin{bmatrix} \int_{\frac{1}{3}}^{\frac{2}{3}} N_2' N_2' dx & \int_{\frac{1}{3}}^{\frac{2}{3}} N_2' N_3' dx \\ \int_{\frac{1}{3}}^{\frac{2}{3}} N_3' N_2' dx & \int_{\frac{1}{3}}^{\frac{2}{3}} N_3' N_3' dx \end{bmatrix} \begin{bmatrix} \phi_2 \\ \phi_3 \end{bmatrix} = \begin{bmatrix} \int_{\frac{1}{3}}^{\frac{2}{3}} x^2 N_2 \, dx \\ \int_{\frac{1}{3}}^{\frac{2}{3}} x^2 N_3 \, dx \end{bmatrix} \tag{2.25}$$

여기서 강조해 두어야 할 점은 요소방정식이 실제의 방정식이 아니라는 사실이다. 이론의 전개와 표현의 편리상 이렇게 표현했을 뿐이다. 즉, 요소방정식 자체로는 아무 의미를 갖지 않는다. 요소방정식이 식 (2.23)에서 보는 바와 같이 전체 계에 대한 행렬식에 조합될 때 의미를 갖는 것이다.

이제 요소방정식을 일반화시켜 보자. 우리는 이미 예제 2.1에서 $N_J^{ⓔ}(x)$ 등의 규약을 일부 사용하였다. 그리고 절점을 I, J, K, L 등으로 표시하도록 약속하였다. 수학은 기호의 학문이라는 말이 있듯이, 유한요소법은 이론 자체는 쉽지만 이론 전개에 사용되는 변수, 함수, 수식 등의 표현과 관련된 규약에 친숙해지지 않으면 어려운 학문으로 변질될 수도 있다.

◆ 기호규약 ◆

우리는 전체번호매김(global numbering)에 관하여 이미 공부하였다. 전체번호매김은 해석대상 전체를 이산화하여 절점에 중복되지 않도록 순번을 매기는 것이다. 이미 설명한 바와 같이 유한요소법에서 적분은 요소별로 행하여지며, 요소의 관점에서 모든 이론의 전개가 이루어진다. 이런 이유로 그림 2.8에서 보는 바와 같이 하나의 요소를 대상으로 국부번호매김(local numbering)을 실시하여 이론을 전개하고 일반식을 유도하고 있다. 실제 유한요소법의 이론 전개 과정에서 전체번호매김과 국부번호매김이 동시에 사용된다. 따라서 유한요소법에서는 어떤 변수나 함수가 전체 계를 대상으로 한 표현인지, 아니면 요소의 관점에서 표현한 것인가를 구별하는 능력이 이론의 이해에 선행되어야 한다. 이 책에서는 혼동을 방지하기 위하여 특별한 언급이 없으면 그림 2.8의 규약을 따른다.

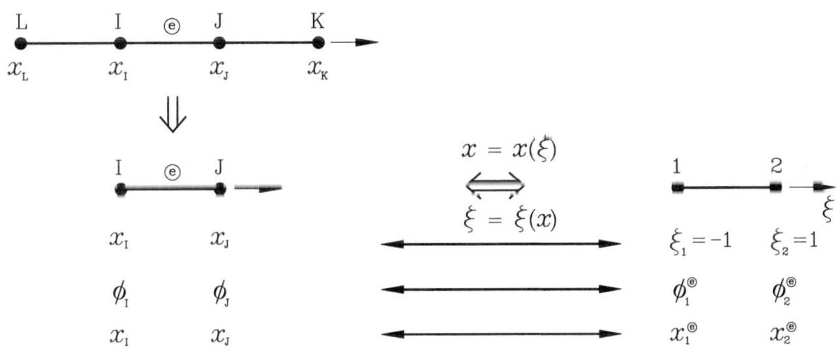

그림 2.8 국부번호매김 및 첨자규약

1. 전체절점번호로 대문자 I, J, K, L 등을, 국부절점번호로 소문자 i, j, k, l 등을 사용한다.
2. ○ 내의 숫자 또는 문자는 요소의 번호를 의미한다.
3. 상첨자 ⓘ 등을 수반하는 좌표와 절점치(예, $x_2^{③}$, $\phi_1^{②}$)의 하첨자는 해당 요소 ⓘ의 국부절점번호이다. 가령 그림 2.7에서 $x_2^{③}$은 요소 ③의 두번째 절점(우측 절점)의 좌표값이다. 요소 ③의 우측 절점의 국부절점번호는 2이고 전체절점번호는 4이므로 $x_2^{③} = x_4$이다. 하나 더 예를 들어 보자. $\phi_1^{②}$는 요소 ②의 좌측 절점의 절점치이다. 그림 2.7에서 보는 바와 같이 요소 ②의 좌측 절점의 전체절점번호가 2이므로 $\phi_1^{②} = \phi_2$를 의미한다.
4. 상첨자가 없거나 상첨자 ⓘ 등을 수반하는 보간함수(예, N_4, N_I, $N_4^{③}$)의 하첨자는 전체절점번호이다. 상첨자는 보간함수의 정의영역에 구속을 가하는 역할을 한다. 가령 그림 2.7(a)의 해석모델에 대한 $N_4^{③}$은 그림 2.7(b)에서 보는 바와 같이 요소 ③에서 정의된 보간함수 N_4의 일부를 의미한다.
5. (~) 기호를 수반하는 보간함수(예, $\widetilde{N}_1, \widetilde{N}_2$)의 하첨자는 국부절점번호이다. 이 때 $\widetilde{N}_i$는 주로 자연좌표의 함수로 표현되며, 그 함수가 모든 요소에서 동일하므로 요소구별을 위한 상첨자가 불필요하다. 이 점은 이 절에서 구체적으로 설명될 것이다.
6. 요소 Ⓜ에서 정의되는 요소치는 하첨자 Ⓜ을 이용하여 $\phi_{Ⓜ}$으로 표시한다. 예를 들면, $\phi_{③}$은 요소 ③에서 정의되는 요소값이다.

전술한 기호규약에 따라 식 (2.25)의 요소방정식을 정리하면 다음과 같다.

$$\begin{bmatrix} \int_{x_1^{②}}^{x_2^{②}} N_2^{②\prime} N_2^{②\prime} dx & \int_{x_1^{②}}^{x_2^{②}} N_2^{②\prime} N_3^{②\prime} dx \\ \int_{x_1^{②}}^{x_2^{②}} N_3^{②\prime} N_2^{②\prime} dx & \int_{x_1^{②}}^{x_2^{②}} N_3^{②\prime} N_3^{②\prime} dx \end{bmatrix} \begin{bmatrix} \phi_1^{②} \\ \phi_2^{②} \end{bmatrix} = \begin{bmatrix} \int_{x_1^{②}}^{x_2^{②}} x^2 N_2^{②}\, dx \\ \int_{x_1^{②}}^{x_2^{②}} x^2 N_3^{②}\, dx \end{bmatrix} \tag{2.26}$$

이 식의 모든 항 또는 요소는 정적분이며, 다음 예제에서 보는 바와 같이 정적분의 적분구간 변환은 항상 가능하다.

▼ 예제 2.3

다음의 정적분에서 적분구간을 [−1, 1]로 변환하라.

$$\int_1^2 x^2 dx \tag{a}$$

$$x = 1 \times \frac{1-\xi}{2} + 2 \times \frac{1+\xi}{2} = \frac{3+\xi}{2} \tag{b}$$

라 두면

$$dx = \frac{d\xi}{2} \tag{c}$$

이고, 적분구간은 [−1, 1]로 바뀐다. 따라서 준식은 다음과 같이 변환된다.

$$\int_1^2 x^2\,dx = \int_{-1}^{1}\left(\frac{3+\xi}{2}\right)^2 \frac{d\xi}{2} = \frac{1}{8}\int_{-1}^{1}(\xi^2 + 6\xi + 9)\,d\xi \tag{d}$$

직선적분에서 적분구간이 [−1, 1]인 것을 표준형(standard form)이라고 한다. 식 (2.26)에서 정적분은 다음의 좌표변환을 통하여 표준형으로 변환된다.

$$x = x(\xi) = x_1^{\textcircled{2}}\left(\frac{1-\xi}{2}\right) + x_2^{\textcircled{2}}\left(\frac{1+\xi}{2}\right) = x_1^{\textcircled{2}}\,\tilde{N}_1 + x_2^{\textcircled{2}}\,\tilde{N}_2 \tag{2.27}$$

또는

$$x = \frac{1}{3}\left(\frac{1-\xi}{2}\right) + \frac{2}{3}\left(\frac{1+\xi}{2}\right) \tag{2.28}$$

여기서 ξ를 자연좌표(natural coordinate)라고 하며, 일단

$$\tilde{N}_1 = \frac{1-\xi}{2} \tag{2.29}$$

$$\tilde{N}_2 = \frac{1+\xi}{2} \tag{2.30}$$

를 보간함수라고 해 두자. 이제 식 (2.27)의 좌표변환으로 $N_2^{\textcircled{2}}(x)$와 $N_3^{\textcircled{2}}(x)$가 어떤 모양으로 변환될 것인가에 관하여 생각해 보자. 우리는 이미 식 (2.13)에서 함수 $N_2^{\textcircled{2}}(x)$와 $N_3^{\textcircled{2}}(x)$를 선형요소에 대한 보산함수의 성의로부터 구하였다. 그 식에 식 (2.28)의 변환관계를 대입하면 다음과 같다.

$$N_2^{\textcircled{2}}(x) = -3x + 2 = \frac{1-\xi}{2} = \tilde{N}_1 \tag{2.31}$$

$$N_3^{\textcircled{2}}(x) = 3x - 1 = \frac{1+\xi}{2} = \tilde{N}_2 \tag{2.32}$$

위 식은 주목할 만하다. 동일한 방법으로 $N_1^{\textcircled{1}}(x) = \tilde{N}_1$, $N_2^{\textcircled{1}}(x) = \tilde{N}_2$, $N_3^{\textcircled{3}}(x) = \tilde{N}_1$, $N_4^{\textcircled{3}}(x) = \tilde{N}_2$가 유도된다. 자연좌표 관점에서 보았을 때 보간함수가 요소와는 무관하게 일

정한 형태가 됨을 알 수 있다. 앞에서 $\widetilde{N}_1$과 $\widetilde{N}_2$를 보간함수라고 부른 이유가 여기에 있는 것이다.

적분인자인 선분요소 dx는 다음의 변환식에 의하여 변환된다.

$$dx = \frac{dx}{d\xi}d\xi = J^{②}d\xi \tag{2.33}$$

여기서

$$J^{②} = \frac{x_2^{②} - x_1^{②}}{2} \tag{2.34}$$

를 자코비안(Jacobian)이라고 하며, 일반적으로 요소마다 다른 값이다. 요소 ②의 경우

$$J^{②} = \frac{1}{6} \tag{2.35}$$

이며, 요소길이의 반이다.

한편, 보간함수의 미분은 사슬법칙에 의하여 다음과 같이 자연좌표의 함수로 변환된다.

$$\frac{dN_2^{②}}{dx} = \frac{d\widetilde{N}_1(\xi(x))}{dx} = \frac{d\widetilde{N}_1}{d\xi}\frac{d\xi}{dx} = \frac{1}{J^{②}}\frac{d\widetilde{N}_1}{d\xi} \tag{2.36}$$

$$\frac{dN_3^{②}}{dx} = \frac{d\widetilde{N}_2(\xi(x))}{dx} = \frac{d\widetilde{N}_2}{d\xi}\frac{d\xi}{dx} = \frac{1}{J^{②}}\frac{d\widetilde{N}_2}{d\xi} \tag{2.37}$$

위에서 유도한 식들을 식 (2.26)에 대입하여 정리하면 다음과 같다.

$$\begin{bmatrix} \int_{-1}^{1}\frac{1}{J^{②}}\frac{d\widetilde{N}_1}{d\xi}\frac{1}{J^{②}}\frac{d\widetilde{N}_1}{d\xi}J^{②}d\xi & \int_{-1}^{1}\frac{1}{J^{②}}\frac{d\widetilde{N}_1}{d\xi}\frac{1}{J^{②}}\frac{d\widetilde{N}_2}{d\xi}J^{②}d\xi \\ \int_{-1}^{1}\frac{1}{J^{②}}\frac{d\widetilde{N}_2}{d\xi}\frac{1}{J^{②}}\frac{d\widetilde{N}_1}{d\xi}J^{②}d\xi & \int_{-1}^{1}\frac{1}{J^{②}}\frac{d\widetilde{N}_2}{d\xi}\frac{1}{J^{②}}\frac{d\widetilde{N}_2}{d\xi}J^{②}d\xi \end{bmatrix}\begin{bmatrix} \phi_1^{②} \\ \phi_2^{②} \end{bmatrix} \tag{2.38}$$

$$= \begin{bmatrix} \int_{-1}^{1}\left(x_1^{②}\,\widetilde{N}_1 + x_2^{②}\,\widetilde{N}_2\right)^2\widetilde{N}_1\,J^{②}d\xi \\ \int_{-1}^{1}\left(x_1^{②}\,\widetilde{N}_1 + x_2^{②}\,\widetilde{N}_2\right)^2\widetilde{N}_2\,J^{②}d\xi \end{bmatrix}$$

여기서

$$\phi_1^{②} \equiv \phi_2\,,\ \phi_2^{②} \equiv \phi_3\,,\ x_1^{②} = \frac{1}{3}\,,\ x_2^{②} = \frac{2}{3} \tag{2.39}$$

이다. 식 (2.38)을 요소방정식이라고 부른다. 식 (2.38)의 요소방정식은 일반화되어 있다.

즉, 요소 ② 관련 정보는 모두 상첨자 ②로 표시되어 있다. 이 자리에 다른 번호를 대입하면, 그 요소에 대한 요소방정식이 된다. 따라서 요소 ①과 ③의 요소방정식을 기술하면 다음과 같다.

◆ 요소 ①의 요소방정식 ◆

$$\begin{bmatrix} \int_{-1}^{1} \frac{1}{J^{①}} \frac{d\widetilde{N}_1}{d\xi} \frac{1}{J^{①}} \frac{d\widetilde{N}_1}{d\xi} J^{①} d\xi & \int_{-1}^{1} \frac{1}{J^{①}} \frac{d\widetilde{N}_1}{d\xi} \frac{1}{J^{①}} \frac{d\widetilde{N}_2}{d\xi} J^{①} d\xi \\ \int_{-1}^{1} \frac{1}{J^{①}} \frac{d\widetilde{N}_2}{d\xi} \frac{1}{J^{①}} \frac{d\widetilde{N}_1}{d\xi} J^{①} d\xi & \int_{-1}^{1} \frac{1}{J^{①}} \frac{d\widetilde{N}_2}{d\xi} \frac{1}{J^{①}} \frac{d\widetilde{N}_2}{d\xi} J^{①} d\xi \end{bmatrix} \begin{bmatrix} \phi_1^{①} \\ \phi_2^{①} \end{bmatrix} \tag{2.40}$$

$$= \begin{bmatrix} \int_{-1}^{1} \left(x_1^{①} \widetilde{N}_1 + x_2^{①} \widetilde{N}_2 \right)^2 \widetilde{N}_1 J^{①} d\xi \\ \int_{-1}^{1} \left(x_1^{①} \widetilde{N}_1 + x_2^{①} \widetilde{N}_2 \right)^2 \widetilde{N}_2 J^{①} d\xi \end{bmatrix}$$

◆ 요소 ③의 요소방정식 ◆

$$\begin{bmatrix} \int_{-1}^{1} \frac{1}{J^{③}} \frac{d\widetilde{N}_1}{d\xi} \frac{1}{J^{③}} \frac{d\widetilde{N}_1}{d\xi} J^{③} d\xi & \int_{-1}^{1} \frac{1}{J^{③}} \frac{d\widetilde{N}_1}{d\xi} \frac{1}{J^{③}} \frac{d\widetilde{N}_2}{d\xi} J^{③} d\xi \\ \int_{-1}^{1} \frac{1}{J^{③}} \frac{d\widetilde{N}_2}{d\xi} \frac{1}{J^{③}} \frac{d\widetilde{N}_1}{d\xi} J^{③} d\xi & \int_{-1}^{1} \frac{1}{J^{③}} \frac{d\widetilde{N}_2}{d\xi} \frac{1}{J^{③}} \frac{d\widetilde{N}_2}{d\xi} J^{③} d\xi \end{bmatrix} \begin{bmatrix} \phi_1^{③} \\ \phi_2^{③} \end{bmatrix} \tag{2.41}$$

$$= \begin{bmatrix} \int_{-1}^{1} \left(x_1^{③} \widetilde{N}_1 + x_2^{③} \widetilde{N}_2 \right)^2 \widetilde{N}_1 J^{③} d\xi \\ \int_{-1}^{1} \left(x_1^{③} \widetilde{N}_1 + x_2^{③} \widetilde{N}_2 \right)^2 \widetilde{N}_2 J^{③} d\xi \end{bmatrix}$$

여기서

$$\phi_1^{①} \equiv \phi_1, \ \phi_2^{①} \equiv \phi_2, \ \phi_1^{③} \equiv \phi_3, \ \phi_2^{③} \equiv \phi_4 \tag{2.42}$$

$$x_1^{①} = 0, \ x_2^{①} = \frac{1}{3}, \ x_1^{③} = \frac{2}{3}, \ x_2^{③} = 1 \tag{2.43}$$

이다.

이제 요소방정식을 구체적으로 계산해 보자. 요소방정식에서 자연좌표에 대한 보간함수의 미분치는 모든 요소에서 동일한 값이다. 즉,

$$\frac{d\widetilde{N}_1}{d\xi} = -\frac{1}{2}, \quad \frac{d\widetilde{N}_2}{d\xi} = \frac{1}{2} \tag{2.44}$$

이다. $J^{ⓔ}$는 식 (2.34)에서 보는 바와 같이 요소 길이의 반이며, 요소의 길이를 반영하는 역할을 한다. 그림 2.7의 해석모델에서 요소를 등간격으로 분할하였으므로 모든 요소에 대하여

$$J^{ⓔ} = \frac{dx}{d\xi} = \frac{1}{6} \tag{2.45}$$

이다. 그러므로 요소방정식은 다음과 같다.

$$\begin{aligned}
&\begin{bmatrix} 3 & -3 \\ -3 & 3 \end{bmatrix} \begin{bmatrix} \phi_1^{①} \\ \phi_2^{①} \end{bmatrix} = \frac{1}{4 \times 3^4} \begin{bmatrix} 1 \\ 3 \end{bmatrix} \\
&\begin{bmatrix} 3 & -3 \\ -3 & 3 \end{bmatrix} \begin{bmatrix} \phi_1^{②} \\ \phi_2^{②} \end{bmatrix} = \frac{1}{4 \times 3^4} \begin{bmatrix} 11 \\ 17 \end{bmatrix} \\
&\begin{bmatrix} 3 & -3 \\ -3 & 3 \end{bmatrix} \begin{bmatrix} \phi_1^{③} \\ \phi_2^{③} \end{bmatrix} = \frac{1}{4 \times 3^4} \begin{bmatrix} 33 \\ 43 \end{bmatrix}
\end{aligned} \tag{2.46}$$

따라서 요소방정식의 일반형은 다음과 같이 표현된다.

$$\sum_{j=1}^{2} k_{ij}^{ⓔ} \, \phi_j^{ⓔ} = f_i^{ⓔ}, \quad i = 1, 2 \tag{2.47}$$

여기서 $k_{ij}^{ⓔ}$는 요소강성행렬이고 $f_i^{ⓔ}$는 요소하중벡터이며, 다음과 같이 정의된다.

$$k_{ij}^{ⓔ} = k_{ji}^{ⓔ} = \int_{-1}^{1} \frac{1}{J^{ⓔ}} \frac{d\widetilde{N}_i}{d\xi} \frac{1}{J^{ⓔ}} \frac{d\widetilde{N}_j}{d\xi} J^{ⓔ} \, d\xi \tag{2.48}$$

$$f_i^{ⓔ} = \int_{-1}^{1} \left(x_1^{ⓔ} \widetilde{N}_1 + x_2^{ⓔ} \widetilde{N}_2 \right)^2 \widetilde{N}_i \, J^{ⓔ} \, d\xi \tag{2.49}$$

2.6 Gauss quadrature 법에 의한 수치적분

식 (2.38), 식 (2.40), 식 (2.41)의 요소방정식을 구성하는 모든 항은 적분구간이 [−1,1]인 정적분이다. 컴퓨터는 적분을 모르므로 사칙연산(+−×÷)을 이용하여 정적분값을 구해야 한다. 즉, 적분의 정의에 의거하여 특정 좌표에서 함수값을 구하고 척도(measure)를 곱하여 더해 주는 방식의 수치적분에 의존할 수밖에 없다. 유한요소법에서는 적분의 정확도와 계산의 효율을 고려하여 Gauss quadrature 법이 널리 사용되고 있다. 이 방법에서는 정적분

$$\int_{-1}^{1} f(\xi) \, d\xi \tag{2.50}$$

를 적절한 수(n)의 적분점($\xi = \xi_i$)의 함수값($f(\xi_i)$)과 그 점들에 부과된 가중치(w_i)의 곱($w_i \, f(\xi_i)$)을 합산($\sum_{i=1}^{n} w_i \, f(\xi_i)$)하여 근사적으로 계산한다. 즉, Gauss quadrature 법에 의한

n점 수치적분 공식은 다음과 같다.

$$\int_{-1}^{1} f(\xi)\, d\xi \approx \sum_{i=1}^{n} w_i\, f(\xi_i) \equiv \bar{f}_n \tag{2.51}$$

선형요소를 사용할 경우, 다음의 2점 수치적분 공식이 가장 많이 사용되고 있다.

$$\int_{-1}^{1} f(\xi) d\xi \approx f\left(-\frac{1}{\sqrt{3}}\right) + f\left(\frac{1}{\sqrt{3}}\right) = \bar{f}_2 \tag{2.52}$$

여기서 $f(\xi)$가 3차 함수이면, $\bar{f}_2$는 정해와 일치한다. 함수가 4차 이상이면 두 개의 적분점의 함수값을 구하여 예측할 수 있는 최적의 근사값을 구해 준다. 이 공식의 유도배경을 예제 2.4에 정리하였다.

예를 들어 보자. 식 (2.38)의 요소 ②에 대한 요소방정식에서 첫번째 하중항의 정해 $\bar{f}^*$를 수계산으로 구하면 다음과 같다.

$$\begin{aligned} \bar{f}^* &= \int_{-1}^{1} \frac{1}{6}\left(\frac{1}{3}\tilde{N}_1 + \frac{2}{3}\tilde{N}_2\right)^2 \tilde{N}_1\, d\xi \\ &= \int_{-1}^{1} \frac{1}{2\times 6^3}(\xi+3)^2\, (1-\xi)\, d\xi \\ &= \frac{11}{4\times 3^4} \end{aligned} \tag{2.53}$$

식 (2.53)의 피적분함수를

$$f(\xi) = \frac{1}{2\times 6^3}(\xi+3)^2\, (1-\xi) \tag{2.54}$$

라고 두면, 2점 수치적분 공식에 의하여 수치적분값을 다음과 같이 구할 수 있다.

$$f_2 = 1\times f\left(-\frac{1}{\sqrt{3}}\right) + 1\times f\left(\frac{1}{\sqrt{3}}\right) - f\left(\frac{1}{\sqrt{3}}\right) + f\left(\frac{1}{\sqrt{3}}\right) = \frac{11}{4}\times 3^4 \tag{2.55}$$

식 (2.53)의 수계산 결과와 식 (2.55)의 2점 수치적분 결과가 동일하다. 피적분함수 $f(\xi)$가 3차 함수이기 때문이다.

▼ 예제 2.4

$f(\xi) = a + b\xi + c\xi^2 + d\xi^3$을 다음의 식 (a)에 대입하여 적분점 $\xi = \xi_1, \xi_2$와 가중치 w_1과 w_2를 구하라.

$$\int_{-1}^{1} f(\xi) d\xi = w_1\, f(\xi_1) + w_2\, f(\xi_2) \equiv \bar{f}_2 \tag{a}$$

➡ $$좌변 = \int_{-1}^{1}(a + b\xi + c\xi^2 + d\xi^3)d\xi = 2a + \frac{2}{3}c \tag{b}$$

$$우변 = a(w_1 + w_2) + b(w_1\xi_1 + w_2\xi_2) + c(w_1\xi_1^2 + w_2\xi_2^2) + d(w_1\xi_1^3 + w_2\xi_2^3) \tag{c}$$

좌변과 우변을 비교함으로써 직관적으로

$$w_1 = w_2 = 1,\ \xi_1 = -\xi_2 \tag{d}$$

임을 알 수 있다. 그리고 c의 계수를 비교함으로써

$$\xi_1,\ \xi_2 = \pm\frac{1}{\sqrt{3}} \tag{e}$$

을 얻는다. 이 점을 수치적분점이라고 한다. 수치적분점이 두 개이면, 3차 함수까지 정답을 구할 수 있다. 두 개의 점에서 함수값을 구하여 적분값을 계산하는 방법을 2점 수치적분이라고 한다. 3점 수치적분은 5차 함수까지 정확하게 적분할 수 있으며, 이 때의 가중치와 적분점도 마찬가지의 방법으로 구할 수 있다. 물론 그 이상의 경우도 마찬가지다. 참고로 3점 수치적분 공식은 다음과 같다.

$$\bar{f}_3 \equiv \frac{5}{9}f\left(-\sqrt{\frac{3}{5}}\right) + \frac{8}{9}f(0) + \frac{5}{9}f\left(\sqrt{\frac{3}{5}}\right) \tag{f}$$

▼ 예제 2.5

다음의 정적분을 Gauss quadrature 법에 의한 2점 수치적분과 3점 수치적분을 실시하고 정해와 비교하라.

$$\int_{-1}^{1}(2 + 3\xi - \xi^2 + 2\xi^3 + \xi^4 - 3\xi^5)\,d\xi \tag{a}$$

➡ 피적분함수를

$$f(\xi) = 2 + 3\xi - \xi^2 + 2\xi^3 + \xi^4 - 3\xi^5 \tag{b}$$

라고 두자. 2점 Gauss quadrature 적분공식에 의한 수치적분 결과는 다음과 같다.

$$\bar{f}_2 = f(-\frac{1}{\sqrt{3}}) + f(\frac{1}{\sqrt{3}}) \tag{c}$$

$$= 2\left\{2 - \left(\frac{1}{\sqrt{3}}\right)^2 + \left(\frac{1}{\sqrt{3}}\right)^4\right\}$$

$$= \frac{32}{9}$$

3점 Gauss quadrature 적분공식에 의한 수치적분 결과는 다음과 같다.

$$\bar{f}_3 = \frac{5}{9}f\left(-\sqrt{\frac{3}{5}}\right) + \frac{8}{9}f(0) + \frac{5}{9}f\left(\sqrt{\frac{3}{5}}\right) \tag{d}$$

$$= 2 \times \frac{5}{9} \times \left\{2 - \left(\sqrt{\frac{3}{5}}\right)^2 + \left(\sqrt{\frac{3}{5}}\right)^4\right\} + \frac{8}{9} \times 2$$

$$= \frac{56}{15}$$

한편 수계산에 의한 정답은

$$\bar{f}^* = 2\left\{2 - \frac{1}{3} + \frac{1}{5}\right\} \tag{e}$$

$$= \frac{56}{15}$$

이다. 따라서 2점 수치적분치의 오차는 약 4.8%이며 3점 수치적분치는 정해와 동일하다. 실제 선형요소에 근거한 유한요소법에서는 2점 적분(2차원의 경우 2×2점 적분, 3차원의 경우 2×2×2점 적분)이 가장 널리 사용된다. 따라서 적분 대상 함수가 고차이면 수치적분 시에 오차가 다소 개입될 수 있다는 점을 이 결과는 말해 주고 있다. 특히 2차원과 3차원에서 자코비안 J가 일반적으로 상수가 아니며, 강성행렬에서 J^{-1} 때문에 어느 정도의 수치적분 오차는 불가피하며, 수치오차를 줄이려면 가급적 직사각형과 직육면체에 가깝도록 요소망을 형성해야 한다는 점을 미리 언급해 둔다.

표 2.1 Gauss quadrature 법의 수치적분점과 가중치

$\pm\xi_i$		w_i
	n = 1	
0		2.00000 00000 00000
	n = 2	
0.57735 02691 89626		1.00000 00000 00000
	n = 3	
0.77459 66692 41483		0.55555 55555 55556
0.00000 00000 00000		0.88888 88888 88889
	n = 4	
0.86113 63115 94053		0.34785 48451 37454
0.33998 10435 84856		0.65214 51548 62546
	n = 5	
0.90617 98459 38664		0.23692 68850 56189
0.53846 93101 05683		0.47862 86704 99366
0.00000 00000 00000		0.56888 88888 88889
	n = 6	
0.93246 95142 03152		0.17132 44923 79170
0.66120 93864 66265		0.36076 15730 48139
0.23861 91860 83197		0.46791 39345 72691
	n = 7	
0.94910 79123 42759		0.12948 49661 68870
0.74153 11855 99394		0.27970 53914 89277
0.40584 51513 77397		0.38183 00505 05119
0.00000 00000 00000		0.41795 91836 73469
	n = 8	
0.96028 98564 97536		0.10122 85362 90376
0.79666 64774 13627		0.22238 10344 53374
0.52553 24099 16329		0.31370 66458 77887
0.18343 46424 95650		0.36268 37833 78362
	n = 9	
0.96816 02395 07626		0.08127 43883 61574
0.83603 11073 26636		0.18064 81606 94857
0.61337 14327 00590		0.26061 06964 02935
0.32425 34234 03809		0.31234 70770 40003
0.00000 00000 00000		0.33023 93550 01260
	n = 10	
0.97390 65285 17172		0.06667 13443 08688
0.86506 33666 88985		0.14945 13491 50581
0.67940 95682 99024		0.21908 63625 15982
0.43339 53941 29247		0.26926 67193 09996
0.14887 43389 81631		0.29552 42247 14753

적분점이 많아지면, 예제 2.4와 같은 방법으로 적분점과 가중치를 구한다는 것이 쉽지 않다. 물론 수학적인 기교를 통하여 쉽게 얻을 수 있는 방법이 있으나 공학도 또는 기술자들이 그 값을 직접 구하기 위하여 공부할 필요는 없으며, 유한요소 프로그래머는 표 2.1의 수치적분점과 가중치 정보를 활용하여 다음 식으로부터 수치적분값을 구할 수 있는 것으로 충분하다.

$$\int_{-1}^{1} f(x)dx = \sum_{i=1}^{n} w_i f(\xi_i) \tag{2.56}$$

2.7 요소방정식의 조합

요소방정식들은 전체 유한요소방정식에 조합될 때 그 의미를 갖는다. 우선 식 (2.22)와 식 (2.23)을 비교함으로써 요소방정식의 조합에 관한 개념을 갖도록 하라. 요소방정식의 조합을 설명하기 위하여 식 (2.47)의 요소방정식의 일반형

$$\begin{bmatrix} k_{11}^{ⓔ} & k_{12}^{ⓔ} \\ k_{21}^{ⓔ} & k_{22}^{ⓔ} \end{bmatrix} \begin{bmatrix} \phi_1^{ⓔ} \\ \phi_2^{ⓔ} \end{bmatrix} = \begin{bmatrix} f_1^{ⓔ} \\ f_2^{ⓔ} \end{bmatrix} \tag{2.57}$$

에서

$$\phi_1^{ⓔ} = \phi_I, \ \phi_2^{ⓔ} = \phi_J \tag{2.58}$$

라고 가정하자. 즉, $\phi_1^{ⓔ}$와 $\phi_2^{ⓔ}$를 각각 절점 I와 절점 J의 절점치라고 가정하자.

요소방정식의 조합 이전에 모든 전체강성행렬 성분 K_{IJ}와 전체하중벡터 성분 F_I를 0으로 초기화를 해둔다. 그리고 요소 순서대로 다음의 원칙에 따라 조합한다.

$$\begin{aligned} &K_{II} \leftarrow K_{II} + k_{11}^{ⓔ}, \ K_{IJ} \leftarrow K_{IJ} + k_{12}^{ⓔ}, \ K_{JI} \leftarrow K_{JI} + k_{21}^{ⓔ}, \ K_{JJ} \leftarrow K_{JJ} + k_{22}^{ⓔ} \\ &F_I \leftarrow F_I + f_1^{ⓔ}, \ F_J \leftarrow F_J + f_2^{ⓔ} \end{aligned} \tag{2.59}$$

이런 원칙으로 식 (2.46)의 요소방정식을 조합하면, 경계조건 부과 직전의 전체 유한요소방정식을 다음과 같이 얻게 된다.

$$3\begin{bmatrix} 1+0+0 & -1+0+0 & 0+0+0 & 0+0+0 \\ -1+0+0 & 1+1+0 & 0-1+0 & 0+0+0 \\ 0+0+0 & 0-1+0 & 0+1+1 & 0+0-1 \\ 0+0+0 & 0+0+0 & 0+0-1 & 0+0+1 \end{bmatrix} \begin{bmatrix} \phi_1 \\ \phi_2 \\ \phi_3 \\ \phi_4 \end{bmatrix} = \frac{1}{4\times 3^4} \begin{bmatrix} 1+0+0 \\ 3+11+0 \\ 0+17+33 \\ 0+0+43 \end{bmatrix} \tag{2.60}$$

또는

$$\begin{bmatrix} 1 & -1 & 0 & 0 \\ -1 & 2 & -1 & 0 \\ 0 & -1 & 2 & -1 \\ 0 & 0 & -1 & 1 \end{bmatrix} \begin{bmatrix} \phi_1 \\ \phi_2 \\ \phi_3 \\ \phi_4 \end{bmatrix} = \frac{1}{4\times 3^5} \begin{bmatrix} 1 \\ 14 \\ 50 \\ 43 \end{bmatrix} \tag{2.61}$$

이다.

식 (2.61)에서 전체강성행렬의 밴드폭은 2이며, 스카이라인 내의 행렬요소 수는 일곱 개이다. 강성행렬은 대칭이며, 상삼각행렬(upper triangular matrix)에서 0의 행렬요소는 총 세 개다. 이 수치와 다음 예제의 수치를 비교하라.

▼ 예제 2.6

만약 그림과 같이 절점번호매김을 하였다면, 경계조건 부과 직전의 전체 유한요소방정식은 어떻게 될까?

▶ 이 문제를 풀기 위한 요소방정식은 식 (2.46)과 동일하다. 그러나 절점번호가 다르므로, 요소방정식의 각 항이 전체 유한요소방정식에 조합되는 위치는 달라진다. 예를 들면, $k_{11}^{①}$은 K_{11}자리에, $k_{21}^{①}$은 K_{41}자리에, $k_{12}^{②}$는 K_{43}자리에, $k_{22}^{③}$은 K_{22}자리에, $f_1^{①}$은 F_1 자리에, $f_1^{②}$는 F_4자리에, $f_2^{③}$은 F_2자리에 각각 더해진다. 따라서 조합된 유한요소방정식은 다음과 같다.

$$3\begin{bmatrix} 1+0+0 & 0+0+0 & 0+0+0 & -1+0+0 \\ 0+0+0 & 0+0+1 & 0+0-1 & 0+0+0 \\ 0+0+0 & 0+0-1 & 0+1+1 & 0-1+0 \\ -1+0+0 & 0+0+0 & 0-1+0 & 1+1+0 \end{bmatrix}\begin{bmatrix} \phi_1 \\ \phi_2 \\ \phi_3 \\ \phi_4 \end{bmatrix} = \frac{1}{4\times 3^4}\begin{bmatrix} 1+\ 0+\ 0 \\ 0+\ 0+43 \\ 0+17+33 \\ 3+11+\ 0 \end{bmatrix} \qquad \text{(a)}$$

또는

$$\begin{bmatrix} 1 & 0 & 0 & -1 \\ 0 & 1 & -1 & 0 \\ 0 & -1 & 2 & -1 \\ -1 & 0 & -1 & 2 \end{bmatrix}\begin{bmatrix} \phi_1 \\ \phi_2 \\ \phi_3 \\ \phi_4 \end{bmatrix} = \frac{1}{4\times 3^5}\begin{bmatrix} 1 \\ 43 \\ 50 \\ 14 \end{bmatrix} \qquad \text{(b)}$$

방정식 (b)와 식 (2.61)이 의미하는 바는 동일하다. 그런데 이 방정식의 밴드폭은 4이며, 스카이라인 내의 행렬요소 수는 총 여덟 개이다. 따라서 이 예제는 절점번호매김 자체가 해에 영향을 주지는 않지만 변수의 위치와 행렬의 배열을 다르게 함으로써 계산시간과 풀 수 있는 문제의 크기에 영향을 줄 수 있음을 암시하고 있다.

2.8 경계조건의 부과

식 (2.61)을 $A\mathbf{x} = \mathbf{b}$로 두었을 때, 행렬 A의 판별치가

$$|A| = \begin{vmatrix} 1 & -1 & 0 & 0 \\ -1 & 2 & -1 & 0 \\ 0 & -1 & 2 & -1 \\ 0 & 0 & -1 & 1 \end{vmatrix} = \begin{vmatrix} 2 & -1 & 0 \\ -1 & 2 & -1 \\ 0 & -1 & 1 \end{vmatrix} + \begin{vmatrix} -1 & -1 & 0 \\ 0 & 2 & -1 \\ 0 & -1 & 1 \end{vmatrix} = 0 \tag{2.62}$$

이므로 행렬 A는 특이행렬(singular matrix)이다. 즉, 선형방정식 (2.61)은 불능이다. 그 원인은 경계조건을 대입하지 않았기 때문이다. 유한요소해석의 이론 전개 과정에서 경계조건을 미리 대입하지 않고 요소방정식을 만든 후에 강제적으로 부과하거나 최종조합 후에 부과하고 있다.

경계조건의 부과방법으로 벌칙기법과 소거법이 사용되고 있다. 식 (2.61)에 다음의 경계조건을 부과함으로써 접근방법에 관한 설명을 대신하고자 한다.

$$\phi_1 = \overline{\phi}_1 = 0,\ \phi_4 = \overline{\phi}_4 = 0 \tag{2.63}$$

〈방법 1: 소거법〉

식 (2.61)에서 ϕ_2와 ϕ_3에 대응하는 두번째와 세번째 식만이 의미를 갖는다. 이 두 식을 살리면서 동시에 경계조건이 성립하도록 하면, 식 (2.61)과 식 (2.63)은 다음 식으로 함축된다.

$$\begin{bmatrix} 1 & 0 & 0 & 0 \\ 0 & 2 & -1 & 0 \\ 0 & -1 & 2 & 0 \\ 0 & 0 & 0 & 1 \end{bmatrix}\begin{bmatrix} \phi_1 \\ \phi_2 \\ \phi_3 \\ \phi_4 \end{bmatrix} = \frac{1}{4\times 3^5}\begin{bmatrix} 4\times 3^5\times\overline{\phi}_1 \\ 14 \\ 50 \\ 4\times 3^5\times\overline{\phi}_4 \end{bmatrix} + \begin{bmatrix} 0 \\ \overline{\phi}_1 \\ \overline{\phi}_4 \\ 0 \end{bmatrix} = \frac{1}{4\times 3^5}\begin{bmatrix} 0 \\ 14 \\ 50 \\ 0 \end{bmatrix} \tag{2.64}$$

식 (2.64)에서 필수경계조건과 관련된 자유도를 삭제하면, 다음과 같이 축약된 형태의 방정식으로 표현된다.

$$\begin{bmatrix} 2 & -1 \\ -1 & 2 \end{bmatrix}\begin{bmatrix} \phi_2 \\ \phi_3 \end{bmatrix} = \frac{1}{4\times 3^5}\begin{bmatrix} 14 \\ 50 \end{bmatrix} \tag{2.65}$$

〈방법 2: 벌칙기법〉

경계조건을 반영하는 간단한 기법으로 벌칙기법이 널리 사용되고 있다. 이 방법은 다음 식에서 보는 바와 같이 식 (2.61)에 벌칙상수 β를 도입하여 경계조건을 근사적으로 만족시키는 방법이다.

$$\begin{bmatrix} 1\times\beta & -1 & 0 & 0 \\ -1 & 2 & -1 & 0 \\ 0 & -1 & 2 & -1 \\ 0 & 0 & -1 & 1\times\beta \end{bmatrix}\begin{bmatrix} \phi_1 \\ \phi_2 \\ \phi_3 \\ \phi_4 \end{bmatrix} = \frac{1}{4\times 3^5}\begin{bmatrix} \beta\times 4\times 3^5\times\overline{\phi}_1 \\ 14 \\ 50 \\ \beta\times 4\times 3^5\times\overline{\phi}_4 \end{bmatrix} \tag{2.66}$$

여기서 β는 벌칙상수이며, 매우 큰 실수이다.

벌칙기법은 구속조건을 근사적으로 만족시키는 방법으로 미지수가 많아지고 미량이기는 하지만, 오차가 개입될 수 있다는 점이 단점으로 지적되고 있다. 소거법은 기지수의 영향을 식에 반영하여 미지수의 수를 줄이는 방법이며, 프로그램하기가 다소 어렵기는 하지만 효과적인 방법이다.

▼ 예제 2.7

예제 1.8의 문제를 생각해 보자. 이 문제는 경계조건을 제외하면 [문제 1]과 동일하다. 따라서 식 (2.61)은 예제 1.8의 문제에 그대로 적용될 수 있다. 식 (2.61)로부터 시작하여 예제 1.8의 문제의 유한요소해를 구하고 정해와 비교하라.

예제 1.8의 경계조건은 다음과 같다.

$$\phi(0) = \phi_1 = \overline{\phi}_1 = 0, \ \phi(1) = \phi_4 = \overline{\phi}_4 = 1 \tag{a}$$

이 조건을 식 (2.61)에 대입하면

$$\begin{bmatrix} 1 & 0 & 0 & 0 \\ 0 & 2 & -1 & 0 \\ 0 & -1 & 2 & 0 \\ 0 & 0 & 0 & 1 \end{bmatrix} \begin{bmatrix} \phi_1 \\ \phi_2 \\ \phi_3 \\ \phi_4 \end{bmatrix} = \frac{1}{4\times 3^5} \begin{bmatrix} 4\times 3^5 \times 0 \\ 14 \\ 50 \\ 4\times 3^5 \times 1 \end{bmatrix} + \begin{bmatrix} 0 \\ 0 \\ 1 \\ 0 \end{bmatrix} = \frac{1}{4\times 3^5} \begin{bmatrix} 0 \\ 14 \\ 1022 \\ 972 \end{bmatrix} \tag{b}$$

또는

$$\begin{bmatrix} 2 & -1 \\ -1 & 2 \end{bmatrix} \begin{bmatrix} \phi_2 \\ \phi_3 \end{bmatrix} = \frac{1}{4\times 3^5} \begin{bmatrix} 14 \\ 1022 \end{bmatrix} \tag{c}$$

이다. 따라서 유한요소해는 다음과 같다.

$$\phi_1 = 0, \quad \phi_2 = \frac{175}{486}, \quad \phi_3 = \frac{343}{486}, \quad \phi_4 = 1 \tag{d}$$

그런데 예제 1.8 문제의 정해로부터

$$\phi_2 = \phi^*\left(\frac{1}{3}\right), \ \phi_3 = \phi^*\left(\frac{2}{3}\right) \tag{e}$$

임을 확인할 수 있다. 매우 흥미로운 결과이다.

2.9 유한요소해석 결과 및 파생결과의 계산

식 (2.65) 또는 식 (2.66)을 유한요소방정식(finite element equation)이라고 한다. 대개 유한요소방정식에서 미지수의 수는 수백 개에서 수백만 개에 이른다. 그러므로 계산효율과 해결할 수 있는 문제의 크기 등이 유한요소방정식의 해법 선정에 중요한 기준이 된다. 선형방정식의 해법으로 띠형행렬법과 스카이라인법이 널리 사용되고 있다. 선형방정식의 해법 자체는 유한요소법의 본질 이해와 직결되지 않으므로, 특히 사용자의 입장에서 중요한 내용이 아니므로 여기서는 이 정도로만 언급한다.

한편 유한요소해석 결과에는 1차결과치와 파생결과치가 있다. 1차결과치는 온도, 변위 등이며 유한요소방정식의 미지수이다. 따라서 1차결과치는 유한요소방정식을 풂으로써 직접 구할 수 있는 것이다. 열전달률, 변형률, 응력 등의 파생결과치는 주로 1차결과치를 미분하여 구한다. 가령 온도를 미분하여 열전달률을 구한다거나 변위를 좌표에 관하여 미분함으로써 변형률 및 응력을 구한다. 선형요소에서 미분은 요소에서 일정한 값이 되며 각 요소에서의 결과치가 출력되는데, 이 값을 요소치(elemental value)라고 한다. 요소치로 출력된 상태변수들에 대응하는 절점치는 유한요소이론으로부터 직접 구해지지 않고 최소자승법 등을 이용한 순화(smoothing)의 과정을 통하여 구해진다(제 4 부 5.7절 참고).

식 (2.65)를 풀면 다음의 1차결과치, 즉 온도의 절점치를 얻는다.

$$\phi_1 = 0, \quad \phi_2 = \frac{13}{486}, \quad \phi_3 = \frac{19}{486}, \quad \phi_4 = 0 \tag{2.67}$$

▼ 예제 2.8

벌칙상수를 $\beta = 10^3$으로 두고 식 (2.66)을 풀어 식 (2.67)의 결과와 비교하라.

■ 식 (2.66)의 방정식을 풀면 다음과 같다.

$$\phi_1 = 0.0000268, \ \phi_2 = 0.0267798, \ \phi_3 = 0.0391296, \ \phi_4 = 0.0000391 \tag{a}$$

이 결과와 식 (2.67)의 결과를 비교하면, 공학적으로 큰 차이가 없음을 알 수 있다. 벌칙상수를 더 크게 하면 보다 가깝게 되지만, 적절한 크기 이상이 되면 수치적 오류가 크게 될 우려가 있다.

한편 정해 $\phi^* = -\frac{1}{12}(x^4 - x)$로부터 절점 $2\left(x_2 = \frac{1}{3}\right)$와 절점 $3\left(x_3 = \frac{2}{3}\right)$에서 정해를 구하면 다음과 같다.

$$\phi^*\left(\frac{1}{3}\right) = \frac{13}{486} \tag{2.68}$$

$$\phi^*\left(\frac{2}{3}\right) = \frac{19}{486}$$

따라서

$$\phi_2 = \phi^*\left(\frac{1}{3}\right) \tag{2.69}$$

$$\phi_3 = \phi^*\left(\frac{2}{3}\right)$$

이다. 유한요소해가 절점에서 정해와 일치하고 있다. 이러한 성질을 초수렴(super convergence)[2.2]이라고 하는데, 모든 문제가 이러한 성질을 가진 것은 아니지만 해의 정확도 확인 측면에서 매우 흥미로운 현상이다. 정해와 유한요소해를 그림 2.9에서 비교하였다.

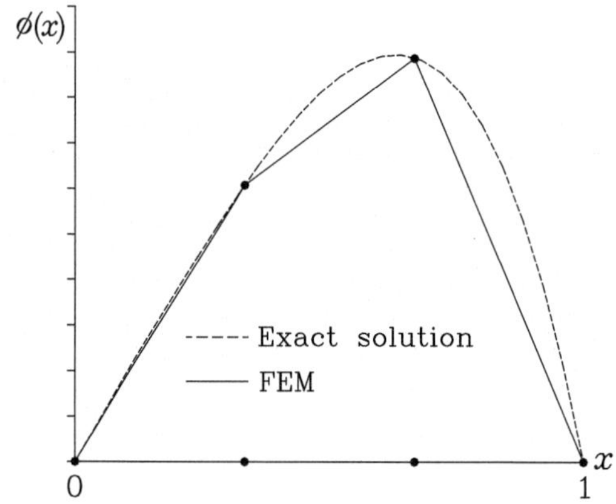

그림 2.9 정해와 유한요소해의 비교

이 초수렴특성을 가진 예제에서 유한요소해가 절점에서 정확함을 확인하였고, 그림 2.9로부터 절점을 연결하여 얻은 유한요소해가 전체적으로 정해를 비교적 잘 반영하고 있음을 알 수 있다. 그러나 그림의 우측에서 보는 바와 같이 기울기는 비교적 큰 차이를 보이고 있다. 열전달에서 온도의 구배는 열전도율과 비례하며, 탄성역학에서 변위구배(displacement gradient, $\partial u_i/\partial x_j$)는 변형률 및 응력과 직결된다. 따라서 그림 2.9의 결과는 온도 및 변위 등의 유한요소 1차결과치가 상당히 정확하더라도 해석결과를 미분하여 구하는 파생결과치들에는 비교적 큰 오차가 개입될 수 있음을 시사하고 있다. 이러한 점을 정량적으로 설명해 보자.

[문제 1]의 물리적 의미 관점에서 생각해 보자. 이 미분방정식은 단위길이당 열생성률이 $q_g = x^2$인 정상상태의 1차원 열전도방정식으로, 에너지보존법칙으로부터 유도된 것이다. 따라서 그림 2.10에서 보는 바와 같이 내부에서 생성되는 총 열생성률

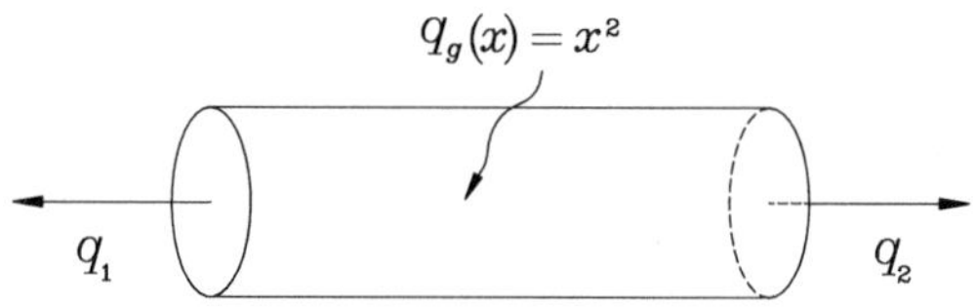

그림 2.10 열생성률과 열전도율

$$q_{\text{exact}} \equiv \int_0^1 x^2 dx = \frac{1}{3} \tag{2.70}$$

는 열전도에 의하여 $x=0$과 $x=1$에서 외부로 방출된다.

이제 유한요소 1차결과치인 절점온도와 보간원리를 이용하여 $x=0$과 $x=1$에서 전도 열전달률을 계산해 보자. 그림 2.10에서 보는 바와 같이, $x=0$과 $x=1$에서 열전도율을 각각 q_1과 q_2라고 두면

$$q_1 = k\frac{d\phi}{dx}|_{x=0} = \frac{d}{d\xi}\left(\phi_1 \widetilde{N}_1 + \phi_2 \widetilde{N}_2\right)\frac{d\xi}{dx}|_{\xi=-1} \tag{2.71}$$

$$= \phi_2 \frac{d\widetilde{N}_2}{d\xi}\frac{d\xi}{dx}|_{\xi=-1} = \frac{13}{486}\times\frac{1}{2}\times 6 = \frac{13}{162}$$

$$q_2 = -k\frac{d\phi}{dx}|_{x=1} = -\frac{d}{d\xi}\left(\phi_3 \widetilde{N}_1 + \phi_4 \widetilde{N}_2\right)\frac{d\xi}{dx}|_{\xi=1} = \frac{19}{162} \tag{2.72}$$

이다. 여기서 열전도율 k는 1이다(1.2.2절 참고).

유한요소해석 결과, 외부로 방출되는 총 열전달률 q_{FEM}은 다음과 같다.

$$q_{FEM} = q_1 + q_2 = \frac{13+19}{162} = \frac{16}{81} \tag{2.73}$$

여기서 지배방정식이 에너지보존법칙으로부터 유도된 사실을 상기하기 바란다. 내부에서 생성되는 발열률과 외부로 방출되는 열전달률이 동일해야 한다. 그러나

$$\frac{(q_{\text{exact}} - q_{\text{FEM}})}{q_{\text{exact}}} = \frac{11}{27} \tag{2.74}$$

의 수치는 비록 절점에서의 온도가 초수렴의 특성을 보였지만 열유동(heat flux) 측면에서는 약 41%의 매우 큰 오차를 보여주고 있다. 그림 2.9에서 온도구배의 정해와 유한요소해가 상당한 차이를 보이고 있는데 이 점이 식 (2.74)의 오차를 야기한 주원인이다. 만약 절점의 수를 증가시키면, 그림 2.11에서 보는 바와 같이 기울기 차이가 줄어들 것이라고 예상할 수 있다. 이러한 결과는 탄성역학에서 응력을 정확하게 구하려면 기하학적 변화가 심하여 응력 집중이 발생할 가능성이 높은 곳에서 요소망의 밀도를 높여야 함을 암시하고 있다.

한편 실제 유한요소 프로그램에서는 경계에서 열전달률의 계산이 주목적일 경우, 앞에서 실시한 방식과 다른 방식으로 계산한다. 열전달 문제의 유한요소법은 절점에서의 에너지 보존을 다루는 것이다. 가령 그림 2.7의 유한요소 해석모델 하에서 [문제 1]은 유한요소법에 의하여 그림 2.12와 같이 절점의 관점으로 분해된다. 이 그림은 앞에서 유도된 식과 계산된 결과를 바탕으로 만들어졌다. 그림에서 보는 바와 같이 요소의 열생성률은 절점 열유입량으로 변환되며, 하나의 요소에서 온도구배는 일정하므로 전도열전달률은 동일하다. 각 절점에서 불균형 열유동량 $\Delta Q_i(i=1,2,3,4)$를 계산하면 다음과 같다.

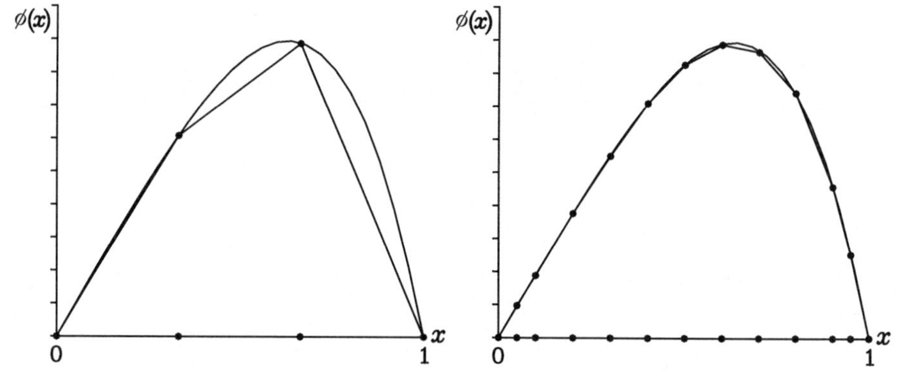

그림 2.11 요소밀도의 증가와 정확도의 개선

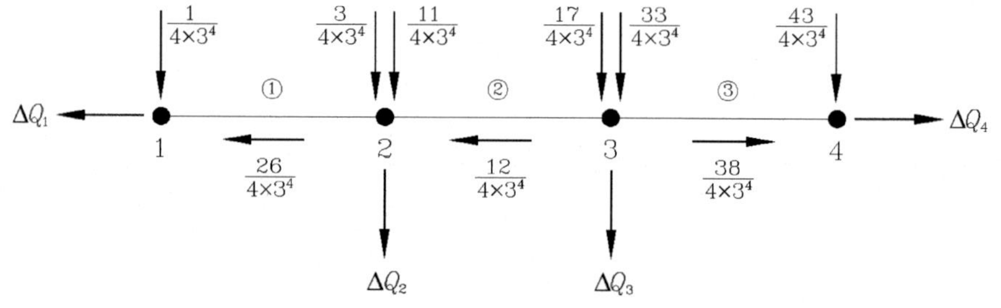

그림 2.12 그림 2.7의 유한요소 해석모델 관점에서의 [문제 1]

$$\Delta Q_1 = \frac{1}{12},\ \Delta Q_2 = 0,\ \Delta Q_3 = 0,\ \Delta Q_4 = \frac{1}{4} \tag{2.75}$$

이 결과는 매우 흥미롭다. 온도가 주어진 경계에서 불균형 열유동이 발생하며 그 값이 정해의 열유동량과 일치한다. 이것은 식 (2.61)에 식 (2.67)의 결과를 대입했을 때 구해지는 불균형 열유동량과 일치하는 결과이다. 즉,

$$\begin{bmatrix} \Delta Q_1 \\ \Delta Q_2 \\ \Delta Q_3 \\ \Delta Q_4 \end{bmatrix} = \frac{1}{4\times 3^4}\begin{bmatrix} 1 \\ 14 \\ 50 \\ 43 \end{bmatrix} - 3\begin{bmatrix} 1 & -1 & 0 & 0 \\ -1 & 2 & -1 & 0 \\ 0 & -1 & 2 & -1 \\ 0 & 0 & -1 & 1 \end{bmatrix}\begin{bmatrix} \phi_1 \\ \phi_2 \\ \phi_3 \\ \phi_4 \end{bmatrix} = \frac{1}{12}\begin{bmatrix} 1 \\ 0 \\ 0 \\ 3 \end{bmatrix} \tag{2.76}$$

이다. 위의 내용은 구조해석에서 필수경계조건이 부과된 경계에 작용하는 절점력을 계산하는 방법을 암시하고 있다.

2.10 유한요소방정식의 일반형의 유도

유한요소방정식의 일반형을 표현할 때 크게 두 가지 방법이 있다. 앞에서 설명한 방법과 같이 경계조건을 고려하지 않고 먼저 전체 계에 대한 유한요소방정식을 유도한 이후에 경

계조건을 부여하는 방법이 있고, 경계조건을 미리 반영하여 방정식을 유도하는 방법이 있다. 전자는 상대적으로 표현이 단순한 장점이 있다. 그러나 온도해석 문제와 같이 절점당 자유도가 1인 문제에서는 별 문제가 되지 않지만, 절점당 자유도가 2 이상인 탄성역학 및 소성역학 등의 유한요소방정식을 유도할 때는 경계조건의 처리기법 및 국부좌표계를 이해하는 데 다소의 어려움이 따른다(제 4 부 참고). 그러므로 탄성역학 및 소성역학의 유한요소법에 관한 이해를 돕기 위하여 이 장에서 설명한 쉬운 문제로부터 후자에 관하여 미리 공부해 둘 필요가 있다.

[문제 2]에 대한 유한요소방정식의 일반형을 유도하기 위하여 사용된 유한요소 해석모델은 그림 2.4와 같다.

〈방법 1〉 경계조건을 최종적으로 처리하는 방법

이 방법은 앞의 예제(2.1절~2.9절)에서 채택하여 사용한 방법이다. 경계조건이

$$\phi_1 = \overline{\phi}_1 = 0,\ \phi_N = \overline{\phi}_N = 0 \tag{2.77}$$

으로 주어져 있지만, ϕ_1과 ϕ_N을 미지수로 간주하고 시도함수를 다음과 같이 두자.

$$\tilde{\phi} = \sum_{J=1}^{N} \phi_J N_J \tag{2.78}$$

이 식을 [문제 2]의 범함수에 대입하면

$$\tilde{F}(\phi_I) \equiv F(\tilde{\phi}) = \frac{1}{2}\int_0^1 \left[\left(\sum_{J=1}^{N}\phi_J N_J'\right)^2 - 2x^2\sum_{J=1}^{N}\phi_J N_J\right] dx \tag{2.79}$$

가 되고, 위의 함수가 극값을 가질 조건, $\dfrac{\partial \tilde{F}}{\partial \phi_I} = 0$ 으로부터

$$\int_0^1 \left(\sum_{J=1}^{N}\phi_J N_J'\right) N_I' dx - \int_0^1 x^2 N_I dx = 0 \tag{2.80}$$

이다. 이 식을 정리하면, 다음의 유한요소방정식의 일반형을 구할 수 있다.

$$\sum_{J=1}^{N} K_{IJ}\phi_J = F_I, \quad I = 1, 2, 3, \cdots, N \tag{2.81}$$

또는

$$[K_{IJ}][\phi_J] = [F_I] \tag{2.82}$$

여기서

$$K_{IJ} = K_{JI} = \int_0^1 N_I' N_J' dx \tag{2.83}$$

$$F_I = \int_0^1 x^2 N_I \, dx \tag{2.84}$$

를 각각 전체강성행렬과 전체하중벡터라고 한다. 단, 식 (2.82)를 풀기 이전에 2.8절의 방식으로 다음의 경계조건이 부과되어야 한다.

$$\phi_1 = \overline{\phi}_1 = 0, \ \phi_N = \overline{\phi}_N = 0 \tag{2.85}$$

한편 식 (2.84)에서 x^2 대신 $f(x)$를 대입하면, 식 (2.82)는 다음의 미분방정식에 대한 유한요소방정식의 일반형이 된다.

$$-\frac{d^2\phi}{dx^2} = f(x) \tag{2.86}$$

〈방법 2〉 경계조건을 미리 반영하는 방법

이제 경계조건을 미리 감안한 유한요소방정식의 일반형에 관하여 공부하자. 먼저 절점번호로 이루어진 집합을 다음과 같이 정의하자.

$$\tilde{\eta} = \{I \mid I \text{는 모든 절점번호}\} \tag{2.87}$$

$$\overline{\eta} = \{\overline{I} \mid \overline{I} \text{는 필수경계조건이 부과된 절점번호}\} \tag{2.88}$$

$$\eta' = \{I' \mid I' \text{는 자유도가 구속되지 않은 절점번호}\} \tag{2.89}$$

따라서

$$\eta' = \tilde{\eta} - \overline{\eta}, \quad \eta = \eta' \cup \overline{\eta}, \quad \varnothing = \eta' \cap \overline{\eta} \tag{2.90}$$

이다. 이 표현법은 이 책에서 계속적으로 사용하므로 숙지해 두기 바란다. 한편 [문제 1]과 그림 2.4의 해석모델에 대한 $\tilde{\eta}$, $\overline{\eta}$, η'은 각각 다음과 같다.

$$\tilde{\eta} = \{I \mid I = 1, 2, \ldots, N\} \tag{2.91}$$

$$\overline{\eta} = \{\overline{I} \mid \overline{I} = 1, N\} \tag{2.92}$$

$$\eta' = \{I' \mid I' = 2, 3, \ldots, N-1\} \tag{2.93}$$

경계조건이 $\phi_1 = \overline{\phi}_1 = 0$, $\phi_N = \overline{\phi}_N = 0$으로 주어져 있으므로 시도함수는 다음 식으로 표현된다.

$$\begin{aligned} \tilde{\phi}(x) &= \sum_{J=2}^{N-1} \phi_J N_J + \overline{\phi}_1 N_1 + \overline{\phi}_N N_N \quad (J' \in \eta', \ \overline{J} \in \overline{\eta}) \\ &= \sum_{J'} \phi_{J'} N_{J'} + \sum_{\overline{J}} \overline{\phi}_{\overline{J}} N_{\overline{J}} \end{aligned} \tag{2.94}$$

이 식에 $\overline{\phi}_1 = 0$, $\overline{\phi}_N = 0$을 대입하여 소거할 수도 있으나 수식의 일반적 형태에 관한 이해

를 돕기 위하여 $\overline{\phi}_1$과 $\overline{\phi}_N$을 그대로 두도록 하겠다.

이 식을 [문제 2]의 범함수에 대입하여

$$\frac{\partial \widetilde{F}}{\partial \phi_I} = 0 \quad (I = 2,3,\cdots,N-1) \quad \text{또는} \quad \frac{\partial \widetilde{F}}{\partial \phi_{I'}} = 0 \quad (I' \in \eta') \tag{2.95}$$

을 적용하면, 다음의 유한요소방정식의 일반형을 얻는다.

$$\sum_{J=2}^{N-1} K_{IJ}\phi_J = F_I - K_{I1}\overline{\phi}_1 - K_{\in}\overline{\phi}_N, \quad I = 2,3,\cdots,N-1 \tag{2.96}$$

또는

$$\sum_{J'} K_{I'J'}\phi_{J'} = F_{I'} - \sum_{\overline{J}} K_{I'\overline{J}}\overline{\phi}_{\overline{J}} \quad (I', J' \in \eta', \ \overline{J} \in \overline{\eta}) \tag{2.97}$$

▼ 예제 2.9

[문제 2]를 그림 2.7의 해석모델로 유한요소해석했을 때, 요소방정식이 식 (2.46)으로 계산되어 있다. 요소방정식에 경계조건을 부여하여 식 (2.97) 형태의 유한요소방정식을 조합해 보라.

➡ 그림 2.7의 해석모델에서 경계조건은 다음과 같다.

$$\phi(0) = \phi_1 = \overline{\phi}_1 = 0, \ \phi(1) = \phi_4 = \overline{\phi}_4 = 0 \tag{a}$$

각 요소방정식에 경계조건을 대입하여 식 (2.97)의 형태로 표현하면 다음과 같다.

$$\text{요소 ①} \quad \begin{bmatrix} 3 & -3 \\ -3 & 3 \end{bmatrix}\begin{bmatrix} \phi_1^{①} \\ \phi_2^{①} \end{bmatrix} = \frac{1}{4\times 3^4}\begin{bmatrix} 1 \\ 3 \end{bmatrix}$$

$$\Rightarrow \begin{bmatrix} 0 & 0 \\ 0 & 3 \end{bmatrix}\begin{bmatrix} \phi_1 \\ \phi_2 \end{bmatrix} = \frac{1}{4\times 3^4}\begin{bmatrix} 0 \\ 3 \end{bmatrix} + 3\begin{bmatrix} 0 \\ \overline{\phi}_1 \end{bmatrix} = \frac{1}{4\times 3^4}\begin{bmatrix} 0 \\ 3 \end{bmatrix} \tag{b}$$

$$\text{요소 ②} \quad \begin{bmatrix} 3 & -3 \\ -3 & 3 \end{bmatrix}\begin{bmatrix} \phi_1^{②} \\ \phi_2^{②} \end{bmatrix} = \frac{1}{4\times 3^4}\begin{bmatrix} 11 \\ 17 \end{bmatrix}$$

$$\Rightarrow \begin{bmatrix} 3 & -3 \\ -3 & 3 \end{bmatrix}\begin{bmatrix} \phi_2 \\ \phi_3 \end{bmatrix} = \frac{1}{4\times 3^4}\begin{bmatrix} 11 \\ 17 \end{bmatrix} \tag{c}$$

$$\text{요소 ③} \quad \begin{bmatrix} 3 & -3 \\ -3 & 3 \end{bmatrix}\begin{bmatrix} \phi_1^{③} \\ \phi_2^{③} \end{bmatrix} = \frac{1}{4\times 3^4}\begin{bmatrix} 33 \\ 43 \end{bmatrix}$$

$$\Rightarrow \begin{bmatrix} 3 & 0 \\ 0 & 0 \end{bmatrix}\begin{bmatrix} \phi_3 \\ \phi_4 \end{bmatrix} = \frac{1}{4\times 3^4}\begin{bmatrix} 33 \\ 0 \end{bmatrix} + 3\begin{bmatrix} \overline{\phi}_4 \\ 0 \end{bmatrix} = \frac{1}{4\times 3^4}\begin{bmatrix} 33 \\ 0 \end{bmatrix} \tag{d}$$

각 요소에서 경계조건이 반영된 요소방정식을 유한요소방정식에 조합하면 다음과 같다.

$$\begin{bmatrix} 3+3+0 & 0-3+0 \\ 0-3+0 & 0+3+3 \end{bmatrix} \begin{bmatrix} \phi_2 \\ \phi_3 \end{bmatrix} = \frac{1}{4\times 3^4} \begin{bmatrix} 3+11+0 \\ 0+17+33 \end{bmatrix} \tag{e}$$

이 방정식은 식 (2.65)와 동일하다. 따라서 유한요소해는 다음과 같다.

$$\phi_1 = 0, \quad \phi_2 = \frac{13}{486}, \quad \phi_3 = \frac{19}{486}, \quad \phi_4 = 0 \tag{f}$$

이 예제를 통하여 식 (2.97)의 의미를 체득하기 바란다.

제 3 장

Galerkin 법에 바탕을 둔 유한요소법

Galerkin 법에 바탕을 둔 유한요소법(Galerkin 유한요소법으로 부름)을 [문제 1]과 [문제 3]에 적용해 봄으로써 공부하도록 하자. 변분이론이 존재하는 문제에서 Ritz 법과 Galerkin 법이 동일하듯이 Ritz 법에 바탕을 둔 변분유한요소법과 Galerkin 법에 바탕을 둔 유한요소법은 동일하다. 따라서 변분유한요소법에서 설명된 대부분의 내용이 Galerkin 유한요소법에서 그대로 적용된다.

3.1 [문제 1]의 Galerkin 유한요소법

Galerkin 유한요소법은 약형으로부터 시작된다. [문제 1]에 대한 약형은 다음과 같다.

문제 6

$$\int_0^1 \left[\omega'(x)\,\phi'(x) - \omega(x)\,x^2\right] dx = 0 \tag{3.1}$$

$$\phi(0) = \phi(1) = 0$$

$$\textit{where } \omega(x) \textit{ is arbitrary except that } \omega(0) = \omega(1) = 0$$

이 약형에는 미지함수 $\phi(x)$와 가중함수 $\omega(x)$가 내포되어 있다.

이제 Galerkin 수식화에 근거하여 그림 2.4의 해석모델에 대한 유한요소방정식의 일반형을 구해 보자. Ritz 법에서와 마찬가지로 경계조건을 반영하지 않고 유한요소방정식을 유도한 후 최종적으로 경계조건을 부과하는 방법과 경계조건을 미리 반영하여 유한요소방정식을 유도하는 방법이 있다.

〈방법 1: 경계조건을 최종적으로 반영하는 방법〉

Galerkin 근사법에서는 시도함수와 가중함수에 사용된 기초함수, 즉 보간함수가 동일하므로 시도함수와 가중함수를 각각 다음과 같이 두자.

$$\tilde{\phi}(x) = \sum_{J=1}^{N} \phi_J N_J(x) \tag{3.2}$$

$$\omega(x) = \sum_{I=1}^{N} W_I N_I(x) \tag{3.3}$$

식 (3.2)와 식 (3.3)을 [문제 6]에 대입하여 정리하면 다음과 같다.

$$\sum_{I=1}^{N} W_I \left[\sum_{J=1}^{N} \int_0^1 N_I' N_J' dx \ \phi_J - \int_0^1 x^2 N_I dx \right] = 0 \tag{3.4}$$

여기서 W_I를 임의의 상수라고 가정하면

$$\sum_{J=1}^{N} \int_0^1 N_I' N_J' dx \ \phi_J - \int_0^1 x^2 N_I dx = 0, \quad I = 1, 2, 3, \cdots, N \tag{3.5}$$

또는

$$[K_{IJ}][\phi_J] = [F_I] \tag{3.6}$$

이다. 여기서 전체강성행렬 K_{IJ}, 전체하중벡터 F_I는 각각 식 (2.83), 식 (2.84)와 동일하다.

식 (3.6)은 모든 W_I가 임의의 상수라는 가정하에서 유도된 것이므로 이 방정식을 풀기 이전에 다음의 경계조건을 2.8절과 동일한 방식으로 부과해야 한다.

$$\phi_1 = \bar{\phi}_1 = 0, \ \phi_N = \bar{\phi}_N = 0 \tag{3.7}$$

〈방법 2〉 경계조건을 미리 반영하는 방법

경계조건이 $\phi_1 = \bar{\phi}_1 = 0$, $\phi_N = \bar{\phi}_N = 0$으로 주어져 있으므로 이를 반영한 시도함수는 다음과 같다.

$$\tilde{\phi}(x) = \sum_{J=2}^{N-1} \phi_J N_J + \bar{\phi}_1 N_1 + \bar{\phi}_N N_N \tag{3.8}$$

이 식에서 $\bar{\phi}_1 = 0$, $\bar{\phi}_N = 0$을 대입하여 소거할 수도 있으나 수식의 일반적 형태에 관한 이해를 돕기 위하여 $\bar{\phi}_1$과 $\bar{\phi}_N$을 그대로 두도록 하겠다.

가중함수는 $\omega(0) = \omega(1) = 0$의 조건을 만족해야 하므로, $\bar{\phi}_1$과 $\bar{\phi}_N$의 값에 상관없이

$$W_1 = W_N = 0 \tag{3.9}$$

이다. 따라서 가중함수는 다음과 같이 수식화된다.

$$\omega(x) = \sum_{J=2}^{N-1} W_J N_J \tag{3.10}$$

식 (3.8)과 식 (3.10)을 [문제 6]에 대입하여 정리하면 다음과 같다.

$$W_2\Phi_2 + W_3\Phi_3 + \ldots + W_{N-2}\Phi_{N-2} + W_{N-1}\Phi_{N-1} = 0 \tag{3.11}$$

여기서 $W_I(I\neq 1,\ I\neq N)$가 임의의 독립적인 상수이므로

$$\Phi_I = 0\,(I = 2, 3, \ldots, N-1) \tag{3.12}$$

이다. 따라서

$$\sum_{J=2}^{N-1} K_{IJ}\phi_J = F_I - K_{I1}\bar{\phi}_1 - K_{IN}\bar{\phi}_N,\ I = 2, 3, \cdots, N-1 \tag{3.13}$$

의 유한요소방정식을 얻게 된다. 여기서 강성행렬 K_{IJ}, 하중벡터 F_I는 각각 식 (2.83), 식 (2.84)와 동일하다.

한편 절점번호로 이루어진 집합 η, $\bar{\eta}$, η'을 각 식 (2.87), 식 (2.88), 식 (2.89)와 같이 정의하자. 그러면 식 (3.13)은 다음의 일반형으로 표현된다.

$$\sum_J K_{I'J'}\phi_{J'} = F_{I'} - \sum_{\bar{J}} K_{I'\bar{J}}\bar{\phi}_{\bar{J}} \quad (I',\ J' \in \eta',\ \bar{J} \in \bar{\eta}) \tag{3.14}$$

이 식은 식 (2.97)과 동일하다.

3.2 [문제 3]의 Galerkin 유한요소법

[문제 3]의 약형은 다음과 같다

$$\int_0^1 (\omega'\phi' - \omega x^2)\,dx - \omega(1) = 0 \tag{3.15}$$

$$\phi(0) = 0$$

$$\omega(x)\ is\ arbitrary\ except\ that\ \omega(0) = 0$$

$\phi(x)$와 $\omega(x)$에 대하여 유한요소근사화를 실시하면

$$\begin{aligned}\tilde{\phi}(x) &= \sum_{J=1}^{N}\phi_J N_J(x) \\ &= \sum_{J=2}^{N}\phi_J N_J(x) + \bar{\phi}_1 N_1(x)\end{aligned} \tag{3.16}$$

$$\omega(x) = \sum_{I=2}^{N} W_I N_I(x) \tag{3.17}$$

가 되고, 이 식들을 약형에 대입하여 정리하면 다음과 같다.

$$\sum_{I=2}^{N} W_I \left[\sum_{J=1}^{N} \int_0^1 N_I'(x) N_J'(x) dx \, \phi_J - \int_0^1 x^2 N_I(x)\, dx \right] - W_N = 0 \tag{3.18}$$

강성행렬 K_{IJ}와 하중벡터 F_I를 각각 다음과 같이 정의하면

$$K_{IJ} = \int_0^1 N_I'(x)\, N_J'(x) dx \tag{3.19}$$

$$F_I = \int_0^1 x^2\, N_I(x)\ dx \tag{3.20}$$

식 (3.18)은

$$\sum_{I=2}^{N-1} W_I \left[\sum_{J=2}^{N} K_{IJ}\, \phi_J + K_{I1}\, \overline{\phi}_1 - F_I \right] + W_N \left[\sum_{J=1}^{N} K_{NJ}\, \phi_J - F_N - 1 \right] = 0 \tag{3.21}$$

로 표현된다. 여기서 $W_I\,(I = 2, 3, \ldots, N)$가 임의의 상수이므로 다음의 최종 유한요소방정식을 얻게 된다.

$$\begin{aligned} &\sum_{J=2}^{N} K_{IJ}\, \phi_J = F_I - K_{I1} \overline{\phi}_1, \qquad I = 2, 3, \cdots, N-1 \\ &\sum_{J=2}^{N} K_{NJ}\, \phi_J = F_N - K_{I1} \overline{\phi}_1 + 1 \end{aligned} \tag{3.22}$$

또는

$$\sum_{J=2}^{N} K_{IJ}\, \phi_J = F_I - K_{I1} \overline{\phi}_1 + \delta_{IN}, \qquad I = 2, 3, \cdots, N \tag{3.23}$$

여기서 δ_{IN}는 Kronecker 델타이다.

▼ 예제 3.1

그림 2.7의 유한요소 해석모델로 [문제 3]을 유한요소해석하라. 단, 식 (3.23)을 이용하고, 유한요소방정식이 유도되는 과정을 상술하라.

➡ 그림 2.7의 해석모델에서 필수경계조건은 다음과 같다.

$$\phi(0) = \phi_1 = \overline{\phi}_1 = 0 \tag{a}$$

식 (3.23)을 이용하여 각 요소방정식을 조합 직전의 모양으로 표현하면 다음과 같다.

요소 ① $\begin{bmatrix} 3 & -3 \\ -3 & 3 \end{bmatrix} \begin{bmatrix} \phi_1^{①} \\ \phi_2^{①} \end{bmatrix} = \dfrac{1}{4 \times 3^4} \begin{bmatrix} 1 \\ 3 \end{bmatrix} + \begin{bmatrix} 0 \\ 0 \end{bmatrix}$

$$\Rightarrow \begin{bmatrix} 0 & 0 \\ 0 & 3 \end{bmatrix}\begin{bmatrix} \phi_1 \\ \phi_2 \end{bmatrix} = \frac{1}{4\times 3^4}\begin{bmatrix} 0 \\ 3 \end{bmatrix} + 3\begin{bmatrix} 0 \\ -\phi_1 \end{bmatrix} = \frac{1}{4\times 3^4}\begin{bmatrix} 0 \\ 3 \end{bmatrix} \tag{b}$$

요소 ② $\begin{bmatrix} 3 & -3 \\ -3 & 3 \end{bmatrix}\begin{bmatrix} \phi_1^{②} \\ \phi_2^{②} \end{bmatrix} = \frac{1}{4\times 3^4}\begin{bmatrix} 11 \\ 17 \end{bmatrix} + \begin{bmatrix} 0 \\ 0 \end{bmatrix}$

$$\Rightarrow \begin{bmatrix} 3 & -3 \\ 3 & 3 \end{bmatrix}\begin{bmatrix} \phi_2 \\ \phi_3 \end{bmatrix} = \frac{1}{4\times 3^4}\begin{bmatrix} 11 \\ 17 \end{bmatrix} \tag{c}$$

요소 ③ $\begin{bmatrix} 3 & -3 \\ -3 & 3 \end{bmatrix}\begin{bmatrix} \phi_1^{③} \\ \phi_2^{③} \end{bmatrix} = \frac{1}{4\times 3^4}\begin{bmatrix} 33 \\ 43 \end{bmatrix} + \begin{bmatrix} 0 \\ 1 \end{bmatrix}$

$$\Rightarrow \begin{bmatrix} 3 & -3 \\ -3 & 3 \end{bmatrix}\begin{bmatrix} \phi_3 \\ \phi_4 \end{bmatrix} = \frac{1}{4\times 3^4}\begin{bmatrix} 33 \\ 367 \end{bmatrix} \tag{d}$$

각 요소에서 경계조건이 반영된 요소방정식을 유한요소방정식에 조합하면 다음과 같다.

$$\begin{bmatrix} 3+3+0 & 0-3+0 & 0+0+0 \\ 0-3+0 & 0+3+3 & 0+0-3 \\ 0+0+0 & 0+0-3 & 0+0+3 \end{bmatrix}\begin{bmatrix} \phi_2 \\ \phi_3 \\ \phi_4 \end{bmatrix} = \frac{1}{4\times 3^4}\begin{bmatrix} 3+11+\ \ 0 \\ 0+17+\ 33 \\ 0+\ \ 0+367 \end{bmatrix} \tag{e}$$

또는

$$\begin{bmatrix} 2 & -1 & 0 \\ -1 & 2 & -1 \\ 0 & -1 & 1 \end{bmatrix}\begin{bmatrix} \phi_2 \\ \phi_3 \\ \phi_4 \end{bmatrix} = \frac{1}{4\times 3^5}\begin{bmatrix} 14 \\ 50 \\ 367 \end{bmatrix} \tag{f}$$

따라서 유한요소해는 다음과 같다.

$$\phi_1 = 0,\quad \phi_2 = \frac{431}{972},\quad \phi_3 = \frac{212}{243},\quad \phi_4 = \frac{5}{4} \tag{g}$$

이 미분방정식의 정해는 다음과 같으며, 그림에서 정해와 유한요소해를 비교하고 있다.

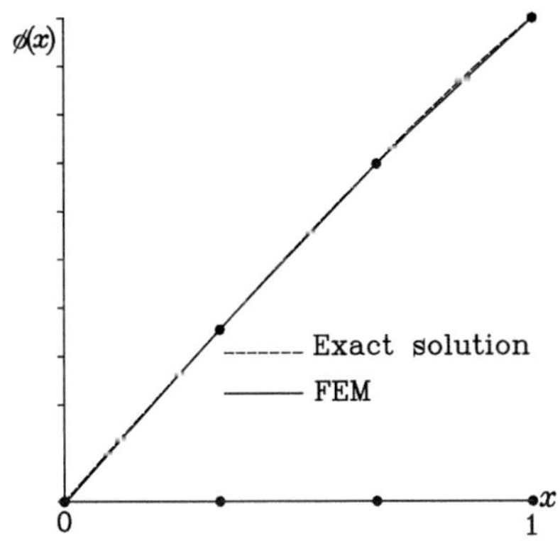

$$\phi^*(x) = -\frac{x^4}{12} + \frac{4x}{3} \tag{h}$$

절점에서 유한요소해는 정해와 일치하고 있다. 즉,

$$\phi_1 = \phi^*(0),\ \phi_2 = \phi^*(\frac{1}{3}) \tag{i}$$

$$\phi_3 = \phi^*(\frac{2}{3}),\ \phi_4 = \phi^*(1)$$

이다. 그러나 $x=1$ 에서 기울기

$$\tilde{\phi}'(1) = \frac{\dfrac{5}{4} - \dfrac{212}{243}}{\dfrac{1}{3}} = \frac{367}{324} \tag{j}$$

는 경계조건 $\phi^{*\prime}(1) = 1$에 비하여
약 13% 크게 예측되었다.

제 4 장

보간함수에 관한 보충 설명

앞에서 공부한 미지함수가 $\phi(x)$인 2차 상미분방정식을 염두에 두고 보간함수를 보다 체계화시켜 보자. 본 장의 설명은 2.5절의 기호규약을 따른다.

해석영역을 N개의 절점과 M개의 요소로 이산화하여 절점 L의 좌표를 $x = x_L$이라고 하면, 임의의 점의 좌표는 다음 식에 의하여 절점의 좌표값으로 보간된다.

$$x = \sum_{J=1}^{N} x_J N_J(x) \tag{4.1}$$

여기서 $N_I(x)$는 보간함수이고

$$N_I(x_J) = \delta_{IJ} \tag{4.2}$$

의 기본 요건을 만족한다.

식 (4.1)에서 좌표의 보간 목적으로 사용된 보간함수 $N_I(x)$를 다음 식과 같이

$$\phi(x) = \sum_{J=1}^{N} \phi_J N_J(x) \tag{4.3}$$

미지함수 $\phi(x)$의 보간 목적으로 사용한 요소를 등매개변수요소(isoparametric element)라고 한다. 실제 대부분의 유한요소법에서 등매개변수요소를 사용한다. 그러므로 이 책에서는 등매개변수요소에 국한하여 보간함수 관련 내용을 설명한다.

일반적으로 유한요소법에서는 낮은 차수의 함수를 보간함수로 사용하고 있다. 그렇다고 1차 미분이 제곱적분 불가능한 스텝함수를 2차 미분방정식을 풀기 위한 보간함수로 사용할 수는 없다. 따라서 보간함수에 대한 전제조건이 뒤따라야 한다. 이 조건은 적합성조건과 완전성조건으로 설명된다. 약형 또는 범함수 내의 최고 미분차수보다 1 작은 미분차수의 도함수까지 연속이면, 범함수는 제곱적분 가능하며 적합성조건은 만족된다. 완전성조건은 절점 수를 증가시키면 해가 정답에 수렴하기 위한 조건으로 2차 상미분방정식에서 시도함수가 상수항과 x의 1차항을 정확하게 표현할 수 있어야 한다는 것이다.

적합성조건은 기하학적으로 쉽게 이해할 수 있다. 이 조건은 주로 요소 경계에 대한 부가 조건으로 설명되고 있다. 가령 2차 상미분방정식을 풀기 위한 시도함수 $\tilde{\phi}(x)$는 요소

의 경계에서 연속이어야 한다. 만약 보간함수 $N_I(x)$가 연속함수이면 적합성조건은 성립한다. 연속함수의 선형조합은 역시 연속함수이기 때문이다. 반면 완전성조건은 약간 추상적으로 느껴질 수 있다. 완전성조건을 보다 구체적으로 설명해 보자. 완전성조건을 만족하려면, 시도함수가 다음 식과 같이 상수항과 x의 1차항을 정확하게 표현할 수 있어야 한다.

$$\tilde{\phi}(x) = \sum_{J=1}^{N} \phi_J N_J(x) = \alpha_0 + \alpha_1 x \tag{4.4}$$

이제 일단 식 (4.4)가 성립한다는 가정으로부터 시작하여 이 가정이 성립하기 위한 조건을 찾아보자. 식 (4.4)로부터

$$\tilde{\phi}(x_J) = \phi_J = \alpha_0 + \alpha_1 x_J \tag{4.5}$$

이므로 식 (4.5)를 식 (4.4)에 대입하여 정리하면

$$\tilde{\phi}(x) = \alpha_0 \sum_{J=1}^{N} N_J(x) + \alpha_1 \sum_{J=1}^{N} x_J N_J(x) = \alpha_0 + \alpha_1 x \tag{4.6}$$

이다. 식 (4.1)과 식 (4.6)으로부터 다음 식을 얻게 된다.

$$\sum_{J=1}^{N} N_J(x) = 1 \tag{4.7}$$

식 (4.7)이 성립하면, 완전성조건은 성립한다. 따라서 적합성조건과 완전성조건을 바탕으로, 2차 미분방정식을 풀기 위한 등매개변수요소의 보간함수 N_L의 요구 조건을 정리하면 다음과 같다.

조건 1: 해석영역상의 임의의 점에서 $N_L(x) \in H^1$ 또는 C^0 (4.8)

조건 2: 절점 $L(x = x_L)$에서 $N_L(x) = 1$, 임의의 점에서 $\sum_{L=1}^{N} N_L(x) = 1$ (4.9)

조건 1을 적합성조건이라고 하고 조건 2를 완전성조건이라고 한다. 이 두 조건을 만족하는 함수는 그림 2.2(b)에서 보는 바와 같이 절점에서의 보간함수값을 선형적으로 연결함으로써 손쉽게 만들어진다. 반면 그림 2.2(a)와 그림 2.2(c)는 조건 2를 만족시킬 수 없다. 그림 2.2(b)의 보간함수를 사용하는 요소를 선형요소라고 한다. 그림 2.2(b)에서 보는 바와 같이 하나의 절점에서 정의된 보간함수는 그 절점에 의하여 정의된 요소에서만 0이 아닌 값을 갖는다. 따라서 하나의 요소 관점에서 보았을 때 그 요소를 정의하는 데 사용된 절점에 해당하는 보간함수만 0이 아닌 값을 가진다. 예를 들면, 그림 2.7에서 보는 바와 같이 절점 I와 J로 정의된 요소 ⓔ에서 0이 아닌 값을 갖는 보간함수는 N_I, N_J 두 개밖에 없다. 정의구역을 요소 ⓔ에 국한하였을 때, 이 두 함수 N_I, N_J를 각각 $N_I^{ⓔ} = N_I^{ⓔ}(x)$, $N_J^{ⓔ} = N_J^{ⓔ}(x)$라고 두자. 2장의 식 (2.4)에서 이 두 함수를 정의로부터 직접 구하였으나, 여

기서는 개념의 2, 3차원 확장이 가능한 접근방법으로 설명한다.

유한요소법에서 요소방정식은 정적분으로 수식화되며, 정적분에서 적분구간 변환은 항상 가능하다. 적분구간을 표준구간 $[-1,1]$로 변환시켜 보자. 그림 2.8에서 보는 바와 같이 $x=x_I$ (절점 I)에서 -1의 값을 갖고 $x=x_J$ (절점 J)에서 $+1$의 값을 갖도록 ξ-좌표계, 즉 자연좌표계(natural coordinate system)를 정의함으로써 적분구간은 표준구간으로 변환된다. 이 때 원래좌표 x와 자연좌표 ξ 간의 변환함수는 다음과 같다.

$$x = x(\xi) = x_I\left(\frac{1-\xi}{2}\right) + x_J\left(\frac{1+\xi}{2}\right) \equiv x_1^{ⓔ}\widetilde{N}_1(\xi) + x_2^{ⓔ}\widetilde{N}_2(\xi) \tag{4.10}$$

여기서 1과 2는 국부절점번호로 사용되며, 자연자표계에서 보간함수 $\widetilde{N}_i$ 는 다음과 같이 정의된다.

$$\widetilde{N}_i(\xi) = \frac{1+\xi_i\xi}{2} \tag{4.11}$$

여기서 $\zeta_1 = -\zeta_2 = -1$이다. 식 (4.10)에서 변환함수 $x = x(\xi)$가 일대일 대응관계에 있으므로 $\xi = \xi(x)$가 정의될 수 있으며 명백한 함수 형태로 표현된다. 즉,

$$\xi = \frac{2x - x_I - x_J}{x_J - x_I} \tag{4.12}$$

이다. 식 (4.12)를 식 (4.11)에 대입하여 정리하면, 보간함수는 다음과 같이 명백한 형태의 x의 함수로 표현된다.

$$N_I^{ⓔ}(x) = \widetilde{N}_1(x) = \frac{x_J - x}{x_J - x_I} \tag{4.13}$$

$$N_J^{ⓔ}(x) = \widetilde{N}_2(x) = \frac{x - x_J}{x_J - x_I} \tag{4.14}$$

이 수식은 실제 유한요소해석에서 사용되지 않으며, 보간함수의 실체에 독자들이 접근하는데 도움을 주기 위한 목적으로 유도된 것이다. 참고로 2차원 평면에서 사각형요소와 3차원 공간에서 육면체요소에 대응하는 보간함수를 일반적으로 (x, y) 또는 (x, y, z)의 다항식으로 표현할 수 없다. 그러나 식 (4.11)에 대응하는 자연좌표계에서의 보간함수는 비교적 용이하게 구할 수 있다.

선분요소 dx와 보간함수의 x에 대한 미분값을 구해 보자. 식 (4.10)으로부터

$$dx = \left(x_1^{ⓔ}\frac{d\widetilde{N}_1}{d\xi} + x_2^{ⓔ}\frac{d\widetilde{N}_2}{d\xi}\right)d\xi \equiv J\,d\xi \quad \text{또는} \quad \frac{dx}{d\xi} = J \tag{4.15}$$

이며, J를 자코비안(Jacobian)이라고 부른다. 한편 식 (4.10)은 일대일 대응관계에 있다는 전제하에 $\xi = \xi(x)$가 정의되므로

$$\widetilde{N}_i(\xi) = \widetilde{N}_i(\xi(x)) \tag{4.16}$$

이다. 이 식의 양변을 ξ 에 관하여 미분하면

$$\frac{d\widetilde{N}_i}{d\xi} = \frac{d\widetilde{N}_i}{dx}\frac{dx}{d\xi} \tag{4.17}$$

이다. 이 식의 좌변은 식 (4.11)로부터 명백하게 구해지므로, 보간함수의 미분값을 다음 식으로부터 구할 수 있다.

$$\frac{d\widetilde{N}_i}{dx} = \frac{d\widetilde{N}_i}{d\xi}\left(\frac{dx}{d\xi}\right)^{-1} = \frac{1}{J}\frac{d\widetilde{N}_i}{d\xi} = \frac{2}{x_2^{ⓔ} - x_1^{ⓔ}}\frac{\xi_i}{2} \tag{4.18}$$

제 5 장 압축불가능형 수식화와 혼합형 수식화

5.1 문제의 정의

우리는 압축불가능형 수식화(irreducible formulation)에 익숙해 있으며, 앞에서 이에 관하여 다각도로 공부하였다. 이제 1차원 열전달 문제를 통하여 혼합형 수식화(mixed formulation)에 관하여 공부해 보자.

다음의 압축불가능형 수식은

$$\frac{d}{dx}\left[e^{-x}\frac{d\phi}{dx}\right]+x^2=0 \tag{5.1}$$

$$\phi(0)=0 \tag{5.2}$$

$$e^{-1}\phi'(1)=1 \tag{5.3}$$

다음의 혼합형 수식과 동일하다.

$$q(x)+e^{-x}\phi'(x)=0 \tag{5.4}$$

$$q'(x)-x^2=0 \tag{5.5}$$

$$\phi(0)=0 \tag{5.6}$$

$$q(1)=-1 \tag{5.7}$$

열전달 관점에서 보면, 이 문제는 열전도율이 $k=e^{-x}$이고 단위길이당 열생성률이 $q_g=x^2$인 정상상태의 1차원 열전도 문제이다. 압축불가능형 수식을 풀면 다음의 정해를 얻게 된다.

$$\phi^*(x)=-\frac{1}{3}(e^x x^3-3e^x x^2+6e^x x-6e^x)+\frac{4}{3}e^x-\frac{10}{3} \tag{5.8}$$

그러므로 열유동(heat flux) $q(x)$는 다음과 같다.

$$q(x)=-e^{-x}\phi'(x)=\frac{1}{3}(x^3-4) \tag{5.9}$$

5.2 압축불가능형 수식의 약형과 근사해

먼저 혼합형 수식의 결과와 비교 검토할 목적으로 압축불가능형 수식으로부터 근사해를 구해 보자. 압축불가능형 수식의 약형은 다음과 같다.

$$\int_0^1 \left[e^{-x}\phi'\omega' - x^2\omega\right]dx - \omega(1) = 0 \tag{5.10}$$

미지함수와 가중함수를 다음과 같이 가정하면

$$\tilde{\phi}(x) = C_1 x, \quad \omega(x) = W_1 x \tag{5.11}$$

Galerkin 근사해를 다음과 같이 구할 수 있다.

$$\tilde{\phi}(x) = 1.977x, \quad \tilde{q}(x) = -1.977e^{-x} \tag{5.12}$$

5.3 혼합형 수식의 약형과 근사해

이제 혼합형 수식에 대한 약형을 유도해 보자. 식 (5.4)와 식 (5.5)가 성립하면 다음 식은 자동적으로 성립한다.

$$\int_0^1 (e^x q + \phi')\lambda\, dx + \int_0^1 (q' - x^2)\,\omega\, dx = 0 \tag{5.13}$$

이 식이 임의의 λ, ω에 대하여 성립하면, 식 (5.4)와 식 (5.5)는 자동적으로 성립한다. $\int_0^1 q'\,\omega dx$를 부분적분한 후, $\omega(0) = 0$, $\lambda(1) = 0$이라고 가정함으로써 다음의 약형을 얻을 수 있다.

$$\int_0^1 (e^x q + \phi')\lambda\, dx - \int_0^1 (qw' + x^2\omega)\, dx + q(1)\,\omega(1) = 0 \tag{5.14}$$

이 약형에서 변수 $q(x)$를 주변수(primary variable)라고 하고, $\phi(x)$를 구속변수(constraint variable)라고 한다.

이제 혼합형 수식으로부터 근사해를 구해 보자. 다음의 시도함수와 가중함수를 식 (5.14)에 대입하여 정리한 후

$$\tilde{\phi}(x) = C_1 x, \ \omega(x) = W_1 x \tag{5.15}$$

$$\tilde{q}(x) = Q_1(x-1) - 1, \ \lambda(x) = \Lambda_1 (x-1) \tag{5.16}$$

W_1과 Λ_1이 임의의 상수라는 조건으로부터 다음의 선형방정식을 얻는다.

$$\frac{1}{2}\begin{bmatrix} 4e-10 & -1 \\ -1 & 0 \end{bmatrix}\begin{bmatrix} Q_1 \\ C_1 \end{bmatrix} = \frac{1}{4}\begin{bmatrix} 8-4e \\ -1 \end{bmatrix} \tag{5.17}$$

따라서 근사해는 다음과 같다.

$$\tilde{q}(x) = \frac{1}{2}x - \frac{3}{2}, \quad \tilde{\phi}(x) = 1.873x \tag{5.18}$$

▼ 예제 5.1

다음의 압축불가능형 수식

$$-\phi''(x) = x^2, \quad \phi(0) = 0, \ \phi'(1) = 1 \tag{a}$$

에 대한 혼합형 수식은 다음과 같다.

$$q(x) + \phi'(x) = 0, \quad q'(x) - x^2 = 0, \quad \phi(0) = 0, \quad q(1) = -1 \tag{b}$$

이 혼합형 수식의 약형을 구하고 다음의 시도함수를 이용하여 근사해를 구하라.

a) $\tilde{\psi}(x) = C_1x + C_2x^2, \ \tilde{q}(x) = Q_1 + Q_2x$ (c)

b) $\tilde{\phi}(x) = C_1x + C_2x^2, \ \tilde{q}(x) = Q_1 + Q_2x + Q_3x^2$ (d)

c) $\tilde{\phi}(x) = C_1x + C_2x^2, \ \tilde{q}(x) = Q_1$ (e)

➡ 혼합형 수식화에 대한 약형을 유도하자. 식 (b)가 성립하면 다음 식은 자동적으로 성립한다.

$$\int_0^1 (q+\phi')\lambda\,dx + \int_0^1 (q' - x^2)\omega\,dx + \{q(1)+1\}\bar{\omega}(1) = 0 \tag{f}$$

이 식이 임의의 λ, ω, $\bar{\omega}(1)$에 대하여 성립하면, 식 (b)에서 $\phi(0) = 0$을 제외한 수식들은 자동적으로 성립한다. $\int_0^1 q'\omega\,dx$를 부분적분한 후, $\omega(0) = 0$과 $\bar{\omega}(1) = -\omega(1)$을 대입하여 정리하면 다음의 약형을 얻는다.

$$\int_0^1 (q+\phi')\lambda\,dx - \int_0^1 (q\omega' + x^2\omega)\,dx - \omega(1) = 0 \tag{g}$$

식 (g)는 혼합형 수식의 약형이다.

(a) $\tilde{\phi}(x) = C_1x + C_2x^2$, $\tilde{q}(x) = Q_1 + Q_2x$인 경우, 주어진 시도함수에 대응하는 가중함수를 다음과 같이 두면

$$\omega(x) = W_1x + W_2x^2, \ \lambda(x) = \Lambda_1 + \Lambda_2x \tag{h}$$

식 (g)의 약형은 다음 식으로 정리된다.

$$\Lambda_1 \int_0^1 (Q_1 + Q_2 x + C_1 + 2C_2 x)\,dx + \Lambda_2 \int_0^1 (Q_1 x + Q_2 x^2 + C_1 x + 2C_2 x^2)\,dx \qquad \text{(i)}$$
$$- W_1\left[\int_0^1 ((Q_1 + Q_2 x + x^3)dx + 1\right] - W_2\left[\int_0^1 (2Q_1 x + 2Q_2 x^2 + x^4)\,dx + 1\right] = 0$$

여기서 W_1, W_2, Λ_1, Λ_2는 임의의 상수이므로 선형방정식

$$\frac{1}{6}\begin{bmatrix} 6 & 3 & 6 & 6 \\ 3 & 2 & 3 & 4 \\ 6 & 3 & 0 & 0 \\ 6 & 4 & 0 & 0 \end{bmatrix}\begin{bmatrix} Q_1 \\ Q_2 \\ C_1 \\ C_2 \end{bmatrix} = -\frac{1}{20}\begin{bmatrix} 0 \\ 0 \\ 25 \\ 24 \end{bmatrix} \qquad \text{(j)}$$

으로부터 다음의 근사해를 얻을 수 있다.

$$q(x) = -\frac{7}{5} + \frac{3}{10}x, \quad \phi(x) = \frac{7}{5}x - \frac{3}{20}x^2 \qquad \text{(k)}$$

이 결과는 [문제 3]의 약형인 [문제 7]에

$$\tilde{\phi}(x) = C_1 x + C_2 x^2, \quad \omega(x) = W_1 x + W_2 x^2 \qquad \text{(l)}$$

를 대입하여 구한 다음의 근사해와 동일하다.

$$\tilde{\phi}(x) = \frac{7}{5}x - \frac{3}{20}x^2 \qquad \text{(m)}$$

➡ (b) $\tilde{\phi}(x) = C_1 x + C_2 x^2$, $\tilde{q}(x) = Q_1 + Q_2 x + Q_3 x^2$인 경우 주어진 시도함수에 대응하는 가중함수를 다음과 같이 두면

$$\omega(x) = W_1 x + W_2 x^2, \ \lambda(x) = \Lambda_1 + \Lambda_2 x + \Lambda_3 x^2 \qquad \text{(n)}$$

(a)와 동일한 방법으로 다음의 선형방정식이 유도된다.

$$\frac{1}{60}\begin{bmatrix} 60 & 30 & 20 & 60 & 60 \\ 30 & 20 & 15 & 30 & 40 \\ 20 & 15 & 12 & 20 & 30 \\ 60 & 30 & 20 & 0 & 0 \\ 60 & 40 & 30 & 0 & 0 \end{bmatrix}\begin{bmatrix} Q_1 \\ Q_2 \\ Q_3 \\ C_1 \\ C_2 \end{bmatrix} = -\frac{1}{20}\begin{bmatrix} 0 \\ 0 \\ 0 \\ 25 \\ 24 \end{bmatrix} \qquad \text{(o)}$$

그러므로 다음의 근사해를 얻게 된다.

$$q(x) = -\frac{7}{5} + \frac{3}{10}x, \ \phi(x) = \frac{7}{5}x - \frac{3}{20}x^2 \qquad \text{(p)}$$

그런데 이 결과는 (a)에서 구한 식 (k)의 결과와 동일함을 알 수 있다. $\phi(x)$가 보간되어 있을 때 보간된 $q(x)$가 $q(x)+\phi'(x) = 0$을 만족하면, 추가되는 기초함수는 해에 영

향을 미치지 않기 때문이다.

(c) $\phi(x) = C_1 x + C_2 x^2$, $q(x) = Q_1$인 경우 주어진 시도함수에 대응하는 가중함수를 다음과 같이 두고

$$\omega(x) = W_1 x + W_2 x^2, \quad \lambda(x) = \Lambda_1 \tag{q}$$

식 (g)의 약형에 대입하여 정리하면, 다음 식을 얻는다.

$$\Lambda_1 \int_0^1 (Q_1 + C_1 + 2C_2 x)\, dx \tag{r}$$

$$- W_1 \left[\int_0^1 (Q_1 + x^3) dx + 1 \right] - W_2 \left[\int_0^1 (2Q_1 x + x^4)\, dx + 1 \right] = 0$$

또는

$$\begin{bmatrix} 1 & 1 & 1 \\ 1 & 0 & 0 \\ 1 & 0 & 0 \end{bmatrix} \begin{bmatrix} Q_1 \\ C_1 \\ C_2 \end{bmatrix} = -\frac{1}{20} \begin{bmatrix} 0 \\ 25 \\ 24 \end{bmatrix} \tag{s}$$

식 (s)의 강성행렬은 특이행렬이다. 구속변수의 수가 주변수의 수보다 크기 때문이다. 따라서 이 경우에는 해가 존재하지 않는다. 이런 현상을 로킹(locking)이라고 한다.

5.4 검토

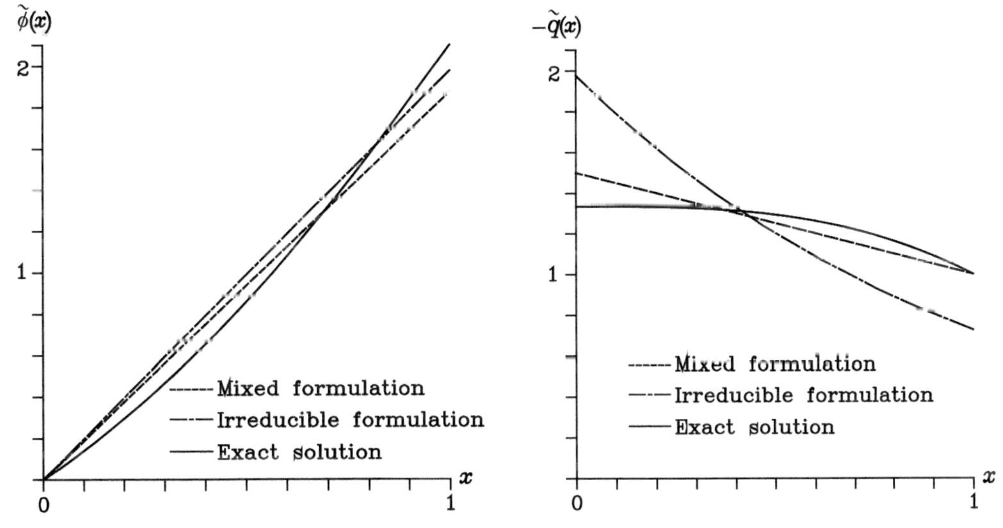

그림 5.1 결과의 비교

앞에서 우리는 동일한 문제에 대한 정해와 근사해를 다각도로 구하였다. 그 결과를 그림 5.1에서 비교하고 있다. 그림에서 보는 바와 같이 혼합형 수식을 사용함으로써 열전달률에 관한 해의 정확도를 개선시킬 수 있다. 그러나 시도함수의 잘못된 선정은 해의 정확도를 떨어뜨릴 수도 있음을 알 수 있다. 극단적인 경우로, 구속변수의 수가 주변수의 수보다 많게 되면 과구속 문제가 되어 해를 구할 수 없게 되는 로킹(locking) 현상(예제 5.1 참고)이 발생한다. 그러므로 혼합형 수식은 상대적으로 까다로운 방법이다.

혼합형 수식화의 가장 큰 특징은 열유동 등을 상대적으로 정확하게 예측해 준다는 점이다. 이 사실은 탄성역학에서 이 방법을 사용하면 응력의 정확도가 개선될 것임을 암시해 주고 있다. 혼합형 수식화는 $q(x)$ 등의 변수에 초점이 맞추어진 것으로 $q(x)$ 등을 주변수(primary variable)라고 하고, $\phi(x)$ 등을 구속변수(constraint variable)라고 한다.

혼합형 수식은 최종적으로 다음 형태의 방정식으로 수식화되었다.

$$\begin{bmatrix} \mathrm{K} & \mathrm{G} \\ \mathrm{G}^{\mathrm{T}} & 0 \end{bmatrix} \begin{bmatrix} \mathrm{Q} \\ \mathrm{C} \end{bmatrix} = \begin{bmatrix} \mathrm{F}_1 \\ \mathrm{F}_2 \end{bmatrix} \tag{5.19}$$

여기서 K는 $n_q \times n_q$ 행렬이라고 하고, 0을 $n_\phi \times n_\phi$ 영행렬이라고 하자. 즉, n_q는 주변수의 수이며, n_ϕ는 구속변수의 수이다. 행렬

$$\begin{bmatrix} \mathrm{K} & \mathrm{G} \\ \mathrm{G}^{\mathrm{T}} & 0 \end{bmatrix} \tag{5.20}$$

가 특이행렬이 되지 않기 위해서 근본적으로

$$n_q \geq n_\phi \tag{5.21}$$

가 만족되어야 함을 알 수 있다. 이 조건은 로킹을 예방하기 위한 필수조건이다.

혼합형 수식화의 이점은 식 (5.14)의 약형을 부분적분을 통하여 다음과 같이 수식화함으로써 $q(x)$와 $\phi(x)$에 관한 함수의 연속조건을 바꿀 수 있다는 점에 있다.

$$\int_0^1 (e^x q\,\lambda - \phi\,\lambda')dx + \int_0^1 (q'\,\omega - x^2\omega)\,dx + \phi(1)\,\lambda(1) = 0 \tag{5.22}$$

참고 문헌

[2.1] O. C. Zienkiewicz, R. L. Taylor, The Finite Element Method, 4th ed., McGraw Hill, 1991.

[2.2] Hughes, The Finite Element Method, Linear Static and Dynamic Finite Element Analysis, Prentice-Hall, 1987.

제 3 부

고등 고체역학의 이론

역학은 자연법칙을 규명하고 자연현상을 해석하는 학문이다. 만물은 자연법칙의 지배를 받는다. 인간이 만든 모든 기계와 구조물도 예외가 될 수 없다. 고전역학에서 자연법칙의 근간은 질량불변의 법칙, Newton의 운동법칙, 에너지보존법칙이며, 이 법칙들은 미분방정식으로 수식화된다. 제 3 부에서는 자연법칙의 이해와 고등 고체역학 관련 내용이 다루어지며, 탄성역학, 소성역학, 동역학 및 진동학, 열전달 등과 관련된 이론이 소개된다.

Isaac Newton(1642~1727)

제 1 장
서론

1.1 고등 고체역학

투명한 재료는 빛이 통과할 수 있는 무수히 많은 통로를 갖추고 있다. 금속의 경우는 최외각전자의 진동으로 인하여 불투명하다. 전위, 원자배열 등의 결함, 불순물 등으로 인하여 인접한 질점에서 재료의 거동특성은 매우 큰 차이를 보이며, 불확실성이 매우 높다. 원자 크기의 미시적 관점에서 보면, 재료는 불연속이며 거동특성이 시간에 따라서 변한다. 이런 거동특성은 통계학적 처리를 거치지 않으면 사실상 활용이 불가능하다. 결정 정도의 크기 관점에서 보면, 그 정도가 많이 개선되겠지만 결정경계면, 불순물, 결정의 방향 등으로 인하여 연속적이고 일정한 재료의 거동특성을 얻기란 불가능하다. 이런 이유로 미시적 접근방법에 의한 공학해석 결과는 실제의 거시적 현상과 매우 큰 차이를 보일 수 있다.

관심 영역이 일정 크기 이상이 되면, 재료의 거동특성은 통계학적으로 안정된 상태가 된다. 이러한 거동특성을 거시적 거동특성이라고 한다. 역학의 거시적 접근방법은 물체의 거시적 거동특성의 규명에 초점을 맞추고 있다. 거시적 접근방법은 재료가 연속체(continuum)라는 가정으로부터 출발한다. 즉, 공학해석 대상 물체는 연속된 질점(particle)들의 집합으로 이루어져 있고, 인접한 질점들이 서로 연결되어 일정한 형태의 연속된 물체를 형성하고 있으며, 각 질점은 재료의 거시적 특성을 따른다고 간주한다. 연속체는 변형 후에도 연속성이 유지되어야 한다. 즉, 변형 전후의 물체의 모든 질점들은 일대일 대응관계에 있어야 한다. 공학해석에서 취급되는 대부분의 물체는 거시적 관점에서 연속체로 간주될 수 있다.

연속체역학(continuum mechanics)은 연속체의 기계적 및 열적 거동과 이로부터 파생되는 각종 물리량을 규명하는 학문이다. 즉, 연속체의 거동을 지배하는 역학적 및 열적 원리의 수식화, 기계량(mechanical quantities)들 간의 관계의 수식화 그리고 이들의 적용을 통한 자연현상의 규명 및 응용 등과 관련된 학문이다.

연속체는 크게 고체와 유체로 구분된다. 역학에서 고체와 유체의 근본적 차이는 있다. 유체의 경우 대류항이 무시할 수 없을 정도로 큰 반면, 고체는 확산항에 비하여 대류항이 매우 작다. 즉, 가속도 a_i와 속도 v_i의 관계식

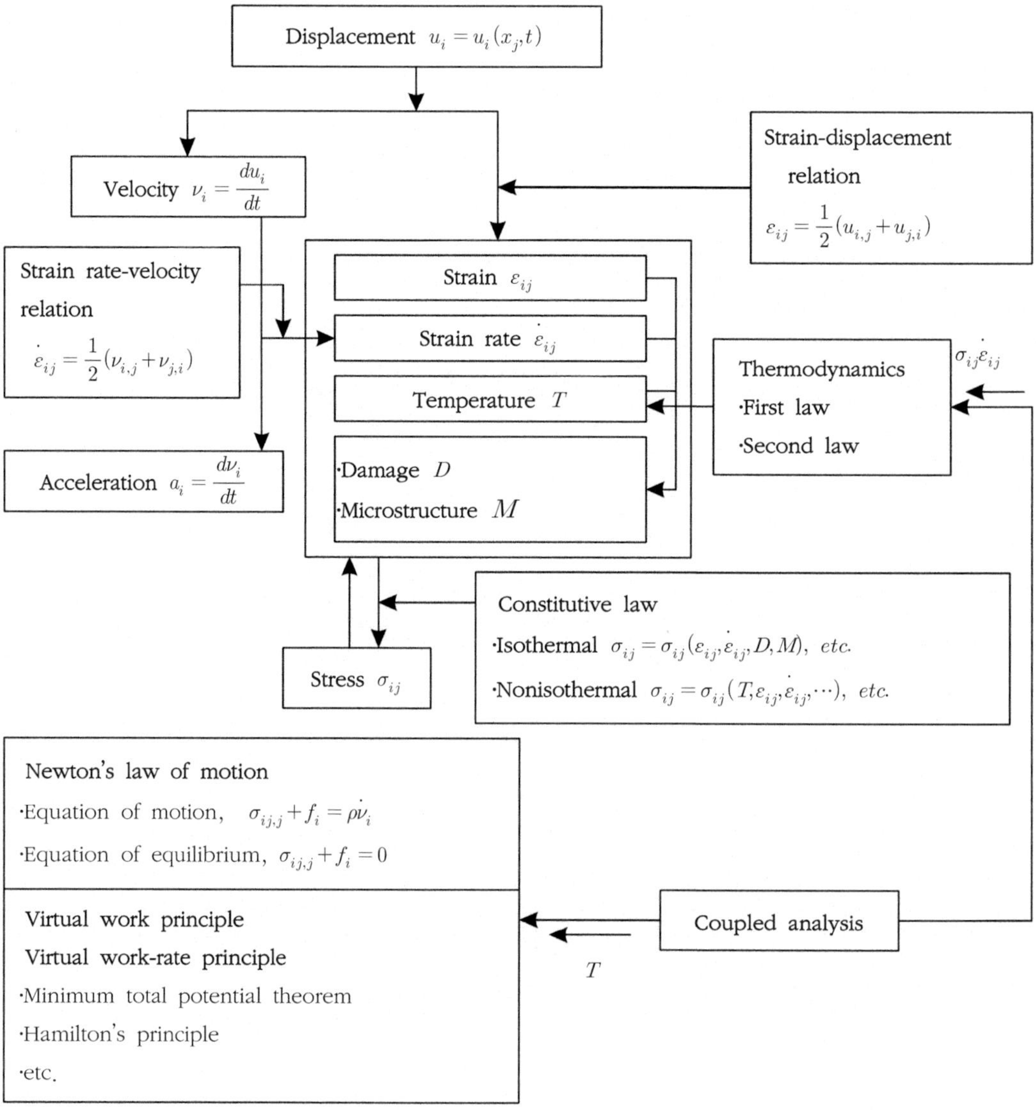

그림 1.1 연속체역학 문제의 구성

$$a_i = \dot{\nu}_i = \frac{\partial \nu_i}{\partial t} + \nu_{i,j}\nu_j \tag{1.1}$$

에서 대류항 $\nu_{i,j}\nu_j$가 유체의 경우 비교적 큰 반면, 고체의 경우 매우 작다.

따라서 대부분의 고체역학(solid mechanics)에서는 대류항을 무시한다. 여기서 고체역학은 탄성학, 소성역학, 동역학 및 진동학, 고체 내의 열전달 등을 포함하는 광의의 개념으로 사용된 것이다. 이 책에서 특별한 언급 없이 사용된 고체역학은 광의의 고체역학을 의미한다. 그리고 현재 이 책은 고체역학에 초점을 맞추고 있으며, 고체 내의 열전달 등의 내용을 포함한다. 물론 이 책에서 전개한 이론의 대다수는 유체를 포함하는 연속체에 적용이 가능하다.

고체역학은 변위의 관점에서 바라 본 변위법(displacement method)과 힘의 관점에서 바라 본 힘법(force method)에 의하여 설명되고 있다. 대부분 변위법에 의하여 이론이 전개되고 있으므로 이 책은 변위법을 중점적으로 다룬다. 그림 1.1은 변위법의 관점에서 고체역학 문제를 조명하고 있다. 변위법에서는 변위를 고체역학의 최종 미지수로 간주하고 다른 기계량들은 변위로부터 파생되는 양으로 취급된다. 고체역학 문제는 크게 지배방정식, 구성방정식, 변형 관련 수식 등의 세 가지 요소들로 구성된다. 지배방정식은 힘의 평형을, 구성방정식은 힘과 변형 등의 관계를, 변형 관련 수식들은 변형의 기하학 즉, 변형률-변위, 변형률속도-속도 등의 관계를 다룬다. 이러한 수식들은 미분방정식으로 표현되므로 유일해(unique solution)를 구하는 데 필요한 경계 및 초기조건을 동반한다.

고체역학에서 자연현상을 지배하는 원리는 크게 두 가지 방법으로 설명되고 있다. 하나는 뉴턴역학(Newtonian mechanics)이고 다른 하나는 해석역학(analytical mechanics)이다. 두 방법의 결과는 물론 동일하다. 뉴턴역학에서는 힘 등의 벡터량이 자연현상의 수식화에 사용되는 반면, 해석역학에서는 에너지 등 스칼라량으로 지배방정식이 수식화된다. 뉴턴역학은 뉴턴의 운동법칙에 근간을 두고 있으며, 수식이 갖는 물리적 의미를 쉽게 이해할 수 있게 해주므로 대학교의 저학년에서 자연현상의 지배원리의 이해와 물리적 감각을 함양시킬 목적으로 교육되고 있다. 반면, 해석역학은 가상일의 원리(virtual work principle)등의 변분원리(variational principle) 근간으로 하며, 복잡한 문제의 지배방정식의 유도 및 근사해의 계산 측면에서 효과적이다. 해석역학에서는 역학 문제가 최소전체퍼텐셜 원리(minimum total potential theorem)와 Hamilton 원리(Hamilton's principle) 등의 범함수를 극화시키는 문제(extremization problem) 또는 범함수가 정지값을 갖도록 하는 함수를 찾는 문제로 수식화되며, 자연경계조건이 수식에 내포되는 점과 Ritz 법 등의 근사해석법이 직접 적용될 수 있다는 이점을 갖고 있다. 이러한 점을 이용한 유한요소법을 변분유한요소법(variational approach to finite element method)이라고 한다.

1.2 고체역학의 분류와 문제의 구성

변위법 관점에서 볼 때, 고체역학이란 변위를 구하는 데 일차적인 목적을 둔 학문이다. 고체의 변위(displacement)는 크게 강체운동(rigid-body motion)과 변형(deformation)으로 구

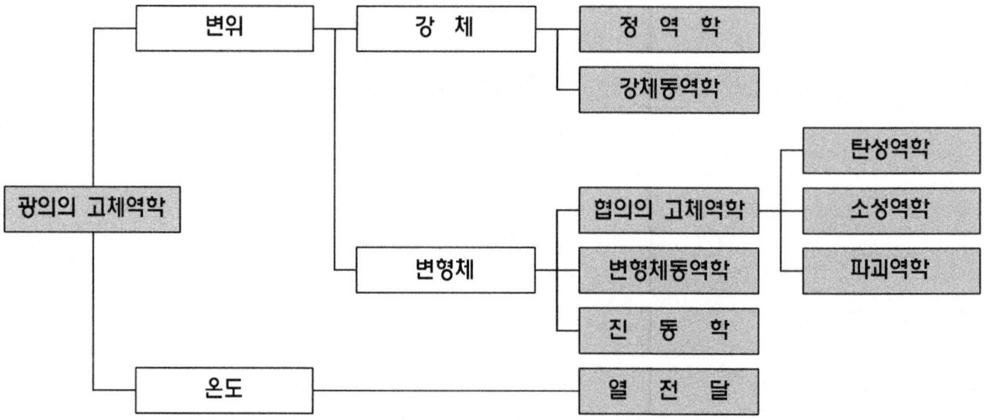

그림 1.2 고체역학의 분류

성된다. 강체운동은 강체병진운동과 강체회전운동으로 구분된다. 강체운동은 강체동역학(rigid-body dynamics)에서 주로 취급된다. 대학교의 저학년 때 배운 동역학은 대부분 강체동역학이다. 강체운동에서 변위는 시간의 함수이며, 가속도 및 운동에너지가 이론의 전개에 큰 영향을 준다. 변형은 변위에서 강체운동을 제외한 나머지를 의미한다. 변형은 질점간의 상대변위를 유발하며, 시간과 위치의 함수로 표현된다. 변형이 시간의 함수인 문제는 광의의 동역학(진동, 변형체동역학(flexible dynamics))에서 주로 취급되며, 변형이 정적 및 준정적인 문제는 협의의 고체역학(탄성역학, 소성역학 등)에서 취급된다. 전자에서는 가속도의 영향이 반영되지만, 후자에서는 가속도의 영향을 무시한다.

재료는 종류와 사용환경에 따라 거동이 다르다. 구조재료의 경우 탄성범위 내에서 사용되며, 소성가공에서는 탄성변형량에 비하여 훨씬 큰 양의 소성변형을 수반한다. 탄성영역에서의 고체역학을 탄성역학(elasticity)이라고 하고, 소성변형을 동반하는 문제를 다루는 학문 분야를 소성역학(plasticity)이라고 한다. 그림 1.2에 고체역학의 분류를 변위의 관점에서 도시하였다.

그림 1.3은 이 책에서 고체의 수학적 표현 목적으로 사용되는 기호를 정의하고 있다. 3차원 공간에서 고체의 해석영역을 V로, 해석경계를 S로 표시한다. V에서는 일반적으로 편미분방정식으로 수식화된 지배방정식을 만족해야 하고, S에서는 경계조건을 만족해야 한다. 2차원 평면에서도 마찬가지이다. 흔히 2차원에서 면적을 A로 경계를 C로 표시하기도 하지만, 2차원 문제도 3차원 문제를 평면변형, 평면응력, 축대칭 문제 등으로 가정한 것으로 통일성을 위하여 면적을 V로, 경계를 S로 표시한다. 따라서 역학 문제는 경계치 문제(boundary value problem) 또는 경계초기치문제(boundary and initial value problem) 등으로 수식화된다.

경계조건은 필수경계조건(essential boundary condition)과 자연경계조건(natural boundary condition)으로 구분된다. 역학에서 필수경계조건은 기하학적 구속조건에 해당되며, 자연경계조건은 하중과 관련된 경계조건이다. 열전달 문제에서 필수경계조건은 온도가 주어

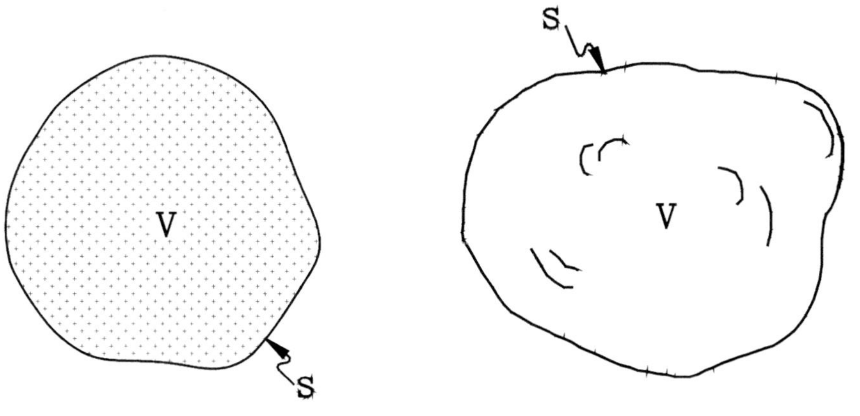

(a) 2차원 평면 (b) 3차원 공간

그림 1.3 고체의 해석영역과 경계

진 경계이며, 자연경계조건은 열전달률이 주어진 경계이다. 일반적으로 경계상의 모든 점은 필수경계조건과 자연경계조건 중 하나에 속한다. 미지수가 변위장 또는 속도장 등과 같이 벡터량일 경우, 경계상의 한 점에 대하여 벡터량의 차원 수만큼의 경계조건이 부여된다. 예를 들면 3차원 탄성역학 문제의 경우, 경계상의 한 점에서 모든 좌표축 방향에 대한 경계조건이 부여되어야 하므로 세 개의 경계조건이 독립적으로 주어져야 한다.

제 2 장

고등역학의 이해를 위한 예비지식

2.1 기계량 및 텐서량

역학에서 주요 해석 대상으로 삼고 있는 기계량(mechanical quantity), 즉 변위, 변형률, 응력, 온도 등은 일반적으로 질점에 따라 나르다. 각 질점의 위치는 좌표(coordinates)에 의하여 결정 되거나 정의되므로 연속체의 기계량은 좌표 또는 위치의 함수이다.

좌표는 기준좌표계(reference coordinate system)에 대한 질점의 상대적 위치를 의미한다. 따라서 동일한 점을 표현하더라도 기준좌표계의 형태와 위치 및 방향에 따라 좌표값은 다르다. 한편, 힘, 변위 등을 비롯한 벡터량은 크기와 방향을 가지고 있다. 이러한 벡터의 성질을 표현하는 방법 중 일반적이고 효과적인 것은 기준좌표계에 대한 성분으로 표현하는 방법이다. 응력도 마찬가지다. 따라서 기계량의 정의는 좌표계와 불가분의 관계에 있다.

역학에서 널리 사용하는 좌표계는 직교좌표계(orthogonal coordinate system)이며, 직각좌표계(rectangular coordinate system, Cartesian coordinate system), 원통좌표계(cylindrical coordinate system), 구좌표계(spherical coordinate system) 등이 직교좌표계의 대표적인 예들이다. 편의에 따라 특수 좌표계를 사용할 수도 있다. 그러나 대부분 직각좌표계가 사용되고 있고, 특히 유한요소법을 해법으로 사용할 경우 직각좌표계로 모든 문제들의 해결이 가능하다. 서로 다른 방향을 가진 직각좌표계는 다른 좌표계로 간주된다. 동일 점의 좌표와 그 점에서의 기계량은 서로 다른 좌표계에서 보았을 때 그 수치가 다르며, 두 좌표계 사이에 정의되는 일정한 변환법칙을 따른다. 좌표계에 따라 대상 물체 또는 질점을 표현하는 좌표값과 기계량의 수치는 다르게 표현되지만, 대상 물체의 기하학적 모양과 기계량의 물리적 의미를 변화시키지 않는다는 점을 강조해 둔다.

▼ 예제 2.1

그림 2.1에 두 개의 직각좌표계, x-y 좌표계와 x'-y' 좌표계를 도시하였다. x'-y' 좌표계는 x-y 좌표계를 반시계 방향으로 $\theta = 30°$ 회전시킨 방향에 놓여 있다. 점 P의 x-y 좌표값이 (2, 4)일 때, 점 P의 x'-y' 좌표값을 구하라.

➡ 점 P의 (x',y') 좌표는 $(2+\sqrt{3}, -1+2\sqrt{3})$으로 계산된다. 계산 배경은 예제 2.2에서 상술하고 있다. 두 벡터의 절대값, 즉 크기는 $2\sqrt{5}$로 동일하고, 방향도 $\phi-\phi' = \tan^{-1}(4/2)-\tan^{-1}((-1+2\sqrt{3})/(2+\sqrt{3})) = 30°$로 좌표계의 방향을 고려하면 동일함을 알 수 있다.

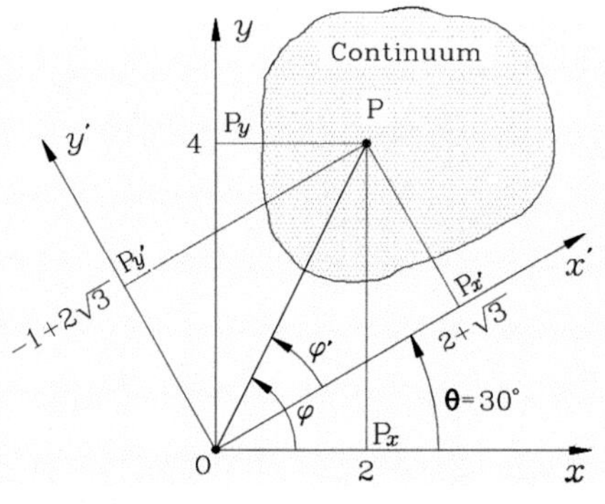

그림 2.1 좌표계와 좌표

전술한 바와 같이 어떤 한 점에서 기계량은 좌표계에 따라 그 수치는 다르게 표현될 수 있지만, 그 기계량들이 갖는 물리적 의미는 동일하다. 모든 기계량은 그 기계량이 속한 그룹의 특징에 따라 특별한 형태의 변환법칙을 따른다. 기계량은 그것이 따르는 변환법칙에 의거하여 스칼라(scalar)량, 벡터(vector)량, 다이아딕(dyadic)량 등으로 분류되고 있다. 예를 통하여 각 양에 관한 이해를 넓혀 가도록 하자.

먼저 온도를 예로 들어 스칼라량을 설명해 보자. 물체의 질점에서 온도는 다를 수 있으므로 온도는 위치의 함수(예를 들면, 2차원 문제의 경우 $T=T(x,y)$)이다. 그림 2.1에서 점 P의 온도가 150℃일 경우, x-y 좌표계와 x'-y' 좌표계에 대하여 온도는 각각 $T(2,4)=150$℃와 $T'(2+\sqrt{3},-1+2\sqrt{3})=150$℃로 표현된다. 즉,

$$T'(2+\sqrt{3},-1+2\sqrt{3}) = T(2,4) = 150℃ \tag{2.1}$$

이다. 여기서 T'은 x'-y' 좌표계 관점에서의 온도를 나타낸다. 식 (2.1)로부터 좌표계가 바뀌어도 150이라는 수치의 변화는 없음을 알 수 있다. 비록 좌표계가 달라져도 한 점에 대한 온도는 동일한 값으로 표현된다는 점을 강조해 두고자 한다. 이러한 범주에 속하는 기계량을 스칼라량이라고 칭한다.

변위와 힘 등은 온도와 다르다. 동일한 변위는 좌표계에 따라 성분이 다르게 표현된다. 변위를 비롯한 벡터량은 크기뿐만 아니라 방향을 가지고 있기 때문이다. 위치벡터를 예로 들어 설명한다. 그림 2.1에서 보는 바와 같이, x-y 좌표계에서 (2, 4)로 표현되는 위치벡터는 x'-y' 좌표계에서는 $(2+\sqrt{3},-1+2\sqrt{3})$으로 표현된다. 이 두 벡터는 다음의 관계를 갖는다.

$$\begin{bmatrix} 2+\sqrt{3} \\ -1+2\sqrt{3} \end{bmatrix} = \begin{bmatrix} \cos\theta & \sin\theta \\ -\sin\theta & \cos\theta \end{bmatrix}_{\theta=30^\circ} \begin{bmatrix} 2 \\ 4 \end{bmatrix} \tag{2.2}$$

여기서

$$\mathrm{T} \equiv \begin{bmatrix} \cos\theta & \sin\theta \\ -\sin\theta & \cos\theta \end{bmatrix} \tag{2.3}$$

는 변환행렬(transformation matrix)이며, 직교단위행렬(orthonormal matrix)이다. 위의 관계식은 모든 벡터량의 좌표변환 목적에 사용될 수 있다. 그러므로 일반적으로 하나의 좌표계에 대한 벡터의 성분을 알고 있다면, 다른 좌표계에 대한 벡터의 성분은 식 (2.2)의 변환관계에 의하여 구해진다.

▼ 예제 2.2

식 (2.2)의 일반형을 유도하고 변환행렬 T가 직교단위행렬임을 설명하라.

➡ 그림에서 OA = OB − AB, OD = FD + OF이므로

$$\begin{bmatrix} P_x \\ P_y \end{bmatrix} = \begin{bmatrix} \cos\theta & -\sin\theta \\ \sin\theta & \cos\theta \end{bmatrix} \begin{bmatrix} P_{x'} \\ P_{y'} \end{bmatrix} \tag{a}$$

이다. 따라서

$$\begin{bmatrix} P_{x'} \\ P_{y'} \end{bmatrix} = \begin{bmatrix} \cos\theta & \sin\theta \\ -\sin\theta & \cos\theta \end{bmatrix} \begin{bmatrix} P_x \\ P_y \end{bmatrix}$$

또는

$$\mathrm{P}' = \mathrm{T\,P} \tag{b}$$

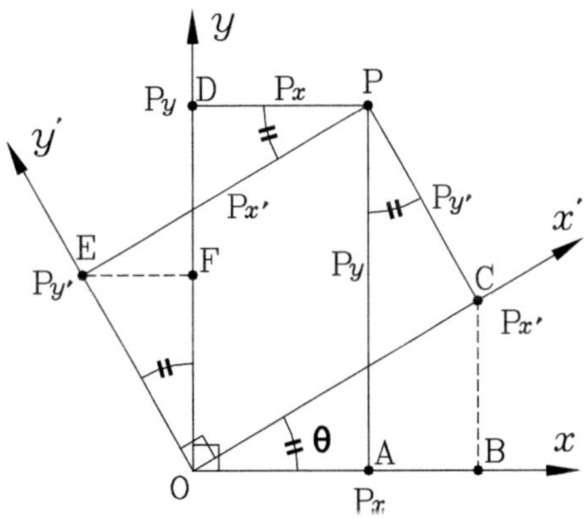

이다. 식 (b)의 변환행렬 T에서 두 개의 행벡터를 내적하면 0이 되고 각 행벡터의 크기는 1이다. 따라서 변환행렬은 직교단위행렬이다. 직교단위행렬의 역행렬은 전치행렬과 동일하므로

$$\mathrm{T}^{-1} = \mathrm{T}^{\mathrm{T}} \tag{c}$$

이다.

단위면적당 작용하는 힘으로 설명되는 응력은 힘의 크기와 방향뿐만 아니라 면적의 방향과 크기에 의하여 정의되는 기계량이다. 동일한 물리적 의미를 갖는 하나의 응력 상태는 좌표계에 따라 그 성분이 다른 값으로 표현된다. 예를 들면, 그림 2.1의 x -y 좌표계에서 응력성분이 $\sigma_{xx} = 110.0\,\text{MPa}$, $\sigma_{yy} = 50.0\,\text{MPa}$, $\sigma_{xy} = 40.0\,\text{MPa}$ 이면, x'-y' 좌표계에 대한 성분은 다음의 관계식에 의하여

$$\begin{bmatrix} \sigma_{x'x'} & \sigma_{x'y'} \\ \sigma_{y'x'} & \sigma_{y'y'} \end{bmatrix} = \begin{bmatrix} \cos\theta & \sin\theta \\ -\sin\theta & \cos\theta \end{bmatrix} \begin{bmatrix} \sigma_{xx} & \sigma_{xy} \\ \sigma_{yx} & \sigma_{yy} \end{bmatrix} \begin{bmatrix} \cos\theta & -\sin\theta \\ \sin\theta & \cos\theta \end{bmatrix}_{\theta = 30°} \tag{2.4}$$

$\sigma_{x'x'} = 129.6\,\text{MPa}$, $\sigma_{y'y'} = 30.4\,\text{MPa}$, $\sigma_{x'y'} = -6.0\,\text{MPa}$ 이 된다. 이 값들은 예제 2.3에서와 같이 Mohr 원(Mohr's circle)을 이용하여 구할 수도 있다. Mohr 원은 위의 변환관계를 기하학적으로 도시한 것이다.

▼ 예제 2.3

x -y 좌표계에 대한 응력성분이 $\sigma_{xx} = 110.0\,\text{MPa}$, $\sigma_{yy} = 50.0\,\text{MPa}$, $\sigma_{xy} = 40.0\,\text{MPa}$ 일 경우, 주응력과 그림 2.1의 x'-y' 좌표계에 대한 응력성분을 Mohr 원을 이용하여 구하라.

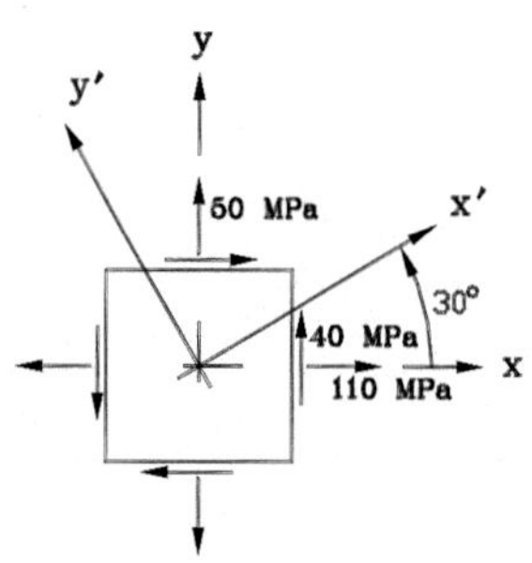

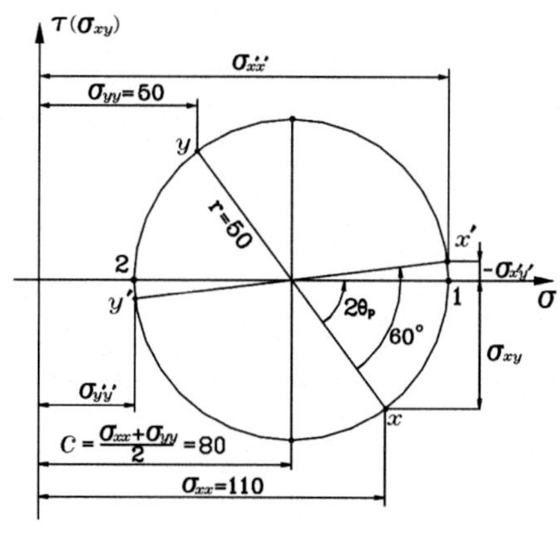

➡ Mohr 원의 중심 $(c, 0)$과 반경 r은

$$c = (\sigma_{xx} + \sigma_{yy})/2 = 80.0 \tag{a}$$

$$r = ((\sigma_{xx} - \sigma_{yy})^2/4 + \sigma_{xy}^2)^{0.5} = 50.0 \tag{b}$$

이므로

$$\begin{aligned} \sigma_{x'x'} &= c + r\cos(60° - 53.13°) = 129.6\text{MPa} \\ \sigma_{y'y'} &= c - r\cos(60° - 53.13°) = 30.4\text{MPa} \\ \sigma_{x'y'} &= -r\sin(60° - 53.13°) = -6.0\text{MPa} \end{aligned} \tag{c}$$

이다. 주응력의 크기와 방향은 다음과 같다.

$$\sigma_1 = c + r = 130.0 \tag{d}$$

$$\sigma_2 = c - r = 30.0$$

$$\theta_p = \frac{1}{2}\tan^{-1}(2\sigma_{xy}/(\sigma_{xx}-\sigma_{yy})) = 26.6° \tag{e}$$

따라서 최대주응력축은 x-축을 반시계 방향으로 26.6° 회전시킨 방향이다.

앞에서 한 질점에서의 기계량이 서로 다른 두 좌표계에 바탕을 두고 표현되었다면, 두 기계량 간에는 좌표계의 차이에 의하여 정의되는 변환관계를 만족해야 함을 공부하였다. 이러한 변환관계는 뒤에서 보다 상세하게 설명될 것이다. 전술한 변환관계 측면에서 모든 기계량은 동일한 수학적 취급을 받게 되며, 텐서량(tensor quantity)으로 총칭된다. 단지 변환의 형태가 다를 뿐이다. 스칼라량은 식 (2.1)에서 보는 바와 같이 변환행렬이 사용되지 않았으므로 0차 텐서(tensor of order zero)라고 하며, 벡터량은 식 (2.2)에서 보는 바와 같이 하나의 변환행렬에 의한 1차 변환관계를 갖기 때문에 1차 텐서(tensor of order one, first order of tensor)에 속한다. 응력 등은 식 (2.4)에서 보는 바와 같이 두 개의 변환행렬을 사용하는 2차의 변환관계를 갖기 때문에 2차 텐서(tensor of order two)이다. 텐서량에 대한 변환관계는 별도로 상술한다. 여기서 고체역학을 포함하는 연속체역학에서 기계량들은 좌표의 함수로 표현되고 좌표계의 변환 관점에서 수학적으로 동일한 텐서량이라는 점을 강조해 둔다.

▼ 예제 2.4

기계공학에서 자주 사용되는 텐서량을 열거하라.

➡ 0차 텐서량(스칼라량)으로 온도, 밀도, 질량, 부피, 에너지 등이 있고, 1차 텐서량(벡터량)으로 좌표,힘, 변위, 속도, 가속도, 모멘트, 운동량, 열유동(heat flux) 등이 있다. 2차 텐서량을 다이아딕량이라고도 하며, 응력, 변형률, 변형률속도, 질량관성모멘트 등이 그 대표적인 예이다.

2.2 텐서량의 지수표현

고등역학 분야에서 광범위하게 사용되고 있는 지수표현법(indicial notation)에서는 그림 2.2와 같이, x, y, z-축을 각각 x_1, x_2, x_3-축으로 표현하고 하첨자를 방향지시지수로 사용한다. 즉 2차원 평면상의 x-y 좌표계에서 그 성분이 (u_x, u_y)로 표현되는 변위벡터는 지수표현법에서 (u_1, u_2)로 표현되며, σ_{xy}(또는 τ_{xy})와 σ_{zx}(또는 τ_{zx})는 각각 σ_{12}와 σ_{31}로 표현

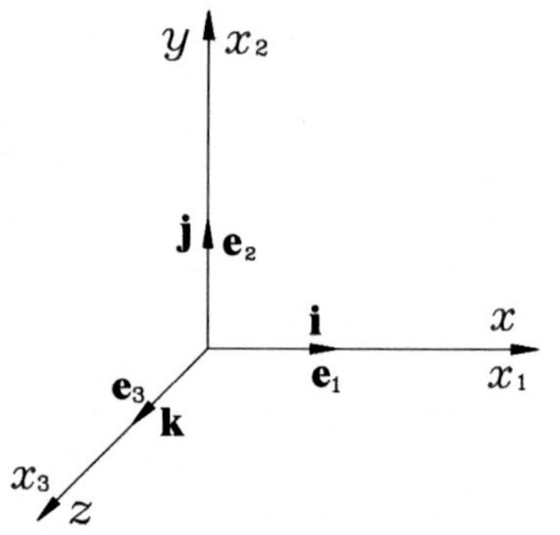

그림 2.2 지수표현법

된다. 단위벡터 i, j, k는 각각 e_1, e_2, e_3로 표현된다.

모든 텐서량은 그 텐서량을 대표할 수 있는 성분을 사용하여 표현한다. 예를 들면, 흔히 u 또는 $\vec{u}$로 표현되는 벡터는 지수표현법에서 u_i로 표현된다. σ_{ij}는 응력텐서를 대표하여 표현된 것으로 응력텐서 성분 전체를 의미한다. 즉,

$$\sigma_{ij},\ [\sigma_{ij}] = \begin{bmatrix} \sigma_{11} & \sigma_{12} & \sigma_{13} \\ \sigma_{21} & \sigma_{22} & \sigma_{23} \\ \sigma_{31} & \sigma_{32} & \sigma_{33} \end{bmatrix} = \begin{bmatrix} \sigma_{xx} & \sigma_{xy} & \sigma_{xz} \\ \sigma_{yx} & \sigma_{yy} & \sigma_{yx} \\ \sigma_{zx} & \sigma_{zy} & \sigma_{zz} \end{bmatrix} \tag{2.5}$$

이다. 위에서 보는 바와 같이 2차 텐서량은 2차원 행렬 형태로 표현된다.

지수표현법에서 널리 사용되는 규약에는 덧셈규약, 편미분규약, Kronecker 델타(Kronecker delta), 교반기호(permutation symbol) 등이 있다. Kronecker 델타는 δ_{ij}로 표현되며, 다음의 의미를 갖는다.

$$\delta_{ij} = \begin{cases} 0 & \text{if } i \neq j \\ 1 & \text{if } i = j \end{cases} \tag{2.6}$$

▼ 예제 2.5

다음의 관계를 이해하라.

a) $\delta_{12} = 0$

b) $\delta_{22} = 1$

c) $\sum_{i=1}^{3} \delta_{ii} = 3$

d) $\sum_{i=1}^{3} \delta_{1j} u_j = u_1$

e) $\sum_{j=1}^{3} \delta_{ij} u_j = u_i$

역학 문제의 수식에는 좌표에 관한 편미분항이 빈번히 등장한다. 지수표현법에서는 콤마(,)와 콤마 다음의 지수를 사용하여 편미분을 간결하게 표현한다. 콤마는 편미분 대상의 함수(기계량의 성분)와 편미분 좌표를 구분한다. 즉, 콤마 앞의 지수는 텐서량의 성분을 나타내는 숫자이며, 콤마 뒤의 지수는 미분 좌표 또는 변수를 지정하는 숫자이다.

▼ 예제 2.6

다음의 예를 통하여 편미분 규약을 숙지하라.

a) $\phi_{,i} = \dfrac{\partial \phi}{\partial x_i}, \quad \phi_{,2} = \dfrac{\partial \phi}{\partial x_2}$

b) $v_{i,j} = \dfrac{\partial v_i}{\partial x_j}$

c) $\sigma_{ij,j} = \dfrac{\partial \sigma_{ij}}{\partial x_j}$

d) $\varepsilon_{ij,kl} = \dfrac{\partial^2 \varepsilon_{ij}}{\partial x_k \partial x_l}$

e) $x_{i,j} = \dfrac{\partial x_i}{\partial x_j} = \delta_{ij}$

f) $\sigma_{ij} w_{i,j} = (\sigma_{ij} w_i)_{,j} - \sigma_{ij,j} w_i = \dfrac{\partial (\sigma_{ij} w_i)}{\partial x_j} - \dfrac{\partial \sigma_{ij}}{\partial x_j} w_i$

대부분의 역학 문제의 수식에는 반복합산기호(summation symbol, Σ)가 선행하며, 합산에 사용된 지수는 하나의 항에 두 개가 있는 경우가 대부분이다. 다음의 평형방정식

$$\sum_{j=1}^{3} \sigma_{ij,j} + f_i = 0 \tag{2.7}$$

이 한 예이다. 덧셈규약에서는 두 개의 지수가 한 항에 있으면, 합산기호를 삭제할 수 있다. 이 때, 이 지수를 단순지수(dummy index)라고 한다. 한 항에 합산기호가 선행되지 않고 한 개의 지수가 있을 경우, 이를 자유지수(free index)라고 한다. 단순지수는 그 의미를 잃지 않는다면 다른 지수로 항상 바꿀 수 있는 반면, 자유지수를 바꿀 때는 모든 항의 동일 지수를 동시에 바꾸어 주어야 한다. 그리고 수식의 모든 항에 동일한 자유지수가 반드시 존재해야 한다.

이 책에서는 $\int_{S_t} \bar{t}_i u_i \, dS$ 와 같이 동일 지수가 한 항에 3회 나타나지만 그 중에서 하나의 지수가 적분영역을 표현하는 데 사용되었다면 덧셈규약을 따르는 것으로 간주한다.

▼ 예제 2.7

다음의 수식에서 잘못된 점을 지적하라.

a) $\sigma_{ij,j} + f_j = 0$

b) $\sigma_{ij} = 2\mu\varepsilon_{ij} + \lambda\varepsilon_{ii}\,\delta_{ij} - (3\lambda+2\mu)\alpha\,\Delta T\,\delta_{ij}$

➡ a) 첫번째 항에서 i는 자유지수이고 j는 단순지수이다. 각 항에 동일한 자유지수가 존재해야 하므로 두번째 항에 반드시 자유지수 i가 존재해야 한다. 따라서 f_j에서 하첨자 j를 i로 바꾸어야 한다. 즉, $\sigma_{ij,j} + f_i = 0$이 올바른 표현이다.

➡ b) 좌변에서 i와 j는 자유변수이다. 우변의 첫번째 항과 세번째 항에는 좌변의 항과 동일한 자유변수가 존재하므로 표현상의 문제는 없다. 반면 두번째 항에서 i가 세 번 반복되었으므로 i는 자유지수도 단순지수도 아니다. 따라서 ε_{ii}를 ε_{kk}로 바꾸면 된다 (5.3절 참고).

▼ 예제 2.8

다음은 고등역학에서 많이 사용되는 덧셈규약의 예들이다. 예제의 이해를 통하여 덧셈규약 및 지수표현법에 익숙해지기 바란다.

➡ a) $\sigma_{kk} = \sum_{k=1}^{3}\sigma_{kk} = \sigma_{jj} = \sigma_{ii} = \sigma_{11}+\sigma_{22}+\sigma_{33}\ (= \sigma_{xx}+\sigma_{yy}+\sigma_{zz})$ (a)

b) $\sigma_{ij,j} = \sum_{j=1}^{3}\sigma_{ij,j} = \sigma_{ik,k} = \dfrac{\partial\sigma_{i1}}{\partial x_1}+\dfrac{\partial\sigma_{i2}}{\partial x_2}+\dfrac{\partial\sigma_{i3}}{\partial x_3}$ (b)

c) $u_{i,i} = \sum_{i=1}^{3}u_{i,i} = u_{j,j} = \dfrac{\partial u_1}{\partial x_1}+\dfrac{\partial u_2}{\partial x_2}+\dfrac{\partial u_3}{\partial x_3} = \dfrac{\partial u_x}{\partial x}+\dfrac{\partial u_y}{\partial y}+\dfrac{\partial u_z}{\partial z}$ (c)

d) $\varepsilon_{ii} = \varepsilon_{11}+\varepsilon_{22}+\varepsilon_{33} = u_{i,i}$ (d)

e) $\delta_{ii} = \sum_{i=1}^{3}\delta_{ii} = \delta_{kk} = 3$ (e)

f) $\delta_{ij}\,u_j = \sum_{j=1}^{3}\delta_{ij}\,u_j = \delta_{i1}\,u_1+\delta_{i2}\,u_2+\delta_{i3}\,u_3 = u_i$ (f)

g) $\sigma_{ij}\,n_i\,n_j = \sum_{i=1}^{3}\sum_{j=1}^{3}\sigma_{ij}\,n_i\,n_j$ (g)

h) $\sigma_{ij}\,n_j = \sum_{j=1}^{3}\sigma_{ij}\,n_j = \sigma_{ik}\,n_k$ (h)

i) $\varepsilon_{ij}\,\delta_{ij} = \varepsilon_{ii}$ 또는 ε_{jj} (i)

j) $\mathbf{t}^{(\mathbf{e}_i)} \equiv \sigma_{ij}\mathbf{e}_j = \sigma_{i1}\mathbf{e}_1+\sigma_{i2}\mathbf{e}_2+\sigma_{i3}\mathbf{e}_3$ (j)

k) $x_{i'} = T_{i'j}x_j = T_{i'1}x_1+T_{i'2}x_2+T_{i'3}x_3$ (k)

$$1)\ \int_{S_t} \bar{t}_i u_i\, dS = \int_{S_t} \bar{t}_1 u_1\, dS + \int_{S_t} \bar{t}_2 u_2\, dS + \int_{S_t} \bar{t}_3 u_3\, dS \qquad (1)$$

교반기호(permutation symbol)도 역학에서 자주 등장한다. 이 기호는 ϵ_{ijk}로 표현되고 지수 i, j, k에 따라 다음과 같이 정의된다.

$$\epsilon_{ijk} = \begin{cases} 0 & \text{if } i=j \text{ or } j=k \text{ or } k=i \\ 1 & \text{if } (i,j,k) = (1,2,3) \text{ or } (2,3,1) \text{ or } (3,1,2) \\ -1 & \text{if } (i,j,k) = (1,3,2) \text{ or } (2,1,3) \text{ or } (3,2,1) \end{cases} \qquad (2.8)$$

▼ 예제 2.9

다음의 관계를 통하여 ϵ_{ijk}를 이해하라.

a) $\epsilon_{ijk} = -\epsilon_{ikj}$, $\epsilon_{ijk} = -\epsilon_{jik}$, $\epsilon_{ijk} = -\epsilon_{kji}$

b) $\epsilon_{ijk} = \epsilon_{jki} = \epsilon_{kij}$

c) $\epsilon_{ijk}\sigma_{jk} = 0$이면, $\sigma_{jk} = \sigma_{kj}$이다(제 1 부 2.2절 참고).

d) $\epsilon_{ijk}\epsilon_{ilm} = \delta_{jl}\delta_{km} - \delta_{jm}\delta_{kl}$

e) $\epsilon_{ijk} = \dfrac{1}{2}(i-j)(j-k)(k-i)$

f) $\begin{vmatrix} \delta_{i1} & \delta_{i2} & \delta_{i3} \\ \delta_{j1} & \delta_{j2} & \delta_{j3} \\ \delta_{k1} & \delta_{k2} & \delta_{k3} \end{vmatrix} = \epsilon_{lmn}\delta_{il}\delta_{jm}\delta_{kn} = \epsilon_{ijk}$

g) $\begin{vmatrix} \delta_{il} & \delta_{im} & \delta_{in} \\ \delta_{jl} & \delta_{jm} & \delta_{jn} \\ \delta_{kl} & \delta_{km} & \delta_{kn} \end{vmatrix} = \epsilon_{ijk}\epsilon_{lmn}$

전술한 바와 같이 텐서식에서 각 항의 자유지수의 수는 동일해야 하며, 각 항의 자유지수의 집합 역시 동일해야 한다. 각 항의 자유지수의 수는 텐서의 차수를 의미한다. 두 개 이상의 텐서량을 곱한다는 것은 각 텐서의 성분을 규칙에 따라 곱하는 것이다. 텐서량을 곱하면 그 결과도 텐서량이 된다. 텐서의 곱에서 각 성분의 지수를 어떻게 두느냐에 따라 물리적 의미와 텐서량의 차원은 달라지게 된다. 곱해진 텐서량의 차수는 각 텐서량의 차수의 합에서 단순지수의 수를 뺀 값이 된다. 예를 들면, 예제 2.10에서 보는 바와 같이, 두 벡터를 내적(inner product or scalar product)하면 스칼라량(0차텐서)이 되고, 벡터곱(vector product or cross product)을 실시하면 벡터(1차텐서)가 된다.

▼ 예제 2.10

다음의 예제를 통하여 텐서량의 곱에 관한 개념을 정립해 보자.

a) $\mathbf{u} \cdot \mathbf{v} = u_i v_i$

b) $\mathbf{c} = \mathbf{u} \times \mathbf{v}$, $c_i = \epsilon_{ijk} u_j v_k$

c) $t_i^{(\mathrm{n})} = \sigma_{ij} n_j$

d) $\sigma_N = t_i^{(\mathrm{n})} n_i = \sigma_{ij} n_i n_j$

e) $I_2 = \dfrac{1}{2}(\sigma_{ij}\sigma_{ij} - \sigma_{ii}\sigma_{jj})$

➡ a)는 벡터 u와 v의 내적을, b)는 두 벡터의 벡터곱, 즉 $\mathbf{c} = \mathbf{u} \times \mathbf{v}$를 지수표현법으로 나타낸 것이다. c)의 좌변에는 자유지수가 i 하나이고 우변 역시 자유지수는 하나이다. a)의 우변에는 자유지수가 없으므로 0차 텐서량, 즉 스칼라량이고 b)와 c)의 각 항은 하나의 자유지수를 포함하고 있으므로 모두 1차 텐서량이다. d)는 2차 텐서량과 벡터량을 두 번 내적함으로써 스칼라량을 얻은 경우이다. e)의 우측에서 첫 번째 항은 2차 텐서량의 이중내적을 예시하고 있고, I_2는 스칼라량이다.

이 책에서는 독자들이 x-y-z 좌표계에 익숙해 있는 점을 고려하여, x-y-z 좌표계에 바탕을 둔 표현법과 지수표현법을 함께 사용하거나 설명상 편리한 좌표계를 선택적으로 사용한다.

제1부 제2장 2.5절에서 우리는 판별치에 관해서 공부하였다. 앞으로 전개될 내용의 이해를 위해서 제1부 제2장 2.5절에서 정리된 판별치의 성질을 먼저 복습하기 바란다.

3×3 행렬 A의 판별치는 다음과 같이 정의된다.

$$D = \det \mathrm{A} = a_{11}\begin{vmatrix} a_{22} & a_{23} \\ a_{32} & a_{33} \end{vmatrix} - a_{12}\begin{vmatrix} a_{21} & a_{23} \\ a_{31} & a_{33} \end{vmatrix} + a_{13}\begin{vmatrix} a_{21} & a_{22} \\ a_{31} & a_{32} \end{vmatrix} \tag{2.9}$$

이것은 다음과 같이 쓸 수가 있다.

$$\det \mathrm{A} = \epsilon_{ijk} A_{i1} A_{j2} A_{k3} = \epsilon_{ijk} A_{1i} A_{2j} A_{3k} \tag{2.10}$$

왜냐하면, $i = 1$일 경우, 영이 아닌 조합은 $j = 2$와 $k = 3(\epsilon_{ijk} = 1)$와 $j = 3$과 $k = 2$ $(\epsilon_{ijk} = -1)$밖에 없다. 따라서 $i = 1$은 식 (2.9)에서 우변의 첫 번째 항을 생성한다. 마찬가지로 $i = 2$와 $i = 3$는 각각 우변의 두 번째와 세 번째 항을 생성한다.

한편 $\epsilon_{ijk} = \epsilon_{jki} = \epsilon_{kij} = -\epsilon_{ikj} = -\epsilon_{jik} = -\epsilon_{kji}$의 관계로부터 다음의 식을 얻는다.

$$\begin{aligned} \det \mathrm{A} &= \epsilon_{ijk} A_{i1} A_{j2} A_{k3} = \epsilon_{ijk} A_{i2} A_{j3} A_{k1} = \epsilon_{ijk} A_{i3} A_{j1} A_{k2} \\ &= -\epsilon_{ijk} A_{i1} A_{j3} A_{k2} = -\epsilon_{ijk} A_{i2} A_{j1} A_{k3} = -\epsilon_{ijk} A_{i3} A_{j2} A_{k1} \end{aligned} \tag{2.11}$$

식 (2.11)의 관계의 증명은 할 수 있지만, 이미 제1부 제2장 2.5절에서 서술한 행렬의 판별치의 성질을 수식으로 표현한 것에 불과하다.

식 (2.11)은 다음과 같이 쓸 수 있다.

$$
\begin{aligned}
&\epsilon_{123}\det \mathrm{A} = \epsilon_{ijk} A_{i1} A_{j2} A_{k3} \\
&\epsilon_{231}\det \mathrm{A} = \epsilon_{ijk} A_{i2} A_{j3} A_{k1} \\
&\epsilon_{321}\det \mathrm{A} = \epsilon_{ijk} A_{i3} A_{j2} A_{k1} \\
&\epsilon_{132}\det \mathrm{A} = \epsilon_{ijk} A_{i1} A_{j3} A_{k2} \\
&\epsilon_{213}\det \mathrm{A} = \epsilon_{ijk} A_{i2} A_{j1} A_{k3} \\
&\epsilon_{321}\det \mathrm{A} = \epsilon_{ijk} A_{i3} A_{j2} A_{k1}
\end{aligned}
\qquad (2.12)
$$

또는

$$
\begin{aligned}
\det \mathrm{A} &= \epsilon_{ijk} A_{i1} A_{j2} A_{k3}\epsilon_{123} = \epsilon_{ijk} A_{i2} A_{j3} A_{k1}\epsilon_{231} = \epsilon_{ijk} A_{i3} A_{j1} A_{k2}\epsilon_{312} \\
&= \epsilon_{ijk} A_{i1} A_{j3} A_{k2}\epsilon_{132} = \epsilon_{ijk} A_{i2} A_{j1} A_{k3}\epsilon_{213} = \epsilon_{ijk} A_{i3} A_{j2} A_{k1}\epsilon_{321}
\end{aligned}
\qquad (2.13)
$$

ϵ_{lmn}이 0이 아닌 (l,m,n)조합은 식 (2.12)의 좌변과 식 (2.13)의 우변에서 사용된 6개의 경우밖에 없다. 따라서 식 (2.12)는 다음의 대표 식으로 표현될 수 있다.

$$\epsilon_{lmn}\det \mathrm{A} = \epsilon_{ijk} A_{il} A_{jm} A_{kn} \qquad (2.14)$$

그리고 식 (2.13)로부터 지수의 덧셈 규약에 따라 다음 식을 유도할 수 있다.

$$\det \mathrm{A} = \frac{1}{6}\epsilon_{ijk}\epsilon_{lmn} A_{il} A_{jm} A_{kn} \qquad (2.15)$$

결과적으로 볼 때, 식 (2.12)과 식 (2.13)는 제1부 제2장 2.5절에서 서술한 행렬의 판변치를 수식화하여 풀어 쓴 것이고, 식 (2.14)와 식 (2.15)는 그 두 관계식을 지수표현법으로 표현한 것이다.

한편, 행렬 A의 l,m,n번째의 행(또는 열)으로 구성된 새로운 행렬 $\widetilde{\mathrm{A}}$의 판별치는 다음과 같다.

$$\det \widetilde{\mathrm{A}} = \epsilon_{ijk} A_{il} A_{jm} A_{kn} \qquad (2.16)$$

이 식은 식 (2.10)의 이해를 바탕으로 생각해 보면, 어렵지 않게 이해가 될 것이다

따라서 예제에서 학습한 다음의 관계가 성립한다.

$$\begin{vmatrix} \delta_{r1} & \delta_{s1} & \delta_{t1} \\ \delta_{r2} & \delta_{s2} & \delta_{t2} \\ \delta_{r3} & \delta_{s3} & \delta_{t3} \end{vmatrix} = \epsilon_{ijk}\delta_{ri}\delta_{sj}\delta_{tk} = \epsilon_{rst} \qquad (2.17)$$

그리고 다음의 관계도 행렬의 곱의 성질 $|A||B|=|AB|$과 $|A|=|A^T|$의 관계로부터 어렵지 않게 증명될 수 있다.

$$\begin{vmatrix} \delta_{ir} & \delta_{is} & \delta_{ik} \\ \delta_{jr} & \delta_{js} & \delta_{jt} \\ \delta_{kr} & \delta_{ks} & \delta_{kt} \end{vmatrix} = \epsilon_{ijk}\epsilon_{rst} \tag{2.18}$$

2.3 주요 기계량의 이해

① 좌표 x_i: 기준좌표계에 대한 질점의 위치를 규정하기 위한 목적으로 사용된다. 좌표(coordinate)는 벡터량, 즉 1차 텐서량이므로 다음의 좌표변환법칙을 따른다(2.4절 참고).

$$x_{i'} = T_{i'j}x_j \tag{2.19}$$

② 변위 u_i: 변위(displacement)는 질점의 위치변화를 표현하기 위한 기계량이며, 1차 텐서량이다. 변위는 탄성역학에서 최종 미지수가 된다. 변위장이 구해지면, 변위-변형률 관계식으로부터 변형률을, 응력-변형률 관계식으로부터 응력을 구할 수 있다. 따라서 고체역학에서 다수의 기계량이 변위에 종속되어 있다. 이러한 관점의 역학을 변위법(displacement method)이라고 하며, 대부분의 고체역학 문제는 이 방법으로 해결되고 있다. 변위는 1차 텐서량이므로 다음의 좌표변환법칙을 따른다.

$$u_{i'} = T_{i'j}u_j \tag{2.20}$$

▼ 예제 2.11

그림의 2차원 물체의 변위장이

$$u_1(x,y) = (x^2y + x) \times 10^{-3}\text{mm}, \quad u_2(x,y) = xy^2 \times 10^{-3}\text{mm}$$

일 때, 변위를 500배 확대했을 때의 변형 형상을 개략적으로 도시하라.

➡ (1,1)이 이동한 점의 좌표를 구해 보자. 이 점의 변위는 $u_1 = 0.002$, $u_2 = 0.001$이다. 따라서 500배 확대하면 변위벡터가 (1.0,0.5)가 되므로 점(1.0,1.0)은 점(2.0,1.5)로 이동한다. 마찬가지로 (0.0,0.0)→(0.0,0.0), (0.5,0.0)→(0.75,0.0), (1.0,0.0)→(1.5,0.0), (0.0,0.5)→(0.0,0.5), (0.5,0.5)→(0.8125,0.5625), (1.0,0.5)→(1.75,0.625), (0.0,1.0)→(0.0,1.0), (0.5,1.0)→(0.875,1.25), (1.0,1.0)→(2.0,1.5)이다.

확대된 변형 형상을 그림에 도시하였다.

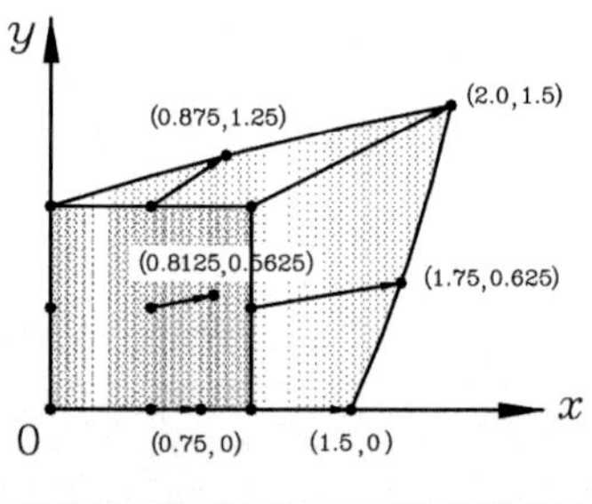

③ 속도 v_i: 속도(velocity)는 변위의 시간변화율이다. 즉,

$$v_i = \dot{u}_i = \frac{du_i}{dt} \tag{2.21}$$

이다. 흔히 유체역학과 소성역학에서 속도는 최종 미지수로 수식화된다. 속도장이 구해지면 이를 적분함으로써 변형된 모양 또는 이동 경로 등을 구할 수 있다. 속도는 1차 텐서량이다. 즉,

$$v_{i'} = T_{i'j} v_j \tag{2.22}$$

④ 가속도 a_i: 가속도(acceleration)는 속도의 시간변화율이다. 즉,

$$a_i = \dot{v}_i = \frac{d^2 u_i}{dt^2} \tag{2.23}$$

이다. 협의의 고체역학에서는 가속도의 영향이 없다고 가정한다. 폭발성형 등을 제외한 대부분의 소성가공 공정에서도 가속도의 영향은 매우 작다. 가속도는 1차 텐서량이므로 다음의 좌표변환 법칙을 따른다. 즉,

$$a_{i'} = T_{i'j} a_j \tag{2.24}$$

⑤ 변형률 ε_{ij}: 변형률(strain)은 2차 텐서량으로 ε_{ij}로 표현되며 무차원 수이다. 그림 2.3에서 작은 변형 또는 소변형(small deformation)이란 가정하에 2차원 평면상의 변형률을 정의하였다. 지수 i와 j가 같으면 법선변형률이라고 하며, 그 지수에 해당하는 좌표축에 평행한 미소 선분의 단위길이당 길이변화율의 의미를 갖는다. 즉, 법선변형률은 물체의 수축과 팽창을 정량화하기 위한 목적으로 사용된다. 반면 i와 j가 다를 경우는 전단변형률이 되며, 그림 2.3에서 보는 바와 같이 뒤틀림 변형을 정량화하기 위한 것이다. 변형률과 변위의 관계식은 다음과 같다.

$$\varepsilon_{ij} = \frac{1}{2}(u_{i,j} + u_{j,i}) \tag{2.25}$$

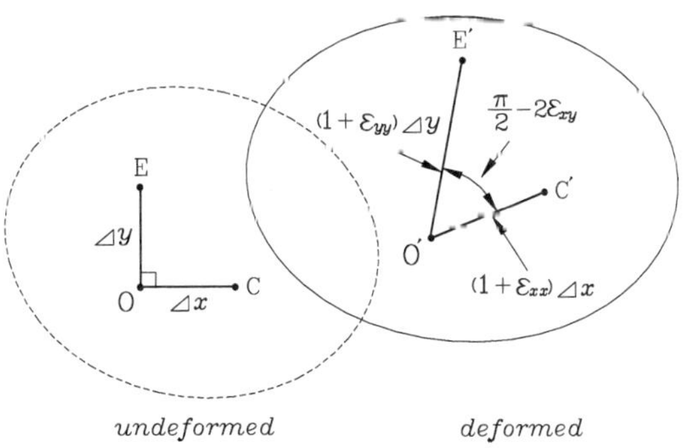

그림 2.3 변형률의 기하학적 정의

변형률은 2차 텐서량이다. 따라서 다음의 좌표변환 법칙을 따른다.

$$\varepsilon_{i'j'} = T_{i'p}\, T_{j'q}\, \varepsilon_{pq} \tag{2.26}$$

▼ 예제 2.12

그림은 인장시험을 개념화한 것이다. 균일한 원형단면 봉재에 하중을 가하여 δ만큼 인장하였을 때, 변형률을 구하라. 단, δ는 L에 비하여 충분히 작다.

단위길이당 늘어난 길이는 δ/L이다. L과 δ 모두 x_1-방향에 관한 것이므로

$\varepsilon_{11} = \delta/L$

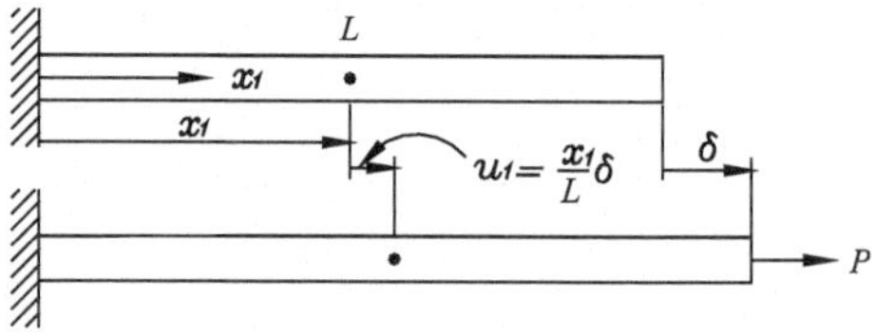

이다. 한편 변위는

$$u_1 = (\delta/L)\, x_1 \tag{b}$$

이므로

$$\varepsilon_{11} = \partial u_1 / \partial x_1 \tag{c}$$

로부터 동일한 결과, 즉 $\varepsilon_{11} = \delta/L$을 얻는다.

⑥ 변형률속도 $\dot{\varepsilon}_{ij}$: 변형률속도(strain rate)는 2차 텐서량으로 $\dot{\varepsilon}_{ij}$로 표현된다. 변형률속도는 한 순간에서 단위시간당 변형률 변화량을 의미한다. 차원은 [시간]$^{-1}$이다. 지수 i와 j가 동일하면 법선변형률속도라고 하며, 그 지수에 해당하는 좌표축에 평행한 미소선분의 단위길이당 길이변화율속도의 의미를 갖는다. 즉, 법선변형률속도는 물체의 수축과 팽창속도를 정량화하기 위한 목적으로 사용된다. 반면 i와 j가 다를 경우는 전단변형률속도가 되며 뒤틀림 변형속도를 정량화하기 위한 것이다. 변형률속도와 속도장 v_i의 관계는 다음과 같다.

$$\dot{\varepsilon}_{ij} = \frac{1}{2}(v_{i,j} + v_{j,i}) \tag{2.27}$$

변형률속도는 2차 텐서량이므로 다음의 좌표변환 법칙을 따른다.

$$\dot{\varepsilon}_{i'j'} = T_{i'p}\, T_{j'q}\, \dot{\varepsilon}_{pq} \tag{2.28}$$

여기서 지적해 두어야 할 점은 일반적으로 변형률속도를 적분하여 변형률을 구할 수 없다는 사실이다. 주변형률축이 바뀌기 때문이다.

▼ 예제 2.13

그림에서 보는 바와 같이 균일압축(homogeneous compression)을 받고 있는 정사각형 단면 소재의 변형률속도를 구해 보라. 상형의 속도는 $-V$이다.

➡ 미소시간 Δt 동안 상형은 $V\Delta t$만큼 하강한다. 즉, 변형률의 변화 $\Delta\varepsilon_{22} = -V\Delta t / L$이다. 따라서 $\dot{\varepsilon}_{22} = -V/L$이다. 한편 균일압축이므로 $v_2 = -(V/L)\,x_2$가 되며, $\dot{\varepsilon}_{22} = \partial v_2 / \partial x_2$로부터 동일한 값 $\dot{\varepsilon}_{22} = -V/L$을 구할 수 있다. 음수는 수축되고 있음을 뜻한다.

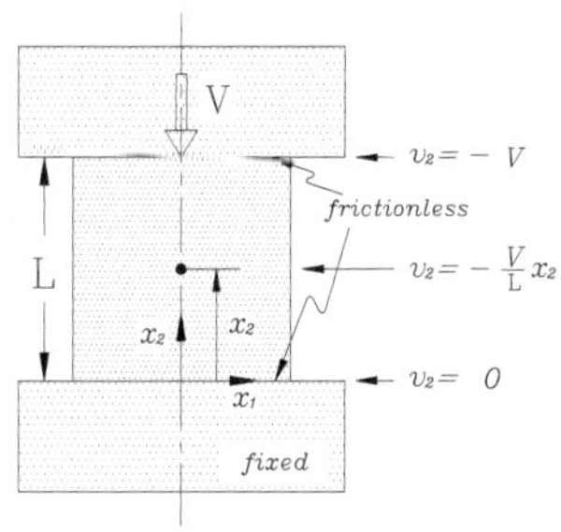

⑦ 응력 σ_{ij} : 응력(stress)은 단위면적당 작용하는 힘을 의미한다. 힘뿐만 아니라 면적의 방향이 고려되어야 하므로 응력은 2차 텐서량이다. 그림 2.4에 응력성분을 도시하였다. 지수 i와 j가 같으면 법선응력이고, i와 j가 다를 경우는 전단응력이다. 법선응력은 면적에 수직한 힘, 즉 인장력 또는 압축력을 질점의 관점에서 정량화한 것이고, 전단응력은 면적의 접선방향으로 작용하는 전단력을 질점의 관점에서 정량화한 것이다. 따라서 하나의 단면에 법선응력 하나와 두 개의 전단응력이 정의된다. 법선응력이 양수이면 인장상태를, 음수이면 압축상태를 의미한다.

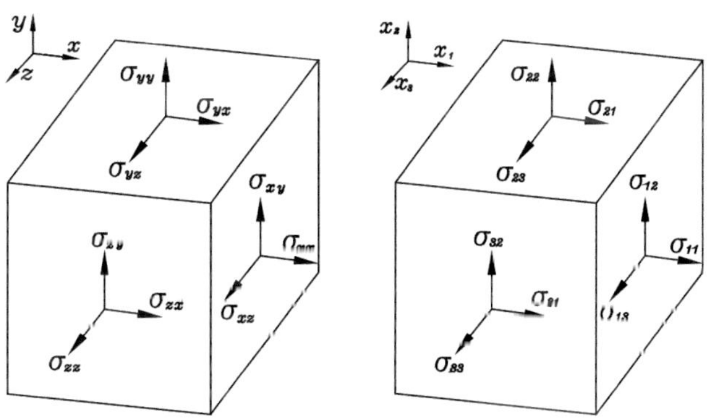

그림 2.4 응력성분의 정의

응력은 2차 텐서량이다. 즉,

$$\sigma_{i'j'} = T_{i'p}\, T_{j'q}\, \sigma_{pq} \tag{2.29}$$

이다.

⑧ 평균값과 편차성분 σ_m과 σ_{ij}': 2차 텐서량의 평균값은 기계공학에서 자주 사용되고 있다. 주요 2차 텐서량의 평균값, 즉 평균응력(mean stress) σ_m, 평균변형률 ε_m, 평균변형률속도 $\dot{\varepsilon}_m$은 각각 다음과 같이 정의된다.

$$\sigma_m = \frac{\sigma_{ii}}{3} \tag{2.30}$$

$$\varepsilon_m = \frac{\varepsilon_{ii}}{3} \tag{2.31}$$

$$\dot{\varepsilon}_m = \frac{\dot{\varepsilon}_{ii}}{3} \tag{2.32}$$

흔히 평균응력의 부를 정수압(hydrostatic pressure)이라고 하고 주로 p로 표시한다. 즉,

$$p = -\sigma_m = -\frac{\sigma_{ii}}{3} \tag{2.33}$$

이다. 그리고 $3\varepsilon_m$과 $3\dot{\varepsilon}_m$은 각각 부피변화율(volumetric strain)과 부피변화율속도이다. 따라서 비압축성 조건은 다음과 같이 수식화된다.

$$\varepsilon_{ii} = 0 \qquad \text{또는} \qquad \dot{\varepsilon}_{ii} = 0 \tag{2.34}$$

응력텐서 σ_{ij}는 정수압응력텐서(hydrostatic stress tensor, $p\,\delta_{ij}$)와 편차응력텐서(deviatoric stress tensor, σ_{ij}')로 분리할 수 있다. 즉,

$$\sigma_{ij} = -p\,\delta_{ij} + \sigma_{ij}' \tag{2.35}$$

이다. 편차텐서(deviatoric stress)는 원래 텐서의 대각항(diagonal term)에 대각항의 평균값을 뺀 텐서이다. 즉, 편차응력텐서 σ_{ij}', 편차변형률텐서 ε_{ij}', 편차변형률속도텐서 $\dot{\varepsilon}_{ij}'$은 각각 다음과 같이 정의된다.

$$\sigma_{ij}' = \sigma_{ij} - \frac{\sigma_{kk}}{3}\delta_{ij} \tag{2.36}$$

$$\varepsilon_{ij}' = \varepsilon_{ij} - \frac{\varepsilon_{kk}}{3}\delta_{ij} \tag{2.37}$$

$$\dot{\varepsilon}_{ij}' = \dot{\varepsilon}_{ij} - \frac{\dot{\varepsilon}_{kk}}{3}\delta_{ij} \tag{2.38}$$

여기서 Kronecker 델타 δ_{ij}는 2차 텐서량으로 취급된다. 즉,

$$\delta_{i'j'} = T_{i'p}\,T_{j'q}\,\delta_{pq} \tag{2.39}$$

이다.

▼ 예제 2.14

응력텐서

$$\sigma_{ij} = \begin{bmatrix} 20.0 & -12.0 & 15.0 \\ -12.0 & 110.0 & 20.0 \\ 15.0 & 20.0 & -50.0 \end{bmatrix} \tag{a}$$

에 대한 다음의 물음에 답하라.

a) 평균응력 σ_m과 정수압 p를 구하라.

b) 편차응력텐서 $\sigma_{ij}{}'$을 구하고, 편차응력텐서의 평균값 $\sigma_m{}'$을 구하라.

➡ a) 정의로부터

$$\sigma_m = (20.0 + 110.0 - 50.0)/3 = 26.7 \tag{b}$$

$$p = -\sigma_m = -26.7 \tag{c}$$

이다.

➡ b) $\sigma_{ij}{}' = \sigma_{ij} - \sigma_m \delta_{ij}$ 이므로

$$\sigma_{ij}{}' = \begin{bmatrix} -6.7 & -12.0 & 15.0 \\ -12.0 & 83.4 & 20.0 \\ 15.0 & 20.0 & -76.7 \end{bmatrix} \tag{d}$$

이다. 그러므로

$$\sigma_m{}' = \frac{\sigma_{ii}{}'}{3} = 0.0 \tag{e}$$

이다.

2.4 텐서량의 좌표변환

전술한 바와 같이 주요 기계량은 그것이 따르는 변환법칙에 따라 0차 텐서(스칼라), 1차 텐서(벡터), 2차 텐서(다이아딕) 등으로 구분된다. 스칼라량은 변환관계에 있지 않으므로 0차 텐서, 벡터는 하나의 변환행렬이 사용되므로 1차 텐서, 응력 등은 두 개의 변환행렬이 사용되므로 2차 텐서이다. 동일 차수의 텐서량들은 수학적으로 동일하게 취급될 수 있다. 즉, 좌표와 힘은 같은 차수의 텐서량이므로 좌표에 적용된 수학적 기교들은 힘에도 그대로 적용될 수 있다.

그림 2.5에서 보는 바와 같이 힘 벡터 F는 x-y 좌표계에 대한 성분 (F_x, F_y)로 표현될 수도 있고, x'-y' 좌표계에 대한 성분 $(F_{x'}, F_{y'})$으로 표현될 수도 있다. 특별한 경우로,

x''-y'' 좌표계로 표현하면 성분은 $(F_{x''}, 0)$이 된다. 즉 y''축에 대한 성분이 0이 된다. 0이 아닌 힘의 성분은 $F_{x''}$밖에 없으며, 이것이 바로 벡터의 크기이고, x''축이 벡터의 방향이 된다. 벡터는 크기와 방향에 의하여 정의된다는 점을 생각해 보라. 이 예제는 좌표계의 설정이 문제의 본질 이해의 난이도에 큰 영향을 줌을 보여주고 있다. 한편 앞에서 예시한 성분들은 동일한 벡터를 표현하고 있으므로 비록 성분값이 달라도 그 값이 갖는 물리적 의미는 동일하며, 성분 사이에는 다음의 상호관계, 즉 변환관계가 성립한다.

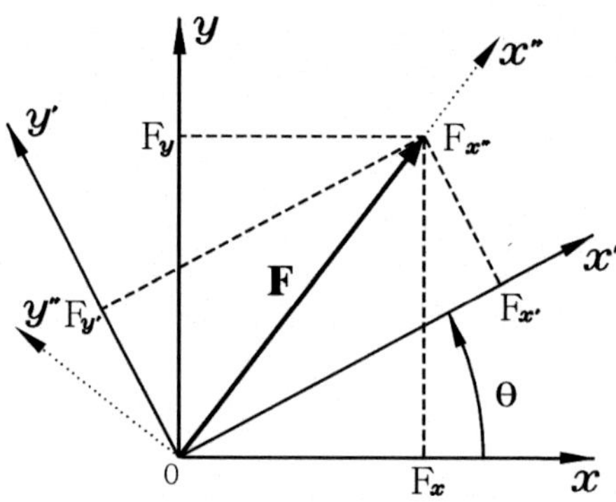

그림 2.5 좌표계와 벡터

$$\begin{bmatrix} F_{x'} \\ F_{y'} \end{bmatrix} = \begin{bmatrix} \cos\theta & \sin\theta \\ -\sin\theta & \cos\theta \end{bmatrix} \begin{bmatrix} F_x \\ F_y \end{bmatrix} \tag{2.40}$$

또는

$$F_{i'} = T_{i'j} F_j \quad \text{또는} \quad \mathbf{F}' = \mathbf{T}\,\mathbf{F} \tag{2.41}$$

$$F_i = T_{j'i} F_{j'} \quad \text{또는} \quad \mathbf{F} = \mathbf{T}^{\mathrm{T}}\mathbf{F}'$$

여기서 행렬 T를 변환행렬(transformation matrix)이라고 부르며, $T_{i'j}$는 $x_{i'}$-축과 x_j-축이 이루는 각도의 cosine 값이다. 즉, $T_{i'j} = \cos(x_{i'}, x_j)$이다. 예를 들면, 3차원 공간에서 정의되는 $T_{2'3}$은 $x_{2'}$-축과 x_3-축의 사이 각도의 cosine 값, $\cos(x_{2'}, x_3)$이다. $T_{i'j}$ 대신 T_{ij}로도 자주 표현되므로 유의할 필요가 있다. 즉, 앞의 지수는 변환된(primed) 좌표계를, 두번째의 지수는 원래(unprimed) 좌표계를 나타낸다. 식 (2.40) 또는 식 (2.41)의 T에서 서로 다른 두 행의 벡터를 내적하면 0이고, 자신끼리 내적하면 1이 됨을 확인할 수 있다. 따라서 행렬 T는 직교단위행렬이며, 이 경우 역행렬은 전치행렬과 동일하다. 즉,

$$T_{ik} T_{jk} = \delta_{ij} \quad \text{또는} \quad \mathbf{T}\,\mathbf{T}^{\mathrm{T}} = \mathbf{I} \tag{2.42}$$

이다. 식 (2.42)가 성립하면

$$T_{ki} T_{kj} = \delta_{ij} \tag{2.43}$$

는 자동적으로 성립한다. 이러한 관계는 3차원 공간에서도 동일하게 적용된다.

식 (2.41)의 변환관계는 모든 벡터량에 대해 성립한다. 수학적 정의에 의하면 식 (2.41)의 변환관계를 만족하는 양은 벡터량, 즉 1차 텐서량이다. 그러므로 어떤 기계량이 식 (2.41)의 변환관계를 따른다는 것을 보여줌으로써 1차 텐서량의 증명이 가능하다.

▼ 예제 2.15

그림의 두 직각좌표계에 대한 변환행렬을 구하고 식 (2.43)이 성립하는지 조사하라. 단, $\theta = 30°$이다.

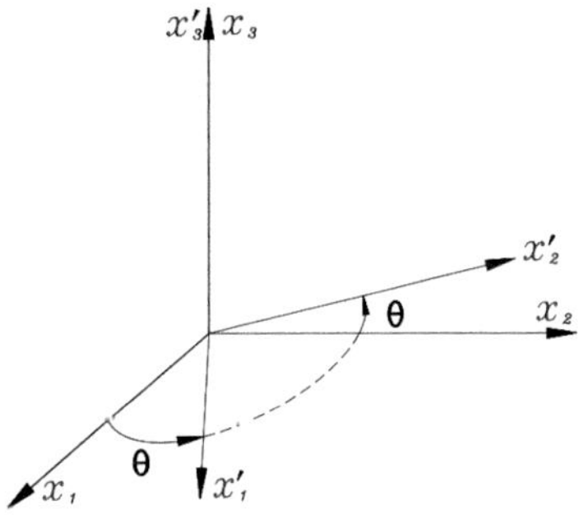

➡ 정의로부터 변환행렬 성분을 구하면

$$T_{11} = \cos(x_{1'}, x_1) = \cos 30°$$
$$T_{12} = \cos(x_{1'}, x_2) = \sin 30°$$
$$T_{13} = \cos(x_{1'}, x_3) = 0$$
$$T_{21} = \cos(x_{2'}, x_1) = -\sin 30°$$
$$T_{22} = \cos(x_{2'}, x_2) = \cos 30°$$
$$T_{23} = T_{31} = T_{32} = 0$$
$$T_{33} = \cos(x_{3'}, x_3) = 1.0 \tag{a}$$

이다. 따라서 변환행렬은 다음과 같다.

$$T_{i'j} = \begin{bmatrix} \cos\theta & \sin\theta & 0 \\ -\sin\theta & \cos\theta & 0 \\ 0 & 0 & 1 \end{bmatrix}_{\theta = 30°} \tag{b}$$

행벡터의 크기가

$$T_{1k}T_{1k} = T_{2k}T_{2k} = \cos^2\theta + \sin^2\theta + 0 = 1 \tag{c}$$
$$T_{3k}T_{3k} = 0 + 0 + 1 = 1 \tag{d}$$

이고, 서로 다른 행벡터를 내적하면

$$T_{1k}T_{2k} = -\cos\theta\sin\theta + \cos\theta\sin\theta = 0 \tag{e}$$
$$T_{2k}T_{3k} = 0, \quad T_{3k}T_{1k} = 0 \tag{f}$$

이므로 $T_{ik}\,T_{jk} = \delta_{ij}$가 만족된다. 따라서 식 (b)의 변환행렬은 직교단위행렬이다.

▼ 예제 2.16

x_i-축의 단위기초벡터는 e_i이고, $x_{i'}$-축의 단위기초벡터가 $\mathrm{e}_{i'}$이다. $\mathrm{e}_{2'} = \dfrac{2\mathrm{e}_1 + \mathrm{e}_2 - 2\mathrm{e}_3}{3}$일

때, $x_{2'}$-축과 x_3-축이 이루는 각도를 구하라. 그리고 변환행렬의 성분 중에서 $T_{2'1}$, $T_{2'2}$, $T_{2'3}$을 구하라.

➡ $x_{2'}$-축과 x_3-축이 이루는 각도는 다음과 같다.

$$\cos(x_{2'}, x_3) = \tan^{-1}(\mathrm{e}_{2'} \cdot \mathrm{e}_3) = \tan^{-1}\left(\frac{2}{3}\right) = 33.67°$$

또한 변환행렬의 성분은

$$T_{i'j} = \mathrm{e}_{i'} \cdot \mathrm{e}_j \tag{a}$$

이므로 $T_{2'1}$, $T_{2'2}$, $T_{2'3}$ 등은 다음과 같다.

$$T_{2'1} = \mathrm{e}_{2'} \cdot \mathrm{e}_1 = \frac{2}{3},\ T_{2'2} = \mathrm{e}_{2'} \cdot \mathrm{e}_2 = \frac{1}{3},\ T_{2'3} = \mathrm{e}_{2'} \cdot \mathrm{e}_3 = -\frac{2}{3}$$

▼ 예제 2.17

$\mathrm{e}_1, \mathrm{e}_2, \mathrm{e}_3$과 $\mathrm{e}_{1'}, \mathrm{e}_{2'}, \mathrm{e}_{3'}$가 각각 3차원 공간에서 직교단위벡터의 집합일 때, $\mathrm{e}_{1'} = \dfrac{2\mathrm{e}_1 + \mathrm{e}_3}{\sqrt{5}}$, $\mathrm{e}_{2'} = \mathrm{e}_2$의 두 조건을 만족하는 $\mathrm{e}_{3'}$을 구하라. 그리고 이 두 세트의 직교단위벡터를 기초벡터로 하는 두 좌표계에 대한 좌표변환행렬을 구하라.

➡ $\mathrm{e}_{3'}$은 우손법칙에 따라 계산하면 다음과 같다.

$$\mathrm{e}_{3'} = \mathrm{e}_{1'} \times \mathrm{e}_{2'} = \frac{(-\mathrm{e}_1 + 2\mathrm{e}_3)}{\sqrt{5}}$$

그리고 좌표변환행렬은 다음과 같다

$$T_{1'1} = \mathrm{e}_{1'} \cdot \mathrm{e}_1 = \frac{2}{\sqrt{5}},\ T_{1'2} = 0,\ T_{1'3} = \mathrm{e}_{1'} \cdot \mathrm{e}_3 = \frac{1}{\sqrt{5}}$$

▼ 예제 2.18

$x_j = T_{i'j}\, x_{i'}$임을 증명하고, $\psi_{,i}$가 1차 텐서, 즉 벡터임을 증명하라. 단, $\psi = \psi(x_1, x_2, x_3)$는 스칼라량이다.

➡ x_i가 벡터이므로

$$x_{i'} = T_{i'j}\, x_j \tag{a}$$

이다. 식 (a)의 양변에 $T_{i'k}$를 선곱셈하여 정리하면

$$T_{i'k}\, x_{i'} = T_{i'k}\, T_{i'j}\, x_j = \delta_{kj}\, x_j = x_k \tag{b}$$

이므로

$$x_j = T_{i'j}\, x_{i'} \tag{c}$$

이다. 한편 사슬법칙으로부터

$$\frac{\partial \psi}{\partial x_{i'}} = \frac{\partial \psi}{\partial x_j}\frac{\partial x_j}{\partial x_{i'}} \tag{d}$$

이다. 식 (c)로부터 $x_{j,i'} = T_{i'j}$이므로

$$\frac{\partial \psi}{\partial x_{i'}} = \frac{\partial \psi}{\partial x_j}\frac{\partial x_j}{\partial x_{i'}} = T_{i'j}\frac{\partial \psi}{\partial x_j} \quad \text{또는} \quad \psi_{,i'} = T_{i'j}\psi_{,j} \tag{e}$$

이다. 따라서 $\psi_{,i}$ 는 1차 텐서량이다.

1차 텐서량의 지수표현에는 반드시 하나의 자유지수가 필요하며, 2차 텐서량에는 두 개의 자유지수가 필요하다. 응력 σ_{ij}는 대표적인 2차 텐서량이다. 1차 텐서량, 즉 벡터량이 식 (2.41)의 변환관계를 만족해야 하듯이, 2차 텐서량인 응력은 다음의 변환관계를 만족해야 한다.

$$\sigma_{i'j'} = T_{i'p}\, T_{j'q}\, \sigma_{pq} \quad \text{또는} \quad [\sigma_{i'j'}] = [T_{i'p}]\,[\sigma_{pq}]\,[T_{j'q}]^T \tag{2.44}$$

변형률 ε_{ij} 와 변형률속도 $\dot{\varepsilon}_{ij}$ 등도 2차 텐서량에 속하므로 다음의 변환관계를 만족한다.

$$\varepsilon_{i'j'} = T_{i'p}\, T_{j'q}\, \varepsilon_{pq} \tag{2.45}$$

$$\dot{\varepsilon}_{i'j'} = T_{i'p}\, T_{j'q}\, \dot{\varepsilon}_{pq} \tag{2.46}$$

▼ 예제 2.19

변형률속도가 2차 텐서임을 증명하라.

➡ 속도는 1차 텐서이므로

$$v_{i'} = T_{i'p}\, v_p \tag{a}$$

이며, 사슬법칙으로부터

$$v_{i',j'} = v_{i',q}\, x_{q,j'} = v_{i',q}\, T_{j'q} = T_{i'p} T_{j'q}\, v_{p,q} \tag{b}$$

이다. 식 (2.17)의 변형률속도 정의와 식 (b)로부터

$$\dot{\varepsilon}_{i'j'} = \frac{1}{2}(v_{i',j'} + v_{j',i'}) = T_{i'p} T_{j'q}\, [\frac{1}{2}(v_{p,q} + v_{q,p})] \tag{c}$$

이므로

$$\dot{\varepsilon}_{i'j'} = T_{i'p}\,T_{j'q}\,\dot{\varepsilon}_{pq} \tag{d}$$

이다. 따라서 변형률속도는 2차 텐서량이다.

▼ 예제 2.20

예제 2.15의 변환행렬로 다음의 응력을 좌표변환해 보라.

$$\sigma_{ij} = \begin{bmatrix} 20 & -12 & 15 \\ -12 & 110 & 20 \\ 15 & 20 & -50 \end{bmatrix}$$

➡ 식 (1.34)의 응력의 좌표변환 공식에 의하여

$$\sigma_{i'j'} = \begin{bmatrix} \cos\theta & \sin\theta & 0 \\ -\sin\theta & \cos\theta & 0 \\ 0 & 0 & 1 \end{bmatrix} \begin{bmatrix} 20 & -12 & 15 \\ -12 & 110 & 20 \\ 15 & 15 & -50 \end{bmatrix} \begin{bmatrix} \cos\theta & -\sin\theta & 0 \\ \sin\theta & \cos\theta & 0 \\ 0 & 0 & 1 \end{bmatrix}_{\theta=30^\circ}$$

$$= \begin{bmatrix} \frac{85}{2}-6\sqrt{3} & -6+\frac{45}{2}\sqrt{3} & 10+\frac{15}{2}\sqrt{3} \\ -6+\frac{45}{2}\sqrt{3} & \frac{175}{2}+6\sqrt{3} & -\frac{15}{2}+10\sqrt{3} \\ 10+\frac{15}{2}\sqrt{3} & -\frac{15}{2}+10\sqrt{3} & -50 \end{bmatrix}$$

이다.

2.5 2차 텐서와 불변치

이 절을 공부하기 이전에 제 1 부 2.13절의 내용을 숙지하기 바란다. 다음 형태의 행렬변환을 동질변환(similarity transformation)이라고 한다.

$$[S] = [A]^{-1}[Q][A] \tag{2.47}$$

동질변환시에 행렬 $[S]$와 행렬 $[Q]$의 고유치(eigenvalue)는 동일하며, 두 행렬의 고유벡터는 일정한 관계를 가진다.

2차 텐서량은 행렬로 표현된다. 물론 어떤 기계량이 행렬로 표현된다고 해서 모두 2차 텐서량이 되는 것이 아니다. 2차 텐서량의 좌표변환 법칙을 나타내는 식 (2.44), 식 (2.45), 식 (2.46)은 동질변환의 전형적인 예들이다. 변환행렬이 직교단위행렬이므로 $T^{-1} = T^{T}$의 관계에 있기 때문이다. 따라서 텐서 $\sigma_{i'j'}$과 σ_{ij}의 고유치는 동일하며, 2차 텐서량에 속하는 변형률, 변형률속도, 편차응력, 편차변형률, 편차변형률속도 등도 마찬가지이다. 이러한 특징은 2차 텐서량의 물리적 의미와 고등역학의 이해에 필수적인 지식이다.

2차 텐서량의 특징을 응력텐서를 예로 들어 설명한다. 응력텐서 σ_{ij}의 고유치 문제 ($\sigma_{ij} n_j = \sigma n_i$)에 대한 특성방정식(characteristic equation)은 다음과 같다.

$$|\sigma_{ij} - \sigma \delta_{ij}| = 0 \tag{2.48}$$

여기서 | |은 행렬의 판별치(determinant)를 의미한다. 식 (2.38)은 3차 방정식이다. σ는 고유치 즉 주응력이며, 이에 관한 상세한 내용은 제 3 부 3.4절에서 다루어진다.

선형대수학에 따르면, 고유치 문제에서 행렬(예, σ_{ij})이 대칭이면 세 개의 실근을 갖는다. 따라서 응력텐서가 대칭이므로, 즉 $\sigma_{ij} = \sigma_{ji}$(제 3 부 3.3절 참고)이므로 세 개의 실근을 갖는다. 특성방정식을 풀어 쓰면 다음과 같다.

$$\sigma^3 - I_1 \sigma^2 + I_2 \sigma - I_3 = 0 \tag{2.49}$$

여기서

$$I_1 = \sigma_{ii} = tr(\sigma_{ij}) \tag{2.50}$$

$$I_2 = (\sigma_{ii} \sigma_{jj} - \sigma_{ij} \sigma_{ij}) / 2 \tag{2.51}$$

$$I_3 = |\sigma_{ij}| = \mathrm{Det}(\sigma_{ij}) \tag{2.52}$$

이며, 응력불변치(stress invariants)라고 불린다. 응력불변치는 소성변형 등에 직접적인 영향을 주므로 매우 중요한 수치이다. 고유벡터에 관한 설명은 제 1 부 2장의 내용을 참고하기 바란다.

한편 변형률, 변형률속도, 편차텐서 등 다른 2차 텐서들에 대해서도 응력텐서에서 적용된 2차 텐서의 불변치에 관한 수학적 기교가 그대로 적용된다.

▼ 예제 2.21

I_1, I_2, I_3가 좌표계에 관계없이 일정한 값임을 보다 구체적으로 설명하라.

➡ $T_{i'j}$가 직교단위행렬이므로 식 (2.44)에서 σ_{ij}와 $\sigma_{i'j'}$은 동질변환 관계에 있다. 그러므로 방정식

$$|\sigma_{ij} - \sigma \delta_{ij}| = 0 \quad \text{또는} \quad \sigma^3 - I_1 \sigma^2 + I_2 \sigma - I_3 = 0 \tag{a}$$

와 방정식

$$|\sigma_{i'j'} - \sigma \delta_{i'j'}| = 0 \quad \text{또는} \quad \sigma^3 - I_1' \sigma^2 + I_2' \sigma - I_3' = 0 \tag{b}$$

의 해인 고유치 σ는 동일해야 한다. 따라서 식 (a)와 식 (b)의 3차방정식에서 각 항의 계수가 동일해야 한다. 즉,

$$I_1' = I_1, \ I_2' = I_2, \ I_3' = I_3 \tag{c}$$

이다. 그러므로 응력텐서의 표현에 사용된 좌표계와 무관한 세 개의 일정한 값이 존재함을 알 수 있다.

▼ 예제 2.22

식 (2.50)~(2.52)로부터 시작하여 응력불변치를 x-y-z 좌표계의 응력성분으로 표현해 보라.

➡
$$I_1 = \sigma_{xx} + \sigma_{yy} + \sigma_{zz} \quad (a)$$

$$I_2 = -\sigma_{xx}\sigma_{yy} - \sigma_{yy}\sigma_{zz} - \sigma_{zz}\sigma_{xx} + {\sigma_{xy}}^2 + {\sigma_{yz}}^2 + {\sigma_{zx}}^2 \quad (b)$$

$$I_3 = \sigma_{xx}\sigma_{yy}\sigma_{zz} + 2\sigma_{xy}\sigma_{yz}\sigma_{zx} - \sigma_{xx}{\sigma_{yz}}^2 - \sigma_{yy}{\sigma_{zx}}^2 - \sigma_{zz}{\sigma_{xy}}^2 \quad (c)$$

▼ 예제 2.23

예제 2.14의 응력텐서와 예제 2.20에서 좌표변환된 응력텐서의 불변치를 구하여 비교하라.

➡
$$I_1 = 80 = I_1' \quad (a)$$

$$I_2 = 5069 = I_2' \quad (b)$$

$$I_3 = -142750 = I_3' \quad (c)$$

따라서 두 응력텐서의 응력불변치는 동일하다.

2.6 주요 공식의 지수표현

다음은 역학에서 빈번히 이용되는 지수표현의 예이다.

$$\cdot\ \mathrm{W} = \mathbf{a}\cdot\mathbf{b} \quad \Rightarrow \quad \mathrm{W} = a_i b_i \tag{2.53}$$

$$\cdot\ \mathbf{c} = \mathbf{a}\times\mathbf{b} \quad \Rightarrow \quad c_i = \epsilon_{ijk} a_j b_k \tag{2.54}$$

$$\cdot\ \mathrm{grad}\ \phi \quad \Rightarrow \quad \phi_{,i} \tag{2.55}$$

$$\cdot\ \mathrm{div}\ \mathrm{v} \quad \Rightarrow \quad v_{i,i} \tag{2.56}$$

$$\cdot\ \mathrm{curl}\ \mathrm{v} \quad \Rightarrow \quad \epsilon_{ijk} v_{k,j} \tag{2.57}$$

$$\cdot\ \nabla^2\phi \quad \Rightarrow \quad \phi_{,ii} \tag{2.58}$$

발산이론(divergence theorem)의 일반형은 다음과 같이 표현된다.

$$\int_V Q_{jk..m,i}\, dV = \int_S Q_{jk..m}\, n_i\, dS \tag{2.59}$$

여기서 n_i는 V의 표면 S상의 점에서 정의된 접촉면의 외향법선단위벡터이다.

다음 수식은 고등역학에서 빈번히 사용하는 발산이론의 적용 예이다.

$$\int_V \sigma_{ij,i}\, dV = \int_S \sigma_{ij} n_i\, dS \tag{2.60}$$

$$\int_V \sigma_{ij} w_{i,j}\, dV = \int_S \sigma_{ij} n_j w_i\, dS - \int_V \sigma_{ij,j} w_i\, dV \tag{2.61}$$

▼ 예제 2.24

그림의 정육면체의 공간에서 속도장이 $v_i = x_i$ 이다. 다음의 식이 성립함을 보여라.

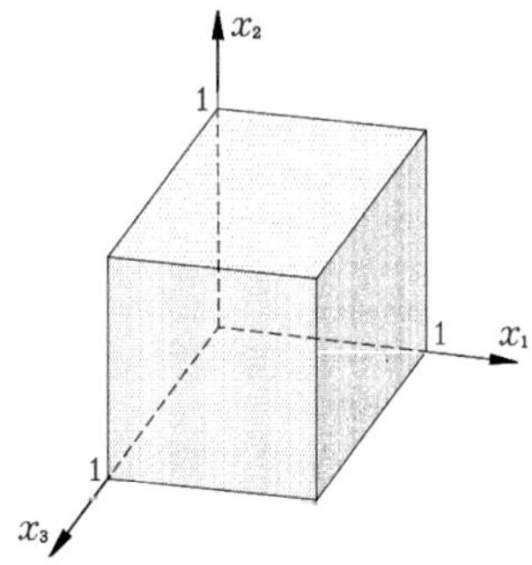

$$\int_V v_{i,i}\, dV = \int_S v_i n_i\, dS = 3 \tag{a}$$

➡ $v_{i,i} = x_{i,i} = \delta_{ii} = 3$ 이므로

$$\int_V v_{i,i}\, dV = \int_0^1 \int_0^1 \int_0^1 3\, dx_1\, dx_2\, dx_3 = 3 \tag{b}$$

이다. 한편 대상 연속체가 총 여섯 개의 평면으로 이루어져 있는데 $x_1 = 0$ 인 면에서

$$v_i = [0, x_2, x_3]^{\mathrm{T}},\ n_i = [-1, 0, 0]^{\mathrm{T}} \tag{c}$$

이므로 항상

$$v_i n_i = 0 \tag{d}$$

가 된다. $x_2 = 0$ 과 $x_3 = 0$ 인 면도 마찬가지다. 반면 나머지의 세 개 면에서는 항상

$$v_i n_i = 1 \tag{e}$$

이 된다. 그러므로

$$\int_S v_i n_i\, dS = \int_0^1 \int_0^1 1\, dx_1 dx_2 + \int_0^1 \int_0^1 1\, dx_2 dx_3 + \int_0^1 \int_0^1 1\, dx_3 dx_1 = 3 \tag{f}$$

이다. 따라서

$$\int_V v_{i,i}\, dV = \int_S v_i n_i\, dS = 3 \tag{g}$$

이다.

제 3 장

응력과 평형방정식

3.1 뉴턴의 운동법칙과 평형조건식

연속체역학(continuum mechanics)에서 취급하는 물체, 즉 연속체의 최소단위는 질점(particle)이나. 실섬은 이론 선개를 위한 상상의 물체이다. 하나의 질점에 대하여 질량과 위치가 정의되는 반면, 면적 및 체적은 정의되지 않는다. 따라서 질점을 결정하는 요소는 질량과 위치뿐이다. 연속체역하에서 연속체는 질점들의 집합으로 간주된다. 물체에 외력이 가해지면, 모든 질점에는 외력(external force, 하중, 자중, 자력, 반력 등)뿐만 아니라 내력(internal force)이 작용한다. 자중이나 자력 등은 체적력(body force)으로 분류되며 외력에 속한다. 내력은 질점간의 상호작용에 의한 것이므로 작용과 반작용 법칙을 따른다. 외력은 물체의 표면에 작용하는 표면력(surface traction)과 물체 내부의 체적에 작용하는 체적력으로 구분된다.

뉴턴의 운동법칙(Newton's law of motion)은 질점의 거동을 지배하는 원리를 설명한 것으로 다음의 세 가지 법칙으로 요약된다.

제1법칙(관성의 법칙): 하나의 질점에 작용하는 힘의 합이 0일 경우(힘의 평형상태에 있으면), 그 질점은 정지해 있거나 직선상에서 일정한 속도로 운동한다.

제2법칙(가속도의 법칙): 하나의 질점에 작용하는 모든 힘의 합 f는 그 질점의 질량 m과 가속도 a의 곱과 동일하다. 즉, $\mathrm{f}=m\mathrm{a}$ 이다.

제3법칙(작용과 반작용의 법칙): 두 질점 사이에 작용하는 두 내력(작용과 반작용힘)은 크기가 같고 방향이 반대이며, 작용선은 동일하다.

제2법칙은 질점에 작용하는 힘의 합이 0이면 가속도가 0이 되어 등속운동한다는 의미를 내포하므로, 제 2법칙으로 제 1법칙의 설명이 가능하다. 따라서 제1법칙은 연속체역학에서 특별하게 사용되지는 않는다.

연속체는 무한개의 질점으로 구성되어 있으므로 전술한 질점역학(particle dynamics)을 연속체에 직접 사용할 수는 없다. 이제 질점에 대한 뉴턴 운동법칙으로부터 연속체역학의 근간이 되는 평형조건식을 유도해 보자. 그림 3.1은 연속체의 질점 사이에 작용하는 힘을 개념적으로 도시하였다. 그림에서 F^i는 질점 i에 작용하는 외력의 합이며, R^{ij}는 j번째

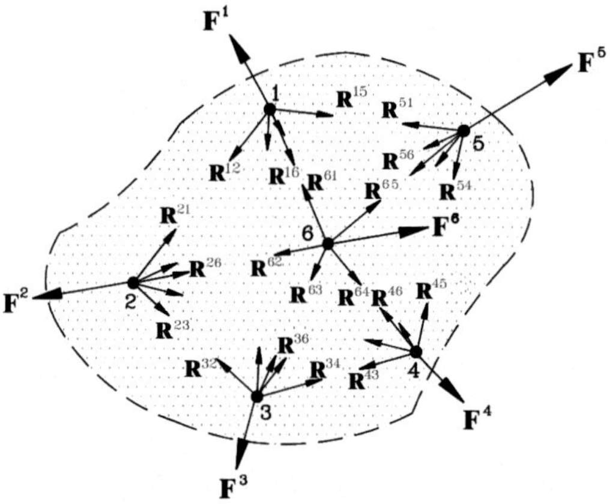

그림 3.1 질점에 작용하는 내력과 외력

질점에 의하여 질점 i에 부과된 내력을 의미한다. R^{ij}는 크기와 방향뿐만 아니라 작용점을 갖는 한정벡터라는 점에 주목하라. 뉴턴의 제3법칙, 즉 작용과 반작용의 법칙은 다음 식으로 수식화된다.

$$\mathrm{R}^{ij} = -\mathrm{R}^{ji} \tag{3.1}$$

따라서 $\mathrm{R}^{ii} = 0$(여기서 i는 부호규약을 따르지 않는다)이다.

정지하고 있는 물체에 대한 뉴턴의 제 2 법칙은 임의의 질점 i에 작용하는 외력의 합 F^{i}와 내력 R^{ij}의 합이 0이 되어야 한다는 것이다. 즉, 각 질점은

$$\mathrm{f}^{i} = \mathrm{F}^{i} + \sum_{j} \mathrm{R}^{ij} = 0 \quad \text{for all } i \tag{3.2}$$

의 질점 평형조건식을 만족해야 한다. 여기서 f^{i}는 질점 i에 작용하는 외력과 내력의 합이다.

실제 연속체는 무한개의 질점으로 구성되므로 식 (3.2)는 사실상 무의미한 식이다. 역학문제의 해석에서 외력의 합 F^{i}는 기지의 벡터와 유한 개의 미지수로 구성되므로 문제가 되지 않는 반면, 내력 R^{ij}가 식 (3.2)의 직접 적용을 방해한다. 그러므로 R^{ij}를 없애는 방안을 강구해 보자. 식 (3.2)는 모든 질점에 대하여 성립한다. 각 질점 평형조건식의 우변이 모두 0이므로 좌변을 모두 더한 값이 0이 되어야 한다. 즉,

$$\sum_{i} (\mathrm{F}^{i} + \sum_{j} \mathrm{R}^{ij}) = 0 \tag{3.3}$$

이다. 작용과 반작용 법칙, 즉 식 (3.1)로부터

$$\sum_{i} \sum_{j} \mathrm{R}^{ij} = 0 \tag{3.4}$$

이므로

$$\sum_i \mathrm{F}^i = 0 \tag{3.5}$$

이다.

▼ 예제 3.1

다음의 관계로부터 식 (3.5)의 불충분한 점을 설명하라.

$$\begin{array}{llll} x-2=0 & \rightarrow & (\bigcirc) & x+y-5=0 \\ y-3=0 & \leftarrow & (\times) & \end{array}$$

➡ $x-2=0$과 $y-3=0$이면 $x+y-5=0$이다. 그러나 $x+y-5=0$이 $x-2=0$과 $y-3=0$을 의미하는 것은 아니다. 가령 $x+2=0$과 $y-7=0$이면, $x+y-5=0$이 만족된다. 따라서 $x+y-5=0$은 $x-2=0$과 $y-3=0$의 필요조건일 뿐 충분조건은 아니다. 마찬가지 논리로, 식 (3.3)이 성립하면 식 (3.5)는 당연히 성립하지만 식 (3.5)가 성립한다고 해서 식 (3.3)이 성립하는 것은 아니다. 즉, 식 (3.5)는 식 (3.3)의 필요조건이다.

한편 우리는 이미 유도 과정에서 식 (3.5)의 결함을 직관적으로 알고 있다. 식 (3.5)에는 성립하지만 식 (3.2)에는 성립하지 않는 경우가 있을 수밖에 없다. 그림 3.2(a)의 경우를 생각해 보자. 이 그림에 식 (3.5)를 대입하면, 성립함을 알 수 있다. 이것은 내력, 즉 R^{ij}가 한정벡터인데도 불구하고 자유벡터의 합을 실시함으로써 발생된 것이다. 이러한 문제를 극복하기 위하여 먼저 R^{ij}와 R^{ji}의 작용선이 일치하도록 제한조건을 가해 보자. 먼저 그림 3.3에서 보는 바와 같이 임의의 점 O에서 질점 i로 향하는 벡터를 r_i라고 하자. 식 (3.2)의 양변에 r_i를 벡터곱하면

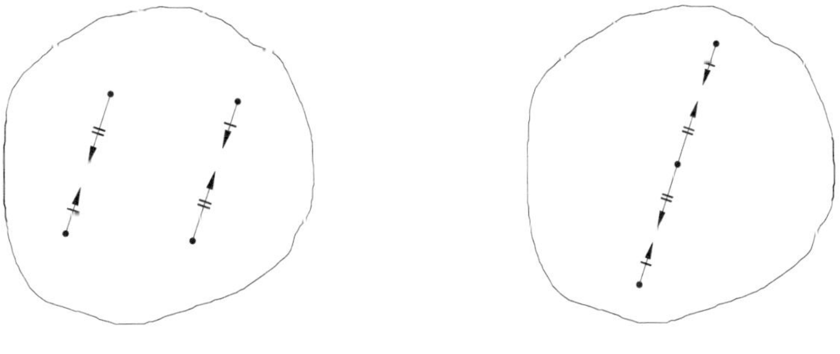

(a) (b)

그림 3.2 식 (3.4)의 결함

$$\mathbf{r}_i \times \mathbf{F}^i + \sum_j \mathbf{r}_i \times \mathbf{R}^{ij} = 0 \quad \text{for all } i \tag{3.6}$$

이다. 식 (3.5)를 유도할 때와 동일한 방법으로 식 (3.6)의 좌변과 우변을 모든 질점에 대하여 각각 더해 보자. 그러면

$$\sum_i \mathbf{r}_i \times \mathbf{F}^i + \sum_i \sum_j \mathbf{r}_i \times \mathbf{R}^{ji} = 0 \tag{3.7}$$

가 성립한다. 그런데 그림 3.3에서 보는 바와 같이 $\mathbf{R}^{ij}$의 작용선은 질점 i와 j의 연결선이므로

$$\mathbf{r}_i \times \mathbf{R}^{ij} = \mathbf{r}_j \times \mathbf{R}^{ij} = -\mathbf{r}_j \times \mathbf{R}^{ji} \tag{3.8}$$

이다. 그러므로 다음 식이 성립한다.

$$\sum_i \sum_j \mathbf{r}_i \times \mathbf{R}^{ij} = 0 \tag{3.9}$$

따라서 식 (3.9)를 식 (3.7)에 대입함으로써 다음의 추가적 조건이 유도된다.

$$\sum_i \mathbf{r}_i \times \mathbf{F}^i = 0 \tag{3.10}$$

여기서 $\mathbf{r}_i$가 임의의 점 O에서 질점 i로 향하는 벡터라는 점에 유념하라. 식 (3.10)이 추가됨으로써 식 (3.5)가 가진 그림 3.2(a)의 결함을 보완하였다. 그러나 그림 3.2(b)와 같이 동일 작용선상에 있지만 작용점이 다른 문제는 아직 남아 있다. 즉, 식 (3.5)와 식 (3.10)은 뉴턴의 제2운동법칙과 제3운동법칙이 만족될 필요조건이다.

우리는 이 두 조건을 평형조건(equilibrium requirements)이라고 부른다. 이 두 조건을 이용하여 물체에 작용하고 있는 힘을 계산할 수 있는 경우도 있다. 엄밀한 의미의 공학해석 문제에서 이러한 범주에 속하는 문제가 그렇게 많지는 않다. 그러나 이런 문제가 역학의 이해에 많은 도움을 주기 때문에 중고등학교의 물리에서부터 대학교의 정역학

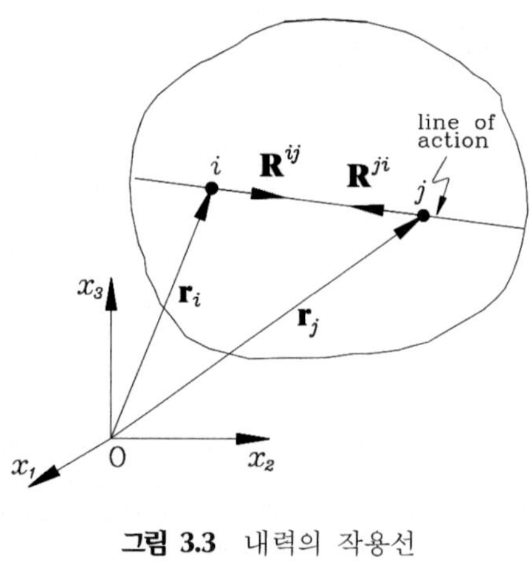

그림 3.3 내력의 작용선

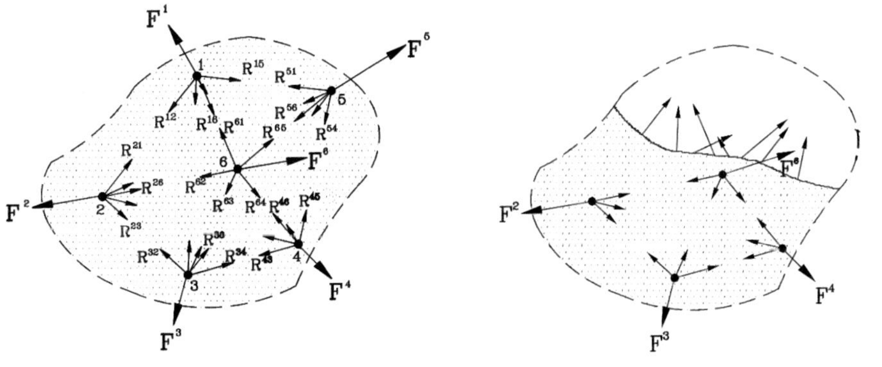

(a) (b)

그림 3.4 부분계의 가상적 분리

(statics)에 이르기까지 수년간에 걸쳐 공부하였을 것이다. 평형조건만으로 계에 작용하는 힘을 모두 구할 수 있을 때 그 계를 정정계(statically determinate system)라고 부른다.

전술한 바와 같은 이유로, 식 (3.5)와 식 (3.10)만으로 식 (3.2)와 동등한 의미를 갖도록 할 수 없다. 연속체에 대하여 동등한 의미를 갖도록 하기 위하여 다음의 충분조건이 추가되어야 한다.

평형조건식은 고체 전체계(entire system)뿐만 아니라 고체로부터 분리된 모든 부분계(subsystem)에 대해서 성립해야 한다.

물론 고체로부터 부분계를 분리한다는 것은 가상적으로 분리한다는 것이며, 가상적 분리(hypothetical cut)란 그림 3.4에서 보는 바와 같이 각 질점간에 작용하는 내력과 외력은 그대로 둔 상태에서 질점들만을 가상적으로 분리한다는 의미이다. 그림 3.4(b)에서 보는 바와 같이 분리 이전에 작용하던 내력 중에서 대상 부분계 이외 영역의 질점과 부분계 이내 영역의 질점 사이의 내력은 외력의 일부로 간주된다.

평형조건식만으로 반력을 구할 수 있는 문제는 극히 일부 문제인 정정계 문제에 한정되어 있다. 일반적인 문제의 해결을 위해서는 앞에서 설명한 평형조건식을 필요로 하는 모든 부분계에 대하여 적용시키면 된다. 그러므로 가장 작고 일반적인 부분계, 즉 미소체적(체적을 가지고 있는 최소 단위)에 대해 평형조건식이 만족되도록 하면, 가장 일반적인 수식이 될 것이다. 미소체적에 대한 평형조건식은 1차원 문제의 경우 상미분방정식으로, 2차원 및 3차원 문제의 경우 편미분방정식으로 수식화된다.

▼ 예제 3.2

그림의 구조물에서 각 부재는 핀으로 연결되어 있다. 작용하는 힘의 크기와 상태를 구하라.

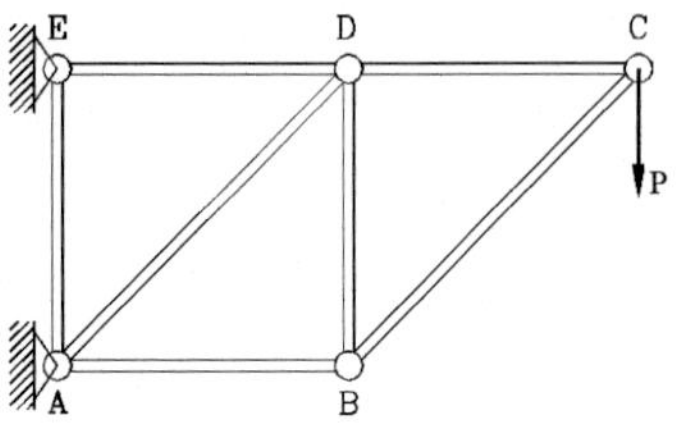

➡ 이 문제는 전형적인 트러스 구조물이다. 점 X와 점 Y를 잇는 부재에 작용하는 인장력을 f_{XY}라고 두자. 그림 (a)의 자유물체도에서 보는 바와 같이 점 C에서 미지의 하중은 두 개이다. 모든 힘의 작용선이 점 C를 통과하므로 식 (3.10)은 자동적으로 만족되므로 두 미지의 하중은 식 (3.5)로부터 유도된 두 개의 방정식에 의하여 구해진다. 즉, 그림 (a)의 점 C에 식 (3.5)를 적용하면

$$\Sigma F_x = 0\ ;\quad -f_{CD} - \frac{\sqrt{2}}{2} f_{BC} = 0 \qquad \text{(a)}$$
$$\Sigma F_y = 0\ ;\quad -\frac{\sqrt{2}}{2} f_{BC} - P = 0$$

이므로 $f_{BC} = -\sqrt{2}P$, $f_{CD} = P$이다.

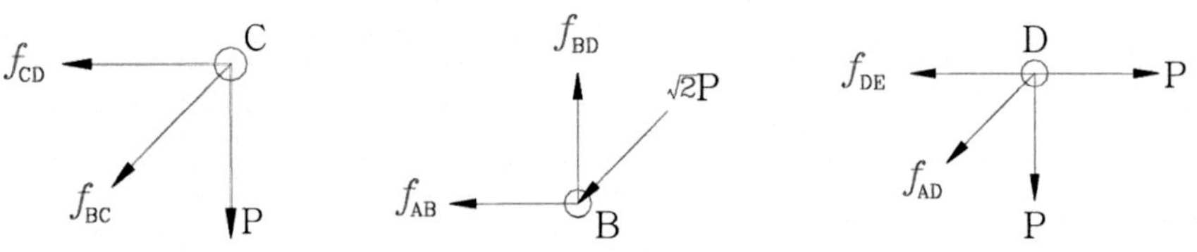

(a) At joint C (b) At joint B (c) At joint D

이제 $f_{BC} = -\sqrt{2}P$가 기지의 값이므로 그림 (b)에서 보는 바와 같이 점 B에서 미지의 힘은 두 개이며, 동일한 방법으로 식 (3.5)를 적용함으로써 $f_{BD} = P$, $f_{AB} = -P$를 구할 수 있다. 그리고 그림 (c)에서 보는 바와 같이 f_{BD}와 f_{CD}가 기지의 값이므로 미지의 하중이 두 개이며, 동일한 방법으로 $f_{AD} = -\sqrt{2}P$, $f_{DE} = 2P$를 구할 수 있다. 단, 음수의 힘은 부재가 압축상태에, 양수의 힘은 부재가 인장상태에 놓여 있음을 뜻한다. 이 예제는 정정계 문제의 예이다.

▼ 예제 3.3

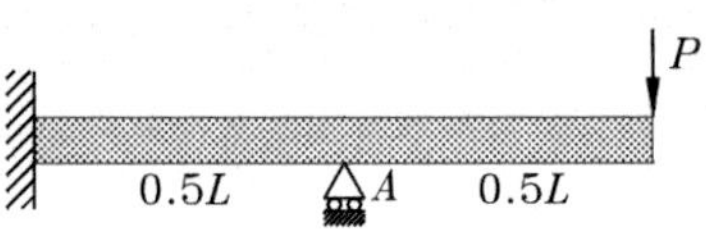

그림의 보 구조물에서 점 A에 작용하는 반력을 계산하라.

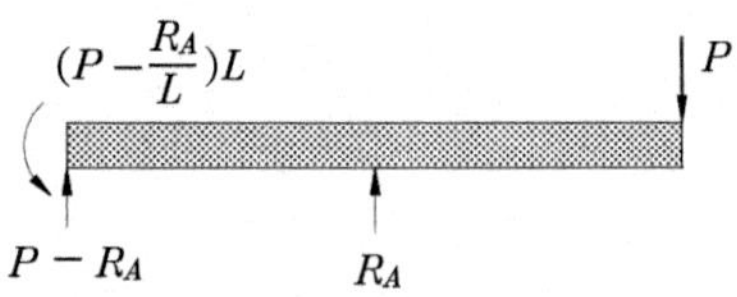

➡ 점 A에 작용하는 미지의 반력을 R_A라 두고 힘의 평형조건식을 적용하면, 보의 좌단에 작용하는 반력과 모멘트는 그림에서 보는 바와 같다. 그림의 자유물체도에서 힘의 평형조건식은 자동적으로 만족하므로 미지의 반력 R_A를 평형조건

식으로부터 구할 수 없다. 그러므로 이 문제는 부정정계에 속한다. 부정정계 문제는 변형의 기하학적 적합성조건을 고려하여 해결되며, 변형은 대개 미분방정식으로 수식화된다. 이 문제도 마찬가지이다. 특이함수[3.1]를 사용하여 하중밀도함수 $q(x)$를 수식화하면 다음과 같다.

$$q(x) = (PL - R_A L/2) < x >_{-2} + (P - R_A) < x >_{-1} \tag{a}$$
$$+ R_A < x - L/2 >_{-1} - P < x - L >_{-1}$$

$q(x)$를 두 번 적분하여 굽힘모멘트 M_b를 구하면 다음 식으로 주어진다.

$$M_b(x) = -(PL - R_A L/2) + (P - R_A)x + R_A < x - L/2 >^1 \tag{b}$$

보의 굽힘 지배방정식과 경계조건

$$EIv'' = M_b \tag{c}$$

$$v(0) = v'(0) = 0 \tag{d}$$

으로부터 다음의 곡선 $v(x)$를 구할 수 있다.

$$v(x) = \frac{1}{EI}\left[-\frac{1}{2}(PL - \frac{R_A L}{2})x^2 + \frac{(P - R_A)}{6}x^3 + \frac{R_A}{6} < x - \frac{L}{2} >^3\right] \tag{e}$$

한편 $v\left(\frac{L}{2}\right) = 0$으로부터

$$-\frac{1}{8}(PL - \frac{R_A L}{2})L^2 + \frac{(P - R_A)}{48}L^3 = 0 \tag{f}$$

이므로 반력

$$R_A = \frac{5}{2}P \tag{g}$$

를 구할 수 있다. 이 예제에서는 예제 3.2와는 달리 반력을 구하기 위하여 미분방정식을 풀어야 한다는 사실에 주목하라. 이 예제는 미지수인 처짐 곡선이 함수 $v(x)$이므로 미분방정식과 경계조건, 즉 경계치 문제로 수식화 되었고, 기하학적 구속조건에 의하여 반력이 계산되었으므로 부정정계의 예이다.

3.2 응력벡터와 응력

공학에서 힘 그 자체도 중요하지만 단위면적당 작용하는 힘, 즉 응력(stress)이 이론의 전개와 응용 목적으로 매우 긴요하게 사용되고 있다. 일반적으로 소재는 견딜 수 있는 한계

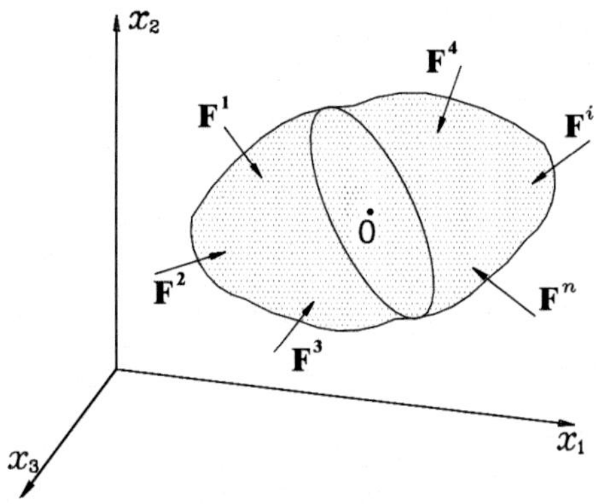

그림 3.5 대상 물체와 하중

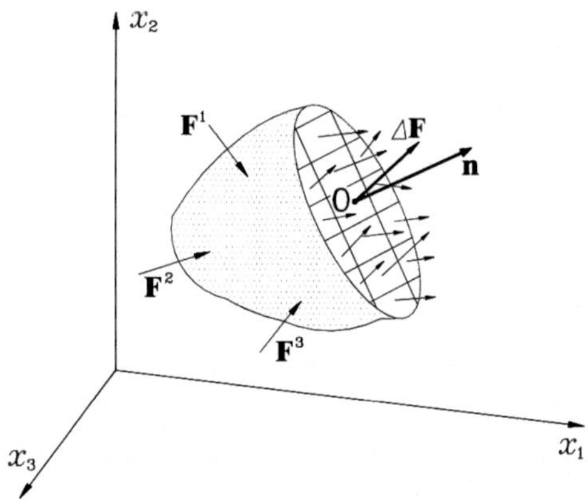

그림 3.6 외향법선단위벡터가 n인 면에 작용하는 내력

응력을 갖고 있으므로 기계 부품 및 시스템의 설계 시에 응력은 주요 고려 대상 중의 하나이다. 연속체의 표면에 작용하는 힘은 위치마다 다르므로 단위면적당 힘, 즉 응력으로 정량화시킬 수밖에 없다. 앞 절에서 설명한 평형조건식 (3.5)와 (3.10)이 임의의 미소체적에 대하여 성립해야 한다는 조건을 수식화하는 데도 응력의 사용은 필수적이다.

응력의 물리적 의미는 단위면적당 작용하는 힘이며, 차원은 [힘]/[길이]^{2}이다. 응력은 일반적으로 각 질점마다 다르므로 질점의 위치, 즉 좌표 x_i 의 함수이다. 3차원 공간에서 벡터는 세 개의 성분을 갖지만 응력은 아홉 개의 성분으로 표현되며, 이 중에서 독립적인 응력성분의 수는 여섯 개이다.

응력의 수학적 정의에 앞서 응력벡터(stress vector)를 공부하자. 그림 3.5에서 대상물체 내부 또는 경계상의 임의의 점 O를 지나는 가상의 단면(hypothetical cut)을 생각해 보자. 이 단면에는 힘의 균형을 유지시키기 위하여 그림 3.6에서 보는 바와 같이, 내력이 분포하중의 형태로 작용하고 있다. 그림에서 보는 바와 같이 단면의 외향법선단위벡터(outwardly directed unit normal vector)를 n 또는 n_i 라고 하고, 점 O를 중심으로 하는 단면적 ΔA에 작용하는 내력의 합력을 $\Delta\mathrm{F}$ 라고 하자. 이 때 점 O의 응력벡터는 다음과 같이 정의된다.

$$\mathrm{t}^{(\mathrm{n})} = \lim_{\Delta A \to 0} \frac{\Delta \mathrm{F}}{\Delta A} \tag{3.11}$$

여기서 응력벡터 $\mathrm{t}^{(\mathrm{n})}$은 벡터량이다. (n)을 표시하는 이유는 동일 점이더라도 면의 방향, 즉 n 의 방향에 따라 응력벡터 $\mathrm{t}^{(\mathrm{n})}$이 일반적으로 다르기 때문이다. 식 (3.11)에서 극한값을 취할 수 있는 배경이 연속체의 가설에 있다는 점에 주목하기 바란다. 한편 대상의 점이 경계 S 또는 C 상에 있고 외향법선벡터 n 이 그 점에서 접면 및 접선과 수직할 경우의 응력벡터를 표면력벡터(surface traction vector)라고 한다. 따라서 하중이 주어진 경계조건이란 표면력벡터의 성분 중 전체 또는 일부가 주어진 경계조건(traction prescribed boundary condition)이다.

▼ 예제 3.4

그림에서 보는 바와 같이 일정한 정사각형 단면을 지닌 봉재 끝에 균일하게 인장력 $\sigma_0 a^2$ 이 작용하고 있다. 그림에서 점 P를 지나는 가상의 단면 방향이 $\theta = 30^\circ$, 45°, 60°일 때, 외향법선단위벡터 n과 응력벡터 $t^{(n)}$을 구하라.

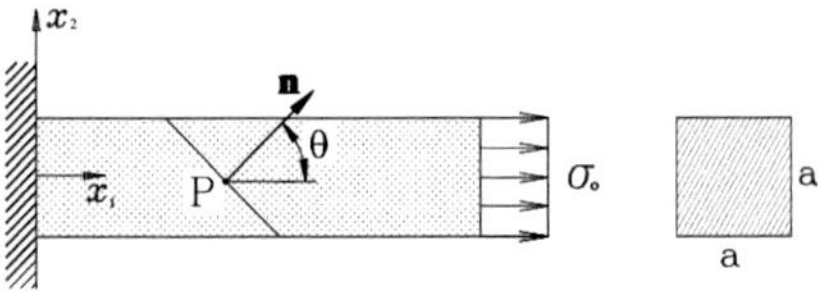

① $\theta = 30^\circ$일 경우

$$n = \cos\theta\, e_1 + \sin\theta\, e_2 = \frac{\sqrt{3}}{2} e_1 + \frac{1}{2} e_2 \quad \text{(a)}$$

$$t^{(n)} = \frac{\sigma_0 a^2 e_1}{\dfrac{a^2}{\cos 30^\circ}} = \frac{\sqrt{3}}{2}\sigma_0 e_1 \quad \text{(b)}$$

② $\theta = 45^\circ$일 경우

$$n = \frac{\sqrt{2}}{2} e_1 + \frac{\sqrt{2}}{2} e_2 \quad \text{(c)}$$

$$t^{(n)} = \frac{\sigma_0 a^2 e_1}{\dfrac{a^2}{\cos 45^\circ}} = \frac{\sqrt{2}}{2}\sigma_0 e_1 \quad \text{(d)}$$

③ $\theta = 60^\circ$일 경우

$$n = \frac{1}{2} e_1 + \frac{\sqrt{3}}{2} e_2 \quad \text{(e)}$$

$$t^{(n)} = \frac{\sigma_0 a^2 e_1}{\dfrac{a^2}{\cos 60^\circ}} = \frac{1}{2}\sigma_0 e_1 \quad \text{(f)}$$

▼ 예제 3.5

그림은 평면변형 상태의 구조해석 문제를 나타내고 있다. 구조물의 경계에서 외향법선단위벡터와 기지의 표면력벡터를 도시하라.

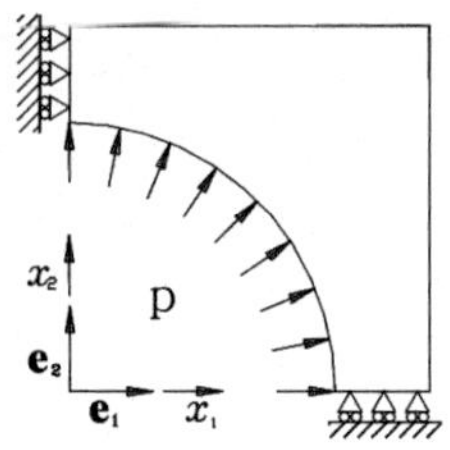

➡ 외향법선벡터는 기하학적으로 구해지는 것으로 그림 (a)에 구간별로 외향법선단위벡터를 표시하고 수식으로 나타내었다. 그리고 그림 (b)에 기지의 표면력벡터를 수식화하여 표현하였다.

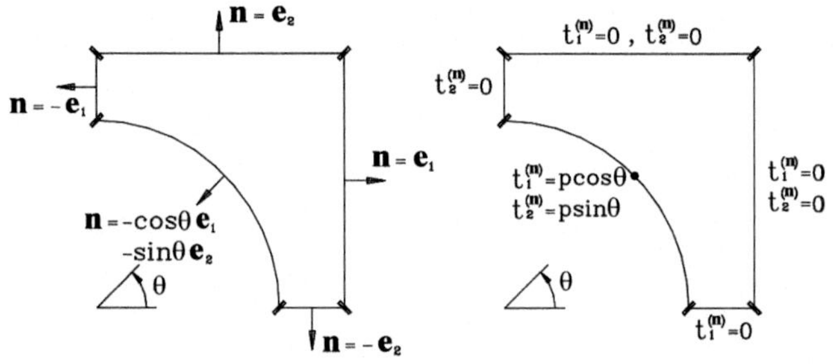

(a) 외향법선벡터 (b) 표면력벡터

▼ 예제 3.6

그림의 집중하중을 표면력 관점에서 설명하라.

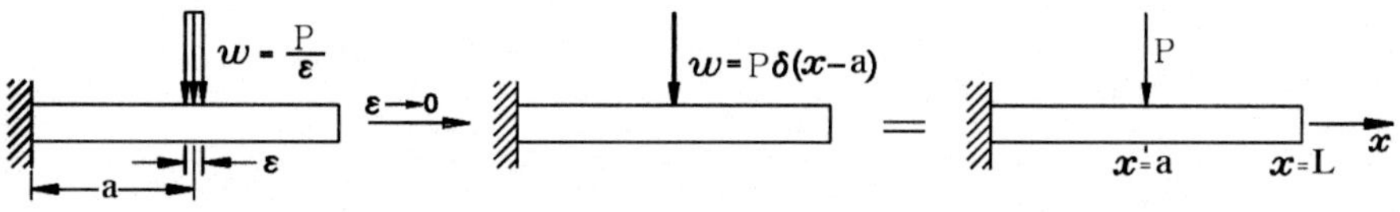

➡ 집중하중은 물리적으로 존재할 수 없다. 아무리 작더라도 면적에 하중이 부과되는 것이다. 분포하중과 정역학적으로 동등한 집중하중은 하중이 부과된 지점의 응력분포 측면에서는 큰 차이가 있지만, Saint Venant 원리에 의하여 이로부터 일정거리 이상 떨어진 지점에서 그 차이는 없다. 집중하중은 분포하중의 특별한 형태로 볼 수 있다. 즉, 그림에서 보는 바와 같이 분포하중의 합력이 P이고 면적이 0인 경우이다.

응력벡터는 연속체 상의 점에서 정의되므로 위치의 함수이다. 식 (3.11)의 응력벡터의 정의에서 외향법선단위벡터 n과 $\Delta A \to 0$을 유념해야 한다. 즉, 점은 면적 또는 체적을 가

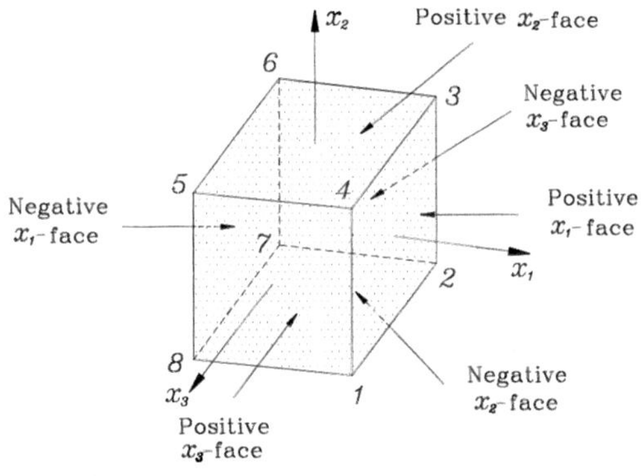

그림 3.7 양의 면과 음의 면의 정의

지고 있지 않지만, 한 점의 응력벡터를 정의하기 위하여 대상 면적의 방향과 크기를 고려하고 있다. 그림 3.7은 응력 또는 응력벡터를 설명하기 위하여 면을 정의하고 있다. 면의 외향법선벡터가 x_1-축과 일치하면 양의 x_1-면(positive x_1-face)이라고 정의하고, x_1-축과 반대 방향을 향하면 음의 x_1-면(negative x_1-face)이라고 칭한다. x_2-면과 x_3-면도 마찬가지로 정의된다. 면적 자체는 본래 음수가 될 수 없지만, 한 점을 지나는 단면이 두 개 있으므로 그 면을 구분하기 위한 목적으로 양의 면과 음의 면이 정의된 것이다.

한편 그림 3.8에서 보는 바와 같이 임의의 점 P에서 물체를 분리하면 두 개의 면이 생기고, 이 두 면은 외향법선단위벡터 $\mathbf{n}$과 $-\mathbf{n}$에 의하여 정의된다. 분리된 면에서 점 P에 작용하는 단위면적당 힘, 즉 $\mathbf{t}^{(\mathbf{n})}$과 $\mathbf{t}^{(-\mathbf{n})}$은 뉴턴의 제 3 법칙, 즉 작용과 반작용의 법칙에 의하여 그 크기는 같고 방향이 반대가 되어야 한다. 즉,

$$\mathbf{t}^{(\mathbf{n})} = -\mathbf{t}^{(-\mathbf{n})} \quad \text{또는} \quad t_i^{(\mathbf{n})} = -t_i^{(-\mathbf{n})} \tag{3.12}$$

이다.

벡터 $\mathbf{n}$이 x_1-축과 일치하는 경우, 즉 $\mathbf{n} = \mathbf{e}_1$인 경우, 응력벡터 $\mathbf{t}^{(\mathbf{n})}$의 x_1, x_2, x_3-성분을 각각 $\sigma_{11}, \sigma_{12}, \sigma_{13}$ (또는 $\sigma_{xx}, \sigma_{xy}, \sigma_{xz}$)으로 정의한다. 즉,

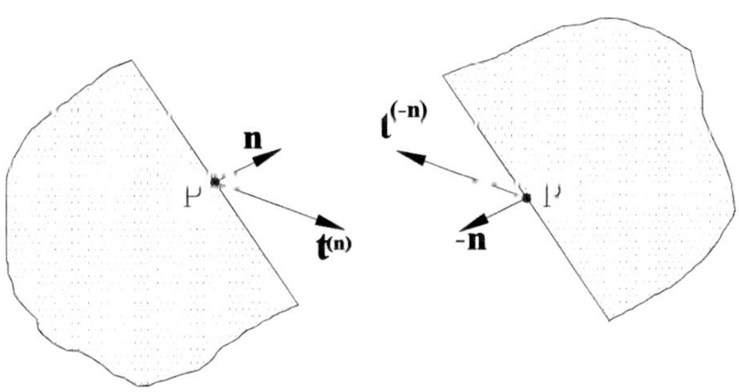

그림 3.8 작용과 반작용의 법칙

$$\mathrm{t}^{(\mathrm{e}_1)} \equiv \sigma_{1i}\mathbf{e}_i \quad \text{또는} \quad t_j^{(\mathrm{e}_1)} \equiv \sigma_{1\mathrm{j}} = \lim_{\Delta A_1 \to 0} \frac{\Delta F_j}{\Delta A_1} \tag{3.13}$$

이다. 여기서 ΔA_1은 합력 $\Delta \mathrm{F}$가 정의된 x_1-면상의 미소면적을 의미한다. 마찬가지로 응력성분 $\sigma_{21}, \sigma_{22}, \sigma_{23}, \sigma_{31}, \sigma_{32}, \sigma_{33}$ 등이 정의된다. 식 (3.13)을 일반화시키면 다음과 같다.

$$t_j^{(\mathrm{e}_i)} \equiv \sigma_{ij} = \lim_{\triangle A_i \to 0} \frac{\Delta F_j}{\Delta A_i} \tag{3.14}$$

따라서 응력 σ_{ij}는 i면에 작용하는 j방향의 단위면적당 힘을 의미한다. 첨자 i와 j가 동일한 $\sigma_{11}, \sigma_{22}, \sigma_{33}$은 법선응력(normal stress)이며, 첨자가 서로 다른 $\sigma_{12}, \sigma_{23}, \sigma_{31}$, $\sigma_{21}, \sigma_{32}, \sigma_{13}$ 등은 전단응력(shear stress)이다. 흔히 전단응력을 $\sigma_{12}\,(\sigma_{xy})$ 대신 $\tau_{12}\,(\tau_{xy})$ 등으로 표현하며, 법선응력을 $\sigma_{11}\,(\sigma_{xx})$ 대신 σ_x 등으로 표현하기도 한다. 법선응력은 힘이 면에 수직하게 작용하는 경우이므로 인장 또는 압축 응력을 나타낸다. 전단응력은 면적에 평행한 방향으로 작용하므로 단위면적당 전단력의 의미를 갖는다. 응력성분을 행렬 형태로 표현하면 다음과 같다.

$$\begin{bmatrix} \sigma_{11} & \sigma_{12} & \sigma_{13} \\ \sigma_{21} & \sigma_{22} & \sigma_{23} \\ \sigma_{31} & \sigma_{32} & \sigma_{33} \end{bmatrix} \quad \text{또는} \quad \begin{bmatrix} \sigma_{xx} & \sigma_{xy} & \sigma_{xz} \\ \sigma_{yx} & \sigma_{yy} & \sigma_{yx} \\ \sigma_{zx} & \sigma_{zy} & \sigma_{zz} \end{bmatrix} \tag{3.15}$$

응력의 부호를 고려해 보자. 연속체의 한 점을 통과하는 가상적 단면은 두 개가 된다. 전술한 바와 같이 하나를 n 면(양의 면)이라고 하면, 다른 한 면은 −n 면(음의 면)이 될 것이다. 식 (3.12)의 작용과 반작용의 법칙에 의하여 양의 면과 음의 면에는 크기는 같고 방향이 다른 힘이 작용한다. 그러므로 한 번의 절단으로 만들어진 두 개의 가상적 단면상의 동일 점에 작용하는 응력성분은 동일함을 다음의 식으로부터 알 수 있다.

$$t_j^{(\mathrm{e}_i)} = -\mathrm{t}_\mathrm{j}^{(-\mathrm{e}_i)} \equiv \sigma_{ij} \tag{3.16}$$

이 식으로부터 응력성분의 (+)부호는 양의 면에 양의 방향의 하중이 작용하거나 음의 면에 음의 방향의 하중이 작용하는 경우를 뜻하며, 그 이외의 경우에는 (−)부호의 응력이 된다. 따라서 법선응력성분이 양수라는 것은 그 성분의 방향으로 인장응력이 작용한다는 것을 의미한다.

한 점의 응력을 표현하는 과정을 재고해 보자. 물체, 즉 연속체의 모양을 수치적으로 표현하기 위하여 좌표계가 필요하다. 좌표계는 문제에 따라 편리한 대로 잡을 수 있다. 고체역학 문제의 수치해석(유한요소해석 등)에서 직각좌표계만으로 모든 문제의 해결이 사실상 가능하므로 지금부터 직각좌표계를 중점적으로 설명한다. 물론 축대칭 문제의 경우, 원통좌표계로 수식화하면 2차원적 접근방법이 적용될 수 있으므로 주로 원통좌표계를 사용한다. 직각좌표계의 방향은 편리한 대로 잡으면 된다. 일반적으로 그림 2.5의 x-y 좌표계가 보기에도 좋고 공간의 활용면에서도 효과적이다. 그러나 역학의 관점에서 특수한 방향의 직각좌표계(예, 그림 2.5의 x''-y'' 좌표계)를 사용하는 것이 효과적일 수 있다. 예를 들면 주응력축과 일치하는 좌표계를 사용하면, 이론의 전개와 물리적 의미 파악의 관점에서 매우 유리하다. 이에 관한 구체적 내용은 3.4절에서 상술한다.

응력은 2차 텐서량이다. 따라서 서로 다른 좌표계에 관한 동일점의 응력텐서는 다음의 좌표변환 법칙을 따른다.

$$\sigma_{i'j'} = T_{i'p}\, T_{j'q}\, \sigma_{pq} \tag{3.17}$$

응력텐서 중에서 하나의 축(대개 x_3-축(또는 z-축)으로 간주함)에 대한 성분이 모두 0일 경우, 평면응력(plane stress)이라고 한다. 직사각단면 보, 박판 등의 문제가 평면응력의 대표적인 예이다. 평면응력에 대한 그림 2.1의 두 좌표계간의 변환관계는 다음과 같다.

$$\begin{bmatrix}\sigma_{1'1'} & \sigma_{1'2'}\\ \sigma_{2'1'} & \sigma_{2'2'}\end{bmatrix} = \begin{bmatrix}\cos\theta & \sin\theta\\ -\sin\theta & \cos\theta\end{bmatrix}\begin{bmatrix}\sigma_{11} & \sigma_{12}\\ \sigma_{21} & \sigma_{22}\end{bmatrix}\begin{bmatrix}\cos\theta & -\sin\theta\\ \sin\theta & \cos\theta\end{bmatrix} \tag{3.18}$$

여기서 강조해 두어야 할 점은 비록 그 수치가 다르더라도 식 (3.18)에서 두 집합의 응력성분들은 동일한 물리적 의미를 갖는다는 사실이다. 특히 식 (3.18)은 동질변환이므로 두 응력텐서의 고유치, 즉 주응력은 동일하다. 물론 이 점은 3차원 공간에서도 마찬가지로 성립한다(예제 2.21 참고).

한편 응력벡터 $\mathrm{t}^{(\mathrm{n})}$과 응력텐서 σ_{ij}는 다음의 관계에 있다(예제 3.7 참고).

$$t_i^{(\mathrm{n})} = \sum_j \sigma_{ji} n_j \quad \text{또는} \quad t_i^{(\mathrm{n})} = \sigma_{ji} n_j \tag{3.19}$$

이 관계식을 Cauchy의 공식(Cauchy's formula)이라고 한다. 이 공식으로부터 한 점에서 응력이 알려져 있다면 임의의 방향에 대한 응력벡터, 즉 단위면적당 작용하는 힘을 구할 수 있으며, 표면력벡터가 $t_i^{(\mathrm{n})} = \bar{t}_i$로 주어진 경계 S_{t_i}에서 경계조건을 응력성분으로 표현할 수 있다. 즉,

$$\sigma_{ji} n_j = \bar{t}_i \quad \text{on} \quad S_{t_i} \tag{3.20}$$

이다. 이 식에서 우변은 기지의 값이고 좌변에서 벡터 n_j는 경계에서 기하학적으로 결정되는 기지의 값이므로, 표면력벡터가 주어진 경계는 응력에 관한 소선이 주어진 경계이다.

▼ 예제 3.7

식 (3.19)의 Cauchy의 공식을 증명하라.

➡ 삼각형 ABC의 면적을

$$\triangle ABC = S \tag{a}$$

라 두자. 그러면

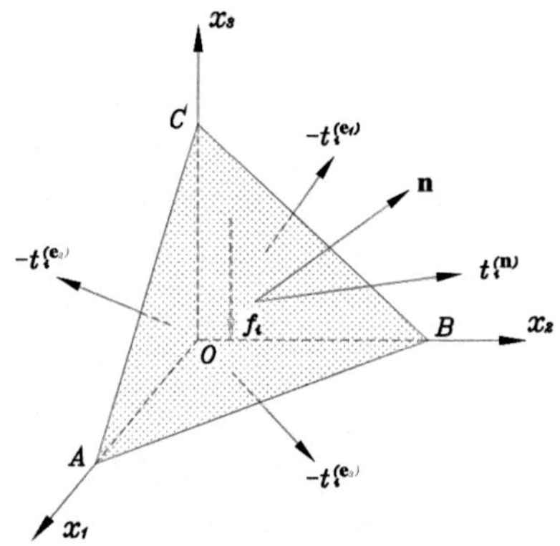

$$\triangle OBC = n_1 S$$
$$\triangle OAC = n_2 S \qquad \text{(b)}$$
$$\triangle OAB = n_3 S$$

이다. 여기서 $\mathrm{n} = [n_1, n_2, n_3]^{\mathrm{T}}$은 삼각형 ABC의 외향법선단위벡터이다. 즉, n_i는 x_i-축과 n이 이루는 각도의 코사인값이다. x_i-방향의 힘의 평형을 고려해 보자. $\sum F_i = 0$으로부터

$$t_i^{(\mathrm{n})} S - t_i^{(\mathrm{e}_1)} n_1 S - t_i^{(\mathrm{e}_2)} n_2 S - t_i^{(\mathrm{e}_3)} n_3 S + \frac{1}{3} f_i h S = 0 \qquad \text{(c)}$$

이다. 여기서 h는 점 O에서 삼각형 ABC에 이르는 수선의 길이이다. 위의 식에서 $S \to 0$을 취하면, $h \to 0$이 되므로 다음의 Cauchy 공식을 얻게 된다.

$$t_i^{(\mathrm{n})} = \sum_{\mathrm{j}} t_i^{(\mathrm{e_j})} n_j = \sigma_{ji} n_j \qquad \text{(d)}$$

▼ 예제 3.8

응력이 2차 텐서임을 증명하라.

➡ 식 (3.19)의 Cauchy의 공식에서 n이 $\mathrm{e}_k{}'$($x_k{}'$-축)과 일치할 경우,

$$n_1 = \cos(x_k{}', x_1) = T_{k'1}, \ n_2 = \cos(x_k{}', x_2) = T_{k'2}, \ n_3 = \cos(x_k{}', x_3) = T_{k'3}$$

이므로

$$n_i = \cos(x_k{}', x_i) = T_{k'i} \qquad \text{(a)}$$

이다. 따라서

$$t_i^{(\mathrm{e}_k{}')} = \sigma_{mi} T_{k'm} \qquad \text{(b)}$$

이다. $t_i^{(\mathrm{e}_k{}')}$의 $x_j{}'$-축 성분이 $\sigma_{k'j'}$이므로 다음과 같다.

$$\sigma_{k'j'} = \mathrm{t}^{(\mathrm{e}_k{}')} \cdot \mathrm{e}_j{}' = t_i^{(\mathrm{e}_k{}')} T_{j'i} = T_{k'm} T_{j'i} \sigma_{mi} \qquad \text{(c)}$$

따라서 응력은 2차 텐서량이다.

▼ 예제 3.9

어떤 점의 응력텐서가 다음과 같을 때

$$\begin{bmatrix} 20 & 10 & 0 \\ 10 & -30 & -20 \\ 0 & -20 & 50 \end{bmatrix}$$

외향법선단위벡터가 $n = \frac{1}{\sqrt{3}} e_1 + \frac{1}{\sqrt{3}} e_2 + \frac{1}{\sqrt{3}} e_3$인 팔면체면(octahedral plane)에 작용하는 법선응력과 접선응력을 구하라.

➡ Cauchy의 공식으로부터

$$t_i^{(n)} = \frac{1}{\sqrt{3}} \begin{bmatrix} 20 & 10 & 0 \\ 10 & -30 & -40 \\ 0 & 40 & 10 \end{bmatrix} \begin{bmatrix} 1 \\ 1 \\ 1 \end{bmatrix} = \frac{1}{\sqrt{3}} \begin{bmatrix} 30 \\ -60 \\ -30 \end{bmatrix} \tag{a}$$

이다. 응력벡터의 법선성분 σ_N은 $t_i^{(n)}$과 벡터 n의 내적이다. 즉,

$$\sigma_N = t_i^{(n)} n_i = -20 \tag{b}$$

이다. 한편 응력벡터를 법선이 n인 면에 투영시켰을 때 얻어지는 응력벡터의 접선성분 σ_S는 다음 식에 의하여 구해진다.

$$\sigma_S = \left| t_i^{(n)} - \sigma_N n_i \right| = 10\sqrt{14} \tag{c}$$

▼ 예제 3.10

다음의 응력텐서 σ_{ij}를 변환행렬 T로 좌표변환하라.

$$\sigma_{ij} = \begin{bmatrix} 2 & 2 & 0 \\ 2 & -2 & 0 \\ 0 & 0 & 2\sqrt{2} \end{bmatrix} \quad T = \frac{1}{2} \begin{bmatrix} 0 & \sqrt{2} & \sqrt{2} \\ \sqrt{2} & 1 & -1 \\ -\sqrt{2} & 1 & -1 \end{bmatrix}$$

➡ 식 (3.17)의 좌표변환 공식에 의하여 다음과 같다.

$$\sigma_{ij} = \frac{1}{4} \begin{bmatrix} 0 & \sqrt{2} & \sqrt{2} \\ \sqrt{2} & 1 & -1 \\ -\sqrt{2} & 1 & -1 \end{bmatrix} \begin{bmatrix} 2 & 2 & 0 \\ 2 & -2 & 0 \\ 0 & 0 & 2\sqrt{2} \end{bmatrix} \begin{bmatrix} 0 & \sqrt{2} & \sqrt{2} \\ \sqrt{2} & 1 & -1 \\ -\sqrt{2} & 1 & -1 \end{bmatrix}^T$$

$$= \frac{1}{2} \begin{bmatrix} -2+2\sqrt{2} & -\sqrt{2} & -4-\sqrt{2} \\ -\sqrt{2} & 1+3\sqrt{2} & -3+\sqrt{2} \\ -4-\sqrt{2} & -3+\sqrt{2} & 1-\sqrt{2} \end{bmatrix}$$

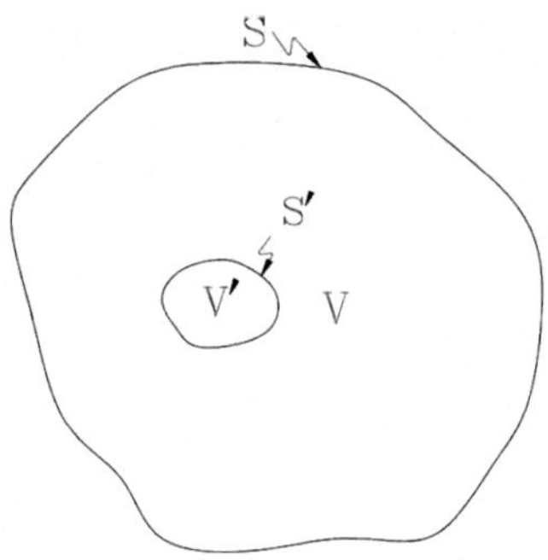

그림 3.9 연속체와 부분계

3.3 평형방정식과 운동방정식

가속도의 영향을 무시할 경우, 평형조건으로부터 모든 외력의 합은 0이 되어야 하며, 외력의 1차 모멘트의 합도 0이 되어야 한다. 그리고 이 조건은 그림 3.9의 대상 연속체로부터 가상적으로 분리된 임의의 체적 V'에 대해서도 성립해야 한다. 물론 분리된 체적 V'에 평형조건을 적용할 때, 분리 이전의 경계 S'상에 작용하던 내력은 분리된 체적 V'의 경계인 S'상에 작용하는 외력으로 간주되어야 한다. 외력에는 체적력과 표면력이 있으며, 평형조건으로부터 외력의 합이 0이 되어야 하므로

$$\int_{S'} t_i^{(\mathrm{n})}\, dS + \int_{V'} f_i\, dV = 0 \tag{3.21}$$

이다. 여기서 f_i는 단위부피당 체적력을 의미한다. 식 (3.19)의 Cauchy의 공식과 발산이론을 이용하면

$$\int_{V'} (\sigma_{ji,j} + f_i)\, dV = 0 \tag{3.22}$$

이 되고, 이 식은 임의의 부분계 V'에 대하여 성립해야 하므로

$$\sigma_{ji,j} + f_i = 0 \quad \text{또는} \quad \begin{aligned} \frac{\partial \sigma_{xx}}{\partial x} + \frac{\partial \sigma_{yx}}{\partial y} + \frac{\partial \sigma_{zx}}{\partial z} + f_x = 0 \\ \frac{\partial \sigma_{xy}}{\partial x} + \frac{\partial \sigma_{yy}}{\partial y} + \frac{\partial \sigma_{zy}}{\partial z} + f_y = 0 \\ \frac{\partial \sigma_{xz}}{\partial x} + \frac{\partial \sigma_{yz}}{\partial y} + \frac{\partial \sigma_{zz}}{\partial z} + f_z = 0 \end{aligned} \tag{3.23}$$

이 성립해야 한다. 이 방정식을 평형방정식(equation of equilibrium)이라고 한다. 그리고 가속도의 영향을 고려할 경우,

$$\int_{S'} t_i^{(\mathrm{n})}\, dS + \int_{V'} f_i\, dV = \int_{V'} \rho \dot{v}_i\, dV \tag{3.24}$$

로부터 다음의 운동방정식(equation of motion)을 유도할 수 있다.

$$\sigma_{ji,j} + f_i = \rho \dot{v}_i \tag{3.25}$$

탄성역학이나 소성역학에서는 식 (3.23)의 평형방정식을 다루고, 동역학과 유체역학 등에서는 식 (3.25)의 운동방정식을 다룬다. 유체역학의 Navier-Stokes 방정식은 제 1 부의 예제 6.3에서 설명한 바와 동일한 방법으로 식 (3.25)로부터 유도된다.

한편 부분계에 대한 모멘트의 합이 0이 되어야 한다는 조건으로부터

$$\int_{S'} \mathbf{x} \times \mathbf{t}^{(\mathrm{n})}\, dS + \int_{V'} \mathbf{x} \times \mathbf{f}\, dV = 0 \tag{3.26}$$

또는

$$\int_{S'} \epsilon_{ijk}\, x_j\, t_k^{(\mathrm{n})}\, dS + \int_{V'} \epsilon_{ijk}\, x_j\, f_k\, dV = 0 \tag{3.27}$$

이다. Cauchy의 공식과 발산이론으로부터

$$\int_{V'} \epsilon_{ijk} \left[x_j \left(\sigma_{pk,p} + f_k \right) + \sigma_{jk} \right] dV = 0 \tag{3.28}$$

을 얻는다. 평형방정식으로부터 $\sigma_{pk,p} + f_k = 0$이므로 $\epsilon_{ijk}\sigma_{jk} = 0$이다. ϵ_{ijk}가 j와 k에 대하여 의대칭(skew-symmetric)이므로 σ_{ij}는 대칭이어야 한다(제 1 부 예제 2.6 참고). 즉,

$$\sigma_{ij} = \sigma_{ji} \quad \text{또는} \quad \sigma_{xy} = \sigma_{yx},\ \sigma_{yz} = \sigma_{zy},\ \sigma_{zx} = \sigma_{xz} \tag{3.29}$$

이다. 이 관계는 관성력 $\rho \dot{v}_i$가 고려되더라도 성립한다. 따라서 식 (3.19)와 식 (3.23)은 흔히 다음과 같이 표현된다.

$$t_i^{(\mathrm{n})} = \sigma_{ij} n_j \tag{3.30}$$

$$\sigma_{ij,j} + f_i = 0 \tag{3.31}$$

식 (3.23)과 (3.29)는 응력성분간의 상호관계를 맺어주는 것으로, 이 관계를 만족하는 응력성분이 탄성역학과 소성역학 등의 정적 또는 준정적 역학 문제에서 구하고자 하는 응력분포가 되는 것이다.

▼ 예제 3.11

체적력이 작용하지 않는 평면응력 상태의 미소면적에 힘의 평형조건을 적용함으로써 평형방정식을 유도하라.

➡ 그림 (a)는 x-y 좌표계의 미소면적에 작용하는 힘을 나타내고 있다. $\sum F_x = 0$으로부터

$$-\sigma_{xx}\Delta y+(\sigma_{xx}+\frac{\partial\sigma_{xx}}{\partial x}\Delta x)\Delta y \qquad \text{(a)}$$

$$-\sigma_{yx}\Delta x+(\sigma_{yx}+\frac{\partial\sigma_{yx}}{\partial y}\Delta y)\Delta x=0$$

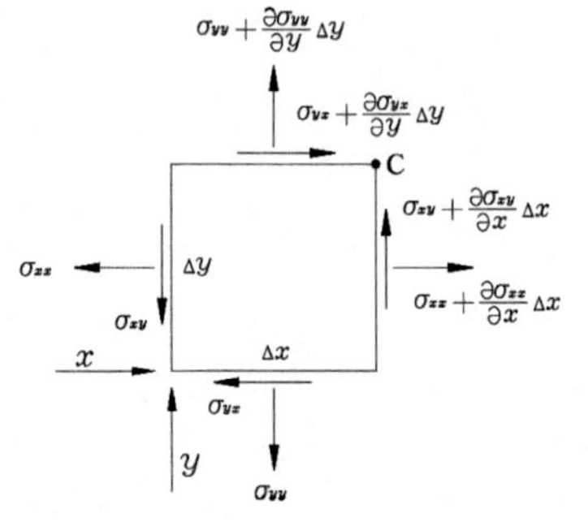

그림 (a)

이므로

$$\frac{\partial\sigma_{xx}}{\partial x}+\frac{\partial\sigma_{yx}}{\partial y}=0 \qquad \text{(b)}$$

이다. 마찬가지로 $\sum F_y=0$으로부터

$$\frac{\partial\sigma_{xy}}{\partial x}+\frac{\partial\sigma_{yy}}{\partial y}=0 \qquad \text{(c)}$$

을 유도할 수 있다. 또한 임의의 점에서 모멘트의 합이 0이 되어야 한다는 조건으로부터

$$\sum M_C = -\frac{\partial\sigma_{yy}}{\partial y}\Delta y\Delta x\frac{\Delta x}{2}+\frac{\partial\sigma_{xx}}{\partial x}\Delta x\Delta y\frac{\Delta y}{2}+\sigma_{xy}\Delta y\Delta x-\sigma_{yx}\Delta x\Delta y = 0 \qquad \text{(d)}$$

이므로

$$\sigma_{yx}=\sigma_{xy} \qquad \text{(e)}$$

이다.

▼ 예제 3.12

다음의 평면응력이 해가 될 수 있는지 판단하라.

$$\text{a)}\begin{bmatrix} -\frac{3}{2}x^2y^2 & xy^3 \\ xy^3 & -\frac{1}{4}y^4 \end{bmatrix} \qquad \text{b)}\begin{bmatrix} x+y^2 & -y \\ -y & x^5+cy \end{bmatrix}$$

➡ a)

$$\frac{\partial\sigma_{xx}}{\partial x}+\frac{\partial\sigma_{yx}}{\partial y}=-3xy^2+3xy^2=0 \qquad \text{(a)}$$

$$\frac{\partial\sigma_{xy}}{\partial x}+\frac{\partial\sigma_{yy}}{\partial y}=y^3-y^3=0 \qquad \text{(b)}$$

이므로 응력텐서는 평형방정식을 만족한다. 따라서 해가 될 수 있다.

➡ b)

$$\frac{\partial\sigma_{xx}}{\partial x}+\frac{\partial\sigma_{yx}}{\partial y}=1-1=0 \qquad \text{(c)}$$

$$\frac{\partial\sigma_{xy}}{\partial x}+\frac{\partial\sigma_{yy}}{\partial y}=0+c=c \qquad \text{(d)}$$

이므로 $c=0$일 때만 평형방정식을 만족한다.

▼ 예제 3.13

그림의 균일 사각단면 보의 굽힘응력은 다음 식에 의하여 구해진다.

$$\sigma_{xx} = -\frac{M_b y}{I_z} \tag{a}$$

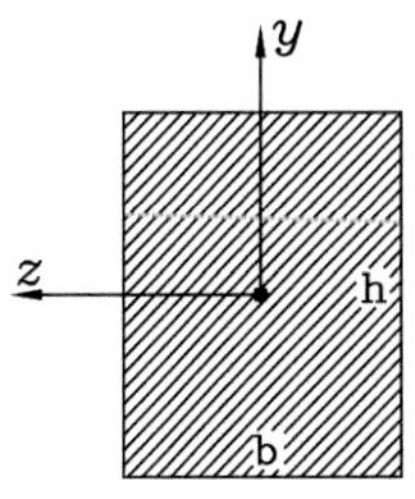

보의 임의의 지점에서 일정한 크기의 전단력 $-P$가 작용할 때, 전단응력 $\sigma_{xy}(=\tau_{xy})$를 구하라. 단, 체적력은 무시하라. 단면이 균일하므로 단면2차관성모멘트 I_{zz}는 상수이다.

■ 공학보 이론으로부터

$$\sigma_{yy} = 0,\ \sigma_{zz} = 0,\ \sigma_{zx} = 0,\ \sigma_{zy} = 0 \tag{b}$$

이므로 평형방정식 (3.23)은 다음과 같이 정리된다.

$$\frac{\partial \sigma_{xx}}{\partial x} + \frac{\partial \sigma_{yx}}{\partial y} = 0 \tag{c}$$

$$\frac{\partial \sigma_{xy}}{\partial x} = 0 \tag{d}$$

식 (d)로부터 σ_{xy}는 y만의 함수이다. 그러므로

$$\frac{\partial \sigma_{yx}}{\partial y} = \frac{d\sigma_{yx}}{dy} \tag{e}$$

이다. 식 (a)를 식 (c)에 대입하여 정리하면

$$\frac{\partial \sigma_{yx}}{\partial y} = \frac{d\sigma_{yx}}{dy} = -\frac{\partial \sigma_{xx}}{\partial x} = -\frac{y}{I_{zz}}\frac{dM_b}{dx} = \frac{V}{I_{zz}}y = -\frac{P}{I_{zz}}y \tag{f}$$

이다. 따라서 식 (f)를 풀어 경계조건 $\sigma_{yx}(y=\pm\frac{h}{2}) = 0$을 대입하면

$$\sigma_{xy} = \sigma_{yx} = -\frac{P}{2I_{zz}}\left(y^2 - \frac{h^2}{4}\right) \tag{g}$$

이다.

3.4 주응력과 응력불변치

그림 3.10에서 보는 바와 같이 응력벡터와 외향법선단위벡터를 내적하면

$$\begin{aligned}\sigma_N &= \mathrm{t}^{(\mathrm{n})} \cdot \mathrm{n} \\ &= t_i^{(\mathrm{n})} n_i \\ &= \sigma_{ji} n_i n_j\end{aligned} \tag{3.32}$$

이며, σ_N 은 응력벡터의 법선성분, 즉 법선응력성분이 된다. 이 법선응력성분이 최대가 되는 방향을 주응력의 방향이라고 하고 그 크기를 주응력이라고 한다. 주응력축에서 보면 응력벡터와 외향법선단위벡터는 일직선상에 있게 된다. 즉 $t_i^{(\mathrm{n})} \propto n_i$ 이다. 따라서 주응력축에서 전단응력성분은 0이며, 주응력의 방향 n 과 주응력의 크기 σ_N 은 다음의 관계를 만족해야 한다.

$$t_i^{(\mathrm{n})} = \sigma_{ij} n_j = \sigma_N n_i \quad \text{또는} \quad \begin{bmatrix} \sigma_{xx} & \sigma_{xy} & \sigma_{xz} \\ \sigma_{yx} & \sigma_{yy} & \sigma_{yz} \\ \sigma_{zx} & \sigma_{zy} & \sigma_{zz} \end{bmatrix} \begin{bmatrix} n_x \\ n_y \\ n_z \end{bmatrix} = \sigma_N \begin{bmatrix} n_x \\ n_y \\ n_z \end{bmatrix} \tag{3.33}$$

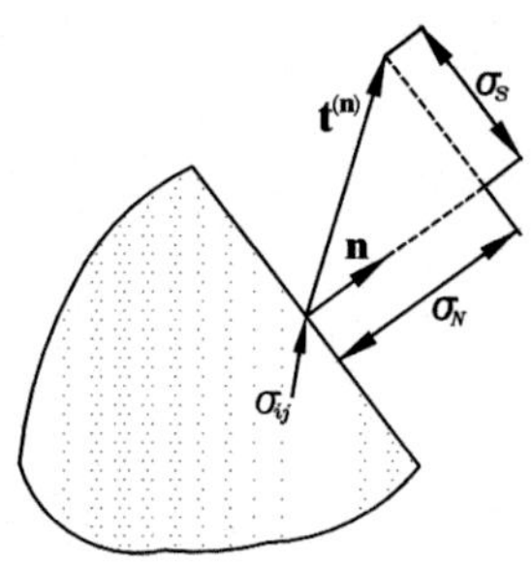

그림 3.10 응력벡터와 법선 및 접선 응력성분

이 관계식은 $n_i n_i = 1$의 조건하에서 $\sigma_N = \sigma_{ij} n_i n_j$가 극대값을 갖도록 하는 외향법선단위벡터 n_i를 찾는 비선형계획법 문제가 극값을 가질 필요조건으로부터 유도될 수 있다(예제 3.14 참고).

▼ 예제 3.14

식 (3.33)의 고유치 문제를 다음의 비선형계획법 문제가 극값을 가질 조건으로부터 유도하라.

$$\textit{Find } \mathrm{n} \textit{ such that it extremizes } \sigma_N = \sigma_{ij} n_i n_j \textit{ subject to } n_i n_i - 1 = 0 \tag{a}$$

➡ Lagrange 변수법을 적용하기 위하여

$$F(n_1, n_2, n_3, \lambda) = \sigma_{ij} n_i n_j + \lambda (1 - n_i n_i) \tag{b}$$

라고 두자. 식 (b)에서 σ_{ij}는 기지의 응력으로 상수이고, 독립변수 n_i와 λ가 극화 문제의 미지수이다. 따라서,

$$\frac{\partial F}{\partial n_k} = \sigma_{ij}\,\delta_{ik}\,n_j + \sigma_{ij}\,n_i\,\delta_{jk} - 2\,\lambda\,n_i\,\delta_{ik} \tag{c}$$

$$= \sigma_{kj}\,n_j + \sigma_{ik}\,n_i - 2\,\lambda\,n_k$$

$$= 2\,(\sigma_{kj}\,n_j - \lambda\,n_k)$$

이므로, 함수 F가 극값을 가질 필요조건인 $\dfrac{\partial F}{\partial n_k} = 0$, $\dfrac{\partial F}{\partial \lambda} = 0$으로부터

$$\sigma_{kj}\,n_j = \lambda\,n_k \quad \text{또는} \quad \sigma_{ij}\,n_j = \lambda n_i \tag{d}$$

$$n_i\,n_i = 1 \tag{e}$$

이다. 식 (d)의 양변에 n_k를 내적하면

$$\lambda = \sigma_{ij}\,n_i\,n_j = \sigma_N \tag{f}$$

가 되므로 λ의 물리적 의미는 법선응력이 된다. 따라서 식 (f)를 (d)에 대입하여 정리하면, 다음의 고유치 문제가 유도된다.

$$\sigma_{ij}\,n_j = \sigma_N n_i \quad \text{또는} \quad \begin{bmatrix} \sigma_{xx} & \sigma_{xy} & \sigma_{xz} \\ \sigma_{yx} & \sigma_{yy} & \sigma_{yz} \\ \sigma_{zx} & \sigma_{zy} & \sigma_{zz} \end{bmatrix} \begin{bmatrix} n_x \\ n_y \\ n_z \end{bmatrix} = \sigma_N \begin{bmatrix} n_x \\ n_y \\ n_z \end{bmatrix} \tag{g}$$

일반적으로 식 (g)에서 σ_N 대신 σ를 많이 사용한다.

식 (3.33)은 제차선형방정식(homogeneous linear equation)이며, 고유치문제(eigenvalue problem)이다. 이 고유치 문제가 의미있는 해를 갖기 위해서는 다음의 특성방정식(characteristic equation)을 만족해야 한다.

$$|\sigma_{ij} - \sigma_N\,\delta_{ij}| = 0 \quad \text{또는} \quad \begin{vmatrix} \sigma_{xx}-\sigma_N & \sigma_{xy} & \sigma_{xz} \\ \sigma_{yx} & \sigma_{yy}-\sigma_N & \sigma_{yz} \\ \sigma_{zx} & \sigma_{zy} & \sigma_{zz}-\sigma_N \end{vmatrix} = 0 \tag{3.34}$$

이 특성방정식은 방정식 (3.33)이 부정이 되도록 함으로써 무수히 많은 해를 갖도록 하는 의미를 내포하고 있다. 즉, 선형방정식이 선형종속(linearly dependent)되도록 하는 것이다. 이 조건을 정리하면 다음의 3차 대수방정식이 유도된다.

$$\sigma_N^3 - I_1\,\sigma_N^2 - I_2\,\sigma_N - I_3 = 0 \tag{3.35}$$

여기서 I_1, I_2, I_3은 다음과 같이 정의된다.

$$I_1 = \sigma_{ii} = \sigma_{xx} + \sigma_{yy} + \sigma_{zz} \tag{3.36}$$

$$I_2 = \frac{1}{2}(\sigma_{ij}\sigma_{ij} - \sigma_{ii}\sigma_{jj}) \tag{3.37}$$

$$= -\sigma_{xx}\sigma_{yy} - \sigma_{yy}\sigma_{zz} - \sigma_{zz}\sigma_{xx} + \sigma_{xy}{}^2 + \sigma_{yz}{}^2 + \sigma_{zx}{}^2$$

$$I_3 = |\sigma_{ij}| = \sigma_{xx}\sigma_{yy}\sigma_{zz} + 2\sigma_{xy}\sigma_{yz}\sigma_{zx} - \sigma_{xx}\sigma_{yz}{}^2 - \sigma_{yy}\sigma_{zx}{}^2 - \sigma_{zz}\sigma_{xy}{}^2 \tag{3.38}$$

응력텐서가 대칭이므로 선형대수학의 이론에 의하여 방정식 (3.35)는 세 개의 실근 $\sigma_1, \sigma_2, \sigma_3$(일반적으로 $\sigma_1 \geq \sigma_2 \geq \sigma_3$ 순으로 둠)을 갖는다. $\sigma_1, \sigma_2, \sigma_3$은 주응력(principal stress)이라는 물리적 의미를 가지며, 응력텐서의 고유치(eigenvalue)이다. 주응력 중에서 최대값과 최소값은 각각 최대와 최소 법선응력이 된다. 각 주응력 σ_i를 식 (3.33)의 σ_N에 대입하여 구한 벡터 $\mathrm{n}^{(i)}$의 방향이 주응력 σ_i에 상응하는 주응력축의 방향(principal direction)이 된다. 주목할 점은 주응력축에 대한 전단응력이 0이라는 사실이다. 한편 세 개의 주응력축은 서로 직교하고 $\mathrm{n}^{(i)}$가 단위벡터이므로 다음의 관계가 성립한다(예제 3.16 참고).

$$\mathrm{n}^{(i)} \cdot \mathrm{n}^{(j)} = \delta_{ij} \tag{3.39}$$

주응력(고유치)은 응력이 2차 텐서량이므로 좌표계에 무관한 값이다. 즉 한 점의 응력상태가 주어진 경우, 주응력의 크기와 방향은 이미 결정된 것이다. 좌표계란 위치와 기계량을 표현하거나 정량화하기 위한 기준을 제공할 뿐이다. 따라서 방정식 (3.35)에서 I_1, I_2, I_3은 좌표계와 무관하게 결정되는 값이며, 응력불변치(stress invariants)이다. 그러므로 식(3.36)~(3.38)의 응력불변치를 주응력축에 대하여 표시하면, 주응력축에서 전단응력은 0이므로(예제 3.17 참고)

$$I_1 = \sigma_1 + \sigma_2 + \sigma_3 \tag{3.40}$$

$$I_2 = -\sigma_1\sigma_2 - \sigma_2\sigma_3 - \sigma_3\sigma_1 \tag{3.41}$$

$$I_3 = \sigma_1\sigma_2\sigma_3 \tag{3.42}$$

로 간소화되며, I_1, I_2, I_3을 각각 첫번째 응력불변치, 두번째 응력불변치, 세번째 응력불변치라고 한다. 식 (3.40)~(3.42)에서 보는 바와 같이 주응력축은 응력불변치들을 간결하게 표현하도록 하고, 이론의 전개를 용이하게 한다.

▼ 예제 3.15

다음의 고유치 문제를 풀어라.

$$\begin{bmatrix} 110 & 40 \\ 40 & 50 \end{bmatrix} \begin{bmatrix} n_1 \\ n_2 \end{bmatrix} = \sigma_N \begin{bmatrix} n_1 \\ n_2 \end{bmatrix} \tag{a}$$

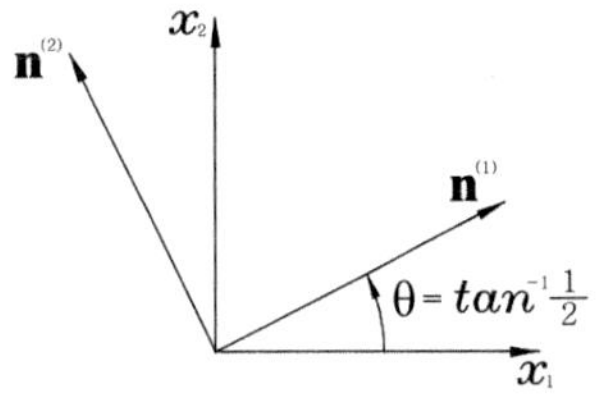

➡ 고유치 문제의 특성방정식은 다음과 같다.

$$\begin{vmatrix} 110-\sigma_N & 40 \\ 40 & 50-\sigma_N \end{vmatrix} = 0 \tag{b}$$

또는

$$\sigma_N^2 - 160\sigma_N + 3900 = 0$$

따라서 고유치는 $\sigma_N = 30, 130$이다. 고유치는 주응력의 물리적 의미를 갖는다. 즉, $\sigma_1 = 130$, $\sigma_2 = 30$이다. 한편 $\sigma_1 = \sigma_N = 130$을 고유치 문제에 대입하여 정리하면

$$\begin{bmatrix} -20 & 40 \\ 40 & -80 \end{bmatrix} \begin{bmatrix} n_1 \\ n_2 \end{bmatrix} = 0 \tag{c}$$

이다. 이 방정식은 부정방정식이므로 해가 무수히 많지만, 벡터 n은 단위벡터이므로 위 식으로부터 다음의 고유벡터(eigenvector)가 구해진다.

$$\mathrm{n}^{(1)} = \begin{bmatrix} n_1 \\ n_2 \end{bmatrix} = \frac{1}{\sqrt{5}} \begin{bmatrix} 2 \\ 1 \end{bmatrix} \tag{d}$$

마찬가지 방법으로 $\sigma_2 = \sigma_N = 30$으로부터 다음의 고유벡터를 구할 수 있다.

$$\mathrm{n}^{(2)} = \begin{bmatrix} n_1 \\ n_2 \end{bmatrix} = \frac{1}{\sqrt{5}} \begin{bmatrix} -1 \\ 2 \end{bmatrix} \tag{e}$$

고유벡터는 해당 주응력의 방향을 의미한다.

▼ 예제 3.16

식 (3.39)를 증명하라.

➡ 두 개의 고유치를 $\sigma_N^{(k)}, \sigma_N^{(l)}$(단, $k \neq l$)로 두고, 고유치에 대응하는 고유벡터를 각각 $n_i^{(k)}$, $n_i^{(l)}$이라고 두자. 그러면 식 (3.33)으로부터 다음의 관계가 만족된다.

$$\sigma_{ij} n_j^{(k)} = \sigma_N^{(k)} n_i^{(k)} \tag{a}$$

$$\sigma_{ij} n_j^{(l)} - \sigma_N^{(l)} n_i^{(l)} \tag{b}$$

식 (a)와 식 (b)의 양변에 각각 $n_i^{(l)}$과 $n_i^{(k)}$를 내적한 후, 식 (a)로부터 식 (b)를 빼면 $\sigma_{ij} = \sigma_{ji}$이므로 다음의 식을 얻는다.

$$0 = (\sigma_N^{(k)} - \sigma_N^{(l)})\, n_i^{(k)} n_i^{(l)} \tag{c}$$

따라서 $\sigma_N^{(k)} \neq \sigma_N^{(l)}$이면

$$n_i^{(k)} n_i^{(l)} = 0 \tag{d}$$

이다. 만약 $\sigma_N^{(k)} = \sigma_N^{(l)}$이면, 즉 동일한 고유치가 존재하면, 고유벡터를 결정하는 데 선택의 폭이 넓어진다. 이 때는 식 (3.39)가 성립하도록, 즉 고유벡터간의 직교성이 유지되도록 $n_i^{(k)}$와 $n_i^{(l)}$을 잡으면 된다. 만약 정수압 상태와 같이 고유치가 3중근일 경우에는 직교하는 임의의 방향의 단위벡터가 직교단위고유벡터가 될 수 있다. 따라서 일반적으로 다음 식이 성립한다(제 1 부 2.9절 참고).

$$n_i^{(k)} n_i^{(l)} = \delta_{kl} \tag{e}$$

▼ 예제 3.17

주응력축에서 전단응력 σ_s가 0이 됨을 보여라.

➡ 주응력축 $n_i^{(k)}$에 대한 주응력을 $\sigma_N^{(k)}$라고 두자. 그러면

$$t_i^{(\mathrm{n}^{(k)})} = \sigma_{ij} n_j^{(k)} = \sigma_N^{(k)} n_i^{(k)} \tag{a}$$

이다. 한편 그림에서 보는 바와 같이 단위면적당 전단력 $\tilde{\mathrm{t}}^{(\mathrm{n}^{(k)})}$는 다음과 같다.

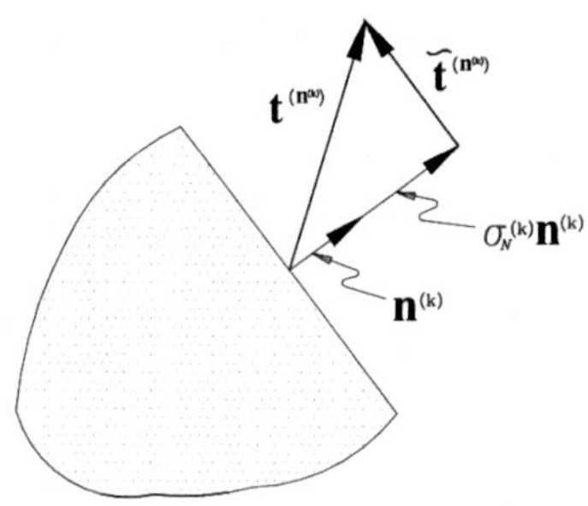

$$\tilde{t}_i = t_i^{(\mathrm{n}^{(k)})} - \sigma_N^{(k)} n_i^{(k)} \tag{b}$$

식 (a)와 식 (b)로부터

$$\tilde{t}_i = 0 \tag{c}$$

이다. 단위면적당 전단력이 0이므로 주응력축에서 전단응력 σ_s는 0이다.

3.5 편차응력텐서와 불변치

$\sigma_m = I_1 / 3$은 평균응력이며 평균응력의 부, 즉 $p = -\sigma_m$을 정수압(hydrostatic pressure)이라고 한다. 일반적으로 정수압은 소재의 소성변형에 큰 영향을 주지 않는 것으로 밝혀져 있다. 따라서 응력텐서의 법선성분에서 평균응력을 뺀 편차응력텐서

$$\sigma_{ij}' = \sigma_{ij} - \frac{\sigma_{kk}}{3}\delta_{ij} \tag{3.43}$$

를 이론 전개 목적으로 빈번히 사용하고 있다. 편차응력텐서 σ_{ij}'은 2차 텐서량이며 다음의 세 개의 불변치를 갖는다.

$$J_1 = 0 \tag{3.44}$$

$$J_2 = \frac{1}{2}\sigma_{ij}{}'\ \sigma_{ij}{}' = \frac{1}{2}\left(\sigma_1{}'^2 + \sigma_2{}'^2 + \sigma_3{}'^2\right) \tag{3.45}$$

$$J_3 = \left|\sigma_{ij}{}'\right| = \sigma_1{}'\sigma_2{}'\sigma_3{}' \tag{3.46}$$

따라서 편차응력텐서의 첫번째 불변치는 항상 0이므로 편차텐서의 불변치는 사실상 두 개이다.

한편 I_2에서 I_1의 영향을 분리하면 I_2는 다음과 같이 정리된다.

$$\begin{aligned} I_2 &= -\frac{1}{3}I_1{}^2 \\ &\quad + \frac{1}{6}[(\sigma_{xx}-\sigma_{yy})^2+(\sigma_{yy}-\sigma_{zz})^2+(\sigma_{zz}-\sigma_{xx})^2+6\sigma_{xy}{}^2+6\sigma_{yz}{}^2+6\sigma_{zx}{}^2] \\ &= -\frac{1}{3}I_1{}^2+\frac{1}{6}[(\sigma_1-\sigma_2)^2+(\sigma_2-\sigma_3)^2+(\sigma_3-\sigma_1)^2] \\ &= -\frac{1}{3}I_1{}^2+\frac{1}{2}\sigma_{ij}{}'\sigma_{ij} \\ &= -\frac{1}{3}I_1{}^2+J_2 \end{aligned} \tag{3.47}$$

따라서 J_2는 I_2에서 정수압의 영향(I_1)을 제외한 것임을 알 수 있다. I_i와 J_i는 다음의 관계를 만족한다.

$$\begin{aligned} J_1 &= 0 \\ J_2 &= I_2 + \frac{1}{3}I_1{}^2 \\ J_3 &= \frac{1}{27}(2I_1{}^3 + 9I_1I_2 + 27I_3) \end{aligned} \tag{3.48}$$

유효응력(effective stress) 또는 상당응력(equivalent stress) $\bar{\sigma}$를 다음과 같이 정의한다.

$$\begin{aligned} \bar{\sigma} &= \sqrt{3J_2} \\ &= \sqrt{\frac{3}{2}\sigma_{ij}{}'\sigma_{ij}{}'} \\ &= \sqrt{\frac{1}{2}[(\sigma_{xx}-\sigma_{yy})^2+(\sigma_{yy}-\sigma_{zz})^2+(\sigma_{zz}-\sigma_{xx})^2+6\sigma_{xy}{}^2+6\sigma_{yz}{}^2+6\sigma_{zx}{}^2]} \\ &= \sqrt{\frac{1}{2}[(\sigma_1-\sigma_2)^2+(\sigma_2-\sigma_3)^2+(\sigma_3-\sigma_1)^2]} \end{aligned} \tag{3.49}$$

유효응력은 3차원 또는 2차원 응력을 단순인장시험시의 응력에 상응하는 값으로 표현한 것이다.

▼ 예제 3.18

그림의 단축인장 문제에 작용하는 유효응력을 구하라.

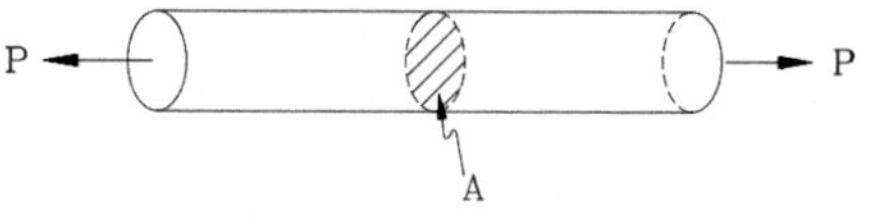

➡ 단축인장 상태의 물체에 작용하는 응력상태는 다음과 같다.

$$\begin{bmatrix} \sigma_{xx} & 0 & 0 \\ 0 & 0 & 0 \\ 0 & 0 & 0 \end{bmatrix} \tag{a}$$

여기서

$$\sigma_{xx} = \frac{P}{A} \tag{b}$$

이다. 식 (a)를 식 (3.49)에 대입하여 정리하면 다음과 같다.

$$\begin{aligned} \bar{\sigma} &= \sqrt{\frac{1}{2}[(\sigma_{xx}-0)^2+(0-0)^2+(0-\sigma_{xx})^2+6\times 0^2+6\times 0^2+6\times 0^2]} \\ &= \sigma_{xx} \end{aligned} \tag{c}$$

따라서 단축인장 문제에서 인장응력 그 자체가 유효응력이 된다. 단축인장시험은 재료의 거시적 거동특성의 규명 목적으로 광범위하게 사용되고 있다.

▼ 예제 3.19

응력 상태가 그림과 같을 때, 유효응력을 구하라.

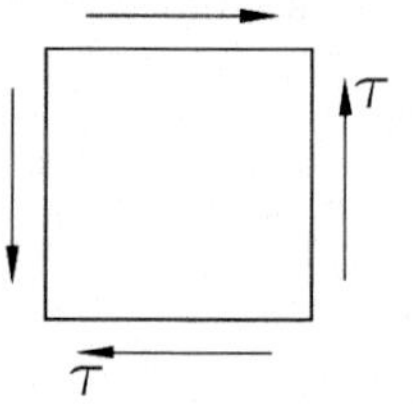

➡ 그림의 응력 상태는 다음과 같이 수식화된다.

$$\sigma_{ij} = \begin{bmatrix} 0 & \tau & 0 \\ \tau & 0 & 0 \\ 0 & 0 & 0 \end{bmatrix} \tag{a}$$

따라서 다음의 특성방정식으로부터

$$\begin{vmatrix} -\sigma & \tau & 0 \\ \tau & -\sigma & 0 \\ 0 & 0 & -\sigma \end{vmatrix} = 0 \quad \text{또는} \quad -\sigma(\sigma^2-\tau^2) = 0 \tag{b}$$

주응력은 $\sigma_1 = \tau$, $\sigma_2 = 0$, $\sigma_3 = -\tau$ 이다. 따라서 유효응력은

$$\bar{\sigma} = \sqrt{\frac{1}{2}[(\tau-0)^2+(0-(-\tau))^2+(-\tau-\tau)^2]} = \sqrt{3}\,\tau \tag{c}$$

이다.

3.6 2차원 연속체역학 문제와 축대칭 문제

2차원 연속체역학 문제는 평면응력 문제와 평면변형 문제로 수식화되며, 축대칭 문제도 2차원 문제로 분류된다. 실제 대부분의 문제는 3차원 문제에 속하지만, 2차원 평면응력 또는 평면변형 문제의 가정하에서 해결되고 있다. 공학적으로 3차원 해석결과를 얻는 데는 많은 노력과 비용이 투입되어야 하고, 3차원 해석결과를 문제 해결 목적으로 직접 활용하는 것이 용이하지 않기 때문이다.

그림 3.11에서 보는 바와 같이, 3차원 공간에서 어떤 하나의 방향에 대한 응력성분이 모두 0인 경우를 평면응력(plane stress)이라고 한다. 일반적으로 $z(x_3)$-방향을 응력성분이 0인 방향으로 잡는다. 따라서 평면응력 문제의 응력은 다음 식으로 표현된다.

$$\begin{bmatrix} \sigma_{11} & \sigma_{12} \\ \sigma_{21} & \sigma_{22} \end{bmatrix} \quad \text{또는} \quad \begin{bmatrix} \sigma_{xx} & \sigma_{xy} \\ \sigma_{yx} & \sigma_{yy} \end{bmatrix} \tag{3.50}$$

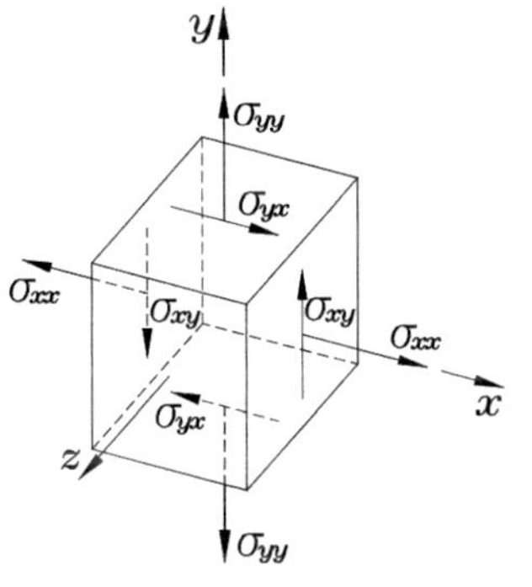

그림 3.11 평면응력

한편 하중조건, 재료의 성질, 경계조건 등이 모두 축대칭인 연속체역학 문제를 축대칭 문제(axisymmetric problem)라고 한다. 축대칭(axisymmetry)이기 위하여 축에 수직한 단면의 중심을 지나는 모든 선분과 축이 이루는 면이 대칭면이어야 한다. 유의할 점으로 단일 소재 원형단면축의 비틀림 문제는 축대칭 문제에 속하지 않는다. 하중조건이 축대칭이 아니기 때문이다. 축대칭 문제는 실제 3차원 문제이지만 2차원 평면상에서의 해석이 가능하다. 모든 단면에서의 역학적 거동이 동일하기 때문이다. 축대칭 문제를 2차원 평면상의 해석문제로 수식화하는 과정에서 어떠한 가정 및 근사화도 개입되지 않는다.

축대칭 문제는 r-θ-z 원통좌표계로 수식화되고 있다. 그림 3.12(a)는 원통좌표계에서 응력텐서

$$\begin{bmatrix} \sigma_{rr} & \sigma_{r\theta} & \sigma_{rz} \\ \sigma_{\theta r} & \sigma_{\theta\theta} & \sigma_{\theta z} \\ \sigma_{zr} & \sigma_{z\theta} & \sigma_{zz} \end{bmatrix} \tag{3.51}$$

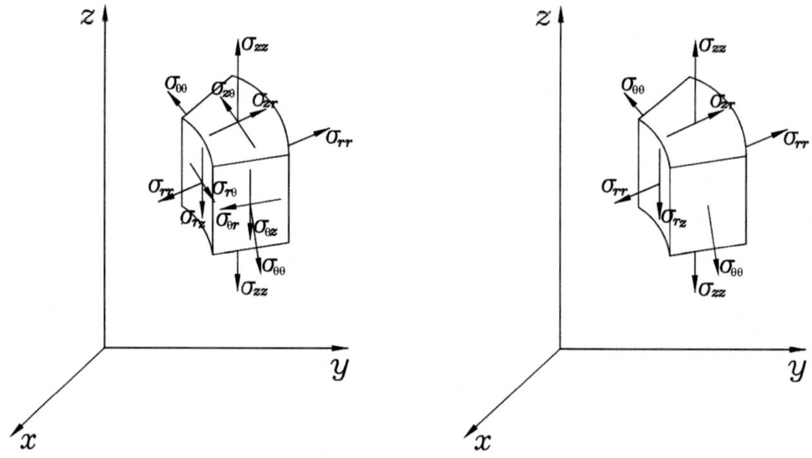

(a) 3차원 문제　　　　(b) 축대칭 문제

그림 3.12 원통좌표계의 응력텐서와 축대칭 문제

를 정의하고 있다. 축대칭 문제의 경우 대칭성 논리로부터 원통좌표계에서

$$\sigma_{r\theta} = \sigma_{\theta z} = 0 \tag{3.52}$$

이므로 축대칭 문제의 응력성분은 그림 3.12(b)에서 보는 바와 같다. 즉, 축대칭 문제에서 비영 응력성분은 다음과 같다.

$$\begin{bmatrix} \sigma_{rr} & 0 & \sigma_{rz} \\ 0 & \sigma_{\theta\theta} & 0 \\ \sigma_{zr} & 0 & \sigma_{zz} \end{bmatrix} \tag{3.53}$$

제 4 장 연속체의 소변형

이제 물체의 변형을 정량화시켜 보자. 변위는 강체운동과 변형으로 구성되어 있다. 강체운동을 하는 물체에는 변형이 발생하지 않으며, 모든 질점간의 길이가 변화하지 않는다. 따라서 길이의 변화는 물체의 변형을 정량화하는 척도로 사용될 수 있다.

4.1 변위장과 변형률

이 절에서는 임의의 점에서 변형을 정량적으로 표현하기 위하여 도입된 변형률(strain)에 관하여 공부한다.

변위는 그림 4.1에서 보는 바와 같이 연속체의 위치변화를 정량화시킨 것이다. 각 질점에서 변위는 일반적으로 다르다. 따라서 변위벡터 u의 각 성분은 위치의 함수이며, 변위장이라고 불린다. 변위는 변형과 강체운동으로 구분되며, 탄성역학, 소성역학, 진동학 등에서는 변형을 중시하는 반면, 강체동역학에서는 변형을 무시하고 있다. 변형체동역학에서는 둘 다를 중시한다. 탄성역학과 소성역학에서 물체의 전체적인 강체운동은 일반적으로 없지만 부분적으로는 강체운동이 발생하고 있다. 동역학에서는 변형에 의한 변위보다 강체운동에 의한 변위가 훨씬 크기 때문에 변형을 무시하는 경우가 많다. 한 질점의 변위는

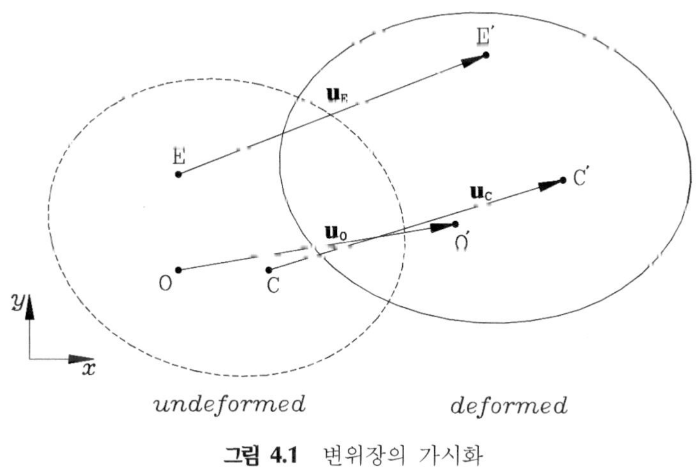

그림 4.1 변위장의 가시화

벡터에 의하어 표현되는 반면, 연속체의 변위, 즉 변위장은 각 성분이 실수함수인 벡터함수로 표현된다. 변위장을 최종미지함수로 간주하여 고체역학 문제를 수식화하는 방법을 변위법이라고 하며, 대부분의 역학 문제는 변위법에 의하어 해결되고 있다.

▼ 예제 4.1

그림의 정사각형 물체의 변위장이 다음과 같을 때 변형 모양을 도시하라.

$$u_x = xy,\ u_y = \frac{1}{2}(x^2y+1) \qquad \text{(a)}$$

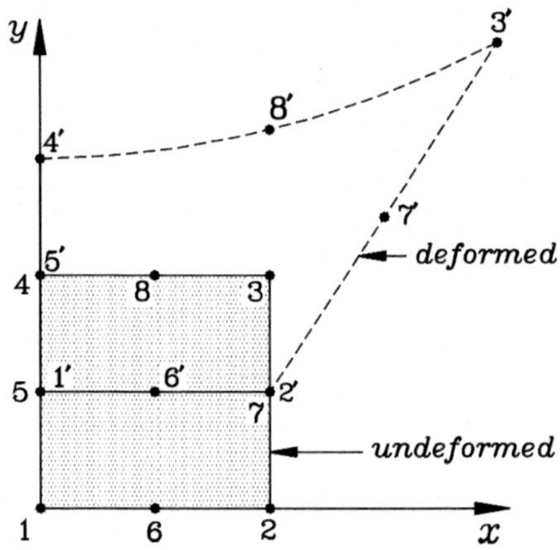

➡ 점 1의 좌표(0,0)에서 변위벡터가 (0,0.5)이므로 점 1은

$$(0,0)+(0,0.5) = (0,0.5) \qquad \text{(b)}$$

로 이동한다. 점 3의 좌표(1,1)에서 변위벡터가 (1,1)이므로 점 3은

$$(1,1)+(1,1) = (2,2) \qquad \text{(c)}$$

로 이동한다. 마찬가지로 그림에서 보는 바와 같이 다른 점의 위치변화를 계산할 수 있다.

연속체가 작은 변형(small deformation)을 받고 있다는 가정하에서 그림 4.2의 2차원 평면상의 점 O의 변형을 정량화시켜 보자(1차원의 변형에 관한 정량화는 5.1절의 인장시험에 관한 내용을 참고하기 바란다). 이 점에서의 변형은 점 O에 인접하면서 각각 x-축과 y-축에 평행한 선분 OC와 OE의 단위길이당 길이변화와 각도 $\angle EOC$의 변화로 정량화된

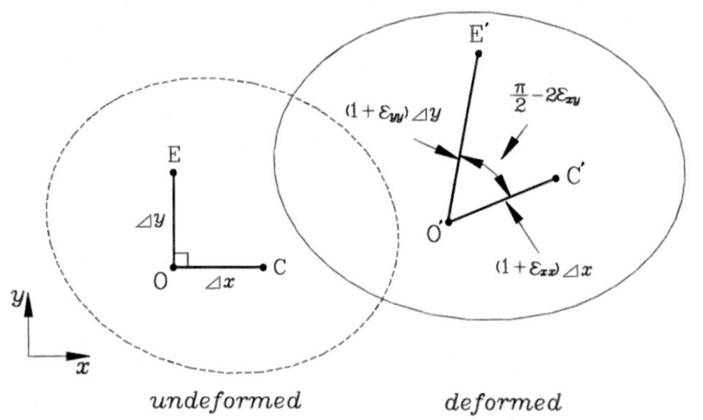

그림 4.2 연속체의 변형의 정량화

다. x-방향의 선분 OC의 길이변화율, 즉 단위길이당 길이변화량을

$$\lim_{C \to O}(\overline{O'C'} - \overline{OC})/\overline{OC} \equiv \varepsilon_{xx} \tag{4.1}$$

라고 정의하고, x-축과 y-축의 각도감소량을 다음과 같이 정의한다.

$$\lim_{C,E \to O}(\angle EOC - \angle E'O'C') \equiv 2\varepsilon_{xy} \tag{4.2}$$

그 이외의 변형률 성분 ε_{yy}, ε_{zz}, ε_{yz}, ε_{zx}, ε_{yx}, ε_{zy}, ε_{xz} 등도 마찬가지로 정의된다. 3차원 공간상의 한 점에서 변형률은 다음의 행렬 형태로 표현된다.

$$\varepsilon_{ij},\ [\varepsilon_{ij}] = \begin{bmatrix} \varepsilon_{11} & \varepsilon_{12} & \varepsilon_{13} \\ \varepsilon_{21} & \varepsilon_{22} & \varepsilon_{23} \\ \varepsilon_{31} & \varepsilon_{32} & \varepsilon_{33} \end{bmatrix} = \begin{bmatrix} \varepsilon_{xx} & \varepsilon_{xy} & \varepsilon_{xz} \\ \varepsilon_{yx} & \varepsilon_{yy} & \varepsilon_{yz} \\ \varepsilon_{zx} & \varepsilon_{zy} & \varepsilon_{zz} \end{bmatrix} \tag{4.3}$$

여기서 ε_{ii}(i에 대한 덧셈규약 따르지 않음)는 x_i-축 방향 선분의 단위길이당 길이변화량을 의미하며, 법신변형률이다. $\varepsilon_{ij}(i \neq j)$는 직교하는 x_i-축 방향과 x_j-축 방향의 선분요소의 각도변화량의 1/2을 의미하며, 전단변형률이다. 법선변형률이 양수인 경우 선분의 길이가 증가한 것을 의미하고, 전단변형률이 양수인 경우는 각도 $\angle EOC$가 감소한 것을 의미한다.

x-y-z 직각좌표계를 사용할 경우, 3차원 물체의 한 점에서 변형률(ε_{xx}, ε_{yy}, ε_{zz}, ε_{xy}, ε_{yz}, ε_{zx})과 변위장 $\mathrm{u} = [u_x, u_y, u_z]^{\mathrm{T}}$의 관계는 다음과 같다(예제 4.2 참고).

$$\varepsilon_{ij} = \frac{1}{2}(u_{i,j} + u_{j,i}) \quad \text{또는} \quad \begin{aligned} \varepsilon_{xx} &= \frac{\partial u_x}{\partial x} \\ \varepsilon_{yy} &= \frac{\partial u_y}{\partial y} \\ \varepsilon_{zz} &= \frac{\partial u_z}{\partial z} \\ \varepsilon_{xy} &= \frac{1}{2}(\frac{\partial u_x}{\partial y} + \frac{\partial u_y}{\partial x}) \\ \varepsilon_{yz} &= \frac{1}{2}(\frac{\partial u_y}{\partial z} + \frac{\partial u_z}{\partial y}) \\ \varepsilon_{zx} &= \frac{1}{2}(\frac{\partial u_z}{\partial x} + \frac{\partial u_x}{\partial z}) \end{aligned} \tag{4.4}$$

식 (4.4)로부터 변형률은 $\varepsilon_{ij} = \varepsilon_{ji}$임을 알 수 있다. 흔히 $i \neq j$일 때, $\gamma_{ij} = 2\varepsilon_{ij}$로 두고 γ_{ij}를 공학전단변형률(engineering shear strain)이라고 한다. 이 때 유념해야 할 점은 예제 4.4에서 강조하고 있는 바와 같이 γ_{ij}가 2차 텐서량이 아니라는 사실이다.

변형률은 2차 텐서(예제 4.3 참고)이므로 다음의 변환법칙을 따른다.

$$\varepsilon_{i'j'} = T_{i'p} T_{j'q}\, \varepsilon_{pq} \tag{4.5}$$

그림 4.3에서 보는 바와 같이 r-θ-z 원통좌표계에서 변형률(ε_{rr}, $\varepsilon_{\theta\theta}$, ε_{zz}, $\varepsilon_{r\theta}$, $\varepsilon_{\theta z}$,

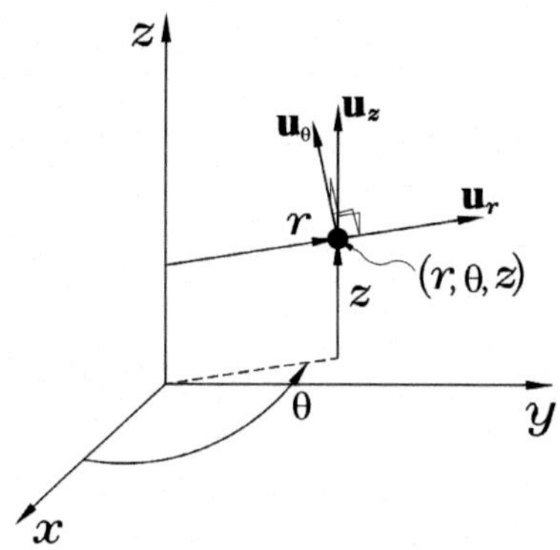

그림 4.3 원통좌표계에서 변위

ε_{zr})과 변위 $\mathrm{u} = [u_r, u_\theta, u_z]^{\mathrm{T}}$의 관계는 다음과 같다.

$$\begin{aligned}
\varepsilon_{rr} &= \frac{\partial u_r}{\partial r} \\
\varepsilon_{\theta\theta} &= \frac{1}{r}\frac{\partial u_\theta}{\partial \theta} + \frac{u_r}{r} \\
\varepsilon_{zz} &= \frac{\partial u_z}{\partial z} \\
\varepsilon_{r\theta} &= \frac{1}{2}\left(\frac{1}{r}\frac{\partial u_r}{\partial \theta} + \frac{\partial u_\theta}{\partial r} - \frac{u_\theta}{r}\right) \\
\varepsilon_{\theta z} &= \frac{1}{2}\left(\frac{\partial u_\theta}{\partial z} + \frac{1}{r}\frac{\partial u_z}{\partial \theta}\right) \\
\varepsilon_{zr} &= \frac{1}{2}\left(\frac{\partial u_z}{\partial r} + \frac{\partial u_r}{\partial z}\right)
\end{aligned} \tag{4.6}$$

▼ 예제 4.2

$u_z = 0$인 평면변형 문제로부터 식 (4.4)의 $\varepsilon_{xx} = \dfrac{\partial u_x}{\partial x}$, $\varepsilon_{yy} = \dfrac{\partial u_y}{\partial y}$, $\varepsilon_{xy} = \dfrac{1}{2}\left(\dfrac{\partial u_x}{\partial y} + \dfrac{\partial u_y}{\partial x}\right)$를 유도하라.

➡ 변형 이전에 직각을 이루고 있는 미소선분요소 OE와 OC의 변형을 고려해 보자. 점 O, C, E의 변위는 다음과 같다.

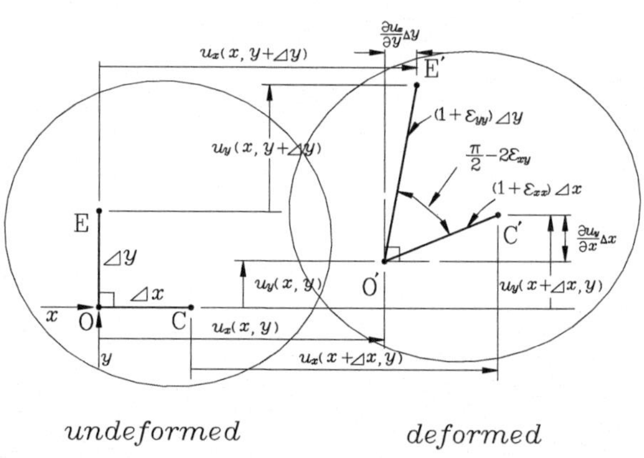

$$\begin{aligned} &\text{점 } O: \ u_x(x,y), u_y(x,y) \\ &\text{점 } C: \ u_x(x+\Delta x,y), u_y(x+\Delta x,y) \\ &\text{점 } E: \ u_x(x,y+\Delta y), u_y(x,y+\Delta y) \end{aligned} \tag{a}$$

Taylor 전개를 실시하면

$$\begin{aligned} u_x(x+\Delta x,y) &= u_x + \partial u_x/\partial x \cdot \Delta x \\ u_y(x+\Delta x,y) &= u_y + \partial u_y/\partial x \cdot \Delta x \\ u_x(x,y+\Delta y) &= u_x + \partial u_x/\partial y \cdot \Delta y \\ u_y(x,y+\Delta y) &= u_y + \partial u_y/\partial y \cdot \Delta y \end{aligned} \tag{b}$$

이다. 점 O'과 점 C'의 좌표가 각각

$$(x+u_x(x,y),\ y+u_y(x,y)) \tag{c}$$

$$(x+\Delta x+u_x(x+\Delta x,y),\ y+u_y(x+\Delta x,y)) \tag{d}$$

이므로 두 점 O'과 C' 사이의 길이를 구하여 Δx의 고차항을 제거하면

$$\overline{O'C'} \ \approx \ \Delta x + \frac{\partial u_x}{\partial x}\Delta x \tag{e}$$

가 된다. 따라서 식 (4.1)의 정의로부터

$$\varepsilon_{xx} = \frac{\partial u_x}{\partial x} \tag{f}$$

이다. 마찬가지로

$$\varepsilon_{yy} = \lim_{E\to O}(\overline{O'E'} - \overline{OE})/\overline{OE} \ = \ \frac{\partial u_y}{\partial y} \tag{g}$$

이다. 한편 식 (4.2)의 정의로부터

$$2\varepsilon_{xy} = \lim_{C,E\to O}(\angle EOC - \angle E'O'C') = \frac{\pi}{2} - \left(\frac{\pi}{2} - \frac{\partial u_x}{\partial y} - \frac{\partial u_y}{\partial x}\right) \tag{h}$$

이므로

$$\varepsilon_{xy} = \frac{1}{2}\left(\frac{\partial u_x}{\partial y} + \frac{\partial u_y}{\partial x}\right) \tag{i}$$

이다.

▼ 예제 4.3

변형률 $\varepsilon_{ij} = \frac{1}{2}\left(\frac{\partial u_i}{\partial x_j} + \frac{\partial u_j}{\partial x_i}\right)$은 변위구배 $\frac{\partial u_i}{\partial x_j}$의 대칭부분(symmetric part)이고, 2차 텐서임을 증명하라.

➡ 변위구배는 2차 텐서이므로 대칭부와 의대칭부의 합으로 표현될 수 있다. 즉,

$$\frac{\partial u_i}{\partial x_j} = \frac{1}{2}\left(\frac{\partial u_i}{\partial x_j} + \frac{\partial u_j}{\partial x_i}\right) + \frac{1}{2}\left(\frac{\partial u_i}{\partial x_j} - \frac{\partial u_j}{\partial x_i}\right) \quad \text{(a)}$$

$$\equiv \varepsilon_{ij} + w_{ij}$$

이다. $\varepsilon_{ij} = \varepsilon_{ji}$이고, $w_{ij} = -w_{ji}$이므로 변형률은 변위구배의 대칭부분이다. 한편 변위가 벡터이므로

$$u_{i'} = T_{i'p}\, u_p \quad \text{(b)}$$

이고, 사슬법칙으로부터

$$u_{i',j'} = T_{j'q}\,(u_{i'})_{,q} \quad \text{(c)}$$

이다. 따라서

$$\varepsilon_{i'j'} = (u_{i',j'} + u_{j',i'})\,/\,2 = T_{i'p}\,T_{j'q}\,(u_{p,q} + u_{q,p})\,/\,2 = T_{i'p}\,T_{j'q}\,\varepsilon_{pq} \quad \text{(d)}$$

가 만족되므로 변형률은 2차 텐서이다.
대칭부는 질점에서 물체의 변형을 표현하고 의대칭부분은 회전을 표현한다.

▼ 예제 4.4

공학전단변형률을 성분으로 하는 다음의 행렬이 2차 텐서가 아님을 설명하라.

$$\begin{bmatrix} \varepsilon_{xx} & \gamma_{xy} & \gamma_{xz} \\ \gamma_{yx} & \varepsilon_{yy} & \gamma_{yz} \\ \gamma_{zx} & \gamma_{zy} & \varepsilon_{zz} \end{bmatrix} = \begin{bmatrix} \varepsilon_{xx} & 2\varepsilon_{xy} & 2\varepsilon_{xz} \\ 2\varepsilon_{yx} & \varepsilon_{yy} & 2\varepsilon_{yz} \\ 2\varepsilon_{zx} & 2\varepsilon_{zy} & \varepsilon_{zz} \end{bmatrix} \quad \text{(a)}$$

➡ 설명의 편의상 평면변형 문제를 고려해 보자. 일반적으로

$$\begin{bmatrix} \varepsilon_{x'x'} & 2\varepsilon_{x'y'} \\ 2\varepsilon_{y'x'} & \varepsilon_{y'y'} \end{bmatrix} \neq \begin{bmatrix} \cos\theta & \sin\theta \\ -\sin\theta & \cos\theta \end{bmatrix} \begin{bmatrix} \varepsilon_{xx} & 2\varepsilon_{xy} \\ 2\varepsilon_{yx} & \varepsilon_{yy} \end{bmatrix} \begin{bmatrix} \cos\theta & -\sin\theta \\ \sin\theta & \cos\theta \end{bmatrix} \quad \text{(b)}$$

이므로 식 (a)는 2차 텐서의 좌표변환 법칙을 만족하지 않는다. 따라서 2차 텐서량이 아니다.

4.2 속도장과 변형률속도

변위장은 위치와 시간의 함수이다. 변위장을 시간으로 미분함으로써 속도장을 다음과 같이 구할 수 있다.

$$\mathrm{v} = \frac{d\mathrm{u}}{dt},\ v_i = \frac{du_i}{dt} \quad \text{또는} \quad v_i = \dot{u}_i \tag{4.7}$$

여기서 속도장 v_i에 의하여 변위가 Δt 동안 발생하였다고 가정하자. 단, Δt는 이 시간 동안 속도의 변화를 무시할 수 있고 충분히 작은 변형을 야기한다고 가정한다. 그러면 $u_i = v_i \Delta t$가 되므로 이 시간 동안 증가된 변형률 증분 $\Delta\varepsilon_{ij}$와 $d\varepsilon_{ij}$는 각각 다음과 같다.

$$\Delta\varepsilon_{ij} = \frac{1}{2}\left(\frac{\partial(v_i \Delta t)}{\partial x_j} + \frac{\partial(v_j \Delta t)}{\partial x_i}\right) = \frac{1}{2}(v_{i,j} + v_{j,i})\Delta t \tag{4.8}$$

$$d\varepsilon_{ij} = \frac{1}{2}\left(\frac{\partial v_i}{\partial x_j} + \frac{\partial v_j}{\partial x_i}\right)dt$$

한편 속도구배 텐서, $\dfrac{\partial v_i}{\partial x_j}$의 대칭부분

$$\dot{\varepsilon}_{ij} \equiv \frac{1}{2}\left(\frac{\partial v_i}{\partial x_j} + \frac{\partial v_j}{\partial x_i}\right) \quad \text{또는} \quad \dot{\varepsilon}_{ij} \equiv \frac{1}{2}(v_{i,j} + v_{j,i}) \tag{4.9}$$

을 변형률속도(strain rate)라고 부른다. 변형률속도 텐서는 2차 텐서량에 속한다. 시간매개변수(time parameter) t는 가상의 시간을 의미하며, 경우에 따라 실제의 시간으로 간주될 수도 있다. 가령 속도의 영향이 없다고 가정한 소성가공 공정의 해석시 실제 공정의 속도를 입력하지 않은 경우의 t는 가상의 시간이며, 점소성 문제의 경우에는 속도가 공정에 영향을 미치므로 이 때의 t는 실제 시간의 의미를 지닌다.

일반적으로 $\varepsilon_{ij} \neq \int_0^t \dot{\varepsilon}_{ij} dt$이나. 주변형률축이 변위장의 발생과 함께 변하기 때문이다.

4.3 주변형률, 주변형률속도, 불변치

변형률과 변형률속도는 2차 텐서량이다. 따라서 응력텐서와 마찬가지로 변형률텐서 ε_{ij}와 변형률속도 텐서 $\dot{\varepsilon}_{ij}$에 관한 다음의 고유치 문제로부터

$$\varepsilon_{ij} n_j = \varepsilon n_i \quad \text{또는} \quad \begin{bmatrix} \varepsilon_{xx} & \varepsilon_{xy} & \varepsilon_{xz} \\ \varepsilon_{yx} & \varepsilon_{yy} & \varepsilon_{yz} \\ \varepsilon_{zx} & \varepsilon_{zy} & \varepsilon_{zz} \end{bmatrix} \begin{bmatrix} n_x \\ n_y \\ n_z \end{bmatrix} = \varepsilon \begin{bmatrix} n_x \\ n_y \\ n_z \end{bmatrix} \tag{4.10}$$

$$\dot{\varepsilon}_{ij} n_j = \dot{\varepsilon}\, n_i \quad \text{또는} \quad \begin{bmatrix} \dot{\varepsilon}_{xx} & \dot{\varepsilon}_{xy} & \dot{\varepsilon}_{xz} \\ \dot{\varepsilon}_{yx} & \dot{\varepsilon}_{yy} & \dot{\varepsilon}_{yz} \\ \dot{\varepsilon}_{zx} & \dot{\varepsilon}_{zy} & \dot{\varepsilon}_{zz} \end{bmatrix} \begin{bmatrix} n_x \\ n_y \\ n_z \end{bmatrix} = \dot{\varepsilon} \begin{bmatrix} n_x \\ n_y \\ n_z \end{bmatrix} \tag{4.11}$$

세 개의 주변형률 $\varepsilon = \varepsilon_1, \varepsilon_2, \varepsilon_3$ 및 주변형률속도 $\dot{\varepsilon} = \dot{\varepsilon}_1, \dot{\varepsilon}_2, \dot{\varepsilon}_3$가 정의된다.

변형률과 변형률속도가 2차 텐서량이므로 다음의 불변치가 정의된다.

$$L_1 = \varepsilon_{ii} = \varepsilon_{xx} + \varepsilon_{yy} + \varepsilon_{zz} \tag{4.12}$$

$$\begin{aligned} L_2 &= \frac{1}{2}(\varepsilon_{ij}\varepsilon_{ij} - \varepsilon_{ii}\varepsilon_{jj}) \\ &= -\varepsilon_{xx}\varepsilon_{yy} - \varepsilon_{yy}\varepsilon_{zz} - \varepsilon_{zz}\varepsilon_{xx} + \varepsilon_{xy}{}^2 + \varepsilon_{yz}{}^2 + \varepsilon_{zx}{}^2 \end{aligned} \tag{4.13}$$

$$\begin{aligned} L_3 &= |\varepsilon_{ij}| \\ &= \varepsilon_{xx}\varepsilon_{yy}\varepsilon_{zz} + 2\varepsilon_{xy}\varepsilon_{yz}\varepsilon_{zx} - \varepsilon_{xx}\varepsilon_{yz}{}^2 - \varepsilon_{yy}\varepsilon_{zx}{}^2 - \varepsilon_{zz}\varepsilon_{xy}{}^2 \end{aligned} \tag{4.14}$$

$$\dot{L}_1 = \dot{\varepsilon}_{ii} = \dot{\varepsilon}_{xx} + \dot{\varepsilon}_{yy} + \dot{\varepsilon}_{zz} \tag{4.15}$$

$$\begin{aligned} \dot{L}_2 &= \frac{1}{2}(\dot{\varepsilon}_{ij}\dot{\varepsilon}_{ji} - \dot{\varepsilon}_{ii}\dot{\varepsilon}_{jj}) \\ &= -\dot{\varepsilon}_{xx}\dot{\varepsilon}_{yy} - \dot{\varepsilon}_{yy}\dot{\varepsilon}_{zz} - \dot{\varepsilon}_{zz}\dot{\varepsilon}_{xx} + \dot{\varepsilon}_{xy}{}^2 + \dot{\varepsilon}_{yz}{}^2 + \dot{\varepsilon}_{zx}{}^2 \end{aligned} \tag{4.16}$$

$$\begin{aligned} \dot{L}_3 &= |\dot{\varepsilon}_{ij}| \\ &= \dot{\varepsilon}_{xx}\dot{\varepsilon}_{yy}\dot{\varepsilon}_{zz} + 2\dot{\varepsilon}_{xy}\dot{\varepsilon}_{yz}\dot{\varepsilon}_{zx} - \dot{\varepsilon}_{xx}\dot{\varepsilon}_{yz}{}^2 - \dot{\varepsilon}_{yy}\dot{\varepsilon}_{zx}{}^2 - \dot{\varepsilon}_{zz}\dot{\varepsilon}_{xy}{}^2 \end{aligned} \tag{4.17}$$

여기서 L_1과 $\dot{L}_1$의 물리적 의미는 각각 체적변화율과 체적변화율속도이다. 만약 소재가 비압축성일 경우 이 값이 0이 되어야 한다. 따라서 비압축성 조건은 다음 식으로 표현된다.

$$\varepsilon_{kk} = 0, \quad \dot{\varepsilon}_{kk} = 0 \tag{4.18}$$

유효변형률 $\bar{\varepsilon}$와 유효변형률속도 $\dot{\bar{\varepsilon}}$는 다음과 같이 정의된다.

$$\begin{aligned} \bar{\varepsilon} &= \sqrt{\frac{2}{3}\varepsilon_{ij}'\varepsilon_{ij}'} \\ &= \frac{\sqrt{2}}{3}[(\varepsilon_{xx} - \varepsilon_{yy})^2 + (\varepsilon_{yy} - \varepsilon_{zz})^2 + (\varepsilon_{zz} - \varepsilon_{xx})^2 + 6(\varepsilon_{xy}{}^2 + \varepsilon_{yz}{}^2 + \varepsilon_{zx}{}^2)]^{\frac{1}{2}} \end{aligned} \tag{4.19}$$

$$\begin{aligned} \dot{\bar{\varepsilon}} &= \sqrt{\frac{2}{3}\dot{\varepsilon}_{ij}'\dot{\varepsilon}_{ij}'} \\ &= \frac{\sqrt{2}}{3}[(\dot{\varepsilon}_{xx} - \dot{\varepsilon}_{yy})^2 + (\dot{\varepsilon}_{yy} - \dot{\varepsilon}_{zz})^2 + (\dot{\varepsilon}_{zz} - \dot{\varepsilon}_{xx})^2 \\ &\quad + 6(\dot{\varepsilon}_{xy}{}^2 + \dot{\varepsilon}_{yz}{}^2 + \dot{\varepsilon}_{zx}{}^2)]^{\frac{1}{2}} \end{aligned} \tag{4.20}$$

▼ 예제 4.5

식 (4.12)~(4.20)을 주변형률 및 주변형률속도로 표현하라.

➡ 주변형률 및 주변형률속도 축에서 전단변형률 및 전단변형률속도 성분이 0이므로 식 (4.12)~(4.20)은 다음 식으로 표현된다.

$$L_1 = \varepsilon_1 + \varepsilon_2 + \varepsilon_3 \tag{a}$$

$$L_2 = -\varepsilon_1\varepsilon_2 - \varepsilon_2\varepsilon_3 - \varepsilon_3\varepsilon_1 \tag{b}$$

$$L_3 = \varepsilon_1\varepsilon_2\varepsilon_3 \tag{c}$$

$$\dot{L}_1 = \dot{\varepsilon}_1 + \dot{\varepsilon}_2 + \dot{\varepsilon}_3 \tag{d}$$

$$\dot{L}_2 = -\dot{\varepsilon}_1\dot{\varepsilon}_2 - \dot{\varepsilon}_2\dot{\varepsilon}_3 - \dot{\varepsilon}_3\dot{\varepsilon}_1 \tag{e}$$

$$\dot{L}_3 = \dot{\varepsilon}_1\dot{\varepsilon}_2\dot{\varepsilon}_3 \tag{f}$$

$$\varepsilon_1 + \varepsilon_2 + \varepsilon_3 = 0, \ \dot{\varepsilon}_1 + \dot{\varepsilon}_2 + \dot{\varepsilon}_3 = 0 \tag{g}$$

$$\bar{\varepsilon} = \frac{\sqrt{2}}{3}[(\varepsilon_1-\varepsilon_2)^2 + (\varepsilon_2-\varepsilon_3)^2 + (\varepsilon_3-\varepsilon_1)^2]^{\frac{1}{2}} \tag{h}$$

$$\dot{\bar{\varepsilon}} = \frac{\sqrt{2}}{3}[(\dot{\varepsilon}_1-\dot{\varepsilon}_2)^2 + (\dot{\varepsilon}_2-\dot{\varepsilon}_3)^2 + (\dot{\varepsilon}_3-\dot{\varepsilon}_1)^2]^{\frac{1}{2}} \tag{i}$$

▼ 예제 4.6

평면변형 문제에 대한 다음 변형률텐서의 주변형률, 주변형률축의 방향, 유효변형률 등을 구하라.

$$\begin{bmatrix} -200 & 450 \\ 450 & 1000 \end{bmatrix} \times 10^{-6} \tag{a}$$

➡ 주변형률 ε과 주변형률의 방향 $[n_x \ \ n_y]^T$는 다음의 고유치 문제로 수식화된다.

$$\begin{bmatrix} -200 & 450 \\ 450 & 1000 \end{bmatrix} \begin{bmatrix} n_x \\ n_y \end{bmatrix} = \varepsilon \times 10^6 \begin{bmatrix} n_x \\ n_y \end{bmatrix} \equiv E \begin{bmatrix} n_x \\ n_y \end{bmatrix} \tag{b}$$

여기서 $E = \varepsilon \times 10^6$이다. 식 (b)의 특성방정식

$$E^2 - 800E - 402500 = 0 \tag{c}$$

으로부터 $E_1 = 1150$, $E_2 = -350$이므로 주변형률은 다음과 같다.

$$\varepsilon_1 = 1150 \times 10^{-6}, \ \varepsilon_2 = -350 \times 10^{-6} \tag{d}$$

ε_1과 ε_2를 고유치 문제 (b)에 대입하여 정규고유벡터, 즉 주변형률축의 방향을 구하면

$$\begin{bmatrix} n_x \\ n_y \end{bmatrix}^{(1)} = \frac{1}{\sqrt{10}} \begin{bmatrix} 1 \\ 3 \end{bmatrix}, \quad \begin{bmatrix} n_x \\ n_y \end{bmatrix}^{(2)} = \frac{1}{\sqrt{10}} \begin{bmatrix} -3 \\ 1 \end{bmatrix} \tag{e}$$

이다. 한편 평면변형 문제에서 $\varepsilon_3 = 0$이므로 유효변형률은 다음과 같다.

$$\begin{aligned} \bar{\varepsilon} &= \frac{\sqrt{2}}{3}[(\varepsilon_1 - \varepsilon_2)^2 + (\varepsilon_2 - \varepsilon_3)^2 + (\varepsilon_3 - \varepsilon_1)^2]^{\frac{1}{2}} \\ &= \frac{\sqrt{2}}{3} \times 10^{-6} [(1150 - (-350))^2 + (-350 - 0)^2 + (0 - 1150)^2]^{\frac{1}{2}} \\ &= 906 \times 10^{-6} \end{aligned} \tag{f}$$

▼ 예제 4.7

그림의 균질압출공정에서 평균유효변형률을 계산하라. 초기단면적은 A_o, 압출된 단면적은 A_f 이다. 전단변형을 무시하고, 초기소재 단면상의 정사각형은 변형 후에도 정사각형을 유지한다고 가정하라. 소재는 비압축성이다.

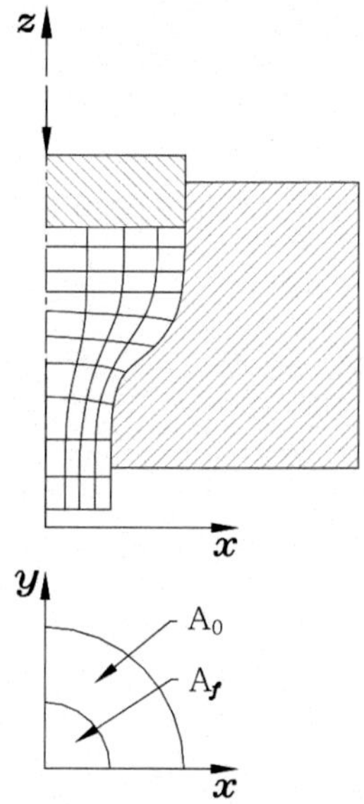

➡ 비압축성조건으로부터

$$\varepsilon_{xx} + \varepsilon_{yy} + \varepsilon_{zz} = 0 \tag{a}$$

이다. 초기소재 단면상의 정사각형은 변형 후에도 정사각형을 유지한다는 가정으로부터

$$\varepsilon_{xx} = \varepsilon_{yy} \tag{b}$$

이고 식 (a)와 (b)로부터

$$\varepsilon_{xx} = \varepsilon_{yy} = -\frac{1}{2}\varepsilon_{zz} \tag{c}$$

이다. 따라서 유효변형률은 다음과 같다.

$$\begin{aligned} \bar{\varepsilon} &= \frac{\sqrt{2}}{3}[(\varepsilon_{xx} - \varepsilon_{yy})^2 + (\varepsilon_{yy} - \varepsilon_{zz})^2 + (\varepsilon_{zz} - \varepsilon_{xx})^2]^{\frac{1}{2}} \\ &= \frac{\sqrt{2}}{3}[(0)^2 + (-\frac{3}{2}\varepsilon_{zz})^2 + (\frac{3}{2}\varepsilon_{zz})^2]^{\frac{1}{2}} \\ &= |\varepsilon_{zz}| \end{aligned} \tag{d}$$

한편 초기길이와 압출 이후 길이를 각각 L_o, L_f 라고 두면

$$\varepsilon_{zz} = \ln\frac{L_f}{L_o}, \quad L_o < L_f \tag{e}$$

이고, 체적불변의 법칙으로부터

$$L_f A_f = L_o A_o \tag{f}$$

이다. 따라서 평균유효변형률은 다음과 같다.

$$\bar{\varepsilon} = \varepsilon_{zz} = \ln \frac{L_f}{L_o} = \ln \frac{A_o}{A_f} \tag{g}$$

4.4 평면변형과 축대칭 문제

변형률텐서 또는 변형률속도 텐서의 성분에서 어떤 하나의 방향에 대한 성분이 모두 0일 때, 평면변형(plane strain)이라고 한다. 편의상 그 방향을 $z(x_3)$-축 방향이라고 가정하자. 평면변형일 때의 변위와 속도는

$$u_x = u_x(x,y),\ u_y = u_y(x,y),\ u_z = 0 \tag{4.21}$$

$$v_x = v_x(x,y),\ v_y = v_y(x,y),\ v_z = 0 \tag{4.22}$$

이며, 변형률 및 변형률속도 텐서는 다음과 같이 축약되어 표현된다.

$$[\varepsilon_{ij}] = \begin{bmatrix} \varepsilon_{xx} & \varepsilon_{xy} \\ \varepsilon_{yx} & \varepsilon_{yy} \end{bmatrix} = \begin{bmatrix} \varepsilon_{11} & \varepsilon_{12} \\ \varepsilon_{21} & \varepsilon_{22} \end{bmatrix} \tag{4.23}$$

$$[\dot{\varepsilon}_{ij}] = \begin{bmatrix} \dot{\varepsilon}_{xx} & \dot{\varepsilon}_{xy} \\ \dot{\varepsilon}_{yx} & \dot{\varepsilon}_{yy} \end{bmatrix} = \begin{bmatrix} \dot{\varepsilon}_{11} & \dot{\varepsilon}_{12} \\ \dot{\varepsilon}_{21} & \dot{\varepsilon}_{22} \end{bmatrix} \tag{4.24}$$

공학적으로 평면변형 문제에 속하는 대표적인 문제는 댐과 박판압연이다. 댐은 길이방향으로의 변위가 물이 흘러가는 방향에 비하여 매우 작다. 박판압연의 경우 폭퍼짐량이 매우 작기 때문에 식 (4.22)의 가정이 공학적으로 유용하다. 따라서 평면변형 문제에 속한다. 소성가공 공정이 2차원 해석은 주로 평면변형 문제의 가정하에서 실시되고 있다. 평면변형 문제는 $z(x_3)$-축 방향으로 재료의 유동이 발생하지 않는다는 가정에 바탕을 둔 것이나.

축대칭 문제는 3차원 문제 중에서도 특이한 문제에 속한다. 축대칭 문제란 기하학적으로 축대칭이어야 하고, 하중 및 경계조건 등 역학적인 면에서도 축대칭이어야 하며, 재료의 측면에서도 축대칭이어야 한다는 것이다. 전술한 바와 같이 축대칭의 조건이 까다롭기는 하지만, 공학해석 문제에서 축대칭 문제로 간주될 수 있는 문제는 매우 많다. 축대칭 문제는 일반적으로 r-θ-z 원통좌표계로 수식화되고 있다. 그림 4.4(a)는 원통좌표계에서 변위벡터 $[u_r, u_\theta, u_z]^T$를 정의하고 있다. 축대칭일 경우 원주방향의 변위는 없으며, 다른 변위 성분도 원주방향의 좌표 θ의 함수가 아니다. 즉,

$$u_r = u_r(r,z),\ u_\theta = 0,\ u_z = u_z(r,z) \tag{4.25}$$

이다. 따라서 0이 아닌 변형률 성분과 변위의 관계는 다음과 같다.

$$\begin{bmatrix} \varepsilon_{rr} \\ \varepsilon_{\theta\theta} \\ \varepsilon_{zz} \\ \varepsilon_{rz} \end{bmatrix} = \begin{bmatrix} \dfrac{\partial u_r}{\partial r} \\ \dfrac{u_r}{r} \\ \dfrac{\partial u_z}{\partial z} \\ \dfrac{1}{2}(\dfrac{\partial u_r}{\partial z} + \dfrac{\partial u_z}{\partial r}) \end{bmatrix} \tag{4.26}$$

마찬가지로 변형률속도 성분과 속도의 관계는 다음과 같다.

$$\begin{bmatrix} \dot{\varepsilon}_{rr} \\ \dot{\varepsilon}_{\theta\theta} \\ \dot{\varepsilon}_{zz} \\ \dot{\varepsilon}_{rz} \end{bmatrix} = \begin{bmatrix} \dfrac{\partial v_r}{\partial r} \\ \dfrac{v_r}{r} \\ \dfrac{\partial v_z}{\partial z} \\ \dfrac{1}{2}(\dfrac{\partial v_r}{\partial z} + \dfrac{\partial v_z}{\partial r}) \end{bmatrix} \tag{4.27}$$

축대칭 문제는 그림 4.4(b)에서 보는 바와 같이 변위장 u_r과 u_z 또는 속도장 v_r과 v_z에 의하여 결정된다. 따라서 해석영역은 2차원 평면이지만 실제 계산에서는 체적을 고려한 3차원 해석을 실시한다.

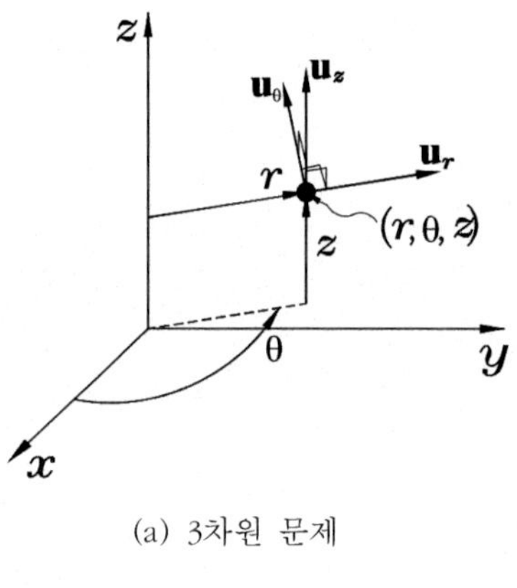

(a) 3차원 문제

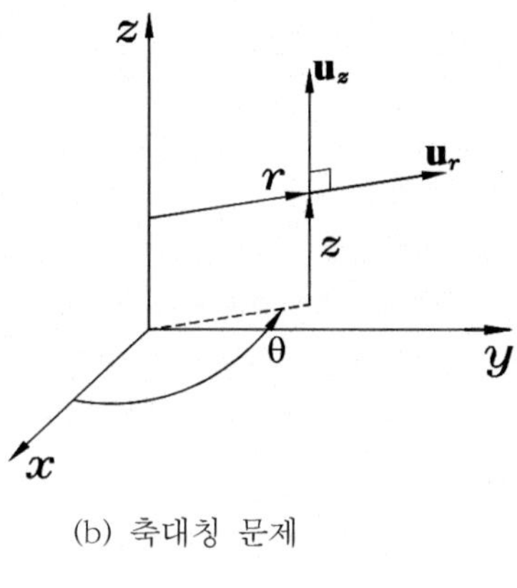

(b) 축대칭 문제

그림 4.4 원통좌표계에서 변위벡터의 정의와 축대칭 문제

4.5 변형률속도의 이상화

변형률속도는 하중을 제거하였을 때 회복되지 않는 양($\dot{\varepsilon}_{ij}{}^{p}$)과 그 이외의 양($\dot{\varepsilon}_{ij}{}^{d}$)으로 구분된다. 즉,

$$\dot{\varepsilon}_{ij} = \dot{\varepsilon}_{ij}^{\,p} + \dot{\varepsilon}_{ij}^{\,d} \tag{4.28}$$

로 표현되며, $\dot{\varepsilon}_{ij}{}^{p}$와 $\dot{\varepsilon}_{ij}{}^{d}$를 각각 소성변형률속도(plastic strain rate) 성분과 차이변형률속도(difference strain rate) 성분이라고 한다. 소성변형률속도 성분의 기하학적 의미는 회복되지 않는 변형으로 명확하게 설명된다. 반면 차이변형률속도 성분은 탄성, 크립, 거시적 관점에서 불명확한 요소 등을 포함하므로 다소 포괄적인 의미로 사용된다. 대부분 차이변형률속도 성분을 탄성변형률속도 성분이라고 간주하거나 무시하고 있다. 이 때, 전자인 경우, 즉

$$\dot{\varepsilon}_{ij}{}^{d} = \dot{\varepsilon}_{ij}{}^{e} \tag{4.29}$$

라고 가정한 경우를 탄소성(elastic-plastic)이라고 하고, 후자인 경우, 즉

$$\dot{\varepsilon}_{ij}{}^{d} = 0 \tag{4.30}$$

라고 가정한 경우를 강소성(rigid-plastic)이라고 한다. 따라서 강소성이론에서 $\dot{\varepsilon}_{ij}$와 $\dot{\bar{\varepsilon}}$는 각각 $\dot{\varepsilon}_{ij}{}^{p}$와 $\dot{\bar{\varepsilon}}^{p}$를 의미한다.

4.6 변형의 기하학적 적합성

연속체는 하중의 부과로 인하여 내부 크랙 등이 발생하지 않고 변형 이전의 모든 질점들이 변형체와 일대일 대응관계에 있는 물체로 정의된다. 연속체의 조건은 변형의 기하학적 적합성으로 수식화된다. 이 절에서는 이에 관한 개념적 내용을 다루고자 한다.

식 (4.4)를 살펴보자. 변형률은 여섯 개이고 변위성분은 세 개이다. 만약 변위가 연속함수로 주어져 있다면, 식 (4.4)로부터 변형률을 쉽게 구할 수 있고 그 변형률은 기하학적으로 문제될 것이 없다. 그러나 여섯 개의 변형률 함수가 주어져 있는 상태에서 변위를 구하고자 할 때는 문제가 된다. 일반적으로 여섯 개의 방정식을 만족하는 세 개의 연속된 변위함수를 구할 수 없기 때문이다. 따라서 변형률에 대한 어떤 구속조건식이 부가되어야 한다. 물론 이 구속조건식은 변형률이 주어졌을 때, 그 결과로 얻어지는 변위함수가 유일해(unique solution)이고 연속이라는 조건을 반영하는 것이다. 이 구속조건식을 적합성방정식(compatibility equation)이라고 하며, 다음과 같이 수식화된다.

$$\varepsilon_{ij,kl} + \varepsilon_{kl,ij} + \varepsilon_{ik,jl} + \varepsilon_{jl,ik} = 0, \quad i,j,k,l = 1,2,3 \tag{4.31}$$

이 식은 총 81개이지만 이 중에는 중복되거나 당연히 만족하는 식이 내포되어 있고 실제 독립적인 식은 다음의 여섯 개밖에 없다.

$$\begin{aligned}
\frac{\partial^2 \varepsilon_x}{\partial y^2} + \frac{\partial^2 \varepsilon_y}{\partial x^2} &= 2\frac{\partial^2 \varepsilon_{xy}}{\partial x \partial y} \\
\frac{\partial^2 \varepsilon_y}{\partial z^2} + \frac{\partial^2 \varepsilon_z}{\partial y^2} &= 2\frac{\partial^2 \varepsilon_{yz}}{\partial y \partial z} \\
\frac{\partial^2 \varepsilon_z}{\partial x^2} + \frac{\partial^2 \varepsilon_x}{\partial z^2} &= 2\frac{\partial^2 \varepsilon_{zx}}{\partial z \partial x} \\
\frac{\partial^2 \varepsilon_x}{\partial y \partial z} &= -\frac{\partial^2 \varepsilon_{yz}}{\partial x^2} + \frac{\partial^2 \varepsilon_{xz}}{\partial x \partial y} + \frac{\partial^2 \varepsilon_{xy}}{\partial x \partial z} \\
\frac{\partial^2 \varepsilon_y}{\partial z \partial x} &= \frac{\partial^2 \varepsilon_{yz}}{\partial y \partial x} - \frac{\partial^2 \varepsilon_{xz}}{\partial y^2} + \frac{\partial^2 \varepsilon_{xy}}{\partial y \partial z} \\
\frac{\partial^2 \varepsilon_z}{\partial x \partial y} &= \frac{\partial^2 \varepsilon_{yz}}{\partial z \partial x} + \frac{\partial^2 \varepsilon_{xz}}{\partial z \partial y} - \frac{\partial^2 \varepsilon_{xy}}{\partial z^2}
\end{aligned} \tag{4.32}$$

그런데 유한요소법을 이용하여 고체역학 문제를 해석하고자 할 경우, 보간함수(interpolation function)에 대한 적합성조건이 만족되면 적합성방정식은 자동적으로 성립한다. 실제 대부분의 역학 문제에서 가장 단순한 선형보간함수를 사용해도 적합성조건이 만족되므로 사실상 유한요소해석에서 적합성방정식에 별도로 유의할 필요가 없다.

제 5 장

재료의 거동과 구성방정식

5.1 서론

앞에서 고체역학을 포함하는 연속체역학의 3대 요소 중에서 힘의 평형과 관련된 평형방정식 및 운동방정식을 유도하였고, 소변형이라는 가정하에 변위-변형률 관계식 및 속도-변형률속도 관계식 등을 유도하였다. 이 수식들을 유도할 때 전제한 가정을 상기해 보자. 변형률과 변형률속도를 설명할 때 사용한 '작은 변형 또는 소변형' 이외의 가정은 사용되지 않았다. 따라서 이 가정하에서 이 수식들은 재료와 무관하게 유도된 것으로 자연계의 모든 재료에 적용된다. 즉, 식 (3.23), 식 (3.25), 식 (4.4), 식 (4.9)의 관점에서 볼 때, 알루미늄과 강 등의 차이는 없다는 것이다.

그러면 재료의 재료학적 차이는 어디에서 반영할 것인가? 바로 구성방정식(constitutive law)이 그 역할을 수행한다. 구성방정식은 주로 역학적 기계량(응력) 및 열적 기계량(열유동)과 기하학적 기계량(변형률, 변형률속도) 및 온도 등을 각각 연결시켜 주는 역할을 한다. 구성방정식은 물리적으로 차원이 다르고 그 관계가 활용 조건에 의존적인 상태변수들 간의 관계를 짓는 목적으로 사용된다. 고체역학에서 변형과 응력을 연결하는 것이 대표적인 사례이다. 고체역학에서 구성방정식은 재료의 기계적 성질을 반영하는 것으로 이론과 실험에 의하여 관계식과 계수들이 결정된다. 즉, 응력과 변형률, 변형률속도, 온도 등의 관계식이 바로 구성방정식이 된다.

재료는 온도 등 사용 환경에 따라 기계적 성질이 크게 달라진다. 일반적으로 재료는 재결정온도 전후에서 기계적 성질에 큰 변화를 일으킨다. 상온에서 재료의 항복응력은 변형률속도 및 온도에 영향을 상대적으로 작게 받는다. 반면 재결정온도보다 훨씬 높은 온도에서 항복응력은 온도와 변형률속도에 민감하게 영향을 받는다.

5.2 인장시험

인장시험은 재료의 거시적 성질을 규명하기 위한 목적으로 널리 사용되고 있다. 그림 5.1은 상온상태의 금속재료에 대한 인장시험 곡선의 전형적인 예이다. 가로축은 표점 간의 길이 증가량 Δl 을 표점 간의 초기거리 l_0로 나눈 값, 즉 공칭변형률(nominal strain, engineering strain) ε_e 이고, 세로축은 현재의 하중 P를 초기의 단면적 A_o로 나눈 값, 즉 공칭응력(nominal stress, engineering stress) σ_e 이다.

인장시험 곡선에서 최대의 공칭응력을 인장강도(tensile strength) σ_u 라고 하며, 최대 공칭변형률(ε_F)×100(%)을 연신율 또는 신율(elongation)이라고 한다. 그리고 초기항복이 발생하는 점 Y에 해당하는 공칭응력 σ_Y를 항복강도(yield strength)라고 한다. 영구변형이 시작된다는 측면에서 항복응력(yield stress)이라고도 하지만, 재료의 성질을 의미할 때는 항복강도가 적절한 용어이다. 물론 재료의 성질을 의미할 때는 인장시편의 제작과정이 명시되어야 한다. 공칭응력 σ_e와 공칭변형률 ε_e가 선형비례 관계에 있을 때, 선형탄성(linear elastic)이라고 하며, 그 한계공칭응력을 비례한도(proportional limit)라고 한다. 그리고 직선의 기울기를 탄성계수(modulus of elasticity) 또는 영률(Young's modulus)이라고 한다. 비례한도로부터 초기항복까지를 비선형탄성영역으로 간주해도 공학적으로 무방하다.

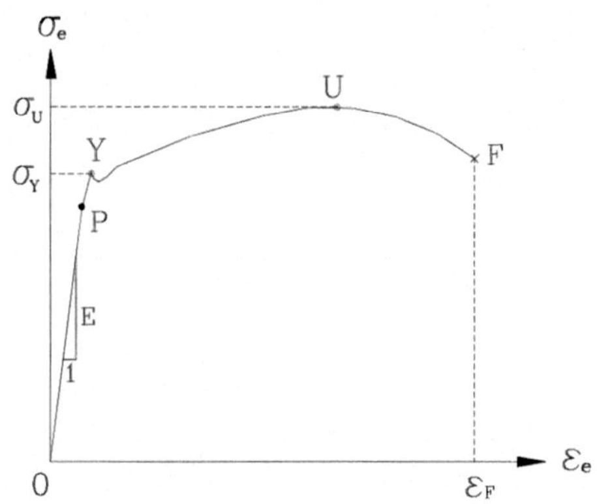

그림 5.1 공칭응력과 공칭변형률 곡선
(OP: 선형탄성, PY: 비선형탄성, YF: 소성)

인장시험 중 시편은 균일하게 늘어나지 않고 국부의 소성변형영역이 이동되면서 점진적으로 늘어나게 된다. 어떤 부위가 소성변형을 받게 되면 단면이 줄어들고 그만큼 단위면적당 응력이 커지게 된다. 따라서 역학, 즉 응력의 관점에서 보면 일단 변형이 발생하여 반경이 작아진 부위가 허약하다. 그런데 일반적으로 변형이 발생하면 재료는 변형저항을 일으켜 저항능력이 오히려 커진다. 변형저항에 의한 저항능력의 증가가 단면감소로 인한 저항능력의 감소보다 크면, 소성영역은 다른 곳으로 옮겨간다. 그런데 만약 단면감소로 인한 저항능력 감소가 변형저항에 의한 저항능력의 증가보다 크게 되면 인장시편은 불안정한 상태가 되며, 단면적의 감소로 약해진 부위에서 계속적인 변형이 발생하게 된다. 즉, 네킹(necking)이 발생하게 되어 파단으로 연결된다. 이 때, 최대하중이 작용하므로 최대 공칭응력점을 곧 네킹의 시작점, 즉 네킹점(necking point)으로 간주하고 있다. 인장시편에서 네킹 발생 부위를 역학적으로 예측할 수 없다. 그러므로 네킹은 일종의 불안정성 문제(instability problem, bifurcation problem)에 속한다. 네킹이 시작되는 지점에서 최대공칭응력, 즉 인장강도(tensile strength)에 도달한다.

일반적으로 인장시험 결과는 공칭응력과 공칭변형률의 관계이다. 실제 역학해석에서는 진응력(true stress)과 진변형률(true strain)의 관계를 필요로 한다. 진응력(σ_t)-진변형률(ε_t) 곡선을 인장시험으로 획득한 네킹이 발생하기 이전까지의 공칭응력(σ_e)-공칭변형률(ε_e)의 관계 $\sigma_e = f(\varepsilon_e)$로부터 구해 보자.

공칭변형률 ε_e와 진변형률 ε_t가 각각 다음과 같이 정의되므로

$$\varepsilon_e = \frac{l - l_o}{l_o} = \frac{\Delta l}{l_o} \tag{5.1}$$

$$\varepsilon_t = \log_e \frac{l}{l_o} = \log_e \left(1 + \frac{\Delta l}{l_o}\right) \tag{5.2}$$

공칭변형률과 진변형률 사이에는 다음의 관계가 성립한다.

$$\varepsilon_t = \log_e(1+\varepsilon_e) \tag{5.3}$$

식 (5.1)과 식 (5.2)에서 l은 인장시험 중 현재 시점의 표점간 거리를 의미한다.

한편 공칭응력 σ_e와 진응력 σ_t는 다음과 같이 정의된다.

$$\sigma_e = \frac{P}{A_o} \tag{5.4}$$

$$\sigma_t = \frac{P}{A} \tag{5.5}$$

여기서 A는 인장시험 중 현재 시점의 단면적이다.

탄성학에서 특별한 언급이 없으면, 항복점까지 공칭 값과 진 값은 동일하다고 가정한다. 반면, 소성변형 시에는 부피의 변화가 발생하지 않는다고 가정한다. 가정은 이론 전개의 시작이 되므로 그 배경을 이해하고 올바르게 활용해야 한다.

소성변형 시에 금속재료의 부피변화는 무시하므로 항복점과 네킹점 사이에서 다음의 조건이 성립한다.

$$l_o A_o = l A \tag{5.6}$$

식 (5.4), (5.5), (5.6)으로부터 다음의 관계식을 유도할 수 있다.

$$\sigma_t = \frac{P}{A_o}\frac{A_o}{A} = \sigma_e(1+\varepsilon_e) \tag{5.7}$$

따라서 공칭변형률-공칭응력 선도에서 각 점 $(\varepsilon_e, \sigma_e)$는 신변형률-진응력 곡선상의 한 점 $(\varepsilon_t(=\log_e(1+\varepsilon_e)),\ \sigma_t(=\sigma_e(1+\varepsilon_e)))$으로 변환된다. 즉, 공칭응력 σ_e와 공칭변형률 ε_e의 관계가 $\sigma_e = f(\varepsilon_e)$일 경우, 진변형률 ε_t와 진응력 σ_t의 함수 관계는 다음과 같다.

$$\sigma_t = e_t^{\varepsilon} f(e_t^{\varepsilon} - 1) \tag{5.8}$$

이 책에서 하첨자 e가 뒤따르지 않는 응력 σ와 변형률 ε은 각각 진응력 σ_t와 진변형률 ε_t를 의미한다.

인장시험곡선과 재료의 용도를 생각해 보자. 구조재료의 경우, 구조물의 운용중 응력은 점 O 주위에 머물러야 한다. 구조물의 설계 시에 안전계수 S가 고려되므로 실제 사용영역은 $\sigma < \sigma_Y/S$ 이내의 범위이다. 소성가공의 경우, 소성변형에 의존하여 재료를 성형하므로 소성변형이 주 관심사이다. 물론 소성가공에서 탄성회복(springback) 등으로 탄성변형이 문제가 되는 경우가 많기는 하지만 성형공정 자체는 소성변형에 의존한다. 이 두 경우는 항복점 Y로부터 멀리 떨어져 있는 경우이다. 그러나 설계 목적상 항복점 Y 주위에 존재하도록 하는 경우, 즉 탄성과 소성 및 파괴를 동시에 동반하는 경우도 있다. 기계적 안전장치나 캔의 따개 등이 이에 속한다.

5.3 후크법칙

후크법칙(Hooke's law, De potentia restitutiva(1678) by R. Hooke)은 물체에 힘을 가했을 때 늘어난 길이와 힘 사이에는 선형적 비례관계에 있다는 것이다. 스프링상수가 k인 스프링을 예로 들면, 늘어난 길이 δ는 힘 P와 다음의 관계에 있다.

$$\delta = \frac{P}{k} \quad \text{또는} \quad P = k\delta \tag{5.9}$$

봉재 또는 인장시편도 하나의 스프링이다. 역학적 관점에서 봉재와 스프링의 차이는 사실상 없다. 대부분의 구조용 재료의 인장시험곡선에서 인장시편이 늘어난 길이와 하중 간에 직선적으로 변한다고 간주할 수 있는 영역, 즉 후크법칙이 적용되는 영역이 뚜렷하게 존재한다. 그림 5.1의 구간 OP가 그것이다. 이 영역에서는 공칭응력과 진응력, 공칭변형률과 진변형률의 차이가 매우 작기 때문에 탄성학에서는 동일하다고 가정한다. 그림 5.1의 응력-변형률 곡선으로부터 단축하중의 후크법칙은 다음과 같이 표현된다.

$$\sigma = E\varepsilon \quad \text{또는} \quad \sigma_{xx} = E\varepsilon_{xx} \tag{5.10}$$

따라서 후크법칙은 그림 5.1에서 OP 구간, 즉 선형탄성영역의 하중-변형 특성을 표현하는 구성방정식이다.

후크법칙의 일반형은

$$\sigma_{ij} = C_{ijkl}\, \varepsilon_{kl} \tag{5.11}$$

로 표현된다. 여기서 C_{ijkl}은 탄성상수(elastic constants)이며 총 81개의 성분으로 구성된 4차 텐서량이다. 응력과 변형률이 대칭이므로

$$C_{ijkl} = C_{jikl}, \ C_{ijkl} = C_{ijlk} \tag{5.12}$$

이다. 이 조건으로부터 독립적인 탄성계수의 수는 36개로 줄어든다. 한편 변형이 일어난 과정과 무관한 변형에너지밀도함수가 존재하기 위해서는(5.7절 참고)

$$C_{ijkl} = C_{klij} \tag{5.13}$$

가 만족되어야 하며, 이 조건으로부터 21개의 독립변수만 남게 된다. 식 (5.13)은 Maxwell의 상호작용 원리(Maxwell's reciprocal theorem)와 동등한 의미를 갖는다. 만약 재료가 어떤 특정한 방향에 대하여 탄성역학적으로 대칭이면, 탄성상수의 수는 더 줄게 된다. 가령 하나의 대칭면이 존재할 경우에는 13개로, 세 개의 대칭면이 존재할 경우(직교이방성 재료, orthotropic material)에는 아홉 개로 준다. 하나의 축을 포함하는 모든 면이 대칭면이고 그 이외의 면은 비대칭면인 횡방향등방성 재료(transversely isotropic material)의 경우, 탄성상수는 다섯 개로 줄어들며, 모든 면이 대칭면인 등방성 재료(isotropic material)의 경우, 탄성상수를 결정하는 요소는 탄성계수 E와 포아송비(Poisson's ratio) ν의 두 개로 줄어든다.

5.3.1 등방성재료

탄성역학에서 하중은 기계적 또는 역학적 하중 (mechanical load)과 열적 하중 또는 열하중(thermal load)으로 구분된다. 금속은 온도의 변화에 따라 열변형을 발생시킨다. 물체의 변형은 기계적 하중에 의한 변형과 열하중에 의한 변형이 복합되어 나타난다. 탄성역학에서는 소변형이란 가정하에서 두 종류의 변형이 독립적으로 발생하는 것으로 가정한다. 따라서 등방성 재료에 대한 후크법칙은 다음과 같이 요약된다.

$$\begin{aligned}
\varepsilon_{xx} &= \frac{1}{E}\left[\sigma_{xx} - \nu(\sigma_{yy} + \sigma_{zz})\right] + \alpha\Delta T \\
\varepsilon_{yy} &= \frac{1}{E}\left[\sigma_{yy} - \nu(\sigma_{zz} + \sigma_{xx})\right] + \alpha\Delta T \\
\varepsilon_{zz} &= \frac{1}{E}\left[\sigma_{zz} - \nu(\sigma_{xx} + \sigma_{yy})\right] + \alpha\Delta T \\
\varepsilon_{xy} &= \frac{(1+\nu)}{E}\sigma_{xy} \\
\varepsilon_{yz} &= \frac{(1+\nu)}{E}\sigma_{yz} \\
\varepsilon_{zx} &= \frac{(1+\nu)}{E}\sigma_{zx}
\end{aligned} \tag{5.14}$$

또는

$$\varepsilon_{ij} = \frac{1}{E}[(1+\nu)\sigma_{ij} - \nu\sigma_{kk}\ \delta_{ij}] + \alpha \Delta T \delta_{ij} \tag{5.15}$$

여기서 E, ν, α는 각각 탄성계수, 포아송비, 열팽창계수이며, $\Delta T = T - T_0$은 온도변화량이다. 이론적으로 포아송비는 $-1 < \nu < 0.5$를 만족해야 한다(제 1 부 예제 2.24 참고).

열변형이 없는 경우, 선형등방성 재료의 협의의 고체역학적 성질은 E와 ν에 의하여 결정됨을 후크법칙은 말해주고 있다. 한편 식 (5.15)를 응력에 관하여 정리하면

$$\sigma_{ij} = 2\mu\varepsilon_{ij} + \lambda\varepsilon_{kk}\ \delta_{ij} - (3\lambda + 2\mu)\alpha \Delta T\ \delta_{ij} \tag{5.16}$$

가 된다. 여기서

$$\mu = \frac{E}{2(1+\nu)}, \quad \lambda = \frac{\nu E}{(1+\nu)(1-2\nu)} \tag{5.17}$$

를 Lamé 상수라고 한다.

식 (5.16)에서 응력 σ_{ij}와 변형률 ε_{ij}의 관계를 종종 다음의 형태로 표현한다.

$$\sigma_i = D_{ij}\varepsilon_j \tag{5.18}$$

여기서 탄성행렬(elasticity matrix) D, 응력텐서 벡터 σ_i, 변형률텐서 벡터 ε_i는 다음과 같이 정의된다.

$$\mathrm{D} = \frac{E(1-\nu)}{(1+\nu)(1-2\nu)}\begin{bmatrix} 1 & \gamma & \gamma & 0 & 0 & 0 \\ \gamma & 1 & \gamma & 0 & 0 & 0 \\ \gamma & \gamma & 1 & 0 & 0 & 0 \\ 0 & 0 & 0 & \beta & 0 & 0 \\ 0 & 0 & 0 & 0 & \beta & 0 \\ 0 & 0 & 0 & 0 & 0 & \beta \end{bmatrix}, \quad \sigma_i = \begin{bmatrix} \sigma_{xx} \\ \sigma_{yy} \\ \sigma_{zz} \\ \sigma_{xy} \\ \sigma_{yz} \\ \sigma_{zx} \end{bmatrix}, \quad \varepsilon_i = \begin{bmatrix} \varepsilon_{xx} \\ \varepsilon_{yy} \\ \varepsilon_{zz} \\ 2\varepsilon_{xy} \\ 2\varepsilon_{yz} \\ 2\varepsilon_{zx} \end{bmatrix} \tag{5.19}$$

여기서 $\gamma = \nu/(1-\nu)$, $\beta = (1-2\nu)/2(1-\nu)$이다.

평면응력, 평면변형, 축대칭 문제에 관한 후크법칙을 정리해 보자. 먼저 평면응력에 관한 구성방정식을 유도해 보자. 평면응력에서 $\sigma_{zz} = \sigma_{zx} = \sigma_{zy} = 0$이므로 이 조건을 식 (5.14)에 대입하여 온도 관련 항을 삭제하고 정리하면

$$\begin{aligned} \varepsilon_{xx} &= \frac{1}{E}(\sigma_{xx} - \nu\sigma_{yy}) \\ \varepsilon_{yy} &= \frac{1}{E}(\sigma_{yy} - \nu\sigma_{xx}) \\ \varepsilon_{zz} &= -\frac{\nu}{E}(\sigma_{xx} + \sigma_{yy}) \\ 2\varepsilon_{xy} &= \frac{2(1+\nu)}{E}\sigma_{xy} \end{aligned} \tag{5.20}$$

가 되며, 이 식을 응력텐서 벡터에 대하여 정리하면 다음과 같다.

$$\begin{bmatrix}\sigma_{xx}\\ \sigma_{yy}\\ \sigma_{xy}\end{bmatrix} = \frac{E}{1-\nu^2}\begin{bmatrix}1 & \nu & 0\\ \nu & 1 & 0\\ 0 & 0 & (1-\nu)/2\end{bmatrix}\begin{bmatrix}\varepsilon_{xx}\\ \varepsilon_{yy}\\ 2\varepsilon_{xy}\end{bmatrix} \quad \text{또는} \quad \sigma_i = D_{ij}\,\varepsilon_j \tag{5.21}$$

여기서 D, σ_i, ε_i는 각각 다음과 같이 정의된다.

$$\mathrm{D} = \frac{E}{1-\nu^2}\begin{bmatrix}1 & \nu & 0\\ \nu & 1 & 0\\ 0 & 0 & (1-\nu)/2\end{bmatrix}, \quad \sigma_i = \begin{bmatrix}\sigma_{xx}\\ \sigma_{yy}\\ \sigma_{xy}\end{bmatrix}, \quad \varepsilon_i = \begin{bmatrix}\varepsilon_{xx}\\ \varepsilon_{yy}\\ 2\varepsilon_{xy}\end{bmatrix} \tag{5.22}$$

마찬가지로 평면변형에서 식 (5.21)과 식 (5.22)에 대응하는 식은 각각 다음과 같다.

$$\begin{bmatrix}\sigma_{xx}\\ \sigma_{yy}\\ \sigma_{xy}\end{bmatrix} = \frac{E(1-\nu)}{(1+\nu)(1-2\nu)}\begin{bmatrix}1 & \nu/(1-\nu) & 0\\ \nu/(1-\nu) & 1 & 0\\ 0 & 0 & (1-2\nu)/2(1-\nu)\end{bmatrix}\begin{bmatrix}\varepsilon_{xx}\\ \varepsilon_{yy}\\ 2\varepsilon_{xy}\end{bmatrix} \tag{5.23}$$

$$\mathrm{D} = \frac{E(1-\nu)}{(1+\nu)(1-2\nu)}\begin{bmatrix}1 & \nu/(1-\nu) & 0\\ \nu/(1-\nu) & 1 & 0\\ 0 & 0 & (1-2\nu)/2(1-\nu)\end{bmatrix} \tag{5.24}$$

축대칭 문제의 경우, 3.6절과 4.4절에서 설명된 바와 같이 영이 아닌 변형률 성분이 ε_{rr}, $\varepsilon_{\theta\theta}$, ε_{zz}, ε_{rz}밖에 없으며, 영이 아닌 응력성분이 σ_{rr}, $\sigma_{\theta\theta}$, σ_{zz}, σ_{rz}밖에 없다. 따라서 후크법칙을 풀어 쓰면 다음과 같다.

$$\begin{aligned}
\varepsilon_{rr} &= \frac{1}{E}[\sigma_{rr} - \nu(\sigma_{\theta\theta}+\sigma_{zz})]\\
\varepsilon_{\theta\theta} &= \frac{1}{E}[\sigma_{\theta\theta} - \nu(\sigma_{zz}+\sigma_{rr})]\\
\varepsilon_{zz} &= \frac{1}{E}[\sigma_{zz} - \nu(\sigma_{rr}+\sigma_{\theta\theta})]\\
\varepsilon_{rz} &= \frac{(1+\nu)}{E}\sigma_{rz}
\end{aligned} \tag{5.25}$$

이 식을 응력텐서 벡터에 관한 식으로 표현하면 다음과 같다.

$$\sigma_i = D_{ij}\,\varepsilon_j \tag{5.26}$$

여기서

$$\mathrm{D} = \frac{E(1-\nu)}{(1+\nu)(1-2\nu)}\begin{bmatrix}1 & \gamma & \gamma & 0\\ \gamma & 1 & \gamma & 0\\ \gamma & \gamma & 1 & 0\\ 0 & 0 & 0 & \beta\end{bmatrix}, \quad \sigma_i = \begin{bmatrix}\sigma_{rr}\\ \sigma_{\theta\theta}\\ \sigma_{zz}\\ \sigma_{rz}\end{bmatrix}, \quad \varepsilon_i = \begin{bmatrix}\varepsilon_{rr}\\ \varepsilon_{\theta\theta}\\ \varepsilon_{zz}\\ 2\varepsilon_{rz}\end{bmatrix} \tag{5.27}$$

이다. 식 (5.27)에서 $\gamma = \nu/(1-\nu)$, $\beta = (1-2\nu)/2(1-\nu)$이다.

우리는 앞에서 후크법칙은 $\sigma_i = D_{ij}\,\varepsilon_j$의 일반 형태로 표현되며, 문제에 따라 D_{ij}, σ_i,

ε_i가 다르게 정의됨을 공부하였다. 한편 초기변형률 ε_i^o 와 초기응력 σ_i^o 를 고려한 후크법칙은 다음과 같이 수식화된다.

$$\sigma_i = D_{ij}\left(\varepsilon_j - \varepsilon_j^o\right) + \sigma_i^o \tag{5.28}$$

여기서 열팽창을 초기변형률로 간주한다면, ε_j^o와 σ_i^o는 3차원 문제의 경우,

$$\varepsilon_j^o = \begin{bmatrix} \alpha\Delta T \\ \alpha\Delta T \\ \alpha\Delta T \\ 0 \\ 0 \\ 0 \end{bmatrix}, \quad \sigma_i^o = \begin{bmatrix} \sigma_{xx}^o \\ \sigma_{yy}^o \\ \sigma_{zz}^o \\ \sigma_{xy}^o \\ \sigma_{yz}^o \\ \sigma_{zx}^o \end{bmatrix} \tag{5.29}$$

평면응력 문제의 경우,

$$\varepsilon_j^o = \begin{bmatrix} \alpha\Delta T \\ \alpha\Delta T \\ 0 \end{bmatrix}, \quad \sigma_i^o = \begin{bmatrix} \sigma_{xx}^o \\ \sigma_{yy}^o \\ \sigma_{xy}^o \end{bmatrix} \tag{5.30}$$

평면변형 문제의 경우,

$$\varepsilon_j^o = (1+\nu)\begin{bmatrix} \alpha\Delta T \\ \alpha\Delta T \\ 0 \end{bmatrix}, \quad \sigma_i^o = \begin{bmatrix} \sigma_{xx}^o \\ \sigma_{yy}^o \\ \sigma_{xy}^o \end{bmatrix} \tag{5.31}$$

축대칭 문제의 경우,

$$\varepsilon_j^o = \begin{bmatrix} \alpha\Delta T \\ \alpha\Delta T \\ \alpha\Delta T \\ 0 \end{bmatrix}, \quad \sigma_i^o = \begin{bmatrix} \sigma_{rr}^o \\ \sigma_{\theta\theta}^o \\ \sigma_{zz}^o \\ \sigma_{rz}^o \end{bmatrix} \tag{5.32}$$

이다.

5.3.2 이방성재료

이방성재료(anisotropic material)와 등방성재료의 차이는 궁극적으로 탄성행렬 D의 차이로 수식화된다. 이방성재료의 경우, 2차원 해석을 위해서는 다음의 탄성행렬 D에서 보는 바와 같이 여섯 개의 탄성상수로 표현된다.

$$\mathrm{D} = \begin{bmatrix} D_{11} & D_{12} & D_{13} \\ D_{12} & D_{22} & D_{23} \\ D_{13} & D_{23} & D_{33} \end{bmatrix} \tag{5.33}$$

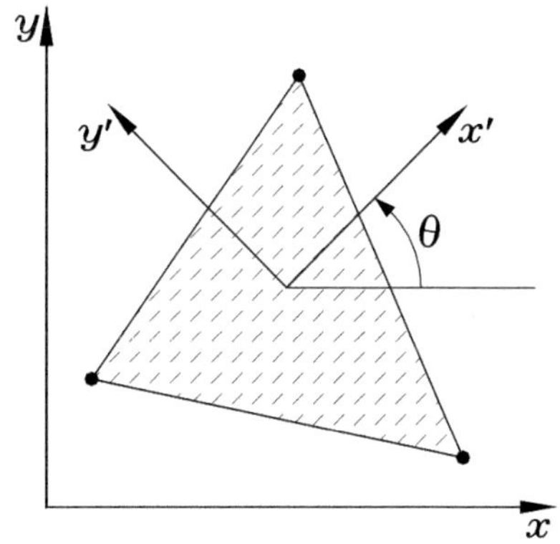

그림 5.2 횡방향등방성 재료

물론 3차원 해석에서 탄성행렬은 21개의 독립적인 요소로 구성된다. 그림 5.2에서 보는 바와 같이 2차원 문제에서 재료의 주축, x', y'이 존재하는 경우, 주축에 대하여 변형률과 응력을 정의하는 것이 편리하다. 즉,

$$\begin{bmatrix} \sigma_{x'x'} \\ \sigma_{y'y'} \\ \sigma_{x'y'} \end{bmatrix} = \begin{bmatrix} D_{1'1'} & D_{1'2'} & D_{1'3'} \\ D_{1'2'} & D_{2'2'} & D_{2'3'} \\ D_{1'3'} & D_{2'3'} & D_{3'3'} \end{bmatrix} \begin{bmatrix} \varepsilon_{x'x'} \\ \varepsilon_{y'y'} \\ 2\varepsilon_{x'y'} \end{bmatrix} \tag{5.34}$$

이다. 여기서 $D_{i'j'}$은 주축에 대한 재료의 탄성행렬이며 재료의 성질로 알려져 있다고 간주한다.

역학해석 과정에서 기준좌표계에 대한 탄성행렬이 요구될 경우, 기계량의 좌표변환에 의하여 구한다. 이제 그 과정을 이해해 보자. 그림 5.2에서 보는 바와 같이, 재료의 주축 x'-축이 기준좌표계의 x-축과 반시계 방향으로 θ 방향에 위치해 있을 때 변형률의 좌표변환에 의하여 다음의 관계를 얻게 된다.

$$\varepsilon_{i'} = A_{i'j}\,\varepsilon_j \tag{5.35}$$

여기서

$$[A_{i'j}] = \begin{bmatrix} \cos^2\theta & \sin^2\theta & \cos\theta\sin\theta \\ \sin^2\theta & \cos^2\theta & -\cos\theta\sin\theta \\ -2\cos\theta\sin\theta & 2\cos\theta\sin\theta & \cos^2\theta - \sin^2\theta \end{bmatrix} \tag{5.36}$$

$$\varepsilon_j = \begin{bmatrix} \varepsilon_{xx} \\ \varepsilon_{yy} \\ 2\varepsilon_{xy} \end{bmatrix}, \quad \varepsilon_{i'} = \begin{bmatrix} \varepsilon_{x'x'} \\ \varepsilon_{y'y'} \\ 2\varepsilon_{x'y'} \end{bmatrix} \tag{5.37}$$

이다.

▼ 예제 5.1

식 (5.35)~식 (5.37)의 관계를 유도하라.

➡ 변형률은 2차 텐서량이므로 그림의 두 축에 대한 변형률텐서는 다음의 관계에 있다.

$$\begin{bmatrix} \varepsilon_{x'x'} & \varepsilon_{x'y'} \\ \varepsilon_{y'x'} & \varepsilon_{y'y'} \end{bmatrix} = \begin{bmatrix} \cos\theta & \sin\theta \\ -\sin\theta & \cos\theta \end{bmatrix} \begin{bmatrix} \varepsilon_{xx} & \varepsilon_{xy} \\ \varepsilon_{yx} & \varepsilon_{yy} \end{bmatrix} \begin{bmatrix} \cos\theta & -\sin\theta \\ \sin\theta & \cos\theta \end{bmatrix} \tag{a}$$

이 식을 풀어 쓰면 다음과 같다.

$$\begin{aligned} \varepsilon_{x'x'} &= \cos^2\theta\,\varepsilon_{xx} + 2\cos\theta\sin\theta\,\varepsilon_{xy} + \sin^2\theta\,\varepsilon_{yy} \\ \varepsilon_{x'y'} &= \sin\theta\cos\theta\,\varepsilon_{xx} + (\cos^2\theta - \sin^2\theta)\,\varepsilon_{xy} + \cos\theta\sin\theta\,\varepsilon_{yy} \\ \varepsilon_{y'y'} &= \sin^2\theta\,\varepsilon_{xx} - 2\cos\theta\sin\theta\,\varepsilon_{xy} + \cos^2\theta\,\varepsilon_{yy} \end{aligned} \tag{b}$$

따라서

$$\begin{bmatrix} \varepsilon_{x'x'} \\ \varepsilon_{y'y'} \\ 2\varepsilon_{x'y'} \end{bmatrix} = \begin{bmatrix} \cos^2\theta & \sin^2\theta & \cos\theta\sin\theta \\ \sin^2\theta & \cos^2\theta & -\cos\theta\sin\theta \\ -2\cos\theta\sin\theta & 2\cos\theta\sin\theta & \cos^2\theta - \sin^2\theta \end{bmatrix} \begin{bmatrix} \varepsilon_{xx} \\ \varepsilon_{yy} \\ 2\varepsilon_{xy} \end{bmatrix} \tag{c}$$

또는

$$\begin{bmatrix} \varepsilon_{xx} \\ \varepsilon_{yy} \\ 2\varepsilon_{xy} \end{bmatrix} = \begin{bmatrix} \cos^2\theta & \sin^2\theta & -\cos\theta\sin\theta \\ \sin^2\theta & \cos^2\theta & \cos\theta\sin\theta \\ 2\cos\theta\sin\theta & -2\cos\theta\sin\theta & \cos^2\theta - \sin^2\theta \end{bmatrix} \begin{bmatrix} \varepsilon_{x'x'} \\ \varepsilon_{y'y'} \\ 2\varepsilon_{x'y'} \end{bmatrix} \tag{d}$$

이다.

한편 기준좌표계에 대한 탄성행렬 D_{ij}와 주축좌표계에 대한 탄성행렬 $D_{i'j'}$과의 관계를 공부하자. 단위부피당 변형에너지는 스칼라량으로 좌표계에 무관한 값을 갖는다. 즉,

$$\frac{1}{2}\sigma_{i'}\varepsilon_{i'} = \frac{1}{2}\sigma_j\varepsilon_j \tag{5.38}$$

이다. 식 (5.38)과 정의로부터

$$\sigma_{i'}\varepsilon_{i'} = \varepsilon_{l'}D_{l'k'}\varepsilon_{k'} = \varepsilon_i A_{l'i} D_{l'k'} A_{k'j}\varepsilon_j = \sigma_i\varepsilon_i = \varepsilon_i D_{ij}\varepsilon_j \tag{5.39}$$

이므로 기준좌표계에 대한 탄성행렬 D_{ij}는 다음 식에 의하여 주축좌표계에 대한 탄성행렬 $D_{i'j'}$과 주축의 방향의 함수로 표현된다.

$$D_{ij} = A_{l'i}D_{l'k'}A_{k'j} \quad \text{또는} \quad [D_{ij}] = [A_{l'i}]^{\mathrm{T}}[D_{l'k'}][A_{k'j}] \tag{5.40}$$

따라서 기준좌표계에 대한 응력-변형률 관계식은 다음과 같다.

$$\sigma_i = D_{ij}\varepsilon_j = A_{l'i} D_{l'k'} A_{k'j} \varepsilon_j \tag{5.41}$$

5.4 항복이론

자중의 영향을 고려하지 않을 경우 고체에 힘을 가하지 않으면, 모든 응력성분이 0이고 변형이 발생하지 않는다. 어떤 크기 이하의 하중을 가했다가 하중을 제거하면, 원래의 모양으로 되돌아온다. 이 때의 변형을 탄성변형(elastic deformation)이라고 일컫는다. 어떤 크기 이상의 힘을 가했다가 제거하면, 일부의 변형은 탄성회복되고 나머지는 영구변형으로 물체에 남게 되는데 이를 소성변형(plastic deformation)이라고 일컫는다.

해저 10000m에 존재하는 모래나 망간 덩어리는 약 1000기압의 정수압(hydrostatic) p의 영향을 받고 있다. 이 물체에는 재료의 항복강도에 비하여 절대값이 매우 큰 법선응력, 즉 $\sigma_x = \sigma_y = \sigma_z = -p$가 작용한다. 만약 이 응력상태에 의하여 파괴되거나 소성변형이 발생한다면, 바다는 점점 깊어지고 궁극적으로는 지구가 붕괴될 것이다. 지구가 붕괴되지 않고 있다는 사실은 응력성분이 단순히 크다고 소성변형 또는 파괴를 발생시키는 것이 아님을 말해 준다. 문제는 재료가 어떤 응력상태에 도달하면 소성변형을 발생시키느냐는 것이다. 엄밀히 말하면 이 문제에 대한 정답은 없다. 단지 가설 및 이론, 즉 항복이론이 있을 뿐이며, 항복이론의 타당성은 재료마다 조금씩 다르다.

먼저 단축인장 시에 재료의 변형거동에 관하여 공부해 보자. 그림 5.3에 단축시험 시의 응력상태와 진응력 σ_t-진변형률 ε_t 곡선을 도시하였다. 이 문제에서는 $\sigma_{11} = \sigma_t$ 이외의 응력이 0이다. 잔류응력이 없는 상태에서 σ_{11}을 0으로부터 증가시켜 초기항복응력 $\sigma_{11} = Y_o$에 도달할 때, 소성변형이 시작된다. 일반적으로 소성변형이 발생하면, 금속재료의 대부분은 추가적인 변형을 저지하려는 능력, 즉 변형경화(strain hardening)의 성질을 보인다. 그림에서 보는 바와 같이 변형률의 증가와 함께 순간 항복응력, 즉 유동응력 Y는 증가한다. 대다수의 금속재료는 소성변형을 야기한 후에 힘을 제거하면, 그림 5.3에서 선 OA

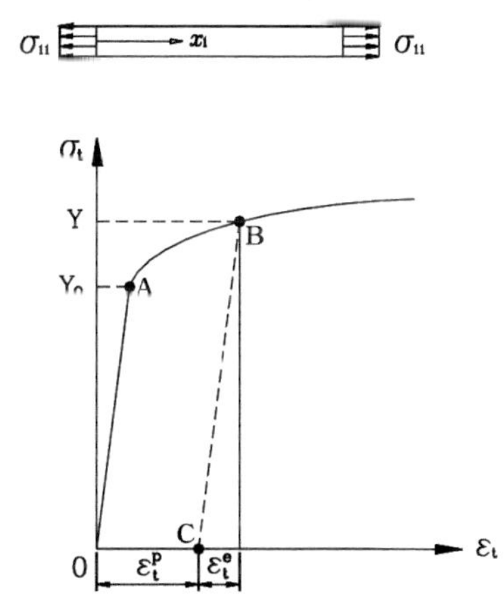

그림 5.3 인장시험과 변형경화

에 평행한 BC선을 따라 탄성회복된다. 다시 힘을 가하면 CB를 따라 항복점 B에 도달하게 된다고 간주한다. 물론 실제는 조금 차이가 날 수 있으나, 대부분 그 차이는 무시할 수 있다. 따라서 어떤 상태, 즉 ε_t에서 응력 σ_{11}이 항복응력 $Y(\varepsilon_t)$보다 작으면, 즉 $\sigma_{11} < Y(\varepsilon_t)$이면, 탄성상태에 있게 된다. 그런데 $\sigma_{11} > Y(\varepsilon_t)$가 될 수 있을까? 점 B에서는 $\sigma_{11} > Y_o$이지만, 이미 소성변형이 일어나 변형경화된 재료에서 Y_o는 무의미하다. 결코 $\sigma_{11} > Y(\varepsilon_t)$가 될 수 없다.

응력상태를 평가하고 소성변형을 정량화하기 위하여 항복함수(yield function) f를 정의한다. 항복함수는 응력의 함수, 즉

$$f = f(\sigma_{ij}) \tag{5.42}$$

이다. 어떤 점의 응력에 대한 함수값 f가 음수이면 그 점은 탄성영역에 존재하고, 함수값이 0이면 그 응력은 소성영역에 속한다. 그러나 항복함수는 양수가 될 수 없다. 즉,

$$\begin{aligned} &f(\sigma_{ij}) < 0:\ \sigma_{ij}\text{는 탄성영역 내에 존재한다.} \\ &f(\sigma_{ij}) = 0:\ \sigma_{ij}\text{는 항복면상에 존재한다.} \\ &f(\sigma_{ij}) > 0:\ \text{불가능하다.} \end{aligned} \tag{5.43}$$

이다. 전술한 인장시험에서 항복함수는 $f = \sigma_{11} - Y$이다.

Drucker의 가설에 의하면, 항복함수는 볼록(convex)해야 한다[3.2, 3.3]. 이에 관한 설명은 다음의 예제로 대신한다.

▼ 예제 5.2

Drucker의 가설을 설명하라.

➡ (a) 하중을 가하는 과정에서 추가되는 응력은 반드시 양의 일을 한다.

(b) 추가적인 응력을 가하였다가 제거할 때, 소성변형이 발생한 경우 전체 행한 일은 양수가 되어야 한다. 그리고 변형경화재료의 경우 변형이 탄성범위 내에서 이루어졌다면 행한 일은 0이 되어야 한다.

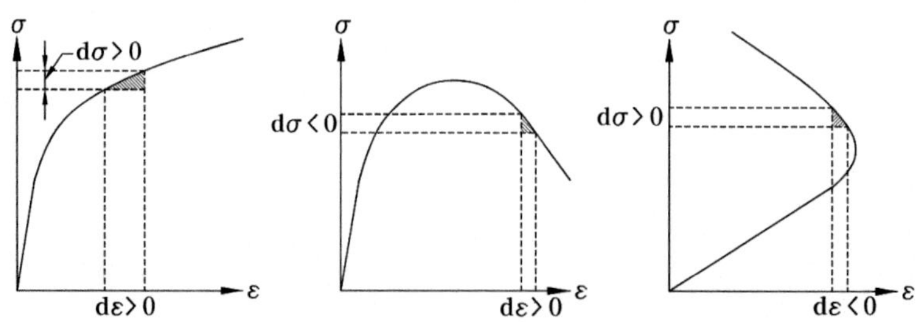

(a) (b) (c)

(c) 결과적으로 진응력-진변형률 곡선의 형태가 그림 (a)와 같아야 하고, 그림 (b)와 그림 (c)는 Drucker의 가설에 위배된다.
(d) Drucker의 가설은 항복곡면이 볼록해야 하고 소성변형률속도는 항복곡면에 수직한 방향으로 발생한다는 결과를 낳는다.

항복을 일으키는 어떤 상태의 응력은 좌표계에 따라 다른 성분값으로 표현될 수 있지만 근본적으로 항복현상 자체를 피할 수 없다. 즉 응력텐서는 방향에 따라 다른 값으로 표현되지만, 응력의 크기와 직결되어 있는 항복현상은 응력을 정의하는 데 사용된 좌표계와 무관하다. 따라서 응력불변치와 항복현상 사이에는 깊은 연관관계가 있음을 알 수 있다. 재료가 등방성 경화능을 지닐 경우, 항복이 좌표계에 무관해야 하므로 항복함수(yield function) f 는 응력불변치 I_1, I_2, I_3의 함수가 되어야 한다. 즉, 항복함수는 다음의 형태가 되어야 한다.

$$f(I_1, I_2, I_3) = 0 \tag{5.44}$$

일반적으로 다공질재료가 아닌 경우, 재료는 적정한 크기의 정수압 상태에서 파괴 또는 소성변형을 일으키지 않는다. 따라서 I_1이 재료의 항복에 미치는 영향을 무시한다. 이 경우, 항복함수는

$$f(J_2, J_3) = 0 \tag{5.45}$$

가 되어야 한다. 여기서 J_2와 J_3는 편차응력의 불변치이며, 다음 식으로 정의된다.

$$J_2 = \frac{1}{2}\sigma_{ij}{}' \ \sigma_{ij}{}' = \frac{1}{2}\left(\sigma'^2_1 + \sigma'^2_2 + \sigma'^2_3\right) \tag{5.46}$$

$$J_3 = \left|\sigma_{ij}{}'\right| = \sigma_1{}'\sigma_2{}'\sigma_3{}' \tag{5.47}$$

이 식에서 J_2는 $\sigma_i{}'$에 대하여 우함수이고, J_3은 기함수임을 알 수 있다. 등방성재료의 경우, 응력상태가 $(\sigma_1{}', \sigma_2{}', \sigma_3{}')$일 때 항복이 발생하였다면 $(-\sigma_1{}', \sigma_2{}', \sigma_3{}')$인 때도 항복이 발생해야 한다. 그런데 $J_3(\sigma_1{}', \sigma_2{}', \sigma_3{}') = -J_3(-\sigma_1{}', \sigma_2{}', \sigma_3{}')$이므로 항복함수 f 는 J_3에 관하여 우함수가 되어야 한다. 가령, J_3^2은 등방성 항복에 영향을 미칠 수 있다.

재료의 변형경화 현상은 등방성경화(isotropic hardening)와 기구학적 경화(kinematic hardening)로 설명되고 있다. 등방성경화는 비록 재료가 압축변형을 받아 경화되었더라도 인장변형이 가해지면 동일한 경화능을 나타낸다는 가성에 바탕을 둔 이상적 경화특성을 일컫는 용어이다. 즉, 등방성경화란 어떤 재료의 인장시편에 압축변형을 가하여 항복응력이 Y_1에서 Y_2로 증가한 상태에서 인장력을 가하면, Y_2의 인장응력이 작용할 때 초기항복이 발생한다는 가정에 바탕을 둔 경화특성이다. 이러한 특성을 나타내는 재료는 엄밀한 의미에서 없다고 할 수 있다. 그러나 소성가공중 변형모드의 변화가 극심하지 않으며, 극심

할 경우엔 열처리를 통하여 경화를 완화시켜 주는 과정이 있기 때문에, 경험적으로 볼 때 등방성경화의 가정은 큰 공학적 오차를 발생시키지 않는다. 그러나 Bauschinger 효과 등을 등방성경화에서는 표현할 수 없다.

앞에서 항복함수가 가져야 할 기본적 요건에 관하여 공부하였다. 이러한 요건을 만족하면서 널리 사용되고 있는 다수의 항복이론(yield criterion)이 소개되어 있다. Huber-von Mises 항복이론과 Tresca 항복이론이 대표적인 항복이론이다.

5.4.1 Huber-von Mises 항복이론

Huber-von Mises 항복이론은 항복이론 중 소성가공 공정의 해석 목적에 가장 널리 사용되는 이론이다. 유동법칙을 직교유동법칙(associated flow rule)으로부터 명확한 수학적 형태(closed-form)로 표현될 뿐만 아니라 실험적으로도 그 우수성이 입증되어 있기 때문이다 [3.3].

Huber-von Mises 항복이론은 응력상태가 다음과 같이 될 때, 재료가 항복을 일으킨다는 학설이다.

$$f = J_2 - k^2 = \frac{1}{2}\sigma_{ij}{}'\sigma_{ij}{}' - k^2 = 0 \tag{5.48}$$

또는

$$\begin{aligned}\bar{\sigma} &= \sqrt{\frac{1}{2}\left[(\sigma_{xx}-\sigma_{yy})^2+(\sigma_{yy}-\sigma_{zz})^2+(\sigma_{zz}-\sigma_{xx})^2\right]+3\sigma_{xy}{}^2+3\sigma_{yz}{}^2+3\sigma_{zx}{}^2} \\ &= Y\end{aligned} \tag{5.49}$$

여기서 $\bar{\sigma}$ 는 유효응력(effective stress) 또는 상당응력(equivalent stress)이다. Y와 k는 각각 재료의 항복응력(yield stress)과 순수전단항복응력(yield stress in pure shear)이다. 표준시편에서 변형경화를 겪지 않은 상태에서의 항복응력은 항복강도이다. 순수비틀림 시험에서 항복상태의 재료에 작용하는 순수전단항복응력이 k일 때, 주응력이 $\sigma_1 = k$, $\sigma_2 = 0$, $\sigma_3 = -k$ 이기 때문에, 식 (5.49)로부터 k와 Y는 다음의 관계를 만족한다.

$$k = \frac{Y}{\sqrt{3}} \tag{5.50}$$

항복응력 Y는 재료의 성질과 관련된 값이며, 변형률, 변형률속도, 온도, 재료의 손상도(damage), 재료의 미시구조(microstructure) 등의 함수이다. 따라서 Huber-von Mises 항복이론은 유효응력이 재료의 항복강도 또는 항복응력에 도달하면 항복 또는 소성변형이 일어난다는 학설이다. 이 학설이 실제 현상을 매우 잘 반영한다는 사실을 여러 실험적 연구 결과와 적용 경험이 뒷받침해 주고 있다.

5.4.2 Tresca 항복이론

Tresca 항복이론(최대전단응력항복이론, maximum shear stress yield criterion)도 널리 사용되고 있다. Tresca 항복이론은 다음과 같이 수식화된다.

$$f = \tau_{\max} - k = 0 \tag{5.51}$$

즉 최대전단응력이 재료의 허용전단응력 k에 도달하면, 항복이 발생한다는 뜻이다. 인장시험에서 항복이 발생하는 시점에서의 최대주응력 σ_1은 Y이고, 최소주응력 σ_3은 0이다. 따라서 인장시험에서 항복에 도달했을 때 최대전단응력 $\tau_{\max}$가

$$\tau_{\max} = \frac{\sigma_{\max} - \sigma_{\min}}{2} = \frac{Y}{2} \tag{5.52}$$

이므로, 재료의 허용전단응력 k와 항복응력 Y는

$$k = \frac{Y}{2} \tag{5.53}$$

의 관계에 있다. Tresca 항복이론은 강도해석 등의 목적으로 수계산 및 근사해석 시에 널리 사용되고 있으나, 소성가공공정의 전산해석 목적으로는 거의 활용되지 않고 있다. 식 (5.50)의 l_e와 식 (5.53)의 k 사이에서 혼돈이 없도록 하기 바란다. 전자는 순수 비틀림 시험에서 발생한 항복 상태에 관한 것이고, 후자는 인장시험 시에 발생한 항복 현상에 관한 것으로 Tresa 조건으로 이 두 조건을 동시에 만족하지 못하기 때문에 발생한 문제이다. 일반적으로 항복이론은 인장시험을 대상으로 이론을 전개한다.

5.4.3 평면응력 문제의 항복함수

평면응력에서는 항상 평면에 수직한 방향이 하나의 주응력축이 되며, 그 방향에 대한 주응력의 크기는 0이다. 따라서 편의상 $\sigma_3 = 0$으로 두자.

(1) Huber-von Mises 항복함수

$J_2 = \frac{1}{6}[(\sigma_1 - \sigma_2)^2 + (\sigma_2 - \sigma_3)^2 + (\sigma_3 - \sigma_1)^2]$와 $\sigma_3 = 0$을 식 (5.49)에 대입하여 정리하면, 평면응력 문제에서 Huber-von Mises 항복조건은 다음과 같이 요약된다.

$$f = \sigma_1^2 - \sigma_1\sigma_2 + \sigma_2^2 - Y^2 = 0 \tag{5.54}$$

이 항복궤적(yield locus)은 그림 5.4에서 보는 바와 같이 타원이며, 볼록하다.

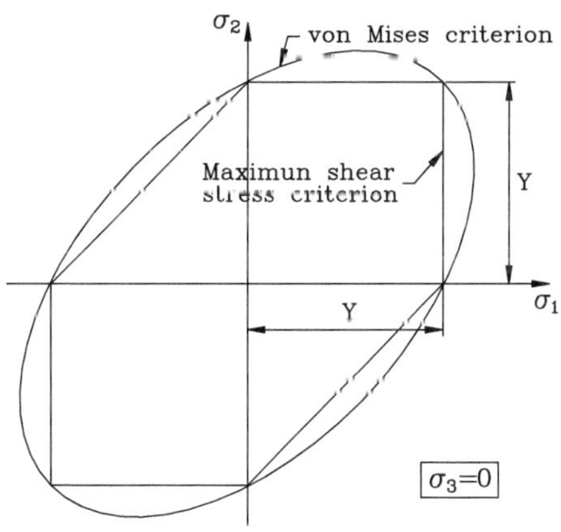

그림 5.4 평면응력 문제의 항복함수와 항복궤적

(2) Tresca 항복함수

Tresca 항복함수는 다음과 같이 여섯 개 구간에서 다른 함수로 표현된다.

$$
\begin{aligned}
&① \ \sigma_1>\sigma_2>0 \text{ 일 경우:} \quad \tau_{\max} = \sigma_1/2 = k = Y/2, \quad f=\sigma_1 - Y \\
&② \ \sigma_2>\sigma_1>0 \text{ 일 경우:} \quad \tau_{\max} = \sigma_2/2 = k = Y/2, \quad f=\sigma_2 - Y \\
&③ \ \sigma_2>0>\sigma_1 \text{ 일 경우:} \quad \tau_{\max} = (\sigma_2-\sigma_1)/2 = k = Y/2, \quad f=\sigma_2-\sigma_1 - Y \\
&④ \ 0>\sigma_2>\sigma_1 \text{ 일 경우:} \quad \tau_{\max} = -\sigma_1/2 = k = Y/2, \quad f=-\sigma_1 - Y \\
&⑤ \ 0>\sigma_1>\sigma_2 \text{ 일 경우:} \quad \tau_{\max} = -\sigma_2/2 = k = Y/2, \quad f=-\sigma_2 - Y \\
&⑥ \ \sigma_1>0>\sigma_2 \text{ 일 경우:} \quad \tau_{\max} = (\sigma_1-\sigma_2)/2 = k = Y/2, \quad f=\sigma_1-\sigma_2 - Y
\end{aligned}
\tag{5.55}
$$

각 구간별 항복궤적을 도시하면 그림 5.4와 같다. 그림에서 Tresca 항복궤적은 볼록함의 약한 상태를 알 수 있다. 즉, 궤적상의 두 점을 연결한 선분은 항복궤적 내부 또는 항복궤적상에 존재한다.

앞에서 설명한 바와 같이, Tresca 항복함수와 Huber-von Mises 항복함수는 인장시험에서는 일치하지만 그 이외의 점에서는 다르다. 이런 다른 점이 식 (5.50)와 식 (5.53)에서 k값의 차이를 발생시킨 것이다.

5.4.4 3차원 문제의 von Mises 항복함수

등방성재료의 항복 현상은 좌표계와 무관하므로 주응력으로 항복함수를 표현하는 것이 바람직하다. 이 경우, 세 개의 전단응력이 0이 되므로 3차원 응력문제의 경우라도 3차원 공간(주응력축 공간)에서 항복곡면을 표현할 수 있다. 그러나 일반좌표계에서 항복곡면을 표현하려면 여섯 개의 좌표축이 필요하므로 수학적 개념의 가시화는 가능하지만, 기하학적 표현은 불가능하다.

먼저 편차주응력 σ_1'-σ_2'-σ_3' 좌표계에서 항복곡면을 도시해 보자. von Mises 항복이론으로부터 항복함수 $f(\sigma_1', \sigma_2', \sigma_3')$는

$$
f(\sigma_1', \sigma_2', \sigma_3') = \frac{1}{2}\left(\sigma_1'^2 + \sigma_2'^2 + \sigma_3'^2\right) - k^2 = 0 \tag{5.56}
$$

이다. 항복조건 $f(\sigma_1', \sigma_2', \sigma_3') = 0$은 그림 5.5(a)에서 보는 바와 같이 구의 방정식이다.

이제 주응력 σ_1-σ_2-σ_3 좌표계에서 항복곡면을 도시해 보자. 항복함수 $f(\sigma_1, \sigma_2, \sigma_3)$가 다음과 같으므로

$$
f(\sigma_1, \sigma_2, \sigma_3) = \frac{1}{6}[(\sigma_1-\sigma_2)^2 + (\sigma_2-\sigma_3)^2 + (\sigma_3-\sigma_1)^2] - k^2 \tag{5.57}
$$

3차원 문제의 경우, 항복곡면, $f(\sigma_1, \sigma_2, \sigma_3) = 0$은 그림 5.5(b)와 같이 표현된다. 그림에서 보는 바와 같이 항복곡면은 중심축이 원점을 통과하고 중심축의 방향이 (1,1,1)인 실린더

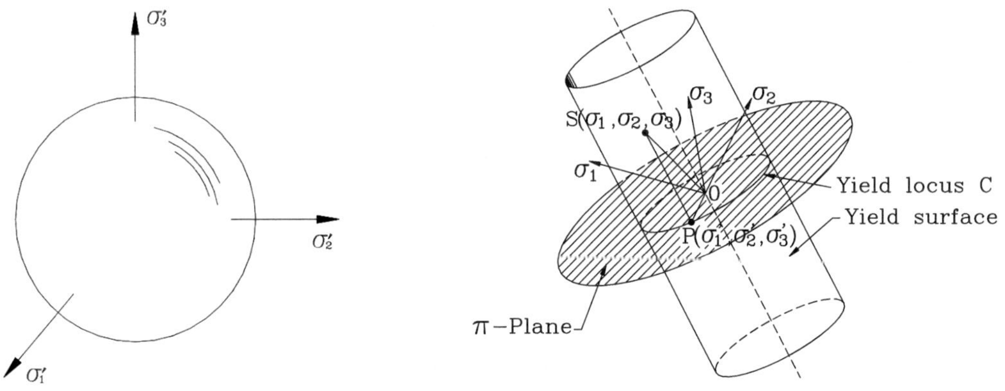

(a) $\sigma_1{}' - \sigma_2{}' - \sigma_3{}'$ 좌표계 (b) $\sigma_1 - \sigma_2 - \sigma_3$ 좌표계

그림 5.5 3차원 항복곡면 및 항복궤적

이다. $\sigma_1 + \sigma_2 + \sigma_3 = 0$인 면을 π-면(π-plane)이라고 하고 이 면과 항복곡면이 만나는 궤적을 항복궤적 C(yield locus C)라고 한다. $\sigma_3 = 0$인 면과 항복곡면이 만나는 궤적은 타원이며, 그림 5.4의 타원과 동일하다.

어떤 점의 응력상태가 항복곡면 내부에 속할 경우 그 점은 탄성영역에 존재하고, 응력상태가 실린더 상에 존재할 경우 그 점은 소성영역에 존재한다. 그러나 항복곡면 외부에는 존재할 수 없다.

▼ 예제 5.3

팔면체전단응력(octahedral shear stress)에 관하여 항복이론과 연계하여 설명하라.

➡ 어떤 점에서의 응력을 주응력축에서 보았을 때, 임의의 방향 n으로 본 응력벡터와 n-방향으로의 성분, 즉 법선성분 σ_n은 각각 다음과 같다.

$$t_1^{(n)} = \sigma_1 n_1$$
$$t_2^{(n)} = \sigma_2 n_2 \quad \text{(a)}$$
$$t_3^{(n)} = \sigma_3 n_3$$

$$\sigma_n = t_1^{(n)} \cdot \mathrm{n} \quad \text{(b)}$$
$$= \sigma_1 n_1^2 + \sigma_2 n_2^2 + \sigma_3 n_3^2$$

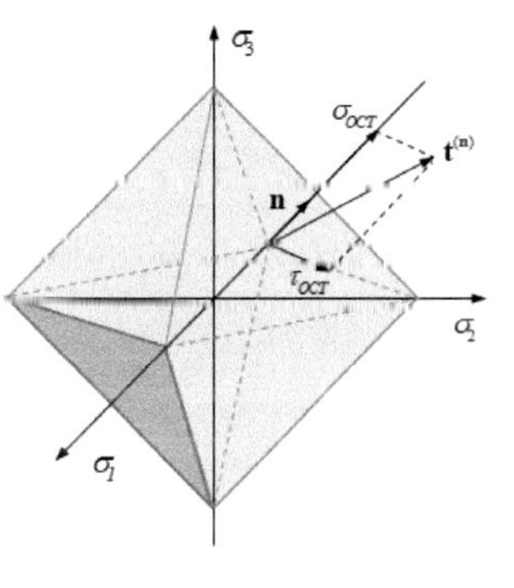

그림 (a)

만약 법선응력을 어떤 특정한 방향으로 보았을 때, 법선응력의 크기가 평균응력과 같다면, 다음의 조건이 만족되어야 한다.

$$\sigma_n = \sigma_m;\ \sigma_1 n_1^2 + \sigma_2 n_2^2 + \sigma_3 n_3^2 = \frac{\sigma_1 + \sigma_2 + \sigma_3}{3} \qquad \text{(c)}$$

이 식이 임의의 σ_i에 대해서 성립하려면, 다음의 조건을 만족해야 하는데, 이 조건을 만족하는 경우는 총 여덟 가지가 있다.

$$n_1^2 = n_2^2 = n_3^2 = \frac{1}{3} \qquad \text{(d)}$$

이 조건을 만족하는 각 방향 벡터에 수직한 면은 하나의 점에서 여덟 개가 존재하는데, 그림 (a)는 그 여덟 개의 면을 나타낸다. 이 면에 작용하는 법선응력은 평균응력이다. 따라서 접선응력벡터 $f_i^{(\mathrm{n})}$는 다음과 같다.

$$f_i^{(\mathrm{n})} = t_i^{(\mathrm{n})} - \sigma_m n_i \qquad \text{(e)}$$

이 접선응력벡터의 크기 $|\mathbf{f}^{(\mathrm{n})}|$을 τ_{OCT}로 표현하고 팔면체 전단응력(octahedral shear stress)이라고 하며, 다음과 같이 계산된다.

$$\begin{aligned}\tau_{OCT} &= \sqrt{\left(\sigma_1 - \frac{\sigma_1+\sigma_2+\sigma_3}{3}\right)^2 n_1^2 + \left(\sigma_2 - \frac{\sigma_1+\sigma_2+\sigma_3}{3}\right)^2 n_2^2 + \left(\sigma_3 - \frac{\sigma_1+\sigma_2+\sigma_3}{3}\right)^2 n_3^2} \qquad \text{(f)}\\ &= \sqrt{\frac{(\sigma_1-\sigma_2)^2 + (\sigma_2-\sigma_3)^2 + (\sigma_3-\sigma_1)^2}{3}}\end{aligned}$$

이 전단응력은 유효응력의 $\sqrt{\dfrac{3}{2}}$에 해당하며, 항복점에 상응하는 이 값은 전단항복응력 $k\left(=\sqrt{\dfrac{3}{2}}\,Y\right)$이다. 따라서 von Mises 항복조건을 최대팔면체전단응력이론(maximum octagonal shear stress criterion)이라고도 한다. 한편, 다음의 관계로부터 von Mises 항복이론을 최대뒤틀림변형에너지이론(maximum distortion strain energy criterion)이라고도 한다.

$$W_{distortion} = \frac{J_2}{2G} \qquad \text{(g)}$$

여기서 $W_{distortion}$은 뒤틀림 탄성변형에너지(elastic strain energy of distortion)라고 한다.

5.5 소성유동법칙

공작물에 하중을 가했을 때 발생하는 전체변형량은 소성변형량과 그 나머지의 차이변형량으로 구성되어 있다. 일반적으로 차이변형량을 탄성변형량이라고 간주해도 큰 무리는 없다. 소성변형은 하중을 제거했을 때 원상태로 복구되지 않으며, 탄성변형은 원상태로 복구된다.

소성가공은 소성변형을 이용하는 성형방법이다. 일반적으로 소성가공에서 소성변형량에 비하여 탄성변형량은 매우 작다. 탄성변형량을 무시한 경우를 강소성이라고 부른다. 강소성 이론에서는 탄성변형이 무시되는 반면, 탄소성 이론에서는 탄성변형과 소성변형이 동시에 고려된다. 탄소성은 강소성에 비하여 실제의 현상을 보다 정확하게 반영할 수 있으나, 이론의 이해와 활용이 어렵고 컴퓨터 계산시간이 다소 많이 소요되거나 해의 수렴에 실패할 가능성이 많은 단점이 있다. 그러나 탄성회복이 중요하거나, 소재의 형상비가 크고 응력이 일정한 방향으로 지속적으로 주어지는 문제에서는 탄소성 이론이 정확도의 측면에서 보다 적합하다.

이런 이유로 강소성 이론은 체적소성가공(bulk metal forming) 분야에서 효과적이고, 탄소성 이론은 판재소성가공(sheet metal forming)에 적합하다. 최근들어 체적소성가공 분야에서 탄소성 이론의 적용이 활발하게 이루어지고 있다.

여기서는 강소성 이론이 소성변형에만 초점을 맞추기 때문에 독립적으로 수식화의 완결이 가능하므로, 강소성 이론의 접근 방법을 중점적으로 설명하고자 한다. 그리고 재료는 변형률속도 또는 변형률 증분과 항복곡면의 직교 조건을 만족한다고 가정을 한다. 즉, 재료는 직교유동법칙(associated flow rule)을 따른다고 가정한다.

Huber-von Mises 항복함수는 다음과 같이 표현된다.

$$f(\sigma_{pq}') = \frac{1}{2}\sigma_{ij}'\sigma_{ij}' - k^2 \tag{5.58}$$

Drucker의 가설은 일반적인 체적소성가공 문제에 적합하다. Drucker의 가설(예제 5.2 참고)에 의하면, 항복곡면은 볼록(convex)해야 하며, 소성변형률의 증분은 항복곡면에 직교해야 한다. 물론 소성변형률의 증분에 따른 부피의 변화는 없다.

식 (5.58)에서 항복함수 f 는 볼록하므로(예제 5.5 참고) Drucker의 가설을 만족한다. 소성변형률의 증분은 항복함수에 직교해야 한다는 조건으로부터 다음의 관계가 성립해야 한다(제 1 부 3.4.3절 참고).

$$\Delta\varepsilon_{ij} = \Delta\varepsilon_{ij}' = \Delta\lambda\frac{\partial f}{\partial\sigma_{ij}'} = \Delta\lambda\,\sigma_{ij}' \quad \text{또는} \quad \dot{\varepsilon}_{ij} = \dot{\lambda}\frac{\partial f}{\partial\sigma_{ij}'} = \dot{\lambda}\sigma_{ij}' \tag{5.59}$$

여기서 $\Delta\lambda$ 및 $\dot{\lambda}$는 비례상수이다.

식 (4.20)의 유효변형률속도의 정의와 식 (3.49)의 유효응력의 정의로부터

$$\dot{\lambda} = \frac{3}{2}\frac{\dot{\bar{\varepsilon}}}{\bar{\sigma}} \tag{5.60}$$

가 되어야 하므로, Huber-von Mises 항복이론을 따르는 강소성재료의 유동법칙은 다음과 같다.

$$\sigma_{ij}' = \frac{2}{3}\frac{\bar{\sigma}}{\dot{\bar{\varepsilon}}}\dot{\varepsilon}_{ij} = \frac{2}{3}\frac{\bar{Y}}{\sqrt{\frac{2}{3}\dot{\varepsilon}_{kl}'\dot{\varepsilon}_{kl}'}}\dot{\varepsilon}_{ij} \tag{5.61}$$

여기서 강소성 이론에서는 $\dot{\varepsilon}_{ij} = \dot{\varepsilon}_{ij}^{p}$이다. 식 (5.61)에서 $\bar{\sigma} = Y$는 유동응력(flow stress)으로 재료의 소성유동 특성을 반영하는 것이며, 실험에 의하여 변형률, 변형률속도, 온도, 손상도, 재료학적 특성치 등의 함수로 주어진다.

▼ 예제 5.4

식 (5.60)을 유도하라.

➡ 식 (5.59)의 좌우변을 이중내적하면 다음과 같다.

$$\dot{\varepsilon}_{ij}{}' \dot{\varepsilon}_{ij}{}' = \dot{\varepsilon}_{ij} \dot{\varepsilon}_{ij} = \dot{\lambda}^2 \sigma_{ij}{}' \sigma_{ij}{}' \tag{a}$$

식 (3.49)와 식 (4.20)으로부터

$$\frac{3}{2} \dot{\bar{\varepsilon}}^2 = \dot{\lambda}^2 \times \frac{2}{3} \bar{\sigma}^2 \tag{b}$$

이다. 따라서

$$\dot{\lambda} = \frac{3}{2} \frac{\dot{\bar{\varepsilon}}}{\bar{\sigma}} \tag{c}$$

이다.

▼ 예제 5.5

식 (5.58)의 항복함수가 볼록(convex)함을 증명하라.

➡ $\sigma_i{}' = [\sigma_{11}{}', \sigma_{22}{}', \sigma_{33}{}', \sigma_{12}{}', \sigma_{23}{}', \sigma_{31}{}']^{\mathrm{T}}$로 두자. 여기서 $\sigma_i{}'$은 벡터이다. 그러면 식 (5.58)의 항복함수는 다음과 같다.

$$f(\sigma_i{}') = \frac{1}{2}(\sigma_1{}'^2 + \sigma_2{}'^2 + \sigma_3{}'^2 + 2\sigma_4{}'^2 + 2\sigma_5{}'^2 + 2\sigma_6{}'^2) - k^2 \tag{a}$$

이 함수의 구배 $\nabla_{\sigma_i'} f$와 Hessian 행렬 $\nabla^2_{\sigma_i'} f$는 다음과 같다.

$$\nabla_{\sigma_i'} f = [\sigma_1{}',\ \sigma_2{}',\ \sigma_3{}',\ 2\sigma_4{}',\ 2\sigma_5{}',\ 2\sigma_6{}']^{\mathrm{T}} \tag{b}$$

$$\nabla^2_{\sigma_i'} f = \begin{bmatrix} 1 & 0 & 0 & 0 & 0 & 0 \\ 0 & 1 & 0 & 0 & 0 & 0 \\ 0 & 0 & 1 & 0 & 0 & 0 \\ 0 & 0 & 0 & 2 & 0 & 0 \\ 0 & 0 & 0 & 0 & 2 & 0 \\ 0 & 0 & 0 & 0 & 0 & 2 \end{bmatrix} \tag{c}$$

Hessian 행렬 $\nabla^2_{\sigma_i'} f$가 양행렬이므로 항복곡면 $f(\sigma_i{}') = 0$은 볼록하다.

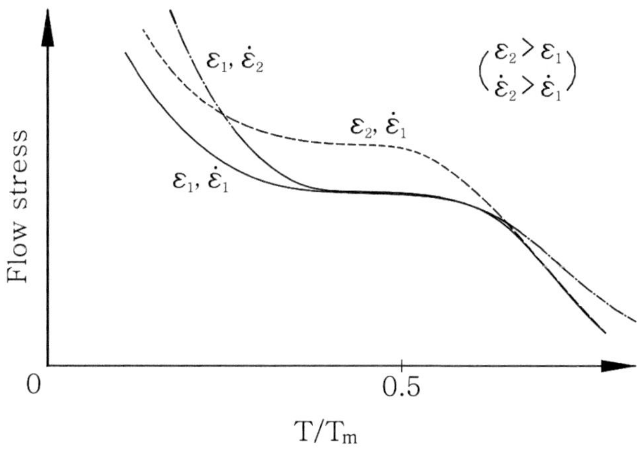

그림 5.6 온도, 변형률, 변형률속도가 유동응력에 미치는 영향

5.6 유동응력

재료가 다르다고 해서 역학적 법칙이 달라지는 것은 없다. 구성방정식과 관련 재료계수들이 달라질 뿐이다. 소성변형을 받고 있는 재료의 항복응력 $\bar{\sigma} = Y$는 유효변형률 $\bar{\varepsilon}$, 유효변형률속도 $\dot{\bar{\varepsilon}}$, 온도 T, 손상도(damage) D, 결정크기 및 미세구조(microstructure) 등의 함수이며, 재료의 기계적 성질 또는 상태를 반영한다. 이 함수를 유동응력(flow stress) 함수 또는 변형저항식이라고 한다.

그림 5.6은 온도, 변형률, 변형률속도 등이 재료의 유동응력 함수에 미치는 영향을 도시한 것이다. 그림에서 T_m은 재료의 용융점 온도를 의미한다. 저온에서는 변형률과 변형률속도가 유동응력 함수에 비교적 큰 영향을 미치며, 상온 주위에 이르러 변형률속도의 영향이 작아짐을 알 수 있다. 그리고 상온에서 재결정온도 직전까지는 변형률의 영향이 크고 변형률속도의 영향이 무시할 수 있을 정도로 작은 반면, 재결정온도 이상에서는 변형률의 영향이 작아짐을 알 수 있다. 그래서 일반적으로 상온에서는 변형률의존 재료, 고온에서는 변형률속도의존 재료라는 가정 하에서 소성가공 공정이 널리 해석되고 있다.

그림 5.7은 변형률이 유동응력 함수에 미치는 영향을 나타내고 있다. 고온에서는 변형률이 임계치에 이르면, 재결정이 발생하므로 변형률의 증가에 따른 유동응력 함수의 변화가 미미함을 알 수 있다. 반면, 저온과 상온에서 공업용 재료의 변형률 의존도가 비교적 높다.

그림 5.8은 고온에서 변형률속도가 유동응력 함수에 미치는 영향을 나타내는 전형적인 사례를 나타내고 있다. 유동응력 함수는 크게 세 구간으로 구성되어 있다. 변형률속도가 일정 이하이거나 일정 크기 이상일 경우에는 변형률속도의 증가에 따라 유동응력은 증가한다. 중간영역에서는 변형률속도의 증가에 따른 유동응력의 변화가 크지 않다. 일반적인 소성가공은 중간영역과 좌측영역에서 이루어지고 있고, 폭발성형과 같은 초고속 가공에서는 변형률속도가 우측의 영역에 속할 수 있다. 한편, 재료 및 조건에 따라서는 그림 5.6

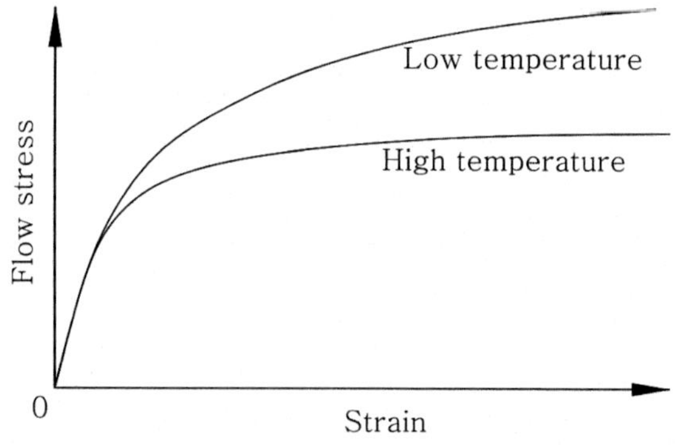

그림 5.7 변형률이 유동응력에 미치는 영향

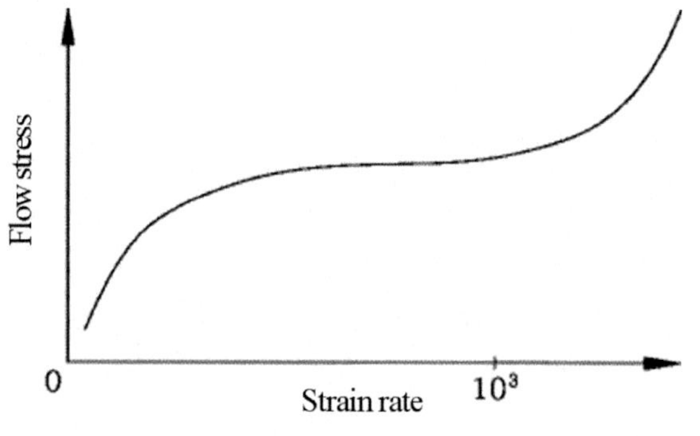

그림 5.8 고온에서 변형률속도가 유동응력에 미치는 영향

과 다른 특성을 가지는 경우도 있다. 가령, 고온에서 소성변형 불안정성을 지닌 재료의 유동응력이 변형률속도의 증가에 따라 감소할 수도 있다.

전술한 유동응력의 특성은 전반적인 경향을 설명하는 데는 유의미하지만, 세부적으로는 현실과 맞지 않은 점이 많다. 특히 단조와 같이 변형률이 크고, 소성가공 중 온도의 변화가 클수록 이 문제는 커진다. 가령, 상온에서 단조 중 온도의 상승에 따른 유동응력의 변화는 무시할 수 없을 정도로 크다. 고강도 재료인 스테인레스 강의 경우, 냉간단조 중 온도의 상승으로 30% 이상의 유동응력의 감소가 발생할 수가 있다[3.4]. 고온의 경우에도 재결정이 시작되는 피크변형률(peak strain)에 도달하기 전에는 변형경화의 영향을 받으며, 그 이후로는 변형률속도가 크지 않을 경우에는 변형연화(strain softening)를 발생시킨다. 유동응력의 특성은 재료마다 다르다. 재료의 특성을 올바르게 이해하는 것은 그 재료의 최적 공정과 활용에 필수적이며, 이에 관한 광범위한 연구가 이루어지고 있다. 이 책에서는 공통적이면서 일반적인 내용을 중심으로 유동응력의 수식 모델을 소개한다.

유동응력 함수가 변형률 및 변형률속도에 의존하지 않을 경우, 즉 일정할 경우를 완전소성(perfectly plastic) 재료라고 한다. 유동응력이 소성변형률 $\bar{\varepsilon}^p$만의 함수, 즉

$$Y = Y(\bar{\varepsilon}^p) \tag{5.62}$$

인 경우를 변형률의존 재료, 즉 소성(plastic) 또는 변형경화재료라고 한다. 점소성(rigid-viscoplastic) 재료와 열점소성(rigid-thermoviscoplastic) 재료의 유동응력 함수는 각각 다음 식으로 표현된다.

$$Y = Y(\bar{\varepsilon}^p, \dot{\bar{\varepsilon}}^p) \tag{5.63}$$

$$Y = Y(\bar{\varepsilon}^p, \dot{\bar{\varepsilon}}^p, T) \tag{5.64}$$

열점소성 재료의 경우, 온도가 유동응력에 영향을 미치므로 온도해석(또는 열전달해석)과 유동해석이 동시에 실시되어야 한다. 이는 실제의 공정을 비등온공정(non-isothermal process)으로 간주한 것이고, 그 해석을 비등온해석(non-isothermal analysis) 또는 연계해석(coupled analysis)이라고 한다. 열점소성 재료의 유동응력은 온도 뿐만 아니라 변형률과 변형률 속도의 영향을 받는다. 만약 공정 중 온도가 일정하다고 가정하거나 온도가 유동응력에 미치는 영향을 무시한다면, 점소성 재료가 되며, 이 공정을 해석상 등온공정(isothermal process)이라고 한다. 실제의 등온공정은 소재와 금형의 온도를 동일하게 함으로써 공정 중 열전달을 최소화시킨 특수공정을 일컫는다. 가령, 항온단조(isothermal forging)이 여기에 해당된다. 해석 상으로는 열전달을 고려하지 않은 해석을 등온해석이라고 한다. 실제의 등온공정이라도 해석 시에 열전달을 고려한 경우는 이론적으로는 비등온공정이며, 그 해석은 비등온해석이 된다.

냉간가공 공정의 경우, 일반적으로 유동응력은 유효변형률만의 함수로 간주되고 있으며, 인장시험을 통하여 그 관계식을 손쉽게 얻을 수 있다. 냉간 소성가공용의 재료의 유동응력을 모델링하기 위한 목적으로 다음의 수식모델이 널리 사용되고 있다.

$$Y = Y_o\left(1 + \frac{\bar{\varepsilon}}{b}\right)^{n_1} \tag{5.65}$$

$$Y = K\bar{\varepsilon}^{n_2} \tag{5.66}$$

$$Y = Y_0 + K\bar{\varepsilon}^{n_3} \tag{5.67}$$

여기서 Y_o는 초기항복응력이고, K는 강도계수이고, n_1, n_2, n_3 등은 변형경화지수이다. 식 (5.65), 식 (5.66), 식 (5.67)를 각각 Swift 모델, Hollomon 모델, Ludwick 모델이라고 한다. 이 중에서 식 (5.66)이 가장 널리 사용되고 있다.

이론에 의하면, Swift 모델과 Hollomon 모델에서 변형경화지수는 인장시험시에 네킹이 발생하는 지점에서의 진변형률 ε_N과 각각 다음의 관계를 가진다(예제 5.6 참고).

$$n_1 = \varepsilon_N + b \tag{5.68}$$

$$n_2 = \varepsilon_N \tag{5.69}$$

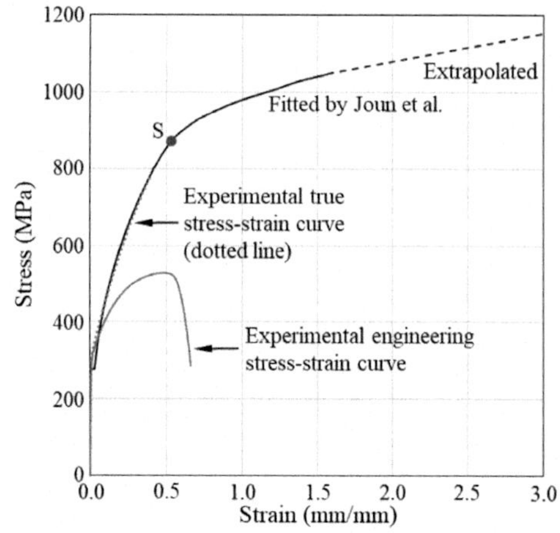

그림 5.9 SUS 304의 유동응력 곡선

그러나 실제 식 (5.68)과 식 (5.69)에 의하여 구한 값과 곡선피팅으로부터 구한 값은 다소 차이를 보일 수 있다. 경험적으로 볼 때, 식 (5.68)과 식 (5.69)에 의하여 결정된 값은 강소성 이론을 이용한 인장시험의 해석 시에 네킹의 발생 시점을 비교적 정확하게 예측해 준다[3.5]. 따라서 네킹이 발생하는 시점과 네킹으로 인한 시편의 변형모양 및 거동특성이 중요한 문제에서는 식 (5.68)과 식 (5.69)의 변형경화지수를 사용하고, 단조와 같이 압축하중에 의존하는 소성가공의 공정적용을 위하여 전체적인 유동응력 정보를 얻고자 할 경우에는 변형률과 유동응력에 관한 전체적인 거동을 고려하여 구한 재료상수를 사용하는 것이 바람직하다.

이러한 문제를 개선하기 위한 노력들이 다각도로 이루어져 왔다. 가령, 식 (5.66)에서 강도계수 K를 변형률의 함수로 수식화함으로써 네칭과 포스트네킹(post-necking) 변형경화의 문제를 동시에 해결하는 방법이 개발되어 있다[3.6]. 식 (5.65-67)의 대표적인 유동응력 모델은 상온에서 전형적인 유동응력 곡선을 표현하기 위하여 제안된 것이다. 실제, 그림 5.9에서 보는 바와 같이, 이러한 수식 모델로는 표현이 불가능한 경우가 흔하다. 그림 5.9에서 유동응력은 식 (5.66)에서 강도계수를 변형률의 함수로 표현하여 해결한 것이다. 이 때, 그 함수는 인장시험의 예측결과와 실험결과의 차이를 점진적으로 감소시킴으로써 구해진 것이다.

식 (5.65-67) 또는 다른 수식에서 요구하는 재료상수는 대개 네킹 이전의 재료 유동정보로부터 계산되고 있다. 그런데 이 수치들은 네킹 이후의 유동응력을 과소평가하는 경향이 있다. 따라서 해석적 방법[3.6]이나 DIC(digital image correction [3.7, 3.8, 3.9]) 등을 이용한 실험적 및 해석적 방법으로 네킹 이후에 발생하는 변형경화의 고려가 필수적이다.

▼ 예제 5.6

식 (5.69)을 증명하라.

➡ 네킹은 인장하중이 최대가 되는 지점에서 발생한다. 단축인장에서 $\sigma_{xx} = \bar{\sigma} = K\bar{\varepsilon}^n$이므로 인장하중 P는 다음과 같다.

$$P = A\bar{\sigma} = AK\bar{\varepsilon}^n \tag{a}$$

비압축성조건으로부터

$$\bar{\varepsilon} = \ln\frac{A_o}{A} \quad \text{또는} \quad A = A_o e^{-\bar{\varepsilon}} \tag{b}$$

이므로(예제 4.7 참고)

$$P = A\bar{\sigma} = KA_o e^{-\bar{\varepsilon}}\bar{\varepsilon}^n \tag{c}$$

이다. 인장하중 P가 극대값을 갖기 위하여

$$\frac{dP}{d\bar{\varepsilon}} = KA_o\left(-e^{-\bar{\varepsilon}}\bar{\varepsilon}^n + ne^{-\bar{\varepsilon}}\bar{\varepsilon}^{n-1}\right) = 0 \tag{d}$$

이어야 하므로

$$\varepsilon_N \equiv \bar{\varepsilon} = n \tag{e}$$

이다. 즉 네킹이 시작되는 지점에서 진변형률은 변형경화지수와 동일하다.

재료의 고온 유동응력은 손쉽게 구하기 어렵고, 재료 전체의 유용한 정보를 문헌에서 찾기도 쉽지 않은 것이 사실이다. 그 이유는 재료가 고온고압의 극한 상태에서 변형하기 때문이다. 다행인 점은 제한적인 자료로부터 얻은 유동응력과 관련된 정보를 이용해도 소성유동은 비교적 잘 맞는다는 사실이다. 그 이유는 항복조건보다 체적불변(질량불변)의 법칙이 더 강력하게 공학해석 결과에 영향을 미치기 때문이다.

흔히 그림 5.6~5.8의 특성을 반영하기 위한 열점소성 재료의 유동응력을 다음과 같이 수식화하고 있다.

$$Y = C\,\bar{\varepsilon}^n\,\dot{\bar{\varepsilon}}^m \tag{5.70}$$

여기서 n와 m은 각각 변형률경화지수와 변형률속도경화지수 또는 변형률속도민감도(strain rate sensitivity)이다. 유동응력 계수 n, m, C는 상수로 간주될 수도 있고, 온도, 변형률, 변형률속도 등의 함수로 표현될 수가 있다.

실제 식 (5.70)의 재료 정보를 획득하는 데는 많은 어려움이 따른다. 재료의 고온특성이 매우 복잡한 데다 고온고압의 극한 상황이라 재료정보의 계측이 용이하지 않기 때문이다. 이런 이유로 참고문헌에서 획득할 수 있는 재료정보도 한정되어 있다. 경험적으로 볼 때, 열간 소성가공에서 변형률속도의존 재료를 사용하여 실시한 등온해석의 결과가 실제의 현상을 비교적 잘 반영한다. 변형률속도의존 재료의 거동특성곡선은 그림 5.8과 같으며, 이 곡선에서 변형률속도가 극단적으로 크지 않는 좌측의 유동응력 함수는 흔히 다음의 수식모델로 표현되고 있다.

$$Y = C\dot{\varepsilon}^m \tag{5.71}$$

여기서 C와 m은 온도, 변형률, 변형률속도 등의 함수이다.

재료상수는 재료시험과 수식모델을 이용한 곡선피팅에 의하여 획득된다. 재료시험은 주로 인장시험, 압축시험, 비틀림시험 등에 의하여 실시된다. 시험을 통하여 획득된 정보는 주로 최소자승법에 바탕을 둔 곡선피팅법에 의하여 구해진다. 이런 측면에서 볼 때, 특히 유동응력 변수들을 샘플링된 상태변수의 함수로 구간별로 정의될 경우, 식 (5.71)이 식 (5.70)에 비하여 유리하고, 함수의 유연성 측면에서도 불리하지 않다. 왜냐하면, 특성이 다른 변수의 수가 많을수록 곡선피팅법의 적용이 훨씬 어려워지기 때문이다. 식 (5.70)의 우변에서 첫 번째와 두 번째의 항의 곱을 구간별로 정의된 식 (5.71)의 변수 C로 보다 효율적이면서 정확하게 표현할 수가 있기 때문이다.

그림 5.10은 고온에서 재료가 갖는 유동응력 특성의 전형적인 형태이다. 그림에서 보는 바와 같이 세 개의 구간으로 나누어지는데, 피크변형률까지의 구간, 즉 변형경화 구간, 피크변형률과 정상상태에 다다랐을 때의 변형률 사이의 구간, 즉 변형연화 구간, 그 이후, 즉 정상상태 구간으로 구분된다.

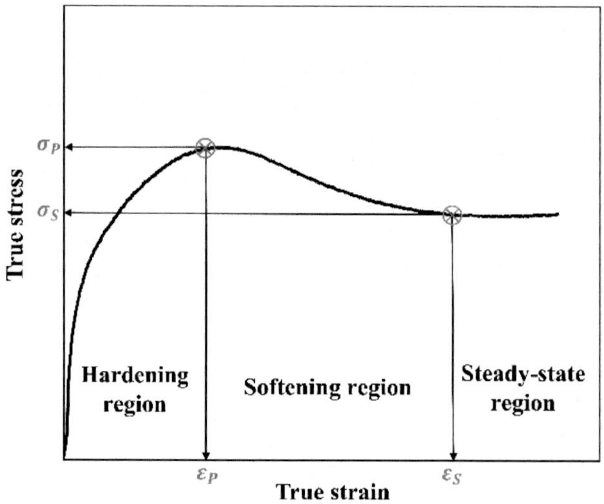

그림 5.10 고온에서 유동응력 곡선의 전형적 형태

이러한 유동응력 곡선을 수식으로 표현하기 위한 다양한 수식 모델이 개발되었다. 대표적인 재료학적 수식 모델이 Voce [3.10] 모델식이다. Voce는 재료학적 변수인 Zener-Hollomon 변수 Z을 이용하여 유동응력을 수식화하였으며, 변형률속도와 온도가 복합적으로 유동응력에 미치는 영향을 다음의 식에서 보는 바와 같이 미세구조의 발전을 강조하여 표현하였다.

$$\sigma = \sigma_p - (\sigma_p - \sigma_o)e^{(b\varepsilon)} - [\sigma_p - \sigma_s]X_{dyn} \tag{5.72}$$

여기서

$$X_{dyn} = \begin{cases} 0 & ;\varepsilon < \varepsilon_p \\ 1 - \exp\left[-2.996\left(\dfrac{\varepsilon - \varepsilon_p}{\varepsilon_s - \varepsilon_p}\right)^2\right] & ;\varepsilon \geq \varepsilon_p \end{cases} \tag{5.73}$$

$$\sigma_o = c_o \cdot d_o^{c_1} Z^{c_2} \tag{5.74}$$

$$\sigma_p = d_o \cdot \sinh^{-1}(Z^{d_1}/d_2) \tag{5.75}$$

$$\sigma_s = e_o \cdot \sinh^{-1}(Z^{e_1}/e_2) \tag{5.76}$$

$$\varepsilon_p = f_o d_o^{f_1} Z^{f_2} \tag{5.77}$$

$$\varepsilon_s = g_o d_o^{g_1} Z^{g_2} \tag{5.78}$$

이다. 이 식에서 $\sigma_p, \sigma_o, \sigma_s, Z, X_{dyn}, \varepsilon, \varepsilon_p, \varepsilon_s$ 등은 순서대로 피크응력, 초기응력, 정상상태 응력, Zener-Hollomon 변수, 동적재결정의 부피 분율, 변형률, 피크변형률, 정상상태 초기 변형률이다. $b, c_o, d_o, d_1, d_2, c_1, c_2, e_o, e_1, e_2, f_o, f_1, f_2, g_o, g_1, g_2$ 등은 재료의 특성을 결정짓는 재료상수에 속한다. Zenor-Hollomon 변수는 다음과 같이 정의된다.

$$Z = \dot{\varepsilon} \exp\left(\frac{Q}{RT}\right) \tag{5.79}$$

Voce의 유동응력은 두 개의 항으로 이루어져 있다. 첫 번째의 것은 변형경화를 표현하는 것이고, 두 번째의 항은 동적재결정에 의한 연화와, 연화의 종료 시점부터 경화와 연화가 균형을 이루는 정상상태를 동시에 표현한다. Voce 모델은 그림 5.10에서 보는 바와 같이 변형경화와 변형연화를 동시에 설명하는데 적합하지만, 앞에서 열거한 변수들을 구하는 실용적 방법에 관한 연구가 미흡한 실정이다. 이런 이유로, 이 수식 모델이 재료학적 기반에 근거하고 있는 정점에도 불구하고 실용성이 떨어진다.

현상학적 모델로써 대표적으로 Johnson-Cook [3.11], Hensel-Spittel [3.12], Misaka-Yoshimoto [3.13], Ebrahimi 등[3.14]의 수식모델이 개발되어 있으며, 요약하면 다음과 같다.

〈 Johnson-Cook model: 〉

$$\bar{\sigma}=(A+B\bar{\varepsilon}^{n})\left[1+C\ln(\dot{\bar{\varepsilon}}/\dot{\bar{\varepsilon}}_{o})\right](1-[(T-T_{w})/(T_{m}-T_{w})]^{m}) \tag{5.80}$$

〈 Hensel-Spittel model: 〉

$$\bar{\sigma}=CC\bar{\varepsilon}^{(CN)}e^{(-CF/\bar{\varepsilon})}\dot{\bar{\varepsilon}}^{(CM)}e^{(-CT\times T)} \tag{5.81}$$

〈 Misaka-Yoshimoto model: 〉

$$\bar{\sigma}=9.81\exp\left(0.13-1.75C+0.59C^{2}+\frac{2851+2968C-1120C^{2}}{T+273.15}\right)\bar{\varepsilon}^{0.21}\dot{\bar{\varepsilon}}^{0.13} \tag{5.82}$$

〈 Ebrahimi et al. model: 〉

$$\text{if}\quad \varepsilon<\varepsilon_{c}\quad \sigma=\sigma_{p}\left[(\varepsilon/\varepsilon_{p})e^{(1-(\varepsilon/\varepsilon_{p}))}\right]^{C} \tag{5.83}$$

$$\text{if}\quad \varepsilon>\varepsilon_{c}\quad \sigma=\sigma_{s}+(\sigma_{p}-\sigma_{s})e^{C_{1}[\varepsilon-(\varepsilon_{p}/2)-(\varepsilon^{2}/2\varepsilon_{p})]}$$

$$\dot{\varepsilon}=B\sigma_{p/s}^{n}\exp\left(\frac{Q}{RT}\right)$$

$$\varepsilon_{p}=a_{1}d_{o}^{a_{2}}Z^{a_{3}}$$

$$\varepsilon_{c}=k\varepsilon_{p}$$

이러한 현상학적 유동응력 모델은 경험 및 관찰에 바탕을 두고 있다. 과거에는 작은 수의 재료상수로 복잡한 현상을 어떻게 표현하느냐가 관심의 초점이었으나, 최근에는 적절한 최적화 및 데이터베이스 기술 등의 발전으로 인하여 다수의 미지의 변수가 사용되는 구간함수로 표현하는 것이 유리하다. Razali 등[3.15]은 Ebrahimi 등[3.14]의 모델을 수정하여 유동응력을 수식화하였으며, 재료상수를 상태변수의 구간이중선형 함수(piecewise bi-linear function)로 표현함으로써 일반성 및 정확도를 개선시켰다. 실용적 측면에서 볼 때, 적절한 C와 m의 표현 방식이 지원되는 식 5.71의 $C-m$ 모델이 유연성과 해의 정확도 측면에서 유리하다. 가령, 재료상수를 샘플점에서 정의되는 상수와 구간선형함수의 곱(상태변수가 두 개일 경우, 구간이중선형함수)의 선형조합으로 구간함수로 표현한다면, 이러한 장점을 살릴 수가 있다.

5.7 변형에너지와 구성방정식

변형에너지를 고려한 에너지보존법칙의 일반적인 표현, 즉 국부적 표현(local form, local

expression)은 다음과 같다(제 1 부 예제 3.20 참고).

$$\frac{d\tilde{u}}{dt} = \frac{1}{\rho}\sigma_{ij}\frac{d\varepsilon_{ij}}{dt} - \frac{1}{\rho}q_{i,i} + q_g \tag{5.84}$$

여기서 $\tilde{u}$ 는 단위질량당 내부에너지, ρ 는 밀도, q_i 는 열유량(heat flux), q_g는 단위질량당 열생성률이다. 열의 방출 및 열전달을 무시하면, 내부에너지는 다음 식과 같이 응력동력(stress power)에 의하여 표현된다.

$$\frac{du}{dt} = \sigma_{ij}\frac{d\varepsilon_{ij}}{dt} \tag{5.85}$$

여기서

$$u = \rho\,\tilde{u} \tag{5.86}$$

를 변형에너지밀도함수(strain energy density function)라고 하고, 변형률 ε_{ij}의 함수라고 가정하자. 변형에너지밀도함수는 단위부피당 변형에너지의 물리적 의미를 갖는다. 공업적으로 사용되는 대부분의 재료에 대한 변형에너지밀도함수 $u = u(\varepsilon_{ij})$가 존재하는데 이런 재료를 과도탄성재료(hyperelastic material)라고 한다.

식 (5.85)의 양변에 dt 를 곱하여 정리하면

$$du = \sigma_{ij}\,d\varepsilon_{ij} \tag{5.87}$$

이다. 위 식의 우변이 완전적분되어 $u = u(\varepsilon_{ij})$가 존재하기 위해서는 다음의 조건이 성립해야 한다.

$$\frac{\partial\sigma_{ij}}{\partial\varepsilon_{kl}} = \frac{\partial\sigma_{kl}}{\partial\varepsilon_{ij}} \tag{5.88}$$

한편 변형에너지밀도함수 $u = u(\varepsilon_{ij})$의 전미분(total differential)은 다음과 같다.

$$du = \frac{\partial u}{\partial\varepsilon_{ij}}\,d\varepsilon_{ij} \tag{5.89}$$

따라서 식 (5.87)와 식 (5.89)으로부터 다음의 응력-변형률 관계식(구성방정식)이 구해진다.

$$\sigma_{ij} = \frac{\partial u}{\partial\varepsilon_{ij}} \tag{5.90}$$

이 식은 과도탄성재료의 구성방정식의 일반형이다. 다음의 후크의 법칙

$$\sigma_{ij} = C_{ijkl}\,\varepsilon_{kl} \tag{5.91}$$

을 예로 들어 설명해 보자. 변형에너지밀도함수가 통로(path)에 무관하기 위해서는, 즉 완

전적분이 되기 위해서는 식 (5.88)이 성립해야 한다. 즉,

$$C_{ijkl} = C_{klij} \tag{5.92}$$

이어야 하므로

$$du = C_{ijkl}\,\varepsilon_{kl}\,d\varepsilon_{ij} = \frac{1}{2}d\big(C_{ijkl}\,\varepsilon_{kl}\,\varepsilon_{ij}\big) \tag{5.93}$$

이며, 식 (5.91)의 후크법칙에 대응하는 변형에너지밀도함수는 다음과 같이 유도된다.

$$u = \frac{1}{2}\,C_{ijkl}\,\varepsilon_{ij}\,\varepsilon_{kl} = \frac{1}{2}\,\sigma_{ij}\,\varepsilon_{ij} \tag{5.94}$$

따라서 식 (5.90)과 식 (5.94)로 식 (5.91)을 대신할 수 있다.

선형탄성재료의 경우, 영역 V에 저장된 변형에너지 U는 다음과 같다.

$$U = \int_V u\,dV = \frac{1}{2}\int_V \sigma_{ij}\,\varepsilon_{ij}\,dV \tag{5.95}$$

한편 역학이론 전개에서 보충변형에너지(complemetary strain energy)는 중요한 역할을 한다. 보충변형에너지는 연속체에 축적된 물리적 에너지가 아니고 수학적인 에너지이다. 보충변형에너지밀도함수 $u^* = u^*(\sigma_{ij})$는 응력 σ_{ij}의 함수로 표현되며, 다음과 같이 정의된다.

$$du^* = \varepsilon_{ij}\,d\sigma_{ij} \quad \text{또는} \quad u^* = \int_0^{\sigma_{ij}} \varepsilon_{ij}\,d\sigma_{ij} \tag{5.96}$$

동일한 방법으로

$$\varepsilon_{ij} = \frac{\partial u^*}{\partial \sigma_{ij}} \tag{5.97}$$

의 관계를 유도할 수 있다. 그림 5.11에 변형에너지밀도함수와 보충변형에너지밀도함수를

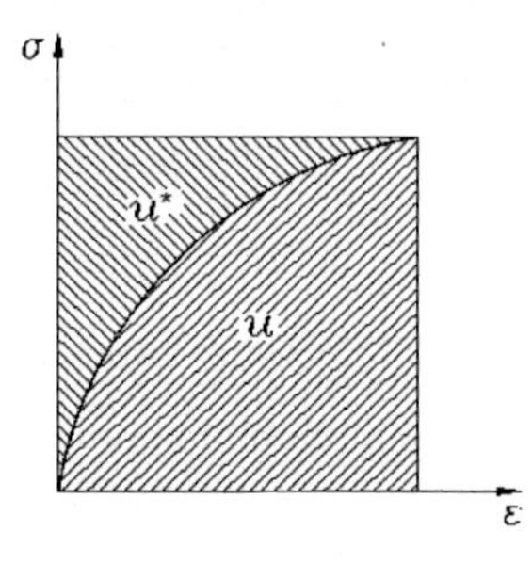

그림 5.11 변형에너지밀도함수와 보충변형에너지밀도함수

비교하고 있다. 그림에서 우하부의 면적이 변형에너지밀도함수 u이고, 그 나머지가 보충변형에너지밀도함수 u^*이다. 만약 재료가 선형탄성이면

$$u = u^* \tag{5.98}$$

이다. 물론 u는 변형률의 함수이고, u^*는 응력의 함수로 표현된다.

▼ 예제 5.7

보의 굽힘 문제의 변형에너지 U와 보충변형에너지 U^*를 각각 처짐곡선 $v(x)$와 굽힘모멘트 $M_b(x)$로 나타내어라. 단, 전단응력의 영향을 무시하라.

➡ 굽힘응력 σ_{xx}를 제외한 모든 응력성분을 0으로 간주하면, 후크법칙과 제1부의 예제 3.5로부터

$$\varepsilon_{xx} = \frac{\sigma_{xx}}{E} \tag{a}$$

$$\varepsilon_{xx} = -\frac{y}{\rho} = -v''(x)\,y \tag{b}$$

이다. 따라서 변형에너지밀도가

$$u = \int_0^{\varepsilon_{ij}} \sigma_{ij}\, d\varepsilon_{ij} = \frac{E}{2}\varepsilon_{xx}^2 \tag{c}$$

이므로 변형에너지는

$$\begin{aligned} U &= \int_L \int_A u\; dA\, dx \\ &= \frac{1}{2}\int_L \int_A E\,\varepsilon_{xx}^2\, dA\, dx \\ &= \frac{1}{2}\int_L E v''^2(x) \int_A y^2\, dA\, dx \end{aligned} \tag{d}$$

이다. 여기서 $I = \int_A y^2\, dA$로 정의하면, 변형에너지는 다음 식으로 표현된다.

$$U = \frac{1}{2}\int_L EI v''^2(x)\, dx \tag{e}$$

한편 보충변형에너지밀도는

$$u^* = \int_0^{\sigma_{ij}} \varepsilon_{ij}\, d\sigma_{ij} = \frac{1}{2E}\sigma_{xx}^2 \tag{f}$$

이고 $\sigma_{xx} = -\dfrac{M_b(x)\, y}{I}$ 이다. 따라서 보충변형에너지는 다음과 같이 $M_b(x)$의 함수로 표현된다.

$$
\begin{aligned}
U^* &= \int_L \int_A u^* \, dA \, dx \qquad \text{(g)} \\
&= \frac{1}{2} \int_L \int_A \frac{\sigma_{xx}^2}{E} dA \, dx \\
&= \frac{1}{2} \int_L \frac{M_b^2}{EI^2} \int_A y^2 dA \, dx \\
&= \frac{1}{2} \int_L \frac{M_b^2}{EI} \, dx
\end{aligned}
$$

제 6 장

뉴턴역학 문제 및 고체 열전달 문제의 수식화

이 장에서는 경계조건에 관한 일반적 지식을 소개하고, 제 4 부의 유한요소법에서 취급할 탄성역학, 소성역학, 고체 내의 열전달 문제 등을 구체적으로 수식화해 두고자 한다.

6.1 경계조건 및 기하학적 구속조건

지배방정식이 미분방정식일 경우, 유일 해(unique solution)를 얻기 위하여 경계조건 또는 초기조건이 필수적이다. 경계조건은 두 종류로 나누어진다. 지배방정식이 $2p$차의 미분방정식일 경우, 0차에서 $p-1$차까지의 미분항이 포함된 경계조건을 필수경계조건(essential boundary condition, forced boundary condition)이라고 하며, p차부터 $2p-1$차까지의 미분항이 포함된 경계조건을 자연경계조건(natural boundary condition)이라고 한다. 상미분방정식의 경계조건은 점에서 실수값으로 주어지지만, 편미분방정식의 경우에는 경계를 정의구역으로 하는 함수의 형태로 주어진다.

탄성역학 문제의 경우, 필수경계조건은 변위(각도 포함)와 관련된 기하학적 조건이며, 자연경계조건은 힘(모멘트 포함)과 관련된 역학적 경계조건이다. 소성역학 문제의 경우, 필수경계조건은 속도 또는 변위 증분과 관련된 기하학적 조건이며, 자연경계조건은 힘과 관련된 역학적 경계조건이다. 열전달 문제의 경우, 온도가 주어진 경계는 필수경계조건이고 열전달률이 주어진 경계는 자연경계조건이다.

인위적인 경우가 아니면, 역학에서 필수경계조건과 자연경계조건이 동시에 부과되지 않는다. 수학적으로는 하나의 경계에 두 개의 경계조건이 중복으로 주어지고, 그 대신 다른 경계에서 경계조건을 부과하지 않음으로써 수학적으로 완벽한 문제를 만들 수가 있다. 그러나 역학에서는 하나의 방향에 대하여 반드시 p개의 경계조건만이 부과되어야 한다. 예를들면, 2차 미분방정식으로 수식화된 문제($p=1$)에서는 필수경계조건과 자연경계조건 중에 하나가 주어져야 한다. 만약 필수경계조건이 주어지면, 경계에서 하중 또는 1차 도함수와 관련된 상태변수가 해의 일부로 계산된다.

▼ 예제 6.1

그림의 보 문제($EIv^{(4)}(x)=q(x)$)의 경계조건을 수식화하고 분류하라.

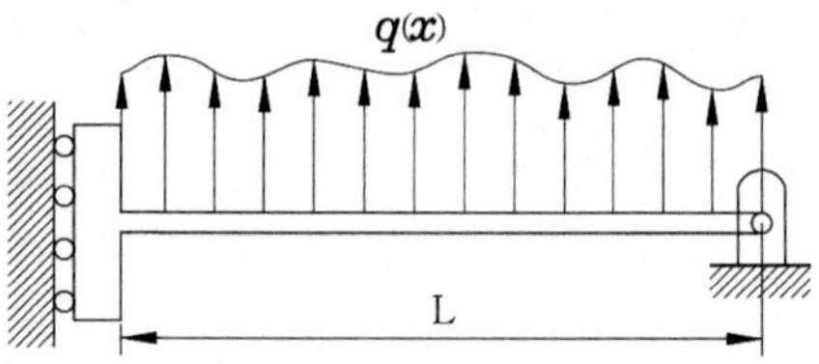

$x=0$에서 전단력과 기울기가 0이다. $x=L$에서 굽힘모멘트와 처짐량이 0이다. 이 점을 필수경계조건과 자연경계조건으로 분류하여 수식화하면 다음과 같다.

① 필수경계조건

$$v'(0) = 0 \tag{a}$$

$$v(L) = 0 \tag{b}$$

② 자연경계조건

$$V(0) = -\frac{dM_b}{dx}\bigg|_{x=0} = -(EIv''(x))'\big|_{x=L} = 0 \text{ 또는 } v'''(0) = 0 \tag{c}$$

$$M_b(L) = EIv''(x)\big|_{x=L} = 0 \quad \text{또는} \quad v''(L) = 0 \tag{d}$$

경계의 한 점에는 (미지수 수×p)만큼의 경계조건이 부과된다. 가령 온도분포를 구하는 문제에서는 1차원 직선, 2차원 평면, 3차원 공간 모두 미지수의 수는 하나이다. 그러므로 열전달해석 문제에서 연속체의 차원과 무관하게 하나의 점에 하나의 경계조건이 부과된다.

그러나 변위 또는 속도가 2차 미분방정식의 미지함수로 수식화되는 연속체역학 문제에서는 그렇지 않다. 2차원 평면의 한 점에서 두 개의 변위 또는 속도 성분이 미지수이고, 3차원 공간의 한 점에서 세 개의 변위 및 속도 성분이 미지수이다. 따라서 2차 미분방정식으로 수식화되는 문제에서는 미지수의 차원 수만큼의 경계조건이 하나의 점에 부과되어야 한다.

소성가공 공정 문제 및 다물체 탄성역학 문제에서는 가변의 접촉 경계가 존재할 수가 있다. 가령, 소성가공에서 금형과 소재의 경계면과 다물체 구조해석 문제에서 물체 간의 접촉 경계면이 이러한 가변 접촉 경계에 속할 수 있다. 이러한 경계 상의 질점에서 공동 접면이 존재하며, 그것에 수직한 방향으로의 변위 또는 속도 성분이 압축력이 작용한다는 전제 하에 동일해야 한다. 이것은 필수경계조건에 속한다. 그러나 인장력이 작용하면, 접촉 절점의 자유도는 구속에서 제외되어야 한다. 물론 접촉 절점에서의 힘의 상태는 접촉상태를 가정하여 구한 결과를 바탕으로 평가되고, 그 평가 결과에 따라 경계조건 상태를 개선시켜서 해석을 반복해야 한다. 접촉상태가 유지될 경우, 접촉면에는 3차원에서 두 개 방향의 하중부과 경계조건이 처리되어야 한다. 물론 엄밀하게 말하면, 이 경계조건은 두 접촉점의 상대변위 또는 상대속도에 영향을 받기 때문에, 일반 자연경계조건과는 차이가 있다. 마찰에 관해서는 다음 절에서 상술한다.

▼ 예제 6.2

그림의 정상상태의 열전달 문제에 대한 경계조건을 수식화하고 분류하라. 그림에서 보는 바와 같이 경계 S는 S_ϕ, S_q, S_c로 구성되어 있으며, S_ϕ는 온도가 주어진 경계, S_q는 열전달률이 주어진 경계, S_c는 대류열전달 경계를 나타낸다.

➡ 각 경계에서 경계조건은 다음과 같이 수식화된다.

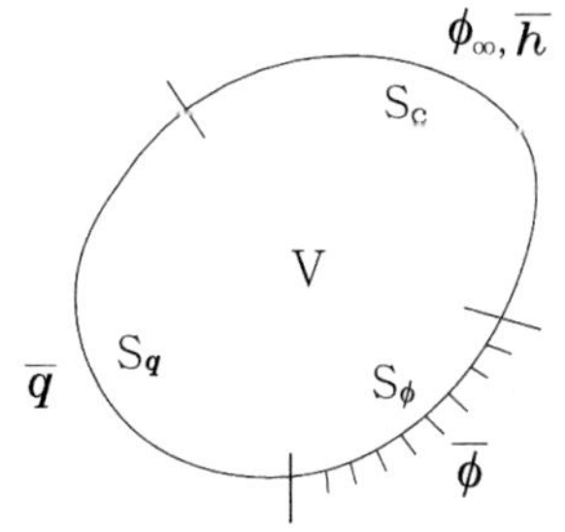

$$\phi = \bar{\phi} \quad \text{on} \quad S_\phi \qquad \text{(a)}$$

$$-k\frac{\partial \phi}{\partial n} = \bar{q} \quad \text{on} \quad S_q \qquad \text{(b)}$$

$$-k\frac{\partial \phi}{\partial n} = \bar{h}\,(\phi_\infty - \phi) \quad \text{on} \quad S_c \qquad \text{(c)}$$

전도열전달 문제는 온도에 관한 2차 미분방정식으로 수식화되므로 S_ϕ는 필수경계조건이 부과된 경계이고, S_q와 S_c는 자연경계조건으로 분류된다.

▼ 예제 6.3

그림 (a)의 2차원 평면변형 문제는 그림 (b)의 문제와 역학적으로 동일하다. 그림 (b)의 문제에 대하여 경계조건을 수식화하고 설명하라.

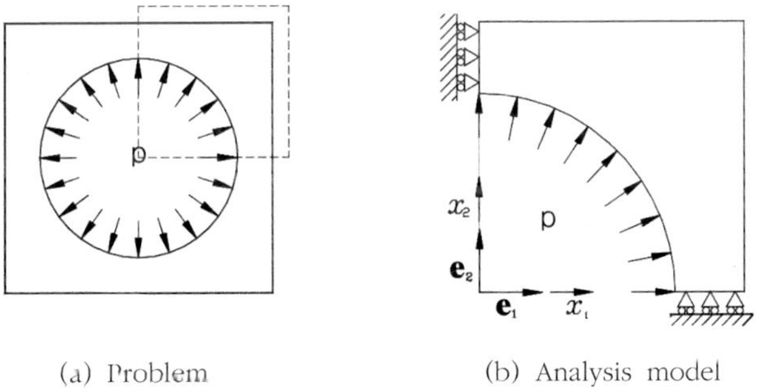

(a) Problem (b) Analysis model

➡ 그림에서 보는 바와 같이 경계조건을 수식화하기 위하여 경계를 다섯 조각으로 나누자. 경계 S_1, S_3, S_4에서는 두 방향 모두 표면력이 주어져 있는 반면, 경계 S_2와 S_5에서는 표면력벡터의 한 성분과 변위벡터의 한 성분이 주어져 있다. 여기서 유의해야 할 것은 경계 S_3과 S_4가 아무 것도 주어지지 않은 경계가 아니라 표면력이 0으로 주어진 경계라는 점이다. 대칭조건과 작용과 반작용 법칙으로부터 그림의 S_2에서 $t_1^{(n)} = 0$, S_4에서

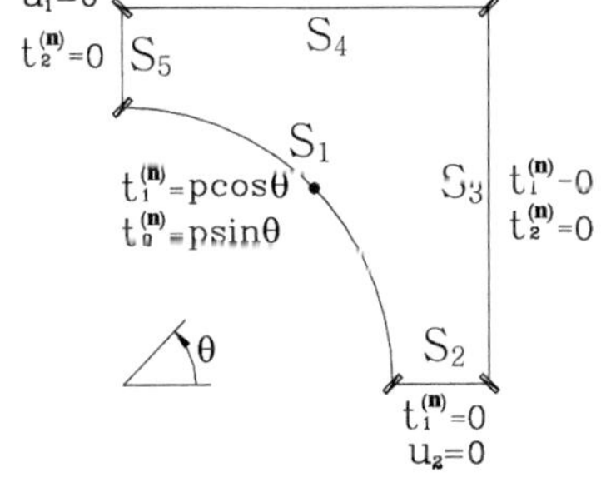

(c) Boundary condition

$t_2^{(n)}=0$이다. 이런 점을 고려하여 경계조건을 가시화하면 그림 (c)와 같으며, 각 경계별 경계조건을 수식화하면 다음과 같다.

① 경계 S_1: $t_1^{(n)}=p\cos\theta$, $t_2^{(n)}=p\sin\theta$
② 경계 S_2: $t_1^{(n)}=0$, $u_2=0$
③ 경계 S_3: $t_1^{(n)}=0$, $t_2^{(n)}=0$
④ 경계 S_4: $t_1^{(n)}=0$, $t_2^{(n)}=0$
⑤ 경계 S_5: $u_1=0$, $t_2^{(n)}=0$

한편 경계조건으로 분류되지 않는 기하학적 구속조건으로 비압축성 조건을 들 수 있다. 비압축성 조건은 비압축성 재료의 탄성역학, 비압축성 재료의 소성역학, 비압축성 유체역학 등에서 필수적인 조건이다. 미지의 함수가 변위인 경우, 비압축성 조건은 다음과 같이 수식화된다.

$$\varepsilon_{ii}=u_{i,i}=0 \tag{6.1}$$

미지함수가 속도장이면, 비압축성 조건은 다음 식으로 수식화된다.

$$\dot{\varepsilon}_{ii}=v_{i,i}=0 \tag{6.2}$$

6.2 마찰현상과 마찰법칙

소성가공 공정의 해석에서 마찰은 공정의 특성을 결정짓는 주요 인자 중의 하나이다. 압연공정에서 롤과 소재 간의 적절한 마찰력은 필수적이다. 그러나 과도한 마찰력은 압하력을 증가시키고 롤의 마모를 가속화시키므로 적절히 통제되어야 한다. 단조공정의 경우, 마찰은 금속유동선(metal (grain) flow lines)의 형태를 결정짓는 역할을 하지만, 금형의 마모수명을 떨어뜨리므로 적절히 통제되어야 한다.

냉간가공에서는 접촉면에서 압력이 크기 때문에 윤활제를 사용하는 것이 일반화되어 있다. 열간에서도 극심한 금형의 마모를 줄이기 위하여 윤활제를 사용하고 있다. 마찰에 영향을 미치는 주요 인자에는 접촉면의 압력, 윤활상태, 상대속도, 온도, 재료의 성질, 조도 등이 있다. 소성가공에서 마찰면은 고온고압의 극한 상황이므로 마찰 인자가 마찰력에 미치는 영향을 정확히 분석하기란 쉽지 않으며, 아직도 물리학, 재료학, 소성역학 등의 주요 관심사가 되고 있다.

마찰력은 공학적으로 법선력과 함수의 관계로 간주되고 있다. 소성가공과 같이 극단적인 경우에는 법선력이 증가하면서 법선력에 대한 마찰력의 비례상수가 감소하는 것이 일반적인 경향이다. 따라서 법선력과 마찰력 간의 선형성이 고압 하에서 만족되지 않는 것

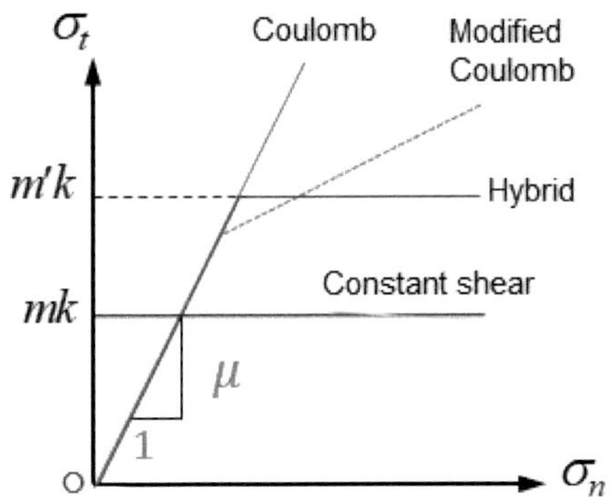

그림 6.1 마찰모델

으로 받아들여지고 있다. 물론 이러한 현상은 실험적으로 뒷받침되고 있지만, 고압 하에서 발생하는 부분 접착 및 부분 미끄러짐의 현상에 의한 상대운동의 영향도 무시할 수 없다. 즉, 아직 논란의 여지를 남겨 두고 있다.

그림 6.1은 주요 마찰모델 관점에서의 마찰응력 σ_t과 법선응력 σ_n의 관계를 개념적으로 보여주고 있다. Coulomb 마찰법칙은 마찰응력이 법선응력에 선형적으로 변하는 것으로 간주하는 것이고, 개선된 쿨롱마찰법칙은 앞에서 설명한 바와 같이 법선응력이 클 경우에 법선응력이 마찰응력에 미치는 영향이 완화되는 특성을 반영한 것이다. 일정전단마찰법칙은 마찰응력이 법선응력의 크기와는 무관하다고 간주한 것이며, 하이브리드 마찰법칙은 쿨롱마찰법칙과 일정전단마찰법칙을 혼합한 것이다.

소성가공 공정의 해석을 위하여 마찰력은 전통적으로 Coulomb 마찰법칙과 일정전단마찰법칙으로 수식화되고 있다. Coulomb 마찰모델에서는 접촉면에서 상대적인 운동이 발생할 경우 마찰력이 법선력에 비례한다고 간주하는 반면, 일정전단마찰법칙에서는 전단항복응력의 일정비율의 전단응력이 작용한다고 간주하고 있다. 즉, 미끄럼이 발생할 때 마찰응력(접선응력) σ_t 의 크기 $|\sigma_t|$는

$$|\sigma_t| = \mu |\sigma_n| \ (\text{Coulomb 마찰법칙}) \tag{6.3}$$

$$|\sigma_t| = m\,k \ (\text{일정전단마찰법칙}) \tag{6.4}$$

이다. 여기서 μ와 σ_n은 각각 마찰계수(coefficient of Coulomb friction)와 법선응력이며, m과 $k = Y/\sqrt{3}$은 각각 마찰상수(friction factor)와 전단항복응력이다. 마찰력은 운동을 저지하려는 방향으로 작용한다. 미끄러지지 않을 때는

$$|\sigma_t| \le \mu |\sigma_n| \quad \text{또는} \quad |\sigma_t| \le m\,k \tag{6.5}$$

이고, 두 물체의 변위 또는 속도의 접선성분이 모두 동일해야 한다.

하이브리드 마찰법칙이나 개선된 쿨롱마찰법칙은 식 (6.3)와 식 (6.4)을 응용하여 수

식화될 수 있다. 일정선단마찰법칙에서는 마찰력과 법선력 간의 상호관계가 없으며, 기하학적으로 접촉하면 일정한 값의 마찰력이 작용하는 것으로 간주한다. 경험적으로 볼 때, 마찰력은 법선력과 함수관계에 있으므로 Coulomb 마찰모델 또는 유사 형태의 마찰법칙이 실제의 현상을 보다 정확하게 표현할 것이다. 일정전단마찰법칙은 계산시간, 수식화의 단순함, 수렴의 안정성 등의 장점 때문에 단조, 압연, 압출, 인발 등의 체적소성가공 공정의 해석을 위하여 광범위하게 사용되어 왔다. 인발 및 유선형 금형을 사용한 압출의 경우, 법선응력의 변화가 금형의 전 접촉구간에서 비교적 작으므로 일정전단마찰법칙과 Coulomb 마찰법칙은 유사한 결과를 낳는다. 그러나 압연공정과 링단조와 같이 변형 형태가 비교적 복잡한 단조공정의 경우에는 일정전단마찰법칙의 사용이 소성유동 해석 목적에 부적절할 수도 있다[3.16].

쿨롱마찰법칙을 사용할 경우, 컨테이너의 길이가 긴 폐쇄된 전방압출에서 후미로 갈수록 마찰력에 기인한 압력의 증가로 인하여 마찰력이 증가할 수밖에 없다. 이것으로 인하여 금형 출구를 기준으로 하는 마찰계수를 사용할 경우, 해가 없는 문제이거나 사실과는 다르게 극심한 접착조건이 만들어지게 된다. 이러한 극단적인 경우를 해결하기 위해서 마찰계수를 마찰제의 손상과 연계한 함수 관계로 수식화하여 사용해야 한다[3.17]. 그러나 일정전단마찰법칙을 사용할 경우에는 이러한 문제가 발생하지 않는다. 그렇다고 일정전단마찰법칙이 옳다고 볼 수는 없다.

일반적으로 접촉한 두 물체가 상대운동을 시작할 때 발생하는 정적마찰이 동적마찰에 비하여 크다. 이러한 현상은 체결 그 자체에 관심을 둔 역학 문제에서는 중요하지만, 소성가공과 같이 접촉면에서의 큰 상대변위를 전제로 한 경우에는 중요시되지 않는다.

▼ 예제 6.4

그림의 축대칭 소성가공 문제(업세팅 문제)에서 상하금형이 동일한 속력으로 움직이고 있다. 이 문제는 기하학적 및 역학적으로 축대칭이면서 상하대칭이다. 따라서 1/4만을 해석영역으로 삼으면 된다. 제1사분면을 해석대상영역으로 선택하여 경계조건을 수식화하고 설명하라. 단, 금형-소재 접촉면은 Coulomb 마찰법칙을 따른다.

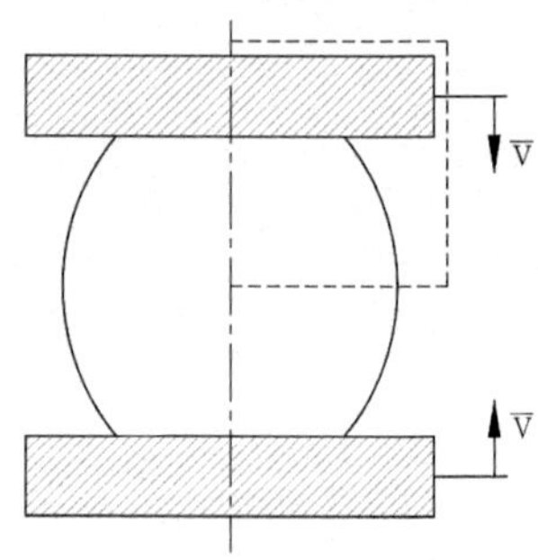

➡ 그림에서 보는 바와 같이 경계조건을 수식화하기 위하여 경계를 네 조각으로 나누자. 대칭조건과 작용과 반작용 법칙으로부터 그림의 S_1에서 $v_1 = 0$, $t_2^{(n)} = 0$, S_2에서 $t_1^{(n)} = 0$, $v_2 = 0$이다. 경계 S_3은 자유표면(free surface)이므로 경계 S_3에서 $t_1^{(n)} = 0$, $t_2^{(n)} = 0$이다. S_4는 소재와 금형의 접촉면이다. 접촉된 소재는 금형에서 분리되지 않으며, 표면력벡터의 법선성분 σ_{22}는 항상 음수라고 가정한다. 접촉면에서 소재가 금형을 침범할 수 없으므로 접촉면에 수직한 방향의 경계조건은 $v_2 = -\overline{V}$이다. 접촉면에서 금형과 소재가 미끄러지지 않

을 경우 접선방향으로 속도가 $v_1 = 0$으로 주어진 경계이고, 미끄러질 경우 접선방향으로 응력, 즉 마찰응력이 다음과 같이 주어진 경계이다.

$$\sigma_{12} = \mu\,\sigma_{22}\,\mathrm{sign}(v_1) \qquad \text{(a)}$$

여기서 μ는 쿨롱마찰계수이고, $\mathrm{sign}(v_1)$는 v_1이 양수이면 1의 값을 가지고, 음수이면 -1의 값을 갖는 함수이다.

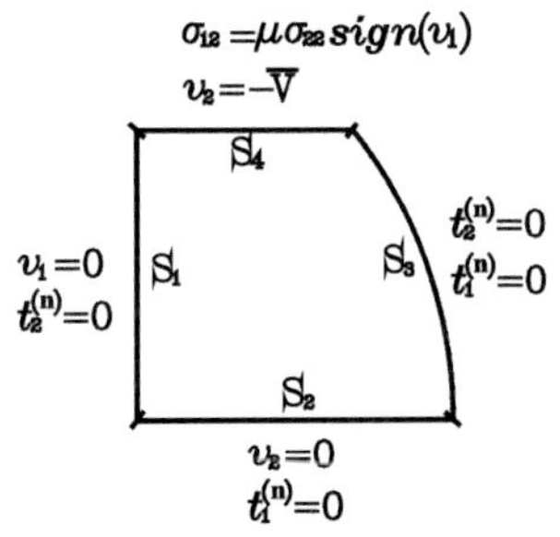

6.3 탄성역학 문제의 수식화

탄성역학 문제를 그림 6.2에 개념적으로 도시하였다.

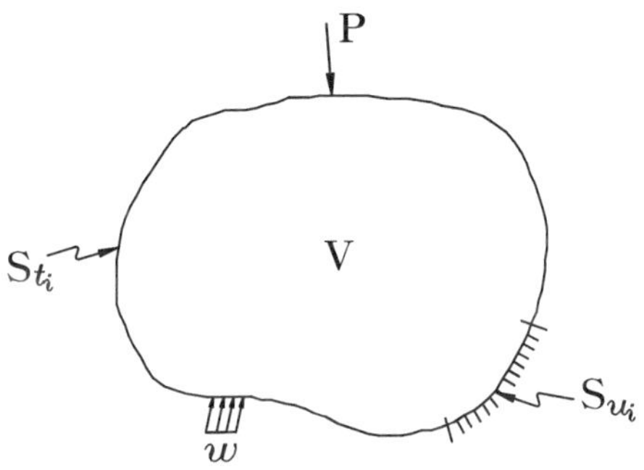

그림 6.2 탄성역학 문제의 개념도

탄성역학 문제는 최종적으로 변위 u_i를 구하는 문제로 수식화되며(예제 6.5 참고), 앞에서 전개한 이론을 바탕으로 등방성 재료의 선형탄성역학 문제를 수식화하면 다음과 같다.

① 평형방정식:

$$\sigma_{ij,j} + f_i = 0 \tag{6.6}$$

② 변위-변형률 관계식:

$$\varepsilon_{ij} = \frac{1}{2}(u_{i,j} + u_{j,i}) \tag{6.7}$$

③ 구성방정식(응력-변형률 관계식):

$$\sigma_{ij} = 2\mu\varepsilon_{ij} + \lambda\varepsilon_{kk}\,\delta_{ij} - (3\lambda + 2\mu)\alpha\,\Delta T\,\delta_{ij} \tag{6.8}$$

④ 경계조건

$$u_i = \bar{u}_i \quad \text{on} \quad S_{u_i} \tag{6.9}$$

$$t_i^{(n)} = \sigma_{ij} n_j = \bar{t}_i \quad \text{on} \quad S_{t_i} \tag{6.10}$$

여기서 윗줄표시(¯)가 붙은 변수는 주어진 값을 의미한다.

▼ 예제 6.5

식 (6.6), 식 (6.7), 식 (6.8) 등으로부터 응력을 제거하여 변위에 관한 2차 미분방정식, 즉 Navier-Cauchy 방정식을 유도하라.

➡ ΔT를 0으로 가정하고 식 (6.7)을 식 (6.8)에 대입하면

$$\sigma_{ij} = \mu u_{i,j} + \mu u_{j,i} + \lambda u_{k,k} \delta_{ij} \tag{a}$$

이고, 이 식을 식 (6.6)에 대입하면 다음의 Navier-Cauchy 방정식을 얻는다.

$$\mu u_{i,jj} + (\lambda + \mu) u_{j,ji} + f_i = 0 \tag{b}$$

또는

$$\mu \nabla^2 \mathbf{u} + (\lambda + \mu) \nabla \nabla \cdot \mathbf{u} + \mathbf{f} = 0 \tag{c}$$

역학 문제의 수식화는 압축불가능 형태의 수식화(irreducible formulation, 이하 압축불가능형 수식화라고 칭함)와 혼합형 수식화(mixed formulation)로 구분된다. 예제 6.5는 미지수 u_i로 수식화되었으며, 더 이상 압축불가능하므로 전자에 속한다. 그런데 식 (6.6)~(6.8)은 예제 6.5와 같은 방법으로 압축가능하므로 형식적으로는 혼합형 수식화이다. 그러나 실제 대부분의 경우 식 (6.6)~(6.8)은 u_i로 압축되는 것을 전제로 하고 있다. 즉, 실제 문제를 풀 때 응력텐서 σ_{ij}와 변형률텐서 ε_{ij}는 미지수로 취급되지 않는다. 그러므로 형식적으로는 혼합형 수식이지만 최종 미지변수를 u_i로 하여 문제를 해결할 경우, 위의 문제는 압축불가능형 수식화 문제로 분류되어야 한다.

식 (6.9)와 식 (6.10)의 경계조건은 포괄적으로 사용된 것이다. 경계조건에 관한 보다 구체적인 설명이 필요한 것이 사실이나, 개념적인 이해를 위하여 위 식의 표현법을 주로 사용하고 있다. 엄격하게 보면, 식 (6.9)의 경계조건은 x_i-축 방향으로 변위가 주어져 있다는 뜻이다. 실제 변위경계조건이 부과된 방향이 기준좌표계의 좌표축과 일치하지 않을 수 있다. 그러므로 일반성을 잃지 않기 위해 식 (6.9) 대신 다음의 식을 사용하는 것이 옳을 것이다.

$$u_{i'} = \bar{u}_{i'} \quad \text{on} \quad S_{u_{i'}} \tag{6.11}$$

여기서 x_i 는 기준좌표계이고, $u_{i'}$ 은 변위벡터 u_i의 $x_{i'}$-축($x_{i'}$ 은 국부좌표계임) 성분을 의미한다.

그렇지만 이 책에서는 편의상 식 (6.9)를 식 (6.11)을 포함하는 의미로 사용한다. 식 (6.10)의 자연경계조건도 마찬가지이다.

6.4 강소성 문제의 수식화

소성가공은 금형을 이용하여 재료를 성형하는 생산기술이며, 공정의 역학해석이 긴요하게 적용되는 분야이다. 역학해석의 관점에서 소성가공 문제를 그림 6.3에 개념적으로 나타내었다. 그림에서 S_c는 금형과 소재의 접촉면을 나타내며, S_{v_i}와 S_{t_i}는 각각 속도와 표면력이 주어진 경계를 의미한다. 재료는 강소성 성질을 지니고 있으며 von Mises 항복이론과 직교 유동법칙을 따르고 가속도 영향은 무시 가능하다고 가정한다.

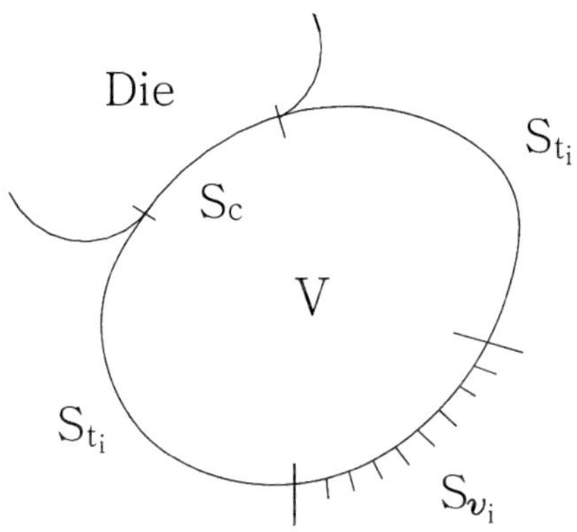

그림 6.3 소성역학 문제의 개념도

소성가공 공정 해석 문제는 속도장 v_i (경우에 따라서 정수압 분포 p도 미지함수임)를 구하는 문제로 수식화되며, 다음과 같다.

① 평형방정식:

$$\sigma_{ij,j} + f_i = 0 \tag{6.12}$$

② 속도-변형률속도 관계식:

$$\dot{\varepsilon}_{ij} = \frac{1}{2}(v_{i,j} + v_{j,i}) \tag{6.13}$$

③ 구성방정식(응력-변형률속도 관계식):

$$\sigma_{ij} = -p\delta_{ij} + \sigma_{ij}' \tag{6.14}$$

$$\sigma_{ij}{}' = \frac{2}{3}\frac{\bar{\sigma}}{\dot{\bar{\varepsilon}}}\dot{\varepsilon}_{ij}{}' = \frac{2}{3}\frac{\bar{\sigma}}{\sqrt{\frac{2}{3}\dot{\varepsilon}_{kl}{}'\dot{\varepsilon}_{kl}{}'}}\dot{\varepsilon}_{ij}{}' \tag{6.15}$$

④ 비압축성조건

$$v_{i,i} = 0 \tag{6.16}$$

⑤ 경계조건

$$v_i = \bar{v}_i \quad \text{on} \quad S_{v_i} \tag{6.17}$$

$$t_i^{(n)} = \sigma_{ij} n_j = \bar{t}_i \quad \text{on} \quad S_{t_i} \tag{6.18}$$

$$v_n = \bar{v}_n \quad \text{on} \quad S_c \tag{6.19}$$

$$\sigma_t = -\mu\sigma_n\, g(v_t) \quad \text{on} \quad S_c \tag{6.20}$$

또는

$$\sigma_t = mk\, g(v_t) \quad \text{on} \quad S_c \tag{6.21}$$

여기서 하첨자 n과 t는 각각 법선성분과 접선성분을 나타내며, 윗줄표시(¯)가 붙은 것은 주어진 값을 의미한다. 식 (6.20)과 식 (6.21)은 각각 Coulomb 마찰법칙과 일정전단마찰법칙을 수식화한 것으로 마찰법칙에 따라 다소 바뀔 수 있다. 식 (6.20)과 식 (6.21)에서 $g(v_t)$는 접촉면에서 소재와 금형의 상대속도 영향을 반영하는 함수이며, 접촉면에서 미끄럼이 발생하면 그 절대값이 1이 되고, 미끄럼이 발생하지 않으면 1보다 작은 절대값을 갖는다(예제 6.4 참고). 이상적인 함수로는 절대값을 1로 유지하면서 $(v_t - \bar{v}_t)$의 부호에 따라서 함수값의 부호가 바뀌는, 예제 6.4에서 정의한 $sign(v_t - \bar{v}_t)$의 함수를 생각할 수 있으나, 이 함수는 $v_t = \bar{v}_t$ 주위에서 수치적 문제를 유발한다. 따라서 $v_t = \bar{v}_t$ 주위에서 약간 순화시킨 함수의 사용이 불가피하다. 이러한 목적으로 흔히 다음의 함수가 널리 사용되고 있다.

$$g(v_t) = -\frac{2}{\pi}\tan^{-1}\frac{(v_t - \bar{v}_t)}{a} \tag{6.22}$$

여기서 a는 상수이며, 크기가 $\bar{v}_t$의 절대값에 비하여 매우 작은 양수이다.

6.5 탄소성 문제의 수식화

그림 6.3과 같이 소성가공 공정을 개념적으로 표현한다. 소성가공 공정에서 금형과 소재는 해석영역 V와 경계 S로 나눌 수 있으며, 경계 S는 표면력이 $t_i^{(n)} = \bar{t}_i$로 이루어진 S_{t_i}, 변위가 $u_i = \bar{u}_i$로 주어진 S_{u_i}, 금형과 소재의 접촉면을 표현하는 S_c 등으로 표현할 수 있다. 다음의 이론적 전개에서 재료는, 등방탄소성(isotropic elasto-plastic), 속도무의존성(rate independence), 등방성경화(isotropic hardening) 등의 성질을 가지고 있으며, von Mises 항복이론과 직교 유동법칙을 따르는 경우에 국한한다. 가속도의 영향은 무시할 수 있을 정도의 준정적(quasi-static) 현상이 공정 중에 발생한다고 가정한다.

탄소성 재료의 소성가공 공정 문제는 소재의 변위 u_i를 구하는 것이며, 다음과 같은 경계치 문제로 수식화된다.

1) 평형방정식:

$$\sigma_{ij,j} + f_i = 0 \ \text{ in } \ V \tag{6.23}$$

2) 변형률증분 분해:

$$d\varepsilon_{ij} = d\varepsilon_{ij}^{e} + d\varepsilon_{ij}^{p} \tag{6.24}$$

3) 구성방정식:

$$\text{탄성:} \quad d\varepsilon_{ij}^{e} = \frac{d\sigma'_{ij}}{2G} + \frac{1-2v}{E} d\sigma_m \delta_{ij} \tag{6.25}$$

$$\text{소성:} \quad d\varepsilon_{ij}^{p} = d\lambda \frac{\partial f}{\partial \sigma_{ij}} = \frac{3}{2} d\lambda \frac{\sigma'_{ij}}{\bar{\sigma}} \tag{6.26}$$

4) 변위-변형률증분 관계식:

$$d\varepsilon_{ij} = \frac{1}{2}\left(\frac{\partial u_i}{\partial x_j} + \frac{\partial u_j}{\partial x_i}\right) \tag{6.27}$$

5) 항복식:

$$f = \sigma_e - \sigma_y = \left(\frac{3}{2}\sigma'_{ij}\sigma'_{ij}\right)^{\frac{1}{2}} \quad \sigma_y - 0 \tag{6.28}$$

6) 비압축성 조건:

$$d\varepsilon_{ii}^{p} = 0 \tag{6.29}$$

7) 경계조건:

$$\sigma_{ij} n_j = \bar{t}_i \ \text{ on } \ S_{t_i} \tag{6.30}$$

$$u_i = \bar{u}_i \ \text{ on } \ S_{u_i} \tag{6.31}$$

$$u_n = \bar{u}_n \ \text{ on } \ S_c \tag{6.32}$$

$$\sigma_t = -\mu \sigma_n g(v_t) \ \text{ on } \ S_c \tag{6.33}$$

여기서 상첨자 p와 c는 각각 소성성분과 탄성성분을 나타내는 지수이다. 또, 하첨자 n과 t는 각각 법선성분과 접선성분을 나타내는 지수이다. 변형률증분 $d\varepsilon_{ij}$는 재료의 회전을 고려하여 구해지며 한 계산증분의 크기가 작아 선형화하여 계산할 수 있는 경우로 국한하여 설명한다. 식 (6.33)의 $g(v_t)$는 마찰과 속도와의 관계를 반영하는 함수이다.

6.6 고체의 열전달

고체의 열전달 문제는 에너지보존법칙을 수식화한 것으로 최종적으로 온도분포 $T = T(x_i, t)$를 구하는 문제로 수식화된다. 그림 6.4에 고체의 전도열전달 문제를 개념적으로 나타내었다. 경계는 온도가 주어진 S_T, 열전달률이 주어진 S_q, 주위환경에 노출되어 복사열전달 및 대류열전달이 발생하는 S_e로 구성되어 있다고 가정한다.

정지상태인 고체에서 단위질량당 내부에너지는 $u = cT$이고, $\dot{\varepsilon}_{ij} = 0$이며, $q_i = -kT_{,i}$이다. 따라서 식 (5.71)로부터 다음의 열전도방정식(thermal conduction equation) 또는 열확산방정식(heat diffusion equation)을 얻을 수 있다.

① 열전도방정식:

$$(kT_{,i})_{,i} + q_g = \rho c \frac{\partial T}{\partial t} \tag{6.34}$$

② 경계조건

$$T = \overline{T} \quad \text{on } S_T \tag{6.35}$$

$$k\,T_{,i}\,n_i = -\,h_q\,(T - T_q) \quad \text{on } S_q \tag{6.36}$$

$$k\,T_{,i}\,n_i = -\,\sigma\epsilon\,(T^4 - T_e^4) - h_e\,(T - T_e) \quad \text{on } S_e \tag{6.37}$$

여기서 q_g는 발열률을 의미하고, 열전도율 k와 열용량 ρc 등은 온도의 함수이다. n_i는 외향법선단위벡터이며, T_q와 T_e는 주위 환경의 온도를 나타내고, h_q와 h_e는 대류열전달계수를 나타낸다. $\sigma\varepsilon$은 Stefan-Boltzmann 상수와 물체의 방사율(emissivity)의 곱이다.

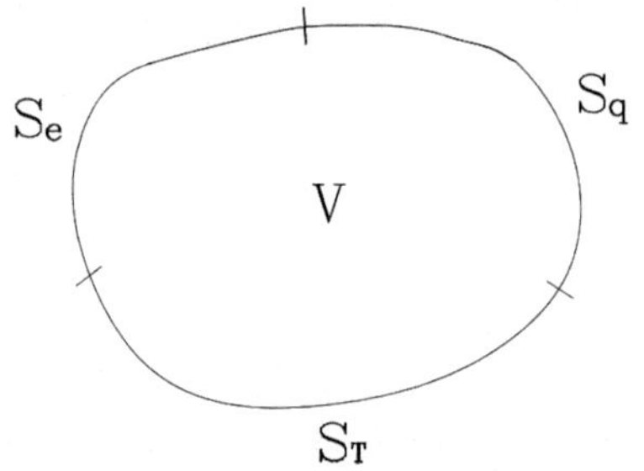

그림 6.4 전도열전달 문제의 개념도

해석역학

제 7 장

7.1 가상일의 원리

가상변위(virtual displacement)는 이론의 전개를 위한 상상의 변위이며, 다음과 같이 정의된다.

① 임의의 값을 갖는 상상의 변위이다.
② 시스템의 기하학적 구속조건을 만족해야 한다.
③ 힘의 평형상태에서 가상변위를 부과하는 동안 시간변화를 초래하지 않는다.

가상변위는 기호 δ로 실제의 변위와 구별된다. 예를 들면, 실제변위가 x일 경우 가상변위는 δx로, 실제변위가 $u_i(x_j)$일 경우 가상변위는 $\delta u_i(x_j)$로 표현된다. 가상변위는 임의의 값을 갖는 상상의 변위이므로 일반성을 잃지 않기 때문에 이론 전개의 편의를 위하여 미소변위라고 가정하자. 즉, 가상변위의 값은 무시할 정도로 매우 작다고 가정하자.

가상변형률 $\delta\varepsilon_{ij}$는 가상변위 $\delta u_i = \delta u_i(x_j)$에 의한 변형률을 의미한다. 즉, 식 (4.4)에서 u_i 등을 δu_i로 대체함으로써 다음의 가상변위-가상변형률 관계식을 얻을 수 있다.

$$\delta\epsilon_{ij} = \frac{1}{2}(\delta u_{i,j} + \delta u_{j,i}) \tag{7.1}$$

식 (7.1)은 변분이론에 의하여 다음 식으로 표현될 수 있다.

$$\delta\varepsilon_{ij} = \delta\left(\frac{1}{2}(u_{i,j} + u_{j,i})\right) = \delta(\varepsilon_{ij}) \tag{7.2}$$

가상변위는 일을 동반하는데 이를 가상일(virtual work)이라고 한다. 가상일은 내력에 의한 가상일 δU와 외력에 의한 가상일 $\delta\Omega$로 구분되는데, 힘의 평형상태에서 가상변위에 의한 δU와 $\delta\Omega$가 동일하다는 것이 가상일의 원리(virtual work principle)이다. 즉, 가상일의 원리는 다음 식으로 수식화된다.

$$\delta U = \delta\Omega \tag{7.3}$$

▼ 예제 7.1

x_o 만큼 늘어난 스프링에서 실제의 변위증분 Δx 와 가상변위 δx 의 차이를 설명하고, 가상일의 원리를 적용해 보라.

➡ 설명의 편의상 스프링의 힘과 변위는 선형적인 관계를 갖는다고 가정하자. 외력 F_o 에 의하여 변위가 x_o 만큼 늘어난 상태에서 Δx 의 실제변위증분을 발생시킨 경우, 힘은 그림에서 보는 바와 같이 ΔF 만큼 증가한다. 반면 가상변위 δx 는 하중의 증가를 야기하지 않는다. 따라서 가상변위 δx 에 의하여 스프링에 축적된 가상일 δU는

$$\delta U = k x_o \delta x \tag{a}$$

이다. 가상변위 δx 에 의하여 외력 F_o 이 행한 가상일이

$$\delta \Omega = F_o \delta x \tag{b}$$

이므로, $\delta U = \delta \Omega$로부터

$$F_o = k x_o \tag{c}$$

가 된다. 한편 Δx 에 의한 변형에너지 증분은 다음과 같다.

$$\Delta U = \frac{1}{2}k(x_o + \Delta x)^2 - \frac{1}{2}kx_o^2 = kx_o\Delta x + \frac{1}{2}k\Delta x^2 \tag{d}$$

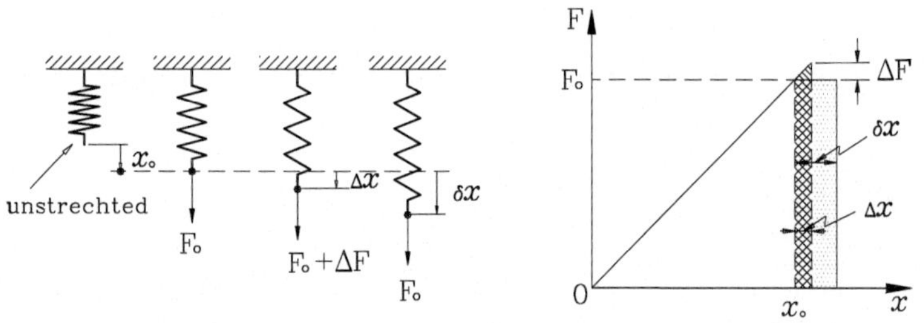

▼ 예제 7.2

그림의 역학 문제에서 평형상태를 유지하는 데 필요한 힘 F를 구하라.

➡ 강체이므로 변형에너지는 없다. 즉, $\delta U = 0$ 이다. 따라서 $\delta \Omega = 0$ 이어야 한다. 그림상의 가상변위 δx, δy 는 다음의 구속조건을 만족해야 한다.

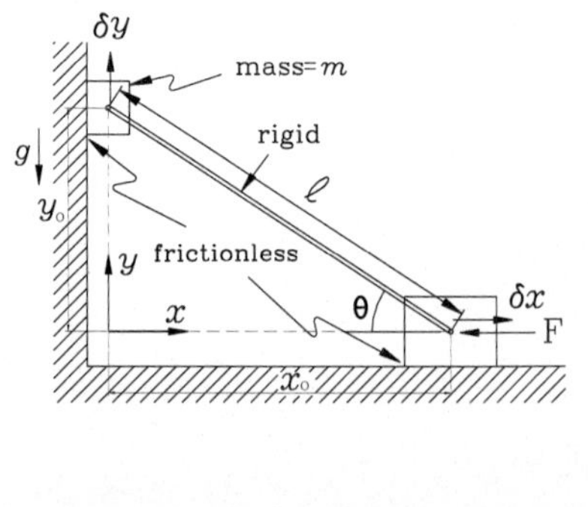

$$(x_0 + \delta x)^2 + (y_0 + \delta y)^2 = l^2 \tag{a}$$

δx, δy 는 절대값이 매우 작은 임의의 값이라고

가정하면, $\delta x, \delta y$ 에 대한 고차원 항이 무시되므로

$$x_0\delta x + y_0\delta y = 0 \quad \text{또는} \quad \delta y = -\frac{x_0}{y_0}\delta x = -\cot\theta\ \delta x \tag{b}$$

이고, 외력이 행한 가상일 $\delta\Omega$는 다음과 같다.

$$\delta\Omega = -mg\delta y - F\delta x \tag{c}$$

$\delta U = 0$이므로 가상일의 원리는 $\delta\Omega = 0$이다. 따라서

$$F = mg\cot\theta \tag{d}$$

이다.

▼ 예제 7.3

그림의 구조물에서 점 C에 y-방향으로 $-P$의 하중이 작용할 때 각 부재에 작용하는 하중과 하중의 상태를 구하라.

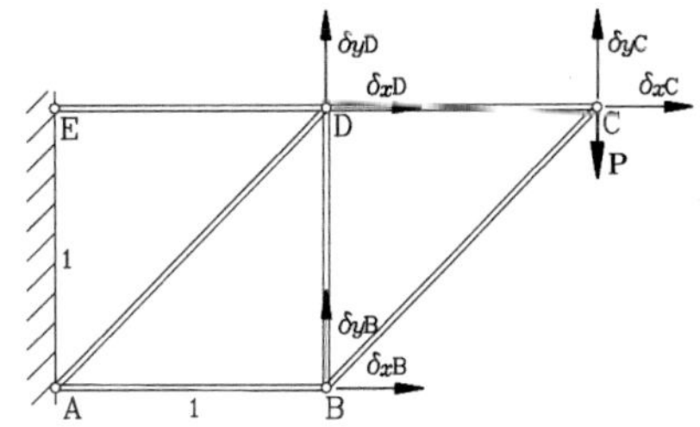

➡ 부재 IJ에 작용하는 하중을 f_{IJ}, 가상변형량을 δ_{IJ}라고 하자. 이 문제에서 독립적인 가상변위는 그림에서 보는 바와 같이 다음과 같다.

$$\delta_{xB},\ \delta_{yB},\ \delta_{xC},\ \delta_{yC},\ \delta_{xD},\ \delta_{yD} \tag{a}$$

위의 독립적인 가상변위에 의하여 발생한 각 부재의 가상변형량, 즉 가상인장량 또는 가상압축량은 다음과 같다.

$$\begin{aligned}
\delta_{AB} &= \sqrt{(1+\delta_{xB})^2 + (\delta_{yB})^2} - 1 \cong \delta_{xB} \\
\delta_{AD} &= \sqrt{(1+\delta_{xD})^2 + (1+\delta_{yD})^2} - \sqrt{2} \simeq \sqrt{2}(\delta_{xD}+\delta_{yD})/2 \\
\delta_{DE} &= \delta_{xD} \\
\delta_{CD} &= \delta_{xC} - \delta_{xD} \\
\delta_{BD} &= \delta_{yD} - \delta_{yD} \\
\delta_{BC} &= \frac{\sqrt{2}}{2}(\delta_{xC} - \delta_{xB} + \delta_{yC} - \delta_{yD})
\end{aligned} \tag{b}$$

한편

$$\delta\Omega = -P\delta_{yC} \tag{c}$$

$$\delta U = f_{AB}\delta_{AB} + f_{AD}\delta_{AD} + f_{DE}\delta_{DE} + f_{BD}\delta_{BD} + f_{BC}\delta_{BC} + f_{CD}\delta_{CD} \tag{d}$$

이므로, 가상일의 원리 $\delta\Omega = \delta U$ 로부터

$$\left(f_{AB} - \frac{\sqrt{2}}{2} f_{BC}\right)\delta_{xB} + \left(-f_{BD} - \frac{\sqrt{2}}{2} f_{BC}\right)\delta_{yB} + \left(f_{CD} + \frac{\sqrt{2}}{2} f_{BC}\right)\delta_{xC}$$
$$+ \left(\frac{\sqrt{2}}{2} f_{BC} + P\right)\delta_{yC} + \left(f_{DE} + \frac{\sqrt{2}}{2} f_{AD} - f_{CD}\right)\delta_{xD} + \left(f_{BD} + \frac{\sqrt{2}}{2} f_{AD}\right)\delta_{yD} = 0 \quad \text{(e)}$$

이다. 이 식에서 가상변위 δ_{xB}, δ_{yB}, δ_{xC}, δ_{yC}, δ_{xD}, δ_{yD}는 독립적이며 임의의 값을 갖기 때문에 위 식은 여섯 개의 가상변위 성분에 대한 항등식이다. 즉,

$$\begin{aligned} & f_{AB} - \frac{\sqrt{2}}{2} f_{BC} = 0 \\ & -f_{BD} - \frac{\sqrt{2}}{2} f_{BC} = 0 \\ & f_{CD} + \frac{\sqrt{2}}{2} f_{BC} = 0 \\ & \frac{\sqrt{2}}{2} f_{BC} + P = 0 \\ & f_{DE} + \frac{\sqrt{2}}{2} f_{AD} - f_{CD} = 0 \\ & f_{BD} + \frac{\sqrt{2}}{2} f_{AD} = 0 \end{aligned} \quad \text{(f)}$$

이다. 따라서 각 부재에 작용하는 하중은 다음과 같다.

$$\begin{aligned} & f_{AB} = -P,\ f_{BC} = -\sqrt{2}\,P,\ f_{CD} = P \\ & f_{BD} = P,\ f_{AD} = -\sqrt{2}\,P, \quad f_{DE} = 2P \end{aligned} \quad \text{(g)}$$

여기서 음수는 압축력이, 양수는 인장력이 작용하고 있음을 뜻한다. 이 결과는 예제 3.2의 결과와 일치한다.

7.2 최소전체퍼텐셜이론

공업적으로 사용되는 대부분의 재료는 변형에너지밀도함수 $u = u(\varepsilon_{ij})$을 갖는다. 이러한 재료를 과도탄성 재료라고 하며, 구성방정식은 다음의 형태로 주어진다(5.7절 참고).

$$\sigma_{ij} = \frac{\partial u}{\partial \varepsilon_{ij}} \quad (7.4)$$

따라서 변형에너지밀도함수는 다음 식으로부터 구해진다.

$$u = \int_0^{\varepsilon_{ij}} \frac{\partial u}{\partial \varepsilon_{ij}} d\varepsilon_{ij} = \int_0^{\varepsilon_{ij}} \sigma_{ij}\, d\varepsilon_{ij} \tag{7.5}$$

재료가 Hooke 법칙을 따를 경우, 즉 응력과 변형률이 선형관계에 있을 경우, 변형률밀도 함수는 다음과 같다(예제 7.4 참고).

$$u = \frac{1}{2}\sigma_{ij}\ \varepsilon_{ij} \tag{7.6}$$

▼ 예제 7.4

구성방정식이 다음과 같을 때 변형에너지밀도함수 u를 유도하라.

(a) $\sigma_{ij} = 2\mu\varepsilon_{ij} + \lambda\varepsilon_{kk}\ \delta_{ij}$ (a)

(b) $\sigma_{ij} = C_{ijkl}\,\varepsilon_{kl}\,,\ \ C_{ijkl} = C_{klij}$ (b)

(a) $du = \dfrac{\partial u}{\partial \varepsilon_{ij}} d\varepsilon_{ij} = \sigma_{ij}\, d\varepsilon_{ij}$ 이므로 u는 다음과 같다.

$$u = \int_0^{\varepsilon_{ij}} \sigma_{ij}\, d\varepsilon_{ij} = 2\int_0^{\varepsilon_{ij}} \mu\,\varepsilon_{ij}\, d\varepsilon_{ij} + \int_0^{\varepsilon_{ij}} \lambda\,\varepsilon_{kk}\, d\varepsilon_{ii} \tag{c}$$

$$= \mu\,\varepsilon_{ij}\,\varepsilon_{ij} + \frac{\lambda}{2}\varepsilon_{ii}\varepsilon_{kk} = \frac{1}{2}\sigma_{ij}\,\varepsilon_{ij}$$

(b) $du = \dfrac{\partial u}{\partial \varepsilon_{ij}} d\varepsilon_{ij} = \sigma_{ij}\, d\varepsilon_{ij}$ 이므로 u는 다음과 같다.

$$u = \int_0^{\varepsilon_{ij}} \sigma_{ij}\ d\varepsilon_{ij} = \int_0^{\epsilon_{ij}} C_{ijkl}\,\varepsilon_{kl}\ d\varepsilon_{ij} \tag{d}$$

$C_{ijkl} = C_{klij}$ 이므로

$$u = \frac{1}{2}\int_0^{\varepsilon_{ij}} d\left(C_{ijkl}\,\varepsilon_{ij}\,\varepsilon_{kl}\right) = \frac{1}{2}C_{ijkl}\,\varepsilon_{ij}\ \varepsilon_{kl} = \frac{1}{2}\sigma_{ij}\ \varepsilon_{ij} \tag{e}$$

이다.

가상변위가 발생하는 동안 σ_{ij}의 변화는 없으므로 단위체적당 가상변형에너지 δu는 다음과 같다.

$$\delta u = \sigma_{ij}\,\delta\varepsilon_{ij} \tag{7.7}$$

따라서 전체 대상 체적에 대한 가상변형에너지 δU는 다음과 같다.

$$\delta U = \int_V \sigma_{ij}\,\delta\varepsilon_{ij}\,dV \tag{7.8}$$

그런데 변형에너지밀도함수가 존재하는 재료의 경우, 식 (7.4)를 식 (7.8)에 대입하면

$$\delta U = \int_V \frac{\partial u}{\partial \varepsilon_{ij}}\delta\varepsilon_{ij}\,dV = \int_V \delta u\,dV = \delta\int_V u\,dV = \delta(U) \tag{7.9}$$

가 성립한다. 따라서 가상변형에너지 δU는 변형에너지밀도함수의 체적적분으로 정의되는 변형에너지 U의 1차변분이다.

한편, 그림 7.1의 일반적인 고체역학 문제에서 외력에 의한 가상의 일은 다음과 같다.

$$\delta\Omega = \int_{S_{t_i}} \bar{t}_i\,\delta u_i\,dS + \int_V f_i\,\delta u_i\,dV \tag{7.10}$$

여기서 $\bar{t}_i$와 f_i는 각각 표면력과 체적력 벡터이며, 기지의 함수 또는 상수이다. 따라서 식 (7.10)은 변분이론에 의거하여 다음과 같이 표현된다.

$$\delta\Omega = \delta\left(\int_{S_{t_i}} \bar{t}_i u_i\;dS + \int_V f_i u_i\,dV\right) \tag{7.11}$$

그러므로 가상일의 원리 $\delta U\;=\;\delta\Omega$로부터

$$\delta\Pi = \delta(U-\Omega) = 0 \tag{7.12}$$

이다. 여기서

$$\Pi \equiv \int_V u(\varepsilon_{ij})\,dV - \int_{S_{t_i}} \bar{t}_i u_i\;dS - \int_V f_i\;u_i\,dV \tag{7.13}$$

이고, Hooke 법칙을 따르는 재료의 경우

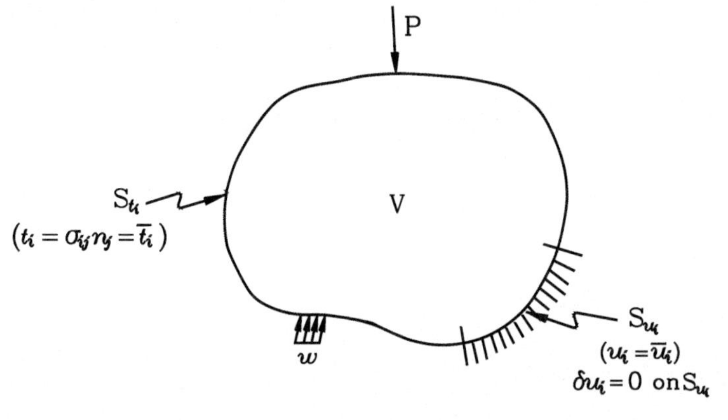

그림 7.1 일반적인 문제의 정의

$$\Pi = \frac{1}{2}\int_V \sigma_{ij}\varepsilon_{ij}\,dV - \int_{S_{t_i}} \bar{t}_i u_i\, dS - \int_V f_i\, u_i\, dV \tag{7.14}$$

이다. 물론 가상변위의 정의로부터 필수경계조건이 주어진 경계 S_{u_i}에서

$$u_i = \bar{u}_i, \quad \delta u_i = 0 \tag{7.15}$$

이 만족되어야 한다.

만약 변위장 u_i가 발생하는 동안 $\bar{t}_i$와 f_i가 변하지 않는다면, 이 외력은 보존적(conservative)이므로 $-\Omega$는 퍼텐셜(potential, 제 1 부 3.6.2절과 4.2.2절 참고)이다. 그리고 U가 변형에너지의 퍼텐셜이므로 Π를 시스템 전체의 퍼텐셜, 즉 전체퍼텐셜(total potential)이라고 한다. 전체퍼텐셜 Π는 동역학에서 이야기하는 위치에너지가 아니며, 수학적으로 정의되는 양이나. 물론 에너지의 차원이며, 위치에너지도 퍼텐셜의 일종이다. 식 (7.12)는 진체퍼텐셜 Π가 극값을 가질 필요조건이다. 실제 고체역학 문제는 최소한 양수확정적이므로(positive definite하므로)(구성방정식에서 이 성질을 내포하고 있음) $\delta\Pi = 0$은 Π가 최소가 될 필요충분조건이다. 따라서 식 (7.12)~(7.15)를 최소전체퍼텐셜이론(minimum total potential theorem)이라고 한다.

한편 범함수 Π를 극화시키는 함수가 Π를 최소화시키는 함수이므로 극화시키는 함수는 하나밖에 없다. 이 점은 양수확정적 시스템의 탄성역학 문제에서 해의 유일성(uniqueness of solution)을 보장하는 것이다.

범함수 Π가 극값을 가질 필요조건을 유도하면 다음과 같다. 자세한 설명은 예제 7.7과 제 1 부의 5.3절을 참고하기 바란다.

$$\sigma_{ij,j} + f_i = 0 \quad \text{in } V \tag{7.16}$$

$$u_i = \bar{u}_i \quad \text{on } S_{u_i} \tag{7.17}$$

$$t_i^{(n)} = \sigma_{ij} n_j = \bar{t}_i \quad \text{on } S_{t_i} \tag{7.18}$$

▼ 예제 7.5

예제 7.1의 스프링에 하중 F_o를 가하였을 때 변위를 구하라.

➡ 변위 x에 의한 전체퍼텐셜 Π는

$$\Pi = \frac{1}{2}k x^2 - F_o x \tag{a}$$

이다. 따라서

$$\delta\Pi = (k x - F_o)\,\delta x = 0 \tag{b}$$

으로부터 $x=\dfrac{F_o}{k}$ 이다.

▼ 예제 7.6

그림의 보에 대하여 최소전체퍼텐셜이론을 적용하고 변분이론을 이용하여 지배방정식과 경계조건을 유도하라.

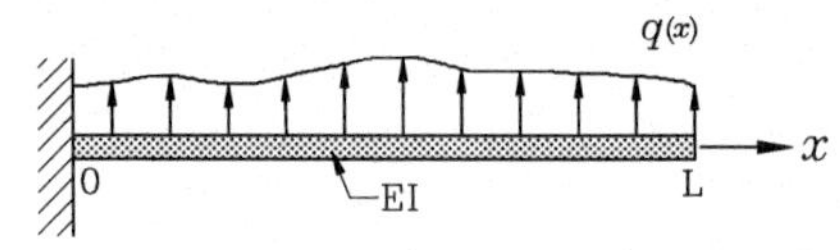

▶ 그림의 보에 대한 전체퍼텐셜 Π는 다음과 같다.

$$\Pi=\frac{1}{2}\int_0^L EI\, v''^2(x)\; dx-\int_0^L q(x)\, v(x)\, dx \tag{a}$$

범함수 Π에 1차변분을 취한 후 부분적분을 실시하여 정리하면

$$\begin{aligned}\delta\Pi&=\int_0^L EIv''\;\delta v''\;dx-\int_0^L q\,\delta v\;dx\\&=EIv''\;\delta v'|_0^L-\int_0^L (EI\,v'')'\;\delta v'\;dx-\int_0^L q\,\delta v\,dx\\&=EIv''\;\delta v'|_0^L-(EIv'')'\;\delta v|_0^L+\int_0^L[(EIv'')''-q]\,\delta v\,dx\end{aligned} \tag{b}$$

이다. $x=0$에서 $v(0)=0$, $v'(0)=0$이므로 가상변위에 관한 구속조건이 $\delta v(0)=0$, $\delta v'(0)=0$이다. 그리고 $x=L$에서 변위와 기울기가 미지수이므로 $\delta v(L)\neq 0$, $\delta v'(L)\neq 0$이다. 따라서 최소전체퍼텐셜원리 $\delta\Pi=0$으로부터

$$(EIv''(x))''=q(x) \tag{c}$$

$$EI\,v''(L)=0 \tag{d}$$

$$(EI\,v''(x))'|_{x=L}=0 \tag{e}$$

이다. $EIv''(x)=M_b(x)$와 $M_b'(x)=-V(x)$이므로 $x=L$에서의 두 경계조건은 각각 굽힘모멘트 M_b와 전단력 V가 0이라는 뜻이다. 따라서 식 (a)를 최소화시키는 함수는 자연경계조건을 자동적으로 만족시킨다는 사실을 알 수 있다.

▼ 예제 7.7

최소전체퍼텐셜이론으로부터 시작하여 평형방정식을 유도하라.

▶ 식 (7.9)와 식 (7.4)로부터

$$\delta\int_V u\,dV=\int_V\frac{\partial u}{\partial\varepsilon_{ij}}\delta\varepsilon_{ij}\;dV=\int_V\sigma_{ij}\,\delta\varepsilon_{ij}\;dV \tag{a}$$

이므로, 식 (7.13)의 범함수에 1차변분을 취하면 다음과 같다.

$$\delta \Pi = \int_V \sigma_{ij}\delta\varepsilon_{ij}\, dV - \int_{S_{t_i}} \bar{t}_i \delta u_i dS - \int_V f_i\, \delta u_i dV \tag{b}$$

한편, 응력텐서는 대칭이므로

$$\sigma_{ij}\delta\varepsilon_{ij} = \frac{1}{2}(\sigma_{ij}\,\delta u_{i,j} + \sigma_{ij}\,\delta u_{j,i}) = \sigma_{ij}\,\delta u_{i,j} = (\sigma_{ij}\,\delta u_i)_{,j} - \sigma_{ij,j}\,\delta u_i \tag{c}$$

이다. 따라서 Gauss의 발산이론을 적용하여 정리하면

$$\delta \Pi = -\int_V (\sigma_{ij,j} + f_i)\, \delta u_i\, dV + \int_S \sigma_{ij} n_j \delta u_i\, dS - \int_{S_{t_i}} \bar{t}_i \delta u_i dS \tag{d}$$

이다. $S = S_{u_i} \cup S_{t_i}$ 이므로

$$\delta \Pi = -\int_V (\sigma_{ij,j} + f_i)\, \delta u_i\, dV + \int_{S_{t_i}} (\sigma_{ij} n_j - \bar{t}_i)\delta u_i dS + \int_{S_{u_i}} \sigma_{ij} n_j \delta u_i\, dS \tag{e}$$

이다. 따라서 $\delta\Pi = 0$으로부터 다음의 Euler-Lagrange 방정식이 구해진다.

$$\sigma_{ij,j} + f_i = 0 \qquad \text{in } V \tag{f}$$

$$\delta u_i = 0 \text{ 또는 } u_i = \bar{u}_i \qquad \text{on } S_{u_i} \tag{g}$$

$$t_i^{(\mathrm{n})} = \sigma_{ij} n_j = \bar{t}_i \qquad \text{on } S_{t_i} \tag{h}$$

7.3 Hamilton의 원리

변형체의 운동방정식은 다음과 같다.

$$\sigma_{ij,j} + f_i = \rho \ddot{u}_i \quad \text{또는} \quad \sigma_{ij,j} + (f_i - \rho \ddot{u}_i) = 0 \tag{7.19}$$

여기서 $f_i - \rho \ddot{u}_i$를 체적력으로 취급한다. 즉, 관성력 $-\rho\ddot{u}_i$를 추가적인 체적력으로 간주한다. 따라서 가상일의 원리는 다음과 같이 요약될 수 있다.

$$\delta U - \delta\Omega + \int_V \rho \ddot{u}_i\, \delta u_i\, dV = 0 \tag{7.20}$$

한편

$$\frac{d}{dt}(\rho \dot{u}_i\ \delta u_i) = \rho \ddot{u}_i\ \delta u_i + \rho \dot{u}_i \delta \dot{u}_i = \rho \ddot{u}_i \delta u_i + \delta(\frac{1}{2}\rho \dot{u}_i \dot{u}_i) \tag{7.21}$$

$$\equiv \rho \ddot{u}_i\ \delta u_i + \delta k$$

이며, 여기서 $k = \frac{1}{2}\rho \dot{u}_i \dot{u}_i$ 는 단위부피당 운동에너지이다. 운동에너지 K를

$$K = \int_V k\, dV \tag{7.22}$$

로 정의하면, 식 (7.20)은

$$\delta K + \delta \Omega - \delta U = \frac{d}{dt}\int_V \rho \dot{u}_i \delta u_i \; dV \tag{7.23}$$

또는

$$\int_{t_1}^{t_2} (\delta K + \delta \Omega - \delta U)\, dt = \int_V \rho \dot{u}_i \delta u_i \Big|_{t_1}^{t_2} dV \tag{7.24}$$

이다. $\delta u_i|_{t_1} = 0,\ \delta u_i|_{t_2} = 0$ 이라고 가정하면

$$\int_{t_1}^{t_2} (\delta K + \delta \Omega - \delta U)\, dt = 0 \tag{7.25}$$

가 된다. 한편 대상 시스템이 홀로노믹계(holonomic system)이고 외력에 대한 퍼텐셜 Ω가 존재하면, 식 (7.25)에서 δ 연산자는 적분 바깥으로 빠져나올 수 있다. 즉,

$$I = \int_{t_1}^{t_2} (K + \Omega - U)dt \tag{7.26}$$

로 정의하,면 식 (7.25)는

$$\delta I = 0 \tag{7.27}$$

가 된다. 이는 범함수 I가 정지점을 가질 조건이며, 전술한 이론을 Hamilton의 원리(Hamilton's principle)라고 한다.

외력 중 일부에 대한 퍼텐셜이 존재하지 않을 경우, 외력을 보존적인 항과 비보존적인 항으로 분류하고 그에 따라서 $\delta\Omega$를 $\delta\Omega_c$와 $\delta\Omega_{nc}$로 분류하자. 즉, 보존력에 의한 가상일 $\delta\Omega_c$와 비보존력에 의한 가상일 $\delta\Omega_{nc}$로 분리하자. 그리고 $V \equiv -\Omega_c$가 퍼텐셜의 일종이므로 (식 (7.12) 참고)

$$\delta\Omega_c = -\delta V \tag{7.28}$$

라고 두자. 그러면 식 (7.25)는 다음 식으로 정리된다.

$$\delta \int_{t_1}^{t_2} (K - V - U)\, dt + \int_{t_1}^{t_2} \delta\Omega_{nc} dt = 0 \tag{7.29}$$

▼ 예제 7.8

그림의 단축하중 문제에 대하여 Hamilton 원리를 적용해 보라.

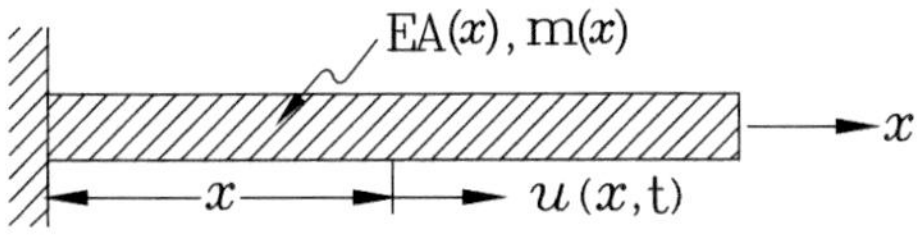

➡ 변형에너지 U, 운동에너지 K, Ω는 각각 다음과 같다.

$$U = \frac{1}{2}\int_0^L EA(x)\left(\frac{\partial u(x,t)}{\partial x}\right)^2 dx \tag{a}$$

$$K = \frac{1}{2}\int_0^L m(x)\left(\frac{\partial u(x,t)}{\partial t}\right)^2 dx \tag{b}$$

$$\Omega = 0 \tag{c}$$

식 (a), (b), (c)를 Hamilton의 원리에 대입하면 다음과 같다.

$$\delta\int_{t_1}^{t_2}(K-U)\,dt = \int_{t_1}^{t_2}\left[\int_0^L m\frac{\partial u}{\partial t}\delta\left(\frac{\partial u}{\partial t}\right)dx - \int_0^L EA\frac{\partial u}{\partial x}\delta\left(\frac{\partial u}{\partial x}\right)dx\right]dt = 0 \tag{d}$$

한편

$$\int_0^L EA\frac{\partial u}{\partial x}\delta\left(\frac{\partial u}{\partial x}\right)dx = \int_0^L EA\frac{\partial u}{\partial x}\frac{\partial(\delta u)}{\partial x}dx = \left(EA\frac{\partial u}{\partial x}\right)\delta u\Big|_0^L - \int_0^L\frac{\partial}{\partial x}\left(EA\frac{\partial u}{\partial x}\right)\delta u\,dx$$

$$\int_{t_1}^{t_2} m\frac{\partial u}{\partial t}\delta\left(\frac{\partial u}{\partial t}\right)dt = \int_{t_1}^{t_2} m\frac{\partial u}{\partial t}\frac{\partial(\delta u)}{\partial t}dt = \left(m\frac{\partial u}{\partial t}\right)\delta u\Big|_{t_1}^{t_2} - \int_{t_1}^{t_2}\frac{\partial}{\partial t}\left(m\frac{\partial u}{\partial t}\right)\delta u\,dt$$

이므로 식 (d)로부터

$$\int_{t_1}^{t_2}\left\{\int_0^L\left[\frac{\partial}{\partial x}\left(EA\frac{\partial u}{\partial x}\right) - m\frac{\partial^2 u}{\partial t^2}\right]\delta u\,dx - \left(EA\frac{\partial}{\partial x}\right)\delta u\Big|_0^L\right\}dt = 0 \tag{e}$$

이다. 따라서 δu는 임의의 함수이므로

$$\frac{\partial}{\partial x}\left(EA(x)\frac{\partial u}{\partial x}\right) - m(x)\frac{\partial^2 u}{\partial t^2} = 0 \tag{f}$$

$$\left(EA\frac{\partial u}{\partial x}\right)\delta u\Big|_0^L = 0 \tag{g}$$

가 동시에 만족되어야 한다. 즉, 식 (f)는 지배방정식이고 식 (g)는 경계에서 변위가 0이거나 하중이 0이라는 뜻이 된다. 실제 그림에서 보는 바와 같이

$$u(0) = 0 \tag{h}$$

$$P(L) = EA\frac{\partial u}{\partial x}|_{x=L} = 0 \tag{i}$$

임을 알 수 있다.

이제 구속조건이 부과되는 경우의 Hamilton 원리에 관하여 공부해 보자. 계가 이산화되어 있으며, n개의 일반좌표 q_i 에 의하여 표현된다고 가정하자. 일반좌표 q_i는 종속적일 경우, 구속조건이 부과된다. 그러므로 m개의 구속조건을 다음 식으로 두자.

$$\phi_j(q_1, q_2, ..., q_n) = 0, \quad j = 1, 2, ..., m \tag{7.30}$$

K는 변위벡터 q_i와 속도벡터 $\dot{q}_i$에 종속적이고, V와 U는 변위벡터 q_i에만 종속적이다. 즉,

$$K = K(\dot{q}_1, \dot{q}_2, \cdots, \dot{q}_n, q_1, q_2, \cdots, q_n) \tag{7.31}$$

$$V = V(q_1, q_2, \cdots, q_n) \tag{7.32}$$

$$U = U(q_1, q_2, \cdots, q_n) \tag{7.33}$$

이다. 비보존력에 의한 가상의 일 $\delta\Omega_{nc}$를 다음과 같이 두자.

$$\delta\Omega_{nc} = Q_{nc}^i\,\delta q_i \tag{7.34}$$

여기서 Q_{nc}^i는 변위벡터 q_i에 대응하는 비보존력이며, 감쇠력 등을 Lagrange 방정식에 반영시킬 수 있다. Lagrange 변수법을 이용하여 기하학적 구속조건식 (7.30)을 범함수에 삽입하면 다음과 같다.

$$\delta\int_{t_1}^{t_2}(K - V - U)\,dt + \int_{t_1}^{t_2}\delta\Omega_{nc}\,dt + \delta\left(\sum_{i=1}^{m}\int_{t_1}^{t_2}\lambda_i\phi_i\,dt\right) = 0 \tag{7.35}$$

K는 변위벡터 q_i와 속도벡터 $\dot{q}_i$에 종속적이고, V와 U는 변위벡터 q_i에만 종속적이므로 식 (7.35)의 좌변은 다음과 같이 정리된다.

$$\begin{aligned}
&\int_{t_1}^{t_2}\left(\frac{\partial K}{\partial \dot{q}_i}\delta\dot{q}_i + \frac{\partial K}{\partial q_i}\delta q_i - \frac{\partial V}{\partial q_i}\delta q_i - \frac{\partial U}{\partial q_i}\delta q_i + Q_{nc}^i\delta q_i\right)dt \\
&\quad + \sum_{J=1}^{m}\int_{t_1}^{t_2}\left(\delta\lambda_j\phi_j + \lambda_j\frac{\partial\phi_j}{\partial q_i}\delta q_i\right)dt \\
&= \int_{t_1}^{t_2}\left\{-\frac{d}{dt}\left(\frac{\partial K}{\partial \dot{q}_i}\right) + \frac{\partial K}{\partial q_i} - \frac{\partial V}{\partial q_i} - \frac{\partial U}{\partial q_i} + \sum_{j=1}^{m}\lambda_j\frac{\partial\phi_j}{\partial q_i} + Q_{nc}^i\right\}\delta q_i\,dt \\
&\quad + \sum_{j=1}^{m}\int_{t_1}^{t_2}\delta\lambda_j\phi_j\,dt + \frac{\partial K}{\partial \dot{q}_i}\delta q_i\Big|_{t_1}^{t_2}
\end{aligned} \tag{7.36}$$

따라서 식 (7.35)로부터 다음의 일반화된 Lagrange 방정식을 얻게 된다.

$$\frac{d}{dt}\left(\frac{\partial K}{\partial \dot{q}_i}\right) - \frac{\partial K}{\partial q_i} + \frac{\partial V}{\partial q_i} + \frac{\partial U}{\partial q_i} - \sum_{j=1}^{m} \lambda_j \frac{\partial \phi_j}{\partial q_i} = Q_{nc}^i \tag{7.37}$$

$$\phi_j(q_1,\ q_2,\ \ldots,\ q_n) = 0, \quad j = 1,\ 2,\ \ldots,\ m \tag{7.38}$$

7.4 제2가상일의 원리

우리는 앞에서 가상일의 원리(응력과 외력을 고정시킨 상태에서 필수경계 조건을 만족하는 가상변위에 의하여 행하여진 일이 0이다)로부터 유용한 원리를 유도하였다. 이 절에서는 이와 반대의 접근방법에 관하여 공부한다. 평형상태에서 변위장을 고정시키고 응력과 외력을 변화시켜 발생한 일로부터 변분원리, 즉 제2가상일의 원리(complementary virtual work principle)를 유도해 보자. 이 원리는 소위 말하는 힘법(force method)의 근간이 된다. 응력과 외력의 변분을 각각 $\delta\sigma_{ij}$, δf_i라 두고, 응력벡터의 변분을 $\delta t_i^{(\mathrm{n})}$이라고 두자. $\delta\sigma_{ij}$, δf_i, $\delta t_i^{(\mathrm{n})}$가 다음의 관계를 만족할 때

$$\delta\sigma_{ij,j} + \delta f_i = 0 \qquad \text{in} \ \ V \tag{7.39}$$

$$\delta\sigma_{ij}\, n_j = \delta t_i^{(\mathrm{n})} \qquad \text{on} \ \ S_{u_i} \tag{7.40}$$

각각 허용변분응력 또는 가상응력, 허용변분외력 또는 가상체적력, 허용변분표면력 또는 가상표면력이라고 한다. S_{t_i}에서 표면력이 주어졌으므로 $\delta t_i^{(\mathrm{n})} = 0$이다.

가상외력, 즉 가상체적력과 가상표면력에 의하여 행하여진 제2가상일(complementary virtual work)은 다음과 같이 정의된다.

$$\delta\Omega^* = \int_V u_i\, \delta f_i\, dV + \int_S u_i\, \delta t_i^{(\mathrm{n})}\, dS \tag{7.41}$$

한편

$$S = S_{t_i} \cup S_{u_i}, \quad \varnothing = S_{t_i} \cap S_{u_i} \tag{7.42}$$

이고, S_{t_i}에서 $\delta t_i^{(\mathrm{n})} = 0$이므로

$$\begin{aligned} \delta\Omega^* &= \int_V u_i\, \delta f_i\, dV + \int_S u_i\, \delta t_i^{(\mathrm{n})}\, dS \\ &= \int_V u_i\, \delta f_i\, dV + \int_S u_i\, (\delta\sigma_{ij})\, n_j\, dS \\ &= \int_V u_i [\, \delta\sigma_{ij,j} + \delta f_i]\, dV + \int_V u_{i,j}\, \delta\sigma_{ij}\, dV \end{aligned} \tag{7.43}$$

이다. $u_{i,j}\,\delta\sigma_{ij} = \varepsilon_{ij}\,\delta\sigma_{ij}$이므로 식 (7.41)과 식 (7.43)으로부터 다음의 제2가상일의 원리가 유도된다.

$$\int_V u_i\,\delta f_i\,dV + \int_S u_i\,\delta t_i^{(\mathrm{n})}\,dS = \int_V \varepsilon_{ij}\,\delta\sigma_{ij}\,dV \tag{7.44}$$

한편 구성방정식(5.7절 참고)

$$\varepsilon_{ij} = \frac{\partial u^*}{\partial \sigma_{ij}} \tag{7.45}$$

로부터

$$\delta\left(\int_V u^*(\sigma_{ij})\,dV - \int_V u_i\,f_i\,dV - \int_S u_i\,t_i^{(\mathrm{n})}\,dS\right) = 0 \tag{7.46}$$

또는

$$\delta\Pi^* = 0 \tag{7.47}$$

이다. 여기서

$$\Pi^* = \int_V u^*(\sigma_{ij})\,dV - \int_V u_i\,f_i\,dV - \int_S u_i\,t_i^{(\mathrm{n})}\,dS \tag{7.48}$$

를 전체보충에너지라고 한다. 식 (7.47)과 식 (7.48)은 최소전체보충에너지원리(principle of total complementary energy)라고 하며, 이 범함수가 최소값을 갖게 하는 정역학적 허용 응력장이 구하고자 하는 응력장이 된다.

▼ 예제 7.9

Castigliano의 이론을 설명하라.

➡ 어떤 물체에 외력으로 n개의 질점에 집중하중(또는 모멘트) $P_i = \overline{P_i}\,(i = 1, 2, \ldots, n)$가 작용하고 있다고 가정하자. 그러면 전체보충에너지는 다음 식으로 표현될 수 있다.

$$\Pi^* = U^*(P_1, P_2, \ldots, P_n) - \delta_i\,P_i \tag{a}$$

여기서 $P_i\,\delta_i$는 에너지 차원이 되어야 하고, δ_i는 집중하중(또는 모멘트, 일반하중) P_i에 대응하는 변위(또는 각도, 일반변위)이다.

식 (a)를 1차변분하면,

$$\delta\Pi^* = \left(\frac{\partial U^*}{\partial P_i} - \delta_i\right)\delta\,P_i \tag{b}$$

이다. 여기서 δP_i는 임의의 상수이다. 따라서 $\delta \Pi^* = 0$으로부터

$$\delta_i = \frac{\partial U^*}{\partial P_i}\bigg|_{P_j = \overline{P}_j} \tag{c}$$

이다. 이 관계를 Castigliano 이론이라고 한다.

▼ 예제 7.10

Castigliano의 이론을 이용하여 그림의 트러스 구조물에서 점 E의 변위를 구하라(예제 7.3 참조).

➡ 점 E에서 변위를 구하기 위해서 가상의 힘 Q가 $x-$방향으로 작용한다고 가정하고 시작해야 한다. 예제 7.3으로부터 구한 부재력과 가상의 힘 Q에 의한 힘을 구하여 그림 (b)에 표시하였다. 물론 획득된 결과에다 실제의 조건, 즉 $Q=0$을 대입하여 최종 해를 구하게 된다. $y-$방향으로 작용하는 하중 $-P$는 그대로 두는 대신, 그 해는 $-y$방향을 +변위로 정의한다는 점을 잊지 말아야 한다.
선형탄성학 문제이므로 전체보충(변형)에너지 U^*는 전체변형에너지 U와 동일하다. 따라서 전체변형에너지를 하중의 함수로 표현하면 다음과 같다.

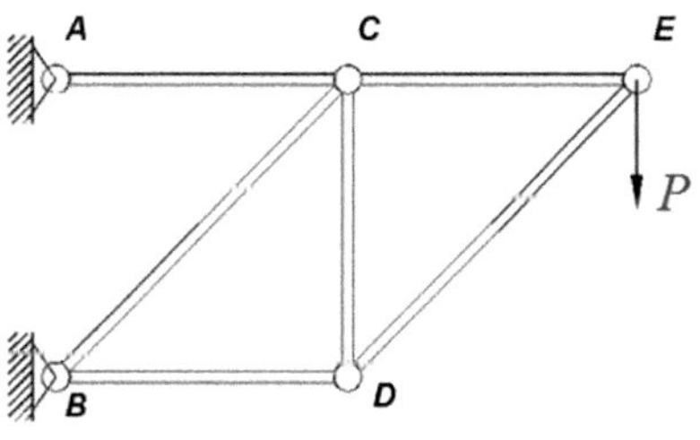

그림 (a) 트러스 구조물

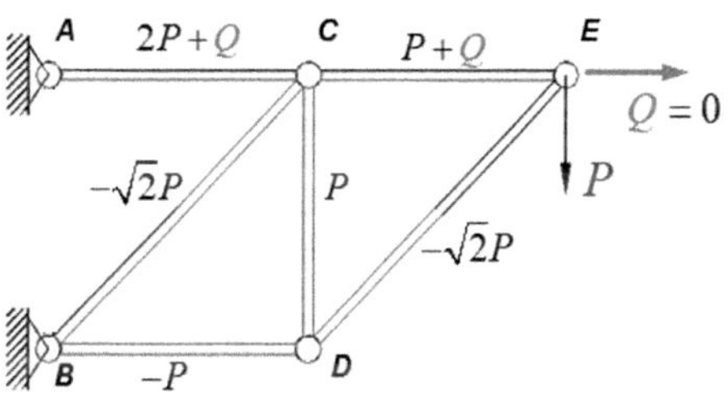

그림 (b) 가상의 힘과 부재력

$$U^*(P,Q) = \frac{1}{2}(2\sqrt{2}+1+1+2\sqrt{2})\frac{P^2L}{AE} + \frac{1}{2}((P+Q)^2 + (2P+Q)^2)\frac{L}{AE} \tag{a}$$

Castigliano 이론을 적용한 후, $Q=0$의 조건을 대입하면, 각각 점 E의 변위의 $x-$성분과 $y-$성분을 다음과 같이 구할 수 있다.

$$u_{xE} = \delta_Q|_{Q=0} = \frac{\partial U^*}{\partial Q}|_{Q=0} = \frac{3PL}{AE} \tag{b}$$

$$-u_{yE} = \delta_P = \frac{\partial U^*}{\partial P}|_{Q=0} = (7+4\sqrt{2})\frac{PL}{AE} \tag{c}$$

이 결과는 그림 (c)의 기하학적 접근방법에 의한 점 E의 변위의 계산결과와 일치한다.

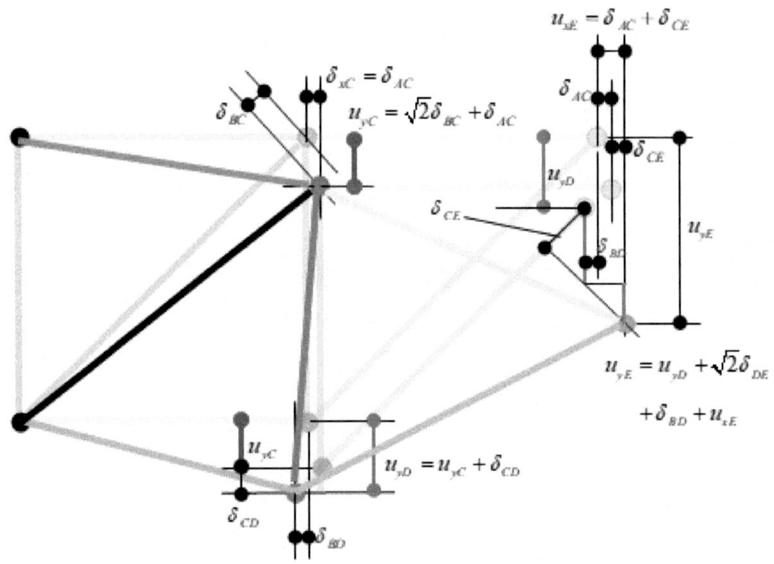

$$-u_{yE} = u_{yD} + \sqrt{2}\delta_{DE} + \delta_{BD} + u_{xE}$$

$$u_{xE} = \delta_{AC} + \delta_{CE}$$

그림 (c) 기하학적 방법에 의한 변위의 계산

▼ 예제 7.11

Castigliano의 이론을 이용하여 그림의 구조물에서 하중이 부과된 지점에서의 변위와 기울기를 구하라.

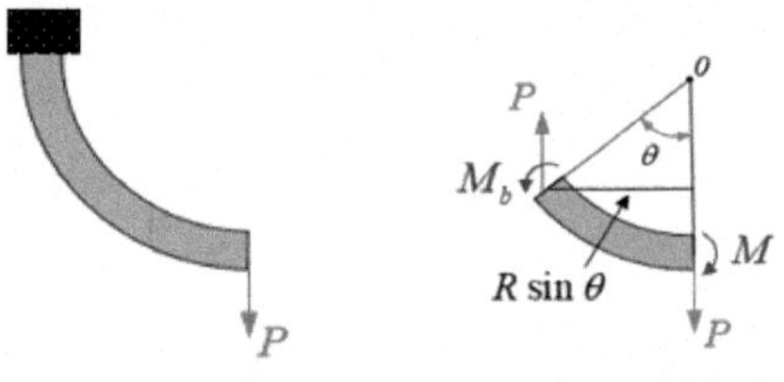

(a) 환상구조물 (b) 자유물체도

➡ 하중 P가 부과된 지점에서 기울기를 구하기 위해서는 가상의 모멘트 M을 그림 (b)에서 보는 바와 같이 부과하였다. 끝 단과 θ만큼 시계방향에 위치한 지점에 작용하는 힘과 굽힘모멘트는 각각 P와 M_b이며, M_b는 다음과 같이 계산된다.

$$M_b = M + PR\sin\theta \tag{a}$$

일반적으로 전단력과 축력은 상대적으로 변형에너지에 미치는 영향이 작기 때문에 그 영향을 무시하면, 전체보충에너지 또는 전체변형에너지는 다음과 같다.

$$U^* = \frac{1}{2}\int_0^{\frac{\pi}{2}} \frac{(M + PR\sin\theta)^2}{EI} R d\theta \tag{b}$$

따라서 끝 단의 변위 δ_P와 기울기 ϕ는 다음과 같으며, 그 방향은 각각 하중 P의 방향과 가상의 모멘트 M의 방향과 일치한다.

$$\delta_P = \frac{\partial U^*}{\partial P}|_{M=0} = \frac{PR^3}{EI}\int_0^{\frac{\pi}{2}} \sin\theta\cos\theta d\theta = \frac{PR^3}{EI}(-\frac{1}{4}\cos 2\theta)|_0^{\frac{\pi}{2}} = \frac{PR^3}{2EI} \quad \text{(c)}$$

$$\varnothing = \frac{\partial U^*}{\partial M}|_{M=0} = \int_0^{\frac{\pi}{2}} \frac{PR\sin\theta}{EI} Rd\theta = \frac{PR^2}{EI}(-\cos\theta)|_0^{\frac{\pi}{2}} = \frac{PR^2}{EI} \quad \text{(d)}$$

▼ 예제 7.12

Castigliano의 이론을 이용하여 그림의 직선 보의 끝의 변위와 기울기를 구하라.

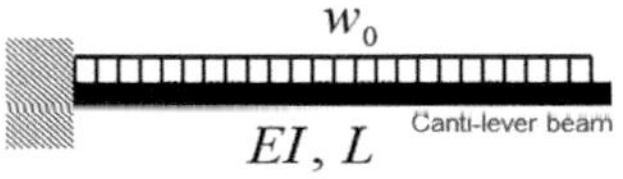

그림 (a) 문제의 정의

➡ 끝에서 변위와 기울기를 구하기 위해서는 가상의 힘 $P=0$과 가상의 모멘트 $M=0$이 부과되어야 한다. P와 M을 외력에 포함하여(그림 (b) 참조) 굽힘모멘트를 구하면 다음과 같다.

$$M_b(\xi) = -\frac{w_0\xi^2}{2} - P\xi - M \quad \text{(a)}$$

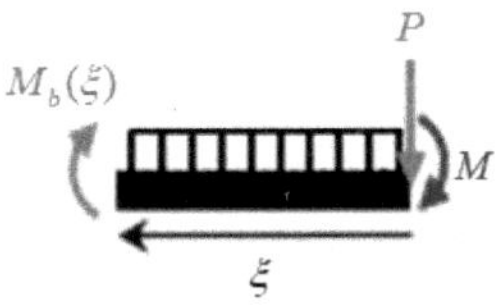

그림 (b) 굽힘 모멘트

따라서 변형에너지를 구하면 다음과 같다.

$$U^*(P,M) = \frac{1}{2}\int_0^L \frac{M_b(\xi)^2}{EI} \quad \text{(b)}$$
$$= \frac{1}{2}\int_0^L \frac{(w_0\xi^2/2 + P\xi + M)^2}{EI} d\xi$$

Castigliano의 이론을 적용하면, 다음과 같이 외팔보의 끝의 변위와 기울기 θ_M은 각각 다음 식으로 구해진다.

$$\delta_P = \frac{\partial U^*}{\partial P}|_{\substack{P=0\\M=0}} = \int_0^L \frac{(w_0\xi^2/2 + P\xi + M)\xi|_{\substack{P=0\\M=0}}}{EI} d\xi = \frac{w_0}{2EI}\int_0^L \xi^3 d\xi = \frac{w_0L^4}{8EI} \quad \text{(c)}$$

$$\theta_M = \frac{\partial U^*}{\partial M}|_{\substack{P=0\\M=0}} = \int_0^L \frac{(w_0\xi^2/2 + P\xi + M)|_{\substack{P=0\\M=0}}}{EI} d\xi = \frac{w_0}{2EI}\int_0^L \xi^2 d\xi = \frac{w_0L^3}{6EI} \quad \text{(d)}$$

▼ 예제 7.13

Castigliano의 이론을 이용하여 그림의 'ㄱ'자 구조물의 끝의 변위를 구하라.

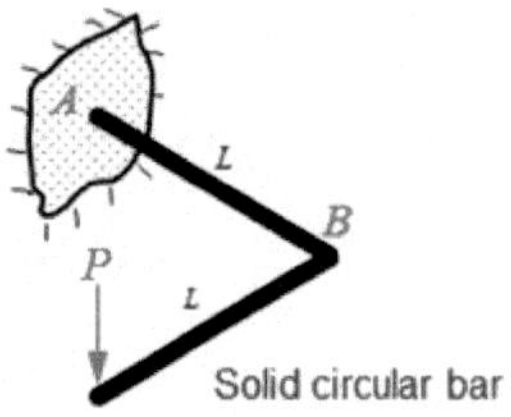

그림 (a) 문제의 정의

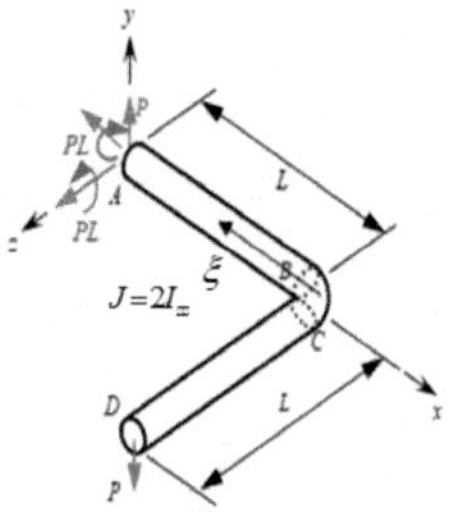

그림 (b) 자유물체도

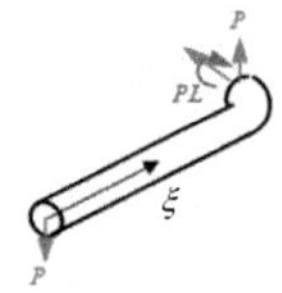

그림 (c) 자유물체도

➡ 그림 (b)는 부재 AB에 작용하는 단면력을 계산하기 위한 것이고, 그림 (c)는 부재 CD에 작용하는 부재력을 계산하기 위한 자유물체도이다. 두 경우 모두 굽힘모멘트 측면에서 동일하지만, 부재 AB만 비틀림모멘트가 작용한다. 따라서 변형에너지를 하중의 함수로 표현하면 다음과 같다.

$$U^*(P) = \frac{1}{2}\frac{(PL)^2 L}{GI_z} + 2 \times \frac{1}{2}\int_0^L \frac{(P\xi)^2}{EI} d\xi \tag{a}$$

$$\delta_P = \frac{\partial U^*}{\partial P} = (2\nu + \frac{8}{3})\frac{PL^3}{EI} \tag{b}$$

7.5 혼합형 수식화와 변분이론

실제 유한요소법 등에서 변분이론을 적용하기에 앞서 해석영역을 이산화시키고 미지의 상태변수를 비교적 단순한 기지의 함수로 보간한다. 그러므로 비록 미지함수 자체가 비교적 정확하게 구해진 경우에도 그 함수의 미분값의 정확도는 크게 떨어질 수 있다. 공학에서 함수값 자체도 중요하지만 미분이 더 중요한 경우가 많다. 열전달률과 응력 등이 전형적인 예이다. 열전달률과 응력은 각각 온도구배와 변위구배에 비례하는 기계량이다. 이러한 문제를 해결하기 위하여 혼합형 수식화가 사용되고 있다.

7.5.1 Reissner 변분원리

Reissner의 변분이론은 다음과 같이 요약된다.

Find σ_{ij} and u_i *that make* Π_R *stationary*

subject to

$$\varepsilon_{ij} = \frac{1}{2}(u_{i,j} + u_{j,i}) \qquad \text{in } V \tag{7.49}$$

$$u_i = \bar{u}_i \qquad \text{on } S_{u_i} \tag{7.50}$$

where

$$\Pi_R(\sigma_{ij}, u_i) = \int_V \left(\sigma_{ij}\varepsilon_{ij} - u^*(\sigma_{pq})\right) dV - \int_V \bar{f}_i\, u_i\, dV - \int_{S_{t_i}} \bar{t}_i u_i\, dS \tag{7.51}$$

여기서 $\bar{f}_i$ 는 체적력을 의미하며, 바($^-$)는 미지수가 아닌 주어진 값임을 강조하는 의미로 사용되었다.

이 원리가 내포하는 의미를 공부해 보자. 먼저 범함수 Π_R에 1차변분을 취하여 미지의 함수 σ_{ij} 와 u_i 의 변분으로 정리하면 다음과 같다.

$$\delta\Pi_R = \int_V \left(\delta\sigma_{ij}\varepsilon_{ij} + \sigma_{ij}\delta\varepsilon_{ij} - \frac{\partial u^*}{\partial\sigma_{ij}}\delta\sigma_{ij}\right) dV - \int_V \bar{f}_i\, \delta u_i\, dV - \int_{S_{t_i}} \bar{t}_i \delta u_i\, dS \tag{7.52}$$

$$= \int_V \left(\varepsilon_{ij} - \frac{\partial u^*}{\partial\sigma_{ij}}\right)\delta\sigma_{ij}\, dV - \int_V \left(\sigma_{ij,j} + \bar{f}_i\right)\delta u_i\, dV$$

$$+ \int_{S_{t_i}} \left(\sigma_{ij} n_j - \bar{t}_i\right)\delta u_i\, dV + \int_{S_{u_i}} \sigma_{ij} n_j\, \delta u_i\, dS$$

따라서 범함수 Π_R이 정지값을 갖도록 하는 조건

$$\delta\Pi_R = 0 \tag{7.53}$$

으로부터 다음의 Euler-Lagrange 방정식을 얻는다.

$$\varepsilon_{ij} = \frac{\partial u^*}{\partial\sigma_{ij}} \qquad \text{in } V \tag{7.54}$$

$$\sigma_{ij,j} + \bar{f}_i = 0 \qquad \text{in } V \tag{7.55}$$

$$\sigma_{ij} n_j = \bar{t}_i \qquad \text{on } S_{t_i} \tag{7.56}$$

$$\delta u_i = 0 \qquad \text{on } S_{u_i} \tag{7.57}$$

위의 수식은 축소가능하므로 혼합형 수식화의 전형적인 예이다. 따라서 식 (7.51)의 범함수는 혼합형 수식화에 대응하는 변분이론이다.

▼ 예제 7.14

그림의 단축인장 문제에 Reissner 변분원리를 적용해 보라.

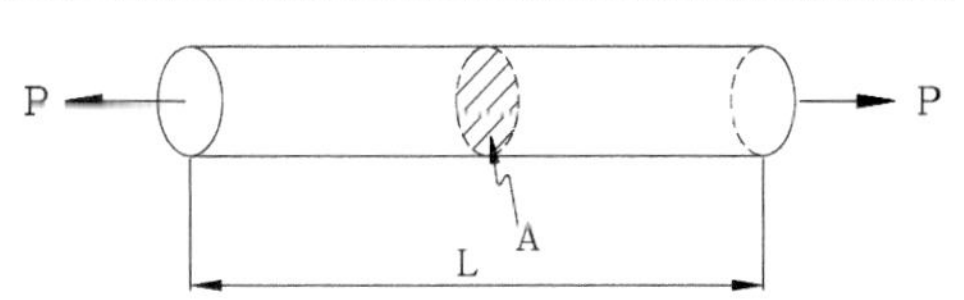

➡ Reissner 변분원리의 범함수는 다음과 같다.

$$\Pi_R(\sigma_{ij}, u_i) = \int_0^L \left(\sigma\varepsilon - u^*(\sigma)\right) A\,dx - P u(L) \tag{a}$$

여기서 $\sigma = \sigma_{xx}$, $\varepsilon = \varepsilon_{xx}$를 의미한다. 이 문제에서 응력과 변형률은 일정하며 $\varepsilon = \dfrac{u(L)}{L}$ 이므로 식 (a)는 다음 식으로 정리된다.

$$\Pi_R(\sigma, u(L)) = u(L)\sigma A - u^*(\sigma)AL - Pu(L) \tag{b}$$

식 (b)의 범함수를 1차변분하면 다음과 같다.

$$\delta\Pi_R(\sigma, u(L)) = (\sigma A - P)\,\delta u(L) + \left(u(L) - \frac{du^*}{d\sigma}L\right)A\,\delta\sigma \tag{c}$$

$\delta\Pi_R(\sigma, u(L)) = 0$으로부터 다음의 조건을 얻는다.

$$\sigma = \frac{P}{A} \tag{d}$$

$$u(L) = L\frac{du^*}{d\sigma} = L\frac{d}{d\sigma}\left(\frac{\sigma^2}{2E}\right) = L\frac{\sigma}{E} \tag{e}$$

식 (d)를 식 (e)에 대입하면 변위를 다음 식으로 구할 수 있다.

$$u(L) = \frac{PL}{AE} \tag{f}$$

따라서 식 (a)의 범함수가 정지점을 갖도록 하는 조건, 즉 식 (d)와 식 (f)로부터 응력과 변위를 동시에 구할 수 있다.

7.5.2 Washizu 변분원리

최소전체퍼텐셜이론에서 최종 미지수는 변위장 u_i 이다. 수식에 포함된 응력, 표면력벡터, 변형률 등은 구성방정식과 변위-변형률 관계식 등에 의하여 소거 가능하기 때문이다. 한편 변위-변형률의 관계식을 Lagrange 변수법을 이용하여 식 (7.13)의 범함수 Π에 삽입하면, 다음과 같다.

$$\overline{\Pi}(\lambda_{ij}, \varepsilon_{ij}, u_i) = \int_V u(\varepsilon_{pq})\,dV - \int_V \bar{f}_i\, u_i\,dV - \int_{S_{t_i}} \bar{t}_i u_i\,dS + \int_V \lambda_{ij}\left[\frac{1}{2}(u_{i,j} + u_{j,i}) - \varepsilon_{ij}\right]dV \tag{7.58}$$

여기서 $\bar{f}_i$는 체적력을 의미하며, 바($^-$)는 주어진 값을 강조하는 의미로 사용되었다.

식 (7.58)의 양변에 1차변분을 취하면 다음 식을 얻는다.

$$\delta\overline{\Pi} = \int_V (\sigma_{ij} - \lambda_{ij})\,\delta\varepsilon_{ij}\,dV - \int_V \bar{f}_i\;\delta u_i\,dV - \int_{S_{t_i}} \bar{t}_i \delta u_i\,dS \tag{7.59}$$

$$+\frac{1}{2}\int_V (\lambda_{ij}\delta u_{i,j} + \lambda_{ij}\delta u_{j,i})\,dV + \int_V \delta\lambda_{ij}\left[\frac{1}{2}(u_{i,j}+u_{j,i}) - \varepsilon_{ij}\right]dV$$

한편

$$\int_V (\lambda_{ij}\delta u_{i,j} + \lambda_{ij}\delta u_{j,i})\,dV = -\int_V (\lambda_{ij,j} + \lambda_{ji,j})\,\delta u_i\,dV + \int_S (\lambda_{ij} + \lambda_{ji})\,n_i\,\delta u_i\,dS \tag{7.60}$$

이고, S_{u_i}에서 $\delta u_i = 0$이므로

$$\delta\overline{\Pi} = \int_V (\sigma_{ij} - \lambda_{ij})\,\delta\varepsilon_{ij}\,dV - \int_V \left(\frac{1}{2}(\lambda_{ij,j} + \lambda_{ji,j}) + \bar{f}_i\right)\delta u_i\,dV \tag{7.61}$$

$$+\int_{S_{t_i}} \left(\frac{1}{2}(\lambda_{ij} + \lambda_{ji})n_j - \bar{t}_i\right)\delta u_i\,dS + \int_V \delta\lambda_{ij}\left[\frac{1}{2}(u_{i,j} + u_{j,i}) - \varepsilon_{ij}\right]dV$$

이다. 따라서 범함수 $\overline{\Pi}(\lambda_{ij}, \varepsilon_{ij}, u_i)$가 정지값을 가질 조건 $\delta\overline{\Pi} = 0$으로부터 다음의 Euler-Lagrange 방정식을 얻을 수 있다.

$$\sigma_{ij} = \lambda_{ij} \tag{7.62}$$

$$\frac{1}{2}(\lambda_{ij,j} + \lambda_{ji,j}) + \bar{f}_i = 0 \tag{7.63}$$

$$\frac{1}{2}(\lambda_{ij} + \lambda_{ji})n_j - \bar{t}_i = 0 \tag{7.64}$$

$$\varepsilon_{ij} = \frac{1}{2}(u_{i,j} + u_{j,i}) \tag{7.65}$$

이 식으로부터 Lagrange 변수의 물리적 의미는 응력텐서임을 알 수 있다. 따라서 식 (7.58)의 범함수에 Lagrange 변수 대신 응력텐서를 대입함으로써 다음의 수정된 변분원리, 즉 Washizu 변분이론을 얻는다.

Find σ_{ij}, ε_{ij}, u_i such that the following functional has a stationary value

$$\Pi_w(\sigma_{ij}, \varepsilon_{ij}, u_i) = \int_V u(\varepsilon_{pq})\,dV - \int_V \bar{f}_i\;u_i\,dV - \int_{S_{t_i}} \bar{t}_i u_i\,dS \tag{7.66}$$

$$+\int_V \sigma_{ij}\left[\frac{1}{2}(u_{i,j} + u_{j,i}) - \varepsilon_{ij}\right]dV$$

subject to

$$u_i = \bar{u}_i \qquad \text{on } S_{u_i} \tag{7.67}$$

$$\sigma_{ij} = C_{ijkl}\varepsilon_{kl} \qquad \text{in } V \tag{7.68}$$

동일한 방법으로 필수경계조건을 Lagrange 변수법을 이용하여 소거하면 다음의 Washizu 변분이론을 얻을 수 있다.

Find σ_{ij}, ε_{ij}, u_i *such that the following functional has a stationary value*

$$\Pi_W(\sigma_{ij},\varepsilon_{ij},u_i) = \int_V u(\varepsilon_{pq})\,dV - \int_V \bar{f}_i\, u_i\,dV - \int_{S_{t_i}} \bar{t}_i u_i\,dS \tag{7.69}$$

$$+\int_V (\sigma_{ij}u_{i,j} - \sigma_{ij}\varepsilon_{ij})\,dV - \int_{S_{u_i}} t_i^{(n)}\,(u_i - \bar{u}_i)\,dS$$

subject to

$$\sigma_{ij} = C_{ijkl}\varepsilon_{kl} \qquad \text{in } V \tag{7.70}$$

한편 Washizu 변분이론에서 범함수 Π_W가 정지값을 가질 조건으로부터 다음의 혼합형 수식(mixed formulation)을 얻게 된다.

$$\sigma_{ij,j} + \bar{f}_i = 0 \qquad \text{in } V \tag{7.71}$$

$$\sigma_{ij}n_j - \bar{t}_i = 0 \qquad \text{on } S_{t_i} \tag{7.72}$$

$$\varepsilon_{ij} = \frac{1}{2}(u_{i,j} + u_{j,i}) \qquad \text{in } V \tag{7.73}$$

$$u_i = \bar{u}_i \qquad \text{on } S_{u_i} \tag{7.74}$$

7.6 소성역학에서의 변분이론

소성역학에서 가속도의 영향과 체적력을 무시할 경우 평형조건식은 $\sigma_{ij,j} = 0$이다. $\tilde{\nu}_i$를 전술한 소성역학 문제에 대한 가용속도장(kinematically admissible velocity field)이라고 하자. 이 속도장은 필수경계조건과 비압축성 조건을 만족해야 한다. σ_{ij}와 $\tilde{\sigma}_{ij}$를 각각 실제의 응력과 가용속도장 $\tilde{\nu}_i$에 상응하는 응력으로 정의하자. 그림 7.2에서 보는 바와 같이 항복곡면의 볼록한 성질(convexity)과 변형률속도의 직교성(normality)으로부터 다음의 관계가 항상 성립한다.

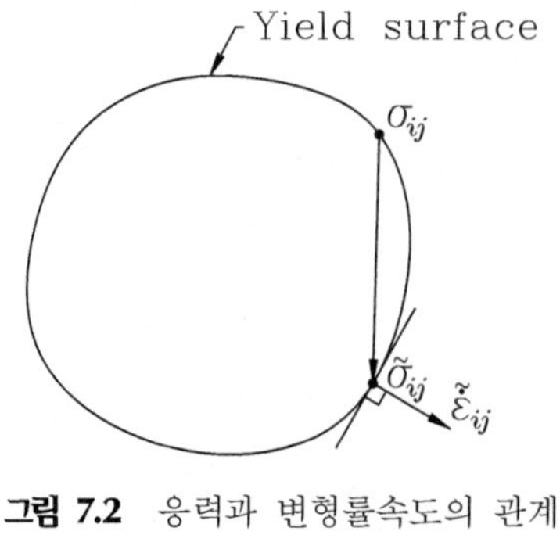

그림 7.2 응력과 변형률속도의 관계

$$\left(\widetilde{\sigma_{ij}} - \sigma_{ij}\right)\dot{\tilde{\varepsilon}}_{ij} \geq 0 \tag{7.75}$$

여기서 등식은 $\widetilde{\sigma_{ij}} = \sigma_{ij}$일 때만 성립한다. 한편

$$\begin{aligned}\int_V \sigma_{ij}\dot{\tilde{\varepsilon}}_{ij}\, dV &= \int_V \sigma_{ij}\widetilde{\nu}_{i,j}\, dV \\ &= \int_{S_{t_i}} \bar{t}_i \widetilde{\nu}_i\, dS + \int_{S_{\nu_i}} \sigma_{ij} n_j \bar{\nu}_i\, dS - \int_V \sigma_{ij,j}\widetilde{\nu}_i\, dV \\ &= \int_{S_{t_i}} \bar{t}_i \widetilde{\nu}_i\, dS + \int_{S_{\nu_i}} \sigma_{ij} n_j \bar{\nu}_i\, dS\end{aligned} \tag{7.76}$$

이므로 식 (7.75)를 대입하면 다음의 부등식을 얻게 된다.

$$\int_V \widetilde{\sigma}_{ij}\dot{\tilde{\varepsilon}}_{ij}\, dV - \int_{S_{t_i}} \bar{t}_i \widetilde{\nu}_i\, dS \geq \int_{S_{\nu_i}} \sigma_{ij} n_j \bar{\nu}_i\, dS \tag{7.77}$$

위 시에서 등식은 $\widetilde{\sigma_{ij}} = \sigma_{ij}$일 때 성립한다. 즉, 좌변의 최소값은 가용속도장이 정답과 일치할 때 성립한다. 그러므로 이 문제는 범함수의 극화 문제로 수식화된다. 한편 재료가 von Mises 항복이론과 등방성 경화능을 가질 경우, $\widetilde{\sigma_{ij}}\dot{\tilde{\varepsilon}}_{ij} = \tilde{\bar{\sigma}}\,\dot{\tilde{\bar{\varepsilon}}}$이므로 다음의 범함수를 얻는다.

$$\phi = \int_V \tilde{\bar{\sigma}}\,\dot{\tilde{\bar{\varepsilon}}}\, dV - \int_{S_{t_i}} \bar{t}_i \widetilde{\nu}_i\, dS \tag{7.78}$$

즉, 식 (7.78)을 최소화시키는 가용속도장 $\widetilde{\nu}_i$가 구하고자 하는 해가 된다.

연속체역학의 기본

제 8 장

이 장에서는 대변형 이론 및 연속역학의 기초를 확립한다. 부족한 내용에 관해서는 참고문헌[3.18, 3.19]을 활용하여 보충하기 바란다.

8.1 좌표계, 좌표, 변위

역학에서 질점은 매우 중요하다. 질점은 연속체를 구성하는 최소의 물질 단위이다. 공간상에서 질점의 자유도는 3이다. 즉 질점의 회전은 무시한다. 어떤 시간에서 연속체의 역학적 모양(configuration)은 관심 영역이 차지하는 질점의 집합으로 정의된다.

변형(deformation)은 처음의 모양과 변형된 모양의 두 모양의 사이에서 발생한 연속체의 모양의 변화를 일컫는다. 따라서 중간에서의 모양에는 관심을 두지 않는 경우를 말한다. 그러나 유동(flow)은 연속체의 연속된 운동을 일컫는다.

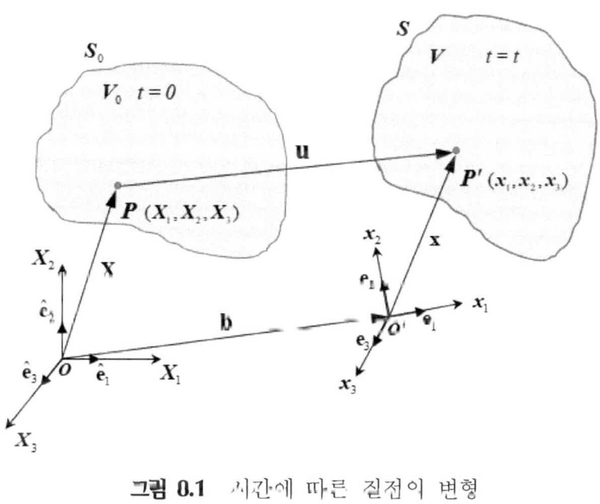

그림 8.1 시간에 따른 질점의 변형

그림 8.1에서 좌편은 시간 $t=0$에서 영역 V_0와 표면 S_0에 의하여 정의된 연속체의 모양을 나타낸다. (X_1, X_2, X_3)−좌표계를 사용하고 있으며, 좌표와 단위기초벡터는 각각 (X_1, X_2, X_3)과 $\hat{e}_1, \hat{e}_2, \hat{e}_3$이다. 반면, 우편의 그림은 현재의 시간 $t=t$에서 영역 V와 표면 S에 의하여 정의된 연속체의 모양을 나타낸다. (x_1, x_2, x_3)−좌표계를 사용하며, 좌

표와 단위기초벡터는 각각 (x_1, x_2, x_3)과 e_1, e_2, e_3 이다. 좌편에 사용된 좌표계 및 좌표를 각각 물질좌표계(material coordinate system)와 물질좌표(material coordinates)라고 한다. 반면, 우편에 사용된 좌표계와 좌표를 각각 공간좌표계(spatial coordinate system)와 공간좌표(spatial coordinates)라고 한다. 두 좌표계의 원점은 그림 8.1에서 보는 바와 같이, 일반적으로 일치하지 않으므로 b 만큼 떨어져 있다. 그러나 이론의 전개에 영향을 미치지 않을 경우에는 편의상 $\mathrm{b} = 0$으로 가정을 하게 될 것이다.

그림 8.1에서 초기 모양을 대표하는 점 P가 변형 후에 P'으로 이동했다고 하자. 이 두 점은 각각 다음과 같이 좌표벡터로 표현된다.

$$X = X_1 \hat{\mathrm{e}}_1 + X_2 \hat{\mathrm{e}}_2 + X_3 \hat{\mathrm{e}}_3 = X_I \hat{\mathrm{e}}_I \tag{8.1}$$

$$x = x_1 \mathrm{e}_1 + x_2 \mathrm{e}_2 + x_3 \mathrm{e}_3 = x_i \mathrm{e}_i \tag{8.2}$$

위의 두 식에서 사용된 하첨자는 대문자와 소문자를 구분하여 사용하고 있다. 대문자는 (X_1, X_2, X_3)의 물질좌표를 표현할 때 사용하며, 소문자는 (x_1, x_2, x_3)의 공간좌표를 표현하는데 사용된다. 그리고 물질좌표계에서 정의되는 물리량의 표현을 위한 하첨자는 대문자를 사용하는 것을 원칙으로 하지만, 그 의미가 명확할 경우에는 소문자를 사용할 수도 있다. 반대로 공간좌표계에서는 하첨자를 위하여 소문자의 사용을 원칙으로 한다.

두 좌표계의 상관관계는 변환행렬로 표현될 수 있다. 즉, x_i－축과 X_J－축의 관계는 다음과 같이 T_{iJ}로 결정된다.

$$T_{iJ} = \mathrm{e}_i \cdot \hat{\mathrm{e}}_J \tag{8.3}$$

여기서 T_{iJ}은 x_i－축과 X_J－축이 이루는 사이각의 코사인값이다. 이 때, T_{iJ}를 방향여현(directional cosine)이라고 한다.

그림 8.1에서 P에서 P'으로 가는 벡터는 변위벡터 u (공간좌표계) 또는 U (물질좌표계)이며, 다음과 같이 두 개의 좌표계로 표현될 수 있다.

$$U = U_I \hat{\mathrm{e}}_I \tag{8.4}$$

$$u = u_i \mathrm{e}_i \tag{8.5}$$

한편, $\mathrm{e}_i = T_{iJ} \hat{\mathrm{e}}_J$이므로 두 변위성분 u_i와 U_J는 다음과 같이 관계를 만족한다.

$$U_J = T_{iJ} u_i \tag{8.6}$$

그림 8.1에서 변위벡터 u와 두 점 P와 P′의 좌표벡터 x와 X의 관계는 다음과 같다.

$$\mathrm{u} = \mathrm{b} + \mathrm{x} - \mathrm{X} \tag{8.7}$$

만약 두 좌표계의 원점을 일치시킬 경우, u와 공간좌표계에서의 변위 성분 u_i는 각각 다음과 같이 표현된다.

$$\mathrm{u} = \mathrm{x} - \mathrm{X} \tag{8.8}$$

$$u_i = x_i - T_{iJ} X_J \tag{8.9}$$

그리고 두 좌표계를 일치시켰을 경우, 변위 성분 u_i는 다음과 같다.

$$u_i = x_i - X_J \delta_{Ji} \text{ 또는 } u_i = x_i - X_i \tag{8.10}$$

그리고 연속체의 변형 또는 유동은 다음과 같이 간단한 수식으로 표현된다.

$$x_i = x_i(X_1, X_2, X_3, t) = x_i(\mathrm{X}, t) \quad \text{또는} \quad \mathrm{x} = \mathrm{x}(\mathrm{X}, t) \tag{8.11}$$

이 식은 $t=0$일 때, 즉 물질좌표계에서 좌표 (X_1, X_2, X_3)에 위치해 있던 연속체의 점이 $t=t$에서 공간좌표계에서 좌표 (x_1, x_2, x_3)로 이동했음을 의미한다. 식 (8.11)은 초기의 모양을 현재의 모양으로 사상하는 또는 변환하는 의미를 갖는다. 연속체역학에서 이 변환 관계는 일대일 대응을 만족하며, 임의 차수의 도함수를 포함한 모든 관련 함수가 연속적이라고 가정한다. 식(8.11)의 변환 관계로 연속체의 변형이나 유동을 표현하는 방식을 Lagrangian 수식화(Lagrangian formulation) 또는 표현법이라고 한다.

반대로 연속체의 변형 및 유동을 다음과 같이 표현할 수가 있는데, 이러한 표현법을 사용한 수식화 방식을 Eulerian 수식화(Eulerian formulation) 또는 Eulerian 표현법이라고 한다.

$$X_J = X_J(x_1, x_2, x_3, t) = X_J(\mathrm{x}, t) \quad \text{또는} \quad \mathrm{X} = \mathrm{X}(\mathrm{x}, \mathrm{t}) \tag{8.12}$$

연속체는 초기 모양에서 하나의 질점은 현재 모양에서 하나의 질점으로 사상되고, 반대로 현재 모양의 하나의 질점도 초기 모양의 하나의 질점으로 사상됨을 기본적으로 전제한다. 즉, 두 모양의 질점들은 서로 일대일 대응 관계에 있어야 한다. 즉, 이 조건을 만족하기 위해서 다음의 Jacobian이 0이 아님의 조건이 만족되어야 한다.

$$J = \left| \frac{\partial x_i}{\partial X_J} \right| \tag{8.13}$$

8.2 변형구배, 변위구배, 변형텐서, 대변형률텐서, 소변형률텐서

이제 편의상 그림 8.1에서 두 좌표계의 원점과 방향을 일치시킨다. 그러나 그림 8.2에서 보는 바와 같이 그림의 표현 문제로부터 발생할 수 있는 혼란을 방지하기 위하여 $\mathrm{b}=0$이라는 전제하에 두 좌표계의 원점만 분리하여 표현한다. 그리고 지금부터 물질 좌표계를 사용하더라도 혼돈이 없기 때문에 물체좌표계에서도 소문자를 하첨자 또는 지수로 대문자와 공용한다.

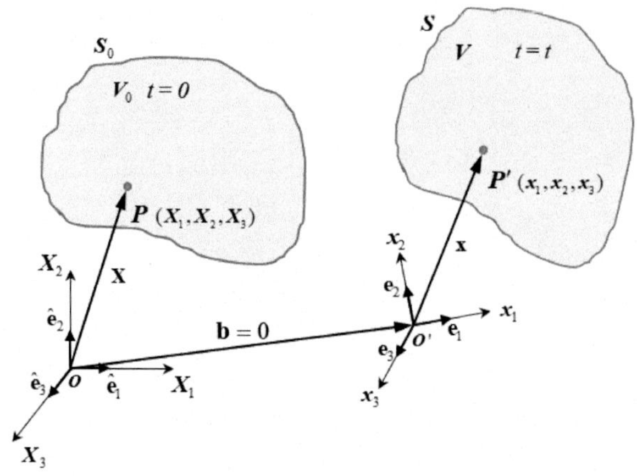

그림 8.2 일치된 두 좌표계의 표현

식 8.11의 양변을 물질좌표 X_J로 편미분함으로써 물질변형구배(material deformation gradient)라는 2차텐서 F를 다음과 같이 정의한다.

$$F_{iJ} = \frac{\partial x_i}{\partial X_J} \quad \text{또는} \quad \mathrm{F} = \begin{bmatrix} \frac{\partial x_1}{\partial X_1} & \frac{\partial x_1}{\partial X_2} & \frac{\partial x_1}{\partial X_3} \\ \frac{\partial x_2}{\partial X_1} & \frac{\partial x_2}{\partial X_2} & \frac{\partial x_2}{\partial X_3} \\ \frac{\partial x_3}{\partial X_1} & \frac{\partial x_3}{\partial X_2} & \frac{\partial x_3}{\partial X_3} \end{bmatrix} \tag{8.14}$$

마찬가지로 식 8.12의 양변을 공간좌표 x_i로 편미분함으로써 공간변형구배(spatial deformation gradient)라는 2차텐서 H를 다음과 같이 정의한다.

$$F_{Ji} = \frac{\partial X_j}{\partial x_i} \quad \text{또는} \quad \mathrm{H} = \begin{bmatrix} \frac{\partial X_1}{\partial x_1} & \frac{\partial X_1}{\partial x_2} & \frac{\partial X_1}{\partial x_3} \\ \frac{\partial X_2}{\partial x_1} & \frac{\partial X_2}{\partial x_2} & \frac{\partial X_2}{\partial x_3} \\ \frac{\partial X_3}{\partial x_1} & \frac{\partial X_3}{\partial x_2} & \frac{\partial X_3}{\partial x_3} \end{bmatrix} \tag{8.15}$$

행렬 F와 H는 역행렬 관계에 있다. 즉,

$$\mathrm{F} = \mathrm{H}^{-1} \quad \text{또는} \quad \mathrm{H} = \mathrm{F}^{-1} \tag{8.16}$$

이다. 이 관계는 다음의 사슬법칙으로부터 쉽게 설명된다.

$$\frac{\partial x_i}{\partial X_j}\frac{\partial X_j}{\partial x_k} = \frac{\partial X_i}{\partial x_j}\frac{\partial x_j}{\partial X_k} = \delta_{ik} \tag{8.17}$$

식 8.7의 양변을 물질좌표 X_j와 공간좌표 x_i로 편미분을 실시하면, 다음 식에서 정의하는 바와 같이, 각각 물질변위구배 텐서와 공간변위구배 텐서를 구할 수 있다.

$$\frac{\partial u_i}{\partial X_j} = \frac{\partial x_i}{\partial X_j} - \delta_{ij} \tag{8.18}$$

$$\frac{\partial u_i}{\partial x_j} = \delta_{ij} - \frac{\partial X_i}{\partial x_j} \tag{8.19}$$

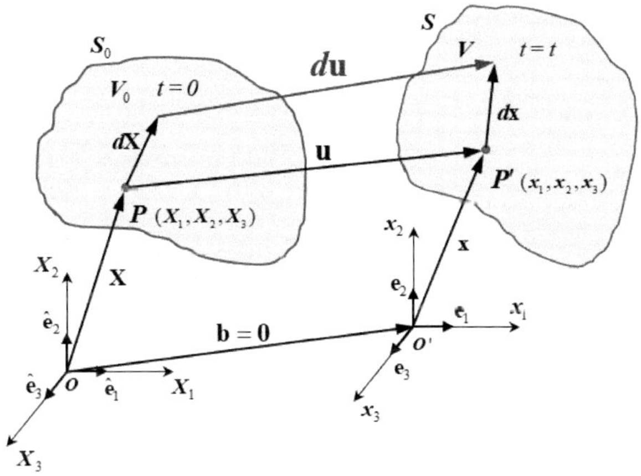

그림 8.3 미소선분과 변위의 정리

이제 $t=0$일 때 점 P에서 정의된 미소선분 dX의 변형에 관해서 살펴보자. 미소선분의 길이의 제곱은 다음 식으로부터 계산된다.

$$(dX)^2 = dX_i dX_i \tag{8.20}$$

길이 미분(length differentiation) dX_i는 다음과 같이 표현되므로

$$dX_i = \frac{\partial X_i}{\partial x_j} dx_j \tag{8.21}$$

미소선분의 길이의 제곱은 다음 식으로 정리된다.

$$(dX)^2 = \frac{dX_k}{dx_i}\frac{dX_k}{dx_j} dx_i dx_j = C_{ij} dx_i dx_j \tag{8.22}$$

여기서

$$C_{ij} = \frac{\partial X_k}{\partial x_i}\frac{\partial X_k}{\partial x_j} \tag{8.23}$$

를 Cauchy의 변형텐서(Cauchy's deformation tensor)라고 한다.

현재 시간 $t=t$에서 dX에 상응하는 dx의 길이의 제곱을 위와 동일한 방식으로 구하면, 다음의 식을 얻을 수 있다.

$$(dx)^2 = dx_i dx_i = \delta_{ij} dx_i dx_j = \frac{\partial x_k}{\partial X_i}\frac{\partial x_k}{\partial X_j} dX_i dX_j = G_{ij} dX_i dX_j \tag{8.24}$$

여기서

$$G_{ij} = \frac{\partial x_k}{\partial X_i}\frac{\partial x_k}{\partial X_j} \tag{8.25}$$

를 Green의 변형텐서(Greens' deformation tensor)라고 한다.

식 8.25의 전개 과정에서 다음의 관계식이 사용되었다.

$$\partial x_i = \frac{\partial x_i}{\partial X_j} dX_j \tag{8.26}$$

앞에서 구한 인접한 두 시점에서 동일 선분에 대해서 정의된 길이 제곱의 차이 $(dx)^2-(dX)^2$는 그들간의 변형의 정량화 목적으로 사용된다. 정량화에 사용된 좌표계에 따라 두 가지의 방식이 있다. 첫째, Lagrangian 표현법은 다음과 같다.

$$(dx)^2-(dX)^2 = (\frac{\partial x_k}{\partial X_i}\frac{\partial x_k}{\partial X_j} - \delta_{ij}) dX_i dX_j = 2L_{ij} dX_i dX_j \tag{8.27}$$

여기서

$$L_{ij} = \frac{1}{2}(\frac{\partial x_k}{\partial X_i}\frac{\partial x_k}{\partial X_j} - \delta_{ij}) \tag{8.28}$$

을 Lagrangian 대변형률텐서(Lagrangian (or Green's) finite strain tensor)라고 한다.

두 번째의 표현 방법으로 Eulerian 표현법은 다음과 같다.

$$(dx)^2-(dX)^2 = (\delta_{ij} - \frac{\partial X_k}{\partial x_i}\frac{\partial X_k}{\partial x_j}) dx_i dx_j = 2E_{ij} dx_i dx_j \tag{8.29}$$

여기서

$$E_{ij} = \frac{1}{2}(\delta_{ij} - \frac{\partial X_k}{\partial x_i}\frac{\partial X_k}{\partial x_j}) \tag{8.30}$$

를 Eulerian 대변형률텐서(Eulerian (or Almansi's) finite strain tensor)라고 한다.

한편, 실제 대변형률텐서의 유용한 표현 방식으로 변위구배로 표현하는 방식이 있다.

식 8.28과 식 8.30에 각각 식 8.18와 식 8.19을 대입하면, Lagrangian 및 Eulerian 대변형률텐서가 변위구배의 성분으로 각각 다음 식과 같이 표현된다.

$$L_{ij} = \frac{1}{2}\left(\frac{\partial u_i}{\partial X_j} + \frac{\partial u_j}{\partial X_i} + \frac{\partial u_k}{\partial X_i}\frac{\partial u_k}{\partial X_j}\right) \tag{8.31}$$

$$E_{ij} = \frac{1}{2}\left(\frac{\partial u_i}{\partial x_j} + \frac{\partial u_j}{\partial x_i} - \frac{\partial u_k}{\partial x_i}\frac{\partial u_k}{\partial x_j}\right) \tag{8.32}$$

이제 소변형률텐서에 관해서 살펴보자. 우리가 일반적으로 일컫는 변형률텐서는 소변형률텐서를 말한다. 소변형률텐서는 기본적으로 변위구배의 크기가 1보다 훨씬 작다는 것을 전제로 한다. 따라서 식 8.31과 식 8.32에서 변위구배에 관한 2차 항은 모두 무시할 수가 있다. 즉, 선형화된 변형률텐서, 즉 Lagrangian 미소변형률텐서 (또는 선형 Lagrangian 변형률텐서)와 Eulerian 미소변형률텐서(또는 선형 Eulerian 변형률텐서)를 각각 다음과 같이 정의할 수 있다.

$$l_{ij} = \frac{1}{2}\left(\frac{\partial u_i}{\partial X_j} + \frac{\partial u_j}{\partial X_i}\right) \tag{8.33}$$

$$\varepsilon_{ij} = \frac{1}{2}\left(\frac{\partial u_i}{\partial x_j} + \frac{\partial u_j}{\partial x_i}\right) \tag{8.34}$$

만약 변위와 변위구배가 충분히 작아서 연속체의 질점의 물질좌표와 공간좌표가 거의 같을 경우에는 물질변위구배와 공간변위구배의 차이가 매우 작게 된다. 따라서 이 경우에는 두 미소변형률텐서의 구분이 무의미하게 된다. 즉,

$$l_{ij} = \varepsilon_{ij} \tag{8.35}$$

가 된다. 우리는 이미 앞에서 변형이 충분이 작다는 가정 하에 두 변형률텐서를 구분하지 않았다. 기본적으로 선형탄성학에서는 이 두 개를 구분하지 않는다.

한편 물질변형구배텐서, $\frac{\partial u_i}{\partial X_j}$는 대칭 항과 의대칭 항의 합으로 표현되므로 다음 식이 성립한다.

$$\partial u_i = \left[\frac{1}{2}\left(\frac{\partial u_i}{\partial X_j} + \frac{\partial u_j}{\partial X_i}\right) + \frac{1}{2}\left(\frac{\partial u_i}{\partial X_j} - \frac{\partial u_j}{\partial X_i}\right)\right] dX_i \tag{8.36}$$

여기서 괄호속의 첫 번째 항은 선형 Lagrangian 변형률텐서이며, 두 번째의 항은 선형 Lagrangian 회전텐서(linear Lagrangian rotation tensor) W_{ij}라고 정의한다. 즉,

$$W_{ij} = \frac{1}{2}\left(\frac{\partial u_i}{\partial X_j} - \frac{\partial u_j}{\partial X_i}\right) \tag{8.37}$$

이다. 마찬가지의 방법으로 선형 Eulerian 회전텐서 ω_{ij}는 다음과 같이 정의된다.

$$w_{ij} = \frac{1}{2}(\frac{\partial u_i}{\partial x_j} - \frac{\partial u_j}{\partial x_i}) \tag{8.38}$$

8.3 변형구배텐서의 극분해

이제 변형구배텐서의 극분해에 관해서 살펴보자. 극분해는 임의의 비특이(non-singular) 2차텐서에 적용되며, 그 행렬을 양확정적 2차텐서와 직교단위 2차텐서의 곱으로 표현한다. 여기서는 이 극분해 기법을 변형구배텐서에 다음과 같이 적용한다.

$$\mathrm{F} = \mathrm{RU} = \mathrm{VR} \tag{8.39}$$

여기서 R은 직교회전텐서이고 U와 V는 모두 양의 대칭텐서로써 각각 우측스트레치텐서(right stretch tensor)와 좌측스트레치텐서(left stretch tensor)로 불러진다.

식 8.39를 식 8.25에 대입하면, 다음 식이 얻어진다.

$$dx_i = R_{ik}U_{kj}dX_j = V_{ik}R_{kj}dX_j \tag{8.40}$$

이 식의 기하학적 의미를 살펴 보자. 그림 8.3에서 보는 바와 같이, 미소변위백터 $d\mathrm{X}$가 $d\mathrm{x}$로 변하는 과정을 두 가지 방식으로 설명이 가능하다. 첫 번째의 방식에서는, 스트레칭을 시키고(U 행렬을 통한 변환), 회전을 시킨(R 행렬을 통한 변환) 후에 P 점을 강체 운동시킨 것으로 보는 방식이다. 두 번째의 방식은 첫 번째와 정반대의 과정을 겪는 방식이다. 먼저 강체운동을 하고 나서 회전을 시킨 (R 행렬을 통한 변환) 후에 스트레칭을 시키는(V 행렬을 통한 변환) 방식이다. 이 두 방식의 미소 선분의 변환 규칙, 즉 모양의 변환 방식을 그림 8.4에 나타내었다.

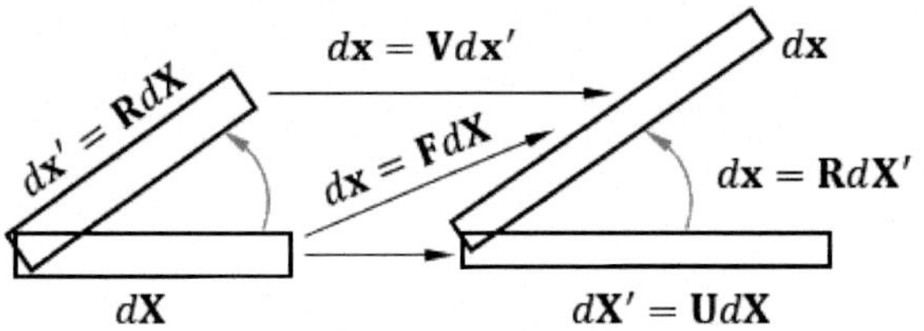

그림 8.4 선분요소의 변형

8.4 면적요소와 체적요소의 변형

이제 면적요소 및 체적요소의 변형에 관해서 살펴보자. 이에 관한 내용의 이해를 위해서 이미 앞에서 사용한 행렬의 판별치의 표현에 관해서 정리를 해 두자(제1부 2.5절과 제3부

2.2절을 참고). 3x3 행렬의 판별치는 다음과 같이 표현된다.

$$J = \left| \frac{\partial x_i}{\partial X_p} \right| = \epsilon_{PQR}\, x_{1,P}\, x_{2,Q}\, x_{3,R} \tag{8.41}$$

이것은 쉽게 확인가능하다. 우변에 교반기호 ϵ_{lmn}를 곱하고, 1, 2, 3를 각각 l,m,n으로 바꾸면, 그 값이 행렬 A의 판별치의 6배가 됨을 알 수가 있다. 즉, 다음 식이 성립한다.

$$\det \mathrm{A} = \frac{1}{6} \epsilon_{ijk} \epsilon_{mnl} A_{im} A_{jn} A_{kl} \tag{8.42}$$

이 관계를 이해하는 데는 교반기호와 대칭행렬의 행렬곱은 0행렬이 된다는 사실이 사용되어야 한다. 그리고 다음의 식도 성립한다.

$$\epsilon_{ijk} A_{im} A_{jn} A_{kl} = \epsilon_{mnl} \det \mathrm{A} \tag{8.43}$$

이 식에서 m,n,l 대신 순서대로 1, 2, 3을 대입하면, 식 8.41이 된다. 시계방향으로 이 정수들을 순차적으로 변성시키면 좌편은 행렬에서 열을 순차적으로 짝수만큼 바꾸는 것이 된다. 따라서 행렬의 판별치는 변하지 않는다. 만약 하첨자가 중복일 경우, 판별치 계산에 사용된 실제의 행렬은 선형종속이 되어 그 판별치는 0이고, 우변도 0이어야 한다. m,n,l가 3, 2, 1의 순서일 때도 마찬가지의 논리로 식 8.43이 진리임을 확인할 수 있다.

그림 8.5는 사각형 요소의 변형을 나타내고 있다. 좌편의 사각형, 평행사변형은 물질좌표계에서 정의된 것이고, 우편의 평행사변형은 공간좌표계에서 정의된 것이다. 각 평행사변형의 면적은 다음과 같이 수식화된다.

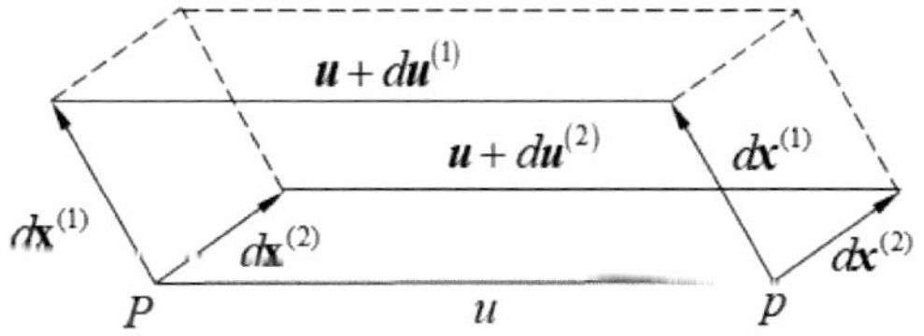

그림 8.5 선분요소의 변형에 의한 사각형의 변형

$$d\mathrm{A} = d\mathrm{X}^{(1)} \times d\mathrm{X}^{(2)} \tag{8.44}$$

$$d\mathrm{a} = d\mathrm{x}^{(1)} \times d\mathrm{x}^{(2)} \tag{8.45}$$

식 (8.45)에 $d\mathrm{x} = \mathrm{F}\, d\mathrm{X}$의 관계식을 대입하여 정리하면 다음과 같다.

$$\begin{aligned} d\mathrm{a} &= d\mathrm{x}^{(1)} \times d\mathrm{x}^{(2)} = (\mathrm{F}\, d\mathrm{X}^{(1)}) \times (\mathrm{F}\, d\mathrm{X}^{(2)}) \\ &= F_{iK} dX_K^{(1)} F_{jL} dX_L^{(2)} \mathrm{e}_i \times \mathrm{e}_j \end{aligned}$$

$$= \epsilon_{ijm} F_{iK} F_{jL} dX_K^{(1)} dX_L^{(2)} \mathrm{e}_m = \epsilon_{ijm} F_{iK} F_{jL} F_{mN} (F_{lN})^{-1} dX_K^{(1)} dX_L^{(2)} \mathrm{e}_l$$
$$= \det\mathrm{F}\ \epsilon_{NKL} dX_K^{(1)} dX_L^{(2)} (F_{lN})^{-1} \mathrm{e}_l = \det(\mathrm{F})\, d\mathrm{A}\, \hat{\mathrm{e}}_N (F_{lN})^{-1} \mathrm{e}_l$$
$$= \det\mathrm{F}\ d\mathrm{A}\ \mathrm{F}^{-1} = \det\mathrm{F}\ (\mathrm{F}^{-1})^{\mathrm{T}} d\mathrm{A} \tag{8.46}$$

따라서 다음 식이 유도된다.

$$d\mathrm{A} = [\det\mathrm{F}^{-1}]\,\mathrm{F}^{\mathrm{T}}\, d\mathrm{a} \tag{8.47}$$

그림 8.6는 물질좌표계 및 공간좌표계에서 미소 사면체의 모양을 나타낸다.

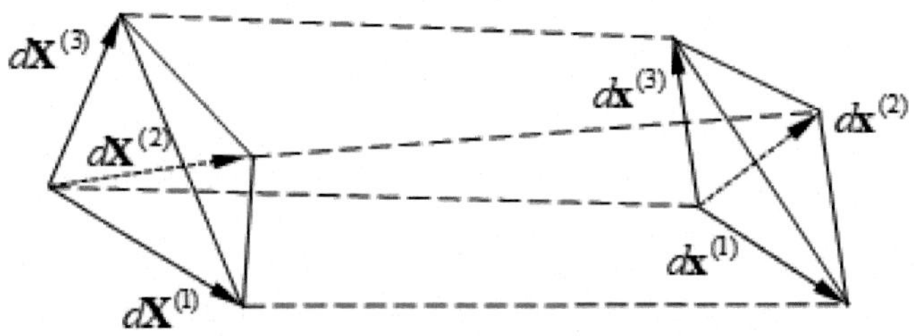

그림 8.6 사면체의 변형

두 개의 사면체의 면적은 다음과 같이 수식화된다.

$$dV_0 = \frac{1}{6}(d\mathrm{X}^{(1)} \times d\mathrm{X}^{(2)}) \cdot d\mathrm{X}^{(3)} \tag{8.48}$$

$$dV = \frac{1}{6}(d\mathrm{x}^{(1)} \times d\mathrm{x}^{(2)}) \cdot d\mathrm{x}^{(3)} \tag{8.49}$$

식 8.49에 $d\mathrm{x} = \mathrm{F}\, d\mathrm{X}$ 의 관계식을 대입하여 정리하면 다음과 같다.

$$dV = \frac{1}{6}(\mathrm{F}\, d\mathrm{X}^{(1)} \times \mathrm{F}\, d\mathrm{X}^{(2)}) \cdot \mathrm{F}\, d\mathrm{X}^{(3)}$$
$$= \frac{1}{6} F_{iK} F_{jL} F_{lM} dX_K^{(1)} dX_L^{(2)} dX_M^{(3)} (\mathrm{e}_i \times \mathrm{e}_j) \cdot \mathrm{e}_l$$
$$= \frac{1}{6} \epsilon_{ijk} F_{iK} F_{jL} F_{lM} dX_K^{(1)} dX_L^{(2)} dX_M^{(3)} \quad \text{또는} \quad \frac{dV}{dV_0} = \det\mathrm{F} \tag{8.50}$$
$$= \frac{1}{6} \epsilon_{KLM} dX_K^{(1)} dX_L^{(2)} dX_M^{(3)} \det\mathrm{F}$$
$$= \det\mathrm{F}\ dV_0$$

8.5 Jacobian과 물질미분

지금부터 앞에서 공부한 것을 George E. Mase가 지은 Continuum Mechanics의 전개 방식을 따라 보다 쉬운 방법으로 실제의 연속체 역학 문제에 적용해 보도록 하자. 그림 8.6에서 보는 바와 같이 물질좌표계(Material coordinate system), 즉 (X_1, X_2, X_3)-좌표계에서 모든 모서리 선분이 세 개의 좌표축, X_1-, X_2-, X_3-축에 평행한 직육면체 미소체적의 변형에 관하여 고려해 보자. 즉, 앞에서 유도된 수식의 의미를 체득하기 위하여 그림 8.6의 특별한 경우인 그림 8.7의 경우를 고려해 보자. 원점에서 직육면체의 세 모서리를 잇는 세 개의 미소벡터, $d\mathrm{X}^{(1)}, d\mathrm{X}^{(2)}, d\mathrm{X}^{(3)}$의 성분을 각각 $(dX_1,0,0)$, $(0,dX_2,0)$, $(0,0,dX_3)$라고 표현한다. 그러면 이 직육면체의 부피는 우손법칙을 따르면서 두 벡터를 벡터곱하고, 이것에 나머지 벡터를 내적하면 된다. 두 벡터의 벡터곱의 크기는 면적이다. 그 면적의 법선단위벡터와 나머지 벡터를 내적한다는 것은 이미 면적이 계산된 사각형에 대한 육면체의 높이를 곱한다는 의미이다. 즉, 당연히 면적에다 그 높이를 곱하면 체적이 된다. 따라서 초기 체적은 다음 식과 같이 간단히 계산된다.

$$dV_0 = dX_1\hat{\mathrm{e}}_1 \times dX_2\hat{\mathrm{e}}_2 \bullet dX_3\hat{\mathrm{e}}_3 = dX_1\, dX_2\, dX_3 \tag{8.51}$$

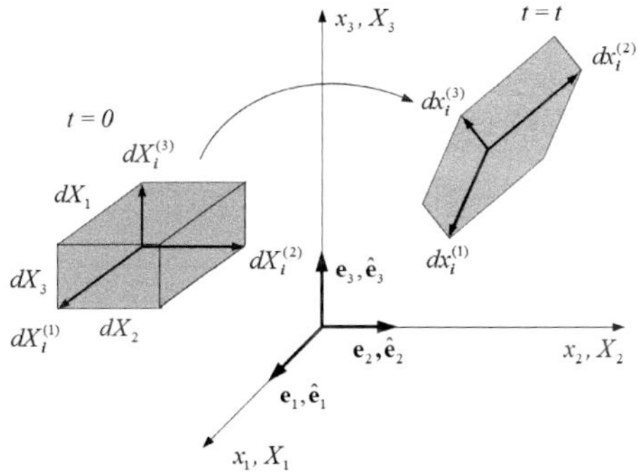

그림 8.7 물체의 운동

그런데 그림 8.7에서 보는 바와 같이 직육면체를 이루던 미소체적이 위치 이동과 함께 변형되었고, 그 일그러진 모양으로 인하여 일반적으로 모서리의 방향이 공간좌표계(Spatial coordinate system), 즉 (x_1, x_2, x_3)-좌표계이 좌표축, x_i의 방향과 일치하지 않는다.

물질좌표계에서 (1)로 표현된 미소 상대좌표 벡터 $dX_i^{(1)}$에 상응하는 공간좌표계에서의 미소 상대좌표 벡터 $dx_i^{(1)}$은 변형구배텐서에 의하여 이렇게 표현된다.

$$dx_i^{(1)} = x_{i,1}\,dX_1 + x_{i,2}\times 0 + x_{i,3}\times 0 = x_{i,1}\,dX_1 \tag{8.52}$$

여기서 $dX_i^{(1)}=(dX_1, 0, 0)$이므로, X_1-축 성분인 dX_1만 0이 아니다. 마찬가지로 다른 것들도 간단히 다음과 같이 일반 형태의 식으로 표현된다.

$$dx_i^{(J)} = x_{i,J}\,dX_J \ (J: \text{free index}) \tag{8.53}$$

결과적으로 공간좌표계에서 미소 부피는 다음으로 표현된다.

$$dV = \mathbf{dx}^{(1)} \times \mathbf{dx}^{(2)} \cdot \mathbf{dx}^{(3)} = \epsilon_{ijk}\,dx_i^{(1)}\,dx_j^{(2)}\,dx_k^{(3)} \tag{8.54}$$

$$= \epsilon_{ijk}\frac{\partial x_i}{\partial X_1}\frac{\partial x_j}{\partial X_2}\frac{\partial x_k}{\partial X_3}dX_1\,dX_2\,dX_3 = \left|x_{i,P}\right|dV_0 = J\,dV_0 \tag{8.55}$$

여기서 자코비안 J는 다음의 두 가지 방식으로 표현될 수 있다. 행렬의 판별치는 전치행렬의 판별치와 같기 때문입니다.

$$J = \left|\frac{\partial x_i}{\partial X_P}\right| = \epsilon_{PQR}\,x_{1,P}\,x_{2,Q}\,x_{3,R} \tag{8.56}$$

$$J = \left|\frac{\partial x_i}{\partial X_P}\right| = \epsilon_{ijk}\,x_{i,1}\,x_{j,2}\,x_{k,3} \tag{8.57}$$

우리는 식 8.56의 관계를 일반적인 세 개의 미소선분 요소, 즉 방향이 좌표축과 일치하지 않는 것에 대해서도 구할 수가 있다. 결과는 동일하지만, 수학적으로 복잡함의 차이가 있을 뿐이다(식 8.58 참조). 우리가 평행사면형 면적을 어떻게 구하는가? 먼저 직사각형 면적 계산법을 알아야 된다. 그 다음에 평행사면형의 면적 계산은 직사각형 면적 계산법의 연속선상에서 개념을 조금 확대하면 된다. 마찬가지 방식으로 세 개의 일반적인 미소선분 요소로 시작해서 전술한 식들을 유도하는 과정을 그려보기 바란다. 자코비안은 다음 식으로 일반화되지만, 수학적으로 동일한 의미를 갖게 된다. 우리가 행렬의 판별치를 상상해 보면, 식 8.56과 식 8.57은 다음 식에 포함됨을 쉽게 알 수가 있다(제3부 2.2절 참조).

$$J = \frac{1}{6}\epsilon_{ijk}\epsilon_{PQR}\,x_{i,P}\,x_{j,Q}\,x_{k,R} \tag{8.58}$$

공간좌표계에서 좌표의 시간에 대한 미분은 사슬법칙에 의하여 다음과 같이 된다.

$$\dot{x}_{1,P} = v_{1,s}\,x_{s,P} \tag{8.59}$$

식 8.58의 양변을 시간에 대한 물질미분을 실시하는 과정에서 식 8.59을 적용하면 다음의 식이 유도된다.

$$\dot{J} = \epsilon_{PQR}(v_{1,s}\,x_{s,P}\,x_{2,Q}\,x_{3,R} + x_{1,P}\,v_{2,s}\,x_{s,Q}\,x_{3,R} + x_{1,P}\,x_{2,Q}\,v_{3,s}\,x_{s,R}) \tag{8.60}$$

그런데 식 8.60의 우변에서 첫 번째 항에서 s가 2 또는 3이면 각각 PQ 또는 PR에 관하여 대칭이다. 그런데 교반기호 ϵ_{PQR}은 PQ 또는 PR에 의대칭이다. 따라서 0이 되어 사라지게 된다. 그러니까 이 첫 항에서 최종적으로 남는 것은 $v_{1,1}\ x_{1,P}\ x_{2,Q}\ x_{3,R}$밖에 없다. 그런데 이 항은 $v_{1,1}$에다 Jacobian이 곱해진 것이다. 다른 항도 마찬가지이다. 이러한 사실로부터 식 8.60은 다음과 같이 정리된다.

$$\dot{J} = v_{1,1}J + v_{2,2}J + v_{3,3}J = v_{i,i}J \tag{8.61}$$

따라서 dV의 시간에 대한 물질미분은 다음과 같다.

$$\frac{d}{dt}(dV) = \frac{\partial v_i}{\partial x_i}dV \tag{8.62}$$

8.6 체적적분의 물질미분

이제 우리가 연속체역학을 이해하는 데 있어 가장 어려운 단계를 거쳤다. 텐서량의 부피적분의 시간 미분에 관해서 공부해 보자. 다음 식은 공간좌표계에서 정의된 텐서량 P_{ij}의 부피적분을 정의한다.

$$P_{ij\ldots}(t) = \int_V P^*_{ij\ldots}(\mathbf{x},t)dV \tag{8.63}$$

이 체적적분의 물질미분(material derivative)을 구해 보자. 식 8.62에서 V는 시간 t에서 연속체에서 고려 대상인 부피를 나타낸다. 이 공간좌표계에서 부피는 시간의 경과에 따라 일반적으로 변한다. 따라서 식 8.62의 적분식을 시간에 대하여 물질미분을 실시할 때, 피적분함수 P_{ij}를 미분하고 dV를 곱하고 여기에다 dV를 미분해서 피적분함수 P_{ij}를 곱하여 더해 주어야 한다. 물질미분에서는 편미분과는 달리 변수의 시간 의존도를 고려해 주어야 한다. 그런데, dV를 미분하면, 식 8.62에 의하여 $v_{p,p}dV_0$가 된다. 따라서 식 8.63의 양변을 시간에 대하여 물질미분을 실시하여 정리하면 다음 식이 얻어진다.

$$\frac{d}{dt}\int_V P^*_{ij\ldots}(\mathbf{x},t)dV = \int_V [\frac{dP^*_{ij\ldots}(\mathbf{x},t)}{dt} + P^*_{ij\ldots}(\mathbf{x},t)\frac{\partial v_p}{\partial x_p}]dV \tag{8.64}$$

그런데 식 8.64의 첫 번째 항을 시간에 대한 편미분 항과 대류 항으로 구분하고, 이 대류 항을 두 번째의 항과 묶어서 표현하면, 다음 식과 같이 요약된다.

$$\frac{d}{dt}\int_V P^*_{ij\ldots}(\mathbf{x},t)dV = \int_V [\frac{\partial P^*_{ij\ldots}(\mathbf{x},t)}{\partial t} + \frac{\partial}{\partial x_p}(v_p P^*_{ij\ldots}(\mathbf{x},t))]dV \tag{8.65}$$

그리고 Guass의 발산이론을 식 8.65의 우변 두 번째 항에 적용하면, 이것은 표면적 적분으로 변한다. 즉, 식 8.65는 다음 식으로 정리된다.

$$\frac{d}{dt}\int_V P^*_{ij\ldots}(\mathbf{x},t)dV = \int_V \frac{\partial P^*_{ij\ldots}(\mathbf{x},t)}{\partial t}dV + \int_S v_p[P^*_{ij\ldots}(\mathbf{x},t)]dS_p \tag{8.66}$$

전술한 과정을 잘 기억하기 해 둘 필요가 있다. 역학에서 매우 중요한 수학적 기반이 되기 때문이다. 그리고 이 책에서 이론 전개에 직접 활용되지 않아 생략되었지만, 면적적분 및 선적분의 물질미분에 관해서 관심있는 독자들은 참고문헌[3.18]을 활용하기 바란다.

8.7 질량 보존법칙

이제부터 역학의 3대 법칙에 관한 연속체역학적 방법으로 학습하도록 한다. 이에 관해서는 이미 다양한 방식으로 학습된 내용이다. 먼저, 질량 보존 법칙에 관해서 공부해 보자. 공간좌표계에서 질량은 다음 식으로 표현된다.

$$m = \int_V \rho(\mathbf{x},t)dV \tag{8.67}$$

시간 변화에 따른 형상의 변화로 질량이 변하지 않는다는 것이 질량 불변의 법칙이다. 따라서 이 식은 임의의 부피에 대해서 일정한 값을 가져야 한다. 그러므로 공간상에서 밀도를 피적분함수로 하는 부피적분에 대한 물질미분은 0이 되어야 한다. 즉,

$$\frac{dm}{dt} = \frac{d}{dt}\int_V \rho(\mathbf{x},t)dV = \int_V \left[\frac{d\rho}{dt} + \rho\frac{\partial v_k}{\partial x_k}\right]dV = 0 \tag{8.68}$$

가 성립하며, 이 식은 임의의 부피 V에 상관없이 성립해야 하므로 다음 식이 성립한다.

$$\frac{d\rho}{dt} + \rho\partial v_{k,k} = 0 \tag{8.69}$$

만약 밀도가 시간에 따라 변하지 않는다면, 즉 비압축성이라면, 다음의 조건 식이 성립해야 한다.

$$v_{k,k} = 0 \quad \text{또는} \quad \text{div }\mathbf{v} = \mathbf{0} \tag{8.70}$$

이 조건은 속도벡터의 다이버전스(divergence)가 0임을 의미한다. 그런데 어떤 벡터 $\mathbf{v}$의 다이버전스가 0이면, 반드시, 다음과 같이 어떤 벡터 $\mathbf{s}$의 컬(curl)로 속도벡터 $\mathbf{v}$를 정의할 수가 있다.

$$v_i = \epsilon_{ijk}S_{k,j} \quad \text{또는} \quad \mathbf{v} = \nabla\times\mathbf{s} \tag{8.71}$$

식 8.71과 같이 벡터 $\mathbf{s}$의 curl로 정의된 벡터 $\mathbf{v}$에 다이버전스를 취하면, 즉, 식 8.71을 식 8.70에 대입하면, 반드시 0이 된다. 이 때, 벡터 $\mathbf{s}$를 벡터 $\mathbf{v}$에 대한 포텐셜 벡터(potential vector)이라고 한다. 유체역학에서 포텐셜 유동(potential flow)이라는 말을 들어

보았을 것이다. 그리고 고체역학에서도 포텐셜이 나온다. 수학적으로 배경은 전술한 바와 같다. 이런 조건을 만족할 때, 포텐셜을 정의할 수가 있다.

질량불변의 법칙을 물질좌표와 공간좌표로 표현하면 다음과 같다.

$$\int_{V_0} \rho_0(\mathrm{X}, t) dV_0 = \int_V \rho(\mathbf{x}, t) dV \tag{8.72}$$

$dV = JdV_0$가 성립하므로 다음 식이 성립한다.

$$\int_{V_0} \rho_0(\mathrm{X}, 0) dV_0 = \int_{V_0} \rho(\mathbf{x}(\mathrm{X}, t), t) JdV_0 = \int_{V_0} \rho(\mathrm{X}, t) JdV_0 \tag{8.73}$$

따라서 다음 식이 성립한다.

$$\rho_0 = \rho J \tag{8.74}$$

식 8.74의 양변을 미분하면, ρJ의 물질미분은 다음 식과 같이 0이라는 것을 알 수가 있다.

$$\frac{d}{dt}(\rho J) = 0 \tag{8.75}$$

8.8 운동량 보존법칙

이제 뉴톤의 운동법칙에 관해서 공부하자. 엄밀히 말하면, 뉴톤의 운동법칙으로부터 획득된 선형운동량 법칙과 각운동량 법칙이라고 하는 것이 옳다. 다음 식은 선형운동량(linear momentum)이다.

$$P_i(t) = \int_V \rho v_i dV \tag{8.76}$$

선형운동량의 시간변화율은 외력의 합과 같아야 한다. 이것은 뉴톤의 운동법칙으로부터 나온 것이다. 이것은 질점에 대한 뉴톤의 운동법칙 그 자체라고 볼 수는 없다. 뉴톤의 운동법칙의 결과 중의 하나이다. 다른 하나는 각운동량의 시간변화율은 외력이 고정된 점에 대해서 일으키는 모멘트의 합과 같다는 것이다.

먼저 선형운동량 법칙을 살펴 보자. 선형운동량의 시간변화율은 다음 식으로 표현된다.

$$\begin{aligned} \frac{d}{dt}\int_V \rho v_i dV &= \frac{d}{dt}\int_{V_0} \rho v_i JdV_0 \\ &= \int_{V_0}\left[v_i \frac{d(\rho J)}{dt} + \rho J \frac{dv_i}{dt}\right] dV_0 = \int_V \frac{dv_i}{dt} \rho \, dV \end{aligned} \tag{8.77}$$

즉, 선형운동량의 시간변형률은 속도의 미분인 가속도와 질량의 곱의 적분으로 정리된다. 외력의 합은 표면력과 체적력이 발생시키는 힘의 합이며, 이것이 선형운동량의 시간변형률과 같아야 하므로 선형운동량 법칙은 다음과 같이 수식화된다.

$$\int_S t_i^{(\hat{n})}\, dS + \int_V \rho b_i\, dV = \frac{d}{dt}\int_V \rho v_i\, dV \tag{8.78}$$

Cauchy의 공식을 대입하고, Gauss의 발산이론을 적용하면, 다음의 수식이 얻어지고,

$$\int_S \sigma_{ji} n_j\, dS + \int_V \rho b_i\, dV = \frac{d}{dt}\int_V \rho v_i\, dV \tag{8.79}$$

이 수식은 임의의 체적에 대해서 성립해야 한다. 따라서 다음과 같은 편미분방정식, 즉 운동방정식이 얻어진다.

$$\int_S (\sigma_{ji,j} + \rho b_i - \rho \dot{v}_i)\, dV = 0 \quad \text{또는} \quad \sigma_{ji,j} + \rho b_i = \rho \dot{v}_i \tag{8.80}$$

만약 가속도의 영향을 무시할 수 있다면, 이와 같은 평형방정식이 얻어진다.

$$\sigma_{ji,j} + \rho b_i = 0 \tag{8.81}$$

원점에 대한 각운동량(angular momentum)은 이렇게 표현된다.

$$N_i(t) = \int_V \epsilon_{ijk} x_j \rho v_k\, dV \tag{8.82}$$

반드시 원점을 잡을 필요는 없지만, 모멘트의 균형은, 한 점에서 성립하면 모든 점에서 성립하는 특성이 있다. 그래서 원점을 기준으로 잡아도 일반성을 잃지 않는다. 이것의 시간변화율은 외력이 원점에 대해서 발생시키는 모멘트의 합과 같다. 이 원리는 다음 식으로 수식화된다.

$$\int_S \epsilon_{ijk} x_j t_k^{(\mathrm{n})}\, dS + \int_V \epsilon_{ijk} x_j \rho b_k\, dV = \frac{d}{dt}\int_V \epsilon_{ijk} x_j \rho v_k\, dV \tag{8.83}$$

각운동량의 시간변화율은 다음 식으로 정리된다.

$$\begin{aligned} \frac{dN_i(t)}{dt} &= \frac{d}{dt}\int_V \epsilon_{ijk} x_j \rho v_k\, dV \\ &= \epsilon_{ijk}\int_V \frac{d}{dt}(x_j v_k)\rho\, dV = \epsilon_{ijk}\int_V \rho x_j \dot{v}_k\, dV \end{aligned} \tag{8.84}$$

그리고 표면력이 발생시키는 모멘트는 다음과 같이 정리된다.

$$\int_S \epsilon_{ijk} x_j t_k^{(n)} dS = \epsilon_{ijk} \int_S x_j \sigma_{pk} n_p dS = \epsilon_{ijk} \int_S (x_j \sigma_{pk})_{,p} dV \tag{8.85}$$
$$= \epsilon_{ijk} \int_V (\sigma_{jk} + x_j \sigma_{pk,p}) dV$$

σ_{jk}가 대칭이면 ϵ_{ijk}가 i와 k에 대해서 의대칭이므로 식 8.85의 우변의 첫 번째 항은 사라지지만, 아직 응력텐서가 대칭텐서인지는 모르는 상태이므로 그대로 두어야 한다. 식 8.85와 식 8.84를 식 8.83에 대입하여 정리하면, 각운동량 평형 법칙은 최종적으로 다음 식으로 표현된다.

$$\epsilon_{ijk} \int_V (\sigma_{jk} + x_j(\sigma_{pk,p} + \rho b_k - \rho \dot{v}_k) dV = 0 \tag{8.86}$$

이 식에서 두 번째 피적분항은 운동방정식으로부터 제거된다. 따라서 최종적으로 다음 식이 유도된다.

$$\int_V \epsilon_{ijk} \sigma_{jk} dV = 0 \quad \text{또는} \quad \epsilon_{ijk} \sigma_{jk} = 0 \tag{8.87}$$

위의 식에서 ϵ_{ijk}는 j와 k에 대해서 의대칭이므로, 이 식이 성립하려면, σ_{jk}는 대칭이어야 한다.

8.9 에너지 보존법칙과 열역학 제 2법칙

이제 에너지보존 법칙을 전개해 보자. 운동방정식의 양변에 v_i를 곱한다. 즉, 벡터 식의 양변에 속도벡터를 내적하여 다음 식을 얻는다.

$$\int_V \rho v_i \dot{v}_i dV = \int_V v_i \sigma_{ji,j} dV + \int_V \rho v_i b_i dV \tag{8.88}$$

다음의 관계로부터

$$\int_V \rho v_i \dot{v}_i dV = \frac{d}{dt} \int_V \rho \frac{v_i v_i}{2} dV = \frac{d}{dt} \int_V \frac{\rho v^2}{2} dV = \frac{dK}{dt} \tag{8.89}$$

식 8.88의 좌변은 운동에너지의 시간변화율이 된다는 것을 알 수가 있다. 그리고 식 8.88에서 우변의 첫 번째 항은 다음과 같이 정리된다.

$$\int_V v_i \sigma_{ji,j} dV = \int_V (v_i \sigma_{ji})_{,j} dV - \int_V v_{i,j} \sigma_{ji} dV$$
$$= \int_V (v_i \sigma_{ji})_{,j} dV - \int_V (D_{ij} + V_{ij}) \sigma_{ji} dV$$

$$= \int_V (v_i \sigma_{ji})_{,j} \, dV - \int_V D_{ij} \sigma_{ji} \, dV \tag{8.90}$$

여기서 D_{ij}는 속도구배텐서 $v_{i,j}$의 대칭 부분이다. 윗 식의 전개 과정에서 응력이 대칭이므로 의대칭 항인 V_{ij}는 사라졌다. 식 8.90을 식 8.88에 대입하고 Gauss의 발산이론을 적용하여 정리하면, 다음 식이 얻어진다.

$$\frac{dK}{dt} + \int_V D_{ij} \, \sigma_{ji} \, dV = \int_S v_i \, t_i^{(n)} \, dS + \int_V \rho \, b_i v_i \, dV \tag{8.91}$$

위 식의 두 번째 항는 변형에너지 U의 시간변화률이다. 변형에너지를 변형에너지 밀도함수(specific strain energy) u로 표현하면, 변형에너지의 시간변화율은 다음과 같이 체적적분으로 정의된다.

$$\frac{dU}{dt} = \frac{d}{dt} \int_V \rho u \, dV = \int_V \rho \dot{u} \, dV \tag{8.92}$$

그리고 식 8.91의 우변은 외력이 행한 에너지 W의 시간변화율이다. 따라서 식 8.91은 다음 식으로 정리된다.

$$\frac{dK}{dt} + \frac{dU}{dt} = \frac{đW}{dt} \tag{8.93}$$

여기서 외력이 행한 에너지 W는 완전미분(exact differential)이 아닐 수 있기 때문에 d 대신 đ를 사용하였다. 완전미분으로 표현되지 않는 경우는 포테셜이 존재하지 않는 경우이다. 즉, 식 8.93은 외력에 대한 포텐셜이 존재하지 않는 경우도 포함한 것이다. 포텐셜이 존재하는 경우는 đ 대신 d를 사용할 수가 있다.

한편, 기계적 에너지 항뿐만 아니라 표면으로 전달되는 표면전도열전달률와 체적에너지 생성율을 고려하면, 에너지 균형 식은 다음 식으로 표현된다.

$$\frac{dK}{dt} + \frac{dU}{dt} = \frac{đW}{dt} + \frac{đQ}{dt} \tag{8.94}$$

여기서 열적 에너지의 기여분인 우변의 두 번째 항은 다음과 같이 표면열전도열전달률과 체적에너지생성율을 포함하며 다음과 같이 수식화된다.

$$\frac{đQ}{dt} = -\int_S q_i n_i dS + \int_V \rho z dV \tag{8.95}$$

여기서 q_i는 전도에 의한 열유동 (heat flux)이고 n_i는 표면에서 외향법선단위벡터이며, z는 단위질량당 에너지 생성률을 의미한다.

식 8.94를 상세하게 표현하면 다음과 같다.

$$\frac{d}{dt}\int_V \rho \frac{v^2}{2} dV + \int_V \rho \dot{u} dV = \int_S t_i^{(n)} v_i dS + \int_V \rho v_i b_i dV + \int_V \rho z dV - \int_S q_i n_i dS \tag{8.96}$$

이 식은 임의의 부피에 대하여 성립하므로, Gauss의 발산이론을 적용한 후 국부적 표현방식을 적용하면, 다음과 같은 미분 방정식이 얻어진다.

$$\frac{d}{dt}(\frac{v^2}{2} + u) = \frac{1}{\rho}(\sigma_{ij} v_i)_{,j} + b_i v_i - \frac{1}{\rho} q_{i,i} + z \tag{8.97}$$

운동에너지와 체적력의 영향을 무시하면 다음 식이 얻어진다.

$$\frac{du}{dt} = \frac{1}{\rho}\sigma_{ij} D_{ij} - \frac{1}{\rho} q_{i,i} + z \tag{8.98}$$

열역학 제2법칙을 표현하는 대표적인 방법인 Clausius-Duhem 부등식에 관해서 알아보자. 다음 식에서 비엔트로피, 즉 단위부피당 엔트로피(specific entropy) s를 정의한다.

$$ds = \frac{dQ}{T} \tag{8.99}$$

비엔트로피에다 각 질점의 질량을 곱하여 적분한 것을 전체엔트로피(total entropy)라고 정의한다(식 8.100 좌변 참조).

질점에서 단위질량당 엔트로피 생성률을 e라고 표현하고, 전도 열전달율을 q_i로 두고 표면에서 외향법선단위벡터를 n_i라고 했을 때, Clausius-Duhem 부등식은, 다음의 관계가 성립한다는 것을 의미한다.

$$\frac{d}{dt}\int_V \rho s dV \ \geq \int_V \rho e dV - \int_S \frac{q_i n_i}{T} dS \tag{8.100}$$

즉, 전체엔트로피의 시간변화율은 내부의 엔트로피 생성률과 외부의 엔트로피 유입율의 합보다 항상 크거나 같다는 것이다. 등식은 가역 공정(reversible process)일 때, 성립한다. 이 부등식은 계에 비가역적(irreversible) 요인이 있으면, 항상 엔트로피의 증가를 유발한다는 것이다. 대류 열전달은 비가역적이기 때문에 부등식이 성립한다. 이것은 계에서 일어나는 에너지의 이동의 방향성을 결정하는 요소이다.

전도열전달에서 Fourier의 전도 법칙은 기본적으로 열흐름의 방향을 설성해 주고 있다. 열전도율이 양수이면, 높은 온도에서 낮은 온도로 열이 이동할 수밖에 없다. 이것은 계의 엔트로피 증가를 유발하여, Clausius-Duhem 부등식을 자연적으로 만족시킨다. 따라서 전도열전달방정식을 이용해서 온도해석을 할 때, 우리가 별도로 이 Clausius-Duhem 부등식을 체크하지 않는다. 당연히 만족하기 때문이다. 고체역학 문제에서도 마찬가지이다.

만약, 어떤 계에 소성 일을 가했다고 하자. 당연히 온도가 증가하면서 엔트로피가 증가해야 한다. 그런데 엔트로피가 감소했다면, 열역학 2법칙을 만족시키지 않는다. 이런 일이 없어야 된다. 그래서 탄성학의 구성방정식에서 탄성행렬은 양확정적(positive definite) 또는 최소한 준양확정적(positive semi-definite)이어야 유의미하게 되는 것이다. 등방성 문제의 탄성역학에서는 이러한 조건을 만족시키기 위해서 영률은 양수가 되어야 하고, 포아송비는 1/2보다 작고 -1보다 커야 한다는 조건이 부과되는 것이다. 이 조건을 만족할 때는 에너지보존 법칙을 사용할 때, 열역학 2법칙을 고려할 필요가 없는 것이다.

다음 식은 식 8.100의 국부적 표현이다.

$$\gamma = \frac{ds}{dt} - e - \frac{1}{\rho}(\frac{q_i}{T})_{,i} \geq 0 \tag{8.101}$$

8.10 Piola-Kirchhoff 응력과 대변형 문제에서 힘의 평형

공간좌표계에서 정의되는 Cauchy 응력 σ_{ij}에 상응하는 물질좌표계에서의 응력을 $\hat{\sigma}_{ij}$라고 표현하고, 이를 제1차 Piola-Kirchhoff 응력(first Piola-Kirchhoff stress)이라고 부른다.

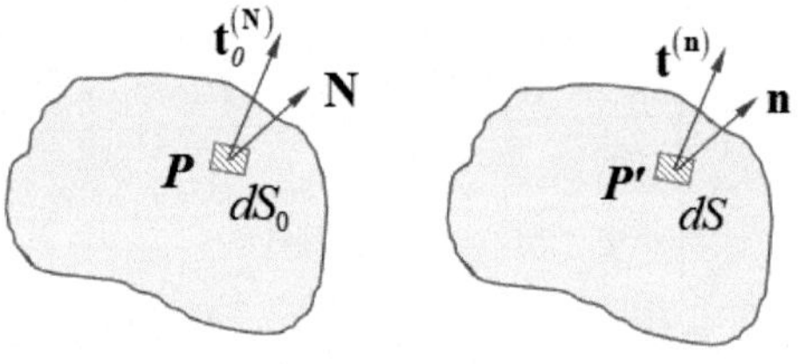

(a) 물질 (b) 공간

그림 8.8 물질좌표계와 공간좌표계에서 표면력의 정의

먼저 Cauchy 응력과 제1차 Piola-Kirchhoff 응력의 관계를 유도해 보자. 그림 8.8은 물질좌표계에서 작용하는 표면력 $t_0^{(N)}$과 공간좌표계에서 작용하는 표면력 $t^{(n)}$을 비교하고 있다. 작용하는 힘 ΔF은 동일하므로 다음 식이 성립해야 한다.

$$\hat{\sigma}_{ij} N_j \, dS_0 = \Delta F = \sigma_{ij} n_j \, dS \tag{8.102}$$

두 법선벡터 n과 N의 관계는 식 8.47로부터 다음과 같이 표현된다.

$$n = |F|(F^{-1})^T \frac{dS_0}{dS} N \tag{8.103}$$

식 8.103을 식 8.102에 대입하면, 다음의 관계가 얻어진다.

$$(\hat{\sigma} - |\mathrm{F}|\,\sigma\,(\mathrm{F}^{-1})^{\mathrm{T}})\mathrm{N} = 0 \tag{8.104}$$

식 (8.102)은 임의의 n에 대해서 성립해야 하며, 식 (8.104)도 임의의 N에 대하여 성립해야 함을 의미한다. 따라서 다음의 관계식, 즉 1차 Piola-Kirchhoff 응력과 Cauchy 응력과의 관계식이 얻어진다.

$$\hat{\sigma} = |\mathrm{F}|\,\sigma\,(\mathrm{F}^{-1})^{\mathrm{T}} \tag{8.105}$$

식 8.78의 선형운동량 보존 법칙을 물질좌표계로 변환하면, 다음과 같다.

$$\int_{S_0} \mathrm{t}_0^{(\mathrm{N})} dS + \int_{V_0} \rho_0 \mathrm{b}_0\, dV = \frac{d}{dt}\int_{V_0} \rho_0 \mathrm{v}\, dV \tag{8.106}$$

Cauchy의 공식은 다음과 같다.

$$t_{0i}^{(\mathrm{N})} = \hat{\sigma}_{Ji} N_J \tag{8.107}$$

이 식을 식 8.106에 대입하고 Gauss의 발산이론을 적용하여 정리하면, 다음 식이 얻어진다.

$$\int_{V_0} (\hat{\sigma}_{Ji,J} + \rho_0 b_{0i} - \rho_0 \dot{v}_i) dV = 0 \tag{8.108}$$

따라서 다음의 물질좌표계에서의 운동방정식이 얻어진다.

$$\hat{\sigma}_{Ji,J} + \rho_0 b_{0i} = \rho_0 \dot{v}_i \tag{8.109}$$

그런데 문제는 제1차 Piola-Kirchhoff 응력이 비대칭이라는 것이다. 비대칭성은 역학계산에서 불리하게 작용하는 경우가 많다. 따라서 이것을 수정해서 대칭조건을 만족하도록 할 수 있다면, 이러한 문제를 해결할 수가 있다. 이 목적으로 제2차 Piola-Kirchhoff 응력 $\hat{\hat{\sigma}}$이 다음과 같이 정의된다.

$$\hat{\hat{\sigma}} = \mathrm{F}^{-1}\hat{\sigma} = |\mathrm{F}|\mathrm{F}^{-1}\sigma(\mathrm{F}^{-1})^{\mathrm{T}} \quad \text{또는} \quad \hat{\sigma} = \mathrm{F}\hat{\hat{\sigma}} \tag{8.110}$$

따라서 $\hat{\sigma} = \mathrm{F}\hat{\hat{\sigma}}$의 관계를 식 8.109에 대입하여 정리하면, 다음과 같은 운동방정식을 얻게 된다.

$$\hat{\hat{\sigma}}_{IJ}(\delta_{iI} + u_{i,I})_{,J} + \rho_0 b_{0i} = \rho_0 \dot{v}_i \tag{8.111}$$

참고 문헌

[3.1] Crandall, Dahl, Lardner, An Introduction to the Mechanics of Solids, McGraw Hill, 1978

[3.1] R. A. C. Slater, Engineering Plasticity—Theory and Application to Metal Forming Processes, The Macmillan Press, 1977.

[3.2] R. Hill, The Mathematical Theory of Plasticity, Clarendon Press, 1998.

[3.3] J. B. Byun, M. K. Razali, C. J. Lee, I. D. Seo, W. J. Chung, M. S. Joun, Automatic Multi-Stage Cold Forging of an SUS304 Ball-Stud with a Hexagonal Hole at One End, Mater, 2020.

[3.4] M. S. Joun, I. S. Choi, J. G. Eom, M. C. Lee, Finite element analysis of tensile testing with emphasis on necking, Comput Mater Sci, Vol. 41, pp. 63-69, 2007.

[3.5] M. S. Joun, J. G. Eom, M. C. Lee, A new method for acquiring true stress-strain curves over a large range of strains using a tensile test and finite element method, Mech Mater, Vol. 40, pp. 586-593, 2008.

[3.6] M. Kim, T. Y. Park, S. Hong, Experimental determination of the plastic deformation and fracture behavior of polypropylene composites under various strain rates, Poly Test, 2020.

[3.7] M. Kim, B. Gu, S. Hong, Determination of post-necking stress-strain relationship for zirconium low-oxidation based on actual cross-section measurements by DIC, J Mech Sci Technol, Vol. 34(10), pp 4211-4217, 2020.

[3.8] M. Quanjin., M. R. Rejab, Q. Halim, M. N. Merzuki, M. A. Darus, Experimental investigation of the tensile test using digital image correlation (DIC) method, Mater Todays: Proceedings, 2020.

[3.9] E. Voce, The relationship between stress and strain for homogeneous deformation, J Inst Metals, Vol. 74, pp. 537, 1948.

[3.10] G. R. Johnson, W. H. Cook, A constitutive model and data for metals subjected to large strains, high strain rates and high temperatures. Proceedings of the Seventh International Symposium on Bal- listic, The Hague, The Netherlands, pp. 541-547, 1983.

[3.11] A. Hensel, T. Spittel, Kraft - und Arbeitsbedarf bildsamer Formgebungsverfahren. 1st ed. Leipzig: Deutscher Verlag für Grundstoffindustrie, pp.528, 1978.

[3.12] Y. Misaka, T. Yoshimoto, Formulation of mean resistance of deformation of plain carbon steel at elevated temperature, J Japan Soc Technol Plast, Vol. 8, pp. 414-422, 1967.

[3.13] R. Ebrahimi, S. H. Zahiri, A. Najafizadeh, Mathematicalmodelling of the stress-strain curves of Ti-IF steel at hightemperature, J Mater Process Technol, Vol. 171, pp. 301-305, 2006.

[3.14] M. K. Razali, M. Irani, M. S. Joun, General modeling of flow stress curves of alloys at elevated temperatures using bi-linearly interpolated or closed-form functions for material parameters, J Mater Res and Tec, Vol. 8(3), pp. 2710-2720, 2019.

[3.15] M. S. Joun, H. G. Moon, I. S. Choi, M. C. Lee, B. Y. Jun, Effects of friction laws on metal forming processes, Tribol Int, Vol. 42, pp. 311-319, 2009.

[3.16] S. W. Lee, J. M. Lee, M. S. Joun, On critical surface strain during hot forging of lubricated aluminum allo, Tri Int, pp. 141, 2020.

[3.17] G. E. Mase, Continuum mechanics, New York, McGraw-Hill, 1970.

[3.18] N. S. Kim, Continuum Theory of Plasticity, Sogang University.

제 4 부

2차 편미분방정식의 유한요소법

대부분의 주요 역학 문제가 2차 편미분방정식으로 수식화된다. 제 4 부에서는 Poisson 방정식의 유한요소법, 연속체의 선형탄성 유한요소법, 강열점소성 유한요소법 등을 공부한다.

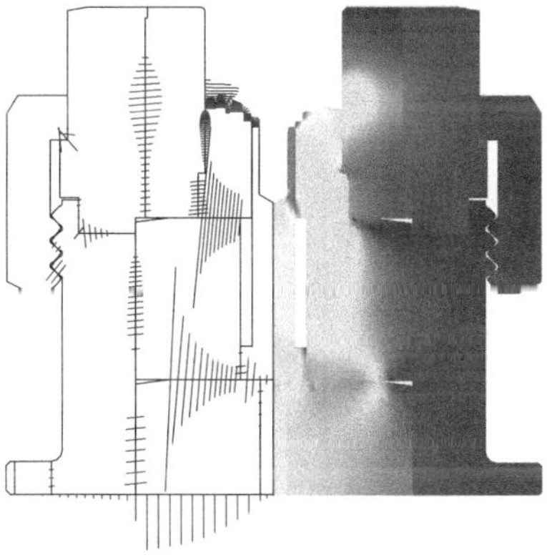

제 1 장

이산화와 보간

1.1 서론

유한요소법은 미분방정식의 근사해법의 일종이며, 특성상 컴퓨터의 응용을 근간으로 하고 있다. 유한요소해가 근사해가 되는 이유는 두 가지로 설명된다. 하나는 해석영역을 근사화하는 것에 연유하는 것이다. 그림 1.1에서 보는 바와 같이 본래의 해석영역은 유한요소들의 집합으로 근사화된다. 선형 사각형요소로 곡선의 해석경계를 정확하게 표현하는 것은 불가능하므로 근사화는 불가피하다. 두 번째의 근사화는 미지함수를 보간함수로 표현하는 것으로부터 발생한다. 제 2 부의 그림 1.1에서 보는 바와 같이 일반적인 함수를 구간선형함수로 표현할 수 없기 때문에 보간의 과정에서 오차의 개입이 불가피하다.

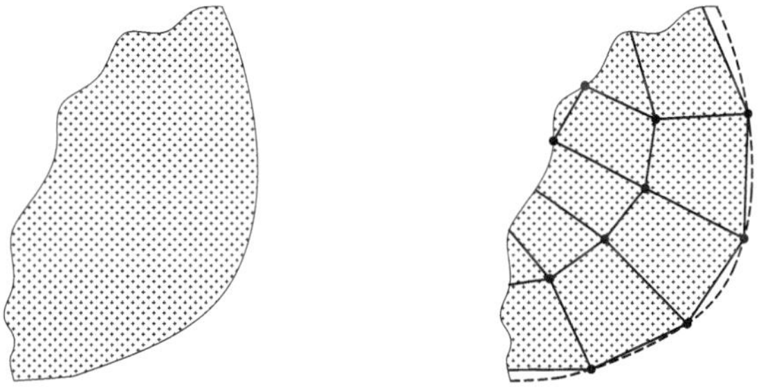

(a) 해석영역　　　(b) 이산화된 해석영역

그림 1.1 해석영역이 이산화와 근사화

유한요소해석은 해석영역과 미지의 함수에 대한 근사화로부터 시작된다. 해석영역의 근사화를 이산화(discretization)라고 하고 미지함수의 근사화를 보간(interpolation)이라고 한다. 근사화는 보간함수로 수식화되는데, 해석영역의 이산화에 사용된 보간함수와 미지함수의 근사화에 사용된 보간함수가 동일할 때 등매개변수요소(isoparametric element)라고 한다. 절대 다수의 유한요소법에서 등매개변수요소를 사용하고 있으므로 이 책은 등매개변수요소만을 취급한다. 비등매개변수요소로 초매개변수요소(superparametric element)와 저매개변수요소(subparametric element)가 있으며, 복합재료 등의 특수 목적에 응용되고 있다.

2차 미분방정식 문제를 해결하기 위한 등매개변수요소에서 N_L은 다음의 두 조건을 만족해야 한다.

$$\text{조건 1: 해석영역상의 임의의 점에서 } N_L \in H^1 \quad \text{또는} \quad C^0 \tag{1.1}$$

$$\text{조건 2: 절점 } L \text{ 에서 } N_L = 1\,,\ \text{임의의 점에서 } \sum_{L=1}^{N} N_L = 1 \tag{1.2}$$

이 두 조건을 만족하는 보간함수가 정의되는 요소를 선형요소(linear element)라고 한다. 제 2 부 4장에서 이 두 조건에 관하여 상술하였다.

1.2 2차원 문제

2차원 평면에서는 삼각형요소와 사각형요소의 선형요소가 있으며, 고차 요소도 이 두 요소를 근간으로 하고 있다. 이 절에서는 선형 삼각형요소와 선형 사각형요소에 관하여 공부한다.

해석영역을 N개의 절점과 M개의 요소로 이산화하여 절점 L의 좌표를 (x_L, y_L)이라고 하면, 임의의 점의 좌표는 다음 식에 의하여 절점의 좌표값 (x_L, y_L)로 보간된다.

$$x = \sum_{L=1}^{N} x_L N_L(x, y) \quad \text{또는} \quad x = x_L N_L(x,y) \tag{1.3}$$

$$y = \sum_{L=1}^{N} y_L N_L(x, y) \quad \text{또는} \quad y = y_L N_L(x,y) \tag{1.4}$$

여기서 $N_L(x, y)$는 보간함수이다. 2차원 평면에서 삼각형요소의 보간함수를 정의로부터 직접 구할 수 있으나, 사각형요소의 보간함수를 x와 y의 명확한 함수 형태로 표현하는 것은 쉽지 않다. 물론, 2부에서 경험한 바와 같이 유한요소법에서 (x, y) 공간에서의 적분영역이 표준공간 (ξ, η)로 변환되어 적분값이 계산되기 때문에 $N_L(x, y)$를 굳이 구할 필요가 없다. 대신 원하는 좌표 (x, y)에서 보간함수와 미분값을 계산하는 방법이 필요하다. 이 절에서 이와 관련된 내용을 상술한다.

1.2.1 삼각형요소의 보간함수와 좌표변환

그림 1.2에서 보는 바와 같이 I, J, K의 절점으로 이루어진 하나의 삼각형요소 ⓔ에서 보간함수 $N_I(x, y)$ 등을 구해 보자. 요소 ⓔ를 정의구역으로 하는 $N_I(x, y)$를 $N_I^{ⓔ}(x, y)$라고 두자. $N_I^{ⓔ}(x, y)$는 다음의 조건을 만족해야 한다.

$$N_I^{ⓔ}(x_I, y_I) = 1, \quad N_I^{ⓔ}(x_J, y_J) = 0, \quad N_I^{ⓔ}(x_K, y_K) = 0 \tag{1.5}$$

이 조건을 만족하는 최저차수의 다항식으로 보간함수를 표현하면 다음 식과 같다.

$$N_I^{ⓔ}(x,y) = \alpha_I + \beta_I x + \gamma_I y \tag{1.6}$$

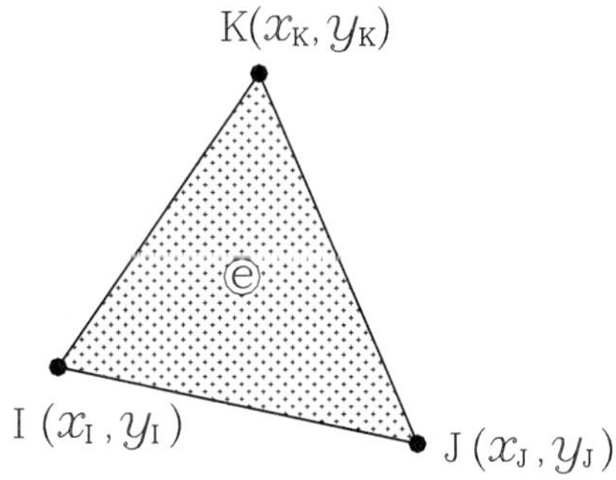

그림 1.2 삼각형 요소의 정의

식 (1.5)와 식 (1.6)으로부터 α_I, β_I, γ_I는

$$\begin{aligned} \alpha_I &= \frac{1}{2\triangle}(x_J y_K - x_K y_J) \\ \beta_I &= \frac{1}{2\triangle}(y_J - y_K) \\ \gamma_I &= \frac{1}{2\triangle}(x_K - x_J) \end{aligned} \tag{1.7}$$

이다. 여기서

$$\triangle = \frac{1}{2}\begin{vmatrix} 1 & x_I & y_I \\ 1 & x_J & y_J \\ 1 & x_K & y_K \end{vmatrix} = \frac{1}{2}\begin{vmatrix} 1 & x_I & y_I \\ 0 & x_J - x_I & y_J - y_I \\ 0 & x_K - x_I & y_K - x_I \end{vmatrix} \tag{1.8}$$

는 삼각형 IJK의 면적이다. 동일한 방법으로

$$N_J^{ⓔ}(x,y) = \alpha_J + \beta_J x + \gamma_J y \tag{1.9}$$

$$N_K^{ⓔ}(x,y) = \alpha_K + \beta_K x + \gamma_K y \tag{1.10}$$

를 구할 수 있다. 여기서 상수 $\alpha_J, \beta_J, \gamma_J$, $\alpha_K, \beta_K, \gamma_K$는 $I \to J \to K \to I$의 순환 순서에 입각하여 식 (1.7)의 지수를 수정함으로써 손쉽게 구해진다. 한편, 식 (1.8)을 참고로 하여 그림 1.3의 삼각형 IJK와 삼각형 PJK의 면적비를 구하면

$$\frac{Area(PJK)}{Area(IJK)} = \frac{1}{2\triangle}\begin{vmatrix} 1 & x & y \\ 1 & x_J & y_J \\ 1 & x_K & y_K \end{vmatrix} = N_I^{ⓔ}(x,y) \tag{1.11}$$

이다. 그러므로 삼각형요소 내의 한 점 P에서 보간함수 $N_I^{ⓔ}$는 절점 I를 제외한 두 절점 J, K와 점 P가 이루는 삼각형의 면적과 요소의 면적의 비라는 기하학적 의미를 내포하고

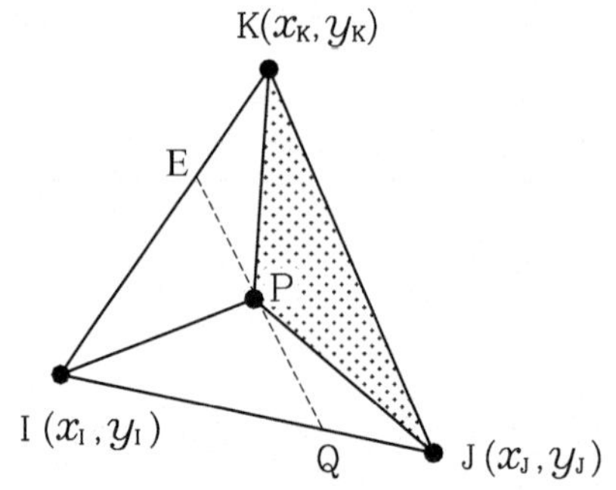

그림 1.3 면적좌표의 정의

있음을 알 수 있다. 그러므로 $N_I^{ⓔ}$는 그림 1.3의 선분 EQ상의 임의의 점에서 동일한 값을 갖는다. 동일한 방법으로 다른 보간함수가 갖는 기하학적 의미를 파악할 수 있다. 그림 1.4에 삼각형요소에서 정의된 식 (1.6)의 보간함수를 도시하였다.

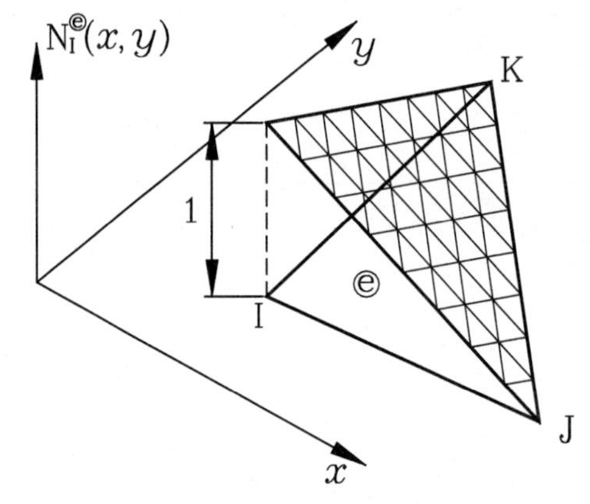

그림 1.4 삼각형요소의 보간함수

이제 (ξ,η) 자연좌표계(natural coordinate system)를 이용한 보간함수의 표현과 적분구간의 일반화에 관하여 공부해 보자. 그림 1.5는 삼각형요소의 좌표변환을 개념적으로 보여주고 있다. 기준좌표계의 점 1은 자연좌표계의 1′으로, 점 2는 2′으로, 점 3은 3′으로 변환될 때, 좌표변환함수는 다음과 같다.

$$x = x(\xi,\eta) = \widetilde{N}_1 x_1^{ⓔ} + \widetilde{N}_2 x_2^{ⓔ} + \widetilde{N}_3 x_3^{ⓔ} \tag{1.12}$$

$$y = y(\xi,\eta) = \widetilde{N}_1 y_1^{ⓔ} + \widetilde{N}_2 y_2^{ⓔ} + \widetilde{N}_3 y_3^{ⓔ} \tag{1.13}$$

여기서 $(x_i^{ⓔ}, y_i^{ⓔ})$는 요소 ⓔ의 i-번째 절점의 좌표이고,

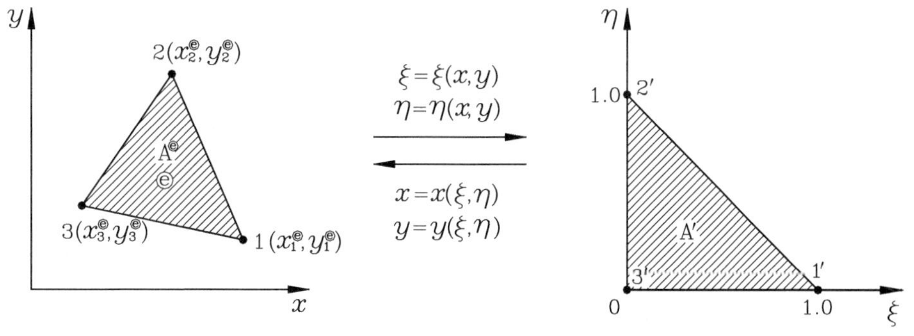

(a) 기준좌표계 (b) 자연좌표계

그림 1.5 삼각형요소와 좌표변환

$$
\begin{aligned}
\widetilde{N}_1 &= \widetilde{N}_1(\xi,\eta) = \xi \\
\widetilde{N}_2 &= \widetilde{N}_2(\xi,\eta) = \eta \\
\widetilde{N}_3 &= \widetilde{N}_3(\xi,\eta) = 1 - \xi - \eta
\end{aligned}
\tag{1.14}
$$

는 자연좌표로 표현된 보간함수이다. 식 (1.12)와 식 (1.13)으로부터 ξ와 η를 x와 y의 함수로 표현하면, 식 (1.6), 식 (1.9), 식 (1.10)의 $N_I^{ⓔ}(x, y)$, $N_J^{ⓔ}(x, y)$, $N_K^{ⓔ}(x, y)$ 등을 다음과 같이 구할 수 있다. 즉,

$$
\begin{aligned}
\widetilde{N}_1 &= \xi = \frac{Area(PJK)}{Area(IJK)} = N_I^{ⓔ}(x, y) \\
\widetilde{N}_2 &= \eta = \frac{Area(PKI)}{Area(IJK)} = N_J^{ⓔ}(x, y) \\
\widetilde{N}_3 &= 1 - \xi - \eta = \frac{Area(PIJ)}{Area(IJK)} = N_K^{ⓔ}(x, y)
\end{aligned}
\tag{1.15}
$$

이다. 그러므로 ξ와 η를 면적좌표(area coordinates)라고 한다.

식 (1.6), 식 (1.9), 식 (1.10)으로부터 x와 y에 대한 보간함수의 편미분은 상수임을 쉽게 알 수 있다. 이제 자연좌표로 표현된 보간함수 $\widetilde{N}_l$의 x와 y에 대한 미분값을 구하는 방법에 관하여 공부하자. 식 (1.14)와 식 (1.15)로부터

$$
\widetilde{N}_l(\xi,\eta) = \widetilde{N}_l(\xi(x,y),\ \eta(x,y)) = N_L^{ⓔ}(x, y)
\tag{1.16}
$$

이다. 여기서 L은 요소 ⓔ의 국부절점 l의 전체절점번호이다. 이 식은 $\widetilde{N}_l(\xi,\eta)$가 x, y의 함수임을 말해 주고 있다. 따라서 사슬법칙에 의하여 다음 식이 성립한다.

$$\frac{\partial \widetilde{N}_l}{\partial \xi} = \frac{\partial \widetilde{N}_l}{\partial x}\frac{\partial x}{\partial \xi} + \frac{\partial \widetilde{N}_l}{\partial y}\frac{\partial y}{\partial \xi} \tag{1.17}$$

$$\frac{\partial \widetilde{N}_l}{\partial \eta} = \frac{\partial \widetilde{N}_l}{\partial x}\frac{\partial x}{\partial \eta} + \frac{\partial \widetilde{N}_l}{\partial y}\frac{\partial y}{\partial \eta}$$

이 식으로부터

$$\begin{bmatrix} \dfrac{\partial \widetilde{N}_l}{\partial \xi} \\ \dfrac{\partial \widetilde{N}_l}{\partial \eta} \end{bmatrix} = \begin{bmatrix} \dfrac{\partial x}{\partial \xi} & \dfrac{\partial y}{\partial \xi} \\ \dfrac{\partial x}{\partial \eta} & \dfrac{\partial y}{\partial \eta} \end{bmatrix}^{-1} \begin{bmatrix} \dfrac{\partial \widetilde{N}_l}{\partial x} \\ \dfrac{\partial \widetilde{N}_l}{\partial y} \end{bmatrix} \tag{1.18}$$

또는

$$\begin{bmatrix} \dfrac{\partial \widetilde{N}_l}{\partial \xi} \\ \dfrac{\partial \widetilde{N}_l}{\partial \eta} \end{bmatrix} = \frac{1}{J}\begin{bmatrix} \dfrac{\partial y}{\partial \eta} & -\dfrac{\partial y}{\partial \xi} \\ -\dfrac{\partial x}{\partial \eta} & \dfrac{\partial x}{\partial \xi} \end{bmatrix}^{-1} \begin{bmatrix} \dfrac{\partial \widetilde{N}_l}{\partial x} \\ \dfrac{\partial \widetilde{N}_l}{\partial y} \end{bmatrix} \tag{1.19}$$

이다. 여기서 $\dfrac{\partial x}{\partial \xi}$, $\dfrac{\partial \widetilde{N}_l}{\partial \xi}$ 등은 식 (1.12), 식 (1.13), 식 (1.14)로부터 구할 수 있으며, 상수이다. 자코비안(Jacobian) J는 다음 식으로 정의되며, 상수값이다.

$$\begin{aligned} J &= \begin{vmatrix} \dfrac{\partial x}{\partial \xi} & \dfrac{\partial y}{\partial \xi} \\ \dfrac{\partial x}{\partial \eta} & \dfrac{\partial y}{\partial \eta} \end{vmatrix} \\ &= \begin{vmatrix} x_1^{ⓔ} - x_3^{ⓔ} & y_1^{ⓔ} - y_3^{ⓔ} \\ x_2^{ⓔ} - x_3^{ⓔ} & y_2^{ⓔ} - y_3^{ⓔ} \end{vmatrix} \\ &= \left(x_1^{ⓔ} - x_3^{ⓔ}\right)\left(y_2^{ⓔ} - y_3^{ⓔ}\right) - \left(x_2^{ⓔ} - x_3^{ⓔ}\right)\left(y_1^{ⓔ} - y_3^{ⓔ}\right) \end{aligned} \tag{1.20}$$

그러므로 $\widetilde{N}_l$의 x와 y에 대한 미분값은 상수임을 알 수 있다. 물론 그 결과는 x와 y의 함수로 표현된 식 (1.6), 식 (1.9), 식 (1.10)의 보간함수 $N_I^{ⓔ}(x, y)$, $N_J^{ⓔ}(x, y)$, $N_K^{ⓔ}(x, y)$ 등을 직접 편미분한 것과 동일하다.

거듭 강조하지만, 우리가 여기서 굳이 보간함수를 실제의 해석영역에서 구해본 것은 실제의 해석영역과 적분 계산을 위한 자연좌표계의 영역간의 벽을 허물기 위함이다.

▼ 예제 1.1

식 (1.6)을 직접 x에 관하여 편미분하여 구한 값과 식 (1.19)에서 구한 값이 동일함을 보여라.

➡ 식 (1.6)의 보간함수를 x에 관하여 직접 편미분하면 다음과 같다.

$$\frac{\partial N_I^{ⓔ}(x,y)}{\partial x} = \beta_I = \frac{y_J - y_K}{(x_J - x_I)(y_K - y_I) - (y_J - y_I)(x_K - x_I)} \tag{a}$$

식 (1.19)로부터

$$\frac{\partial \widetilde{N}_1}{\partial x} = \frac{1}{J}\left(\frac{\partial y}{\partial \eta}\frac{\partial \widetilde{N}_1}{\partial \xi} - \frac{\partial y}{\partial \xi}\frac{\partial \widetilde{N}_1}{\partial \eta}\right) \tag{b}$$

$$= \frac{y_2^{ⓔ} - y_3^{ⓔ}}{\left(x_1^{ⓔ} - x_3^{ⓔ}\right)\left(y_2^{ⓔ} - y_3^{ⓔ}\right) - \left(x_2^{ⓔ} - x_3^{ⓔ}\right)\left(y_1^{ⓔ} - y_3^{ⓔ}\right)}$$

이다. 절점 I를 요소 ⓔ의 1번 절점에 연결시키면, $x_I = x_1^{ⓔ}$, $x_J = x_2^{ⓔ}$, $x_K = x_3^{ⓔ}$, $y_I = y_1^{ⓔ}$, $y_J = y_2^{ⓔ}$, $y_K = y_3^{ⓔ}$이므로 식 (a)와 식 (b)의 분자는 동일하며, 분모도 전개하여 비교하면 동일하다.

면적요소 $dxdy$와 삼각형요소의 정적분은 다음 식에 의하여 자연좌표로 변환된다.

$$dxdy = Jd\xi d\eta \tag{1.21}$$

$$\int_{A^{ⓔ}} f(x,y)\,dA = \int_0^1 \int_0^{1-\eta} f(x(\xi,\eta),y(\xi,\eta))\,Jd\xi d\eta \tag{1.22}$$

식 (1.22)의 우변은 삼각형요소에 대한 적분의 일반형이며, 유한요소 프로그램에서는 일반적으로 제 3 장의 수치적분 공식에 의하여 계산된다. 한편 보간함수의 적분을 위하여 다음의 공식을 이용하면 편리하다.

$$\int_{A^{ⓔ}} \widetilde{N}_1^{\,p}\widetilde{N}_2^{\,q}\widetilde{N}_3^{\,r}\,dA = \frac{p!\,q!\,r!}{(p+q+r+2)!}2\Delta \tag{1.23}$$

여기서 Δ는 요소의 면적으로 식 (1.8)에서 정의하였다.

1.2.2 사각형요소의 보간함수와 좌표변환

하나의 사각형요소 ⓔ에서 0이 아닌 보간함수를 구해 보자. 먼저 ξ-η 자연좌표계를 그림 1.6(b)와 같이 정의하고, 그림 1.6(a)의 절점 L_1, L_2, L_3, L_4에 각각 국부절점번호 1, 2, 3, 4를 부여한다. 그리면 그림 1.6(a)의 영역은 다음의 변환함수에 의하여 그림 1.6(b)의 정사각형으로 사상된다.

$$x = x(\xi,\eta) = \sum_{l=1}^{4} x_l^{ⓔ}\widetilde{N}_l(\xi,\eta) \quad \text{또는} \quad x = x_l^{ⓔ}\widetilde{N}_l(\xi,\eta) \tag{1.24}$$

$$y = y(\xi,\eta) = \sum_{l=1}^{4} y_l^{ⓔ}\widetilde{N}_l(\xi,\eta) \quad \text{또는} \quad y = y_l^{ⓔ}\widetilde{N}_l(\xi,\eta) \tag{1.25}$$

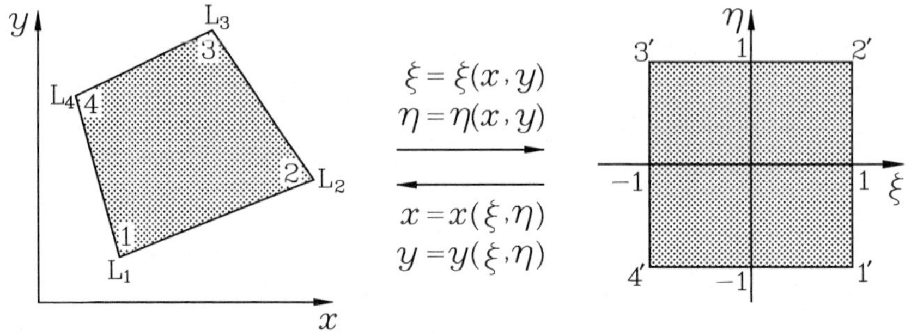

그림 1.6 사각형요소의 좌표변환

여기서 $(x_l^{ⓔ}, y_l^{ⓔ})$는 요소 ⓔ의 l-번째 절점의 좌표이고,

$$\widetilde{N}_l(\xi, \eta) = \frac{(1 + \xi_l \xi)(1 + \eta_l \eta)}{4} \tag{1.26}$$

는 자연좌표로 표현된 보간함수이며, ξ와 η에 대하여 이중선형(bi-linear)이다. 식 (1.26)에서 $\xi_i(i = 1,2,3,4)$와 $\eta_i(i = 1,2,3,4)$는 다음과 같이 정의된다.

$$\xi_1 = \xi_2 = \eta_2 = \eta_3 = 1, \quad \xi_3 = \xi_4 = \eta_1 = \eta_4 = -1 \tag{1.27}$$

이다.

▼ 예제 1.2

그림에서 점 $P(-1,-1)$의 자연좌표 (ξ, η)와 보간함수 $\widetilde{N}_l(\xi, \eta)$를 구하라. 단, (x, y) 좌표계의 점 $1(1,-1)$이 (ξ, η) 좌표계의 점 $1'(1,-1)$로 변환되도록 하라.

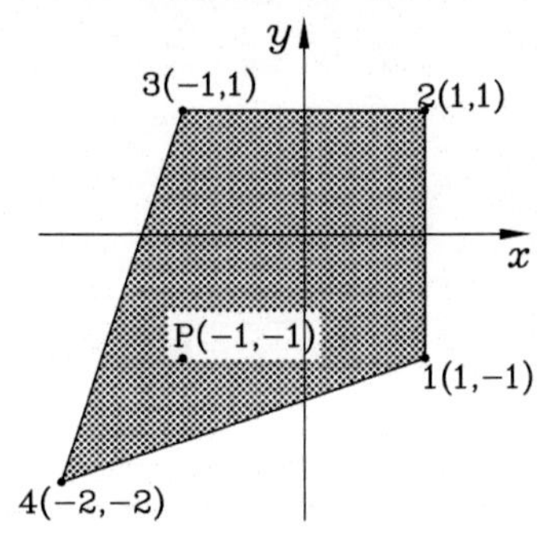

➡ 식 (1.24)와 식 (1.25)로부터 변환함수는

$$x = \frac{(1+\xi)(1-\eta)}{4} \times (1) + \frac{(1+\xi)(1+\eta)}{4} \times (1) \tag{a}$$

$$+ \frac{(1-\xi)(1+\eta)}{4} \times (-1) + \frac{(1-\xi)(1-\eta)}{4} \times (-2)$$

$$= \frac{1}{4}(-1 + 5\xi + \eta - \xi\eta)$$

$$y = \frac{(1+\xi)(1-\eta)}{4} \times (-1) + \frac{(1+\xi)(1+\eta)}{4} \times (1)$$ (b)

$$+ \frac{(1-\xi)(1+\eta)}{4} \times (1) + \frac{(1-\xi)(1-\eta)}{4} \times (-2)$$

$$= \frac{1}{4}(-1 + \xi + 5\eta - \xi\eta)$$

이다. 점 $P(-1,-1)$에 대응하는 자연좌표는 다음의 2차방정식

$$-1 = \frac{1}{4}(-1 + 5\xi + \eta - \xi\eta)$$ (c)

$$-1 = \frac{1}{4}(-1 + \xi + 5\eta - \xi\eta)$$ (d)

과 $-1 \le \xi, \eta \le 1$의 조건으로부터

$$\xi = \eta = 3 - 2\sqrt{3}$$ (e)

이다. 식 (e)를 식 (1.26)에 대입하면,

$$\widetilde{N}_l(3-2\sqrt{3}, 3-2\sqrt{3}) = \frac{\{1+(3-2\sqrt{3})\xi_l\}\{1+(3-2\sqrt{3})\eta_l\}}{4}$$ (f)

이다.

▼ 예제 1.3

그림의 직사각형 요소의 절점 2에서 정의되는 보간 함수를 (x, y) 좌표로 표현하라.

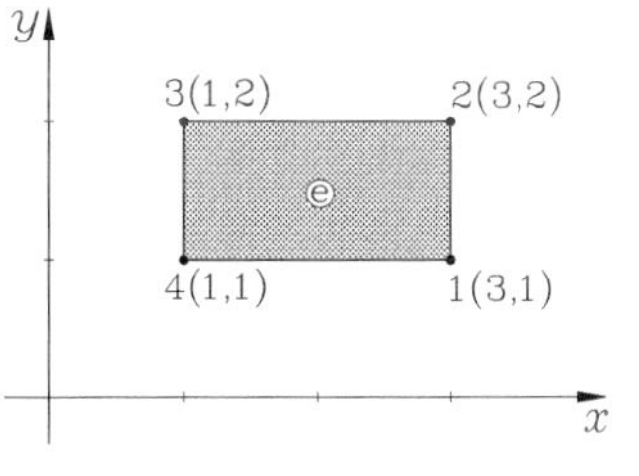

그림의 사각형요소에 대한 좌표변환함수는 다음 식과 같다.

$$x = \frac{(1+\xi)(1-\eta)}{4} \times (3) + \frac{(1+\xi)(1+\eta)}{4} \times (3)$$ (a)

$$+ \frac{(1-\xi)(1+\eta)}{4} \times (1) + \frac{(1-\xi)(1-\eta)}{4} \times (1)$$

$$= \xi + 2$$

$$y = \frac{(1+\xi)(1-\eta)}{4} \times (1) + \frac{(1+\xi)(1+\eta)}{4} \times (2) \tag{b}$$

$$+ \frac{(1-\xi)(1+\eta)}{4} \times (2) + \frac{(1-\xi)(1-\eta)}{4} \times (1)$$

$$= \frac{1}{2}(\eta + 3)$$

따라서 $\xi = x - 2,\ \eta = 2y - 3$을

$$\widetilde{N}_2(\xi, \eta) = \frac{(1+\xi)(1+\eta)}{4} \tag{c}$$

에 대입하면, 다음의 보간함수를 구할 수 있다.

$$N_2^{ⓔ}(x, y) = \frac{1}{2}(1 - x - y + xy) \tag{d}$$

이 예제는 보간함수를 x와 y의 다항식으로 표현할 수 있는 특별한 경우이다.

식 (1.24)와 식 (1.25)의 변환함수가 일대일 대응관계에 있을 때, 음함수이론(implicit function theorem)에 의하여 다음의 역변환함수가 존재한다.

$$\xi = \xi(x, y) \tag{1.28}$$

$$\eta = \eta(x, y) \tag{1.29}$$

그러나 그 관계를 일반적으로 닫힌 형태의 함수(closed form function)로 표현할 필요는 없다. 그 반면 예제 1.2와 같은 방법으로 (x, y)가 주어졌을 때 (ξ, η)를 구하거나, (ξ, η)가 주어져 있을 때 (x, y)를 식 (1.24)와 식 (1.25)로부터 구한다. ξ와 η가 x와 y의 함수이므로 식 (1.26)의 보간함수는 x와 y의 함수로 간주될 수 있다. 그림 1.7에 $\widetilde{N}_i$을 도시하였다.

식 (1.24)와 식 (1.25)의 변환함수가 일대일 대응관계에 있기 위한 조건으로 사각형요소의 모든 내각이 180° 이하가 되어야 한다는 점을 강조해 둔다.

자연좌표계에서 보간함수 $\widetilde{N}_i(\xi, \eta)$는 ξ와 η의 다항식으로 표현되지만, 일반적으로 x-y 좌표계에서 보간함수 $N_L(x, y)$ 등은 x와 y에 대한 다항식이 아니다. 한편 자연좌표계에서 보간함수가 연속이면, x-y 좌표계에서도 보간함수는 연속이다. 그리고 식 (1.26)으로부터 자연좌표계상의 임의의 점 (ξ, η)에서

$$\sum_{i=1}^{4} \widetilde{N}_i(\xi, \eta) = 1 \tag{1.30}$$

이므로, 이 점에 대응하는 x-y 좌표계상의 점 (x, y)에서

$$N_{L_1}^{ⓔ}(x, y) + N_{L_2}^{ⓔ}(x, y) + N_{L_3}^{ⓔ}(x, y) + N_{L_4}^{ⓔ}(x, y) = 1 \tag{1.31}$$

또는

$$\sum_{L=1}^{N} N_L(x,y) = 1 \tag{1.32}$$

이 성립한다. 따라서 식 (1.26)의 보간함수는 식 (1.1)과 식 (1.2)의 조건을 만족한다.

1.2.1절에서 설명한 바와 같은 논리로 보간함수의 편미분은 다음 식에 의하여 계산된다.

$$\begin{bmatrix} \dfrac{\partial \widetilde{N}_l}{\partial x} \\ \\ \dfrac{\partial \widetilde{N}_l}{\partial y} \end{bmatrix} = \begin{bmatrix} \dfrac{\partial x}{\partial \xi} & \dfrac{\partial y}{\partial \xi} \\ \\ \dfrac{\partial x}{\partial \eta} & \dfrac{\partial y}{\partial \eta} \end{bmatrix}^{-1} \begin{bmatrix} \dfrac{\partial \widetilde{N}_l}{\partial \xi} \\ \\ \dfrac{\partial \widetilde{N}_l}{\partial \eta} \end{bmatrix} \tag{1.33}$$

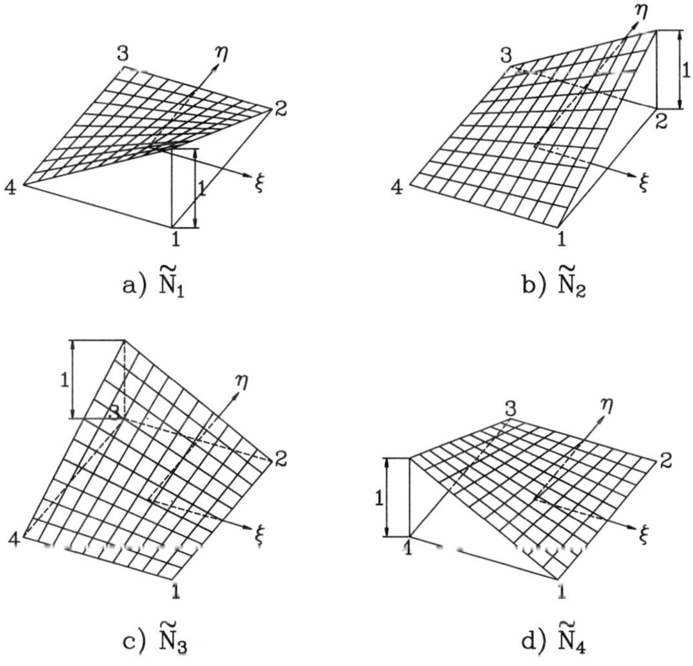

그림 1.7 사각형요소의 보간함수

또는

$$\begin{bmatrix} \dfrac{\partial \widetilde{N}_l}{\partial x} \\ \\ \dfrac{\partial \widetilde{N}_l}{\partial y} \end{bmatrix} = \frac{1}{J} \begin{bmatrix} \dfrac{\partial y}{\partial \eta} & -\dfrac{\partial y}{\partial \xi} \\ \\ -\dfrac{\partial x}{\partial \eta} & \dfrac{\partial x}{\partial \xi} \end{bmatrix}^{-1} \begin{bmatrix} \dfrac{\partial \widetilde{N}_l}{\partial \xi} \\ \\ \dfrac{\partial \widetilde{N}_l}{\partial \eta} \end{bmatrix} \tag{1.34}$$

여기서 $\frac{\partial x}{\partial \xi}$ 등은 식 (1.24)와 식 (1.25)로부터 명확한 자연좌표의 함수로 표현되고,

$$J=\begin{vmatrix} \frac{\partial x}{\partial \xi} & \frac{\partial y}{\partial \xi} \\ \frac{\partial x}{\partial \eta} & \frac{\partial y}{\partial \eta} \end{vmatrix} = \left| \frac{\partial x}{\partial \xi}\frac{\partial y}{\partial \eta} - \frac{\partial y}{\partial \xi}\frac{\partial x}{\partial \eta} \right| \tag{1.35}$$

는 자코비안(Jacobian)이다. 한편 면적요소 $dxdy$는 다음 식에 의하여 자연좌표로 변환되며,

$$dxdy = J\, d\xi d\eta \tag{1.36}$$

사각형요소에 대한 적분은 다음 식에 의해 표준형으로 변환된다.

$$\int_{A^{\textcircled{e}}} f(x, y)\, dA = \int_{-1}^{1}\int_{-1}^{1} f(x(\xi, \eta), y(\xi, \eta))\, J d\xi\, d\eta \tag{1.37}$$

유한요소법에서 식 (1.37)은 3장에서 취급하고 있는 수치적분에 의하여 계산된다.

▼ 예제 1.4

그림 (a)의 ξ-η 자연좌표계에서 선분 $\xi = 0.5$, $-1.0 \le \eta \le 1.0$을 x-y 좌표계로 사상하고, 이 선분상에서 보간함수의 변화를 도시하라. 단, 요소의 사상조건들은 예제 1.2와 동일하다.

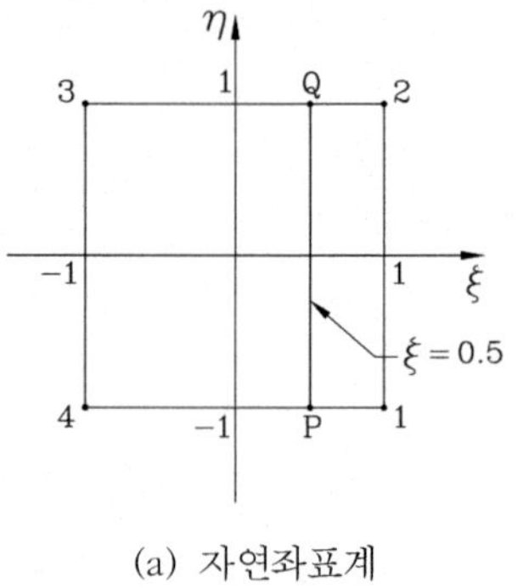

(a) 자연좌표계

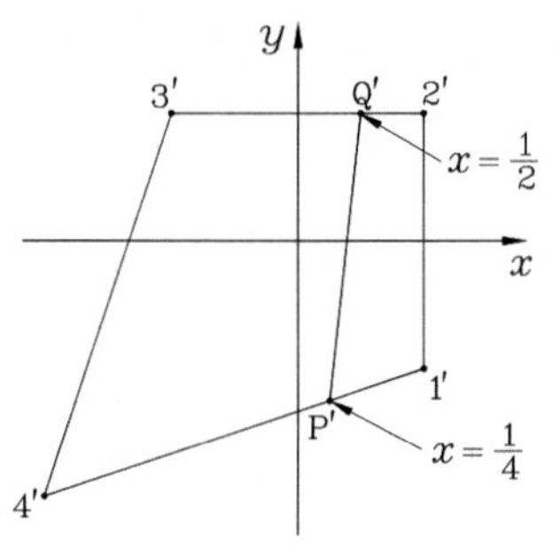

(b) x-y 좌표계

➡ 점 P와 점 Q를 연결하는 선분을 고려해 보자. 이 선분에서

$$\xi = 0.5, \quad -1.0 \le \eta \le 1.0 \tag{a}$$

이므로 예제 1.2의 결과로부터

$$x = \frac{1}{8}(\eta + 3), \quad y = \frac{1}{8}(9\eta - 1) \tag{b}$$

이다. 이 식에서 η를 소거하면

$$18x - 2y - 7 = 0 \tag{c}$$

이다. 이 직선은 그림 (b)에서 점 P'과 Q'을 잇는 선분을 포함한다. 이제 이 선분을 따라 $\tilde{N}_1$가 어떻게 변화하는지 살펴보자.

$$\tilde{N}_1 = \frac{(1+\xi)(1-\eta)}{4}\Big|_{\xi=\frac{1}{2},\ \eta=8x-3} = \frac{3}{2}(-2x+1) \tag{d}$$

이므로 $\tilde{N}_1$는 선분 $P'Q'$을 따라 직선적으로 변화한다. 따라서 보간함수를 도시하면 그림 (c)에서 보는 바와 같다.

마찬가지로 ξ-η 평면상에서 ξ-축 또는 η-축에 평행한 직선, 즉 ξ=일정 또는 η=일정인 직선은 x-y 평면상에서 직선으로 사상되고 이 직선상에서 보간함수는 길이에 선형적으로 변한다.

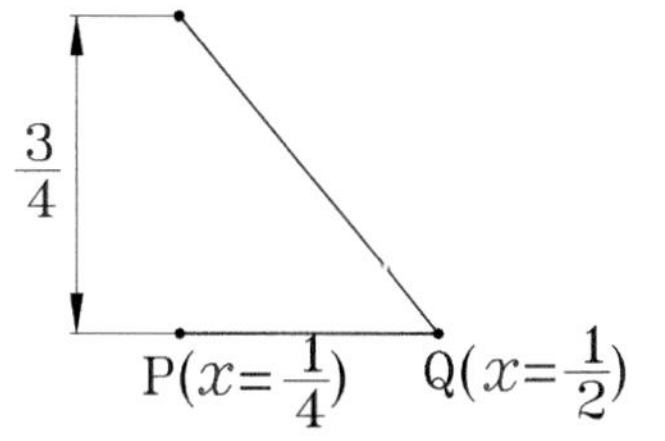

(c) 선분 PQ 상에서 보간함수의 변화

▼ 예제 1.5

그림의 절점 J에서 정의되는 보간함수 $N_J(x, y)$를 도시하라.

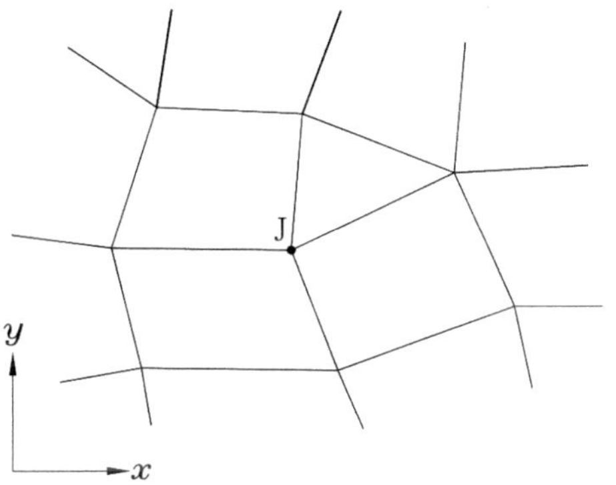

➡ N_J는 절점 J에서 1의 값을 갖고, 절점 J에 의하여 정의된 요소 이외의 영역에서는 0이다. 여러 방향에서 바라본 N_J를 아래에 도시하였다.

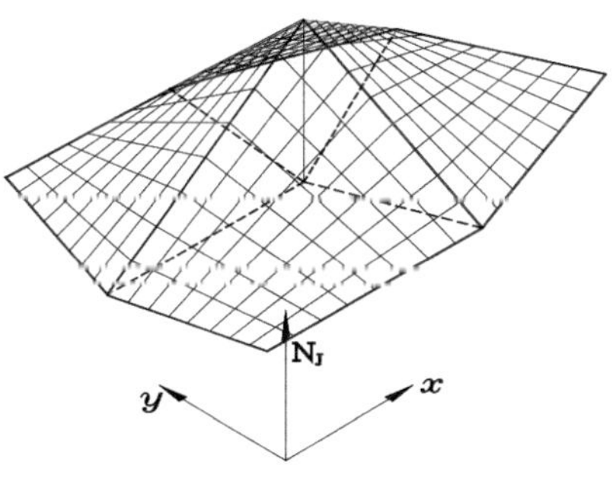

(a)

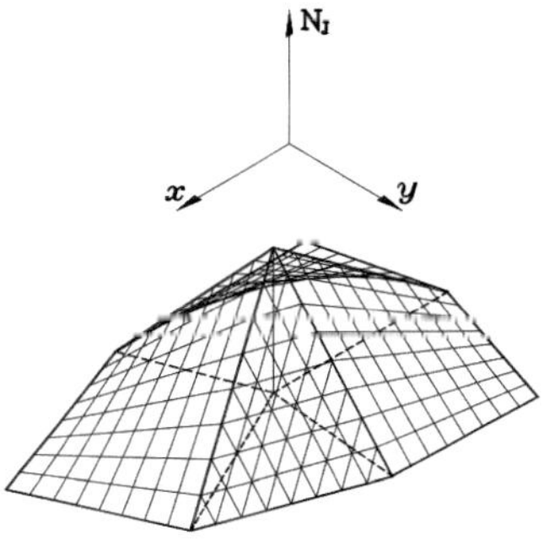

(b)

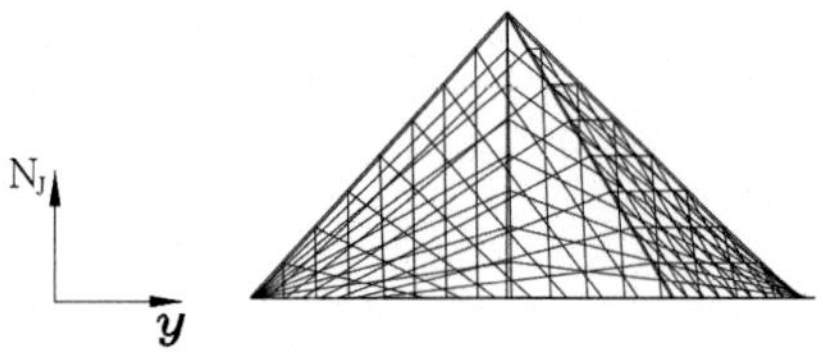

(c)

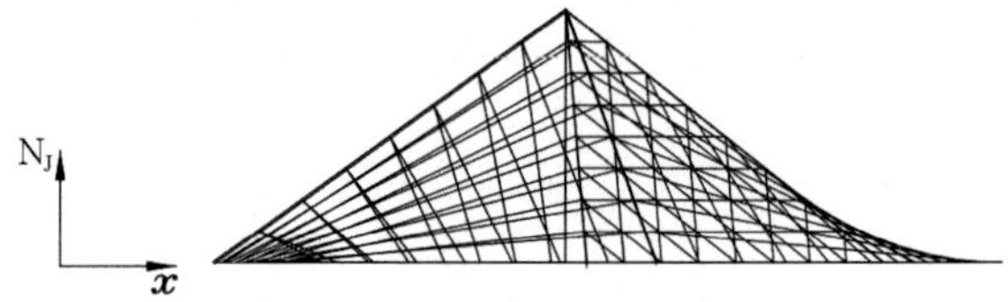

(d)

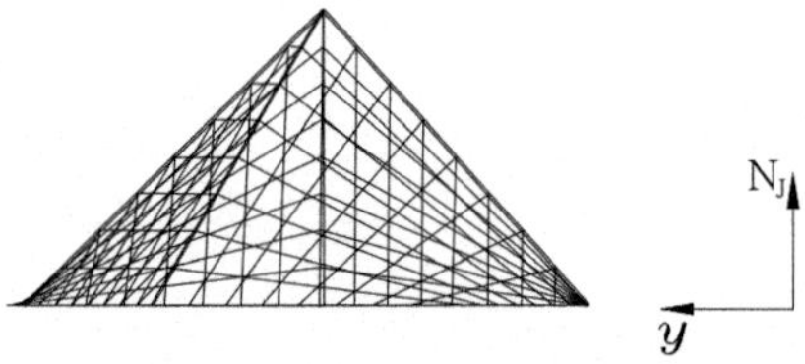

(e)

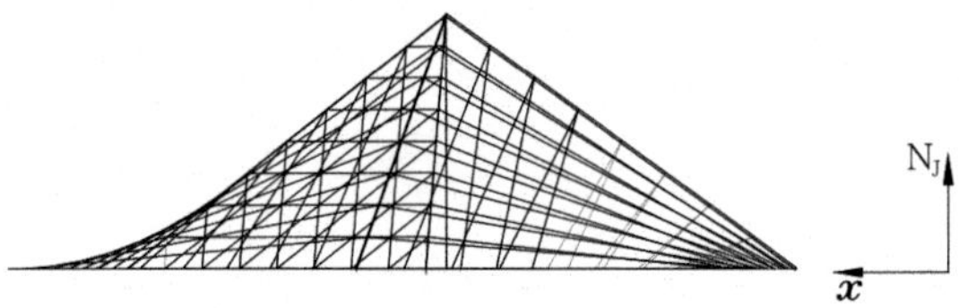

(f)

1.2.3 미지함수 및 좌표의 보간

역학 문제는 주로 미지의 스칼라함수 또는 미지의 벡터함수를 찾는 문제로 수식화된다. 온도의 분포가 스칼라함수의 대표적인 예이며, 변위장과 속도장은 벡터함수의 대표적인 예이다.

미지의 스칼라함수 $\phi = \phi(x, y)$는 2차원 평면에서 다음 식으로 보간된다.

$$\tilde{\phi}(x,y) = \sum_{L=1}^{N} \phi_L N_L(x, y) \quad \text{또는} \quad \tilde{\phi}(x,y) = \phi_L N_L(x, y) \tag{1.38}$$

보간함수 N_L이 연속함수이므로 보간함수의 선형조합인 시도함수 $\tilde{\phi}(x, y)$는 당연히 연속함수이다. 그리고 식 (1.38)의 시도함수는 상수항과 x와 y의 1차항을 표현할 수 있다(예제 1.6 참고). 그러므로 보간함수의 완전성조건을 만족한다.

▼ 예제 1.6

1.2.2절에서 유도한 보간함수의 선형조합, 즉 시도함수가 상수항과 x와 y의 1차항을 표현할 수 있음을 설명하라. 즉, 완전성조건을 만족함을 보여라.

➡ 임의의 요소에서 정해가 다음과 같이 상수항과 x, y의 1차항으로 표현된다고 가정하자.

$$\phi(x,y) = \alpha_0 + \alpha_1 x + \alpha_2 y \tag{a}$$

그러면 절점 J에서의 절점치는 다음과 같다.

$$\phi(x_J, y_J) = \phi_J = \alpha_0 + \alpha_1 x_J + \alpha_2 y_J \tag{b}$$

한편 절점치를 이용하여 유한요소보간을 실시하면

$$\tilde{\phi}(x, y) = \sum_{J=1}^{N} \phi_J N_J(x, y) \tag{c}$$

이다. 식 (b)를 식 (c)에 대입하면

$$\tilde{\phi}(x,y) = \alpha_0 \sum_{J=1}^{N} N_J(x,y) + \alpha_1 \sum_{J=1}^{N} x_J N_J(x,y) + \alpha_2 \sum_{J=1}^{N} y_J N_J(x,y) \tag{d}$$

이다. 식 (1.2), 식 (1.3), 식 (1.4) 등으로부터 식 (d)는 다음 식으로 표현된다.

$$\tilde{\phi}(x, y) = \alpha_0 + \alpha_1 x + \alpha_2 y \tag{e}$$

따라서 1.2.2절에서 설명한 보간함수의 선형조합은 상수항과 x와 y의 1차항을 표현할 수 있으므로 완전성조건을 만족한다.

변위장을 예로 들어 미지의 벡터함수의 보간에 관하여 공부하자. 2차원 평면에서 변위장은 베터함수 $\mathbf{u} = [u_x(x, y),\ u_y(x, y)]^{\mathrm{T}}$로 표현된다. 각 성분을 절점 L의 절점치 (u_{xL}, u_{yL})로 보간하면 다음과 같다.

$$\tilde{u}_x = \sum_{L=1}^{N} u_{xL} N_L(x, y) \quad \text{또는} \quad \tilde{u}_x = u_{xL} N_L(x, y) \tag{1.39}$$

$$\tilde{u}_y = \sum_{L=1}^{N} u_{yL} N_L(x, y) \quad \text{또는} \quad \tilde{u}_y = u_{yL} N_L(x, y) \tag{1.40}$$

절점치 (u_{xL}, u_{yL})을

$$U_{2L-1} \equiv u_{xL}, \quad U_{2L} \equiv u_{yL} \tag{1.41}$$

로 정의하면, 식 (1.39)와 식 (1.40)은

$$\tilde{u}_x = \sum_{L=1}^{N} U_{2L-1} N_L(x, y) \quad \text{또는} \quad \tilde{u}_x = U_{2L-1} N_L(x, y) \tag{1.42}$$

$$\tilde{u}_y = \sum_{L=1}^{N} U_{2L} N_L(x, y) \quad \text{또는} \quad \tilde{u}_y = U_{2L} N_L(x, y) \tag{1.43}$$

또는

$$\begin{bmatrix} \tilde{u}_x \\ \tilde{u}_y \end{bmatrix} = \begin{bmatrix} N_1 & 0 & N_2 & 0 & \cdots & N_N & 0 \\ 0 & N_1 & 0 & N_2 & \cdots & 0 & N_N \end{bmatrix} \begin{bmatrix} U_1 \\ U_2 \\ U_3 \\ U_4 \\ \vdots \\ U_{2N-1} \\ U_{2N} \end{bmatrix} \tag{1.44}$$

로 표현된다. 여기서 보간함수행렬(interpolation matrix) N을

$$\mathrm{N} = [N_{iL}] \equiv \begin{bmatrix} N_1 & 0 & N_2 & 0 & \cdots & N_N & 0 \\ 0 & N_1 & 0 & N_2 & \cdots & 0 & N_N \end{bmatrix} \tag{1.45}$$

로 정의하면, 식 (1.44)는 다음 식으로 표현된다.

$$\tilde{u}_i = \sum_{I=1}^{2N} N_{iI} U_I \quad \text{또는} \quad \tilde{u}_i = N_{iI} U_I \tag{1.46}$$

여기서 U_I는 절점변위벡터이다. 마찬가지로 식 (1.3)과 식 (1.4)는 다음 식으로 표현된다.

$$x_i = \sum_{I=1}^{2N} N_{iI} X_I \quad \text{또는} \quad x_i = N_{iI} X_I \tag{1.47}$$

여기서 $X_{2L-1} \equiv x_L$, $X_{2L} \equiv y_L$이다. 즉 X_I는 절점좌표벡터이며, 입력변수이다.

한편 전술한 수식을 자연좌표계로 변환된 요소의 관점에서 기술하면 다음과 같다.

$$\phi = \sum_{l=1}^{n} \phi_l^{ⓔ} \tilde{N}_l(\xi, \eta) \tag{1.48}$$

$$u_x = \sum_{l=1}^{n} u_{xl}^{ⓔ} \tilde{N}_l(\xi, \eta) \tag{1.49}$$

$$u_y = \sum_{l=1}^{n} u_{yl}^{ⓔ} \tilde{N}_l(\xi, \eta) \tag{1.50}$$

$$u_i = \sum_{J=1}^{2n} \tilde{N}_{iJ} U_J^{ⓔ} \tag{1.51}$$

$$x = x(\xi,\eta) = \sum_{l=1}^{n} x_l^{ⓔ} \tilde{N}_l(\xi, \eta) \tag{1.52}$$

$$y = y(\xi, \eta) = \sum_{l=1}^{n} y_l^{ⓔ} \tilde{N}_l(\xi, \eta) \tag{1.53}$$

$$x_i = \sum_{J=1}^{2n} \tilde{N}_{iJ} X_J^{ⓔ} \tag{1.54}$$

여기서 삼각형요소일 경우 $n = 3$이고 요소 보간함수행렬은

$$\tilde{\mathrm{N}} = [\tilde{N}_{iJ}] \equiv \begin{bmatrix} \tilde{N}_1 & 0 & \tilde{N}_2 & 0 & \tilde{N}_3 & 0 \\ 0 & \tilde{N}_1 & 0 & \tilde{N}_2 & 0 & \tilde{N}_3 \end{bmatrix} \tag{1.55}$$

이다. 그리고 사각형요소일 경우 $n = 4$이고 요소 보간함수행렬은 다음과 같다.

$$\tilde{\mathrm{N}} = [\tilde{N}_{iJ}] \equiv \begin{bmatrix} \tilde{N}_1 & 0 & \tilde{N}_2 & 0 & \tilde{N}_3 & 0 & \tilde{N}_4 & 0 \\ 0 & \tilde{N}_1 & 0 & \tilde{N}_2 & 0 & \tilde{N}_3 & 0 & \tilde{N}_4 \end{bmatrix} \tag{1.56}$$

▼ 예제 1.7

그림의 점 P에서 $\frac{\partial \widetilde{N}_3}{\partial x}$와 $\frac{\partial \widetilde{N}_3}{\partial y}$를 구하라.

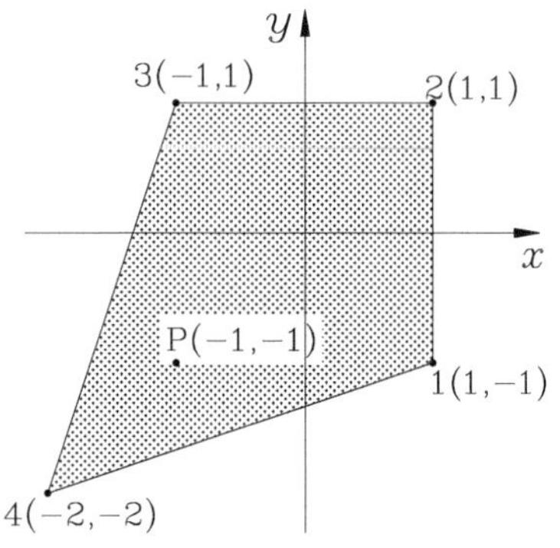

예제 1.2로부터 변환함수가

$$x = \frac{1}{4}(-1 + 5\xi + \eta - \xi\eta) \tag{a}$$

$$y = \frac{1}{4}(-1 + \xi + 5\eta - \xi\eta) \tag{b}$$

이므로 자코비안은 다음과 같다.

$$\begin{aligned} J &= \frac{\partial x}{\partial \xi}\frac{\partial y}{\partial \eta} - \frac{\partial y}{\partial \xi}\frac{\partial x}{\partial \eta} \\ &= \frac{1}{4}(5-\eta)\,\frac{1}{4}(5-\xi) - \frac{1}{4}(1-\eta)\,\frac{1}{4}(1-\xi) \\ &= \frac{1}{4}(6 - \xi - \eta) \end{aligned} \tag{c}$$

식 (1.34)로부터

$$\frac{\partial \widetilde{N}_3}{\partial x} = \frac{1}{J}\left(\frac{\partial y}{\partial \eta}\frac{\partial \widetilde{N}_3}{\partial \xi} - \frac{\partial y}{\partial \xi}\frac{\partial \widetilde{N}_3}{\partial \eta}\right) = \frac{-3 + \xi - 2\eta}{2(6 - \xi - \eta)} \tag{d}$$

$$\frac{\partial \widetilde{N}_3}{\partial y} = \frac{1}{J}\left(-\frac{\partial x}{\partial \eta}\frac{\partial \widetilde{N}_3}{\partial \xi} + \frac{\partial x}{\partial \xi}\frac{\partial \widetilde{N}_3}{\partial \eta}\right) = \frac{3 - 3\xi}{2(6 - \xi - \eta)} \tag{e}$$

이다. 예제 1.2로부터 점 P에서 자연좌표는 $(3-2\sqrt{3},\ 3-2\sqrt{2})$이므로 다음과 같다.

$$\frac{\partial \widetilde{N}_3}{\partial x} = \frac{1}{4}(1 - \sqrt{3}), \quad \frac{\partial \widetilde{N}_3}{\partial y} = \frac{1}{4}(\sqrt{3} - 3) \tag{f}$$

▼ 예제 1.8

예제 1.7에서 사용된 사각형요소의 면적을 면적적분을 통하여 계산하라.

➡ 예제 1.7로부터

$$J = \frac{1}{4}(6 - \xi - \eta) \tag{a}$$

이므로 면적은 다음 식으로부터 계산된다.

$$\begin{aligned} A &= \int_{A^{ⓔ}} dx\,dy \\ &= \int_{-1}^{1}\int_{-1}^{1} J\,d\xi\,d\eta \\ &= \int_{-1}^{1}\int_{-1}^{1} \frac{1}{4}(6-\xi-\eta)\,d\xi\,d\eta \\ &= 6 \end{aligned} \tag{b}$$

▼ 예제 1.9

예제 1.7의 그림의 요소에 대하여 다음의 정적분을 계산하라.

$$\int_{A^{ⓔ}} \frac{\partial N_3}{\partial x} dx\,dy \tag{a}$$

➡ 예제 1.2와 같이 좌표변환을 실시하면, 예제 1.7의 결과로부터 준식은 다음과 같이 자연좌표로 변환된다.

$$\begin{aligned} \int_{A^{ⓔ}} \frac{\partial N_3}{\partial x} dx\,dy &= \int_{-1}^{1}\int_{1}^{1} \frac{(-3+\xi-2\eta)}{2(6-\xi-\eta)} \times \frac{1}{4}(6-\xi-\eta)\,d\xi\,d\eta \\ &= \frac{1}{8}\int_{-1}^{1}\int_{1}^{1} (-3+\xi-2\eta)\,d\xi\,d\eta \end{aligned} \tag{b}$$

따라서 다음과 같다.

$$\int_{A^{ⓔ}} \frac{\partial N_3}{\partial x} dx\,dy = -\frac{3}{2} \tag{c}$$

1.2.4 자유도

온도와 같이 미지의 변수가 스칼라량일 경우, 절점당 미지의 절점치의 수가 하나이며, 절점수와 절점치의 수는 일치한다. 그러나 절점변위벡터 $[u_{xL}, u_{yL}]^{\mathrm{T}}$와 같이 절점당 미지의 절점치의 수가 두 개 이상일 경우, 이런 관계는 만족되지 않는다. 흔히 절점당 절점치의 수를 절점당 자유도(degree of freedom) 또는 자유도의 수라고 하고, 하나의 요소를 정의하는 데 사용된 절점의 수와 절점당 자유도의 곱을 요소당 자유도라고 한다. 그리고 전체절점의 수와 절점당 자유도를 곱한 수치가 경계조건 적용 이전의 유한요소 해석모델 전체의 자유도이다. 유한요소법에서는 각 자유도당 하나의 방정식이 유도된다. 따라서 계산결과의 정확도, 계산시간, 소요용량 등이 자유도의 크기에 비교적 큰 영향을 받는다. 일반적으로 미지의 절점치 벡터에서 I-번째의 성분, 가령 ϕ_I, U_I를 I-번째 자유도라고 한다. 필수경계조건에 의하여 그 값이 주어졌을 경우 자유도가 구속되었다고 하고, 경계조건 적용 이전의 유한요소 해석모델 전체의 자유도에서 구속된 자유도의 수를 뺀 것을 경계조건이 반영된 문제 전체의 자유도라고 한다. 자유도는 응용 소프트웨어의 이용과 관련 이론의 이해에 필수적인 용어이다.

1.3 3차원 문제

해석영역을 N개의 절점과 M개의 요소로 이산화하고 절점 L의 좌표를 (x_L, y_L, z_L)이라고 하면, 임의의 점의 좌표는 다음 식에 의하여 절점의 좌표값으로 보간된다.

$$x = \sum_{L=1}^{N} x_L N_L(x, y, z) \quad \text{또는} \quad x = x_L N_L(x, y, z) \tag{1.57}$$

$$y = \sum_{L=1}^{N} y_L N_L(x, y, z) \quad \text{또는} \quad y = y_L N_L(x, y, z) \tag{1.58}$$

$$z = \sum_{L=1}^{N} z_L N_L(x, y, z) \quad \text{또는} \quad z = z_L N_L(x, y, z) \tag{1.59}$$

여기서 $N_L(x, y, z)$는 3차원 공간의 보간함수이다. 보간함수가 갖추어야 할 조건을 식 (1.1)과 식 (1.2)에 요약하였다. 2차원에서 설명한 바와 마찬가지로 3차원 공간의 사면체요소에서 정의되는 $N_L(x, y, z)$는 닫힌 형태의 (x, y, z)의 함수로 표현되지만, 육면체요소에서 정의되는 보간함수는 일반적으로 닫힌 형태의 (x, y, z)의 함수로 표현되지 않는다.

1.3.1 사면체요소의 보간함수와 좌표변환

그림 1.8에서 보는 바와 같이 I, J, K, L의 절점으로 이루어진 사면체요소 ⓔ의 보간함수 $N_I^{(e)}(x, y, z)$ 등을 구해 보자. 삼각형요소와 접근방법이 동일하므로 먼저 1.2.1절의 내용을 숙지하라. 보간함수 $N_I^{(e)}(x, y, z)$는 다음의 조건을 만족해야 한다.

$$
\begin{aligned}
N_I^{(e)}(x_I, y_I, z_I) &= 1 \\
N_I^{(e)}(x_J, y_J, z_J) &= 0 \\
N_I^{(e)}(x_K, y_K, z_K) &= 0 \quad (1.60) \\
N_I^{(e)}(x_L, y_L, z_L) &= 0
\end{aligned}
$$

이 조건들을 만족하는 최저차수의 다항식, 즉 보간함수는 다음의 꼴이 되어야 한다.

$$N_I^{ⓔ}(x,y,z) = \alpha_I + \beta_I x + \gamma_I y + \delta_I z \tag{1.61}$$

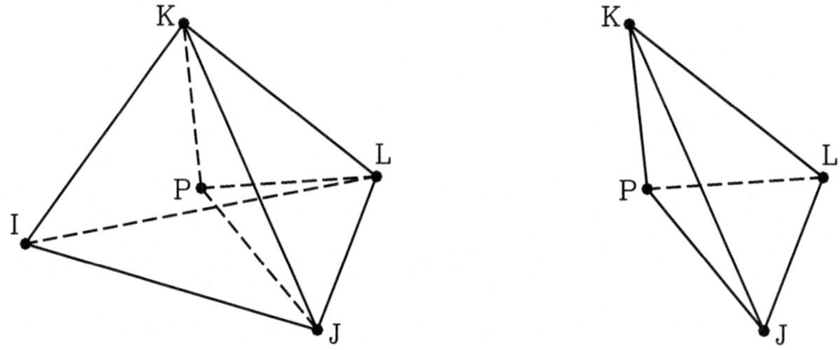

그림 1.8 사면체요소

식 (1.60)의 조건으로부터 α_I, β_I, γ_I, δ_I 는

$$\alpha_I = \frac{1}{6\nabla}\begin{vmatrix} x_J & y_J & z_J \\ x_K & y_K & z_K \\ x_L & y_L & z_L \end{vmatrix}, \quad \beta_I = -\frac{1}{6\nabla}\begin{vmatrix} 1 & y_J & z_J \\ 1 & y_K & z_K \\ 1 & y_L & z_L \end{vmatrix}$$

$$\gamma_I = -\frac{1}{6\nabla}\begin{vmatrix} x_J & 1 & z_J \\ x_K & 1 & z_K \\ x_L & 1 & z_L \end{vmatrix}, \quad \delta_I = -\frac{1}{6\nabla}\begin{vmatrix} x_J & y_J & 1 \\ x_K & y_K & 1 \\ x_L & y_L & 1 \end{vmatrix} \tag{1.62}$$

이다. 여기서

$$\nabla = \frac{1}{6}\begin{vmatrix} 1 & x_I & y_I & z_I \\ 1 & x_J & y_J & z_J \\ 1 & x_K & y_K & z_K \\ 1 & x_L & y_L & z_L \end{vmatrix} \tag{1.63}$$

는 사면체 $IJKL$의 체적이다. 동일한 방법으로 $N_J^{ⓔ}(x, y, z)$, $N_K^{ⓔ}(x, y, z)$, $N_L^{ⓔ}(x, y, z)$를 구할 수 있다.

그림 1.8에서 사면체 $IJKL$과 사면체 $PJKL$의 체적비는

$$\frac{Volume(PJKL)}{Volume(IJKL)} = \frac{1}{6\nabla}\begin{vmatrix} 1 & x & y & z \\ 1 & x_J & y_J & z_J \\ 1 & x_K & y_K & z_K \\ 1 & x_L & y_L & z_L \end{vmatrix} \tag{1.64}$$

이며, 이 식의 우변을 전개하면 식 (1.61)과 동일하다. 즉, 다음과 같다.

$$N_I^{ⓔ}(x, y, z) = \frac{Volume(PJKL)}{Volume(IJKL)} \tag{1.65}$$

그림 1.9는 자연좌표계를 이용한 사면체요소의 좌표변환을 나타내고 있다. 그림에서 사면체 내부의 한 점 $P(x, y, z)$와 자연좌표 (ξ, η, ζ) 사이의 좌표변환함수는 다음과 같다.

$$\begin{aligned} x &= x(\xi,\eta,\zeta) = \widetilde{N}_1 x_1^{ⓔ} + \widetilde{N}_2 x_2^{ⓔ} + \widetilde{N}_3 x_3^{ⓔ} + \widetilde{N}_4 x_4^{ⓔ} \\ y &= y(\xi,\eta,\zeta) = \widetilde{N}_1 y_1^{ⓔ} + \widetilde{N}_2 y_2^{ⓔ} + \widetilde{N}_3 y_3^{ⓔ} + \widetilde{N}_4 y_4^{ⓔ} \\ z &= z(\xi,\eta,\zeta) = \widetilde{N}_1 z_1^{ⓔ} + \widetilde{N}_2 z_2^{ⓔ} + \widetilde{N}_3 z_3^{ⓔ} + \widetilde{N}_4 z_4^{ⓔ} \end{aligned} \tag{1.66}$$

여기서 $(x_i^{ⓔ}, y_i^{ⓔ}, z_i^{ⓔ})$는 요소 ⓔ의 i-번째 절점의 좌표이고,

$$\begin{aligned} \widetilde{N}_1 &= \widetilde{N}_1(\xi, \eta, \zeta) = \xi \\ \widetilde{N}_2 &= \widetilde{N}_2(\xi, \eta, \zeta) = \eta \\ \widetilde{N}_3 &= \widetilde{N}_3(\xi, \eta, \zeta) = \zeta \\ \widetilde{N}_4 &= \widetilde{N}_4(\xi, \eta, \zeta) = 1-\xi-\eta-\zeta \end{aligned} \tag{1.67}$$

는 자연좌표게로 변환된 보간함수이다. 즉, 식 (1.66)을 식 (1.61)에 대입하여 정리하면,

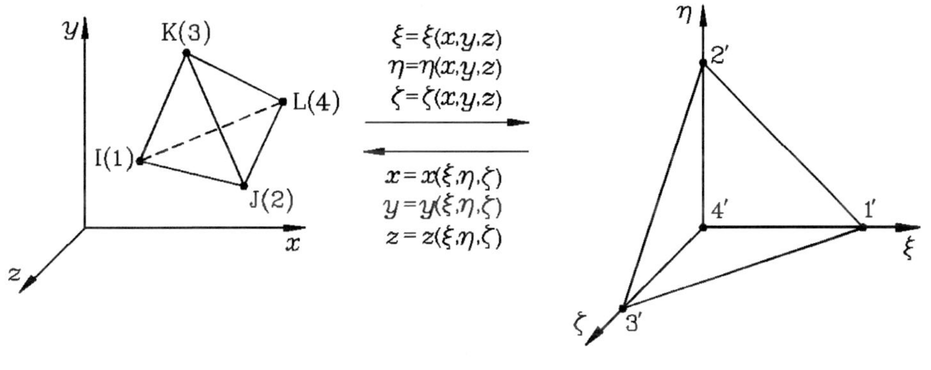

그림 1.9 사면체요소와 좌표변환

$N_I^{ⓔ}(x,y,z) = \widetilde{N}_1(\xi,\eta,\zeta)$의 관계가 유도된다. 역으로 식 (1.66)으로부터 ξ, η, ζ를 x, y, z의 함수로 표현하여 식 (1.67)에 대입하면 식 (1.61) 등을 얻게 된다. 이 내용을 요약하면 다음과 같다.

$$\begin{aligned} \widetilde{N}_1(\xi,\eta,\zeta) &= \xi = N_I^{ⓔ}(x,y,z) = \frac{Volume(PJKL)}{Volume(IJKL)} \\ \widetilde{N}_2(\xi,\eta,\zeta) &= \eta = N_J^{ⓔ}(x,y,z) = \frac{Volume(PKLI)}{Volume(IJKL)} \\ \widetilde{N}_3(\xi,\eta,\zeta) &= \zeta = N_K^{ⓔ}(x,y,z) = \frac{Volume(PLIJ)}{Volume(IJKL)} \\ \widetilde{N}_4(\xi,\eta,\zeta) &= 1-\xi-\eta-\zeta = N_L^{ⓔ}(x,y,z) = \frac{Volume(PIJK)}{Volume(IJKL)} \end{aligned} \tag{1.68}$$

그러므로 ξ, η, ζ를 체적좌표(volume coordinates)라고 한다.

선형 사면체요소를 사용할 경우, 식 (1.61)로부터 x, y, z에 대한 보간함수의 미분은 상수임을 알 수 있다. 물론 삼각형요소와 동일한 방법으로 체적좌표 또는 자연좌표로 표현된 보간함수의 x, y, z에 대한 미분값을 구할 수 있다. 이에 관한 구체적 내용은 1.3.2절에 수록하였다.

사면체요소의 정적분은 다음 식에 의하여 일반형으로 변환된다.

$$\int_{V^{ⓔ}} f(x,y,z)\,dV = \int_0^1 \int_0^{1-\eta} \int_0^{1-\eta-\zeta} f(x(\xi,\eta,\zeta), y(\xi,\eta,\zeta), z(\xi,\eta,\zeta))\, J d\xi\, d\eta\, d\zeta \tag{1.69}$$

여기서 자코비안 J는 상수이며, 다음과 같이 정의된다.

$$J = \begin{vmatrix} x_1^{ⓔ} - x_4^{ⓔ} & y_1^{ⓔ} - y_4^{ⓔ} & z_1^{ⓔ} - z_4^{ⓔ} \\ x_2^{ⓔ} - x_4^{ⓔ} & y_2^{ⓔ} - y_4^{ⓔ} & z_2^{ⓔ} - z_4^{ⓔ} \\ x_3^{ⓔ} - x_4^{ⓔ} & y_3^{ⓔ} - y_4^{ⓔ} & z_3^{ⓔ} - z_4^{ⓔ} \end{vmatrix} \tag{1.70}$$

식 (1.69)의 우변은 사면체요소에 대한 적분의 일반형이며, 유한요소 프로그램에서는 3장의 수치적분법에 의하여 주로 계산된다. 한편 보간함수의 적분을 위하여 다음의 공식을 이용하면 편리하다.

$$\int_{V^{ⓔ}} \widetilde{N}_1^{\,p} \widetilde{N}_2^{\,q} \widetilde{N}_3^{\,r} \widetilde{N}_4^{\,s}\, dV = \frac{p!\,q!\,r!\,s!}{(p+q+r+s+3)!} \times 6\nabla \tag{1.71}$$

여기서 ∇은 요소의 체적으로 식 (1.63)에서 정의하였다.

1.3.2 육면체요소의 보간함수와 좌표변환

하나의 육면체요소에서 불영인 보간함수를 구해 보자. 그림 1.10(a)에서 보는 바와 같이 여덟 개의 절점 $L_l(l = 1, 2, 3, \ldots, 8)$로 이루어진 요소 ⓔ를 고려하자. 먼저 (ξ, η, ζ)의 자연좌표계를 그림 1.10(b)와 같이 정의하고, 절점 $L_l(l = 1, 2, 3, \ldots, 8)$에 각각 지방번호 1, 2, 3, 4, 5, 6, 7, 8을 부여하자. 그러면 그림 1.10(a)의 육면체요소는 다음의 변환함수에 의하여 그림 1.10(b)에서 보는 바와 같이 자연좌표계상에서 정육면체로 변환된다.

$$x = x(\xi,\eta,\zeta) = \sum_{l=1}^{8} x_l^{ⓔ} \widetilde{N}_l(\xi, \eta, \zeta) \quad \text{또는} \quad x = x_l^{ⓔ} \widetilde{N}_l(\xi, \eta, \zeta) \tag{1.72}$$

$$y = y(\xi,\eta,\zeta) = \sum_{l=1}^{8} y_l^{ⓔ} \widetilde{N}_l(\xi, \eta, \zeta) \quad \text{또는} \quad y = y_l^{ⓔ} \widetilde{N}_l(\xi, \eta, \zeta) \tag{1.73}$$

$$z = z(\xi,\eta,\zeta) = \sum_{l=1}^{8} z_l^{ⓔ} \widetilde{N}_l(\xi, \eta, \zeta) \quad \text{또는} \quad z = z_l^{ⓔ} \widetilde{N}_l(\xi, \eta, \zeta) \tag{1.74}$$

여기서 $(x_l^{ⓔ}, y_l^{ⓔ}, z_l^{ⓔ})$은 요소 ⓔ의 l-번째 절점의 좌표이며,

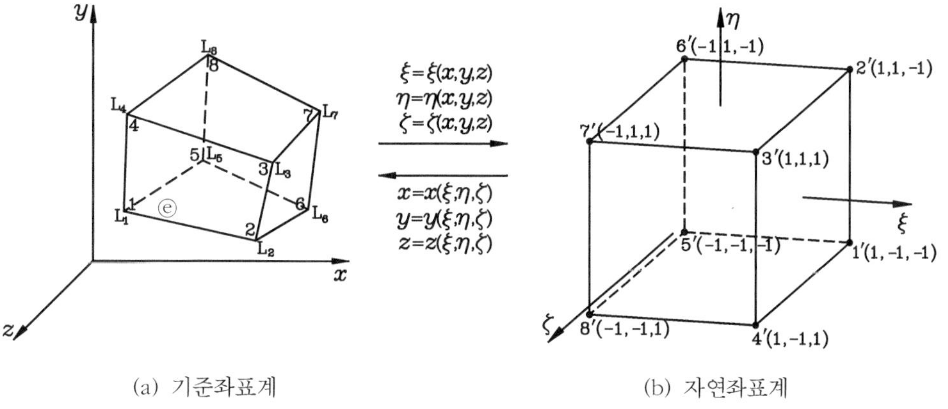

그림 1.10 육면체요소와 좌표변환

$$\widetilde{N}_l(\xi, \eta, \zeta) = \frac{(1 + \xi_l\xi)(1 + \eta_l\eta)(1 + \zeta_l\zeta)}{8} \tag{1.75}$$

는 자연좌표로 표현된 보간함수이다. 식 (1.75)에서 ξ_l, η_l, ζ_l 등은 다음과 같다.

$$\begin{aligned} &\xi_1 = \xi_2 = \xi_3 = \xi_4 = \eta_2 = \eta_3 = \eta_6 = \eta_7 = \zeta_3 = \zeta_4 = \zeta_7 = \zeta_8 = 1 \\ &\xi_5 = \xi_6 = \xi_7 = \xi_8 = \eta_1 = \eta_4 = \eta_5 = \eta_8 = \zeta_1 = \zeta_2 = \zeta_5 = \zeta_6 = -1 \end{aligned} \tag{1.76}$$

식 (1.72)~(1.74)로부터 ξ, η, ζ를 x, y, z의 함수로 표현하여 식 (1.75)에 대입함으로써 보간함수를 x, y, z의 함수로 표현하는 것이 개념적으로 가능하다. 그러나 일반적으로 닫힌 형태로 표현하는 것은 불가능하다. 한편 보간함수 $\widetilde{N}_l(\xi,\eta,\zeta)$와 $N_L(x,y,z)$는 연속함수이며 다음의 조건을 만족한다.

$$\sum_{l=1}^{8} \widetilde{N}_l(\xi,\eta,\zeta) = 1 \quad \text{또는} \quad \sum_{L} N_L(x,y,z) = 1 \tag{1.77}$$

따라서 전술한 보간함수는 식 (1.1)과 식 (1.2)를 만족시킨다.

2차원 평면에서 전개한 방법과 동일한 방법으로 보간함수의 x, y, z에 대한 미분값과 체적요소 $dxdydz$와 $d\xi d\eta d\zeta$의 변환관계를 구하면 다음과 같다.

$$\begin{bmatrix} \dfrac{\partial N_i}{\partial x} \\ \dfrac{\partial \widetilde{N}_i}{\partial y} \\ \dfrac{\partial \widetilde{N}_i}{\partial z} \end{bmatrix} = \begin{bmatrix} \dfrac{\partial x}{\partial \xi} & \dfrac{\partial y}{\partial \xi} & \dfrac{\partial z}{\partial \xi} \\ \dfrac{\partial x}{\partial \eta} & \dfrac{\partial y}{\partial \eta} & \dfrac{\partial z}{\partial \eta} \\ \dfrac{\partial x}{\partial \zeta} & \dfrac{\partial y}{\partial \zeta} & \dfrac{\partial z}{\partial \zeta} \end{bmatrix}^{-1} \begin{bmatrix} \dfrac{\partial \widetilde{N}_i}{\partial \xi} \\ \dfrac{\partial \widetilde{N}_i}{\partial \eta} \\ \dfrac{\partial \widetilde{N}_i}{\partial \zeta} \end{bmatrix} \tag{1.78}$$

$$dxdydz = Jd\xi d\eta d\zeta \tag{1.79}$$

여기서 $\dfrac{\partial x}{\partial \xi}$ 등은 식 (1.72)~(1.74)로부터 자연좌표의 함수로 명확하게 표현되고, 자코비안 (Jacobian) J는 다음 식으로 정의된다.

$$J = \begin{bmatrix} \dfrac{\partial x}{\partial \xi} & \dfrac{\partial y}{\partial \xi} & \dfrac{\partial z}{\partial \xi} \\ \dfrac{\partial x}{\partial \eta} & \dfrac{\partial y}{\partial \eta} & \dfrac{\partial z}{\partial \eta} \\ \dfrac{\partial x}{\partial \zeta} & \dfrac{\partial y}{\partial \zeta} & \dfrac{\partial z}{\partial \zeta} \end{bmatrix} \tag{1.80}$$

한편 1.3.1절에서 학습한 바와 같이 식 (1.78), 식 (1.79), 식 (1.80) 등은 사면체요소에도 그대로 적용된다.

육면체요소에 대한 적분은 다음 식에 의하여 표준형으로 변환된다.

$$\int_V f(x,y,z)\, dV = \int_{-1}^{1}\int_{-1}^{1}\int_{-1}^{1} f(x(\xi,\eta,\zeta),\, y(\xi,\eta,\zeta),\, z(\xi,\eta,\zeta))\, J\, d\xi\, d\eta\, d\zeta \tag{1.81}$$

유한요소법에서 식 (1.81)의 적분은 3장에서 취급하고 있는 수치적분에 의하여 계산된다.

1.3.3 미지함수 및 좌표의 보간

2차원 평면과 마찬가지로 미지의 스칼라함수 $\phi = \phi(x, y, z)$는

$$\tilde{\phi}(x, y, z) = \sum_{L=1}^{N} \phi_L N_L(x, y, z) \quad \text{또는} \quad \tilde{\phi}(x, y, z) = \phi_L N_L(x, y, z) \tag{1.82}$$

로 보간된다. 한편, 3차원 공간에서 변위장은 각각 다음 식으로 표현된다.

$$\tilde{u}_i = \sum_{I=1}^{3N} N_{iI} U_I \quad \text{또는} \quad \tilde{u}_i = N_{iI} U_I \tag{1.83}$$

여기서 $\mathrm{U} = [U_I]$는 절점변위벡터이며,

$$U_{3L-2} \equiv u_{xL}, \quad U_{3L-1} \equiv u_{yL}, \quad U_{3L} \equiv u_{zL} \tag{1.84}$$

로 정의된다. 마찬가지로 식 (1.57)~(1.59)는 다음 식으로 표현된다.

$$x_i = \sum_{I=1}^{3N} N_{iI} X_I \quad \text{또는} \quad x_i = N_{iI} X_I \tag{1.85}$$

여기서 $X_{3L-2} \equiv x_L$, $X_{3L-1} \equiv y_L$, $X_{3L} \equiv z_L$이다. 식 (1.83)과 식 (1.85)에서 보간함수 행렬 N_{iL}은 다음과 같이 정의된다.

$$\mathrm{N} = [N_{iL}] \equiv \begin{bmatrix} N_1 & 0 & 0 & N_2 & 0 & 0 & \cdots & N_N & 0 & 0 \\ 0 & N_1 & 0 & 0 & N_2 & 0 & \cdots & 0 & N_N & 0 \\ 0 & 0 & N_1 & 0 & 0 & N_2 & \cdots & 0 & 0 & N_N \end{bmatrix} \tag{1.86}$$

사면체요소는 네 개의 절점으로 구성되고 변위의 절점당 자유도가 3이므로 요소당 변위의 자유도는 12이다. 육면체요소는 여덟 개의 절점으로 구성되므로 요소당 변위의 자유도는 24이다. 그러므로 전술한 수식을 자연좌표계로 변환된 요소의 관점에서 기술하면, 다음과 같다.

$$\phi = \sum_{l=1}^{n} \phi_l^{ⓔ} \widetilde{N}_l(\xi,\eta,\zeta) \tag{1.87}$$

$$u_x = \sum_{l=1}^{n} u_{xl}^{ⓔ} \widetilde{N}_l(\xi,\eta,\zeta) \tag{1.88}$$

$$u_y = \sum_{l=1}^{n} u_{yl}^{ⓔ} \widetilde{N}_l(\xi,\eta,\zeta) \tag{1.89}$$

$$u_z = \sum_{l=1}^{n} u_{zl}^{ⓔ} \widetilde{N}_l(\xi,\eta,\zeta) \tag{1.90}$$

$$u_i = \sum_{I=1}^{3n} \widetilde{N}_{iI} U_I^{ⓔ} \tag{1.91}$$

$$x = x(\xi,\eta,\zeta) = \sum_{l=1}^{n} x_l^{ⓔ} \widetilde{N}_l(\xi,\eta,\zeta) \tag{1.92}$$

$$y = y(\xi,\eta,\zeta) = \sum_{l=1}^{n} y_l^{ⓔ} \widetilde{N}_l(\xi,\eta,\zeta) \tag{1.93}$$

$$z = z(\xi,\eta,\zeta) = \sum_{l=1}^{n} z_l^{ⓔ} \widetilde{N}_l(\xi,\eta,\zeta) \tag{1.94}$$

$$x_i = \sum_{I=1}^{3n} \widetilde{N}_{iI} X_I^{ⓔ} \tag{1.95}$$

여기서 사면체요소일 경우 $n = 4$이고, 보간함수행렬은

$$\widetilde{\mathrm{N}} = \left[\widetilde{N}_{iL}\right] \equiv \begin{bmatrix} \widetilde{N}_1 & 0 & 0 & \widetilde{N}_2 & 0 & 0 & \cdots & \widetilde{N}_4 & 0 & 0 \\ 0 & N_1 & 0 & 0 & \widetilde{N}_2 & 0 & \cdots & 0 & \widetilde{N}_4 & 0 \\ 0 & 0 & \widetilde{N}_1 & 0 & 0 & \widetilde{N}_2 & \cdots & 0 & 0 & \widetilde{N}_4 \end{bmatrix} \tag{1.96}$$

이다. 그리고 육면체요소일 경우 $n = 8$이고 보간함수행렬은 다음과 같다.

$$\widetilde{\mathrm{N}} = \left[\widetilde{N}_{iL}\right] \equiv \begin{bmatrix} \widetilde{N}_1 & 0 & 0 & \widetilde{N}_2 & 0 & 0 & \cdots & \widetilde{N}_8 & 0 & 0 \\ 0 & \widetilde{N}_1 & 0 & 0 & \widetilde{N}_2 & 0 & \cdots & 0 & \widetilde{N}_8 & 0 \\ 0 & 0 & \widetilde{N}_1 & 0 & 0 & \widetilde{N}_2 & \cdots & 0 & 0 & \widetilde{N}_8 \end{bmatrix} \tag{1.97}$$

제 2 장

편미분방정식의 약형

미분방정식과 경계조건을 미분연산자를 이용하여 각각 다음과 같이 표현하자.

$$\mathrm{L}(\mathrm{u}) = \begin{bmatrix} \mathrm{L}_1(\mathrm{u}) \\ \mathrm{L}_2(\mathrm{u}) \\ \vdots \end{bmatrix} = 0 \quad \text{in} \quad \Omega \tag{2.1}$$

$$\mathrm{B}(\mathrm{u}) = \begin{bmatrix} \mathrm{B}_1(\mathrm{u}) \\ \mathrm{B}_2(\mathrm{u}) \\ \vdots \end{bmatrix} = 0 \quad \text{on} \quad \Gamma \tag{2.2}$$

여기서 Ω는 해석영역, 즉 3차원 문제에서 체적 V, 2차원 문제에서 면적 A, 1차원 문제에서 선분 L을 포괄적으로 나타내며, Γ는 그에 상응하는 해석경계를 의미한다. 이 식이 성립하면

$$\int_{\Omega} \omega^{\mathrm{T}} \mathrm{L}(\mathrm{u})\, d\Omega + \int_{\Gamma} \overline{\omega}^{\mathrm{T}} \mathrm{B}(\mathrm{u})\, d\Gamma = 0 \tag{2.3}$$

가 항상 성립한다. 이 식에서 $\omega = [\omega_1, \omega_2, \ldots]^{\mathrm{T}}$와 $\overline{\omega} = [\overline{\omega}_1, \overline{\omega}_2, \ldots]^{\mathrm{T}}$가 임의의 함수이면, 식 (2.1)과 식 (2.2)는 자동적으로 만족한다. 한편 식 (2.3)을 부분적분하여 u의 미분차수를 낮추고 ω의 미분차수를 높여서 다음 식으로 표현했을 때 이를 약형(weak form)이라고 한다.

$$\int_{\Omega} \mathrm{C}(\omega)^{\mathrm{T}} \mathrm{L}'(\mathrm{u})\, d\Omega + \int_{\Gamma} \mathrm{D}(\overline{\omega})^{\mathrm{T}} \mathrm{B}'(\mathrm{u})\, d\Gamma = 0 \tag{2.4}$$

이 약형은 일반적으로 식 (2.1)과 식 (2.2)의 문제에 비하여 훨씬 유리하다. 물론 일부의 경계조건 및 구속조건들을 약형 내에 포함시키지 않을 수도 있다. 일반적으로 필수경계조건은 약형 내에 삽입되지 않는 대신 강제적으로 만족시켜야 될 부과조건으로 취급된다. 그리고 식 (2.4)를 손상시키지 않는 범위 내에서 $\overline{\omega}$를 ω와 연계시키거나 제약을 가할 수 있다. 모든 미분방정식에 전술한 접근방법이 적용 가능하므로 약형으로부터 시작하는 Galerkin 유한요소법은 모든 미분방정식의 해법으로 사용될 수 있다.

다음의 예제들을 통하여 편미분방정식을 근간으로 하는 경계치문제에 대한 약형의 유도과정에 관하여 공부해 보자.

▼ 예제 2.1

다음의 경계치문제에 상응하는 약형을 구하라.

$$(k\phi_{,i})_{,i} + q_g = 0 \quad \text{in} \quad V \tag{a}$$

$$-k\frac{\partial\phi}{\partial n} = -k\phi_{,i}n_i = \bar{q} + \bar{h}\phi \quad \text{on} \quad S_q \tag{b}$$

$$\phi(x_1,x_2,x_3) = \bar{\phi} \quad \text{on} \quad S_\phi \tag{c}$$

➡ 식 (a)와 식 (b)가 성립하면, 임의의 ω와 $\bar{\omega}$에 대하여 다음의 식이 성립한다.

$$\int_V [(k\phi_{,i})_{,i} + q_g]\omega dV + \int_{S_q}\left(k\frac{\partial\phi}{\partial n} + \bar{q} + \bar{h}\phi\right)\bar{\omega}\ dS = 0 \tag{d}$$

$(k\phi_{,i})_{,i}\omega = (k\phi_{,i}\omega)_{,i} - k\phi_{,i}\omega_{,i}$ 이므로 발산이론을 적용하면 식 (d)는 다음 식으로 변환된다.

$$-\int_V \omega_{,i}k\phi_{,i}dV + \int_V q_g\omega dV \tag{e}$$

$$+\int_S k\frac{\partial\phi}{\partial n}\omega dS + \int_{S_q}\left(k\frac{\partial\phi}{\partial n} + \bar{q} + \bar{h}\phi\right)\bar{\omega}dS = 0$$

S_ϕ상에서 $\omega = 0$으로 두고 S_q 상에서 $-\omega = \bar{\omega}$ 라고 두자. 그러면 다음의 약형을 얻는다.

$$\int_V \omega_{,i}k\phi_{,i}dV - \int_V q_g\omega dV + \int_{S_q}\bar{q}\,\omega\,dS + \int_{S_q}\bar{h}\,\omega\,\phi dS = 0 \tag{f}$$

▼ 예제 2.2

다음 문제에 대응하는 약형을 구하라.

$$\sigma_{ji,j} + f_i = 0 \quad \text{in} \quad V \tag{a}$$

$$t_i^{(\mathrm{n})} = \sigma_{ij}n_j = \bar{t}_i \quad \text{on} \quad S_{t_i} \tag{b}$$

$$u_{i'} = \bar{u}_{i'} \quad \text{on} \quad S_{u_{i'}} \tag{c}$$

➡ 식 (a)와 식 (b)가 성립하면 다음의 식은 당연히 성립하며,

$$\int_V(\sigma_{ij,j} + f_i)\omega_i dV + \int_{S_{t_i}}(\sigma_{ij}n_j - \bar{t}_i)\bar{\omega}_i\ dS = 0 \tag{d}$$

식 (d)가 임의의 ω_i 와 임의의 $\bar{\omega}_i$ 에 대하여 성립하면 식 (a)와 식 (b)는 자동적으로 만족된다. 한편 발산이론으로부터

$$\int_V \sigma_{ij,j}\omega_i dV = \int_V ((\sigma_{ij}\omega_i)_{,j} - \sigma_{ij}\omega_{i,j}) dV \tag{e}$$
$$= \int_S \sigma_{ij} n_j \omega_i dS - \int_V \sigma_{ij}\omega_{i,j} dV$$

이며, 응력이 대칭 텐서이므로

$$\sigma_{ij}\omega_{i,j} = \frac{1}{2}\sigma_{ij}(\omega_{i,j} + \omega_{j,i}) \tag{f}$$
$$\equiv \sigma_{ij}\omega_{ij}$$

이다. 여기서

$$\omega_{ij} = \frac{1}{2}(\omega_{i,j} + \omega_{j,i}) \tag{g}$$

로 정의된다. 따라서

$$\int_V \sigma_{ij}\omega_{ij} dV - \int_S \sigma_{ij} n_j \omega_i dS - \int_{S_{t_i}} (\sigma_{ij} n_j - \bar{t}_i)\bar{\omega}_i dS - \int_V f_i \omega_i dV = 0 \tag{h}$$

이다. 일반성을 잃지 않으므로 S_{u_i} 상에서 $\omega_i = 0$이라고 가정하고, S_{t_i} 상에서 $-\omega_i = \bar{\omega}_i$라고 가정하자. 그러면 다음의 약형을 얻게 된다.

$$\int_V \sigma_{ij}\omega_{ij} dV - \int_{S_{t_i}} \bar{t}_i \omega_i dS - \int_V f_i \omega_i dV = 0 \tag{i}$$

▼ 예제 2.3

다음 문제에 대응하는 약형을 구하라. 단, 필수경계조건도 약형 내에 삽입시켜라.

$$-u_{,ii} + u + 1 = 0 \quad \text{in} \quad V \tag{a}$$
$$u_{,i} n_i - 1 = 0 \quad \text{on} \quad S_q \tag{b}$$
$$u - 1 = 0 \quad \text{on} \quad S_\phi \tag{c}$$

➡ 식 (a), (b), (c)가 성립하면, 다음 식은 당연히 성립한다.

$$\int_V (-u_{,ii} + u + 1)\omega dV + \int_{S_q} (u_{,i} n_i - 1)\bar{\omega}_1 dS + \int_{S_\phi} (u-1)\bar{\omega}_2 dS = 0 \tag{d}$$

그리고 식 (d)가 모든 ω, $\bar{\omega}_1$, $\bar{\omega}_2$에 대하여 성립하면, 식 (a), (b), (c)는 자동적으로 만족한다. 발산이론으로부터

$$-\int_V u_{,ii}\omega dV = \int_V u_{,i}\omega_{,i} dV - \int_S u_{,i} n_i \omega dS \tag{e}$$

$$= \int_V \left[(u\omega_{,i})_{,i} - u\omega_{,ii} \right] dV - \int_S u_{,i} n_i w dS$$

$$= -\int_V u\omega_{,ii} dV + \int_S u\omega_{,i} n_i dS - \int_S u_{,i} n_i \omega dS$$

이므로 식 (d)는 다음 식으로 정리된다.

$$-\int_V u\omega_{,ii}\, dV + \int_V u\omega dV + \int_V \omega dV + \int_S u\omega_{,i} n_i dS - \int_S u_{,i} n_i \omega dS \tag{f}$$

$$+ \int_{S_q} u_{,i}\, n_i\, \overline{\omega}_1\, dS - \int_{S_q} \overline{\omega}_1 dS + \int_{S_\phi} u\, \overline{\omega}_2\, dS - \int_{S_\phi} \overline{\omega}_2 dS = 0$$

여기서

$$\overline{\omega}_2 = -\omega_{,i} n_i, \quad \overline{\omega}_1 = \omega$$

라고 가정하자. 그러면 식 (f)는 다음 식으로 정리된다.

$$-\int_V u\omega_{,ii}\, dV + \int_V u\omega dV + \int_V \omega dV + \int_{S_q} u\omega_{,i} n_i dS - \int_{S_\phi} u_{,i} n_i \omega dS \tag{f}$$

$$-\int_{S_q} \omega\, dS + \int_{S_\phi} w_{,i} n_i\, dS = 0$$

발산이론으로 유도된 다음의 식을

$$-\int_V u\omega_{,ii} dV = \int_V u_{,i}\omega_{,i} dV - \int_S u\, \omega_{,i}\, n_i dS \tag{g}$$

식 (f)에 대입하면, 다음의 약형이 유도된다.

$$\int_V u_{,i}\omega_{,i} dV + \int_V u\omega dV + \int_V \omega dV - \int_{S_\phi} u_{,i} n_i \omega dS \tag{h}$$

$$-\int_{S_q} \omega\, dS - \int_{S_\phi} (u-1)\, \omega_{,i} n_i dS = 0$$

제 3 장

면적적분과 체적적분의 수치계산

제 2 부 2.6절에서 1차원 직선상에서의 수치적분을 공부하였다. 2차원 평면에서의 면적적분과 3차원 공간에서의 체적적분도 마찬가지의 방법으로 계산된다. 각 요소별 수치적분 공식은 다음과 같다.

〈사각형요소〉

$$\int_{-1}^{1}\int_{-1}^{1} f(\xi,\eta)\,d\xi\,d\eta = \sum_{i=1}^{n}\sum_{j=1}^{n} w_i w_j f(\xi_i,\eta_j) \tag{3.1}$$

〈육면체요소〉

$$\int_{-1}^{1}\int_{-1}^{1}\int_{-1}^{1} f(\xi,\eta,\zeta)\,d\xi\,d\eta\,d\zeta = \sum_{i=1}^{n}\sum_{j=1}^{n}\sum_{k=1}^{n} w_i w_j w_k f(\xi_i,\eta_j,\zeta_k) \tag{3.2}$$

〈삼각형요소〉

$$\int_{0}^{1}\int_{0}^{1-\eta} f(\xi,\eta)\,d\xi\,d\eta = \sum_{i=1}^{n} w_i f(\xi_i,\eta_i) \tag{3.3}$$

〈사면체요소〉

$$\int_{0}^{1}\int_{0}^{1-\zeta}\int_{0}^{1-\eta-\zeta} f(\xi,\eta,\zeta)\,d\xi\,d\eta\,d\zeta = \sum_{i=1}^{n} w_i f(\xi_i,\eta_i,\zeta_i) \tag{3.4}$$

여기서 n은 수치적분 차수이다. w_i 등은 가중치를 의미하고, (ξ_i,η_i)와 (ξ_i,η_i,ζ_i)는 수치적분점의 자연좌표를 의미한다. 사각형요소와 육면체요소의 적분점의 좌표와 가중치는 제 2 부 2.6절의 직선적분에서 설명한 바와 동일하다. 따라서 각 좌표방향에 대하여 1차원 직선적분과 동일하게 수치적분을 실시하면 된다. $n=2$이면, 각 방향에 대한 3차 다항식까지 정확한 적분값을 구해 준다. 삼각형요소와 사면체요소의 수치적분도 수치적분점에서의 함수값과 가중치의 곱을 합산하여 구한다. 삼각형요소와 사면체요소의 적분점의 좌표와 가중치를 표 3.1과 3.2에 정리하였다.

표 3.1 삼각형요소의 수치적분점과 가중치

<table>
<tr><th rowspan="2">Order</th><th colspan="3">Coordinates of integration points</th><th rowspan="2">Weights</th><th rowspan="2">Error</th></tr>
<tr><th>ξ</th><th>η</th><th>$1-\xi-\eta$</th></tr>
<tr><td>Linear</td><td>$\frac{1}{3}$</td><td>$\frac{1}{3}$</td><td>$\frac{1}{3}$</td><td>1</td><td>h^2</td></tr>
<tr><td rowspan="3">Quadratic</td><td>$\frac{1}{2}$</td><td>$\frac{1}{2}$</td><td>0</td><td>$\frac{1}{3}$</td><td rowspan="3">h^3</td></tr>
<tr><td>0</td><td>$\frac{1}{2}$</td><td>$\frac{1}{2}$</td><td>$\frac{1}{3}$</td></tr>
<tr><td>$\frac{1}{2}$</td><td>0</td><td>$\frac{1}{2}$</td><td>$\frac{1}{3}$</td></tr>
<tr><td rowspan="4">Cubic</td><td>$\frac{1}{3}$</td><td>$\frac{1}{3}$</td><td>$\frac{1}{3}$</td><td>$-\frac{27}{48}$</td><td rowspan="4">h^4</td></tr>
<tr><td>0.6</td><td>0.2</td><td>0.2</td><td rowspan="3">$\frac{25}{48}$</td></tr>
<tr><td>0.2</td><td>0.6</td><td>0.2</td></tr>
<tr><td>0.2</td><td>0.2</td><td>0.6</td></tr>
<tr><td rowspan="7">Quintic</td><td>$\frac{1}{3}$</td><td>$\frac{1}{3}$</td><td>$\frac{1}{3}$</td><td>0.22500,00000</td><td rowspan="7">h^6</td></tr>
<tr><td>α_1</td><td>β_1</td><td>β_1</td><td rowspan="3">0.13239,41527</td></tr>
<tr><td>β_1</td><td>α_1</td><td>β_1</td></tr>
<tr><td>β_1</td><td>β_1</td><td>α_1</td></tr>
<tr><td>α_2</td><td>β_2</td><td>β_2</td><td rowspan="3">0.12593,91805</td></tr>
<tr><td>β_2</td><td>α_2</td><td>β_2</td></tr>
<tr><td>β_2</td><td>β_2</td><td>α_2</td></tr>
</table>

where, $\alpha_1 = 0.0597158717$

$\beta_1 = 0.4701420641$

$\alpha_2 = 0.7974269853$

$\beta_2 = 0.1012865073$

표 3.2 사면체요소의 수치적분점과 가중치

Order	Coordinates of integration points				Weights	Error
	ξ	η	ζ	χ		
Linear	$\frac{1}{4}$	$\frac{1}{4}$	$\frac{1}{4}$	$\frac{1}{4}$	1	h^2
Quadratic	α	β	β	β	$\frac{1}{4}$	h^3
	β	α	β	β	$\frac{1}{4}$	
	β	β	α	β	$\frac{1}{4}$	
	β	β	β	α	$\frac{1}{4}$	
Cubic	$\frac{1}{4}$	$\frac{1}{4}$	$\frac{1}{4}$	$\frac{1}{4}$	$-\frac{4}{5}$	h^4
	$\frac{1}{3}$	$\frac{1}{6}$	$\frac{1}{6}$	$\frac{1}{6}$	$\frac{9}{20}$	
	$\frac{1}{6}$	$\frac{1}{3}$	$\frac{1}{6}$	$\frac{1}{6}$	$\frac{9}{20}$	
	$\frac{1}{6}$	$\frac{1}{6}$	$\frac{1}{3}$	$\frac{1}{6}$	$\frac{9}{20}$	
	$\frac{1}{6}$	$\frac{1}{6}$	$\frac{1}{6}$	$\frac{1}{3}$	$\frac{9}{20}$	

where, $\chi = 1-\xi-\eta-\zeta$, $\alpha = 0.58541020$, $\beta = 0.13819660$

다음의 예제를 통하여 수치적분법에 관한 지식과 응용방법을 체득하기 바란다.

▼ 예제 3.1

예제 1.2에서 사용한 그림의 요소에 대한 다음의 적분을 2×2 수치적분법으로 계산하라.

$$\int_{A^{\circledcirc}} \frac{\partial N_3}{\partial x}\frac{\partial N_3}{\partial y}\,dx\,dy \tag{a}$$

➡ 예제 1.2와 같이 좌표변환을 실시하면, 예제 1.7의 결과로부터 준식은 다음과 같이 자연좌표로 변환된다.

$$\int_{A^{\circledcirc}} \frac{\partial N_3}{\partial x}\frac{\partial N_3}{\partial y}\,dx\,dy = \frac{1}{16}\int_{-1}^{1}\int_{-1}^{1}\frac{(-9+12\xi-6\eta-3\xi^2+6\xi\eta)}{(6-\xi-\eta)}\,d\xi\,d\eta \tag{b}$$

여기서

$$f(\xi,\eta) = \frac{(-9+12\xi-6\eta-3\xi^2+6\xi\eta)}{6(6-\xi-\eta)} \tag{c}$$

라고 두고 2×2 수치적분을 실시하면 다음과 같다.

$$\int_{A^{ⓔ}} \frac{\partial N_3}{\partial x}\frac{\partial N_3}{\partial y} dx\, dy \fallingdotseq f(\frac{1}{\sqrt{3}}, \frac{1}{\sqrt{3}}) + f(\frac{1}{\sqrt{3}}, -\frac{1}{\sqrt{3}}) + f(-\frac{1}{\sqrt{3}}, \frac{1}{\sqrt{3}}) + f(-\frac{1}{\sqrt{3}}, -\frac{1}{\sqrt{3}}) \fallingdotseq -1.09 \tag{d}$$

▼ 예제 3.2

다음의 사면체요소의 체적적분을 4점 수치적분법으로 계산하여 정해와 비교하라.

$$\int_0^1 \int_0^{1-\zeta} \int_0^{1-\eta-\zeta} \eta\,\zeta \; d\xi\, d\eta\, d\zeta \tag{a}$$

➡ 먼저 피적분함수를

$$f(\xi, \eta, \zeta) = \eta\,\zeta \tag{b}$$

라고 두자. 수치적분 공식에 의하여

$$\text{준식} \fallingdotseq \frac{1}{4}f(\alpha,\beta,\beta) + \frac{1}{4}f(\beta,\alpha,\beta) + \frac{1}{4}f(\beta,\beta,\alpha) + \frac{1}{4}f(\beta,\beta,\beta)$$

$$= \frac{1}{4}\left(2\alpha\beta + 2\beta^2\right) \quad \text{(c)}$$

$$= 0.049999999$$

이다. 한편 정해가 0.05이므로 정해와 수치해는 일치하고 있다.

제 4 장

2차원 및 3차원 경계치 문제의 근사해법과 유한요소법

이미 제 2 부에서 상미분방정식의 근사해법으로 Ritz 법과 Galerkin 법에 관하여 공부하였다. 편미분방정식의 근사해법은 상미분방정식과 사실상 동일하다. 이 절에서는 Ritz 법과 Galerkin 법으로 다음의 경계치문제를 풀어 봄으로써 편미분방정식의 근사해법에 관한 설명을 대신하고자 한다.

$$\frac{\partial^2 w}{\partial x^2} + \frac{\partial^2 w}{\partial y^2} + \lambda w = 0 \quad \text{또는} \quad \nabla \cdot \nabla w + \lambda w = 0 \quad \text{on} \quad A \tag{4.1}$$

$$w = 0 \quad \text{on} \quad C \tag{4.2}$$

경계 C와 면적 A는 그림 4.1에서 보는 바와 같다. 이 경계치문제는 박막(membrane)의 진동 현상을 수식화한 것이다.

제 1 부 예제 5.8로부터 식 (4.1), 식 (4.2)의 경계치문제에 대응하는 변분원리는 다음과 같다.

$$Minimize \quad F(w) = \frac{1}{2}\int_{-1}^{1}\int_{-1}^{1}(\nabla w \cdot \nabla w - \lambda w^2)\, dxdy \tag{4.3}$$

$$subject\ to \quad w = 0 \quad \text{on} \quad C \tag{4.4}$$

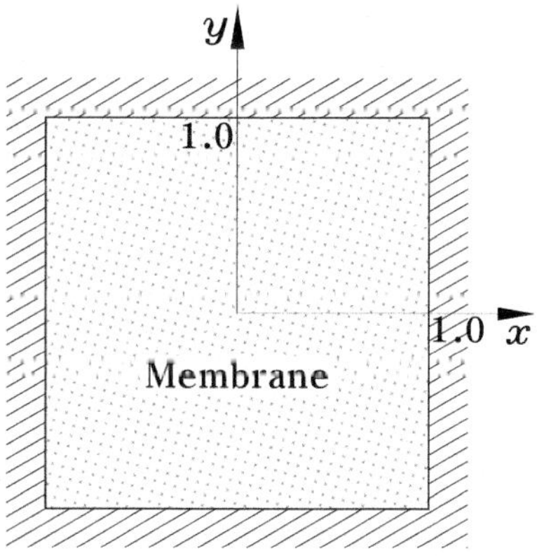

그림 4.1 예제의 정의

근사해를 다음과 같이 가정하자.

$$\tilde{w} = C(x^2-1)(y^2-1) \tag{4.5}$$

이 시도함수는 경계 C상의 모든 점에서 0이므로 필수경계조건을 완벽하게 만족한다. 식 (4.5)를 식 (4.3)에 대입하여 정리하면

$$\tilde{F}(C) = \frac{128}{225} C^2 (5-\lambda) \tag{4.6}$$

이다. 범함수가 최소값을 가져야 한다는 조건으로부터

$$\frac{\partial \tilde{F}}{\partial C} = \frac{256}{225} C(5-\lambda) = 0 \tag{4.7}$$

가 만족되어야 한다. 그런데 $C=0$은 무의미한 해이므로

$$\lambda = 5 \tag{4.8}$$

가 되어야 한다.

이제 식 (4.1)과 식 (4.2)의 경계치문제의 근사해를 Galerkin 법으로 구해 보자. 이 경계치문제의 약형은 다음과 같다(제 1 부의 예제 5.8 참조).

$$\int_{-1}^{1}\int_{-1}^{1}\left(\frac{\partial w}{\partial x}\frac{\partial \omega}{\partial x} + \frac{\partial w}{\partial y}\frac{\partial \omega}{\partial y} - \lambda w \omega\right) dxdy = 0 \tag{4.9}$$

미지함수 w와 가중함수 ω를 다음과 같이 보간하여 식 (4.9)에 대입하여 정리하면

$$\tilde{w} = C(x^2-1)(y^2-1) \tag{4.10}$$

$$\omega = W(x^2-1)(y^2-1) \tag{4.11}$$

다음 식을 얻는다.

$$WC\int_{-1}^{1}\int_{-1}^{1}\left(4x^2(y^2-1)^2 + 4(x^2-1)^2y^2 - \lambda(x^2-1)^2(y^2-1)^2\right) dxdy = 0$$

또는

$$\frac{256}{225} WC(5-\lambda) = 0 \tag{4.12}$$

여기서 W는 임의의 상수이므로 식 (4.10)이 근사해가 되기 위해서는

$$C(5-\lambda) = 0 \tag{4.13}$$

가 만족되어야 한다. 이 식은 Ritz 법으로 구한 식 (4.7)과 동일하다. 따라서 Galerkin 법의 해와 Ritz 법의 해는 동일하다.

상미분방정식과 마찬가지로 해석영역을 삼각형요소 및 사각형요소로 분할하여 생성되는 보간함수를 식 (4.5), 식 (4.10), 식 (4.11)에서 사용된 기초함수를 대신하여 사용하면, 그것이 바로 유한요소법이다.

▼ 예제 4.1

식 (4.1)과 식 (4.2)를 풀기 위하여 그림 4.1의 해석영역을 그림 (a)에서 보는 바와 같이 세 가지의 삼각형요소망으로 분할하였다. 각 요소망이 생성하는 보간함수를 생각하면서 평가하라.

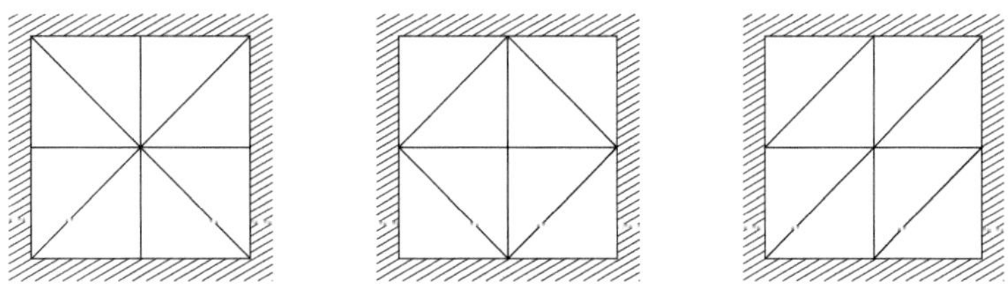

ⓐ ⓑ ⓒ

(a) 삼각형요소망

➡ 삼각형요소에서 세 절점의 절점치가 모두 0이면 그 요소는 문제에 전혀 기여하지 못한다. 따라서 그림 (b)에서 보는 바와 같이 그림 (a)의 요소망은 그림 (b)의 요소망과 동일한 의미를 갖는다. 그러므로 요소망 ⓐ를 제외한 두 요소망은 본래의 문제를 표현하지 못하고 있다.

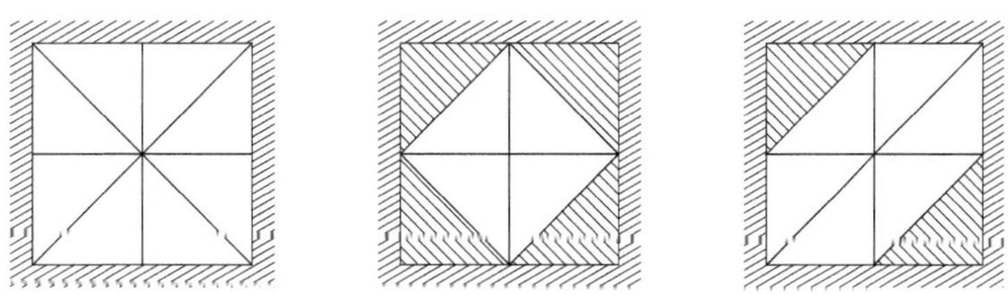

ⓐ ⓑ ⓒ

(b) 등가 삼각형요소망

제 5 장

Poisson 방정식의 유한요소해석

공학에서 Poisson 방정식은 매우 중요하다. 다수의 문제가 이 방정식으로 수식화되기 때문이다. 고체의 전도열전달 문제가 대표적인 예이다. 그 이외에도 전기장 및 자기장 관련 문제, 각주의 비틀림 문제, 베어링의 윤활 문제, 다공질재료의 누수 문제 등이 Poisson 방정식 형태로 수식화된다.

5.1 문제의 수식화

3차원 공간에서 Poisson 방정식은 다음과 같이 수식화된다.

① 지배방정식과 경계조건

$$\frac{\partial}{\partial x_1}\left(k\frac{\partial \phi}{\partial x_1}\right)+\frac{\partial}{\partial x_2}\left(k\frac{\partial \phi}{\partial x_2}\right)+\frac{\partial}{\partial x_3}\left(k\frac{\partial \phi}{\partial x_3}\right)+q_g(x_1, x_2, x_3) = 0 \quad \text{in} \quad V$$

$$\text{또는} \quad (k\phi_{,i})_{,i}+q_g(x_j) = 0 \quad \text{in} \quad V \tag{5.1}$$

$$-k\frac{\partial \phi}{\partial n} = -k\phi_{,i}\,n_i = \bar{q}+\bar{h}\,\phi \quad \text{on} \quad S_q \tag{5.2}$$

$$\phi(x_j) = \bar{\phi} \quad \text{on} \quad S_\phi \tag{5.3}$$

② 변분이론

$$Minimize \;\; F(\phi) = \int_V\left(\frac{k}{2}\phi_{,i}\,\phi_{,i}-q_g\phi\right)dV+\int_{S_q}\left(\bar{q}\,\phi+\frac{\bar{h}}{2}\phi^2\right)dS \tag{5.4}$$

$$subject\ to \;\; \phi(x_j) = \bar{\phi} \quad \text{on} \quad S_\phi \tag{5.5}$$

③ 약형

$$\int_V \omega_{,i}\,k\phi_{,i}\,dV-\int_V\omega\,q_g\,dV+\int_{S_q}\bar{q}\,\omega\,dS+\int_{S_q}\bar{h}\,\omega\,\phi\,dS = 0 \tag{5.6}$$

$$\phi(x_j) = \bar{\phi}, \quad \omega(x_j) = 0 \quad \text{on} \quad S_\phi \tag{5.7}$$

여기서 $\phi = \phi(x_1, x_2, x_3)$는 미지함수이며, k, $\bar{h}$, $\bar{q}$, $\bar{\phi}$ 등은 x_1, x_2, x_3의 함수 또는 상수이다. 경계 S는 S_q와 S_ϕ로 구성되어 있다. 그리고 $S = S_\phi \cup S_q$이고, $\varnothing = S_\phi \cap S_q$이다. 즉, 경계의 모든 점은 반드시 S_q와 S_ϕ 중의 하나에만 속한다. 하첨자 $i \in [1, 2, 3]$는 단순지수이다.

주목할 점으로, k가 미지함수 ϕ의 함수이면, 즉 $k = k(\phi, x_i)$ 또는 $k = k(\phi)$이면 전술한 변분이론은 적용 불가능하지만 약형은 직접 적용이 가능하다. 약형의 유도는 예제 2.1로 대신한다.

▼ 예제 5.1

식 (5.4)와 식 (5.5)의 변분이론에서 범함수를 유도하라.

➡ 식 (5.1)을 미분연산자를 사용하여 표현하면 다음과 같다.

$$L[\phi] = q_g \tag{a}$$

여기서

$$L = -\left[\frac{\partial}{\partial x_1}\left(k\frac{\partial}{\partial x_1}\right) + \frac{\partial}{\partial x_2}\left(k\frac{\partial}{\partial x_2}\right) + \frac{\partial}{\partial x_3}\left(k\frac{\partial}{\partial x_3}\right)\right] \tag{b}$$

이다. 제 1 부의 예제 6.2에서 이 미분연산자는 셀프어조인트함이 증명되었다. 따라서 이 연산자에 대응하는 범함수가 다음의 형태로 존재한다(제 1 부 6 장 참고).

$$\begin{aligned} F(\phi) &= -\frac{1}{2}\int_V \left[\frac{\partial}{\partial x_1}\left(k\frac{\partial \phi}{\partial x_1}\right) + \frac{\partial}{\partial x_2}\left(k\frac{\partial \phi}{\partial x_2}\right) + \frac{\partial}{\partial x_3}\left(k\frac{\partial \phi}{\partial x_3}\right)\right]\phi\, dV \\ &\quad - \int_V q_g \phi\, dV + D(\phi)|_S \\ &= -\frac{1}{2}\int_V (k\phi_{,i})_{,i}\, \phi\, dV - \int_V q_g \phi\, dV + D(\phi)|_S \\ &= \frac{1}{2}\int_V k\phi_{,i}\phi_{,i}\, dV - \int_V q_g\phi\, dV + D(\phi)|_S - \frac{1}{2}\int_S k\phi_{,i}n_i\,\phi\, dV \end{aligned} \tag{c}$$

이제 $D(\phi)|_S$를 구해 보자. 식 (c)의 양변을 1차변분하여 정리하면 다음과 같다.

$$\begin{aligned} \delta F(\phi) &= \int_V k\phi_{,i}\delta\phi_{,i}\, dV - \int_V q_g \delta\phi\, dV + \delta\left[D(\phi)|_S - \frac{1}{2}\int_S k\phi_{,i}n_i\,\phi\, dV\right] \\ &= -\int_V \left[(k\phi_{,i})_{,i} + q_g\right]\delta\phi\, dV + \int_S k\phi_{,i}n_i\delta\phi\, dS \\ &\quad + \delta\left[D(\phi)|_S - \frac{1}{2}\int_S k\phi_{,i}n_i\,\phi\, dV\right] \end{aligned} \tag{d}$$

직관적으로 경계조건을 반영하기 위하여 다음 식이 성립해야 함을 알 수 있다.

$$\int_S k\phi_{,i} n_i \delta\phi dS + \delta\left[D(\phi)|_S - \frac{1}{2}\int_S k\phi_{,i} n_i \phi \, dV\right] \tag{e}$$

$$= \alpha_1 \int_{S_\phi} k\phi_{,i} n_i \delta\phi dS + \alpha_2 \int_{S_q} \left(k\phi_{,i} n_i + \bar{q} + \bar{h}\,\phi\right)\delta\phi dS$$

따라서 $\alpha_1 = 1$, $\alpha_2 = 1$로 가정하면

$$\delta\left[D(\phi)|_S - \frac{1}{2}\int_S k\phi_{,i} n_i \phi \, dV\right] = \int_{S_q} (\bar{q} + \bar{h}\,\phi)\,\delta\phi dS \tag{f}$$

$$= \delta \int_{S_q} \left(\bar{q}\,\phi + \frac{\bar{h}}{2}\phi^2\right) dS$$

또는

$$D(\phi)|_S - \frac{1}{2}\int_S k\phi_{,i} n_i \phi \, dV = \int_{S_q} \left(\bar{q}\,\phi + \frac{\bar{h}}{2}\phi^2\right) dS \tag{g}$$

이다. 식 (g)를 식 (c)에 대입하여 정리하면 다음의 범함수를 얻게 된다.

$$F(\phi) = \frac{1}{2}\int_V k\phi_{,i}\phi_{,i} \, dV - \int_V q_g \phi dV + \int_{S_q} \left(\bar{q}\,\phi + \frac{\bar{h}}{2}\phi^2\right) dS \tag{h}$$

5.2 유한요소방정식의 유도

약형으로부터 유한요소방정식을 유도해 보자. 해석영역은 N개의 절점과 M개의 요소로 이산화되었다고 가정한다. 먼저 약형 내의 미지함수 ϕ와 가중함수 ω를 보간함수 N_L로 보간하면 다음과 같다

$$\phi = \phi_K N_K \tag{5.8}$$

$$\omega = W_L N_L \tag{5.9}$$

여기서 $L, K \in [1, 2, ..., N]$이다. 식 (5.8)과 식 (5.9)를 식 (5.6)의 약형에 대입하여 정리하면 다음과 같다

$$W_L\left[\left(\int_V k N_{L,i} N_{K,i} dV + \int_{S_q} \bar{h}\, N_L N_K dS\right)\phi_K - \int_V q_g N_L \, dV + \int_{S_q} \bar{q}\, N_L dS\right] = 0 \tag{5.10}$$

식 (5.10)에서 W_L이 임의의 상수라고 가정함으로써 경계조건 적용 이전의 유한요소방정식을 다음과 같이 구할 수 있다.

$$K_{LK}\phi_K = F_L \quad \text{또는} \quad \mathrm{K}\boldsymbol{\Phi} = \mathrm{F} \tag{5.11}$$

여기서 강성행렬 K_{LK}와 하중벡터 F_L은

$$K_{LK} = \int_V k N_{L,i} N_{K,i} dV + \int_{S_q} \bar{h} N_L N_K dS \tag{5.12}$$

$$F_L = \int_V q_g N_L dV - \int_{S_q} \bar{q} N_L dS \tag{5.13}$$

이다. 식 (5.11)을 풀기 이전에 반드시 경계조건을 반영해야 한다.

경계조건이 반영된 유한요소방정식을 유도하기 위하여 제 2 부의 식 (2.87)~(2.89)의 규약을 따라 절점의 집합을 $\tilde{\eta}$, η', $\bar{\eta}$로 분류하자. 즉,

$$\begin{aligned} \tilde{\eta} &= \{I \mid I \text{는 모든 절점번호}\} \\ \bar{\eta} &= \{\bar{I} \mid \bar{I} \text{는 필수경계조건이 부과된 절점번호}\} \\ \eta' &= \{I' \mid I' \text{은 자유도가 구속되지 않은 절점번호}\} \end{aligned} \tag{5.14}$$

로 정의하자. 필수경계상의 절점, 즉 $\bar{\eta}$의 집합에 속하는 절점 $\bar{L}$에서

$$W_{\bar{L}} = 0 \tag{5.15}$$

이고, 그 이외의 절점 $L \in \eta'$에서 정의되는 $W_{L'}$은 임의의 상수이다. 그러므로 식 (5.10)으로부터

$$\left(\int_V k N_{L',i} N_{K,i} dV + \int_{S_q} \bar{h} N_{L'} N_K dS\right)\phi_K = \int_V q_g N_{L'} dV - \int_{S_q} \bar{q} N_{L'} dS \tag{5.16}$$

이다. 이 식에서 지수 $K \in \tilde{\eta}$를 $K' \in \eta'$과 $\bar{K} \in \bar{\eta}$로 구분하여 기술하면 다음과 같다.

$$\begin{aligned} \left(\int_V k N_{L',i} N_{K',i} dV + \int_{S_q} \bar{h} N_{L'} N_{K'} dS\right)\phi_{K'} &= \int_V q_g N_{L'} dV - \int_{S_q} \bar{q} N_{L'} dS \\ &- \left(\int_V k N_{L',i} N_{\bar{K},i} dV + \int_{S_q} \bar{h} N_{L'} N_{\bar{K}} dS\right)\phi_{\bar{K}} \end{aligned}$$

또는

$$K_{L'K'}\phi_{K'} = F_{L'} \quad \text{또는} \quad \mathrm{K}\boldsymbol{\Phi} = \mathrm{F} \tag{5.17}$$

여기서 $\bar{\phi}_{\bar{K}}$는 절점 $\bar{K} \in \bar{\eta}$ 에서 주어진 값이며,

$$K_{L'K'} = \int_V k N_{L',i} N_{K',i} dV + \int_{S_q} \bar{h} N_{L'} N_{K'} dS \tag{5.18}$$

$$F_{L'} = \int_V q_g N_{L'} dV - \int_{S_q} \bar{q} N_{L'} dS - \left(\int_V k N_{L',i} N_{\bar{K},i} dV + \int_{S_q} \bar{h} N_{L'} N_{\bar{K}} dS\right)\phi_{\bar{K}} \tag{5.19}$$

를 각각 전체강성행렬과 전체하중벡터라고 한다. 한편

$$x_i = N_{iI} X_I \tag{5.20}$$

이므로 식 (5.18)과 식 (5.19)에서 k 등이 위치 x_i의 함수이면, 보간함수와 절점위치벡터의 함수로 표현된다. 즉,

$$k = k(x_i) = k(N_{iI} X_I) \tag{5.21}$$

이다. 한편 식 (5.11)에 대응하는 요소방정식은 다음과 같다.

$$\sum_k k_{lk}^{ⓔ} \phi_k^{ⓔ} = f_l \tag{5.22}$$

여기서

$$k_{lk}^{ⓔ} = \int_{V^{ⓔ}} k \widetilde{N}_{l,i} \widetilde{N}_{k,i} dV + \int_{V^{ⓔ}} \overline{h} \widetilde{N}_l \widetilde{N}_k dS \tag{5.23}$$

$$f_l = \int_{V^{ⓔ}} q_g \widetilde{N}_l dV - \int_{S_q^{ⓔ}} \overline{q} \widetilde{N}_l dS \tag{5.24}$$

를 각각 요소강성행렬과 요소하중벡터라고 한다. 여기서 $V^{ⓔ}$는 요소 ⓔ의 영역을, $S_q^{ⓔ}$는 요소 ⓔ의 경계 중에서 경계조건이 식 (5.2)로 주어진 경계를 의미한다. 물론 요소 경계의 일부분이 경계 S_q에 속하지 않으면 $S_q^{ⓔ}$는 빈 공간이다.

5.3 축대칭 문제

유한요소법에서는 대부분의 문제가 직각좌표계로 수식화되어 해결되고 있다. 그런데 축대칭 문제는 2차원적 접근이 가능하므로 예외적으로 (r, θ, z) 원통좌표계로 수식화되고 있다. 축대칭 문제는 기하학적으로뿐만 아니라 역학적으로도 축대칭이어야 한다. 이 경우,

$$\phi = \phi(r, z) \tag{5.25}$$

이다. 따라서 r-z 평면에서 해석이 가능하므로 2차원 문제와 동일한 방법으로 해결될 수 있다.

원통좌표계에서 Poisson 방정식의 일반형은 다음과 같이 표현된다.

$$\frac{1}{r}\frac{\partial}{\partial r}\left(kr\frac{\partial \phi}{\partial r}\right) + \frac{1}{r^2}\frac{\partial}{\partial \theta}\left(k\frac{\partial \phi}{\partial \theta}\right) + \frac{\partial}{\partial z}\left(k\frac{\partial \phi}{\partial z}\right) + q_g = 0 \tag{5.26}$$

축대칭 문제에서 $\phi = \phi(r, z)$이므로 식 (5.26)은 다음 식으로 표현된다.

$$\frac{\partial}{\partial r}\left(2\pi r k\frac{\partial \phi}{\partial r}\right) + \frac{\partial}{\partial z}\left(2\pi r k\frac{\partial \phi}{\partial z}\right) + 2\pi r q_g = 0 \tag{5.27}$$

여기서 2π를 곱하지 않아도 되지만, 실제 3차원 공간이 적분됨을 강조하기 위하여 표현한 것이다. $dV = 2\pi r dA$이기 때문이다. 따라서 이 식으로부터 축대칭 문제는 2차원 문제와 동일하게 취급될 수 있음을 알 수 있다. 즉, $2\pi kr \Rightarrow k_{eq}$, $r \Rightarrow x$, $z \Rightarrow y$, $2\pi r q_g \Rightarrow q_{g,eq}$로 바꾸면, 식 (5.27)은 다음 식으로 표현된다.

$$\frac{\partial}{\partial x}\left(k_{eq}\frac{\partial \phi}{\partial x}\right) + \frac{\partial}{\partial y}\left(k_{eq}\frac{\partial \phi}{\partial y}\right) + q_{g,eq} = 0 \tag{5.28}$$

따라서 식 (5.28)로부터 축대칭 문제는 2차원 Poisson 방정식 문제 중에서 k와 q_g가 위치의 함수인 문제와 동일하게 취급될 수 있음을 알 수 있다.

5.4 비선형 미분방정식

우리는 앞에서 k 등이 위치의 함수라는 가정하에 Poisson 방정식의 유한요소해석에 관하여 공부하였다. 이 절에서는 k 등이 온도의 함수인 경우에 관하여 공부해 보자. 즉,

$$k = k(\phi, x_i) \tag{5.29}$$

라는 가정하에 유한요소방정식을 유도하고 그 해법에 관하여 공부하도록 하자. 수식 유도의 편의를 위하여 $\bar{h} = \bar{h}(x_i)$, $\bar{q} = \bar{q}(x_i)$라고 가정한다. 비록 k 등이 ϕ의 함수일지라도 식 (5.6)과 식 (5.7)의 약형은 성립한다. 물론 이 경우 자연 변분이론은 존재하지 않는다. 그러므로 약형으로부터 유도된 5.2절의 식 (5.24)까지 수식은 그대로 적용된다. 즉, 이 문제의 유한요소방정식은 다음과 같다.

$$K_{L'K'}\,\phi_{K'} = F_{L'} \quad \text{또는} \quad \mathrm{K}\boldsymbol{\Phi} = \mathrm{F} \tag{5.30}$$

여기서 $\bar{\phi}_{\bar{K}}$는 절점 $\bar{K} \in \bar{\eta}$ 에서 주어진 값이며,

$$K_{L'K'} = \int_V k N_{L',i} N_{K',i}\, dV + \int_{S_q} \bar{h} N_{L'} N_{K'}\, dS \tag{5.31}$$

$$F_{L'} = \int_V q_g N_{L'}\, dV - \int_{S_q} \bar{q} N_{L'}\, dS - \left(\int_V k N_{L',i} N_{\bar{K},i}\, dV + \int_{S_q} \bar{h} N_{L'} N_{\bar{K}}\, dS\right)\phi_{\bar{K}} \tag{5.32}$$

를 각각 전체강성행렬과 전체하중벡터라고 한다.

그런데 $k = k(N_K\phi_K, N_{i,J}X_J)$이므로 k는 미지수 $\phi_{K'}$의 함수이다. 그러므로 식 (5.30)과 식 (5.32)에서 $K_{L'K'}$과 $F_{L'}$은 미지수 $\phi_{K'}$의 함수이다. 즉,

$$K_{L'K'}(\phi_{J'})\,\phi_{K'} = F_{L'}(\phi_{J'}) \tag{5.33}$$

이다. 이 점을 제외하면 5.2절의 문제와 동일하다. 차이점은 해를 구하는 방법에 있다. 식 (5.30)에서 강성행렬과 하중벡터의 모든 성분이 상수이면 간단히 선형방정식의 해법을 이

용하여 해를 구할 수 있다. 식 (5.30)이 비선형방정식일 경우, 비선형방정식의 해법을 이용하여 해를 구하면 된다. 비선형방정식의 해법은 일반적으로 초기 해(initial guess) $\phi^0_{K'}$의 입력으로부터 시작되며 점진적으로 개선된 해

$$\phi^i_{K'} = \phi^{i-1}_{K'} + \alpha \Delta\phi^i_{K'}, \quad i = 1, 2, 3, \ldots \tag{5.34}$$

를 구해 가는 것으로 설명된다. 여기서 α는 $0 < \alpha \le 1$의 범위에 속하는 상수이며, 전진을 감속시킴으로써 수렴의 안정성을 개선시킬 목적으로 사용된다. 계산 과정에서

$$\| \Delta\phi^i_{K'} \| = \sqrt{\sum_{K'} \Delta\phi^i_{K'} \, \Delta\phi^i_{K'}} \le \varepsilon \tag{5.35}$$

가 충분히 작으면, 해에 수렴한 것으로 판단한다. 문제는 $\Delta\phi^i_{K'}$를 어떻게 구하느냐는 것이다. $\Delta\phi^i_{K'}$를 구하기 위한 다양한 방법이 개발되어 있으나, 이 절에서는 비선형방정식의 해법으로 가장 널리 사용되고 있는 직접반복법(direct iteration method)과 Newton-Raphson 법을 간략하게 소개하고자 한다.

직접반복법은 식 (5.34)에서 $\Delta\phi^i_{K'}$를 다음의 선형방정식으로부터 구한다.

$$K_{L'K'}\,(\phi^{i-1}_{J'})\,(\phi^{i-1}_{K'} + \Delta\phi^i_{K'}) = F_{L'}\,(\phi^{i-1}_{J'})$$

또는

$$K_{L'K'}\,(\phi^{i-1}_{J'})\,\Delta\phi^i_{K'} = F_{L'}\,(\phi^{i-1}_{J'}) - K_{L'K'}\,(\phi^{i-1}_{J'})\,\phi^{i-1}_{K'} \tag{5.36}$$

직접반복법은 수렴속도가 느린 단점이 있으나, 수렴의 안정성이 타 방법에 비하여 뛰어난 장점이 있다. 따라서 다른 방법의 초기 해 획득 목적으로 이 방법이 널리 사용되고 있다.

Newton-Raphson 법은 다음 식으로부터 $\Delta\phi^i{}_{K'}$를 구한다.

$$\widetilde{K}_{L'K'}\,(\phi^{i-1}_{J'})\,\Delta\phi^i_{K'} = -\widetilde{F}_{L'}\,(\phi^{i-1}_{J'}) \tag{5.37}$$

여기서 $\widetilde{F}_{I'}$와 $\widetilde{K}_{I'K'}$는 다음과 같다.

$$\widetilde{F}_{L'}\,(\phi^{i-1}_{J'}) = K_{L'K'}\,(\phi^{i-1}_{J'})\,\phi^{i-1}_{K'} - F_{L'}\,(\phi^{i-1}_{J'}) \tag{5.38}$$

$$\widetilde{K}_{L'K'}\,(\psi^{i-1}_{J'}) = \Big(K_{L'K'} + \int_V \frac{\partial k}{\partial \phi_{K'}} N_{L',i}\, N_{I',i}\, dV\, \phi_{I'} + \int_V \frac{\partial k}{\partial \phi_{K'}} N_{L',i}\, N_{\overline{K},i}\, dV\, \phi_{\overline{K}}\Big)_{(\phi_J = \phi^{i-1}_J)} \tag{5.39}$$

5.5 Poisson 방정식의 혼합형 수식화

Poisson 방정식의 압축불가능형 수식은 다음과 같다.

$$(k\phi_{,i})_{,i} + q_g(x_1, x_2, x_3) = 0 \quad \text{in} \quad V \tag{5.40}$$

$$-k\frac{\partial\phi}{\partial n} = -k\phi_{,i}\, n_i = \bar{q} + \bar{h}\,\phi \quad \text{on} \quad S_q \tag{5.41}$$

$$\phi(x_1,x_2,x_3) = \bar{\phi} \;\; \text{on} \;\; S_\phi \tag{5.42}$$

이 미분방정식은 다음의 혼합형 수식으로 표현된다.

$$q_i = -k\,\phi_{,i} \quad \text{in} \quad V \tag{5.43}$$

$$-q_{i,i} + q_g = 0 \quad \text{in} \quad V \tag{5.44}$$

$$q_i\, n_i = \bar{q} + \bar{h}\,\phi \quad \text{on} \quad S_q \tag{5.45}$$

$$\phi(x_1,x_2,x_3) = \bar{\phi} \;\; \text{on} \;\; \mathrm{S}_\phi \tag{5.46}$$

혼합형 수식에서 ϕ 뿐만 아니라 q_i도 미지함수이다. 혼합형 수식의 식 (5.43)~(5.46)을 고려하여 약형을 유도해 보자. 식 (5.43)~(5.46)이 성립하면, 다음의 식은 임의의 ω, λ_i, $\bar{\omega}$에 대하여 성립해야 한다.

$$\int_V (-q_{i,i} + q_g)\,\omega\, dV + \int_V \left(\frac{1}{k}q_i + k\phi_{,i}\right)\lambda_i\, dV + \int_{S_q} \left(q_i n_i - \bar{q} - \bar{h}\,\phi\right)\bar{\omega}\, dS = 0 \tag{5.47}$$

발산이론으로부터

$$-\int_V q_{i,i}\,\omega\, dV = -\int_S q_i n_i\,\omega\, dS + \int_V q_i\,\omega_{,i}\, dV \tag{5.48}$$

이므로, 경계에서 $\bar{\omega} = \omega$라고 가정하면 식 (5.47)은 다음의 약형으로 정리된다.

$$\int_V q_i\,\omega_{,i}\, dV + \int_V q_g\,\omega\, dV + \int_V \left(\frac{1}{k}q_i + k\phi_{,i}\right)\lambda_i\, dV - \int_{S_q} (\bar{q} + \bar{h}\,\phi)\,\omega\, dS = 0 \tag{5.49}$$

이제 약형의 미지함수 ϕ 및 q_i 와 가중함수 ω 및 λ_i 를 다음 식으로 보간하자.

$$\tilde{\phi} = N_J\phi_J, \quad \tilde{q}_i = M_{iL}\, Q_L \tag{5.50}$$

$$\omega = N_I\, W_I, \quad \lambda_i = M_{iL}\, \Lambda_L \tag{5.51}$$

여기서 M_{iL}은 일종의 보간함수행렬이다. 이 식들을 식 (5.49)에 대입하여 정리하면

$$W_I\left[\int_V M_{iL} N_{I,i}\, dV Q_L - \int_V q_g N_I\, dV - \int_{S_q} \bar{q}\, N_I\, dS + \int_{S_q} \bar{h}\, N_I N_J dS\,\phi_J\right] \tag{5.52}$$

$$+ \Lambda_I \int_V M_{iI}\left(\frac{1}{k} M_{iL}\, Q_L + N_{J,i}\,\phi_J\right) dV = 0$$

이다. 여기서 W_I와 Λ_I가 임의의 상수이므로 다음의 선형방정식을 얻게 된다.

$$\begin{bmatrix} K & C \\ C^T & X \end{bmatrix}\begin{bmatrix} Q \\ \phi \end{bmatrix} = \begin{bmatrix} 0 \\ F \end{bmatrix} \tag{5.53}$$

여기서

$$K_{IL} = \int_V M_{iI}\frac{1}{k}M_{iL}dV \tag{5.54}$$

$$C_{IJ} = \int_V M_{iI}N_{J,i}dV \tag{5.55}$$

$$X_{IJ} = \int_{S_q} \overline{h}\, N_I N_J dS \tag{5.56}$$

$$F_I = \int_V q_g N_I dV + \int_{S_q} \overline{q}\, N_I dS \tag{5.57}$$

이다. 만약 $\overline{h}$ 가 0이면, 행렬 X는 0행렬이다. 이 때 행렬 X의 크기가 행렬 K보다 크면, 즉 변수 ϕ의 자유도(n_ϕ)가 q_i의 자유도(n_q)보다 크면, 로킹(locking) 문제가 발생한다. 강성행렬이 특이행렬이 되기 때문이다. 혼합형 수식은 제 2 부 5장에서 언급한 바와 같이 수치적으로 매우 까다롭지만, q_i 의 결과를 비교적 정확하게 구할 수 있는 장점이 있다.

5.6 예제

5.6.1 문제의 정의

그림 5.1의 2차원 정상상태의 전도열전달 문제는 다음 식으로 수식화된다.

$$k\frac{\partial^2\phi}{\partial x^2} + k\frac{\partial^2\phi}{\partial y^2} = 0 \quad \text{in} \quad A \tag{5.58}$$

$$-k\frac{\partial\phi}{\partial n} = 0 \quad \text{on} \quad C_{q_1} \tag{5.59}$$

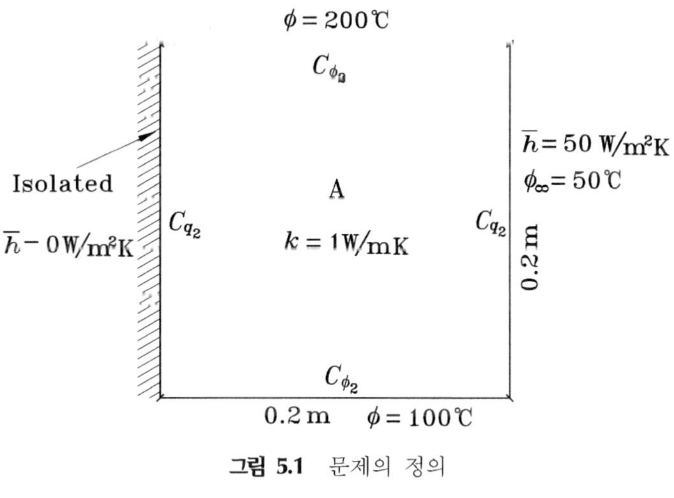

그림 5.1 문제의 정의

$$-k\frac{\partial\phi}{\partial n} = -k\nabla\phi\cdot\mathbf{n} = \bar{h}(\phi-\phi_\infty) \quad \text{on} \quad C_{q_2} \tag{5.60}$$

$$\phi = 100℃ \quad \text{on} \quad C_{\phi_1} \tag{5.61}$$

$$\phi = 200℃ \quad \text{on} \quad C_{\phi_2} \tag{5.62}$$

여기서 $k = 1\mathrm{W/(m\,K)}$, $\bar{h} = 50\mathrm{W/(m^2\,K)}$, $\phi_\infty = 50℃$ 이다.

5.6.2 약형의 유도

식 (5.58), 식 (5.59), 식 (5.60)이 성립하면, 임의의 가중함수 ω와 $\bar{\omega}$에 대하여 다음의 식이 성립한다.

$$\int_A k\left(\frac{\partial^2\phi}{\partial x^2} + \frac{\partial^2\phi}{\partial y^2}\right)\omega dA \tag{5.63}$$

$$+\int_{C_{q_1}} k\frac{\partial\phi}{\partial n}\bar{\omega}_1 ds + \int_{C_{q_2}}\left(k\frac{\partial\phi}{\partial n}+\bar{h}(\phi-\phi_\infty)\right)\bar{\omega}_2 ds = 0$$

Green의 이론으로부터

$$\int_A k\left(\frac{\partial^2\phi}{\partial x^2}+\frac{\partial^2\phi}{\partial y^2}\right)\omega dA = -\int_A k\left(\frac{\partial\phi}{\partial x}\frac{\partial\omega}{\partial x}+\frac{\partial\phi}{\partial y}\frac{\partial\omega}{\partial y}\right)dA + \oint_C k\frac{\partial\phi}{\partial n}\omega ds \tag{5.64}$$

이므로 식 (5.63)은 다음 식으로 정리된다.

$$-\int_A k\left(\frac{\partial\phi}{\partial x}\frac{\partial\omega}{\partial x}+\frac{\partial\phi}{\partial y}\frac{\partial\omega}{\partial y}\right)dA + \oint_C k\frac{\partial\phi}{\partial n}\omega ds \tag{5.65}$$

$$+\int_{C_{q_1}} k\frac{\partial\phi}{\partial n}\bar{\omega}_1 ds + \int_{C_{q_2}}\left(k\frac{\partial\phi}{\partial n}+\bar{h}(\phi-\phi_\infty)\right)\bar{\omega}_2 ds = 0$$

일반성을 잃지 않으므로

$$\bar{\omega}_1 = \bar{\omega}_2 = -\omega \tag{5.66}$$

라고 두자. 그러면 $C = C_{\phi_1}\cup C_{\phi_2}\cup C_{q_1}\cup C_{q_2}$이고, C_{ϕ_1}과 C_{ϕ_2}에서 $\omega = 0$이므로 식 (5.65)는 다음의 약형으로 요약된다.

$$\int_A k\left(\frac{\partial\phi}{\partial x}\frac{\partial\omega}{\partial x}+\frac{\partial\phi}{\partial y}\frac{\partial\omega}{\partial y}\right)dA + \int_{C_{q_2}}\bar{h}\phi\omega\, ds - \int_{C_{q_2}}\bar{h}\phi_\infty\omega\, ds = 0 \tag{5.67}$$

5.6.3 유한요소방정식의 유도

경계조건 적용 이전의 유한요소방정식을 유도해 보자. 먼저 미지함수와 가중함수를 보간함

수의 선형조합, 즉

$$\phi(x,y) = \sum_{J=1}^{N} N_J \phi_J \quad \text{또는} \quad \phi(x,y) = N_J \phi_J \tag{5.68}$$

$$\omega(x,y) = \sum_{I=1}^{N} N_I W_I \quad \text{또는} \quad \omega(x,y) = N_I W_I \tag{5.69}$$

으로 표현한다. 식 (5.68)과 식 (5.69)를 식 (5.67)에 대입하여 정리하면 다음과 같다.

$$W_I \left[k \int_A \left(\frac{\partial N_I}{\partial x} \frac{\partial N_J}{\partial x} + \frac{\partial N_I}{\partial y} \frac{\partial N_J}{\partial y} \right) dA \, \phi_J + \bar{h} \int_{C_{q_2}} N_I N_J \, ds \, \phi_J - \bar{h} \phi_\infty \int_{C_{q_2}} N_I \, ds \right] = 0 \tag{5.70}$$

따라서 경계조건 대입 이전의 유한요소방정식은

$$K_{IJ} \phi_J = F_I \tag{5.71}$$

이다. 여기서 전체강성행렬 K_{IJ}와 전체하중벡터 F_I는 다음과 같다.

$$K_{IJ} = k \int_A \left(\frac{\partial N_I}{\partial x} \frac{\partial N_J}{\partial x} + \frac{\partial N_I}{\partial y} \frac{\partial N_J}{\partial y} \right) dA + h \int_{C_{q_2}} N_I N_J \, ds \tag{5.72}$$

$$F_I = \bar{h} \phi_\infty \int_{C_{q_2}} N_I ds \tag{5.73}$$

5.6.4 요소방정식

식 (5.71)의 유한요소방정식에 상응하는 요소방정식은 다음과 같다.

$$\sum_{j=1}^{4} k_{ij}^{ⓔ} \phi_j^{ⓔ} = f_i^{ⓔ}, \quad i = 1, 2, 3, 4 \quad \text{또는} \quad k_{ij}^{ⓔ} \phi_j^{ⓔ} = f_i^{ⓔ} \tag{5.74}$$

요소강성행렬 $k_{ij}^{ⓔ}$와 요소하중벡터 $f_i^{ⓔ}$는

$$k_{ij}^{ⓔ} = k \int_{A^{ⓔ}} \left(\frac{\partial \widetilde{N}_i}{\partial x} \frac{\partial \widetilde{N}_j}{\partial x} + \frac{\partial \widetilde{N}_i}{\partial y} \frac{\partial \widetilde{N}_j}{\partial y} \right) dA + \bar{h} \int_{C_{q_2}^{ⓔ}} \widetilde{N}_i \widetilde{N}_j \, ds \tag{5.75}$$

$$f_i^{ⓔ} = \bar{h} \phi_\infty \int_{C_{q_2}^{ⓔ}} \widetilde{N}_i \, ds \tag{5.76}$$

이다. 여기서 $A^{ⓔ}$는 요소 ⓔ의 내부영역을 나타내고, $C_{q_2}^{ⓔ}$는 C_{q_2}에 속하는 요소의 경계를 의미한다. 내부요소의 $C_{q_2}^{ⓔ}$는 빈 공간, 즉 $C_{q_2}^{ⓔ} = \varnothing$이다.

5.6.5 해석영역의 이산화

그림 5.2에서 보는 바와 같이 아홉 개의 절점과 네 개의 정사각형 요소로 분할하자. 정사

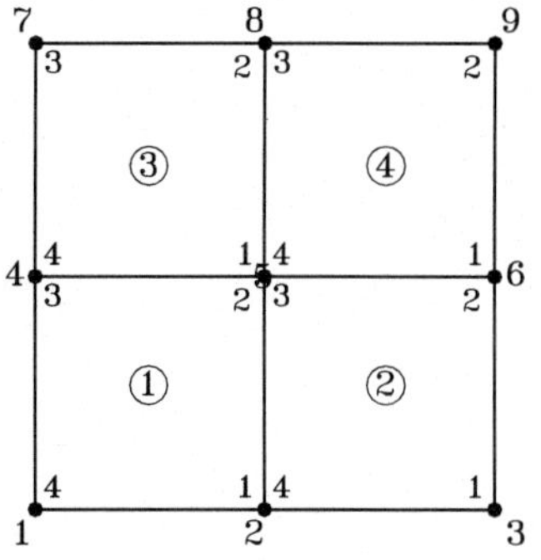

그림 5.2 유한요소 해석모델

각형요소일 경우 수계산을 하는 데 편리한 점이 많다.

5.6.6 요소방정식의 계산

먼저 요소 ①에 대한 요소방정식을 구해 보자. 요소 ①을 표준적분구간으로 변환하기 위한 관계식은 다음과 같다.

$$x = \sum_{i=1}^{4} x_i^{①} \widetilde{N}_i = \frac{\xi + 1}{20} \tag{5.77}$$

$$y = \sum_{i=1}^{4} y_i^{①} \widetilde{N}_i = \frac{\eta + 1}{20} \tag{5.78}$$

정의로부터 자코비안 J는

$$J = \begin{vmatrix} \dfrac{\partial x}{\partial \xi} & \dfrac{\partial y}{\partial \xi} \\ \dfrac{\partial x}{\partial \eta} & \dfrac{\partial y}{\partial \eta} \end{vmatrix} = \frac{1}{400} \tag{5.79}$$

이다. x, y에 대한 보간함수 $\widetilde{N}_l$의 미분은 식 (1.19)로부터 다음과 같이 구해진다.

$$\begin{bmatrix} \dfrac{\partial \widetilde{N}_l}{\partial x} \\ \dfrac{\partial \widetilde{N}_l}{\partial y} \end{bmatrix} = 400 \begin{bmatrix} \dfrac{1}{20} & 0 \\ 0 & \dfrac{1}{20} \end{bmatrix} \begin{bmatrix} \dfrac{\xi_l(1+\eta_l\eta)}{4} \\ \dfrac{\eta_l(1+\xi_l\xi)}{4} \end{bmatrix} = \begin{bmatrix} 5\xi_l(1+\eta_l\eta) \\ 5\eta_l(1+\xi_l\xi) \end{bmatrix} \tag{5.80}$$

$C_{q_2}^{①} = \varnothing$이므로 요소 ①의 요소강성행렬 $k_{ij}^{①}$과 요소하중벡터 $f_i^{①}$는

$$k_{ij}^{①} = k\int_A \left(\frac{\partial \widetilde{N}_i}{\partial x}\frac{\partial \widetilde{N}_j}{\partial x} + \frac{\partial \widetilde{N}_i}{\partial y}\frac{\partial \widetilde{N}_j}{\partial y}\right) dA \tag{5.81}$$

$$= \frac{k}{16}\int_{-1}^{1}\int_{-1}^{1}\left[\xi_i\xi_j(1+\eta_i\eta)(1+\eta_j\eta) + \eta_i\eta_j(1+\xi_i\xi)(1+\xi_j\xi)\right] d\xi d\eta$$

$$= \frac{k\xi_i\xi_j}{4}\int_0^1 (1+\eta_i\eta_j\eta^2)d\eta + \frac{k\eta_i\eta_j}{4}\int_0^1 (1+\xi_i\xi_j\xi^2)d\xi$$

$$= \frac{k\xi_i\xi_j(3+\eta_i\eta_j)}{12} + \frac{k\eta_i\eta_j(3+\xi_i\xi_j)}{12}$$

$$f_i^{①} = 0 \tag{5.82}$$

이다. 따라서 요소 ①의 요소방정식은 다음과 같다.

$$\frac{1}{6}\begin{bmatrix} 4 & -1 & -2 & -1 \\ -1 & 4 & -1 & -2 \\ -2 & -1 & 4 & -1 \\ -1 & -2 & -1 & 4 \end{bmatrix}\begin{bmatrix} \phi_1^{①} \\ \phi_2^{①} \\ \phi_3^{①} \\ \phi_4^{①} \end{bmatrix} = \begin{bmatrix} 0 \\ 0 \\ 0 \\ 0 \end{bmatrix} \tag{5.83}$$

이제 요소 ②의 요소방정식을 구해 보자. 요소강성행렬에서 식 (5.75)의 첫번째 항은 요소 ①과 동일하다. 그러나 두번째 항은 $C_{q_2}^{②} \neq \varnothing$ 이므로 영이 아니다. 예제 5.2로부터

$$\bar{h}\int_{C_{q_2}^{②}} \widetilde{N}_i\widetilde{N}_j ds = \frac{\bar{h}}{480}(1+\xi_i)(1+\xi_j)(3+\eta_i\eta_j) \tag{5.84}$$

이므로

$$k_{ij}^{②} = \frac{1}{6}\begin{bmatrix} 4 & -1 & -2 & -1 \\ -1 & 4 & -1 & -2 \\ -2 & -1 & 4 & -1 \\ -1 & -2 & -1 & 4 \end{bmatrix} + \frac{1}{6}\begin{bmatrix} 10 & 5 & 0 & 0 \\ 5 & 10 & 0 & 0 \\ 0 & 0 & 0 & 0 \\ 0 & 0 & 0 & 0 \end{bmatrix} \tag{5.85}$$

$$= \frac{1}{6}\begin{bmatrix} 14 & 4 & -2 & -1 \\ 4 & 14 & -1 & -2 \\ -2 & -1 & 4 & -1 \\ -1 & -2 & -1 & 4 \end{bmatrix}$$

이다. 그리고

$$f_i^{②} = \bar{h}\phi_\infty\int_{C_{q^2}^{②}} \widetilde{N}_i ds = \frac{125}{2}(1+\xi_i) \tag{5.86}$$

이므로 요소방정식은

$$\frac{1}{6}\begin{bmatrix} 14 & 4 & -2 & -1 \\ 4 & 14 & -1 & -2 \\ -2 & -1 & 4 & -1 \\ -1 & -2 & -1 & 4 \end{bmatrix}\begin{bmatrix} \phi_1^{②} \\ \phi_2^{②} \\ \phi_3^{②} \\ \phi_4^{②} \end{bmatrix} = 125\begin{bmatrix} 1 \\ 1 \\ 0 \\ 0 \end{bmatrix} \tag{5.87}$$

이다.

▼ 예제 5.2

식 (5.84)와 식 (5.86)에서 $\int_{C_{q^2}^{②}} \widetilde{N}_i \widetilde{N}_j \, ds$ 와 $\int_{C_{q^2}^{②}} \widetilde{N}_i \, ds$ 를 계산하라.

➡ 식 (5.84)의 계산시에 절점 3에서의 s-값을 s_0라 두면

$$s = (y_2^{②} - y_1^{②})\frac{1+\eta}{2} + s_0 \tag{a}$$

이므로

$$ds = \frac{1}{20}d\eta \tag{b}$$

이다. 한편 $C_{q_2}^{②}$에서 $\xi = 1$이므로 다음과 같다.

$$\int_{C_{q_2}^{②}} \widetilde{N}_i \widetilde{N}_j \, ds = \frac{1}{16}(1+\xi_i)(1+\xi_j)\int_{-1}^{1}(1+\eta_i\eta)(1+\eta_j\eta)\frac{1}{20}d\eta \tag{c}$$

$$= \frac{1}{480}(1+\xi_i)(1+\xi_j)(3+\eta_i\eta_j)$$

$$\int_{C_{q_2}^{②}} \widetilde{N}_i \, ds = \frac{1}{4}(1+\xi_i)\int_{-1}^{1}(1+\eta_i\eta)\frac{1}{20}d\eta = \frac{(1+\xi_i)}{40} \tag{d}$$

한편 요소 ③의 요소방정식과 요소 ①의 요소방정식은 동일하며, 요소 ④의 요소방정식과 요소 ②의 요소방정식은 동일하다. 따라서 요소 ③의 요소방정식과 요소 ④의 요소방정식은 각각 다음과 같다.

$$\frac{1}{6}\begin{bmatrix} 4 & -1 & -2 & -1 \\ -1 & 4 & -1 & -2 \\ -2 & -1 & 4 & -1 \\ -1 & -2 & -1 & 4 \end{bmatrix}\begin{bmatrix} \phi_1^{③} \\ \phi_2^{③} \\ \phi_3^{③} \\ \phi_4^{③} \end{bmatrix} = \begin{bmatrix} 0 \\ 0 \\ 0 \\ 0 \end{bmatrix} \tag{5.88}$$

$$\frac{1}{6}\begin{bmatrix} 14 & 4 & -2 & -1 \\ 4 & 14 & -1 & -2 \\ -2 & -1 & 4 & -1 \\ -1 & -2 & -1 & 4 \end{bmatrix}\begin{bmatrix} \phi_1^{④} \\ \phi_2^{④} \\ \phi_3^{④} \\ \phi_4^{④} \end{bmatrix} = 125\begin{bmatrix} 1 \\ 1 \\ 0 \\ 0 \end{bmatrix} \tag{5.89}$$

5.6.7 요소방정식의 조합

앞에서 구한 네 요소의 요소방정식은 전체 유한요소방정식에 조합될 때 의미를 갖는다. 요소 ②를 예로 들어 요소방정식의 조합을 설명해 보자. $\phi_1^{②} = \phi_3$, $\phi_2^{②} = \phi_6$, $\phi_3^{②} = \phi_5$, $\phi_4^{②} = \phi_2$이므로 $f_1^{②} \Rightarrow F_3$, $f_2^{②} \Rightarrow F_6$, $f_3^{②} \Rightarrow F_5$, $f_4^{②} \Rightarrow F_2$, $k_{11}^{②} \Rightarrow K_{33}$, $k_{22}^{②} \Rightarrow K_{66}$, $k_{33}^{②} \Rightarrow K_{55}$, $k_{44}^{②} \Rightarrow K_{22}$, $k_{12}^{②} \Rightarrow K_{36}$, $k_{13}^{②} \Rightarrow K_{35}$, $k_{14}^{②} \Rightarrow K_{32}$, $k_{23}^{②} \Rightarrow K_{65}$ 등등으로 조합된다. 경계조건 부과 이전의 조합된 유한요소방정식은 다음과 같다.

$$\frac{1}{6}\begin{bmatrix} 4 & -1 & 0 & -1 & -2 & 0 & 0 & 0 & 0 \\ -1 & 8 & -1 & -2 & -2 & -2 & 0 & 0 & 0 \\ 0 & -1 & 14 & 0 & -2 & 4 & 0 & 0 & 0 \\ -1 & -2 & 0 & 8 & -2 & 0 & -1 & -2 & 0 \\ -2 & -2 & -2 & -2 & 16 & -2 & -2 & -2 & -2 \\ 0 & -2 & 4 & 0 & -2 & 28 & 0 & -2 & 4 \\ 0 & 0 & 0 & -1 & -2 & 0 & 4 & -1 & 0 \\ 0 & 0 & 0 & -2 & -2 & -2 & -1 & 8 & -1 \\ 0 & 0 & 0 & 0 & -2 & 4 & 0 & -1 & 14 \end{bmatrix}\begin{bmatrix} \phi_1 \\ \phi_2 \\ \phi_3 \\ \phi_4 \\ \phi_5 \\ \phi_6 \\ \phi_7 \\ \phi_8 \\ \phi_9 \end{bmatrix} = 125\begin{bmatrix} 0 \\ 0 \\ 1 \\ 0 \\ 0 \\ 2 \\ 0 \\ 0 \\ 1 \end{bmatrix} \tag{5.90}$$

이 방정식에서 강성행렬은 특이행렬이다. 필수경계조건이 부과되지 않았기 때문이다.

5.6.8 경계조건의 부과와 해의 획득

S_ϕ 상에서 함수값이 주어져 있으므로 S_ϕ 상의 절점에 대한 절점치는 다음과 같다.

$$\begin{aligned} &\phi_1 = 100, \quad \phi_2 = 100, \quad \phi_3 = 100 \\ &\phi_7 = 200, \quad \phi_8 = 200, \quad \phi_9 = 200 \end{aligned} \tag{5.91}$$

절점치가 주어진 절점의 자유도에 대응하는 방정식을 소거하면, 다음의 최종 유한요소방정식을 얻는다.

$$\begin{bmatrix} 8 & -2 & 0 \\ -2 & 16 & 2 \\ 0 & -2 & 28 \end{bmatrix}\begin{bmatrix} \phi_4 \\ \phi_5 \\ \phi_6 \end{bmatrix} = \begin{bmatrix} 900 \\ 1800 \\ 900 \end{bmatrix} \tag{5.92}$$

이 방정식을 풂으로써 미지의 절점치를 다음과 같이 구할 수 있다.

$$\phi_4 = \frac{6300}{43}, \quad \phi_5 = \frac{5850}{43}, \quad \phi_6 = \frac{1800}{43} \tag{5.93}$$

5.6.9 파생결과 및 절점치의 계산

이제 절점온도로부터 요소 ⓔ의 내부에서 발생하는 열유동(heat flux)을 구해 보자. 보간원리로부터 절점 내부의 온도는 다음 식으로부터 계산된다.

$$\phi(x_i) = \widetilde{N}_j \phi_j^{ⓔ} \tag{5.94}$$

한편 열유동 $q_i = -k\dfrac{\partial\phi}{\partial x_i}$는 다음 식으로부터 구해진다.

$$q_i = -k\frac{\partial\phi}{\partial x_i} = -k\frac{\partial\widetilde{N}_j}{\partial x_i}\phi_j^{ⓔ} \tag{5.95}$$

가령 요소 ①의 중심에서 열유동($q_{x①}, q_{y①}$)을 구해 보자. 중심에서 $\xi = 0, \eta = 0$이므로 식 (5.80)으로부터

$$\begin{bmatrix} \dfrac{\partial\widetilde{N}_l}{\partial x} \\ \dfrac{\partial\widetilde{N}_l}{\partial y} \end{bmatrix} = \begin{bmatrix} 5\xi_l(1+\eta_l\eta) \\ 5\eta_l(1+\xi_l\xi) \end{bmatrix}_{\xi=0,\eta=0} = \begin{bmatrix} 5\xi_l \\ 5\eta_l \end{bmatrix} \tag{5.96}$$

이다. 따라서 열유동은 다음과 같다.

$$q_{x①} = -5\xi_j\phi_j^{①} = -5\left(100+\frac{5850}{43}-\frac{6300}{43}-100\right) = \frac{2250}{43} \tag{5.97}$$

$$q_{y①} = -5\eta_j\phi_j^{①} = -5\left(-100+\frac{5850}{43}+\frac{6300}{43}-100\right) = -\frac{17750}{43} \tag{5.98}$$

이제 절점 5에서 열유동($q_{x5}^{①}, q_{y5}^{①}$)를 구해 보자. 이 점은 네 개의 요소에 모두 속하므로 모든 요소에 대하여 답을 구할 수 있다. 요소 ①의 관점에서 열유동 ($q_{x5}^{①}, q_{y5}^{①}$)를 구해 보자. 요소 ①의 관점에서 보면, 절점 5에서 $\xi = \eta = 1$이므로

$$\begin{bmatrix} \dfrac{\partial\widetilde{N}_l}{\partial x} \\ \dfrac{\partial\widetilde{N}_l}{\partial y} \end{bmatrix} = \begin{bmatrix} 5\xi_l(1+\eta_l) \\ 5\eta_l(1+\xi_l) \end{bmatrix} \tag{5.99}$$

이다. 따라서

$$q_{x5}^{①} = -5\sum_j\xi_j(1+\eta_j)\phi_j^{①} = -5\left(0+2\times\frac{5850}{43}-2\times\frac{6300}{43}+0\right) = \frac{4500}{43} \tag{5.100}$$

$$q_{y5}^{①} = -5\sum_j\eta_j(1+\xi_j)\phi_j^{①} = -5\left(-2\times100+2\times\frac{5850}{43}+0+0\right) = -\frac{12400}{43} \tag{5.101}$$

이다. 마찬가지 방법으로

$$q_{x5}^{②} = -5\sum_j \xi_j(1+\eta_j)\,\phi_j^{②} = -5\left(0+2\times\frac{1800}{43}-2\times\frac{5850}{43}+0\right) = \frac{40500}{43} \quad (5.102)$$

$$q_{y5}^{②} = -5\sum_j \eta_j(1-\xi_j)\,\phi_j^{②} = -5\left(0+0+2\times\frac{5850}{43}-2\times 100\right) = -\frac{15500}{43} \quad (5.103)$$

$$q_{x5}^{③} = -5\sum_j \xi_j(1-\eta_j)\,\phi_j^{③} = -5\left(2\times\frac{5850}{43}+0+0-2\times\frac{6300}{43}\right) = \frac{4500}{43} \quad (5.104)$$

$$q_{y5}^{③} = -5\sum_j \eta_j(1+\xi_j)\,\phi_j^{③} = -5\left(-2\times\frac{5850}{43}+2\times 200+0+0\right) = -\frac{27500}{43} \quad (5.105)$$

$$q_{x5}^{④} = -5\sum_j \xi_j(1-\eta_j)\,\phi_j^{④} = -5\left(2\times\frac{1800}{43}+0+0-2\times\frac{5850}{43}\right) = \frac{40500}{43} \quad (5.106)$$

$$q_{y5}^{④} = -5\sum_j \eta_j(1-\xi_j)\,\phi_j^{④} = -5\left(0+0+2\times 200-2\times\frac{5850}{43}\right) = -\frac{27500}{43} \quad (5.107)$$

를 구할 수 있다. 이로부터 요소경계에서 열유동이 연속이 아님을 알 수 있다.

이제 필수경계조건에서 열유동량을 계산하는 방법에 관하여 공부해 보자. 먼저 기본 개념의 이해를 돕기 위하여 제 2 부 2.9절의 내용을 참고하기 바란다. 필수경계조건상의 절점에서 온도는 기지수이나 절점에서의 열유동량은 미지수이다. 설명의 편의를 위하여

$$\Delta F_I = F_I - K_{IJ}\phi_J \quad (5.108)$$

를 정의하고, F_I와 K_{IJ}에는 필수경계조건이 반영되지 않았다고 가정하자. 유한요소해석 결과를 식 (5.108)에 대입하면 어떻게 될까? 절점치가 미지수인 자유도에 대응하는 ΔF_I는 당연히 0이 될 것이다. 그러나 필수경계조건이 주어진 절점에 대응하는 ΔF_I는 일반적으로 0이 아니다. 예를 들면 식 (5.90)에 필수경계조건과 식 (5.93)을 대입하면, 4번째, 5번째, 6번째 식은 만족되지만 그 이외의 식은 만족되지 않는다. 이 때 ΔF_I는 어떤 의미를 가지고 있을까? 필수경계조건으로 인한 열유동량이다. 이렇게 함으로써 열유동량을 구할 수 있다. 만약 식 (5.108)에서 F_I와 K_{IJ}를 구할 때 자연경계조건도 고려하지 않으면, 모든 경계에서 전체열유동량 정보를 얻을 수 있다.

5.7 요소치 정보로부터 절점치의 계산

5.6.9절에서 본 바와 같이 유한요소해석 결과 및 파생결과 중에는 요소치와 같이 불연속함수들이 존재할 수 있다. 불연속인 결과치를 그대로 활용할 수 있는 경우도 많지만, 불가피하게 연속된 값으로 바꾸어야 할 경우도 있다. 가령 결과치를 등고선으로 보고자 할 경우 절점치를 구한 후 보간하여야 한다. 그리고 요소망재구성이 요구되는 변형체역학에서 유동문제의 해석 시 절점치를 계산해야 한다. 이러한 목적으로 최소자승법에 바탕을 둔 절점순화(nodal smoothing)의 방법이 널리 사용되고 있다.

유한요소해석 결과, 면적 A에서 요소치가 불연속함수 $\overline{G}(x, y)$로 주어져 있을 경우, 이것을 근사적으로 표현하는 연속함수 $G = G(x, y)$를 최소자승법으로 구하는 방법을 공부해 보자. 최소자승법에 의한 절점치의 계산법은 오차를 제곱하여 적분한 다음의 오차 범함수를 최소화시키는 것으로 요약된다.

$$E(G) = \int_A (G(x,y) - \overline{G}(x,y))^2 dA \tag{5.109}$$

유한요소법과 동일한 방법으로 미지의 함수 $G(x, y)$를 절점치 G_I로 보간한다. 이 때 요소망은 미지변수의 해석에 사용된 것과 동일한 것을 사용한다. 따라서

$$G(x,y) = G_I N_I(x, y) \tag{5.110}$$

로 보간된다. 식 (5.110)을 식 (5.109)에 대입하여 정리하면

$$\widetilde{E}(G_I) = \int_A (N_I G_I - \overline{G}(x, y))^2 dA \tag{5.111}$$

범함수 $E(G)$는 절점치 G_I의 함수 $\widetilde{E}(G_I)$로 변환된다. 이 함수가 최소값을 가지려면 다음의 조건이 성립해야 한다.

$$\frac{\partial \widetilde{E}(G_I)}{\partial G_J} = 0 \tag{5.112}$$

식 (5.112)로부터 다음의 선형방정식을 얻는다.

$$[K_{IJ}][G_J] = [F_I] \tag{5.113}$$

여기서

$$K_{IJ} = \int_A N_I N_J dA \tag{5.114}$$

$$F_I = \int_A N_I \overline{G}(x, y)\, dA \tag{5.115}$$

이다.

▼ 예제 5.3

그림의 유한요소 해석모델의 해석결과로 요소 ①의 요소치가 $\phi_{①} = 1.0$이고 요소 ②에서 요소치가 $\phi_{②} = 2.0$을 얻었다고 가정하자. 이 경우에 대하여 절점치를 최소자승법으로 구하고 그 절점치를 산술평균함으로써 요소치를 구하라. 단 y-방향으로의 변화는 없다고 가정하라.

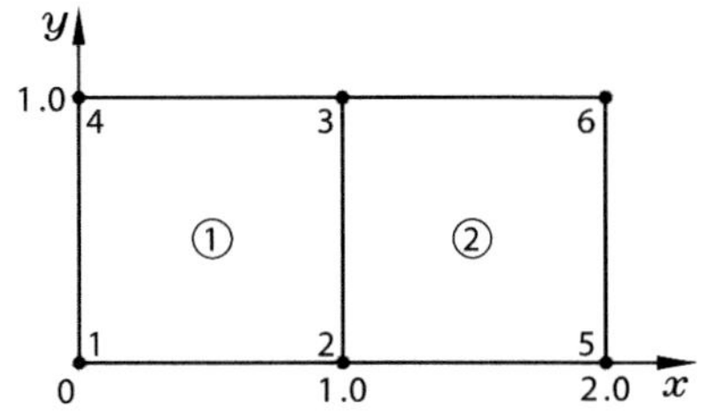

▶ y-방향으로의 변화가 없다는 가정하에 절점 1과 4에서 절점치를 ϕ_1, 절점 2와 3에서 ϕ_2, 절점 5와 6에서 ϕ_3이라고 하자. 절점치를 선형보간하면 그림 (a)에서 보는 바와 같이 빗금 친 부분의 오차를 발생시킨다. 이 오차를 제곱하여 구간별로 적분을 실시함으로써 다음의 오차함수를 만들 수 있다.

$$E(\phi_1,\phi_2,\phi_3) = \int_0^1 ((\phi_2-\phi_1)x + \phi_1 - 1)^2 dx \tag{a}$$

$$+ \int_1^2 ((\phi_3-\phi_2)x + 2\phi_2 - \phi_3 - 2)^2 dx$$

$$= \frac{1}{3}(\phi_1^2 + 2\phi_2^2 + \phi_3^2 + \phi_1\phi_2 + \phi_2\phi_3 - 3\phi_1 - 9\phi_2 - 6\phi_3 + 15)$$

$E(\phi_1, \phi_2, \phi_3)$가 최소값을 가질 조건 $\dfrac{\partial E}{\partial \phi_i} = 0,\ i = 1, 2, 3$으로부터

$$2\phi_1 + \phi_2 - 3 = 0 \tag{b}$$

$$\phi_1 + 4\phi_2 + \phi_3 - 9 = 0$$

$$\phi_2 + 2\phi_3 - 6 = 0$$

이다. 따라서

$$\phi_1 = 0.75, \quad \phi_2 = 1.50, \quad \phi_3 = 2.25 \tag{c}$$

이며, 그 결과를 그림 (b)에 도시하였다. 직관적으로 구한 결과는 직선인데 최소자승법으로 구한 결과는 직관적으로 얻은 것과 비교적 큰 차이를 보이고 있다. 반대로, 이 결과로부터 요소치를 절점치의 대수평균값으로부터 구하면

$$\phi_{①} = 1.125, \quad \phi_{②} = 1.875 \tag{d}$$

가 됨을 알 수 있다. 즉, 본래의 값이 나오지 않는다. 이 점은 요소망재구성을 실시해야 하는 소성가공 등의 문제에서 결과의 정확도를 떨어뜨리는 요인이 될 수 있다는 점을 암시하고 있다. 그리고 후처리 과정에서 결과치의 진동을 유발하는 원인이 된다.

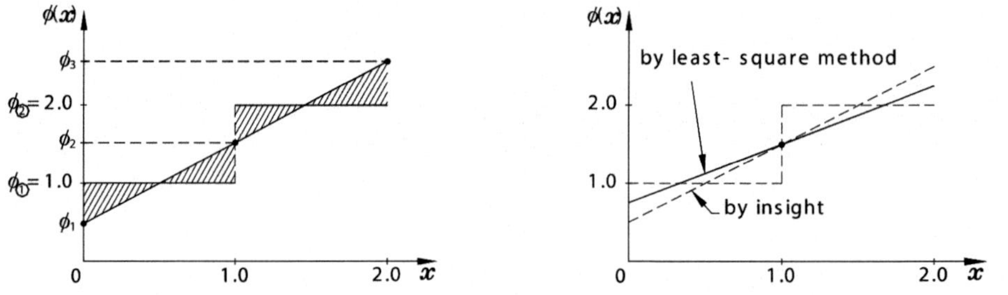

(a) (b)

선형등방성 탄성역학 문제의 유한요소해석

제 6 장

6.1 선형등방성 탄성역학 문제의 수식화

제 3 부의 그림 6.1에 탄성역학 문제를 개념적으로 도시하였다. 선형등방성 탄성역학 문제를 수식화하면 다음과 같다.

① 경계치문제의 수식화

- 평형방정식:

$$\sigma_{ji,j} + f_i = 0 \quad \text{in} \quad V \tag{6.1}$$

- 변위와 변형률의 관계식:

$$\varepsilon_{ij} = \frac{1}{2}(u_{i,j} + u_{j,i}) \tag{6.2}$$

- 응력과 변형률의 관계식:

$$\sigma_{ij} = 2\mu\varepsilon_{ij} + \lambda\varepsilon_{kk}\,\delta_{ij} - (3\lambda+2\mu)\alpha\,\Delta T\,\delta_{ij} \tag{6.3}$$

- 경계조건

$$t_i^{(\mathrm{n})} = \sigma_{ij}n_j = \bar{t}_i \quad \text{on} \quad S_{t_i} \tag{6.4}$$

$$u_{i'} = \bar{u}_{i'} \quad \text{on} \quad S_{u_{i'}} \tag{6.5}$$

② 가상일의 원리

$$\int_V \sigma_{ij}\,\delta\varepsilon_{ij}\,dV - \int_{S_{t_i}} \bar{t}_i\delta u_i\;dS - \int_V f_i\;\delta u_i\,dV = 0 \tag{6.6}$$

$$u_{i'} = \bar{u}_{i'}, \qquad \delta u_{i'} = 0 \quad \text{on} \quad S_{u_{i'}} \tag{6.7}$$

③ 약형

$$\int_V \sigma_{ij}\,\omega_{ij}\,dV - \int_{S_{t_i}} \bar{t}_i \omega_i \; dS - \int_V f_i \; \omega_i \, dV \;=\; 0 \tag{6.8}$$

$$u_{i'} \;=\; \bar{u}_{i'}\,, \quad \omega_{i'} \;=\; 0 \quad \text{on} \quad S_{u_{i'}} \tag{6.9}$$

여기서 δu_i와 ω_i는 각각 가상변위와 가중함수이며

$$\delta\varepsilon_{ij} \;=\; \frac{1}{2}(\delta u_{i,j} \;+\; \delta u_{j,i}) \tag{6.10}$$

$$\omega_{ij} \;=\; \frac{1}{2}(\omega_{i,j} \;+\; \omega_{j,i}) \tag{6.11}$$

이다. 식 (6.6)의 가상일의 원리는 최소전체퍼텐셜이론에서 전체퍼텐셜이 극값을 가질 필요조건과 동일하다.

필수경계조건이 주어진 경계 $S_{u_{i'}}$에서 방향지수첨자 i'은 국부좌표계를 의미한다. 일반성을 잃지 않으므로 국부좌표계의 방향을 그림 6.1에서 보는 바와 같이 경계조건 부과 방향과 일치시키고 우손법칙이 만족되도록 잡는다. 그림 6.1(b)와 같이 국부좌표계를 잡으면, 그림 6.1(a)의 P에서 경계조건은

$$u_{y'}(x_P) \;=\; \bar{u}_{y'}(y_P) \;=\; 0 \tag{6.12}$$

으로 수식화된다.

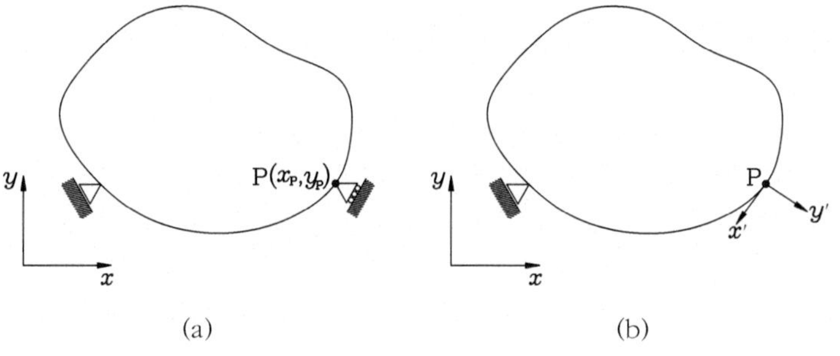

그림 6.1 국부좌표계와 경계조건

전술한 수식에 관한 상세한 내용은 제 3 부를 참고하라. 식 (6.6)과 식 (6.8)은 같은 의미를 가지고 있으므로 이제부터 식 (6.8)의 약형을 중심으로 이론을 전개한다.

6.2 평면응력 및 평면변형 문제에 관한 유한요소방정식의 유도

모든 역학 문제는 엄밀히 말하면 모두 3차원 공간에서 정의된다. 그런데 일부의 문제는 2차원 평면상에서 문제의 수식화와 해의 획득이 가능하다. 평면응력 문제, 평면변형 문제, 축대칭 문제 등이 그 범주에 속한다. 먼저 평면응력 문제와 평면변형 문제에 관한 유한요소방정식을 유도해 보자. 열응력은 6.5절에서 취급하므로 식 (6.3)에서 $\Delta T = 0$으로 가정한다.

응력텐서에서 하나의 축에 대한 모든 성분이 0일 때 평면응력(plane stress)이라고 하고, 변형률텐서에서 하나의 축에 대한 모든 성분이 0일 때 평면변형(plane strain)이라고 한다. 편의상 x_3-축(또는 z-축) 성분을 모두 0으로 간주하자. 즉, 평면응력 문제에서

$$\sigma_{xz} = 0\,, \quad \sigma_{yz} = 0\,, \quad \sigma_{zz} = 0 \tag{6.13}$$

이고, 평면변형 문제에서

$$\varepsilon_{xz} = 0\,, \quad \varepsilon_{yz} = 0\,, \quad \varepsilon_{zz} = 0 \tag{6.14}$$

이다. 보와 박판 등이 평면응력 문제의 대표적 예이며, 댐과 압연 등이 평면변형 문제의 대표적인 예이다. 실제 많은 문제들이 평면응력 또는 평면변형의 가정하에서 해결되고 있다. 평면변형 문제의 경우, 식 (6.3)으로부터 일반적으로 $\sigma_{zz} \neq 0$이고, $\sigma_{xz} = 0$, $\sigma_{yz} = 0$이다.

식 (6.8)의 첫번째 항의 피적분함수를 고려해 보자. 평면변형의 경우, $\varepsilon_{zz} = 0$이므로 $\omega_{zz} = 0$이다. 따라서 피적분함수는 평면응력 문제와 평면변형 문제 모두 다음과 같이 축약된다.

$$\begin{aligned}\sigma_{ij}\omega_{ij} &= \sigma_{xx}\omega_{xx} + \sigma_{yy}\omega_{yy} + \sigma_{zz}\omega_{zz} + 2\sigma_{xy}\omega_{xy} + 2\sigma_{yz}\omega_{yz} + 2\sigma_{zx}\omega_{zx} \\ &= \sigma_{xx}\omega_{xx} + \sigma_{yy}\omega_{yy} + 2\sigma_{xy}\omega_{xy} \equiv \sigma_i\beta_i\end{aligned} \tag{6.15}$$

여기서 σ_i와 β_i는 다음 식으로 정의된다.

$$[\sigma_i] \equiv [\sigma_{xx}, \sigma_{yy}, \sigma_{xy}]^{\mathrm{T}} \tag{6.16}$$

$$[\beta_i] \equiv \begin{bmatrix}\omega_{xx} \\ \omega_{yy} \\ 2\omega_{xy}\end{bmatrix} = \begin{bmatrix}\omega_{x,x} \\ \omega_{y,y} \\ \omega_{x,y} + \omega_{y,x}\end{bmatrix} \tag{6.17}$$

한편, 제 3 부의 식 (5.21)과 식 (5.23)으로부터

$$[\sigma_i] = [D_{ij}]\,[\varepsilon_j] \quad \text{또는} \quad \sigma_i = D_{ij}\,\varepsilon_j \tag{6.18}$$

이다. 여기서 변형률텐서 벡터 ε_i는

$$[\varepsilon_i] \equiv \begin{bmatrix}\varepsilon_{xx} \\ \varepsilon_{yy} \\ 2\varepsilon_{xy}\end{bmatrix} = \begin{bmatrix}u_{x,x} \\ u_{y,y} \\ u_{x,y} + u_{y,x}\end{bmatrix} \tag{6.19}$$

이며, 평면응력 문제의 탄성행렬 $[D_{ij}]$는

$$[D_{ij}] = \frac{E}{1-\nu^2}\begin{bmatrix} 1 & \nu & 0 \\ \nu & 1 & 0 \\ 0 & 0 & \frac{1-\nu}{2} \end{bmatrix} \tag{6.20}$$

이고, 평면변형 문제의 $[D_{ij}]$는

$$[D_{ij}] = \frac{E(1-\nu)}{(1+\nu)(1-2\nu)}\begin{bmatrix} 1 & \nu/(1-\nu) & 0 \\ \nu/(1-\nu) & 1 & 0 \\ 0 & 0 & (1-2\nu)/2(1-\nu) \end{bmatrix} \tag{6.21}$$

이다(제 3 부 5.3절 참고).

한편, 2차원 평면에서 변위장 u_i 와 가중함수 ω_i 를 보간하면, 다음과 같다(1.2절 참고).

$$\tilde{u}_i = \sum_{I=1}^{2N} N_{iI}\, U_I \quad \text{또는} \quad \tilde{u}_i = N_{iI}\, U_I \tag{6.22}$$

$$\omega_i = \sum_{I=1}^{2N} N_{iI}\, W_I \quad \text{또는} \quad \omega_i = N_{iI}\, W_I \tag{6.23}$$

여기서 $W_{2L-1} \equiv \omega_{xL}$, $W_{2L} \equiv \omega_{yL}$ 이다. 식 (6.22)의 양변을 좌표 x_j 로 편미분하면

$$\tilde{u}_{i,j} = N_{iJ,j}\, U_J \quad \text{또는} \quad u_{i,j} = N_{iJ,j}\, U_J \tag{6.24}$$

이며, 이 식을 식 (6.19)에 대입하면 ε_i 를 절점치 U_J 로 표현할 수 있다. 즉,

$$[\varepsilon_i] = \begin{bmatrix} N_{1J,1} \\ N_{2J,2} \\ N_{1J,2} + N_{2J,1} \end{bmatrix} U_J \tag{6.25}$$

$$= \begin{bmatrix} N_{11,1} & N_{12,1} & \cdots & N_{1(2N),1} \\ N_{21,2} & N_{22,2} & \cdots & N_{2(2N),2} \\ N_{11,2} + N_{21,1} & N_{12,2} + N_{22,1} & \cdots & N_{1(2N),2} + N_{2(2N),1} \end{bmatrix} \begin{bmatrix} U_1 \\ U_2 \\ \vdots \\ U_{2N} \end{bmatrix}$$

또는

$$[\varepsilon_i] = \begin{bmatrix} N_{1,1} & 0 & N_{2,1} & 0 & \cdots & N_{N,1} & 0 \\ 0 & N_{1,2} & 0 & N_{2,2} & \cdots & 0 & N_{N,2} \\ N_{1,2} & N_{1,1} & N_{2,2} & N_{2,1} & \cdots & N_{N,2} & N_{N,1} \end{bmatrix} \begin{bmatrix} U_1 \\ U_2 \\ U_3 \\ U_4 \\ \vdots \\ U_{2N-1} \\ U_{2N} \end{bmatrix} \tag{6.26}$$

이다. 여기서

$$[B_{iI}] \equiv \begin{bmatrix} N_{1,1} & 0 & N_{2,1} & 0 & \cdots & N_{N,1} & 0 \\ 0 & N_{1,2} & 0 & N_{2,2} & \cdots & 0 & N_{N,2} \\ N_{1,2} & N_{1,1} & N_{2,2} & N_{2,1} & \cdots & N_{N,2} & N_{N,1} \end{bmatrix} \tag{6.27}$$

로 정의하면

$$\varepsilon_i = B_{iI}\, U_I \quad \text{또는} \quad [\varepsilon_i] = [B_{iI}]\,[U_I] \tag{6.28}$$

로 정리된다. 여기서 행렬 $[B_{iI}]$를 변형률-변위 행렬(strain-displacement matrix)이라고 한다.

따라서 응력을 절점변위벡터로 표현하면 다음과 같다.

$$[\sigma_i] = [D_{ij}]\,[B_{jJ}]\,[U_J] \quad \text{또는} \quad \sigma_i = D_{ij}\, B_{jJ}\, U_J \tag{6.29}$$

한편, 식 (6.23)의 양변을 좌표 x_j에 대하여 편미분하면

$$\omega_{i,j} = N_{iI,j}\, W_I \tag{6.30}$$

이므로

$$\beta_i = \begin{bmatrix} N_{1I,1} \\ N_{2I,2} \\ N_{1I,2} + N_{2I,1} \end{bmatrix} W_I = B_{iI}\, W_I \tag{6.31}$$

이다. 식 (6.28)과 식 (6.31)을 식 (6.15)에 대입하여 정리하면

$$\begin{aligned} \sigma_{ij}\,\omega_{ij} &= \sigma_i\, \beta_i \\ &= (D_{ij}\, B_{jJ}\, U_J)\,(B_{iI}\, W_I) \\ &= W_I\, B_{iI}\, D_{ij}\, B_{jJ}\, U_J \\ &= \mathrm{W}^{\mathrm{T}}\, \mathrm{B}^{\mathrm{T}}\, \mathrm{D}\, \mathrm{B}\, \mathrm{U} \end{aligned} \tag{6.32}$$

이다. 그러므로 식 (6.22), 식 (6.23), 식 (6.32)를 약형에 대입하여 정리하면 다음 식을 얻는다.

$$W_I \left[\int_V B_{iI}\, D_{ij}\, B_{jJ}\, dV\, U_J - \int_{S_{t_i}} \bar{t}_i\, N_{iI}\, dS - \int_V f_i\, N_{iI}\, dV \right] = 0 \tag{6.33}$$

먼저 경계조건을 고려하지 않고 유한요소방정식을 유도해 보자. 식 (6.33)에서 W_I가 임의의 상수라고 가정하면, 다음의 방정식을 얻는다.

$$K_{IJ}\, U_J = F_I \quad \text{또는} \quad [K_{IJ}]\,[U_J] = [F_I] \tag{6.34}$$

여기서

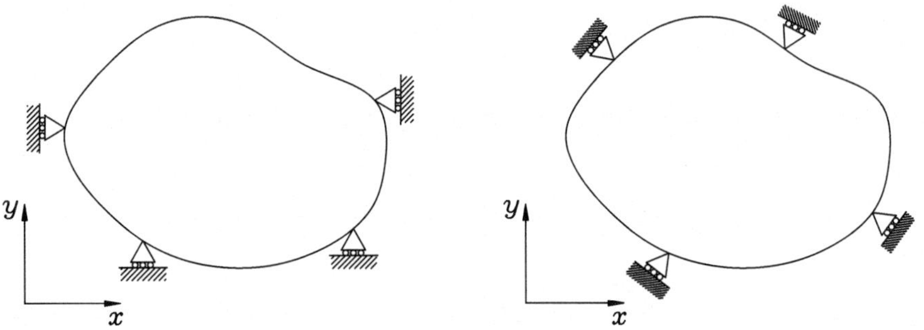

(a) 단순 경계조건 (b) 일반 경계조건

그림 6.2 단순 경계조건과 일반 경계조건

$$K_{IJ} = \int_V B_{iI} D_{ij} B_{jJ} dV \tag{6.35}$$

$$F_I = \int_{S_{t_i}} \bar{t}_i N_{iI} dS + \int_V f_i \ N_{iI} dV \tag{6.36}$$

는 각각 경계조건 부과 이전의 전체강성행렬과 전체하중벡터이다. 평면응력과 평면변형 문제에서 체적 V를 두께가 1인 판(plate)으로 간주하면 $dV = dA$, $dS = dL$이다.

한편 식 (6.34)를 풀기 이전에 경계조건을 대입해야 하는데, 그림 6.2(a)와 같이 경계조건이 부과된 방향이 단순한 경우(x-축 또는 y-축과 일치하는 경우)에는 경계조건을 식 (6.34)에 직접 부과할 수 있다. 그러나 경계조건의 방향이 그림 6.2(b)와 같이 임의의 방향으로 주어진 경우에는 식 (6.34)에 경계조건을 직접 부과할 수 없다. 이제 유한요소방정식에 경계조건을 부과하는 방법에 관하여 공부해 보자.

6.2.1 단순 경계조건

그림 6.2(a)와 같이 필수경계조건이 기준좌표계의 $x(x_1)$-방향 또는 $y(x_2)$-방향으로 주어져 있는 경우에 대하여 경계조건이 반영된 유한요소방정식을 유도해 보자. 이 경우에는 경계조건을 부과하기 위한 국부좌표계 $x_{i'}$의 방향과 기준좌표계 x_i의 방향을 일치시킬 수 있다. 다시 말해 전체절점변위벡터 U의 성분 U_J에 직접 경계조건을 부과할 수 있다.

전체절점변위벡터 U의 성분 U_J를 미지수와 기지수로 구분하기 위하여 U의 성분 또는 자유도를 나타내는 번호, 즉 하첨자를 다음과 같이 분류하자.

$$\tilde{\zeta} = \{J \mid J\text{는 모든 자유도의 번호}\} = \{1, 2, \ldots, 2N\} \tag{6.37}$$

$$\bar{\zeta} = \{\bar{J} \mid \bar{J}\text{는 필수경계조건이 주어진 구속된 자유도의 번호}\} \tag{6.38}$$

$$\zeta' = \{J' \mid J'\text{은 구속되지 않은 미지의 자유도의 번호}\} \tag{6.39}$$

한편 $\tilde{\zeta} = \bar{\zeta} \cup \zeta'$, $\varnothing = \bar{\zeta} \cap \zeta'$ 이고

$$W_{\bar{I}} = 0, \quad \bar{I} \in \bar{\zeta} \tag{6.40}$$

이며, $W_{I'}$ $(I' \in \zeta')$는 임의의 상수이므로 식 (6.33)으로부터

$$\int_V B_{iI'}\, D_{ij}\, B_{jJ}\, dV\; U_J - \int_{S_{t_i}} \bar{t}_i N_{iI'}\, dS - \int_V f_i\; N_{iI'}\, dV \;=\; 0, \quad I' \in \zeta' \tag{6.41}$$

이다. 경계조건

$$U_{\bar{J}} \;=\; \overline{U}_{\bar{J}}, \quad \bar{J} \in \bar{\zeta} \tag{6.42}$$

를 식 (6.41)에 대입하면, 즉 구속된 자유도를 식 (6.41)에서 미리 제거하면

$$\begin{aligned} \int_V B_{iI'}\, D_{ij}\, B_{jJ'}\, dV\; U_{J'} \;=\; & \int_{S_{t_i}} \bar{t}_i N_{iI'}\, dS + \int_V f_i\; N_{iI'}\, dV \\ & - \int_V B_{iI'}\, D_{ij}\, B_{j\bar{J}}\, dV\; \overline{U}_{\bar{J}}, \quad I',\; J' \in \zeta' \end{aligned} \tag{6.43}$$

또는

$$K_{I'J'}\, U_{J'} \;=\; F_{I'} \quad \text{또는} \quad [K_{I'J'}]\,[U_{J'}] \;=\; [F_{I'}] \tag{6.44}$$

이다. 여기서 $K_{I'J'}$과 $F_{I'}$은 다음 식으로 정의된다.

$$K_{I'J'} \;=\; \int_V B_{iI'}\, D_{ij}\, B_{jJ'}\, dV \tag{6.45}$$

$$F_{I'} \;=\; \int_{S_{t_i}} \bar{t}_i N_{iI'}\, dS + \int_V f_i\; N_{iI'}\, dV - \int_V B_{iI'}\, D_{ij}\, B_{j\bar{J}}\, dV\; \overline{U}_{\bar{J}} \tag{6.46}$$

6.2.2 일반 경계조건

6.1절에서 언급한 바와 같이 필수경계조건이 $u_{i'} = \bar{u}_{i'}$로 주어진 경계 $S_{u_{i'}}$에서 방향지수첨자 i'은 $x_{1'}$-$x_{2'}$ 국부좌표계를 의미한다. 이제 절점 L에서 정의되는 국부좌표계를 $x^L_{1'}$-$x^L_{2'}$ 또는 x'^L-y'^L로 정의하자. 그리고 절점 L에서 국부좌표계에 대한 변위벡터의 성분을 $(u_{1'L}, u_{2'L})$ 또는 $(u_{x'L}, u_{y'L})$이라고 두자. 그러면 그림 6.3의 절점 L에서 경계조건은 다음과 같이 수식화된다.

$$u_{y'L} = 0 \quad \text{또는} \quad u_{2'L} = 0 \tag{6.47}$$

각 절점에서 하나의 국부좌표계가 정의되며, 일반성을 잃지 않으므로 절점마다 그 방향이 다르다고 간주한다.

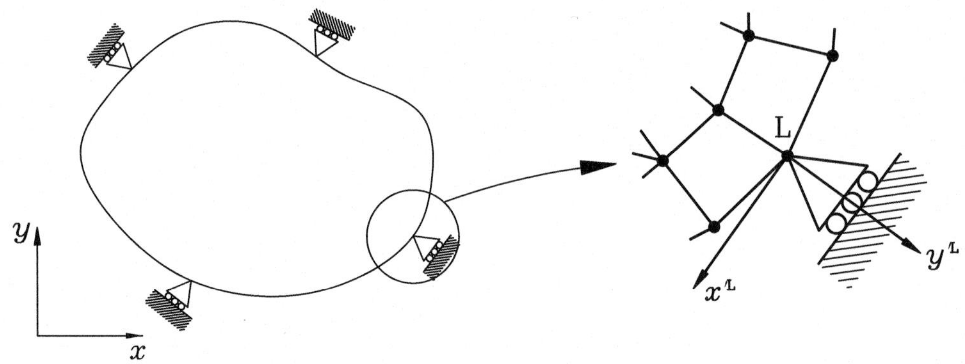

그림 6.3 절점에서 일반 경계조건의 부과

이제 x-y 기준좌표계에 대한 변위벡터 $[u_{xL}, u_{yL}]^T = [U_{2L-1}, U_{2L}]^T$와 x'^L-y'^L 국부좌표계에 대한 변위벡터 $[u_{x'L}, u_{y'L}]^T = [U'_{2L-1}, U'_{2L}]^T$의 변환관계를 구해 보자. 제 3 부의 벡터량의 좌표변환으로부터

$$\begin{bmatrix} u_{xL} \\ u_{yL} \end{bmatrix} = \begin{bmatrix} \cos(x'^L, x) & \cos(y'^L, x) \\ \cos(x'^L, y) & \cos(y'^L, y) \end{bmatrix} \begin{bmatrix} u_{x'L} \\ u_{y'L} \end{bmatrix} \tag{6.48}$$

또는

$$\begin{bmatrix} U_{2L-1} \\ U_{2L} \end{bmatrix} = \begin{bmatrix} \cos(x'^L, x) & \cos(y'^L, x) \\ \cos(x'^L, y) & \cos(y'^L, y) \end{bmatrix} \begin{bmatrix} U'_{2L-1} \\ U'_{2L} \end{bmatrix} \tag{6.49}$$

이다. 여기서 $\cos(a', b)$는 a'-축과 b-축이 이루는 각도의 cosine 값이다.

이론 전개의 편의를 위하여 각 절점 L의 좌표변환행렬을 다음과 같이 정의하고(제 3 부 2.1절 참고)

$$T^L = \begin{bmatrix} \cos(x'^L, x) & \cos(x'^L, y) \\ \cos(y'^L, x) & \cos(y'^L, y) \end{bmatrix}^T \tag{6.50}$$

전체절점에 대한 좌표변환행렬을 다음과 같이 정의하자.

$$T = [T_{IJ}] = \begin{bmatrix} T^1 & 0 & 0 & \cdot & 0 \\ 0 & T^2 & 0 & \cdot & 0 \\ 0 & 0 & T^3 & \cdot & 0 \\ \cdot & \cdot & \cdot & \cdot & \cdot \\ 0 & 0 & 0 & \cdot & T^N \end{bmatrix} \tag{6.51}$$

여기서 0 은 2×2 영행렬이다.

그러면 기준좌표계에 대한 전체절점벡터 $U = [U_I]$와 N개의 국부좌표계에 대한 전체

절점변위벡터 $\mathrm{U}' = [U'_I]$ 는 다음의 변환관계에 있다.

$$\mathrm{U} = \mathrm{T}^{\mathrm{T}}\mathrm{U}' \quad \text{또는} \quad U_I = T_{JI}U'_J \tag{6.52}$$

마찬가지로

$$W_I = T_{JI}W'_J \tag{6.53}$$

이다. 식 (6.52)와 식 (6.53)을 식 (6.33)에 대입하여 정리하면

$$W'_I T_{IP}\left[\int_V B_{iP}D_{ij}B_{jQ}dV\,T_{JQ}U'_J - \int_{S_{t_i}}\bar{t}_i\, N_{iP}dS - \int_V f_i\, N_{iP}dV\right] = 0 \tag{6.54}$$

이다. 여기서 $P,\ Q \in \tilde{\zeta}$ 이다.

이제 절점을 식 (6.37)~(6.39)에서 정의된 $\bar{\zeta}, \zeta'$의 집합으로 분류하여 취급하자. 절점 $\bar{I} \in \bar{\zeta}$ 에서 자유도가 구속되어 있으므로

$$W'_{\bar{I}} = 0, \quad \bar{I} \in \bar{\zeta} \tag{6.55}$$

이며, $W'_{I'}$ $(I' \in \zeta')$은 임의의 상수이므로 식 (6.54)로부터

$$T_{I'P}\int_V B_{iP}D_{ij}B_{jQ}dV\,T_{JQ}U'_J = T_{I'P}\left[\int_{S_{t_i}}\bar{t}_i N_{iP}dS + \int_V f_i\, N_{iP}dV\right] \tag{6.56}$$

이다. 식 (6.56)에서 $J \in \tilde{\zeta}$ 를 $\bar{J} \in \bar{\zeta}$ 와 $J' \in \zeta'$으로 분류하여

$$U'_{\bar{J}} = \bar{U}'_{\bar{J}}, \quad \bar{J} \in \bar{\zeta} \tag{6.57}$$

의 경계조건을 대입하여 정리하면, 다음의 최종 유한요소방정식이 구해진다.

$$K_{I'J'}U_{J'} = F_{I'} \quad \text{또는} \quad [K_{I'J'}][U_{J'}] = [F_{I'}] \tag{6.58}$$

여기서 경계조건이 반영된 전체강성행렬 $K_{I'J'}$ 과 전체하중벡터 $F_{I'}$ 은 다음과 같다.

$$K_{I'J'} = T_{I'P}\int_V B_{iP}D_{ij}B_{jQ}dV\,T_{J'Q} \tag{6.59}$$

$$F_{I'} = T_{I'P}\left[\int_{S_{t_i}}\bar{t}_i N_{iP}dS + \int_V f_i\, N_{iP}dV - \int_V B_{iP}D_{ij}B_{jQ}dV\,T_{\bar{J}Q}\bar{U}'_{\bar{J}}\right] \tag{6.60}$$

앞에서 설명한 경계조건이 반영된 유한요소방정식의 유도 과정은 축대칭 및 3차원 문제에 그대로 확장될 수 있다. 그러므로 문제의 본질을 이해하는 목적에 다소 부적절할 수 있으므로 축대칭 및 3차원 문제에 대한 경계조건이 반영된 유한요소방정식의 유도는 생략한다.

6.3 축대칭 문제의 유한요소해석

축대칭 문제란 기하학적으로 축대칭이어야 하고, 하중 및 경계조건 등 역학적인 면에서도 축대칭이어야 하며, 재료의 측면에서도 축대칭이어야 한다. 축대칭 문제는 원통좌표계로 수식화된다. 그림 6.4에서 보는 바와 같이 축대칭 역학 문제에서 원주방향의 변위는 없으며, 다른 변위 성분도 원주방향의 좌표 θ의 함수가 아니다. 즉,

$$u_r = u_r(r,z)\,,\quad u_\theta = 0\,,\quad u_z = u_z(r,z) \tag{6.61}$$

이다. 그러므로 0이 아닌 변형률 성분과 변위의 관계는 다음과 같다.

$$\begin{bmatrix} \varepsilon_{rr} \\ \varepsilon_{\theta\theta} \\ \varepsilon_{zz} \\ \varepsilon_{rz} \end{bmatrix} = \begin{bmatrix} \dfrac{\partial u_r}{\partial r} \\ \dfrac{u_r}{r} \\ \dfrac{\partial u_z}{\partial z} \\ \dfrac{1}{2}\left(\dfrac{\partial u_r}{\partial z} + \dfrac{\partial u_z}{\partial r}\right) \end{bmatrix} \tag{6.62}$$

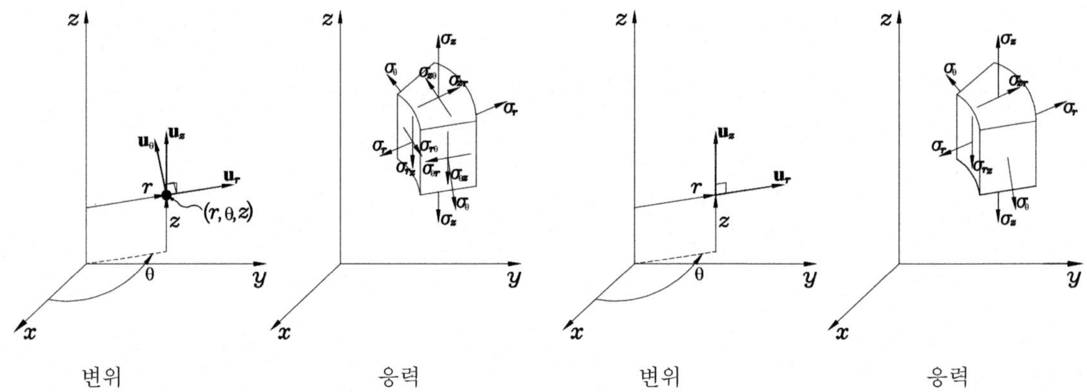

(a) 3차원 (b) 축대칭

그림 6.4 원통좌표계에서 변위와 응력

$\varepsilon_{r\theta} = \varepsilon_{\theta z} = 0$이므로 식 (6.3)의 후크법칙으로부터, 일반적으로 $\sigma_{\theta\theta} \neq 0$이고, 다음이 성립한다.

$$\sigma_{r\theta} = 0,\ \sigma_{\theta z} = 0 \tag{6.63}$$

따라서 식 (6.8)의 피적분함수는 다음과 같이 간소화된다.

$$\begin{aligned}\sigma_{ij}\omega_{ij} &= \sigma_{rr}\omega_{rr} + \sigma_{\theta\theta}\omega_{\theta\theta} + \sigma_{zz}\omega_{zz} + 2\sigma_{\theta r}\omega_{\theta r} + 2\sigma_{\theta z}\omega_{\theta z} + 2\sigma_{rz}\omega_{rz} \\ &= \sigma_{rr}\omega_{rr} + \sigma_{\theta\theta}\omega_{\theta\theta} + \sigma_{zz}\omega_{zz} + 2\sigma_{rz}\omega_{rz} \equiv \sigma_i\beta_i\end{aligned} \tag{6.64}$$

여기서

$$[\sigma_i] \equiv [\sigma_{rr}, \sigma_{\theta\theta}, \sigma_{zz}, \sigma_{rz}]^{\mathrm{T}} \tag{6.65}$$

$$[\beta_i] \equiv \begin{bmatrix} \omega_{rr} \\ \omega_{\theta\theta} \\ \omega_{zz} \\ 2\omega_{rz} \end{bmatrix} = \begin{bmatrix} \dfrac{\partial \omega_r}{\partial r} \\ \dfrac{\omega_r}{r} \\ \dfrac{\partial \omega_z}{\partial z} \\ \dfrac{\partial \omega_z}{\partial r} + \dfrac{\partial \omega_r}{\partial z} \end{bmatrix} \tag{6.66}$$

이다. 한편 제 3 부의 식 (5.26)으로부터 응력과 변형률의 관계는 다음 식으로 표현된다.

$$[\sigma_i] = [D_{ij}]\,[\varepsilon_j] \quad \text{또는} \quad \sigma_i = D_{ij}\,\varepsilon_j \tag{6.67}$$

여기서 탄성행렬 $[D_{ij}]$는

$$\mathrm{D} = \frac{E(1-\nu)}{(1+\nu)(1-2\nu)} \begin{bmatrix} 1 & \gamma & \gamma & 0 \\ \gamma & 1 & \gamma & 0 \\ \gamma & \gamma & 1 & 0 \\ 0 & 0 & 0 & \beta \end{bmatrix} \tag{6.68}$$

이며, 변형률텐서 벡터 ε_i 는 다음 식으로 정의된다.

$$\varepsilon_i = \begin{bmatrix} \varepsilon_{rr} \\ \varepsilon_{\theta\theta} \\ \varepsilon_{zz} \\ 2\varepsilon_{rz} \end{bmatrix} \tag{6.69}$$

식 (6.68)에서 $\gamma = \nu/(1-\nu)$, $\beta = (1-2\nu)/2(1-\nu)$이다.

한편, 변위장 u_i 와 가중함수 ω_i 를

$$u_1 \equiv u_r,\ u_2 \equiv u_z,\quad \omega_1 \equiv \omega_r,\quad \omega_2 \equiv \omega_z \tag{6.70}$$

로 두고, 변위장 u_i 와 가중함수 ω_i 를 각각 절점치 (u_{rL}, u_{zL})와 $(\omega_{rL}, \omega_{zL})$로 보간하면, 다음과 같다.

$$\tilde{u}_i = \sum_{I=1}^{2N} N_{iI}\,U_I \quad \text{또는} \quad \tilde{u}_i = N_{iI}\,U_I \tag{6.71}$$

$$\omega_i = \sum_{I=1}^{2N} N_{iI}\,W_I \quad \text{또는} \quad \omega_i = N_{iI}\,W_I \tag{6.72}$$

여기서 $U_{2L-1} \equiv u_{rL}$, $U_{2L} \equiv u_{zL}$, $W_{2L-1} \equiv \omega_{rL}$, $W_{2L} \equiv \omega_{zL}$이다.

따라서 식 (6.62), 식 (6.69), 식 (6.71)로부터

$$[\varepsilon_i] = \begin{bmatrix} N_{1J,1} \\ N_{1J}/r \\ N_{2J,2} \\ N_{1J,2} + N_{2J,1} \end{bmatrix} U_J \tag{6.73}$$

$$= \begin{bmatrix} N_{11,1} & N_{12,1} & \cdots & N_{1(2N),1} \\ N_{11}/r & N_{12}/r & \cdots & N_{1(2N)}/r \\ N_{21,2} & N_{22,2} & \cdots & N_{2(2N),2} \\ N_{11,2} + N_{21,1} & N_{12,2} + N_{22,1} & \cdots & N_{1(2N),2} + N_{2(2N),1} \end{bmatrix} \begin{bmatrix} U_1 \\ U_2 \\ \vdots \\ U_{2N} \end{bmatrix}$$

또는

$$[\varepsilon_i] = \begin{bmatrix} N_{1,1} & 0 & N_{2,1} & 0 & \cdots & N_{N,1} & 0 \\ N_1/r & 0 & N_2/r & 0 & \cdots & N_N/r & 0 \\ 0 & N_{1,2} & 0 & N_{2,2} & \cdots & 0 & N_{N,2} \\ N_{1,2} & N_{1,1} & N_{2,2} & N_{2,1} & \cdots & N_{N,2} & N_{N,1} \end{bmatrix} \begin{bmatrix} U_1 \\ U_2 \\ U_3 \\ U_4 \\ \vdots \\ U_{2N-1} \\ U_{2N} \end{bmatrix} \tag{6.74}$$

이다. 여기서 변형률-변위 행렬을

$$[B_{iI}] = \begin{bmatrix} N_{1,1} & 0 & N_{2,1} & 0 & \cdots & N_{N,1} & 0 \\ N_1/r & 0 & N_2/r & 0 & \cdots & N_N/r & 0 \\ 0 & N_{1,2} & 0 & N_{2,2} & \cdots & 0 & N_{N,2} \\ N_{1,2} & N_{1,1} & N_{2,2} & N_{2,1} & \cdots & N_{N,2} & N_{N,1} \end{bmatrix} \tag{6.75}$$

로 두면

$$\varepsilon_i = B_{iJ}\, U_J \quad \text{또는} \quad [\varepsilon_i] = [B_{iJ}]\,[U_J] \tag{6.76}$$

로 정리된다.

따라서 응력을 절점변위벡터로 표현하면 다음과 같다.

$$[\sigma_i] = [D_{ij}]\,[B_{jJ}]\,[U_J] \quad \text{또는} \quad \sigma_i = D_{ij}\, B_{jJ}\, U_J \tag{6.77}$$

마찬가지의 방법으로

$$\beta_i = \begin{bmatrix} N_{1I,1} \\ N_{1I}/r \\ N_{2I,2} \\ N_{1I,2} + N_{2I,1} \end{bmatrix} W_I = B_{iI}\, W_I \tag{6.78}$$

이다. 식 (6.77)과 식 (6.78)을 식 (6.64)에 대입하여 정리하면

$$\sigma_{ij}\,\omega_{ij} = \sigma_i\,\beta_i = (D_{ij}\, B_{jJ}\, U_J)\,(B_{iI}\, W_I) \tag{6.79}$$

$$= W_I B_{iI} D_{ij} B_{jJ}\, U_J = \mathrm{W}^{\mathrm{T}}\, \mathrm{B}^{\mathrm{T}}\, \mathrm{D}\, \mathrm{B}\, \mathrm{U}$$

이다. 그러므로 식 (6.71), 식 (6.72), 식 (6.79)를 약형에 대입하면 다음 식을 얻는다.

$$W_I\left[\int_V B_{iI}D_{ij}B_{jJ}dV\ U_J - \int_{S_t}\bar{t}_i N_{iI}dS - \int_V f_i\ N_{iI}dV\right] = 0 \tag{6.80}$$

경계조건을 고려하지 않고 유한요소방정식을 유도해 보자. 식 (6.80)에서 W_I가 임의의 상수라고 가정하면, 다음의 유한요소방정식이 유도된다.

$$K_{IJ}U_J = F_I \quad \text{또는} \quad \lfloor K_{IJ}\rfloor \lfloor U_J\rfloor = \lfloor F_I\rfloor \tag{6.81}$$

여기서

$$K_{IJ} = \int_V B_{iI}D_{ij}B_{jJ}dV \tag{6.82}$$

$$F_I = \int_{S_t}\bar{t}_i\ N_{iI}dS + \int_V f_i\ N_{iI}dV \tag{6.83}$$

는 각각 경계조건 부과 이전의 전체강성행렬과 전체하중벡터이다. 식 (6.81)~(6.83)은 식 (6.34)~(6.36)과 모양면에서 동일하다. 실제로는 행렬 B_{iI}가 서로 다르며, dV와 dS 등도 다르다. 축대칭의 경우

$$dV = 2\pi r\,dA,\ dS = 2\pi r\,dL \tag{6.84}$$

이다. 행렬 B_{iI}와 식 (6.84)에서 r은 다음 식에 의하여 보간된다.

$$x_1 = N_{1I}X_I \quad \text{또는} \quad r = \widetilde{N}_l r_l \tag{6.85}$$

앞에서 보는 바와 같이 축대칭 문제는 최종적으로 2차원 평면에서의 적분 문제로 수식화된다. 물론 식 (6.84)에서 보는 바와 같이 실제로는 체적적분을 실시한다. 그러므로 축대칭 문제는 3차원 공간의 문제이지만, 수학적 관점에서는 2차원 문제로 간주될 수 있다.

경계조건을 고려한 유한요소방정식은 6.2.2절의 내용을 참고하여 독자가 직접 유도해 보기 바란다.

6.4 3차원 연속체의 유한요소해석

우리는 6.2절과 6.3절에서 2차원 문제의 유한요소방정식의 유도에 관하여 공부하였다. 3차원 문제에 대한 유한요소방정식도 2차원 문제와 동일한 방법으로 유도되므로 여기서는 상세한 유도과정을 생략한다. 약형에서 확산항의 피적분함수는 다음과 같다.

$$\begin{aligned}\sigma_{ij}\omega_{ij} &= \sigma_{xx}\omega_{xx} + \sigma_{yy}\omega_{yy} + \sigma_{zz}\omega_{zz} + 2\sigma_{xy}\omega_{xy} + 2\sigma_{yz}\omega_{yz} + 2\sigma_{zx}\omega_{zx} \\ &\equiv \sigma_i\beta_i\end{aligned} \tag{6.86}$$

여기서

$$[\sigma_i] \equiv [\sigma_{xx},\ \sigma_{yy},\ \sigma_{zz},\ \sigma_{xy},\ \sigma_{yz},\ \sigma_{zx}]^{\mathrm{T}} \tag{6.87}$$

$$[\beta_i] \equiv \begin{bmatrix} \omega_{xx} \\ \omega_{yy} \\ \omega_{zz} \\ 2\omega_{xy} \\ 2\omega_{yz} \\ 2\omega_{zx} \end{bmatrix} = \begin{bmatrix} \omega_{1,1} \\ \omega_{2,2} \\ \omega_{3,3} \\ \omega_{1,2}+\omega_{2,1} \\ \omega_{2,3}+\omega_{3,2} \\ \omega_{3,1}+\omega_{1,3} \end{bmatrix} \tag{6.88}$$

이다. 한편 제 3 부의 식 (5.18)로부터

$$[\sigma_i] = [D_{ij}]\,[\varepsilon_j] \quad \text{또는} \quad \sigma_i = D_{ij}\,\varepsilon_j \quad (6.89)$$

이다. 여기서

$$[\varepsilon_i] \equiv \begin{bmatrix} \varepsilon_{xx} \\ \varepsilon_{yy} \\ \varepsilon_{zz} \\ 2\varepsilon_{xy} \\ 2\varepsilon_{yz} \\ 2\varepsilon_{zx} \end{bmatrix} = \begin{bmatrix} u_{1,1} \\ u_{2,2} \\ u_{3,3} \\ u_{1,2}+u_{2,1} \\ u_{2,3}+u_{3,2} \\ u_{3,1}+u_{1,3} \end{bmatrix} \tag{6.90}$$

이며, 탄성행렬 $[D_{ij}]$는 다음 식으로 정의된다.

$$\mathrm{D} = \frac{E(1-\nu)}{(1+\nu)(1-2\nu)} \begin{bmatrix} 1 & \gamma & \gamma & 0 & 0 & 0 \\ \gamma & 1 & \gamma & 0 & 0 & 0 \\ \gamma & \gamma & 1 & 0 & 0 & 0 \\ 0 & 0 & 0 & \beta & 0 & 0 \\ 0 & 0 & 0 & 0 & \beta & 0 \\ 0 & 0 & 0 & 0 & 0 & \beta \end{bmatrix} \tag{6.91}$$

여기서 $\gamma = \nu/(1-\nu)$, $\beta = (1-2\nu)/2(1-\nu)$이다.

한편 3차원 공간에서 변위장 u_i 와 가중함수 ω_i 를 보간하면 다음과 같다.

$$\tilde{u}_i = \sum_{I=1}^{3N} N_{iI}\,U_I \quad \text{또는} \quad \tilde{u}_i = N_{iI}\,U_I \tag{6.92}$$

$$\omega_i = \sum_{I=1}^{3N} N_{iI}\,W_I \quad \text{또는} \quad \omega_i = N_{iI}\,W_I \tag{6.93}$$

여기서 $U_{3L-2} \equiv u_{xL}$, $U_{3L-1} \equiv u_{yL}$, $U_{3L} \equiv u_{zL}$, $W_{3L-2} \equiv \omega_{xL}$, $W_{3L-1} \equiv \omega_{yL}$, $W_{3L} \equiv \omega_{zL}$ 이다.

따라서 식 (6.92)를 식 (6.90)에 대입하고, 식 (6.93)을 식 (6.88)에 대입함으로써 ϵ_i 와 β_i 를 절점치 U_I 와 W_I 로 표현할 수 있다. 즉,

$$\varepsilon_i = \begin{bmatrix} N_{1I,1} \\ N_{2I,2} \\ N_{3I,3} \\ N_{1I,2} + N_{2I,1} \\ N_{2I,3} + N_{3I,2} \\ N_{3I,1} + N_{1I,3} \end{bmatrix} U_I = B_{iI}\, U_I \quad \text{또는} \quad [\varepsilon_i\,] = [B_{iI}\,][U_I\,] \tag{6.94}$$

$$\beta_i = \begin{bmatrix} N_{1I,1} \\ N_{2I,2} \\ N_{3I,3} \\ N_{1I,2} + N_{2I,1} \\ N_{2I,3} + N_{3I,2} \\ N_{3I,1} + N_{1I,3} \end{bmatrix} W_I = B_{iI}\, W_I \tag{6.95}$$

이다. 여기서 변형률-변위 행렬 B_{iI}는 다음 식에 의하여 정의된다.

$$[B_{iI}] = \begin{bmatrix} N_{1,1} & 0 & 0 & N_{2,1} & 0 & 0 & \cdots & N_{N,1} & 0 & 0 \\ 0 & N_{1,2} & 0 & 0 & N_{2,2} & 0 & \cdots & 0 & N_{N,2} & 0 \\ 0 & 0 & N_{1,3} & 0 & 0 & N_{2,3} & \cdots & 0 & 0 & N_{N,3} \\ N_{1,2} & N_{1,1} & 0 & N_{2,2} & N_{2,1} & 0 & \cdots & N_{N,2} & N_{N,1} & 0 \\ 0 & N_{1,3} & N_{1,2} & 0 & N_{2,3} & N_{2,2} & \cdots & 0 & N_{N,3} & N_{N,2} \\ N_{1,3} & 0 & N_{1,1} & N_{2,3} & 0 & N_{2,1} & \cdots & N_{N,3} & 0 & N_{N,1} \end{bmatrix} \tag{6.96}$$

식 (6.89)와 식 (6.94)로부터 응력과 절점변위벡터의 관계는 다음과 같다.

$$[\sigma_i] = [D_{ij}][B_{jJ}\,][U_J\,] \quad \text{또는} \quad \sigma_i = D_{ij}\, B_{jJ}\, U_J \tag{6.97}$$

식 (6.95)와 식 (6.97)을 식 (6.86)에 대입하여 정리하면

$$\begin{aligned} \sigma_{ij}\,\omega_{ij} &= \sigma_i\,\beta_i \\ &= (D_{ij}\,B_{jJ}\,U_J)(B_{iI}\,W_I) \\ &= W_I B_{iI} D_{ij} B_{jJ}\, U_J \\ &= \mathrm{W}^{\mathrm{T}}\,\mathrm{B}^{\mathrm{T}}\,\mathrm{D}\;\mathrm{B}\;\mathrm{U} \end{aligned} \tag{6.98}$$

이다. 그러므로 식 (6.92), 식 (6.93), 식 (6.98)을 약형에 대입하면

$$W_I\left[\int_V B_{iI} D_{ij} B_{jJ}\, dV\; U_J - \int_{S_t} \bar{t}_i\; N_{iI}\, dS - \int_V f_i\; N_{iI}\, dV\right] = 0 \tag{6.99}$$

이다. W_I가 임의의 상수라고 가정하면, 경계조건 반영 이전의 유한요소방정식을 다음과 같이 얻게 된다.

$$K_{IJ}\, U_J = F_I \quad \text{또는} \quad [K_{IJ}]\,[U_J] = [F_I] \tag{6.100}$$

여기서

$$K_{IJ} = \int_V B_{iI} D_{ij}\, B_{jJ}\, dV \tag{6.101}$$

$$F_I = \int_{S_{t_i}} \bar{t}_i N_{iI} dS + \int_V f_i N_{iI} dV \tag{6.102}$$

는 각각 경계조건 부과 이전의 전체강성행렬과 전체하중벡터이다.

6.5 열팽창과 초기응력을 고려한 유한요소방정식의 유도

이제 식 (6.3)에서 ΔT가 0이 아닌 경우에 관한 유한요소방정식을 유도해 보자. 열팽창에 의한 초기변형률 ε_i^o과 초기응력 σ_i^o을 고려한 후크법칙은 다음과 같이 수식화된다.

$$\sigma_i = D_{ij}\left(\varepsilon_j - \varepsilon_j^o\right) + \sigma_i^o \tag{6.103}$$

여기서 σ_i, D_{ij}, ϵ_j, ϵ_i^o, σ_i^o 등은 문제에 따라서 다르게 정의된다. 상세한 내용은 제 3 부의 식 (5.28)~(5.32)를 참고하기 바란다.

식 (6.28), 식 (6.76), 식 (6.94)에서 보는 바와 같이 식 (6.103)에서 ε_j는 다음 식에 의하여 변형률-변위 행렬 B_{jI}와 절점변위벡터 U_I의 내적으로 수식화된다.

$$\varepsilon_j = B_{jI} U_I \tag{6.104}$$

여기서 B_{jI}는 문제의 종류에 따라 다르다. 한편 약형에서 확산항의 피적분함수

$$\sigma_{ij}\omega_{ij} \equiv \sigma_i \beta_i \tag{6.105}$$

에서 β_i는

$$\beta_i = B_{iJ} W_J \tag{6.106}$$

로 표현되므로

$$\begin{aligned} \sigma_{ij}\omega_{ij} &= \sigma_i \beta_i \\ &= W_I\left(B_{iI} D_{ij} B_{jJ} U_J - B_{iI} D_{ij} \varepsilon_j^o + B_{iI}\sigma_i^o\right) \end{aligned} \tag{6.107}$$

이다. 식 (6.32), 식 (6.79), 식 (6.98)을 대신하여 식 (6.107)을 사용함으로써 다음의 유한요소방정식을 구할 수 있다.

$$K_{IJ} U_J = F_I \quad \text{또는} \quad [K_{IJ}][U_J] = [F_I] \tag{6.108}$$

여기서 강성행렬과 하중벡터는 각각 다음 식으로 정의된다.

$$K_{IJ} = \int_V B_{iI} D_{ij} B_{jJ} dV \tag{6.109}$$

$$F_I = \int_V B_{iI}\left(D_{ij}\epsilon_j^o - \sigma_i^o\right) dV + \int_{S_{t_i}} \bar{t}_i N_{iI} dS + \int_V f_i N_{iI} dV \tag{6.110}$$

6.6 파생변수의 계산

절점변위가 구해졌을 경우, 변형률 및 응력, 경계절점에서의 하중 등을 계산하는 방법을 공부하자. 우리는 이미 제 2 부 2.9절과 제 4 부 5.6.9절에서 유한요소해를 이용한 파생결과의 계산방법을 공부한 바 있다. 이 절의 내용은 사실상 제 2 부 2.9절과 제 4 부 5.6.9절의 내용과 동일하다. 절점의 변위가 구해져 있다면, 식 (6.28), 식 (6.76), 식 (6.94) 등으로부터 변형률을 구할 수 있고, 응력은 식 (6.29), 식 (6.77), 식 (6.97)로부터 구할 수 있다. 선형요소를 사용했을 경우, 이렇게 구한 응력은 요소경계에서 일반적으로 불연속이다. 그러므로 연속된 값으로 변환시켜야 할 경우에는 제 4 부 5.6.9절에서 설명한 바와 같은 적절한 순화기법이 사용되어야 한다. 이러한 목적으로 최소자승법이 널리 사용되고 있다.

한편 필수경계조건이 주어진 경계에서는 하중이 미지수이다. 경계에서 응력을 구할 수 있으므로 이를 적분하면 될 것으로 생각하는 독자들이 다수 있을 것이다. 물론 그 방법이 틀린 것은 아니지만, 전술한 바와 같이 응력은 요소경계에서 불연속이며 정확도가 변위에 비하여 떨어질 수밖에 없다. 유한요소법으로 절점의 변위를 구한 후, 필수경계조건을 반영하지 않은 상태의 유한요소방정식에 절점의 변위를 대입하면 어떤 결과가 나올까? 즉,

$$\Delta F_I \equiv [F_I] - [K_{IJ}][U_J] \tag{6.111}$$

에서 ΔF_I값이 어떻게 될까? 필수경계조건이 주어진 자유도에 해당하는 방정식 이외의 방정식은 0이 될 것이고, 필수경계조건이 부여된 자유도에 해당하는 방정식은 0이 아닌 불평형힘이 계산된다. 이 힘이 그 절점의 변위 자유도를 구속하는 데 필요한 힘이 된다. 이 힘으로부터 하중 관련 정보를 보다 정확하게 얻을 수 있다.

6.7 혼합형 수식화에 의한 비압축성 재료 탄성유한요소해석

고무는 비압축성에 가까운 재료로 알려져 있다. 비압축성 재료의 Poisson 비는 $\nu = 0.5$이다. 현장에서는 비압축성 재료의 해석 목적으로 ν가 0.5보다 작지만 0.5에 매우 가까운 값을 사용하여 해석하는 경우가 많다. 실제 이렇게 함으로써 근사적인 답을 구할 수는 있으나 정확도는 보장받을 수 없는 것으로 보고되고 있다. 이러한 문제를 타개할 목적으로 혼합형 수식이 널리 사용되고 있다.

비압축성 재료의 탄성해석 문제는 다음과 같이 수식화된다.

- 평형방정식:

$$\sigma_{ji,j} + f_i = 0 \quad \text{in} \quad V \tag{6.112}$$

- 변위와 변형률의 관계식(구성방정식):

$$\varepsilon_{ij} = \frac{1}{2}(u_{i,j} + u_{j,i}) \tag{6.113}$$

• 응력과 변형률의 관계식:

$$\sigma_{ij}' = 2\mu\varepsilon_{ij}' \tag{6.114}$$

• 비압축성조건

$$u_{i,i} = 0 \tag{6.115}$$

• 경계조건

$$t_i^{(n)} = \sigma_{ij}n_j = \bar{t}_i \quad \text{on} \quad S_{t_i} \tag{6.116}$$

$$u_{i'} = \bar{u}_{i'} \quad \text{on} \quad S_{u_{i'}} \tag{6.117}$$

식 (6.112), 식 (6.115), 식 (6.116)을 고려한 약형은 다음과 같다.

$$\int_V \sigma_{ij}\,\omega_{ij}\,dV - \int_{S_{t_i}} \bar{t}_i\omega_i\;dS - \int_V f_i\omega_i\,dV + \int_V q\,u_{i,i}\,dV = 0 \tag{6.118}$$

$$u_{i'} = \bar{u}_{i'}, \quad \omega_{i'} = 0 \quad \text{on} \quad S_{u_{i'}} \tag{6.119}$$

여기서

$$\sigma_{ij} = \sigma_{ij}' - p\,\delta_{ij} \tag{6.120}$$

이므로

$$\int_V \sigma_{ij}'\,\omega_{ij}dV - \int_V p\,\omega_{ii}\,dV - \int_{S_{t_i}} \bar{t}_i\omega_i dS - \int_V f_i\omega_i dV + \int_V q\,u_{i,i}dV = 0 \tag{6.121}$$

이다. 여기서 p는 정수압(hydrostatic pressure)이다.

▼ 예제 6.1

Lagrange 변수법을 이용하여 최소전체퍼텐셜이론에 비압축성조건을 삽입하고, 이 때 Lagrange 변수가 갖는 물리적 의미를 설명하라.

➡ 비압축성 재료에서 $\varepsilon_{kk} = 0$이므로 변형률밀도함수는 $u = u(\varepsilon_{ij}')$이다. 따라서 최소전체퍼텐셜이론은 다음과 같다.

$$\Pi = \int_V u(\sigma_{ij}')\,dV - \int_{S_{t_i}} \bar{t}_i u_i\,dS - \int_V f_i u_i\,dV \tag{a}$$

$$u_{i,i} = 0 \quad \text{또는} \quad \varepsilon_m = 0 \quad \text{in} \quad V \tag{b}$$

$$u_i = \bar{u}_i \quad \text{on} \quad S_{u_i} \tag{c}$$

식 (b)를 Lagrange 변수법을 이용하여 범함수 (a)에 대입하면 다음과 같다.

$$\Pi_\lambda = \int_V u(\sigma_{ij}{}')\,dV - \int_{S_{t_i}} \bar{t}_i u_i\,dS - \int_V f_i u_i\,dV + \int_V \lambda\varepsilon_{kk}\,dV \tag{d}$$

이제 범함수 Π_λ를 1차변분하면 다음과 같다.

$$\delta\Pi_\lambda = \int_V \left[\frac{\partial u(\sigma_{pq}{}')}{\partial\varepsilon_{ij}{}'}\delta\varepsilon_{ij}{}' + \frac{\partial u(\sigma_{pq}{}')}{\partial\varepsilon_{ii}}\delta\epsilon_{jj}\right]dV - \int_{S_{t_i}} \bar{t}_i\,\delta u_i\,dS \tag{e}$$

$$- \int_V f_i\,\delta u_i\,dV + \int_V \delta\lambda\,\varepsilon_{kk}\,dV + \int_V \lambda\,\delta\varepsilon_{kk}\,dV$$

식 (e)의 우변의 첫번째 적분항의 피적분함수는 다음과 같이 요약된다.

$$\frac{\partial u(\sigma_{pq}{}')}{\partial\varepsilon_{ij}{}'}\delta\varepsilon_{ij}{}' + \frac{\partial u(\sigma_{pq}{}')}{\partial\varepsilon_{ii}}\delta\varepsilon_{jj} = \sigma_{ij}{}'\delta\varepsilon_{ij}{}' + 0\times\delta\varepsilon_{kk} \tag{f}$$

$$= \sigma_{ij}{}'\delta\varepsilon_{ij}{}' + \sigma_{ij}{}'\delta_{ij}\delta\varepsilon_m$$

$$= \sigma_{ij}{}'\delta\varepsilon_{ij}$$

그리고 발산이론으로부터

$$\int_V \sigma_{ij}{}'\delta\varepsilon_{ij}\,dV = \int_V \sigma_{ij}\,\delta\varepsilon_{ij}\,dV - \int_V \sigma_m\,\delta\varepsilon_{kk}\,dV \tag{g}$$

$$= \int_S \sigma_{ij} n_j\,\delta u_i\,dV - \int_V \sigma_{ij,j}\,\delta u_i\,dV - \int_V \sigma_m\,\delta\varepsilon_{kk}\,dV$$

이므로 식 (e)는 다음 식으로 요약된다.

$$\delta\Pi_\lambda = -\int_V (\sigma_{ij,j} + f_i)\,\delta u_i\,dV + \int_{S_{t_i}} (\sigma_{ij} n_j - \bar{t}_i)\,\delta u_i\,dS + \int_{S_{u_i}} \sigma_{ij} n_j\,\delta u_i\,dS \tag{h}$$

$$+ \int_V \delta\lambda\,\varepsilon_{kk}\,dV + \int_V (\lambda - \sigma_m)\,\delta\varepsilon_{kk}\,dV$$

여기서 σ_m은 평균응력을 의미한다. $\delta\Pi_\lambda = 0$으로부터 다음의 Euler-Lagrange 방정식을 얻는다.

$$\sigma_{ji,j} + f_i = 0 \quad \text{in} \quad V \tag{i}$$

$$u_{i,i} = 0 \tag{j}$$

$$t_i^{(n)} = \sigma_{ij} n_j = \bar{t}_i \quad \text{on} \quad S_{t_i} \tag{k}$$

$$u_i = \bar{u}_i \quad \text{on} \quad S_{u_i} \tag{l}$$

$$\lambda = \sigma_m \tag{m}$$

따라서 Lagrange 변수는 평균응력의 물리적 의미를 갖는다.

▼ 예제 6.2

벌칙기법을 이용하여 최소전체퍼텐셜이론에 비압축성조건을 삽입하고, 이 때 벌칙상수가 갖는 물리적 의미를 설명하라.

➡ 예제 6.1의 식 (b)를 벌칙기법을 이용하여 범함수 (a)에 대입하면 다음과 같다.

$$\Pi_p = \int_V u(\sigma_{ij}')\,dV - \int_{S_{t_i}} \bar{t}_i u_i\,dS - \int_V f_i u_i\,dV + \frac{1}{2}\int_V K\varepsilon_m^2\,dV \tag{a}$$

문제 6.2와 동일한 방법으로 범함수 Π_p의 1차변분을 구하면 다음과 같다.

$$\delta\Pi_p = -\int_V (\sigma_{ij,j} + f_i)\,\delta u_i\,dV + \int_{S_{t_i}} (\sigma_{ij}n_j - \bar{t}_i)\,\delta u_i\,dS + \int_{S_{u_i}} \sigma_{ij}n_j\delta u_i\,dS \tag{b}$$

$$+ \int_V \delta\lambda\,\varepsilon_{kk}\,dV + \int_V (K\varepsilon_{ii} - \sigma_m)\,\delta\varepsilon_{kk}\,dV$$

그러므로 $\delta\Pi_p = 0$으로부터 다음의 Euler-Lagrange 방정식을 얻는다.

$$\sigma_{ji,j} + f_i = 0 \quad \text{in} \quad V \tag{c}$$

$$u_{i,i} = 0 \quad \text{in} \quad V \tag{d}$$

$$t_i^{(n)} = \sigma_{ij}n_j = \bar{t}_i \quad \text{on} \quad S_{t_i} \tag{e}$$

$$u_{i'} = \bar{u}_{i'} \quad \text{on} \quad S_{u_{i'}} \tag{f}$$

$$K\varepsilon_{ii} = \sigma_m \tag{g}$$

따라서 벌칙상수 또는 벌칙함수는 식 (g)의 물리적 의미를 갖는다.

식 (6.121)의 약형에서 미지함수는 u_i 와 p이고, ω_i 와 q는 가중함수이다. ω_i 는 필수경계조건이 주어진 경계 S_{u_i}에서 함수값이 0인 임의의 함수이고 q는 임의의 함수이다.

이제 3차원 문제에 대한 유한요소방정식을 유도해 보자. 먼저 미지함수와 가중함수를 다음과 같이 보간하자.

$$\tilde{u}_i = N_{iL}\,U_L, \quad \omega_i = N_{iL}\,W_L \tag{6.122}$$

$$\tilde{p} = H_M P_M, \quad q = H_M Q_M \tag{6.123}$$

식 (6.114)의 구성방정식은 다음 식으로 표현된다.

$$\sigma_i' = \mu\,d_{ij}\,\varepsilon_j' \tag{6.124}$$

여기서

$$[\sigma_i{}'] \equiv [\sigma_{xx}{}',\ \sigma_{yy}{}',\ \sigma_{zz}{}',\ \sigma_{xy},\ \sigma_{yz},\ \sigma_{zx}]^{\mathrm{T}} \quad (6.125)$$

$$[\varepsilon_i{}'] \equiv [\varepsilon_{xx}{}',\ \varepsilon_{yy}{}',\ \varepsilon_{zz}{}',\ 2\varepsilon_{xy},\ 2\varepsilon_{yz},\ 2\varepsilon_{zx}]^{\mathrm{T}} \quad (6.126)$$

$$\mathbf{d} = [d_{ij}] = \begin{bmatrix} 2 & 0 & 0 & 0 & 0 & 0 \\ 0 & 2 & 0 & 0 & 0 & 0 \\ 0 & 0 & 2 & 0 & 0 & 0 \\ 0 & 0 & 0 & 1 & 0 & 0 \\ 0 & 0 & 0 & 0 & 1 & 0 \\ 0 & 0 & 0 & 0 & 0 & 1 \end{bmatrix} \quad (6.127)$$

이다. 그런데

$$[\varepsilon_i{}'] = \frac{1}{3}\begin{bmatrix} 2\varepsilon_{xx} - \varepsilon_{yy} - \varepsilon_{zz} \\ -\varepsilon_{xx} + 2\varepsilon_{yy} - \varepsilon_{zz} \\ -\varepsilon_{xx} - \varepsilon_{yy} + 2\varepsilon_{zz} \\ 6\varepsilon_{xy} \\ 6\varepsilon_{yz} \\ 6\varepsilon_{zx} \end{bmatrix} \tag{6.128}$$

$$= \frac{1}{3}\begin{bmatrix} 2 & -1 & -1 & 0 & 0 & 0 \\ -1 & 2 & -1 & 0 & 0 & 0 \\ -1 & -1 & 2 & 0 & 0 & 0 \\ 0 & 0 & 0 & 3 & 0 & 0 \\ 0 & 0 & 0 & 0 & 3 & 0 \\ 0 & 0 & 0 & 0 & 0 & 3 \end{bmatrix}\begin{bmatrix} \varepsilon_{xx} \\ \varepsilon_{yy} \\ \varepsilon_{zz} \\ 2\varepsilon_{xy} \\ 2\varepsilon_{yz} \\ 2\varepsilon_{zx} \end{bmatrix}$$

이므로 식 (6.124)는

$$\sigma_i{}' = D_{ij}{}'\,\varepsilon_j = \frac{\mu}{3}\tilde{d}_{ij}\,\varepsilon_j \tag{6.129}$$

로 표현된다. 여기서

$$D_{ij}{}' \equiv \frac{\mu}{3}\tilde{d}_{ij} \quad (6.130)$$

$$\tilde{d}_{ij} = \begin{bmatrix} 4 & -2 & -2 & 0 & 0 & 0 \\ -2 & 4 & -2 & 0 & 0 & 0 \\ -2 & -2 & 4 & 0 & 0 & 0 \\ 0 & 0 & 0 & 3 & 0 & 0 \\ 0 & 0 & 0 & 0 & 3 & 0 \\ 0 & 0 & 0 & 0 & 0 & 3 \end{bmatrix} \tag{6.131}$$

이다. 물론 식 (6.129)에서

$$\varepsilon_i = \begin{bmatrix} N_{1I,1} \\ N_{2I,2} \\ N_{3I,3} \\ N_{1I,2} + N_{2I,1} \\ N_{2I,3} + N_{3I,2} \\ N_{3I,1} + N_{1I,3} \end{bmatrix} U_I = B_{iI}\,U_I \quad \text{또는} \quad [\varepsilon_i] = [B_{iI}][U_I] \tag{6.132}$$

는 식 (6.94)와 동일하다. 약형에서 첫번째 항의 피적분함수는

$$\begin{aligned}\sigma_{ij}{}' \, \omega_{ij} &= \sigma_i{}' \, \beta_i \\ &= \left(D_{ij}{}' \, B_{jJ} \, U_J \right) \left(B_{iI} \, W_I \right) \\ &= W_I B_{iI} D_{ij}{}' \, B_{jJ} \, U_J \\ &= \mathrm{W}^{\mathrm{T}} \, \mathrm{B}^{\mathrm{T}} \, \mathrm{D}' \, \mathrm{B} \, \mathrm{U}\end{aligned} \tag{6.133}$$

로 요약된다. 여기서

$$[\beta_i] \equiv \begin{bmatrix} \omega_{xx} \\ \omega_{yy} \\ \omega_{zz} \\ 2\omega_{xy} \\ 2\omega_{yz} \\ 2\omega_{zx} \end{bmatrix} = \begin{bmatrix} \omega_{1,1} \\ \omega_{2,2} \\ \omega_{3,3} \\ \omega_{1,2} + \omega_{2,1} \\ \omega_{2,3} + \omega_{3,2} \\ \omega_{3,1} + \omega_{1,3} \end{bmatrix} = B_{iI} \, W_I \tag{6.134}$$

이다. 그리고

$$\omega_{ii} = \omega_{i,i} = N_{iI,i} \, W_I, \quad u_{i,i} = N_{iJ,i} \, U_J \tag{6.135}$$

이므로 식 (6.122), 식 (6.123), 식 (6.133), 식 (6.135) 등을 약형에 대입하면

$$\begin{aligned} W_I \, [\int_V B_{iI} D_{ij}{}' \, B_{jJ} dV \, U_J - \int_V N_{iI,i} \, H_M dV \, P_M - \int_{S_{t_i}} \bar{t}_i N_{iI} dS \\ - \int_V f_i \, N_{iI} dV \,] \, - \, Q_M \, [\, - \int_V N_{iJ,i} \, H_M dV \, U_J \,] \, = \, 0 \end{aligned} \tag{6.136}$$

이다. W_I와 Q_M이 임의의 상수라고 가정하면, 경계조건 반영 이전의 유한요소방정식을 다음과 같이 얻게 된다.

$$\begin{bmatrix} \mathrm{K}' & \mathrm{C} \\ \mathrm{C}^{\mathrm{T}} & 0 \end{bmatrix} \begin{bmatrix} \mathrm{U} \\ \mathrm{P} \end{bmatrix} = \begin{bmatrix} \mathrm{F} \\ \mathrm{G} \end{bmatrix} \tag{6.137}$$

또는

$$\begin{bmatrix} K_{IJ}{}' & C_{IQ} \\ C_{MJ} & 0_{MQ} \end{bmatrix} \begin{bmatrix} U_J \\ P_Q \end{bmatrix} = \begin{bmatrix} F_I \\ G_M \end{bmatrix} \tag{6.138}$$

여기서

$$K_{IJ}{}' = \int_V B_{iI} D_{ij}{}' \, B_{jJ} dV \quad \text{또는} \quad \mathrm{K}' = [\mathrm{K}_{IJ}{}'] = \int_V \mathrm{B}^{\mathrm{T}} \mathrm{D}' \, \mathrm{B} \, dV \tag{6.139}$$

$$C_{IM} = - \int_V N_{iI,i} \, H_M dV \tag{6.140}$$

$$F_I = \int_{S_t} \bar{t}_i N_{iI} dS + \int_V f_i N_{iI} dV \tag{6.141}$$

$$0_{MQ} = 0, \quad G_M = 0 \tag{6.142}$$

이다.

이 문제에서 구속변수는 압력이며, 로킹(locking) 문제를 피하기 위해서 반드시 변위의 자유도($n.o.f_u$)가 압력의 자유도($n.o.f_p$)보다 크거나 같아야 한다. 즉,

$$n.o.f_u \geq n.o.f_p \tag{6.143}$$

이다.

비압축성 탄성 문제를 위하여 단축적분(reduced integration)이 널리 사용되고 있다. 단축적분은 강성행렬을 정확하게 계산하지 않는 방법이며, 일반적으로 특이 문제가 발생할 수 있는 등 수치적으로 불안정성에 노출되어 있다. 그런데 강성행렬 중에서 일부의 부분행렬을 계산할 때 단축적분을 사용하면, 정확하게 적분하여 구한 결과보다 더 정확하고 적절한 결과를 얻을 수 있는 경우가 있다. 가령 비압축성 탄성해석 및 소성해석과 솔리드가 퇴화된 것(솔리드의 특수한 경우)으로 간주한 판 및 셸의 굽힘해석 문제 등이 대표적인 예이다. 사각형요소에서 2×2 수치적분 대신 1점 단축적분을 실시한다는 것은 그에 대응하는 미지변수의 보간함수의 차수를 하나 떨어뜨리는 것과 동일하다. 실제 로킹 문제를 피해가기 위하여 비압축성 탄성해석 문제에서 식 (6.137)의 행렬 C를 계산할 때 단축적분을 실시한다. 이 경우, 선형 사각형요소로 변위장이 보간되었다면, 압력장은 하나의 요소에서 일정한 값(= 1)을 갖는 불연속 보간함수를 사용한다. 즉, 식 (6.123)에서 H_M은 요소 Ⓜ에서 1의 값을 갖고 다른 요소에서는 0의 값을 갖는 불연속함수이다. P_M은 요소에서 정의되므로 요소치(elemental value)가 되며, 결과적으로 식 (6.121)에서 마지막 항은 요소의 체적을 일정하도록 유지하는 역할을 한다. 즉, $u_{i,i} = 0$의 비압축성조건을 다음과 같이 완화시키는 역할을 한다.

$$\int_{V^{Ⓜ}} u_{i,i} \, dV = 0 \tag{6.144}$$

한편 경험식으로 볼 때 삼각형요소로 구성된 유한요소 해석모델에서 요소의 수가 절점 수의 두 배 이상인 경우가 허다하다. 이 해석모델에서 변위를 선형 보간함수를 사용하여 근사화하고 압력을 상수 보간함수를 사용하여 보간하였을 경우,

$$n.o.f_u < n.o.f_p \tag{6.145}$$

가 되므로 근본적으로 로킹 문제에 노출되어 있음을 알 수 있다. 하나의 압력 자유도는 변위 또는 속도를 미지수로 하는 하나의 선형방정식을 낳는다. 따라서 식 (6.137)로부터 변위 또는 속도의 미지수보다 구속식이 더 많게 되므로 해석이 불가능하다. 비압축성조건이 매우 강력하여 역학법칙을 고려하기 전에 과도구속 문제가 된 것이다. 이러한 문제는

Lagrange 변수법으로는 해결이 불가능하다. 물론 벌칙기법을 이용하여 비압축성조건을 완화시켜 해를 구할 수 있으나 그 결과의 정확도는 떨어지고 해석조건에 따라 결과치가 비교적 크게 차이가 날 수 있다. 이런 이유로 종래에는 비압축성조건이 내포된 탄성 및 소성 문제를 위하여 삼각형요소와 사면체요소의 사용을 극히 제한하였다. 그러나 최근에는 3차원 소성가공 공정 시뮬레이션 목적으로 사면체 MINI-요소의 적용이 보편화되고 있다. 자동 요소망재구성의 측면에서 사면체요소가 훨씬 유리하기 때문이다.

제 7 장

강열점소성 유한요소법

소성가공 공정은 소재와 제품 및 금형과 공구(압연롤 포함)의 형상과 공정조건에 의하여 특징지어진다. 소성가공 공정설계 기술자들의 관심사는 공작물의 변형과정, 금속의 유동선도(metal flow), 최종변형 형상, 결함의 유무, 금형의 수명, 성형하중 및 동력, 금형 및 소재의 온도분포, 결정의 크기, 잔류응력, 제품의 치수정밀도, 제품의 강도 등이다. 이러한 기술적 요소들이 공정설계의 성공 여부, 공정의 특징, 열처리 및 표면처리 등 각종 전후처리의 결정을 좌우한다. 전술한 기술적 요소의 대부분은 역학적 배경을 바탕으로 하고 있다. 소성가공 그 자체가 공작물에 큰 힘을 가함으로써 발생되는 소성변형에 의존하고 있으므로 역학적 정보가 특히 중요한 분야이다. 온간가공·열간가공의 경우, 고온의 분위기에서 소성가공이 실시되므로 온도해석 등이 요구된다. 유동해석과 온도해석을 동시에 고려하는 것을 연계해석(coupled analysis)이라고 한다.

7.1 유동해석 문제의 유한요소 수식화

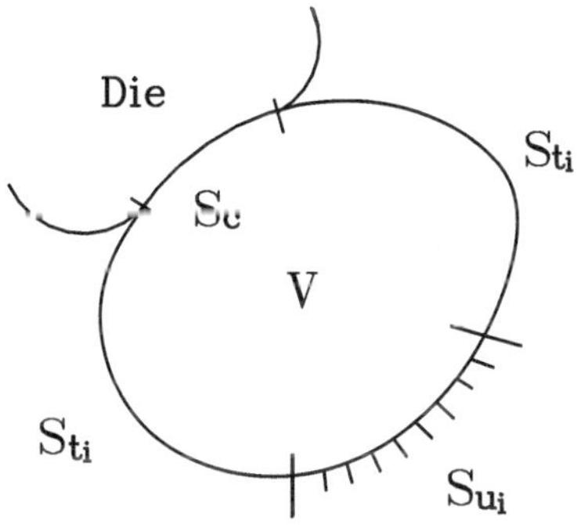

그림 7.1 유동해석 문제의 정의

강점소성 재료의 유한요소법을 설명하기 위하여 공업적으로 중요한 소성가공 공정을 염두에 두고 이론을 전개해 보자. 그림 7.1은 소성가공 공정을 개념화한 것이다. 소성가공 공정에서 금형과 소재는 해석영역 V와 경계 S로 나누어지며, 경계 S는 표면력(traction)이

$t_i^{(n)} = \bar{t}_i$로 주어진 S_{t_i}, 속도가 $v_i = \bar{v}_i$로 주어진 S_{v_i}, 금형과 소재의 접촉면을 표현하는 S_c 등으로 세분화될 수 있다. 금형-소재 접촉면에서 압축력이 작용하면, 금형과 소재의 법선속도는 동일하다. 즉, S_c에서 $v_n = \bar{v}_n$이다. 소재는 비압축성, 강소성, 등방성 경화(isotropic hardening) 등의 성질을 가지고 있으며 von Mises 항복이론과 관련 유동법칙을 따른다고 가정한다(제 3 부 5.4절 참고). 그리고 가속도의 영향은 무시할 정도로 작다고 가정한다.

소성가공 공정의 유동해석 문제는 소재의 속도장 v_i와 정수압 p를 구하는 것이며, 다음과 같은 경계치문제로 수식화된다.

1) 평형방정식:

$$\sigma_{ij,j} + f_i = 0 \quad \text{in} \quad V \tag{7.1}$$

2) 응력-변형률속도 관계식(구성방정식):

$$\sigma_{ij} = -p\delta_{ij} + \sigma_{ij}' \tag{7.2}$$

$$\sigma_{ij}' = \frac{2\bar{\sigma}}{3\dot{\bar{\varepsilon}}}\dot{\varepsilon}_{ij}' \tag{7.3}$$

3) 속도-변형률속도 관계식:

$$\dot{\varepsilon}_{ij} = \frac{1}{2}(v_{i,j} + v_{j,i}) \tag{7.4}$$

4) 비압축성조건

$$v_{i,i} = 0 \quad \text{in} \quad V \tag{7.5}$$

5) 경계조건

$$\sigma_{ij}n_j = \bar{t}_i \quad \text{on} \quad S_{t_i} \tag{7.6}$$

$$v_i = \bar{v}_i \quad \text{on} \quad S_{v_i} \tag{7.7}$$

$$v_n = \bar{v}_n \quad \text{on} \quad S_c \tag{7.8}$$

$$\sigma_t = -\mu\sigma_n g(v_t) \quad \text{on} \quad S_{c_1} \ \text{(Coulomb friction)} \tag{7.9}$$

$$\sigma_t = mk\,g(v_t) \quad \text{on} \quad S_{c_1} \ \text{(constant shear friction)} \tag{7.10}$$

$$v_t = \bar{v}_t \quad \text{on} \quad S_{c_2} \ \text{(sticking)} \tag{7.11}$$

여기서 하첨자 n과 t는 각각 법선성분과 접선성분을 나타내는 지수이다. 식 (7.1)에서 f_i는 체적력을 의미하고, 식 (7.3)에서

$$\bar{\sigma} = \bar{\sigma}(\bar{\varepsilon}, \dot{\bar{\varepsilon}}, T) \tag{7.12}$$

는 일반적으로 변형률 $\bar{\varepsilon}$, 변형률속도 $\dot{\bar{\varepsilon}}$, 온도 T 등의 함수이며, 소재의 기계적 성질 또는 상태를 반영하는 함수이다. 식 (7.9)에서 μ는 마찰계수이고, 식 (7.10)에서 m 과 k는 각각 마찰상수와 전단항복응력이다(제 3 부 5.4.1절과 6.2절 참고). 식 (7.9)와 (7.10)에서 $g(v_t)$는 마찰과 속도와의 관계를 반영하는 함수이며, 다음의 함수가 널리 사용되고 있다.

$$g(v_t) = -\frac{2}{\pi}\tan^{-1}\frac{(v_t - \bar{v}_t)}{a} \tag{7.13}$$

여기서 a는 양수이며, 크기가 v_t 와 $\bar{v}_t$에 비하여 매우 작다. 식 (7.13)은 그림 7.2(a)의 마찰특성을 근사적으로 반영하는 효과가 있다.

전술한 소성역학 문제와 관련된 내용은 제 3 부에서 상술하였으므로 이를 참고하기 바란다.

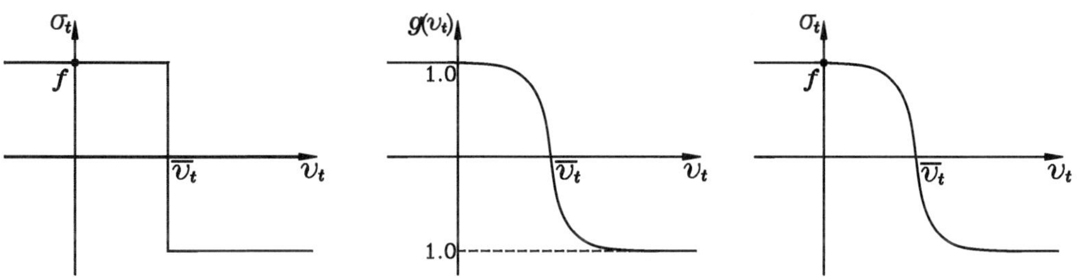

(a) 이상적 마찰응력 (b) $g(v_t)$ (c) 근사화된 마찰응력

그림 7.2 함수 $g(v_t)$와 마찰력

비압축조건을 처리하기 위하여 벌칙기법을 사용할 경우와 Lagrange 변수법을 사용할 경우, 위의 경계치문제의 약형(weak form)은 각각 다음과 같다.

$$\int_V \sigma_{ij}'\,\omega_{ij}\,dV + \int_V K\dot{\varepsilon}_{ii}\,\omega_{jj}\,dV - \int_V f_i\,\omega_i\,dV - \int_{S_{t_i}} \bar{t}_i\,\omega_i\,dS - \int_{S_{c_1}} \sigma_t\,\omega_t\,dS = 0 \tag{7.14}$$

$$\int_V \sigma_{ij}'\,\omega_{ij}\,dV - \int_V p\,\omega_{ii}\,dV - \int_V f_i\,\omega_i\,dV - \int_V v_{i,i}\,q\,dV \tag{7.15}$$

$$-\int_{S_{t_i}} \bar{t}_i\,\omega_i\,dS - \int_{S_{c_1}} \sigma_t\,\omega_t\,dS = 0$$

여기서 가중함수 ω_i는 경계 S_{v_i}에서 영의 값을 갖고, S_c, S_{c_1}, S_{c_2}상에서 $\omega_n = \omega_i n_i = 0$의 조건을 만족하는 임의의 함수이다. 가중함수 q는 전 해석영역에서 임의의 함수이다. 약형에서 ω_{ij}는 다음과 같으며,

$$\omega_{ij} = \frac{1}{2}(\omega_{i,j} + \omega_{j,i}) \tag{7.16}$$

ω_n과 ω_t는 각각 ω_i의 법선성분과 접선성분을 나타낸다. 벌칙기법에서 벌칙상수 K는

$$K\dot{\varepsilon}_{ii} = \sigma_{jj}/3 = -p \tag{7.17}$$

의 의미를 갖는다. 따라서 벌칙기법을 사용할 경우, 압력분포는 속도장 해석결과로부터 자동적으로 구해진다.

따라서 전술한 경계치문제를 푸는 것은 Lagrange 변수법을 사용할 경우에는 임의의 가중함수 ω_i와 q에 대하여 약형을 항상 만족시키는 속도장 v_i와 압력장 p를 구하는 문제이며, 벌칙기법을 사용할 경우에는 임의의 가중함수 ω_i에 대하여 약형을 항상 만족시키는 속도장 v_i를 구하는 문제로 수식화된다. 물론 속도장은 S_{v_i}와 S_c에서 필수경계조건을 만족해야 한다.

약형에는 속도장 v_i와 압력장 p, 가중함수 ω_i와 q 등이 바탕을 형성하고 있다. 그 이외의 것은 이들로부터 파생된 것이다. 따라서 이 네 개의 함수를 보간하여 속도와 압력이 미지수인 비선형연립방정식을 얻을 수 있다.

소성역학에서 하나의 축에 대한 모든 변형률속도텐서 성분이 0일 때, 평면변형(plane strain)이라고 한다. 박판압연 등이 평면변형 문제의 대표적인 예이다. 편의상 x_3-축(또는 z-축) 성분을 모두 0으로 간주하자. 즉, 평면변형 문제에서

$$\dot{\varepsilon}_{xz} = 0, \quad \dot{\varepsilon}_{yz} = 0, \quad \dot{\varepsilon}_{zz} = 0 \tag{7.18}$$

$$\omega_{xz} = 0, \quad \omega_{yz} = 0, \quad \omega_{zz} = 0 \tag{7.19}$$

이다. 6.3절의 선형탄성 문제와 마찬가지로 축대칭 문제인 경우

$$\dot{\varepsilon}_{r\theta} = 0, \quad \dot{\varepsilon}_{\theta z} = 0, \quad \sigma_{r\theta} = 0, \quad \sigma_{\theta z} = 0 \tag{7.20}$$

이다.

식 (7.14)와 식 (7.15)의 첫번째 항의 피적분함수는 다음과 같이 축약된다.

$$\sigma_{ij}{}' \omega_{ij} = \sigma_i{}' \beta_i \tag{7.21}$$

여기서 $\sigma_i{}'$과 β_i는 다음 식으로 정의된다.

평면변형 문제인 경우

$$[\sigma_i{}'] \equiv [\sigma_{xx}{}', \sigma_{yy}{}', \sigma_{xy}]^{\mathrm{T}} \tag{7.22}$$

$$[\beta_i] \equiv \begin{bmatrix} \omega_{xx} \\ \omega_{yy} \\ 2\omega_{xy} \end{bmatrix} = \begin{bmatrix} \omega_{x,x} \\ \omega_{y,y} \\ \omega_{x,y} + \omega_{y,x} \end{bmatrix} \tag{7.23}$$

축대칭 문제인 경우

$$[\sigma_i{}'] \equiv [\sigma_{rr}{}',\ \sigma_{\theta\theta}{}',\ \sigma_{zz}{}',\ \sigma_{rz}]^{\mathrm{T}} \tag{7.24}$$

$$[\beta_i] \equiv \begin{bmatrix} \omega_{rr} \\ \omega_{\theta\theta} \\ \omega_{zz} \\ 2\omega_{rz} \end{bmatrix} = \begin{bmatrix} \omega_{r,r} \\ \omega_r/r \\ \omega_{z,z} \\ \omega_{z,r}+\omega_{r,z} \end{bmatrix} \tag{7.25}$$

3차원 문제인 경우

$$[\sigma_i{}'] \equiv [\sigma_{xx}{}',\ \sigma_{yy}{}',\ \sigma_{zz}{}',\ \sigma_{xy},\ \sigma_{yz},\ \sigma_{zx}]^{\mathrm{T}} \tag{7.26}$$

$$[\beta_i] \equiv \begin{bmatrix} \omega_{xx} \\ \omega_{yy} \\ \omega_{zz} \\ 2\omega_{xy} \\ 2\omega_{yz} \\ 2\omega_{zx} \end{bmatrix} = \begin{bmatrix} \omega_{1,1} \\ \omega_{2,2} \\ \omega_{3,3} \\ \omega_{1,2}+\omega_{2,1} \\ \omega_{2,3}+\omega_{3,2} \\ \omega_{3,1}+\omega_{1,3} \end{bmatrix} \tag{7.27}$$

한편, 식 (7.3)의 유동법칙 $\sigma_{ij}{}' = \dfrac{2\bar{\sigma}}{3\dot{\bar{\varepsilon}}}\dot{\varepsilon}_{ij}$은 다음 식으로 표현된다.

$$[\sigma_i{}'] = [\widetilde{D}_{ij}]\,[\dot{\varepsilon}_j] \quad \text{또는} \quad \sigma_i{}' = \widetilde{D}_{ij}\,\dot{\varepsilon}_j \tag{7.28}$$

이다. 여기서 $\dot{\varepsilon}_j$는 다음 식으로 정의된다.

평면변형 문제인 경우

$$[\dot{\varepsilon}_i] \equiv \begin{bmatrix} \dot{\varepsilon}_{xx} \\ \dot{\varepsilon}_{yy} \\ 2\dot{\varepsilon}_{xy} \end{bmatrix} = \begin{bmatrix} v_{x,x} \\ v_{y,y} \\ v_{x,y}+v_{y,x} \end{bmatrix} \tag{7.29}$$

축대칭 문제인 경우

$$[\dot{\varepsilon}_i] \equiv \begin{bmatrix} \dot{\varepsilon}_{rr} \\ \dot{\varepsilon}_{\theta\theta} \\ \dot{\varepsilon}_{zz} \\ 2\dot{\varepsilon}_{rz} \end{bmatrix} = \begin{bmatrix} u_{r,r} \\ u_r/r \\ u_{z,z} \\ u_{z,r}+u_{r,z} \end{bmatrix} \tag{7.30}$$

3차원 문제인 경우

$$[\dot{\varepsilon}_i] \equiv \begin{bmatrix} \dot{\varepsilon}_{xx} \\ \dot{\varepsilon}_{yy} \\ \dot{\varepsilon}_{zz} \\ 2\dot{\varepsilon}_{xy} \\ 2\dot{\varepsilon}_{yz} \\ 2\dot{\varepsilon}_{zx} \end{bmatrix} = \begin{bmatrix} u_{1,1} \\ u_{2,2} \\ u_{3,3} \\ u_{1,2}+u_{2,1} \\ u_{2,3}+u_{3,2} \\ u_{3,1}+u_{1,3} \end{bmatrix} \tag{7.31}$$

그리고 소성행렬 $[\tilde{d}_{ij}]$는 다음 식으로 정의된다.

$$[\tilde{d}_{ij}] \;\equiv\; \frac{1}{9}\frac{\bar{\sigma}}{\dot{\varepsilon}}[\tilde{d}_{ij}] \tag{7.32}$$

여기서 $\tilde{d}_{ij}$는 다음과 같이 정의된다.

평면변형 문제인 경우

$$[\tilde{d}_{ij}] \;\equiv\; \begin{bmatrix} 4 & -2 & 0 \\ -2 & 4 & 0 \\ 0 & 0 & 3 \end{bmatrix} \tag{7.33}$$

축대칭 문제인 경우

$$[\tilde{d}_{ij}] \;\equiv\; \begin{bmatrix} 4 & -2 & -2 & 0 \\ -2 & 4 & -2 & 0 \\ -2 & -2 & 4 & 0 \\ 0 & 0 & 0 & 3 \end{bmatrix} \tag{7.34}$$

3차원 문제인 경우

$$[\tilde{d}_{ij}] \;\equiv\; \begin{bmatrix} 4 & -2 & -2 & 0 & 0 & 0 & -2 \\ 4 & -2 & 0 & 0 & 0 & -2 & -2 \\ 4 & 0 & 0 & 0 & 0 & 0 & 0 \\ 3 & 0 & 0 & 0 & 0 & 0 & 0 \\ 0 & 3 & 0 & 0 & 0 & 0 & 0 \\ 0 & 0 & 3 & 0 & 0 & 0 & 0 \end{bmatrix} \tag{7.35}$$

속도장 v_i 와 가중함수 ω_i 를 보간하면 다음과 같다(1.2절 참고).

$$v_i \;=\; \sum_{I=1}^{nN} N_{iI}V_I \quad \text{또는 } v_i \;=\; N_{iI}V_I \tag{7.36}$$

$$\omega_i \;=\; \sum_{I=1}^{nN} N_{iI}W_I \quad \text{또는} \quad \omega_i \;=\; N_{iI}W_I \tag{7.37}$$

여기서 2차원 문제일 경우 $n=2$이고 $W_{2L-1} \equiv \omega_{xL}$, $W_{2L} \equiv \omega_{yL}$, $V_{2L-1} \equiv v_{xL}$, $V_{2L} \equiv v_{yL}$이며, 3차원 문제일 경우 $n=3$이고 $W_{3L-2} \equiv \omega_{xL}$, $W_{3L-1} \equiv \omega_{yL}$, $W_{3L} \equiv \omega_{zL}$, $V_{3L-2} \equiv v_{xL}$, $V_{3L-1} \equiv v_{yL}$, $V_{3L} \equiv v_{zL}$이다.

한편 비압축성 조건을 처리하기 위하여 흔히 단축적분을 실시하고 있다(6.7절 참고). 선형요소에서 단축적분을 실시할 경우, 압력 p에 관한 미지의 변수는 요소치(elemental value)가 되므로 요소마다 하나의 미지수가 정의된다. 따라서 압력 p와 가중함수 q는 다음 식으로 보간된다.

$$p \;=\; \sum_{K=1}^{M} H_K P_K \quad \text{또는} \quad p \;=\; H_K P_K \tag{7.38}$$

$$q = \sum_{K=1}^{M} H_K Q_K \quad \text{또는} \quad q = H_K Q_K \tag{7.39}$$

여기서 H_K는 요소 Ⓚ에서 1의 값을 갖고 다른 요소에서는 0의 값을 갖는 불연속함수이다.

6장에서 설명한 방법과 동일한 방법으로 변형률속도벡터 $\dot{\varepsilon}_i$ 와 절점속도벡터 V_I 간의 관계식을 다음과 같이 유도할 수 있다.

$$\dot{\varepsilon}_i = B_{iI} V_I \quad \text{또는} \quad [\dot{\varepsilon}_i] = [B_{iI}][V_I] \tag{7.40}$$

여기서 변형률속도-속도 행렬(strain rate-velocity matrix) $[B_{iI}]$는 6장에서 유도한 변형률-변위 행렬과 동일하다. 즉 식 (6.27), 식 (6.75), 식 (6.96)에서 정의되어 있다.

따라서 식 (7.28)로부터 응력을 절점속도벡터로 표현하면 다음과 같다.

$$[\sigma_i'] = [\tilde{D}_{ij}][B_{jJ}][V_J] \quad \text{또는} \quad \sigma_i' = \tilde{D}_{ij} B_{jJ} V_J \tag{7.41}$$

한편, 식 (7.37)의 양변을 좌표 x_j 에 대하여 편미분하면

$$\omega_{i,j} = N_{iI,j} W_I \tag{7.42}$$

이므로

$$\beta_i = B_{iI} W_I \tag{7.43}$$

이다. 식 (7.40)과 식 (7.43)을 식 (7.21)에 대입하여 정리하면 다음과 같다.

$$\begin{aligned} \sigma_{ij}' \omega_{ij} &= \sigma_i' \beta_i \\ &= (\tilde{D}_{ij} B_{jJ} V_J)(B_{iI} W_I) \\ &= W_I B_{iI} \tilde{D}_{ij} B_{jJ} V_J \\ &= \mathrm{W}^{\mathrm{T}} \mathrm{B}^{\mathrm{T}} \tilde{\mathrm{D}}\, \mathrm{B}\, \mathrm{V} \end{aligned} \tag{7.44}$$

유효응력은 다음 식에 의하여 절점변위의 함수로 표현된다.

$$\begin{aligned} \dot{\bar{\varepsilon}} &= \sqrt{\frac{2}{3}\dot{\varepsilon}_{ij}'\dot{\varepsilon}_{ij}'} \\ &= \frac{1}{3}\sqrt{\dot{\varepsilon}_i \tilde{d}_{ij} \dot{\varepsilon}_j} \\ &= \frac{1}{3}\sqrt{B_{iI}\tilde{d}_{ij} B_{jJ} V_I V_J} \end{aligned} \tag{7.45}$$

▼ 예제 7.1

평면변형 문제로부터 $\dot{\varepsilon}_{ij}'\dot{\varepsilon}_{ij}' = \frac{1}{6}\dot{\varepsilon}_i \tilde{d}_{ij}\dot{\varepsilon}_j$ 임을 증명하라.

➡ $\tilde{\varepsilon}^{\mathrm{T}} = \left[\dot{\varepsilon}_{xx}{}' \; \dot{\varepsilon}_{yy}{}' \; \dot{\varepsilon}_{zz}{}' \; \sqrt{2}\,\dot{\varepsilon}_{xy}\right]$ (a)

라고 두자.

$$\tilde{\varepsilon} = \begin{bmatrix} \dot{\varepsilon}_{xx}{}' \\ \dot{\varepsilon}_{yy}{}' \\ \dot{\varepsilon}_{zz}{}' \\ \sqrt{2}\,\dot{\varepsilon}_{xy} \end{bmatrix} = \frac{1}{3}\begin{bmatrix} 2 & -1 & 0 \\ -1 & 2 & 0 \\ -1 & -1 & 0 \\ 0 & 0 & 3/\sqrt{2} \end{bmatrix}\begin{bmatrix} \dot{\varepsilon}_{xx} \\ \dot{\varepsilon}_{yy} \\ 2\dot{\varepsilon}_{xy} \end{bmatrix} \tag{b}$$

이므로

$$\dot{\varepsilon}_{ij}{}'\dot{\varepsilon}_{ij}{}' = \tilde{\varepsilon}_i\,\tilde{\varepsilon}_i = \frac{1}{6}\dot{\varepsilon}_i\,\tilde{d}_{ij}\,\dot{\varepsilon}_j \tag{c}$$

이다. 여기서 $\tilde{d}_{ij}$는 다음과 같다.

$$[\tilde{d}_{ij}] = \begin{bmatrix} 4 & -2 & 0 \\ -2 & 4 & 0 \\ 0 & 0 & 3 \end{bmatrix} \tag{d}$$

6장에서 설명한 바와 같이 일반적인 경계조건을 용이하게 반영할 수 있도록 속도벡터 및 가중상수벡터를 국부좌표계로 표현하면

$$V_I = T_{JI}\,V_J', \quad W_I = T_{JI}\,W_J' \tag{7.46}$$

이며, T_{JI}는 좌표변환행렬로서 식 (6.51)에서 정의된 바와 같다.

식 (7.14)와 식 (7.15)에서 마찰응력 σ_t는 사용한 마찰법칙에 따라 달라지며, 일반적으로 속도와 법선응력의 함수로 취급된다. 즉,

$$\sigma_t = \sigma_t(v_i, \sigma_n) = \sigma_t(N_{iL}\,V_L, \sigma_n) \tag{7.47}$$

이다. 문제는 σ_n을 어떻게 다루느냐는 것이다. 일반적으로 σ_n을 취급하는 것이 용이한 일이 아니다. 그런 이유로 많은 연구자들이 식 (7.10)으로 수식화되는 일정전단마찰모델을 사용하고 있다. 이 경우 σ_t가 σ_n와 아무런 함수관계에 있지 않으므로 문제가 될 것이 없다. 그러나 실제의 마찰현상을 보다 정확하게 반영하는 것으로 알려진 Coulomb 마찰법칙의 경우, 접선응력 σ_t와 법선응력 σ_n의 함수관계를 반영할 적절한 수치기법이 필요하다. 이 목적으로 두 가지 방법이 사용되고 있다. 첫 번째 것은 σ_n을 상수로 가정하여 해를 구한 후 그 결과로부터 얻은 σ_n을 바탕으로 개선된 해를 구하는 과정을 반복함으로써 수렴해를 구하는 방법이다. 이 방법은 해의 정확도면에서 적절한 방법이지만 계산시간이 다소 많이 소요되는 단점이 있다. 반복수렴 방법에서는 식 (7.47)에서 σ_n은 상수로 취급된다. 속도의 함수로 직접 표현하는 방법으로 벌칙기법이 사용되고 있으나 그 나름대로의 장단

점이 있다.

한편, $\omega_t = \omega_i t_i$ 이므로

$$\omega_t = N_{iL} T_{LK} W'_K t_i \tag{7.48}$$

로 수식화된다. 여기서 t_i는 접선벡터이며, 금형과 소재의 상대속도의 방향과 일치한다. 따라서 엄밀히 말하면 속도벡터의 함수이다.

먼저 경계조건을 고려하지 않고 유한요소방정식을 유도해 보자. 앞에서 유도한 이산화된 양들을 약형에 대입하여 정리하면 다음 식을 얻는다.

$$\begin{aligned} W'_I T_{IP} [\int_V B_{iP} \widetilde{D}_{ij} B_{jQ} dV T_{JQ} V'_J - \int_{S_{t_i}} \bar{t}_i N_{iP} dS - \int_V f_i N_{iP} dV \\ - \int_{S_{c_1}} \sigma_t N_{iP} t_i dS - \int_V H_M N_{iP,i} dV P_M] \\ - Q_M T_{JI} \int_V H_M N_{iI,i} dV V'_J = 0 \end{aligned} \tag{7.49}$$

식 (7.49)에서 W'_I와 Q_M이 임의의 상수라고 가정하면, 경계조건 반영 이전의 유한요소방정식을 다음과 같이 얻게 된다.

$$\begin{bmatrix} \widetilde{\mathrm{K}} & \mathrm{C} \\ \mathrm{C}^{\mathrm{T}} & 0 \end{bmatrix} \begin{bmatrix} \mathrm{V}' \\ \mathrm{P} \end{bmatrix} = \begin{bmatrix} \mathrm{F} \\ \mathrm{G} \end{bmatrix} \tag{7.50}$$

또는

$$\begin{bmatrix} \widetilde{K}_{IJ} & C_{IQ} \\ C_{JM} & 0_{MQ} \end{bmatrix} \begin{bmatrix} V'_J \\ P_Q \end{bmatrix} = \begin{bmatrix} F_I \\ G_M \end{bmatrix} \tag{7.51}$$

여기서

$$\widetilde{K}_{IJ} = T_{IP} \int_V B_{iP} \widetilde{D}_{ij} B_{jQ} dV T_{JQ} \tag{7.52}$$

또는

$$\widetilde{\mathrm{K}} = [\widetilde{K}_{IJ}] = \mathrm{T} \int_{\mathrm{V}} \mathrm{B}^{\mathrm{T}} \widetilde{\mathrm{D}}\, \mathrm{B}\, dV \mathrm{T}^{\mathrm{T}} \tag{7.53}$$

$$C_{JM} = -T_{JI} \int_V H_M N_{iI,i}\, dV \tag{7.54}$$

$$F_I = T_{IP} \left(\int_{S_{t_i}} \bar{t}_i N_{iP} dS + \int_V f_i N_{iP} dV + \int_{S_{c_1}} \sigma_t N_{iP} t_i\, dS \right) \tag{7.55}$$

$$0_{MQ} = 0, \quad G_M = 0 \tag{7.56}$$

이다. 식 (7.52)에서 $\widetilde{D}_{ij}$가 속도의 함수이고, 식 (7.55)에서 σ_t가 속도의 함수이므로 식 (7.50)은 비선형방정식이다.

한편, 6.2.2절에서 설명한 방법으로 식 (7.51)에 필수경계조건을 반영하면 다음 식을 얻는다.

$$\widetilde{K}_{I'J'} V'_{J'} + C_{I'M} P_M = F_{I'} - \widetilde{K}_{I'\bar{J}} V'_{\bar{J}} \tag{7.57}$$

$$C_{J'M} V'_{J'} = - C_{\bar{J}M} V'_{\bar{J}} \tag{7.58}$$

또는

$$\begin{bmatrix} \widetilde{K}_{I'J'} & C_{I'Q} \\ C_{J'M} & 0_{MQ} \end{bmatrix} \begin{bmatrix} V'_{J'} \\ P_Q \end{bmatrix} = \begin{bmatrix} F'_{I'} \\ G'_M \end{bmatrix} \tag{7.59}$$

여기서

$$F'_{I'} = F_{I'} - \widetilde{K}_{I\bar{J}} V'_{\bar{J}} \tag{7.60}$$

$$G'_M = - C_{\bar{J}M} V'_{\bar{J}} \tag{7.61}$$

이다.

7.2 소성가공중 소재의 온도해석과 연계해석

고체의 열전달은 열전도방정식에 의하여 수식화된다. 열전도방정식은 Poisson 방정식에다 시간에 따라 변하는 내부에너지 항이 포함되는 것을 제외하면 Poisson 방정식과 차이가 없다. 그러나 좌표 이외에 시간이 독립변수로 취급되어야 하는 특징을 갖고 있다. 따라서 경계조건 이외에 초기조건을 필요로 하므로 경계 및 초기치 문제(initial and boundary value problem)에 속한다.

7.2.1 문제의 수식화

그림 7.3에서 보는 바와 같이 온도해석 대상 물체는 영역 V와 경계 S로 구성되어 있다. 경계 S는 열전달률이 주어진 경계 S_q, 온도가 주어진 경계 S_T, 방사 및 대류 열전달이 일어나는 경계 S_e, 금형-재료의 접촉면 S_c 등으로 나누어진다. 재료는 열점소성체라고 간주하며 소성열이 발생하는 반면, 금형은 강체 또는 탄성체라고 간주한다. 재료에 가한 에너지의 일정량은 소성열로 방출되고, 나머지는 내부에너지로 저장된다고 간주하며, 접촉면에서 발생한 마찰열은 금형과 재료에 일정량씩 전달되는 것으로 간주한다. 열전도계수, 열용량 등은 온도의 함수라고 간주한다.

고체의 열전달 현상은 에너지보존법칙으로부터 다음의 열전도방정식으로 수식화된다.

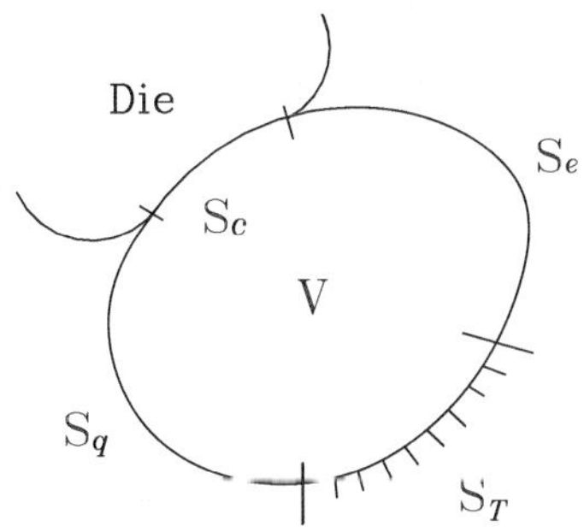

그림 7.3 온도해석 문제의 정의

$$(k\,T_{,i})_{,i} + Q = \rho c \frac{\partial T}{\partial t} \tag{7.62}$$

여기서 k는 열전도계수, ρc는 열용량, Q는 변형에너지에 기인한 발열을 의미한다. 즉, 발열률은

$$Q = C_g\, \sigma_{ij} \dot{\varepsilon}_{ij} \tag{7.63}$$

로 표현된다. 발열비율계수 C_g는 응력동력(stress power) $\sigma_{ij}\dot{\varepsilon}_{ij}$ 중에서 열로 변환되는 비율을 의미한다. 일반적으로 응력동력의 90%(C_g = 0.9) 내외는 소성열로 변하고, 그 나머지는 재료의 결정구조 변화, 잔류변형에너지, 전위의 증가 등의 내부에너지의 증가에 소요되는 것으로 알려져 있다.

각 경계에서의 경계조건은 다음과 같이 수식화된다.

$$T = \overline{T} \quad \text{on } S_T \tag{7.64}$$

$$k\,T_{,i}\, n_i = q_f - h_c (T - T_c) \quad \text{on } S_c \tag{7.65}$$

$$k\,T_{,i}\, n_i = -\, h_q (T - T_q) \quad \text{on } S_q \tag{7.66}$$

$$k\,T_{,i}\, n_i = -\,\sigma\epsilon (T^4 - T_e^4) - h_e (T - T_e) \quad \text{on } S_e \tag{7.67}$$

여기서 n_i는 외향단위법선벡터이며 T_c, T_q, T_e는 각각 접촉하는 물체표면의 온도, 냉각수의 온도, 주위환경의 온도를 나타내고 h_c, h_q, h_e는 각각 접촉면의 열전달계수, 냉각 매질과의 대류열전달계수, 주위환경과의 대류열전달계수를 의미한다. $\sigma\varepsilon$은 Stefan-Boltzmann 상수와 물체의 방사율(emissivity)의 곱이다. q_f는 마찰에 의하여 접촉면에서 발생하는 발열률을 나타내며, 다음과 같다.

$$q_f = (0 \sim \frac{1}{2})\, |(v_t - \bar{v}_t)\, \sigma_t| \tag{7.68}$$

여기서 v_t와 $\bar{v}_t$는 각각 공작물과 금형의 접선방향의 속도성분이며 σ_t는 접촉면의 접선응력이다.

그리고 초기조건은 다음과 같다.

$$T(x_i, 0) = T_o(x_i) \tag{7.69}$$

위의 경계치문제의 약형은 다음과 같다.

$$\int_V \left(\rho c \frac{\partial T}{\partial t} \omega + k T_{,i} \omega_{,i} - Q\omega \right) dV - \int_{S_c} \{ q_f - h_c (T - T_c) \} \omega dS \tag{7.70}$$

$$+ \int_{S_q} h_q (T - T_q) \omega dS + \int_{S_c} \{ \sigma\epsilon (T^4 - T_e^4) + h_e (T - T_e) \} \omega dS = 0$$

▼ 예제 1.2

다음의 경계초기치문제에 상응하는 약형을 구하라

$$(kT_{,i})_{,i} + Q = \rho c \frac{\partial T}{\partial t} \text{ in } V \tag{a}$$

$$-k\frac{\partial T}{\partial n} = -kT_{,i}n_i = \bar{q} + \bar{h}T \text{ on } S_q \tag{b}$$

$$T(x_i, t) = \bar{T} \text{ on } S_T \tag{c}$$

$$T(x_i, 0) = T_o \tag{d}$$

➡ 식 (a)와 식 (b)가 성립하면, 임의의 ω와 $\bar{\omega}$에 대하여 다음의 식이 성립한다.

$$\int_V [(kT_{,i})_{,i} + Q - \rho c \frac{\partial T}{\partial t}] \omega dV + \int_{s_q} \left(k\frac{\partial T}{\partial Tn} + \bar{q} + \bar{h}T \right) \bar{\omega} dS = 0 \tag{e}$$

$(kT_{,i})_{,i}\,\omega = (kT_{,i}\,\omega)_{,i} = -kT_{,i}\,\omega_{,i}$ 이므로 발산이론을 적용하면 식 (e)는 다음 식으로 변환된다.

$$-\int_V \rho c \frac{\partial T}{\partial t} \omega dV - \int_V \omega_{,i} k t_{,i}' + \int_V Q\omega dV \tag{f}$$

$$+ \int_S k\frac{\partial T}{\partial n} \omega dS + \int_{S_q} \left(k\frac{\partial T}{\partial n} + \bar{q} + \bar{h}T \right) \bar{\omega} dS = 0$$

S_T 상에서 $\omega = 0$이고 S_q 상에서 $\omega = \bar{\omega}$라고 두자. 그러면 다음의 약형을 얻게 된다.

$$\int_V \rho c \frac{\partial T}{\partial t} \omega dV + \int_V T_{,i} k \omega_{,i} dV - \int_V Q\omega dV + \int_{S_q} \bar{q} \omega ds + \int_{S_q} \bar{h} T\omega dS = 0 \tag{g}$$

7.2.2 유한요소방정식의 유도

약형으로부터 유한요소방정식을 유도해 보자. 해석 영역은 N개의 절점과 M개의 요소로 이산화되었다고 가정한다. 먼저 약형 내의 미지함수 T와 가중함수 ω를 보간함수 N_I로 보간하면 다음과 같다.

$$T = N_I T_I \tag{7.71}$$

$$\omega = N_I W_I \tag{7.72}$$

여기서 T_I는 절점 I에서 온도의 절점치를 의미한다. 그리고 $\partial T/\partial t$는 다음과 같이 근사화된다.

$$\frac{\partial T}{\partial t} = N_I \dot{T}_I \tag{7.73}$$

즉, 임의의 점에서 온도의 변화율은 절점에서의 온도변화율 $\dot{T}_I$로 보간되며, 이 때 사용한 보간함수 N_I는 미지함수 T와 좌표 x_i의 보간에 사용된 것과 동일하다.

식 (7.71)~7.73)를 식 (7.70)의 약형에 대입하여 정리하면, 다음과 같다.

$$\begin{aligned} W_I [\int_V (\rho c N_J \dot{T}_J N_I + k N_{J,i} N_{I,i} T_J - Q N_I) \, dV \\ - \int_{S_c} \{q_f - h_c (N_J T_J - T_c)\} N_I dS + \int_{S_q} h_q (N_J T_J - T_w) N_I dS \\ + \int_{S_e} \{\sigma \varepsilon ((\textstyle\sum N_J T_J)^4 - T_e^4) + h_e (N_J T_J - T_e)\} N_I dS \,] = 0 \end{aligned} \tag{7.74}$$

여기서 온도가 주어지지 않은 절점에서의 가중함수의 절점치 W_I는 임의의 상수이므로 경계조건을 대입하기 이전의 유한요소방정식은 다음과 같다.

$$C_{IJ} \dot{T}_J + (K_{IJ}^0 + K_{IJ}^1 + K_{IJ}^2 + K_{IJ}^3 + K_{IJ}^4) \, T_J = Q_I^1 + Q_I^2 + Q_I^3 + Q_I^4 \tag{7.75}$$

여기서

$$C_{IJ} = \int_V \rho c N_I N_J \, dV \tag{7.76}$$

$$K_{IJ}^0 = \int_V k N_{I,i} N_{J,i} \, dV \tag{7.77}$$

$$K_{IJ}^1 = \int_{S_c} h_c N_I N_J \, dS \tag{7.78}$$

$$K_{IJ}^2 = \int_{S_q} h_q N_I N_J \, dS \tag{7.79}$$

$$K_{IJ}^3 = \int_{S_e} h_e N_I N_J \, dS \tag{7.80}$$

$$K_{IJ}^4 = \int_{S_e} \sigma\varepsilon(\sum N_K T_K)^3 N_I N_J dV \tag{7.81}$$

$$Q_I^1 = \int_V QN_I dV \tag{7.82}$$

$$Q_I^2 = \int_{S_c} (q_f + h_c T_c) N_I dS \tag{7.83}$$

$$Q_I^3 = \int_{S_q} h_q T_w N_I dS \tag{7.84}$$

$$Q_I^4 = \int_{S_e} (\sigma\varepsilon T_e^4 + h_e T_e) N_I dS \tag{7.85}$$

이다.

한편 식 (7.75)에서 절점의 온도변화율 $\dot{T}_I$ 는 시간 증분 Δt 를 이용하여 다양한 형태로 근사화되고 있다. 이 책에서는 θ 법(θ-method)를 소개하고자 한다. 그림 7.4에서 보는 바와 같이 $t = t^i$ 에서 절점 I의 온도가 T_I^i 이고 Δt만큼 경과한 $t = t^i + \Delta t$ 에서의 절점 I의 온도를 T_I^{i+1}라고 하자. 그리고 그림에서 보는 바와 같이 Δt 동안 시간의 경과에 따라 온도는 선형적으로 변한다고 가정한다. 그러면 다음의 식이 성립한다.

$$\dot{T}_I^{i+\theta} = \frac{T_I^{i+\theta} - T_I^i}{\theta\Delta t} = \frac{T_I^{i+1} - T_I^i}{\Delta t} \tag{7.86}$$

여기서 $\dot{T}_I^{i+\theta}$와 $T_I^{i+\theta}$ 는 각각 $t = t^{i+\theta}$ 에서 절점 I의 온도변화율과 온도를 나타낸다. 그리고

$$t^{i+\theta} = t^i + \theta\Delta t \tag{7.87}$$

이다. 이 식에서 θ 는 0 보다 크고 1 보다 작은 값을 사용하며, 주로 1/2 이 널리 사용되고

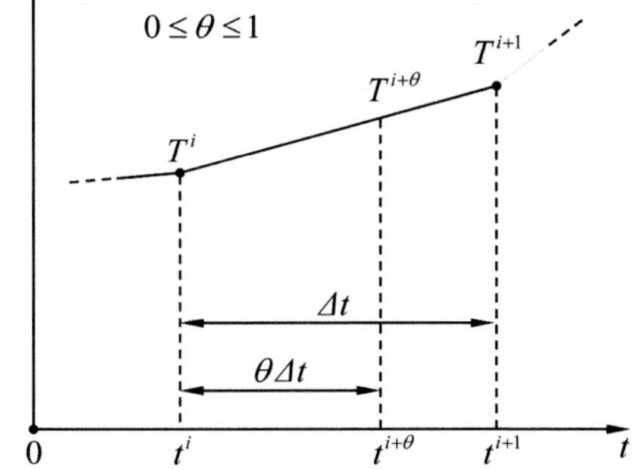

그림 7.4

있다. 식 (7.86)을 식 (7.75)에 대입하여 정리하면, 다음 식을 얻게 된다.

$$(C_{IJ}^{i+\theta} / (\theta \Delta t) + K_{IJ}^{0,i+\theta} + K_{IJ}^{1,i+\theta} + K_{IJ}^{2,i+\theta} + K_{IJ}^{3,i+\theta} + K_{IJ}^{4,i+\theta})\, T_J^{i+\theta} \tag{7.88}$$

$$= Q_I^{1,i+\theta} + Q_I^{2,i+\theta} + Q_I^{3,i+\theta} + Q_I^{4,i+\theta} + C_{IJ}^{i+\theta} T_J^i / (\theta \Delta t)$$

한편 $T_I^{i+\theta}$가 구해지면, 식 (7.86)으로부터 $\dot{T}_I^{i+\theta}$가 구해지므로 T_I^{i+1}을 다음 식으로부터 구할 수 있다.

$$T_I^{i+1} = T_I^i + \dot{T}_I^{i+\theta} \Delta t \tag{7.89}$$

7.2.3 연계문제와 연계해석

냉간과 열간 공정 모두 소성열이 발생한다. 일반적으로 냉간에서의 소성열은 소재와 금형의 온도상승을 야기하나 상승된 온도로 인한 유동응력의 변화는 상대적으로 작다고 간주되어 왔다. 그러나 최근 냉간 소성가공에서도 온도의 영향을 고려한 엔지니어링 활동이 증가하는 추세에 있다. 열간의 경우는 소성열의 발생과 소재-금형간의 열전달에 의한 온도의 변화가 소재의 유동응력에 직접적인 영향을 주게 된다. 즉, 유동해석 문제의 식 (7.3)에서 $\bar{\sigma}$는 온도의 함수이고, 온도해석 문제의 식 (7.62)에서 Q는 변형률속도 또는 속도장의 함수이다. 따라서 유동해석 문제와 온도해석 문제가 연계되어 있으므로 이를 연계문제(coupled problem)라 하고, 연계문제를 해석·규명하는 학문을 연계해석(coupled analysis)이라 한다. 연계문제를 직접 연립하여 풀거나 변수를 소거하여 푼다는 것은 사실상 불가능하다. 실제 해석 대상인 소재는 하나이지만 금형(펀치 포함)은 최소한 두 개이며, 금형이 두 개일 경우 온도해석 문제는 세 개이고 유동해석 문제는 한 개이기 때문에 수치계산이 사실상 불가능하기 때문이다.

이러한 문제를 해결하기 위하여 온도-유동장 문제의 분리반복수렴기법이 일반적으로 사용되고 있다. 온도해석 문제와 유동해석 문제를 분리하여 독립적으로 풀되, 온도해석 시에 Q를 구하기 위하여 유동해석 결과를 사용하고, 유동장해석 시에 필요한 온도정보는 온도해석 결과를 사용한다. 온도해석 시에 유동장은 변하지 않으며, 유동장해석 시에는 온도장이 변하지 않는다 이러한 수치해석과정을 반복하면, 유동장과 온도장의 변화가 동시에 점진적으로 감소하며, 최종적으로는 수렴해에 도달하게 된다.

연계해석은 소재의 열적 정보와 열적경계조건 정보를 요구한다. 시뮬레이션 결과는 이러한 열적 정보에 크게 좌우된다. 많은 연구자들이 실험과 해석을 통하여 이에 관하여 연구하고 있으나, 아직 사용자들은 매우 제한된 정보밖에 접할 수 없다. 따라서 사용자 스스로 필요한 열적 정보를 얻기 위한 노력이 지속되어야 한다. 한편, 실제의 공정적용 연구에서는 대부분 등온해석이 실시되고 있다. 등온해석은 공정중 온도의 변화가 없다고 가정하고 시뮬레이션을 실시하는 것을 일컫는 말이다. 이 때 소재의 물성치는 소재의 평균온도로부터 구하면 된다. 이러한 소재 정보는 비교적 손쉽게 입수할 수 있다. 경험적으로 볼 때, 등온해석을 실시하여도 금속유동 등은 공학적으로 정확하게 예측할 수 있다.

제 8 장

비압축성 조건의 처리를 위한 MINI-요소와 유한요소법

8.1 서론

다양한 분야에서 전산응용공학(CAE) 소프트웨어가 사용되고 있으며, 단조를 비롯한 소성가공 기술의 해석기술 의존도는 날로 증가하고 있는 실정이다. 체적소성가공(압연, 단조, 인발, 압출 등) 공정 해석의 경우, 컴퓨터 시뮬레이션 관점에서 볼 때 요소망재구성과 비압축성 조건이 특징이다. 유한요소법을 이용한 체적소성가공 공정 시뮬레이션 시에 요소망의 심한 찌그러짐과 경계의 심한 변화는 해식의 계속적 수행을 방해하며, 이 때, 요소망의 재구성이 불가피하다. 물론, 요소망의 재구성 시에, 유효변형률 등의 변형 이력을 나타내는 상태변수는 새로 만들어진 요소망에 복사가 된다. 이 때 과거 요소망의 요소치는 과거 요소망의 절점치로 변환되어야 하고, 이 절점치를 바탕으로 새로운 요소망에서의 절점치 또는 요소치가 보간된다. 이러한 과정에서 부분적으로 결과의 손실이 불가피하며, 이러한 현상을 순화(smoothing)라고 한다.

한편, 응용기술자 입장에서 볼 때, 체적소성가공 공정 중 요소망의 수동 생성은 사실상 불가능하므로 자동 요소망생성 기술(제 5 부 참조)은 응용의 관점에서 매우 중요하다. 2차원 평면 상에서의 자동생성이 가능한 삼각형 및 사각형 요소의 생성 기법은 매우 다양하게 개발되어 있다. 그러나 3차원 공간의 경우, 육면체요소망의 자동생성 기법은 체적소성가공 공정 해석 중의 요소망 자동생성 목적으로 사용하는데 여러 가지 문제점을 안고 있다. 반면, 사면체요소망의 자동생성 기술은 매우 잘 발전되어 있다.

그런데 사면체요소망은 비압축성 조건 처리시에 발생하는 과구속의 문제 또는 로킹(locking) 현상으로 인하여 6장과 7장에서 적용한 단축적분법(reduced integration method)에 바탕을 둔 전통적인 유한요소법의 적용이 불가능하다. 6.7절에서 서술한 로킹 현상을 해결하기 위해서는 식 (6.143)의 조건, 즉 $n.o.f_u \geq n.o.f_p$ (6.143)을 만족하도록 사면체 요소를 처리하는 것이 중요하다. 지금까지 많은 연구자들의 노력의 산물로 이 조건을 만족시키는 삼각형 및 사면체 요소 처리기법들이 개발되었는데 근본적으로 속도장과 정수압이 혼합되어 있는 형태에 기초를 두고 있다. 이러한 기법들중에서 소성가공 공정 해석용 상용 소프트웨어에서 Arnold 등[4.1]에 의해서 제안된 MINI-요소의 채택이 늘어나고 있는 추세이다.

이 장에서는 2차원 및 3차원 체적소성가공 공정 문제의 적용에 초점을 맞추어 삼각형 및 사면체 MINI-요소에 대하여 설명하고자 한다.

8.2 MINI-요소와 강소성 유한요소법

7장에서 설명한 바와 같이 강소성 유한요소법과 비압축성 조건의 처리를 위하여 Lagrange 변수법을 사용했을 경우 소성가공 공정 해석 문제의 약형은 다음과 같다.

$$\begin{aligned} &\int_V \sigma'_{ij}\omega_{ij}\,dV - \int_V p\,\omega_{ij}\,dV - \int_V f_i\omega_i\,dV \\ &- \int_V \nu_{i,j}q\,dV - \int_{S_{t_i}} \bar{t}_i\omega_i\,dS - \int_{S_{c_1}} \sigma_t\omega_t\,dS = 0 \end{aligned} \tag{8.1}$$

이 식은 7장의 식 (7.15)와 동일하다.

이 절에서는 위의 약형에 대하여 삼각형 MINI-요소와 사면체 MINI-요소에 대한 유한요소방정식을 유도하고자 한다.

8.2.1 삼각형 MINI-요소

그림 8.1에서 보는 바와 같은 전통적인 삼각형요소로 이루어진 요소망을 사용하는 경우 정수압 관련 항을 처리하는 과정에서 재료의 변형 능력을 떨어뜨리는 과구속 문제가 발생한다. 이러한 문제를 해결하기 위한 목적으로 속도장의 보간에 사용된 보간함수와 동일한 함수를 정수압 관련 항의 보간을 목적으로 사용하는 대신 속도장의 자유도를 높여 주기 위해서 삼각형의 중심에 가상적인 버블절점(bubble node)을 추가하여 속도장의 보간함수로만 사용함으로써 속도장의 자유도를 정수압의 자유도보다 상대적으로 높여주는데 이를 삼각형 MINI-요소라고 한다. 그림 8.2는 2차원 평면 상에서의 삼각형 MINI-요소를 나타내고 있다.

그림 8.2의 삼각형 MINI-요소에서 속도장, 정수압, 가중함수, 좌표 등에 대하여 유한요소 근사화를 실시하면 다음과 같다.

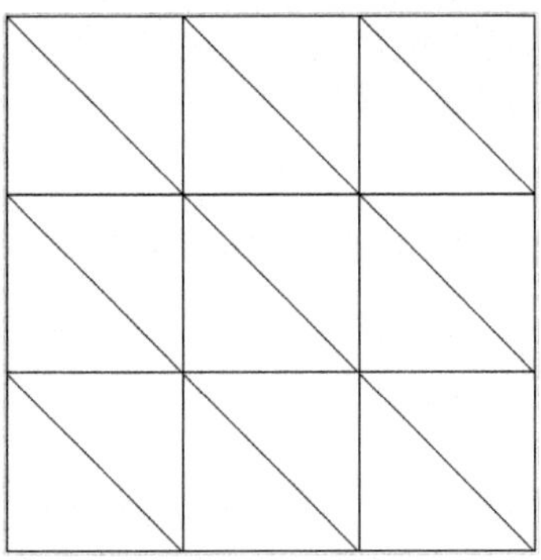

그림 8.1 삼각형요소로 이루어진 요소망의 예

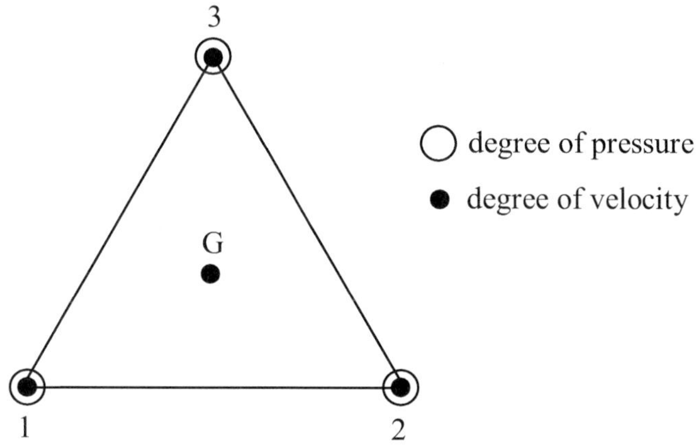

그림 8.2 삼각형 MINI-요소에서의 속도와 압력의 자유도

$$\nu_i = N_{iL} V_L + N_{iM}^B V_M^B \tag{8.2}$$

$$\omega_i = N_{iL} W_L + N_{iM}^B W_M^B \tag{8.3}$$

$$p = N_L P_L \tag{8.4}$$

$$q = N_L Q_L \tag{8.5}$$

$$x_i = N_{iL} X_L \tag{8.6}$$

여기서

$$N_{iL} = \begin{bmatrix} N_1 & 0 & \cdots & N_3 & 0 \\ 0 & N_1 & \cdots & 0 & N_3 \end{bmatrix} \tag{8.7}$$

$$N_{iM}^B = \begin{bmatrix} N^B & 0 \\ 0 & N^B \end{bmatrix} \tag{8.8}$$

이다. 앞에서 하첨자 L은 절점번호를 나타내고 하첨자 M은 요소 번호를 나타낸다. 그리고 앞으로 하첨자 L과 더불어 K를 절점번호로 사용하고 하첨자 M과 더불어 하첨자 N을 요소번호로 사용한다.

식 (8.8)에서 N^B는 버블절점에 대한 보간함수이며, 다음의 선형 형태의 보간함수가 널리 사용되고 있다.

$$N^B = \begin{cases} 3\xi & \text{in } \mathrm{ST}_1 \\ 3\eta & \text{in } \mathrm{ST}_2 \\ 3(1-\xi-\eta) & \text{in } \mathrm{ST}_3 \end{cases} \tag{8.9}$$

여기서 $\mathrm{ST}_1, \mathrm{ST}_2, \mathrm{ST}_3$ 등은 그림 8.3에서 보는 바와 같이 삼각형요소를 분할한 부삼각형을 나타낸다.

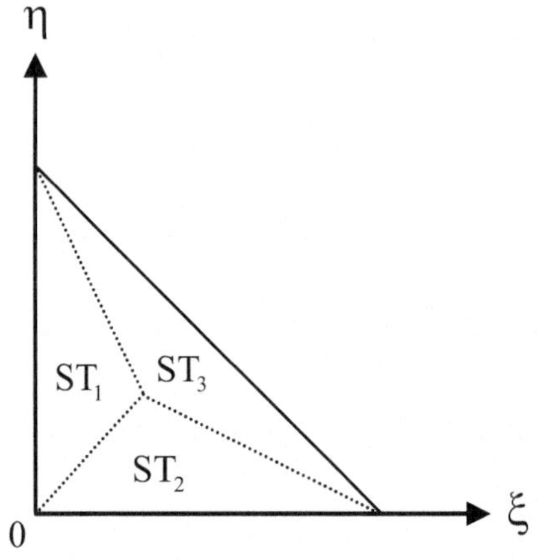

그림 8.3 삼각형요소의 부삼각형요소로의 분할

8.2.2 사면체 MINI-요소

2차원 평면에서 삼각형요소망과 마찬가지로 그림 8.4에서 보는 바와 같은 3차원 공간에서 사면체요소로 이루어진 요소망을 사용하는 경우 정수압 관련 항을 처리하는데 있어서 재료의 변형 능력을 떨어뜨리는 수치적 문제, 즉 로킹현상이 발생한다. 2차원에서의 삼각형 MINI-요소와 동일한 이유와 방법으로 3차원 공간에서 사면체 MINI-요소가 사용되고 있다. 그림 8.5는 3차원 공간 상에서의 사면체 MINI-요소를 나타내고 있다.

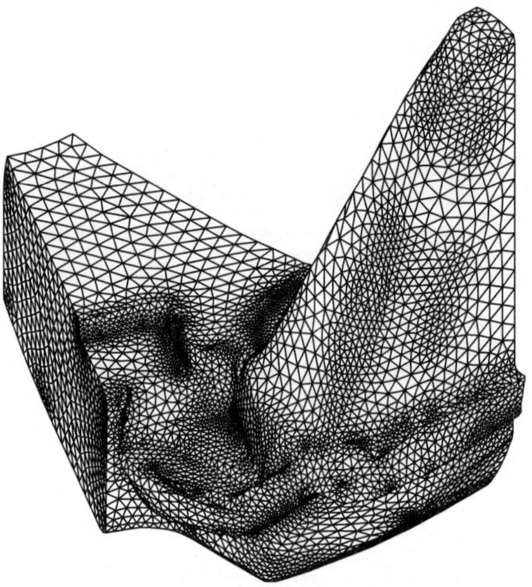

그림 8.4 사면체요소로 이루어진 요소망의 예

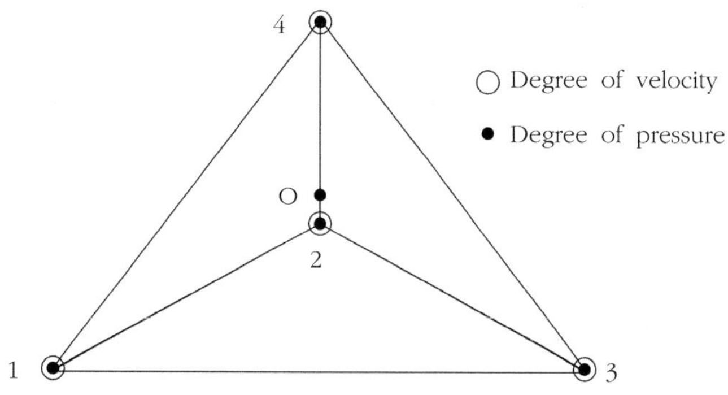

그림 8.5 사면체 MINI-요소에서의 속도와 압력의 자유도

그림 8.5의 사면체 MINI-요소에서 속도장, 정수압, 가중함수, 좌표 등에 대하여 유한요소 근사화를 실시하면 각각 다음과 같다.

$$\nu_i = N_{iL} V_L + N_{iM}^B V_M^B \tag{8.10}$$

$$\omega_i = N_{iL} W_L + N_{iM}^B W_M^B \tag{8.11}$$

$$p = N_L P_L \tag{8.12}$$

$$q = N_L Q_L \tag{8.13}$$

$$x_i = N_{iL} X_L \tag{8.14}$$

여기서

$$N_{iL} = \begin{bmatrix} N_1 & 0 & 0 & \cdots & N_4 & 0 & 0 \\ 0 & N_1 & 0 & \cdots & 0 & N_4 & 0 \\ 0 & 0 & N_1 & \cdots & 0 & 0 & N_4 \end{bmatrix} \tag{8.15}$$

$$N_{iM}^B = \begin{bmatrix} N^B & 0 & 0 \\ 0 & N^B & 0 \\ 0 & 0 & N^B \end{bmatrix} \tag{8.16}$$

이다. 식 (8.16)에서 N^B는 버블절점에 대한 보간함수이며, 다음의 선형 형태의 보간함수가 널리 사용되고 있다.

$$N^B = \begin{cases} 4\xi & \text{in } \mathrm{ST}_1 \\ 4\eta & \text{in } \mathrm{ST}_2 \\ 4\zeta & \text{in } \mathrm{ST}_3 \\ 4(1-\xi-\eta-\zeta) & \text{in } \mathrm{ST}_4 \end{cases} \tag{8,17}$$

여기서 $\mathrm{ST}_1, \mathrm{ST}_2, \mathrm{ST}_3, \mathrm{ST}_4$ 등은 그림 8.6에서 보는 바와 같이 사면체요소를 분할한 부사면체를 나타낸다.

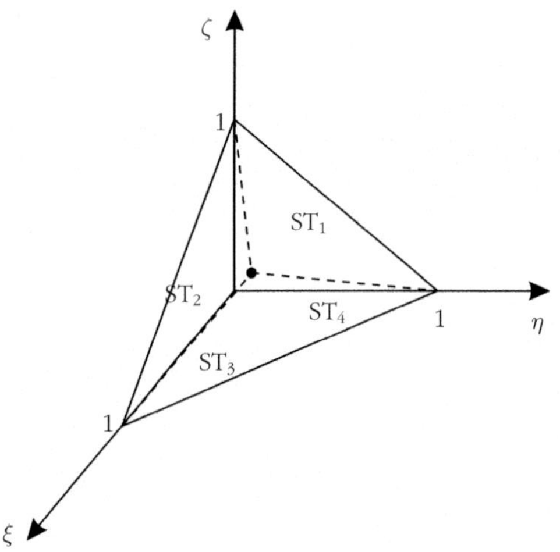

그림 8.6 사면체요소의 부사면체요소로의 분할

8.2.3 요소방정식의 유도

기본적으로 접근 방법은 7장과 동일하며, 식 (7.18)부터 식 (7.35)까지는 그대로 적용이 된다. 즉, 다음의 식이 성립한다.

$$\sigma_{ij}{}'\,\omega_{ij} \;=\; \sigma_i{}'\,\beta_i \tag{7.21}$$

$$[\sigma_i{}'] = [\widetilde{D}_{ij}]\,[\dot{\varepsilon}_j] \quad \text{또는} \quad \sigma_i{}' \;=\; \widetilde{D}_{ij}\,\dot{\varepsilon}_j \tag{7.28}$$

여기서 $\widetilde{D}_{ij}$는 7장에서 정의된 것과 동일하다.

한편, 3차원 공간을 예로 들어 변형률속도 벡터 $\dot{\varepsilon}_i$를 속도 성분으로 표현하면 다음과 같다.

$$\dot{\varepsilon}_i = \begin{bmatrix} N_{1L,1} \\ N_{2L,2} \\ N_{3L,3} \\ N_{1L,2}+N_{2L,1} \\ N_{2L,3}+N_{3L,2} \\ N_{3L,1}+N_{1L,3} \end{bmatrix} V_L + \begin{bmatrix} N^B_{1M,1} \\ N^B_{2M,2} \\ N^B_{3M,3} \\ N^B_{1M,2}+N^B_{2M,1} \\ N^B_{2M,3}+N^B_{3M,2} \\ N^B_{3M,1}+N^B_{1M,3} \end{bmatrix} V^B_M = B_{iL}\,V_L + B^B_{iM}\,V^B_M \tag{8.18}$$

마찬가지 방법으로 다음 식이 유도된다.

$$\beta_i = B_{iL}\,W_L + B^B_{iM}\;W^B_M \tag{8.19}$$

식 (7.21), (7.28), (8.18), (8.19)로부터 식 (8.1)의 첫 번째 항의 피적분함수는 다음과 같이 정리된다.

$$\begin{aligned}\sigma'_{ij}\omega_{ij} &= \sigma'_i \beta_i \\ &= \widetilde{D}_{ij}\,(B_{jK}V_K + B^B_{jN}\,V^B_N)\,(B_{iL}W_L + B^B_{iM}\,W^B_M) \\ &= W_L B_{iL}\widetilde{D}_{ij}\,B_{jK}V_K + W_L B_{iL}\widetilde{D}_{ij}\,B^B_{jN}\,V^B_N \\ &\quad + W^B_M B^B_{iM}\widetilde{D}_{ij}\,B_{jK}V_K + W^B_M B^B_{iM}\widetilde{D}_{ij}\,B^B_{jN}\,V^B_N\end{aligned} \tag{8.20}$$

식 (8.2)-(8.6) 또는 (8.10)-(8.14), 식 (8.20) 등을 약형인 식 (8.1)에 대입하여 정리한 후, W_L, W^B_M, Q_L 등이 임의의 상수라는 조건을 적용함으로써 다음의 요소방정식을 얻을 수 있다.

$$\begin{bmatrix} \mathrm{K} & \mathrm{h}_{vb} & \mathrm{h}_{vp} \\ \mathrm{h}_{bv} & \mathrm{h}_{bb} & \mathrm{h}_{bp} \\ \mathrm{h}_{pv} & \mathrm{h}_{pb} & 0 \end{bmatrix} \begin{pmatrix} \mathrm{V} \\ \mathrm{V}^B \\ \mathrm{P} \end{pmatrix} = - \begin{pmatrix} \mathrm{f}^V \\ \mathrm{f}^B \\ 0 \end{pmatrix} \tag{8.21}$$

여기서

$$K_{LK} = \int_V B_{iK}\widetilde{D}_{ij}\,B_{jL}\,dV \tag{8.22}$$

$$(h_{bb})_{NM} = \int_V B^B_{iM}\,\widetilde{D}_{ij}\,B^B_{jN}\,dV \tag{8.23}$$

$$(h_{bv})_{MK} = (h_{vb})_{KM} = \int_V B^B_{iM}\,\widetilde{D}_{ij}\,B_{jK}\,dV \tag{8.24}$$

$$(h_{pv})_{LK} = (h_{vp})_{KL} = \int_V N_L N_{iK,i}\,dV \tag{8.25}$$

$$(h_{pb})_{LM} = (h_{bp})_{ML} = -\int_V N_L N^B_{iM,i}\,dV \tag{8.26}$$

$$(f^V)_L = -\int_V f_i N_{iL}\,dV - \int_{S_{t_i}} \bar{t}_i N_{iL}\,dS - \int_{S_{c_1}} \sigma_t\, t_i N_{iL}\,dS \tag{8.27}$$

$$(f^B)_M = -\int_V f_i\,N^B_{iM}\,dV \tag{8.28}$$

이고, 식 (8.27)에서 t_i는 접선벡터이며, 금형에 대한 소재의 상대속도의 단위벡터를 의미한다.

식 (8.21)의 두 번째 식으로부터 V^B는 아래와 같이 표현될 수 있다.

$$\mathrm{V}^B = -\mathrm{h}_{bb}^{-1}\,\mathrm{h}_{bv}\,\mathrm{V} + \mathrm{h}_{bb}^{-1}\,\mathrm{h}_{bp}\,\mathrm{P} - \mathrm{h}_{bb}^{-1}\,\mathrm{f}^B \tag{8.29}$$

식 (8.21)과 식 (8.29)로부터 속도장과 정수압은 아래와 같이 구할 수 있다

$$\begin{bmatrix} \mathrm{K} - \mathrm{h}_{vb}\mathrm{h}_{bb}^{-1}\mathrm{h}_{bv} & \mathrm{h}_{vp} - \mathrm{h}_{vb}\mathrm{h}_{bb}^{-1}\,\mathrm{h}_{bp} \\ \mathrm{h}_{pv} - \mathrm{h}_{pb}\mathrm{h}_{bb}^{-1}\mathrm{h}_{bv} & -\mathrm{h}_{pb}\mathrm{h}_{bb}^{-}\,\mathrm{h}_{bp} \end{bmatrix} \begin{pmatrix} \mathrm{V} \\ \mathrm{P} \end{pmatrix} = \begin{pmatrix} -\mathrm{f}^V - \mathrm{h}_{vb}\mathrm{h}_{bb}^{-1}\mathrm{f}^B \\ \mathrm{h}_{pb}\mathrm{h}_{bb}^{-1}\,\mathrm{f}^B \end{pmatrix} \tag{8.30}$$

그러나 식 (8.30)의 항들을 계산하는데 많은 시간이 소요되는 문제가 발생한다. 이러

한 문제점을 개선하기 위해서, 식 (8.30)에서 속도-버블 연계(velocity-bubble coupled) 항들을 안정화계수(stabilizer) β로 대체함으로써 다음 식의 형태로 단순화시킬 수 있다.

$$\phi = \begin{bmatrix} \mathrm{K} & \mathrm{h}_{vp} \\ \mathrm{h}_{pv} & -\beta^2 \mathrm{h}_{pb}\mathrm{h}_{bb}^{-1}\mathrm{h}_{bp} \end{bmatrix} \begin{pmatrix} \mathrm{V} \\ \mathrm{P} \end{pmatrix} + \begin{pmatrix} \mathrm{f}^{V} - \mathrm{h}_{vb}\mathrm{h}_{bb}^{-1}\mathrm{f}^{B} \\ -\beta\,\mathrm{h}_{pb}\mathrm{h}_{bb}^{-1}\mathrm{f}^{B} \end{pmatrix} = \begin{pmatrix} 0 \\ 0 \end{pmatrix} \tag{8.31}$$

8.3 안정화계수

계산속도의 가속을 목적으로 안정화계수를 사용할 경우, MINI-요소해석 결과는 안정화계수 β의 값에 따라서 차이를 보일 수 있다. 따라서 안정화계수의 영향을 검토하기 위하여 가상의 업셋팅 공정에 대한 시뮬레이션을 실시하였다. 이 목적으로 해석에 사용된 소재의 높이와 반경은 각각 5mm이고, 금형과 소재 사이의 마찰계수는 0.3으로 가정하였다. 사용된 재료의 유동응력은 다음과 같다.

$$\bar{\sigma} = 468.3\,(0.0219 + \bar{\dot{\varepsilon}})^{0.206}\ \mathrm{MPa} \tag{8.32}$$

상하 대칭성을 고려하여 해석 영역의 반만 고려하되, 대칭면을 무마찰조건으로 처리하였다. 절점 수는 121개이며, 요소 수는 사각형요소의 경우가 100개, 삼각형 및 MINI-요소의 경우가 200개이다. 삼각형요소를 사용했을 경우의 요소 수가 사각형요소를 사용했을

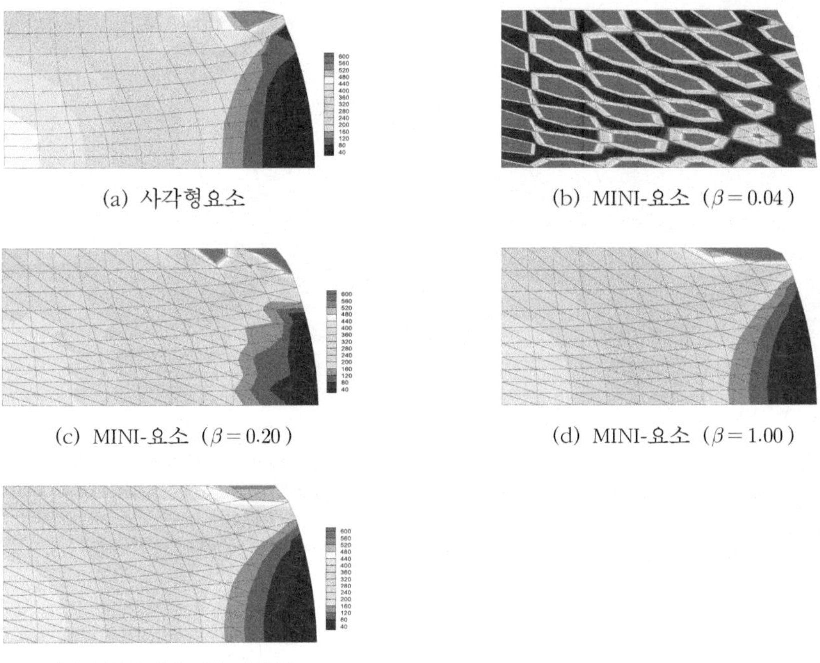

(a) 사각형요소

(b) MINI-요소 ($\beta = 0.04$)

(c) MINI-요소 ($\beta = 0.20$)

(d) MINI-요소 ($\beta = 1.00$)

(e) MINI-요소 ($\beta = 5.00$)

그림 8.7 안정화계수 β가 결과(유효변형률의 분포)에 미치는 영향

때의 요소 수의 2배이다. 따라서 단축적분 사용 시, 비압축성 처리로부터 발생하는 구속조건식이 200개가 되는 반면, 경계조건을 반영하지 않은 전체 절점이 발생시키는 자유도 총수가 242개밖에 되지 않아 역학적 원리의 반영이 사실상 불가능한 과구속 상태가 발생하는 문제이다.

그림 8.7에서 삼각형 MINI-요소 사용 시에 안정화계수 β값이 해석 결과에 미치는 영향을 사각형 요소의 해석 결과와 비교하고 있다. 해석 결과로 정수압 분포를 나타내었다. 이 그림에서 보는 바와 같이 β값에 따라 해석결과가 다소 달라짐을 알 수 있으며, $\beta=1$ 전후의 삼각형 MINI-요소망의 해석 결과가 사각형요소망으로 구한 결과와 가장 유사함을 알 수 있다. 이러한 이유로 실용적인 관점에서 MINI-요소는 다소의 수치적 문제점에 노출되어 있다고 하겠다.

8.4 전통적인 유한요소와 MINI-요소의 비교

먼저 축대칭 업세팅 문제에 대하여 MINI-요소의 개념을 노입하지 않은 삼각형요소와 사각형요소를 사용하여 구한 해석결과와 삼각형 MINI-요소를 사용하여 구한 해석결과를 비교하였다. 이 목적으로 8.3절과 동일한 문제에 대한 해석을 실시하여 그 결과를 비교하였다.

그림 8.8은 30% 압축한 상태의 변형된 형상을 비교하고 있다. 그림에서 보는 바와 같이 전통적인 삼각형요소를 사용한 경우, 사각형요소를 사용한 결과에 비하여 변형 모양이 매우 부자연스럽고 변형에 대한 저항이 인위적으로 커졌음을 알 수 있다. 이 문제는

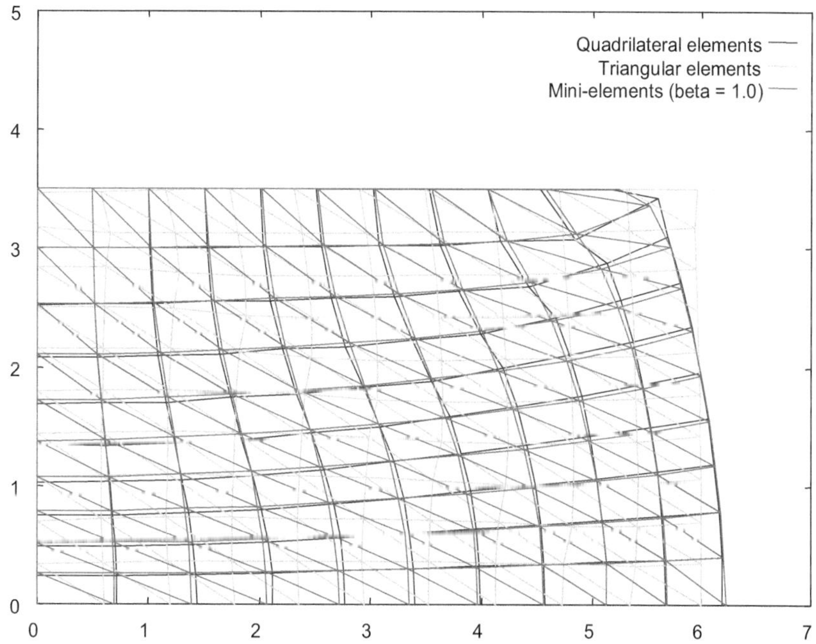

그림 8.8 사각형요소, 전통적인 삼각형요소, 삼각형MINI-요소의 비교

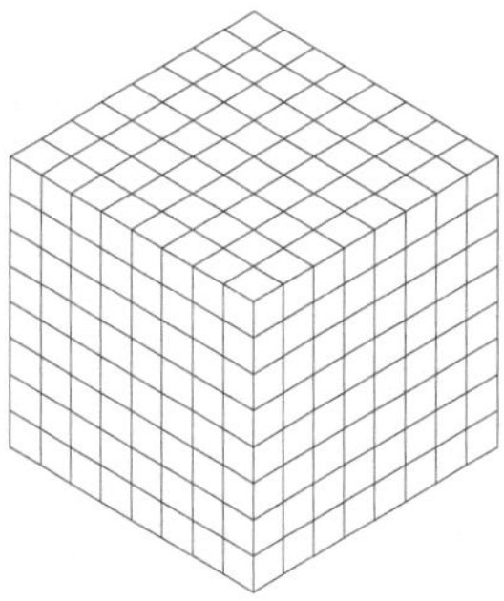

(a) 육면체요소 해석모델

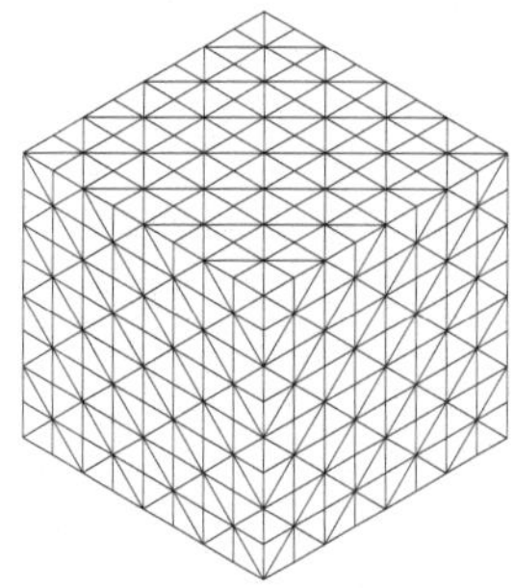

(b) 사면체요소 해석모델

그림 8.9 육면체요소 해석모델과 사면체요소 해석모델

마찰계수가 0.3으로 비교적 큰 문제로써 베럴링(barreling) 현상이 나타나야 함에서 불구하고 해석 결과에서 전혀 나타나지 않고 있다. 이는 요소 수가 많아 비압축성 조건이 계 전체의 자유도를 크게 구속한 결과이다. 반면 삼각형 MINI-요소로 구한 결과는 전반적으로 사각형요소로부터 구한 결과와 변형 패턴면에서 유사함을 알 수 있다. 그러나 오른쪽 상단의 모서리 부분을 비롯하여 세부적으로는 다소의 결과 차이를 보이고 있음을 알 수 있다.

한편 3차원 MINI-요소, 즉 사면체 MINI-요소의 특성을 파악하기 위하여 후방압출 공정을 해석하였다. 그림 8.9에 해석에 사용된 육면체요소 해석모델과 사면체요소 해석모델을 나타내고 있다. 육면체요소 해석모델과 사면체요소 해석모델의 절점의 수는 모두 729개로 동일하다. 육면체요소 해석모델에서 요소의 수는 512개이며, 사면체요소 해석모델에서 요소 수는 2,560개이다. 이 경우는 앞에서 설명한 삼각형보다 과구속의 정도가 더욱 심각함을 알 수 있다. 전통적인 사면체요소를 사용할 경우 모든 절점이 발생시키는 자유도의 총 수가 2187개인데 반해, 각 요소가 발생시키는 구속조건식이 2560개가 되어 사실상 전통적인 삼각형요소로는 비압축성 조건 자체도 만족시키지 못함을 알 수 있다.

먼저 육면체요소를 이용하여 해석을 실시하였으며, 그 결과를 그림 8.10에 나타내었

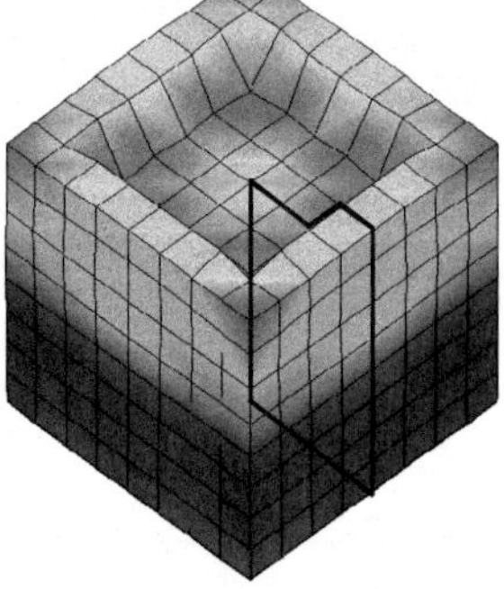

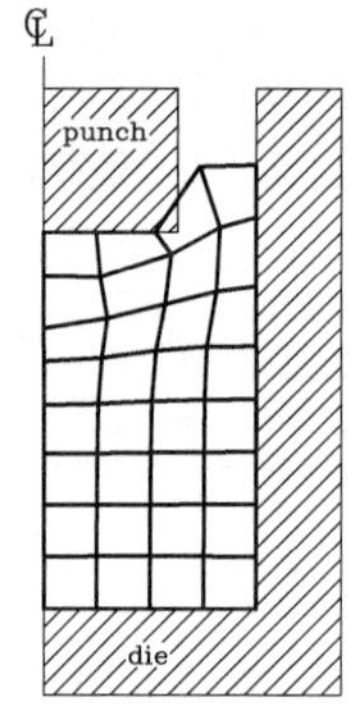

그림 8.10 육면체요소 해석모델의 결과

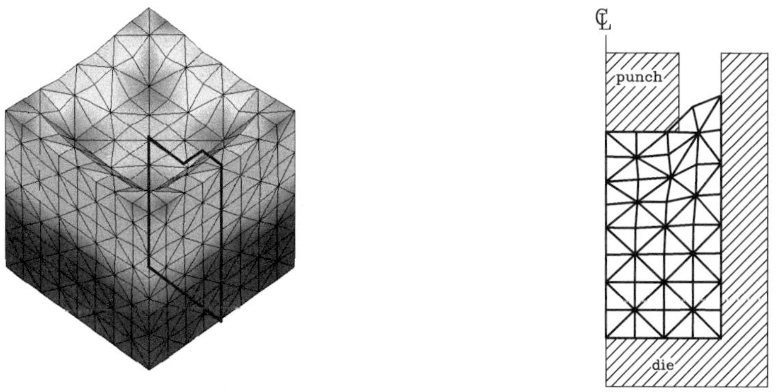

그림 8.11 전통적인 사면체요소 해석모델의 결과

다. 그림 8.11은 사면체요소와 단축적분법을 이용하여 구한 결과이다. 이 그림에서 보는 바와 같이 비압축성조건으로부터 야기되는 과구속 문제로 인하여, 육면체요소망으로 구한 결과와는 전혀 다른 결과가 나왔다. 반면 그림 8.12의 사면체 MINI-요소에 의하여 예측된 결과는 그림 8.10의 육면체요소망으로 구한 결과와 전반적으로 유사함을 할 수 있다. 그러나 2차원 문제에서 지적된 바와 마찬가지로 세부적으로 살펴보면, 그림 8.13에서 보는 바와 같이 다소의 차이가 있음을 알 수 있다.

앞에서 설명한 바와 같이 적절한 안정화계수를 사용한다면 삼각형 또는 사면체 MINI-요소 해석모델을 이용하여 예측한 결과는 전반적으로는 사각형요소 또는 육면체요소 해석모델을 이용하여 얻은 결과와 특히 변형형상 측면에서 유사한 경향을 나타낸다. 그러나 국부적으로는 다소의 차이를 보일 수 있다. 따라서 소성가공 공정의 해석에서 소재의 전반적인 안배에 초점이 맞추어져 있을 경우에는 MINI-요소를 사용한 해석결과도 신뢰성이 비교적 높을 것으로 사료되지만, 경우에 따라서는 신뢰성 측면에서 다소의 문제가 있을 수 있다.

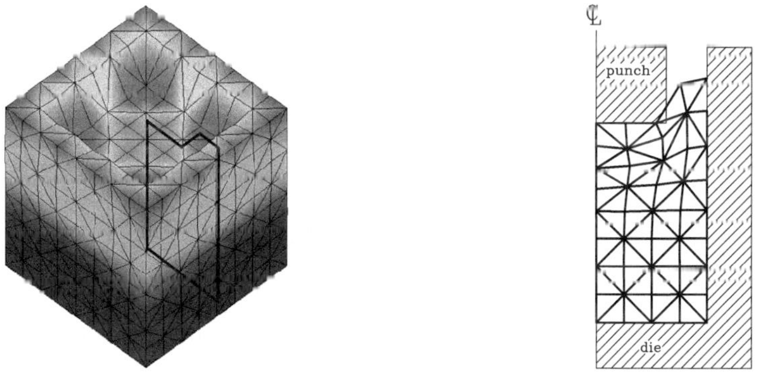

그림 8.12 사면체 MINI-요소 해석모델의 결과

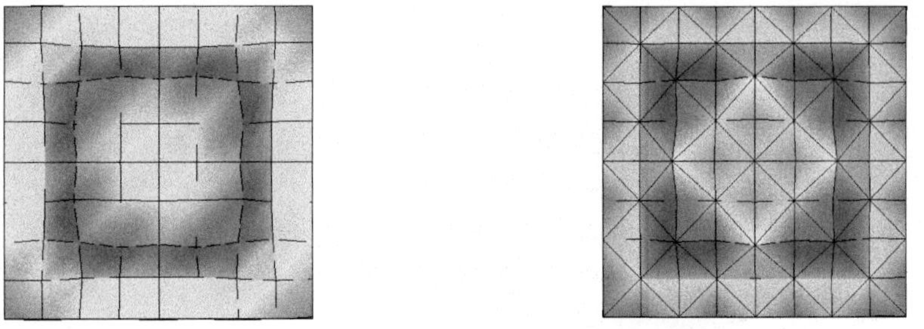

(a) 육면체요소 해석모델　　(b) 사면체 MINI-요소 해석모델

그림 8.13 육면체요소 해석모델과 사면체 MINI-요소 해석모델의 해석 결과 비교

제 9 장

탄소성 재료의 유한요소해석

9.1 서론

강소성 유한요소해석은 금속재료가 소성가공 변형 중에 소성변형만 발생한다고 가정하고 수행된다. 즉, 탄성변형이 무시된다. 전체적인 재료의 유동이나 하중 등의 관찰에는 강소성 유한요소해석으로 충분한 경우가 많고 해석의 속도 및 수렴성에 장점이 있어 많은 경우에 유용하게 활용되고 있다.

소성가공 과정에서 재료는 소성변형과 동시에 탄성변형이 발생한다. 강소성 유한요소해석은 탄성변형을 고려하지 않기 때문에 정확한 부피, 응력 및 변형의 계산에 어느 정도 오차가 발생하며, 하중이 제거될 때 탄성회복을 계산하지 못한다. 강소성 유한요소해석에 비해 탄소성 유한요소해석은 이러한 문제점을 해결할 수 있는 반면에 해석시간이 많이 소요되고 해의 수렴이 더 어려운 단점이 있다. 강소성 유한요소해석과 탄소성 유한요소해석을 상황에 따라 적절하게 사용하는 것이 소성가공 공정의 최적설계에 적합한 활용 방안이다.

9.2 탄소성 변형 문제의 정의

먼저 탄소성 재료의 유한요소법을 전개하기 위하여 그림 9.1과 같이 소성가공 공정을 모식화한다. 소성가공 공정에서 금형과 소재는 해석영역 V와 경계 S로 나눌 수 있으며, 경계 S는 표면력이 $t_i^{(n)} = \bar{t}_i$로 이루어진 S_{t_i}, 변위가 $u_i = \bar{u}_i$로 주어진 S_{u_i}, 금형과 소재의 접촉면을 표현하는 S_c 등으로 표현할 수 있다.

다음의 이론적 전개에서 재료는, 등방성 탄소성(isotropic elasto-plastic), 속도무의존성(rate independence), 등방성경화(isotropic hardening) 등의 성질을 가지고 있는 재료에 국한한다. 그리고 관성의 영향은 무시할 수 있을 정도의 준정적(quasi-static) 현상이 공정 중에 발생한다고 가정하여 정적 내연적 유한요소법(static implicit finite element method)에 대하여 기술한다.

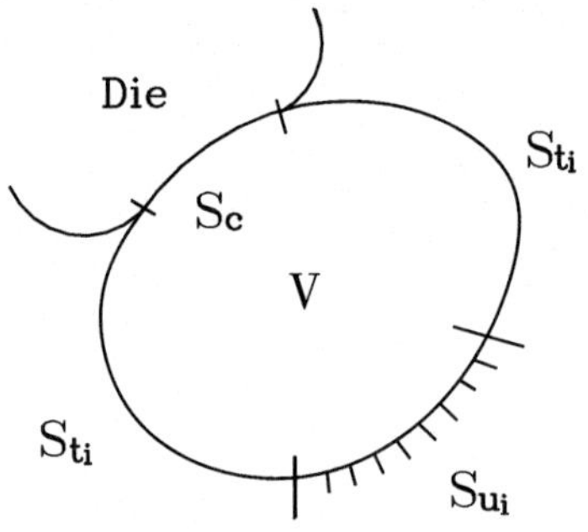

그림 9.1 탄소성 유동해석 문제의 정의

탄소성 재료의 소성가공 공정 문제는 소재의 변위 u_i를 구하는 것이며, 다음과 같은 경계치 문제로 수식화된다.

1) 평형방정식:

$$\sigma_{ij,j} + f_i = 0 \;\text{ in }\; V \tag{9.1}$$

2) 변형률 증분 분해:

$$d\varepsilon_{ij} = d\varepsilon_{ij}^e + d\varepsilon_{ij}^p \tag{9.2}$$

3) 구성방정식:

• 탄성:
$$d\varepsilon_{ij}^e = \frac{d\sigma'_{ij}}{2G} + \frac{1-2v}{E} d\sigma_m \delta_{ij} \tag{9.3}$$

• 소성:
$$d\varepsilon_{ij}^p = d\lambda \frac{\partial f}{\partial \sigma_{ij}} = \frac{3}{2} d\lambda \frac{\sigma'_{ij}}{\overline{\sigma}} \tag{9.4}$$

4) 변형률 증분:

• 소변형:
$$d\varepsilon_{ij} = \frac{1}{2}\left(\frac{\partial u_i}{\partial x_j} + \frac{\partial u_j}{\partial x_i}\right)$$

• 대변형:
$$\Delta\varepsilon_{ij} = \ln(U_{ij}) \tag{9.5}$$

5) 항복식:

$$f = \overline{\sigma}(\boldsymbol{\sigma}) - Y = 0 \tag{9.6}$$

6) 비압축성 조건:

$$d\varepsilon_{ii}^p = 0 \tag{9.7}$$

7) 경계조건:

$$\sigma_{ij}n_j = \bar{t}_i \ \text{ on } \ S_t \tag{9.8}$$

$$u_i = \bar{u}_i \ \text{ on } \ S_u \tag{9.9}$$

$$u_n = \bar{u}_n \ \text{ on } \ S_c \tag{9.10}$$

$$\sigma_t = -\mu\sigma_n g(u_t) \ \text{ on } \ S_c \tag{9.11}$$

여기서 상첨자 p와 e는 각각 소성성분과 탄성성분을 나타낸다. 그리고 하첨자 n과 t는 각각 법선성분과 접선성분을 나타내는 지수이다. 식 (9.5)에서 변형률 증분 $d\varepsilon_{ij}$는 소변형률 증분(small strain increment)이며 $\Delta\varepsilon_{ij}$는 대변형률 증분(large strain increment)이다. 식 (9.6)에서 $\bar{\sigma}$는 항복이론에 따라 정의되는 유효응력으로 응력텐서 $\boldsymbol{\sigma}$의 함수이다. 대변형률 증분 및 대회전(large rotation)을 수반하는 대변형(large deformation)의 경우의 변형률 증분 $d\varepsilon_{ij}$을 구하는 방법에 관해서는 9.11절에서 기술한다. 식 (9.11)의 $g(u_t)$는 마찰과 속도와의 관계를 반영하는 함수이며 제3장 6.2절에서 설명하고 있다.

9.3 von Mises 항복식

식 (9.6)에 von-Mises 항복이론을 적용하면, 식 (9.6)은 다음 식과 같이 표현된다.

$$f = \bar{\sigma} - Y = \left(\frac{3}{2}\sigma'_{ij}\sigma'_{ij}\right)^{\frac{1}{2}} - Y = 0 \tag{9.12}$$

한편, 소성유효변형률 증분 $d\bar{\varepsilon}^p$는 다음 식으로 정의된다.

$$d\bar{\varepsilon}^p = \left(\frac{2}{3}d\varepsilon_{ij}^p d\varepsilon_{ij}^p\right)^{\frac{1}{2}} \tag{9.13}$$

식 (9.4)를 식(9.13)에 대입하면, 다음과 같이 정리된다.

$$d\bar{\varepsilon}^p = \left(\frac{2}{3}\frac{3}{2}d\lambda\frac{\sigma'_{ij}}{\bar{\sigma}}\frac{3}{2}d\lambda\frac{\sigma'_{ij}}{\bar{\sigma}}\right)^{\frac{1}{2}} = d\lambda\frac{\left(\frac{3}{2}\sigma'_{ij}\sigma'_{ij}\right)^{\frac{1}{2}}}{\bar{\sigma}} = d\lambda \tag{9.14}$$

즉, von Mises항복식의 경우에는 $d\lambda$가 소성유효변형률 증분 $d\bar{\varepsilon}^p$와 동일함을 알 수 있다. 따라서 식 (9.4)의 소성유동법칙은 다음과 같이 쓸 수 있다[4,7].

$$d\varepsilon_{ij}^p = \frac{3}{2}d\bar{\varepsilon}^p\frac{\sigma'_{ij}}{\bar{\sigma}} \tag{9.15}$$

9.4 등방성 가공경화 및 일관성조건

대부분의 금속은 소성변형 과정을 거치면서 경화가 발생시킨다. 즉, 소성변형을 더 발생시키기 위해서는 더 큰 응력이 필요하게 된다. 유효소성변형률은 그 증분 $d\bar{\varepsilon}^p$를 다음 식과 같이 변형경로를 따라 적분하여 계산된다.

$$\bar{\varepsilon}^p = \int d\bar{\varepsilon}^p \tag{9.16}$$

이 때, $d\bar{\varepsilon}^p$는 식 (9.13)으로 주어진다. 그림 9.2는 평면응력조건에서 가공경화가 발생하는 단축인장 시의 변형률-응력 곡선과 이에 따른 초기 항복곡면과 가공경화(strain hardening)에 따라 점점 팽창하는 항복궤적(yield locus) 또는 항복곡선을 나타내고 있다. 이 때, 부호가 다른 방향에서도 같은 응력에서 항복이 발생한다면 등방성(isotropy)이 성립하며, 그 재료는 등방성 가공경화의 특성을 나타낸다.

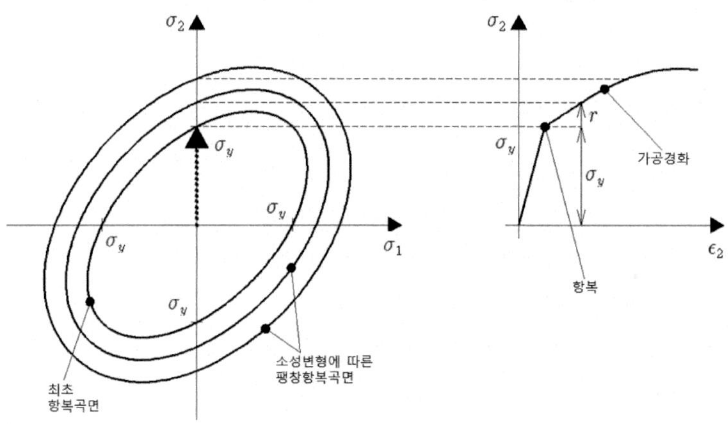

그림 9.2 등방성 가공경화[4.2]

가공경화를 설명하기 위하여 그림 9.2와 같이 평면응력조건($\sigma_3 = 0$)을 적용하여 ($\sigma_1 - \sigma_2$)-평면에서 타원으로 나타난 von Mises 항복곡선을 예로 들어 설명한다. 단축(1축) 인장시험에서 σ_2-방향으로 응력이 증가하여 초기항복곡면(또는 곡선)에 이르기까지 탄성변형만이 발생한다. 점차 응력이 증가하여 $\sigma_2 = Y$가 되면, 항복이 발생한다. 변형이 더욱 진행됨에 따라 재료는 가공경화되며, 가공경화량을 유효소성변형률 $\bar{\varepsilon}^p$의 함수로 표현할 수 있으므로 식 (9.6)의 항복식을 다음 식과 같이 표현할 수 있다.

$$f(\sigma, \bar{\varepsilon}^p) = \bar{\sigma}(\sigma) - Y(\bar{\varepsilon}^p) = 0 \tag{9.17}$$

한편, 단축인장에서 위 식은 다음 식과 동일하다.

$$\bar{\sigma} - Y(\bar{\varepsilon}^p) = \sigma_2 - Y(\varepsilon_2^p) = 0 \tag{9.18}$$

따라서 그림 9.2에서 $\varepsilon_2^p(=\bar{\varepsilon}^p)$가 증가함에 따라 유동응력 $Y(\bar{\varepsilon}^p)$가 증가하며, 유효응력 $\bar{\sigma}$에 의해 크기가 결정되는 항복곡면(또는 곡선) 또한 항복식을 만족하도록 증가해야 항복이 지속된다. 그림 9.2에서 r은 가공경화량을 나타낸다. 이와 같이 가공경화가 발생할 때, 지속적으로 소성변형이 발생하기 위해서는 응력이 항복곡면 위에 존재해야 하며, 이를 일관성 조건(consistency condition)이라고 한다.

9.5 탄소성 유한요소법의 수식화

변위장이 주어진 경계에서 0이 되는 임의의 변위의 변분, 즉 가상변위(또는 가중함수) δw에 대해서 변위장 u를 구하기 위한 약형은 다음과 같다.

$$\int_V \delta\varepsilon_{ij}\sigma_{ij}dV - \int_V \delta w_i f_i dV - \int_{S_i} \delta w_i t_i dS - \int_{S_c} \delta w_t \sigma_t dS = 0 \tag{9.19}$$

여기서 f_i와 t_i는 각각 체적력과 표면력을 나타낸다. 네 번째 항에서 하첨자 t는 접선방향을 나타낸다.

다음과 같이 유한요소 내의 변위 및 가중함수(또는 가상변위)를 보간함수(또는 형상함수)를 이용하여 근사화한다.

$$\mathrm{u} = \mathrm{N}\mathrm{U} \tag{9.20}$$

$$w = \mathrm{N}\mathrm{W} \tag{9.21}$$

여기서 N은 요소 내에서 변위를 근사하는 보간함수 행렬이다. U와 W는 변위와 가중함수의 절점 값을 나타내는 벡터이다.

응력텐서 $\boldsymbol{\sigma} = [\sigma_{ij}]$와 변형률텐서 $\boldsymbol{\varepsilon} = [\varepsilon_{ij}]$를 다음 식과 같이 ~(tilde)를 사용한 벡터로 정의하여 유한요소 수식화에 활용한다.

$$\tilde{\sigma} = \begin{bmatrix} \sigma_{xx} \\ \sigma_{yy} \\ \sigma_{zz} \\ \sigma_{xy} \\ \sigma_{yz} \\ \sigma_{zx} \end{bmatrix}, \quad \tilde{\varepsilon} = \begin{bmatrix} \varepsilon_{xx} \\ \varepsilon_{yy} \\ \varepsilon_{zz} \\ 2\varepsilon_{xy} \\ 2\varepsilon_{yz} \\ 2\varepsilon_{zx} \end{bmatrix} \tag{9.22}$$

그러면 변형률 증분은 식 (9.22)과 식 (9.20)을 이용하여 다음 식으로 나타낼 수 있다.

$$d\tilde{\varepsilon} = \begin{bmatrix} d\varepsilon_{xx} \\ d\varepsilon_{yy} \\ d\varepsilon_{zz} \\ 2d\varepsilon_{xy} \\ 2d\varepsilon_{yz} \\ 2d\varepsilon_{zx} \end{bmatrix} = \mathrm{BU} \tag{9.23}$$

여기서 B는 변형율-변위 관계행렬로서 유한요소에 따라서 정의된다. 탄소성 해석에서 시간 t_{n+1}에서의 응력 σ_{n+1}는 다음 형태로 주어진다.

$$\tilde{\sigma}_{n+1} = \tilde{\sigma}_n + d\tilde{\sigma} = \tilde{\sigma}_n + \tilde{\mathrm{C}}_{ct}^{ep} d\tilde{\varepsilon} \tag{9.24}$$

여기서 $\tilde{\mathrm{C}}_{ct}^{ep}$는 탄소성 일관접선강성행렬로 4차텐서인 C_{ct}^{ep}를 식 (9.22)와 마찬가지로 벡터로 표현하여 텐서의 차원을 2차로 낮추어 사용한 것이다. 이것은 9.9절에서 유도된다.

앞에서 정의한 수식들을 식 (9.19)에 대입하면, 다음의 식이 유도된다.

$$\int_V \delta\tilde{\varepsilon}^{\mathrm{T}} \tilde{\sigma} dV - \int_V \delta w^{\mathrm{T}} \mathrm{f} dV - \int_{S_t} \delta w^{\mathrm{T}} \mathrm{t} dS - \int_{S_c} \delta w_t \tilde{\sigma}_t dS = 0 \tag{9.25}$$

탄소성 유한요소해석에서는 비선형성을 고려하기 위하여 여러 개의 계산 증분으로 나누어서 순차적으로 계산한다. 시간 t_n에서 해가 구해졌을 때, 시간 t_{n+1}에서 해를 구하기 위하여 시간 증분 $\Delta t = t_{n+1} - t_n$ 구간에서의 변형에 대하여 식 (9.25)에 식 (9.24)를 적용하여 다음 식을 얻을 수 있다.

$$\int_V \delta\tilde{\varepsilon}^{\mathrm{T}} (\tilde{\sigma}_n + \tilde{\mathrm{C}}_{ct}^{ep} d\tilde{\varepsilon}) dV - \int_V \delta w^{\mathrm{T}} \mathrm{f} dV - \int_{S_t} \delta w^{\mathrm{T}} \mathrm{t} dS - \int_{S_c} \delta w_t \tilde{\sigma}_t = 0 \tag{9.26}$$

식 (9.26)에 식 (9.20), (9.21), (9.23)을 대입하면 다음과 같이 정리된다.

$$\int_V \delta(\mathrm{BW})^{\mathrm{T}} (\tilde{\sigma}_n + \tilde{\mathrm{C}}_{\mathrm{ct}}^{ep} \mathrm{BU}) dV - \int_V \delta(\mathrm{NW})^{\mathrm{T}} \mathrm{f} dV - \int_{S_t} \delta(\mathrm{NW})^{\mathrm{T}} \mathrm{t} dS - \int_{S_c} \delta(\mathrm{N}_t \mathrm{W})^{\mathrm{T}} \tilde{\sigma}_t dS = 0 \tag{9.27}$$

$$\delta \mathrm{W}^{\mathrm{T}} \left(\int_V \mathrm{B}^{\mathrm{T}} \tilde{\mathrm{C}}_{\mathrm{ct}}^{ep} \mathrm{BU} dV + \int_V \mathrm{B}^{\mathrm{T}} \tilde{\sigma}_n dV - \int_V \mathrm{N}^{\mathrm{T}} \mathrm{f} dV - \int_{S_t} \mathrm{N}^{\mathrm{T}} \mathrm{t} dS - \int_{S_c} \mathrm{N}_t^{\mathrm{T}} \tilde{\sigma}_t dS \right) = 0 \tag{9.28}$$

위의 식이 임의의 $\delta \mathrm{W}$에 대하여 성립해야 하므로 다음 식을 얻는다.

$$\int_V \mathrm{B}^{\mathrm{T}} \tilde{\mathrm{C}}_{\mathrm{ct}}^{ep} \mathrm{BU} dV + \int_V \mathrm{B}^{\mathrm{T}} \tilde{\sigma}_n dV - \int_V \mathrm{N}^{\mathrm{T}} \mathrm{f} dV - \int_{S_t} \mathrm{N}^{\mathrm{T}} \mathrm{t} dS - \int_{S_c} \mathrm{N}_t^{\mathrm{T}} \tilde{\sigma}_t dS = 0 \tag{9.29}$$

식 (9.29)을 정리하면 다음의 유한요소방정식을 얻는다.

$$[\mathrm{K}]\{\mathrm{U}\} + \{\mathrm{F}_n\} - \{\mathrm{F}^{ext}\} = 0 \tag{9.30}$$

여기서

$$[\mathrm{K}] = \int_V \mathrm{B}^{\mathrm{T}} \widetilde{\mathrm{C}}_{ct}^{cp} \mathrm{B}\, dV \tag{9.31}$$

$$\{\mathrm{F}_{\mathrm{n}}\} = \int_V \mathrm{B}^{\mathrm{T}} \widetilde{\sigma}_n dV \tag{9.32}$$

$$\{\mathrm{F}^{ext}\} = \int_V \mathrm{N}^{\mathrm{T}} \mathrm{f} dV + \int_{S_t} \mathrm{N}^{\mathrm{T}} \mathrm{t} dS + \int_{S_c} \mathrm{N}_t^{\mathrm{T}} \widetilde{\sigma}_t dS \tag{9.33}$$

이다. 위에서 $\{\mathrm{F}_{\mathrm{n}}\}$는 시간 t_n에서의 내력이며, $\{\mathrm{F}^{ext}\}$는 시간 t_{n+1}에서의 외력이다. 소성가공 공정의 특성상 식 (9.30)은 비선형성이 높은 연립방정식이다. 따라서 이 방정식의 해법으로 Newton-Raphson 법이 널리 사용되고 있다. 식 (9.30)에서 발생하는 잔류힘(residual force)은 다음 식으로 표현된다.

$$\Psi(\mathrm{U}) = [\mathrm{K}]\{\mathrm{U}\} + \{\mathrm{F}_n\} - \{\mathrm{F}^{ext}\} \tag{9.34}$$

Taylor 전개법으로 식 (9.34)을 근사화하면, 다음 식을 얻는다.

$$\Psi(\mathrm{U}) + \frac{\partial \Psi(\mathrm{U})}{\partial \mathrm{U}} \triangle \mathrm{U} + O(\triangle \mathrm{U}^2) = 0 \tag{9.35}$$

여기서 행렬 $\mathrm{J} = \partial\Psi/\partial\mathrm{U}$는 자코비안 또는 유효접선강성행렬로 호칭되며, 다음 식과 같이 유도된다.

$$\frac{\partial \Psi(\mathrm{U})}{\partial \mathrm{U}} = \int_V \mathrm{B}^{\mathrm{T}} \widetilde{\mathrm{C}}^{ep} \mathrm{B} dV + \int_{\mathrm{V}} \mathrm{G}^{\mathrm{T}} \widetilde{\sigma}\, \mathrm{G} dV = [\mathrm{K}] + [\mathrm{K}]_\sigma \tag{9.36}$$

여기서 $[\mathrm{K}]_\sigma$는 응력강성(stress stiffness)행렬이며, 참고문헌[4.3]에 유도과정이 자세히 나와 있다.

식 (9.35)에서 1차 항만을 사용하여 선형화하면, 다음 식을 얻게 된다.

$$\frac{\partial \Psi(\mathrm{U})}{\partial \mathrm{U}} \triangle \mathrm{U} = -\Psi(\mathrm{U}) \tag{9.36}$$

식 (9.36)의 반복계산은 식 (9.34)의 잔류힘이 미리 정해 놓은 한계치 이하로 감소할 때까지 계속한다. 반복계산 과정에서 변위 U는 다음과 같이 갱신된다.

$$\mathrm{J}(\mathrm{U}_k) \triangle \mathrm{U}_k = -\Psi(\mathrm{U}_k) \tag{9.37}$$

$$\mathrm{U}_{k+1} - \mathrm{U}_k + \eta \triangle \mathrm{U}_k \tag{9.38}$$

식 (9.37)과 식 (9.38)에서 k은 반복계산 회수를 나타낸다. η는 가속(또는 감속)계수로 변위의 갱신량을 조절하는데 사용되며, 적절한 가속계수의 선택은 해의 수렴에 필수적이다.

9.6 탄소성 표준접선강성행렬

응력 증분과 이에 따른 소성유효변형률 증분이 발생하였을 때, (9.4)절에서 기술한 일관성 조건을 유지하기 위한 조건은 다음과 같이 서술된다.

$$f(\sigma + d\sigma, \bar{\varepsilon}^p + d\bar{\varepsilon}^p) = 0 \tag{9.39}$$

여기서 $d\sigma$와 $d\bar{\varepsilon}^p$가 충분히 작을 때, 식 (9.39)를 테일러 전개하고 1차 항만을 사용하면, 다음 식을 얻는다.

$$f(\sigma + d\sigma, \bar{\varepsilon}^p + d\bar{\varepsilon}^p) = f(\sigma, \bar{\varepsilon}^p) + \frac{\partial f}{\partial \sigma} : d\sigma + \frac{\partial f}{\partial \bar{\varepsilon}^p} d\bar{\varepsilon}^p = 0 \tag{9.40}$$

여기서 연산자 (:)은 텐서축약(tensor contraction)을 수행하여 스칼라 값을 계산한다.

이 때, 미소 증분이 발생하기 전에도 항복식을 만족하므로(즉, $f(\sigma, \bar{\varepsilon}^p)$=0이므로), 식 (9.40)이 성립하기 위해서는 다음 식이 만족되어야 한다.

$$\mathrm{n} : d\sigma + \frac{\partial f}{\partial \bar{\varepsilon}^p} d\bar{\varepsilon}^p = 0 \tag{9.41}$$

여기서

$$\mathrm{n} = \frac{\partial f}{\partial \sigma} \tag{9.42}$$

이다. Hooke 법칙을 이용하여 응력 증분과 탄성변형률 증분 사이의 관계식을 구할 수 있다.

$$d\sigma = \mathrm{C}\, d\varepsilon^e = \mathrm{C}\,(d\varepsilon - d\varepsilon^p) \tag{9.43}$$

여기서 C는 응력텐서와 변형률텐서의 탄성변형 관계를 나타내는 4차 텐서이다.

식 (9.4)의 소성변형률 증분 $d\varepsilon^p$의 표현을 이용하면, 다음과 같이 구할 수 있다.

$$d\sigma = \mathrm{C}\, d\varepsilon^e = \mathrm{C}\,(d\varepsilon - d\lambda \mathrm{n}) \tag{9.44}$$

그리고 식 (9.41)에 식 (9.14)와 식 (9.44)를 대입하면, 다음 식을 얻을 수 있다.

$$\mathrm{n} : \{\mathrm{C}\,(d\varepsilon - d\lambda \mathrm{n})\} + \frac{\partial f}{\partial \bar{\varepsilon}^p} d\lambda = 0 \tag{9.45}$$

이 식으로부터 $d\lambda$에 관한 식을 다음과 같이 구할 수 있다.

$$d\lambda = \frac{\mathrm{n} : \mathrm{C}\, d\varepsilon}{\mathrm{n} : \mathrm{C} : \mathrm{n} - \left(\dfrac{\partial f}{\partial \bar{\varepsilon}^p}\right)} = \frac{\mathrm{n} : \mathrm{C}\, d\varepsilon}{\mathrm{n} : \mathrm{C} : \mathrm{n} + h} \tag{9.46}$$

여기서 h는 다음과 같다.

$$h = -\frac{\partial f}{\partial \bar{\varepsilon}^p} \tag{9.46+}$$

식 (9.44)에 식 (9.46)을 대입하여 정리하면, 응력 증분에 대한 다음 식을 얻는다.

$$d\sigma = \mathrm{C}\left(d\varepsilon - \mathrm{n}\frac{\mathrm{n}:\mathrm{C}d\varepsilon}{\mathrm{n}:\mathrm{C}:\mathrm{n}+h}\right) = \left(\mathrm{C} - \frac{(\mathrm{C}:\mathrm{n})\otimes(\mathrm{C}:\mathrm{n})}{\mathrm{n}:\mathrm{C}:\mathrm{n}+h}\right): d\varepsilon \tag{9.47}$$

또는

$$d\sigma = \mathrm{C}^{ep}d\varepsilon \tag{9.48}$$

여기서 C^{ep}는 변형이 충분히 작을 때의 탄소성 접선강성행렬, 즉 탄소성 표준접선강성행렬(elasto-plastic standard tangent modular matrix)이며, 연산자 ($\otimes$)는 텐서곱을 나타낸다. 소성변형이 없을 경우에는 $d\lambda = 0$이 되며 이 때, $\mathrm{C}^{ep} = \mathrm{C}$가 되어 탄성변형의 경우로 복귀한다.

9.7 응력 및 상태변수의 적분

수치적 해를 구할 때, 소성변형이 진전됨에 따라 관련 식들을 만족하도록 응력, 변형률, 상태변수 등이 변형시간에 따라 적분되어야 한다. 이 절에서는 대표적으로 널리 사용되는 적분방법인 전방오일러(forward Euler) 적분법과 후방오일러(backward Euler) 적분법에 관해서 설명한다[4.4].

그림 9.3에 응력적분을 전방오일러 적분법으로 수행하는 과정을 도시하였다. 이 방법은 전체 변형률 증분 $\Delta\varepsilon$이 주어지고, 전 단계시간 t_n에서의 응력 σ_n 및 가공경화상태변수 $\bar{\varepsilon}_n^p$이 주어졌을 때, 다음 시간 t_{n+1}에서의 물리량들을 시간 t_n에서의 값들만으로 계산할 수 있으므로 외연적 적분(explicit integration)방법이라고 한다.

A 점은 σ_n을 나타내며 탄성변형 상태이면 항복곡면 내부에 있고, 소성변형 상태이면 항복곡면 상에 있다. B 점은 전체 변형률 증분이 탄성성분이라고 생각하고 구한 시도응력(trial stress)를 나타내며 $\sigma_B(=\sigma^{tr})$로 표시한다. 식 (9.44)에서 변형률 증분이 미소하지 않은 경우에 다음 식을 얻을 수 있다.

$$\Delta\sigma = \mathrm{C}\Delta\varepsilon^e = \mathrm{C}(\Delta\varepsilon - \Delta\lambda\mathrm{n}) = \mathrm{C}\Delta\varepsilon - \Delta\lambda\mathrm{C}\mathrm{n} \tag{9.49}$$

위 식에서 그림 9.3과 같이 점 B에서 항복곡면에 수직한 n_B를 구하여 이 방향으로 응력을 수정하기로 한다.

$$\sigma_\mathrm{C} = \sigma_\mathrm{A} + \mathrm{C}\Delta\varepsilon - \Delta\lambda\mathrm{C}\mathrm{n}_\mathrm{B} = \sigma_\mathrm{B} - \Delta\lambda\mathrm{C}\mathrm{n}_\mathrm{B} = \sigma_\mathrm{B} + \Delta\sigma_\mathrm{B} \tag{9.50}$$

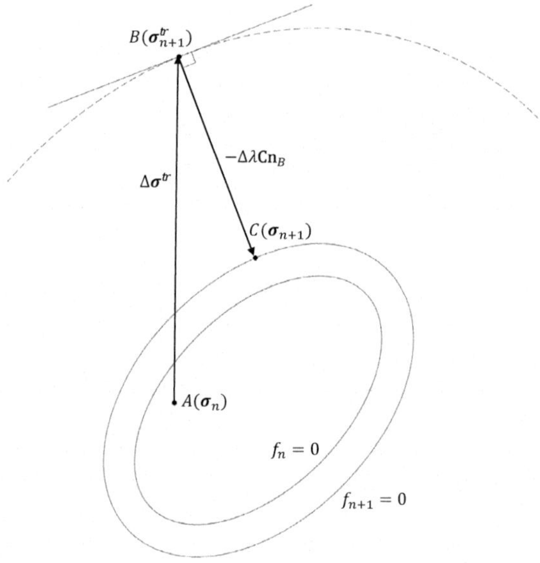

그림 9.3 전방오일러 적분법에 의한 응력 적분

B 점에서 테일러법을 이용하여 전개하고 C 점에서 일관성 조건을 적용하면, 다음 식을 구할 수 있다.

$$f_C = f_B + \frac{\partial f}{\partial \boldsymbol{\sigma}} : \Delta\boldsymbol{\sigma} + \frac{\partial f}{\partial \bar{\varepsilon}^p} \Delta \bar{\varepsilon}^p = f_B + \mathrm{n}_\mathrm{B} : \Delta\boldsymbol{\sigma}_\mathrm{B} - h_B \Delta\lambda = 0 \tag{9.51}$$

식 (9.50)에서의 $\Delta\boldsymbol{\sigma}_\mathrm{B}$를 식 (9.51)에 대입하고 $\Delta\lambda$에 대하여 정리하면 다음 식을 얻는다.

$$\Delta\lambda = \frac{f_B}{\mathrm{n}_\mathrm{B} : \mathrm{C} : \mathrm{n}_\mathrm{B} + h_B} \tag{9.52}$$

$\Delta\lambda$가 식 (9.52)에 의해 결정되면, 다음 식으로부터 $\boldsymbol{\sigma}_C$를 구할 수 있다.

$$\boldsymbol{\sigma}_C = \boldsymbol{\sigma}_B - \Delta\lambda \mathrm{C} : \mathrm{n}_\mathrm{B} \tag{9.53}$$

이러한 전방오일러 적분법은 간단하게 구현할 수 있는 반면에 여러 가지 단점들을 가지고 있다. 시간 증분이 충분히 작아야 해가 불안정해지지 않으며 정확성도 시간 증분의 크기에 많은 영향을 받는다. 그리고 최종 응력 상태가 항복곡면에 존재해야 하는 일관성 조건을 만족한다는 보장이 없다.

위와 같은 식들을 이용하여 시간 t_n과 시간 t_{n+1} 사이의 증분 값들을 다음과 같이 계산한다.

$$\Delta\lambda = \frac{f_B}{\mathrm{n}_B : \mathrm{C} : \mathrm{n}_B + h} \tag{9.54}$$

$$\Delta\sigma = \mathrm{C}(\Delta\varepsilon - \Delta\lambda \mathrm{n}_B) \tag{9.55}$$

증분 값들을 사용하여 시간 t_{n+1}에서의 값들을 다음과 같이 구한다.

$$\sigma_{n+1} = \sigma_n + \Delta\sigma \tag{9.56}$$

$$\bar{\varepsilon}^p_{n+1} = \bar{\varepsilon}^p_n + \Delta\lambda \tag{9.57}$$

$$\varepsilon^e_{n+1} = \varepsilon^e_n + \Delta\varepsilon - \Delta\lambda \mathrm{n}_\mathrm{B}$$

$$\varepsilon^p_{n+1} = \varepsilon^p_n + \Delta\lambda \mathrm{n}_\mathrm{B}$$

그림 9.4에 전방오일러 적분법을 사용한 응력적분 과정을 도시하였다.

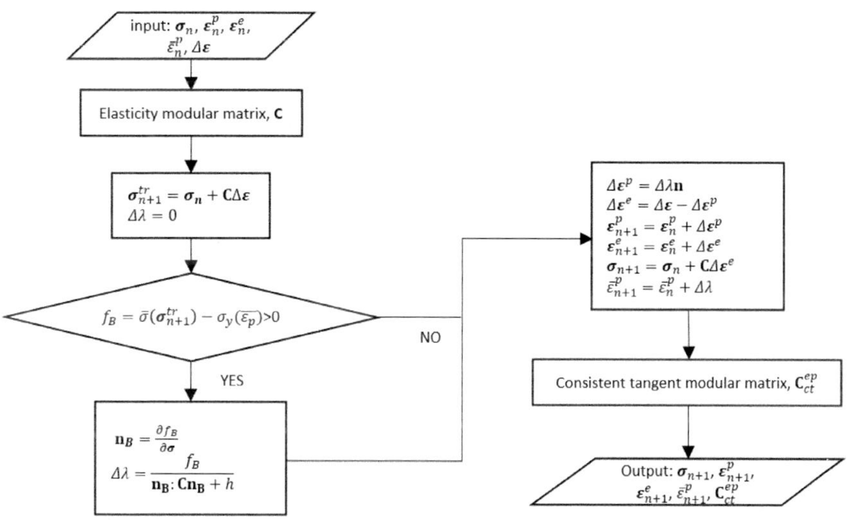

그림 9.4 전방오일러 적분법에 의한 응력적분 계산 흐름도

1회의 전방오일러 적분법으로는 일관성 조건을 정확히 만족할 수 없기 때문에 추가적으로 전방오일러 적분법을 축차적으로 적용하여 오차를 일정치 이하로 감소시켜 일관성 조건을 만족하는 방법을 사용할 수 있다.

그림 9.5에 응력적분을 후방오일러 적분법으로 수행하는 과정을 도시하였다. 이 방법은 전체변형 변형률 증분 $\Delta\varepsilon$이 주어지고, 전 단계시간 t_n에서의 응력 σ_n 및 가공경화 상태변수 $\bar{\varepsilon}^p_n$이 주어졌을 때, 다음 시간 t_{n+1}에서의 물리량들이 반복계산을 통하여 계산되어야 하므로 내연적 적분(implicit integration)방법이라고 한다. 이 방법은 시간 t_{n+1}에

서 일관성 조건이 만족되도록 할 수 있는 장점이 있다.

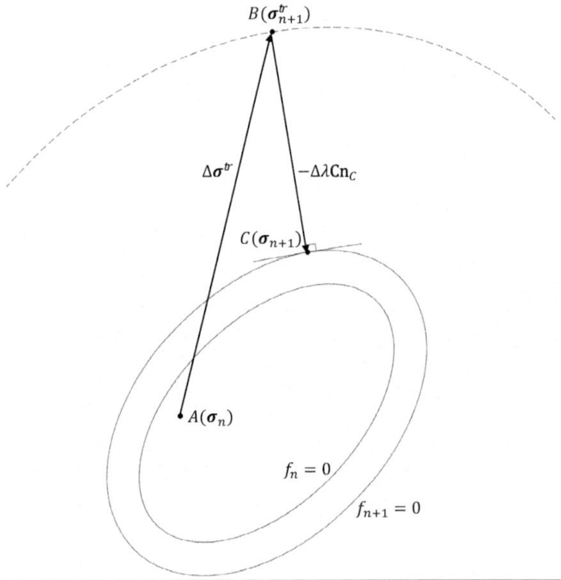

그림 9.5 후방오일러 적분법을 이용한 응력 적분

후방오일러 적분법에서는 그림 9.5에서 보는 바와 같이 B 점에서 C 점으로 복귀하는 직선이 C 점에서 항복곡면에 수직할 것이 요구되며 다음 식과 같이 표현할 수 있다.

$$\boldsymbol{\sigma}_C = \boldsymbol{\sigma}_B - \Delta\lambda \mathrm{C}\mathrm{a}_\mathrm{C} \tag{9.58}$$

먼저 식 (9.53)과 같이 B 점에서의 수직벡터 n_B를 사용하여 전방오일러 적분법에 의하여 C 점을 다음 식을 이용하여 근사적으로 구한다.

$$\boldsymbol{\sigma}_{C0} = \boldsymbol{\sigma}_B - \Delta\lambda_0 \mathrm{C}\mathrm{n}_\mathrm{B} \tag{9.59}$$

여기서 $\Delta\lambda_0$는 식 (9.52)를 이용하여 다음과 같이 근사적으로 구한다.

$$\Delta\lambda_0 = \frac{f_B}{\mathrm{n}_\mathrm{B} : \mathrm{C} : \mathrm{n}_\mathrm{B} + h_B} \tag{9.60}$$

식 (9.59)에 의해 구해진 C 점은 식 (9.58)을 만족시키지 못하며 잔여수치(residual) r 은 다음 식과 같다.

$$\mathrm{r} = \boldsymbol{\sigma}_\mathrm{C} - (\boldsymbol{\sigma}_\mathrm{B} - \Delta\lambda \mathrm{C}\mathrm{a}_\mathrm{C}) \tag{9.61}$$

항복식을 만족하도록 하면서 잔여수치가 0가 되도록 위의 과정을 반복한다.

$$\mathrm{r}_k + d\sigma + d\lambda \mathrm{C}\mathrm{n} + \Delta\lambda \mathrm{C}\frac{\partial \mathrm{n}}{\partial \sigma} d\sigma = 0 \tag{9.62}$$

여기서 k는 반복계산 회수이며 σ와 n은 C 점에서 구한 것으로 첨자는 생략하였다.

식 (9.62)를 $d\sigma$에 대하여 정리하면, 다음 식을 얻는다.

$$d\sigma = -\left(\mathrm{I} + \Delta\lambda \mathrm{C}\frac{\partial \mathrm{n}}{\partial \sigma}\right)^{-1}(\mathrm{r}_k + d\lambda \mathrm{C}\mathrm{n}) = -\mathrm{Q}^{-1}\mathrm{r}_k - d\lambda \mathrm{Q}^{-1}\mathrm{n} \tag{9.63}$$

항복식에 대한 1차 테일러 전개를 통하여 다음의 일관성 조건식을 얻게 된다.

$$f(\sigma + d\sigma, \bar{\varepsilon}^p + d\bar{\varepsilon}^p) = f_k + \frac{\partial f}{\partial \sigma} : d\sigma + \frac{\partial f}{\partial \bar{\varepsilon}^p} d\bar{\varepsilon}^p = f_k + \mathrm{n} : d\sigma - h d\lambda = 0 \tag{9.64}$$

식 (9.64)에 식 (9.63)을 대입한 후 $d\lambda$에 대하여 정리하면, 다음 식을 얻는다.

$$d\lambda = \frac{f_k - \mathrm{n} : \mathrm{Q}^{-1}\mathrm{r}_k}{\mathrm{n} : \mathrm{Q}^{-1}\mathrm{n} + h} \tag{9.65}$$

반복계산 중에 $d\lambda$가 구해지면, $d\sigma$는 식 (9.63)으로부터 구해진다. 반복계산 과정에서 일관성 조건을 만족하고($f_k = 0$), 식 (9.58)를 만족하면($\mathrm{r}_k = 0$), $d\lambda$는 0이 되고 $d\sigma$도 0이 되어 수렴한 σ_{k+1}와 $\Delta\lambda_{k+1}$를 얻게 된다. 반복계산 중에 σ_{k+1}와 $\Delta\lambda_{k+1}$는 다음 식에 의해 갱신된다.

$$\sigma_{k+1} = \sigma_k + d\sigma \tag{9.66}$$

$$\Delta\lambda_{k+1} = \Delta\lambda_k + d\lambda \tag{9.67}$$

여기서 k는 반복계산 회수이다. 해가 수렴하면, 수렴된 $\Delta\lambda$를 사용하여 시간 t_{n+1}에서의 수치들을 다음과 같이 구한다.

$$\begin{aligned} \sigma_{n+1} &= \sigma_n + \mathrm{C}(\Delta\varepsilon - \Delta\lambda \mathrm{C}\mathrm{n}_\mathrm{C}) \\ \bar{\varepsilon}^p_{n+1} &= \bar{\varepsilon}^p_n + \Delta\lambda \\ \varepsilon^e_{n+1} &= \varepsilon^e_n + \Delta\varepsilon - \Delta\lambda \mathrm{n}_\mathrm{C} \\ \varepsilon^p_{n+1} &= \varepsilon^p_n + \Delta\lambda \mathrm{n}_\mathrm{C} \end{aligned} \tag{9.68}$$

그림 9.6에 후방오일러 적분법을 사용한 응력적분 과정을 도시하였다.

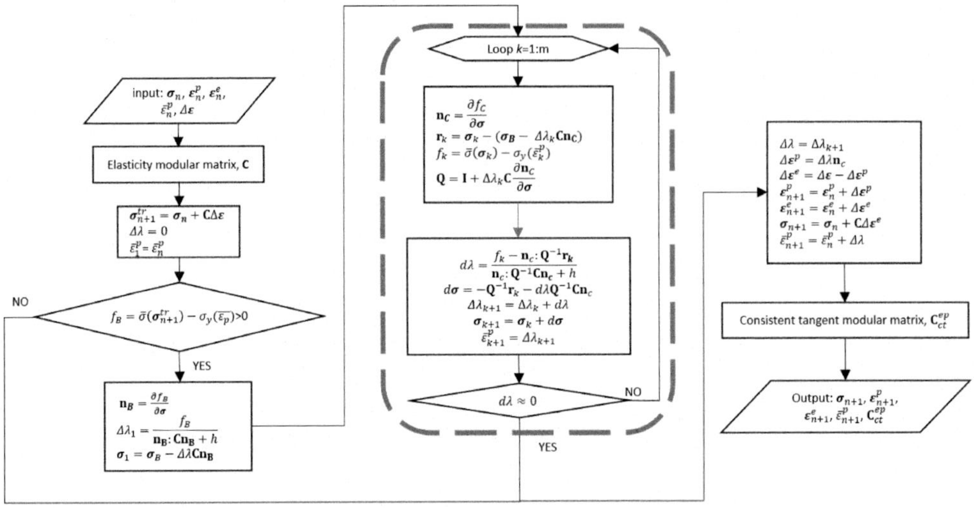

그림 9.6 후방오일러 적분법을 이용한 응력적분

9.8 von Mises 항복식의 경우 응력 및 상태변수의 적분

9.7절의 응력적분 과정은 일반적인 항복식에 관한 것이다. von Mises 항복식의 경우는 3차원 공간에서 항복곡면이 원통면 형상을 하고 있기 때문에 동일한 정수압을 가지는 평면에서 그림 9.7에서 B 점에서의 수직벡터 $\mathbf{n}_B$와 C 점에서의 수직벡터 $\mathbf{n}_C$가 일직선 상에 위치하여 보다 간단한 방법으로 응력 복귀가 이루어진다.

그림 9.7은 von Mises 항복이론을 사용할 때 내연적 적분방법을 사용하여 시간 t_{n+1}에서 응력상태가 항복곡면 위에 있도록 하는 과정을 보여 준다. 3차원 응력공간에서 von Mises 항복곡면은 정수압을 나타내는 직선과 중심축이 일치하는 원통면이다. 그림 9.7은 응력공간을 그 직선에 평행한 방향으로 투영하여 도시하였으며, von Mises 항복곡면은 원으로 나타난다. 내연적 적분 과정에서는 먼저 탄성적으로 시도응력 $\boldsymbol{\sigma}_{n+1}^{tr}(=\boldsymbol{\sigma}_{n+1}^{trial})$을 예측한다. $\boldsymbol{\sigma}_{n+1}^{tr}$은 일반적으로 가공경화에 의하여 시간이 경과한 항복곡면과 일치하지 않는다. 이 때, von Mises 항복곡면의 경우는 그림 9.7과 같이 원으로 나타난 항복곡면의 중심을 향하여 복귀시켜 간단히 새로운 항복곡면과 일치하게 할 수 있다. 이 때, 응력수정성분은 소성수정 성분이며, 그림 9.7에서 $2G\Delta\boldsymbol{\varepsilon}^p$에 해당한다. 이러한 방법은 반경방향복귀법(radial return method)[4,5]이라고 하며 von Mises 항복곡면의 경우 매우 간단하게 수행될 수 있다.

여기서부터 반경방향복귀법에 관하여 설명하며, 인식의 편의성을 위하여 다음 수식들에서 시간 t_{n+1}에 해당하는 항의 경우 시간첨자를 생략한다.

Hooke 법칙을 이용하여 탄성응력에 대한 식을 다음과 같이 구할 수 있다.

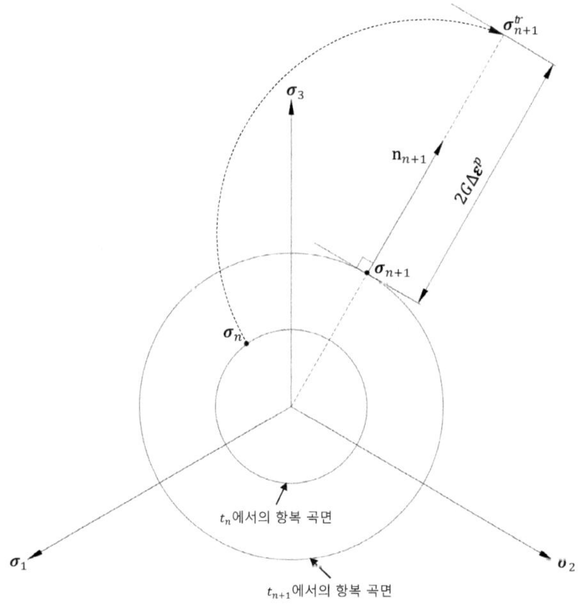

그림 9.7 등방가공경화 von Mises 항복식의 t_n와 t_{n+1} 사이의 내연적 응력적분

$$\boldsymbol{\sigma} = 2G\boldsymbol{\varepsilon}^e + \lambda Tr(\boldsymbol{\varepsilon}^e)\mathrm{I} \tag{9.69}$$

여기서 I는 단위행렬을 의미한다. 시간 t_{n+1}에서 탄성변형률을 다음과 같이 쓸 수 있다.

$$\boldsymbol{\varepsilon}^e = \boldsymbol{\varepsilon}_n^e + \Delta\boldsymbol{\varepsilon}^e = \boldsymbol{\varepsilon}_n^e + \Delta\boldsymbol{\varepsilon} - \Delta\boldsymbol{\varepsilon}^p \tag{9.70}$$

식 (9.70)을 식 (9.69)에 대입하고 $Tr(\Delta\boldsymbol{\varepsilon}^p)=0$임을 이용하면

$$\boldsymbol{\sigma} = 2G(\boldsymbol{\varepsilon}_n^e + \Delta\boldsymbol{\varepsilon}) + \lambda Tr(\boldsymbol{\varepsilon}_n^e + \Delta\boldsymbol{\varepsilon})\mathrm{I} - 2G\Delta\boldsymbol{\varepsilon}^p = \boldsymbol{\sigma}^{tr} - 2G\Delta\bar{\varepsilon}^p\boldsymbol{n} \tag{9.71}$$

이다. 식 (9.15)을 이용하고 편차응력 성분과 정수압을 분리하면, 식 (9.71)은 다음과 같이 쓸 수 있다.

$$\boldsymbol{\sigma}' + \frac{1}{3}(\boldsymbol{\sigma}:\mathrm{I}) = \boldsymbol{\sigma}^{tr} - 2G\Delta\bar{\varepsilon}^p\frac{3}{2}\frac{\boldsymbol{\sigma}'}{\bar{\sigma}} \tag{9.72}$$

여기서 $\boldsymbol{\sigma}'$는 편차응력이다. 식 (9.72)를 정리하면

$$\left(1 + 3G\frac{\Delta\bar{\varepsilon}^p}{\bar{\sigma}}\right)\boldsymbol{\sigma}' = \boldsymbol{\sigma}^{tr'} \tag{9.73}$$

이 된다. 위 식의 양변을 제곱하고, 식 (9.6)을 이용하여 정리하면 다음 식을 얻을 수 있다.

$$\bar{\sigma} + 3G\Delta\bar{\varepsilon}^p = \bar{\sigma}^{tr} \tag{9.74}$$

이 식으로부터 항복식은 다음과 같이 $\Delta\bar{\varepsilon}^p$의 함수로 유도된다.

$$f\left(\Delta\bar{\varepsilon}^p\right) = \bar{\sigma}^{tr} - 3G\Delta\bar{\varepsilon}^p - Y(\bar{\varepsilon}^p + \Delta\bar{\varepsilon}^p) = 0 \tag{9.75}$$

식 (9.75)를 선형화하면

$$\bar{\sigma}^{tr} - 3G\Delta\bar{\varepsilon}^p - Y(\bar{\varepsilon}^p + \Delta\bar{\varepsilon}^p) + \left(-3G - \left(\frac{\partial Y}{\partial \bar{\varepsilon}^p}\right)\right) d\Delta\bar{\varepsilon}^p = 0 \tag{9.76}$$

이다. 이 식을 $d\Delta\bar{\varepsilon}^p$에 대하여 정리하면

$$d\Delta\bar{\varepsilon}^p = \frac{\bar{\sigma}^{tr} - 3G\Delta\bar{\varepsilon}^p - Y(\bar{\varepsilon}^p + \Delta\bar{\varepsilon}^p)}{3G + \left(\dfrac{\partial Y}{\partial \bar{\varepsilon}^p}\right)} \tag{9.77}$$

이다. 식 (9.77)을 이용하여 반복계산 과정에서 $d\Delta\bar{\varepsilon}^p$를 구하여 식 (9.61)을 만족하도록 하는 $\Delta\bar{\varepsilon}^p$를 구하게 된다. 그리고 식 (9.73)과 식 (9.74)를 이용하여 소성변형률 증분을 다음 식과 같이 구할 수 있다.

$$\Delta\boldsymbol{\varepsilon}^p = \Delta\bar{\varepsilon}^p \frac{3}{2}\frac{\boldsymbol{\sigma}'}{\bar{\sigma}} = \Delta\bar{\varepsilon}^p \frac{3}{2}\frac{\boldsymbol{\sigma}^{tr'}}{\bar{\sigma}^{tr}} \tag{9.78}$$

다음의 식으로부터 탄성변형률 증분 $\Delta\boldsymbol{\varepsilon}^e$를 계산한 뒤

$$\Delta\boldsymbol{\varepsilon}^e = \Delta\boldsymbol{\varepsilon} - \Delta\boldsymbol{\varepsilon}^p \tag{9.79}$$

응력 증분을 Hooke 법칙을 이용하여 다음과 같이 계산한다.

$$\Delta\boldsymbol{\sigma} = 2G\Delta\boldsymbol{\varepsilon}^e + \lambda I \Delta\boldsymbol{\varepsilon}^e : \mathrm{I} \tag{9.80}$$

시간 단계 t_{n+1}에서 응력 및 유효소성변형률은 다음 식에 의하여 구한다.

$$\begin{aligned}
\boldsymbol{\sigma}_{n+1} &= \boldsymbol{\sigma}_n + \Delta\boldsymbol{\sigma} \\
\bar{\varepsilon}^p_{n+1} &= \bar{\varepsilon}^p_n + \Delta\bar{\varepsilon}^p \\
\boldsymbol{\varepsilon}^e_{n+1} &= \boldsymbol{\varepsilon}^e_n + \Delta\boldsymbol{\varepsilon} - \Delta\lambda \mathbf{n}_{\mathrm{B}} \\
\boldsymbol{\varepsilon}^p_{n+1} &= \boldsymbol{\varepsilon}^p_n + \Delta\lambda \mathbf{n}_{\mathrm{B}}
\end{aligned} \tag{9.81}$$

9.9 탄소성 일관접선강성행렬

9.6절에서 미소변형 증분이 발생하였을 때의 표준접선강성행렬을 유도하였다. 이러한 표준접선강성행렬은 변형 증분이 미소할 때는 잘 작동하지만, 변형 증분이 커지면 9.4절에서 설명한 Newton-Raphson 방법으로 유한요소 해를 구할 때 수렴성을 크게 저하시킨다.

Simo와 Taylor[4.6]는 후방오일러 적분법에 부합하는 일관접선강성행렬을 유도하였다. 일관접선강성행렬은 변형 증분이 큰 경우에도 해의 수렴성을 크게 향상시킨다. 다음에 일관접선강성행렬의 유도에 관하여 기술하였다.

후방오일러 적분법에서 C 점에서의 응력은 다음 식을 이용하여 구할 수 있다.

$$\sigma_C = \sigma_B - \Delta\lambda \mathrm{C} \mathrm{a}_\mathrm{C} = \sigma_\mathrm{n} + \mathrm{C}\Delta\varepsilon - \Delta\lambda\mathrm{C}\mathrm{a}_\mathrm{C} \tag{9.82}$$

식 (9.82)를 미분하면, 다음 식을 얻는다. 지금부터 하첨자 C를 생략한다.

$$d\sigma = \mathrm{C}\,d\varepsilon - d\lambda\mathrm{C}\mathrm{n} - \Delta\lambda\mathrm{C}\frac{\partial \mathrm{n}}{\partial \sigma}d\sigma \tag{9.83}$$

식 (9.83)의 마지막 항이 표준접신강성행렬의 유도에서는 포함되지 않았음을 유의해야 한다. 식 (9.83)을 $d\sigma$에 대하여 정리하면 다음 식을 얻을 수 있다.

$$d\sigma = \left(\mathrm{I} + \Delta\lambda\mathrm{C}\frac{\partial \mathrm{n}}{\partial \sigma}\right)^{-1}\mathrm{C}(d\varepsilon - d\lambda\mathrm{n}) = \mathrm{Q}^{-1}\mathrm{C}(d\varepsilon - d\lambda\mathrm{n}) = \mathrm{R}(d\varepsilon - d\lambda\mathrm{n}) \tag{9.84}$$

여기서 Q는 9.6절의 후방오일러 적분법의 유도에서 사용되었다. 항복곡면 위에 응력이 위치할 조건과 식 (9.84)를 결합하면, 다음 식으로 전개된다.

$$df = \mathrm{n}:\sigma - h\,d\lambda = \mathrm{n}:\mathrm{R}\,d\varepsilon - d\lambda\mathrm{n}:\mathrm{R}\mathrm{n} - h\,d\lambda = 0 \tag{9.85}$$

식 (9.85)를 $d\lambda$에 대하여 정리하면, 다음과 같은 식을 얻는다.

$$d\lambda = \frac{\mathrm{n}:\mathrm{R}\,d\varepsilon}{\mathrm{n}:\mathrm{R}\mathrm{n} + h} \tag{9.86}$$

식 (9.86)을 식 (9.84)에 대입하면, $d\sigma$를 다음과 같이 구할 수 있다.

$$d\sigma = \mathrm{C}^{ep}_{ct}\,d\varepsilon = \left(\mathrm{R} - \frac{(\mathrm{R}\cdot\mathrm{n})\otimes(\mathrm{R}:\mathrm{n})}{\mathrm{n}:\mathrm{C}:\mathrm{n} + h}\right)d\varepsilon \tag{9.87}$$

식 (9.87)에서 C^{ep}_{ct}가 탄소성 일관접선강성행렬(elasto-plastic consistent tangent modular matrix)이다. 이 때 C^{ep}_{ct}는 9.6절의 C^{ep}와 일치한다. 즉, 변형 증분이 미소해지면, 탄소성 일관접선강성행렬은 탄소성 표준접선강성으로 수렴한다.

9.10 대변형의 고려

대변형이 수반된 변형은 대회전 및 대변형률을 적절하게 고려해야 한다. 이를 위한 방법은 여러 가지가 있으나 변형구배텐서(deformation gradient tensor) F를 이용한 방법을 소개한다. 아래의 그림 9.8은 극분해(polar decomposition)에 기반한 응력적분 과정을 2차원에 대하여 설명하고 있으며, 3차원의 경우는 이를 확장하여 생각할 수 있다.

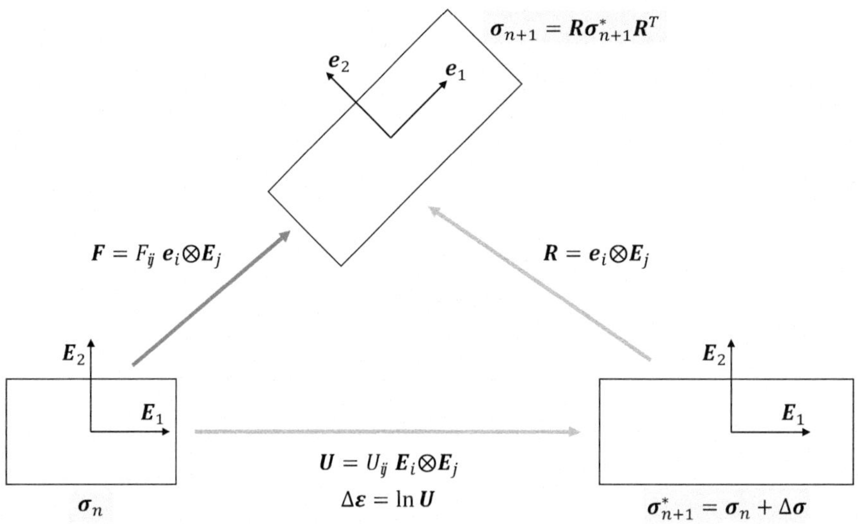

그림 9.8 극분해에 기반한 응력적분 개념도

매 해석스텝에서 한 단계 동안 변형구배텐서 F를 구한 뒤, 이것을 극분해하여 회전텐서 R과 우신장텐서 U를 다음 식과 같이 구할 수 있다.

$$\mathrm{F} = \mathrm{RU} \tag{9.88}$$

식 (9.88)의 우신장텐서 U로부터 대변형률을 고려하기 위하여 변형률 증분 $\Delta\varepsilon_{ij}$을 다음 식으로부터 구한다[4.7].

$$\Delta\varepsilon_{ij} = \ln\left(U_{\mathrm{ij}}\right) \tag{9.89}$$

식 (9.89)가 성립하기 위해서는 최소소성일의 경로를 따라야 하며, 다음 2가지 조건을 만족해야 한다: 첫째, 세 개의 주 신장축 세트가 재료에 대해 고정되어 있어야 한다. 둘째, 주 신장들의 진변형률 비가 고정된 비율로 유지되어야 한다[4.7].

한 단계의 해석스텝 동안의 응력 증분 $\Delta\sigma$의 계산은 9.7절에 자세히 설명되어 있다. 회전성분을 포함하지 않는 변형률 증분 $\Delta\varepsilon_{ij}$을 사용하여 시간 t_{n+1}에서 회전을 고려하지 않은 응력 $\boldsymbol{\sigma}^*_{n+1}$을 다음 식으로 구한다.

$$\sigma^*_{n+1} = \sigma_n + \Delta\sigma = \sigma_n + \mathrm{C}(\Delta\varepsilon - \Delta\varepsilon^p) \tag{9.90}$$

여기서 σ_n은 시간 t_n에서의 응력을 나타내며, 직전 해석스텝 계산단계에서 이미 구해진 값이다. C는 탄성강성이며, $\Delta\varepsilon^p$는 소성변형률 증분이다.

식 (9.90)에 의하여 구해진 응력 σ^*_{n+1}을 그림 9.8과 같이 식 (9.88)에서 구한 회전텐서 R로 변환하여 회전을 고려한 해석스텝 t_{n+1}의 응력 σ_{n+1}을 구한다[4.8].

$$\sigma_{n+1} = \mathrm{R}\sigma^*_{\mathrm{n+1}}\mathrm{R}^{\mathrm{T}} \tag{9.91}$$

9.11 내연적정적 탄소성 유한요소 프로그램에서의 탄소성 재료특성의 구현

내연적 탄소성 유한요소해석(static implicit elasto-plastic finite element) 프로그램에서는 기본적으로 식 (9.37)을 이용하여 시간열 $\mathrm{t} = \{t_0(=0), t_1, \ldots, t_n, t_{n+1}, \ldots, t_{end}\}$에 따라 순차적으로 탄소성 문제를 내연적 시간 적분법으로 해석한다. t_n까지 해석이 수행되었을 때, 다음 시간단계 t_{n+1}의 해석은 식 (9.37)을 구성해서 수행되어야 한다. 유한요소법은 각 요소 방정식을 계산한 후 조합하여 전체 문제를 풀어 나간다. 따라서 요소 수준에서 요소행렬들을 계산해야 하며 요소행렬들의 계산은 사용하는 요소의 특성에 따라 다르게 구현된다.

한편, 요소행렬들의 계산은 적분점에서 수치적분을 사용하여 수행되며, 재료의 탄소성 특성의 반영은 적분점 수준에서 구현된다. 따라서 요소의 종류가 상이하여도 적분점 수준에서 탄소성 재료 특성의 구현 방법은 동일하다. 따라서 이 절에서는 적분점 수준에서 구현되는 재료의 탄소성 특성이 구현되는 과정에 대하여 설명한다.

시간단계 t_n에서 응력 σ_n 및 가공경화상태변수인 $\bar{\varepsilon}^p_n$이 주어졌을 때, 다음 시간단계 t_{n+1}의 해를 구하기 위하여 탄소성 유한요소해석 프로그램에서 요소의 적분점 수준에서 처리하는 과정을 후방오일러 적분법을 사용하는 경우에 대하여 순차적으로 정리하였다.

(1) 먼저 변형률 증분 $\Delta\varepsilon$를 계산한다.

$$\Delta\varepsilon = \ln(\mathrm{U}) \tag{9.92}$$

(2) 탄성 시도응력(elastic trial stress)를 계산한다.

$$\sigma^{tr} = \sigma_n + 2G\Delta\varepsilon + \lambda I\Delta\varepsilon : \mathrm{I} \tag{9.93}$$

(3) 항복식을 계산한다.

$$f = \bar{\sigma}(\sigma^{tr}) - Y(\bar{\varepsilon}^p_n) \tag{9.94}$$

(4) 항복 여부를 판정하고

(i) $f > 0$이면, $\boldsymbol{\sigma}_{n+1}$과 $\Delta\bar{\varepsilon}^p (= \Delta\lambda)$를 후방오일러 적분법으로 구한다.

(ii) 그 이외의 경우에는 소성변형이 발생하지 않으므로

$$\Delta\bar{\varepsilon}^p = 0 \tag{9.95}$$

(5) 소성변형률 증분, 탄성변형률 증분, 응력 증분 등을 계산한다.

$$\begin{aligned} \Delta\boldsymbol{\varepsilon}^p &= \frac{3}{2}\Delta\bar{\varepsilon}^p \mathrm{n} \\ \Delta\boldsymbol{\varepsilon}^e &= \Delta\boldsymbol{\varepsilon} - \Delta\boldsymbol{\varepsilon}^p \\ \Delta\boldsymbol{\sigma} &= 2G\Delta\boldsymbol{\varepsilon}^e + \lambda I \Delta\boldsymbol{\varepsilon}^e : \mathrm{I} \end{aligned} \tag{9.96}$$

(6) 시간 t_{n+1}에서의 응력과 상태변수를 적분하여 구한다.

$$\begin{aligned} \boldsymbol{\sigma}_{n+1} &= \boldsymbol{\sigma}_n + \Delta\boldsymbol{\sigma} \\ \bar{\varepsilon}^p_{n+1} &= \bar{\varepsilon}^p_n + \Delta\bar{\varepsilon}^p \\ \boldsymbol{\varepsilon}^e_{n+1} &= \boldsymbol{\varepsilon}^e_n + \Delta\boldsymbol{\varepsilon}^e \\ \boldsymbol{\varepsilon}^p_{n+1} &= \boldsymbol{\varepsilon}^p_n + \Delta\boldsymbol{\varepsilon}^p \end{aligned} \tag{9.97}$$

(7) 유한요소방정식, 식 (9.37)을 구성하는데 필요한 적분점에서의 탄소성 일관접선강성행렬, C^{ep}_{ct}를 계산한다.

$$\mathrm{C}^{ep}_{ct} = R - \frac{(\mathrm{R}:\mathrm{n}) \otimes (\mathrm{R}:\mathrm{n})}{\mathrm{n}:\mathrm{C}:\mathrm{n} + \mathrm{h}} \tag{9.98}$$

9.12 3차원 탄소성 해석에 MINI요소의 활용

육면체요소를 사용하는 것이 수치적 안정성과 해석결과의 정확도에서 유리하다는 사실은 일반적으로 알려져 있는 사실이나, 소성가공 공정의 해석을 위한 육면체요소망의 자동생성은 용이하지 않다. 사면체요소는 요소망생성 및 재구성이 용이한 관계로 소성가공 공정 해석에 많이 사용되고 있다. 그러나 사면체요소를 사용할 때는 비압축성 조건이 요소에 너무 과하게 작용하여 수치적 로킹(과구속) 현상(locking phenomenon)이 발생하게 된다. 이러한 사면체요소의 사용 시에 발생하는 문제점을 해결하기 위해서 절점에 정수압 자유도를 추가하여 수치적 과구속 문제를 해결할 수 있다[4.4].

속도장이 주어진 경계 S_u와 표면력이 주어진 경계 S_t를 가지는 변형되는 일반적인 물체 V에 대한 탄소성 유한요소해석을 위한 2 변수(**변위, 정수압**) 방법에 의한 약형을 유도해 보자. 주어진 변위 경계조건을 만족하는 임의의 변위의 변분 $\delta\omega$ 와 임의의 정수압의

변분 δp 에 대해서 변위장 $\boldsymbol{u}$와 정수압 p를 구하기 위한 약형은 다음과 같다.

$$\int_V \delta \boldsymbol{\varepsilon}^{\mathrm{T}} \boldsymbol{\sigma} dV - \int_V \delta \boldsymbol{w}^{\mathrm{T}} \mathrm{f} dV - \int_{S_t} \delta \boldsymbol{w} \mathrm{t} dS = 0 \tag{9.99}$$

$$\int_V \delta q \left[\varepsilon_v + \frac{p}{K}\right] dV = 0 \tag{9.100}$$

여기서 $\boldsymbol{\sigma}$와 $\boldsymbol{\varepsilon}$은 각각 응력텐서와 변형률텐서를 나타내고, f와 t는 각각 체적력과 표면력을 나타낸다. 그리고 ε_v는 부피변형률을 나타내고, K는 체적탄성계수를 나타낸다. 한편 부피변화율은 $\mathrm{m}^{\mathrm{T}} = [1\,1\,1\,0\,0\,0]$을 이용하여 다음과 같이 표현된다.

$$\varepsilon_v = \mathrm{m}^{\mathrm{T}} \boldsymbol{\varepsilon} \tag{9.101}$$

탄소성 유한요소해석에서 비선형성을 고려하기 위하여 여러 개의 계산 증분으로 나누어서 순차적으로 계산한다. 시간 t_n에서 해가 구해졌을 때, 시간 t_{n+1}에서 해는 식 (9.99)와 식 (9.100)에 식(9.90)과 식(9.101)을 대입함으로써 구해진다. 즉, 다음의 수식으로부터 시간 t_{n+1}에서 해를 구할 수 있다.

$$\int_V \mathrm{B}^{\mathrm{T}} \left(\sigma_{\mathrm{n}}' + \mathrm{D}_{\mathrm{d}} \mathrm{B} \Delta \mathrm{U}\right) dV - \int_V \mathrm{B}^{\mathrm{T}} \mathrm{m} \mathrm{N}_{\mathrm{p}} \mathrm{P} dV - \int_V \mathrm{N}_u^{\mathrm{T}} \mathrm{f} dV - \int_{S_t} \mathrm{N}^{\mathrm{T}} \mathrm{t} dS$$
$$- \int_V \mathrm{N}_p^{\mathrm{T}} \mathrm{m}^{\mathrm{T}} \varepsilon_{\mathrm{v}}^{\mathrm{n}} dV - \int_V \mathrm{N}_p^{\mathrm{T}} \mathrm{m}^{\mathrm{T}} \mathrm{B} \Delta \mathrm{U} dV - \int_V \mathrm{N}_p^{\mathrm{T}} \frac{1}{\mathrm{K}} \mathrm{N}_p \mathrm{P} dV = 0 \tag{9.102}$$

여기서 σ'는 편차응력을, D_{d}는 편차응력-변형률 행렬을, B는 변형률-변위 행렬을 나타낸다. 사면체요소에서 변위장 근사 형상함수 N_{u}와 정수압 근사 형상함수 N_{p}를 동일한 차수로 보간하면, 정수압이 진동하는 현상이 발생하게 된다. 이를 해결하기 위하여 MINI-요소[4.9]에서는 버블 형상함수, N_{B}와 버블 변위 $\Delta \mathrm{U}^{\mathrm{B}}$를 추가하여 변위장의 차수를 높여주어 이러한 현상을 해결한다.

그리고 식 (9.102)에 Newton-Raphson 방법과 버블 형상함수를 적용하면 다음 식을 얻는다.

$$\begin{bmatrix} \mathrm{K}_0 & \mathrm{h}_{ub} & \mathrm{h}_{up} \\ \mathrm{h}_{ub}^{\mathrm{T}} & \mathrm{h}_{bb} & \mathrm{h}_{bp} \\ \mathrm{h}_{bp}^{\mathrm{T}} & \mathrm{h}_{bp}^{\mathrm{T}} & \mathrm{V} \end{bmatrix} \begin{Bmatrix} \Delta \mathrm{U} \\ \Delta \mathrm{U}^{\mathrm{B}} \\ \Delta \mathrm{P} \end{Bmatrix} = \begin{Bmatrix} \mathrm{f}^{\mathrm{ext}} \\ 0 \\ 0 \end{Bmatrix} - \begin{Bmatrix} \mathrm{f}^{i} \\ 0 \\ \mathrm{f}^{p} \end{Bmatrix} \tag{9.103}$$

여기서 하첨자 0는 표준 형상함수와 관련된 항을 나타내고, 하첨자 b는 버블 형상함수와 관련된 항을 나타내며, 하첨자 p는 정수압과 관련된 항을 나타낸다. 여기서 $\mathrm{f}^{\mathrm{ext}}$는 외력벡터를, f^{i}는 내력벡터를, 그리고 f^{p}는 정수압과 관련된 불일치력을 각각 나타낸다.

식 (9.103)에서 버블 변위 $\Delta \mathrm{U}^{\mathrm{B}}$를 소거하면, 다음 유한요소방정식을 얻는다.

$$\begin{bmatrix} K_0 - h_{ub}h_{bb}^{-1}h_{ub}^T & h_{up} - h_{ub}h_{bb}^{-1}h_{bp} \\ h_{up}^T - h_{bp}^T h_{bb}^{-1}h_{ub}^T & V - h_{bp}h_{bb}^{-1}h_{bp} \end{bmatrix} \begin{Bmatrix} \Delta U \\ \Delta P \end{Bmatrix} = \begin{Bmatrix} f^{ext} \\ 0 \end{Bmatrix} - \begin{Bmatrix} f^i \\ f^p \end{Bmatrix} \tag{9.104}$$

식 (9.103)와 식 (9.104)의 자세한 내용은 참고문헌[4.10, 4.11]에 수록되어 있다. 소성가공 공정 해석에서는 여러 가지 비선형성이 존재하므로 식 (9.104)을 만족시키는 해를 9.5절과 동일한 방법으로 Newton-Raphson 반복법을 적용하여 구한다.

참고 문헌

[4.1] D. N. Arnold, F. Brezzi, M. Fortin, A stable finite element for stokes equations, Calcolo, Vol. 21, No. 4, pp. 337-344, 1984.

[4.2] F. Dunne, N. Petrinic, Introduction to Computational Plasticity, Oxford University Press, UK, 2005.

[4.3] O. C. Zienkiewicz, R. L. taylor, J. Z. Zhu, P. Nithiarasu, The Finite Element Method, Butterworth-Heinemann, 2005.

[4.4] M. A. Crisfield, Non-linear Finite Element Analysis of Solids and Structures, Vol. I, John Wiley & Sons Ltd, UK. 1991.

[4.5] M. L. Wilkins, Calculation of elasto-plastic flow, Method of Computational Physics, Vol. 3, New York, Academic Press, 1964.

[4.6] J. C. Simo, R. L. Taylor, Consistent tangent operators for rate-independent elastoplasticity, Comp Meth Appl Mech Engng, Vol.48, pp.101-118, 1985.

[4.7] J. C. Nagtegaal, N. Rebelo, On the development of a general purpose finite element program for analysis of forming processes. Int J Num Meth Eng, 25, 113, 1988.

[4.8] J. W. Yoon, D. Y. Yang, K. Chung, F. Barlat, A general elasto-plastic finite element formulation based on incremental deformation theory for planar anisotropy and its application to sheet metal forming, Int J Plasticity, Vol. 15, pp. 35-67, 1999.

[4.9] D. N. Arnold, F. Brezzi, M. Fortin, A stable finite element for Stokes equations, Calcolo, Vol. 21, pp. 337-344, 1984.

[4.10] E. Perchat, Mini-élément et factorization incomplètes pour la parallélisation d'un solveur de Stokes 2D. Application au forgeage, thèses de Doctoral en Sciences et Génie des Matéiaux, ENSMP, 2000.

[4.11] W. J. chung, M. S. Joun, Elastoplastic finite element method using three-dimensional tetrahedral MINI-element, Korea J Plast Pro Soc, pp.224-227, 2014.

제5부
유한요소법의 응용

제5부에서는 유한요소법의 응용에 관하여 공부한다. 특히 결과의 검증이 가능한 소성가공 공정에 적용된 다양한 예제들을 강조하여 공부함으로써 유한요소법에 대한 확신을 심어주고 그 유용성을 체득하도록 한다.

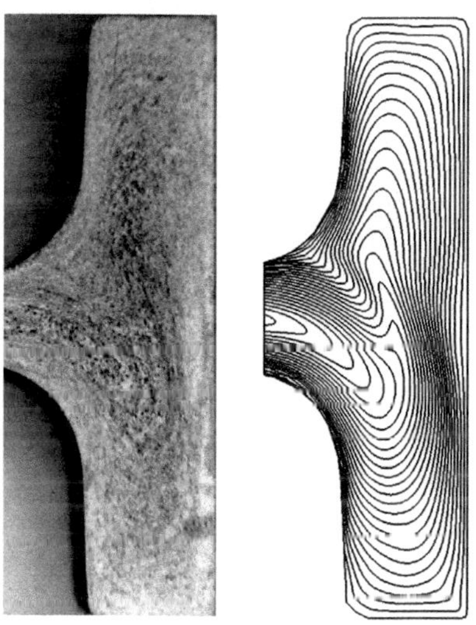

Experiment Prediction

유한요소법에 바탕을 둔 공학 소프트웨어

제 1 장

1.1 서론

일반적으로 유한요소법 [5.1-5.5]에 근간을 둔 CAE 소프트웨어는 솔버(solver), 전처리 프로그램(pre-processor), 후처리 프로그램(post-processor) 등으로 구성된다. 솔버는 유한요소방정식을 만들고 푸는 기능을 갖춘 모듈이다. 전처리 프로그램은 솔버에서 필요로 하는 입력 정보를 생성하는 역할, 즉 사용자의 입력 정보 생성을 돕는 역할을 하고, 후처리 프로그램은 솔버에서 구한 해석 결과를 적절히 가공하고 정보화하여 사용자가 원하는 형태로 제공하는 역할을 한다.

소성가공 공정 시뮬레이션에는 탄성역학, 소성역학, 열전달 등의 다양한 역학적 문제가 포함되어 있으므로 유한요소법에 바탕을 둔 소프트웨어를 예시하여 설명하는데 적합하다고 할 수 있다. 따라서 그림 1.1의 소성가공 공정 시뮬레이터를 예로 들어 보다 상세하게 설명한다.

유한요소법에 바탕을 둔 공학해석 소프트웨어는 자연현상을 수식화한 지배방정식(미분방정식으로 수식화됨)과 경계조건, 즉 경계치 문제를 수치적으로 푸는 것이다. 이 경계치 문제는 수학적 처리, 즉 미분방정식의 근사해법의 적용을 통하여 대수연립방정식, 즉 유한요소방정식으로 변환되며, 이 유한요소방정식의 미지수는 일반적으로 주변수 또는 독립변수에 속하는 변위와 온도(정상상태 문제에 해당) 또는 온도변화율(비정상상태 문제에 해당)이다. 물론 혼합형 수식을 사용할 경우, 예를들면 비압축성 조건의 처리를 위하여 라그랑지 변수법을 사용할 경우에는 정수압이 미지수에 포함될 수 있다. 선형 단성 문제와 같이 경계치 문제가 선형일 경우, 그에 상응하는 유한요소방정식은 선형연립방정식이 되고, 경계치 문제가 비선형일 경우, 그에 상응하는 유한요소방정식은 비선형연립방정식이 된다. 비선형연립방정식은 선형화된 연립방정식, 즉 선형연립방정식을 반복적으로 풀어서 해를 구하는 축차적인 방법에 의존하고 있다. 따라서 공학문제의 수치해석은 궁극적으로는, 즉 컴퓨터 입장에서 보면 선형연립방정식을 푸는 것이라고 할 수 있다.

한편, 주변수가 구해지면, 변형률, 변형률속도, 유효변형률, 유효변형률속도, 열전달률 등의 종속변수는 기하학적, 역학적, 실험적 관계식들에 의하여 부수적으로 구해진다. 여기서 강조할 것은 대부분의 종속변수들은 주변수의 1차 도함수에 비례하므로 주변수보다 정

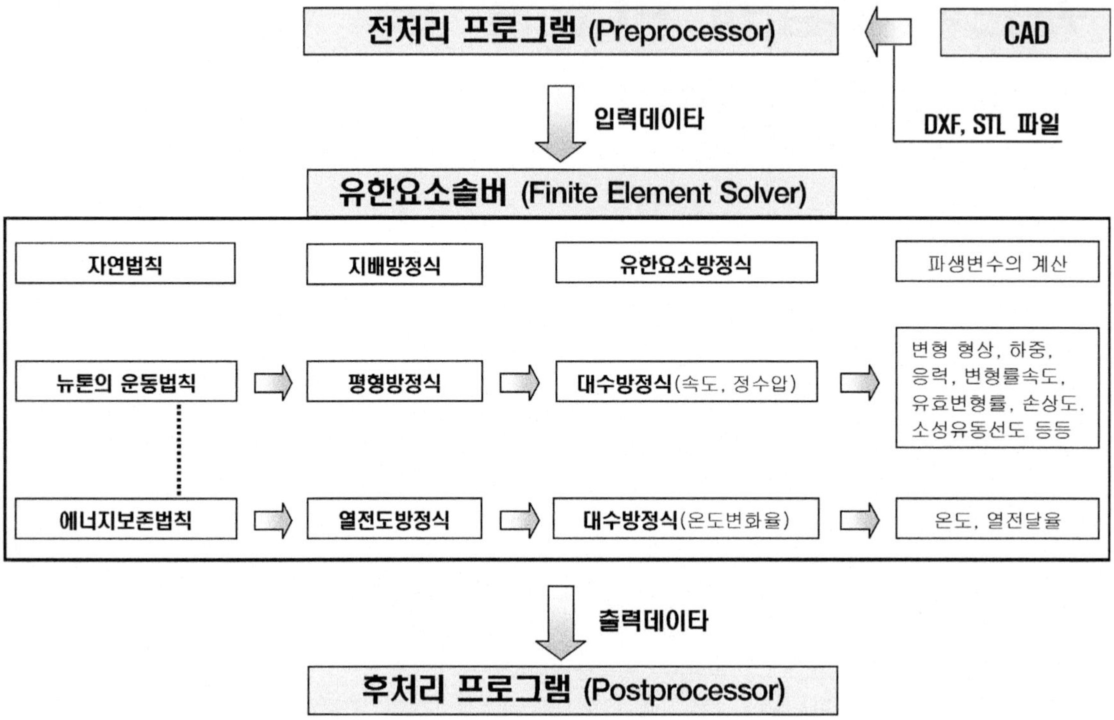

그림 1.1 유한요소해석 소프트웨어의 구성(체적소성가공 시뮬레이터의 경우)

확도가 떨어진다는 사실이다. 특히 선형요소를 사용할 경우, 대부분의 종속변수는 요소 경계에서 불연속인 요소치로 주어지므로 후처리 과정에서 순화가 필수적이며, 이에 따른 다소의 수치적 불확실성이 개입될 수도 있다. 이러한 문제는 주변수의 1차 도함수값의 변화가 큰 부위를 중심으로 절점 수를 증가시키면, 그 불확실성의 정도가 감소한다.

일반적으로 CAE 소프트웨어에서 요구하는 해석 정보와 해석 결과는 방대하고 복잡한 기하학적 형상을 포함하므로 컴퓨터 그래픽 기술의 활용이 필수적이며, 상용화된 소프트웨어의 활용성은 전후처리 프로그램의 성능에 크게 좌우되는 경향이 있다. 그리고 대부분의 전후처리 프로그램은 범용 CAD 소프트웨어와 원활한 인터페이스 기능을 갖추고 있으며, 사용자의 편리성 극대화에 많은 노력을 기울여 놓았기 때문에 유한요소법의 이론에 비하여 관련 소프트웨어의 사용은 쉽고 간단하다.

따라서 CAE 활용 기술은 단순 사용 기술에 있는 것이 아니고, 역학적 지식과 수치해법에 관한 지식을 바탕으로 한 공학적 문제의 모델링 능력, 즉 실제의 문제를 수학적으로 표현된 경계치 문제로 인식하는 능력과 해석 결과에 대한 평가 및 가치 부여 능력에 달려 있다고 하겠다. 따라서 단순한 유한요소기교의 이해와 사용법의 이해는 누구나 할 수 있는 기본적인 것이며, 이 분야의 전문가로 성장하기 위해서는 역학과 연계한 유한요소법의 이해가 필수적이다. 이러한 이유로 저자는 유한요소법을 디지털 역학이라는 사실을 강조하며, 유한요소기교의 이해에 앞서 역학의 이해를 재차 강조하는 바이다.

1.2 탄성역학 문제와 2차원 문제에 대한 입력 데이타의 예

유한요소해석 기술의 체득을 위하여 적절한 문제를 선택한 후 유한요소 해석모델을 만들고 프로그램에서 요구하는 형식에 맞도록 사용자가 문서편집기를 이용하여 입력데이타를 직접 작성하여 실행해 볼 것을 권장한다. 이렇게 하면, 이론과 실제를 접목시키는데 효과적일 수가 있다.

이 절에서는 평면응력 문제, 평면변형 문제, 축대칭 문제 등을 포함하는 등방성 재료의 2차원 탄성역학 문제의 데이타 구조를 앞에서 설명한 관련 이론과 연계하여 설명한다. 여기서 소개하는 데이타의 구조는 2차원 탄성 문제의 유한요소해석을 위한 전형적인 것으로 보아도 무방하다.

제 4 부의 6.5절에서 유도한 열팽창과 초기응력을 고려한 탄성역학 문제의 유한요소방정식에다 경계조건을 반영한 유한요소방정식은 다음과 같다.

$$K_{I'J'}U_{J'} = F_{I'} \text{ 또는 } [K_{I'J'}][U_{J'}] = [F_{I'}] \tag{1.1}$$

여기서 경계조건이 반영된 전체강성행렬 $K_{I'J'}$과 전체하중벡터 $F_{I'}$은 각각 다음과 같다.

$$K_{I'J'} = T_{I'P}\int_V B_{iP} D_{ij} B_{jQ} dV \, T_{J'Q} \tag{1.2}$$

$$F_{I'} = T_{I'P}\,[\int_V B_{iP}\left(D_{ij}\varepsilon_j^0 - \sigma_i^0\right) dV + \int_{S_t} \bar{t}_i N_{iP} dS + \int_V f_i N_{iP} dV + \int_V B_{iP} D_{ij} B_{jQ} dV \, T_{\bar{J}Q} \bar{U}_{\bar{J}}\,] \tag{1.3}$$

식 (1.1)-(1.3)에서 $J,\ P,\ Q \in \tilde{\zeta},\ \bar{j} \in \bar{\zeta},\ I',\ J' \in \zeta'$이며, 여기서 $\tilde{\zeta},\ \bar{\zeta},\ \zeta'$ 등은 다음과 같이 정의된다.

$\tilde{\zeta}$= {J | J는 모든 자유도의 번호}

$\bar{\zeta}$= {$\bar{J}$ | $\bar{J}$는 필수경계조건이 주어진 구속된 자유도의 번호}

ζ' = {J' | J'은 구속되지 않은 미지의 자유도의 번호}

1.2.1 입력데이타와 입력데이타의 구조

식 (1.1)의 수식을 유한요소법으로 풀기 위해서는 먼저 해석대상 물체를 유한요소로 분할해야 한다. 따라서 요소의 수(NE)와 절점의 수(NP), 절점의 위치(CS(2,NP)), 절점들의 연결 정보(NC(4,NE))가 기본적으로 필요하다. 이 연결정보와 절점의 위치는 제 4 부의 식 (6.27), 식 (6.75), 식 (6.95) 등에서 정의된 식 (1.2)와 식 (1.3)의 B_{iP} 등을 계산할 때 사용된다.

임의 방향에 대한 경계조건의 처리를 위하여 각 절점에서 국부(지방)좌표계(DC(2,NP), $T_{I'P}$의 계산에 사용됨)가 정의되어야 하고, 변위 구속 경계 여부(NB(2,NP))와 변위 구속

경계에서의 주어진 변위(VV(2,NP), $\overline{U'}_J$의 입력), 집중하중 경계(FV(2,NP), $\bar{t}_i$을 적분한 값의 직접 입력), 분포하중 경계(TV(2,NP), $\bar{t}_i$의 입력) 등의 각종 경계조건이 정의되거나 입력되어야 하며, 열적 하중으로 절점의 초기온도와 최종온도(TP(2,NP), 제 3 부의 식 (5.29)-(5.32)에 의하여 ε_j^0으로 환산됨)가 입력되어야 한다. 그리고 재료의 물성치가 입력되어야 한다. 재료의 물성치는 부위마다 다를 수 있고 요소의 형태에 따라 다를 수 있으므로, 지정한 요소의 그룹 수(NG)만큼의 탄성계수(YM(NG), 포아송비와 함께 (제4부의 식 (6.20), 식 (6.21), 식 (6.68) 등에서 정의된 D_{ij}의 계산에 사용됨), 포아송비(PO(NG), D_{ij}의 계산에 사용됨), 열팽창계수(ER(NG), 제3부의 식 (5.30)-(5.32)에서 정의된 ε_j^0의 계산에 사용됨), 단위부피당 무게(BF(2,NG), f_i의 입력) 등이 입력되어야 한다. 따라서 각 요소에는 그 요소가 속한 재료 그룹번호(KG(NE))가 지정되어야 하고, 각 요소 그룹은 요소의 형태(NET(NG)), 즉 삼각형요소 및 사각형요소 여부와 요소에 부과된 조건(NPT(NG)), 즉 평면응력, 평면변형, 축대칭 등의 조건이 명시되어야 한다. 그리고 요소의 도심에서의 초기응력(PS(5,NE), σ_i^0의 입력)은 각 요소마다 입력되어야 한다.

2차원 탄성 유한요소해석 프로그램에서 요구하는 필수적인 입력데이타의 구조는 다음과 같다.

[1] 절점수

♠ NP ♠

- NP : 절점수

[2] 절점좌표

♠ L, CS(1,L), CS(2,L), 〔L=1, .., NP〕 ♠

- L : 절점의 일련번호
  - CS(1,L) : L-번째 절점의 x-좌표
  - CS(2,L) : L-번째 절점의 y-좌표

[3] 경계조건

♠ L, NB(1,L), NB(2,L), 〔L=1, .., NP〕 ♠

- L : 절점의 일련번호
- NB(1,L) : L-번째 절점의 x'^L-방향 경계조건
- NB(2,L) : L-번째 절점의 y'^L-방향 경계조건

※ NB(i,L)=1이면, 절점 L의 i-방향의 자유도가 구속되고, 0이면 변위가 미지수임을 뜻함(i=1,2).

※ 경계를 자유도가 구속된 경계 S_{u_i}와 그 나머지의 경계 S_{t_i}로 구분함.

☆ [4]번 데이타에서 국부(지방)좌표계 $x'^L - y'^L$을 정의함.

[3] 국부(지방)좌표계

♠ L, DC(1,L), DC(2,L), 〔L=1, .., NP〕 ♠

- L : 절점의 일련번호
- DC(1,L) : L-번째 절점의 $\cos\theta_L$
- DC(2,L) : L-번째 절점의 $\sin\theta_L$

※ 벡터 (DC(1,L), DC(2,L))는 절점 L의 국부좌표축 x'^L-축을 정의함. y'^L-축은 x'^L-축을 반시계반향으로 90도 회전하여 정의함. 따라서 좌표변환행렬 $T_{I'P}$를 정의하고, 비스듬한 경계조건의 처리에 사용됨.

※ 그림 1.2에서 보는 바와 같이, θ_L은 국부(지방)좌표계의 x'^L-축과 x-축이 이루는 각도임.

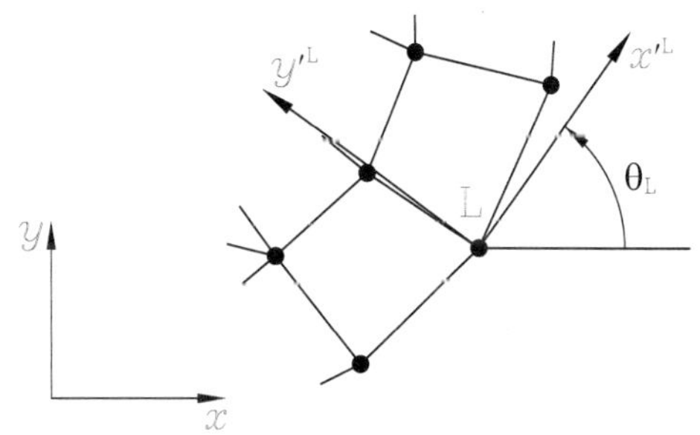

그림 1.2 국부(지방)좌표계

[5] 절점변위

♠ L, VV(1,L), VV(2,L), 〔L=1, .., NP〕 ♠

- L : 절점의 일련번호
- VV(1,L) : L-번째 절점의 x'^L-방향 절점변위 성분
- VV(2,L) : L-번째 절점의 y'^L-방향 절점변위 성분

※ 구속되지 않은 자유도에 해당하는 절점변위 성분은 무의미한 값임. 즉, VV(i,L)은 NB(i,L)=1일 때만 의미를 가짐(i=1,2).

※ 식 (1.3)의 $\overline{U}'_J$를 입력함.

[6] 절점력(집중하중)

♠ L, FV(1,L), FV(2,L), 〔L=1, .., NP〕 ♠

- L : 절점의 일련번호
- FV(1,L) : L-번째 절점의 x'^L-방향 절점력 성분
- FV(2,L) : L-번째 절점의 y'^L-방향 절점력 성분

※ 구속된 자유도에 해당하는 절점력 성분은 무의미한 값임. 즉, FV(i,L)은 NB(i,L)=0일 때만 의미를 가짐.

※ 집중하중을 입력하는 역할을 하며, 식 (1.3)에서 $T_{I'P}\int_{S_i} N_{iP}\, dS$을 사용자가 직접 계산하여 입력하는 것으로 간주할 수 있음.

[7] 표면력(분포하중)

♠ L, NT, TV(1,L), TV(2,L), 〔L=1, ..,NP〕 ♠

- L : 절점의 일련번호
- NT : L-번째 절점의 표면력 형태
- TV(1,L) : L-번째 절점의 x'^L-방향 표면력 성분
- TV(2,L) : L-번째 절점의 y'^L-방향 표면력 성분

※ 분포하중, 즉 주어진 표면력벡터 $\bar{t}_i$를 입력함.

※ NT=0이면 (TV(1,L), TV(2,L))은 무의미한 값이며, NT=1, 2, 3일 때, 의미있는 값을 가짐.

※ 그림 1.3에서 보는 바와 같이 NT=1이면 (TV(1,L), TV(2,L))은 절점 L의 반시계 방향에만 영향을 미치며, NT=2이면 시계방향에만 영향을 미치고, NT=3이면 양 방향 모두 영향을 미침.

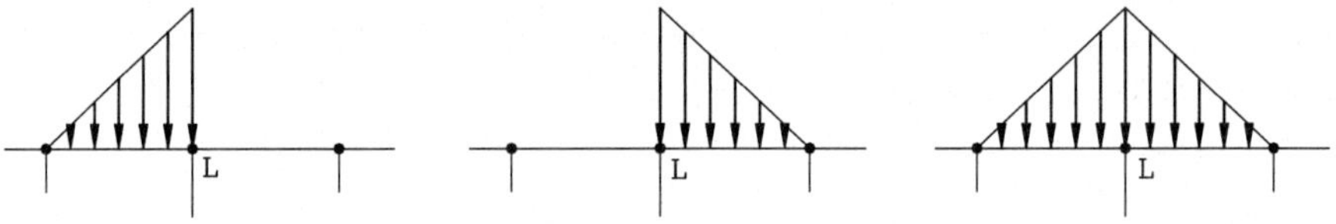

a) NT=1 b) NT=2 c) NT=3

그림 1.3 표면력의 입력 형태

[8] 열하중

♠ L, TP(1,L), TP(2,L), 〔L=1, ..,NP〕 ♠

- L : 절점의 일련번호
- TP(1,L) : L-번째 절점의 현재 또는 최종온도
- TP(2,L) : L-번째 절점의 초기온도

※ 열팽창계수 ER(j)는 [11]번 데이타에서 입력됨.

※ 입력된 온도 차이(TP(1,L)-TP(2,L))는 제3부의 식 (5,29)-(5.32)에 의하여 ϵ_i^0으로 환산됨.

[9] 요소 수 및 요소그룹 수

♠ NE, NG ♠

- NE : 요소의 수
- NG : 요소그룹의 수

▼▼▼ [10]~[12]번 데이타는 NG 번 반복되어야 한다 ▼▼▼

[10] 요소의 형태 정의

♠ j, NET(j), NPT(j) ♠

- j : 요소그룹의 일련번호
- NET(j) : j-번째 요소그룹의 요소망 형태
  ① NET(j) = 1 : 사각형요소
  ② NET(j) = 2 : 삼각형요소
- NPT : 문제의 형태
  ① NPT(j) = 1 : 축대칭 문제
  ② NPT(j) = 2 : 평면변형 문제
  ③ NPT(j) = 3 : 평면응력 문제

[11] 재료정보

♠ MT(j) ♠

♠ YM(j), PO(j) ♠

♠ ER(j) ♠

- MT(j) : 소재의 번호
- YM(j) : 소재의 탄성계수
- PO(j) : 소재의 포와송비
- ER(j) : 소재의 열팽창계수

[12] 체적력

♠ BF(1,j), BF(2,j) ♠

- BF(1,j) : j-번째 소재의 x-방향 체적력
- BF(2,j) : j-번째 소재의 y-방향 체적력
  ※ 체적력 f_i를 입력함.
  ※ 평면응력 및 평면변형 문제의 경우, (BF(1,j), BF(2,j))는 단위면적당 힘을 의미하고, 축대칭 문제의 경우 단위체적당 힘을 의미함.

[13] 초기응력

♠ k, PS(1,k), PS(2,k), PS(3,k), PS(4,k), PS(5,k), [k=1, ..,NE] ♠

- k : 요소의 일련번호
- PS(1,k) : k-번째 요소의 초기응력 성분 σ^o_{rr} , σ^o_{xx}
- PS(2,k) : k-번째 요소의 초기응력 성분 $\sigma^o_{\theta\theta}$, σ^o_{yy}
- PS(3,k) : k-번째 요소의 초기응력 성분 σ^o_{zz} , σ^o_{zz}
- PS(4,k) : k-번째 요소의 초기응력 성분 $\sigma^o_{\theta r}$, σ^o_{xy}
- PS(5,k) : k-번째 요소의 초기 유효응력 $\overline{\sigma}^o$

  ※ σ^0_i를 입력함.

[14] 요소연결 정보

♠ k, KG(k), NC(1,k), NC(2,k), NC(3,k), NC(4,k), [k=1, .., NE]♠

- k : 요소의 일련번호
- KG(k) : k-번째 요소의 요소그룹 번호
- NC(1,k) : k-번째 요소의 첫 번째 절점
- NC(2,k) : k-번째 요소의 두 번째 절점
- NC(3,k) : k-번째 요소의 세 번째 절점
- NC(4,k) : k-번째 요소의 네 번째 절점, 삼각형요소일 경우는 무의미한 수임.

1.2.2 사용자 직접 입력에 의한 입력데이타 작성의 예

[1] 문제의 정의

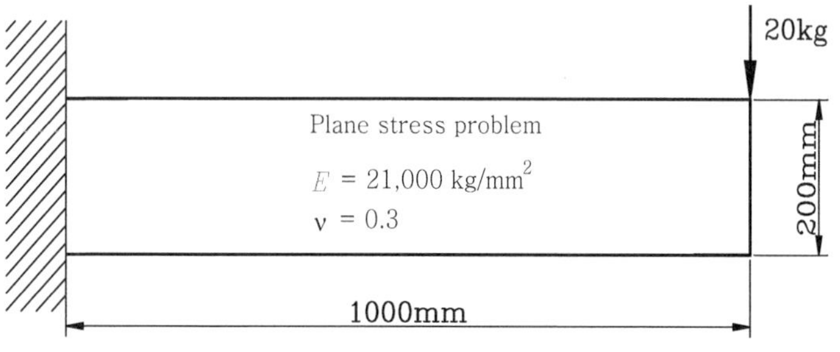

그림 1.4 예제의 정의

[2] 요소망의 구성

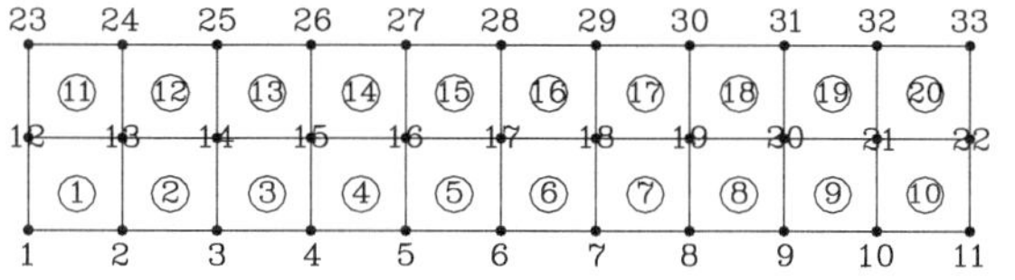

그림 1.5 예제의 요소망

[3] 절점력과 경계조건

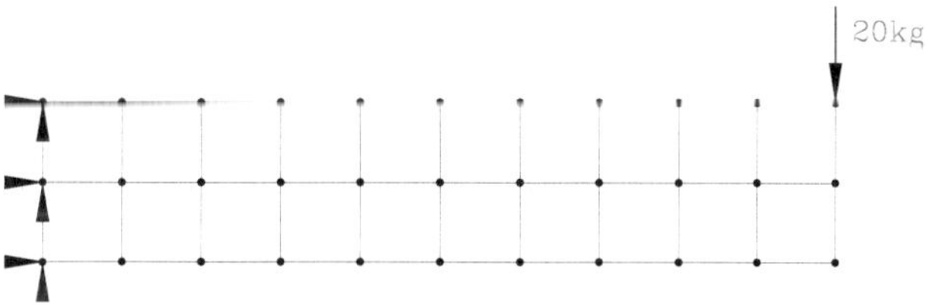

그림 1.6 예제 1의 정의

[4] 입력 데이타

```
33

1 0.0 0.0
2 100.0 0.0
3 200.0 0.0
4 300.0 0.0
5 400.0 0.0
6 500.0 0.0
7 600.0 0.0
8 700.0 0.0
9 800.0 0.0
10 900.0 0.0
11 1000.0 0.0
12 0.0 100.0
13 100.0 100.0
14 200.0 100.0
15 300.0 100.0
16 400.0 100.0
17 500.0 100.0
18 600.0 100.0
19 700.0 100.0
20 800.0 100.0
21 900.0 100.0
22 1000.0 100.0
23 000.0 200.0
24 100.0 200.0
25 200.0 200.0
26 300.0 200.0
27 400.0 200.0
28 500.0 200.0
29 600.0 200.0
30 700.0 200.0
31 800.0 200.0
32 900.0 200.0
33 1000.0 200.0

1 1 1
2 0 0
3 0 0
4 0 0
5 0 0
6 0 0
7 0 0
8 0 0
9 0 0
10 0 0
11 0 0
12 1 1
13 0 0
14 0 0
15 0 0
16 0 0
17 0 0
18 0 0
19 0 0
20 0 0
21 0 0
22 0 0
23 1 1
24 0 0
25 0 0
26 0 0
27 0 0
28 0 0
29 0 0
30 0 0
31 0 0
32 0 0
33 0 0

1 1.0 0.0
2 1.0 0.0
3 1.0 0.0
4 1.0 0.0
5 1.0 0.0
6 1.0 0.0
7 1.0 0.0
8 1.0 0.0
9 1.0 0.0
10 1.0 0.0
11 1.0 0.0
12 1.0 0.0
13 1.0 0.0
14 1.0 0.0
15 1.0 0.0
16 1.0 0.0
17 1.0 0.0
18 1.0 0.0
19 1.0 0.0
20 1.0 0.0
21 1.0 0.0
22 1.0 0.0
23 1.0 0.0
24 1.0 0.0
25 1.0 0.0
26 1.0 0.0
27 1.0 0.0
28 1.0 0.0
29 1.0 0.0
30 1.0 0.0
31 1.0 0.0
32 1.0 0.0
33 1.0 0.0

1 0.0 0.0
2 0.0 0.0
3 0.0 0.0
4 0.0 0.0
5 0.0 0.0
6 0.0 0.0
7 0.0 0.0
8 0.0 0.0
9 0.0 0.0
10 0.0 0.0
11 0.0 0.0
12 0.0 0.0
13 0.0 0.0
14 0.0 0.0
15 0.0 0.0
16 0.0 0.0
17 0.0 0.0
18 0.0 0.0
19 0.0 0.0
20 0.0 0.0
21 0.0 0.0
22 0.0 0.0
23 0.0 0.0
24 0.0 0.0
25 0.0 0.0
26 0.0 0.0
27 0.0 0.0
28 0.0 0.0
29 0.0 0.0
30 0.0 0.0
31 0.0 0.0
32 0.0 0.0
33 0.0 0.0

1 0.0 0.0
2 0.0 0.0
3 0.0 0.0
4 0.0 0.0
5 0.0 0.0
6 0.0 0.0
7 0.0 0.0
8 0.0 0.0
9 0.0 0.0
10 0.0 0.0
11 0.0 0.0
12 0.0 0.0
13 0.0 0.0
14 0.0 0.0
15 0.0 0.0
16 0.0 0.0
17 0.0 0.0
18 0.0 0.0
19 0.0 0.0
20 0.0 0.0
21 0.0 0.0
22 0.0 0.0
23 0.0 0.0
24 0.0 0.0
25 0.0 0.0
26 0.0 0.0
27 0.0 0.0
28 0.0 0.0
29 0.0 0.0
30 0.0 0.0
31 0.0 0.0
32 0.0 0.0
33 0.0 -20.0

1 0 0.0 0.0
2 0 0.0 0.0
3 0 0.0 0.0
4 0 0.0 0.0
5 0 0.0 0.0
6 0 0.0 0.0
7 0 0.0 0.0
8 0 0.0 0.0
9 0 0.0 0.0
10 0 0.0 0.0
11 0 0.0 0.0
12 0 0.0 0.0
13 0 0.0 0.0
14 0 0.0 0.0
15 0 0.0 0.0
16 0 0.0 0.0
17 0 0.0 0.0
18 0 0.0 0.0
19 0 0.0 0.0
20 0 0.0 0.0
21 0 0.0 0.0
22 0 0.0 0.0
23 0 0.0 0.0
24 0 0.0 0.0
25 0 0.0 0.0
26 0 0.0 0.0
27 0 0.0 0.0
28 0 0.0 0.0
29 0 0.0 0.0
30 0 0.0 0.0
31 0 0.0 0.0
32 0 0.0 0.0
33 0 0.0 0.0

1 0.0 0.0 0.0 0.0
2 0.0 0.0 0.0 0.0
3 0.0 0.0 0.0 0.0
4 0.0 0.0 0.0 0.0
5 0.0 0.0 0.0 0.0
6 0.0 0.0 0.0 0.0
7 0.0 0.0 0.0 0.0
8 0.0 0.0 0.0 0.0
9 0.0 0.0 0.0 0.0
10 0.0 0.0 0.0 0.0
11 0.0 0.0 0.0 0.0
12 0.0 0.0 0.0 0.0
13 0.0 0.0 0.0 0.0
14 0.0 0.0 0.0 0.0
15 0.0 0.0 0.0 0.0
16 0.0 0.0 0.0 0.0
17 0.0 0.0 0.0 0.0
18 0.0 0.0 0.0 0.0
19 0.0 0.0 0.0 0.0
20 0.0 0.0 0.0 0.0
21 0.0 0.0 0.0 0.0
22 0.0 0.0 0.0 0.0
23 0.0 0.0 0.0 0.0
24 0.0 0.0 0.0 0.0
25 0.0 0.0 0.0 0.0
26 0.0 0.0 0.0 0.0
27 0.0 0.0 0.0 0.0
28 0.0 0.0 0.0 0.0
29 0.0 0.0 0.0 0.0
30 0.0 0.0 0.0 0.0
31 0.0 0.0 0.0 0.0
32 0.0 0.0 0.0 0.0
33 0.0 0.0 0.0 0.0

20 1
1 1 3
0
21000.0 3.0E-001
0.0
0.0 0.0

1 0.0 0.0 0.0 0.0 0.0
2 0.0 0.0 0.0 0.0 0.0
3 0.0 0.0 0.0 0.0 0.0
4 0.0 0.0 0.0 0.0 0.0
5 0.0 0.0 0.0 0.0 0.0
6 0.0 0.0 0.0 0.0 0.0
7 0.0 0.0 0.0 0.0 0.0
8 0.0 0.0 0.0 0.0 0.0
9 0.0 0.0 0.0 0.0 0.0
10 0.0 0.0 0.0 0.0 0.0
11 0.0 0.0 0.0 0.0 0.0
12 0.0 0.0 0.0 0.0 0.0
13 0.0 0.0 0.0 0.0 0.
14 0.0 0.0 0.0 0.0 0.0
15 0.0 0.0 0.0 0.0 0.0
16 0.0 0.0 0.0 0.0 0.0
17 0.0 0.0 0.0 0.0 0.0
18 0.0 0.0 0.0 0.0 0.0
19 0.0 0.0 0.0 0.0 0.0
20 0.0 0.0 0.0 0.0 0.0

1 1
2 13 12 1
2 1
3 14 13 2
3 1
4 15 14 3
4 1
5 16 15 4
5 1
6 17 16 5
6 1
7 18 17 6
7 1
8 19 18 7
8 1
9 20 19 8
9 1
10 21 20 9
10 1
11 22 21 10
11 1
13 24 23 12
12 1
14 25 24 13
13 1
15 26 25 14
14 1
16 27 26 15
15 1
17 28 27 16
16 1
18 29 28 17
17 1
19 30 29 18
18 1
20 31 30 19
19 1
21 32 31 20
20 1
22 33 32 21
```

[5] 유한요소해석 결과

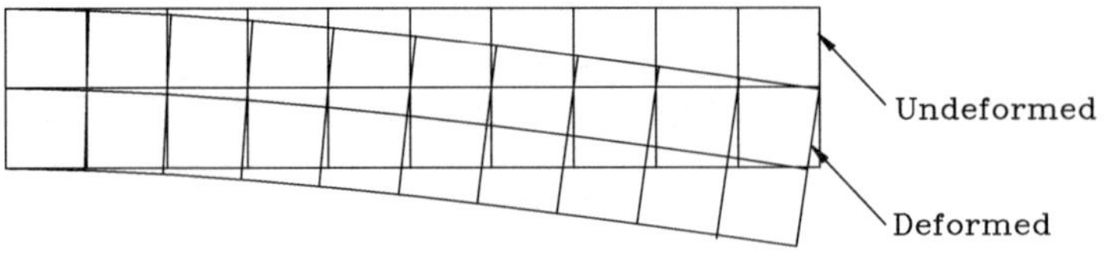

그림 1.7 확대된 변형형상

유한요소모델링

제 2 장

2.1 서론

제1장의 예제에서 확인한 바와 같이 유한요소 입력데이타는 방대하며, 결과도 방대한 양의 수치들로 이루어져 있다. 유한요소법을 이용한 공학해석의 생산성은 유한요소 입력데이타의 생성과 해석결과로부터 유용한 정보의 효율적 생산에 좌우된다. 일반적으로 임의 형상의 해석 대상 물체를 수작업을 통하여 유한요소로 분할하는 것은 용이하지 않으며, 많은 고통을 수반한다. 따라서 CAD 시스템에서 구축된 형상정보를 불러들여 간단한 조작만으로 유한요소망을 자동생성하는 기능이 필수적이다. 대부분의 CAE 소프트웨어는 전용 전처리 프로그램을 지원하고 있으며, 범용 유한요소모델링 전용 소프트웨어들도 개발되어 있다. 다수의 소프트웨어들은 후처리 기능과 전처리 기능을 통합적으로 제공하기도 한다.

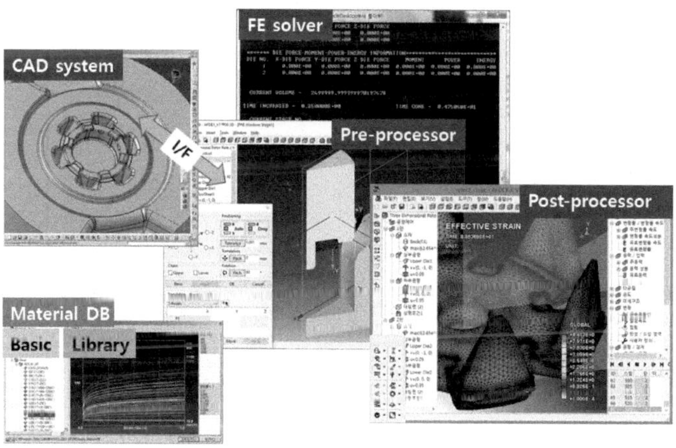

그림 2.1 AFDEX 사례로 본 상용 소프트웨어의 일반적 구성

그림 2.1은 범용 소성가공 공정 시뮬레이션 소프트웨어인 AFDEX의 구성을 모듈 중심으로 표현한다. 기본적으로 소프트웨어에서 필요로 하는 기하학적 형상은 CAD 시스템에서 준비되며, 이것들은 전처리기(Pre-processor)를 거쳐 입력정보로 변환된다. 전처리기는 각종

공정 및 재료 정보 DB의 지원을 받는다. 공정 정보에는 장비의 구동 방식 및 속도, 마찰 등의 금형 조건 등이 포함된다. 재료 정보에는 유동응력, 탄성상수, 열적 정보 등을 포함한다.

유한요소해석 목적의 입력 데이타를 작성하는 작업을 협의의 유한요소모델링이라고 한다. 협의의 유한요소모델링은 해석 대상 물체를 유한요소로 분할하고 필요한 경계조건과 재료 물성치 등을 입력하는 것을 의미한다. 광의의 유한요소모델링은 공학해석 문제 그 자체를 역학적 이론에 근거한 경계치 문제와 유한요소법의 이론의 이해를 바탕으로 단순화하여 유한요소모델을 구상하는 작업을 포함한다. 따라서 광의의 유한요소모델링은 전문적인 지식과 경험이 축적되어야 가능하다. 광의의 유한요소모델링의 작업은 역학이론, 경험, 직관 등에 의하여 이루어지며, 실제의 공학적 문제에 가장 가깝도록 유한요소모델을 구상하는 과정으로 고급 기술에 속한다. 해석 결과의 가치를 좌우하기 때문이다. 광의의 유한요소모델링 기술을 확보하고 있는 기술자는 해석 결과에 대한 예측 능력과 그 결과의 활용 능력을 갖추고 있어야 한다.

일반적으로 유한요소모델링이라는 용어는 협의의 유한요소모델링의 의미로 사용된다. 이제부터 특별한 언급 없이 사용된, 유한요소모델링의 용어는 협의의 유한요소모델링을 의미한다. 유한요소법의 응용 초기에는 사용자가 직접 유한요소모델링을 실시하였으나, 최근에는 대부분의 사용자들이 CAD 기술과 연계된 자동 유한요소모델링에 의존하고 있다. 대다수의 응용 기술자들은 유한요소모델링의 세부 기술, 즉 컴퓨터 그래픽 응용 기술 및 요소망 생성 기술 등에 관한 전문 지식을 갖추고 있지 않다. 실제 사용자 입장에서는 유한요소모델링에 필요한 세부 사항을 이해하고 있지 않아도 문제가 될 것은 없다. 단순 사용법에 익숙해지는 것으로 족하다.

따라서 협의의 유한요소모델링 기술은 그 자체로써 가치를 창출하는 것이 아닌, 누구나 적당한 시간 동안만 교육을 받으면 활용할 수 있는 단순한 기술에 속한다는 사실을 관련 기술자들은 이해할 필요가 있다. 다시 말하면, 유한요소모델링 그 자체가 개인의 전문분야가 될 수 없다는 것이다. 전문가로 성장하기 위해서는 역학 현상, 관련 이론, 수치 해법 등의 이해와 함께 다양한 적용 경험이 전제가 되어야 한다는 것을 강조해 둔다.

2.2 요소망의 자동생성 기술

2차원 평면상에서의 요소망의 자동생성 기술과 관련 프로그램들은 다양하게 개발되어 있다. 삼각형 요소망에 비하여 난이도가 훨씬 높은 사각형 요소망 생성 기법[5.6-5.11]이 지난 세기 말에 광범위하게 연구되었다. 그 결과, 요소밀도의 제어가 가능하고 요소의 직각도와 경계에 대한 직교성에 관한 고려가 가능하게 되었다. 이러한 기능은 소성가공 공정해석과 같이 경계면 또는 접촉면의 역할이 큰 공학해석 문제에서 유한요소해석 결과에 영향을 미치는 중요한 요소로 작용한다[5.10].

그림 2.2와 그림 2.3에 사각형요소망 [5.10] 및 삼각형요소망 [5.12, 5,13]을 각각 나타내었다. 삼각형요소망은 정육면체의 표면상에 요소밀도 분포를 강조하여 생성되었고, 사각형요소망은 축대칭 금형의 단면상에 요소 품질을 강조하여 생성된 것이다.

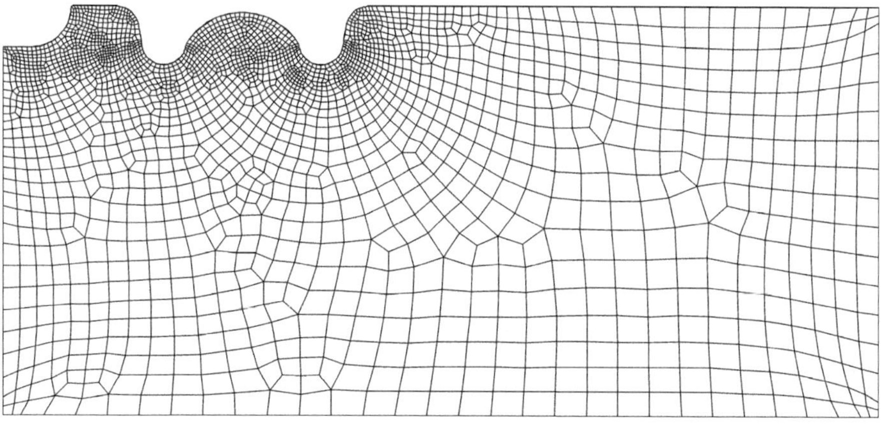

그림 2.2 경계에서의 요소 품질을 강조하여 생성한 사각형요소망

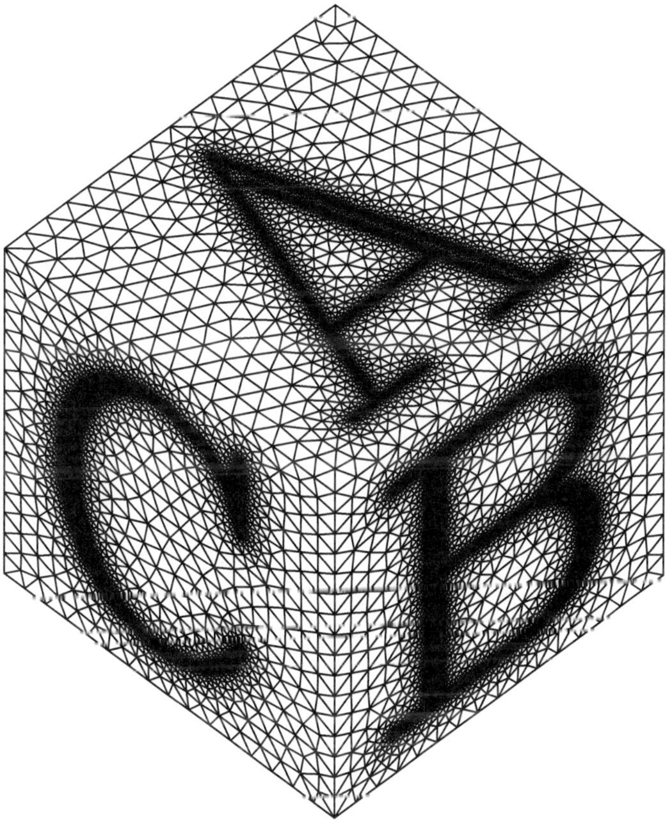

그림 2.3 요소밀도를 강조하여 정육면체의 표면에 생성된 삼각형요소망

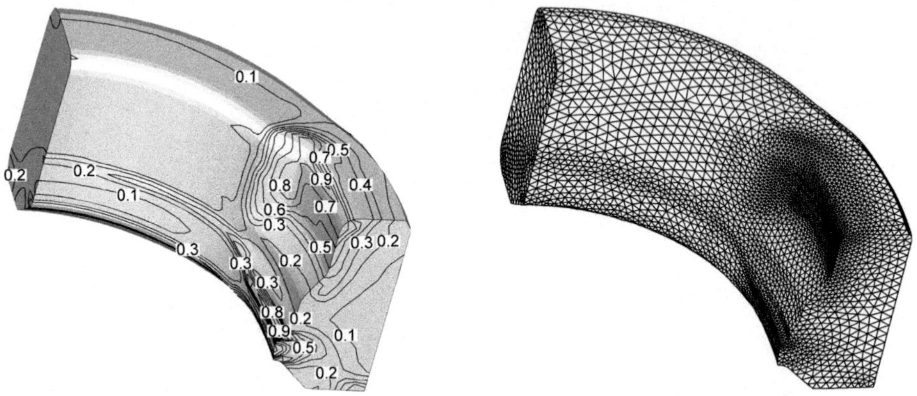

(a) 요구된 희망 요소밀도 (b) 생성된 사면체요소망

그림 2.4 사면체요소망의 요소밀도 제어

3차원 공간상에서 사면체요소망의 자동생성 기술은 잘 확립되어 있다. 대부분의 사면체요소망 생성 기법은 Delaunay의 기법 [5.14-5.19]에 바탕을 두고 있으며, 최근 20여년간 요소망 품질의 최적화에 초점이 맞추어진 연구가 다양하게 이루어졌다. 그림 2.4에 Delaunay의 기법과 최적 사면체요소망 생성 기법 [5.12, 5.13, 5.19]에 의하여 생성된 사면체요소망을 나타내고 있다. 그림 2.4(a)는 원하는 요소밀도를 나타내고 있고, 그림 2.4(b)는 생성된 사면체요소망을 나타내고 있다.

그러나 3차원 공간에서의 육면체요소망의 자동생성 기술은 아직 연구 대상이 되고 있다. 일정한 형태를 가진 구조용 부품에 대한 육면체요소망의 자동생성 기술은 현재 활용 가능한 수준까지 발전하였지만, 소성가공과 같이 성형 중에 형상의 변화가 복잡할 경우 육면체요소망의 자동생성이 사실상 불가능하다. 물론 대상 물체의 내부에 블록 쌓기 방식으로 육면체를 채우고 표면에서 적절한 처리를 실시함으로써 육면체요소망을 일반적으로는 생성할 수는 있으나 [5.20], 현재로써는 소성가공 공정 시뮬레이션 등의 목적으로 사용하는 데는 요소망의 품질 측면에서 약점이 많다. 요소망 생성 기술에 관한 구체적인 내용은 관련 전문 서적을 참고하기 바란다.

이 책에서 예시하고 있는 사각형요소망은 루핑법과 최적화 기법[5.10]에 의하여 생성된 것이고, 사면체요소망은 기존의 Delaunay 기법에다 최적화 기능이 보강된 지능적 방법 [5.12, 5.13, 5.19]에 의하여 생성된 것이다.

2.3 요소망의 품질

유한요소해석 결과의 오차는 요소망의 품질과 보간함수의 차수을 조절함으로써 줄일 수 있다[5.21]. 흔히 보간함수의 차수를 높여서 오차를 줄이는 방식을 p-법이라고 하고, 절점 수를 증가시켜서 오차를 줄이는 방법을 h-법이라고 하며, 절점의 위치를 최적화하여 오차를 줄이는 방식을 r-법이하고 한다. 실질적으로는 h-법이 광범위하게 사용되며, r-법은 요소망생성 과정에서 적용이 되는 경우도 있다. p-법은 강력한 면이 있지만, 소성가공 공정해석 문제와 같이 역학적으로 복잡한 문제에 능동적으로 대응하는데 한계가 있을 수 있다. 유한요소해석 프로그램의 사용자는 p-법에서 수동적일 수밖에 없다.

유한요소보간 오차는 불가피하며, 오차의 크기는 보간함수에 달려 있다. 사용하는 요소의 형태가 결정되어 있을 경우, 유한요소보간 함수는 절점의 분포와 요소의 형상에 의하여 결정된다. 경계치 문제의 미분방정식에 상응하는 셀프어조인트 미분방정식(제 1 부 6장 참조)이 존재하는 선형 탄성역학 문제에서 유한요소보간 오차는 해석 결과를 바탕으로 용이하게 추정이 가능하다. 이에 관해서는 많은 연구자들 특히 탄성체의 형상최적설계 연구자들에 의하여 이루어졌다. 이에 관한 전문 지식을 습득하고자 하는 독자들은 유한요소법 전문 서적들 [5.1-5.4]를 참고하기 바란다.

제2부에서 체험한 바와 같이 유한요소보간 오차는 적절한 보간함수의 사용과 보간함수 수의 증가(즉, 절점의 증가)를 통하여 그 정도를 줄일 수 있다. 적절한 보간함수의 사용이라는 것은 절점의 위치를 적절히 위치시키고 가급적으로 요소가 정사각형 또는 정삼각형에 가깝도록 해야 한다는 의미이다. 자코비안(Jacobian)의 비선형성을 증가시키는 것은 미분 및 적분 시에 수치적 오류를 증가시키기 때문이다. 변위 또는 온도 등의 주변수의 변화가 특정 방향성을 지닐 경우, 최대 변의 길이를 최소 변의 길이로 나눈 값으로 정의되는 요소의 형상비가 매우 큰 사각형요소의 사용이 바람직한 경우도 있지만, 이 때는 가급적 방향성을 유지한 체 직사각형에 가깝도록 하는 것이 바람직하다.

적응적 요소망 생성기술은 유한요소보간 오차를 최소화하는 방향으로 요소망 생성을 실시하는 것을 의미하는데, 응력집중 등으로 주변수 또는 파생변수의 변화가 극심한 탄성역학 문제의 해결에 특히 유용하다. 그러나 소성가공과 같이 경계 형상이 중요하고 응력집중 등이 존재하지 않는 문제에서는 그 효과가 기대 이상으로 크지 않을 수도 있다. 반면 소성가공과 같이 금형과 소재가 접촉하는 영역이거나 형상최적설계에서 변화하는 경계에서 요소망의 직교성이 중시되기도 한다 [5.10]. 그림 2.2는 금형의 접촉 경계에서 요소의 직교성을 강조하여 자동생성한 요소를 예시하고 있으며, 그림 2.4는 변형률, 변형률속도, 표면의 곡률 등을 고려하여 지능적으로 생성한 사면체요소망을 나타내고 있다.

2.4 요소망재구성

경계가 시간에 따라 변하는 문제는 일반적으로 요소망재구성을 동반한다. 그 이유는 두 가지로 요약된다. 첫 번째로 요소망이 크게 일그러져 더 이상의 해석이 불가능하게 되는 경우이다. 즉, 2차원 평면에서 사각형의 내각이 180도를 넘는 경우가 여기에 속한다. 두 번째로 경계가 크게 변화되어 경계치 문제의 경계조건을 충분히 반영하지 못하는 경우이다. 가령 소성가공 공정의 시뮬레이션 시에 금형이 소재를 허용 수치 이상 침범하게 된 경우가 여기에 속한다.

요소망재구성 시에 우선적으로 고려해야 할 것은 요소망의 요소밀도 분포이다. 요소

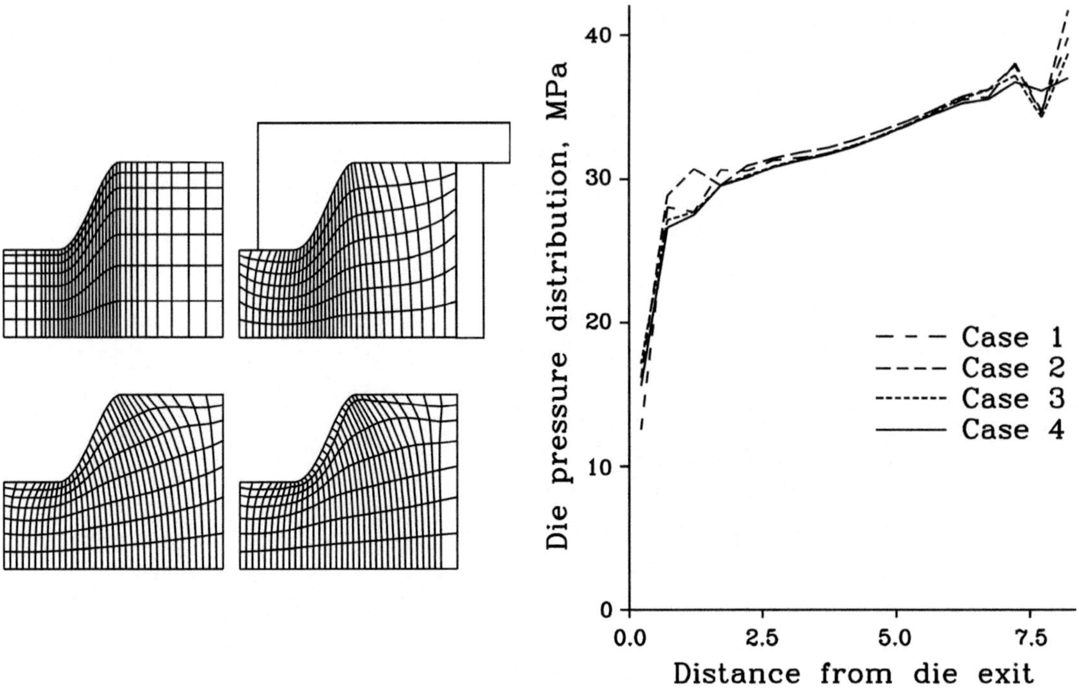

그림 2.5 유선형 금형 압출 공정 해석 결과에서 요소망이 압력 분포에 미치는 영향

망의 분포를 계산할 시에는 변형률, 변형률속도, 온도 등의 상태변수와 표면의 곡률 등의 형상변수 등이 고려되어야 하고, 가능하다면 적응적 요소망 생성 기법을 활용하는 것이 바람직하다. 그리고 경계조건과 특이점 등의 정보를 그대로 살리는 노력이 필요하다. 즉, 요소망재구성 전후의 경계치문제의 변화는 불가피하지만, 요소망재구성 전후의 경계치문제의 유사성이 역학적으로 또는 기하학적으로 허용 범위 이내에 머무르도록 해야 한다. 그리고 요소망재구성 시에 소재의 경계를 표현하는 절점들의 분포가 금형 등의 타 소재로부터 분리되거나 새롭게 접촉될 가능성 등을 종합적으로 평가하여 결정해야 한다. 가령, 사각형요소망을 이용한 2차원 소성가공 공정의 해석에서 소재의 표면에 위치한 유한요소의 표면에 대한 직각도와 천이구역의 최소화를 통한 요소망의 직각도의 증가는 해석 결과에 긍정적인 영향을 미친다. 표면요소의 표면에 대한 직각도가 나쁠 경우, 표면에서 접촉응력 등의 진동을 발생시키며, 이는 해의 정확도와 직결될 수 있다. 그림 2.5는 유선형 금형 압출 공정 중 금형에 작용하는 압력의 분포를 유한요소법으로 구하여 나타낸 것이다 [5.10]. 이 그림에서 보는 바와 같이 요소망에 따라 금형과 소재의 접촉면에서의 압력 분포가 달라지며, 접촉면에서 유한요소의 직각도가 양호할수록 수치적 진동이 상대적으로 작고 압력 분포도 전반적으로 작게 됨을 알 수 있다. 여기서 지적해 둘 것은 유한요소이산화가 근본적으로 소재에 구속을 가하는 것이므로 이 문제에서 접촉면에 작용하는 압력이 낮을수록 해석 결과는 정답에 보다 가깝다는 사실이다.

요소망재구성은 이력에 의존하는 상태변수의 변환을 동반한다. 즉, 소성가공 공정 해

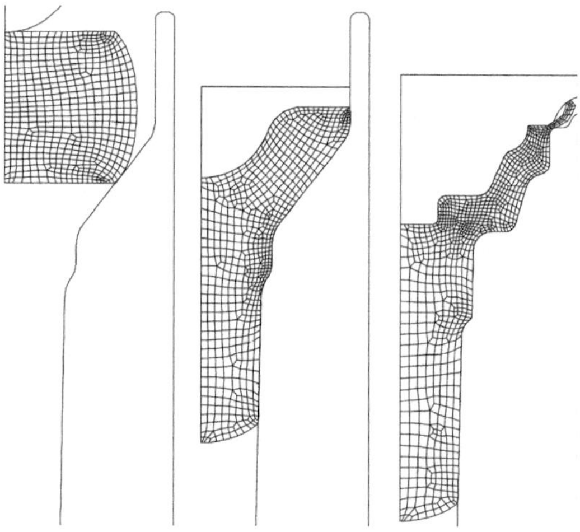

그림 2.6 단조 시뮬레이션 도중의 사각형요소망의 변화 [5.22]

식에서와 같이 요소망재구성 이전 요소망의 변형률, 손상도 등의 이력 의존 상태변수는 적절한 과정을 거쳐 현재의 요소망의 상태변수로 변환되어 저장된다. 이 때, 선형요소를 사용했을 경우 일부의 상태변수는 요소치로 저장되어 있으므로 이를 절점치로 바꾸는 과정, 즉 순화의 과정이 필요하다. 이 과정을 거치는 동안 일반적으로 적은 값은 커지고 큰 값은 작아지는 현상이 발생하는 등 순화 과정에서 다소의 오차 개입은 불가피하다.

그림 2.6과 2.7은 자동 요소망재구성 기법을 사용하여 실시한 단조공정 자동 시뮬레이션 결과를 나타내고 있다.

2.5 단위계

소프트웨어는 근본적으로 단위 및 단위계를 모른다. 그러므로 사용자가 단위계에 대한 개념을 가지고 있어야 하고, 입력데이타 상에서 단위계의 통일 또는 조화는 필수적이다.

일반적으로 교과서에서는 과학단위계(질량, 길이, 시간)인 SI 단위계의 사용을 장려하거나 강제하는 경우도 있지만, 산업 현장에서는 공학단위계(중량, 길이, 시간)의 사용이 일반화되어 있으므로 공학단위계를 바탕으로 설명해 보자. 가령 제1장의 예제와 같이 힘의 단위로 kg (이 때의 kg은 kg중, 즉 kg_f를 의미함)이, 길이 단위로 mm가, 시간 단위로 s가, 온도의 단위로 ℃가 사용되었을 경우, 탄성계수와 응력의 단위는 kg_f / mm^2이 되어야 하고, 변위는 mm, 하중은 kg_f이, 열팽창계수는 / ℃가 되어야 한다. 특히 동역학 또는 진동해석에 필요한 질량은 1 kg_m 대신 1/98100 $kg_f\, s^2 / mm$가 입력되어야 하고, 밀도는 $kg_f\, s^2 / mm^4$의 단위계로 입력되어야 한다. 이것은 단위 환산을 소프트웨어 내부에서 실시하지 않는다는 전제 하에 서술한 것이다. 대부분의 소프트웨어가 단위 환산 기능을 제공하는데, 이 때는 소프트웨어가 정한 규칙을 따라서 각종 공학 데이타를 입력해야 한다. 전술한 내용에 관한 관련 이론 및 공식과 연계하여 단위 및 단위계를 이해하는 것은 필수적이다.

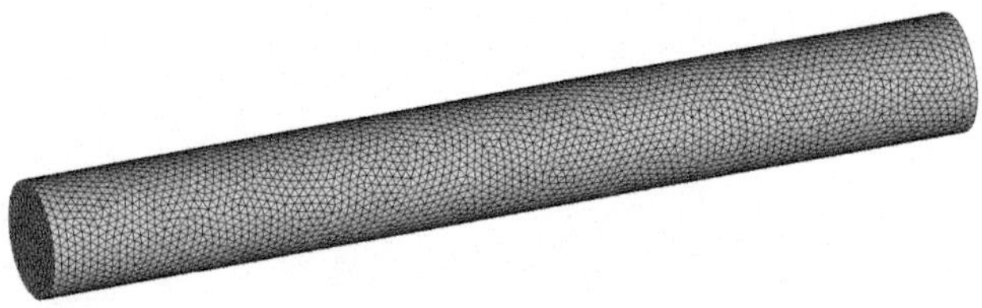

(a) 0% stroke

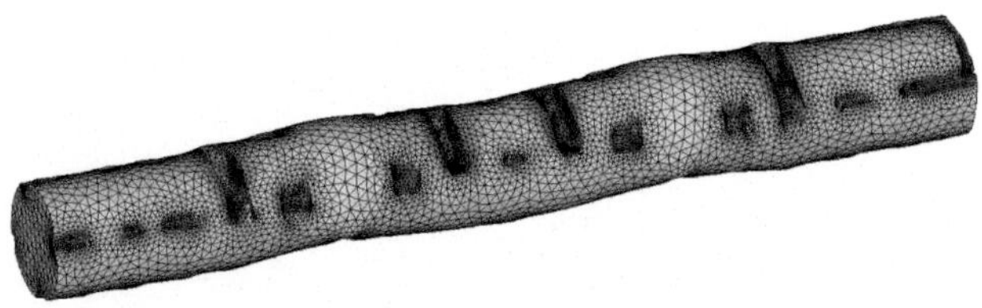

(b) 40% stroke

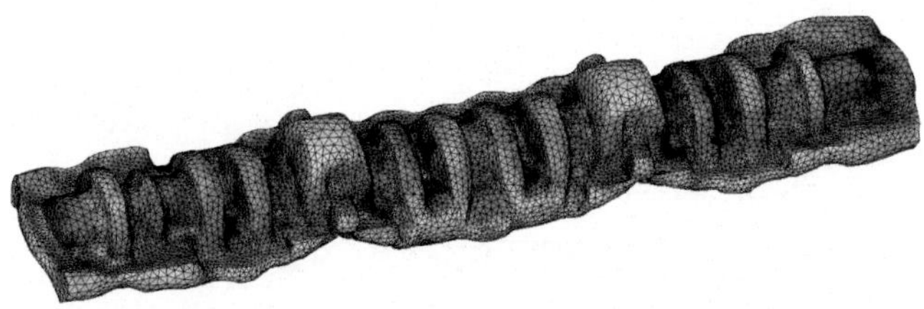

(c) 70% stroke

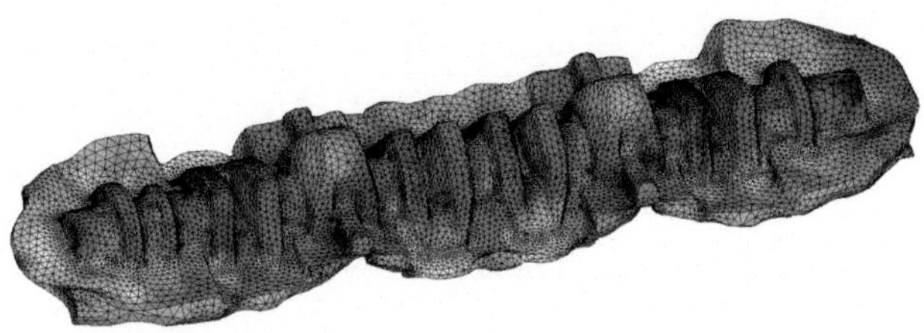

(d) 100% stroke

그림 2.7 소성가공 공정 해석 중 사면체요소망의 변화 [5.22]

소프트웨어에 따라서는 물리량 또는 재료 물성치를 입력할 때 특정 단위계를 사용하도록 하고, 그 규칙을 따랐을 때 소프트웨어 내부적으로 단위 환산계수를 곱하여 변환한 후에 계산한다. 물론 사용자가 직접 단위 환산계수를 입력할 수 있도록 되어 있는 경우도 있다. 어떠한 경우든지, 소프트웨어에서 처리하고 있는 단위계에 대한 명확한 이해가 선행되어야 한다.

제 3 장

강열점소성 및 탄열점소성 유한요소법의 응용

이 장에서는 강열점소성 및 탄열점소성 유한요소법에 기반을 둔 범용 체적소성가공 공정 시뮬레이터 AFDEX의 적용 사례를 소개한다. 소개될 예제들은 소성가공 기술자뿐만 아니라 유한요소법에 관심을 가진 독자들이 유한요소법의 효용성에 관한 확신과 직관을 갖도록 하는데 큰 도움을 줄 것이다.

강열점소성 유한요소법은 재료의 변형 시에 탄성변형을 무시하는 반면, 온도의 영향, 변형경화 특성, 변형률속도 의존성 등을 고려한 것이다. 이 이론은 단조를 비롯한 체적 소성가공 공정 해석에는 적합한 반면, 판재 등과 같이 탄성 영역이 지배적인 문제에 대해서는 다소 신뢰성이 떨어지는 결과를 낳을 수도 있다. 반면, 탄열점소성 유한요소법은 탄성변형를 고려한 것으로 강열점소성 유한요소법에 비하여 정확도가 높아, 특히 탄성회복을 무시할 수 없는 문제에 유용하다. 그러나 해의 수렴성 및 계산 효율 측면에서 불리할 수도 있다. 요소망재구성이 잦은 체적소성가공 공정의 경우, 해의 안정성과 반복성 등의 측면에서 강건한 강소성 유한요소법이 널리 사용되고, 요소망재구성이 불필요한 후판단조 및 판재성형에서는 탄소성 유한요소법의 사용이 대세를 이루고 있다.

이 절에서 사용한 소프트웨어는 AFDEX 2D와 AFDEX 3D [5.22]이다. 2차원의 경우, 전통적인 단축적분법에 기반을 둔 사각형요소를 사용하며(제 4 부 6장 참조), 3차원의 경우에는 사면체 MINI-요소를 사용한다(제 4 부 8장 참조).

3.1 인장시험의 해석

인장시험은 기술자에게 재료의 기계적 성질에 관한 많은 정보를 제공한다. 탄성계수, 항복응력, 인장강도, 연신률, 네킹 발생 이전까지의 진변형률-진응력 관계 등이 인장시험으로 얻을 수 있는 대표적인 소재의 기계적 성질이다. 이 이외에도 인장시험은 기술자들에게 재료에 관한 많은 직관을 갖도록 한다. 이러한 점에서 인장시험 과정에서 일어나는 역학적 현상의 이해는 중요하다.

인장시험의 특징은 네킹(Necking)이다. 네킹 현상의 이해는 인장시험에서 발생하는 재료의 거시적 특성을 이해하는데 중요하다. 특히 유한요소법을 이용한 네킹 현상의 정확한 해석은 그 이후에 발생하는 재료학적 및 역학적 현상(네킹 후 변형 경화 및 순화, 파괴)의 이해와 응용에 도움을 줄뿐만 아니라 해석용 프로그램의 적합성 여부의 시험과 해석 조건의 올바른 설정 및 활용 기술의 고도화에도 도움을 준다.

유한요소법을 이용한 인장시험에 관한 해석적 연구는 다양하게 이루어졌다. 많은 학자들의 연구결과를 종합하면 [5.23], 탄소성 유한요소법을 사용한 경우, 무결함의 완전 해석모델로 안정적인 네킹점의 예측이 불가능한 것으로 알려져 있다. 이러한 문제의 해결을 위한 인위적인 결함을 해석모델에 부과한 시도들이 다양하게 이루어졌다. 그립을 포함하여 모델링하되 초기결함을 부과하지 않은 경우, 시편의 표점 사이의 직사각형 영역을 모델링하되 초기결함을 부과하거나 한쪽 끝의 변위를 구속한 경우, 인위적으로 네킹 발생 부위의 변형률이 최대가 되도록 한 경우 등이 그 대표적 사례들이다. 소재의 형상으로 봉재(bar)와 판재 또는 사각단면 봉재가 주로 연구되었다.

재료가 Hollomon의 구성방정식, 즉 $\bar{\sigma} = K\bar{\varepsilon}^n$을 따를 경우, 제 3 부의 그림 5.1에서 보는 바와 같은 전형적인 인장시험 곡선에서 네킹은 인장시편의 진변형률이 변형경화지수 n(제 3 부의 예제 5.5 참조)과 동일하게 될 때 발생하며, 이 때 최대하중이 작용해야 한다. 즉, 최대하중점에서의 진변형률이 그 재료의 변형경화지수가 된다. 이를 Considère 조건 [5.25]이라고 한다. Swift 유동응력 모델 수식을 사용할 경우에도 재료상수와 네킹 시의 진변형률의 관계, 즉 네킹 발생 조건을 구할 수가 있으며, 강소성 유한요소법을 사용하여 네킹점을 정확하게 예측할 수가 있다. 네킹은 단면적의 감소로 인한 인장시편의 구조적 강도의 저하가 변형경화에 기인하는 재료의 변형저항력의 증가를 능가하기 때문에 발생하는 것이므로 재료가 지닌 고유의 성질이다.

전만수 등[5.23]은 표점 간을 모델링한 단순 봉재의 완전 인장시험 해석모델을 이용하여 원형 단면 봉재의 인장시험에서 네킹 발생 시점을 정확하게 예측하였으며, 이를 이용하여 인장시험을 공학적 관점에서 정확하게 예측하게 해 주는 방법을 개발하였다[5.24]. 이 방법은 실험에서 구한 인장시험 결과와 해석으로 구한 인장시험 결과의 차이를 반복적으로 줄여줌으로써 진응력-진변형률 곡선 또는 유동응력 곡선을 예측한다. 이 방법은 구상화된 SCM435의 경우, 1.5 내외의 고변형률에 대해서도 진변형률-진응력 관계, 즉 유동응력 정보를 얻을 수 있는 장점이 있다. 획득된 응력-변형률 곡선으로 강소성 유한요소법을 이용하여 인장시험을 해석한 결과, 인장시험 전체를 정확하게 예측할 수 있음이 확인되었다.

그림 3.1-3.3에 진응력-진변형률 곡선을 축차적인 방법으로 구하는 과정을 나타내었다. 이 과정에는 어떠한 최적화 기법도 사용되지 않았으며, 인장시험 시의 역학적 특성과 변형의 기하학적 특성을 이용하였다. 인장시험을 기반으로 하는 재료 특성치 획득 목적의 최적화 알고리즘은 일반적으로 불안전하다. 그 이유는 전체의 소성변형을 좌우하는 네킹점의 영향이 극단적으로 크기 때문이다.

그림 3.1에서 네 번째로 개선된 응력-변형률 곡선을 사용한 경우, 그림 3.2은 보는 바와 같이 인장시험 곡선을 0.3%의 오차 범위 내에서 정확하게 예측하였다. 그림 3.3은 인장시험의 해석 결과인 변형형상의 이력을 나타내고 있다. 이 해석을 실시하는데 어떠한 인위적인 결함을 유한요소해석 모델에 부과하지 않았다.

실제의 현상은 당연히 탄소성 이론에 가깝다. 강소성 이론의 경우, 네킹이 발생하여 네킹 이외 지역이 탄성영역으로 전환되면서 실제의 현상을 표현하는데 한계를 보일 수밖에 없다. 그러나 앞서 설명한 강소성 유한요소법으로 획득한 유동응력을 이용하여 탄소성 유한요소법으로 인장시험을 해석한 결과, 공학적으로 무시가능한 범위에 있다 것이 밝혀졌다 [5.26]. 이러한 결과로부터 탄소성 유한요소법에 의한 인장시험 해석의 불안정성과 네킹에 의한 해석결과의 민감성 등을 근거로 판단할 때, 강소성 유한요소법과 탄소성 유한요소법은 체적소성가공 공정의 해석 측면에서 큰 차이가 없다고 할 수 있다. 탄소성 유한요소해석을 위하여 정교한 유동응력이 필요할 경우, 강소성 유한요소법으로 구한 유동응력을 초기치로 사용하여 오차를 최소화시키는 방식으로 유동응력을 일부 개선하여 사용할 수 있다.

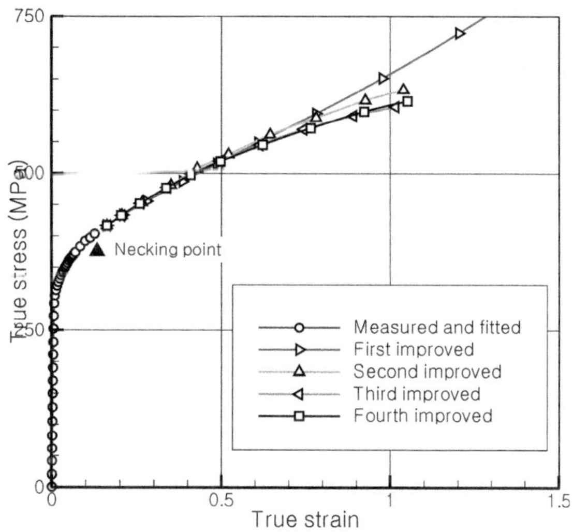

그림 3.1 축차적 방법에 의한 진응력-진변형률 곡선의 획득

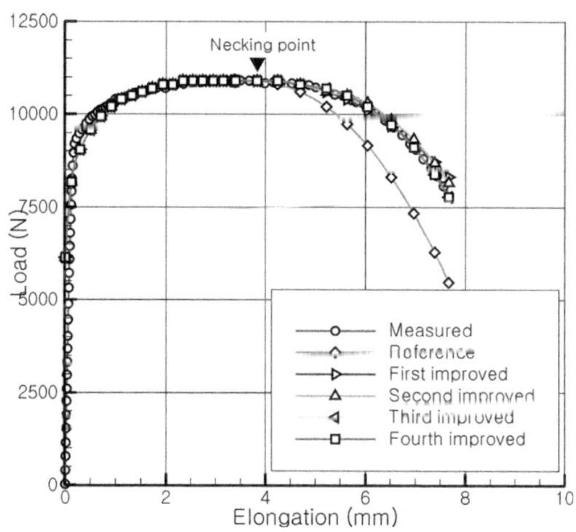

그림 3.2 인장시험의 실험과 예측 결과의 비교

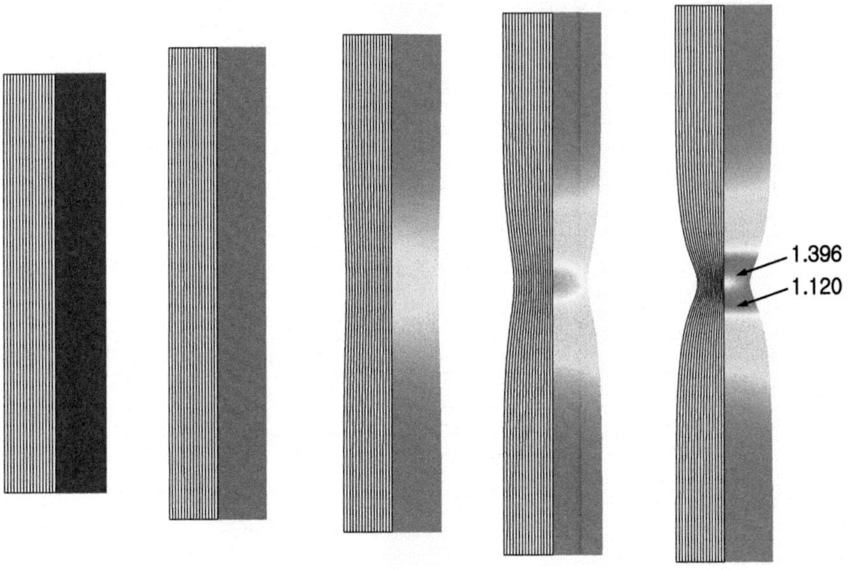

그림 3.3 예측된 인장시험 시편의 변형 과정

3.2 열간단조 공정해석 및 결과의 검증

단조 공정의 설계 시에 소재의 형상 변화와 함께 소재가 가지고 있는 금속유동선도의 변화는 중요한 고려사항이다. 거시적 내부결함과 강도에 직결되기 때문이다. 경험적으로 볼 때, 소재의 형상과 금속유동선도의 해석 관점에서 온도의 영향을 무시한 등온해석은 유용하다. 따라서 등온의 가정 하에서 베어링 외륜의 열간단조 공정을 해석하였다. 사용된 공정조건과 소재의 유동응력은 다음과 같다.

- 금형속도 : $\overline{V}_D = 300$ mm/s
- 쿨롱마찰계수 : $\mu = 0.3$
- 유동응력 : $\bar{\sigma} = 62.0\ \dot{\bar{\varepsilon}}^{0.18}$ MPa

그림 3.4는 금속유동선도의 변화과정을 보여주고 있다. 최종 제품의 내측 하부의 금속유동선도가 깊은 골을 형성하고 있다. 이 부분의 표면은 절삭가공되는데, 이 과정에서 금속유동선도의 끊어짐이 발생하여 사용중에 표면의 윤활특성과 구조적 강도를 떨어뜨리게 된다. 따라서 이 예제는 겉모양의 성형은 성공했으나, 금속유동선도의 결함으로 공정 설계에 실패한 전형적인 예이다. 그림 3.5는 실험와 해석 결과를 비교하고 있다. 실험과 해석 결과가 잘 일치하고 있음을 확인할 수 있다.

그림 3.6과 그림 3.7에 2차원 및 3차원 열간단조 공정의 실험과 해석 결과를 비교하고 있다. 이 비교에서도 실험과 해석 결과를 잘 반영하고 있다.

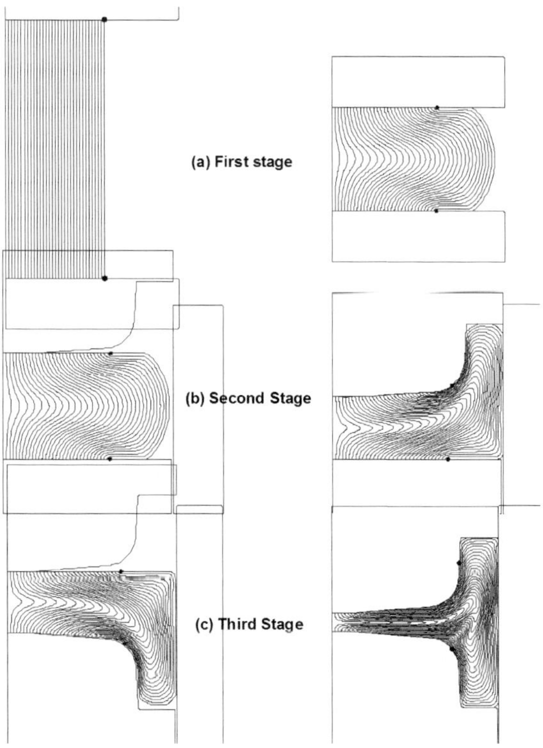

그림 3.4 금속유동선도의 변화와 결함의 예측

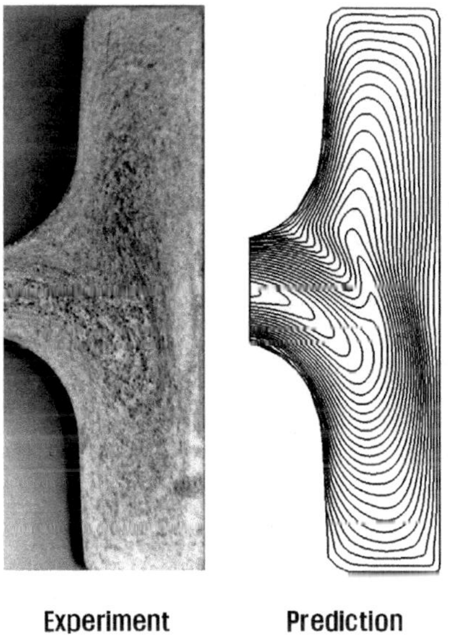

그림 3.5 실험과 예측 금속유동선도의 비교

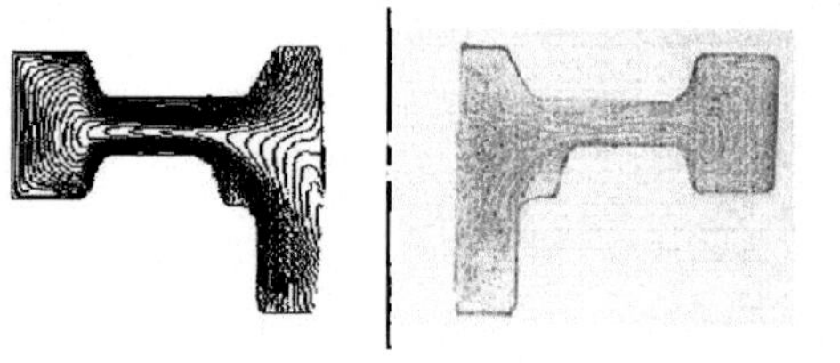

(a) 기어 블랭크의 열간밀폐단조공정

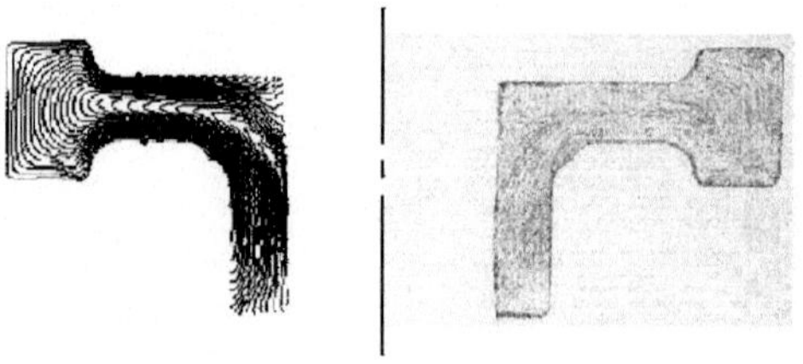

(b) 기어 블랭크의 열간밀폐단조공정

(c) 정밀열간 밀폐 단조공정

그림 3.6 축대칭 열간밀폐단조공정의 해석과 실험결과의 비교

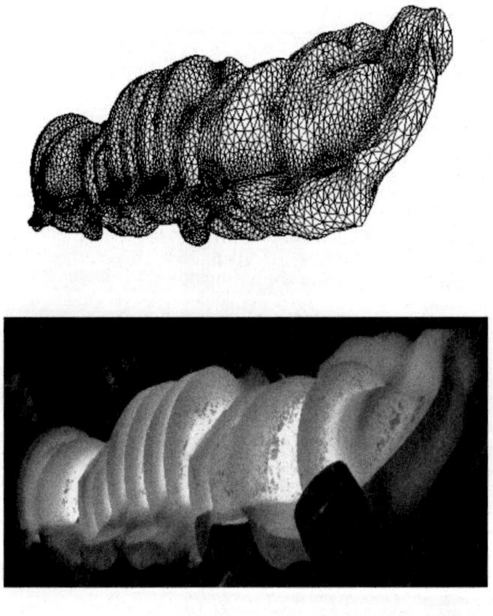

(a) 선박용 크랭크샤프트 카운터플로우 헤머단조

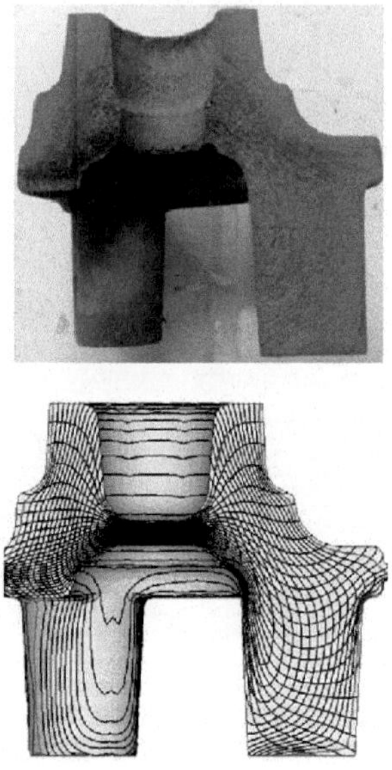

(b) 유성기어 부품의 열간단조 공정

그림 3.7 3차원 열간단조공정의 해석결과 검증

3.3 자동다단 냉간단조 공정의 자동해석

자동다단 냉간단조 공정의 설계는 까다롭다. 단의 수가 많고, 동시에 단조 작업이 실시되므로 공정 간의 연계성이 높을 뿐만 아니라 단조 중 풀림처리나 윤활처리를 할 수 없기 때문에 최적설계가 필수적이기 때문이다. 그리고 비교적 치수 공차가 엄격하기 때문에 개발 과정에서 시행착오가 불가피하다. 따라서 단조 시뮬레이션 기술의 활용을 통하여 시행착오를 줄일 수 있는 좋은 예이다.

자동다단 냉간단조 공정이 일반단조 공정과 다른 점 중의 하나는 단과 단 사이에서 소재에 풀림 처리나 코팅 방식의 윤활처리를 할 수 없다는 점이다. 풀림처리가 불가능하기 때문에 변형률이 비교적 큰 값에 도달하게 되며, 윤활처리가 불가능하기 때문에 윤활처리가 되지 않은 영역(단면과 피어싱으로 기존의 윤활막이 파괴된 영역)과 그 이외 영역에서 마찰 특성이 비교적 큰 차이를 갖게 된다. 따라서 해석 시에 윤활막이 파괴되지 않은 영역(소재의 측면)과 윤활막이 파괴된 영역(소재의 절단면)을 구분하였으며, 각각 마찰계수를 0.05와 0.1로 간주하였다. 3.1절에서 인장시험을 통하여 실험적으로 구한 진변형률-유동응력 곡선을 사용하였다.

적용을 위하여 선택된 예제는 중실 코일 소재로부터 전후방 압출을 거친 후 피어싱을 실시하고 마지막 공정에서 원하는 형상의 제품을 성형하는 공정이다. 그림 3.8은 예측 결과와 실험 결과를 비교하고 있다. 그림 3.8(a)와 그림 3.8(b)에서 보는 바와 같이, 단조품의 예측 결과와 실험 결과의 형상이 잘 일치하고 있다. 그림 3.8(c)의 실험과 결과와 해석 결과의 비교도 마찬가지이다.

(a) 예측

(b) 실험

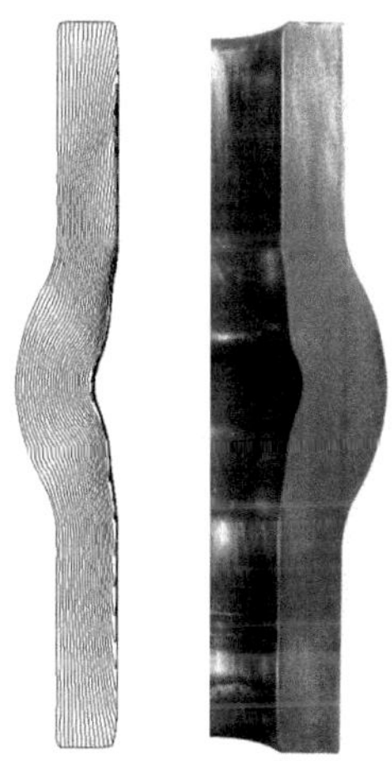

(c) 단면에서 실험과 예측 결과의 비교

그림 3.8 예측과 실험 결과의 비교

3.4 열간단조 공정 중 파단결함 예측

베어링 내외륜의 동시 단조 중에 발생한 재료 파단 결함의 발생 원인을 규명하기 위하여 강열점소성 유한요소해석을 실시하였다. 재료의 기계적 성질과 해석에 필요한 정보는 참고문헌으로 대신한다 [5.27, 5.28].

관련 연구 [5.28]에 의하면, 베어링 소재인 STB2는 1200℃ 전후에서 고변형률이 작용할 경우 연신이 급격히 떨어지는 성질을 나타내었다. 따라서 소재 파단 결함 발생의 원인을 규명하는데 있어 성형 중 온도의 예측은 중요하다.

그림 3.9는 연계해석 결과이며, 열간 단조공정 중 마지막 성형공정 직후의 재료의 온도 분포를 나타낸다. 그림 3.10와 그림 3.11은 각각 마지막 성형공정 직전에 재료의 변형률속도 분포와 최종 제품의 금속유동선도 및 시험결과와의 비교 결과를 나타내고 있다.

그림 3.11에서 보는 바와 같이 금속유동선이 특정 부위에서 심하게 변형되었으며, 이것으로부터 열간 단조공정 중 소재에 심한 국부변형이 발생했음을 알 수 있다. 그림 3.9에서 보는 바와 같이 소재에 심한 국부변형이 일어난 부분에서 최대온도분포를 나타내었다.

연계해석 결과, 성형직전의 소재온도는 자연공냉에 의해 10℃ 낮아졌고, 성형후의 소재 온도는 금형과 접촉한 부위에서 급격하게 내려갔으며 (680℃), 소재의 내부에서는 소성열에 의하여 최고 1230℃까지 상승하였다. 금형과 접촉이 일어난 영역 중 일부분에서의 온도 하강이 상대적으로 작은 것은 그 주위에서 극심한 소성변형에 의한 소성열과 마찰열의 발생이 상대적으로 컸기 때문이다. 해석 결과, 열간 단조공정 중 베어링강 STB2의 경우 심한 국부변형에 의해 초기가열온도보다 최고 80℃까지 상승하였고, 이러한 온도상승이 그림 3.11에서 보는 바와 같이 소재의 내부 크랙의 발생 원인으로 판단된다. 자세한 내용은 참고문헌 [5.28]으로 대신한다.

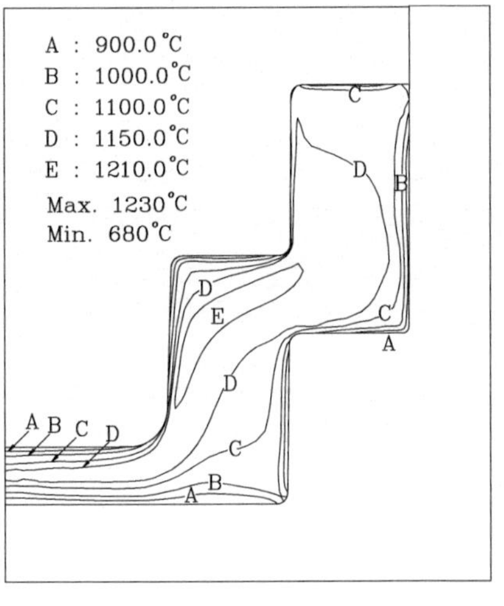

그림 3.9 마지막 단계에서 온도의 분포

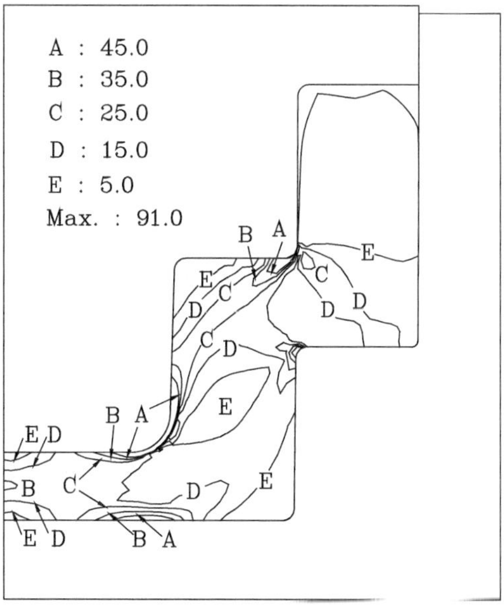

그림 3.10 마지막 성형 직전의 유효변형률속도(1/s) 분포

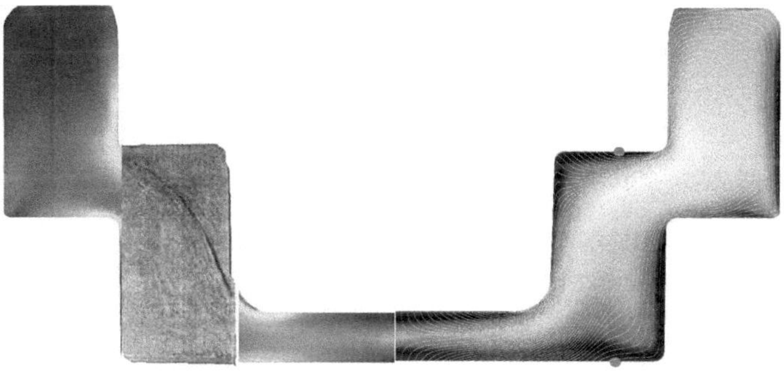

그림 3.11 마지막 성형 순간의 금속유동선도, 온도분포, 실험 및 해석 결과의 비교

3.5 3차원의 냉간단조 공정 시뮬레이션

그림 3.12은 자동차용 발전기 부품인 로터 폴(rotor pole)의 제조공정 중 굽힘공정과 사이징공정의 시뮬레이션을 위한 예비성형체를 나타내고 있다.

그림 3.12에서 보는 바와 같이 대칭 조건을 이용하여 로터 폴 전체의 1/12에 대하여 해석을 수행하였다. 초기 항복응력은 285 MPa이고 유동응력은 $\bar{\sigma} = 614\ \bar{\varepsilon}^{0.31}$ MPa이다. 금형과 소재 사이의 마찰을 일정전단마찰법칙으로 수식화하였으며, 마찰상수를 0.1로 가정하였다.

그림 3.13에 굽힘공정과 사이징공정에 사용된 금형을 나타내었다. 이 공정을 동일한

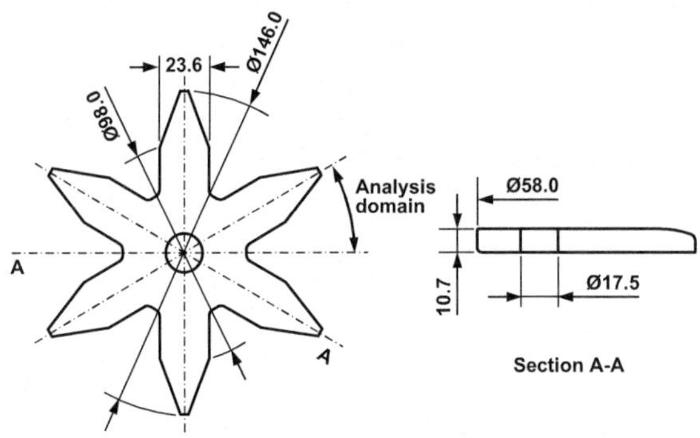

그림 3.12 초기 공작물의 형상 및 치수

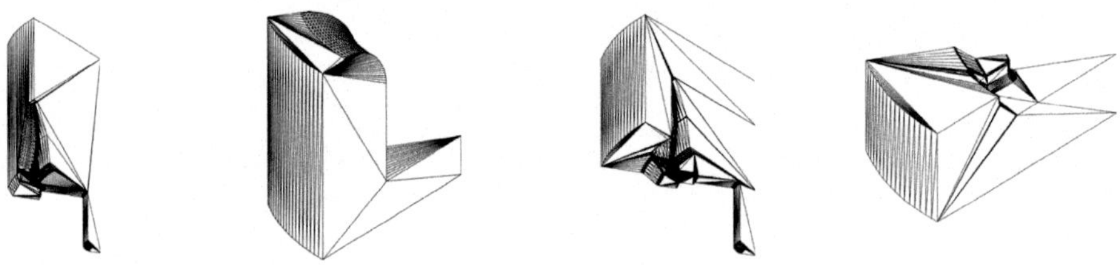

(a) 굽힘공정 (b) 사이징공정

그림 3.13 공정 설계 및 금형 또는 펀치의 기하학적 정보

조건하에서 사면체요소망과 육면체요소망 기능을 이용하여 시뮬레이션하였다. 육면체요소망을 이용한 해석은 요소망 자동생성을 실시하지 않았으며, 사면체요소망을 이용한 해석은 요소망 자동생성을 실시하였다. 육면체요소망의 절점은 가급적 균등하게 분포하도록 하였으며, 자동생성된 사면체요소망의 절점 수는 육면체요소망의 절점 수와 비슷하도록 하였다. 실험 결과를 그림 3.14에 나타내었으며, 사면체요소망과 육면체요소망을 이용한 해석 결과를 각각 그림 3.15의 우측과 좌측에 나타내었다.

그림 3.14의 실험 결과와 그림 3.15의 해석 결과는 잘 일치하고 있다. 그림 3.16-3.18에서 보는 바와 같이 주요 부위의 예측 결과를 실험 결과와 상세하게 비교한 결과, 서로 유사하다.

(a) 초기소재 (b) 굽힘공정 이후 (c) 사이징공정 이후

그림 3.14 실험 결과

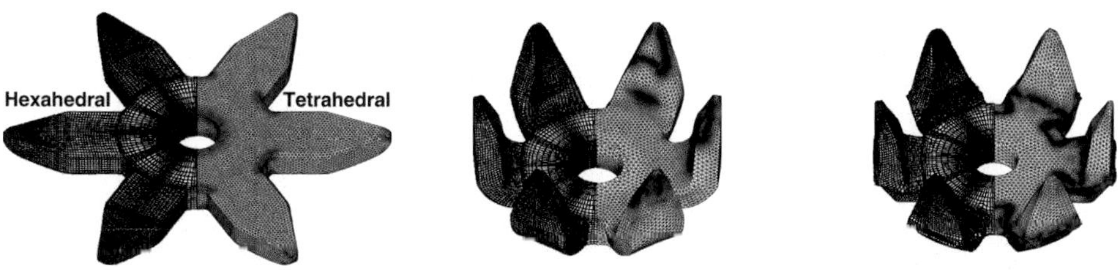

(a) 초기소재 (b) 굽힘공정 이후 (c) 사이징공정 이후

그림 3.15 시뮬레이션 결과

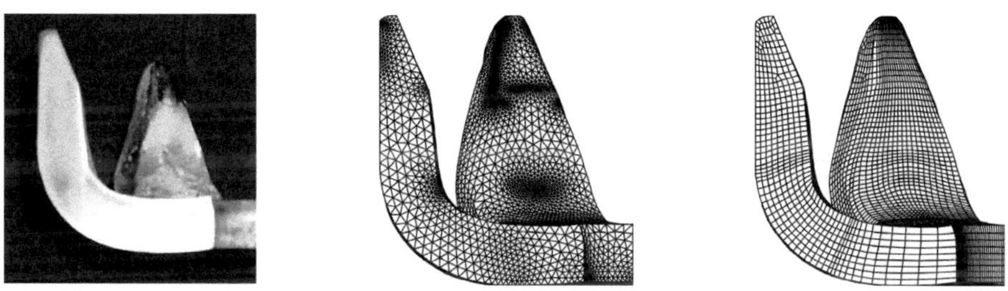

(a) 실험 (b) 사면체요소망 (c) 육면체요소망

그림 3.16 굽힘공정 직후의 실험 및 해석 결과의 비교

(a) 실험 (b) 사면체요소망 (c) 육면체요소망

그림 3.17 사이징공정 직후의 형상 결함에 대한 실험 및 해석 결과의 비교

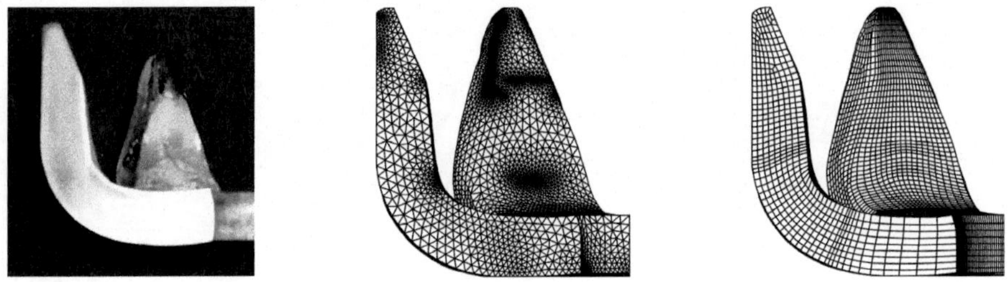

(a) 실험 (b) 사면체요소망 (c) 육면체요소망

그림 3.16 굽힘공정 직후의 실험 및 해석 결과의 비교

(a) 실험 (b) 사면체요소망 (c) 육면체요소망

그림 3.17 사이징공정 직후의 형상 결함에 대한 실험 및 해석 결과의 비교

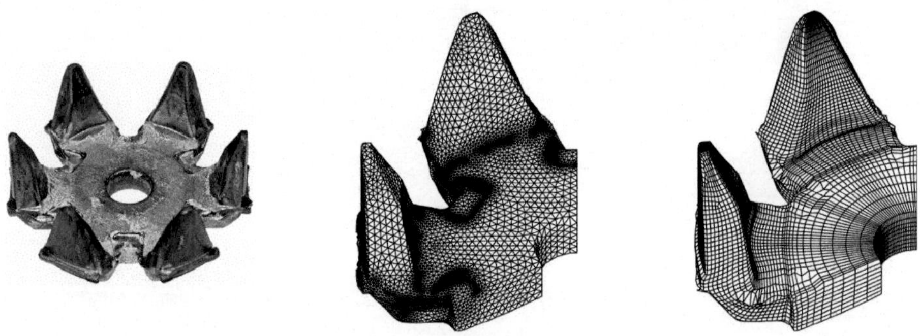

(a) 실험 (b) 사면체요소망 (c) 육면체요소망

그림 3.18 사이징공정 직후의 겹침 결함에 대한 실험 및 해석 결과의 비교

수치해석 이론의 관점에서 볼 때, 육면체요소망이 사면체요소망에 비하여 우수하다. 일반적으로 사면체요소망에서 요소의 수가 절점 수보다 5배 이상 많으며, 부피를 통제하는 문제에서 요소는 자유도를 떨어뜨리기 때문이다. 그런데 그림 3.18에서 변형이 심한 모서리 부근을 살펴보면, 요소망재구성을 실시하지 않은 육면체요소망의 한계를 확인할 수 있다. 단조와 같이 소재의 형상변화가 큰 경우에는 육면체요소망의 적용이 사실상 불가능하다. 이런 이유로 대변형을 초래하는 공학해석 문제를 풀기 위한 목적으로 요소망생성 측면에서 유연성이 높은 사면체요소망이 널리 사용되고 있다.

3.6 탄소성 유한요소법과 강소성 유한요소법의 비교

금형을 강체로 가정한 단조 시뮬레이션 기술이 널리 사용되고 있다. 이 기술은 하나의 안정적인 기준을 제공하는데 큰 의미가 있다. 그러나 냉간단조에서는 하중으로 인한 금형의 변형 등을 고려해야 하는 현실적 문제가 있다. 그림 3.19에서 보는 바와 같은 일종의 판단조 공정에서 강체 금형의 가정 하에서 구한 표면력을 이용하여 금형구조해석을 실시하면, 과도한 금형 변형과 응력이 예측될 수밖에 없다. 그림 3.19의 해석 결과에서 펀치의 우편에는 과도한 표면력이 작용하게 되고, 반대로 좌편에는 소재가 금형에 닿지 않거나 닿더라도 힘이 작용하지 않을 가능성이 크기 있기 때문이다. 실제 공정에서는 금형의 굽힘변형이 발생하여 금형의 좌측면과 소재가 부분적으로 접촉하기 때문에 전술한 문제가 발생하지 않는다. 이러한 해석 결과와 실제 현상의 과도한 차이는 해석 결과의 신뢰성을 떨어뜨릴 수 있는 요인이 될 수 있다.

따라서 이러한 공정에 대한 금형의 탄성변형을 고려한 단조공정 해석 기술은 중요하다. 이 절에서는 그림 3.19의 문제 해결을 위하여 금형을 탄성체로 간주하고 재료를 강소성 및 탄소성으로 가정하여 획득한 그림 3.20의 축대칭 냉간단조공정에 대한 유한요소해석 결과를 비교하였다. 이 공정의 특징은 두 개의 리브(rib)에 있으며, 변형에 대한 구속이 없을 경우 그림 3.19의 예제와 같이 두 리브 사이에서의 금형의 탄성변형이 상당히 크게 예

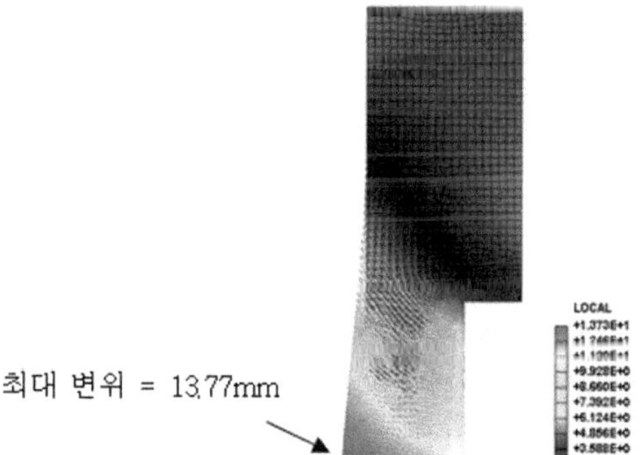

그림 3.19 강체금형 가정의 결과를 이용하여 예측된 금형의 과도한 변형

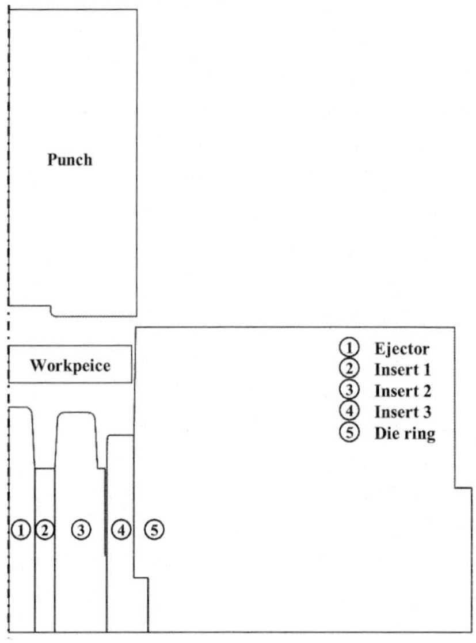

그림 3.20 시험 공정의 정의

측된다. 재료의 유동응력은 $Y = 260\left(1 + \bar{\varepsilon}/0.011\right)^{0.227}$ MPa이며, 영률과 포아송비는 각각 200GPa과 0.29이다. 그리고 금형의 영율과 포아송비는 각각 210GPa과 0.3이다. 소재와 금형 사이의 마찰계수는 0.05이다. 재료는 속도 비의존적이므로 금형의 속도를 1.0 mm/s로 간주하였다.

이젝트핀(그림 3.20에서 부품 1)과 부품 2 사이 및 부품 3과 부품 4 사이에서 금형의 변형에 기인하는 접촉이 발생할 경우, 침투할 수 없는 조건이 부과되었다. 그림 3.21-24는 두 경우에 대한 해석 결과를 비교하고 있다. 이 결과를 얻기 위하여 각 해석에서의 스트로크를 달리하였다(그림 3.23 참조). 스트로크 결정의 기준으로 중심축에서의 단조품의 두께가 동일하게 되도록 하였다. 형상은 스프링백이 적용이 된 이후의 것을 나타낸 것이다.

그림 3.21은 단류선을 비교하고 있다. 단류선은 두 가지 모두 공학적으로 유의미한 정도 이하의 차이를 보이고 있다. 즉, 단조품의 형상만을 관심 대상으로 한다면, 금형 및 소재의 탄성변형의 영향은 크지 않다. 그림 3.23은 금형의 탄성변형량, 즉 절점에서의 변위벡터의 크기를 나타낸 것으로 최대 0.8 mm에 이른다. 이것은 펀치가 길기 때문으로 실제 중요한 상대변위는 그림 3.22의 변위의 분포로부터 알 수 있듯이 상대적으로 크지 않다. 중심부와 최외곽부에서의 금형의 축방향 변위는 각각 0.08 mm(탄소성, 탄성금형)와 0.10 mm(강소성, 탄성금형)로 예측되었다.

그림 3.23는 성형하중을 비교하고 있다. 하중의 차이는 대체적으로 크지 않다. 강소성 해석 결과가 탄소성 해석 결과에 비하여 약 9% 정도 크게 나타났으며, 탄소성 유한요소법의 경우 금형의 탄성변형 고려 여부에 따라 약 3.5% 정도의 차이밖에 나타나지 않았다. 이것은 열간단조와는 다른 것으로 금형의 변형이 상대적으로 작고 최종 순간에도 자유표면이 있어 성형하중이 급격하게 증가하지 않기 때문이다. 전술한 성형하중의 특성은 그림 3.24에서 보는 바와 같이 금형에 작용하는 응력의 분포에서도 나타나고 있다.

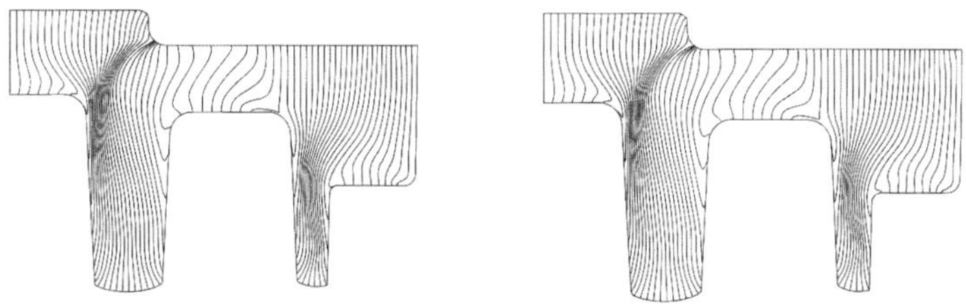

(a) 강소성 (b) 단소성

그림 3.21 금속유동선도의 비교

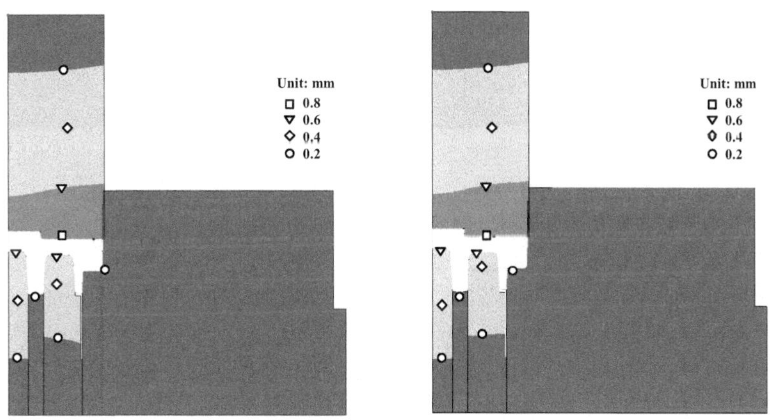

(a) 강소성 (b) 탄소성

그림 3.22 변위의 비교

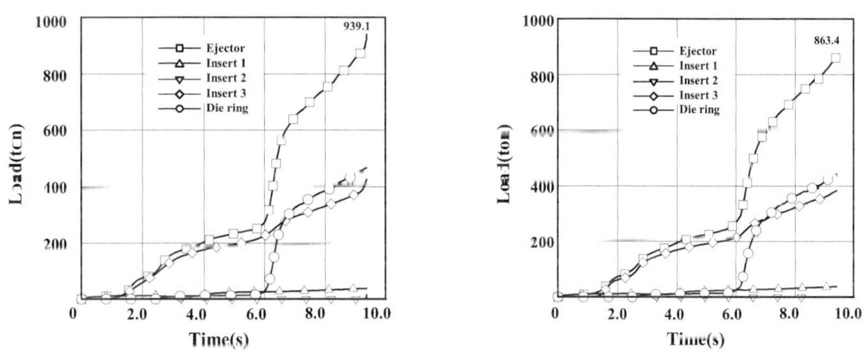

(a) 강소성 (b) 탄소성

그림 3.23 성형하중의 비교

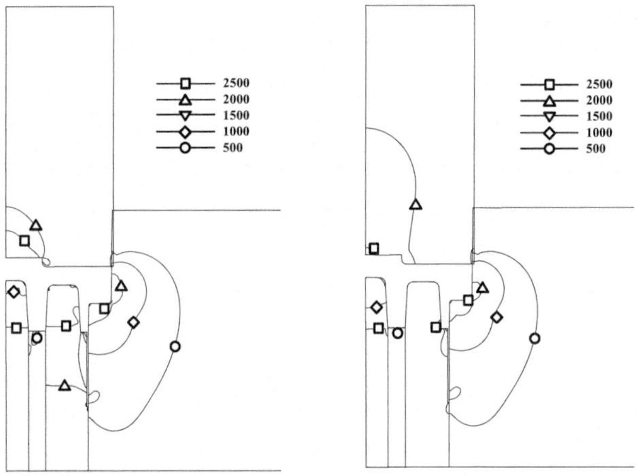

(a) 강소성 (b) 탄소성

그림 3.24 유효응력의 비교

3.7 축대칭 다물체 탄소성 유한요소해석 및 최적설계

체결 방법으로 소성변형에 의존하는 경우가 많다. 크린칭 공정(clinching process)은 용접 공정이나 리벳팅 공정을 대체할 수 있는 전형적인 소성변형에 의존한 체결 방법이다. 크린칭 공정의 단점은 체결력이 작다는 것이다. 따라서 체결 공정의 예측 및 최적화가 필수적이므로 공정변수가 체결력에 미치는 영향에 관한 다수의 연구가 이루어졌다.

그림 3.25는 크링칭 공정 및 시험평가 공정의 해석모델 및 해석결과를 나타내고 있다. 이 해석에 사용된 재료의 유동응력은 Hollomon 수식을 따른다고 가정하였으며, 강도계수와 변형경화지수는 각각 310MPa과 0.057이다. 항복응력은 218MPa이고, 영률과 포아송비는 각각 70 GPa과 0.3이다. 재료의 두께는 2.5mm이다. 마찰계수를 0.12.로 가정하였다.

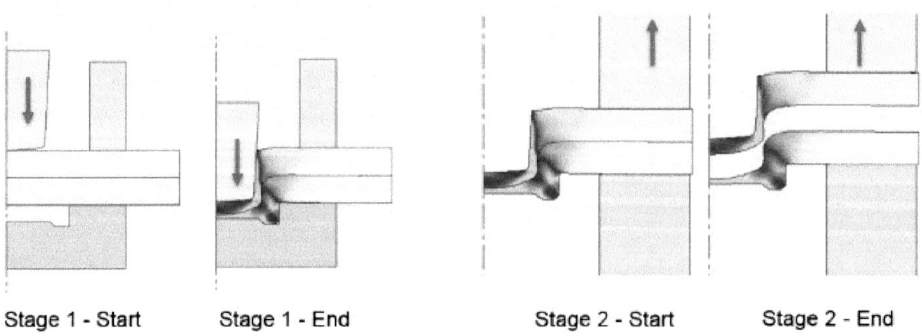

(a) 체결 공정 (b) 체결력 시험 공정

그림 3.25 크린칭 공정 및 체결력 시험 공정의 유한요소해석 모델 및 결과

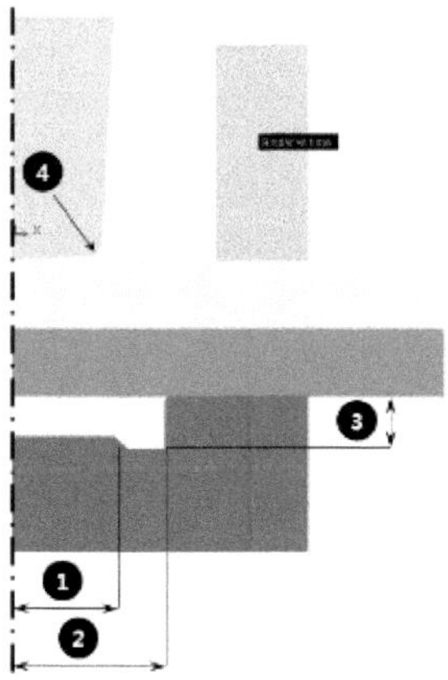

No	Parameter	Initial	Minimum	Maximum
❶	Die base width	4.00	3.80	4.20
❷	Die radius	5.84	5.54	6.14
❸	Die depth	7.94	7.64	8.24
❹	Punch radius	0.50	0.20	0.80

(All dimensions are in mm)

(a) 설계변수 (b) 초기설계와 구속조건

그림 3.26 크린칭 공정의 최적설계 모델 및 초기설계와 구속조건

그림 3.26(a)는 크린칭 공정의 최적설계 모델이다. 그림 3.25(b)의 체결력 시험 공정에서의 최대 하중, 즉 체결력을 목적함수로 사용하였으며, 각 변수에 대한 구속조건이 부과되었다. 네 개의 기하학적 변수들을 설계변수로 선정하였으며(그림 3.17(a)), 최대값과 최소값이 구속조건으로 부과되었다(그림 3.26(b)). GRSM(global response surface method) 방법을 이용하여 획득된 최적설계 과정과 최적설계를 그림 3.27에 나타내었다. 초기설계에서 1.61kN의 초기 체결하중이 14번의 반복설계 이후에 2.20kN의 최적 체결하중으로 향상됨으로써 약 36%의 체결하중 증가 효과가 나타났다.

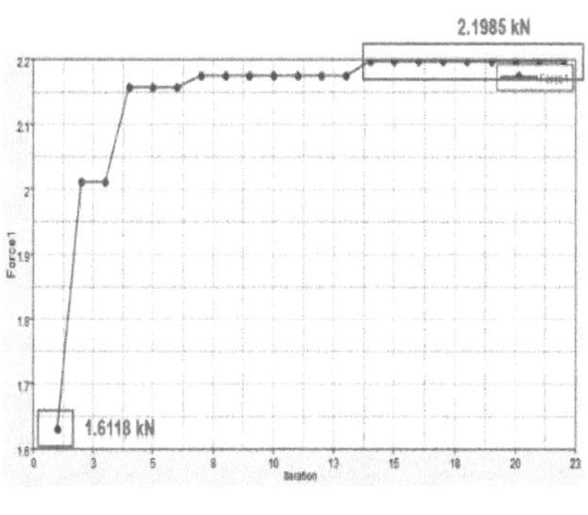

(a) 목적함수

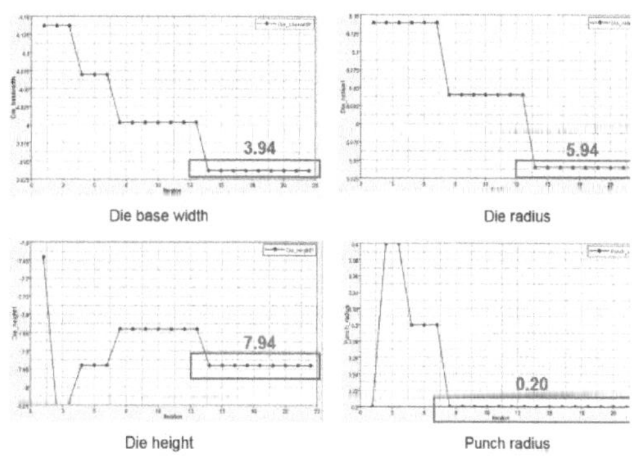

(b) 설계변수

그림 3.27 목적함수와 설계변수의 이력

3.8 3차원 다물체 탄소성 유한요소해석

그림 3.28는 볼베어링의 하중전달 과정을 해석하기 위한 유한요소해석 모델을 나타낸다. 볼과 내외륜과의 양호한 접촉상태를 유지하기 위하여 요소밀도의 최적화에 초점이 맞추어 졌다. 대칭성을 이용하여 전체 해석영역의 1/4을 해석 대상영역으로 삼았다. 바깥의 케이스와 내부의 축은 강체로 간주되었고, 나머지는 모두 탄소성체로 간주되었다. 총 7개의 변형체와 두 개의 강체 간의 변형과 관련된 탄소성 역학이 관심사이다. 외곽을 형성하는 케이스는 고정시켰으며, 내부의 축이 y-축 방향으로 변위를 부과하였다. 3차원 다물체 탄소성 유한요소법이 적용되었다.

그림 3.29는 무부하 상태에서 무응력 상태인 볼베어링의 축에 반경방향의 변위를 증가시켰을 때 발생하는 응력 상태를 나타내고 있다. 일부의 영역에서 응력이 항복조건을 만족하도록 변위를 강제적으로 증가시켰으며, 결과적으로 하중을 제거한 이후에도 잔류변형률이 남는다.

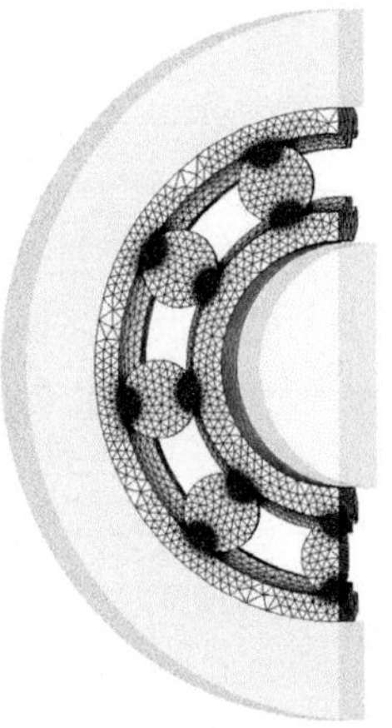

그림 3.28 볼베어링 하중전달 과정 해석의 유한요소모델

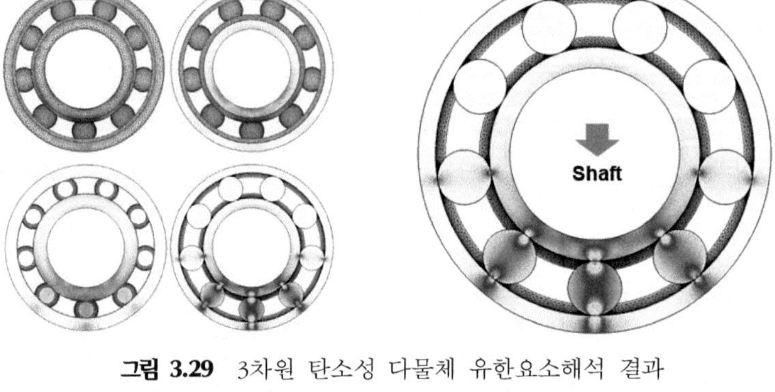

그림 3.29 3차원 탄소성 다물체 유한요소해석 결과

3.9 온도와 변형의 완전한 연계 해석

일반적으로 냉간단조 공정은 등온 조건 하에서 해석되고 있다. 그러나 실질적으로는 온도의 영향을 무시할 수가 없다. 온도 상승에 따라 상온에서 유동응력이 무시할 수 없을 만큼 감소하기 때문이다. 그 결과, 성형하중과 금형응력 모두 영향을 크게 받을 수 있다. 특히, 자동다단 냉간단조의 경우, 고속생산 및 연속생산에 따라 국부적으로 큰 재료의 온도상승이 발생하며, 이것은 공정의 성패를 좌우하는 요소가 된다. 예를들면, 자동다단 냉간단조 중 온도 상승은 국부적인 금형응력을 저감시켜 단조성을 향상시킨다. 이와 반대로 냉간 프레스 단조에서는 일반적으로 각 단이 단속적으로 작동되거나 아니면, 상대적으로 저속 생산을 실시한다. 그러므로 온도 영향을 상대적으로 작게 받는다.

냉간소성가공 공정이라도 정밀해석을 위해서는 온도해석 문제와 유동해석 문제의 연계가 필수적이다. 뿐만 아니라, 냉간단조 중 금형의 변형도 형상 및 하중에 직접적인 영향을 미친다. 그러나 경험적으로 볼 때, 대부분의 경우, 예측 형상과 내부의 금속유동선도는 육안으로 구분될 정도의 차이를 보이지 않는다. 이에 반에 성형하중과 금형에 작용하는 응력의 차이는 무시할 수 없을 정도로 클 수가 있다. 냉간단조는 역학적으로 극한 상황에서 이루어지므로 이러한 차이는 단조 가능성을 좌우하는 요소가 될 수가 있다. 특히 고강도 재료의 냉간단조에서 온도의 영향을 고려한 공정의 해석이 중요하다.

그림 3.30은 SUS304 볼스타드의 냉간단조 중 금속유동선도의 변화를 나타내고 있으며, 그림 3.31은 소재에 작용하는 온도를 나타낸다. 그림 3.32는 금형의 응력분포를 나타낸다. 이 해석은 3차원 탄열점소성 유한요소법을 사용한 것으로 유동응력의 변형률, 변형률속도, 온도 등의 의존성을 반영하였다[5.29, 5.30].

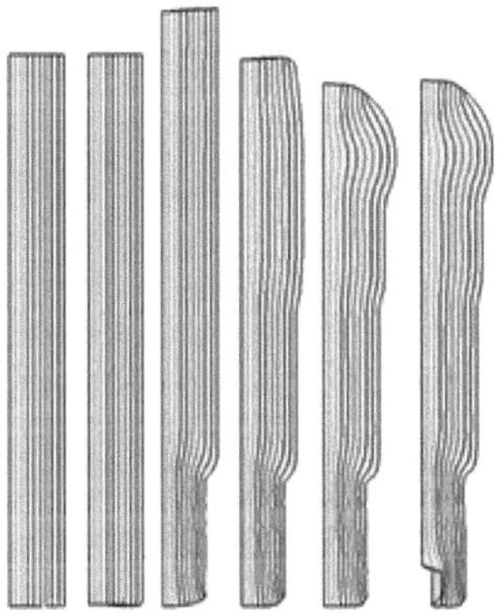

그림 3.30 금속유동선도

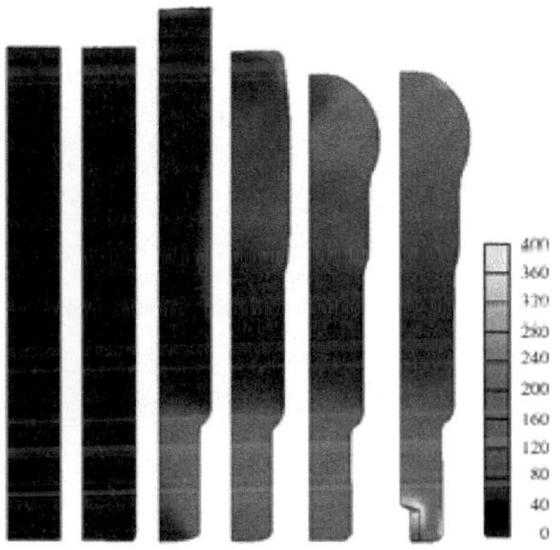

그림 3.31 온도분포

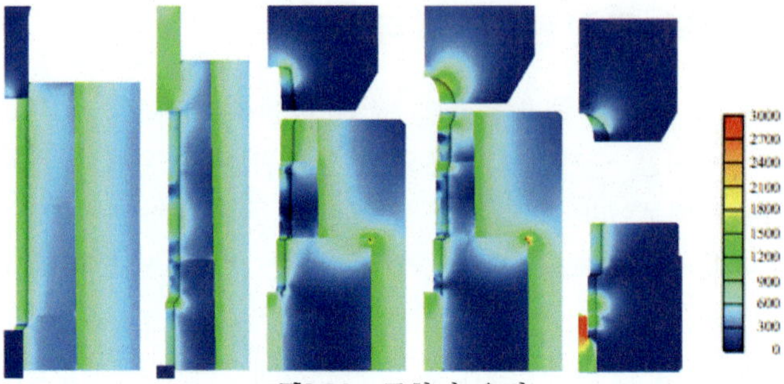

그림3.32 금형의 응력

3.10 체적소성가공공정 시뮬레이션 사례

체적소성가공 공정 해석 소프트웨어인 AFDEX [5.22]를 개발하는 과정에서 경험한 체적소성가공 공정 시뮬레이션 사례 중의 일부를 그림 3.33-3.84에 수록하였다.

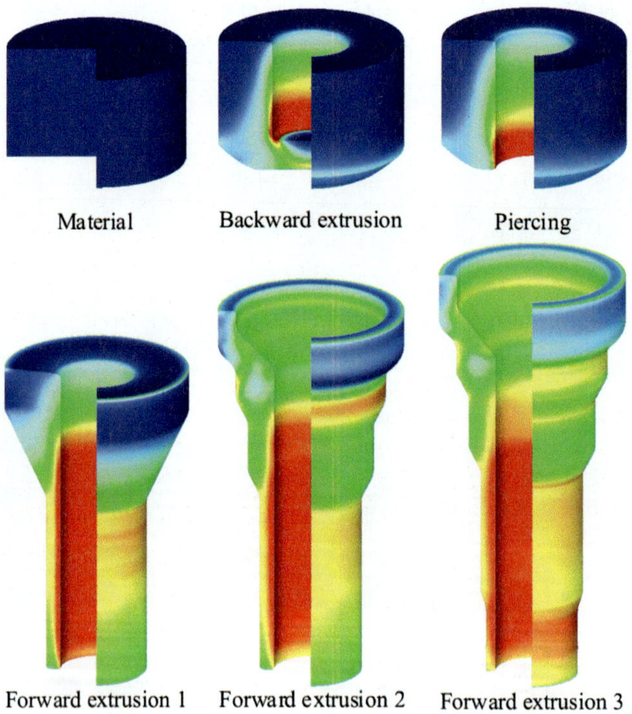

그림 3.33 복합단조공정의 시뮬레이션

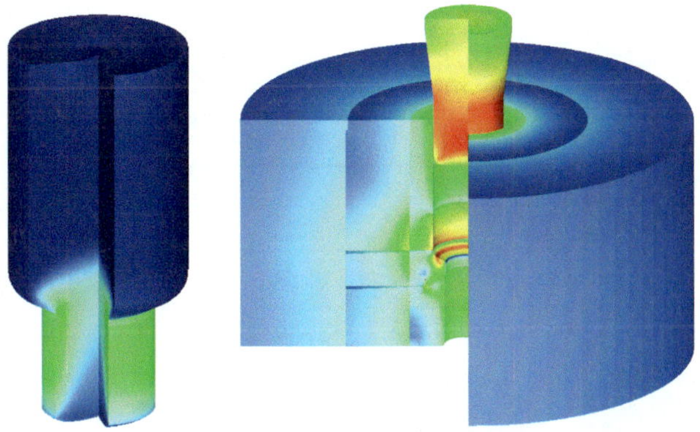

그림 3.34 단조 공정 중 금형에 작용하는 응력의 해석

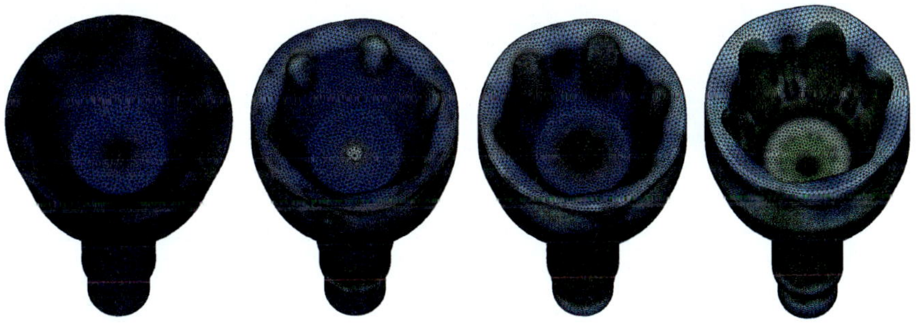

그림 3.35 CV 조인트 단조공정 시뮬레이션

그림 3.36 사이드 베벨기어 냉간 단조공정 시뮬레이션

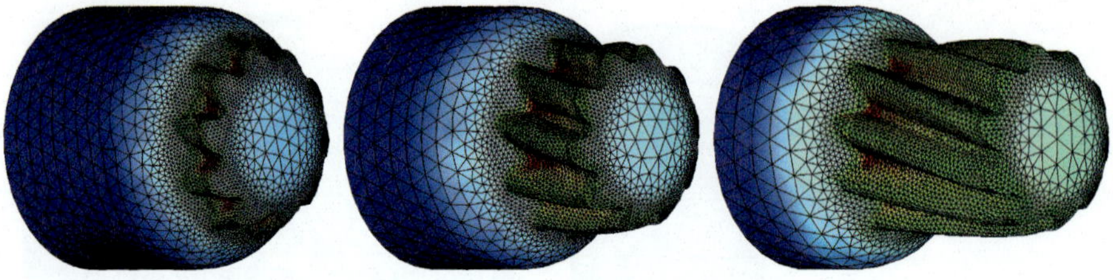

그림 3.37 헬리컬 기어 단조공정 시뮬레이션

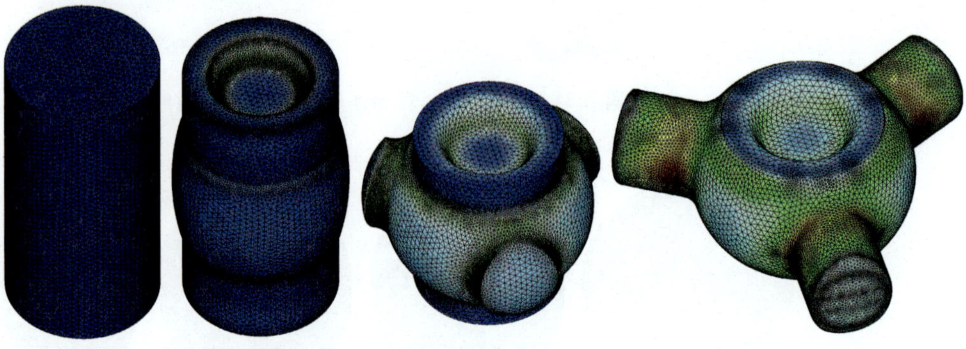

그림 3.38 3족 스파이더 단조공정 시뮬레이션

그림 3.39 피스톤 단조공정 시뮬레이션

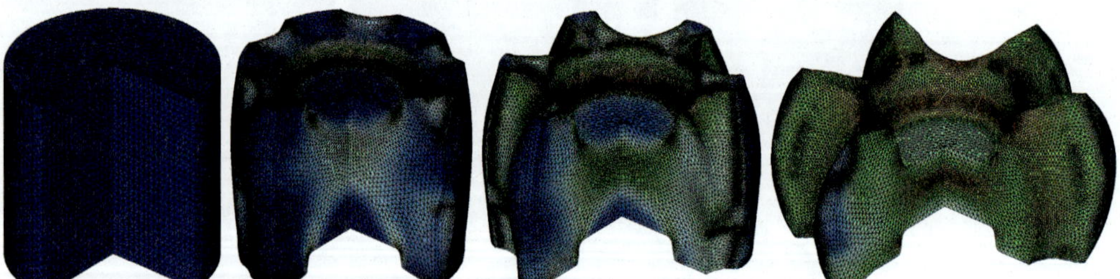

그림 3.40 인너레이스(Inner race) 단조공정 시뮬레이션

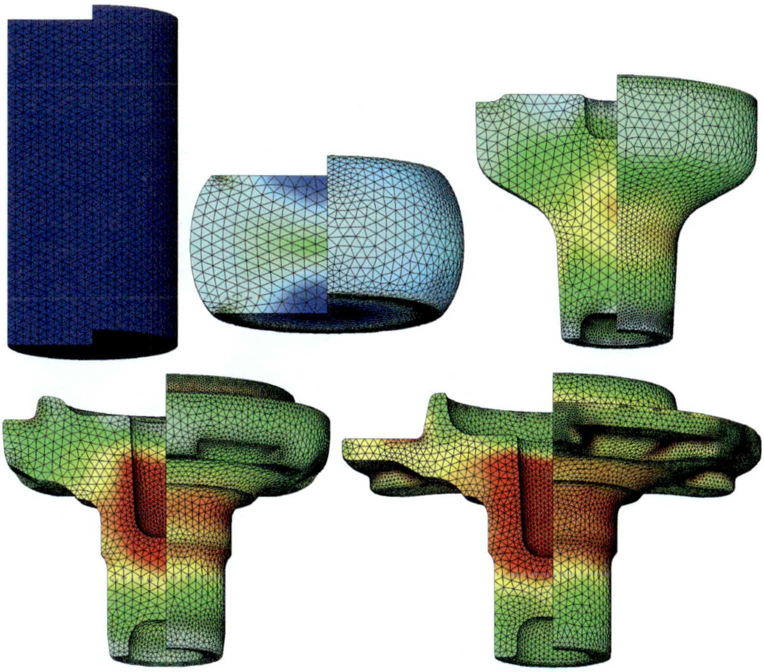

그림 3.41 허브스핀들 단조공정 시뮬레이션

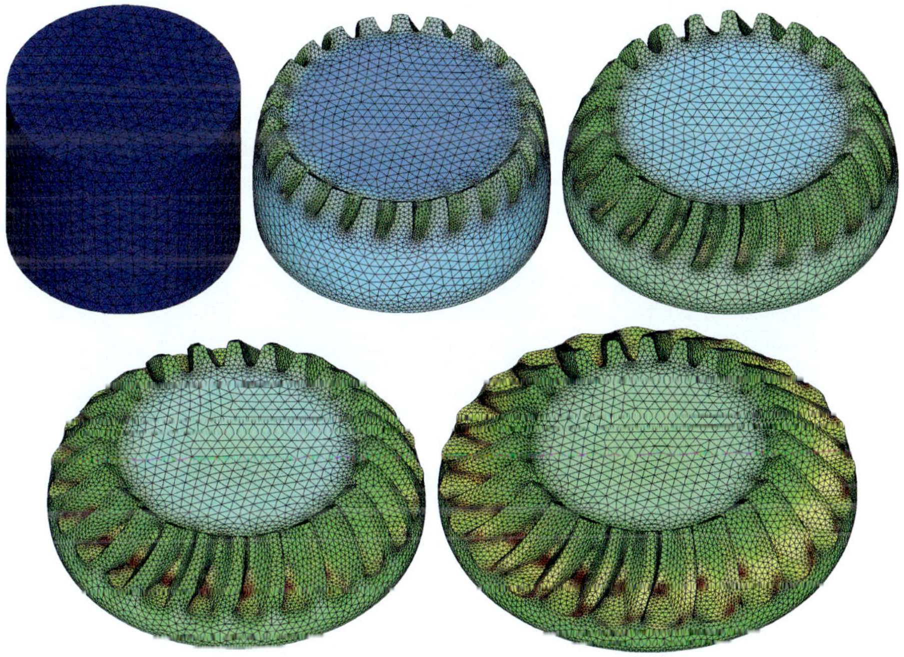

그림 3.42 스파이럴 베벨기어 단조공정 시뮬레이션

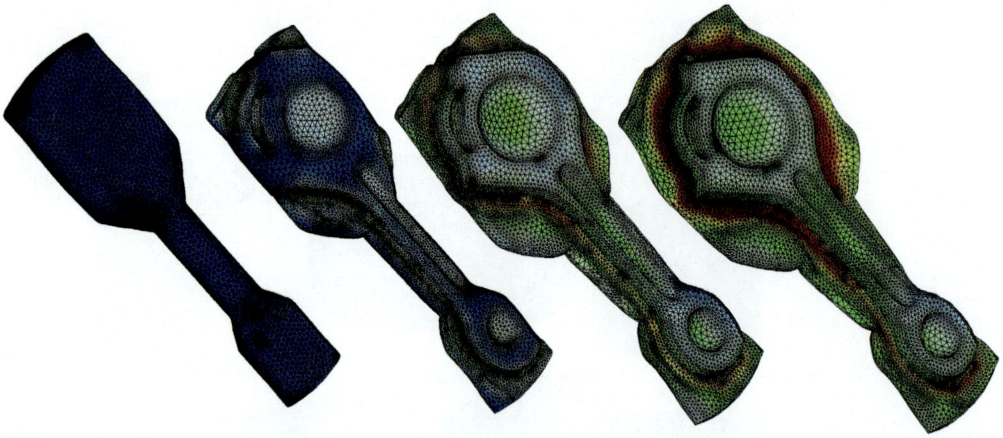

그림 3.43 대형 커넥팅로드 단조공정 시뮬레이션

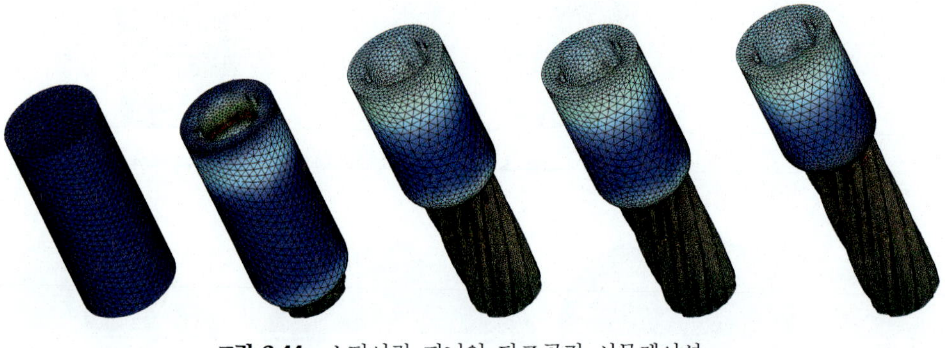

그림 3.44 스티어링 피니언 단조공정 시뮬레이션

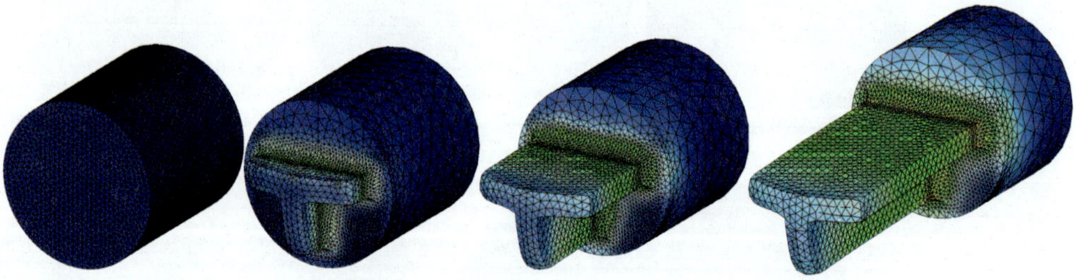

그림 3.45 T형상 압출공정 시뮬레이션

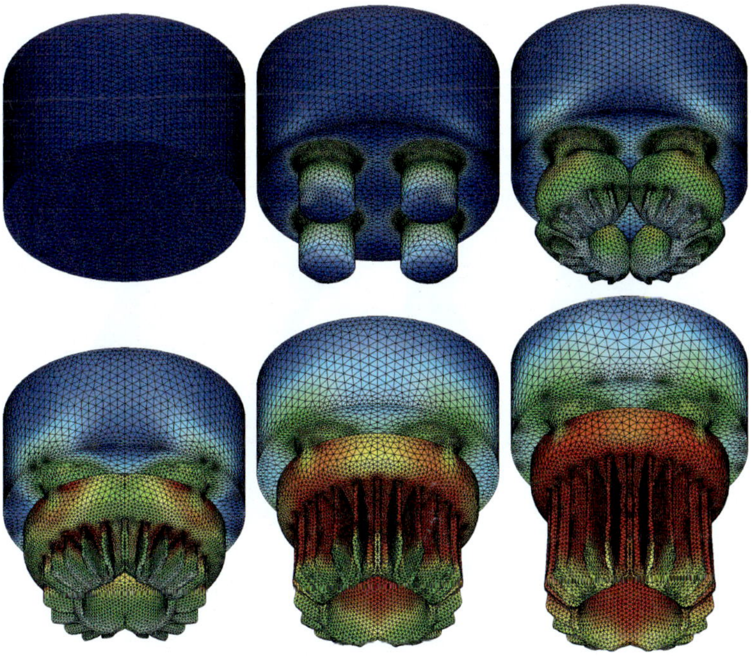

그림 3.46 방열 파이프 압출공성 시뮬레이션

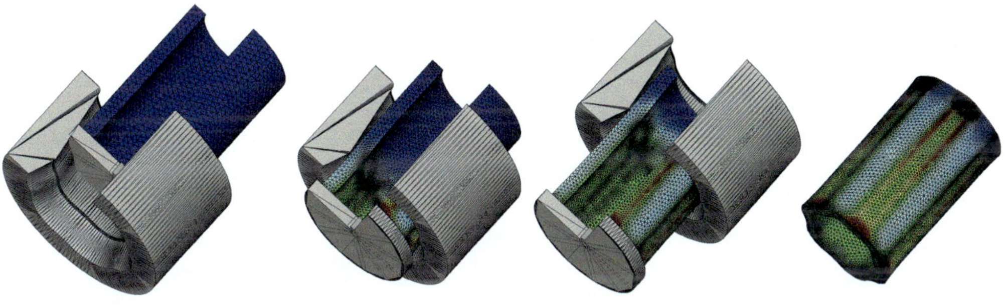

그림 3.47 다각 파이프 인발공정 시뮬레이션

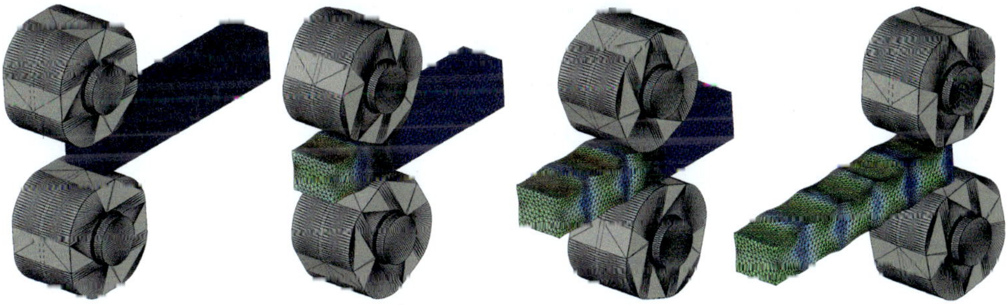

그림 3.48 임의 형상의 롤링공정 시뮬레이션

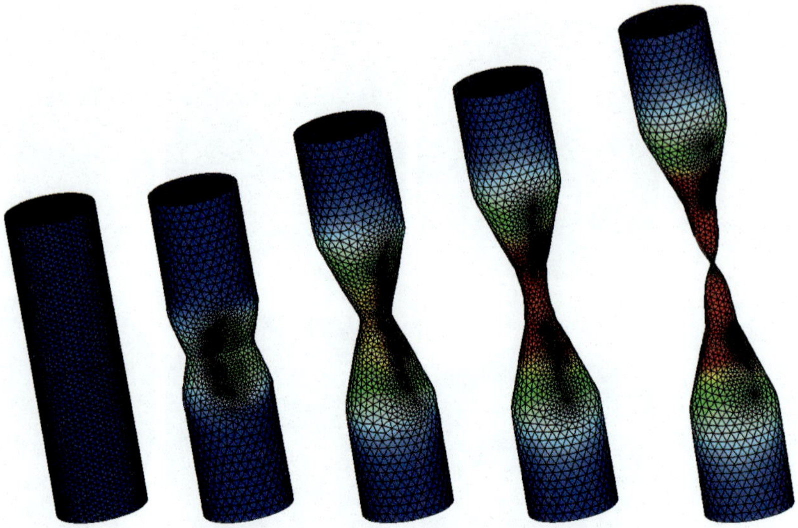

그림 3.49 클로스웨지롤링 공정의 시뮬레이션

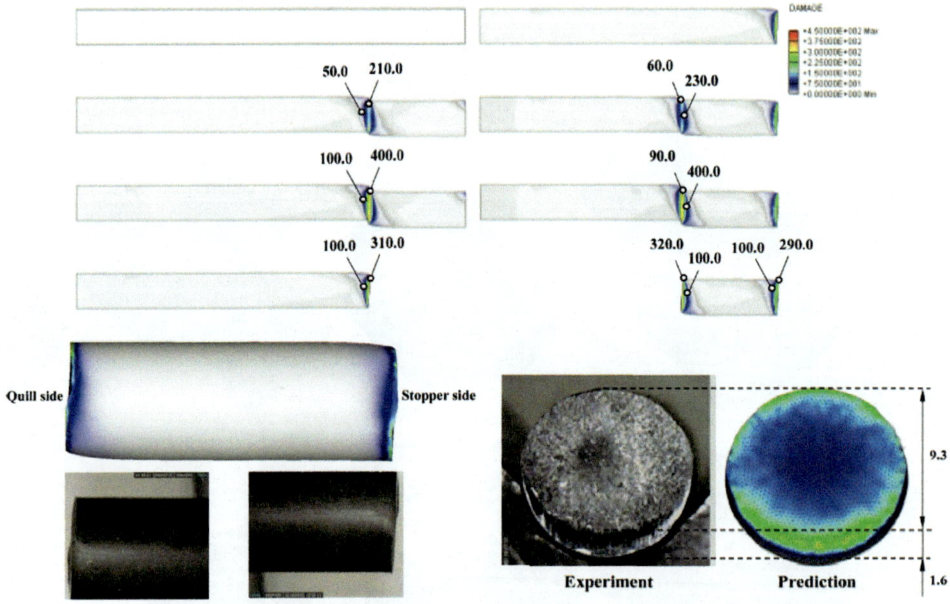

그림 3.50 소재의 냉간절단공정의 시뮬레이션

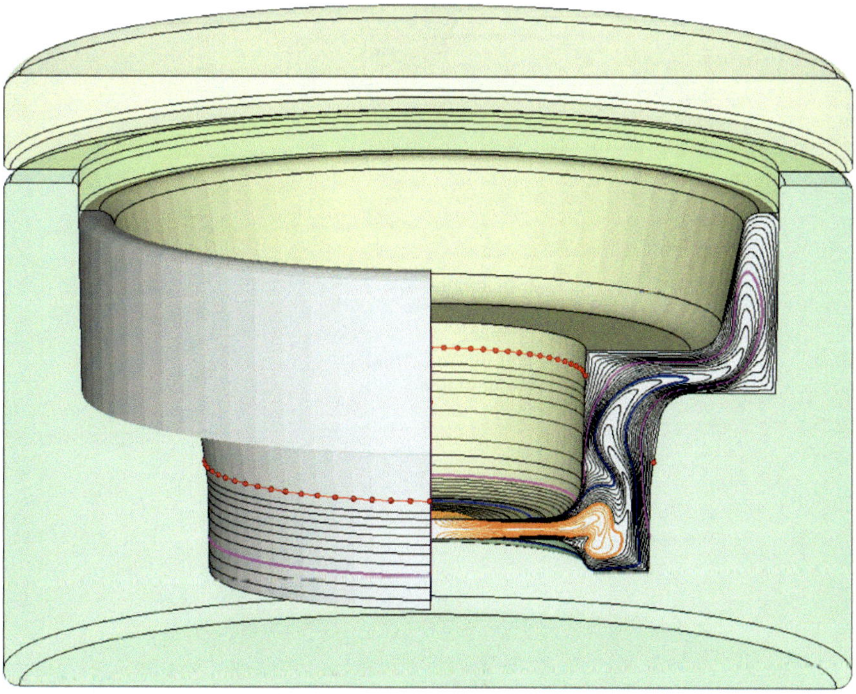

그림 3.51 축대칭(단류선)의 정교한 해석

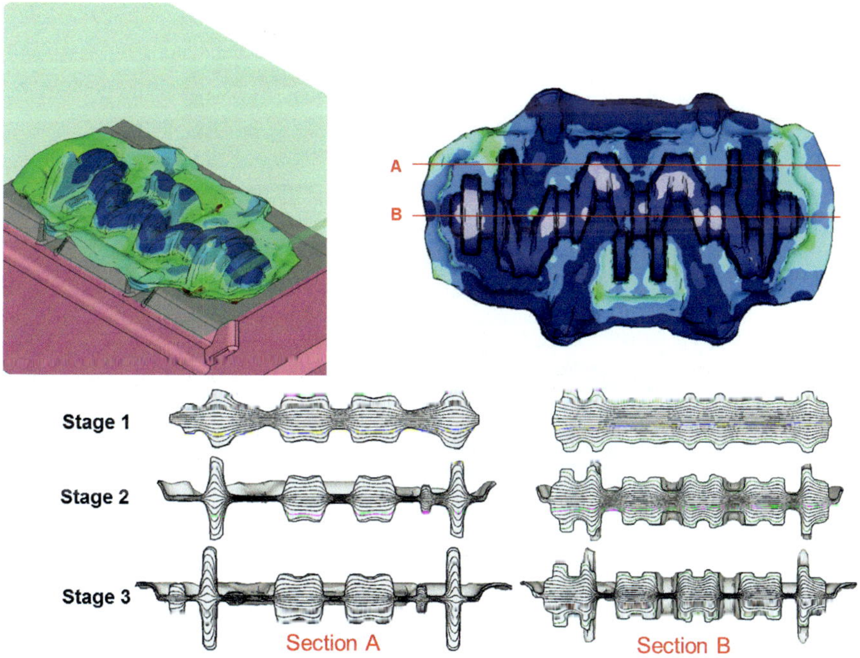

그림 3.52 3차원 금속유동선(단류선)의 정교한 해석

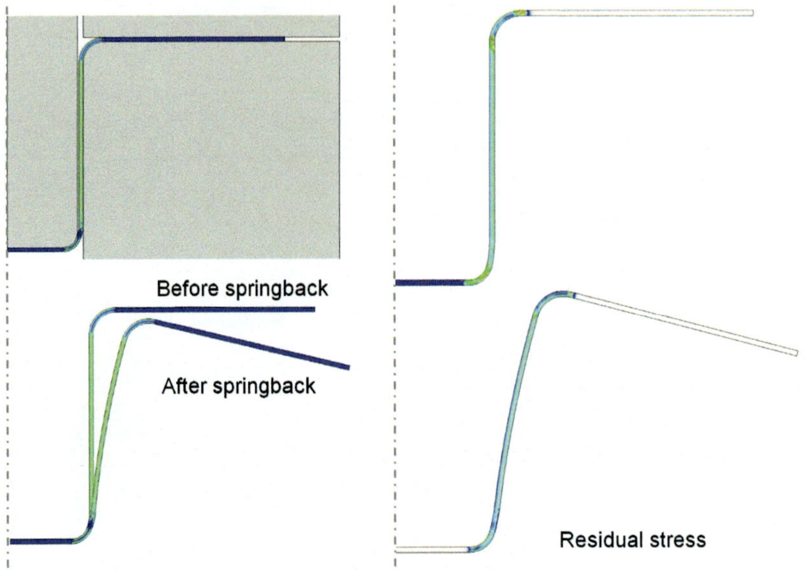

그림 3.53 2차원 탄성회복 해석

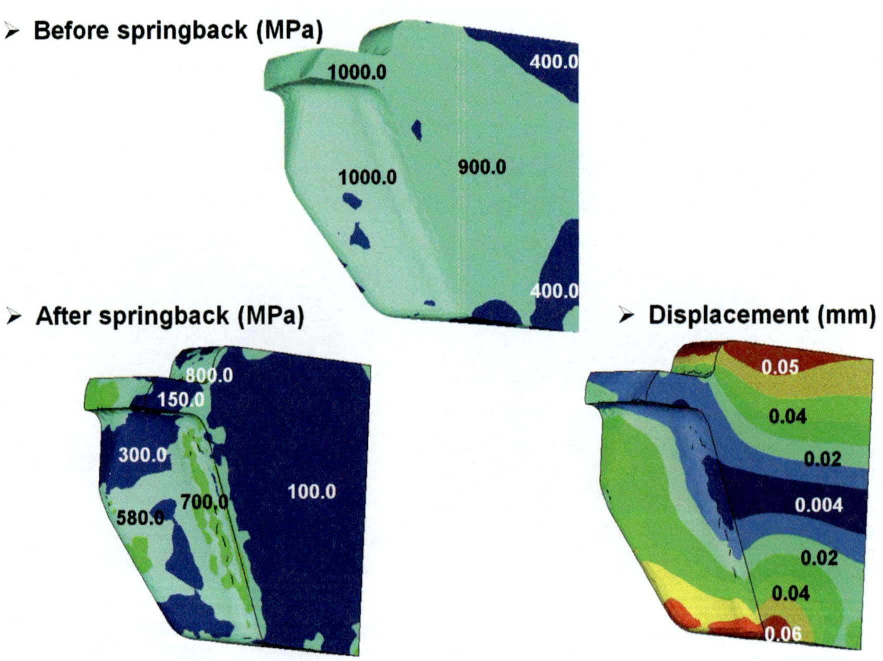

그림 3.54 3차원 탄성회복 해석

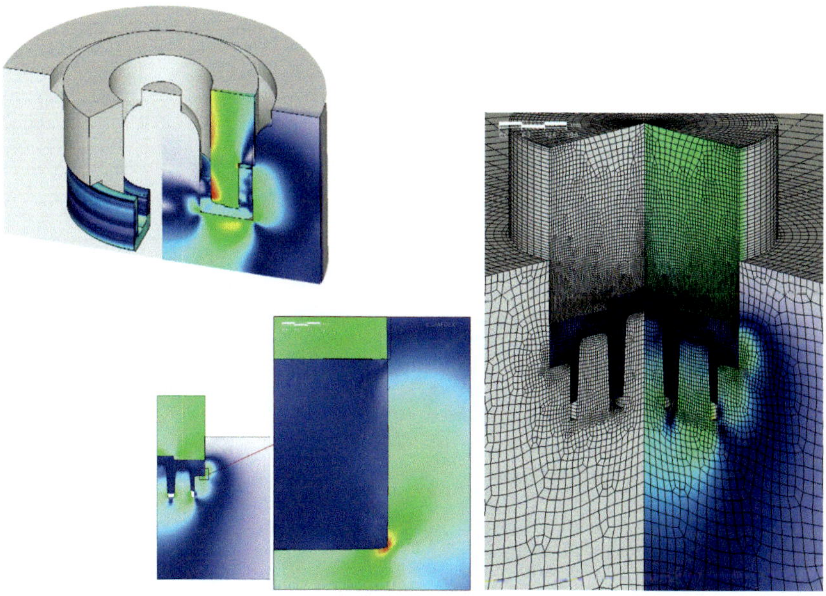

그림 3.55 2차원 냉간단조 금형탄성변형 고려 해석

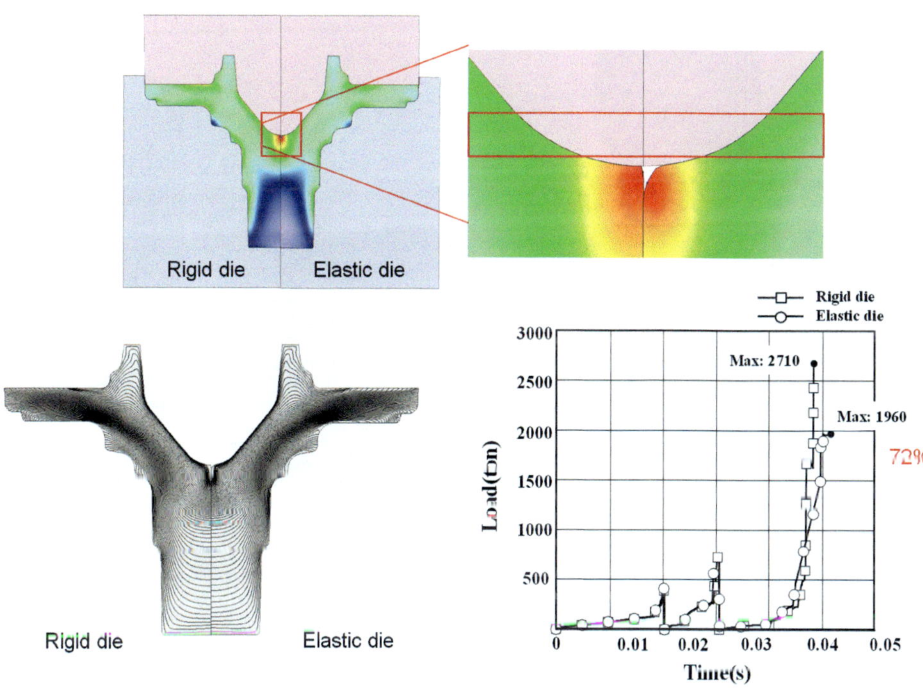

그림 3.56 2차원 열간단조 금형탄성변형 고려 해석

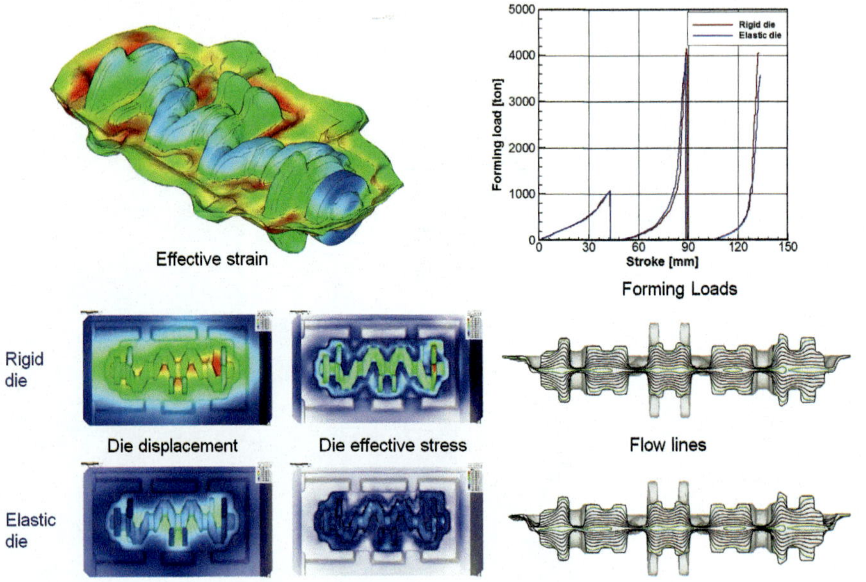

그림 3.57 3차원 열간단조 금형탄성변형 고려 해석

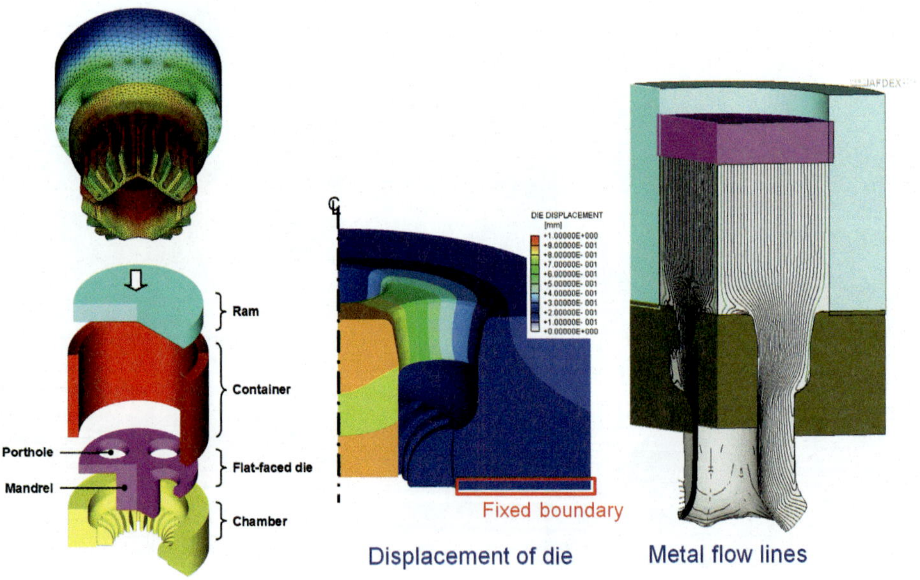

그림 3.58 포트홀 압출공정의 금형탄성변형 고려 해석

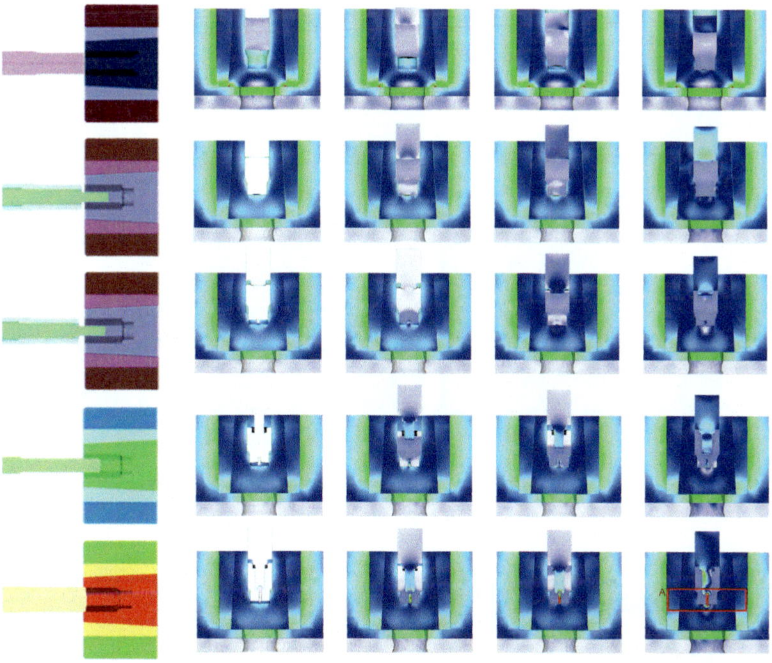

그림 3.59 2차원 금형 구조해석

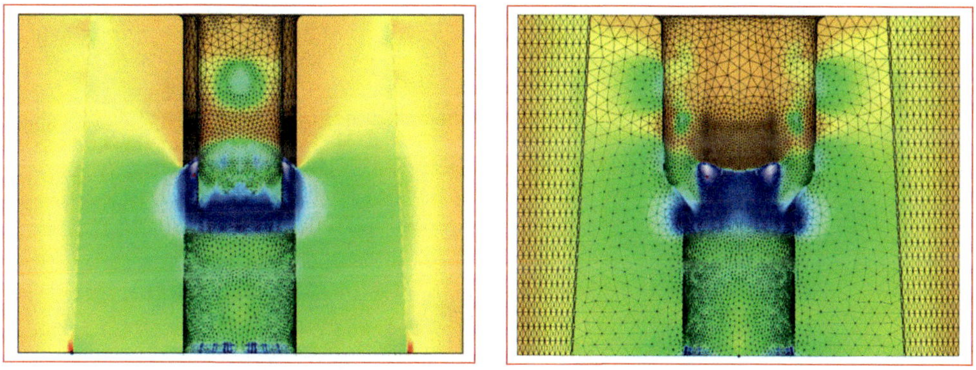

그림 3.60 3차원 금형 구조해석

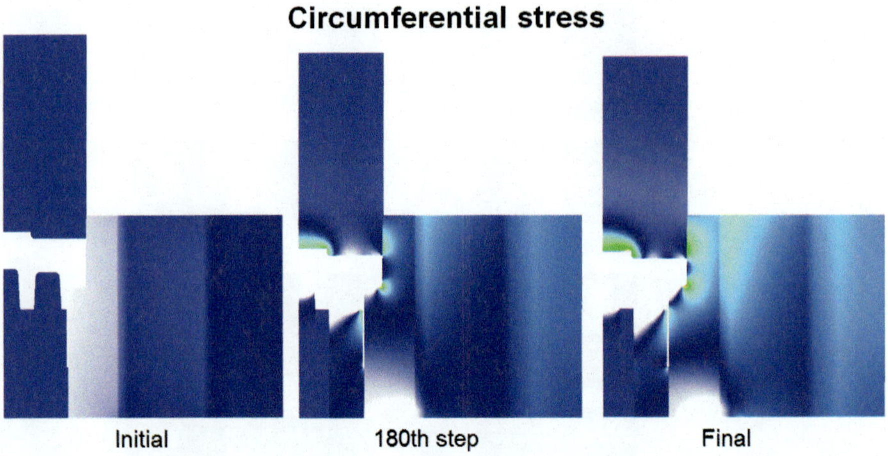

그림 3.61 2차원 금형탄성변형 및 열박음 고려 해석

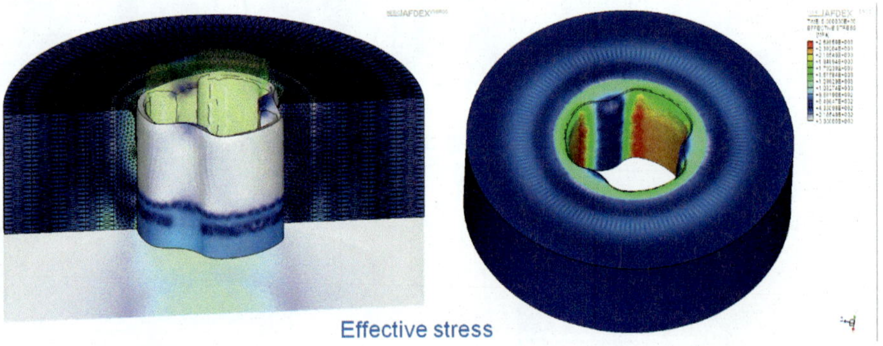

그림 3.62 3차원 냉간단조 금형탄성변형 및 열박음 고려 해석

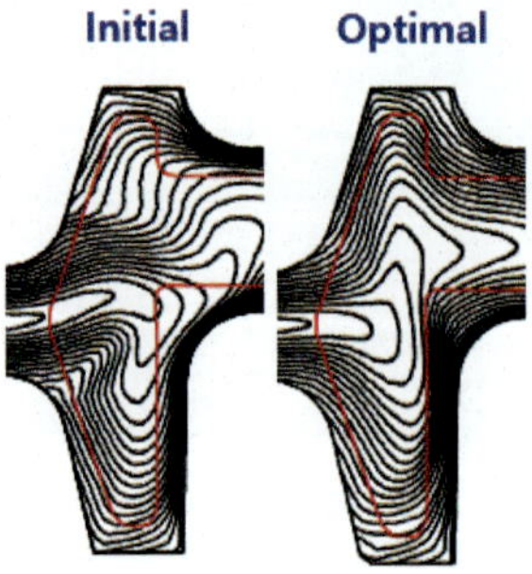

그림 3.63 금속유동선도를 고려한 최적설계

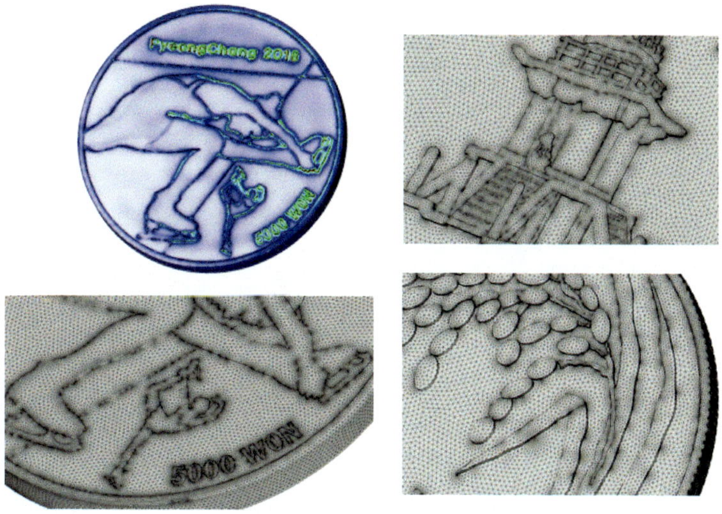

그림 3.64 코이닝공정 해석

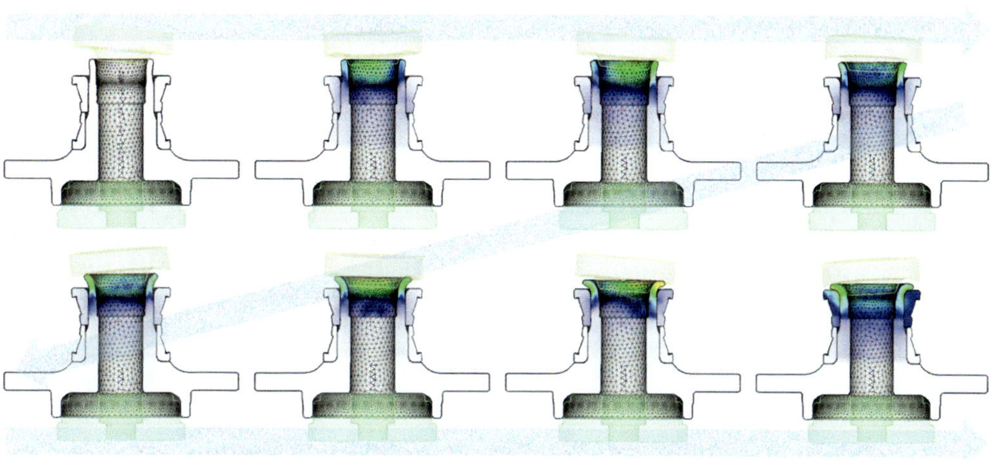

그림 3.65 회전단조 공법 활용 허브베어링 조립공정 해석

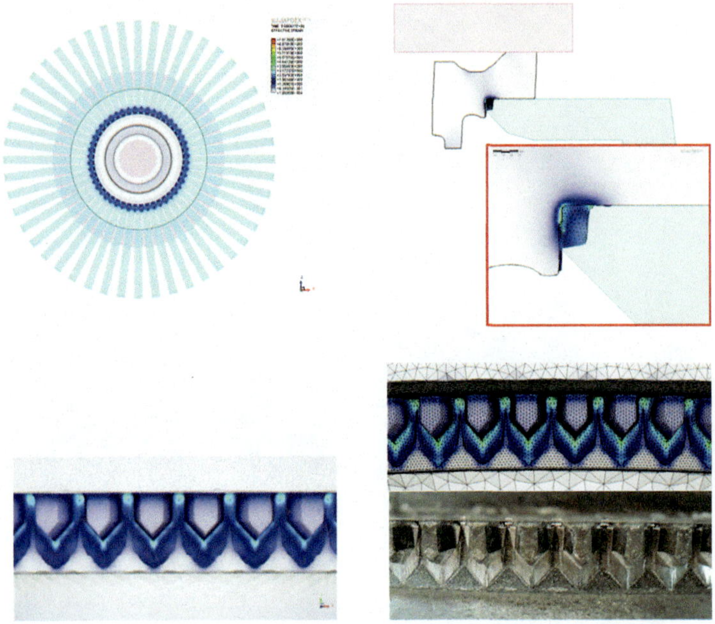

그림 3.66 특수치형 복합단조 해석

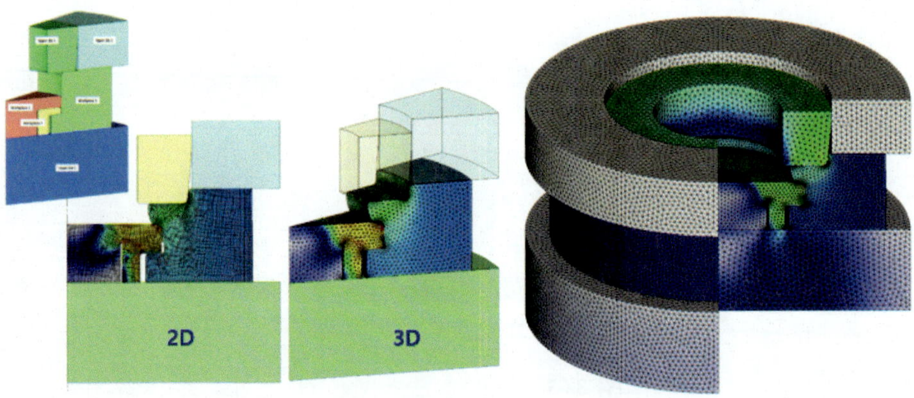

그림 3.67 다물체 조립공정 해석

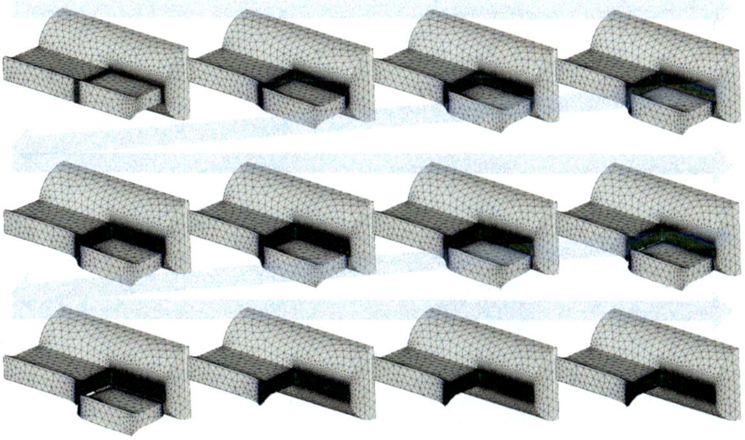

그림 3.68 트리밍공정 해석

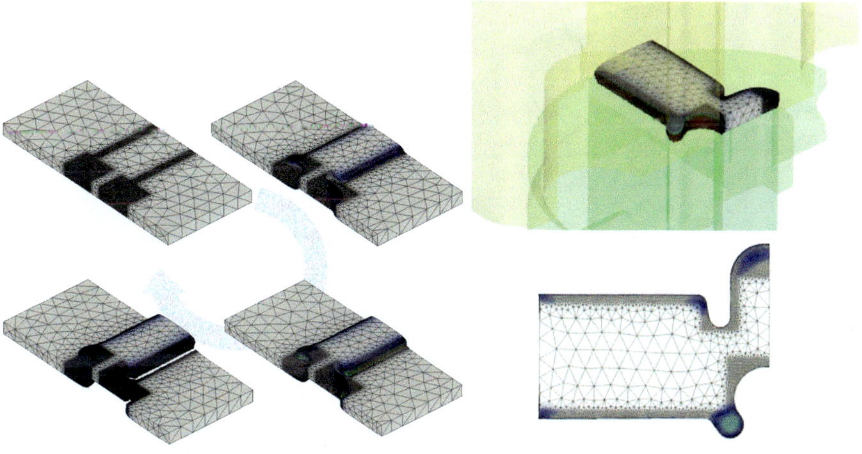

그림 3.69 파인블랭킹공정 해석

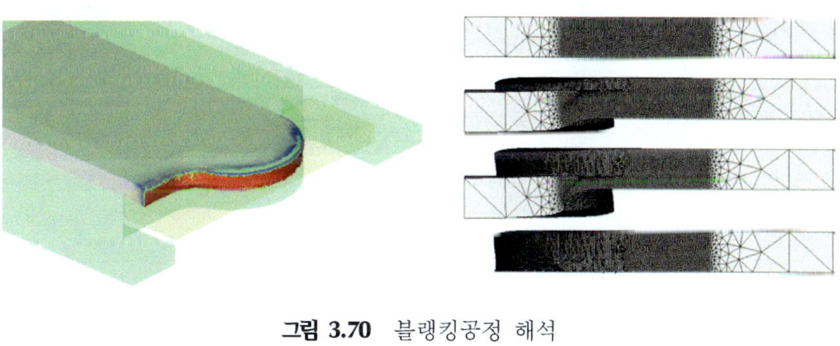

그림 3.70 블랭킹공정 해석

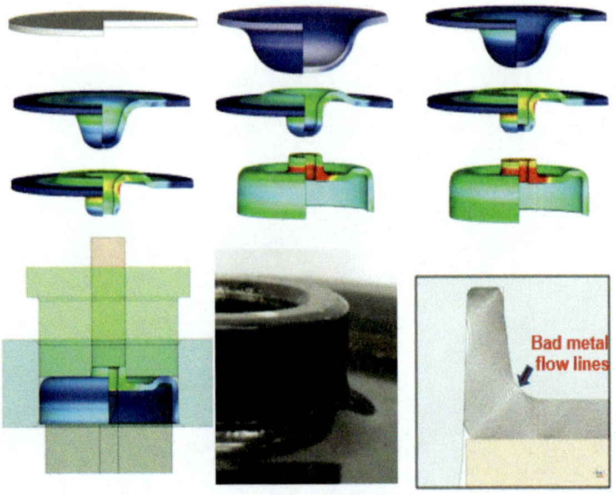

그림 3.71 축대칭 판단조 해석

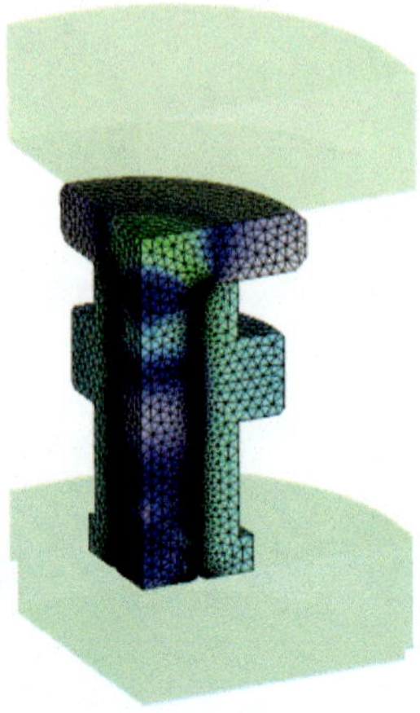

그림 3.72 끼워맞춤 공정 해석

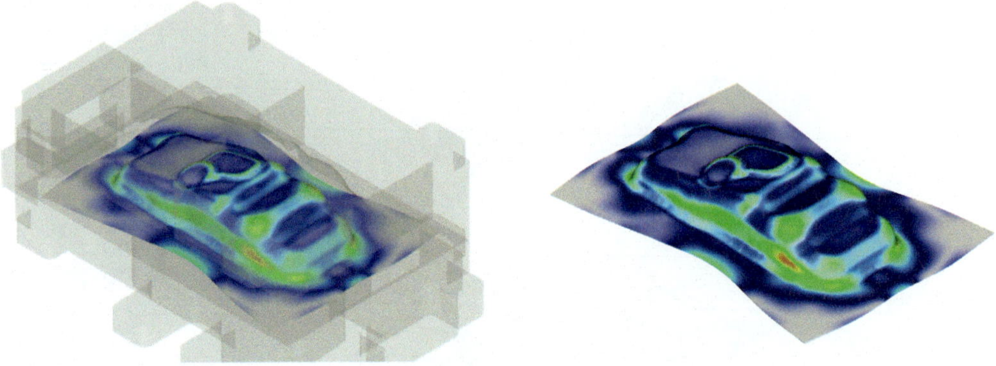

그림 3.73 판재 성형 공정 해석

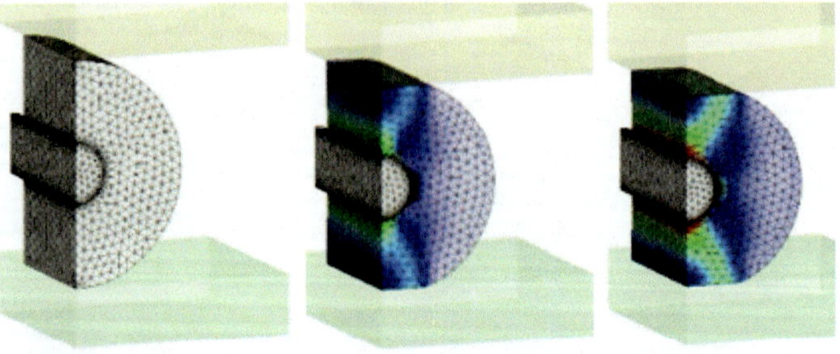

그림 3.74 비구속 멘드렐 사용 자유단조 해석

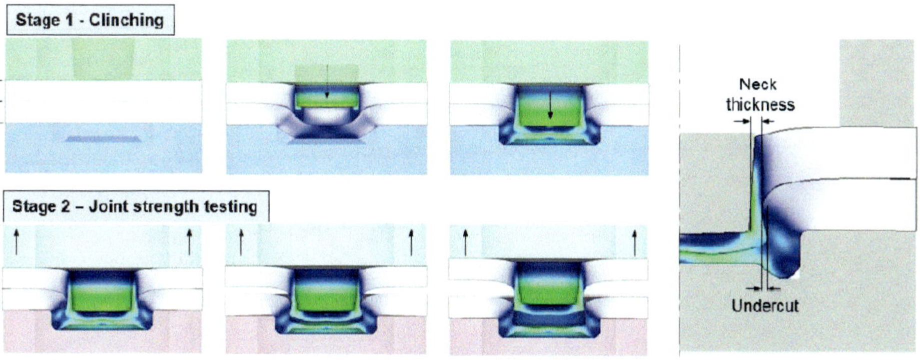

그림 3.75 크린칭 공정 해석

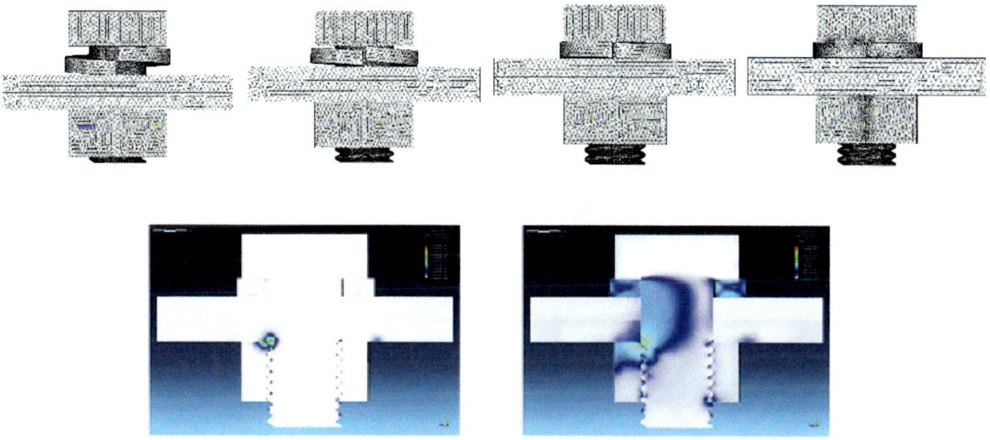

그림 3.76 나사 조립 공정 해석

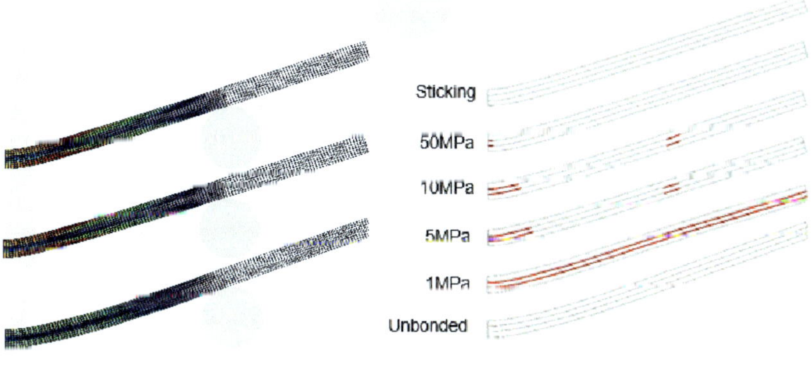

그림 3.77 2차원 박리 현상 해석

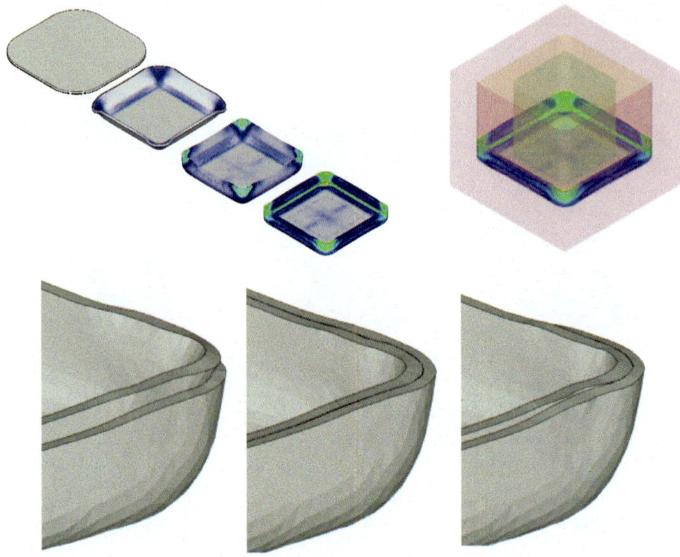

그림 3.78 3차원 박리 현상 해석

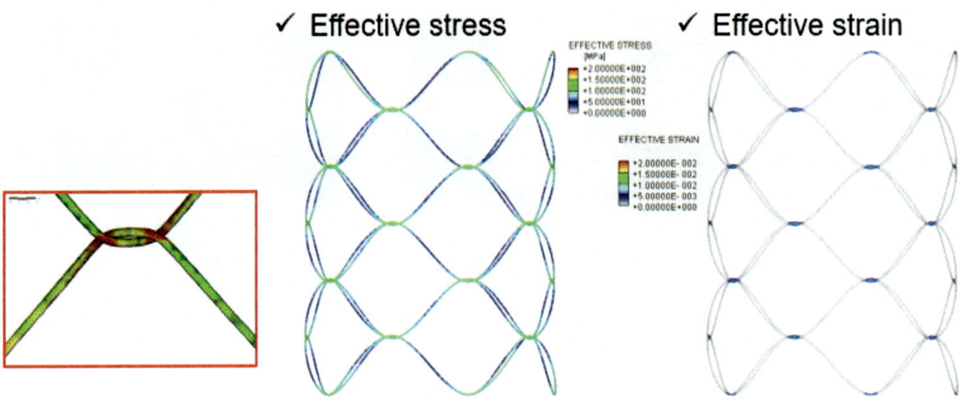

그림 3.79 스텐트 스트레칭 성형 공정

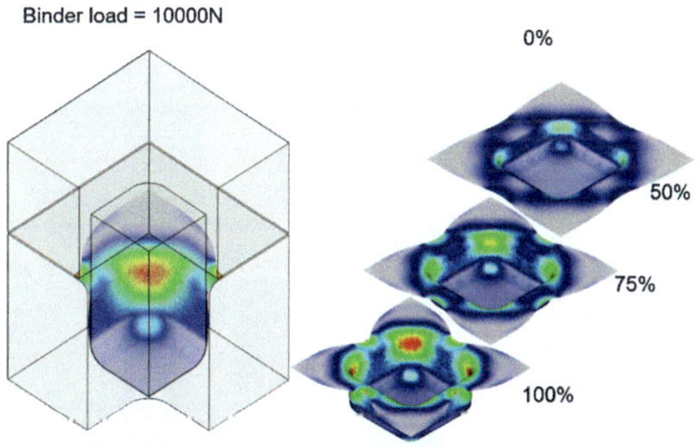

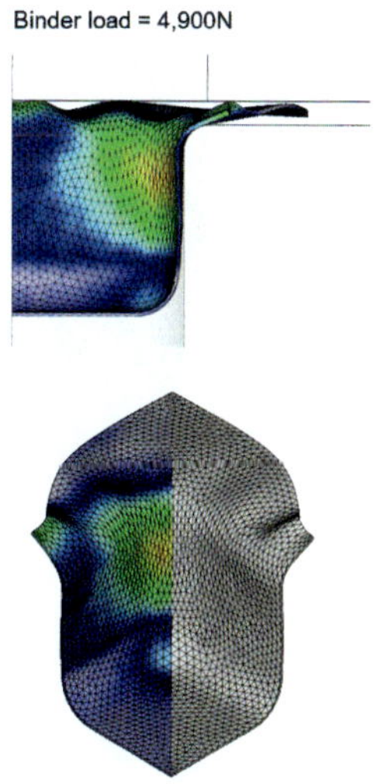

	DX, DY (mm)	Erorr (%)	DD (mm)	Erorr (%)
Experiment results	27.95		15.36	
Tetrahedral, Single-layer (Fixed binder)	27.61	1.23	13.85	10.90
Tetrahedral, Single-layer (Binder)	**27.07**	**3.25**	**15.28**	**0.52**
Solid-shell (Xu et al.)	27.17	2.87	14.79	3.85
MTLFRM (shell)	28.90	3.29	16.20	5.19
LS-DYNA3D (shell)	30.03	6.93	16.43	6.51
PAM-STAMP (shell)	28.43	1.69	15.46	0.65

그림 3.80 사각컵 딥드로잉공정 해석

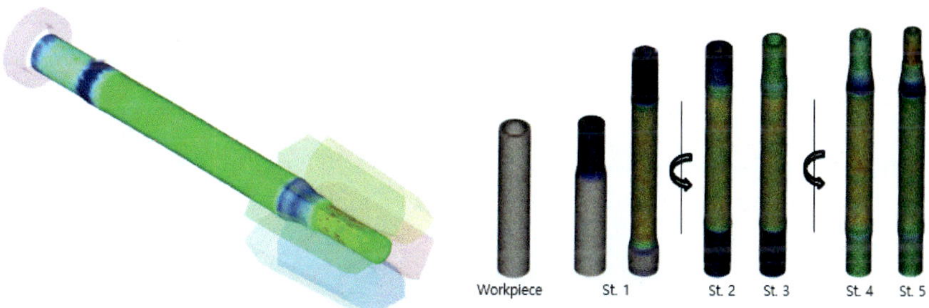

그림 3.81 스웨이징 공정 해석

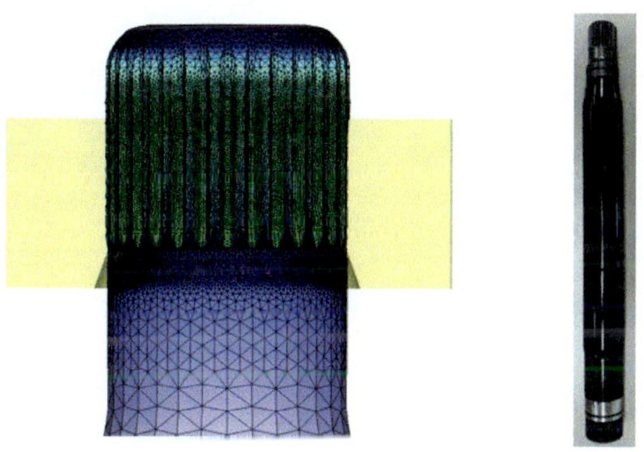

그림 3.82 신통부사 반복성형 공정

그림 3.83 볼스터드 자동다단냉간단조 공정

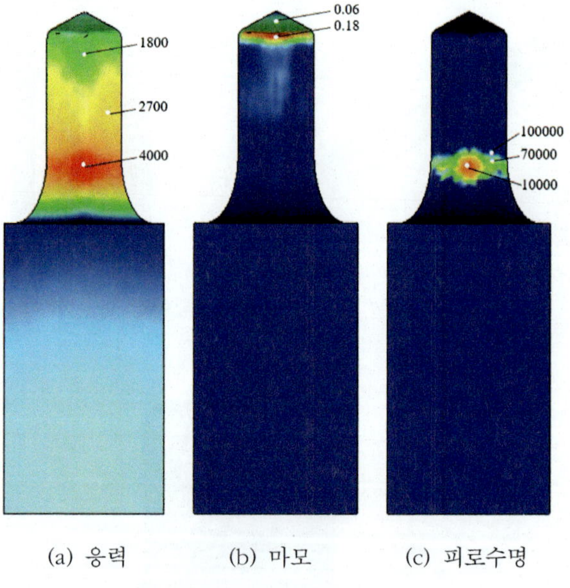

그림 3.84 볼스터드 자동다단냉간단조 공정

참고 문헌

[5.1] O.C. Zienkiewicz, R.L. Taylor, J.Z. Zhu, P. Nithiarasu, The Finite Element Method, Butterworth-Heinemann, 2005.

[5.2] K. J. Bathe, Finite Element Procedures, Prentice-Hall, Englewood Cliffs, 1995.

[5.3] J. T. Oden, Finite Elements of Nonlinear Continua, Dover Publications, 2006.

[5.4] T. J. R. Hughes, The Finite Element Method: Linear Static and Dynamic Finite Element Analysis, Dover Publications, 2000

[5.5] D. Boffi, F. Brezzi, L. F. Demkowicz, R. G. Durán, R. S. Falk, M. Fortin, Mixed finite elements, compatibility conditions, and applications (Lectures given at the C. I. M. E. Summer School Held in Cetraro, Italy, June 26 - July 1, 2006), Springer Verlag, 2008.

[5.6] J. A. Tabert, A. R. Parkinson, Development of an automatic, two-dimensional finite element mesh generator using quadrilateral elements and Bezier curve boundary definition, Int J Num Methods Eng, V. 29, pp. 1551-1567, 1990.

[5.7] T. D. Blacker, M. B. Stephensom, Paving: A new approach to automated quadrilateral mesh generation, Int J Num Methods Eng, V. 32, pp. 811-847, 1991.

[5.8] J. Z. Zhu, O. C. Zienkiewicz, E. Hinton, J. Wu, A new approach to the development of automatic quadrilateral mesh generation. Int J Num Methods Eng, V. 32, pp. 849-866, 1991.

[5.9] C. K. Lee, S. H. Lo, A new scheme for the generation of a graded quadrilateral mesh, Comp Struct, V. 52, pp. 847-857, 1994.

[5.10] M. S. Joun, M. C. Lee, Quadrilateral finite-element generation and mesh quality control for metal forming simulation, Int J Num Methods Eng, V. 40, pp. 4059-4075, 1997.

[5.11] J. Sarrate, A. Huerta, Efficient unstructured quadrilateral mesh generation, Int J Num Methods Eng, V. 49 pp. 1327-1350, 2000

[5.12] M. C. Lee, M. S. Joun, Adaptive triangular element generation and optimization-based smoothing: Part 1. On the plane, Adv Eng Soft, V. 39, pp. 25-34, 2008.

[5.13] M. C. Lee, M. S. Joun, Adaptive triangular element generation and optimization based smoothing: Part 2. On the surface, Adv Eng Soft, V. 39, pp. 35-46, 2008.

[5.14] D. F. Watson, Computing the Delaumay tessellation with application to Voronoi polytopes, Comput J, Vol. 24, pp. 167-172, 1981.

[5.15] L. P. Chew, Constrained Delaunay triangulations, Algorithmica, Vol. 4, pp. 97-108, 1989.

[5.16] T. J. Baker, Automatic mesh generation for complex three-dimensional regions using a constrained Delaunay triangulation, Eng Comput, Vol. 5, pp. 161-175, 1989.

[5.17] M. S. Shephard, M. K. Georges, Automatic three-dimensional mesh generation by the finite octree technique, Int J Numer Methods Eng, Vol. 32, pp. 709-749, 1991.

[5.18] H. Borouchakia, S. H. Lob, Fast Delaunay triangulation in three dimensions, Comput Met Appl Mech Eng, Vol. 128, 153-167, 1995

[5.19] M. C. Lee, M. S. Joun, J. K. Lee, Adaptive tetrahedral tlement generation and refinement to improve the quality of bulk metal forming simulation, Finite Elem Anal Des, Vol. 42, pp. 788~802, 2007

[5.20] J. F. Shepherd, C. R. Johnson, Hexahedral mesh generation constraints, Eng Comput, 24(3), 195-213, 2008

[5.21] N. Kikuchi, K. Y. Chung, T. Torigaki, J. E. Taylor, Adaptive finite element methods for shape optimization of linearly elastic structures, The Optimum Shape, Springer, Boston, pp. 139-169, 1986.

[5.22] AFDEX, www.afdex.com

[5.23] M. S. Joun, I. S. Choi, J. G. Eom, M. C. Lee, Finite element analysis of tensile testing with emphasis on necking, Comput Mater Sci, Vol. 41, pp. 63-69, 2007.

[5.24] M. S. Joun, J. G. Eom, M. C. Lee, A new method for acquiring true stress-strain curves over a large range of strains using a tensile test and finite element method, Mech Mater, Vol. 40, pp. 586-593, 2008.

[5.25] M. Considère, L'Emploi du Fer de l'Acier dans les Constructions, Annales des Ponts et Chaussées 9, pp. 574-775, 1885.

[5.26] J. G. Eom, W. J. Chung, M. S. Joun, Comparison of rigid-plastic and elastoplastic finite element predictions of a tensile test of cylindrical specimens. Key Eng Mater, V. 622, pp. 611–616, 2014.

[5.27] M. S. Joun, H. K. Moon, R. Shivpuri, Automatic simulation of a sequence of hot-former forging processes by a rigid thermo-viscoplastic finite element method, Trans. ASME, J Eng Mat Tech, Vol. 120, pp. 291-296, 1998.

[5.28] H. K. Moon, J. S. Lee, S. J. Yoo, M. S. Joun, J. K. Lee, Hot deformation behavior of bearing dteel, Tans ASME, J Eng Mat Tech, Vol. 129, pp. 349-355, 2007.

[5.29] J. B. Byun, H. J. Lee, J. B. Park, I. D. Seo, M. S. Joun, Fully coupled finite element analysis of an automatic multi-stage cold forging process, Solid State Phenom, V. 311, pp. 88-93, 2020.

[5.30] J. B. Byun, M. K. Razali, C. J. Lee, I. D. Seo, W. J. Chung, M. S. Joun, Automatic multi-stage cold forging of an SUS304 ball-stud with a hexagonal hole at one end, Mater, V. 13(22), 2020.

찾아보기

<ㅊ>

<ㅋ>

<ㅌ>

<ㅍ>

< ㅎ >

< 영문 >

< 숫자 >

■ 저자소개 ■

전만수

1983년 서울대학교 기계설계학과 졸업(공학사)
1985년 한국과학기술원 기계공학과 졸업(공학석사)
1992년 포항공과대학교 기계공학과 졸업(공학박사)
1985~1989년 삼성항공산업주식회사 연구소 연구팀장
1992~현재 경상대학교 교수

정완진

1983년 서울대학교 기계설계학과 졸업(공학사)
1985년 한국과학기술원 생산공학과 졸업(공학석사)
1989년 한국과학기술원 생산공학과 졸업(공학박사)
1990~1998년 삼성종합기술원 수석연구원
1998~현재 서울과학기술대학교 기계시스템디자인공학과 교수

정석환

1992년 포항공과대학교 기계공학과 졸업(공학사)
1994년 포항공과대학교 기계공학과 졸업(공학석사)
1999년 포항공과대학교 기계공학과 졸업(공학박사)
2006~2014년 현대제철 기술연구소
2015~현재 MFRC 기술연구소

유한요소법과 함께하는 고등 고체역학

Advanced Solid Mechanics with Finite Element Method

발　　행 | 2021년 3월 10일
저　　자 | 전만수 · 정완진 · 정석환
발 행 인 | 최봉조
발 행 처 | 진샘미디어
주　　소 | 122-900 서울시 은평구 연서로 5길 28
부호아파트 102동 상가5호
전　　화 | (02)353-4421
팩　　스 | (02)353-4421
웹사이트 | www.jinsaem.co.kr
신고번호 | 제311-2005-000025호
I S B N | 979-11-91419-08-5